LAÉRCIO VASCONCELOS

RACIOCÍNIO MATEMÁTICO 3

1000 QUESTÕES DE PROVAS RESOLVIDAS

Matemática do Ensino Médio exercitada a partir de questões de vestibulares das 50 maiores universidades brasileiras. Universidades Federais, Universidades Estaduais, CEFET e Institutos Federais de Tecnologia (cursos superiores), ENEM.

EDITORA CIÊNCIA MODERNA

Raciocínio Matemático 3

Editor: Paulo André P. Marques
Produção Editorial: Dilene Sandes Pessanha

FICHA CATALOGRÁFICA

VASCONCELOS FILHO, Laércio Correia de.

Raciocínio Matemático 3

Rio de Janeiro: Editora Ciência Moderna Ltda., 2024.

1. Matemática
I — Título

ISBN: 978-65-5842-325-6 CDD 510

Editora Ciência Moderna Ltda.
R. Alice Figueiredo, 46 – Riachuelo
Rio de Janeiro, RJ – Brasil CEP: 20.950-150
Tel: (21) 2201-6662/ Fax: (21) 2201-6896
E-MAIL: LCM@LCM.COM.BR
WWW.LCM.COM.BR

01/24

PARA O MELHOR USO DESTE LIVRO

Este livro segue o estilo que muitos chamam de "provas comentadas". Muitos estudantes consideram isso, não como uma série de problemas para resolver, mas sim, questões para tomar conhecimento, aumentando as chances de resolução nas provas dos concursos reais. Isto pode funcionar em determinadas matérias, mas no caso da matemática, esta não é a melhor forma de estudar. O princípio de estudo que este livro segue, não é aquele em que o aluno espera encontrar na prova uma questão perecida com outra que já viu, ou no mesmo estilo. Isto eventualmente ocorre, mas a única forma do aluno ter grande possibilidade de resolver a maioria das questões de uma prova é adquirindo o conhecimento. O conhecimento ensinado neste livro é a habilidade do raciocínio para a resolução de problemas matemáticos.

O livro possui 10 capítulos, cada um deles com 10 testes, cada teste com 10 questões, o que totaliza 1000 questões. Consideramos uma questão como sendo um exercício, ou na maior parte das vezes, um problema que caiu na prova de um determinado concurso. Nos concursos, algumas vezes o que uma questão pede é um simples cálculo, mas quase todas elas vão mais longe: são problemas, que o aluno precisa ler, compreender, e descobrir qual caminho deverá tomar para chegar à solução. Aí sim, poderá fazer os cálculos necessários. A habilidade com cálculos é importante para chegar à resposta, mas somente a habilidade do raciocínio permite que o aluno descubra quais cálculos deve realizar.

O método de estudo recomendado é que o aluno estude um teste de cada vez. Em cada teste, o aluno deve tentar resolver as questões. Mesmo que não consiga resolver, é importante que "quebre a cabeça" tentando. A seguir, deve conferir o gabarito e checar quantas questões conseguiu resolver. Aí sim, pode ler as resoluções das questões. Desta forma, o aluno conseguirá, aos poucos, conseguir resolver mais questões sozinho. A ideia é que o aluno chegue no final do livro resolvendo a maioria das questões sem ajuda.

O livro utiliza questões dos concursos dos últimos anos das 50 maiores universidades brasileiras. São exercitadas matérias típicas do Ensino Médio, como pode ser vista na lista de capítulos.

Bons estudos!

Laércio Vasconcelos

CAPÍTULOS

Capítulo 1

Aritmética

Os livros da série "Raciocínio Matemático" podem ser classificados com o termo que muitos usam, "provas comentadas". Entretanto, é muito mais que isso.

Provas não foram feitas para o aluno aprender a matéria, apesar de, em parte, ajudarem nessa missão. Provas foram feitas para checar se o aluno conhece a matéria do programa, pelo menos em parte. Tipicamente uma prova não checa o conhecimento de todo o programa. Provas têm como principal missão, eliminar candidatos. Indiretamente, as questões de prova têm um objetivo secundário, que é o conhecimento.

Uma só prova não cobre todo o conteúdo programático exigido. Mas 1000 questões selecionadas, das 50 maiores universidades brasileiras, sim. Provas dos últimos anos, normalmente de 10 a 20 questões cada. De todas essas questões, selecionamos aquelas que realmente trazem conhecimento, para revisar toda a matéria do Ensino Médio, e aumentar sua chance de sucesso em concursos que exigem essa matéria: vestibulares localizados, ENEM, escolas militares, concursos públicos em geral.

A estratégia de estudos para esse livro não consiste no aluno simplesmente ler as soluções. Consiste em um estudo para aumentar a habilidade do aluno em vencer o desafio de fazer uma prova de matemática e obter uma nota alta. Porque não basta passar em um concurso, é preciso passar com uma nota alta, para ficar dentro das vagas disponíveis.

O método de estudo para este livro é o seguinte. Existem 1000 questões, divididas em 10 capítulos, por assunto. Em cada capítulo, 10 testes de 10 questões cada. O teste é a unidade mínima de estudo. Escolha o primeiro teste e tente resolvê-lo. No início, não se preocupe com o tempo. Use a expressão "quebrar a cabeça". Se não lembrar das fórmulas, ou do conceito necessário, consulte a matéria que deve ser usada. Ao terminar um teste, verifique as respostas na seção "Respostas dos testes", e veja que nota obteve. Registre a nota, para acompanhar o seu progresso. Depois, vá à seção "Resoluções dos testes" e veja como as questões são resolvidas. Veja como resolver aquelas questões que você errou, ou que não conseguiu resolver. Observe a solução do autor, pois mesmo em uma questão que você acertou, pode existir uma outra solução, ou informações adicionais, ou mesmo macetes para resolução. Você verá que suas notas irão melhorando à medida em que avança nos capítulos.

Chegando ao fim do livro, resolva algumas provas reais do concurso que você pretende realizar. Você notará uma maior facilidade na resolução das questões. Um aumento na sua habilidade matemática, e uma grande chance de aprovação no seu concurso.

Teste 1

1) PUC Campinas – No mundo da gastronomia muitas vezes é necessário ampliar ou reduzir receitas devido a alterações no número de participantes de determinada refeição. Uma receita propõe a utilização de 280mL de leite na execução de uma sobremesa para 5 pessoas, e há a necessitada de executá-la exatamente para 54 pessoas. Se as embalagens de leite contêm 500mL cada, então, é necessário ter em mãos pelo menos

(A) 2,5L de leite (B) 3,5L de leite (C) 5,0L de leite (D) 4,0L de leite (E) 3,0L de leite

2) UFCG – Muyamigo é um famoso vendedor de aparelhos de CD para carros. Ele fez uma promoção e baixou os preços desses aparelhos em 20%, passando cada unidade a custar R$ 400,00. Com o sucesso da promoção e devido à grande procura, Muyamigo, espertamente, aumentou o preço dos aparelhos de CD para R$ 555,00. Quantos por cento o preço dos aparelhos subiu em relação ao preço original, antes da promoção?

(A) 5% (B) 11% (C) 20% (D) 30% (E) 50%

3) UFPE – O montante gerado pelo capital de R$ 4.000,00 aplicado à taxa de 2% ao mês, durante 3 meses, na capitalização composta, é de:

(A) R$ 4.240,00 (B) R$ 4.244,83 (C) R$ 5.600,00 (D) R$ 5.875,20 (E) R$ 6.542,76

4) UF Pelotas – Do tempo gasto para executar um projeto constituído de três etapas, 1/7 foi gasto na primeira etapa, e 3/14, na segunda etapa. A fração de tempo gasto na terceira etapa desse projeto foi

(A) 9/30 (B) 18/28 (C) 18/30 (D) 4/14 (E) 2/14

5) UEMG – Uma bebida A é comercializada em garrafas de 600 mL pelo preço de R$ 250,00 a garrafa, enquanto uma bebida B é vendida em garrafas de 1 L, custando R$ 200,00 a garrafa. Dessa forma, comparando os preços por litro dessas duas bebidas, é correto afirmar que

(A) a bebida A é 25% mais cara que a bebida B.
(B) a bebida B é 20% mais barata que a bebida A.
(C) a bebida B é 40% mais barata que a bebida A.
(D) a bebida B é 52% mais barata que a bebida A.

6) UF São Carlos – A rua do professor Zewo tem 49 casas numeradas ordenadamente de 1 a 49. A soma dos números das casas antes da casa do professor é igual à soma dos números das casas depois. Dessa forma, o número da casa do professor Zewo é um

(A) quadrado perfeito (B) número primo (C) múltiplo de 5
(D) divisor de 14 (E) divisor de 49

7) UERJ – Na tabela, estão indicadas três possibilidades de arrumar **n** cadernos em pacotes. Se **n** é menor que 1200, a soma dos algarismos do maior valor de n é:

Nº de pacotes	Nº de cadernos por pacotes	Nº de cadernos que sobram
X	12	11
Y	20	19
Z	18	17

(A) 12 (B) 17 (C) 21 (D) 26 (E) 84

8) UFPI – Em determinada Olimpíada de Matemática, o número de medalhas de ouro, prata e bronze são distribuídos, respectivamente, na proporção de 1:2:3. Supondo que nessa Olimpíada de Matemática o número de alunos premiados com medalha de prata foi 50 e que

a proporção 1:2:3 entre as medalhas foi respeitada, então a quantidade total de premiados (ou seja, a soma dos alunos premiados com medalha de ouro, prata e bronze) foi:

(A) 75 (B) 100 (C) 125 (D) 150 (E) 175

9) UFMS – Encontre o número que, dividido por 15, dá quociente 178 e resto 7. Depois some os quatro algarismos desse número. Qual é o resultado?

(A) 24 (B) 22 (C) 20 (D) 18 (E) 15

10) UFJF – As grandezas M e N são inversamente proporcionais. Se a grandeza M sofre uma redução de 60%, qual o acréscimo percentual sofrido por N?

(A) 40% (B) 60% (C) 100% (D) 150% (E) 200%

Teste 2

11) PUC PR – Na divisão de uma grande área de terra, o pai distribuiu as frações aos seus três filhos, da seguinte maneira: ao mais novo ele deu 2/5 da área; par ao filho mais velho deu 5/6 da área restante; o terceiro filho ficou com 60 hectares. Qual a área que o irmão mais velho recebeu?

(A) 300 hectares (B) 240 hectares (C) 60 hectares (D) 360 hectares (E) 500 hectares

12) IFSP – Um comerciante tem lucro de 60% sobre o seu preço de custo na venda de suas mercadorias. Como quer acabar com o seu estoque, ele concede um desconto de 20% sobre o valor de venda. Neste caso, seu lucro será de x% sobre o preço de custo. O valor de x é

(A) 22 (B) 28 (C) 32 (D) 38 (E) 42

13) USP – Um comerciante deu um desconto de 20% sobre o preço de venda de uma mercadoria e, mesmo assim, conseguiu um lucro de 20% sobre o preço que pagou pela mesma. Se o desconto não fosse dado, seu lucro, em porcentagem, seria:

(A) 40% (B) 45% (C) 50% (D) 55% (E) 60%

14) UFES – Nas Ilhas Imaginárias, as eleições para governador ocorrem de 7 em 7 anos e as eleições para prefeito ocorreu de 4 em 4 anos. Isso ocorre desde 1820, quando foram realizadas eleições simultâneas para governador e prefeito. No período de 1820 a 2009, o número de anos em que não houve eleições nem para governador e nem para prefeito é:

(A) 119 (B) 120 (C) 121 (D) 122 (E) 123

15) USP – Considere o triângulo representado na malha pontilhada com quadrados de lados iguais a 1 cm. A área do triângulo, em cm^2, é

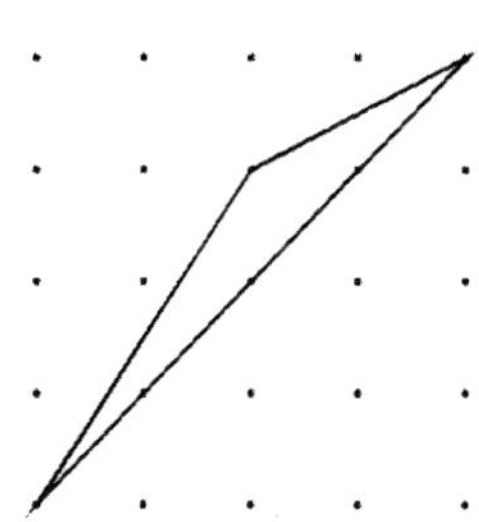

(A) 2 (B) 3 (C) 4 (D) 5 (E) 6

16) UFRJ – O professor escreveu no quadro o desafio ao lado. Resolva o desafio proposto pelo professor.

17) UFAM – A área da figura OABC representa um terreno com forma de um quadrilátero não convexo, medido em metros quadrados. Podemos afirmar que essa área é:

(A) 5 (B) 6 (C) 11/2 (D) 7 (E) 15/2

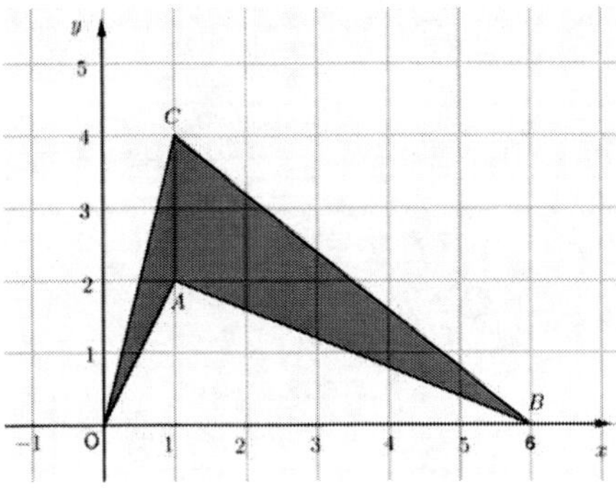

18) UFMG – Durante o período de exibição de um filme, foram vendidos 2000 bilhetes, e a arrecadação foi de R$ 7.600,00. O preço do bilhete era de R$ 5,00 e, para criança, era de R$ 3,00. A razão entre o número de crianças e o de adultos que assistiram ao filme nesse período foi

(A) 1 (B) 3/2 (C) 8/5 (D) 2 (E) 3

19) UFPR – A soma das áreas dos três quadrados ao lado é igual a 83 cm^2. Qual é a área do quadrado maior?

(A) $36cm^2$ (B) $20cm^2$ (C) $49cm^2$
(D) $42cm^2$ (E) $64cm^2$

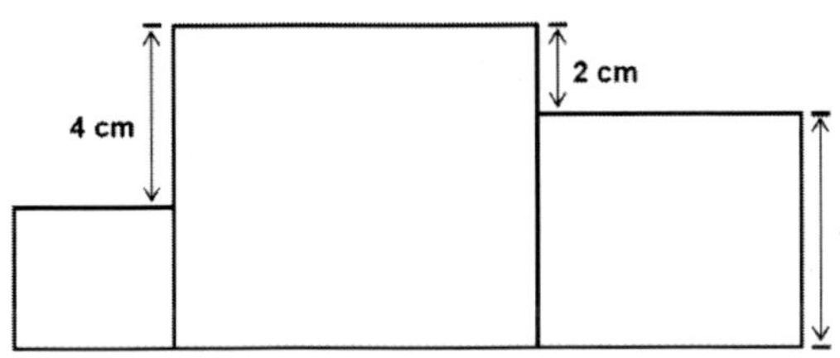

20) UFPA – Um barco navega de Belém a Bujaru subindo o rio Guamá contra a correnteza e volta de Bujaru a favor da correnteza, a qual é de 20 km/h. Sabendo que a distância entre as cidades é de 60 km e o trajeto é realizado em 4h, pode-se afirmar que a velocidade do barco, em km/h, descendo o rio, foi de:

(A) 46 (B) 48 (C) 50 (D) 54 (E) 60

Teste 3

21) UFPB – Certa cidade tem uma avenida reta, onde existem exatamente 13 paradas de ônibus, igualmente espaçadas. A primeira delas está a 300m do início da avenida e a última, a 500m do final da avenida, e a distância entre a quinta e a oitava parada é de 2700m. A partir dessas informações, identifique as afirmativas corretas:

I. O comprimento da avenida é de 11,6 km.
II. Um ônibus, nessa avenida, a 3200m do seu final, está a mais de 8km da primeira parada.
III. A distância entre a segunda a nona parada é de 6300m.
IV. A sétima parada está a 5,8 km do início da avenida
V. A nona parada está a menos de 4km do final da avenida.

22) UFRN – O piso de um salão foi revestido com pedras quadradas de granito de $1m^2$, como mostra a figura ao lado. Considerando que o espaço entre as pedras é nulo, a área do salão, em metros quadrados, é de

(A) 58 (B) 48 (C) 36 (D) 24 (E) 32

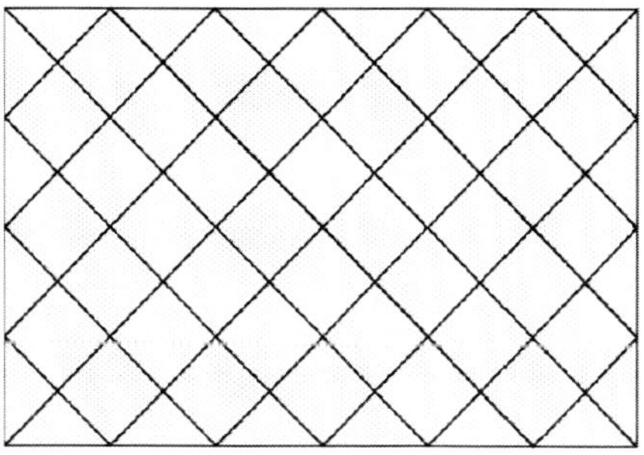

23) FGV – Walter tinha dinheiro na poupança e distribuiu uma parte aos três filhos.
Ao mais velho deu 1/5 do que tinha na poupança.
Do que sobrou, deu 1/4 ao filho do meio.
Ao mais novo, deu 1/3 do que restou.
A – Que porcentagem da quantia inicial foi distribuída?
B – Qual dos filhos recebeu mais?

24) USP – Sejam **a** e **b** dois números inteiros positivos. Diz-se que **a** e **b** são *equivalentes* se a soma dos divisores positivos de **a** coincide com a soma dos divisores positivos de **b**. Constituem dois inteiros positivos equivalentes:

(A) 8 e 9. (B) 9 e 11. (C) 10 e 12. (D) 15 e 20. (E) 16 e 25.

25) ENEM – Uma fábrica produz barras de chocolates no formato de paralelepípedos e de cubos, com o mesmo volume. As arestas da barra de chocolate no formado de paralelepípedo medem 3 cm de largura, 18 cm de comprimento e 4 cm de espessura. Analisando as características das figuras geométricas descritas, a medida das arestas dos chocolates que têm formato de cubo é igual a

(A) 5 cm (B) 6 cm (C) 12 cm (D) 24 cm (E) 25 cm

26) ENEM – Um grupo de pacientes com Hepatite C foi submetido a um tratamento tradicional em que 40% desses pacientes foram completamente curados. Os pacientes que não obtiveram cura foram distribuídos em dois grupos de mesma quantidade e submetidos a dois tratamentos inovadores. No primeiro tratamento inovador, 35% dos pacientes foram curados e, no segundo, 45%. Em relação aos pacientes submetidos inicialmente, os tratamentos inovadores proporcionaram cura de

(A) 16% (B) 24% (C) 32% (D) 48% (E) 64%

27) UNICAMP – O número mínimo de pessoas que deve haver em um grupo para que possamos garantir que nele há pelo menos três pessoas nascidas no mesmo dia da semana é igual a

(A) 21 (B) 20 (C) 15 (D) 14 (E) 10

28) UFRGS – Uma caixa d'água tem as seguintes dimensões internas: 3 m de comprimento, 2 m de largura e 2,5 m de altura. Em um dado momento, a água atinge a altura de 2m na caixa d'água. Para encher completamente essa caixa d'água, a quantidade de água que precisamos acrescentar, em litros, é

(A) 30 (B) 300 (C) 3.000 (D) 30.000 (E) 300.000

29) UFCE – Os números naturais $p = 2^{31} - 1$ e $q = 2^{61} - 1$ são primos. Então, o número de divisores de $2pq$ é igual a:

(A) 1 (B) 2 (C) 4 (D) 6 (E) 8

30) UNESP – Uma imobiliária exige dos novos locatários de imóveis o pagamento, ao final do primeiro mês no imóvel, de uma taxa, junto com a primeira mensalidade de aluguel. Rafael alugou um imóvel nessa imobiliária e pagou R$ 900,00 ao final do primeiro mês. No período de um ano de ocupação do imóvel, ele contabilizou gastos totais de R$ 6.950,00 com a locação do imóvel. Na situação descrita, a taxa paga foi de

(A) R$ 450,00 (B) R$ 250,00 (C) R$ 300,00 (D) R$ 350,00 (E) R$ 550,00

Teste 4

31) PUC Campinas – Alguém possui o *vício permanente* de visitar sebos, faz isso duas vezes por semana, uma no sábado e outra no domingo. Na cidade onde essa pessoa mora há 25 sebos, todos abrindo também aos sábados, domingos e feriados. Essa pessoa visitou o primeiro desses sebos no dia 1 de abril de 2017, um sábado. Continuou suas visitas sem repetir sebos e sem falhar semana alguma. Pode-se afirmar que ela completou a visita aos 25 sebos em

(A) 11/06 (B) 25/06 (C) 24/06 (D) 17/06 (E) 01/07

32) UFCG – À meia noite, 30% dos convidados de uma festa foram embora. Mesmo assim, o número de convidados restantes era 40% maior do que quando a festa iniciou. Caso esses convidados não tivessem ido embora, o número de convidados na festa à meia noite seria:

(A) Metade do número de convidados presentes no início da festa.
(B) O dobro do número de convidados presentes no início da festa.
(C) Um terço do número de convidados presentes no início da festa.
(D) Um quarto do número de convidados presentes no início da festa.
(E) O triplo do número de convidados presentes no início da festa.

33) UFPE – Quanto de juros simples é produzido por um capital de R$ 4.000,00, aplicados à taxa de 12% ao ano, durante um ano e meio?

(A) R$ 700,00 (B) R$ 710,00 (C) R$ 720,00 (D) R$ 730,00 (E) R$ 740,00

34) UF Pelotas – O gráfico mostra o preço de uma máquina, que decresce linearmente em relação ao tempo (t em anos). Nessas condições, o valor de t, em anos, para o qual o preço da máquina é R$ 5.000,00, é

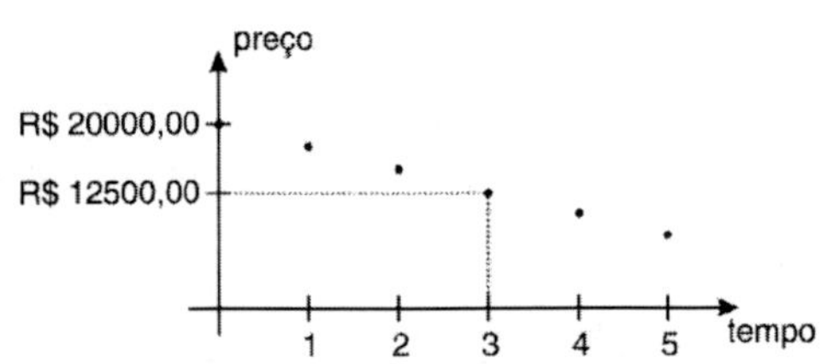

(A) 5 (B) 6 (C) 7
(D) 8 (E) 4 (F) NRA

35) UFT – Um produtor estava vendendo ovos de galinha na feira de seu bairro em uma cesta. O primeiro cliente que o vendedor atendeu fez o seguinte pedido: quero a metade dos ovos que estão na cesta mais meio ovo. O vendedor prontamente o atendeu e lhe entregou a quantidade solicitada. Sabendo que o feirante não quebrou nenhum ovo para atender seu cliente e que lhe restou apenas um ovo na cesta, pode-se afirmar que o cliente levou:

(A) 2 ovos (B) 3 ovos (C) 4 ovos (D) 5 ovos (E) 6 ovos

36) UDESC – De forma simplificada, a umidade relativa do ar é calculada pela relação entre a quantidade de vapor de água presente no ar e a quantidade máxima desse vapor no ar, antes

que ele fique saturado e a água comece a condensar para a forma líquida, para condições específicas de temperatura e pressão.

Um ambiente fechado de 40 m^3 apresenta inicialmente 100% de umidade relativa do ar, com 20g de vapor de água por metro cúbico. Se for colocado neste ambiente um condicionador de ar, que retira do ambiente 1 kg de água por hora (de forma constante), e um umidificador que adiciona 600g de água (de forma constante), e são ligados simultaneamente, logo a umidade relativa nesse ambiente, após 30 minutos, será de:

(A) 25% (B) 100% (C) 75% (D) 85% (E) 15%

37) UFSM - Em uma academia de ginástica, o salário mensal de um professor é de R$ 800,00. Além disso, ele ganha R$ 20,00 por mês, por cada aluno inscrito em suas aulas. Para receber R$ 2400,00 por mês, quantos alunos devem estar matriculados nas suas aulas?

(A) 40 (B) 50 (C) 60 (D) 70 (E) 80

38) UEMG - Uma caixa d'água cúbica de 80cm de profundidade possui água a uma quantidade igual a 3/4 de sua capacidade. Com a necessidade de esvaziá-la para limpeza, será usada uma torneira com uma vazão de 4 litros por minuto. O tempo necessário para que a caixa d'água fique totalmente vazia será igual a

A) $1\frac{1}{4}h$ B) $1\frac{1}{3}h$ C) $1\frac{3}{5}h$ D) $1\frac{2}{3}h$

39) UFAL - Um engenheiro recebe determinação de um cliente para construir uma casa térrea de planta retangular. Sabendo-se que o perímetro do retângulo onde a casa deverá ser construída mede 60m e que o cliente solicitou que a casa tivesse área máxima de construção, podemos afirmar que as dimensões do terreno para construção de tal casa são

(A) 10m e 16m (B) 30m e 30m (C) 15m e 14m (D) 15m e 15m (E) 15,5m e 15m

40) UFBA - Um capital aplicado no prazo de dois anos, a uma taxa de juros compostos de 40% ao ano, resulta no montante de R$ 9.800,00. Sendo x% a taxa anual de juros simples que, aplicada ao mesmo capital durante o mesmo prazo, resultará no mesmo montante, determine x.

Teste 5

41) UF São Carlos - A figura é composta por 6 pontos dispostos em forma de um triângulo equilátero. O número de triângulos distintos que podem ser formados tendo como vértices três pontos dessa figura é

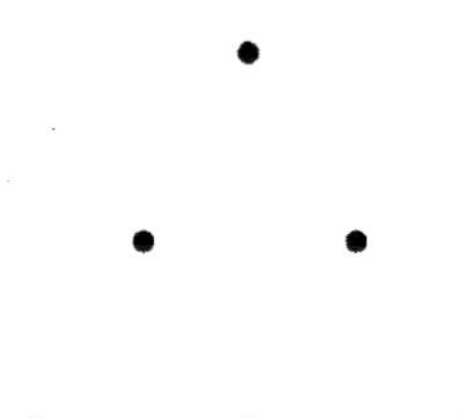

(A) 14 (B) 17 (C) 20 (D) 23 (E) 26

42) UFG - Analise o gráfico abaixo.

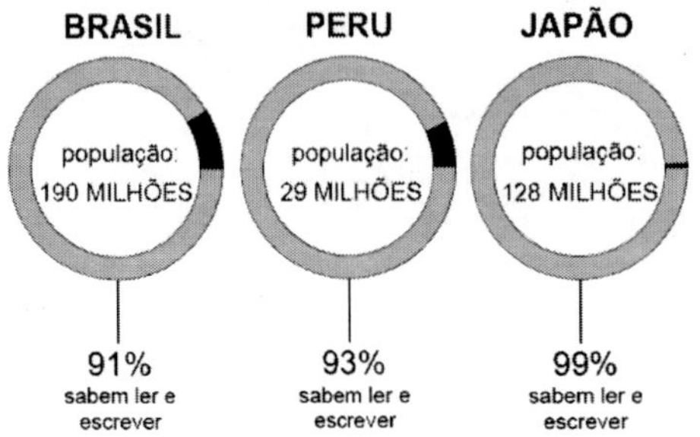

De acordo com o gráfico apresentado, o número de pessoas que

(A) sabem ler e escrever no Brasil é maior que no Japão.
(B) sabem ler e escrever no Peru é maior que no Brasil.
(C) não sabem ler e escrever no Japão é maior que no Peru.
(D) não sabem ler e escrever no Japão é maior que no Brasil.
(E) não sabem ler e escrever no Peru é maior que no Brasil.

43) IFCE – Os números naturais de 1 a 16 foram dispostos em uma tabela com quatro linhas e quatro colunas, de modo que a soma dos elementos de qualquer linha e de qualquer coluna é sempre a mesma. Essa soma vale

(A) 34 (B) 17 (C) 64 (D) 48 (E) 32

44) UFPI – Um automóvel percorre a distância entre dois bairros de Teresina, capital do estado do Piauí, com a velocidade constante de 30 m/s e volta, pelo mesmo caminho, com velocidade também constante, de 20 m/s. Qual a velocidade média do automóvel na viagem toda?

(A) 20 m/s (B) 23 m/s (C) 24 m/s (D) 28 m/s (E) 30 m/s

45) UFMS – Uma torneira gasta sozinha 20 min para encher um tanque. Outra torneira sozinha gasta 5 min para encher o mesmo tanque. Em quanto tempo, as duas torneiras juntas enchem esse tanque?

(A) 5 min (B) 6 min (C) 3 min (D) 10 min (E) 4 min

46) UFJF – Uma lanchonete vende cada copo de suco de laranja por R$ 1,50, obtendo um lucro de 50% sobre o custo do suco. Devido a uma queda na safra, o preço da laranja subiu, o que acarretou um aumento de 20% no custo do suco. O dono da lanchonete, para não diminuir as vendas de suco de laranja, decidiu manter o preço de cada copo de suco em R$ 1,50 e reduzir o tamanho do copo de modo a conservar a margem de lucro de 50% sobre o custo do suco. Originalmente, a capacidade do copo era de 300 mL. O novo copo deve ter capacidade de:

(A) 280 mL (B) 260 mL (C) 250 mL (D) 240 mL (E) 200 mL

47) IFMT – Na sequência das operações seguintes, os produtos obtidos obedecem a determinado padrão, conforme mostrado ao lado. Assim sendo, é correto afirmar que, ao se efetuar 333.333.333 x 333.333.333, obtém-se um número cuja soma dos algarismos está compreendida entre

$$3 \times 3 = 9$$
$$33 \times 33 = 1089$$
$$333 \times 333 = 110889$$
$$3333 \times 3333 = 11108889$$
$$33.333 \times 33.333 = 1111088889$$
$$\vdots$$

(A) 50 e 70 (B) 70 e 80 (C) 80 e 90
(D) 50 e 60 (E) 40 e 50

48) FGV – Duas velas do mesmo tamanho são acesas no mesmo instante. A primeira é consumida totalmente em 4 horas e a segunda, em 3 horas. Suponha que cada uma das velas seja consumida a uma velocidade constante. Após serem acesas, o tamanho da primeira vela será o triplo do tamanho da segunda, decorridas:

(A) 2h 45min (B) 2h 40min (C) 2h 48min (D) 2h 52min (E) 2h 30min

49) PUC Campinas – Para fazer a digitalização de 30 páginas, um estagiário leva 28 minutos. Se o estagiário trabalhar durante suas 4 horas e 40 minutos de expediente com o dobro dessa velocidade de digitalização, nesse expediente de trabalho, ele será capaz de digitalizar um total de páginas igual a

(A) 300 (B) 480 (C) 600 (D) 680 (E) 750

50) UERJ – Em uma atividade escolar, qualquer número X, inteiro e positivo, é submetido aos procedimentos matemáticos descritos abaixo, quantas vezes forem necessárias, até que se obtenha como resultado final o número 1.

Se X é múltiplo de 3, deve-se dividi-lo por 3.

Se X não é divisível por 3, deve-se calcular X – 1.

A partir de X=11, por exemplo, os procedimentos são aplicados quatro vezes. Veja a sequência dos resultados obtidos:

10	9	3	1

Iniciando-se com X=43, o número de vezes que os procedimentos são utilizados é igual a:

(A) 7 (B) 8 (C) 9 (D) 10 (E) 11

Teste 6

51) IFSP – Um prédio comercial instalou, em cada um dos seus 4 andares, 8 vasos sanitários com sistema de esgoto a vácuo. Esse sistema, além de produzir menos esgoto, consome cerca de 1,2 litros de água a cada acionamento da descarga, gerando uma economia de 40% no volume de água gasto. Se a descarga de cada vaso for acionada 10 vezes em um horário de um certo dia, o volume economizado naquele horário, em litros, será igual a

(A) 153,6 (B) 230,4 (C) 256,0 (D) 367,2 (E) 576,0

52) IFS – Um capital de R$ 7.500,00 foi aplicado a juro simples, à taxa de 3% ao mês durante 7 meses. Os juros dessa aplicação em reais, é:

(A) R$ 8.625,00 (B) R$ 1.125,00 (C) R$ 1.575,00 (D) R$ 9.075,00 (E) R$ 8.000,00

53) IFPE – Fernando planta cana-de-açúcar na cidade de Ribeirão, interior de Pernambuco. Para aproveitar uma área de sua propriedade com outra atividade, ele resolveu cercar um pedaço de terra junto a um riacho de forma retangular, conforme a figura ao lado, e criar coelhos para comércio. Ele dispõe para isso de 40 metros lineares de cerca que serão também usadas no lado do riacho.

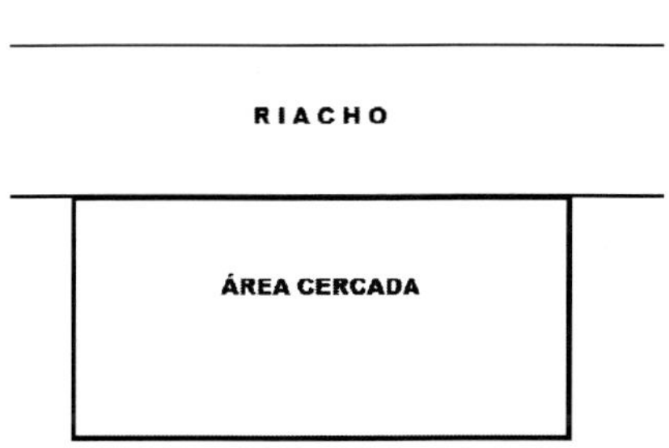

Qual é a área máxima que ele pode cercar para essa criação de coelhos?

(A) 85 (B) 90 (C) 95 (D) 100 (E) 105

54) IFRO – Se **a** e **b** são números inteiros primos entre si e se

$$\frac{a}{b}=\frac{1}{2}+\frac{1}{6}+\frac{1}{12}+\frac{1}{20}+\frac{1}{30}+\frac{1}{42}+\frac{1}{56}+\frac{1}{72}$$

Qual é o valor de **a+b** ?

(A) 15 (B) 19 (C) 17 (D) 11 (E) 21

55) UFF – Um reservatório, com 40 litros de capacidade, já contém 30 litros de uma mistura gasolina/álcool com 18% de álcool. Deseja-se completar o tanque com uma nova mistura gasolina/álcool de modo que a mistura resultante tenha 20% de álcool. A porcentagem de álcool nessa nova mistura deve ser de:

(A) 20% (B) 22% (C) 24% (D) 26% (E) 28%

56) IFSC – Um pai deixa de herança aos seus três filhos 36 ovelhas. No testamento afirma que o mais velho deveria receber metade das ovelhas. O filho do meio deveria receber 1/3 e, o mais jovem, 1/9. Na partilha, as ovelhas restantes ficariam com a mãe dos meninos. Quantas ovelhas restaram para a mãe?

(A) 12 (B) 2 (C) 4 (D) 18 (E) 1

57) UFAM – Um reservatório possui a forma de um paralelepípedo reto retângulo, conforme a figura. Lembrando que 1 litro equivale a 1 dm^3, para que o tanque esteja completamente cheio, são necessários:

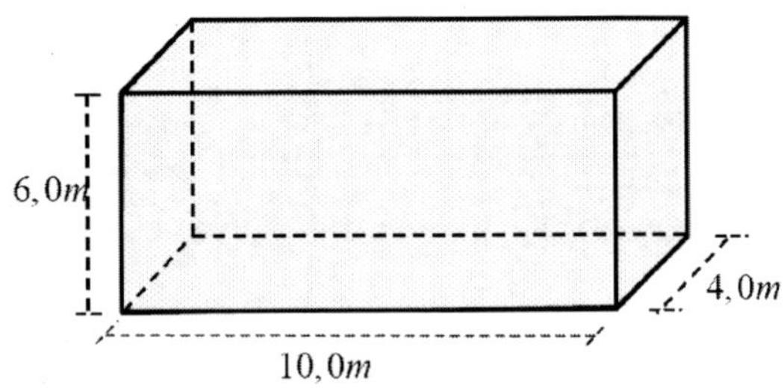

(A) $2{,}4 \times 10^7$ litros (B) $2{,}4 \times 10^5$ litros
(C) $2{,}4 \times 10^6$ litros (D) $2{,}4 \times 10^4$ litros
(E) $2{,}4 \times 10^{-4}$ litros

58) PUC SP – Um bloco maciço de madeira na forma de um prisma reto de base retangular medindo 18cm por 24cm e com 30cm de altura, foi totalmente dividido em cubinhos iguais e de maior aresta possível. Supondo que não tenha ocorrido perda alguma no corte do bloco, o volume de um cubinho é

(A) 64 cm^3 (B) 125 cm^3 (C) 216 cm^3 (D) 343 cm^3

59) UDESC – Maria recebeu alta do hospital, mas deverá continuar o tratamento em casa por mais 30 dias completos. Para isso, ela deverá tomar o remédio A a cada 4 horas, o B a cada 5 horas e o C a cada 6 horas. Em casa, Maria iniciou o tratamento tomando o remédio A, o B e o C no mesmo horário. Supondo que ela atendera rigorosamente às recomendações médicas quanto ao horário da ingestão dos medicamentos, então o número de vezes em que os três remédios foram ingeridos simultaneamente foi:

(A) 12 vezes (B) 13 vezes (C) 1 vez (D) 6 vezes (E) 7 vezes

60) UFRN – O conjunto dos números inteiros está dividido em duas classes: os PARES e os ÍMPARES. Com base nessa afirmação, é correto afirmar que

(A) o número $(123.321.456.654 + 456.654.789.987)^{22}$ é par.
(B) existem cinco números ímpares, entre 100 e 200, cuja soma é 900.
(C) o número $(1.264.783.719 - 962.540.775)^{21}$ é ímpar
(D) a soma dos números inteiros de 1 a 1111 é um número par.

Teste 7

61) PUC PR – Uma máquina automática produz um único tipo de peças, idênticas, de um determinado produto, operando sempre, por motivos de segurança, apenas exatamente 12 horas a cada dia, ininterruptamente, todos os dias da semana, inclusive aos sábados, domingos e feriados. Essa máquina será substituída por outra, mais moderna, que tem a capacidade de produzir o quádruplo da quantidade de peças (do mesmo tipo) que produz a atual, em um mesmo período de tempo. A nova máquina vai operar, ininterruptamente, por 21 horas a cada dia, todos os dias da semana. Durante quantos dias, no mínimo, a nova máquina precisará operar para produzir o triplo do que a antiga produz em uma semana?

(A) 1 dia (B) 3 dias (C) 4 dias (D) 5 dias (E) 6 dias

62) UNISINOS – Se **a** e **b** são números ímpares, então os números $a+b$, ab e $a^2 + b^2$ são, respectivamente,

(A) par, par e par (B) par, ímpar e par (C) par, ímpar e ímpar
(D) ímpar, par e ímpar (E) ímpar, ímpar e par

63) USP – Numa caixa em forma de paralelepípedo reto-retângulo, de dimensões 26cm, 17cm e 8cm, que deve ser tampada, coloca-se a maior esfera que nela couber. O maior número de esferas iguais a essa que cabem juntas na caixa é

(A) 1 (B) 2 (C) 4 (D) 6 (E) 8

64) UFRJ – Sabe-se que vale a pena abastecer com álcool um certo automóvel bicombustível (flex) quando o preço de 1L de álcool for, no máximo, 60% do preço de 1L de gasolina. Suponha que 1L de gasolina custe R$ 2,70. Determine o preço máximo de 1L de álcool para que seja vantajoso usar esse combustível.

65) UFMG – Considere o conjunto $M = \{n \in \mathbb{N} : 1 \leq n \leq 500\}$.
O número de elementos de M que não são múltiplos de 3 e nem de 5 é

(A) 234 (B) 266 (C) 267 (D) 467 (E) 201

66) PUC SP – Dois recipientes, R_1 e R_2, contém a mesma quantidade de misturas de álcool e água, nas respectivas proporções: 3:5, em R_1 e 2:3 em R_2. Juntando-se em um terceiro recipiente os conteúdos de R_1 e R_2, a proporção de álcool e água nesta mistura será de:

(A) 4/7 (B) 31/49 (C) 5/7 (D) 37/49 (E) 6/7

67) UFPR – Um professor de Estatística costuma fazer duas avaliações por semestre e calcular a nota final fazendo a média aritmética entre as notas dessas duas avaliações. Porém, devido a um problema de falta de energia elétrica, a segunda prova foi interrompida antes do tempo previsto e vários alunos não conseguiram terminá-la.
Como não havia possibilidade de refazer a avaliação, o professor decidiu alterar os pesos das provas para não prejudicar os alunos. Assim que Amanda e Débora souberam da notícia, correram até o mural para ver suas notas e encontraram os valores indicados na figura ao lado.
Qual foi o peso atribuído à segunda prova?

Nome	1ª prova	2ª prova	Nota final da disciplina
Amanda	82	52	72,1
Débora	90	40	73,5

(A) 0,25 (B) 0,30 (C) 0,33 (D) 0,35 (E) 0,40

68) UNIFEI – Os números A e B, escritos nas bases 3 e 4, respectivamente, são $A=22212_{(3)}$ e $B=20301_{(4)}$. Quanto vale a soma A+B no sistema de numeração decimal?

(A) 565 (B) 720 (C) 800 (D) 843 (E) 960

69) UFPA – Um grupo de 22 amigos realizou um bolão na Loteria Federal para concorrer a um prêmio de 65 milhões de reais, e cada pessoa entrou com uma cota de R$ 5,00 ou R$ 10,00. Desse grupo, 4 pessoas contribuíram com R$ 10,00 e as demais contribuíram com R$ 5,00. Na hipótese de o bilhete ser premiado, o valor do prêmio será dividido de forma diretamente proporcional à cota de cada pessoa. Dessa forma, cada pessoa que contribuiu com R$ 10,00 receberia

(A) R$ 2.000.000,00 (B) R$ 2.500.000,00 (C) R$ 5.000.000,00
(D) R$ 7.500.000,00 (E) R$ 9.000.000,00

70) UFLA – Um livro tem 450 páginas, das quais um terço possui figuras. As páginas sem figuras contém 832 palavras cada uma, e as páginas com figuras possuem apenas um quarto das palavras das páginas sem figuras. O número de palavras do livro todo é

(A) 182.726 (B) 249.600 (C) 280.800 (D) 374.400 (E)

Teste 8

71) UFS – Mensalmente, um casal deposita dinheiro em contas de poupança separadas. Certo dia, ambos constatam que, em suas respectivas contas, o saldo é diferente: o homem tem R$ 4.500,00 e a mulher, R$ 3.200,00. A partir desse dia, a mulher passou a depositar R$ 100,00 a mais que o homem, buscando equiparar os saldos no futuro. Supondo que a poupança renda 1% ao mês, a esposa terá um saldo maior que o saldo do esposo em

(A) 10 meses (B) 11 meses (C) 12 meses (D) 13 meses (E) 14 meses

72) UFPB – Uma pessoa tomou uma dose de 120mg de um medicamento para combater uma enfermidade, às 2 horas da manhã. De acordo com a bula do medicamento, a cada seis horas a quantidade dessa droga no organismo se reduz à metade. A prescrição médica foi feita de modo que, quando o nível desse medicamento, no organismo, atingisse 15mg, essa pessoa deveria repetir a dosagem. Se o medicamento foi tomado rigorosamente segundo a prescrição médica, a segunda dose foi tomada às:

(A) 18h (B) 20h (C) 22h (D) 23h 30min (E) 24h

73) UFSC – Um país lançou em 02/05/2000 os satélites artificiais A, B e C com as tarefas de fiscalizar o desmatamento em áreas de preservação, as nascentes dos rios e a pesca predatória no Oceano Atlântico. No dia 03/05/2000 podia-se observá-los alinhados, cada um em uma órbita circular, tendo a Terra como centro. Se os satélites A, B e C levam, respectivamente, 6, 10 e 9 dias para darem uma volta completa em torno da Terra, então o número de dias para o próximo alinhamento é:

(A) 30 (B) 60 (C) 90 (D) 120 (E) 180

74) UF Viçosa – Nayla comemorou seus 15 anos com sua turma do Colégio. No salão de festas, havia 40 jovens participando do baile. Cada moça dançou com um número diferente de rapazes: Elza dançou com 5, Suzana com 6, Priscila com 7, e assim por diante, até chegar finalmente a Nayla, que como não poderia deixar de ser, dançou com todos os rapazes. É correto afirmar que participaram do baile:

(A) 16 moças. (B) 16 rapazes. (C) 22 moças. (D) 22 rapazes. (E) 25 rapazes

75) ENEM – Uma escola lançou uma campanha para seus alunos arrecadarem, durante 30 dias, alimentos não perecíveis para doar a uma comunidade carente da região. Vinte alunos aceitaram a tarefa e nos primeiros 10 dias trabalharam 3 horas diárias, arrecadando 12 kg de alimentos por dia. Animados com os resultados, 30 novos alunos somaram-se ao grupo, e passaram a trabalhar 4 horas por dia nos dias seguintes até o término da campanha. Admitindo-se que o ritmo de coleta tenha se mantido constante, a quantidade de alimentos arrecadados ao final do prazo seria de

(A) 920 kg (B) 800 kg (C) 720 kg (D) 600 kg (E) 570 kg

76) UFCG – Dois amigos, Marcos e Paulo, apostaram juntos na loteria e ganharam uma quantia Q. Foi combinado que Paulo receberia o dinheiro em sua conta bancária e faria uma transferência para a conta de Marcos. Referente a taxas e impostos, Paulo deve pagar y% do valor a ser transferido. Determine, em função de y e Q, o valor que Paulo deve transferir de modo que fiquem ambos com a mesma quantia do prêmio.

(A) $\frac{100}{200-y}Q$ (B) $\frac{200+y}{100}Q$ (C) $\frac{y}{100}Q$ (D) $\frac{202}{100y}Q$ (E) $\frac{200+y^2}{100}Q$

77) UFPE – Juntas, três crianças comeram 22 biscoitos. Se João foi o que comeu mais biscoitos, qual o menor número possível de biscoitos que João comeu?

(A) 6 (B) 7 (C) 8 (D) 9 (E) 10

78) PUC SP – Um número é chamado "perfeito" se ele for igual à soma de seus divisores, excluindo ele mesmo. Se $S = 2^n - 1$ é um número primo, então o número $P=2^{n-1}.S$ será um número "perfeito".
Sabendo que o número 496 é um número "perfeito", os valores de n e S são, respectivamente

(A) 5 e 31 (B) 5 e 29 (C) 3 e 29 (D) 3 e 31

79) UFT – É correto afirmar que o algarismo das unidades do número 2^{2014} é:

(A) 2 (B) 4 (C) 6 (D) 8 (E) 0

80) UDESC – A soma de todos os números múltiplos de 9 que são formados por quatro algarismos deixa como resto:

(A) 0 na divisão por 6
(B) 1 na divisão por 3
(C) 3 na divisão por 4
(D) 2 na divisão por 5
(E) 4 na divisão por 10

Teste 9

81) UFAL – Em uma escola, exatamente 0,300300300...% dos alunos estudam todos os dias, e exatamente 30,303030...% dos alunos estudam somente durante os exames. Se o número total de alunos é inferior a 4000, quantos são os alunos?

(A) 3661 (B) 3662 (C) 3663 (D) 3664 (E) 3665

82) UERJ – O código de uma inscrição tem 14 algarismos; dois deles e suas respectivas posições estão indicados abaixo.

5				8				x					

Considere que, nesse código, a soma de três algarismos consecutivos seja sempre igual a 20. O algarismo representado por **x** será divisor do seguinte número:

(A) 49 (B) 64 (C) 81 (D) 125

83) UFPI – O número de divisores inteiros positivos de $2^3.3^4.5^2.7$ que não são divisíveis por 30, mas são divisíveis por pelo menos, um dos números 6, 10 ou 15, é:

(A) 52 (B) 72 (C) 100 (D) 148 (E) 196

84) IFMT – Imagine um cubo formado por 64 cubinhos iguais. Se o cubo é pintado em todas as suas seis faces, alguns cubinhos internos não receberão tinta alguma. Quantos são esses cubinhos?

(A) 4 (B) 7 (C) 8 (D) 16 (E) 20

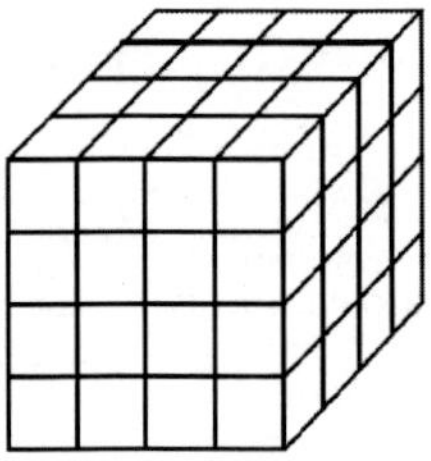

85) IFS – O menor valor de **x** tal que MDC(x, 18, 30) = 6 é:

(A) 12 (B) 24 (C) 2 (D) 6 (E) 36

86) UNISINOS – Sabendo que **a** e **b** são inteiros ímpares e que **c** é inteiro par, avalie as afirmações a seguir.
I – a + b + ab é ímpar
II – $a^2 + c^2$ é ímpar
III – 19a + 11c é ímpar

Sobre as proposições acima, pode-se afirmar que

(A) apenas I está correta.
(B) apenas III está correta.
(C) apenas I e II estão corretas.
(D) apenas II e III estão corretas.
(E) I, II e III estão corretas.

87) USP – Uma senhora tinha entre trinta e quarenta ações de uma empresa para dividir igualmente entre todos os seus netos. Num ano, quando tinha 3 netos, se a partilha fosse feita, deixaria uma ação sobrando. No ano seguinte, nasceu mais um neto e, ao dividir igualmente entre os quatro netos o mesmo número de ações, ela observou que sobrariam 3 ações. Nesta última situação, quantas ações receberá cada neto?

(A) 6 (B) 7 (C) 8 (D) 9 (E) 10

88) UNIFOR – Observe a figura dada abaixo, construída usando palitos de fósforo inteiros. Com os palitos é possível construir a seguinte sucessão de figuras compostas por triângulos.

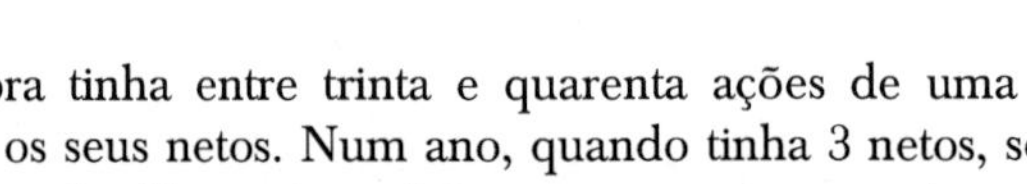

Seguindo o mesmo padrão de construção, para obter uma figura composta de 25 triângulos, o total de palitos de fósforo que deverão ser usados é

(A) 45 (B) 47 (C) 49 (D) 51 (E) 53

89) PUC SP – Simplificando a expressão $\dfrac{3^{n+3} - 3.3^{n-1}}{3.3^{n+2}}$, obtém-se:

(A) $3^{n+1} - \frac{1}{9}$ (B) -3^{n+2} (C) 3^{n} (D) $\frac{26}{27}$ (E) $\frac{16}{9}$

90) USP – Durante uma viagem choveu 5 vezes. A chuva caía pela manhã ou à tarde, nunca o dia todo. Houve 6 manhãs e 3 tardes sem chuva. Quantos dias durou a viagem?

(A) 6 (B) 7 (C) 8 (D) 9 (E) 10

Teste 10

91) UFRJ – Um buquê contém flores, entre as quais rosas vermelhas. Se retiramos todas as flores de cor vermelha, restarão 14 flores. Se retirarmos todas as rosas, restarão 17 flores. Se retirarmos todas as flores que não são vermelhas, restarão 19 flores e, se retirarmos todas as rosas vermelhas restarão 26 flores. Determine o número de flores desse buquê e o número de rosas que não são vermelhas (discursiva).

92) UFAM – A quantidade de números pares que se pode formar com quatro algarismos distintos é igual a:

(A) 5040 (B) 1356 (C) 2296 (D) 3600 (E) 5000

93) UFLA – Considere cubos empilhados como na sequência ao lado. Continuando a sequência, o número de cubos na próxima pilha será:

(A) 20 (B) 16 (C) 18 (D) 19 (E) 21

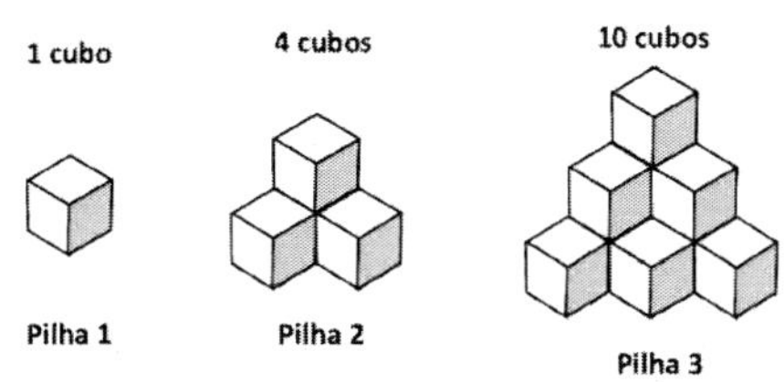

94) UFCG – Por segurança, atualmente, os números primos são importantes para criar mensagens por meio de códigos* e enviá-las via Internet. Para isso, usam-se números primos que tenham muitos dígitos. Em relação aos números primos, quantos números naturais **n** existem de modo que é $\frac{n+10}{n}$ primo?

* Sistema de sinais secretos utilizados em correspondências e comunicações.

(A) 0 (B) 1 (C) 2 (D) 3 (E) 4

95) UFT – Calcule o valor de F, dado pela expressão abaixo:

$$F = \cfrac{1}{1 - \cfrac{1}{1 - \cfrac{1}{1 - \cfrac{1}{1 - \cfrac{1}{5}}}}}$$

(A) 1
(B) 0,75
(C) 2
(D) 1,25
(E) 2,25

96) UFG – O maior número primo conhecido foi descoberto em 2005, por Martin Nowak. Ele é dado por $2^{25964951} - 1$.
Considerando o algoritmo de Euclides para a divisão por 8 desse número, pode-se escrever a equação $2^{25964951} - 1 = 8k + r$. Então o resto **r** da divisão por 8 do maior primo conhecido é:

(A) 0 (B) 2 (C) 5 (D) 6 (E) 7

97) UESC – Se **n** é um número inteiro, então a quantidade de números racionais da forma $\dfrac{2n}{3n+15}$, que são estritamente menores que 7/13, é:

(A) 21 (B) 25 (C) 20 (D) infinita (E) 27

98) UFMT – Admita que os pneus dianteiro e traseiro de uma moto, quando novos, tenham vida útil de 18.000 km e 12.000 km, respectivamente. Com dois pneus novos, fazendo rodízio adequado e respeitando a vida útil citada, é possível uma moto rodar, em km, até:

(A) 14.400 (B) 14.800 (C) 15.000 (D) 15.500 (E) 15.200

99) UFPR – Temos três caixas, uma com duas bolas azuis, outra com duas bolas brancas e uma terceira com uma bola branca e outra azul. Cada caixa tinha uma etiqueta correspondente ao seu conteúdo (AA, BB e AB), contudo alguém trocou as etiquetas de tal forma que todas ficaram etiquetadas de forma errada. Tirando apenas uma bola por vez de qualquer das caixas, sem olhar o conteúdo, qual é o menor número de bolas que deve ser retirado para saber o conteúdo de cada caixa?

(A) Cinco bolas (B) Quatro bolas (C) Três bolas (D) Duas bolas (E) Uma bola

100) UFLA – O número de pontos na centésima figura é de:

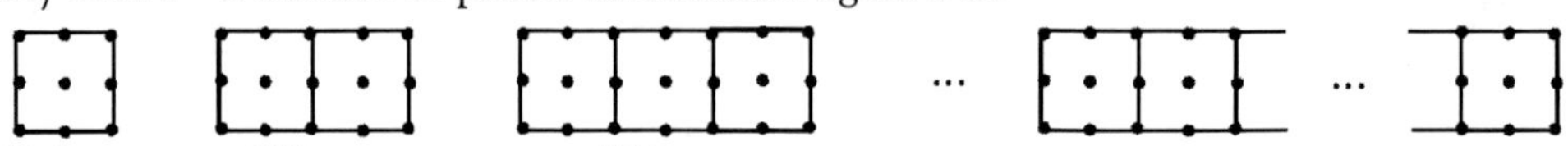

1ª figura 2ª figura 3ª figura 100ª figura

(A) 873 (B) 900 (C) 609 (D) 603 (E) 909

Respostas dos testes

Respostas do Teste 1

01) B	03) B	05) D	07) B	09) B
02) B	04) B	06) C	08) D	10) D

Respostas do Teste 2

11) A	13) C	15) A	17) D	19) C
12) B	14) C	16)12,34	18) B	20) E

Respostas do Teste 3

21) *	23) *	25) B	27) C	29) E
22) B	24) E	26) B	28) C	30) D

21) VVVFF; 23) 60%; Nenhum

Respostas do Teste 4

31) C	33) C	35) A	37) E	39) D
32) B	34) B	36) C	38) C	40) 48%

Respostas do Teste 5

41) B	43) A	45) E	47) C	49) C
42) A	44) C	46) C	48) B	50) A

Respostas do Teste 6

51) C	53) D	55) D	57) B	59) B
52) C	54) C	56) B	58) C	60) D

Respostas do Teste 7

61) B	63) D	65) C	67) C	69) C
62) B	64) 1,62	66) B	68) C	70) C

Respostas do Teste 8

71) E	73) C	75) A	77) C	79) B
72) B	74) D	76) A	78) A	80) A

Respostas do Teste 9

81) C	83) A	85) D	87) B	89) D
82) A	84) C	86) E	88) D	90) B

Respostas do Teste 10

91) 33, 9	93) A	95) D	97) B	99) E
92) C	94) D	96) E	98) A	100) D

Resoluções dos testes

Resoluções do teste 1

1) PUC Campinas - Primeiro devemos descobrir a quantidade de leite para preparar a refeição para 54 pessoas. Isso pode ser calculado usando uma *regra de três simples*. Uma vez identificada a quantidade de leite, calculamos o número de caixas necessárias, lembrando que cada caixa tem 500 mL, conforme indica o problema. Para armar a regra de três, usamos na 1ª linha a situação 1 (receita para 5 pessoas), e na 2ª linha, a situação 2 (receita para 54 pessoas). Note que a quantidade de leite é *diretamente proporcional* ao número de pessoas, portanto quanto mais pessoas, mais leite será necessário.

5 pessoas ➔ 280 mL
54 pessoas ➔ x

$$x = \frac{280 \times 54}{5}$$
$$x = 3024$$

Como uma caixa tem 500 ml, para formar 3024 mL, matematicamente, são necessárias 7 caixas. As 6 primeiras caixas fornecem 3000 mL, e os 24 mL restantes são usados da 7ª caixa. Claro que na vida real, esses 24 mL são uma quantidade muito pequena para justificar a abertura de uma caixa adicional (24 mL é menos de 1% de 3000 mL), mas em uma questão de matemática, devem ser usados números exatos, portanto, são mesmo 7 caixas, ou 3,5L de leite.

Resposta: (B) 3,5L de leite

2) UFCG - Se o preço foi reduzido em 20%, significa que o novo preço passou a ser 80% do preço original. Se R$ 400,00 é 80% do preço original, é fácil calcular este preço. Pode ser feita uma regra de três, ou então da seguinte forma: se 80% é 400, então 20% é 100 (basta dividir por 4). Em consequência, 100% é 500 (basta multiplicar por 5). Portanto o preço original dos aparelhos era R$ 500,00 cada.
Posteriormente, o preço foi aumentado para R$ 555,00. Em relação ao preço original, o aumento foi de 500 para 555. A variação percentual foi:

$$\frac{55}{500} \times 100\% = \frac{55}{5}\% = 11\%$$

Resposta: (B) 11%

3) UFPE - Juros compostos de 2% ao mês significam que a cada mês, o montante é multiplicado por 1,02, lembrando que 2% de um valor é o mesmo que este valor multiplicado por 0,02, e somando com o valor original temos um fator 1,02 aplicado ao valor. Normalmente cálculos com juros compostos exigem uma calculadora. A dificuldade dessa questão não é a aplicação dos juros, mas lidar com essas multiplicações. A ideia da banca examinadora é o aluno usar malícia de prova para chegar à resposta correta, sem perder tempo com cálculos demorados.

Se fossem usados juros simples, o aumento em 3 meses seria 2% + 2% + 2% = 6%. 6% de 4000 é 240. Teríamos R$ 4.240, que seria a resposta (A). Nos juros compostos, o resultado é mais alto, pois são aplicados "juros sobre juros", que é como fazem os bancos. Isso vale tanto para empréstimos quanto nas aplicações financeiras.
Quando a taxa de juros compostos é alta, e o período é grande, o montante aumenta muito, mas não é o caso desse problema. São apenas 2%, e apenas 3 meses, então o resultado final não é muito maior que o obtido com juros simples. Ou seja, não serão obtidos valores superiores a 5000 ou 6000 como nas opções apresentadas. O valor pequeno, e acima de 4240 é o apresentado na opção (B), que é a resposta certa.

Se o aluno fizesse os cálculos, encontraria o mesmo resultado, mas perderia mais tempo na resolução:
4000 x 1,02 x 1,02 x 1,02 = 4.244,832

Resposta: (B) R$ 4.244,83

4) UF Pelotas – Note que todas as frações citadas, são *frações do tempo total*, uma constatação muito importante. Em "pegadinhas" nesse tipo de problema, usam-se expressões como "fração do tempo restante", mas não é o caso aqui. Como todas as frações são do mesmo tempo, podemos somá-las diretamente.

1/7 + 3/14 + F = 1

A soma das três frações é igual à unidade. Assim calculamos facilmente a fração F do tempo total, para realização da terceira etapa:

$$F = 1 - \frac{1}{7} - \frac{3}{14} = \frac{14}{14} - \frac{2}{14} - \frac{3}{14} = \frac{9}{14}$$

A resposta 9/14 não está entre as opções, mas temos a opção 18/28, que é uma fração equivalente a 9/14.

Resposta: (B) 18/28

5) UEMG – O problema pede uma comparação de "preço por litro" de ambas as bebidas. Portanto será preciso converter ambos os preços para o volume de 1 litro. Isso pode ser feito com uma regra de três, ou apenas raciocinando numericamente.
Bebida A: Se 600 mL custam 250, então 100 mL custam 250/6, e 1 litro custa 10 vezes esse valor, ou seja, R$ 2500/6 ≈ R$ 416,66.
Bebida B: R$ 200,00
Vemos que a bebida A tem um custo por litro maior que o dobro do custo da bebida B. Da mesma forma, é correto dizer que o custo da bebida B é praticamente a metade do custo da bebida A, o mesmo que dizer que é cerca de 50% mais barata. Não é necessário fazer os cálculos para saber a porcentagem exata, pois a resposta mais próxima da metade é (D). O cálculo a ser feito com exatidão (desnecessário para acertar a questão) é

$$\frac{416{,}66 - 200}{416{,}66} \times 100\%$$

Resposta: (D) a bebida B é 52% mais barata que a bebida A.

6) UF São Carlos – Trata-se de um problema relativamente fácil sobre progressões aritméticas (P.A.), mas um problema extremamente desafiador quando usamos apenas aritmética básica, ou seja, conteúdo limitado ao ensino fundamental.
O problema requer que saibamos calcular a soma dos n primeiros números naturais, ou seja:

1 + 2 + 3 + 4 + ... + n

Existe um velho truque para calcular esta soma, sem conhecer fórmulas especiais. Basta escrever a soma de duas formas:

S = 1 + 2 + 3 + 4 + ... + n
S = n + (n–1) + (n–2) + ... + 3 + 2 + 1

Se somarmos as duas igualdades, termos 2S no primeiro membro. No segundo membro, agrupando os termos das duas expressões, temos:
1º termo: 1 + n
2º termo: 2 + (n–1) = n + 1
3º termo: 3 + (n–2) = n + 1

...
n° termo: n + 1

Ou seja, teremos n somas iguais a n+1 cada. Portanto a soma dos segundos termos das igualdades é n(n+1). Ficamos com:

2S = n(n+1)
S = n(n+1)/2

Encontramos assim uma fórmula para a soma dos n primeiros números inteiros, em função de n.

Se chamarmos de n, o número anterior ao da casa do professor, teremos:

- Soma das casas anteriores: n(n+1)/2
- Casa do professor: n+1
- Soma das casas posteriores: o mesmo das anteriores, n(n+1)/2
- Total: soma dos números de 1 a 49 = 49(49+1)/2

Ficamos portanto com a equação:

$$\frac{n(n+1)}{2}+n+1+\frac{n(n+1)}{2}=\frac{49\times(49+1)}{2}$$

$$n^2+n+n+1=49\times 25$$
$$n^2+2n+1=1225$$
$$n^2+2n-1224=0$$

Uma simpática equação do 2° grau, com Δ=4900, portanto as raízes são:

$$\frac{-2+70}{2}=34 \text{ e } \frac{-2-70}{2}=-36$$

Como a solução tem que ser um número positivo, a única que serve é n = 34. Portanto o número da casa do professor é 35. Dentre as respostas, a que é satisfeita é a (C).

Resposta: (C) múltiplo de 5

7) UERJ – Um tipo de problema bastante clássico, e é comum em muitas provas de concursos. Os n cadernos originais, quando divididos em pacotes de 12, deixam resto de 11 cadernos, em pacotes de 20 deixam resto de 19 cadernos e em pacotes de 18 deixam resto de 17 cadernos. Se existisse um caderno a mais, as divisões seriam exatas, ou seja, não deixariam resto em nenhum dos três casos.
Portanto, o número n+1 é múltiplo de 12, de 20 e de 18, ou seja, múltiplo do MMC (mínimo múltiplo comum) entre 12, 20 e 18. Este MMC vale:

12 - 20 - 18	2
6 - 10 - 9	2
3 - 5 - 9	3
1 - 5 - 3	3
1 - 5 - 1	5
1 - 1 - 1	

O MMC entre 12, 20 e 18 é

2 × 2 × 3 × 3 × 5 = 180

Sendo assim, o número n+1 é múltiplo de 180. Como o problema indicou que n é o maior possível, porém menor que 1200, este valor é encontrado pela divisão de 1200 por 180.
1200 ÷ 180 = 6, resto 120
180 × 6 = 1080 ➔ n + 1 = 1080 ➔ n = 1079
A soma dos algarismos de n é 1 + 7 + 9 = 17.

Resposta: (B) 17

8) UFPI – Se proporção entre as quantidades de medalhas foi 1:2:3, podemos chamar esses números de:
Ouro: k
Prata: 2k
Bronze: 3k
Como a quantidade de medalhas de prata foi 50, temos:
$2k = 50 \rightarrow k = 25$.
As quantidades de medalhas foram portanto, respectivamente, 25, 50 e 75. Total de 150 medalhas.

Resposta: (D) 150

9) UFMS – Lembrando da relação entre os termos da divisão:

Dividendo	Divisor
Resto	Quociente

Dividendo = Divisor × Quociente + Resto
No caso temos: Divisor = 15, Quociente = 178 e Resto = 7. Logo:
Dividendo = 15 × 178 + 7
Dividendo = 2.677
A soma dos algarismos é 22.

Resposta: (B) 22

10) UFJF – Quando duas grandezas são *diretamente proporcionais*, a relação (divisão) entre elas permanece constante, mesmo que as grandezas variem. Ou seja, elas variam, mas mantendo a proporcionalidade.
Quando duas grandezas são *inversamente proporcionais*, a multiplicação (ou melhor, o produto) entre elas permanece constante. Por exemplo, o tempo e a velocidade. Para percorrer uma determinada distância fixa, aumentando a velocidade, o tempo de percurso diminuirá, mantendo a proporcionalidade inversa.
No nosso exemplo, a grandeza M sofre uma redução de 60%. Significa que seu valor foi alterado de M para 0,4M (digamos que M e N sejam os valores originais das grandezas).
A grandeza N terá que ser alterada para um novo valor. Digamos que seja x. Temos então:

$$M.N = 0{,}4M.x$$

$$x = \frac{N}{0{,}4} = 2{,}5N$$

Então a segunda grandeza aumenta de N para 2,5N. Isto representa um aumento de 150%. Lembrando, para calcular o aumento percentual, dividimos a diferença pelo valor inicial, e multiplicamos o resultado por 100%:

$$x = \frac{2{,}5N - N}{N} \times 100\% = 1{,}5 \times 100\% = 150\%$$

Resposta: (D) 150%

Resoluções do teste 2

11) PUC PR – Trata-se de um problema fácil de frações. O primeiro filho recebe 2/5 da área, sobram então, 3/5. Desse restante, o filho mais velho recebe 5/6, o 1/6 restante caberá ao terceiro filho. Portanto o terceiro receberá 1/6 de 3/5 da área total:

$$\frac{1}{6} \times \frac{3}{5} = \frac{1}{10}$$

Se 1/10 da área total são 60 hectares, a área total são 600 hectares. Então os irmãos receberam:
O mais novo: 2/5 de 600 = 240 hectares
O do meio: 60 hectares
Restam para o mais velho: 300 hectares

Resposta: (A) 300 hectares

12) IFSP – Observe que o problema não citou preços, apenas porcentagens. Se chamarmos o preço de P e fizermos os cálculos, esta variável P provavelmente irá "cancelar" nos cálculos. Podemos então, para facilitar os cálculos, fazer o seguinte: estipular um preço fictício de 100 reais e fazer os cálculos em função disso. Este método geralmente resulta em contas mais simples.
Estipulemos o preço de custo para o comerciante, de 100 reais.
Para ter 60% de lucro, o comerciante deve vender a mercadoria por 160 reais.
O comerciante aplica um desconto de 20% sobre esse preço de venda.
20% de 160 = 32
A mercadoria é então vendida por 160 – 32 = 128 reais
Este preço de 128 reais fornece um lucro de 28% sobre o preço de compra.
Portanto x vale 28.

Resposta: (B) 28

13) USP – Usemos o mesmo artifício para facilitar os cálculos, já que não são citados preços, apenas porcentagens.
Estipulemos o preço de compra pelo comerciante igual a 100 reais. Para que a venda resulte em 20% de lucro sobre este valor, o preço de venda deverá ser igual a 120 reais.
Esse preço de 120 reais é resultante da aplicação de um desconto de 20% sobre o preço de venda originalmente pretendido. Ou seja, 120 reais é 80% desse preço. Sabendo 80%, para encontrar 100% basta dividir por 4 e multiplicar por 5, ou seja:
$120 \div 4 \times 5 = 150$
Então se não fosse dado o desconto, o preço de venda seria 150 reais. Isto representa um lucro de 50% sobre o preço de compra de 100 reais.

Resposta: (C) 50%

14) UFES – Nos anos múltiplos de 7, ocorrem eleições para governador, e nos anos múltiplos de 4 ocorrem eleições para prefeito. Obviamente de 28 em 28 anos (MMC entre 7 e 4) ocorrerem eleições simultâneas.

Para calcular o número de anos no período em que não ocorreram eleições, devemos tomar o número total de anos (2009 – 1820 + 1 = 190), subtrair a quantidade de múltiplos de 7, subtrair a quantidade de múltiplos de 4, e...

... e somar a quantidade de múltiplos de 28, caso contrário estaremos descontando duas vezes os anos com as duas eleições simultâneas. Cálculos fáceis, mas que devem ser feitos com a máxima atenção.

Múltiplos de 4: o primeiro é 1820, o último é 2008. A diferença é 188, o número de períodos de 4 anos é 47. Isso corresponde a 48 eleições.
Múltiplos de 7: o primeiro é 1820, o último é 2009. A diferença é 189, o número de períodos de 7 anos é 27. Isso corresponde a 28 eleições.
Múltiplos de 28: o primeiro é 1820, o último é 1988. A diferença é 168.
Este valor 1988 é fácil de ser encontrado. Primeiro dividimos 2009 por 28, o resultado é 71,75. Não é preciso fazer a divisão completa, basta encontrar a parte inteira, que é 71. Então calculamos $71 \times 28 = 1988$, ou seja, o múltiplo de 28 imediatamente anterior a 2008.
Então a diferença é 168, são 6 períodos de 28 anos, então são 7 eleições.

Agora fazendo os cálculos, ficamos com:
190 – 48 – 28 + 7 = 121

Resposta: (C) 121

15) USP – A área pedida pode ser calculada facilmente usando *subtração de áreas*. Partindo da área do triângulo total (base=4, altura =4, resultando em 4×4/2=8), subtraímos a área do retângulo (3) e dos triângulos (1) e (2).

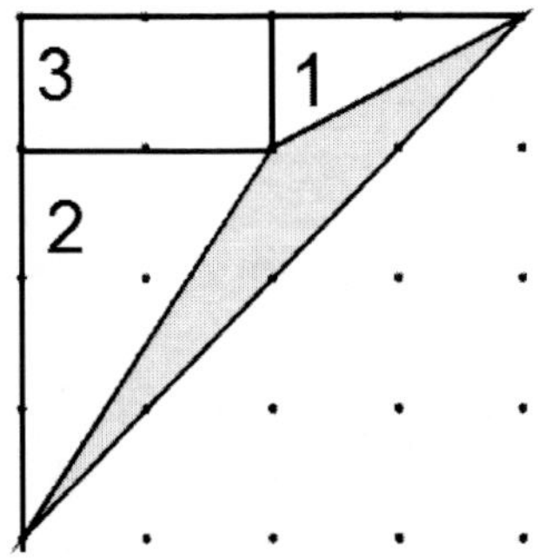

(3): área = 1 × 2 = 2
(1): área = 1 × 2 / 2 = 1
(2): área = 3 × 2 / 2 = 3

Ficamos então com 8 – 2 – 1 – 3 = 2

Resposta: (A) 2

16) UFRJ – Observe que o problema não pede para calcular esta raiz cúbica. Pede apenas que seja determinado qual dos valores indicados é o maior. Muitas vezes problemas desafiadores de matemática apresentam soluções que só são possíveis para determinados valores numéricos.

É o caso de 12,34, um número muito particular. Ele é quase igual a 12 + 1/3. Aliás, é um pouco maior que 12+1/3. Se elevarmos 12+1/3 ao cubo e encontrarmos um valor maior que 1800, significa que 12,34 é ainda maior que a raiz cúbica de 1800. Caso contrário, poderíamos fazer o teste com 12, elevando ao cubo e comparando com 1800, mas a solução será pelo primeiro caminho. Lembrando que o cubo da soma é dado pela fórmula:

$(a + b)^3 = a^3 + 3ab(a+b) + b^3$

Então temos:

$(12+1/3)^3 = 12^3 + 3.12.(1/3)(12+1/3) + 1/27$
$= 1728 + 148 + 1/27 = 1876 + 1/27$
O resultado é maior que 1800.
Então (12+1/3) é maior que a raiz cúbica de 1800. E 12,34 é maior ainda.

Portanto o maior número é 12,34

Resposta: 12,34

17) UFAM – Temos dois triângulos de base $\overline{CA}$.
Δ OAC, de altura 1, área = 2 × 1 /2 = 1
Δ BAC, de altura 5, área = 2 × 5 /2 = 6

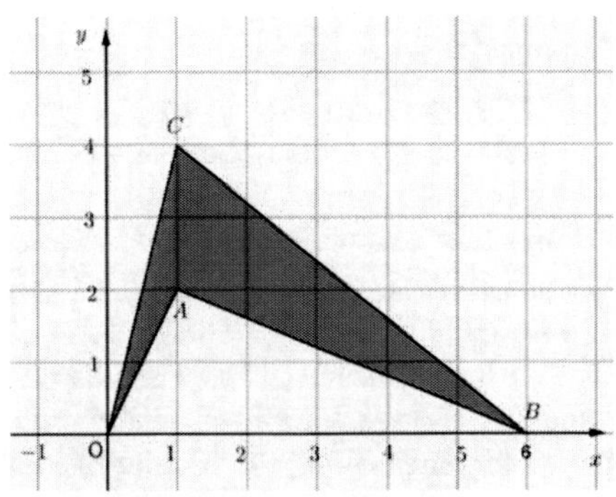

Portanto a área sombreada vale 6 + 1 = 7.

Resposta: (D) 7

18) UFMG – O problema pode ser resolvido com uma simples equação.
Chamemos de x o número de bilhetes para crianças.
O número de bilhetes para adultos foi 2000–x, já que o total foram 2000 bilhetes.
Portanto a arrecadação é dada por:
$3x + 5(2000 - x)$, que corresponde a 3 reais por criança e 5 reais por adulto.
Ficamos com:
$3x + 5(2000 - x) = 7600$
$3x + 10000 - 5x - 7600$
$2400 = 2x$
$x = 1200$
Foram portanto 1200 bilhetes para crianças e 800 bilhetes para adultos.
A razão entre o número de crianças e adultos foi 1200/800 = 3/2.

Resposta: (B) 3/2

19) UFPR – Os três quadrados possuem as seguintes medidas:

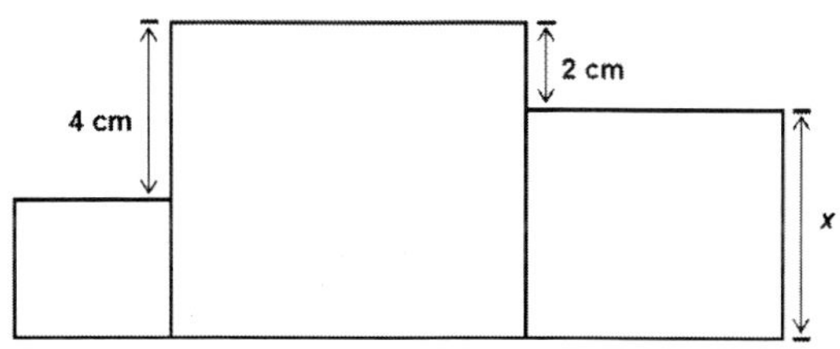

Médio: lado = x
Maior: lado = x + 2
Menor: lado = x + 2 – 4 = x – 2

A soma das áreas é 83:

$x^2 + (x + 2)^2 + (x - 2)^2 = 83$

$x^2 + x^2 + 4x + 4 + x^2 - 4x + 4 = 83$
$3x^2 = 75$
$x^2 = 25$
$x = 5$
A área do quadrado maior é $(x + 2)^2 = 7^2 = 49$.

Resposta: (C) 49cm²

20) UFPA – Trata-se da relação entre as grandezas distância e tempo, a chamada velocidade. Temos diversas informações envolvidas, entre elas, o tempo total do percurso, ida e volta. Este tempo total é de 4 horas, mas o barco não leva tempos iguais para ir e para voltar. O tempo de ida, subindo o rio, é mais longo, pois o barco trafega contra a correnteza. Se a velocidade do barco em relação à água é V, a velocidade em relação ao solo é V – 20, já que existe uma correnteza contrária, de 20 km/h. Na volta, a velocidade é maior, V + 20, já que a velocidade da correnteza é somada com a velocidade do barco.
Levando em conta que velocidade = distância/tempo, isso é o mesmo que
Tempo = distância/velocidade. Temos então:
Ida: distância = 60km, velocidade = V – 20, tempo = 60/(V – 20)
Volta: distância = 60km, velocidade = V + 20, tempo = 60/(V + 20)
O tempo total é 4 horas, então:

$$\frac{60}{V-20} + \frac{60}{V+20} = 4$$

$$\frac{15}{V-20} + \frac{15}{V+20} = 1$$

$$15(V+20) + 15(V-20) = (V+20)(V-20)$$

$$15V + 300 + 15V - 300 = V^2 - 400$$

$$V^2 - 30V - 400 = 0$$

As soluções são V = 40 e V = –10.

Como V precisa ser positivo, temos que V é 40 km/h.
A velocidade do barco descendo o rio é V + 20 = 60.

Resposta: (E) 60

Resoluções do teste 3

21) UFPB – É recomendável fazer um desenho para facilitar a visualização dos dados do problema. Se a distância entre a 5ª e a 8ª paradas é 2700m e as paradas são igualmente espaçadas, então a distância entre as paradas é 2700m ÷ 3 = 900m.

Levando em conta as medidas dadas pelo problema, encontramos a localização de cada uma das paradas. A 1ª está a 300m do início da avenida, a 2ª está 900 metros depois, e assim por diante. A 12ª está depois de 11 espaços de 900 metros, contados a partir da 1ª parada, e a 13ª está 900 metros depois, a 11.100 metros do início da avenida.

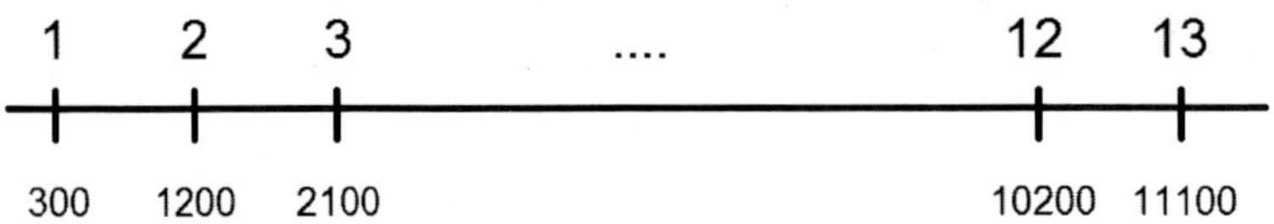

Analisemos portanto as afirmativas do problema:
I. O comprimento da avenida é de 11,6 km.
11.000 metros mais 500 metros para o final, são exatamente 11,6 km. (V)

II. Um ônibus, nessa avenida, a 3200m do seu final, está a mais de 8km da primeira parada.
3200 metros do final é o mesmo que 11600 – 3200 – 300 – 8100 metros da 1ª parada. (V)

III. A distância entre a segunda e a nona parada é de 6300m.
Entre a 2ª e a 9ª existem 7 espaços de 900m, ou 6300m. (V)

IV. A sétima parada está a 5,8 km do início da avenida
A 7ª parada está a 6 intervalos a partir da 1ª, ou seja, a 5700m do início. (F)

V. A nona parada está a menos de 4km do final da avenida.
A 9ª parada está a 4 intervalos da 13ª parada, o mesmo que 4 × 900 + 500 = 4100 metros do final da avenida. (F).

Resposta: VVVFF

22) UFRN – Como a quantidade de pedras é pequena, podemos contá-las diretamente na figura. São 38 pedras mais 20 metades. Cada metade é 1/2 metro quadrado, então são $38m^2$ das pedras inteiras, mais $10m^2$ das metades, o que totaliza 48 m^2. Se fossem muitas pedras, seria inviável fazer a contagem dessa forma, teríamos que resolver usando geometria. A diagonal do quadrado de lado 1 mede $\sqrt{2}$, portanto as dimensões do retângulo são $4\sqrt{2}$ e $6\sqrt{2}$, a área é o produto desses valores, que resultam em 48.

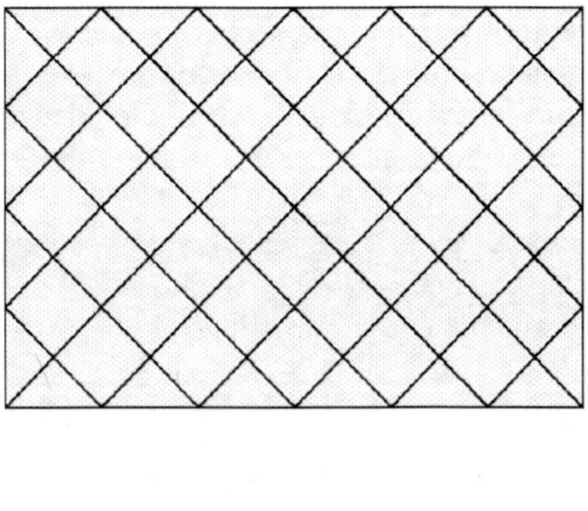

Resposta: (B) 48

23) FGV – Quando um problema cita somente frações ou porcentagens de um valor, sem dar referências a este valor, ou partes deste valor, podemos "estipular" um valor fictício. Matematicamente, o que ocorre no problema é que, se chamássemos o valor de X, esta

variável X iria cancelar nos cálculos, ou seja, o resultado pedido é o mesmo para qualquer valor de X.
Como as frações envolvidas apresentam denominadores 5, 4 e 3, escolhemos o valor estipulado 60, pois é múltiplo desses 3 denominadores. Assim evitamos a maior parte dos cálculos com frações.
Valor estipulado: R$ 60,00
Mais velho: 1/5 de 60 = 12, restam 48
Filho do meio: 1/4 do que sobrou = 1/4 de 48 = 12, restam 36.
Mais novo: 1/3 de 36 = 12, restam 24.
Se restaram 24, foram distribuídos 36 reais. A porcentagem da quantia inicial é

$$\frac{36}{60} \times 100\% = 60\%$$

Os três filhos receberam 12 reais cada um, portanto não houve um filho que recebeu mais.

Este problema pode ser feito sem estipular um valor fictício, chamando-o de X, mas fica algebricamente um pouco mais trabalhoso. Algumas vezes devemos usar este método, pois a estipulação de valores não funciona. É o caso em que são misturadas frações do valor inicial, e valores numéricos específicos. Por exemplo "o mais velho recebeu 20 reais a mais que o mais novo...". Em uma prova discursiva, como é o caso, é recomendável resolver a questão por este método, sem estipular valores.

Valor inicial: X
O mais velho recebeu X/5, restam 4X/5
O filho do meio recebeu 1/4 de 4X/5 = X/5, restam 3X/5
O filho mais novo recebeu 1/3 de 3X/5 = X/5, restam 2X5.
Cada filho recebeu X5, o total distribuído foi 3X/5, o que corresponde à porcentagem:

$$\frac{3X/5}{X} \times 100\% = 60\%$$

Resposta: A) 60%, B) Nenhum

24) USP – Não existe uma fórmula simples para calcular a soma dos divisores de um número. É preciso calcular esta soma "manualmente". Felizmente os números são pequenos.
Divisores de 8: 1, 2, 4, 8, soma=15
Divisores de 9: 1, 3, 9, soma=13
Divisores de 11: 1, 11, soma=12
Divisores de 10: 1, 2, 5, 10, soma=18
Divisores de 12: 1, 2, 3, 4, 6, 12, soma=28
Divisores de 15: 1, 3, 5, 15, soma=24
Divisores de 20: 1, 2, 4, 5, 10, 20, soma=42
Divisores de 16: 1, 2, 4, 8, 16, soma=31
Divisores de 25: 1, 5, 25, soma=31
Os números que têm a mesma soma de divisores são 16 e 25

Resposta: (E) 16 e 25.

25) ENEM – O volume do paralelepípedo retângulo de dimensões dadas é, em cm^3:
3 × 18 × 4 = 216
O cubo cujo volume vale 216 tem uma aresta de valor **a**, de tal forma que:

$$a^3 = 216$$

$$a = \sqrt[3]{216} = 6$$

O aluno chegará rapidamente à resposta se lembrar os valores dos cubos de alguns números naturais:
$1^3 = 1$, $2^3 = 8$, $3^3 = 27$, $4^3 = 64$, $5^3 = 125$, $2^3 = 216$

Outro modo é exprimir 216 na forma fatorada:
$3 \times 18 \times 4 = 3\times9\times2\times4=3^3\times2^3 = 6^3$

Resposta: (B) 6 cm

26) ENEM – Outro tipo de problema em que podemos estipular o número total, no caso, o número de pessoas do grupo. Vamos estipular como sendo 1000 pessoas.
40% ficaram completamente curados, ou seja, 40% de 1000 = 400.
600 não foram curados.
Os 600 pacientes foram divididos em dois grupos de 300.

Grupo 1: 35% foram curados, ou seja, 35% de 300 = 105
Grupo 2: 45% foram curados, ou seja, 45% de 300 = 135

Os dois tratamentos inovadores, juntos, curaram ao todo 105 + 135 = 240 pacientes. Que em relação a 1000, representa 24%. Lembrando que este cálculo é feito assim:

$$\frac{240}{1000}\times 100\% = 24\%$$

Resposta: (B) 24%

27) UNICAMP – Uma forma mais fácil de encontrar este número é descobrindo, qual é a quantidade máxima de pessoas de um grupo, de tal forma que existam no máximo duas pessoas nascidas no mesmo dia. Acima deste valor, obrigatoriamente três deverão ter nascido no mesmo dia.

A quantidade máxima encontrada é aquela em que os nascimentos das pessoas estejam distribuídos igualmente entre os 7 dias possíveis. Ou seja, 2 pessoas nasceram em um domingo, 2 nasceram em uma segunda-feira, e assim por diante. Ou seja, se tivermos 14 pessoas, 2 nascidas em cada dia da semana, não haverá um dia com três ou mais pessoas nascidas.

Se tivermos apenas uma pessoa a mais, obrigatoriamente um dia terá 3 pessoas, ou mais. Ou seja, não é possível ter 15 pessoas, com no máximo duas em cada dia.

Na matemática, este raciocínio é chamado de *princípio das casas de pombos*, *princípio das gavetas*, ou *Teorema de Dirichlet*.

Resposta: (C) 15

28) UFRGS – O volume necessário para acrescentar na caixa d'água para que fique totalmente cheia é um paralelepípedo, com base igual à base da caixa d'água, e cuja altura é o nível que falta para a água chegar ao máximo, ou seja, 0,5m. Para encontrar o resultado em litros, devemos utilizar as medidas em decímetros, ou seja:
$30 \times 20 \times 5 = 3000$ litros

Resposta: (C) 3.000

29) UFCE – Como p e q são primos, obviamente diferentes e não iguais a 2, o número 2pq está expresso como o produto de fatores primos distintos. Para encontrar o número de divisores de um número expresso nessa forma, basta somar 1 aos expoentes dos fatores primos e multiplicar os resultados. Então o número de divisores de 2pq é $2 \times 2 \times 2 = 8$

Resposta: (E) 8

30) UNESP – Os 900 reais do primeiro mês correspondem a 1 mês de aluguel e mais a taxa, que é única. O gasto total em 1 ano, de 6950 reais, corresponde a 11 meses e mais a taxa. Podemos escrever o seguinte:

12a + t = 6950 (total no ano)
a + t = 900 (primeiro mês)

Subtraindo as duas equações temos
11a = 6050 ➔ a = 550 ➔ t = 350

Resposta: (D) R$ 350,00

Resoluções do teste 4

31) PUC Campinas – Eventualmente aparecem questões de concursos que envolvem o conhecimento do número de dias de cada mês. Os meses de 30 dias são abril, junho, setembro e novembro. Os de 31 dias são janeiro, março, maio, julho, agosto, outubro e dezembro. Fevereiro, como se sabe, tem 28 ou 29 dias (ano bissexto).
Visitando dois sebos a cada final de semana, para chegar a 25, são necessários 12 finais de semana, e mais 1 dia, ou seja, um sábado. A visita do último sebo ocorrerá portanto no 13º sábado.

1º sábado: 1 de abril
2º sábado: 8 de abril
3º sábado: 15 de abril
4º sábado: 22 de abril
5º sábado: 29 de abril (abril tem 30 dias)
6º sábado: 6 de maio
7º sábado: 13 de maio
8º sábado: 20 de maio
9º sábado: 27 de maio (maio tem 31 dias)
10º sábado: 3 de junho
11º sábado: 10 de junho
12º sábado: 17 de junho
13º sábado: 24 de junho

Resposta: (C) 24/06

32) UFCG – Façamos a questão sem "estipular números", para ilustrar o outro método mais preciso e mais geral, apesar de ser um pouco mais trabalhoso. Chamemos o número de participantes no início da festa de X.

Temos três momentos envolvidos e o número de participantes:
1) Início da festa X
2) Antes da meia-noite ?
3) Depois da meia-noite X + 40% de X = 1,4X

Se à meia-noite 30% foram embora, restaram 70%. Esses 70% são dados por 1,4X. Então 10% são 0,2X e 100% são 2X. Então existiam 2X participantes, antes da meia-noite.

A pergunta do problema é o número de convidados presentes à meia-noite. Consideremos que se refere ao número antes da saída dos referidos 30%. Ou seja, 2X. Analisando as afirmativas, vemos que a única correta é (B): havia 2X, o dobro da quantidade X do início da festa.

Resposta: (B) O dobro do número de convidados presentes no início da festa.

33) UFPE – Certas questões de provas se assemelham mais a exercícios que a problemas. O exercício requer apenas a aplicação de fórmulas e a realização de cálculos. Já um problema requer um raciocínio para identificar quais cálculos devem ser usados. Essa questão é um simples exercício de aplicação da fórmula dos juros simples:

J = C.I.T ou CIT/100. A diferença é o modo como descrevemos a taxa de juros. Se for representada como fração, usamos a primeira forma, se for um número entre 1 e 100, que indica a porcentagem, usamos a segunda. Usemos a segunda forma:
C = capital = 4000, I = taxa de juros = 12, T = tempo = 1,5 (1 ano e meio)
Lembrando que a mesma unidade de tempo deve ser usada em I e em T. Temos:
J = 4000 × 12 × 1,5 / 100 = 720

Resposta: (C) R$ 720,00

34) UF Pelotas – Note que o preço caiu de 20.000 para 12.500 em 3 anos, ou seja, 2500 por ano. Essa é exatamente a característica de "decrescer linearmente": em variações de x (no caso, tempo) iguais, temos variações de y (no caso, preço) também iguais. Partido de 12.500, para chegar a 5000, precisamos ter 3 variações de 2500, o que ocorrerá com mais 3 anos. Portanto este preço será atingido depois de um total de 3+3=6 anos.

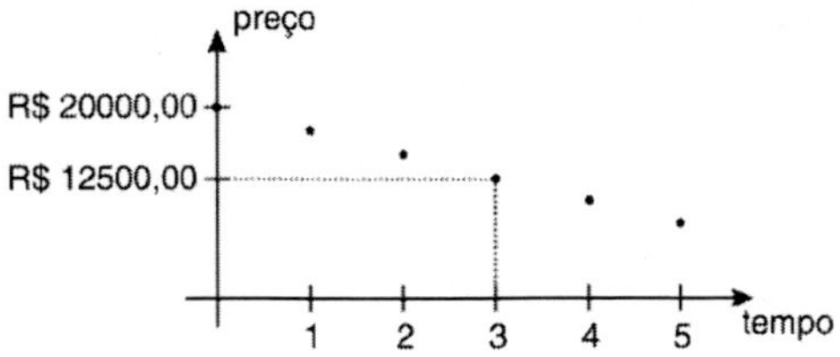

Resposta: (B) 6

35) UFT – Claro que a expressão "meio ovo" não faz sentido na vida real, mas faz sentido na matemática. Se o vendedor tinha originalmente n ovos, o cliente comprou n/2 + 1/2 ovo. Se restou 1 ovo, temos:

$n = n/2 + 1/2 + 1$

$2n = n + 1 + 2$

$n = 3$

De fato, a metade de 3, mais 1/2, resulta em 2. O cliente levou 2 ovos, sobrou 1 ovo.
O cliente levou 2 ovos.

Resposta: (A) 2 ovos

36) UDESC – O ambiente, de $40m^3$, com 20g de vapor a cada m^3, tem portanto ao todo, 800 g de vapor. O problema indica que esta quantidade de vapor representa 100% de umidade relativa do ar.
São ligados dois aparelhos:
Condicionador: retira 1000g de água por hora
Umidificador: adiciona 600g de água por hora

Com ambos ligados, o resultado será a retirada de um total de 400 g de água do ambiente, a cada hora. Em meia hora serão retirados 200 gramas.
Depois dessa meia hora, a quantidade de vapor no ambiente passará de 800g para 600g. Ou seja, 3/4 de 100%, ou 75% de umidade relativa do ar.

Resposta: (C) 75%

37) UFSM – Sendo R$ 800,00 fixos, para chegar a R$ 2400,00 é preciso obter R$ 1600 pelos alunos inscritos. O número de alunos necessários para isso é $1600 \div 20 = 80$.

Resposta: (E) 80

38) UEMG – A capacidade da caixa d'água em litros é o produto das suas dimensões, em decímetros, ou seja:

$8 \times 8 \times 8 = 512$ litros

Como o volume cheio é 3/4 da capacidade, temos uma quantidade de água igual a 3/4 de 512, ou seja, 384 litros.
A torneira esvazia 4 litros por minuto. Então o tempo necessário para esvaziar a caixa, em minutos, é $384 \div 4 = 96$ minutos. Isso é o mesmo que 1 hora e 36 minutos. Finalmente, 36 minutos é o mesmo que 3/5 da hora. Basta calcular 36/60, o mesmo que 3/5 após a simplificação. Sendo assim a resposta a 1 3/5 da hora.

Resposta: C) $1\frac{3}{5}h$

39) UFAL – Se chamarmos as dimensões da casa de **a** e **b**, e sendo o perímetro igual a 60, temos que
a + b = 30.
O requisito é que a área seja máxima.
Temos que usar aqui um resultado aritmético e algébrico muito importante:

Quando a soma de dois números é conhecida, seu produto será máximo quando os dois números forem iguais.

Este resultado pode ser apresentado de várias formas. Um deles é a chamada *desigualdade das médias*. Na sua versão simplificada, estabelece que a média geométrica é sempre igual à média aritmética. Vale a igualdade quando os dois números são iguais. Aplicando este resultado aos valores **a** e **b**, temos:

$$\sqrt{a.b} \leq \frac{a+b}{2}$$

Como a+b=30, e a.b é a área, isso é o mesmo que:

$$\sqrt{área} \leq \frac{30}{2} = 15$$

A área máxima é 15^2=225, obtida quando os valores de a e b são iguais, ou seja, 15 e 15.
Aliás, seria possível encontrar a resposta certa sem saber nada disso. Bastaria observar que a letra (D) é a única que tem soma igual a 30.

Resposta: (D) 15m e 15m

40) UFBA – Juros compostos de 40% ao ano, significam que a cada ano, o valor aplicado será multiplicado por 1,4. Em dois anos, serão 1,4 × 1,4 = 1,96.
Desse valor, 1 representa o capital original e 0,96 (96%) representa os juros obtidos. Para conseguir o mesmo percentual de juros em 2 anos, é preciso usar juros simples de 0,48 ao ano, ou seja, 48%.

Resposta: 48%

Resoluções do teste 5

41) UF São Carlos – Para facilitar a contagem, um bom caminho é determinar os tipos (ou formatos) de triângulos que podem ser formados. Para cada tipo, contamos o número de posições possíveis.
Três tipos de triângulos podem ser formados.

Tipo 1 Tipo 2 Tipo 3

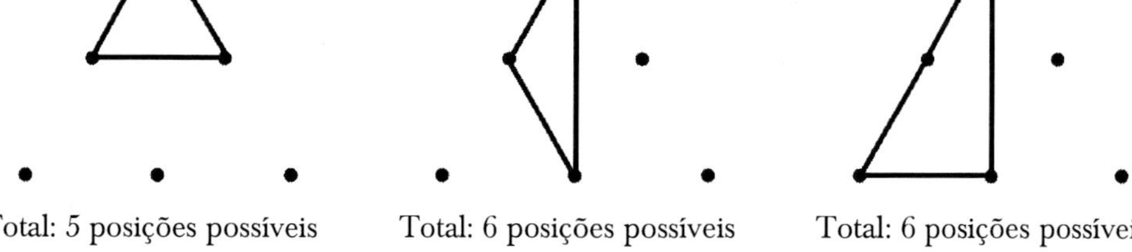

Total: 5 posições possíveis Total: 6 posições possíveis Total: 6 posições possíveis

Ao todo são 17 triângulos possíveis.

Resposta: (B) 17

42) UFG – Com uma calculadora a solução fica fácil. O objetivo da questão é determinar a resposta correta, sem realizar os cálculos, ou realiza-los de forma simplificada.
No caso deste problema, é possível identificar as afirmativas certas e as erradas, com um trabalho mínimo de cálculo.

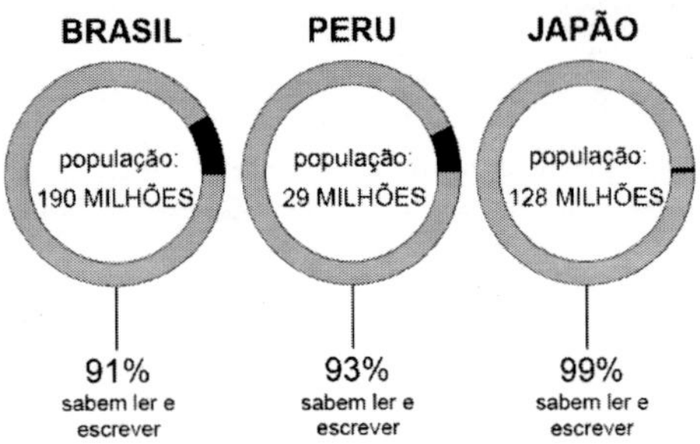

No Brasil, sabem ler e escrever, 91% da população. Arredondando para 90%, chegamos ao valor aproximado de 171 milhões. No Japão, nem precisamos calcular esta quantidade, pois a população total é 129 milhões, menor que os 171 milhões alfabetizados do Brasil. Isso é suficiente para descobrir que a letra (A) é verdadeira. A questão tem apenas uma resposta correta, então esta resposta é (A).

Não é preciso analisar as demais afirmativas, pois já encontramos a correta. Ainda assim, vamos analisá-las como treinamento.

A letra (B) é obviamente falsa, pois a população do Peru é menor que os 171 milhões de alfabetizados do Brasil.

Não sabem ler e escrever no Japão, 1% da população: 1,28 milhão. No Peru são 7% de 29 milhões. Arredondando para 30 milhões, isto resulta em 2,1 milhões. Então (C) é falsa.

A (D) também é falsa, pois não sabem ler e escrever no Brasil, 19 milhões, que é mais que os 1,28 milhões do Japão.

No Peru, não sabem ler e escrever, 2,1 milhões (já calculado), e no Brasil, 19 milhões. (E) também é falsa.

Resposta: (A)

43) IFCE – Já que a soma em cada linha e cada coluna é a mesma, seu valor é igual à soma de todos os números, dividida por 4. Portando precisamos primeiro calcular a soma dos números de 1 a 16. Podemos somar diretamente, mas se fossem números de 1 a 256 seria inviável. Vamos fazer a soma usando a fórmula que encontramos na questão 6. Lá mostramos que a soma dos n primeiros números naturais, de 1 a n é n(n+1)/2. No caso, temos
S = 16(16+1)/2 = 136
A soma dos números de cada linha ou cada coluna da tabela é 136 ÷ 4 = 34.

Resposta: (A) 34

44) UFPI – Não foi informada a distância percorrida. Chamemos esta distância de D. Da relação velocidade = distância/tempo, temos que tempo = distância/velocidade. Assim foram feitos dois trajetos:
Ida: T1 = D/30
Volta: T1 = D/20
Tempo total = D/30 + D/20 = 5D/60
Distância total = 2D (ida e volta)
Velocidade média = distância/tempo

$$V = \frac{2D}{5D/60} = \frac{2 \times 60}{5} = 24$$

Estamos trabalhando com metros e segundos, então a velocidade procurada é 24 m/s.
A resolução também poderia ser feita estipulando uma distância. Usemos D=600m
T1 = 600/30 = 20 segundos

T2 = 600/20 = 30 segundos
Tempo total: 50 segundos
Distância total: 1200 metros
Velocidade média: 1200/50 = 24 m/s.

Resposta: (C) 24 m/s

45) UFMS – Não sabemos a capacidade do tanque. Nesse tipo de problema, qualquer que seja a capacidade, o tempo para as duas torneiras encherem o tanque juntos será o mesmo. Matematicamente, a capacidade irá "cancelar".
Se chamarmos a capacidade do tanque de C, teremos o seguinte:
1ª torneira enche o tanque com uma vazão igual a C/20
2ª torneira enche o tanque com uma vazão igual a C/5
Vazão é a "velocidade" com a qual a torneira enche o tanque. Com as duas torneiras ligadas, essas velocidades são somadas. A vazão total é

$$\frac{C}{20}+\frac{C}{5}=\frac{5C}{20}=\frac{C}{4}$$

A relação vazão = capacidade/tempo equivale a tempo = capacidade/vazão

$$T=\frac{C}{C/4}=4$$

Portanto o tanque ficará cheio em 4 minutos.
Problemas de torneiras como este podem ser resolvido de forma mais simples, quando "estipulamos" uma capacidade para o tanque. Usamos a capacidade como sendo um número múltiplo dos tempos de enchimento. Se as torneiras enchem o tanque em 20 min e 5 min, podemos escolher a capacidade de 20 litros.
1ª torneira: enche 20 litros em 20 minutos ➔ vazão = 1 litro/minuto
2ª torneira: enche 20 litros em 5 minutos ➔ vazão = 4 litros/minutos
As duas juntas enchem o tanque com a vazão de 5 litros/minuto (a soma das vazões)
Como precisam encher 20 litros, irão demorar 20 ÷ 5 = 4 minutos.
Finalmente, o problema pode ser resolvido usando a "fórmula das torneiras":

$\frac{1}{T}=\frac{1}{T_1}+\frac{1}{T_2}$, onde T_1 e T_2 são os tempos de enchimento do tanque para cada torneira, e T é o tempo necessário para as torneiras juntas encherem o tanque. A dedução da fórmula é muito fácil, basta proceder como fizemos na primeira resolução, chamando a capacidade de C e os tempos de T_1 e T_2.

Resposta: (E) 4 min

46) UFJF – Para manter o mesmo preço e o mesmo lucro, é preciso manter o preço de custo. Se o custo do suco aumentou 20%, o volume do copo terá que diminuir na mesma proporção. Aumentar 20% é o mesmo que multiplicar por 1,2. Então o volume do copo terá que ser dividido por 1,2. O novo volume será

$$\frac{300}{1,2}=\frac{3000}{12}=\frac{1000}{4}=250$$

O novo copo deve passar a ter 250 mL. Observe que esse resultado é obtido sem a necessidade de saber o preço do copo, nem a porcentagem de lucro. Apenas tivemos que garantir a manutenção do preço de custo.

Resposta: (C) 250 mL

47) IFMT – Pela lógica descrita, a quantidade de algarismos "1" e de algarismos "8" são iguais a uma unidade a menor que a quantidade de algarismos "3" que aparecem em cada um dos fatores. Portanto se usarmos fatores com 9 algarismos "3", teremos no resultado, 9 algarismos "1" e 8 algarismos "9", além dos algarismos 0 e 9 nas posições indicadas. Ou seja, o produto será:

$$3 \times 3 = 9$$
$$33 \times 33 = 1089$$
$$333 \times 333 = 110889$$
$$3333 \times 3333 = 11108889$$
$$33.333 \times 33.333 = 1111088889$$
$$\vdots$$

11111111088888889

A soma dos algarismos será 8 + 64 + 9 = 81

Resposta: (C) 80 e 90

48) FGV – Considerando o tempo t em horas, o comprimento da 1ª vela é dado por $L_1 = 1 - t/4$. Isso caracteriza uma redução linear (ritmo constante ao longo do tempo) com $L_1 = 1$ (vela inteira) quando t=0, e $L_1 = 0$ quando t=4, ou seja, é consumida totalmente em 4 horas. A segunda vela segue uma lei semelhante, seu comprimento ao longo do tempo é $L_2 = 1 - t/3$, o que resulta em $L_2 = 1$ quando t=0 e $L_2 = 0$ quando t=3.
O tamanho da 1ª vela será o triplo do tamanho da 2ª vela quando $L_1 = 3.L_2$, ou seja

$$1-\frac{t}{4}=3\left(1-\frac{t}{3}\right)$$
$$1-\frac{t}{4}=3-t$$
$$4-t=12-4t$$
$$t=\frac{8}{3}$$

Ou seja, 2 horas + 2/3 da hora = 2h 40min

Resposta: (B) 2h 40min

49) PUC Campinas – Será preciso exprimir o tempo de expediente em minutos. Temos que 4h 40min = 280 min.
280 minutos é 10 vezes mais que 28 minutos. Se em 28 minutos ele digitaliza 30 páginas, em um tempo 10 vezes maior digitalizará uma quantidade de páginas 10 vezes maior, ou seja, 300. Levando em conta que irá operar com o dobro da velocidade, então digitalizará o dobro do número de páginas, que é 600.

Resposta: (C) 600

50) UERJ – Partindo de X=43, temos os seguintes passos:

1º 43 → 42
2º 42 → 14
3º 14 → 13
4º 13 → 12
5º 12 → 4
6º 4 → 3
7º 3 → 1

São portanto 7 passos

Resposta: (A) 7

Resoluções do teste 6

51) IFSP - Se o consumo de 1,2 litros representa uma economia de 40%, então esses 1,2 litros correspondem a 60% do gasto original. Precisamos identificar qual é a economia em litros, a cada descarga:

1,2 L = 60%
0,4 L = 20%
0,8 L = 40%

Significa que um vaso "não econômico" consome 2L a cada descarga. A economia de 40% é de 0,8 L, resultando em uma descarga econômica de apenas 1,2 L.

São 4 × 8 = 32 vasos, cada um sendo acionado 10 vezes, totalizando 320 descargas.

Se cada uma economiza 0,8 L, o total economizado é 320 × 0,8 = 256 litros.

Resposta: (C) 256,0

52) IFS - J = C.I.T/100 (considerando I=3)
J = 7500 × 3 × 7 /100 = 1575

Resposta: (C) R$ 1.575,00

53) IFPE - O problema confunde um pouco. Os 40 metros serão usados para os quatro lados da criação. A margem do rio não serve como limite para a criação, conforme indica o enunciado.

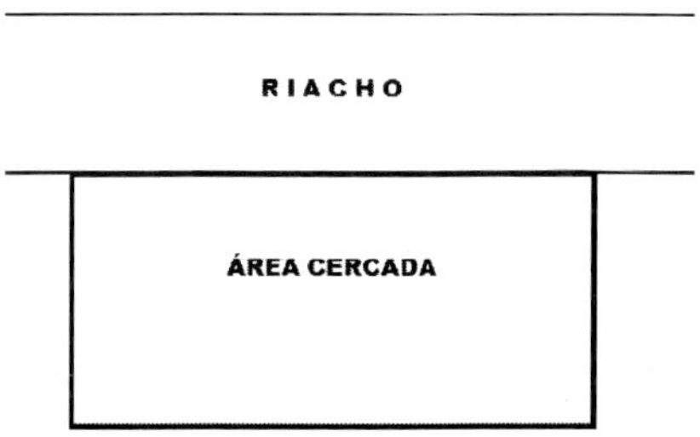

Temos portanto que encontrar medidas **a** e **b**, de tal forma que 2a + 2b = 40, ou seja, a + b = 20, tal que a área a.b seja máxima.

Já abordamos no problema 39 que quando a soma é conhecida, o produto será máximo quando as duas parcelas sorem iguais. Portanto devemos ter a = b = 10 para que a área a.b seja máxima. Esta área é igual a 10 × 10 = 100.

Resposta: (D) 100

54) IFRO - Questões de vestibular podem exigir conteúdos básicos, porém com elementos que criam dificuldades para o candidato. Ao dificuldade nessa questão é que o MMC dos denominadores é um número muito grande: 8 × 9 × 5 × 7. Se reduzirmos todas as frações ao mesmo denominador, teremos que lidar com números grandes e cálculos trabalhosos. Ao invés disso, vamos lidar com os números em etapas. Comecemos com as duas frações que têm fator 7 no denominador:

$$\frac{1}{42}+\frac{1}{56}=\frac{1}{14\times3}+\frac{1}{14\times4}=\frac{4}{14\times3\times4}+\frac{3}{14\times4\times3}=\frac{7}{14\times3\times4}=\frac{1}{2\times3\times4}=\frac{1}{24}$$

Operando primeiro essas duas frações, o fator 7 foi simplificado. Façamos a mesma coisa agora com as duas frações que têm fator 5 no denominador:

$$\frac{1}{20}+\frac{1}{30}=\frac{3}{60}+\frac{2}{60}=\frac{5}{60}=\frac{1}{12}$$

Até agora nossa expressão fica reduzida a

$$\frac{1}{2}+\frac{1}{6}+\frac{1}{12}+\frac{1}{12}+\frac{1}{24}+\frac{1}{72}$$

Ficou mais simples para reduzir todas as frações ao mesmo denominador:

$$\frac{36}{72}+\frac{12}{72}+\frac{6}{72}+\frac{6}{72}+\frac{3}{72}+\frac{1}{72}=\frac{64}{72}=\frac{8}{9}=\frac{a}{b}$$

Como a e b são inteiros primos entre si, então temos a=8 e b=9. O valor de a+b é 17.

Resposta: (C) 17

55) UFF – Se nos 30L que estão no reservatório existe 18% de álcool, esta quantidade é 18% de 30 = 5,4. A mistura final deve ter 40 litros e 20% de álcool, ou seja, 8 litros. Portanto devem ser adicionados mais 2,6 litros de álcool. Desses 10 litros que serão adicionados, 2,6 litros devem ser de álcool, então a porcentagem de álcool nessa mistura a ser adicionada é 26%.

Resposta: (D) 26%

56) IFSC – Sendo o total igual a 36 ovelhas, temos:
Mais velho: metade de 36 = 18
O do meio: 1/3 de 36 = 12
O mais novo: 1/9 de 36 = 4
Total para os filhos: 34
Logo restarão 2 ovelhas para a mãe.

Resposta: (B) 2

57) UFAM – Basta multiplicar as dimensões em decímetros, e teremos o resultado em litros:
$V = 60 \times 100 \times 40 = 240000 =$
$24 \times 10^4 = 2{,}4 \times 10^5$

Resposta: (B) 2,4 x 10^5 litros

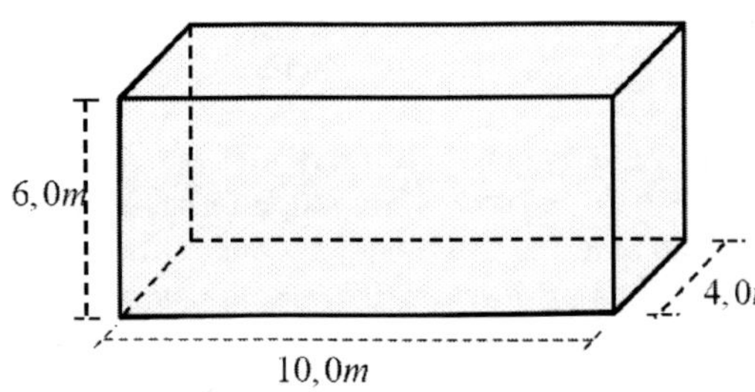

58) PUC SP – O lado de um cubinho deve ser o MDC entre as medidas 18, 24 e 30, ou seja, 6 cm. Portanto o volume de cada cubinho é 6 cm × 6 cm × 6 cm = 216 cm3.

Resposta: (C) 216 cm^3

59) UDESC – A coincidência dos três remédios ocorrerá novamente depois de um tempo igual ao MMC entre os períodos de cada um. O MMC entre 4, 5 e 6 é igual a 60. Portanto depois de 60 horas ocorrerá novamente a coincidência dos três remédios.
Em 30 dias, temos um total de 720 horas. São portanto 12 períodos de 60 horas. A resposta 12 está entre as opções, mas é uma "pegadinha". Temos que adicionar 1 vez, pois temos uma quantidade de coincidências que é 1 unidade a mais que o número intervalos.

Resposta: (B) 13 vezes

60) UFRN – Obviamente para resolver a questão não é preciso executar os cálculos. É preciso levar em conta que a soma de pares fornece um resultado par, a soma ou a diferença de dois ímpares também fornece um resultado par. O produto de ímpares fornece um resultado ímpar, e assim por diante. Analisemos portanto as afirmativas:

(A) Temos a potência de um número ímpar. O produto de vários ímpares fornece um resultado ímpar. (F)
(B) A soma de 5 ímpares fornece um resultado ímpar, não pode ser 900. (F)
(C) A diferença de ímpares é par. Uma potência de um número par, é também par. (F)
(D) Já vimos no exercício 6 que a soma dos números inteiros de 1 a n é dada por n(n+1)/2.

Fazendo n = 1111, ficamos com 1111 × 1112 /2 = 1111 × 556. Temos um fator par, logo o produto é par. (V)

Resposta: (D)

Resoluções do teste 7

61) PUC PR - Chamemos de Q a quantidade de peças produzidas em uma hora pela máquina antiga. Em 7 dias, operando 12 horas por dia, a máquina produzirá um total de 84Q.
A nova máquina é 4 vezes mais produtiva que a antiga, então produz 4Q peças por hora. Produz as mesmas 84Q peças em apenas 21 horas, ou seja, 1 dia de trabalho, de acordo com o enunciado.
Para produzir o triplo dessas peças, precisará portanto de 3 dias.

Resposta: (B) 3 dias

62) UNISINOS - A soma de dois número ímpares é um número par.
O produto de dois números ímpares é um número ímpar.
Se a e b são ímpares, seus quadrados também são ímpares. A soma de 2 ímpares é par.
Portanto temos: par, ímpar, par.

Resposta: (B) par, ímpar e par

63) USP - Este poderia ser um problema de geometria muito trabalhoso, dependendo das dimensões da caixa. Com as dimensões dadas, a solução fica mais intuitiva e fácil. A maior esfera que cabe nessa caixa é a de diâmetro 8 cm, que é a menor dimensão da caixa. As outras duas dimensões são um pouco maiores que o dobro e o triplo da dimensão da esfera, então é possível armazenar 2 × 3 = 6 esferas na caixa. Sobra uma folga de 1 cm em uma dimensão, e 2 cm na outra dimensão.

Resposta: (D) 6

64) UFRJ - 60% de R$ 2,70 vale R$ 1,62

Resposta: R$ 1,62

65) UFMG - Inicialmente vamos excluir desses 500 números que formam o conjunto M, os múltiplos de 3 e os múltiplos de 5.
Múltiplos de 3: 3, 6, 9, 12, 15, ... , 498. São ao todo 166 números, para determinar esta quantidade basta dividir 500 por 3.
Múltiplos de 5: 5, 10, 15, 20, 25, ... , 500. São ao todo 100 números, para determinar esta quantidade basta dividir 500 por 5.
Depois disso, temos que adicionar o número de múltiplos de 15, pois quando contamos os múltiplos de 3 e os de 5, estamos contando duas vezes aqueles que são múltiplos de 15, como 15, 30, 45, etc.
A quantidade de múltiplos de 15 é obtida da divisão inteira de 500 por 15, que resulta em 33.
Portanto a quantidade de números que não são múltiplos, nem de 3 nem de 5, é:
500 - 166 - 100 + 33 = 267

Resposta: (C) 267

66) PUC SP - Em R_1 temos 3/8 de álcool, ou seja, 3/8 de um recipiente. Em R_2 temos 2/5 de um recipiente em álcool. Os dois juntos terão uma quantidade de álcool igual a
$\frac{3}{8}+\frac{2}{5}=\frac{15}{40}+\frac{16}{40}=\frac{31}{40}$, mas esta quantidade é em relação a um recipiente. Quando juntamos os dois, teremos um recipiente duas vezes maior. Portanto são 31/80 de álcool no novo

recipiente. A quantidade de álcool será o restante, 49/80. A proporção entre álcool e água na nova mistura será 31/49.

Outra forma de resolver o problema é a seguinte:
Em R_1, temos 3/8 de álcool, o mesmo que 15/40. São 15 partes de álcool e 25 partes de água
Em R_2, temos 2/5 de álcool, o mesmo que 16/40. São 16 partes de álcool e 24 partes de água
Como reduzimos ambos os recipientes para um total de 40 partes, cada uma dessas partes em ambos têm a mesma quantidade. Então podemos somar as partes. São ao todo 15+16=31 partes de álcool e 25+24=49 partes de água, ou seja, proporção de 31/49.

Resposta: (B) 31/49

67) UFPR – Quando dizemos que duas provas têm pesos diferentes, isto resulta em múltiplas respostas. Por exemplo, dizer que os pesos são 10 e 5 é o mesmo que dizer que os pesos são 2 e 1, ou que os pesos são 2/3 e 1/3.

Nome	1ª prova	2ª prova	Nota final da disciplina
Amanda	82	52	72,1
Débora	90	40	73,5

Como as respostas indicam para o peso da primeira prova, números menores que a unidade, somos forçados a desconfiar que a primeira prova foi mantida com peso 1, e a segunda prova com peso p, menor que 1. Ou seja, o professor reduziu o peso da segunda prova, já que a mesma foi prejudicada em sua aplicação. Nesse caso a média ponderada deve ser calculada com pesos 1 e p. Para a aluna Amanda, temos:

$$\frac{82+52p}{1+p}=72{,}1$$

Ou seja, multiplicamos as duas notas pelos respectivos pesos e dividimos pela soma dos pesos, o que resulta na média indicada na tabela, 72,1.

$$82+52p=72{,}1(1+p)$$

$$82+52p=72{,}1(1+p)=72{,}1+72{,}1p$$

$$9{,}9=20{,}1p$$

$$p\approx 0{,}5$$

Note que a segunda informação é redundante, pois basta uma equação para descobrir o valor de uma única incógnita. Se aplicássemos o mesmo cálculo para a média da segunda aluna, teríamos:

$$\frac{90+40p}{1+p}=73{,}5 \quad \rightarrow \quad 90+40p=73{,}5+73{,}5p \quad \rightarrow \quad 16{,}5=33{,}5p$$

$$p\approx 0{,}5$$

Ocorre que não existe 0,5 entre as opções. Significa que o problema considera, não os pesos sendo 1 e 0,5, mas outros valores. No caso, valores cuja soma seja 1, e a soma seja igual à unidade. Seriam portanto, 0,66 e 0,33 (aproximadamente). Note que temos aqui uma questão passível de anulação, por enunciado obscuro. Os pesos 1 e 0,5 são tão corretos quanto 0,66 e 0,33.

Resposta: (C) 0,33

68) UNIFEI – Exprimindo os números na base 10, temos:
$A = 2.3^4 + 2.3^3 + 2.3^2 + 1.3^1 + 2.3^0 = 162 + 54 + 18 + 3 + 2 = 239$
$B = 2.4^4 + 3.4^2 + 1.4^0 = 512 + 48 + 1 = 561$
$A + B = 239 + 561 = 800$

Resposta: (C) 800

69) UFPA - Dos 22 amigos, 4 contribuíram com cotas duplas, e os outros 18 contribuíram com cotas simples. Atribuindo valores 2 e 1 para essas cotas, temos no total, $4 \times 2 + 18 \times 1 = 26$ cotas.
Dividindo o prêmio total pelas 26 cotas, temos o valor de cada cota simples vale:

$$\frac{65 \; milhões}{26} = \frac{5 \; milhões}{2} = 2{,}5 \; milhões$$

Portanto cada um que contribuiu com R$ 10,00 receberá 2 cotas, ou seja, 5 milhões.

Resposta: (C) R$ 5.000.000,00

70) UFLA - Se 1/3 das 450 páginas têm figuras, são 150 páginas com figuras, e as 300 restantes, sem figuras. Cada página sem figuras têm 832 palavras, e cada página com figura tem 1/4 deste valor, ou seja, 208 palavras. O número total de palavras é:
$150 \times 208 + 300 \times 832$
Para fazer o cálculo de forma mais rápida, podemos fatorar e colocar alguns números em evidência:
$150 \times 208 + 300 \times 832 = 31.200 + 249.600 = 280.800$

Resposta: (C) 280.800

Resoluções do teste 8

71) UFS - Para facilitar os cálculos, não vamos calcular o saldo total em cada caderneta, mas sim, a diferença entre os saldos. Calculemos portanto o tempo necessário para a diferença entre os saldos ficar invertida, ou seja, até a esposa ter saldo maior.

O homem tem na sua caderneta de poupança, 1300 reais a mais que a mulher. Se a mulher deposita 100 reais a mais que o homem a cada mês, dentro de 13 meses esta diferença estará "zerada"...
Mas falta um detalhe. Aquela diferença aumenta com o tempo, devido aos juros. No primeiro mês, aqueles 1300 reais a mais, resultarão em 13 reais a mais de juros. Os juros acumulados nesses 13 meses são:
$13 + 12 + 11 + 10 + 9 + 8 \ldots + 1 = 91$ reais
Dentro de 13 meses, a diferença não irá ser "zerada", pois a conta do marido terá 91 reais a mais, a título de juros. Então será preciso mais um mês com depósito de 100 reais para eliminar esta diferença.

Resposta: (E) 14 meses

72) UFPB - Se a cada 6 horas a quantidade de medicamento no organismo se reduz à metade, para chegar a 15 gramas terão que ocorrer reduções para:
60mg, 30mg, 15 mg
Serão necessários 3 períodos de 6 horas para que ocorra a redução para 15 mg. Então o medicamento deve ser tomado 18 horas depois do horário inicial, ou seja, ás 20 horas.

Resposta: (B) 20h

73) UFSC - Os satélites fazem órbitas completas a cada 6, 10 e 9 dias. Ficarão alinhados novamente depois de um número de voltas, dado pelo MMC entre 6, 10 e 9, que é 90.

Resposta: (C) 90

74) UF Viçosa - Considere N o número de moças no baile
A moça nº 1 dançou com 5 rapazes
A moça nº 2 dançou com 6 rapazes

A moça nº 3 dançou com 7 rapazes

...

A moça nº N dançou com N+4 rapazes

O número total de participantes, 40, pode também ser indicado como número de moças (N) + número de rapazes (N+4).

N + N + 4 = 40

2N = 36

N = 18

Portanto, 18 moças e 22 rapazes.

Resposta: (D) 22 rapazes.

75) ENEM – Nos 10 primeiros dias, o grupo original coletou 12 kg de alimentos por dia = 120 kg. Como trabalhava, 3 horas diárias, foram 4 kg por hora. Como eram 20 alunos, cada aluno coletava em média, 0,2 kg por hora.

Na segunda fase, o grupo aumentou, passou para 50 alunos. Este grupo, em 1 hora, coleta 50 x 0,2 = 10 kg de alimentos. Operando 4 horas por dia, são ao todo 40 kg recolhidos diariamente. Este novo grupo irá operar durante o restante do período, ou seja, mais 20 dias. Coletará portanto 20 x 40 = 800 kg de alimentos.

No total foram recolhidos, 120 kg na primeira fase e 800 kg na segunda fase, totalizando 920 kg.

Resposta: (A) 920 kg

76) UFCG – Para as opções dadas, existe uma forma rápida de encontrar a resposta correta, sem resolver a questão. Se y fosse igual a zero, ou seja, sem aplicação de taxas, bastaria transferir a metade do valor do prêmio. Das cinco opções, a única que resulta em Q/2 quando y=0 é a opção (A). Mas vamos resolver a questão seriamente.

Dada a transferência de valor T, devem ser pagos y% de impostos. Então o valor que sobrará para Marcos depois de pagar os impostos da transferência é T – y% de T, ou seja

$$T - \frac{y}{100}T$$

Este valor que cabe a Marcos, depois do desconto, deve ser o mesmo valor que cabe a Paulo. Então o valor total, Q, é igual ao valor que cabe a Paulo (e a Marcos), mais o valor T da transferência.

$Q = T - \frac{y}{100}T + T$ (prêmio = transferência + valor que cabe a Paulo)

$$Q = 2T - \frac{y}{100}T$$

$$100Q = 200T - yT$$

$$T = \frac{100Q}{200 - y}$$

Resposta: (A) $\frac{100}{200-y}Q$

77) UFPE – Dividindo 22 por 3, encontramos 7 e resto 1. Então João pode ter comido 8 biscoitos, e os outros dois, 7 biscoitos cada um. Então, 8 é uma solução possível para o problema.

O que é perguntado é qual é o menor número possível de biscoitos que João pode ter comido. Já vimos que 8 é uma solução possível, vejamos se é a menor quantidade possível. Testemos se João pode ter comido 7 biscoitos. Se João tiver comido 7, os outros dois juntos terão comido os outros 15. Esses dois números não podem ser iguais ou superiores a 7, já que João é o que comeu mais. Entretanto não podemos formar 15 somando dois números menores que 7, pois a soma máxima seria 12, e não 15. Logo é impossível que João tenha comido 7 biscoitos. Ele deve ter comido, no máximo, 8, e as outras duas crianças, 7 biscoitos cada uma.

Resposta: (C) 8

78) PUC SP – Na verdade o enunciado é um teorema. Afirma que números obtidos por esta fórmula, são números perfeitos. Uma potência de 2, multiplicada por um primo, respeitadas as fórmulas indicadas.
Fatoremos o número 496.
$496 = 2^4 \times 31$
Observe que as fórmulas dadas no enunciado são respeitadas por esta fatoração, se fizermos n = 5. O número 496 é escrito como $2^{5-1}. (2^5 - 1)$
Portanto os valores de n e S são 5 e 31

Resposta: (A) 5 e 31

79) UFT – Os algarismos das unidades, em potências consecutivas, formam ciclos. Se calcularmos as potências de 2, temos:

$2^1 = 2$; $2^2 = 4$; $2^3 = 8$; $2^4 = 16$; $2^5 = 32$; $2^6 = 64$; $2^7 = 128$; $2^8 = 256$...

Ou seja, temos a sequência 2 – 4 – 8 – 6 – 2 – 4 – 8 – 6 ...
Os algarismos são repetidos de 4 em 4. Para expoentes 1, 5, 9, etc., o final será 2. Para expoentes 2, 6, 10, 14, ... o final será 4. Para expoentes 3, 7, 11, ..., o final será 8, e para expoentes 4, 8, 12, ... o final será 6.
O expoente 2014 está na sequência 2, 6, 10, etc..., pois são os números que deixam resto 2 na divisão por 4. Portanto o algarismo das unidades procurado é 4.

Resposta: (B) 4

80) UDESC – Os múltiplos de 9 formados por 4 algarismos vão de 1008 a 9999. Temos aqui exatamente 1000 múltiplos de 9, pois 9999 é o 1111º múltiplo de 9, e o múltiplo de 9 anterior a 1008 é 999, que é o 111º . Dos 1111 primeiros múltiplos, excluindo os 111 primeiros, sobram exatamente 1000. Portanto a soma 1008 + ... 9999 de todos os múltiplos de 9 nessa faixa, tem exatamente 1000 parcelas.
A soma da 1ª com a 1000ª parcelas da lista é 1008+9999 = 11.007. A soma da segunda com a penúltima também, e assim por diante. Portanto temos uma soma igual a 500 × 11007 = 5.503.500. Note que é um número par e múltiplo de 9, portanto é também múltiplo de 6.
Agora podemos analisar as afirmativas:

(A) 0 na divisão por 6: CERTO
(B) 1 na divisão por 3: ERRADO
(C) 3 na divisão por 4: ERRADO
(D) 2 na divisão por 5: ERRADO
(E) 4 na divisão por 10: ERRADO

Resposta: (A) 0 na divisão por 6

Resoluções do teste 9

81) UFAL – Para operar com dízimas aperiódicas, é preciso encontrar a fração geratriz. Nesse problemas temos duas frações. A primeira pode ser calculada, usando uma multiplicação por 1000, a segunda, com uma multiplicação por 100. Assim evitamos ter que lembrar de fórmulas de conversão:
X = 0,300300300...
1000X = 300,300300300...

999X = 300
X = 300/999 = 100/333 (simplificada até ficar irredutível)

Y = 30,30303030...
100Y = 3030,303030...
99Y = 3030
Y = 3030/99 = 1010/33 (simplificada até ficar irredutível)

Se faz sentido falar em 100/333 dos alunos, então o número de alunos tem que ser um múltiplo de 333. Se faz sentido falar em 1010/33 dos alunos, então o número de alunos é múltiplo de 33. Portanto o número de alunos é múltiplo do MMC entre 333 e 33. Este MMC é:
$9 \times 37 \times 11 = 3663$.
Significa que o número de alunos é 3663, ou um múltiplo deste valor. Como é inferior a 4000, só pode ser 3663.

Resposta: (C) 3663

82) UERJ – Não sabemos os algarismos que formam o número. Chamemos inicialmente o segundo algarismo de A e o terceiro de B.

5	**A**	**B**		8				x					

Como a soma de três algarismos consecutivos é 20, então 5+A+B=20, e A+B=15.
O quarto algarismo só pode ser 5, pois a soma de três consecutivos é sempre 20 neste código, de acordo com o enunciado. Portanto o quarto algarismo é 5.

5	**A**	**B**	5	8				x					

Da mesma forma, B+5+8 vale 20, então B vale 7. A repetição dos algarismos continua. O próximo algarismo tem que ser A, que aparece como 8. Então esses são os algarismos que se repetem: 5, 8, 7, 5, 8, 7...

5	**A**	**B**	5	8	**7**	5	8	x					

Então x só pode ser 7.
O único múltiplo de 7 nas respostas é 49.

Resposta: (A) 49

83) UFPI – Os divisores do número citado são aqueles que têm no máximo 3 fatores 2, 4 fatores 3, 2 fatores 5 e 1 fator 7. Por exemplo, $2^2.3^2.5$.
Como 30 = 2.3.5, os números procurados não podem apresentar esses três fatores simultaneamente. Por exemplo, se tiver 2 e 3, não pode ter 5, se tiver 3 e 5, não pode ter 2. Finalmente, para que seja divisível por um dos números 6, 10 ou 15, precisa ter fatores 2 e 3 mas não 5, ou 2 e 5 sem 3, ou 3 e 5 sem 2. O fator 7 pode estar presente ou não.

1) Números com fatores 2 e 3 sem 5. Esses números apresentam as seguintes possibilidades:
Fator 2: 2^1, 2^2 ou 2^3 = 3 possibilidades
Fator 3: 3^1, 3^2, 3^3 ou 3^4 = 4 possibilidades
Fator 7: 7^0 ou 7^1 = 2 possibilidades
Total de números com essa característica: $3 \times 4 \times 2 = 24$

2) Números com fatores 2 e 5 sem 3. As possibilidades são:
Fator 2: 2^1, 2^2 ou 2^3 = 3 possibilidades
Fator 5: 5^1 ou 5^2 = 2 possibilidades
Fator 7: 7^0 ou 7^1 = 2 possibilidades
Total de números com essa característica: $3 \times 2 \times 2 = 12$

3) Números com fatores 3 e 5 sem 2: As possibilidades são:
Fator 3: 31, 32, 33 e 34 = 4 possibilidades
Fator 5: 51 e 52 = 2 possibilidades
Fator 7: 70 e 71 = 2 possibilidades
Total de números com essa característica: 4 × 2 × 2 = 16

Total de números que satisfazem: 24 + 12 + 16 = 52

Resposta: (A) 52

84) IFMT – Os cubos com alguma pintura estão nas camadas externas. Em cada direção, se eliminarmos as duas camadas externas, sobrarão duas camadas. Temos que fazer essa eliminação na direção x, na direção y e na direção z. Sobrará um pequeno cubo de dimensões 2×2×2, ou seja, com 8 cubinhos.

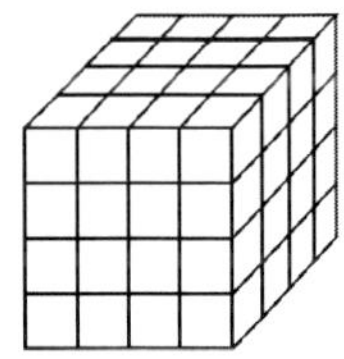

Resposta: (C) 8

85) IFS – Se o MDC entre os três números dados é 6, então os três números (x, 18 e 30) devem ser múltiplos de 6. O menor número x múltiplo de 6 (desconsiderando o zero, é claro), é 6. Então x poderia ser 6, 12, 18, ou qualquer múltiplo de 6. O menor deles é o próprio 6.

Resposta: (D) 6

86) UNISINOS – Sabendo que **a** e **b** são inteiros ímpares e que **c** é inteiro par, avalie as afirmações a seguir.

I – a + b + ab é ímpar II – $a^2 + c^2$ é ímpar III – 19a + 11c é ímpar

O produto de ímpares é ímpar. Se somarmos três ímpares, encontraremos um resultado ímpar. Logo a+b+ab é ímpar, e (I) é verdadeira.
O quadrado de um ímpar é ímpar, então a^2 é ímpar. O quadrado de um número par é par. Logo c^2 é par. A soma de um número ímpar com um par resulta em um valor ímpar. Logo $a^2 + c^2$ é ímpar, e (II) está correta.
Finalmente, 19 vezes um número ímpar (produto de dois ímpares) é ímpar. 11 vezes c, que é par, dá um resultado par. Então temos um número ímpar e um número par somados, cujo resultado é ímpar. Portanto (III) está correta.

Resposta: (E) I, II e III estão corretas.

87) USP – Um número entre 30 e 40, que deixa resto 1 na divisão por 3, pode ser 31, 34, 37 ou 40. Se deixa resto 3 na divisão por 4, tem que ser 31, 35 ou 39. O único número da lista que satisfaz a ambas as situações é 31. No caso, na divisão por 4, cada neto receberá 7 ações, sobrando 3.

Resposta: (B) 7

88) UNIFOR – A princípio teríamos que usar 3 palitos para cada triângulo, mas a fronteira entre dois triângulos vizinhos precisa de apenas um palito, e não 2.

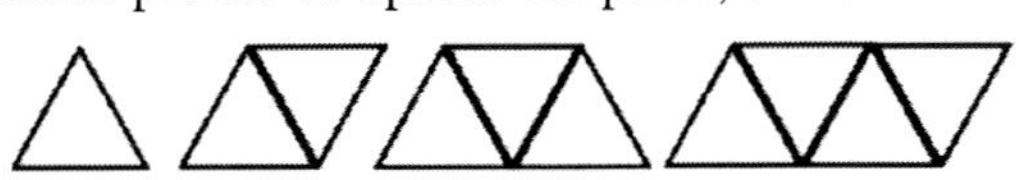

Com 25 triângulos, existirão 24 fronteiras. Ou seja, o número de fronteiras é uma unidade a menos que o número de triângulos. Sendo assim, o número de palitos necessários é

25 × 3 – 24 = 51

Resposta: (D) 51

89) PUC SP –Podemos juntar as potências de 3:

$\frac{3^{n+3} - 3.3^{n-1}}{3.3^{n+2}} = \frac{3^{n+3} - 3^{n}}{3^{n+3}}$. A seguir separamos os fatores da forma 3^n, e colocamos 3n em evidência:

$$\frac{3^{n+3} - 3^{n}}{3^{n+3}} = \frac{3^{n}.3^{3} - 3^{n}}{3^{n}.3^{3}} = \frac{3^{n}\left(3^{3} - 1\right)}{3^{n}.3^{3}} = \frac{\left(3^{3} - 1\right)}{3^{3}} = \frac{26}{27}$$

Resposta: (D) 26/27

90) USP – Cada dia tem dois períodos, a saber, manhã e tarde. O total de períodos é obviamente o dobro do número de dias. Os períodos envolvidos são:
Períodos com chuva: total de 5
Períodos sem chuva: total de 6 + 3 = 9.
Todos os períodos estão contados, e não existe contagem repetida. Um período é com chuva ou sem chuva. O total de períodos é 5 + 9 = 14.
Com 14 períodos, são portanto 7 dias.

Resposta: (B) 7

Resoluções do teste 10

91) UFRJ – Podemos dar duas classificações às flores: As vermelhas e as que não são vermelhas. Todas as flores recaem nessas duas categorias. Por outro lado, podemos classificar as flores de uma outra forma: as rosas e as que não são rosas (claro que aqui "rosa" é o nome da flor, e não a sua cor). Então, todas as flores pertencem a essas duas categorias.

Se classificarmos as flores segundo esses dois critérios, podemos representar todas as flores segundo o diagrama ao lado. Agora usamos as diversas informações dadas pelo problema para preencher o quadro.

	Vermelhas	Não vermelhas
Rosas		
Não rosas		

1) Se retiramos todas as flores de cor vermelha, restarão 14 flores.
➔ as não vermelhas somam 14
2) Se retirarmos todas as rosas, restarão 17 flores
➔ as que não são rosas somam 17
3) Se retirarmos todas as flores que não são vermelhas, restarão 19 flores
➔ as vermelhas são 19
4) Se retirarmos todas as rosas vermelhas restarão 26 flores

Das conclusões (1) e (3), concluímos que ao todo são 14+19=33 (vermelhas + não vermelhas).
Como são ao todo 33, da condição (4) concluímos que as rosas vermelhas são 33 - 26 = 7.
Com essas novas informações podemos preencher o quadro.

	Vermelhas	Não vermelhas
Rosas	7	9
Não rosas	12	5

As rosas vermelhas são 7.
Como as vermelhas somam 19, as vermelhas que não são rosas somam 12;
Como as que não são rosas somam 17, as não rosas e não vermelhas somam 17 – 12 = 5.
Como as não vermelhas somam 14, as rosas não vermelhas são 15 – 5 = 9.
Portanto o buquê tem 33 flores, e o número de rosas não vermelhas é 9.

Resposta: 33 e 9

92) UFAM – Os números pares de 4 algarismos têm a seguinte forma:
<u>A</u> <u>B</u> <u>C</u> <u>D</u>

O algarismo A pode ser escolhido entre 9 valores possíveis, que são os algarismos de 1 a 9. Já os algarismos B e C têm para cada um, 10 escolhas, que não todos os algarismos, de 0 a 9. O algarismo D, para que o número seja par, só tem 5 escolhas: 0, 2, 4, 6 ou 8.
Entretanto temos que levar em conta a restrição de que os algarismos devem ser distintos.
É melhor começar a escolher pelas unidades. Para que o número seja par, temos 5 escolhas. A escolha ou não do algarismo zero traz uma complicação, pois o zero tem uma propriedade diferente dos outros números pares: não pode ser usado como o algarismo dos milhares, pois um número da forma 0367 é considerado como 367, um número de 3 algarismos. Então vamos começar pelas unidades, e dividindo em dois casos:

1) O algarismo das unidades é zero: A B C 0
Então o algarismo A pode ser qualquer um dos outros 9 algarismos. Para B, restam 8 escolhas, que são os 10 algarismos original, menos as duas escolhas que já foram feitas. Para C, restam 7 escolhas. O número de escolhas diminui de uma unidade porque os algarismos são distintos. Nesse caso o número total de escolhas é:
$9 \times 8 \times 7 \times 1 = 504$

2) O algarismo das unidades não é zero:
Nesse caso, temos 4 escolhas para as unidades: 2, 4, 5 e 8.
Para os milhares, temos 8 escolhas, que são os 10 algarismos, menos o zero que está entre os restantes, menos o algarismo das unidades que já foi escolhido. Portanto são 8 escolhas para A.
Para as centenas, temos 8 escolhas. O zero está entre elas, pois nenhum dos dois algarismos escolhidos é zero. Então, 8 escolhas para B.
Para as dezenas, são agora 7 escolhas.
O número de formas diferentes para o número é $8 \times 8 \times 7 \times 4 = 1792$
Somando essas duas quantidades, temos $1792 + 504 = 2296$ escolhas.

Resposta: (C) 2296

93) UFLA - A falta de atenção pode fazer o aluno errar. Observe que a pilha 2 parecer ter 3 cubos, e não 4. É porque existe um cubo escondido no primeiro nível. O mesmo ocorre com a pilha 3: existem 4 cubos ocultos, e o total correto é 10.

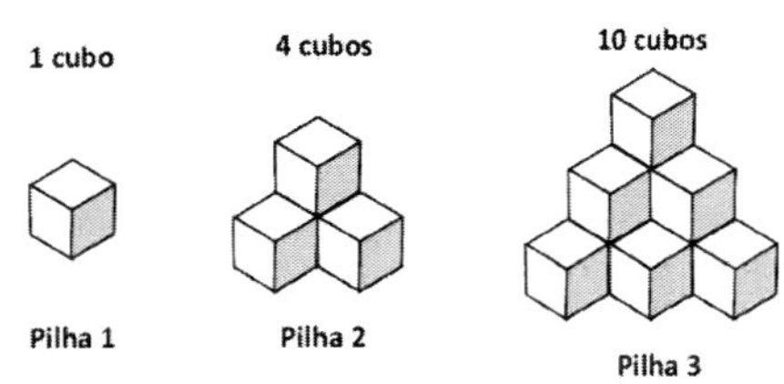

A quantidade de cubos da pilha 4 é igual ao da pilha 3 (10), mas os cubos do nível mais baixo. Este nível sozinho, em sua vista superior, tem os seguintes cubos:

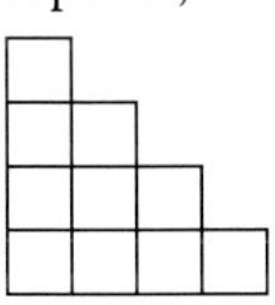

São 10 cubos a mais, além dos 10 originais da pilha 3, totalizando 20 cubos.

Resposta: (A) 20

94) UFCG - O número $\frac{n+10}{n}$ é o mesmo que $1+\frac{10}{n}$. Antes de ser primo, é preciso ser também um número natural. Então n tem que ser um divisor de 10. Os divisores de 10 são 1, 2, 5 e 10. Para cada um desses valores, o número resultante (chamamos de p) é:

n = 1 ➔ p = 11
n = 2 ➔ p = 6
n = 5 ➔ p = 3
n = 10 ➔ p = 2
Só existem 3 valores que tornam este resultado primo.

Resposta: (D) 3

95) UFT – É preciso resolver primeiro as frações dos níveis mais internos.

$$F = \frac{1}{1 - \frac{1}{1+4}}$$

1 – 1/5 vale 4/5. Seu inverso é 5/4. 1 – 5/4 vale –1/4 Seu inverso é –4.
A seguir, 1 + 4 vale 5, seu inverso é 1/5. 1 – 1/5 vale 4/5. Seu inverso é 5/4, o mesmo que 1,25.

Resposta: (D) 1,25

96) UFG – Todas as potências de 2, de 2^3 em diante, são múltiplos de 8. Então $2^{25964951}$ é múltiplo de 8. Ao subtrairmos 1, este resultado passará a deixar resto 7 na divisão por 8, ou seja, será igual a um múltiplo de 8, somado com 7.

Resposta: (E) 7

97) UESC – Basta encontrar as soluções inteiras da inequação:

$$\frac{2n}{3n+15} < \frac{7}{13}$$

Em geral, em uma inequação, não podemos "multiplicar cruzado" como fazemos nas equações, pois quando os termos são negativos, o sentido da desigualdade fica invertido.
Ao invés disso, é preciso colocar toda a expressão no 1º membro, deixar zero no 2º membro, e fazer um estudo da variação de sinal da fração resultante.

$$\frac{2n}{3n+15} - \frac{7}{13} < 0$$

$$\frac{2n.13}{(3n+15).13} - \frac{7(3n+15)}{13(3n+15)} < 0$$

$$\frac{26n - 21n - 105}{(3n+15).13} < 0$$

$$\frac{5n - 105}{3(n+5).13} < 0$$

É permitido na inequação, simplificar por números positivos, o que não causa a troca de sinal. Podemos simplificar o numerador por 5 e o denominador por 3×13. Ficamos com

$$\frac{n-21}{n+5} < 0$$

Agora temos que estudar os sinais dos termos n–21 e n+5, para identificar quando são positivos e quando são negativos. O numerador é positivo quando n>21, e negativo caso contrário. O denominador é positivo quando n > –5, e negativo caso contrário. Representamos isso em um quadro:

	–5	21	
n – 21	–	–	+
n + 5	–	+	+
fração	+	–	+

A fração será negativa para valores entre –5 e 21. O valor –5 não serve, pois anula o denominador. O valor 21 não serve, pois a fração deve ser estritamente menor, conforme o enunciado. Como n deve ser inteiro, seus valores podem ser –4, –3, –2, –1, 0, 1, 2, ..., 20. Um total de 25 valores inteiros possíveis para n.

Agora é preciso tomar cuidado. Encontramos 25 valores possíveis para n, mas não é isso o que o problema pergunta. É perguntada a quantidade de números racionais para a expressão 2n(3n+15). É possível que para determinados valores de n, a expressão apresente valores iguais, ou seja, valores repetidos que teriam que ser abatidos deste total 25. Ocorre que é impossível encontrar dois valores diferentes de n que resultem no mesmo valor de 2n/(3n+15), pois:

$$\frac{2n}{3n+15} = \frac{2}{3} \times \frac{n}{n+5} = \frac{2}{3} \times \left(1 - \frac{5}{n+5}\right)$$

A expressão 5/(n+5) nunca apresentará valores iguais, para valores diferentes de n. Portanto o número de valores para a expressão que atendem ao problema, é igual ao número de valores de n que também atendem ao problema. Entretanto, em uma prova discursiva, o aluno que esquecer de fazer essa verificação pode perder pontos.

Resposta: (B) 25

98) UFMT – Conforme a moto anda, seus pneus são gastos. Esse gasto é determinado como uma perda da sua "vida útil". Quando uma roda é usada na dianteira, sua vida útil é de 18.000 km. Significa que a cada km rodado, é gasto 1/18000 dessa vida útil. A vida útil é exaurida quando a fração gasta é igual a 1.
Consideremos os primeiros A quilômetros rodados. A roda dianteira terá consumida uma fração de A/18000 da sua vida útil. A roda traseira, por andar a mesma quilometragem, terá consumido A/12000 da vida útil.
Terminada essa primeira etapa, as rodas são trocadas de posição, e serão rodados B quilômetros, até que as duas rodas terminam a vida útil simultaneamente.
A primeira roda, que já tinha gasto uma fração A/18000, terá na segunda etapa, um gasto de B/12000. Da mesma forma, a outra roda, que teve A/12000 gastos na primeira etapa, na segunda terá B/18000. Temos então:
1ª roda: A/18000 + B/12000 = 1
2ª roda: A/12000 + B/18000 = 1
Reduzindo as duas frações ao mesmo denominador e somando, temos:
2A + 3B = 36000
3A + 2B = 36000
5A + 5B = 72000
A + B = 14.400.
O valor A+B é exatamente a quilometragem total rodada, até as duas rodas terminarem simultaneamente suas vidas úteis.

Resposta: (A) 14.400

99) UFPR – Trata-se de um problema de puro raciocínio lógico.
A caixa indicadas com AA pode ter BB ou AB. A caixa indicada com BB pode ter AA ou AB. Então seja qual for a cor retirada de uma dessas caixas, não teremos ainda conclusão alguma.
A única que permite uma identificação direta é a caixa AB. Como sabemos que as três etiquetas estão erradas, se tiramos uma branca da caixa AB, saberemos que seu conteúdo é BB (porque não pode ser AB, já que as etiquetas estão trocadas). Se tirarmos uma azul, na verdade aquela caixa tem AA.
As duas caixas restantes, que são AA e BB, estarão com as etiquetas trocadas. Uma delas é a que tem as bolas diferentes, outra tem as duas bolas iguais, com a cor restante. Se tiramos A da primeira caixa, ela é na verdade AA. Então a que tem indicado AA é na verdade BB, e a caixa restante é AB.

Portanto, retirando apenas uma bola da caixa com a etiqueta AB, podemos identificar o conteúdo das três caixas.

Resposta: (E) Uma bola

100) UFLA – A primeira figura tem 9 pontos. A 2ª figura tem 6 pontos a mais. Cada nova figura terá 6 pontos a mais que a anterior.

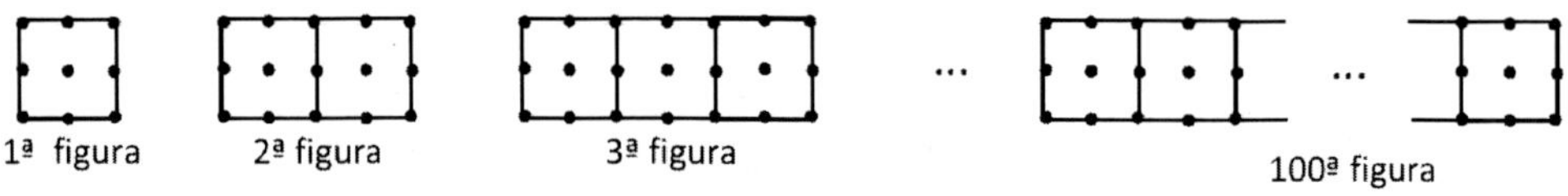

Para chegar à 100ª figura, temos adicionar 99 vezes 6 pontos. O número total será:
$9 + 99 \times 6 = 603$

Resposta: (D) 603

■

Capítulo 2

Álgebra I

Essa é a Álgebra Básica, estudada nos últimos anos do Ensino Fundamental e tipicamente no primeiro ano do Ensino Médio. Em alguns países, é chamada Algebra I. Existe também a Algebra II, que corresponde ao conteúdo algébrico do Ensino Médio. Estuda funções, P.A., P.G., logaritmos, exponenciais, Análise Combinatória, Probabilidades, Matrizes, Determinantes e Sistemas Lineares, Números complexos, Polinômios e Geometria Analítica, que mistura Álgebra e Geometria. Essa parte mais avançada da Álgebra, chamada Algebra II, será estudada nos capítulos seguintes. O presente capítulo estudará a Álgebra básica.

Teste 11

101) USP – Sabendo que x, y e z são números reais e $(2x + y - z)^2 + (x - y)^2 + (z - 3)^2 = 0$, então $x + y + z$ é igual a

(A) 3 (B) 4 (C) 5 (D) 6 (E) 7

102) FATEC – No sistema de equações abaixo, o valor de **w** é:

$$\begin{cases} w = x - y + 1 \\ w = y - z + 2 \\ w = z - x + 3 \end{cases}$$

(A) 0 (B) 1 (C) 2 (D) 3 (E) 4

103) UFPE – Supondo que $A = \sqrt{2+\sqrt{3}} - \sqrt{2-\sqrt{3}}$, o valor de A^2 é

(A) 1 (B) 2 (C) 3 (D) 4 (E) 5

104) Mackenzie – O número inteiro positivo, cujo produto de seu antecessor com seu sucessor é igual a 8, é

(A) 5 (B) 4 (C) –3 (D) 3 (E) 2

105) PUC Campinas – Usando a tecnologia de uma calculadora pode-se calcular a divisão de 2 por $\sqrt[3]{4}$ e obter um resultado igual a:

(A) $\sqrt{4}$ (B) $\sqrt[3]{3}$ (C) $\sqrt{5}$ (D) $\sqrt[3]{2}$ (E) $\sqrt{4^2}$

106) UFCG – Sobre o número $\sqrt[3]{\dfrac{2009+1009}{2009^2-1009^2}}$, é verdade afirmar que:

(A) É um número irracional.
(B) É um número menor que 1/100.
(C) É um número racional com infinitas casas decimais não nulas.

(D) Vale 1/10.
(E) É um número maior do que 30^2.

107) UFJF – Duas latas de ervilha, três sabonetes e quatro detergentes custam, juntos, R$ 21,60. Três latas de ervilha, cinco sabonetes e sete detergentes custam, juntos, R$ 35,50. Quanto custam, juntos, uma lata de ervilha, um sabonete e um detergente?

(A) R$ 7,30 (B) R$ 7,50 (C) R$ 7,70 (D) R$ 7,90 (E) R$ 8,10

108) IFSP – Qual o termo deveremos adicionar a $\mathbf{x^2 + 8x}$, para obtermos $\mathbf{(x+4)^2}$?

(A) 8 (B) 16 (C) 16x (D) 8x (E) –16

109) IFS – Dada a expressão:

$$\frac{x^5 + x^4 + 26x^2 - 16x - 120}{x^2 + x - 6} + \frac{x^4 - x^3 - 2x^2 - 4x - 24}{x^2 + 4}$$

Assinale a alternativa que não é correta sobre a expressão.

(A) A expressão é igual a $x^3 + x^2 + 5x + 14$
(B) –2 anula a expressão
(C) $\sqrt{-4}$ anula toda a expressão
(D) Existem números complexos que anulam a expressão

110) UFAL – A figura representa o gráfico da função $\mathbf{f(x) = x^2 + bx + c}$ no conjunto dos números reais. Assinale a afirmativa verdadeira.

(A) b = –2 e c = 0
(B) b = –4 e c = 0
(C) b = 0 e c = 1
(D) b=–3 e c = 2
(E) b = –3 e c = –1

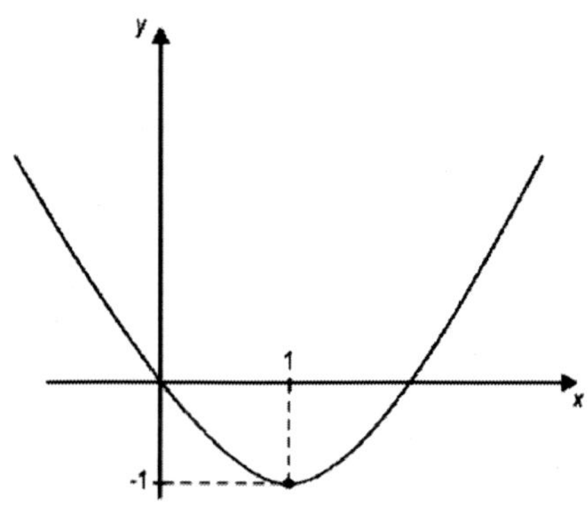

Teste 12

111) PUC SP – A soma dos quatro algarismos distintos do número N=abcd, é 16. A soma dos três primeiros algarismos é igual ao algarismo da unidade e o algarismo do milhar é igual à soma dos algarismos da centena e da dezena. O produto dos algarismos da dezena e da centena é

(A) 4 (B) 3 (C) 2 (D) 1 (E) 5

112) UFT – Encontre o conjunto solução da inequação $\dfrac{1+x}{1-x} \geq 1$

(A) [0, ∞) (B) [0, 1) (C) (1, ∞) (D) (–∞, 0) (E) (–∞,∞)

113) UTFPR – Um terreno quadrado foi dividido em quatro partes como mostra a figura. A área do terreno é, em unidades de área, igual a:

(A) $x^2 + y^2$ (B) $x^2 + y^2 + 2xy$ (C) $2x + 2y$
(D) $2(x - y)^2$ (E) $2(x^2 + y^2)$

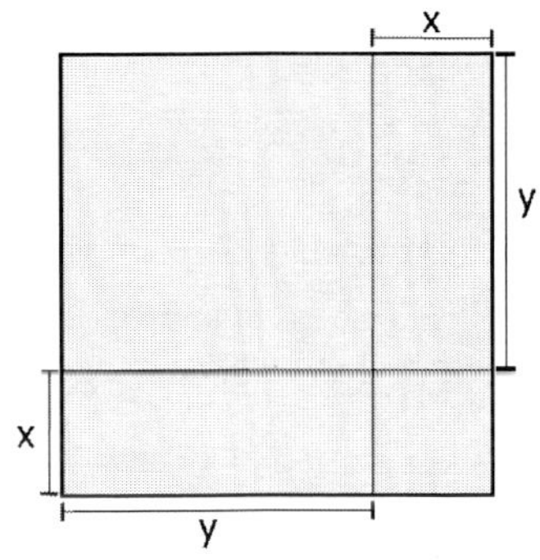

114) IFRS – Para $a = \sqrt{15}$ e $b = 1{,}710303...$, o valor da expressão $\frac{(a+b)(a-b)+2b^2}{(a+b)^2-2ab}$ é igual a

(A) 0 (B) 1/4 (C) 1/3 (D) 1/2 (E) 1

115) USP – A diferença entre os quadrados de dois números naturais é 21. Um dos possíveis valores da soma dos quadrados desses dois números é

(A) 29 (B) 97 (C) 132 (D) 184 (E) 252

116) USP – Que número deve ser somado ao numerador e ao denominador da fração 2/3 para que ela tenha um aumento de 20%?

(A) 1 (B) 2 (C) 3 (D) 4 (E) 5

117) UNICAMP – Considere o sistema linear ao lado, nas variáveis x, y, z e w. Logo, a soma x+y+z+w é igual a:

$$\begin{cases} x - y = 1 \\ y + z = 2 \\ w - z = 3 \end{cases}$$

(A) –2 (B) 0 (C) 6 (D) 8 (E) 5

118) UNICAMP – A razão entre a idade de Pedro e a idade de seu pai é igual a 2/9. Se a soma das duas idades é igual a 55 anos, então Pedro tem

(A) 12 anos. (B) 13 anos. (C) 10 anos. (D) 15 anos. (E) 18 anos.

119) UFRJ – Se $x = \sqrt{3-\sqrt{8}} - \sqrt{3+\sqrt{8}}$
mostre que x é inteiro e negativo. (Sugestão: calcule x^2.)

120) UFMS – Uma conta de R$ 140,00 é paga em cédulas de R$ 5,00 e R$ 10,00, num total de 18 cédulas. O número **n** de cédulas de R$ 5,00 usadas para o pagamento dessa conta é tal que

(A) $n < 5$ (B) $5 \leq n < 7$ (C) $7 < n < 10$ (D) $n > 10$

Teste 13

121) UEMG – Considere o seguinte sistema:

$$\begin{cases} 3^y - 2^x = 1 \\ 3.2^{x-1} + 6 = 2.3^y \end{cases}$$

Na solução desse sistema, tem-se x=a e y=b. Assim, o valor da expressão $\frac{(a-3b)(b-a)}{3(b+a)}$ é

(A) –1 (B) –1/2 (C) 1/5 (D) 1/3 (E) 3/4

122) UFBA – Sabendo que os gráficos das funções quadráticas
$f(x) = x^2 - 4x + 3$ e **$g(x) = -x^2 - bx + c$**
se intersectam em um ponto do eixo x e em um ponto do eixo y, determine o valor de b^4c.

123) UFG – Duas amigas foram a uma liquidação e compraram três tipos de calçados: sapato, sandália e bota. Cada tipo custava o mesmo valor. A primeira comprou cinco pares de sapato, duas sandálias e três botas e pagou um total de R$ 1.200,00. A segunda comprou três pares de sapato, quatro sandálias e duas botas, totalizando R$ 960,00. Considerando que o preço de uma bota era o dobro do preço de uma sandália, o preço da bota foi de:

(A) R$ 75,00 (B) R$ 95,00 (C) R$ 120,00 (D) R$ 150,00 (E) R$ 180,00

124) UERJ – No plano cartesiano a seguir, estão representados o gráfico da função definida por **$f(x) = x^2 + 2$**, com $x \in \mathbb{R}$, e os vértices dos quadrados adjacentes ABCD e DMNP. Observe que B e P são pontos do gráfico da função f e que A, B, D e M são pontos dos eixos coordenados. Desse modo, a área do polígono ABCPNM, formado pela união dos dois quadrados é:

(A) 20 (B) 28 (C) 33
(D) 40 (E) 52

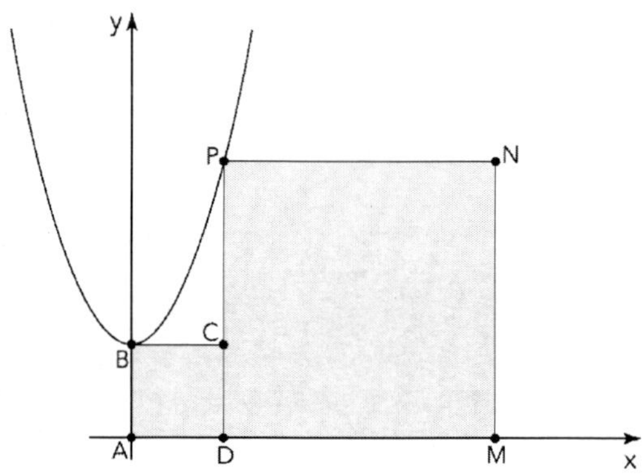

125) IFCE – O resto da divisão de **$p(x) = 4x^3 + 2x^2 - mx + 5$** por **$D(x) = x + 2$** é igual a 1, então **m** é igual a

(A) 12 (B) –15 (C) 15 (D) 10 (E) –10

126) FATEC – Seja f a função quadrática, de $\mathbb{R}$ em $\mathbb{R}$, definida por **$f(x) = (k+3).(x^2+1) + 4x$**, na qual k é uma constante real. Logo, f(x)>0, para todo x real, se e somente se,

(A) k>–3 (B) k>–1 (C) –3<k<1 (D) k<1 ou k>5 (E) k<–5 ou k>–1

127) UFPI – Arnaldo calculou a média aritmética de 10 números e encontrou como resposta o valor x. Bernarda, esposa de Arnaldo, ao observar que um dos números foi o número y, resolveu calcular a média aritmética dos outros nove números usados por Arnaldo (i.e, Bernarda excluiu o número y e calculou a média aritmética dos nove restantes). A resposta que Bernarda encontrou, em termos de x e y, foi:

(A) (10x – y)/9 (B) (10y – x)/9 (C) (9x – y)/10 (D) (9y – x)/10 (E) x

128) UFMS – A soma entre o cubo de um número irracional positivo N e o triplo do quadrado do antecessor desse número N é igual a 21. Então é correto afirmar que

(A) 0<N<1,5 (B) 1,5<N<2 (C) 2<N<2,5 (D) 2,5<N<3 (E) N>3

129) UFJF – A soma dos algarismos de um número N de três algarismos é 18, o algarismo da unidade é duas vezes maior do que o algarismo da dezena. Trocando-se o algarismo das

centenas com o algarismo das unidades obtemos um número M maior que N em 198 unidades. Determine o número N.

(Discursiva)

130) IFMT – Sendo α uma das raízes da equação **$4x^2 - 3x + 4 = 0$**. Calcule $8.\left(\alpha + \frac{1}{\alpha}\right)$.

(A) 4 (B) 6 (C) 7 (D) 8 (E) 9

Teste 14

131) UFBA – Os candidatos de um concurso foram submetidos a uma prova de 100 questões, consistindo cada uma delas de uma afirmação a ser assinalada como verdadeira ou como falsa. O total de pontos de cada candidato foi obtido somando-se 5 para cada acerto e subtraindo-se 2 para cada erro e 1 para cada questão sem resposta. Com base nessas informações, pode-se afirmar (classifique cada um em V ou F)

( ) O total de pontos obtidos por cada candidato é um número inteiro pertencente ao intervalo [0, 500]

( ) Se um candidato obteve zero ponto, então ele acertou mais de que uma questão.

( ) Se A = (5, –2, –1), $B = \begin{pmatrix} x \\ y \\ z \end{pmatrix}$, sendo x, y e z, respectivamente, o número de acertos, erros e questões sem resposta de um candidato, então sua pontuação é o único elemento da matriz A.B.

( ) É possível que um candidato tenha obtido 115 pontos, errando exatamente 37 questões.

( ) Se um candidato obteve 231 pontos, com o número de acertos igual ao número de erros mais o dobro do número de questões sem resposta, então o produto entre o número acertos e o de erros é igual a 1357.

( ) Se um candidato assinala aleatoriamente cada afirmação como verdadeira ou como falsa, sem deixar nenhuma resposta, então a probabilidade de esse candidato acertar todas as questões é igual a 1/100.

132) UERJ – Em uma atividade com sua turma, um professor utilizou 64 cartões, cada um com dois algarismos x e y, iguais ou distintos, pertencentes ao conjunto {1, 2, 3, 4, 5, 6, 7, 8}. A imagem abaixo representa um tipo desse cartão.

Um aluno escolheu um único cartão e efetuou as seguintes operações em sequência:

I - multiplicou um dos algarismos do cartão escolhido por 5;

II – acrescentou 3 unidades ao produto obtido em I;

III – multiplicou o total obtido em II por 2;

IV – somou o consecutivo do outro algarismo do cartão ao resultado obtido em III.

Ao final dessas operações, obteve-se no sistema decimal o número 73.

O cartão que o aluno pegou contém os algarismos cuja soma x+y é:

(A) 15 (B) 14 (C) 13 (D) 12 (E) 19

133) IFCE – Se r e s são as raízes reais da equação $\mathbf{x^2 + 7x = 2}$, o valor de $\mathbf{r^2 + s^2}$ é

(A) 55 (B) 53 (C) 57 (D) 69 (E) 81

134) UEMG – Um grupo de **n** estudantes organizou uma viagem para comemorar a formatura. A despesa total da viagem foi orçada em R$ 2.250,00. Como 5 estudantes não poderão mais viajar, por motivos pessoais, a parte de cada um do grupo aumentou em R$ 75,00. Sendo assim, o valor numérico de **n** pertence ao intervalo

(A) [8,12] (B) [15,21] (C) [22,26] (D) [26,30] (E) [30,40]

135) UFG – Considere as funções $\mathbf{f(x) = mx + 3}$ e $\mathbf{g(x) = x^2 - 2x + 2}$, onde m. Determine condições sobre m para que a equação $\mathbf{f(g(x)) = 0}$ tenha uma raiz real.

(discursiva)

136) FATEC – Sobre o sistema linear, nas incógnitas x, y e z

$$\begin{cases} x + 2y + 3z = 1 \\ 2x + y - z = m \\ 3x + ky + 2z = 4 \end{cases}$$

em que k e m são constantes reais, pode-se afirmar que

(A) não admite solução se k=4.
(B) admite infinitas soluções se k = m = 3.
(C) admite infinitas soluções se k=3 e m=5.
(D) admite solução única se k=3 e m é qualquer
(E) admite solução única se k≠5 e m=3.

137) UF São Carlos – Uma loja vende três modelos de violão, A, B e C, cada um deles com preços diferentes. O valor a ser pago na compra de um violão do modelo A mais três violões do modelo B é o mesmo que se pagaria ao comprar cinco violões do modelo C. Sabendo que um violão do modelo C custa o dobro de um violão do modelo A, é correto concluir que o número de violões do modelo A que poderiam ser comprados com o mesmo valor gasto na compra de três violões do modelo C mais dois violões do modelo B é

(A) 9 (B) 10 (C) 11 (D) 12 (E) 13

138) UTFPR – O conjunto solução da equação $\mathbf{(x^2 + 1)^2 = 25}$ apresenta entre seus elementos:

(A) apenas uma raiz real. (B) duas raízes reais iguais (C) duas raízes reais distintas
(D) quatro raízes reais iguais (E) quatro raízes reais distintas

139) PUC PR – Calcule o valor da expressão:

$$E = 1439^2 - 1438^2 - \left(20\sqrt{7}\right)^2 - \sqrt[3]{3{,}43.10^5}$$

(A) E=9 (B) E=1 (C) E=0 (D) E=5 (E) E=7

140) IFRS – Se $\dfrac{(a-b)^2}{a^2 - b^2} = 2$, então podemos afirmar que o valor de **a** é igual a

(A) 1/b (B) 2b (C) –2b (D) 3b (E) –3b

Teste 15

141) IFAL – A soma das raízes da equação $|x^2 - 5x| = 6$ é

(A) 5 (B) 6 (C) 10 (D) 11 (E) 12

142) IFAL – Reduzindo a expressão

$\sqrt{2}.\sqrt{2+\sqrt{2}}.\sqrt{2+\sqrt{2+\sqrt{2}}}.\sqrt{2-\sqrt{2+\sqrt{2}}}$

ao numeral mais simples, temos:

A) 2 B) $\sqrt{2}$ C) $2-\sqrt{2}$ D) $\sqrt{6}$ E) $2+\sqrt{2}$

143) IFSP – Sabendo que as equações de um sistema são: $x - y = 1$ e $x^2 + y^2 = 41$, os possíveis valores para x e y são:

(A) S = {(–5, –4),(–4, –5)}
(B) S = {(–5, –4),(4, 5)}
(C) S = {(5, 4),(–4, –5)}
(D) S = {(–5, 4),(–4, –5)}
(E) S = {(5, 4),(4, 5)}

144) IFSP – A equação $2x^2 - 5x + 4 = 0$ possui as raízes α e β. Uma outra equação do 2º grau que admite raízes α^2 e β^2 pode ser

(A) $4x^2 - 25x - 16 = 0$
(B) $4x^2 - 25x + 16 = 0$
(C) $4x^2 + 9x + 16 = 0$
(D) $4x^2 - 9x + 16 = 0$
(E) $4x^2 + 9x - 16 = 0$

145) IFS – Se dois números reais têm soma 12 e o produto entre os dois é o maior possível, então esses números são

(A) 5 e 7 (B) 4 e 8 (C) 2 e 10 (D) 6 e 6 (E) 6 e 7

146) IFS – Um matemático da empresa Topa Tudo LTDA., afirmou que o lucro em reais obtido com a venda de uma unidade de certo produto é x–20, sendo x o preço de venda e 20 o preço do custo. A quantidade a ser vendida a cada mês depende do preço de venda e é dada por 80–x. Nas condições apresentadas, o lucro obtido pela venda do produto é uma função L(x), cujo valor de x que torna o lucro máximo é

(A) R$ 1500,00 (B) R$ 2500,00 (C) R$ 50,00 (D) R$ 40,00 (E) R$ 900,00

147) IFPE – Um criador de coelhos quer construir um novo local para a sua criação. Ele deseja construir um "coelheiro" de forma retangular e de área máxima. Para isso ele dispõe de 20 metros de tela e vai aproveitar, também, o muro do terreno, conforme a figura. Nessas condições, qual é a maior área desse "coelheiro"?

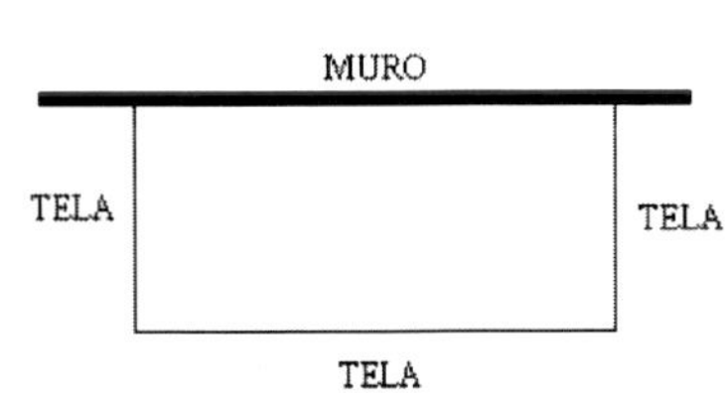

(A) $50m^2$ (B) $44m^2$ (C) $42m^2$
(D) $35m^2$ (E) $30m^2$

148) IFPE – Para treinar a multiplicação e a adição com seu filho, um pai pergunta ao garoto quais são dois números inteiros positivos cuja soma é 51 e o produto é o maior possível. Um desses números é

(A) 51 (B) 25,5 (C) 24 (D) 17 (E) 25

149) UFG – O custo total de uma festa organizada por um grupo de amigos seria dividido em partes iguais entre todos eles. Como três pessoas não pagaram, o custo foi dividido em partes iguais entre os demais, fazendo com que a despesa de cada pagante aumentasse em 15% em relação ao que estava previsto. Nesse caso, quantas pessoas pagaram as despesas da festa?

(A) 12 (B) 15 (C) 20 (D) 23 (E) 26

150) UFT – Resolva a inequação:

$$(n-9)(n^2+4n+5)(n+7)<0$$

no conjunto dos números reais. A soma dos números inteiros que satisfazem a inequação acima é:

(A) 3 (B) 12 (C) –9 (D) 15 (E) –4

Teste 16

151) UFT – Sabendo-se que os pontos P_1 e P_2 são os zeros da função $y = -x^2 + 2x + 3$, e que o ponto V é o vértice da parábola, conforme a figura, pode-se afirmar que a metade da distância entre P_1 e P_2 vale:

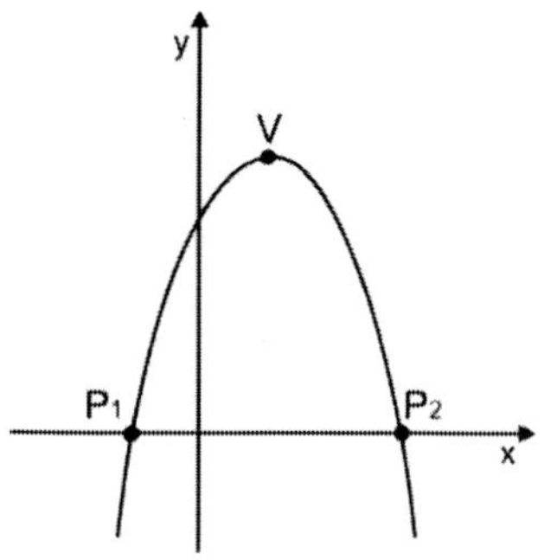

(A) 1 unidades de medida
(B) 2 unidades de medida
(C) 3 unidades de medida
(D) 4 unidades de medida
(E) 5 unidades de medida

152) UFMS – Resolva o sistema de equações e obtenha os valores de x e y. Depois, calcule $x^2 + y^2$. O resultado será:

$$\begin{cases} 2x + y = 13 \\ x - y = 2 \end{cases}$$

(A) 30 (B) 34 (C) 32 (D) 31 (E) 33

153) UFG – Considere a gasolina comum, usada no abastecimento dos veículos automotores, contendo 25% de álcool e 75% de gasolina pura. Para encher um tanque vazio, com capacidade de 45 litros, quantos litros de álcool e de gasolina comum devem ser colocados, de modo a obter-se uma mistura homogênea composta de 50% de gasolina pura e 50% de álcool? (Discursiva)

154) UFPI – Qual o valor máximo da expressão **$E=3x+4y$**, onde **x** e **y** são números reais que satisfazem a equação $x^2 + y^2 = 16$?

(A) 8 (B) 10 (C) 15 (D) 20 (E) 25

155) UFJF – Uma gaveta contém somente lápis, canetas e borrachas. A quantidade de lápis é o triplo da quantidade de canetas. Se colocarmos mais 12 canetas e retirarmos 2 borrachas, a gaveta passará a conter o mesmo número de lápis, canetas e borrachas. Quantos objetos havia na gaveta inicialmente?

(A) 34 (B) 44 (C) 54 (D) 64 (E) 74

156) IFAL - O valor da expressão $(5432^2 - 5431^2) \div 3$ é

(A) 1/3 (B) $(5432-5431)^2 \div 3$ (C) 2950664 (D) 3621 (E) 10863

157) USP - Se (x, y) é solução do sistema ao lado, então x/y é igual a:

$$\begin{cases} x + \dfrac{1}{y} = 1 \\ x^2 + \dfrac{1}{y^2} = 4 \end{cases}$$

(A) 1 (B) -1 (C) 1/3 (D) -3/2 (E) -2/3

158) ENEM - Um forro retangular traz em sua etiqueta a informação de que encolherá após a primeira lavagem mantendo, entretanto, seu formato. A figura mostra as medidas originais do forro e o tamanho do encolhimento (x) no comprimento e (y) na largura.

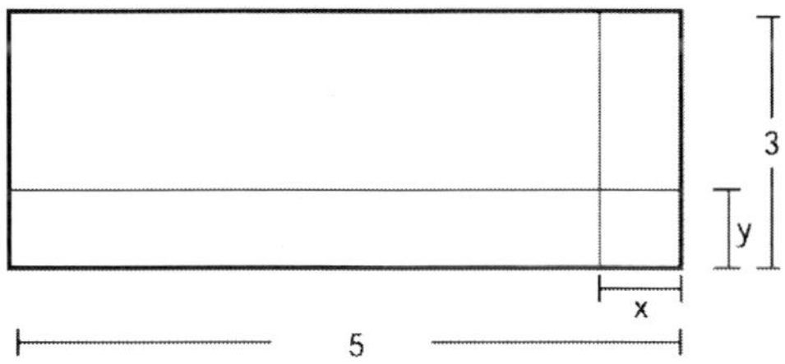

A expressão algébrica que representa a área do forro após ser lavado é (5 – x)(3 – y). Nestas condições, a área perdida do forro, após a primeira lavagem, será expressa por

(A) 2xy (B) 15 – 3x (C) 15 – 5y (D) –5y – 3x (E) 5y + 3x – xy

159) UFMG - Sabe-se que o número $2^{13} - 1$ é primo. Seja $n = 2^{17} - 16$. No conjunto dos números naturais, o número de divisores de **n** é

(A) 5 (B) 6 (C) 6 (D) 10 (E) 12

160) FGV - Considere quatro números inteiros positivos. A cada um desses quatro números soma-se a média aritmética dos outros três, obtendo-se como resultados os números 48, 42, 32 e 34. Um dos números originais é:

(A) 34 (B) 31 (C) 30 (D) 33 (E) 32

Teste 17

161) UFJF - Deseja-se construir uma casa em formato retangular, com 270 m², num terreno retangular que tem 13m de frente e 39m de comprimento. Por normas da prefeitura, ao se fazer essa construção, devem ser deixados 5m de afastamento da casa em relação à divisa frontal do terreno e 2m de afastamento em relação às fronteiras laterais.

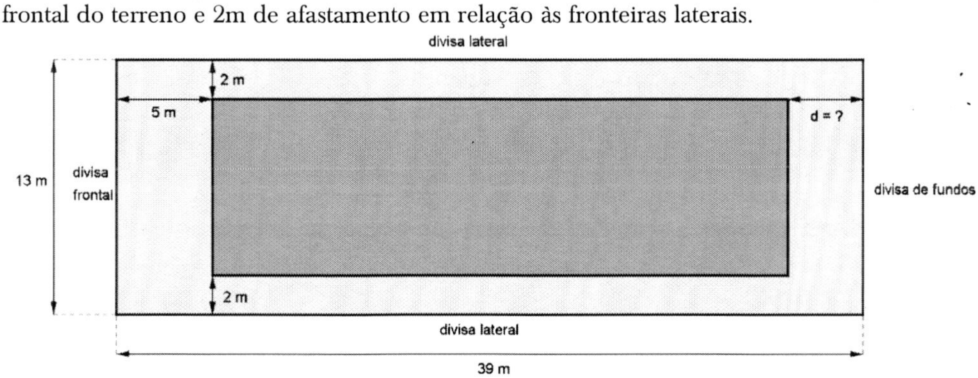

O afastamento "d" entre a casa e a fronteira com os fundos do terreno deverá ser igual a:

(A) 9 (B) 7 (C) 6 (D) 5 (E) 4

162) UTFPR – A expressão algébrica: $\left(\dfrac{x}{x+1}-\dfrac{x}{x-1}\right).\dfrac{1-x^2}{2}$

equivale a:

(A) 2x (B) x (C) -2x (D) –x (E) $\dfrac{x^2}{x^2-1}$

163) UFT – Mário possui um automóvel biocombustível (álcool/gasolina), cujo tanque tem capacidade para 45 litros. Ele precisa abastecer o automóvel de forma que o tanque fique cheio. O tanque já contém 15 litros, dos quais 25% é de gasolina. O fabricante recomenda que para o automóvel tenha um melhor desempenho é necessário que o tanque cheio possua 32% de gasolina. Sabendo-se que os preços por litro de gasolina e de álcool são R$ 2,70 e R$ 1,70 respectivamente, quanto Mário irá gastar para encher o tanque à recomendação do fabricante?

(A) R$ 50,35 (B) R$ 47,27 (C) R$ 61,65 (D) R$ 70,15

164) UDESC – Considere os conjuntos
$A = \{x \in \mathbb{R} \mid 2x-1+|2x-1| = 0\}$ e $B = \{x \in \mathbb{R} \mid -x(2x+1) \leq -1\}$.
O conjunto $(B - A)^c$ é:

(A) $(-\infty, 1/2]$ (B) $(-1, 1/2]$ (C) { } (D) $(-\infty, -1]\cup(1/2, +\infty)$ (E) $(1/2, +\infty)$

165) UFSM – Um jogador de basquete lança uma bola em direção à cesta e ela descreve um arco de parábola. A lei que descreve essa parábola é $h(t) = -\dfrac{1}{3}t^2 + \dfrac{5}{3}t + 2$, onde **t** é o tempo decorrido em segundos após o lançamento, e **h** é a altura em metros. Assim, é correto afirmar:

(A) A bola atinge o solo em 5s.
(B) A imagem de h(t) é dada pelo conjunto $\{y \in \mathbb{R} \mid y > 49/9\}$.
(C) O vértice da parábola é o ponto (5/2, 49/12).
(D) Para todo $t \in [-6, 1]$ $h(t) \geq 0$.
(E) A altura máxima atingida pela bola é igual a 7/3 m.

166) UFAL – O gráfico da função quadrática f(x) = ax2 + bx + c está descrito ao lado. A função que melhor representa este gráfico é

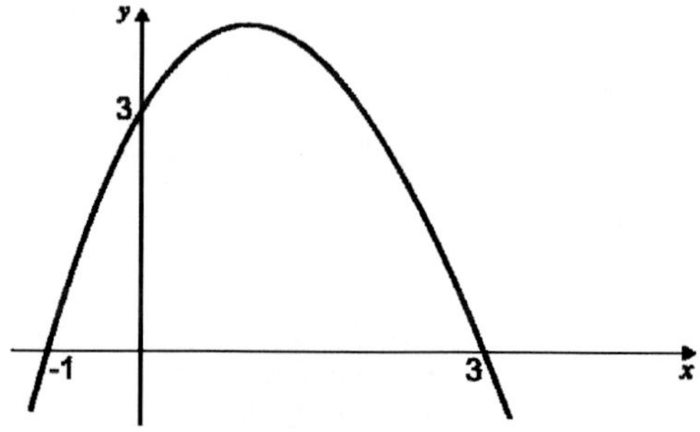

(A) $f(x) = -x^2 + 2x + 3$
(B) $f(x) = x^2 - 2x - 3$
(C) $f(x) = -x^2 - 2x + 3$
(D) $f(x) = -x^2 + 2x - 3$
(E) $f(x) = x^2 - 2x + 3$

167) UFPI – Sejam x_1 e x_2, raízes reais e não-negativas da equação $\mathbf{ax^2 + bx + c = 0}$, na qual a, b e c são números reais e a≠0. O valor da expressão $\sqrt{x_1} + \sqrt{x_2}$, em função de a, b e c é:

(A) $\sqrt{|ac|} + \sqrt{|bc|}$ (B) $\sqrt{\dfrac{-b}{a} + 2\sqrt{\dfrac{c}{a}}}$ (C) $\sqrt{\dfrac{-b}{a}} + \sqrt{\dfrac{c}{a}}$ (D) $a+b+c$ (E) $\sqrt{\dfrac{-b+c}{a}}$

168) IFPE – A senhora Marise fez sabonetes artesanais para decorar e aromatizar o banheiro. Como ela tem habilidade manual, teve a ideia de confeccionar uma caixa, sem tampa, de papelão bem resistente. Ela fez uma pesquisa de mercado e encontrou folhas de papelão quadradas de 20 centímetros de lado. As caixas que Dona Marise vai confeccionar têm base quadrada. Para isso, ela retira de cada canto da folha de papelão um quadrado de lado X e dobra a folha nas linhas pontilhadas, como mostra a figura. Qual deve ser o valor inteiro de X, em centímetros, para que o volume da caixa seja 500 cm^3?

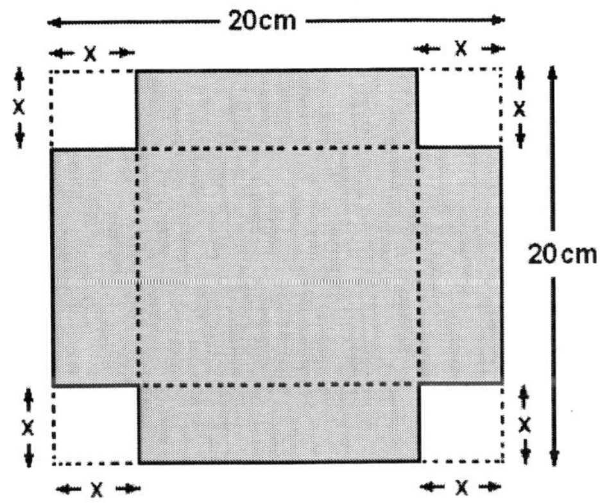

(A) 5 (B) 6 (C) 7 (D) 8 (E) 9

169) ENEM – Um posto de combustível vende 10.000 litros de álcool por dia a R$ 1,50 cada litro. Seu proprietário percebeu que, para cada centavo de desconto que concedia por litro, eram vendidos 100 litros a mais por dia. Por exemplo, no dia em que o preço do álcool foi R$ 1,48, foram vendidos 10.200 litros.
Considerando **x** o valor, em centavos, do desconto dado no preço para cada litro, e **V** o valor, em R$, arrecadado por dia com a venda do álcool, então a expressão que relaciona **V** e **x** é

(A) $V = 10.000 + 50x - x^2$
(B) $V = 10.000 + 50x + x^2$
(C) $V = 15.000 - 50x - x^2$
(D) $V = 15.000 + 50x - x^2$
(E) $V = 15.000 - 50x + x^2$

170) USP – Um número natural N tem três algarismos. Quando dele subtraímos 396 resulta o número que é obtido invertendo-se a ordem dos algarismos de N. Se, além disso, a soma do algarismo das centenas e do algarismo das unidades de N é igual a 8, então o algarismo das centenas é

(A) 4 (B) 5 (C) 6 (D) 7 (E) 8

Teste 18

171) IFMT – Um determinado posto de combustível vende, diariamente, uma média de 10.000 litros de gasolina ao preço de R$ 2,80 por litro. Um estudo feito pelo gerente do posto demonstrou que cada centavo de redução no preço do litro corresponde a um aumento de 40 litros nas vendas diárias. Sabe-se que a receita bruta diária é o resultado do volume de vendas (em litros), multiplicado pelo preço do litro (em reais). O preço por litro de gasolina que garante a maior receita diária a esse posto é:

(A) R$ 2,15 (B) R$ 2,65 (C) R$ 2,45 (D) R$ 2,55 (E) R$ 2,25

172) UTFPR – Simplificando a expressão $\dfrac{2+\dfrac{1}{\sqrt{2}}}{\sqrt{2}-1}$, obtemos:

A) $\dfrac{11\sqrt{2}}{2}$ B) $\dfrac{\sqrt{2}}{2}+3$ C) $\dfrac{7}{2}+2\sqrt{2}$ D) $3+\dfrac{5\sqrt{2}}{2}$ E) $\dfrac{2+3\sqrt{2}}{2}$

173) IFRO – Sendo $A = \dfrac{1990^3 - 1000^3 - 990^3}{1990 \times 1000 \times 990}$, qual o valor do menor número inteiro maior que A?

(A) 3 (B) 4 (C) 12 (D) 24 (E) 33

174) UNISINOS – Um feirante vende maçãs e peras por unidade. Três pessoas dirigiram-se até esse feirante para comprar frutas. Sabendo que João pagou R$ 13,50 por três peras e quatro maçãs e que Ana pagou R$ 28,50 por seis peras e nove maçãs, quanto Paula pagará, em reais, por cinco peras e sete maçãs?

(A) R$ 20,00 (B) R$ 21,00 (C) R$ 22,00 (D) R$ 23,00 (E) R$ 25,00

175) UNIFESP – A densidade populacional de cada distrito da cidade de South Hill, denotada por D (em número de habitantes por km^2) está relacionada à distância x, em quilômetros, do distrito ao centro da cidade. A fórmula que relaciona D e x é dada por:
$\mathbf{D = 5 + 30x - 15x^2}$.
a) Um distrito, localizado no centro da cidade de São Paulo, tem densidade populacional de 16,5 hab/km^2. Comparando a densidade populacional do distrito que fica no centro da cidade de South Hill com a do distrito do centro da cidade de São Paulo, a segunda supera a primeira em y%. Calcule y.
b) Determine a que distância do centro da cidade de South Hill a densidade populacional é máxima. Qual é o valor dessa densidade máxima?

176) USP – Um senhor feudal construiu um fosso, circundado por muros, em volta de seu castelo, conforme a planta ao lado, com uma ponte para atravessá-lo. Em um certo dia, ele deu uma volta completa no muro externo, atravessou a ponte e deu uma volta completa no muro interno. Esse trajeto foi completado em 5320 passos. No dia seguinte, ele deu duas voltas completas no muro externo, atravessou a ponte e deu uma volta completa no muro interno, completando esse novo trajeto em 8120 passos. Pode-se concluir que a largura L do fosso, em passos, é

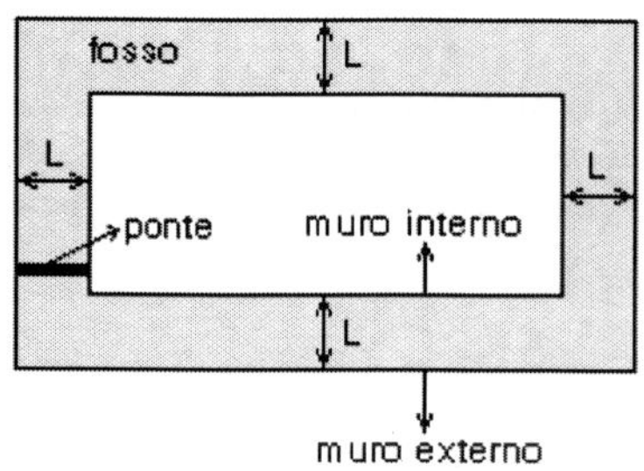

(A) 36 (B) 40 (C) 44 (D) 48 (E) 50

177) UFMG – Considere o polinômio $\mathbf{p(x) = (x - 1)(x^9 + x^8 + x^7 + x^6 + x^5 + x^4)}$. O polinômio p(x) é igual a

(A) $x^4(x^3 - 1)(x^3 + 1)$ (B) $x^4(x^6 - 2x^4 + 1)$ (C) $x^4(x^3 - 1)^2$ (D) $x^4(x^6 - 2x^2 + 1)$ (E) $x^{10} - 1$

178) UFMT – Sobre o número natural $\mathbf{n = 2^{40} - 1}$, considere as seguintes afirmativas:

I – n é um múltiplo de 31.
II – n é um múltiplo de 5.
III – n é um número primo.
IV – n é um número par.

Estão corretas as afirmativas:

(A) III e IV. (B) II e III. (C) II e IV. (D) I e III. (E) I e II.

179) UFRGS – Se $\mathbf{x - y = 2}$ e $\mathbf{x^2 + y^2 = 8}$, então $\mathbf{x^3 - y^3}$ é igual a

(A) 12 (B) 14 (C) 16 (D) 18 (E) 20

180) UFCE – Os reais não nulos **p** e **q** são tais que a equação $x^2 + px + q = 0$ tem raízes Δ e 1–Δ, sendo que Δ denota o discriminante dessa equação. Assinale a opção que corresponde ao valor de **q**.

(A) –1 (B) –1/2 (C) 1/4 (D) 3/16 (E) 7/8

Teste 19

181) Mackenzie – Os valores de R, P e A para que a igualdade

$$\frac{2x^2+5x-1}{x^3-x}=\frac{R}{x}+\frac{P}{x+1}+\frac{A}{x-1}$$

seja uma identidade são, respectivamente,

(A) 3, 1 e –2 (B) 1, –2 e 3 (C) 3, –2 e 1 (D) 1, 3 e –2 (E) –2, 1 e 3

182) UFPE – Os valores reais de x que satisfazem a desigualdade $x^2 > 4(x-1)$ são os números tais que:

(A) $x<2$ (B) $x=2$ (C) $x>2$ (D) $x\neq 2$ (E) $x\in\mathbb{R}$

183) UFT – Dado o sistema de equações, determine o valor de x – y.

$$\begin{cases} \dfrac{6}{2x-y-2}-\dfrac{2}{x-y-1}=4 \\ \dfrac{1}{2x-y-2}+\dfrac{3}{x-y-1}=4 \end{cases}$$

(A) –1 (B) 0 (C) 1 (D) 2 (E) 3

184) UDESC – Analise as proposições ao lado e assinale a alternativa correta.

I. $\dfrac{1}{1+\sqrt{2}}+\dfrac{1}{\sqrt{2}+\sqrt{3}}+\dfrac{1}{\sqrt{3}+\sqrt{4}}=1$

II. $\dfrac{5}{2}\left(1-\dfrac{3}{2}+\dfrac{9}{4}-\dfrac{27}{8}+\dfrac{81}{16}+\dots\right)=1$

III. $-2-\dfrac{23}{15}-\dfrac{16}{15}-\dfrac{3}{5}-\dfrac{2}{15}+\dfrac{1}{3}+\dots+\dfrac{11}{5}=1$

IV. $2\cos^2(\theta)-\cos(2\theta)=1$

(A) Somente II e III são verdadeiras.
(B) Somente IV é verdadeira.
(C) Somente I, III e IV são verdadeiras.
(D) Somente III e IV são verdadeiras.
(E) Todas são verdadeiras.

185) UFAL – Sobre o número real $\alpha=\sqrt[3]{10+6\sqrt{3}}+\sqrt[3]{10-6\sqrt{3}}$, qual das afirmações abaixo é incorreta?

(A) α é raiz da equação $x^3 + 6x - 20 = 0$
(B) α = 2
(C) não é raiz da equação $x^2 + 2x + 10 = 0$
(D) As raízes de $x^2 + 2x + 10 = 0$ são complexas e não reais.
(E) $x^3 + 6x - 20 = (x + 2)(x^2 + 2x + 10)$

186) UFPI – Sejam x e y números inteiros e positivos que satisfazem à equação:

$$\sqrt{x+\frac{1}{2}\sqrt{y}}-\sqrt{x-\frac{1}{2}\sqrt{y}}=1.$$

Um possível valor para o número y é:

(A) 1 (B) 2 (C) 3 (D) 4 (E) 5

187) IFSP – Um número natural x é tal que $\frac{x+3}{x+7}=\frac{x+7}{x+12}$. Qual o valor de $\sqrt{x+3}$?

(A) 4 (B) 13 (C) 25 (D) 16 (E) 20

188) USP – O menor número natural **n**, diferente de zero, que torna o produto de 3888 por **n** um cubo perfeito é

(A) 6 (B) 12 (C) 15 (D) 18 (E) 24

189) UFRJ – Considere a função f: $\mathbb{R}\to\mathbb{R}$ definida por $f(2x) = |1-x|$. Determine os valores de x para os quais $f(x) = 2$.

190) FGV – Na resolução de um problema que recaía em uma equação do 2º grau, um aluno errou apenas o termo independente da equação e encontrou como raízes os números 2 e –14. Outro aluno, na resolução do mesmo problema, errou apenas o coeficiente do termo de primeiro grau e encontrou como raízes os números 2 e 16. As raízes da equação correta eram:

(A) –2 e –14 (B) –4 e –8 (C) –2 e 16 (D) –2 e –16 (E) 4 e 14

Teste 20

191) UFPE – Se **b** e **c** são naturais escolhidos aleatoriamente no conjunto {1, 2, 3, ..., 10}, qual a probabilidade percentual de as raízes da equação $x^2 + bx + c = 0$ não serem reais?

(A) 25 (B) 38 (C) 45 (D) 20 (E) 16

192) UFMS – A soma das raízes da equação $\frac{x+a}{x+b}+\frac{x-a}{x-b}=0$ é

(A) $a.b$ (B) $\sqrt{a.b}$ (C) $a+b$ (D) 0 (E) $a-b$

193) IFMT – Se x, y, z e t são reais não-nulos e $\frac{x}{y}=\frac{y}{z}=\frac{z}{t}=\frac{t}{x}$, então a expressão $\frac{xy-2yz+3zt+4yt}{(x+y+z+t)^2}$ é igual a:

(A) 1 (B) 2/9 (C) 3/8 (D) 1/9 (E) 5/2

194) UTFPR – Resolva a equação biquadrada **$6x^4 - 5x^2 + 1 = 0$**

(A) $S=\left\{-\frac{\sqrt{2}}{2},-\frac{\sqrt{3}}{3},\frac{\sqrt{3}}{3},\frac{\sqrt{2}}{2}\right\}$ (B) $S=\left\{-\frac{\sqrt{5}}{2},-\frac{\sqrt{2}}{2},\frac{\sqrt{2}}{2},\frac{\sqrt{5}}{2}\right\}$

(C) $S=\left\{-\frac{\sqrt{3}}{2},-\frac{1}{2},\frac{1}{2},\frac{\sqrt{3}}{2}\right\}$ (D) $S=\left\{-\frac{\sqrt{5}}{2},-\frac{1}{2},\frac{1}{2},\frac{\sqrt{5}}{2}\right\}$

(E) $S=\left\{-\frac{\sqrt{2}}{2},-\frac{1}{2},\frac{1}{2},\frac{\sqrt{2}}{2}\right\}$

195) IFRS - O gráfico representa uma função **f(x) = ax² + bx + c**. Neste caso, podemos afirmar que:

(A) $ab < 0$ (B) $ac > 0$ (C) $bc > \left(\frac{a}{2}\right)^2$

(D) $ac > \left(\frac{b}{2}\right)^2$ (E) $ac < \left(\frac{b}{2}\right)^2$

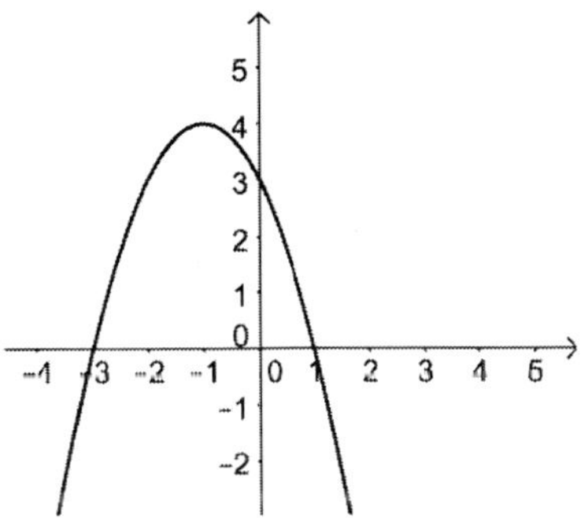

196) IFRO - Sejam $x = \frac{\left(2+\sqrt{3}\right)^{1997} + \left(2-\sqrt{3}\right)^{1997}}{2}$ e $y = \frac{\left(2+\sqrt{3}\right)^{1997} - \left(2-\sqrt{3}\right)^{1997}}{\sqrt{3}}$.

O valor de $4x^2 - 3y^2 + 1$ é:

(A) 5 (B) 4 (C) 3 (D) 2 (E) 1

197) USP - As soluções da equação $\frac{x-a}{x+a} + \frac{x+a}{x-a} = \frac{2\left(a^4+1\right)}{a^2\left(x^2-a^2\right)}$, onda $a \neq 0$, são:

(A) $-\frac{a}{2}$ e $\frac{a}{4}$ (B) $-\frac{a}{4}$ e $\frac{a}{4}$ (C) $-\frac{1}{2a}$ e $\frac{1}{2a}$ (D) $-\frac{1}{a}$ e $\frac{1}{2a}$ (E) $-\frac{1}{a}$ e $\frac{1}{a}$

198) UFSC - Se o polinômio $2x^3 - ax^2 + bx + 2$ é divisível por $2x^2 + 5x - 2$, então o valor de **a - b** é

199) UF Viçosa - A solução da equação $\frac{x}{x-2} + \frac{3}{x+2} = \frac{x^2+1}{x^2-4}$, em **U** = ℝ - {-2, 2}, é uma fração cujo numerador é:

(A) 7 (B) 5 (C) 3 (D) 1

200) FGV - Considere dois números reais a e b tais que a>b>0. O gráfico da função $y = \frac{1}{a}(x-a)^2 - \frac{1}{b}(x-b)^2$ corta o eixo das abscissas nos pontos P e Q. A distância entre P e Q é:

(A) $2(a+b)$ (B) $2(a-b)$ (C) $2\sqrt{a^2+b^2}$ (D) $\frac{2ab}{a+b}$ (E) $2\sqrt{ab}$

Respostas dos testes

Respostas do Teste 11

101) C	103) B	105) D	107) C	109) A
102) C	104) D	106) D	108) B	110) A

Respostas do Teste 12

111) B	113) B	115) A	117) D	119) -2
112) B	114) E	116) B	118) C	120) C

Respostas do Teste 13

121) C	123) D	125) D	127) A	129) 648
122) 48	124) D	126) B	128) C	130) B

Respostas do Teste 14

131) *	133) B	135) *	137) D	139) E
132) D	134) B	136) B	138) C	140) E

131) FVVVVF 135) 0, -3

Respostas do Teste 15

141) C	143) C	145) D	147) A	149) D
142) A	144) D	146) E	148) E	150) D

Respostas do Teste 16

151) B	153) *	155) D	157) D	159) D
152) B	154) D	156) D	158) E	160) D

153) 30 L de gasolina comum e 15 L de álcool

Respostas do Teste 17

161) E	163) C	165) C	167) B	169) D
162) B	164) A	166) A	168) A	170) C

Respostas do Teste 18

171) B	173) B	175) *	177) A	179) E
172) D	174) D	176) B	178) E	180) D

175) 230, 20 hab/km^2

Respostas do Teste 19

181) B	183) D	185) E	187) A	189) *
182) D	184) C	186) C	188) B	190) B

189) {–2, 6}

Respostas do Teste 20

191) B	193) C	195) D	197) E	199) B
192) D	194) A	196) A	198) 4	200) E

Resoluções dos testes

Resoluções do teste 11

101) USP – As três expressões somadas são quarados. Sabemos que um quadrado é sempre positivo, ou zero. Como três quadrados somados dão resultado zero, então cada um desses três quadrados tem que valer zero. Sendo assim cada uma das três expressões que estão elevadas ao quadrado, também valem zero.

$$\begin{cases} 2x+y-z=0 \\ x-y=0 \\ z-3=0 \end{cases}$$

Da terceira equação temos que z=3.
Da segunda equação, temos que x e y são iguais. Fazendo x e y iguais, e com z=3, a primeira equação fica:
2x + x – 3 = 0
3x = 3 ➔ $\boxed{x = 1}$
$\boxed{y = 1}$ e $\boxed{z = 3}$.

Portanto a soma x + y + z vale 5.

Resposta: (C) 5

102) FATEC – Um sistema de quatro equações com quatro incógnitas pode ser bastante trabalhoso. Entretanto, observamos que se somarmos as três equações, todas as letras do segundo membro irão "cancelar". Ficamos com:

$$\begin{cases} w=x-y+1 \\ w=y-z+2 \\ w=z-x+3 \end{cases}$$

3w = x – y + 1 + y – z + 2 + z – x + 3 ➔ 3w = 6
w = 2

Resposta: (C) 2

103) UFPE – Para calcular A^2, elevamos a expressão ao quadrado, lembrando que (x–y)^2 = x^2 + y^2 – 2xy.

$$\left(\sqrt{2+\sqrt{3}}-\sqrt{2-\sqrt{3}}\right)^2=2+\sqrt{3}+2-\sqrt{3}-2\sqrt{2+\sqrt{3}}.\sqrt{2-\sqrt{3}}$$

$$=4-2\sqrt{\left(2+\sqrt{3}\right).\left(2-\sqrt{3}\right)}$$

O conteúdo dos dois radicais multiplicados é um produto notável, a "diferença de quadrados". O resultado da expressão é o quadrado do primeiro número ($2^2=4$) menos o quadrado do segundo número ($\left(\sqrt{3}\right)^2=3$). O resultado do radical é $\sqrt{4-3}=1$. A expressão resulta em:
A^2 = 4 – 2.1 = 2

Resposta: (B) 2

104) Mackenzie – Este número é 3, pois seu antecessor é 2 e seu sucessor é 4, cujo produto é 8. Mas vajamos como calcular isso, sem "adivinhar". Chamando este número desconhecido e x, temos:

$(x - 1)(x + 1) = 8$ (produto do antecessor de x pelo sucessor de x).

$x^2 - 1 = 8$ (diferença de quadrados)

$x^2 = 9$ ➔ $\boxed{x = \pm 3}$.

Como o enunciado informa que o número é positivo, então a solução –3 não serve. Portanto x = 3.

Resposta: (D) 3

105) PUC Campinas – Vamos escrever 4 como 2×2, e 2 como $\sqrt[3]{2\times 2\times 2}$. A expressão pedida fica como:

$$\frac{2}{\sqrt[3]{4}}=\frac{\sqrt[3]{2\times 2\times 2}}{\sqrt[3]{2\times 2}}=\sqrt[3]{\frac{2\times 2\times 2}{2\times 2}}=\sqrt[3]{2}$$

Resposta: (D) $\sqrt[3]{2}$

106) UFCG – Para facilitar os cálculos, usaremos a representação como produtos notáveis. Fazendo a = 2009 e b = 1009, a expressão pode ser expressa como:

$\sqrt[3]{\frac{a+b}{a^2-b^2}}$. Fatorando a diferença de quadrados e simplificando, temos:

$\sqrt[3]{\frac{a+b}{a^2-b^2}}=\sqrt[3]{\frac{a+b}{(a+b)(a-b)}}=\sqrt[3]{\frac{1}{(a-b)}}$. Como a–b = 2009–1009 = 1000, ficamos com

$$\sqrt[3]{\frac{1}{1000}}=\frac{1}{10}$$

Resposta: (D) Vale 1/10.

As outras respostas estão erradas. Não é irracional, não é menor que 1/100, não temo infinitas casas decimais, e não é maior que 302.

107) UFJF – Note que temos três incógnitas (E=preço da lata de ervilha, S=preço do sabonete e D=preço do detergente), mas foram dadas apenas duas equações. Sendo assim não é possível resolver o sistema, ou seja, encontrar o preço da mercadoria. Matematicamente, o correto a dizer é que a solução do sistema existe, mas é indeterminada, ou seja, existem infinitas soluções.

Por outro lado, o problema não pergunta o preço das mercadorias, mas sim, o preço de uma lata de ervilha, um sabonete e um detergente, ou seja, a soma E+S+D. Pode ser possível descobrir o valor dessa soma, apesar dos valores individuais serem indeterminados.

Para isso vamos combinar as duas equações dadas:

$$\begin{cases}2E+3S+4D=21{,}60\\3E+5S+7D=35{,}50\end{cases}$$

Calculando a diferença entre a 2ª equação e a 1ª equação, ficamos com:

E + 2S + 3D = 35,50 – 21,60 = 13,90

A seguir, calculamos a diferença entre a 1ª equação e esta nova equação. Note que o resultado será exatamente E+S+D. Temos:

(2E + 3S + 4D) – (E + 2S + 3D)= 21,60 – 13,90

E + S + D = 7,70

Resposta: (C) R$ 7,70

108) IFSP – A expressão $(x + 4)^2$ vale $x^2 + 8x + 16$ (produto notável, quadrado da soma). Para que a expressão $x^2 + 8x$ fique igual a este valor, temos que adicionar o termo 16.

Resposta: (B) 16

109) IFS – O problema envolve números complexos, mas a solução pode ser feita com álgebra básica, bastando realizar as duas divisões polinomiais. Lembrando que para realizar uma divisão polinomial, cada polinômio deve estar completo e ordenado. Portanto no numerador da primeira fração vamos adicionar o temo $0x^3$, e no denominador da segunda fração vamos adicionar o termo 0x.

Dividindo x^5 por x^2 temos x^3, que vai para o quociente. A seguir x^3 é multiplicado pelo divisor e subtraído do dividendo.

```
 x^5 + x^4 + 0x^3 + 26x^2 - 16x - 120   | x^2 + x -6
-x^5 - x^4 + 6x^3                       |-----------
            6x^3                        | x^3
```

A seguir temos $6x^3 \div x^2 = 6x$. 6x vai para o quociente. A seguir 6x é multiplicado pelo divisor e é subtraído do dividendo.

```
 x^5 + x^4 + 0x^3 + 26x^2 - 16x - 120   | x^2 + x -6
-x^5 - x^4 + 6x^3                       |-----------
            6x^3                        | x^3 + 6x
           -6x^3 - 6x^2 + 36x           |
                  20x^2 + 20x - 120     |
```

Finalmente, $20x^2 \div x^2 = 20$. 20 vai para o quociente, e é multiplicado pelo divisor e subtraído do dividendo. O resto é zero.

```
 x^5 + x^4 + 0x^3 + 26x^2 - 16x - 120   | x^2 + x -6
-x^5 - x^4 + 6x^3                       |-----------
            6x^3                        | x^3 + 6x + 20
           -6x^3 - 6x^2 + 36x           |
                  20x^2 + 20x - 120     |
                 -20x^2 - 20x + 120     |
                                  0     |
```

Façamos a mesma coisa com a segunda divisão.
$x^4 \div x^2$ resulta em x^2. Colocamos x^2 no quociente, multiplicamos pelo divisor e subtraímos do dividendo.

```
 x^4 - x^3 - 2x^2 - 4x - 24   | x^2 + 0x + 4
-x^4 -0x^3 - 4x^2             |-------------
     -x^3 - 6x^2              | x^2
```

A seguir temos $-x^3 \div x^2 = -x$. O termo $-x$ vai para o quociente, é multiplicado pelo divisor e o resultado é subtraído do dividendo.

```
 x^4 - x^3 - 2x^2 - 4x - 24   | x^2 + 0x + 4
-x^4 -0x^3 - 4x^2             |-------------
     -x^3 - 6x^2              | x^2 - x
     +x^3 + 0x^2 + 4x         |
           -6x^2 + 0x         |
```

Finalmente, $-6x^2 \div x^2 = -6$. O termo -6 vai para o quociente, é multiplicado pelo divisor e o resultado é subtraído do dividendo.

```
 x^4 - x^3 - 2x^2 - 4x - 24   | x^2 + 0x + 4
-x^4 -0x^3 - 4x^2             |-------------
     -x^3 - 6x^2              | x^2 - x - 6
     +x^3 + 0x^2 + 4x         |
```

$$
\begin{array}{r}
-6x^2 + 0x \\
+6x^2 + 0x + 24 \\
\hline
0
\end{array}
$$

Sendo assim, o resultado das duas expressões, ambas divisões exatas, é

$x^3 + 6x + 20 + x^2 - x - 6 = x^3 + x^2 + 5x + 14$.

Vemos portanto que a resposta (A) está correta.

Resposta: (A) A expressão é igual a $x^3 + x^2 + 5x + 14$

110) UFAL – O termo independente **c** do trinômio do segundo grau, é o valor da função para x=0, ou seja, f(0). O gráfico mostra que f(0) = 0, logo, c=0.
O termo **a** é o coeficiente de x^2. Da fórmula dada, temos a=1.
Finalmente, lembramos que o valor de x para o vértice da parábola é –b/2a. No caso, já que a=1 e a abscissa do vértice, pelo gráfico, vale 1, temos:

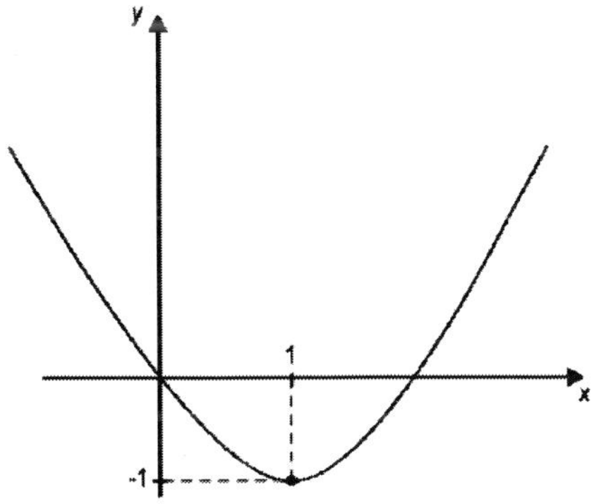

$$-\frac{b}{2a} = 1$$

$$-\frac{b}{2} = 1 \Rightarrow b = -2$$

Resposta: (A) b = –2 e c = 0

Resoluções do teste 12

111) PUC SP – Se a soma dos quatro algarismos é 16, e a soma dos três primeiros é igual ao quarto algarismos (unidades), então o algarismo das unidades é 8.
Além disso o algarismo dos milhares é igual à soma dos algarismos da centena e da dezena. Como a soma desses três algarismos é 8, então o dos milhares é a metade desse valor, ou seja, 4. O número procurado é da forma:
4bc8.
Já que b+c=4, as únicas possibilidades são:
04, 13, 22, 31 e 40.
As opções 04 e 40 não valem, pois os algarismos são distintos, e o 4 já é usado nos milhares. Da mesma forma, 22 não pode ser, pois os algarismos são distintos.
Sendo assim, os algarismos que faltam só podem ser 13 ou 31. Não é possível descobrir qual dessas é a resposta certa, mas o problema pede apenas o seu produto, que de qualquer forma será 3×1=3.

Resposta: (B) 3

112) UFT – Em uma inequação com denominador, não vale a técnica de "multiplicar cruzado" como fazemos nas equações. Um termo negativo cause a inversão do sentido da desigualdade. O modo correto é passar todos os termos para o primeiro membro, resultando em uma fração a ser comparada com zero, ou seja, verificar quando é positiva e quando é negativa.

$$\frac{1+x}{1-x} \geq 1$$

$$\frac{1+x}{1-x} - 1 \geq 0$$

$$\frac{1+x}{1-x}-\frac{1-x}{1-x}\geq 0$$

$$\frac{1+x-1+x}{1-x}\geq 0$$

$$\frac{2x}{1-x}\geq 0$$

Agora fazemos um quadro de variação de sinal. O numerador é positivo quando x>0. O denominador é positivo quando x<1. O valor x=0 é permitido, porque a inequação usa "≥", mas o valor x=1 não é permitido, pois anula o denominador.

	0	1	
2x	–	+	+
1 – x	+	+	–
Fração	–	+	–

A expressão será positiva ou nula para $0 \leq x < 1$, ou seja, $x \in [0,1)$

Resposta: (B) [0, 1)

113) UTFPR – A figura é a interpretação geométrica do produto notável "quadrado da soma". No caso, a figura mostra um quadrado com lado igual a (x+y). Sua área é $(x+y)^2$, que vale $x^2 + 2xy + y^2$.

Resposta: (B) $x^2 + y^2 + 2xy$

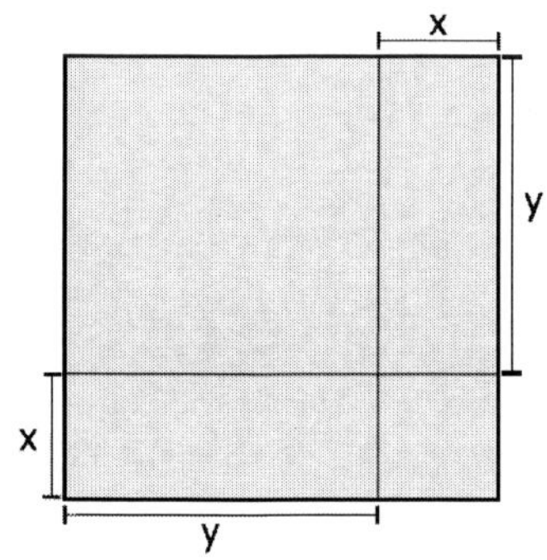

114) IFRS – Substituir os valore de **a** e **b** na expressão é correto, mas os cálculos nesse caso serão muito trabalhosos. É melhor simplificar antes a expressão, usando conhecimentos de fatoração, produtos notáveis, simplificação. Note que no numerador temos uma diferença de quadrados, e no denominador temos o quadrado de uma soma. Usando as fórmulas desses produtos notáveis, temos:

$$\frac{(a+b)(a-b)+2b^2}{(a+b)^2-2ab}=\frac{a^2-b^2+2b^2}{a^2+2ab+b^2-2ab}=\frac{a^2+b^2}{a^2+b^2}=1$$

O interessante é que esse resultado é 1, independentemente dos valores de **a** e **b**.

Resposta: (E) 1

115) USP – Sendo os dois números x e y, o problema informa que $x^2 - y^2 = 21$. Lembrando da fatoração da diferença de quadrados, temos:

$(x + y)(x - y) = 21$

Como x e y são números naturais, temos que tanto x+y como x–y também são naturais. Consideramos que x é o maior número, e y é o menor (porque $x^2 - y^2 = 21$). É claro também que a soma desses dois números é maior que a diferença, já que ambos são positivos. Então esses números (x+y) e (x–y) podem ser 21 e 1, ou então 7 e 3. São as duas únicas formas de ter o produto igual a 21, usando números naturais.

A) x+y=21 e x–y=1

Resolvendo esse sistema, temos x=11 e y=10, a soma dos seus quadrados é 221.

B) x+y=7 e x–y=3

Resolvendo esse sistema temos x=5 e y=2, a soma dos seus quadrados é 29.

Resposta: (A) 29

116) USP – Aumentar 20% é o mesmo que ser multiplicado por 1,20, o mesmo que 6/5.

$$\frac{2}{3}\times\frac{6}{5}=\frac{12}{15}=\frac{4}{5}$$

Quer dizer que temos que somar o mesmo valor a ambos os termos da fração original (2/3) para que passe a valer 4/5. Temos então:

$\frac{2+x}{3+x}=\frac{4}{5}$. Aqui podemos "multiplicar cruzado", porque é uma equação.

$5(2+x) = 4(3+x)$
$10 + 5x = 12 + 4x$
$x = 2$

Este é o valor que deve ser somado. De fato, somando 2 a ambos os termos, ficamos com a fração

$\frac{2+2}{3+2}=\frac{4}{5}$, que é realmente 20% maior que a fração original, conforme calculamos.

Resposta: (B) 2

117) UNICAMP – Trata-se de um sistema indeterminado, pois tem mais incógnitas que equações. Entretanto não são pedidos os valores das incógnitas, e sim, a sua soma. Esta soma aparecerá quando somarmos as três equações. Ficaremos com:

$$\begin{cases} x - y = 1 \\ y + z = 2 \\ w - z = 3 \end{cases}$$

$x + y + z + w - y - z = 1+2+3 = 6$
$x + y + z + w = 6 + y + z$

O valor de y+z pode ser obtido da segunda equação. Este valor é 2.
Logo, $x + y + z + w = 6 + 2 = 8$

Resposta: (D) 8

118) UNICAMP – Se a razão entre as idades é 2/9, podemos chamar as idades de 2x e 9x. A soma resulta em 2x + 9x = 11x, que o problema informou como sendo 55 anos.

$11x = 55$
$x = 5$

Sabendo x, calculamos as duas idades: 10 anos e 45 anos. Pedro tem 10.

Resposta: (C) 10 anos

119) UFRJ – Calculemos x^2, lembrando da fórmula do quadrado de uma diferença (produtos notáveis). Ficamos com:

$$x^2 = 3-\sqrt{8}+3+\sqrt{8}-2.\sqrt{3-\sqrt{8}}.\sqrt{3+\sqrt{8}}$$
$$=6-2.\sqrt{(3-\sqrt{8}).(3+\sqrt{8})}$$

Dentro do radical temos um produto notável, a diferença de quadrados. O resultado é o quadrado do primeiro menos o quadrado do segundo, ou seja, 9–8 =1. A expressão se reduz a:

$$=6-2.\sqrt{1}=6-2=4$$

Como x^2 vale 4, então x só pode valer 2 ou –2. Isso mostra que x é um inteiro, mas o cálculo feito até agora não permite verificar se x é positivo ou negativo. Para concluir que x é negativo, basta observar que o conteúdo do primeiro radical, $3-\sqrt{8}$, é positivo, porém é menor que o do outro radical, $3+\sqrt{8}$, já que a soma de positivos é sempre maior que a sua diferença. Se o segundo radical é maior que o primeiro, então x, sua diferença, é negativo. Portanto x só pode ser –2, e não 2.

Resposta: $x = -2$

120) UFMS – Se são 18 cédulas, sendo n células de 5 reais, as cédulas de 10 reais serão 18 – n. O valor total, de 140 reais, pode ser calculado em função do número de cédulas:

$5\times n + 10\times(18 - n) = 140$
$5n + 180 - 10n = 140$
$-5n = 140 - 180 = -40$
$5n = 40$
$n = 8$

Das respostas, a única atendida pelo 8 é a (C).

Resposta: (C) $7 < n < 10$

Resoluções do teste 13

121) UEMG – Trata-se de um sistema de equações exponenciais, mas sua resolução ficará fácil se fizermos uma substituição de variáveis, de tal forma que passe a ser um sistema linear. Chamemos as exponenciais 3^y e 2^x de **m** e **n**, respectivamente.

A exponencial 2x–1 pode ser escrita como $2^x/2^1$, ou seja, n/2. O sistema ficará reduzido a:

$$\begin{cases} m - n = 1 \\ 3n/2 + 6 = 2m \end{cases}$$

Da primeira equação temos m=n+1. Substituindo na segunda, ficamos com:

$3n/2 + 6 = 2(n+1)$

$$\frac{3n}{2} + 6 = 2(n+1)$$
$$3n + 12 = 4(n+1)$$
$$3n + 12 = 4n + 4$$
$$n = 8$$

Portanto m vale 9. Agora encontremos x e y:

$3^y=9$ ➔ $y=2$
$2^x=8$ ➔ $x=3$

Como x e y são o mesmo que a e b, a expressão pedida vale:

$$\frac{(a-3b)(b-a)}{3(b+a)} = \frac{(3-3.2)(2-3)}{3(2+3)} = \frac{-3.(-1)}{3.5} = \frac{1}{5}$$

Resposta: (C) 1/5

122) UFBA – O ponto onde o gráfico de uma função qualquer corta o eixo y, é obtido fazendo x=0. No caso temos f(0) = 3, e g(0) = c. Portanto c=3, já que os dois gráficos passam pelo mesmo ponto do eixo y.

Já os pontos onde o gráfico corre o eixo x são as raízes, ou zeros da função. A função f(x) é totalmente conhecida, esses pontos correspondem às suas raízes, que são 1 e 3.

Isto significa que a função g(x) corta o eixo x em um desses pontos, ou seja, temos duas hipóteses:

a) $g(1) = 0$ ➔ $-1 - b + 3 = 0$ ➔ $b = 2$
b) $g(3) = 0$ ➔ $-9 - 3b + 3 = 0$ ➔ $b = -2$.

Isto significa que não podemos determinar o valor de b, mas este valor só pode ser 2 ou –2. O valor pedido, de b4c, é $2^4.3 = 48$, não importa se b vale 2 ou –2, pois nesta expressão aparece elevado à quarta potência, dando resultado sempre positivo.

Resposta: 48

123) UFG – Com muita atenção para não trocar as letras, chamamos os preços desses três calçados de x, y e z, respectivamente. Temos então:

$5x + 2y + 3z = 1200$
$3x + 4y + 2z = 960$

Observe que "duas sandálias" significa "dois pares de sandálias", pois em uma loja de calçados não se pode comprar um número ímpar de calçados individuais, somente os pares.

Como o preço da bota é o dobro do preço da sandália, temos z=2y. Temos então

$5x + 2y + 6y = 1200 \rightarrow 5x + 8y = 1200$
$3x + 4y + 4y = 960 \rightarrow 3x + 8y = 960$

Subtraindo as equações temos 2x = 240, e x=120.
Das mesmas equações encontramos que y vale 75.
Finalmente, z vale o dobro de y, que é 150.

Resposta: (D) R$ 150,00

124) UERJ – O valor do segmento AB é igual a f(0). Como $f(x) = x^2 + 2$, temos que f(0) = 2. O lado do quadrado menor vale 2.

Portanto AD vale 2, então a abscissa do ponto D é 2.

A ordenada do ponto P é encontrada fazendo x=2. Portanto este valor é $2^2 + 2 = 6$.

O quadrado maior tem lado 6 e área 36. O quadrado menor tem lado 2 e área 4. A área total é 40,

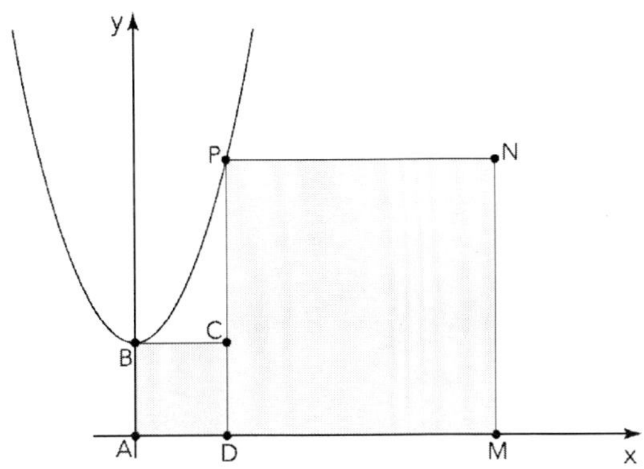

Resposta: (D) 40

125) IFCE – Este resto pode ser calculado facilmente com o uso do **Teorema do Resto**:

O resto da divisão de P(x) por x – a é P(a).

No caso, queremos o resto da divisão de p(x) por x + 2. De acordo com o Teorema do Resto, este resto vale p(–2).

$p(-2) = 4.(-2)^3 + 2.(-2)^2 - m.(-2) + 5$
$= -32 + 8 + 2m + 5$
$= 2m - 19.$

O problema informa que este resto vale 1, então

$2m - 19 = 1 \rightarrow m = 10.$

Resposta: (D) 10.

126) FATEC – Inicialmente, uma função quadrática que é sempre positiva, precisa ter o coeficiente de x^2 maior que zero. Caso contrário, seria uma parábola com a concavidade voltada para baixo, e por isso necessariamente assumiria valores negativos.

Portanto $k + 3 > 0 \rightarrow \boxed{k > -3}$

Não basta que a concavidade seja voltada para cima. É preciso que o seu gráfico nunca corte o eixo x, portanto, não ter raízes reais. Isso é obtido fazendo Δ ser negativo.

$f(x) = (k + 3)x^2 + 4x + k + 3$
$\Delta = 4^2 - 4.(k + 3)(k + 3)$
$\Delta = -4k^2 - 24k - 20$

Obrigando Δ a ser negativo (para que a parábola nunca corte o eixo x), temos

$-4k^2 - 24k - 20 < 0$

$-k^2 -6k - 5 < 0$
$k^2 +6k + 5 > 0$
O trinômio em k é positivo quando k está fora do intervalo entre as raízes. Suas raízes são –1 e –5. Portanto devemos ter
$k < -5$ ou $k > -1$ (lembre-se que –5 é a menor raiz).
Além disso, já tínhamos visto que devemos ter $k < -3$. Então os únicos valores de k que atendem a todas as condições são tais que $k > -1$.

Resposta: (B) k>–1

127) UFPI – Podemos chamar os 10 números de **a** até **i**, além do y:
$\frac{a+b+c+d+e+f+g+h+i+y}{10} = x$. Multiplicando cruzado e passando y para o segundo membro, ficamos com:
$a+b+c+d+e+f+g+h+i = 10x - y$
A média dos 9 números restantes pode ser obtida da relação acima, basta dividir por 9. No segundo membro, teremos o mesmo valor em função de x e y, então esta média é

$$\frac{10x - y}{9}$$

Resposta: (A) (10x – y)/9

128) UFMS – Este problema tem um erro conceitual. Só faz sentido falar em sucessor e antecessor de um número, quando se trata de um número inteiro. Por exemplo, não podemos dizer que o sucessor de $\sqrt{3}$ é $\sqrt{3}+1$. O correto seria o problema dizer "o número menos uma unidade".
Mas teremos que resolver o problema assim mesmo, chamando o sucessor de N de N + 1, e o seu antecessor de N – 1.
O problema informa o seguinte:
$N^3 + 3(N - 1)^2 = 21$
$N^3 + 3(N^2 - 2N + 1) - 21 = 0$
$N^3 + 3N^2 - 6N - 18 = 0$
Uma equação do terceiro grau, com uma raiz irracional, é muito trabalhosa de resolver. É preciso usar a chamada "fórmula de Cardano-Tartaglia", que envolve raízes cúbicas, de aplicação muito demorada. O problema não pergunta a solução, pergunta em quais dos intervalos a solução está localizada. Note que os intervalos citados são consecutivos e têm fronteiras em 0, 1,5, 2, 2,5 e 3.
Sendo assim, calculemos o valor do trinômio em cada um desses 5 valores. Quando o valor passar de negativo para positivo, ou de positivo para negativo, significa que existe uma raiz naquele intervalo.
Considerando $f(N) = N^3 + 3N^2 - 6N - 18$, temos:
$f(0) = -18$
$f(1{,}5) = 3{,}375 + 3\times2{,}25 - 6\times1{,}5 - 18 = 3{,}375 + 6{,}75 - 9 - 18 = -16{,}875$
$f(2) = 8 + 3\times4 - 6\times2 - 18 = -10$
$f(2{,}5) = 15{,}625 + 3\times6{,}25 - 6\times2{,}5 - 18 = 15{,}625 + 18{,}75 - 15 - 18 = 1{,}375$
$f(3) = 27 + 3\times9 - 6\times3 - 18 = 18$

Verificamos então que existe uma troca de sinal entre x=2 e x=2,5. Portanto existe uma raiz neste intervalo.

Resposta: (C) 2<N<2,5

129) UFJF – Podemos chamar os algarismos de N de (18 – 3x) (x) e (2x). O valor do número é obtido colocando os pesos dos seus algarismos, ou seja
N = 100(18 – 3x) + 10x + 1.(2x) = 1800 – 288x
Fazendo a troca de algarismos, o número passa a ser:
(2x) (x) (18 – 3x). O valor numérico é
100.2x + 10x + 18 – 3x = 207x + 18
Este novo número é 198 unidades maior que N, então
207x + 18 = 198 + 1800 – 288x
Resolvendo a equação do 1º grau, encontraremos o valor do algarismo x:
495x = 1980 (dividindo por 99)
5x = 20
x=4
O número original N é 648
O número M é 846
A diferença é, de fato, 198.

Resposta: 648

130) IFMT – Teoricamente seria possível resolver o problema descobrindo as raízes da equação e substituindo na fórmula que se pede para calcular, no caso, $8.\left(\alpha+\frac{1}{\alpha}\right)$. Entretanto, normalmente nesse tipo de problema são usadas equações difíceis de resolver. A equação dada tem delta negativo, portanto, raízes complexas, então devemos procurar outro caminho. Normalmente usamos fórmulas da soma e do produto das raízes, que são dados em função dos coeficientes, sem necessitar da sua resolução. Observe ainda que o produto das raízes dessa equação, que vale c/a, nesse caso, é 4/4 = 1. Como o produto é 1, significa que as raízes são, uma igual ao inverso da outra.
Sendo uma raiz igual a α, a outra será $1/\alpha$. A expressão que o problema pede é portanto igual a 8 vezes a soma das raízes.
A soma das raízes é –b/a, que no caso é 3/4. Então 8 × 3/4 resulta em 6.

Resposta: (B) 6

Resoluções do teste 14

131) UFBA – São 5 pontos para cada acerto, –2 para cada erro e –1 para cada resposta em branco. Temos três incógnitas, o número de acertos, o número de erros e o número de respostas deixadas em branco. Chamemos essas três incógnitas, respectivamente, de x, y e z. Vejamos as afirmativas:

(F) O total de pontos obtidos por cada candidato é um número inteiro pertencente ao intervalo [0, 500]. É falsa, pois o número máximo de pontos é realmente 500, porém pode chegar ao valor mínimo de –200, para um candidato que errar todas as questões. A menos que o problema considere a nota mínima como sendo zero, mas isso não foi especificado. A existência de pontuações negativas em uma questão, implica que a nota final pode perfeitamente ser negativa.

(V) Se um candidato obteve zero ponto, então ele acertou mais de que uma questão. Correto. A nota é obtida pela soma de pontuações positivas e pontuações negativas. Portanto existiram questões com pontuações positivas, e também negativas. Se existe alguma pontuação positiva, algumas questões foram acertadas.

(V) Se A = (5, –2, –1), $B = \begin{pmatrix} x \\ y \\ z \end{pmatrix}$, sendo x, y e z, respectivamente, o número de acertos, erros e questões sem resposta de um candidato, então sua pontuação é o único elemento da matriz A.B. Correto. Ao multiplicarmos essas duas matrizes, encontraremos a matriz produto A.B. Essa matriz será do tipo 1x1, e seu valor é a soma dos produtos dos elementos da linha da matriz A, pelos elementos das colunas da matriz B, resultando em 5x – 2y – z, que é a expressão que encontramos anteriormente para a pontuação total.

(V) É possível que um candidato tenha obtido 115 pontos, errando exatamente 37 questões. Correto. Ao errar 37 questões, temos y=37. As questões certas e as questões em branco somam 63 questões. Chamando a quantidade de acertos de x, a quantidade de questões em branco é 63 – x. A pontuação é dada por:

115 = 5x – 2.37 – 1(63 – x)
115 = 5x – 74 – 63 + x
6x = 115 + 74 + 63 = 252
x=42
Portanto é possível completar 115 pontos com 42 acertos, 37 erros e 63 – 42 = 21 sem resposta.

(V) Se um candidato obteve 231 pontos, com o número de acertos igual ao número de erros mais o dobro do número de questões sem resposta, então o produto entre o número acertos e o de erros é igual a 1357. Está Correto, apesar de um pouco trabalhoso de verificar, pois é preciso resolver um sistema 3×3.
Vamos exprimir x e y em função de z. É dado no enunciado que x = y + 2z. Mas como são 100 questões, x também é 100 – y – z. Então
y + 2z = 100 – y – z
2y + 3z = 100, e y = (100 – 3z)/2.
x, por sua vez, pode ser expresso como y + 2z = (100 – 3z)/2 + 2z = (100 + z)/2.
A pontuação é 5x – 2y – z = 5(100+z)/2 – 2(100 – 3z)/2 – z, tudo expresso em função de z. Para que este resultado seja 231 pontos, resolvemos a equação e encontramos z=18.
Portanto x = 118/2 = 59 e y vale (100 – 54)/2 = 23
O produto entre o número de acertos e o número de erros é 59 × 23 = 1357.

(F) Se um candidato assinala aleatoriamente cada afirmação como verdadeira ou como falsa, sem deixar nenhuma resposta, então a probabilidade de esse candidato acertar todas as questões é igual a 1/100. ERRADO. Essa probabilidade é igual ao produto das probabilidades de acerto de cada questão. Para cada questão, esta probabilidade é 1/2. Para 100 questões, será $1/2^{100}$.

Resposta: FVVVVF

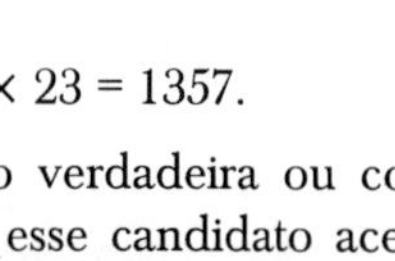

132) UERJ – Não sabemos qual foi o primeiro algarismo escolhido. Façamos com o algarismo x e depois vejamos qual a diferença se escolhêssemos y.
I) 5x
II) 5x+3
III) 10x + 6
IV) 10x + 6 + y + 1 = 10x + y + 7
Se 10x + y + 7 = 73, então 10x + y = 66
Ocorre que 10x + y é exatamente o valor de um número que tem representação decimal xy. Se tal valor é 66, então o número do cartão é 66. O valor pedido é x+y=12.

Se escolhêssemos 12, encontraríamos o mesmo resultado:
10y + x = 66, de qualquer forma x e y teriam que valor 6.

Resposta: (D) 12

133) IFCE – A expressão $r^2 + s^2$ pode ser escrita como $(r + s)^2 - 2rs$. Portanto o valor pedido é igual ao quadrado da soma das raízes, menos o dobro do produto das raízes. Lembrando que a soma das raízes vale –b/a e o produto vale c/a, temos:

$x^2 + 7x - 2 = 0$
Soma das raízes = –7; produto das raízes = –2
O valor pedido é
$(-7)^2 - 2.(-2) = 49 + 4 = 53$

Resposta: (B) 53

134) UEMG – Um problema clássico que aparecer em inúmeros vestibulares, há várias décadas. A história é sempre parecida. Uma despesa fixa deveria ser dividida entre um número de pessoas, e devido a desistências, a parcela de cada um aumentará. Neste exemplo, a despesa era 2250 reais. Das n pessoas originais, 5 desistiram, ou seja, ao invés da despesa ser dividida por n, passará a ser dividida por n – 5, resultando em um aumento de 75 reais na parcela. Isso pode ser escrito algebricamente como:

$\frac{2250}{n-5} = \frac{2250}{n} + 75$, ou seja, o novo valor é igual ao valor antigo, mais 75. Resolvendo a equação temos:

$$\frac{2250n}{n(n-5)} = \frac{2250(n-5)}{n(n-5)} + \frac{75n(n-5)}{n(n-5)}$$
$$2250n = 2250n - 5 \times 2250 + 75n^2 - 375n$$
$$75n^2 - 375n - 5 \times 2250 = 0$$
$$n^2 - 5n - 150 = 0$$

Resolvendo esta equação do 2º grau encontramos as soluções –10 e 15. Claro que a solução negativa não serve para o caso. Portanto o número original de alunos era 15, que é exatamente o que o problema pergunta.

Resposta: (B) [15,21]

135) UFG – A função f(x) = mx + 3, ou seja, multiplica seu argumento por m e soma 3 ao resultado. Portanto $f(g(x)) = f(x^2 - 2x + 2) = m.(x^2 - 2x + 2) + 3 = mx^2 - 2mx + 2m + 3$
Para que a equação $mx^2 - 2mx + 2m + 3 = 0$ tenha uma raiz real, é preciso que esta equação do 2º grau tenha $\Delta=0$.
$4m^2 - 4.m.(2m + 3) = 0$
$4m^2 - 8m^2 - 12m = 0$
$4m^2 + 12m = 0$
$m^2 + 3m = 0$
As soluções são m=0 e m=–3.

Resposta: m=0 e m=–3.

136) FATEC – A questão pode ser resolvida com o uso de determinantes, pois a matéria envolvida é *Sistemas Lineares* (capítulo 8). Entretanto, também pode ser resolvida com o uso de álgebra básica. Com três incógnitas precisamos realmente de três equações, mas as três equações precisam ser independentes. Se

$$\begin{cases} x + 2y + 3z = 1 \\ 2x + y - z = m \\ 3x + ky + 2z = 4 \end{cases}$$

uma equação for uma combinação das outras duas, trata-se de um sistema indeterminado, pois a terceira equação não serve para a solução.

Note que se somarmos as duas primeiras equações, teremos para x, o coeficiente 3, e para z, o coeficiente 2. Isso é exatamente o que termos na terceira equação: coeficientes 3 e 2 para x e z. Para que a terceira equação seja de fato independente, é preciso que o coeficiente de y não seja igual à soma dos coeficientes de y nas duas primeiras equações. No caso, devemos ter: $k \neq 3$. Isso é suficiente para garantir que a terceira equação é independente das duas primeiras.
Portanto o sistema terá uma única solução se $k \neq 3$ e m (no termo independente) for qualquer.
Se k for igual a 3, os termos do primeiro membro da 3ª equação são a soma dos correspondentes nas duas primeiras equações.
Para k=3, o sistema poderá ser indeterminado (infinitas soluções) ou impossível. Tudo depende do segundo membro das equações. Se o lado direito da terceira equação for igual à soma do lado direito das duas primeiras equações (a terceira equação seria igual à soma das duas primeiras). Mas se esta soma for diferente, o sistema é impossível.
Isso fica claro ver com um sistema mais simples. Se a+b=10, então 2a+2b tem que ser 20, e não um valor diferente de 20.
Ficamos então com:
1+m=4 ➔ sistema indeterminado (m=3)
$1+m \neq 4$ ➔ sistema impossível
O sistema tem portanto infinitas soluções (a terceira equação é exatamente a soma das duas primeiras) se tivermos k=3 e m=3.

Resposta: (B) admite infinitas soluções se k = m = 3.

137) UF São Carlos – Chamemos os preços dos violões, respectivamente, de **a**, **b** e **c**. As informações dadas são as indicadas ao lado.

$$\begin{cases} a+3b=5c \\ c=2a \end{cases}$$

Trocando c por 2a na primeira equação, ficamos com a + 3b = 10a, ou seja, b=3a.
Portanto os preços dos violões A, B e C, podem ser expressos por a, 3a e 2a.
O valor gasto na compra de 3C mais 2B é 6a + 6a = 12a, ou seja, o exato valor para comprar 12 violões modelo A.

Resposta: (D) 12

138) UTFPR – Trata-se de uma equação do quarto grau, que tem quatro soluções complexas, eventualmente podendo ser reais.
$(x^2 + 1)^2 = 25$
$x^2 + 1 = 5$ ou $x^2 + 1 = -5$, ou seja, desmembramos em duas equações do segundo grau.
A primeira equação é $x^2 + 1 = 5$ ➔ $x^2 = 4$ ➔ $x = 2$ ou $x = -2$. Portanto, duas soluções reais.
A segunda equação é $x^2 + 1 = -5$ ➔ $x^2 = -6$ ➔ $x = i\sqrt{6}$ ou $x = -i\sqrt{6}$. Duas soluções complexas.
Trabalhando com o conjunto dos reais, a correta é a letra (C).

Resposta: (C) duas raízes reais distintas

139) PUC PR – Os dois primeiros números formam uma diferença de quadrados, que pode ser fatorada.
$1439^2 - 1438^2 = (1439 + 1438)(1439 - 1438) = 2877 \times 1 = 2877$
O terceiro termo é um radical, que elevado ao quadrado resulta em $400 \times 7 = 2800$
O quarto termo é uma raiz cúbica. O radicando pode ser expresso como 343×1000. A raiz cúbica desse valor é $7 \times 10 = 70$.

Ficamos então com:
2877 – 2800 – 70 = 7

Resposta: (E) E=7

140) IFRS – O valor de **a** não pode ser igual a **b**, nem **–b**, para que não seja anulado o denominador. Podemos escrever a expressão com seus termos fatorados:

$$\frac{(a-b)^2}{a^2-b^2}=\frac{(a-b)(a-b)}{(a+b)(a-b)}=\frac{(a-b)}{(a+b)}-2$$

$a-b=2(a+b)$

$-a=3b$, o mesmo que $a=-3b$

Resposta: (E) –3b

Resoluções do teste 15

141) IFAL – Sem fazer contas, é fácil ver que a soma das raízes é 10. Vejamos.
Se o módulo de um valor é 6, então este valor é 6 ou –6. Isso dá origem a duas equações do 2º grau:
a) $x^2 - 5x = 6$ ➔ $x^2 - 5x - 6 = 0$
b) $x^2 - 5x = -6$ ➔ $x^2 - 5x + 6 = 0$
A soma das raízes de uma equação do 2º grau na forma $ax^2 + bx + c = 0$ é $-b/a$. Portanto para cada uma das duas equações, a soma das suas raízes é 5. No total, a soma é 10.

Resposta: (C) 10

142) IFAL – As expressões podem ser agrupadas. O agrupamento mais fácil de observar é o do 3º e do 4º radicais. Os seus radicandos, usando produtos notáveis, podem ser vistos como uma diferença de quadrados: $(x + y)(x - y) = x^2 - y^2$

$$\sqrt{2+\sqrt{2+\sqrt{2}}}.\sqrt{2-\sqrt{2+\sqrt{2}}}=\sqrt{\left(2+\sqrt{2+\sqrt{2}}\right).\left(2-\sqrt{2+\sqrt{2}}\right)}=\sqrt{2^2-\left(2+\sqrt{2}\right)}$$

$$=\sqrt{4-2-\sqrt{2}}=\sqrt{2-\sqrt{2}}$$

O segundo radical da expressão, ao ser multiplicado pelo resultado acima, formará outra diferença de quadrados.

$$\sqrt{2+\sqrt{2}}.\sqrt{2-\sqrt{2}}=\sqrt{2^2-2}=\sqrt{2}$$

Finalmente, multiplicando pelo primeiro radical da expressão original temos

$$\sqrt{2}.\sqrt{2}=2$$

Resposta: A) 2

143) IFSP – Da primeira equação temos que x = y + 1, ou então y = x – 1. Podemos usar qualquer uma dessas duas relações para fazer uma substituição na segunda equação do enunciado. Façamos y = x – 1. A segunda equação ficará:
$x^2 + y^2 = 41$
$x^2 + (x - 1)^2 = 41$
$x^2 + x^2 - 2x + 1 = 41$
$2x^2 - 2x - 40 = 0$
$x^2 - x - 20 = 0$
Equação do 2º grau que resolvida resulta em x = –4 ou x = 5.
Temos então duas possibilidades para x e y:
x = –4 ➔ y = –5.
x = 5 ➔ y = 4

Em termos de pares ordenados (x, y), as duas soluções são (–4, –5) e (5, 4).

Resposta: (C) S = {(5, 4),(–4, –5)}

144) IFSP – Uma equação que admite raízes α^2 e β^2 tem como soma das raízes, $S = \alpha^2 + \beta^2$, e como produto das raízes, $P = \alpha^2.\beta^2$. Devemos encontrar esses dois valores de S e P em função de $\alpha+\beta$ e $\alpha.\beta$, pois já temos esses valores da equação original.
Equação original: $2x^2 - 5x + 4 = 0$.
A soma das suas raízes é $\alpha+\beta=5/2$, e o produto é $\alpha.\beta = 4/2 = 2$
$S = \alpha^2 + \beta^2$ pode ser calculado como $(\alpha + \beta)^2 - 2.\alpha\beta$, que resulta em $(5/2)^2 - 2.2 = 25/4 - 4 = 9/4$.
$P = \alpha^2.\beta^2$ vale $(\alpha.\beta)^2 = 2^2 = 4$.
Sendo assim a equação pedida é aquela que temo soma das raízes S = 9/4 e produto P = 4. Lembrando que conhecendo a soma S e o produto P das raízes da equação do segundo grau, podemos formar a equação na forma $x^2 - Sx + P = 0$, ou equações equivalentes, multiplicando todos os coeficientes por um mesmo valor.
No caso temos $x^2 - (9/4)x + 4 = 0$. Multiplicando por 4 para eliminar o denominador ficamos com $4x^2 - 9x + 16 = 0$.

Resposta: (D) $4x^2 - 9x + 16 = 0$

145) IFS – Uma vez conhecida a soma de dois números, o seu produto será máximo quando os dois números forem iguais. Com a soma 12, para obter o produto máximo, basta fazer os dois números iguais a 6.

Resposta: (D) 6 e 6

146) IFS – O lucro total é igual ao lucro de cada produto, multiplicado pelo número de produtos vendidos.
$L(x) = (x - 20).(80 - x)$.
$L(x) = -x^2 + 100x - 1600$
Trata-se de uma função do segundo grau, cujo gráfico é uma parábola com a concavidade voltada para baixo (pois o coeficiente de x^2 é negativo). O ponto de máximo é o vértice da parábola, cuja abscissa (x) é dada por $-b/2a = -100/[2.(-1)] = 50$.
Sendo assim, para que o lucro seja máximo, o preço de venda deve ser R$ 50,00.
O preço de venda será x – 20 = 30.
A quantidade vendida será 80 – x = 30
O lucro total é 30 × 30 = 900.

Resposta: (E) R$ 900,00

147) IFPE – O lado correspondente ao muro não precisará de tela. Se chamarmos de x o lado perpendicular ao muro, aquele lado paralelo ao muro será 20 – 2x.
A área cercada será portanto $x.(20 - 2x) = -2x^2 + 20x$. Uma função do 2º grau, cujo gráfico é uma parábola com a concavidade voltada para baixo. O máximo é obtido no vértice da parábola, cujo valor de x é $-b/(2a)$, que no caso é
$-20/[2.(-2)] = 5$
Com x=5, a área será $-2.5^2 + 20.5 = -50 + 100 = 50$.

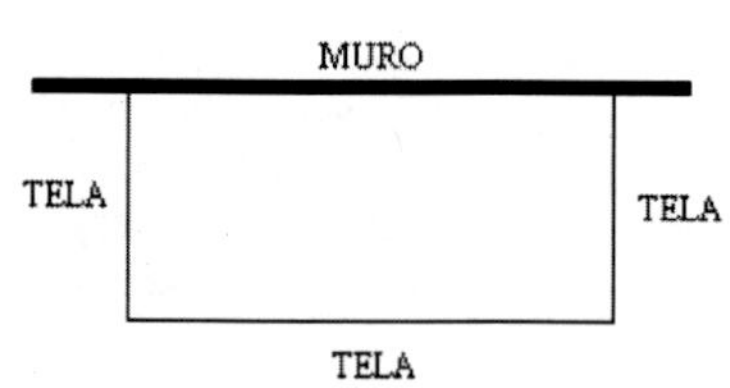

Resposta: (A) $50m^2$

148) IFPE – Uma vez conhecida a soma, para que o produto seja o maior possível, os números temo que ser iguais. Mas nesse caso os números seriam iguais à metade de 51, que é 25,5. Como o problema indica que os números têm que ser inteiros, os dois números mais próximos nessas condições são 25 e 26. Portanto a resposta (E) atende ao problema. Também serviria 26.

Resposta: (E) 25

149) UFG – O valor do custo total, dividido por n – 3 pessoas, é 15% maior que o valor que cada pessoa pagaria, se o custo total fosse dividido pelas n pessoas originais.

$$\frac{C}{n-3} = \frac{C}{n} + 0{,}15 \times \frac{C}{n}$$

$$\frac{C}{n-3} = 1{,}15 \times \frac{C}{n}$$

n = (n – 3).1,15
n = 1,15n – 3,45
3,45 = 0,15n
n = 23

Resposta: (D) 23

150) UFT– Antes de mais nada, observe que o trinômio $n^2 + 4n + 5$ tem Δ negativo. Significa que tem sempre o mesmo sinal. No caso, tem sempre o sinal positivo. Claro, um trinômio sem raízes, e com a concavidade voltada para cima, será sempre positivo. Sendo assim, o sinal da expressão é dado pelos fatores (n – 9) e (n + 7). Atenção, pois normalmente nos problemas usa-se a letra **n** para números naturais, mas nesse problema n é um número real. Talvez fosse melhor usar x, para evitar confusão.
$(x - 9)(x + 7) < 0$
O fator x – 9 é positivo para x>9 e negativo em caso contrário. O fator x + 7 é positivo para x > –7, e negativo em caso contrário. Façamos então o quadro de variação de sinal:

		–7	9
x – 9	–	–	+
x + 7	–	+	+
Fração	+	–	+

A expressão será negativa para –7 < x < 9. Os valores –7 e 9 não são permitidos, pois a desigualdade é estrita. Os números inteiros que satisfazem a inequação são:
–6, –5, –4, –3, –2, –1, 0, 1, 2, 3, 4, 5, 6, 7 e 8. A soma desses valores é 7 + 8 = 15.

Resposta: (D) 15

Resoluções do teste 16

151) UFT – O vértice V da parábola não tem utilização para chegar à resposta do problema. A solução consiste em encontrar os valores de P1 e P2, que são as raízes do trinômio. O que o problema pergunta é a metade da diferença entre essas raízes.
$-x^2 + 2x + 3 = 0$
$x^2 - 2x - 3 = 0$
As raízes são –1 e 3. A diferença entre elas é 4, a metade deste valor é 2.

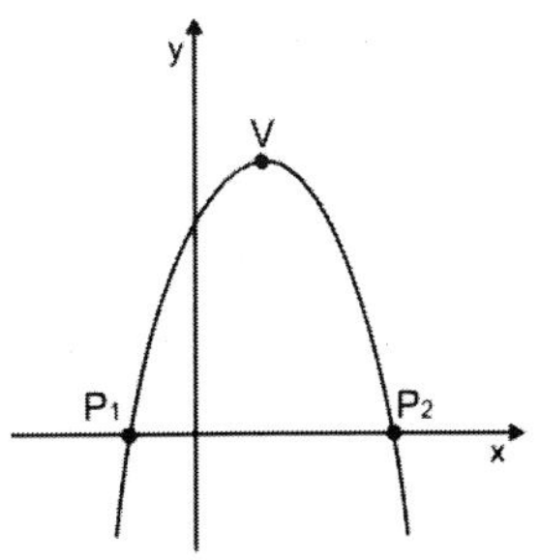

Resposta: (B) 2 unidades de medida

152) UFMS – O sistema é de resolução bem fácil. Somando as duas equações, a variável y irá cancelar. Ficamos com:

$$\begin{cases} 2x + y = 13 \\ x - y = 2 \end{cases}$$

3x = 15, $\boxed{x = 5}$.

Da segunda equação, temos que y = x – 2, ou seja, y = 5 – 2, $\boxed{y = 3}$.

O valor de $x^2 + y^2$ é $5^2 + 3^2 = 34$.

Resposta: (B) 34

153) UFG – Ao colocarmos uma certa quantidade de gasolina comum, estamos na verdade colocando uma mistura da forma AGGG, ou seja, três partes de gasolina. Uma mistura contendo meio a meio deve ter a mesma quantidade de gasolina e álcool. Se Temos AGGG, devemos adicionar AA, ou seja, uma quantidade de álcool puro igual à metade da quantidade de gasolina comum colocada. Assim a mistura será AGGG + AA = AAAGGG.
Sendo assim a quantidade de gasolina comum colocada no tanque deve ser o dobro da quantidade de álcool (que é puro). Em um tanque de 45 litros, isto significa 30 litros de gasolina comum e mais 15 litros de álcool.

Resposta: 30 litros de gasolina comum e 15 litros de álcool puro.

154) UFPI – Da primeira expressão dada, obtemos o valor de y em função de E e x:
$y = (E - 3x)/4$
Substituindo este valor de y na segunda relação, temos:
$x^2 + [(E - 3x)/4]^2 = 16$
Desenvolvendo esta expressão, temos:
$x^2 + (E - 3x)^2/16 = 16$
$16x^2 + (E - 3x)^2 = 256$
$16x^2 + E^2 - 6Ex + 9x^2 = 256$
$25x^2 - 6Ex + E^2 - 256 = 0$
Trata-se de uma equação do 2º grau com a = 25, b = –6Ex e $c = E^2 - 256$
Note que a expressão E não pode ter qualquer valor. Seus valores permitidos são aqueles que tornam x real, ou seja, deve ser tal que $\Delta \geq 0$.
$36E^2 - 4.25.(E^2 - 256) \geq 0$
$36E^2 - 100E^2 + 25600 \geq 0$
$64E^2 \leq 25600 \quad \rightarrow E^2 \leq 400$
Ou seja, E deve estar compreendido entre 20 e –20. O valor máximo para E é 20.

Resposta: (D) 20

155) UFJF – Chamemos as quantidades de lápis, canetas e borrachas, respectivamente, de L, C e B. As informações dadas são as seguintes:
A quantidade de lápis é o triplo da quantidade de canetas ➔ L = 3C
Se colocarmos mais 12 canetas e retirarmos 2 borrachas, a gaveta passará a conter o mesmo número de lápis, canetas e borrachas ➔ C+12 = B–2 = L
Essas informações são suficientes para encontrar as quantidades de cada objeto. Da segunda relação temos
L = C + 12 B = C + 14
Como L vale 3C, da primeira equação acima, temos
3C = C + 12 ➔ $\boxed{C = 6}$
Como B vale C + 14, temos que $\boxed{B = 20}$
Finalmente, como L=3C, temos que $\boxed{L = 18}$
A quantidade total de objetos é 18 + 20 + 6 = 44.

Resposta: (B) 44

156) IFAL – A expressão dentro dos parênteses é a famosa *diferença de quadrados*. Dos produtos notáveis, conhecemos a expressão $a^2 - b^2 = (a + b)(a - b)$.
Portanto $5432^2 - 5431^2$ vale $(5432+5431)(5432-5431) = 10863 \times 1 = 10863$.
Dividindo este valor por 3 temos como resultado, 3621. A única opção correta é a (D).

Resposta: (D) 3621

157) USP – Elevando a primeira equação ao quadrado, temos $x^2 + 1/y^2 + 2x/y - 1$
Como a segunda equação indica que $x^2 + 1/y^2 = 4$, a expressão acima se reduz a
$4 + 2x/y = 1$, portanto x/y vale $-3/2$.

$$\begin{cases} x + \dfrac{1}{y} = 1 \\ x^2 + \dfrac{1}{y^2} = 4 \end{cases}$$

Resposta: (D) –3/2

158) ENEM – Devido ao encolhimento, a área perdida é igual aos três retângulos menores indicados na figura:
$xy + x(3 - y) + y(5 - x) =$
$xy + 3x - xy + 5y - xy$
$= 3x + 5y - xy$

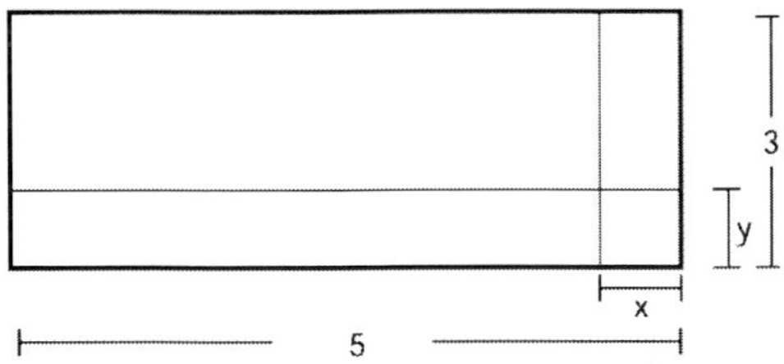

Resposta: (E) 5y + 3x – xy

159) UFMG – O número n pode ser escrito como:
$n = 2^{17} - 16 = 2^{17} - 2^4 = 2^4\ (2^{13} - 1)$
Como foi informado que o número $2^{13} - 1$ é primo, chamemos este primo de p. Obviamente p é diferente de 2. O número n pode ser escrito como:
$n = 2^4 . p$
Como n está expresso como um produto de fatores primos, podemos encontrar o número de divisores positivos de n, somando 1 a cada expoente e multiplicando os resultados.
$(4 + 1)(1 + 1) = 5.2 = 10$

Resposta: (D) 10

160) FGV – Chamemos esses números de 3a, 3b, 3c e 3d. Poderiam ser a, b, c e d, mas assim evitamos o uso de frações. As médias aritméticas terão a forma b+c+d, a+c+d, a+b+d e a+b+c.
Somando cada número com a média aritmética dos outros três, obtemos os valores dados por:
$3a + b + c + d = 48$
$a + 3b + c + d = 42$
$a + b + 3c + d = 32$
$a + b + c + 3d = 34$
Somando essas quatro equações, ficamos com
$6a + 6b + 6c + 6d = 48 + 42 + 32 + 34 = 156 \Rightarrow a + b + c + d = 26$
Sabendo a+b+c+d, podemos voltar às quatro equações originais para encontrar as variáveis:
$2a + a + b + c + d = 48 \Rightarrow 2a + 26 = 48 \Rightarrow a = 11 \Rightarrow 3a = 33$
$2b + a + b + c + d = 42 \Rightarrow 2b + 26 = 42 \Rightarrow b = 8 \Rightarrow 3b = 24$
$2c + a + b + c + d = 32 \Rightarrow 2c + 26 = 32 \Rightarrow c = 3 \Rightarrow 3c = 9$
$2d + a + b + c + d = 34 \Rightarrow 2d + 26 = 34 \Rightarrow d = 4 \Rightarrow 3d = 12$

Resposta: (D) 33

Resoluções do teste 17

161) UFJF – A casa tem 270 m^2 e conhecemos uma de sua dimensões: 9 metros, que é a medida da divisa frontal menos 4 metros, sendo 2 metros de cada lado do muro.

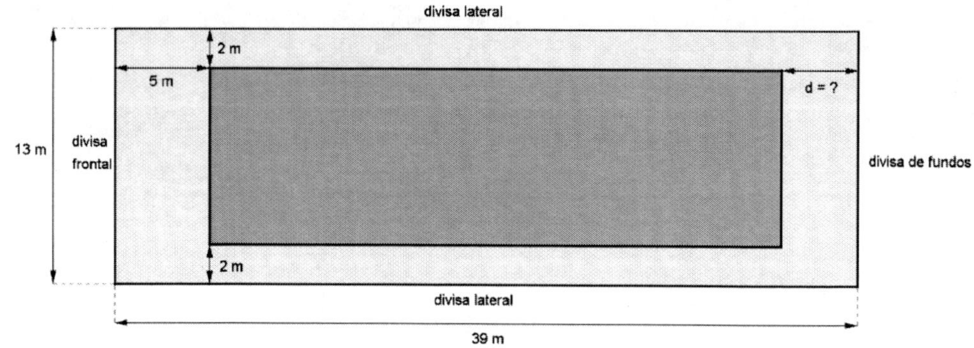

Com área 270 m^2 e uma das medidas sendo igual a 9 metros, a outra medida é 30 metros.
O comprimento do terreno é igual aos 30 metros da casa, mais 5 metros até a divisa frontal, mais a distância d, ou seja, 30 + 5 + d = 35 + d. Esse valor tem que ser igual à profundidade do terreno, 39 metros.

35 + d = 39 ➔ d = 4.

Resposta: (E) 4

162) UTFPR – As duas frações que estão dentro do parênteses podem ser operadas depois que as reduzirmos ao mesmo denominador. O denominador comum é (x + 1)(x – 1) = x^2 – 1, que irá cancelar com 1 – x^2.

$$\left(\frac{x}{x+1}-\frac{x}{x-1}\right).\frac{1-x^2}{2}=\left(\frac{x(x-1)}{(x+1)(x-1)}-\frac{x(x+1)}{(x-1)(x+1)}\right).\frac{1-x^2}{2}$$

$$=\left(\frac{x^2-x-x^2-x}{x^2-1}\right).\frac{1-x^2}{2}=\frac{-2x}{x^2-1}.\frac{(-1).(x^2-1)}{2}=\frac{-2x}{1}.\frac{(-1)}{2}=\frac{x}{1}=x$$

Resposta: (B) x

163) UFT – Nessa questão é considerada que a gasolina vendida no posto é formada por 100% de gasolina, e que o álcool é formado por 100% de álcool. Na verdade a gasolina vendida no posto tem uma certa quantidade de álcool, e o álcool tem uma certa quantidade de gasolina. Entretanto isto não é para ser levado em conta no problema, caso contrário o enunciado teria informado a composição de cada combustível.

Dos 15 litros que estão no tanque, 25%, o mesmo que 1/4, é gasolina. São portanto 3,75 L de gasolina e 11,25 L de álcool.
O fabricante recomenda usar 32% de gasolina. 32% de 45 litros equivale a 14,4 litros de gasolina. Como já tem 3,75 L, precisará de mais 10,65 L de gasolina. O restante do tanque cheio é formado por álcool, um total de 45 L – 14,40 L = 30,6 litros de álcool. Como já existem 11,25 L de álcool no tanque, faltam 19,35 L de álcool. O gasto para pagar essas quantidades de gasolina e álcool é:
Gasolina: 10,65 x 2,70 = R$ 28,755
Álcool: 19,35 x 1,70 = R$ 32,895
Gasto total: 28,755 + 32,895 = 61,65

Resposta: (C) R$ 61,65

164) UDESC – Considere os conjuntos
A = {x∈ℝ | 2x–1+|2x–1| = 0 } e B = {x∈ℝ | –x(2x+1) ≤ –1 }.
O conjunto $(B – A)^c$ é:

Sobre o conjunto A, a expressão pode ser simplificada, pelo fato do número (2x – 1) somado com o seu módulo, ser igual a zero. Isto é o mesmo que dizer que 2x – 1 é um número negativo ou zero:

$2x - 1 \leq 0 \rightarrow x \leq 1/2$, portanto $A = (-\infty, 1/2]$

Para o conjunto B, temos uma inequação do 2º grau:

$-x(2x+1) \leq -1$

$-2x^2 - x + 1 \leq 0$

As suas raízes são –1 e 1/2. Como a concavidade é voltada para baixo, o trinômio é positivo entre as raízes e negativo fora do intervalo entre as raízes. Portanto será negativo para $x \leq -1$ e para $x \geq 1/2$. O conjunto B é a união dos intervalos $(-\infty,-1]$ e $[1/2, +\infty)$

A diferença de conjuntos B – A é $(1/2, +\infty)$. O seu complementar é $(-\infty,1/2]$.

Resposta: (A) (–∞, 1/2]

165) UFSM – Muitas questões de matemática apresentam absurdos relacionados com a física. Essa é uma delas. Qualquer corpo lançado no planeta Terra sofre uma aceleração de cerca de $-9,8$ m/s^2, que é a aceleração da gravidade, se desprezarmos a resistência do ar. Não é o caso da fórmula dada no problema, a aceleração é –2/3, ou 0 – 0,67 m/s^2. Apesar disso teremos que resolver a questão desprezado o absurdo físico.

Note que a equação não representa uma parábola que descreve a trajetória da bola, ou seja, y em função de x. A equação dada representa a altura a bola, em função do tempo.

$$h(t) = -\frac{1}{3}t^2 + \frac{5}{3}t + 2$$

Este as perguntas sobre este trinômio envolvem três pontos importantes:

1) O ponto de lançamento
2) O ponto de máximo (vértice)
3) O ponto em que a bola atinge o chão (a maior raiz do trinômio).

Encontremos as raízes do trinômio:

$$-\frac{1}{3}t^2 + \frac{5}{3}t + 2 = 0$$

$$-t^2 + 5t + 6 = 0$$

Raízes: t = –1 e t = 6

Como t representa um tempo positivo (lançamento em t=0), a raiz é t = 6. Isto significa que a bola atingirá o chão depois de 6 segundos. Isso se mostra um tempo extremamente elevado. Quando t=0, sua altura é h(t) = 2 metros, usando a fórmula dada. Significa que a bola foi lançada de uma altura igual a 2 metros.

O vértice da função é obtido fazendo t igual à média aritmética das raízes, no caso, (–1 + 6)/2 = 5/2 = 2,5 s.

A altura atingida pela bola em t = 5/2 s é:

$$h(\frac{5}{2}) = -\frac{1}{3}\left(\frac{5}{2}\right)^2 + \frac{5}{3}.\frac{5}{2}t + 2 = -\frac{25}{12} + \frac{25}{6} + 2 = \frac{-25+50+24}{12} = \frac{49}{12}$$

Portanto o vértice da parábola é obtido com t=5/2, h = 49/12. Note que não é possível lançar uma bola da altura de 2 metros, até chegar a quase 4 metros, e demorar ao todo 6 segundos para a bola chegar ao chão, isso se deve ao erro de não ter sido respeitada a lei da física, que um corpo lançado ao ar sofrer a aceleração da gravidade, cerca de 9,8 m/s^2.

Agora podemos conferir as respostas. A única correta é a letra (C).

Resposta: (C) O vértice da parábola é o ponto (5/2, 49/12).

166) UFAL – Conhecendo as raízes de um trinômio do 2º grau, podemos facilmente encontrar sua fórmula na chamada *forma fatorada*. Essa forma é

$y = a(x - x_1)(x - x_2)$, onde **a** é o coeficiente de x^2, e x_1 e x_2 são as raízes. No caso, temos

$y = a(x + 1)(x - 3)$.

Para encontrar o valor de **a**, usemos outra informação conhecida, que é o ponto onde o gráfico corta o eixo y. No caso, temos que $y(0) = 3$:

$3 = a(0 + 1)(0 - 3)$ ➔ $\boxed{a = -1}$

Então a fórmula procurada é

$f(x) = -1(x + 1)(x - 3)$

$f(x) = -(x^2 - 2x - 3)$

$f(x) = -x^2 + 2x + 3$

Resposta: (A) $f(x) = -x^2 + 2x + 3$

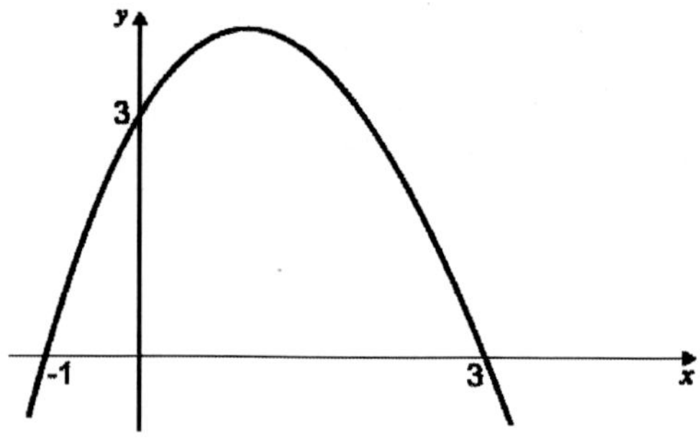

167) UFPI – A expressão procurada é

$E = \sqrt{x_1} + \sqrt{x_2}$. Lembremos que esse tipo de problema requer que consigamos exprimir a expressão dada usando a soma e o produto das raízes. Isto pode ser feito, elevando a expressão ao quadrado:

$$E^2 = x_1 + x_2 + 2\sqrt{x_1 x_2}$$

Assim temos a soma e o produto das raízes, que são, respectivamente, –b/a e c/a

$$E^2 = -\frac{b}{a} + 2\sqrt{\frac{c}{a}} \quad ➔ \quad E = \sqrt{-\frac{b}{a} + 2\sqrt{\frac{c}{a}}}$$

Resposta: (B) $\sqrt{\frac{-b}{a} + 2\sqrt{\frac{c}{a}}}$

168) IFPE – O volume em função de x é o volume de um paralelepípedo retângulo que tem dimensões x, 20 – 2x e 20 – 2x. Este volume é $V(x) = x(20 - 2x)(20 - 2x) = x(400 + 4x^2 - 80x) = 4x^3 - 80x^2 + 400x$. Para que este volume seja igual a 500 (note que todas as medidas estão em cm e cm^3)

$4x^3 - 80x^2 + 400x - 500 = 0$

$x^3 - 20x^2 + 100x - 125 = 0$

Observe que a equação é satisfeita se fizermos x = 5.

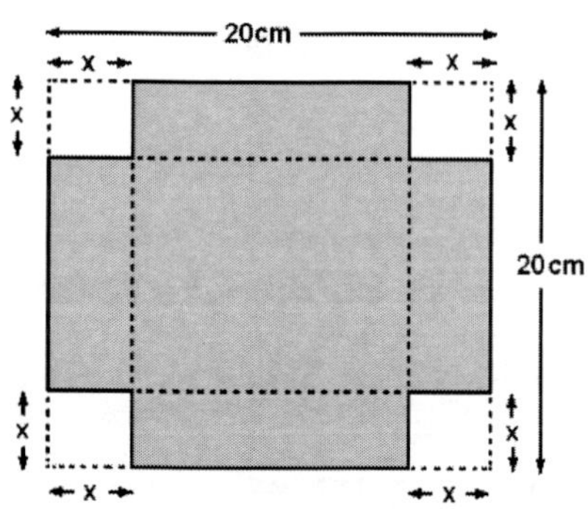

De fato, com x = 5 as medidas da caixa serão 10, 10 e 5, então o volume será igual a 500. A resposta x = 5 atende ao que é pedido no problema. Isto é suficiente para resolver o problema. Pelo enunciado da questão, existe apenas uma resposta certa, se encontrarmos que x=5 satisfaz, esta tem que ser a resposta correta. Entretanto, em uma prova discursiva, seria preciso verificar se existem outras soluções, e isso envolve a resolução da equação do terceiro grau. Como já encontramos uma solução x = 5, temos que fazer a divisão do polinômio por x – 5, recaindo em uma equação do 2º grau, então procuramos outras soluções. Esta divisão é:

$$\begin{array}{l|l}
x^3 - 20x^2 + 100x - 125 & x - 5 \\ \cline{2-2}
\underline{-x^3 + 5x^2} & x^2 - 15x + 25 \\
\quad -15x^2 & \\
\quad \underline{+15x^2 - 75x} & \\
\qquad\quad +25x & \\
\qquad\quad \underline{-25x + 125} & \\
\qquad\qquad\quad 0 &
\end{array}$$

Então nossa equação do terceiro grau pode ser escrita como
$(x - 5)(x^2 - 15x + 25) = 0$

Note que o termo de segundo grau tem duas raízes: $\frac{15+\sqrt{125}}{2}$ e $\frac{15-\sqrt{125}}{2}$. Essas raízes não servem, pois o problema pergunta um valor inteiro de x, e as duas raízes acima são irracionais. Então a única resposta que serve é x=5.

Resposta: (A) 5

169) ENEM – Questão clássica. Primeiro é preciso descobrir o preço de venda e a quantidade vendida, ambos em função da mesma variável, recaindo em uma função do 2º grau. No caso, a quantidade que determina esses valores é x, o número de centavos de desconto.
Com um desconto x centavos sobre o preço do litro, o preço resultante é 1,50 – 0,01x. O volume vendido é igual a 10.000 litros, mais 100 vezes o número de centavos de desconto, ou seja, 10.000 + 100x.
O valor arrecadado V(x) é portanto:
$(10.000 + 100x).(1{,}50 - 0{,}01x) = (100 + x)(150 - x) = -x^2 + 50x + 15000$

Resposta: (D) $V = 15.000 + 50x - x^2$

170) USP – Chamemos o número de abc. O enunciado diz que abc – 396 = cba. Ou seja:
$100a + 10b + c - 396 = 100c + 10b + a$
$99a - 99c = 396$
$a - c = 4$.
Além disso, temos que a + c = 8. Assim formamos um sistema envolvendo a e c:
$a - c = 4$
$a + c = 8$
Isso resulta em a = 6 e c = 2.
Portanto o algarismo das centenas é 6.

Resposta: (C) 6

Resoluções do teste 18

171) IFMT – Sendo x o número de centavos de redução no preço, este preço será 2,80 – 0,01x. O número de litros vendidos será 10.000 + 40x, ou seja, mais 40 litros vendidos para cada centavo de redução. O valor arrecadado com essas vendas é igual ao produto (2,80 – 0,01x)(10.000 + 40x).
$(2{,}80 - 0{,}01x)(10.000 + 40x) = 28000 + 112x - 100x - 0{,}4x^2 =$
$= -0{,}4x^2 + 12x + 28000$
Uma função do segundo grau, cujo gráfico é uma parábola com a concavidade voltada para baixo. O seu valor máximo corresponde ao vértice da parábola, cuja abscissa é x = –b/(2a).
$x_v = -12/(2.(-0{,}4)) = 15$
Ou seja, o preço do livro de gasolina deve ser 2,80 – 0,01x, para x = 15, portanto, R$ 2,65.

Resposta: (B) R$ 2,65

172) UTFPR – Multipliquemos o numerador e o denominador da fração pelo *fator racionalizante*, que é $(\sqrt{2}+1)$.

$$\frac{\left(2+\frac{1}{\sqrt{2}}\right)(\sqrt{2}+1)}{(\sqrt{2}-1)(\sqrt{2}+1)} = \frac{2\sqrt{2}+2+1+\frac{1}{\sqrt{2}}}{1} = 3+2\sqrt{2}+\frac{\sqrt{2}}{2} = 3+\frac{5\sqrt{2}}{2}$$

Resposta: D) $3+\frac{5\sqrt{2}}{2}$

173) IFRO – Elevar 1990 ao cubo é um cálculo bastante trabalhoso. Entretanto podemos usar um pouco de produtos notáveis e simplificações algébricas.
Lembremos que $(a^3 - b^3) = (a - b)(a^2 + ab + b^2)$.

$$\frac{1990^3-1000^3-990^3}{1990\times1000\times990}=\frac{990.\left(1990^2+1990.1000+1000^2\right)-990^3}{1990\times1000\times990}$$

Podemos simplificar a expressão toda por 990. Ficamos com

$$\frac{\left(1990^2+1990.1000+1000^2\right)-990^2}{1990\times1000}=\frac{1990^2+1990.1000+1000^2-990^2}{1990\times1000}$$

No numerador, podemos colocar 1990 em evidência nos dois primeiros termos. O terceiro e o quarto termos formam uma diferença de quadrados, igual ao produto da soma pela diferença.

$$\frac{1990(1990+1000)+(1000+990)(1000-990)}{1990\times1000}$$

Agora o numerador e o denominador podem ser simplificados por 1990:

$$\frac{(1990+1000)+10}{1000}=\frac{3000}{1000}=3$$

Portanto A vale 3. O menor número inteiro maior que A é 4 (pegadinha, muitos marcarão 3...)

Resposta: (B) 4

174) UNISINOS – As informações do problema são:
3P + 4M = 13,50, e
6P + 9M = 28,50
Com duas equações e duas incógnitas, é fácil resolver o sistema. Multiplicando a primeira equação por 2, o sistema fica:
6P + 8M = 27,00 e
6P + 9M = 28,50
Subtraindo a 2ª menos a 1ª equação, ficamos com
M = 1,50
Sabendo M, substituímos este valor em qualquer das equações e encontramos P. Na primeira equação original temos:
3P + 6,00 = 13,50
3P = 7,50
P = 2,50.
Sabendo que P = 2,50 e M = 1,50, calculamos o valor de 5P + 7M que o problema pede.
5P + 7M = 5×2,50 + 7×1,50 = 12,50 + 10,50 = 23,00

Resposta: (D) R$ 23,00

175) UNIFESP – Para o centro da cidade de South Hill, podemos descobrir sua densidade populacional fazendo x=0 na fórmula de D. Com x=0, temos D = 5 habitantes/km^2. O distrito citado da cidade de São Paulo tem densidade populacional de 16,5 hab/km^2. Para comparar as densidades populacionais, percentualmente, primeiro calculemos a razão entre os dois valores:
16,5 / 5 = 3,3
Significa que o numerador é 230% maior que o denominador.
Portanto y = 230.
A densidade populacional é máxima, na função D(x), para x = –b/(2a) = –30/(2.(–15)) = 1
O valor da densidade para x = 1 é D(1) = 5 + 30 – 15.1^2 = 20

Resposta: 230, 20 hab/km^2.

176) USP – Chamando as dimensões do retângulo que forma o muro interno, de **a** e **b**, as dimensões do muro externo serão a+2L e b+2L. O comprimento total do muro interno é 2a + 2b, o do externo é 2a + 4L + 2b + 4L = 2a + 2b + 8L. As medidas dadas pelo problema são as seguintes:

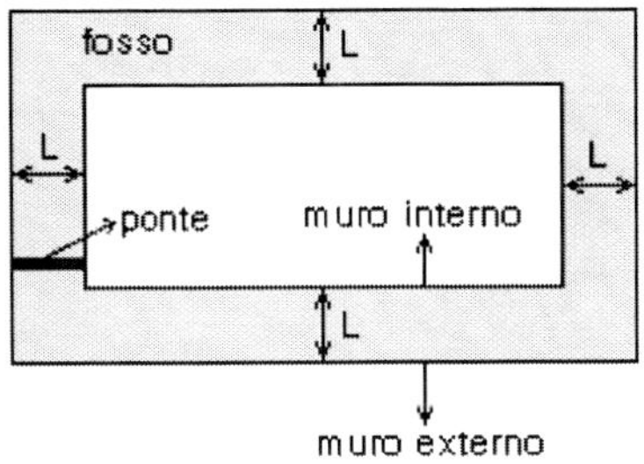

1º dia: 2a + 2b + 8L + L + 2a + 2b = 5320 (uma volta no muro externo + ponte + muro interno)
2º dia: 4a + 4b + 16L + L + 2a + 2b = 8120 (2 voltas no externo + ponte + 1 volta no interno)

Subtraindo ficamos com 2a + 2b + 8L = 2800

$\boxed{a + b = 1400 - 4L}$

Substituindo este valor de a+b em uma das equações originais, ficaremos com uma equação usando apenas a variável L. Usemos a primeira equação dada:
1º dia: 4(a+b) +9L = 5320
4(1400 – 4L) + 9L = 5320
5600 – 7L = 5320
280 = 7L
$\boxed{L = 40}$
Observe que não existem informações suficientes para determinar a e b, ou seja, o problema é indeterminado quanto a essas medidas. Apenas podemos calcular o valor da medida da ponte.

Resposta: (B) 40

177) UFMG – Se efetuarmos a multiplicação indicada, p(x) será dado por:

$x^{10} + x^9 + x^8 + x^7 + x^6 + x^5 - x^9 - x^8 - x^7 - x^6 - x^5 - x^4$
$= x^{10} - x^4$
As respostas apresentadas estão na forma de fatores. Temos que fatorar a expressão encontrada até o momento.

$x^{10} - x^4 = x^4(x^6 - 1)$
A expressão $x^6 - 1$ pode ser fatorada como uma diferença de quadrados.
$x^4(x^6 - 1) = x^4(x^3 - 1)\ (x^3 + 1)$

Resposta: (A) $x^4(x^3 - 1)(x^3 + 1)$

178) UFMT – O número $2^{40} - 1$ pode ser fatorado como uma diferença de quadrados:

$2^{40} - 1 = (2^{20} + 1).(2^{20} - 1)$
O fator $2^{20} - 1$ também é uma diferença de quadrados.

$(2^{20} + 1).(2^{20} - 1) = (2^{20} + 1).(2^{10} + 1).(2^{10} - 1)$

Finalmente $2^{10} - 1$ também pode ser fatorado como uma diferença de quadrados.

$(2^{20} + 1).(2^{10} + 1).(2^{10} - 1) = (2^{20} + 1).(2^{10} + 1).(2^5 - 1).(2^5 + 1)$

Como aparece o fator $2^5 - 1 = 31$ na fatoração do número original, concluímos que o mesmo é múltiplo de 31.

Observamos também que o número original é múltiplo de 5, pois o fator 2^{10} vale 1024, que somado com 1 resulta em 1025, um múltiplo de 5.

Não é primo, pois é formado pelo produto de diversos fatores, e não é par, pois seus fatores são potências de 2 (par) somadas com 1, resultando em fatores ímpares. Todos eles.

Resposta: (E) I e II

179) UFRGS – A expressão $x^3 - y^3$, em sua forma fatorada é expressa por:
$x^3 - y^3 = (x - y)(x^2 + xy + y^2)$
Já sabemos quanto vale x – y e quanto vale $x^2 + y^2$. Resta apenas determinar quanto vale xy.
Podemos descobrir o valor de xy, conhecendo x – y e $x^2 - y^2$. Basta usar o produto notável:
$(x - y)^2 = x^2 + y^2 - 2xy$
$2^2 = 8 - 2xy$
$xy = 2$
Agora podemos calcular a expressão $x^3 - y^3$.
$x^3 - y^3 = (x - y)(x^2 + xy + y^2)$
$= 2.(8 + 2) = 20$

Resposta: (E) 20

180) UFCE – Como as raízes são Δ e 1–Δ, a soma das raízes é igual a 1. Mas a soma das raízes está relacionada com os coeficientes da equação pela fórmula $x_1 + x_2 = -b/a$. No caso da nossa equação, esta soma é –p. Portanto p = –1. Podemos escrever a equação como:
$x^2 - x + q = 0$
O produto das raízes da equação é também calculado em função dos coeficientes: c/a. Portanto este produto é igual a q. Como as raízes são Δ e 1–Δ, este produto é também igual a $\Delta - \Delta^2$.
Como $\Delta = b^2 - 4ac$, temos que $\Delta = 1 - 4q$.
Ou seja,
$q = 1 - 4q - (1 - 4q)^2$
Lembrando, usamos simplesmente que o produto das raízes (q) é igual a Δ.(1–Δ)
$q = 1 - 4q - 1 + 8q - 16q^2$
$16q^2 - 3q = 0$
Temos duas soluções: q = 0 e q = 3/16.
O valor q=0 é perfeitamente válido, deveria estar entre as opções. Entretanto é apresentado apenas o valor 3/16, então esta é a resposta correta a ser considerada.

Resposta: (D) 3/16

Resoluções do teste 19

181) Mackenzie – Uma identidade é uma igualdade que é válida, qualquer que seja o valor de x. Por exemplo, $(x+1)^2 = x^2 + 2x + 1$, para qualquer x. Trata-se de uma identidade.
Já uma equação é uma igualdade que é válida apenas para alguns valores de x. Esses valores são chamados de raízes, ou soluções da equação. Por exemplo, $x^2 - 4x + 3 = 0$ é uma equação, pois a igualdade vale apenas para dois valores de x: 1 e 3.
O que cria um pouco de confusão entre esses dois tipos de igualdade, é que é usado o mesmo sinal de igualdade para os dois casos: "=". Entanto, podemos utilizar sinais diferentes para esses dois tipos de igualdade: o sinal = para equações, e o sinal ≡ para identidades. Este sinal ´elido como "identicamente igual", ou seja, igual para qualquer x. No caso, a igualdade do nosso problema pode ser escrita como:

$$\frac{2x^2+5x-1}{x^3-x} \equiv \frac{R}{x} + \frac{P}{x+1} + \frac{A}{x-1}$$

O problema se resume em encontrar as constantes R, P e A para que a igualdade seja uma identidade. Façamos a adição das frações do segundo membro. O MMC dos denominadores é $x(x + 1)(x - 1) = x(x^2 - 1)$ (na verdade deveria aqui ser usado o sinal ≡)

$$\frac{2x^2+5x-1}{x^3-x} \equiv \frac{R}{x} + \frac{P}{x+1} + \frac{A}{x-1} = \frac{R(x^2-1)}{x(x^2-1)} + \frac{P(x^2-x)}{(x+1)(x^2-x)} + \frac{A(x^2+x)}{(x-1)(x^2+x)}$$

$$=\frac{x^2(R+P+A)+x(A-P)+(-R)}{x^3-x}$$

Já tornamos iguais os denominadores do 1º membro e do 2º membro. Agora basta obrigar os numeradores a serem iguais, ou melhor dizendo, "identicamente iguais". Para que dois polinômios sejam identicamente iguais, os termos de mesmo grau em ambos devem ter os mesmos coeficientes. Isso resulta no sistema:

$$\begin{cases} R+P+A=2 \\ A-P=5 \\ -R=-1 \end{cases}$$

Resolvendo o sistema, encontramos R =1, e as duas primeiras equações podem assim ser escritas como A+P=1 e A–P=5. Então A=3 e P = –2.
Os valores de R, P e A, nesta ordem, são 1, –2 e 3.

Resposta: (B) 1, –2 e 3

182) UFPE – Trata-se de uma inequação do 2º grau. Pode ser escrita como:
$x^2 > 4(x-1)$
$x^2 - 4x + 4 > 0$
Este trinômio possui raiz dupla x=2. Seu gráfico é uma parábola com a concavidade voltada para cima. Portanto seu valor será positivo, fora do intervalo entre as raízes. Ou seja, para qualquer x real, exceto para x = 2, o valor da raiz dupla. Os valores de x que satisfazem são aqueles diferentes de 2.

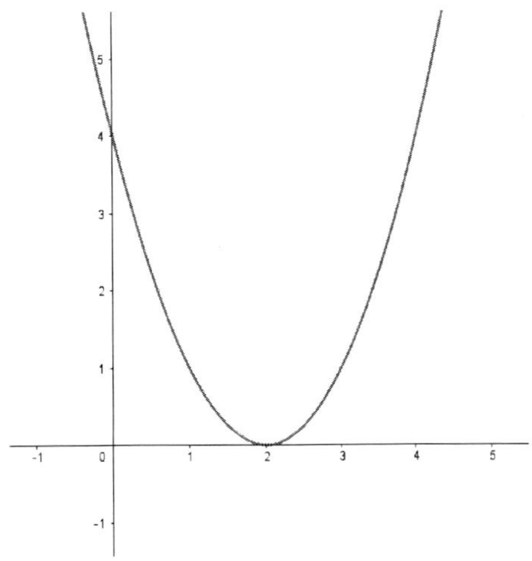

Resposta: (D) x≠2

183) UFT – A princípio é um sistema fracionário, de difícil solução. Note entretanto que a sua resolução torna-se simples, pelo fato de existirem denominadores iguais nas duas equações. Façamos a seguinte substituição:

$$\begin{cases} \dfrac{6}{2x-y-2}-\dfrac{2}{x-y-1}=4 \\ \dfrac{1}{2x-y-2}+\dfrac{3}{x-y-1}=4 \end{cases}$$

$\dfrac{1}{2x-y-2}=a$, e $\dfrac{1}{x-y-1}=b$. O sistema se reduz a:

$$\begin{cases} 6a-2b=4 \\ a+3b=4 \end{cases}$$

Dividindo a 1ª equação por 2 e multiplicando por 3, ficamos com $9a-3b=6$. Somando esta equação com a segunda, ficamos com
$10a=10$ ➔ $a=1$
Substituindo este valor de a em qualquer uma das equações, encontramos $b=1$
Das expressões originais para a e b, em função de x e y, podemos encontrar agora:
2x – y – 2 = 1 ➔ 2x – y = 3
x – y – 1 = 1 ➔ x – y = 2
Subtraindo essas duas relações encontramos x = 1, depois y = –1
O valor de x – y é 2.

Resposta: (D) 2

184) UDESC – Uma questão de álgebra básica misturada com trigonometria, progressões aritméticas e geométricas, além de racionalização de denominadores.

I) Nesta afirmativa usaremos racionalização de denominadores. Nas quatro frações com radicais nos denominadores, os fatores nacionalizantes são, respectivamente, $\sqrt{2}-1$, $\sqrt{3}-\sqrt{2}$ e $\sqrt{4}-\sqrt{3}=2-\sqrt{3}$.

I. $\frac{1}{1+\sqrt{2}}+\frac{1}{\sqrt{2}+\sqrt{3}}+\frac{1}{\sqrt{3}+\sqrt{4}}=1$

II. $\frac{5}{2}\left(1-\frac{3}{2}+\frac{9}{4}-\frac{27}{8}+\frac{81}{16}+\ldots\right)=1$

III. $-2-\frac{23}{15}-\frac{16}{15}-\frac{3}{5}-\frac{2}{15}+\frac{1}{3}+\ldots+\frac{11}{5}=1$

IV. $2\cos^2(\theta)-\cos(2\theta)=1$

$\frac{\sqrt{2}-1}{1}+\frac{\sqrt{3}-\sqrt{2}}{1}+\frac{2-\sqrt{3}}{1}=1$ ➔ VERDADEIRA

IV) A afirmativa IV é claramente verdadeira, pois é a fórmula para cos(2θ):
$\cos(2\theta) = \cos^2\theta - \text{sen}^2\theta = \cos^2\theta - (1 - \cos^2\theta) = 2.\cos^2\theta - 1$
Logo $2\cos^2\theta - \cos(2\theta) = 1$ ➔ VERDADEIRA

Apenas sabendo que (I) e (IV) são verdadeiras, não podemos ainda marcar a resposta certa. Ficamos na dúvida entre (C) e (E).

II) $\frac{5}{2}\left(1-\frac{3}{2}+\frac{9}{4}-\frac{27}{8}+\frac{81}{16}+\ldots\right)$. A expressão entre parênteses é a soma dos termos de uma progressão geométrica infinita, com razão igual a –3/2. Note que a fórmula $a_1/(1-q)$ é válida apenas para progressões limitadas, ou seja, quando $|q| < 1$. Não é o caso desta nossa progressão, pois a soma é ilimitada, com $|q| > 1$.
Logo, esta afirmativa é FALSA.
Resolvendo até aqui, já é suficiente para mostrar que a única resposta que pode estar correta é a (C), pois já identificamos que a sequência correta é VF?V para as quatro afirmativas.
Entretanto, para efeito de estudo, vamos analisar a afirmativa (III).

III) $-2-\frac{23}{15}-\frac{16}{15}-\frac{3}{5}-\frac{2}{15}+\frac{1}{3}+\ldots+\frac{11}{5}=1$
Trata-se da soma dos termos de uma progressão aritmética, com número finito de termos. Vemos isso mais facilmente reduzindo todas as frações ao mesmo denominador.
$-\frac{30}{15},-\frac{23}{15},-\frac{16}{15},-\frac{9}{15}-\frac{2}{15}+\frac{5}{15}+\ldots+\frac{33}{15}$
Os numeradores formam uma P.A. com termo inicial igual a – 30 e razão igual a 7. Portanto:
–30, –23, –16, –9, –2, 5, 12, 19, 26, 33
Existe uma fórmula para a soma dos termos de uma P.A.: $S_n = (a_1+a_n)n/2$.
No caso temos $a_1 = -30$, $a_n = 33$ e $n = 10$. Aplicando a fórmula resulta em
3.10/2 = 15
Se esquecermos da fórmula, podemos agrupar os termos. O primeiro mais o último resulta em +3. O mesmo com o segundo e o penúltimo, e assim por diante. Teremos 3 cinco vezes, que resulta em 15.
Como a soma está dividida por 15, o resultado é 15 ÷ 15 = 1.
Portanto a afirmativa (III) é VERDADEIRA. A sequência correta é VFVV, ou seja, apenas (I), (III) e (IV) são verdadeiras.

Resposta: (C) Somente I, III e IV são verdadeiras.

185) UFAL – Acertar esta questão é muito fácil. Existe uma afirmativa incorreta e quatro corretas. A incorreta é identificada com facilidade: a letra (E). Note que a expressão no primeiro membro é um polinômio, com termo independente igual a –20. No segundo membro, o termo independente é resultante da multiplicação de +2 por +10 = +20, portanto

esta é a afirmativa errada. Ou seja, para acertar a questão na prova não é necessário fazer a análise sobre raízes cúbicas, radicais duplos, equações do terceiro grau, números complexos. Apesar de identificarmos com facilidade a resposta da questão, vejamos como tratar matematicamente as outras afirmativas.

A) Para verificar se α é raiz da equação $x^3 + 6x - 20 = 0$, temos que calcular o valor desta expressão, ou seja, precisamos calcular os valores de $\alpha^3 + 6\alpha - 20$ e verificar se este valor é zero. Para isso, lembremos que $(a + b)^3 = a^3 + b^3 + 3ab(a + b)$

$$\alpha^3 = \left(\sqrt[3]{10+6\sqrt{3}} + \sqrt[3]{10-6\sqrt{3}}\right)^3 =$$

$$10+6\sqrt{3}+10-6\sqrt{3}+3.\sqrt[3]{\left(10+6\sqrt{3}\right)\left(10-6\sqrt{3}\right)}.\left(\sqrt[3]{10+6\sqrt{3}} + \sqrt[3]{10-6\sqrt{3}}\right)$$

$$= 20 + 3.\sqrt[3]{100-108}\left(\sqrt[3]{10+6\sqrt{3}} + \sqrt[3]{10-6\sqrt{3}}\right)$$

$$= 20 - 6\left(\sqrt[3]{10+6\sqrt{3}} + \sqrt[3]{10-6\sqrt{3}}\right)$$

Sendo assim, $\alpha^3 + 6\alpha - 20$ vale

$$= 20 - 6\left(\sqrt[3]{10+6\sqrt{3}} + \sqrt[3]{10-6\sqrt{3}}\right) + 6\left(\sqrt[3]{10+6\sqrt{3}} + \sqrt[3]{10-6\sqrt{3}}\right) - 20 = 0$$

Então, de fato é α raiz da equação $x^3 + 6x - 20 = 0$.
Portanto a opção (A) é VERDADEIRA.

B) Para verificar que $\alpha = 2$, primeiramente lembremos que α atende à equação $x^3 + 6x - 20 = 0$. Note que $x=2$ atende a essa equação. Basta mostrar que não existe outro número real que atenda a essa equação. O valor de α, expresso como uma soma de raízes cúbicas, é obviamente um número real. Só não está claro ainda que este número é 2.
Façamos a fatoração da expressão $x^3 + 6x - 20$. Para isso vamos fazer a divisão polinomial dessa expressão do terceiro grau por $(x - 2)$, já que 2 é uma raiz conhecida.

$$\begin{array}{rrrr|l}
x^3 & +\ 0x^2 & +\ 6x & -\ 20 & x - 2 \\ \hline
-x^3 & +\ 2x^2 & & & x^2 + 2x + 10 \\ \hline
 & 2x^2 & & & \\
 & -2x^2 & +\ 4x & & \\ \hline
 & & 10x & & \\
 & & -10x & +\ 20 & \\ \hline
 & & & 0 &
\end{array}$$

Portanto nossa equação pode ser escrita como $(x - 2)(x^2 + 2x + 10) = 0$
O trinômio $x^2 + 2x + 10$ tem Δ negativo (–36), portanto, não tem raízes reais.
Sendo assim a única raiz real para a equação $x^3 + 6x^2 - 20 = 0$ é 2. Logo α só pode ser 2.

C) Agora que já sabemos que $\alpha=2$, fica fácil concluir que realmente α não é raiz da equação $x^2 + 2x + 10 = 0$, que que 2 não a satisfaz. Portanto a afirmativa (C) é VERDADEIRA.

D) De fato já observamos que a equação $x^2 + 2x + 10 = 0$ tem Δ negativo (–36), ou seja, suas raízes são complexas mas não reais. Esta afirmativa é VERDADEIRA.

Isso mostra que a única afirmativa incorreta é a (E).

Resposta: (E) $x^3 + 6x - 20 = (x + 2)(x^2 + 2x + 10)$

186) UFPI – Não é possível determinar os valores de x e y, pois temos apenas uma equação e duas incógnitas, o que resulta em um sistema indeterminado, ou seja, infinitas soluções. O problema pergunta um possível valor para y, e adiciona a restrição de que sejam valores inteiros.
Já que temos raízes quadradas, elevemos a expressão ao quadrado:

$$\left(\sqrt{x+\frac{1}{2}\sqrt{y}}-\sqrt{x-\frac{1}{2}\sqrt{y}}\right)^2=1.$$

$$x+\frac{1}{2}\sqrt{y}+x-\frac{1}{2}\sqrt{y}-2\sqrt{\left(x+\frac{1}{2}\sqrt{y}\right)\left(x-\frac{1}{2}\sqrt{y}\right)}=1.$$

$2x-1=2\sqrt{\left(x+\frac{1}{2}\sqrt{y}\right)\left(x-\frac{1}{2}\sqrt{y}\right)}$. Elevando ao quadrado e efetuando o conteúdo do radical:

$$4x^2-4x+1=4\left(x^2-\frac{y}{4}\right)$$

$$4x^2-4x+1=4x^2-y$$

$$\boxed{y=4x-1}$$

Sendo x e y inteiros, y precisa ser um múltiplo de 4, menos 1. O único número que atende entre as opções é 3. Teríamos portanto x = 1 e y = 3.

Resposta: (C) 3

187) IFSP – A equação fracionária dada é de resolução muito simples. Basta "multiplicar cruzado":

$(x + 3)(x + 12) = (x + 7)(x + 7)$
$x^2 + 15x + 36 = x^2 + 14x + 49$
$\boxed{x = 13}$

Sendo assim, $\sqrt{x+3}=\sqrt{16}=4$

Resposta: (A) 4

188) USP – Para que 3888n seja um cubo perfeito, sua decomposição em fatores primos deve apresentar potências de primos, com expoentes que sejam múltiplos de 3. O número 3888, fatorado, resulta em:

$3888 = 2^4.3^5$.

Já que n tem que ser o menor número possível, não pode utilizar novos fatores além dos já existentes, que são 2 e 3. Além disso, n deve fazer com que sejam completadas potências de expoentes que sejam múltiplos de 3. Basta fazer $n = 2^2.3^1 = 12$. Isto fará com que 3888n seja igual a $2^6.3^6$.

Resposta: (B) 12

189) UFRJ – Considere a função f: $\mathbb{R}\to\mathbb{R}$ definida por $f(2x) = |1-x|$. Determine os valores de x para os quais $f(x) = 2$.

Dizer que $f(2x) = |1 - x|$ é o mesmo que dizer que $f(x) = |1 - x/2|$.
Para que $|1 - x/2|$ seja igual a 2, a expressão $1 - x/2$ deve ser igual a 2 ou –2.

A) $1 - x/2 = 2$
$x/2 = -1$
$x = -2$.
B) $1 - x/2 = -2$
$x/2 = 3$
$x = 6$

Resposta: S = {–2, 6}

190) FGV – Digamos que a equação correta seja $ax^2 + bx + c = 0$
O primeiro aluno encontrou uma equação errada, na forma $ax^2 + bx + c' = 0$
Se as raízes encontradas foram 2 e –14, o produto das raízes é –28 e a soma é –12. Portanto $c'/a = -28$ e $-b/a = -12$ ($b = 12a$)
O segundo aluno encontrou também uma equação errada, na forma $ax^2 + b'x + c = 0$. Como as raízes encontradas para esta equação foram 2 e 16, então temos que $c/a = 32$ ($c=32a$) e $-b'/a = -18$.
O que importa dessas duas equações erradas é que:
$b = 12a$ e $c = 32a$
Podemos então escrever a equação certa usando as informações que conseguimos aproveitar das duas equações com erros em um coeficiente:
$ax^2 + 12ax + 32a = 0$. Simplificando por **a**, ficamos com:
$x^2 + 12x + 32 = 0$
Esta é a equação correta. Suas raízes são –4 e –8.

Resposta: (B) –4 e –8

Resoluções do teste 20

191) UFPE – Existem 10 escolhas independentes para b (1 a 10) e 10 escolhas independentes para c (1 a 10). Combinando ambas escolhas, podemos escolher b e c de $10 \times 10 = 100$ formas diferentes.

As formas que resultam em raízes não reais são aquelas que resultam em Δ negativo, ou seja:
$b^2 - 4ac < 0$
Como $a = 1$, podemos escrever esta condição como:
$b^2 < 4c$
Agora temos que verificar, um a um, os valores de b e c que tornam $b^2 < 4c$.
Com $c = 1$, devemos ter $b^2 < 4$. Essa condição é atendida apenas para $b = 1$. Portanto temos uma combinação para b e c que torna Δ negativo. Representemos por (1, 1).
Com $c =2$, devemos ter $b^2 < 8$. Essa condição é satisfeita para $b = 1$ e $b = 2$. Temos portanto duas opções que tornam Δ negativo: (b, c) = (1, 2) e (2, 2)
Com $c = 3$, devemos ter $b^2 < 12$. Podemos ter as combinações (1, 3), (2, 3) e (3, 3).
Com $c = 4$, devemos ter $b^2 < 16$. Podemos ter as combinações (1, 4), (2, 4) e (3, 4).
Com $c = 5$, devemos ter b2 < 20. As combinações que atendem são (1, 5), (2, 5), (3, 5) e (4, 5).
Para $c = 6$, as combinações são (1, 6), (2, 6), (3, 6), (4, 6).
Para $c = 7$, temos (1, 7), (2, 7), (3, 7), (4, 7) e (5, 7).
Para $c = 8$, temos (1, 8), (2, 8), (3, 8), (4, 8) e (5, 8).
Para $c = 9$, temos (1, 9), (2, 9), (3, 9), (4, 9) e (5, 9).
Para $c = 10$, temos (1, 10), (2, 10), (3, 10), (4,10), (5, 10) e (6, 10).
No total, o número de combinações que tornam Δ negativo é 38.
Portanto a probabilidade pedida é 38%.

Resposta: (B) 38

192) UFMS – Reduzindo as frações ao mesmo denominador e eliminando os denominadores, ficamos com uma equação do 1º grau:

$$\frac{x+a}{x+b} + \frac{x-a}{x-b} = 0$$

$$\frac{(x+a)(x-b)}{(x+b)(x-b)} + \frac{(x-a)(x+b)}{(x-b)(x+b)} = 0$$

$$x^2 + ax - bx - ab + x^2 - ax + bx - ab = 0$$
$$2x^2 - 2ab = 0$$

Raízes: $x = \pm\sqrt{ab}$

Sendo assim, a soma das raízes é zero.

Resposta: (D) 0

193) IFMT – O problema informa que as quatro frações são iguais. Chamemos o valor desta fração de k.

$$\frac{x}{y} = \frac{y}{z} = \frac{z}{t} = \frac{t}{x} = k$$

Isso é o mesmo que dizer que x/y=k, y/z=k, z/t = k e t/x = k

Multiplicando essas quatro relações, as variáveis x, y, z e t irão cancelar, e ficaremos com $k^4 = 1$.

No conjunto dos números reais, isso só é verificado para k = 1 ou k = –1

Façamos primeiro a solução para k = 1.

k = 1 significa que as variáveis x, y, z e t são iguais. Portanto chamemos todas elas de x. A expressão a ser calculada será portanto:

$$\frac{x^2 - 2x^2 + 3x^2 + 4x^2}{(4x)^2} = \frac{6x^2}{16x^2} = \frac{3}{8}$$

A solução para k = –1 é parecida.

Com $\frac{x}{y} = \frac{y}{z} = \frac{z}{t} = \frac{t}{x} = -1$

Podemos concluir que y = –x, z = x e t = –x. A expressão pedida não poderá ser calculada, porque para esses valores, seu denominador seria zero. Então a primeira resposta encontrada é a única correta.

Resposta: (C) 3/8

194) UTFPR – Para resolver uma equação biquadrada, primeiro temos que formar uma equação do 2º grau auxiliar, obtida pela substituição $y = x^2$.

No caso, esta substituição resulta em:

$6x^4 - 5x^2 + 1 = 0 \rightarrow 6y^2 - 5y + 1 = 0$

A equação auxiliar tem $\Delta = 25 - 4.6.1 = 1$

As raízes são $y_1 = \frac{5+1}{12} = \frac{1}{2}$ e $y_2 = \frac{5-1}{12} = \frac{1}{3}$

Para obter as soluções da equação original, basta usar:

$x^2 = y \rightarrow x = \pm\sqrt{y}$

Portanto temos $x_1 = \sqrt{\frac{1}{2}}$, $x_2 = -\sqrt{\frac{1}{2}}$, $x_3 = \sqrt{\frac{1}{3}}$ e $x_4 = -\sqrt{\frac{1}{3}}$

Racionalizando os denominadores, ficamos exatamente com as soluções que constam na letra (A).

Resposta: (A) $S = \left\{-\frac{\sqrt{2}}{2}, -\frac{\sqrt{3}}{3}, \frac{\sqrt{3}}{3}, \frac{\sqrt{2}}{2}\right\}$

195) IFRS – Como a concavidade está voltada para baixo, temos que $\boxed{a < 0}$

Como a curva corta o eixo y em um ponto de abscissa positiva, temos $\boxed{c > 0}$

A abscissa do vértice de uma parábola é –b/2a. A figura mostra que esta abscissa é negativa (está à esquerda do eixo y). Portanto –b/a é negativo. Como **a** também é negativo, quer dizer que –b é positivo, ou seja, b é negativo: $\boxed{b < 0}$.

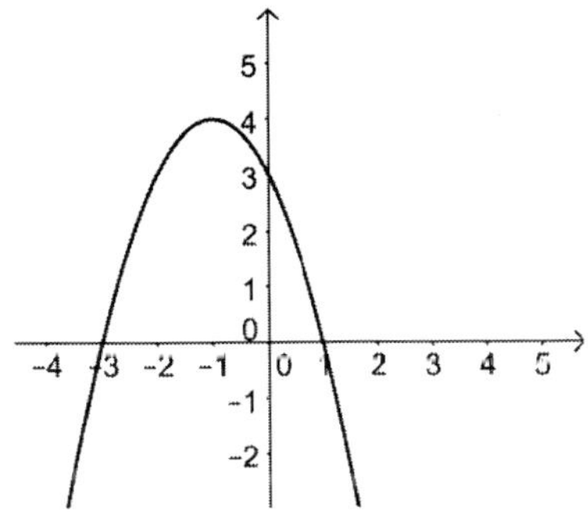

Sendo **a** e **b** negativos, o produto a.b é positivo, portanto (A) está errada.
Sendo **a** negativo e **c** positivo, o produto a.c é negativo, portanto (B) está errada.
As outras três opções dizem respeito ao cálculo do discriminante (Δ) do trinômio. Como o trinômio tem duas raízes reais e diferentes, significa que $\Delta > 0$.
$b^2 - 4ac > 0$
$b^2/4 < ac$
$(b/2)^2 < ac$, o que corresponde à letra (D).

Resposta: (D) $ac > \left(\frac{b}{2}\right)^2$

196) IFRO – Obviamente não é possível calcular uma expressão como $\left(2+\sqrt{3}\right)^{1997}$.
Ao invés desse cálculo impossível de ser realizado (exceto com um computador), vamos usar letras para representar os números. Chamemos as expressões $\left(2+\sqrt{3}\right)^{1997}$ e $\left(2-\sqrt{3}\right)^{1997}$ de a e b, respectivamente.

Temos então que $x = \frac{a+b}{2}$ e $y = \frac{a-b}{\sqrt{3}}$

A expressão a ser calculada é:

$$4x^2 - 3y^2 + 1 = 4\frac{(a+b)^2}{4} - 3\frac{(a-b)^2}{3} + 1 = a^2 + b^2 + 2ab - a^2 - b^2 + 2ab + 1$$

$4ab + 1$

Observe que o valor de a.b é fácil de calcular:

$$a.b = \left(2+\sqrt{3}\right)^{1997}.\left(2-\sqrt{3}\right)^{1997} = \left[\left(2+\sqrt{3}\right)\left(2-\sqrt{3}\right)\right]^{1997} = 1^{1997} = 1$$

Portanto o valor da expressão é 4ab + 1 = 4 + 1 = 5.

Resposta: (A) 5

197) USP – Para resolver a equação, será preciso reduzir as frações algébricas ao mesmo denominador, depois eliminar esses denominadores.

$$\frac{a^2(x-a)(x-a)}{a^2(x+a)(x-a)} + \frac{a^2(x+a)(x+a)}{a^2(x-a)(x+a)} = \frac{2(a^4+1)}{a^2(x^2-a^2)}$$

$$a^2(x^2 - 2ax + a^2) + a^2(x^2 + 2ax + a^2) = 2a^4 + 2$$

$$a^2x^2 - 2a^3x + a^4 + a^2x^2 + 2a^3x + a^4 = 2a^4 + 2$$

$$2a^2x^2 = 2$$

$$x = \pm\frac{1}{a}$$

Resposta: (E) $-\frac{1}{a}$ e $\frac{1}{a}$

198) UFSC – Não é necessário fazer a divisão polinomial, existe uma solução simples. Se o polinômio do 3º grau dado no enunciado é divisível pelo polinômio do 2º grau também dado, então existe um polinômio do 1º grau, Px+Q, tal que

$2x^3 - ax^2 + bx + 2 = (Px+Q).(2x^2 + 5x - 2)$

Note que o termo do terceiro grau no segundo membro é $2Px^3$, que deve ser igual ao termo do terceiro grau no primeiro membro. Então devemos ter P=1. Da mesma forma, o termo independente é –2Q no segundo membro, e no primeiro membro é –2. Portanto Q vale –1. O polinômio de 1º grau é (x – 1). Multiplicando por $(2x^2 + 5x - 2)$ temos:

$2x^3 + 5x^2 - 2x - 2x^2 - 5x + 2$

$= 2x^3 + 3x^2 - 7x + 2$

Portanto a = –3 e b = –7. O valor de a – b é 4.

Resposta: 4

199) UF Viçosa – A solução da equação $\frac{x}{x-2}+\frac{3}{x+2}=\frac{x^2+1}{x^2-4}$, em **U** = ℝ – {–2, 2}, é uma fração cujo numerador é:

(A) 7 (B) 5 (C) 3 (D) 1

Para resolver a equação, devemos reduzir as frações ao mesmo denominador.

$$\frac{x(x+2)}{(x-2)(x+2)}+\frac{3(x-2)}{(x+2)(x-2)}=\frac{x^2+1}{x^2-4}$$

$$x^2+2x+3x-6=x^2+1$$

$$5x=7$$

$$x=\frac{7}{5}$$

Resposta: (B) 5

200) FGV – Os pontos P e Q são as raízes da equação do segundo grau

$$\frac{1}{a}(x-a)^2-\frac{1}{b}(x-b)^2=0$$

$$\frac{(x-a)^2}{a}=\frac{(x-b)^2}{b}$$

$$b(x^2-2ax+a^2)=a(x^2-2bx+b^2)$$

$$(b-a)x^2=ab(b-a)$$

$$x^2=ab$$

As raízes são portanto, $-\sqrt{ab}$ e $\sqrt{ab}$

Logo a distância entre os pontos P e Q é $2\sqrt{ab}$

Resposta: (E) $2\sqrt{ab}$

■

Capítulo 3

Geometria Plana

Outra matéria que é estudada no final do Ensino Fundamental, e no início do Ensino Médio. Juntamente com a Álgebra básica, esses conhecimentos são fundamentais pra entender a Geometria Espacial, a Trigonometria, algumas partes da Física, e é claro, a Geometria Analítica.

Teste 21

201) ENEM – O polígono que dá forma a essa calçada é invariante por rotações, em torno de seu centro, de

(A) 45° (B) 60° (C) 90°
(D) 120° (E) 180°

202) Mackenzie – A figura ao lado é formada por quadrados de lado **a**. A área do quadrilátero convexo de vértices M, N, P e Q é

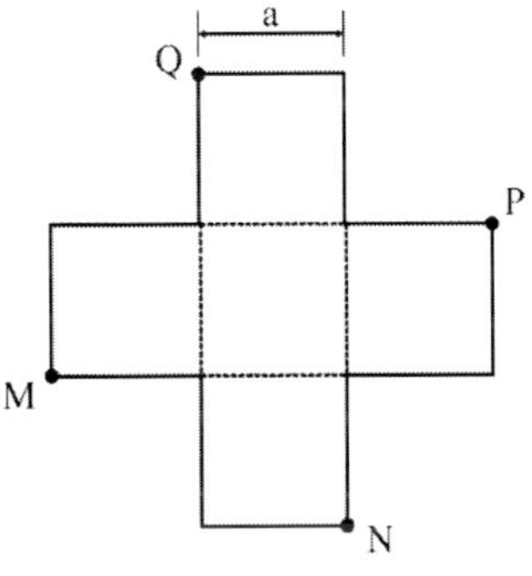

(A) $6a^2$ (B) $5a^2$ (C) $4a^2$ (D) $4\sqrt{3}a^2$ (E) $2\sqrt{5}a^2$

203) UFPE – Num parque de diversões há uma pista circular limitada por duas circunferências concêntricas de comprimentos 847,80m e 753,60m, respectivamente. Considerando π=3,14, qual é a largura da pista?

(A) 10m (B) 12m (C) 15m (D) 17m (E) 18m

204) UFT – Na figura ao lado, os comprimentos dos lados AB e BC do triângulo ABC são iguais. O valor do ângulo α na figura é:

(A) 18° (B) 20° (C) 25°
(D) 22° (E) 17°

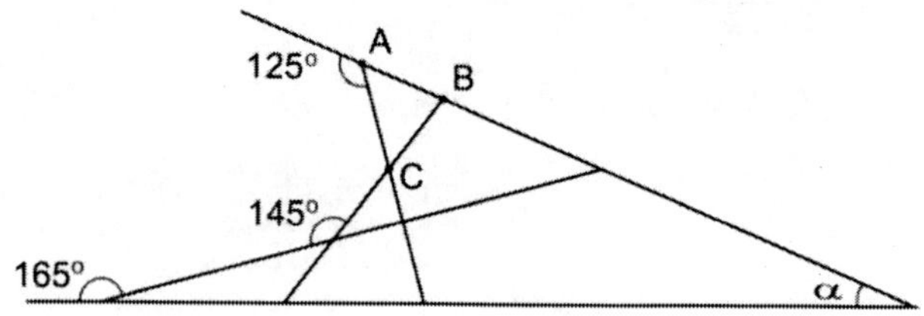

205) UEMG – Uma roda de uma bicicleta de competição possui diâmetro igual a 60cm. A distância percorrida pela bicicleta quando a roda dá 1200 voltas é igual a

(A) 144π metros. (B) 100π metros. (C) 720π metros. (D) 640π metros. (E) 180π metros.

206) UERJ – Uma chapa de aço com a forma de um setor circular possui raio R e perímetro 3R, conforme ilustra a imagem. A área do setor circular equivale a:

(A) R^2 (B) $R^2/4$ (C) $R^2/2$ (D) $3R^2/2$ (E) $4R^2/9$

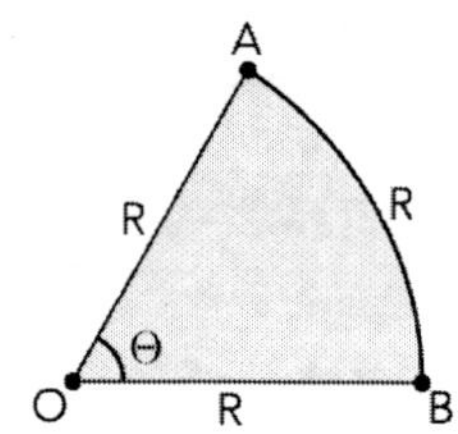

207) UFSM – Para a prática de uma caminhada, uma pessoa sai do ponto A, passa pelos pontos B e C e retorna ao ponto A, conforme o trajeto indicado na figura. Quantos quilômetros ela terá caminhado, se ela percorrer todo o trajeto?

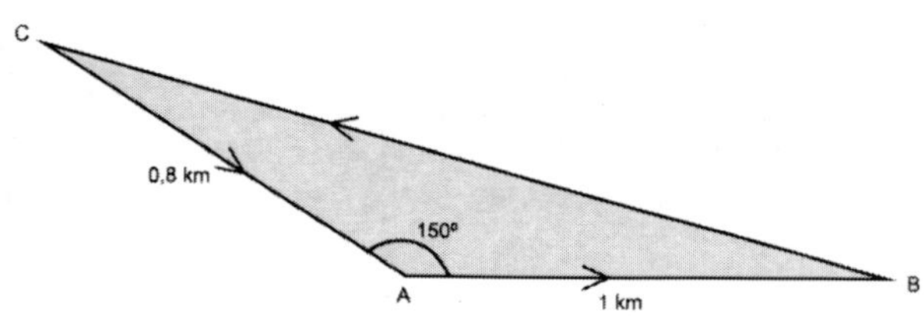

(A) 2,29 (B) 2,33 (C) 3,16 (D) 3,50 (E) 4,80

208) UTFPR – O valor de x no pentágono da figura é igual a:

(A) 25° (B) 40° (C) 250°
(D) 540° (E) 1000°

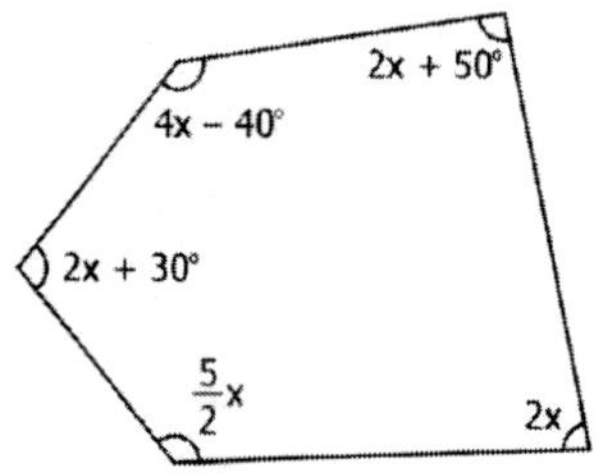

209) USP – Na figura ao lado, tem-se que AD=AE, CD=CF e BA=BC. Se o ângulo EDF mede 80°, então o ângulo ABC mede:

(A) 20° (B) 30° (C) 50° (D) 60° (E) 90°

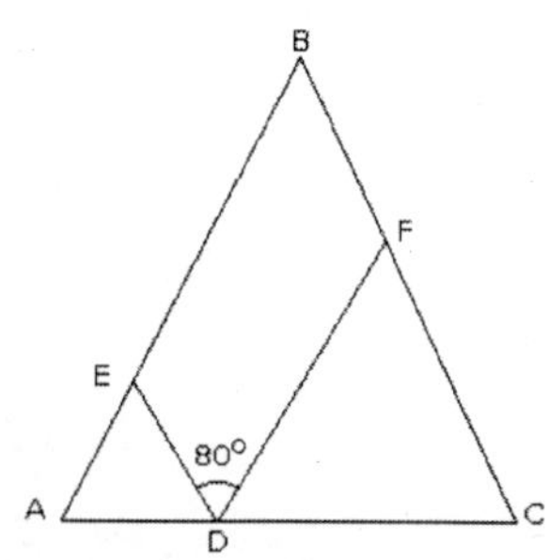

210) ENEM - Um balão atmosférico, lançado em Bauru (343 quilômetros a Noroeste de São Paulo), na noite do último domingo, caiu nesta segunda-feira em Cuiabá Paulista, na região de Presidente Prudente, assustando os agricultores da região.

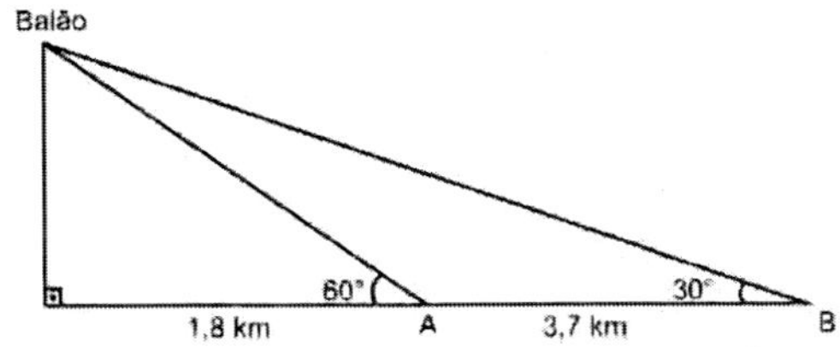

O artefato faz parte do programa Projeto Hibiscus, desenvolvido por Brasil, França, Argentina, Inglaterra e Itália, para a medição do comportamento da camada de ozônio, e sua descida se deu após o cumprimento do tempo previsto de medição.
Na data do acontecido, duas pessoas avistaram o balão. Uma estava a 1,8 km da posição vertical do balão e o avistou sob um ângulo de 60°; a outra estava a 5,5 km da posição vertical do balão, alinhada com a primeira, e no mesmo sentido, conforme se vê na figura, e o avistou sob um ângulo de 30°. Qual a altura aproximada em que se encontrava o balão?

(A) 1,8 km (B) 1,8 km (C) 3,1 km (D) 3,7 km (E) 5,5 km

Teste 22

211) UFAL - Dois lados consecutivos de um paralelogramo medem 3cm e 6cm e formam um ângulo de 45°. A área desse paralelogramo vale

(A) $6\sqrt{2}cm^2$ (B) $8\sqrt{2}cm^2$ (C) $18\sqrt{2}cm^2$ (D) $9\sqrt{2}cm^2$ (E) $7\sqrt{2}cm^2$

212) UFG - A figura a seguir mostra um triângulo ABC e uma reta que intersecta dois de seus lados nos pontos D e E. Essa reta determina um ângulo θ com a reta base do triângulo. Sabendo-se que os ângulos indicados nos pontos C e E têm mesma medida α, qual é a medida de θ ?

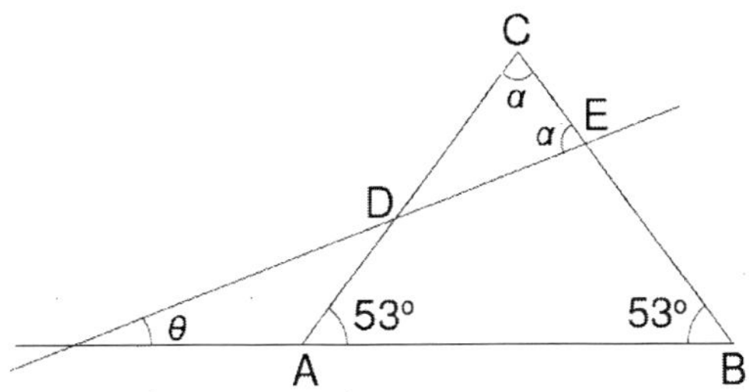

(A) 18° (B) 21° (C) 30°
(D) 32° (E) 37°

213) UNICAMP - A figura a seguir exibe um setor circular dividido em duas regiões de mesma área. A razão a/b é igual a:

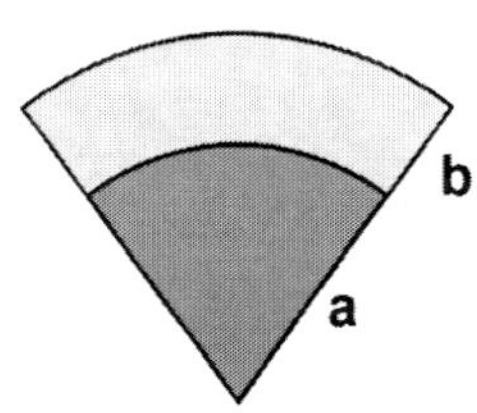

(A) $\sqrt{3}+1$ (B) $\sqrt{2}+1$ (C) $\sqrt{3}$ (D) $\sqrt{2}$ (E) $\frac{2}{1}$

214) UFRGS - No retângulo ABCD a seguir, estão marcados os pontos E, F e G de forma que o lado AB está dividido em 4 partes iguais e P é um ponto qualquer sobre o lado DC. A razão entre a área do triângulo PFG e a área do retângulo ABCD é

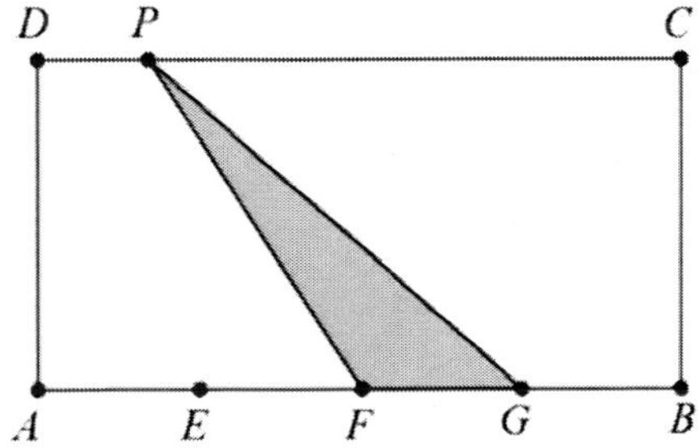

(A) 1/8 (B) 1/6 (C) 1/4 (D) 1/2 (E) 1

215) PUC Campinas – Na figura, T1 e T2 representam duas torres de transmissão de sinal de conectividade de Internet. Cada torre transmite sinal até o raio de 6 km. Os pontos P e Q estão localizados no limite do raio de transmissão das duas torres, e distam 6 km um do outro.

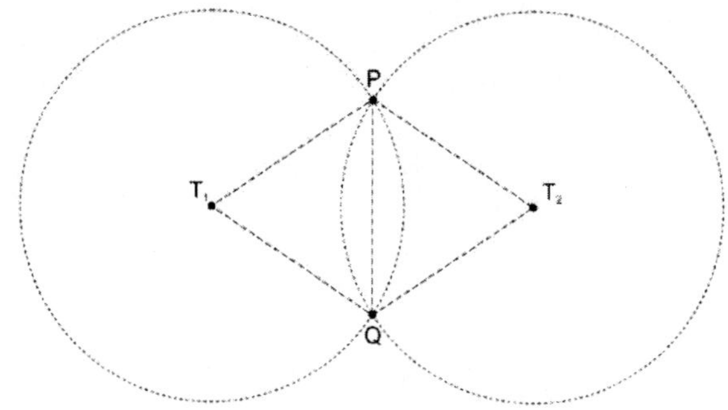

Sabendo-se que T1, T2, P e Q são pontos coplanares, a área desse plano atendida pelo sinal das duas torres, em km^2, é igual a

(A) $9\pi - 12\sqrt{3}$ (B) $12\pi - 18\sqrt{3}$ (C) $12\pi - 8\sqrt{3}$ (D) $18\pi - 12\sqrt{3}$ (E) $24\pi - 12\sqrt{3}$

216) UF Pelotas – No quadrado ABCD, com lado **a** unidades de comprimento, a>0, o valor numérico da medida da área é igual ao da medida do perímetro. Sendo M o centro do quadrado, N o ponto médio de BC e P o ponto médio de MB, é correto afirmar que a área sombreada mede:

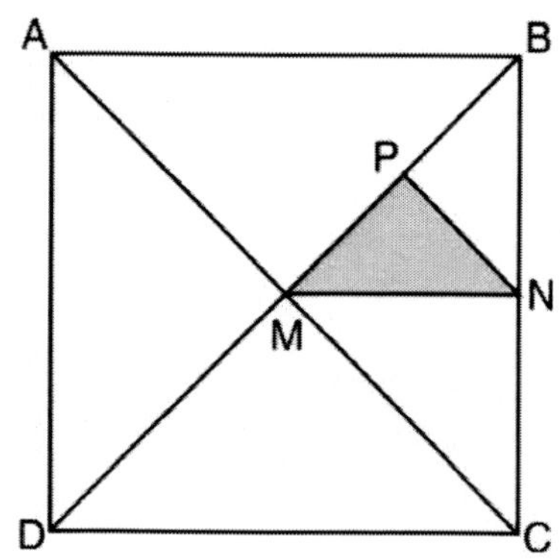

(A) a (B) $\sqrt{7}$ (C) $\frac{1}{2}$

(D) 1 (E) $\frac{a^2}{8}$ (F) N.R.A.

217) IFCE – Seja **Q** um quadrado, cuja diagonal mede **d**, e seja **R** um retângulo, cuja diagonal mede 2d. Sabendo-se que o perímetro de **R** é o triplo do perímetro de Q, a área de R é:

(A) igual à área de Q.
(B) o dobro da área de Q.
(C) quatro vezes a área de Q.
(D) oito vezes a área de Q.
(E) quatorze vezes a área de Q.

218) FATEC – Na figura, os pontos A, B, C e D são pontos médios dos lados do quadrado MNPQ de lado de medida **a**. Os pontos E e F pertencem ao segmento BD de modo que BE = FD = a/4.
A área do quadrado MNPQ é igual a **k** vezes a área da superfície destacada em cinza. Assim sendo, o valor de **k** é

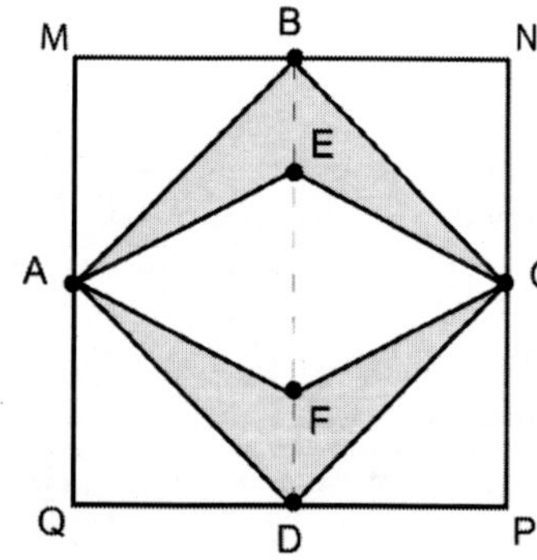

(A) 2 (B) 4 (C) 6 (D) 8 (E) 10

219) ENEM - O dono de um sítio pretende colocar uma haste de sustentação para melhor firmar dois postes de comprimentos iguais a 6m e 4m. A figura representa a situação real na qual os postes são descritos pelos segmentos AC e BD e a haste representada pelos segmentos AC e BD e a haste é representada pelo segmento EF, todos perpendiculares ao solo, que é indicado pelo segmento de reta AB. Os segmentos AD e BC representam cabos de aço que serão instalados.

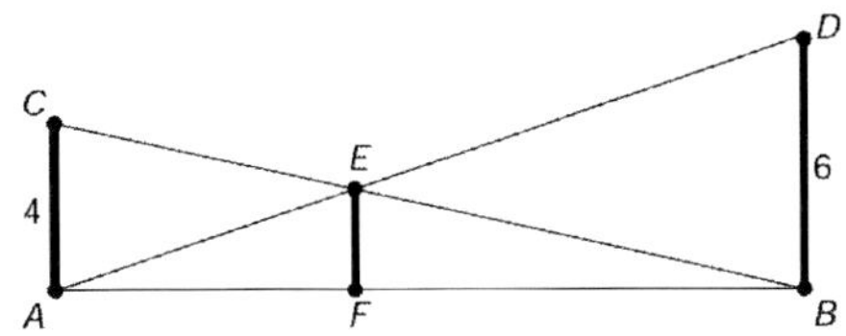

Qual deve ser o valor do comprimento da haste EF?

(A) 1m (B) 2m (C) 2,4m (D) 3m (E) $2\sqrt{6}$ m

220) FGV - Em um triângulo retângulo, a hipotenusa mede $\sqrt{52}$ e a medida de um cateto é 50% superior à medida do outro. A medida da altura relativa à hipotenusa é:

(A) $\frac{4\sqrt{13}}{5}$ (B) $\frac{16\sqrt{13}}{13}$ (C) $\frac{12\sqrt{13}}{13}$ (D) $\frac{16\sqrt{13}}{15}$ (E) $\frac{6\sqrt{13}}{5}$

Teste 23

221) UNISINOS - Uma empresa de surf quer fazer uma logomarca para estampar em camisetas promocionais. Para tanto, fará um decalque utilizando um quadrado de lado 20cm, com uma semicircunferência e um quarto de circunferência em seu interior, conforme a figura ao lado. Nessas condições, podemos afirmar que a área da parte sombreada no decalque em cm^2, é igual a

(A) 20π (B) 40π (C) 50π (D) 80π (E) 100π

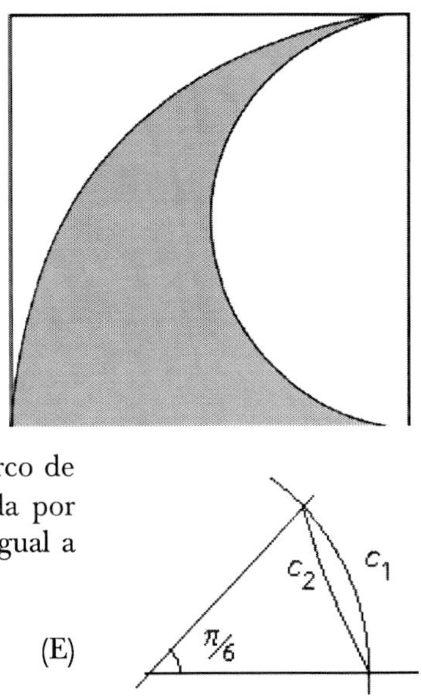

222) USP - Numa circunferência, c_1 é o comprimento do arco de $\pi/6$ radianos e c_2 é o comprimento da secante determinada por este arco, como indicado na figura. Então, a razão c_1/c_2 é igual a $\pi/6$, multiplicado por

(A) 2 (B) $\sqrt{1+2\sqrt{3}}$ (C) $\sqrt{2+\sqrt{3}}$ (D) $\sqrt{2+2\sqrt{3}}$ (E) $\sqrt{3+\sqrt{3}}$

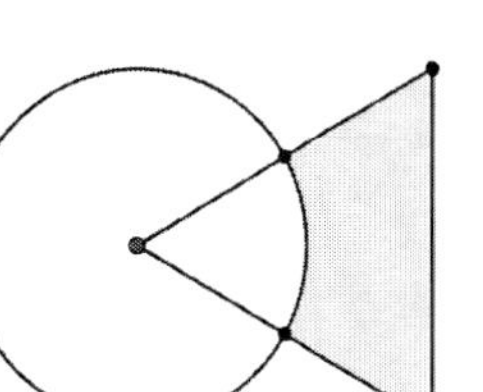

223) UDESC - Uma circunferência intercepta um triângulo equilátero nos pontos médios de dois de seus lados, conforme mostra a figura, sendo que um dos vértices é o centro da circunferência. Se o lado do triângulo mede 6cm, a área da região destacada na figura é:

(A) $9\left(2\sqrt{3}-\dfrac{\pi}{6}\right)cm^2$ (B) $9\left(\sqrt{3}-\dfrac{\pi}{18}\right)cm^2$ (C) $9\left(\sqrt{3}-\pi\right)cm^2$

(D) $9\left(\sqrt{3}-\dfrac{\pi}{3}\right)cm^2$ (E) $9\left(\sqrt{3}-\dfrac{\pi}{6}\right)cm^2$

224) UF Uberlândia – O comandante de um navio fez, pela primeira vez, uma rota retilínea AC orientado por um farol F, localizado numa ilha. Ele pretendia determinar as distâncias do farol F à rota AC e do ponto inicial A ao farol F. No início da viagem, o comandante obteve a medida FAC = 30° e, após percorrer 6 milhas marítimas, localizando-se em B, ele fez a medição do ângulo FBC, obtendo 60°.

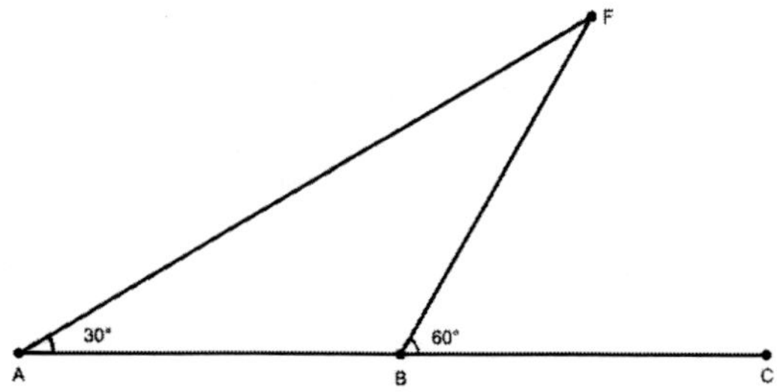

Observe a figura, que ilustra esta situação. De acordo com estas informações, as distâncias, em milhas, do farol F à rota AC, e do ponto inicial A ao farol F, obtidas pelo comandante foram, respectivamente:

(A) $2\sqrt{3}$ e $\dfrac{3}{2}\sqrt{3}$ (B) $2\sqrt{3}$ e $4\sqrt{3}$ (C) $3\sqrt{3}$ e $6\sqrt{3}$ (D) $3\sqrt{3}$ e $\sqrt{3}$

225) UFES – O acelerador de partículas do Laboratório Nacional de Luz Síncrotron (LNLS) tem a forma de um dodecágono regular inscrito em um círculo com diâmetro de 30 metros. Em cada um de seus vértices, está instalado um dipolo (eletroímã usado para defletir os elétrons de suas trajetórias nos vértices), conforme a figura ao lado. A distância, em metros, entre dois dipolos adjacentes é

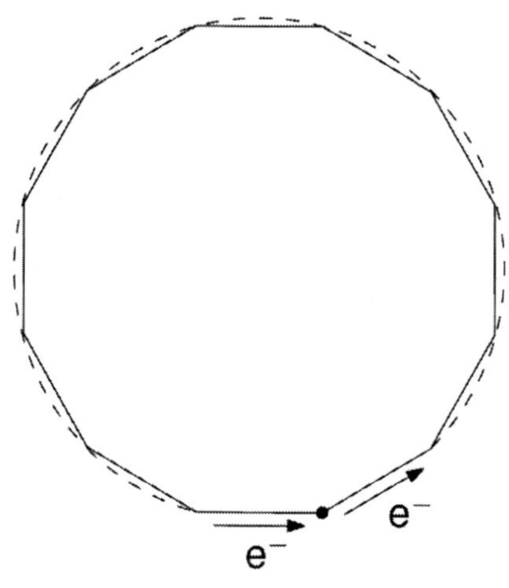

(A) $4\sqrt{5-\sqrt{3}}$ (B) $5\sqrt{4-\sqrt{3}}$

(C) $5\sqrt{4-\sqrt{2}}$ (D) $6\sqrt{3-\sqrt{2}}$

(E) $15\sqrt{2-\sqrt{3}}$

226) UFLA – A figura ABCDEA é formada por dois triângulos retângulos. Os segmentos AB, BC e BE têm o mesmo tamanho **a**. Sabendo também que o segmento BD tem o mesmo tamanho que o segmento DE, e que o perímetro da figura ABCDEA vale 8, o valor de **a** é:

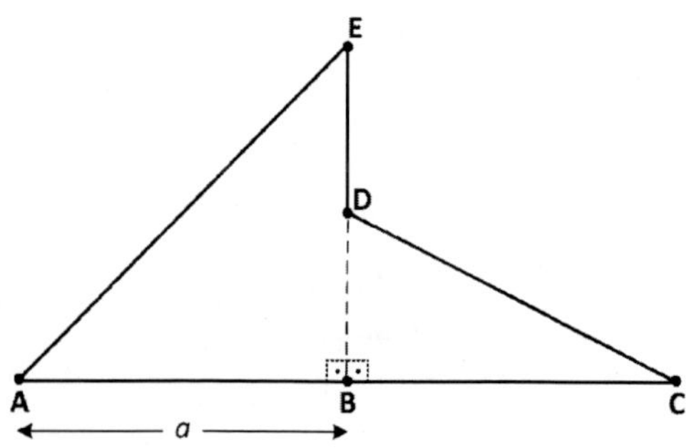

(A) $8\sqrt{5}$ (B) $8\sqrt{2}$

(C) $\dfrac{16}{5+2\sqrt{2}+\sqrt{5}}$ (D) $\dfrac{8}{5+2\sqrt{2}+\sqrt{5}}$

227) UFPB – A prefeitura de certa cidade reservou um terreno plano, com o formato de um quadrilátero, para construir um parque, que servirá de área de lazer para os habitantes dessa cidade. O quadrilátero ABCD, a seguir, representa a planta do terreno com algumas medições que foram efetuadas.

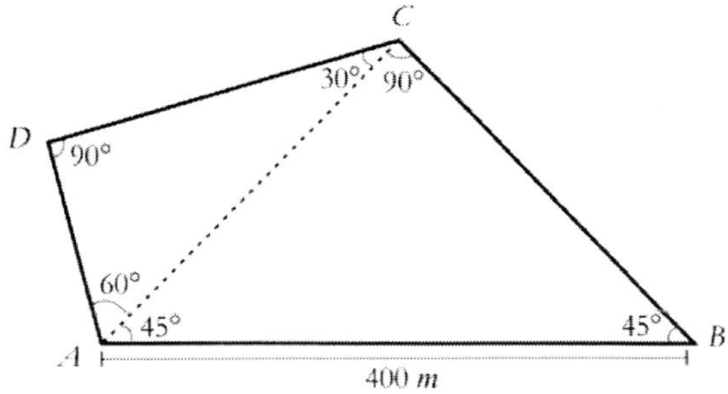

Com base nos dados apresentados nessa figura, é correto afirmar que a área do terreno reservado para o parque mede: (considere $\sqrt{3} = 1{,}73$)

(A) 56.300 m^2 (B) 56.800 m^2 (C) 57.300 m^2 (D) 57.000 m^2 (E) 58.300 m^2

228) UFRN – Considerando-se o triângulo de altura h inscrito na semicircunferência representada na figura ao lado, pode-se afirmar que a média geométrica de dois números positivos é

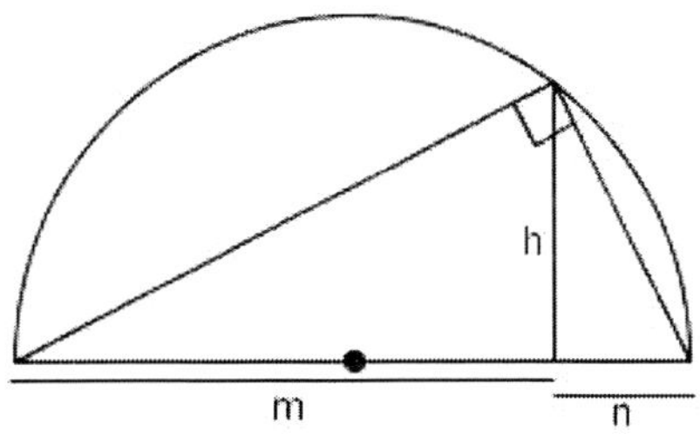

(A) sempre um número inteiro.
(B) maior ou igual à média aritmética desses números.
(C) menor ou igual à média aritmética desses números.
(D) sempre um quadrado perfeito.

229) UNICAMP – Considere o triângulo retângulo ABD exibido na figura ao lado, em que AB = 2cm, BC = 1cm e CD = 5cm. Então, o ângulo θ é igual a:

(A) 15° (B) 30° (C) 45° (D) 60°

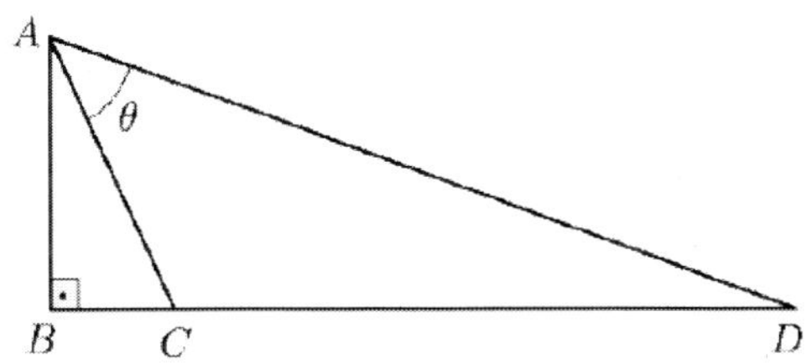

230) USP – Na figura, o retângulo ABCD tem lados de comprimento AB = 4 e BC = 2. Seja M o ponto médio do lado CB e N o ponto médio do segmento CD. Os segmentos AM e AC interceptam o segmento BN nos pontos E e F, respectivamente. A área do triângulo AEF é igual a:

(A) 24/25 (B) 29/30 (C) 61/60 (D) 16/15 (E) 23/20

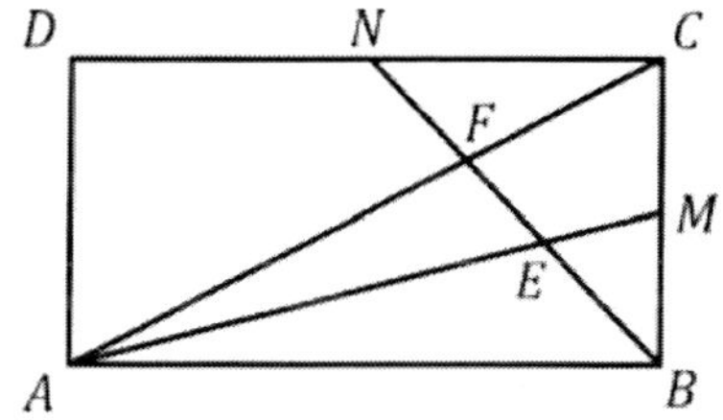

Teste 24

231) ENEM – Em canteiros de obras de construção civil é comum perceber trabalhadores realizando medidas de comprimento de ângulos e fazendo demarcações por onde a obra deve começar ou se erguer.

Em um desses canteiros foram feitas algumas marcas no chão plano. Foi possível perceber que, das seis estacas colocadas, três eram vértices de um triângulo retângulo e as outras três eram os pontos médios dos lados desse triângulo, conforme a figura, em que as estacas foram indicadas por letras.

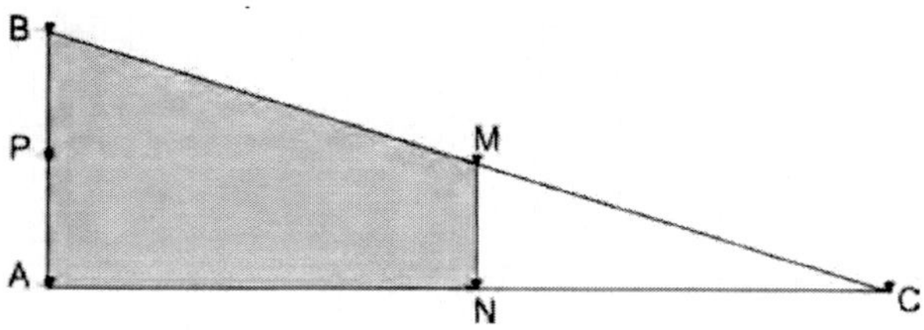

A região demarcada pelas estacas A, B, M e N deveria ser calçada com concreto. Nessas condições, a área a ser calçada corresponde

(A) à mesma área do triângulo AMC.
(B) à mesma área do triângulo BNC.
(C) à metade da área formada pelo triângulo ABC.
(D) ao dobro da área do triângulo MNC.
(E) ao triplo da área do triângulo MNC.

232) UFMG – Nesta figura plana, há um triângulo equilátero ABE, cujo lado mede **a**, e um quadrado BCDE, cujo lado também mede **a**. Com base nessas informações, é correto afirmar que a área do triângulo ABC é

(A) $\frac{a^2}{3}$ (B) $\frac{a^2}{4}$ (C) $\frac{\sqrt{3}a^2}{4}$ (D) $\frac{\sqrt{3}a^2}{8}$ (E) $\frac{\sqrt{2}a^2}{6}$

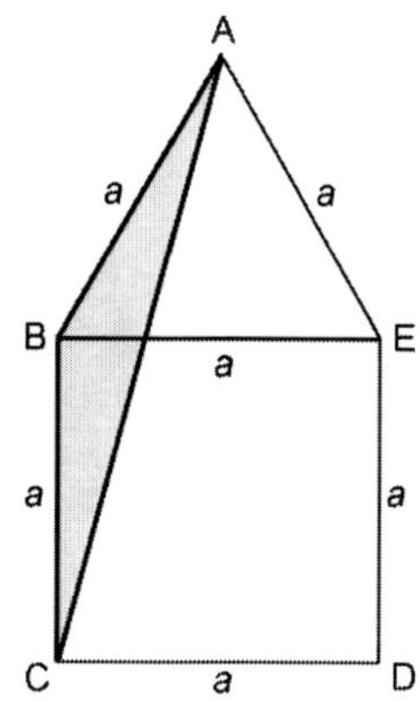

233) UFES – Uma pizza com formato circular tem diâmetro de 40cm. Recorta-se da pizza um pedaço com o formato de um triângulo equilátero, com todos os vértices na borda da pizza. A área, em centímetros quadrados, do pedaço recortado é:

(A) $240\sqrt{3}$ (B) $270\sqrt{3}$ (C) $300\sqrt{3}$ (D) $320\sqrt{3}$ (E) $350\sqrt{3}$

234) UFPR – Uma corda de 3,9 m de comprimento conecta um ponto na base de um bloco de madeira a uma polia localizada no alto de uma elevação, conforme o esquema abaixo. Observe que o ponto mais alto dessa polia está a 1,5m acima do plano em que esse bloco desliza.

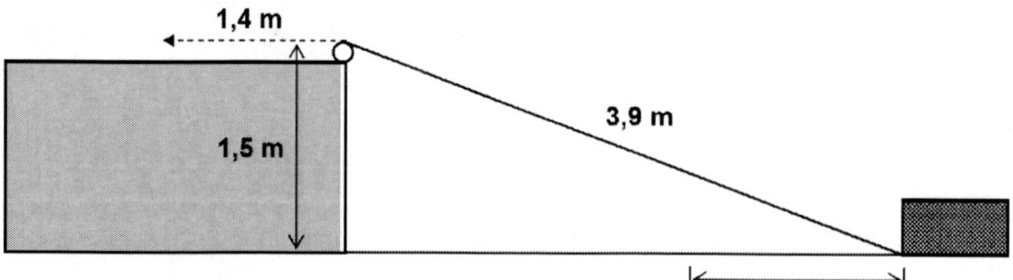

Caso a corda seja puxada 1,4m, na direção indicada abaixo, a distância **x** que o bloco deslizará será de:

(A) 1,0m (B) 1,3m (C) 1,6m (D) 1,9m (E) 2,1m

235) UFPA – Uma passarela tem um vão livre de comprimento 4L. A sustentação é feita a partir de 3 cabos de aço presos em uma coluna à esquerda e a uma altura D da passarela. Esta coluna por sua vez é presa por um cabo de aço preso a um ponto na mesma altura da passarela, e a uma distância L da passarela, conforme mostra a figura abaixo.

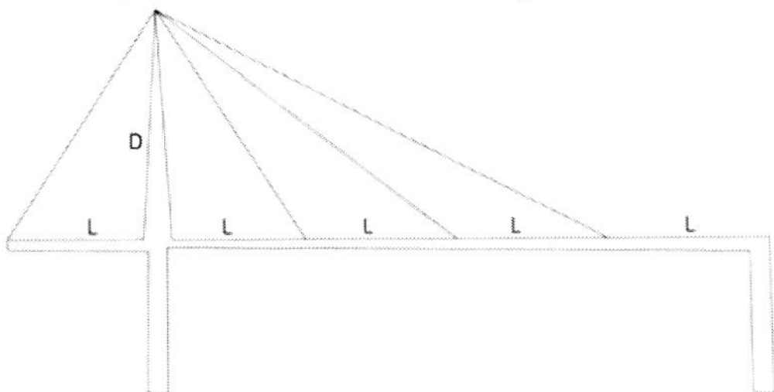

Supondo que L = 9m e D = 12m, o comprimento total dos quatro cabos de aço utilizados é, em metros:

(A) 57 (B) 111 (C) $21+\sqrt{1341}$ (D) $30+6\sqrt{13}+3\sqrt{97}$ (E) $30+2\sqrt{13}+\sqrt{97}$

236) UFLA – No triângulo retângulo ABC, a hipotenusa BC mede 1, o ângulo θ mede x radianos e o ângulo α mede 3x radianos. O lado AC mede $\sqrt{\frac{1}{2}+\frac{\sqrt{2}}{4}}cm$. Qual a única alternativa errada abaixo?

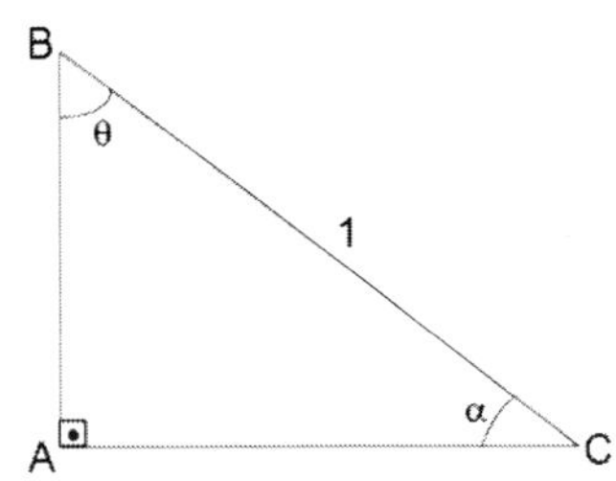

(A) x = π/8 radianos (B) $sen(\alpha)=\sqrt{\frac{1}{2}+\frac{\sqrt{2}}{4}}$ (C) $\cos(\theta)=\sqrt{\frac{1}{2}-\frac{\sqrt{2}}{4}}$

(D) O lado AB mede $\sqrt{\frac{1}{2}-\frac{\sqrt{2}}{4}}cm$

237) UFS – A figura indica um terreno triangular ABC reto em A onde os catetos AB e AC medem, respectivamente, 9m e 5m. O terreno está dividido em três lotes, um retangular AXYZ e dois triangulares XBY e ZYC de modo que o lote retangular tem a maior área possível.

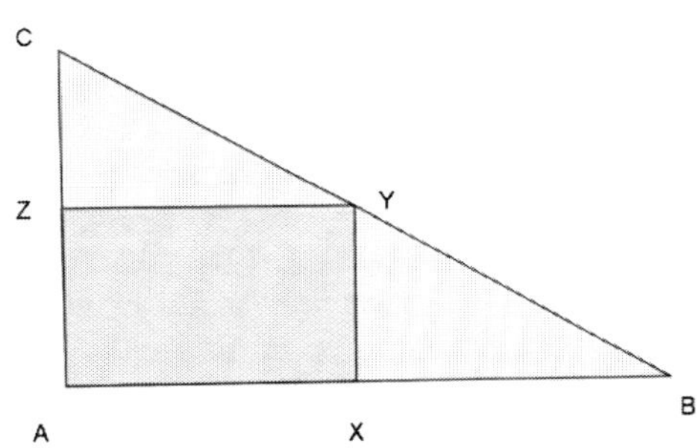

De acordo com as informações dadas, podemos afirmar que:

(A) O seno do ângulo XYC é negativo.
(B) A área do lote retangular AXYZ é 11,25 m^2.
(C) O lado BC mede 10m.
(D) Os lotes XBY e ZYC são regiões triangulares semelhantes que não são congruentes.
(E) A área do lote XBY é $5m^2$.

238) UFSC – Identifique quais afirmações são verdadeiras (V) e quais são falsas (F).

( ) Se duplicarmos o lado de um quadrado, então sua área também duplicará.

( ) Por três pontos quaisquer dados passa uma só reta.

( ) A razão entre dois ângulos suplementares é igual a 4/5. O complemento do menor é 10°.

( ) Com os três segmentos de comprimentos iguais a 9cm, 13cm e 23cm é possível formar um triângulo.

( ) Se o raio de uma circunferência aumenta de 1m, então o comprimento da circunferência também aumenta de 1m.

( ) Três pontos distintos são sempre coplanares.

239) FGV – A área de um trapézio mede 1800 cm^2. A altura desse trapézio mede 50cm. Considere o problema de determinar as medidas das bases desse trapézio, sabendo que essas medidas, em centímetros, são números inteiros divisíveis por 8. O número de soluções desse problema é:

(A) 3 (B) 2 (C) 1 (D) 4 (E) 5

240) UFRN – A figura ao lado representa uma torre de altura H equilibrada por dois cabos de comprimento L_1 e L_2, fixados nos pontos C e D, respectivamente. Entre os pontos B e C passa um rio, dificultando a medição das distâncias entre esses pontos. Apenas com as medidas dos ângulos C e D e a distância entre B e D, um engenheiro calculou a quantidade de cabo (L_1+L_2) que usou para fixar a torre. O valor encontrado, em metros, usando $\sqrt{3}=1,73$ e BD=10m, é

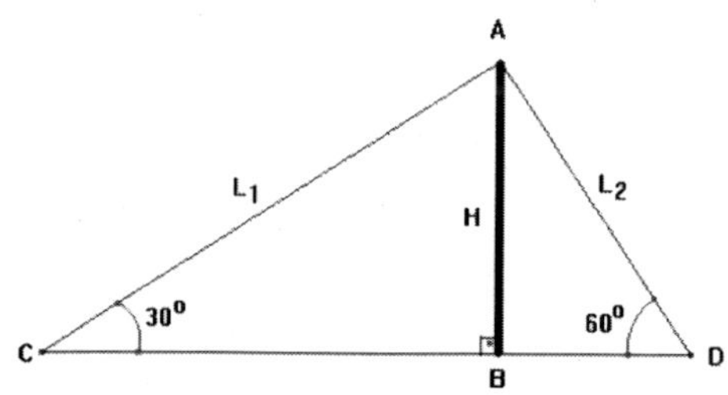

(A) 54,6 (B) 44,8 (C) 62,5
(D) 42,5 (E) 48,6

Teste 25

241) UF São Carlos – Uma empresa possui um logotipo retangular dividido em triângulos, como mostra a figura. O valor, em cm^2, da área indicada é

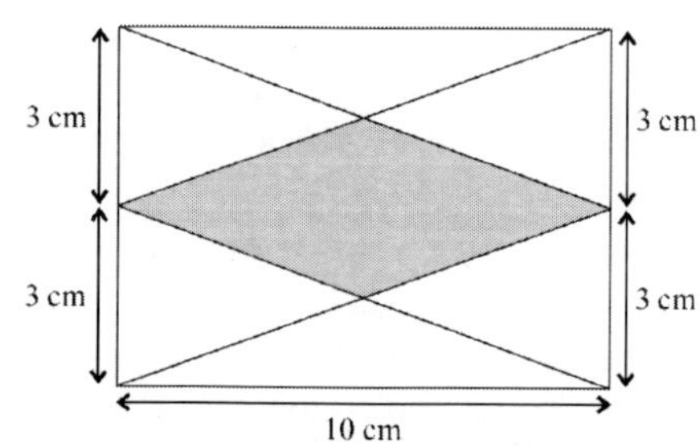

(A) 15 (B) 18 (C) 22 (D) 26 (E) 30

242) UFMS – Determine a área, em metros quadrados, da parte preta da figura a seguir, composta por:

- Dois segmentos paralelos AH (contendo os pontos D e E) e BG (contendo os pontos C e F) medindo 6 metros cada um;
- Um retângulo CDEF de 2 metros de largura por 6 metros de comprimento;
- Dois arcos; um limitado entre os segmentos AD e BC e as semicircunferências AB e CD, de raio 3m cada uma, e o outro formado entre os segmentos EH e FG e as semicircunferências EF e GH, de raio 3m cada uma.

(A) $36m^2$ (B) $24m^2$ (C) $(36\pi)m^2$ (D) $(24\pi)m^2$ (E) $(14\pi)m^2$

243) UFJF - Quais são, respectivamente, as medidas em centímetros, do lado, da diagonal e da área do quadrado ACEF, sabendo que o lado AB do quadrado ABCD mede 2 cm?

(A) $2\sqrt{2}$, 4, 8 (B) $2\sqrt{2}$, 4, 10 (C) $4\sqrt{2}$, 8, 10
(D) 8, 8, 16 (E) $\sqrt{2}$, 8, 10

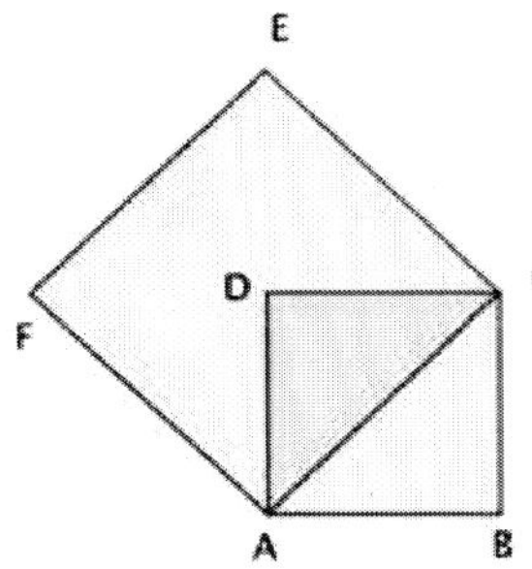

244) IFMT - Um triângulo isósceles tem base medindo 8cm e lados iguais com medidas de 5cm. A área deste triângulo é:

(A) $20cm^2$ (B) $10cm^2$ (C) $24cm^2$ (D) $18cm^2$ (E) $12cm^2$

245) UFPR - Em um triângulo retângulo, o maior e o menor lado medem, respectivamente, 12cm e 4cm. Qual é a área desse triângulo?

(A) $4\sqrt{2}$ cm^2 (B) 16 cm^2 (C) $8\sqrt{2}$ cm^2 (D) $16\sqrt{2}$ cm^2 (E) 24 cm^2

246) UNESP - Seja ABC um triângulo isósceles de lados a, a e $a\sqrt{2}$. Foram traçadas retas paralelas aos lados, passando pelos pontos que dividem os lados em três partes iguais, conforme ilustra a figura. Qual a razão entre a área cinza e a área do triângulo?

(A) 1/9 (B) 1/6 (C) 1/5 (D) 1/4 (E) 1/3

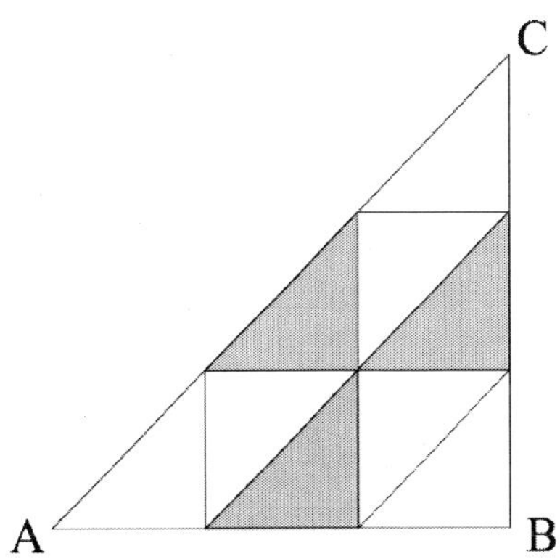

247) Mackenzie - Na figura, as circunferências λ_1 e λ_2 são tangentes no ponto C e tangentes à reta r nos pontos E e F, respectivamente. Os centros O_1 e O_2, das circunferências pertencem à reta s. Sabe-se que r e s interceptam-se no ponto A, formando um ângulo de 30°.

Se AE mede $2\sqrt{3}$ cm, então os raios das circunferências λ_1 e λ_2 medem, respectivamente,

(A) $\sqrt{3}$ cm e $\sqrt{15}$ cm

(B) $\sqrt{3}$ cm e 2 cm

(C) 2 cm e 6 cm

(D) 2 cm e 4 cm

(E) $2\sqrt{3}$ cm e 4 cm

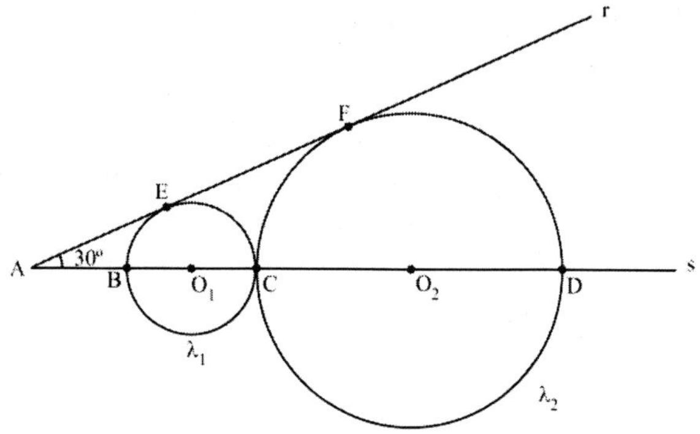

248) PUC Campinas – Uma loja que vende rodas e pneus para automóveis resolveu fazer uma promoção. Para divulgá-la, o funcionário da loja montou, com seis pneus iguais e de raio de medida x cm, um desenho conforme aparece na Figura 1. Uma placa retangular, de altura h, com a palavra PROMOÇÃO será desenhada ao lado da imagem dos pneus de forma que ela ocupe exatamente a altura do desenho, conforme mostra a figura.

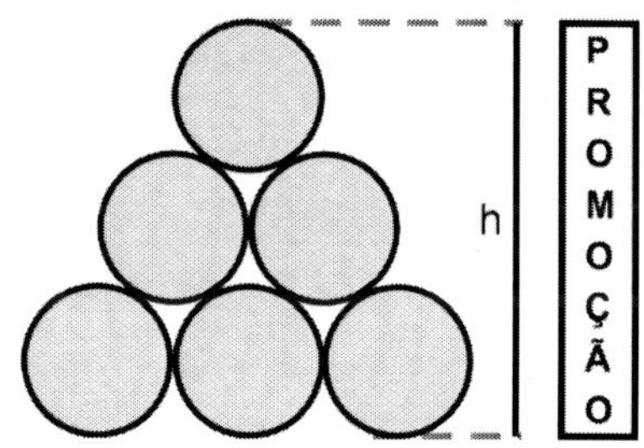

Adotando no cálculo final $\sqrt{3} = 1{,}7$, a altura h, em centímetros, é igual a

(A) 3x (B) 3,4x (C) 4,2x (D) 5,4x (E) 6x

249) UFPE – Considere os pontos A, B e C colineares e localizados no solo nesta mesma sequência. Sabe-se que, em A e B, estão fixados dois postes P_1 e P_2, com igual altura. Em C, está um observador que avista os topos dos postes P_1 e P_2 sob os ângulos de 30° e 60° em relação ao solo, respectivamente. Se a distância entre os postes é de 40 metros, qual a distância entre o observador e o poste P_2?

(A) 10m (B) 20m (C) 30m (D) $20\sqrt{3}$ m (E) $40\frac{\sqrt{3}}{3}$ m

250) PUC SP – A figura mostra um quadrado ABCD de 8cm de lado, com os pontos E, F e G pontos médios dos segmentos DC, AE e BE, respectivamente. O ponto R é ponto médio da diagonal BD e do segmento FG, e o ponto Q pertence à interseção dos segmentos BD e AE. A área do triângulo FQR, assinalado na figura, é

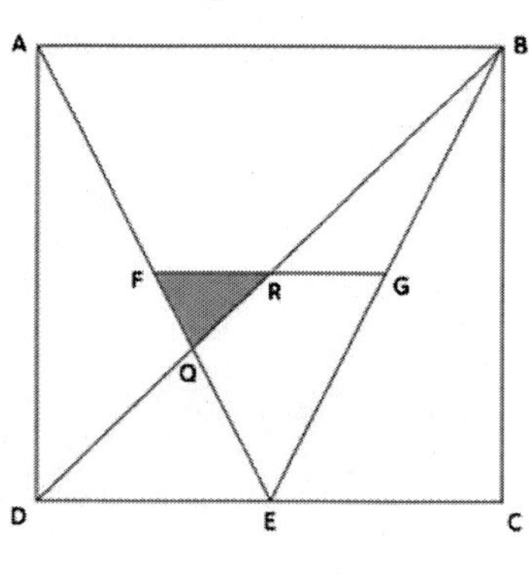

Fora de escala

(A) 4/3 (B) 8/3 (C) 3/4 (D) 3/8

Teste 26

251) UFT – Considere o quadrado ABCD de lado 12 cm e as semicircunferências de arcos AB e BC, conforme a figura. O valor da área da região sombreada é:

(A) $12(\pi - 3)cm^2$.
(B) $10(\pi + 2)cm^2$.
(C) $18(\pi - 2)cm^2$.
(D) $(\pi + 36)cm^2$.

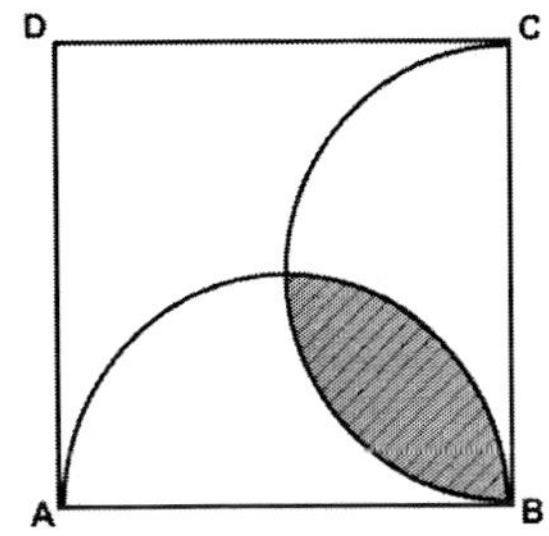

252) UFSM – O perímetro de um triângulo isósceles cuja base mede 18cm e um ângulo da base mede 30° é de

(A) $6\sqrt{3}$ cm (B) $6(2\sqrt{3}+3)$cm (C) 54 cm (D) $15\sqrt{3}$ cm (E) $18\sqrt{3}$ cm

253) UERJ – Considere uma placa retangular ABCD de acrílico, cuja diagonal AC mede 40cm. Um estudante, para construir um par de esquadros, fez dois cortes retos nessa placa nas direções AE e AC, de modo que os ângulos DAE e BAC sejam respectivamente, 45° e 30°, conforme mostra a figura. Após isso, o estudante descartou a parte triangular CAE, restando os dois esquadros.

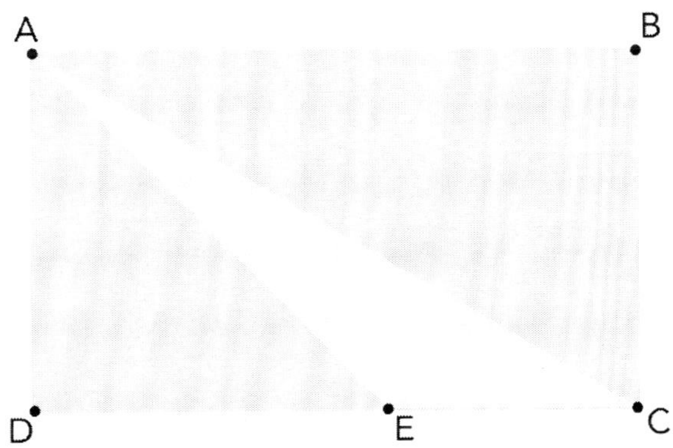

Admitindo que a espessura do acrílico seja desprezível e que $\sqrt{3} = 1{,}7$, a área, em cm^2, do triângulo CAE equivale a:

(A) 80 (B) 100 (C) 140 (D) 180

254) UERJ – No triângulo ABC, H corresponde ao ponto médio do lado AC. Desse modo, a área do triângulo ABH é igual à metade da área de ABC. Sendo W o perímetro do triângulo ABH, e Y o perímetro do triângulo ABC, uma relação correta entre W e Y é:

(A) $0 < W < Y/2$ (B) $W = Y/2$
(C) $Y/2 < W < Y$ (D) $W = Y$

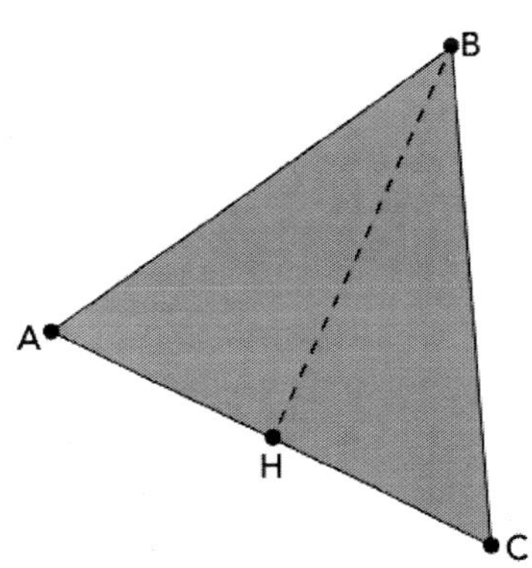

255) UFG – A figura abaixo representa uma pipa simétrica em relação ao segmento AB, onde AB mede 80 cm. Então, a área da pipa, em m^2, é de:

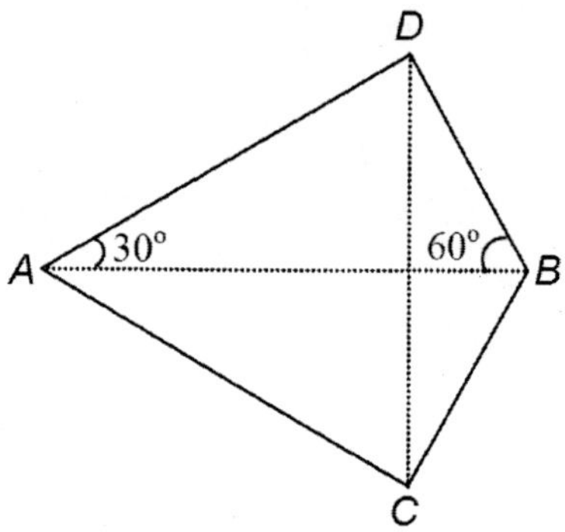

(A) $0{,}8\sqrt{3}$

(B) $0{,}16\sqrt{3}$

(C) $0{,}32\sqrt{3}$

(D) $1{,}6\sqrt{3}$

(E) $3{,}2\sqrt{3}$

256) UFPI – A área da figura ao lado é:

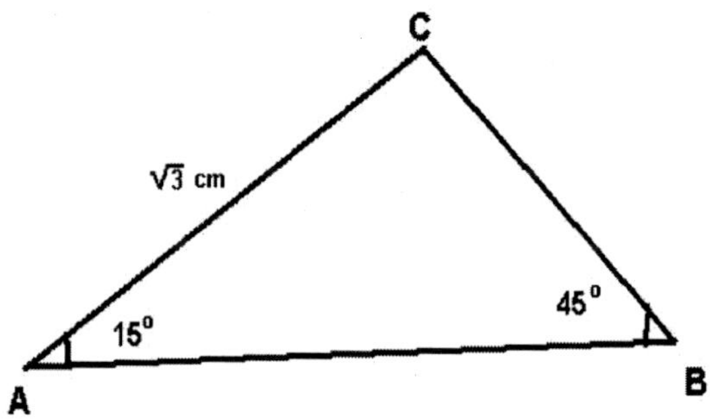

(A) $\frac{1}{16}\left(\sqrt{2-\sqrt{3}}\right)\text{cm}^2$

(B) $\frac{1}{16}\left(\sqrt{12+\sqrt{3}}\right)\text{cm}^2$

(C) $\frac{1}{6}\left(\sqrt{2-\sqrt{3}}\right)\text{cm}^2$

(D) $\frac{3}{8}\left(\sqrt{12-6\sqrt{3}}\right)\text{cm}^2$

(E) $\frac{1}{4}\left(\sqrt{12-\sqrt{18}}\right)\text{cm}^2$

257) UFMS – A figura mostra um quadrado ABCD e dois triângulos equiláteros BEF e AGH, sendo que todos os três polígonos têm lados de medida 1cm. Sabendo-se que os pontos H, A, B e E são colineares e que o segmento que liga os pontos G e E, intercepta o quadrado nos pontos M e N, qual o valor da área do quadrilátero ABMN, em cm^2?

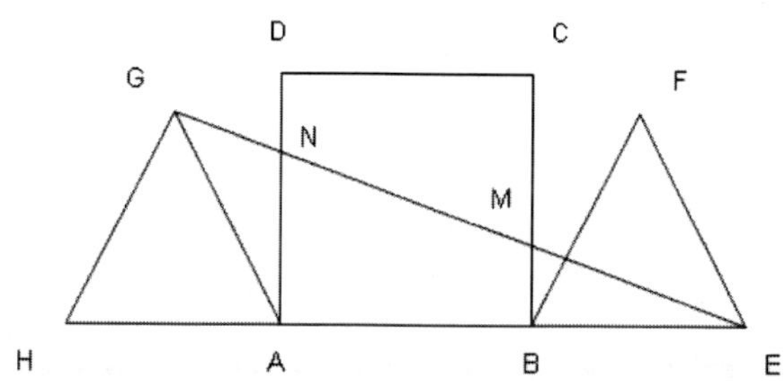

(A) $\frac{3\sqrt{3}}{2}$ (B) $\frac{4\sqrt{3}}{2}$ (C) $\frac{\sqrt{3}}{10}$ (D) $\frac{2\sqrt{3}}{10}$ (E) $\frac{3\sqrt{3}}{10}$

258) UFJF – No retângulo ABCD a seguir, tem-se que E e F são os pontos médios dos lados AB e BC, respectivamente. A razão entre as áreas do triângulo DEF e do retângulo ABCD é

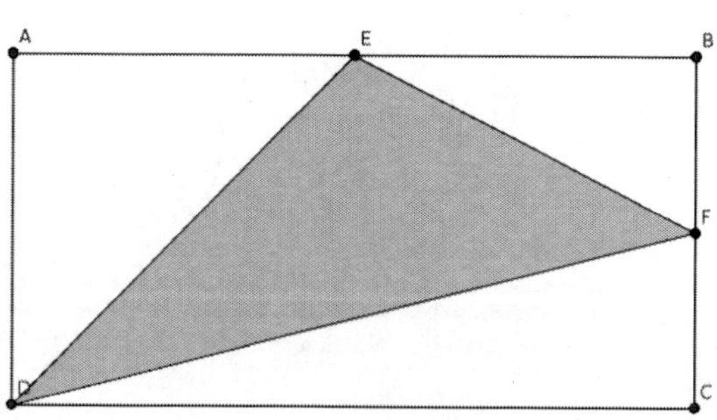

(A) 2/5 (B) 3/8 (C) 1/2
(D) 5/8 (E) 3/4

259) IFMT – Na figura, sabe-se que ABCD é um quadrado cujo lado tem medida "a" e o triângulo BCP é equilátero. Assinale a alternativa que apresenta a área do triângulo APD.

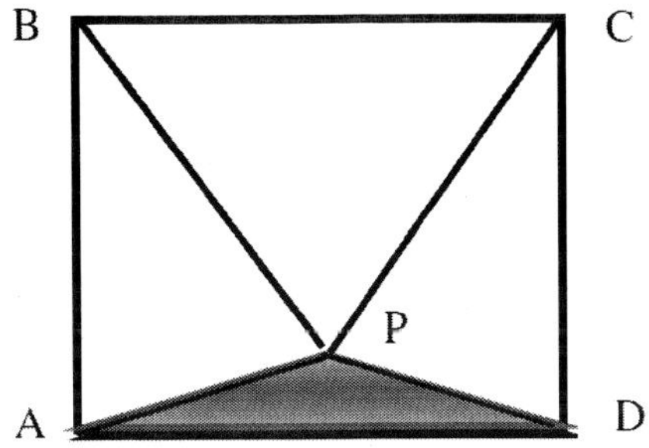

(A) $\frac{a^2\sqrt{3}}{2}$ (B) $\frac{a^2}{4}$ (C) $\frac{a^2(2-\sqrt{3})}{4}$

(D) $\frac{a^2(2+\sqrt{3})}{4}$ (E) $\frac{a^2(1+\sqrt{3})}{4}$

260) UFRGS – Os círculos desenhados na figura são tangentes dois a dois. A razão entre a área de um círculo e a área da região sombreada é

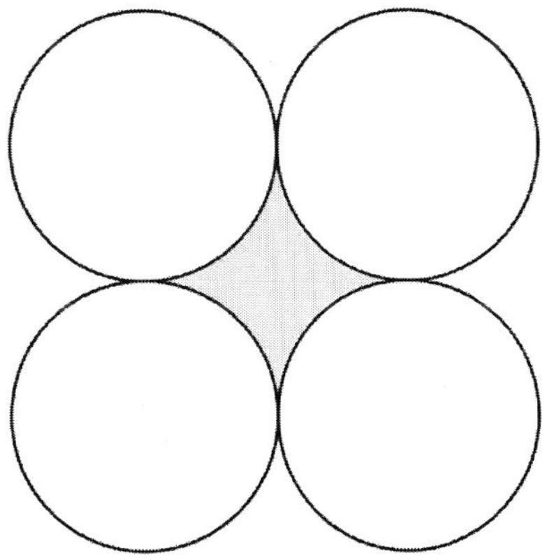

(A) 1
(B) 2
(C) $\frac{3}{4-\pi}$
(D) $\frac{\pi}{4-\pi}$
(E) $\frac{2\pi}{4-\pi}$

Teste 27

261) UFLA – No triângulo retângulo ABC o segmento BH é a bissetriz do ângulo B. O segmento HA mede

(A) $\frac{AC}{2}$

(B) $BC.\cos\hat{C}.\text{cotg}(\hat{B}/2)$

(C) $BC.\text{sen}\,\hat{C}.\text{tg}(\hat{B}/2)$

(D) $\sqrt{(BC)^2-(AB)^2-(CH)^2}$

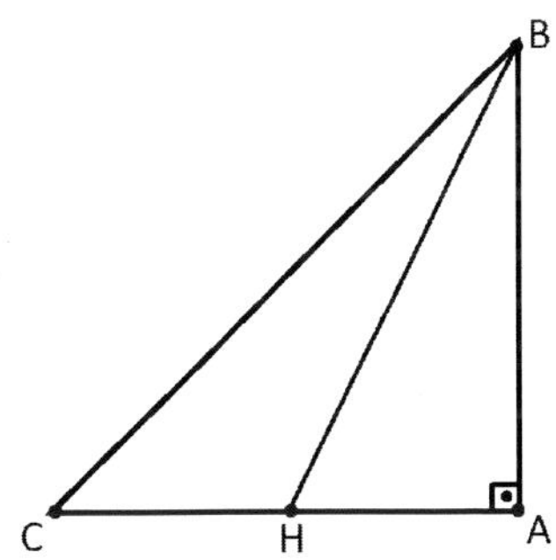

262) UNICAMP – A figura exibe um quadrilátero ABCD, onde AB = AD e BC = CD = 2cm. A área do quadrilátero ABCD é igual a

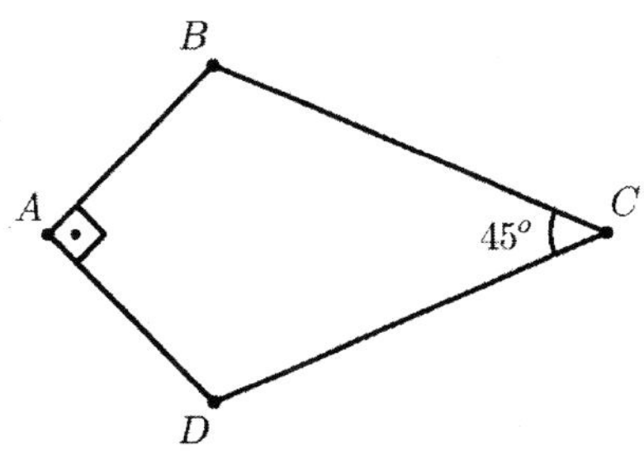

(A) $\sqrt{2}$ cm^2
(B) 2 cm^2
(C) $2\sqrt{2}$ cm^2
(D) 3 cm^2

263) USP – Na figura, o triângulo ABC é retângulo com catetos BC=3 e AB=4. Além disso, o ponto D pertence ao cateto AB, o ponto E pertence ao cateto BC e o ponto F pertence à hipotenusa AC, de tal forma que DEFC seja um paralelogramo. Se DE = 3/2, então a área do paralelogramo DECF vale

(A) 63/25 (B) 12/5 (C) 58/25 (D) 56/25 (E) 11/5

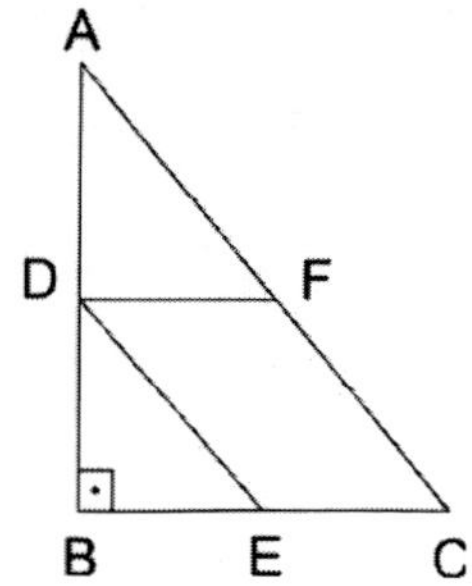

264) UFRGS – A partir de um hexágono regular de lado unitário, constroem-se semicírculos de diâmetros também unitários, conforme indicados na figura. A medida da área sombreada é

(A) $\dfrac{3\sqrt{3}-\pi}{4}$ (B) $\dfrac{\pi}{4}$ (C) $\dfrac{3\sqrt{3}}{4}$

(D) $\dfrac{3\sqrt{3}+\pi}{4}$ (E) $\dfrac{3\sqrt{3}}{2}$

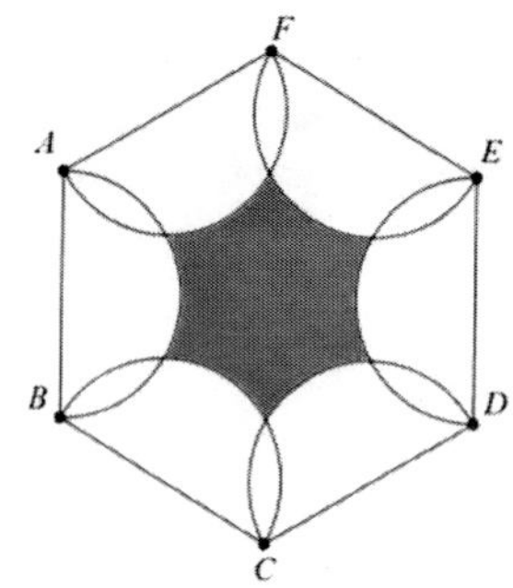

265) UFCE – Dois ângulos internos de um triângulo têm medidas iguais a 30° e 105°. Sabendo que o lado oposto ao ângulo de medida 105° mede $(\sqrt{3}+1)$cm, é correto afirmar que a área do triângulo mede, em cm^2:

(A) $\frac{1}{2}(\sqrt{3}+1)$ (B) $\frac{1}{2}\sqrt{3}+3$ (C) $\frac{1}{2}(\sqrt{3}+3)$ (D) $1+\frac{\sqrt{3}}{2}$ (E) $2+\sqrt{3}$

266) UNESP – A figura representa a vista superior do tampo plano e horizontal de uma mesa de bilhar retangular ABCD, com caçapas em A, B, C e D. O ponto P, localizado em AB, representa a posição de uma bola de bilhar, sendo PB=1,5m e PA=1,2m. Após uma tacada na bola, ela se desloca em linha reta colidindo com BC no ponto T, sendo a medida do ângulo PTB igual a 60°. Após essa colisão, a bola segue, em trajetória reta, diretamente até a caçapa D. Nas condições descritas e adotando $\sqrt{3}=1{,}73$, a largura do tampo da mesa, em metros, é próxima de

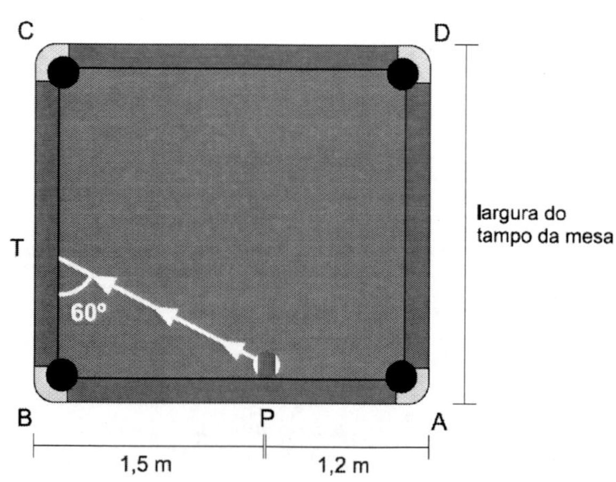

(A) 2,42 (B) 2,08 (C) 2,28
(D) 2,00 (E) 2,56

267) ENEM – Para determinar a distância de um barco até a praia, um navegante utilizou o seguinte procedimento: a partir de um ponto A, mediu o ângulo visual α fazendo mira em um ponto P fixo na praia. Mantendo o barco no mesmo sentido, ele seguiu até um ponto B de modo que fosse possível ver o mesmo ponto P da praia, no entanto sob um ângulo visual 2α. A figura ilustra essa situação.

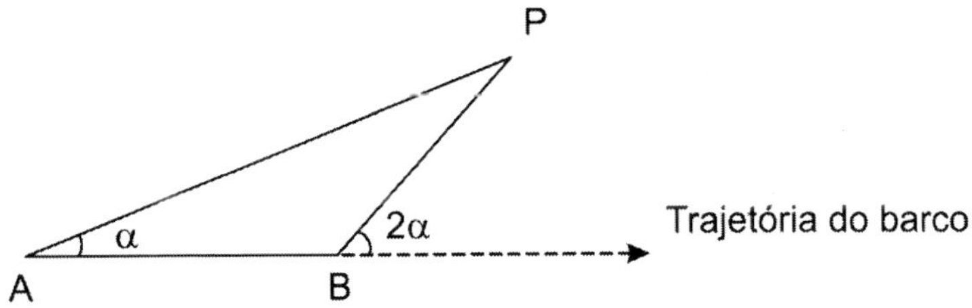

Suponha que o navegante tenha medido o ângulo $\alpha = 30°$ e, ao chegar ao ponto B, verificou que o barco havia percorrido a distância AB = 2000m. Com base nesses dados e mantendo a mesma trajetória, a menor distância do barco até o ponto fixo P será

(A) $1000m$ (B) $1000\sqrt{3}m$ (C) $2000\frac{\sqrt{3}}{3}m$ (D) $2000m$ (E) $2000\sqrt{3}m$

268) UNIFOR – A figura mostra um retângulo ABCD onde AC é a diagonal desse retângulo. Se um coelho sai do vértice A para o vértice D, depois segue para o vértice C, volta ao vértice A através da diagonal AC e vai para o vértice B, e, por fim, percorre a distância x do vértice B a diagonal AC, então o coelho andou

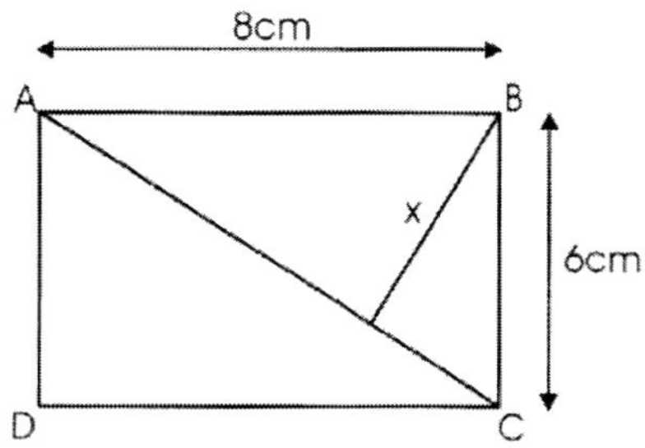

(A) 34,8 cm (B) 35,6 cm (C) 36,8 cm
(D) 37,5 cm (E) 38,8 cm

269) UFRJ – O triângulo ABC da figura a seguir tem ângulo reto em B. O segmento BD é a altura relativa a AC. Os segmentos AD e DC medem 12cm e 4cm, respectivamente. O ponto E pertence ao lado BC e BC = 4 x EC. Determine o comprimento do segmento BE.

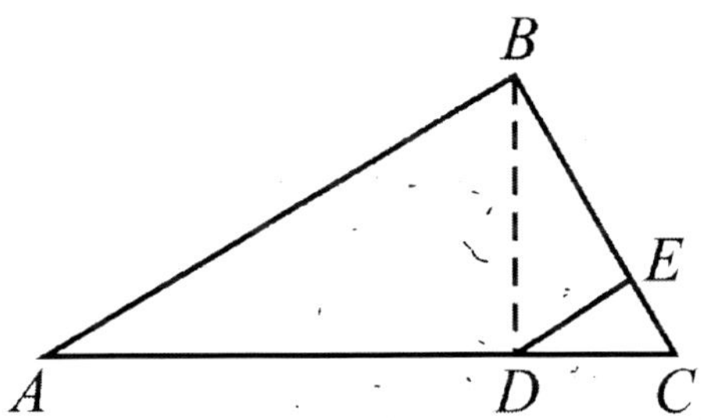

270) UFMG – Observe a figura. Suponha que as medidas dos ângulos PSQ, QSR, SPR indicados sejam 45°, 18° e 38°, respectivamente. A medida do ângulo PQS, em graus, é

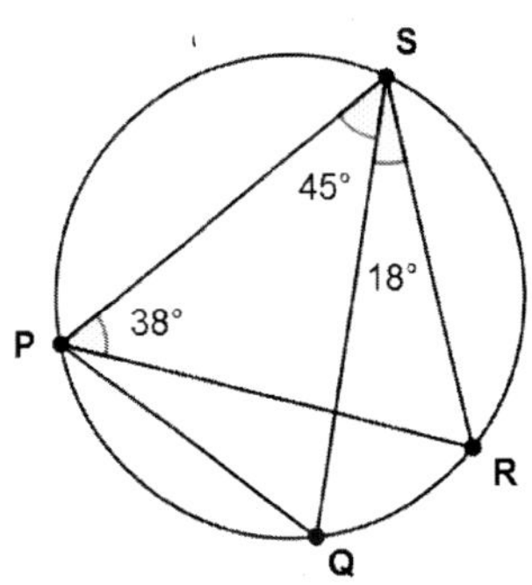

(A) 38 (B) 63 (C) 79 (D) 87

Teste 28

271) UNICAMP – A figura exibe um pentágono com todos os lados de mesmo comprimento. A medida do ângulo θ é igual a:

(A) 105° (B) 120° (C) 135° (D) 150°

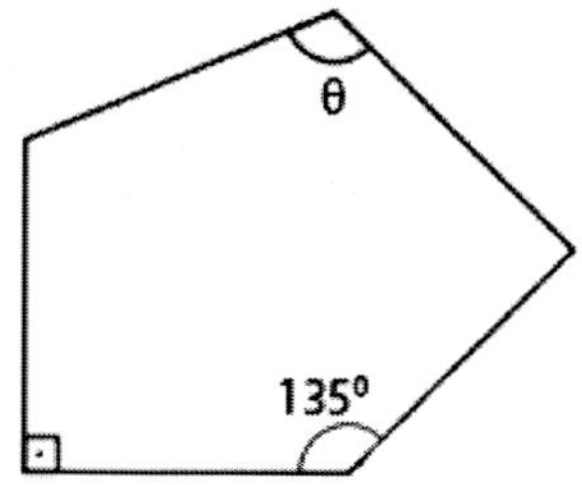

272) USP – O segmento AB é lado de um hexágono regular de área $\sqrt{3}$. O ponto P pertence à mediatriz de AB de tal modo que a área do triângulo PAB vale $\sqrt{2}$. Então, a distância de P ao segmento AB é igual a

(A) $\sqrt{2}$ (B) $2\sqrt{2}$ (C) $3\sqrt{2}$ (D) $\sqrt{3}$ (E) $2\sqrt{3}$

273) UFRGS – Considere um pentágono regular ABCDE de lado 1. Tomando os pontos médios de seus lados, constrói-se um pentágono FGHIJ, como na figura ao lado. A medida do lado do pentágono FGHIJ é

(A) $sen36°$ (B) $\cos 36°$ (C) $\frac{sen36°}{2}$

(D) $\frac{\cos 36°}{2}$ (E) $2\cos 36°$

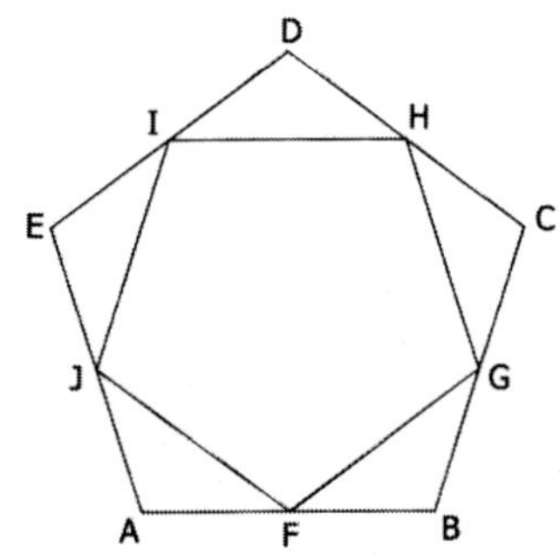

274) UFAM – Considere as medidas **m** e **n** indicadas no triângulo retângulo de A da figura ao lado. Essas medidas são, respectivamente:

(A) 51cm e 49cm
(B) 64cm e 36cm
(C) 70cm e 30cm
(D) 75cm e 25cm
(E) 84cm e 16cm

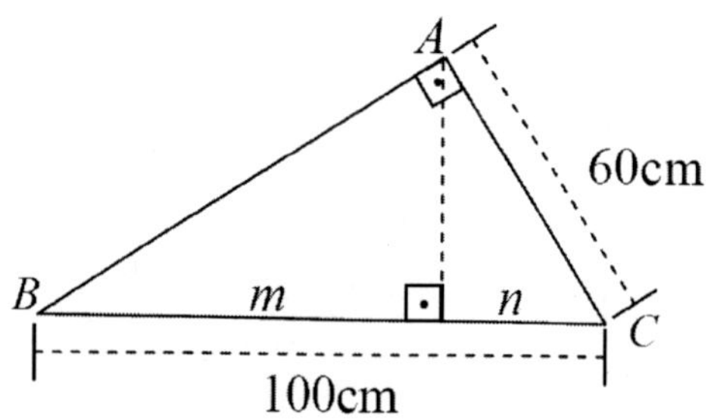

275) UDESC – Os pontos A, B, C, D, E e F dividem uma circunferência em seis partes iguais, de tal modo que AD é um diâmetro dessa circunferência com medida de 12 cm, conforme mostra a figura. A área da região sombreada, em cm^2, é:

(A) $40\sqrt{3}$ (B) $72\sqrt{3}$ (C) $36\sqrt{3}$
(D) $54\sqrt{3}$ (E) $48\sqrt{3}$

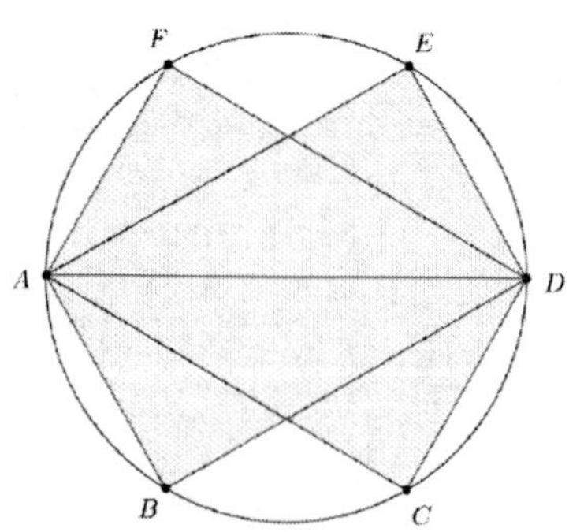

276) UFPR - Um telhado inclinado reto foi construído sobre três suportes verticais de aço, colocados nos pontos A, B e C, como mostra a figura. Os suportes nas extremidades A e C medem, respectivamente, 4 metros e 8 metros de altura. A altura do suporte em B é, então, de:

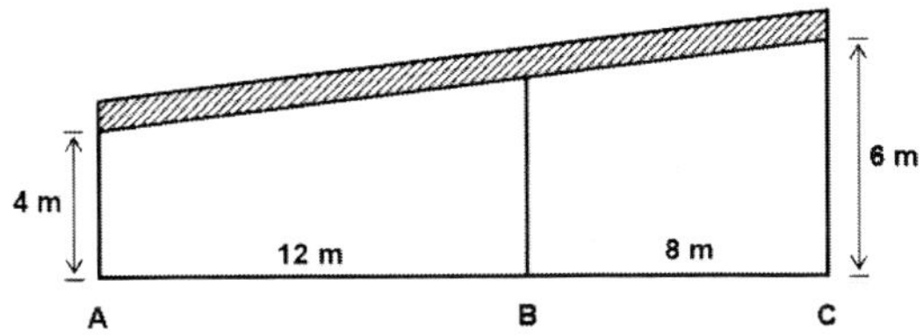

(A) 4,2m (B) 4,5m (C) 5m
(D) 5,2m (E) 5,5m

277) UFMT - Na figura, o triângulo ABC é equilátero de lado L. Sendo E, F e G os pontos médios dos lados desse triângulo e D o ponto médio do segmento AE, pode-se afirmar que a área do polígono DEFG é

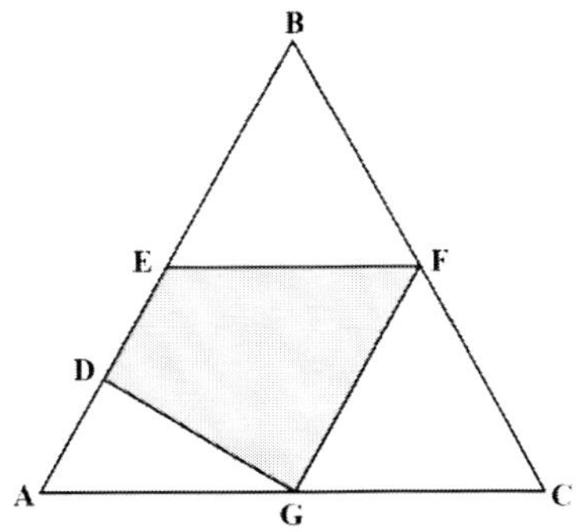

(A) $\frac{3\sqrt{3}L^2}{32}$ (B) $\frac{\sqrt{3}L^2}{16}$ (C) $\frac{3\sqrt{2}L^2}{25}$
(D) $\frac{\sqrt{2}L^2}{18}$ (E) $\frac{2\sqrt{3}L^2}{9}$

278) USP - Um lenhador empilhou 3 troncos de madeira num caminhão de largura 2,5m, conforme a figura. Cada tronco é um cilindro reto, cujo razio da base mede 0,5m. Logo, a altura h, em metros, é:

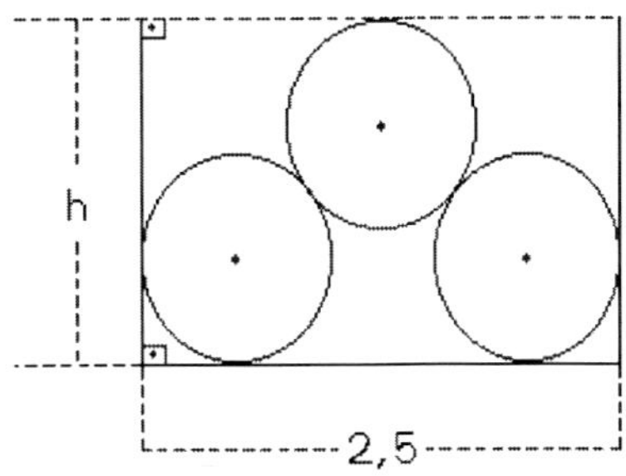

(A) $\frac{1+\sqrt{7}}{2}$ (B) $\frac{1+\sqrt{7}}{3}$ (C) $\frac{1+\sqrt{7}}{4}$
(D) $1+\frac{\sqrt{7}}{3}$ (E) $1+\frac{\sqrt{7}}{4}$

279) UNIFEI - Na figura, sabe-se que AB = 4cm e BD = 5cm. Qual é a área do triângulo BCD, em cm^2?

(A) 8 (B) 9 (C) 10 (D) 12 (E) 12,5

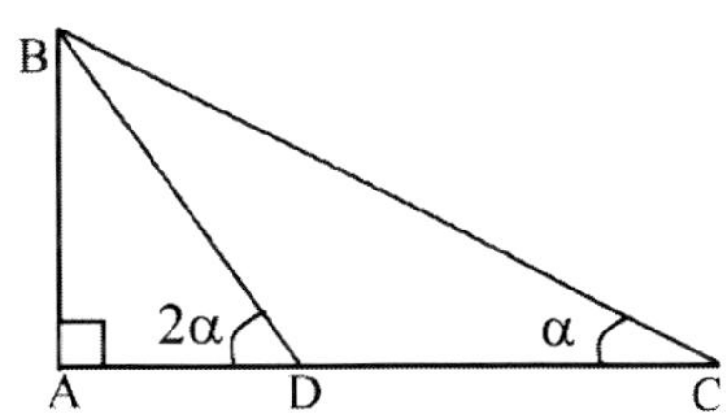

280) UFAM - Considere a região escura, no interior do semicírculo de centro O, limitada por semicircunferências, conforme mostra a figura a seguir. Se a área desta região é 24πcm^2 e AM = MN = NB, então a medida AB, em centímetros, é:

(A) 9 (B) 12 (C) 16 (D) 18 (E) 24

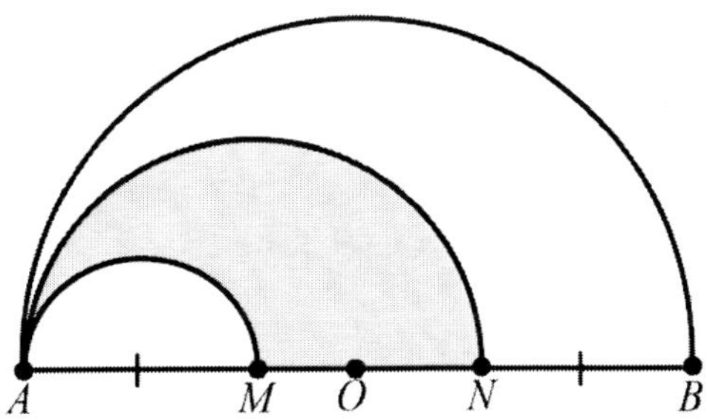

Teste 29

281) USP – Na figura, o triângulo ABC é equilátero de lado 1, e ACDE, AFGH e BHIC são quadrados. A área do polígono DEFGHI vale

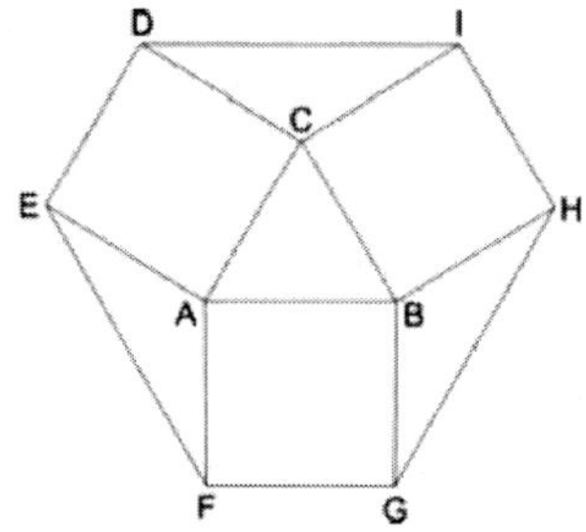

(A) $1+\sqrt{3}$ (B) $2+\sqrt{3}$ (C) $3+\sqrt{3}$
(D) $3+2\sqrt{3}$ (E) $3+3\sqrt{3}$

282) Mackenzie – No triângulo ABC, da figura acima, AM é mediana relativa ao lado BC e é perpendicular ao lado AB. Se as medidas de BC e AM são, respectivamente, 4cm e 1cm, então a medida do lado AC, em cm, é

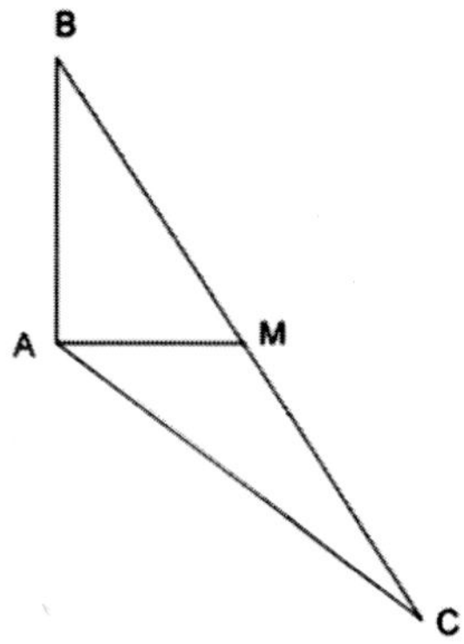

(A) $\sqrt{2}$ (B) $\sqrt{3}$ (C) $\sqrt{5}$ (D) $\sqrt{6}$ (E) $\sqrt{7}$

283) UFPE – Na ilustração a seguir, ABC é um triângulo equilátero, e o lado AB contém o centro O da circunferência. Se a circunferência tem raio 6, qual o inteiro mais próximo da área da região sombreada (interior ao triângulo e exterior à circunferência)?

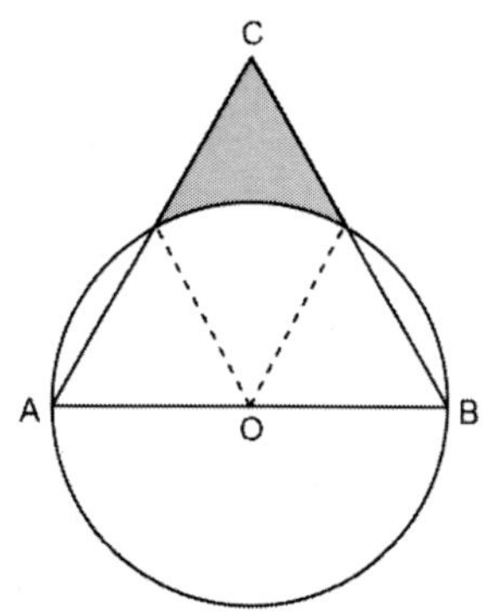

(A) 10 (B) 12 (C) 15 (D) 18 (E) 22

284) USP – Na figura, ABCD e EFGH têm ambos, lado **a** e centro O. Se EP=1, então **a** é igual a:

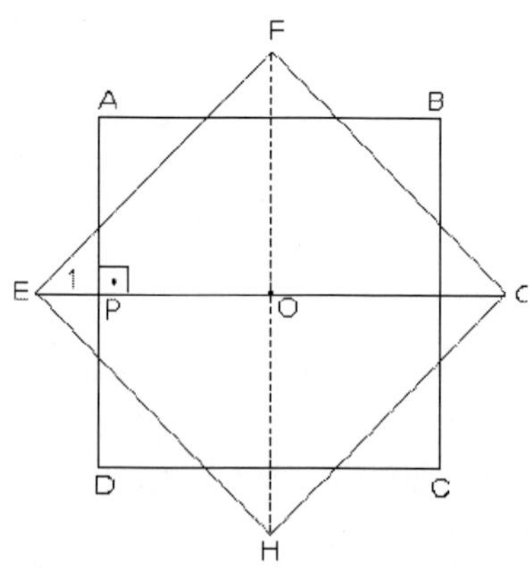

(A) $\dfrac{\sqrt{2}}{\sqrt{2}-1}$ (B) $\dfrac{2}{\sqrt{3}-1}$ (C) $\dfrac{\sqrt{2}}{2}$

(D) 2 (E) $\dfrac{2}{\sqrt{2}-1}$

285) UFAL - Na ilustração abaixo, ABCD é um quadrado e DEF um triângulo equilátero. Se o quadrado tem lado 1, qual a área do triângulo DEF?

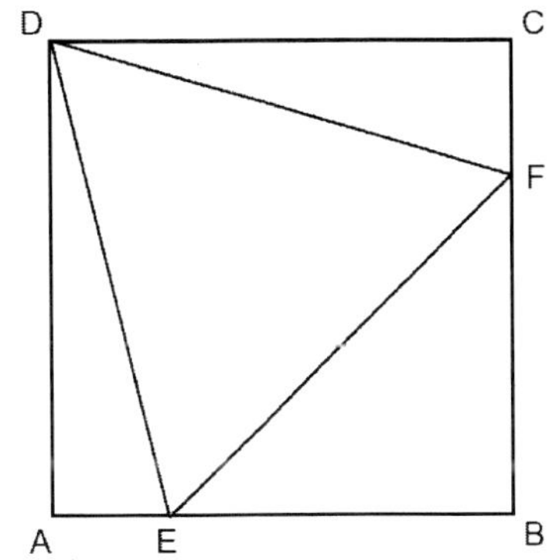

(A) $\sqrt{2}-\sqrt{4-2\sqrt{3}}$
(B) 0,68
(C) $2\sqrt{3}-3$
(D) $\sqrt{3}-1$
(E) $\sqrt{3}-\sqrt{4-2\sqrt{3}}$

286) UFRGS - Considere um triângulo equilátero circunscrito a um círculo. Se a distância de cada vértice do triângulo ao centro do círculo é 2cm, a área da região do triângulo não ocupada pelo círculo, em cm^2, é

(A) $4\sqrt{3}-2\pi$. (B) $3\sqrt{3}-\pi$. (C) $\sqrt{3}+\pi$. (D) π. (E) $3\sqrt{2}$.

287) UF Pelotas - O triângulo ABC é equilátero e a medida CD é igual a 6 unidades de comprimento. A área da região ABCD, em unidades de área, é

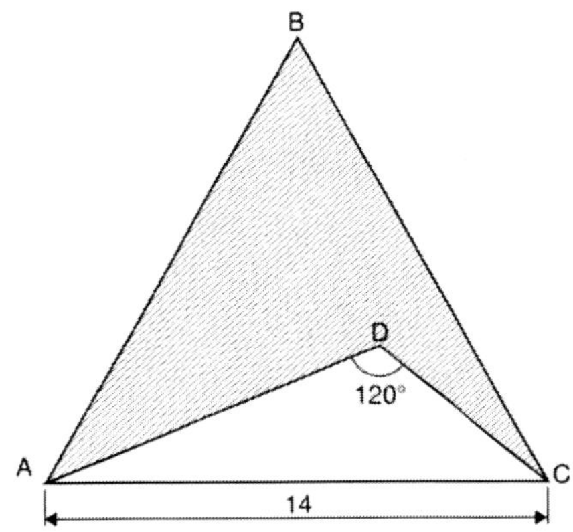

(A) $34\sqrt{3}$ (B) $68\sqrt{3}$ (C) $49\sqrt{3}$
(D) $98\sqrt{3}$ (E) $66\sqrt{3}$ (F) N.R.A.

288) UEMG - A figura ilustra dois terrenos planos ABC e BDE, com formato de triângulo retângulo. Sendo o terreno BDE destinado ao plantio, ele deverá ser cercado com 5 voltas de arame farpado. O metro de arame farpado custa R$ 12,00. O custo total da cerca será de:

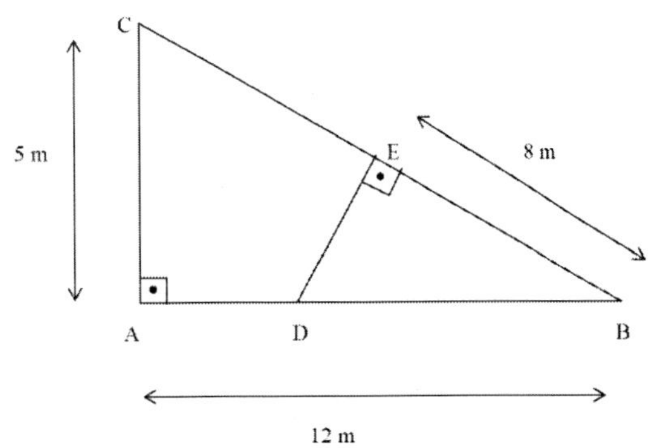

(A) R$ 840,00 (B) R$ 1.000,00
(C) R$ 1.200,00 (D) R$ 1.040,00
(E) R$ 1.500,00

289) UERJ - Um esqueitista treina em três rampas planas de mesmo comprimento a, mas com inclinações diferentes.

As figuras abaixo representam as trajetórias retilíneas AB = CD = EF, contidas nas retas de maior declive de cada rampa. Sabendo que as alturas, em metros, dos pontos de partida A, C e E são, respectivamente, h_1, h_2 e h_3, conclui-se que $h_1 + h_2$ é igual a:

(A) $h_3\sqrt{3}$ (B) $h_3\sqrt{2}$ (C) $2h_3$ (D) h_3

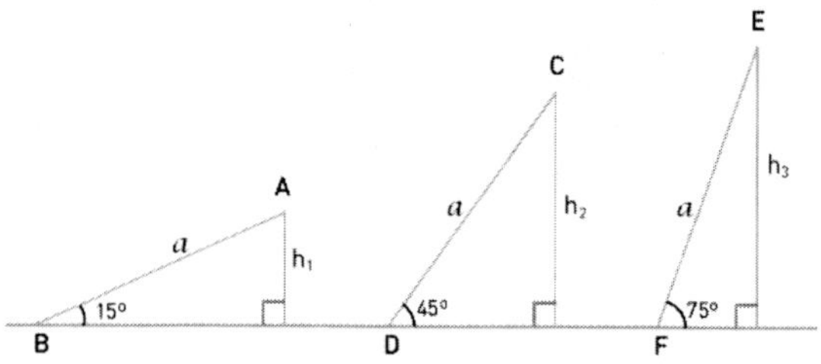

290) IFCE – Observe a circunferência inscrita no quadrado ABCD de lado a na figura. O valor da área da região sombreada é

(A) $2a\pi$ (B) πa^2 (C) $a^2 - a^2\pi$

(D) $\frac{\pi a^2}{2}$ (E) $\frac{a^2}{2}$

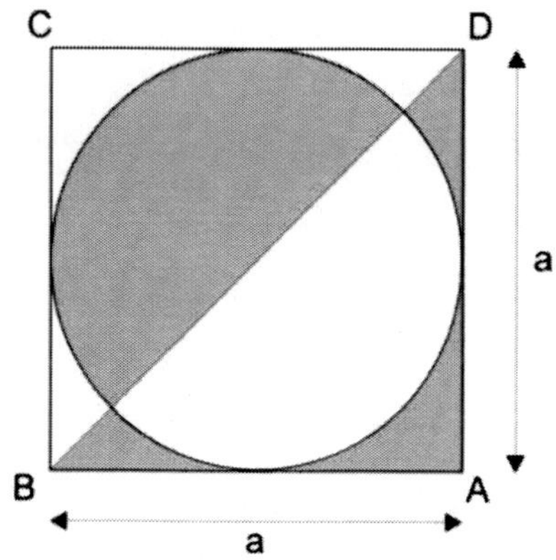

Teste 30

291) PUC Campinas – A figura indica um avião supersônico voando de A para C a 12 km de altitude e com velocidade constante de 1872 km/h. Desprezando-se a curvatura da Terra e adotando no cálculo final $\sqrt{3} = 1{,}7$, o tempo que esse avião leva para ir de B até C, em segundos, é igual a

(A) 6 (B) 8 (C) 10
(D) 12 (E) 14

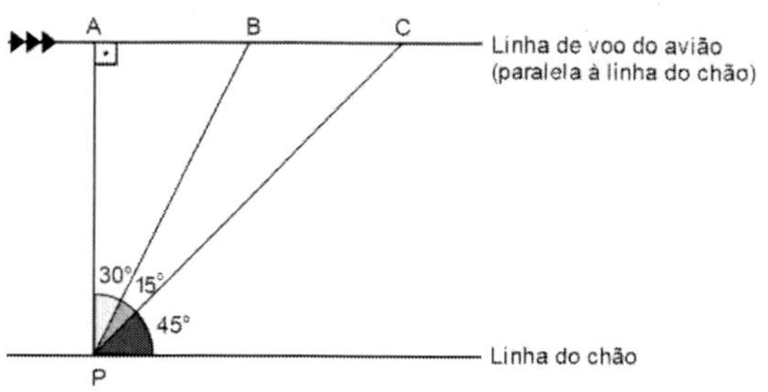

292) UDESC – Seja ABCD um trapézio isósceles com ângulo ABC=60°, base AD=10cm, e distância de 6cm entre as bases, como mostra a figura.

(A) $3(5\sqrt{3}+16)cm^2$

(B) $12(\sqrt{5}+3)cm^2$

(C) $6(\sqrt{3}+5)cm^2$

(D) $12(\sqrt{3}+5)cm^2$

(E) $60cm^2$

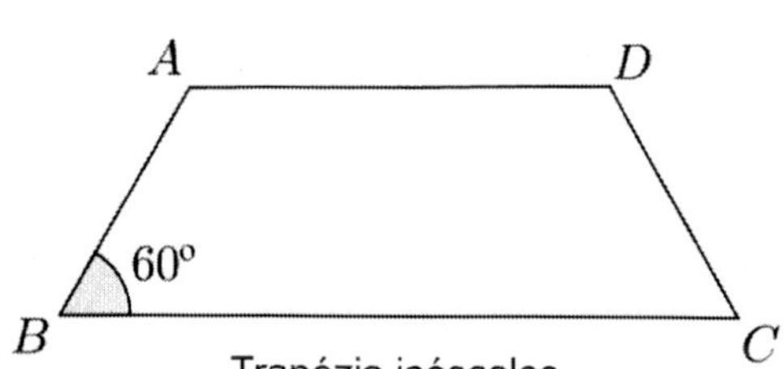

Trapézio isósceles

293) UFPI – Na figura, os números reais S_1 e S_2, representam as medidas das áreas das regiões correspondentes. O valor da razão S_1/S_2 é:

(A) 1/3 (B) 1 (C) 3 (D) 2/7 (E) 1/4

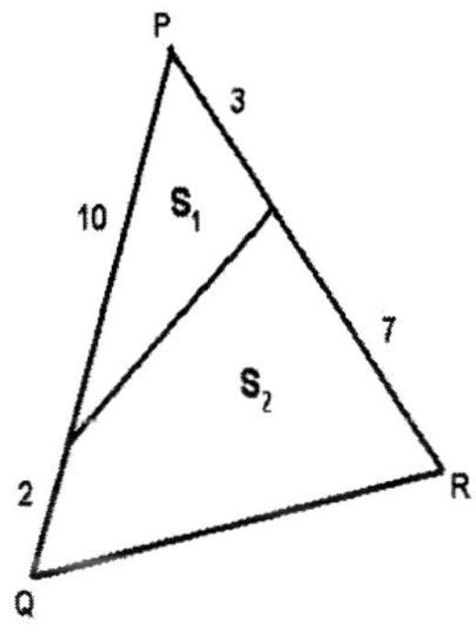

294) UF São Carlos – Na figura, ABCD é um paralelogramo, cujo ângulo obtuso mede 135°, e ABF um triângulo retângulo cuja hipotenusa mede $\frac{5\sqrt{2}}{2}$ cm, sendo F o ponto médio do segmento BE. Desse modo, conclui-se que a área do paralelogramo ABCD, em cm^2, igual a

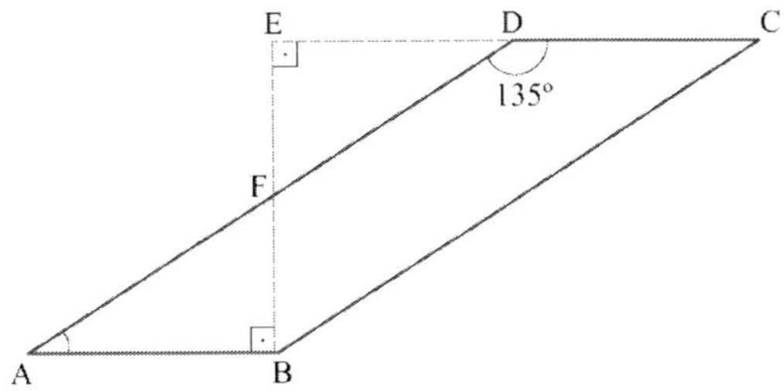

(A) $12\sqrt{3}$ (B) $12\sqrt{2}$ (C) 12,5
(D) 12,25 (E) 12

295) USP – Na figura abaixo, os triângulos ABC e DCE são equiláteros de lado **a**, com B, C e E colineares. Seja F a interseção de BD com AC. Então, a área do triângulo BCF é

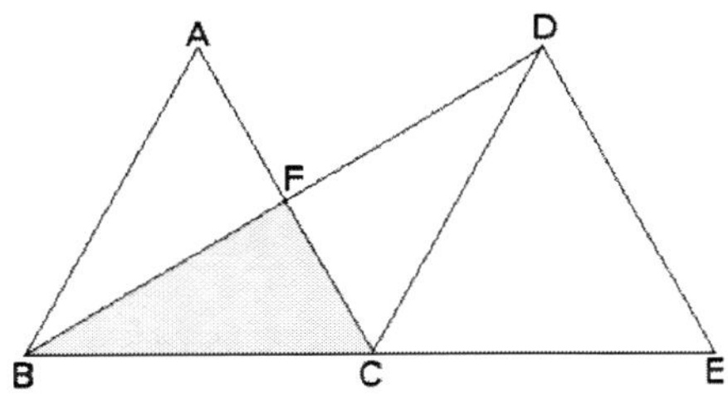

(A) $\frac{\sqrt{3}}{8}a^2$ (B) $\frac{\sqrt{3}}{6}a^2$ (C) $\frac{\sqrt{3}}{3}a^2$
(D) $\frac{5\sqrt{3}}{6}a^2$ (E) $\frac{2\sqrt{3}}{6}a^2$

296) UFMS – Na figura abaixo, estão representados um quadrado ABCD, um triângulo equilátero ABE, ambos de lado **a** unidades de comprimento e uma circunferência de raio **r** unidades de comprimento. Considerando que a circunferência é tangente ao lado do triângulo e a dois lados consecutivos do quadrado, calcule $\frac{(21+7\sqrt{3})}{a}r$.

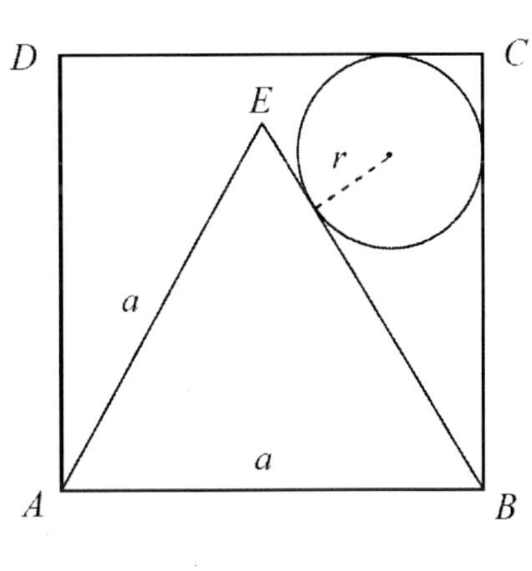

297) PUC PR – Uma peça mecânica tem o formato de um semicilindro reto vazado por um prisma triangular reto de mesma altura. A figura é a secção transversal desta peça. Temos uma semicircunferência de centro C e raio R, além do triângulo equilátero ABC (vazado) com vértices A e B pertencentes à semicircunferência. Sendo D o ponto onde a bissetriz do ângulo ACB intercepta a semicircunferência, determine a alternativa que expressa o comprimento da corda AD em função do raio R.

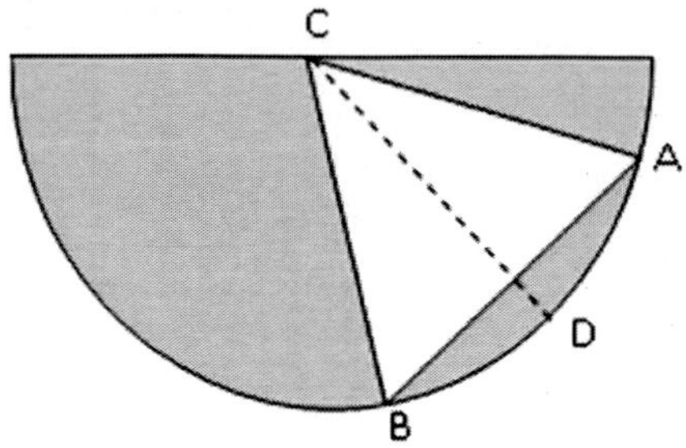

(A) $R\sqrt{2-\sqrt{3}}$ (B) $R\sqrt{2-\sqrt{2}}$ (C) $R\sqrt{\sqrt{5}-\sqrt{3}}$ (D) $R\sqrt{\sqrt{5}-2}$ (E) $R\sqrt{\sqrt{2}-1}$

298) UFPR – Duas escadas foram usadas para bloquear um corredor de 2,4m de largura, conforme indica a figura ao lado. Uma mede 4m de comprimento e outra 3m. A altura h, do ponto onde as escadas se tocam, em relação ao chão, é de aproximadamente

(A) 1,15m (B) 1,40m (C) 1,80m
(D) 2,08m (E) 2,91m

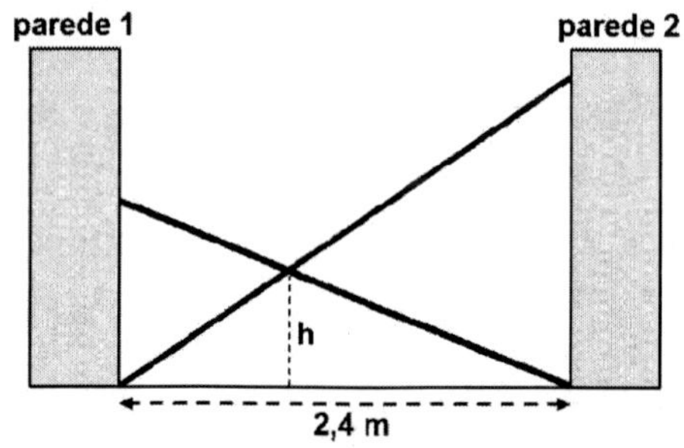

299) UFRN – Para medir a altura de uma árvore, da qual não podia aproximar-se, um ambientalista colocou, a certa distância dessa árvore, um cavalete de 1m de altura e observou seu ponto mais alto, segundo um ângulo de 30°. Aproximando-se mais 10m, observou o mesmo ponto segundo um ângulo de 45°, conforme a figura. Com este procedimento, o ambientalista obteve a altura da árvore, que era de:

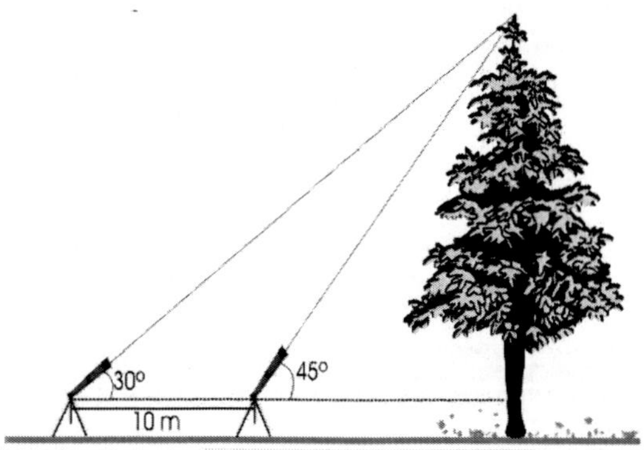

(A) $5\sqrt{3}+15$ (B) $5\sqrt{3}+5$
(C) $5\sqrt{3}+6$ (D) $5\sqrt{3}+16$

300) FGV – Na figura, AC e BD são perpendiculares a AB e AD é perpendicular a BC. Sabe-se que AC=1 e que o ângulo ABC mede 30°. A distância entre os pontos C e D é

(A) $\sqrt{6}$ (B) $\sqrt{7}$ (C) $\sqrt{10}$ (D) 3 (E) $2\sqrt{2}$

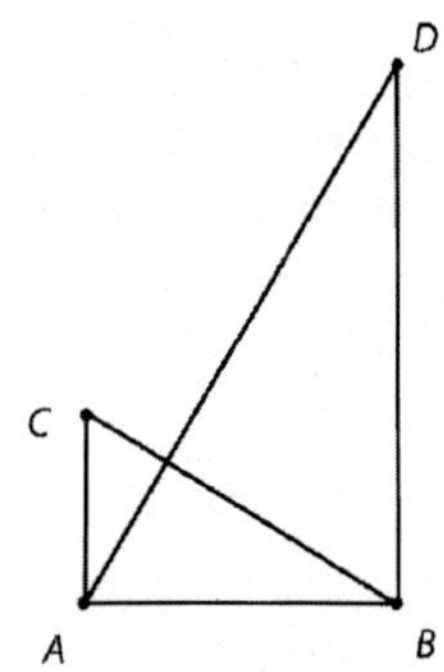

Respostas dos testes

Respostas do Teste 21

201) D	203) C	205) C	207) D	209) A
202) B	204) B	206) C	208) B	210) C

Respostas do Teste 22

211) D	213) B	215) B	217) E	219) C
212) B	214) A	216) D	218) B	220) C

Respostas do Teste 23

221) C	223) E	225) E	227) C	229) C
222) C	224) C	226) C	228) C	230) D

Respostas do Teste 24

231) E	233) C	235) D	237) B	239) D
232) B	234) C	236) B	238) *	240) A

238) FFVFFV

Respostas do Teste 25

241) A	243) A	245) D	247) C	249) B
242) A	244) E	246) E	248) D	250) A

Respostas do Teste 26

251) C	253) C	255) B	257) E	259) C
252) B	254) C	256) D	258) B	260) D

Respostas do Teste 27

261) C	263) A	265) A	267) B	269) 6
262) B	264) A	266) A	268) C	270) C

Respostas do Teste 28

271) B	273) B	275) E	277) A	279) C
272) E	274) B	276) D	278) E	280) E

Respostas do Teste 29

281) C	283) B	285) C	287) A	289) D
282) E	284) E	286) B	288) C	290) E

Respostas do Teste 30

291) C	293) A	295) A	297) A	299) B
292) D	294) C	296) 7	298) A	300) B

Resoluções dos testes

Resoluções do teste 21

201) ENEM – Em torno do centro do polígono, existem 3 hexágonos regulares. O ângulo entre os três segmentos desenhados ao lado é 120°. Logo, aplicando uma rotação de 120° em torno desse centro, a posição do polígono volta a ser a mesma. O polígono é invariante se for aplicada uma rotação deste ângulo.

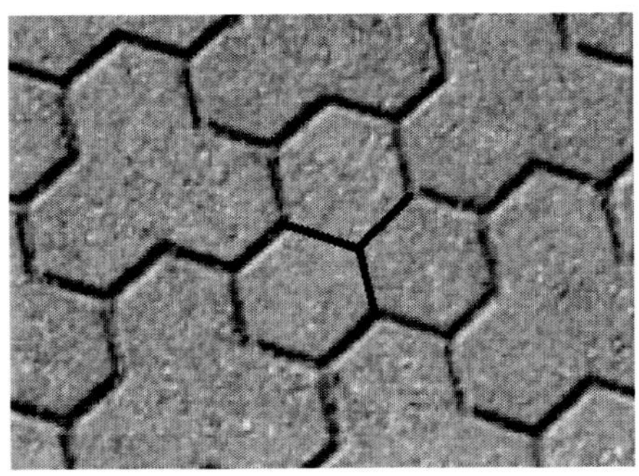

Resposta: (D) 120°

202) Mackenzie – O triângulo sombreado PNR é retângulo. Chamemos seus ângulos agudos de α e β, que são complementares. O triângulo PQS é idêntico ao triângulo PNR, então seus ângulos também são α e β.

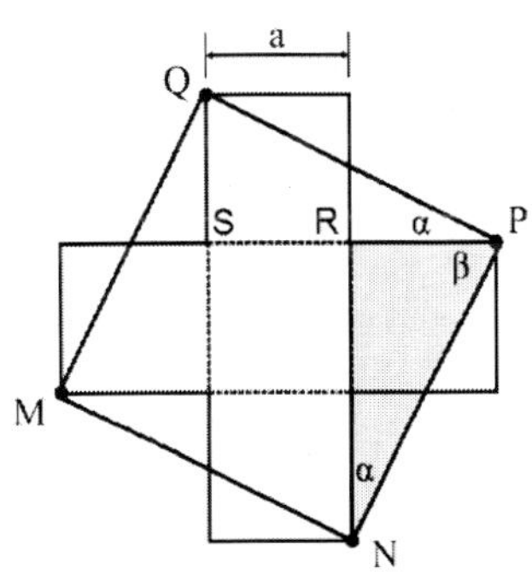

Portanto temos no vértice P do polígono PQMN, dois ângulos α e β, que somam 90°. O mesmo se aplica aos demais ângulos do quadrilátero PQMN, ou seja, seus quatro ângulos são retos. Além disso, seus lados PN, PQ, MN e QM são hipotenusas de triângulos retângulos congruentes, como PRN e PQS. Logo os lados de PQMN são iguais. Sendo iguais e perpendigulares, este polígono é um quadrado.
Usando o Teorema de Pitágoras, calculamos o valor de cada um desses lados.
$PN^2 = a^2 + 4a^2$

$\overline{PN} = a\sqrt{5}$

A área do quadrado PQMN é o quadrado do seu lado, ou seja, $5a^2$

Resposta: (B) $5a^2$

203) UFPE – A largura da pista é a diferença entre os raios das duas circunferências que limitam esta pista circular, ou seja, R – r.

Os comprimentos dessas duas circunferências são iguais a 2π multiplicado pelo respectivo raio.

$2\pi R = 847{,}80$

$2\pi r = 753{,}60$ Subtraindo as relações temos:

$2\pi(R - r) = 94{,}2$

$R - r = 94{,}2 \div 2\pi = 94{,}2 \div 6{,}28 = 15$

Resposta: (C) 15m

204) UFT – Considerando os pontos D, E e F indicados na figura, levando em conta que o triângulo ABC é isósceles com $\overline{AB} = \overline{BC}$, obtemos os valores dos seus ângulos:

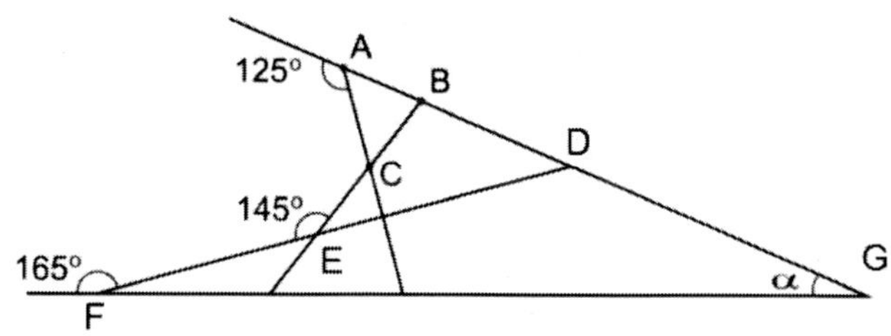

$\hat{A} = 55°$, $\hat{B} = 70°$ e $\hat{C} = 55°$.

No triângulo BED, encontramos seus ângulos internos $\hat{B} = 110°$, $\hat{E} = 35°$ e $\hat{D} = 35°$.

Finalmente, no triângulo DFG, temos $\hat{D} = 145°$, $\hat{F} = 15°$, então o ângulo α é quanto falta para completar 180°, ou seja, 20°.

Resposta: (B) 20°

205) UEMG – Em cada volta, a distância percorrida é igual a π vezes o diâmetro, ou seja $0{,}6\pi$ metros. Com 1200 voltas, a distância percorrida será 720π metros

Resposta: (C) 720π metros.

206) UERJ – O ângulo θ da figura é igual a 1 radiano. Isso é fácil de ver, pois o comprimento de um arco é igual ao raio multiplicado pelo ângulo central, em radianos.

A área do setor pode ser calculada por uma regra de três. Em um setor de 2π, que é o círculo inteiro, a área é πR^2.

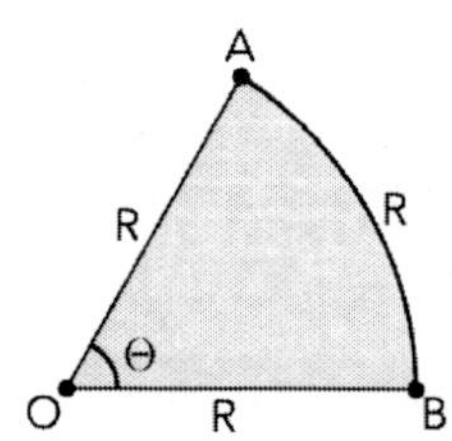

Se o ângulo central for α, a área é $R^2\alpha/2$. É a fórmula da área do setor circular. Como o ângulo central é 1 radiano, a área é $R^2/2$.

Resposta: (C) $R^2/2$

207) UFSM – Será preciso calcular o lado maior, usando a lei dos cossenos. Se os lados **b** e **c** formam entre si um ângulo α, o lado **a** oposto a este ângulo é dado por:

$$a^2 = b^2 + c^2 - 2bc.\cos(\alpha)$$

O cosseno de 150° é igual ao cosseno de 30°, com sinal negativo, ou seja, $-\dfrac{\sqrt{3}}{2}$

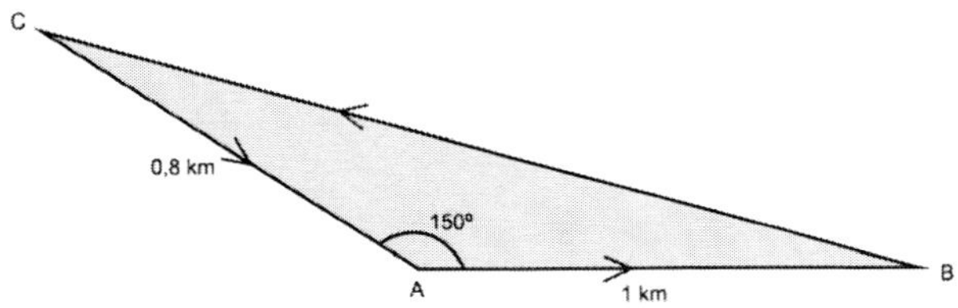

Usando as medidas do problema, calculamos o lado oposto ao ângulo de 150°.

Usaremos as distâncias em quilômetros, e a aproximação $\sqrt{3} = 1{,}73$

$a^2 = 1^2 + 0{,}8^2 + 2\times1\times0.8\times0{,}865$

$= 1 + 0{,}64 + 1{,}384 = 3{,}024$

$a \approx \sqrt{3} = 1{,}73$

A medida do trajeto é o perímetro do triângulo:

0,8 + 1 + 1,73 ≈ 3,53. O valor mais próximo entre as respostas é 3,50.

Resposta: (D) 3,50

208) UTFPR – A soma dos ângulos internos de um pentágono convexo é 540°. Isso pode ser constatado, dividindo o pentágono e 3 triângulos, ou então usando a fórmula para a soma dos ângulos internos de um polígono convexo de n lados:

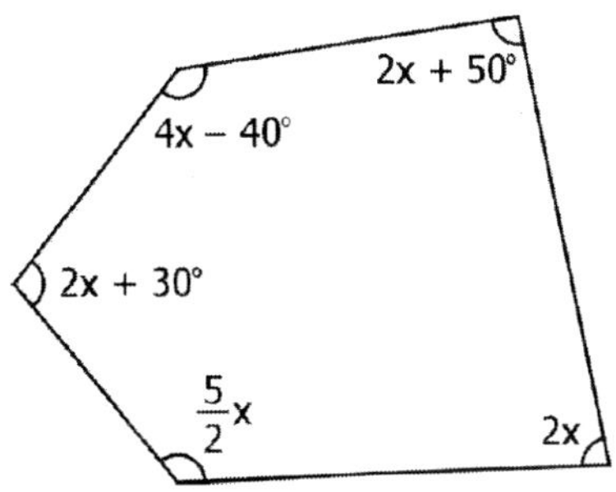

$S_n = 180(n - 3)$

Basta então somar todos os ângulos internos e igualar a 540°.

$4x - 40 + 2x + 50 + 2x + 5x/2 + 2x + 30 = 540$

$12{,}5x = 500$

$x = 40$

Resposta: (B) 40°

209) USP – Como os ângulos $\hat{A}$ e $\hat{C}$ são iguais, e os triângulos AED e CDF são isósceles, com ângulos dos vértices em A e C, esses dois triângulos são semelhantes. Em cada um desses triângulos, os ângulos indicados como $\hat{D}$ são iguais. Em torno do ponto D, temos um ângulo raso. Então os referidos ângulos iguais valem 50° cada. Os ângulos $\hat{A}$ e $\hat{C}$ valem 80° cada. Portanto a medida do ângulo $A\hat{B}C$ é 20°.

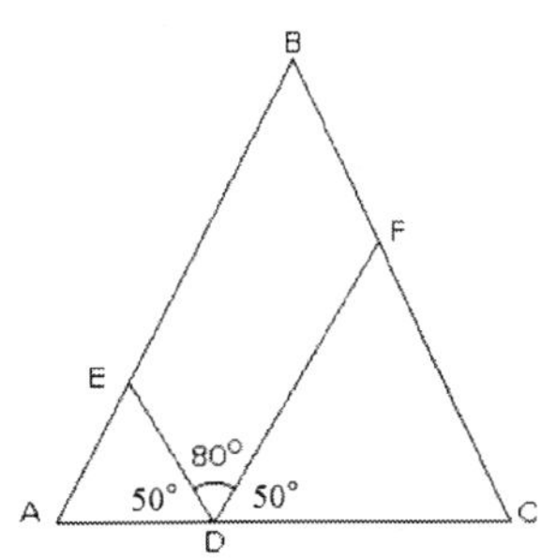

Resposta: (A) 20°

210) ENEM – É totalmente desnecessário informar essas duas medidas. Basta a informação sobre o balão ser avistado sob ângulo de 60°, a uma distância de 1,8 km. Usamos então que a tengente de 60° é igual à altura h, dividida pela distância de

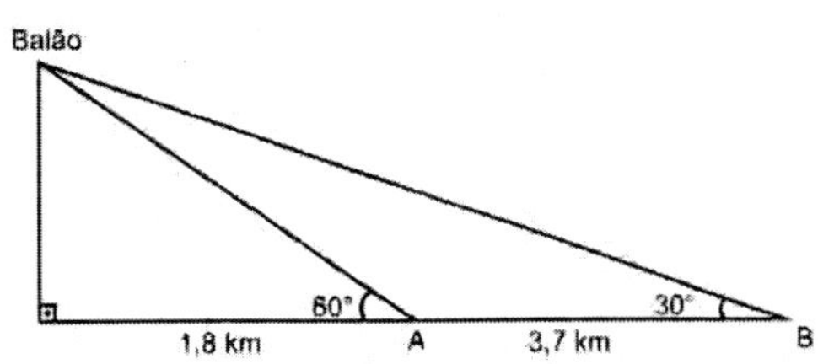

1,8 km.

Portanto a altura do balão é 1,8 vezes a tangente de 60°, que vale $\sqrt{3} \approx 1{,}73$.

Portanto h = 1,8 × 1,73 = 3,114

Resposta: (C) 3,1 km

Resoluções do teste 22

211) UFAL – A área do paralelogramo é dada pela fórmula base × altura ; portanto temos que calcular a sua altura. Ao traçar a altura h a partir de um dos vértices do paralelogramo, formamos um triângulo retângulo com ângulo agudo de 45°. Nesse triângulo, a hipotenusa (3) é igual ao valor do cateto vezes $\sqrt{2}$.

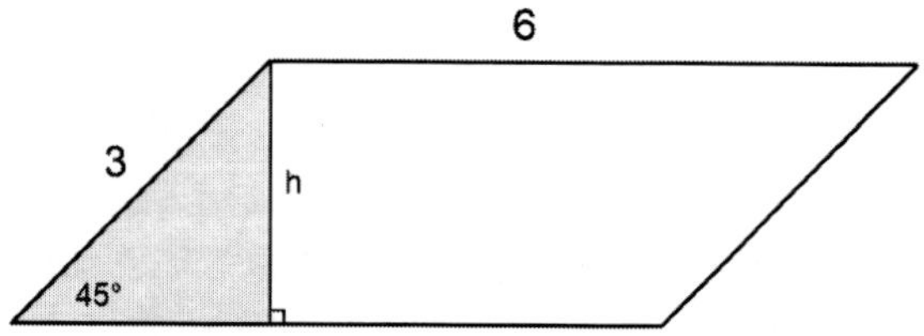

Essa relação é importante no triângulo retângulo isósceles, pois ganha-se tempo nas resoluções, mas se for esquecida, pode ser obtida com o Teorema de Pitágoras:

$3^2 = h^2 + h^2$

$9 = 2h^2$

$h^2 = 9/2$

$$h = \frac{3}{\sqrt{2}} = \frac{3\sqrt{2}}{2}$$

Comhecendo h, fica fácil calcular a área do paralelogramo. A fórmula é base × altura.

$$S = 6 \times \frac{3\sqrt{2}}{2} = 9\sqrt{2}$$

Resposta: (D) $9\sqrt{2}cm^2$

212) UFG – Aplicando a lei angular de Thales no triângulo ABC, encontramos o ângulo $\hat{C} = \alpha = 74°$.

Aplicadno a lei angular de Thales no triângulo CDE, encontramos o ângulo $\hat{D} = 32°$.

Finalmente, usando a lei angular de Thales no triângulo ADF, encontramos $\theta = 21°$.

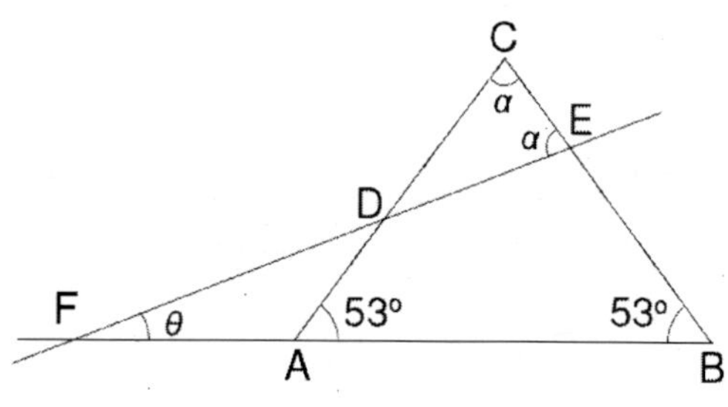

Resposta: (B) 21°

213) UNICAMP – A área dp setor circular com ângulo central α é igual a $R^2\alpha/2$. No problema, existem dois raios: a e (a + b). Como as duas regiões têm áreas iguais, a área do setor maior é o dobro da área do setor menor:

$(a+b)^2\alpha/2 = 2 \times a^2\alpha/2 =$

$(a+b)^2.\alpha/2 = 2 \times a^2.\alpha/2$. Simplificamos por α/2:

$(a+b)^2 = 2 \times a^2$

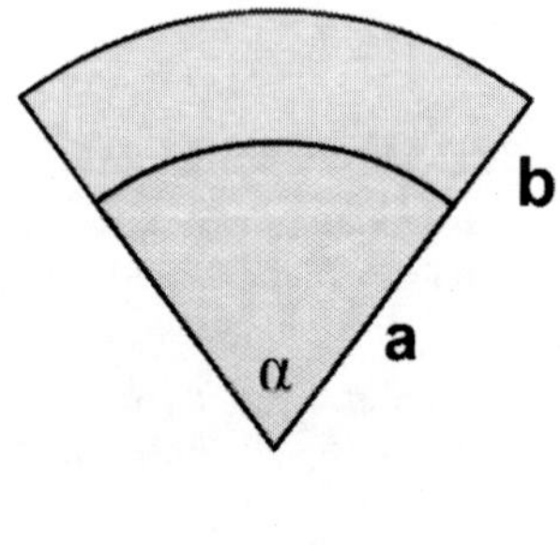

$\left(\frac{a+b}{a}\right)^2 = 2$ ➔ $\frac{a+b}{a} = \sqrt{2}$ ➔ $1 + \frac{b}{a} = \sqrt{2}$

$\frac{b}{a} = \sqrt{2} - 1$ ➔ $\frac{a}{b} = \frac{1}{\sqrt{2}-1}$, que racionalizado resulta em $\sqrt{2}+1$

Resposta: (B) $\sqrt{2}+1$

214) UFRGS – Chamemos de **a**, a medida do segmento FG, a base do triângulo PFG, chamemos de **h** a sua altura, que é igual ao lado AD do retângulo. Sendo assim, a área do triângulo PFG é:
a.h/2

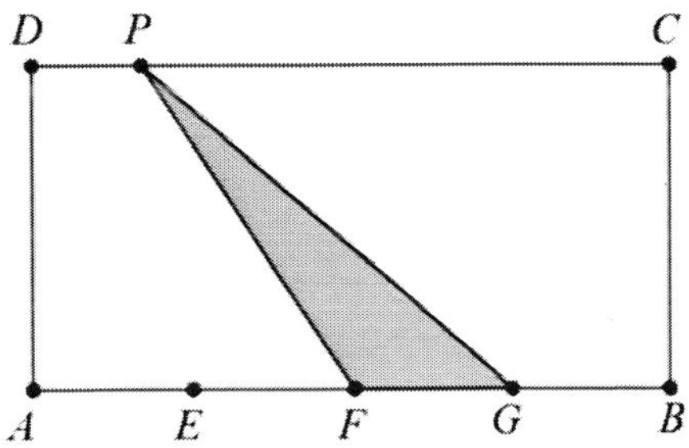

A área do retângulo ABCD é 4a.h
Portanto a razão entre essas áreas é (a.h/2)/(4a.h) = 1/8

Resposta: (A) 1/8

215) PUC Campinas – A área atendida simultaneamente pelos sinais das duas tores é a interseção dos dois círculos, ou seja, os dois segmentos circulares com a corda comum PQ. Cada um desses segmentos é igual a um setor de 60°, menos um triângulo equilátero de lado igual a 6.

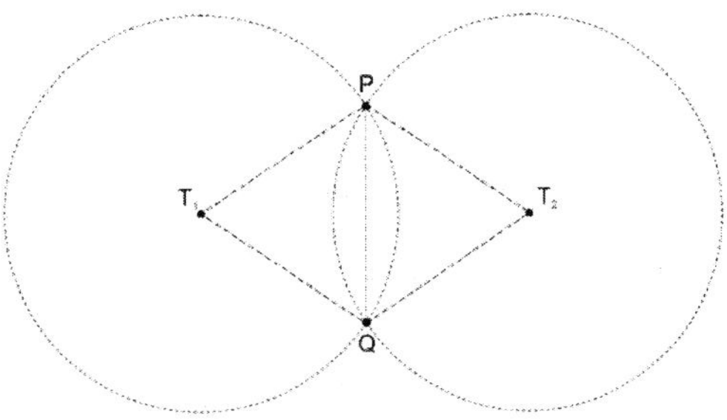

Setor de 60°: 1/6 (πR^2) = (1/6). ($\pi 6^2$) = 6π

Triângulo equilátero de lado 6: (a área do triângulo equiláterio de lado L é $L^2\frac{\sqrt{3}}{4}$)

$= 6^2\frac{\sqrt{3}}{4} = 9\sqrt{3}$

A área de um segmento é a diferença entre essas áreas: $6\pi - 9\sqrt{3}$

A área pedida é igual a dois desses segmentos, ou seja, $12\pi - 18\sqrt{3}$

Resposta: (B) $12\pi - 18\sqrt{3}$

216) UF Pelotas – É fácil ver que a área sombreada é 1/16 da áera do quadrado maior. Basta então calcular o seu lado.
O problema informa que o valor numérico da área é igual ao valor numérico da medida do perímetro, portanto:
$a^2 = 4a$ ➔ a = 4
Sendo assim, sua área é 16, e a área sombreada é 1/16 disso, ou seja, 1.

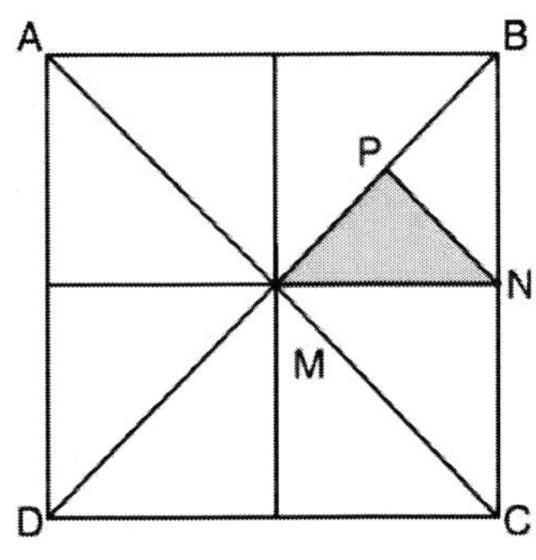

Resposta: (D) 1

217) IFCE – Para responder ao que o problema pergunta, temos que saber as medidas dos lados do retângulo e do quarado. Poderíamos chamar os lados do retângulo de **a** e **b**, mas para evitar trabalhar com frações, vamos chama-los de 6a e 6b. O perímetro do retângulo é 12a + 12b, que é o triplo do perímetro do quadrado. O perímetro do quadrado é portanto a terça parte disso, ou seja, 4a + 4b. Logo, cada lado do quadrado mede a + b.

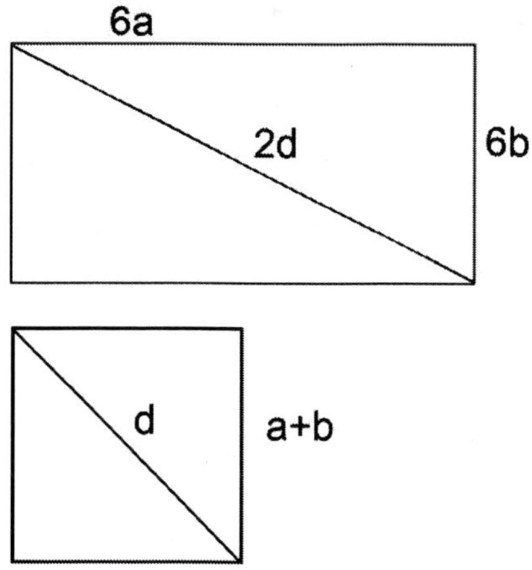

Agora usamos o Teorema de Pitágoras nos dois triângulos da figura:

Retângulo: $4d^2 = 36a^2 + 36b^2$

$d^2 = 9a^2 + 9b^2$

Quadrado $d^2 = (a + b)^2 + (a + b)^2$

Ficamos então com

$9a^2 + 9b^2 = 2(a + b)^2$.

Nessa expressão podemos ver a área do quadrado $(a+b)^2$ e a área do retângulo (36ab). Basta escrever na forma:

$9a^2 + 18ab + 9b^2 = 2(a + b)^2 + 18ab$

$9(a + b)^2 = 2(a + b)^2 + 18ab$

$7(a + b)^2 = 18ab$

Esses valores são 8 vezes a área do quadrado, e a metade da área do retângulo:

$7Q = R/2$

$R = 14Q$

(E) quatorze vezes a área de Q.

218) FATEC – O triângulo AOE tem a mesma área do triângulo ABE, pois ambos têm a mesma altura AO, e bases iguais BD=OE.

A área do triângulo AOB é a metade da área do quadrado MBOA. Sendo assim, a área do triângulo AEB vale 1/4 da área do quadrado MBOA. O mesmo se aplica para os quatro triângulos que são equivalentes a AEB, e para os quatro quadrados que são equivalentes a MBOA. Essa razão é igual a 4.

Resposta: (B) 4

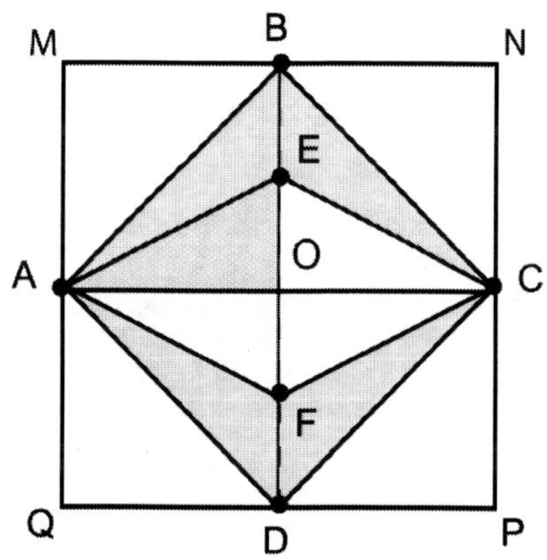

219) ENEM – Chamando as distâncias de **m**, **n** e **h** como na figura, podemos escrever da semelhança entre os triângulos existentes:

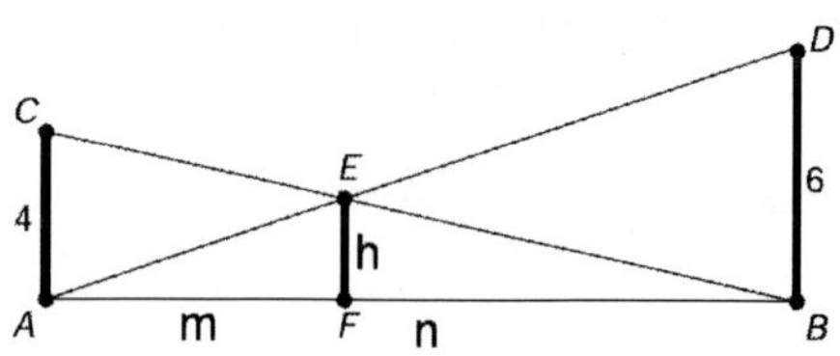

Δ ABC ~ Δ EBF ➔ $\frac{h}{4} = \frac{n}{m+n}$

Δ ADB ~ Δ AEF ➔ $\frac{h}{6} = \frac{m}{m+n}$

Somando as duas relações ficamos com:

$$\frac{h}{4}+\frac{h}{6}=\frac{m+n}{m+n}=1$$

$$\frac{6h}{24}+\frac{4h}{24}=1$$

$$h=\frac{24}{10}=2{,}4$$

Resposta: (C) 2,4m

220) FGV – Chamemos os catetos de 2x e 3x (3x é 50% superior a 2x). A hipotenusa, calculada pelo Teorema de Pitágoras é

$\sqrt{4x^2+9x^2}=x\sqrt{13}$

Para termos $\sqrt{52}=x\sqrt{13}$, devemos ter $x=2$

Os catetos são portanto, 4 e 6. A altura relativa à hipotenusa pode ser calculada por uma fórmula própria, que vale apenas para o triângulo retângulo:

$$h=\frac{bc}{a}=\frac{2x.3x}{x\sqrt{13}}=\frac{6x}{\sqrt{13}}=\frac{12}{\sqrt{13}}=\frac{12\sqrt{13}}{13}$$

Resposta: (C) $\frac{12\sqrt{13}}{13}$

Resoluções do teste 23

221) UNISINOS – A área sombreada pode ser calculada como a subtração de duas áreas:

1) Setor de 90° de um círculo de raio 20, que é o lado do quadrado.

2) Semicírculo de raio 10, que é a metade do lado do quadrado.

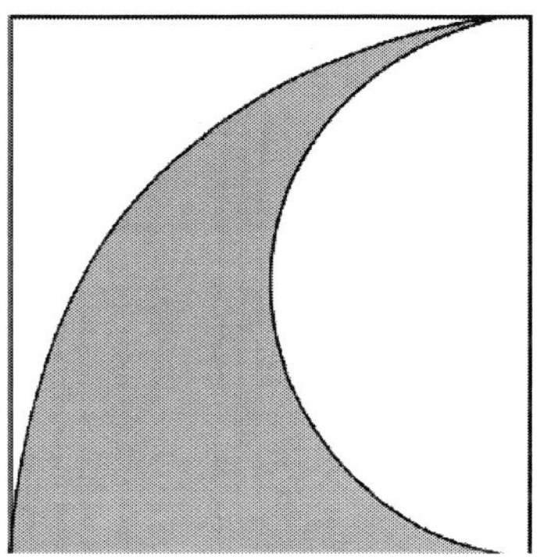

$$S=\frac{\pi.20^2}{4}-\frac{\pi.10^2}{2}=100\pi-50\pi=50\pi$$

Resposta: (C) 50π

222) USP – C1 é igual ao comprimento do arco de ângulo central igual a π/6.

C1 = R. π/6 (arco é igual ao raio multiplicado pelo ângulo central, em radianos).

C2 pode ser calculado usando a Lei dos Cossenos:

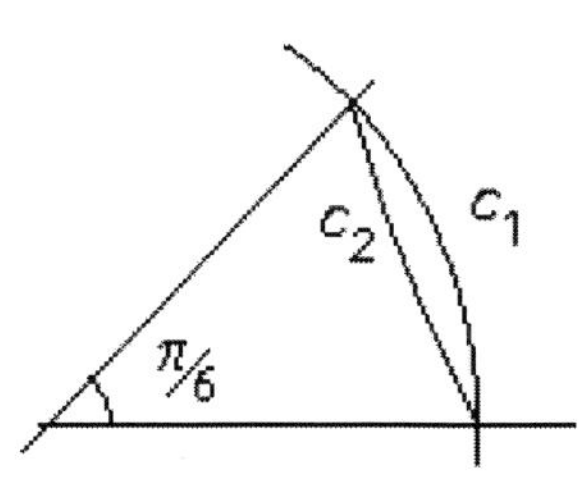

$$C2^2=R^2+R^2-2R.R.\cos(\pi/6)$$

$$C2^2=R^2\left(2-2.\frac{\sqrt{3}}{2}\right)$$

$$C2=R\sqrt{2-\sqrt{3}}$$

A razão C1/C2 vale π/6 multiplicado por:

$$\frac{C1}{C2}=\frac{R.\pi/6}{R\sqrt{2-\sqrt{3}}}=\frac{\pi}{6}.\frac{1}{\sqrt{2-\sqrt{3}}}$$

Usando o fator racionalizante na expressão encontrada, temos:

$$\frac{1.\sqrt{2+\sqrt{3}}}{\sqrt{2-\sqrt{3}}\sqrt{2+\sqrt{3}}}=\sqrt{2+\sqrt{3}}$$

Resposta: (C) $\sqrt{2+\sqrt{3}}$

223) UDESC – A área pedida é igual a um triângulo equilátero de lado 2R, menos um setor de 60° de um círculo de raio R.

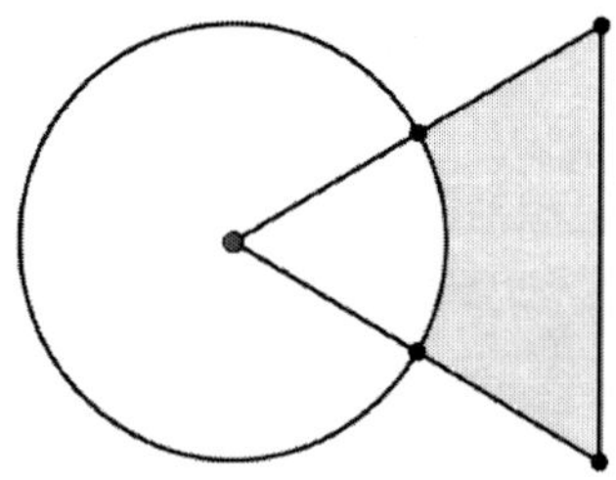

Área do triângulo equilátero: $\frac{L^2\sqrt{3}}{4}$

Área do setor circular: $\frac{R^2}{2}.\alpha$

Ficamos então com:

$$\frac{4R^2\sqrt{3}}{4}-\frac{R^2}{2}.\frac{\pi}{3}=R^2\left(\sqrt{3}-\frac{\pi}{6}\right)$$

Se o lado do triângulo mede 6 cm, então o raio do círculo mede 3 cm. Ficamos com:

$$9\left(\sqrt{3}-\frac{\pi}{6}\right)$$

Resposta: (E) $9\left(\sqrt{3}-\frac{\pi}{6}\right)cm^2$

224) UF Uberlândia – O triângulo ABF tem ângulos de 120° e 30°. Logo o terceiro ângulo, $\hat{F}$, também mede 30°. Por isso o triângulo ABF é isósceles, e AB=BF=6.

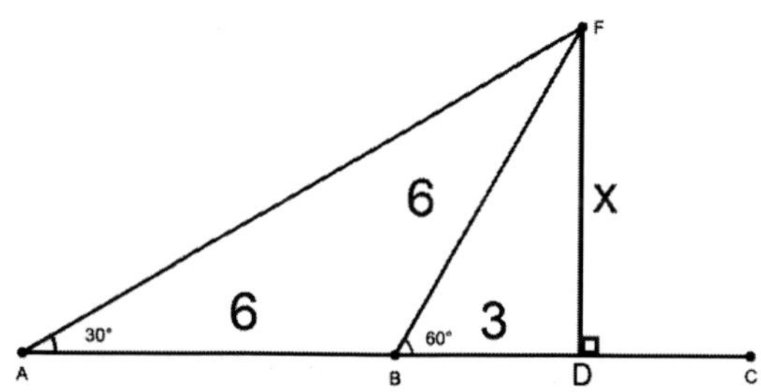

O triângulo FBD é do tipo 30°-60°-90°, assim como também é o triângulo ADF. Sabemos que nesse triângulo, o cateto oposto a 30° vale a metade da hipotenusa, e que o cateto maior é igual ao cateto menor vezes $\sqrt{3}$. Este triângulo aparece em praticamente todas as provas de concursos, é bom conhecê-lo.

Portanto, a medida x vale $3\sqrt{3}$ (cateto BD multiplicado por $\sqrt{3}$) e a medida AF mede o dobro de x, $6\sqrt{3}$

Resposta: (C) $3\sqrt{3}$ e $6\sqrt{3}$

225) UFES – Basta usar a Lei dos Cossenos no triângulo indicado. Seu ângulo central é 30°, 1/12 de 360°. Sendo R o raio, temos:

$X^2 = R^2 + R^2 - 2R.R.\cos(30°)$

$$X^2 = R^2 + R^2 - 2R.R.\cos(30°)$$

$$X^2 = R^2\left(2 - 2.\frac{\sqrt{3}}{2}\right)$$

$$X = R\sqrt{2-\sqrt{3}}$$

Como R=15, ficamos com

$$X = 15\sqrt{2-\sqrt{3}}$$

Resposta: (E) $15\sqrt{2-\sqrt{3}}$

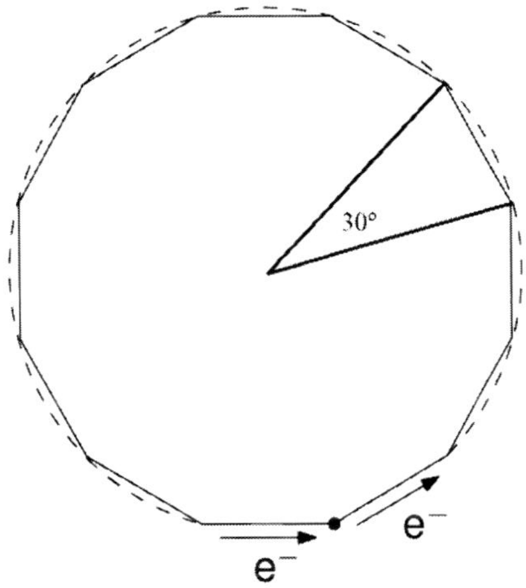

226) UFLA – Ao invés de chamar o segmento AB de 2, vamos chama-lo de 2b. Assim evitamos o uso de frações, e facilitamos os cálculos.

O triângulo ABC é do tipo retângulo isósceles. Com dois catetos valendo 2b, a hipotenusa mede $2b\sqrt{2}$. Aplicando o Teorema de Pitágoras no triângulo BCD, com catetos 2b e b, encontramos para a hipotenusa, $b\sqrt{5}$. Como o perímetro do polígono ABCDEA é 8, temos:

$$b\sqrt{5} + 2b\sqrt{2} + 5b = 8$$

$$b = \frac{8}{\sqrt{5} + 2\sqrt{2} + 5}$$

A medida **a** original do problema vale o dobro desse valor.

Resposta: (C) $\dfrac{16}{5 + 2\sqrt{2} + \sqrt{5}}$

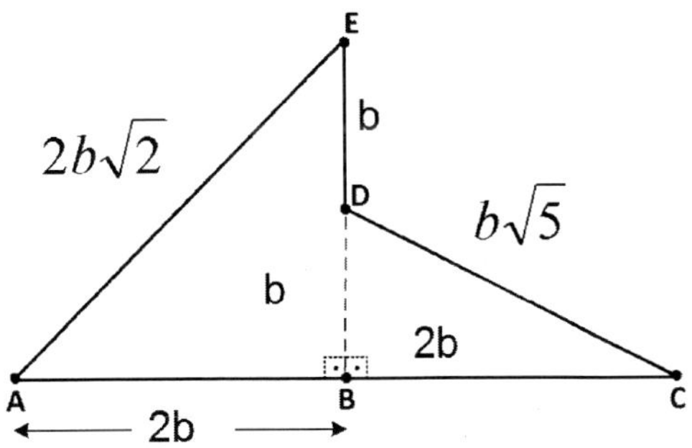

227) UFPB – Praticamente sem fazer cálculos, encontramos as medidas indicadas na figura. Para isso, basta lembrar de dois triângulos "famosos" que aparecem em praticamente todas as provas:

Triângulo 45°-45°-90°

Triângulo 30°-60°-90°.

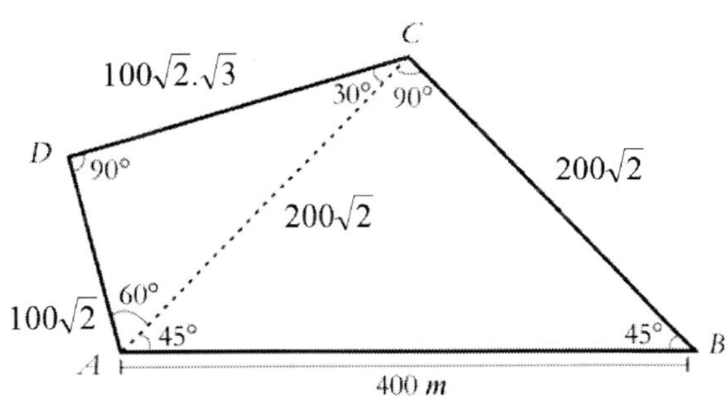

No primeiro, a relação entre a hipotenusa e os catetos é igual a $\sqrt{2}$.

No segundo, o cateto oposto a 30° vale a metade da hipotenusa, e o cateto maior é igual ao menor multiplicado por $\sqrt{3} = 1{,}73$.

Em função disso encontramos os valores dos segmentos indicados na figura.

$$CA = CB = 200\sqrt{2}$$

$DA = 100\sqrt{2}$

$CD = 100\sqrt{2}.\sqrt{3}$

Com essas informações podemos calcular as áreas dos triângulos ABC e ACD. A área total será:

$$\frac{200\sqrt{2}.200\sqrt{2}}{2} + \frac{100\sqrt{2}.100\sqrt{2}.\sqrt{3}}{2}$$

$$= 40000 + 10.000\sqrt{3} = 40.000 + 17300 = 57300$$

Resposta: (C) 57.300 m^2

228) UFRN – Das relações métricas no triângulo retângulo, temos que h^2 = m.n. Isso é o mesmo que dizer que $h = \sqrt{m.n}$, portanto, h é a média geométrica dos segmentos m e n.

Da mesma forma, h é menor ou igual ao raio do círculo. Mas o raio do círculo é (m+n)/2. Então temos:

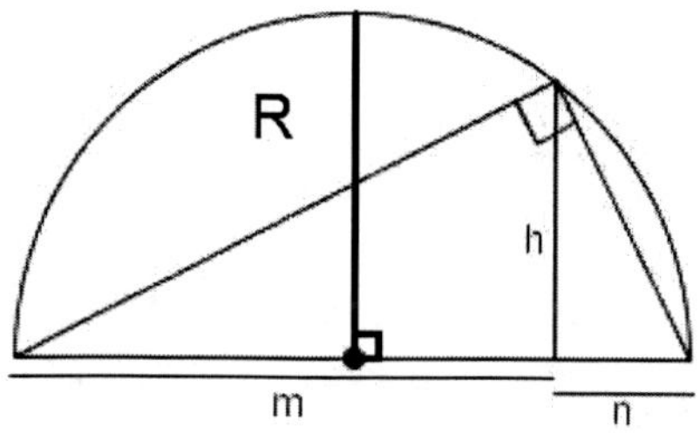

$$h \leq \frac{m+n}{2} \qquad \text{e} \qquad \sqrt{m.n} \leq \frac{m+n}{2}$$

Isto significa que a média geométrica de dois números é menor ou igual que a média aritmética. Vale a igualdade quando os números envolvidos são iguais, o que faz h ser exataente igual ao raio.

Resposta: (C) menor ou igual à média aritmética desses números.

229) UNICAMP – Podemos calcular o ângulo θ através da sua tangente. Temos:

θ = BÂD - BÂC

Lembremos da fórmula da tangente da diferença entre dois ângulos:

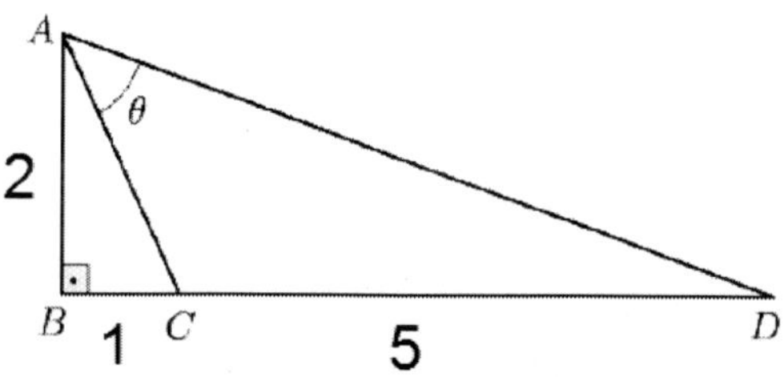

$tg(a-b) = \dfrac{tg(a) - tg(b)}{1 + tg(a).tg(b)}$. Logo

$$tg(\theta) = \frac{tg(\text{BÂD}) - tg(\text{BÂC})}{1 + tg(\text{BÂD})tg(\text{BÂC})}$$

$$= \frac{3 - 1/2}{1 + 3.1/2} = \frac{5/2}{5/2} = 1$$

Se a tangente de θ é 1, então θ = 45°.

Resposta: (C) 45°

230) USP – Os valores indicados no enunciado foram marcados na figura. Traçamos por F e E, paralelas ao lado menor do retângulo. Da semelhança entre os triângulos FNC e FAB, vemos que suas alturas x e y têm soma igual a 2, e a razão entre elas é igual à razão de semelhança desses dois triângulos, que é 2:4.

Portanto a altura x mede 2/3 e a altura y mede 4/3.

Sabendo a altura y, podemos calcular a área do triângulo ABF:

$$S1 = \frac{4 \times 4/3}{2} = \frac{8}{3}$$

Podemos usar a mesma técnica para calcular a área do triângulo AEB. Traçamos por M uma paralela ao lado maior, e por E uma paralale ao lado menor.

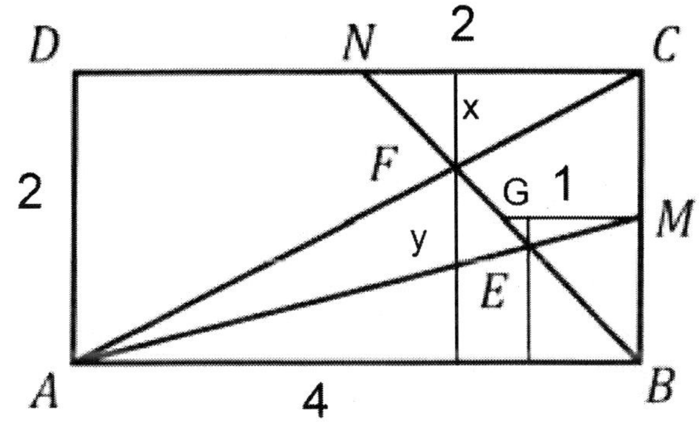

A medida deste segmento passando por M, MG, é igual a 1, pois é base média do triângulo BNC. Como MG=1 e AB=4, a razão de semelhança entre os triângulos EMG e EAB é 1:4. Logo a altura traçada de E do triângulo EAB vale 4/5 da altura total, que é 1. Portanto a altura traçada de E vale 4/5.

Agora podemos calcular a área do triângulo AEB:

$$S2 = \frac{4 \times 4/5}{2} = \frac{8}{5}$$

A área pedida é a diferença entre as áreas S1 e S2, ou seja:

$$\frac{8}{3} - \frac{8}{5} = \frac{16}{15}$$

Resposta: (D) 16/15

Resoluções do teste 24

231) ENEM – Dividimos o trapézio em três triângulos equivalentes, ou seja, de mesma área. Já que os pontos M, N e P são médios dos lados, o segmento PM é paralelo a AC (base média), e também MN é paralelo a AB.

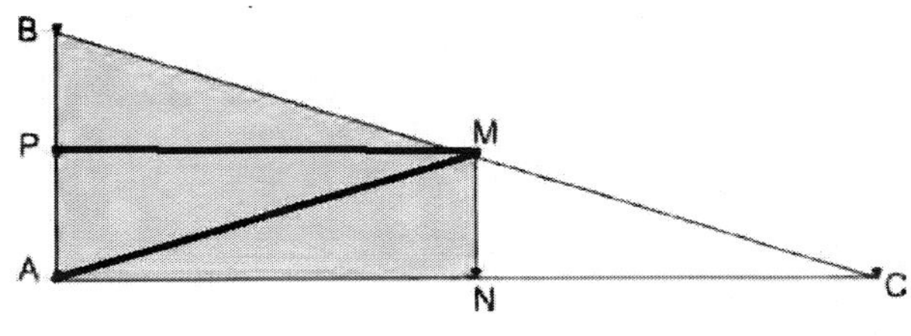

Portanto esses triângulos têm seus ângulos respectivamente iguais. Também aparecem lados de mesmas medidas: PM = NA = CN e MN = PB = PA. Sendo assim, a figura tem 4 triângulos de mesma área. Logo a área do trapézio ABMN é o triplo da área do triângulo CMN.

Resposta: (E) ao triplo da área do triângulo MNC.

232) UFMG – O triângulo ABC pode ter a área calculada pela sua base BC e pela altura traçada de A, que vale a/2, a metade do lado do triângulo equilátero.

Portanto esta área é:

$$\frac{1}{2} \times a \times \frac{a}{2} = \frac{a^2}{4}$$

Resposta: (B) $\frac{a^2}{4}$

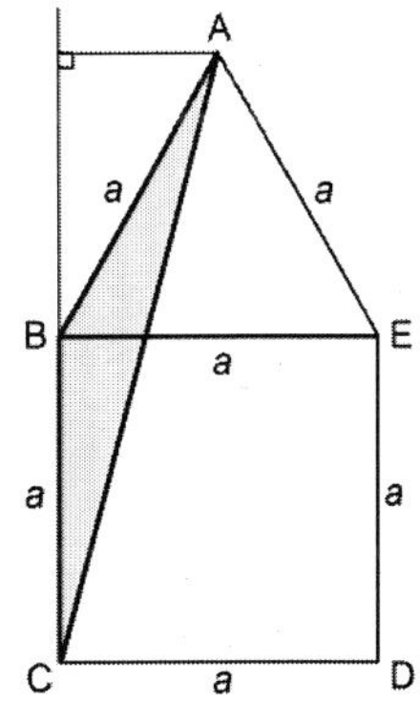

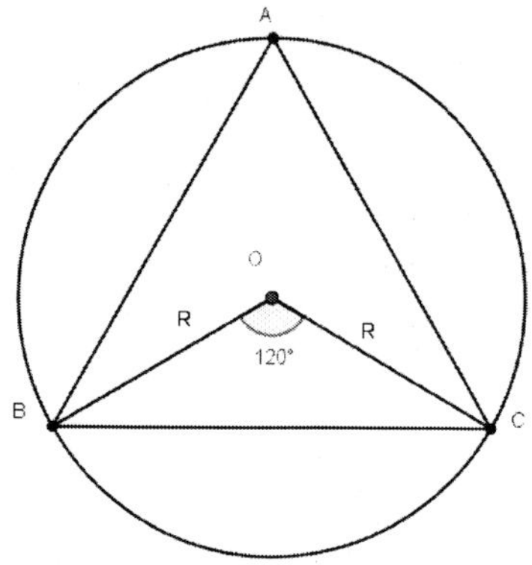

233) UFES – Sabendo o lado do triângulo equilátero, podemos calcular a sua área pela fórmula $S = \dfrac{L^2\sqrt{3}}{4}$, que calcula a área de um triângulo equilátero em função do seu lado.
O lado, por sua vez, pode ser calculado com o uso da Lei dos Cossenos.

$$L^2 = R^2 + R^2 - 2R.R.\cos(120°)$$

$$L^2 = 2R^2 - 2R^2\left(-\frac{1}{2}\right)$$

$$L = R\sqrt{3}$$

Portanto a área do triângulo é

$S = \dfrac{3R^2\sqrt{3}}{4}$. Como o raio vale 20 cm, esta área é

$$S = 300\sqrt{3}$$

Resposta: (C) $300\sqrt{3}$

234) UFPR – A figura apresenta um "famoso" triângulo retângulo, aquele que tem lados proporcionais a 5, 12 e 13. Devemos desconfiar dele sempre que vemos uma hipotenusa com medida que seja um múltiplo de 13, como é o caso de 3,9. Tal hipotenusa é 13 × 0,3. O cateto de valor 1,5 pode ser expresso como 5 × 0,3, Então o terceiro cateto, que é a distância entre o bloco e a parede, vale 12 × 0,3 = 3,6. Operar dessa fórmula é melhor que usar o Teorema de Pitágoras com valores decimais.

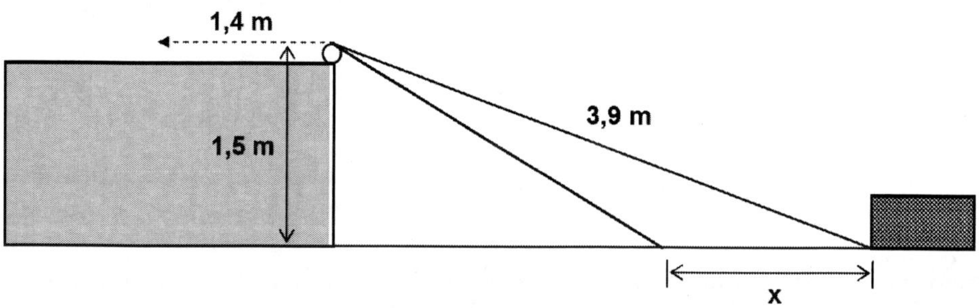

Depois de puxar a corda por 1,4 metros, o bloco se moverá, e a nova hipotenusa, ou seja, o comprimento de corda entre a polia e o bloco, será 3,9 – 1,4 = 2,5.
Agora o novo triângulo formado terá cateto 1,5 e hipotenusa 2,5. São medidas proporcionais a 3 e 5, ou seja, 3 × 0,5 e 5 × 0,5. Então o outro cateto será 4 × 0,5 = 2 metros.
Portanto a distância x que o bloco irá andar é igual a 3,6 m – 2,0 m = 1,6 m.

Resposta: (C) 1,6m

235) UFPA – Temos quatro hipotenusas para calcular. Em cada um dos triângulos envolvidos, temos um cateto D = 12, e catetos valendo L=9, 2L=18 e 3L=27.

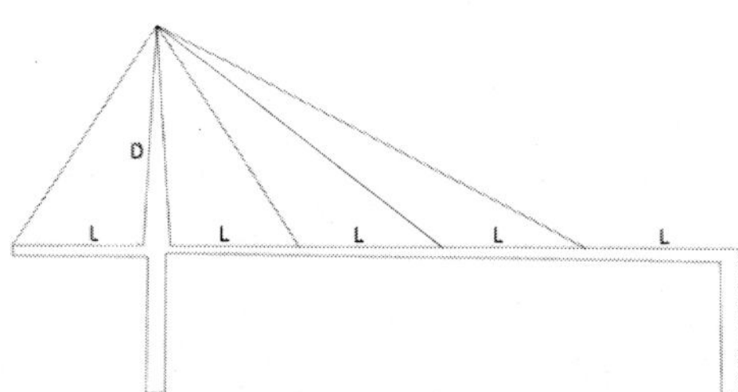

Essas hipotenusas são:

$\sqrt{12^2 + 9^2} = 15$ (dois cabos com esta medida)

$\sqrt{12^2 + 18^2} = 6\sqrt{13}$

$\sqrt{12^2 + 27^2} = 3\sqrt{97}$

Podemos evitar esses cálculos, trabalhando com números menores:
Catetos 12 e 9: Fazendo a divisão por 3, ficamos com 4 e 3, a hipotenusa é 5. Multiplicando de volta por 3, resulta em 15.

Catetos 12 e 18: Fazendo a divisão por 6, ficamos com 2 e 3. A hipotenusa é $\sqrt{13}$. Multiplicando novamente por 6, ficamos com $6\sqrt{13}$.

Catetos 12 e 27. Fazendo a divisão por 3, ficamos com 4 e 9. A hipotenusa resulta em $\sqrt{97}$. Multiplicando novamente por 3, ficamos com $3\sqrt{97}$.

Resposta: (D) $30 + 6\sqrt{13} + 3\sqrt{97}$

236) UFLA – Se os ângulos agudos do triângulo retângulo são x e 3x, já que são complementares, então x é a quarta parte do ângulo reto, e 3x é o triplo disso, ou seja, 22,5° e 67,5°. Em radianos esses ângulos são π/8 e 3π/8.

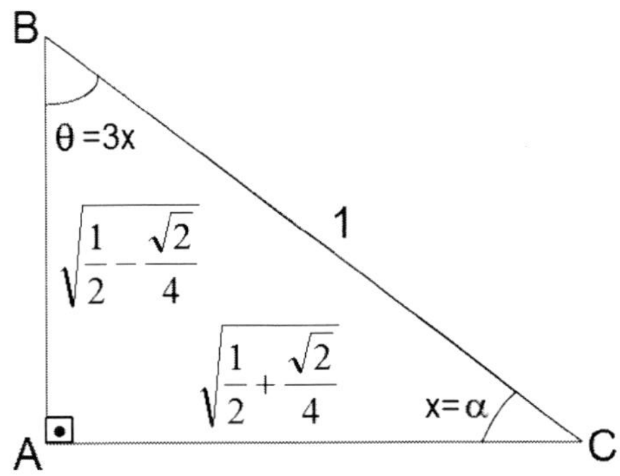

O valor de AC é $\sqrt{\frac{1}{2} + \frac{\sqrt{2}}{4}}$. Logo, levando em conta que a soma dos quadrados dos catetos é 1 (valor da hipotenusa), então o cateto AB vale $\sqrt{\frac{1}{2} - \frac{\sqrt{2}}{4}}$. Com isso podemos calcular sen(α) e cos(θ).

$$sen(\alpha) = \sqrt{\frac{1}{2} - \frac{\sqrt{2}}{4}}$$

$$\cos(\theta) = \sqrt{\frac{1}{2} - \frac{\sqrt{2}}{4}}$$

Portanto, as opções (A), (C) e (D) estão corretas, e (B) está errada.

Resposta: (B)

237) UFS – Como o triângulo ABC tem catetos iguais a 5 e 9, os triângulos XBY e CZY também terão catetos proporcionais a esses números. Chamemos então os catetos do triângulo XBY de 5k e 9k. O segmento ZY mede então o mesmo que AX,
que é 9 – 9k.
A área do retângulo AXYZ é:
5k(9 – 9k) = 45k – 45k².

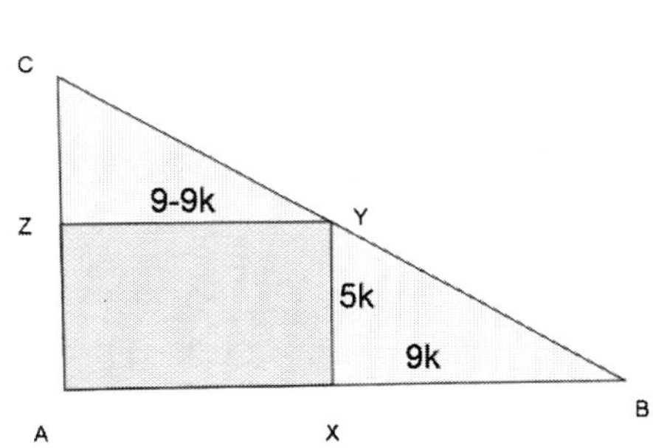

Com isso podemos analisar as afirmativas:

Um trinômio do 2º grau com concavidade voltada para baixo, e terá seu máximo para $k = -b/(2a) = -45/(-2\times45) = 1/2$.

Fazendo $k = 1/2$, encontramos as medidas de 5/2 e 9/2 para os lados do retângulo. Isto significa que os pontos X, Y e Z são médios dos respectivos lados.

(A) O seno do ângulo XYC é negativo. FALSO, este ângulo é do 2º quadrante, seu seno é positivo.

(B) A área do lote retangular AXYZ é 11,25 m^2. Esta área é $2{,}5 \times 4{,}5 = 11{,}25$: VERDADEIRO.

(C) O lado BC mede 10m. FALSO, usando o Teorema de Pitágoras, este lado resulta em $\sqrt{106}$

(D) Os lotes XBY e ZYC são regiões triangulares semelhantes que não são congruentes. FALSO, elas são semelhantes e têm a mesma área, pois os pontos X, Y e Z são médios dos seus lados.

(E) A área do lote XBY é $5m^2$. FALSO. Esta área é igual à metade da área do retângulo, ou 1/4 da área do triângulo ABC, resultando em 45/8.

Resposta: (B) A área do lote retangular AXYZ é 11,25 m^2.

238) UFSC 99 – Identifique quais afirmações são verdadeiras (V) e quais são falsas (F).

(F) Se duplicarmos o lado de um quadrado, então sua área também duplicará. FALSO. A área do quadrado na verdade ficará 4 vezes maior.

(F) Por três pontos quaisquer dados passa uma só reta. Pode passar uma única reta, se os pontos estiverem alinhados, ou até mesmo ser impossível passar uma reta por todos eles, caso não estejam alinhados, por exemplo, os vértices de um triângulo.

(V) A razão entre dois ângulos suplementares é igual a 4/5. O complemento do menor é 10°. De fato, esses ângulos seriam 80° e 100°, o complemento do menor é mesmo 10°.

(F) Com os três segmentos de comprimentos iguais a 9cm, 13cm e 23cm é possível formar um triângulo. Não é possível, pois em um triângulo, qualquer lado deve ser menor que a soma dos outros dois (condição de existência), e isso não é verificado para o lado 23.

(F) Se o raio de uma circunferência aumenta de 1m, então o comprimento da circunferência também aumenta de 1m. Não, o comprimento na verdade aumentará 1 metro vezes 2π.

(V) Três pontos distintos são sempre coplanares. Correto. Sempre existirá um plano passando pelos três pontos dados. Podemo até mesmo existir infinitos planos, caso esses pontos estejam alinhados.

239) FGV – A área do trapézio é igual a base média multiplicada pela altura. No caso, temos S=1800 e h=50, então a base média mede 36. Significa que a soma das bases vale 72.

Temos então que encontrar dois números positivos, múltiplos de 8, cuja soma seja 72. As opções são:

8 e 64, 16 e 56, 24 e 48, 32 e 40. São 4 soluções.

Resposta: (D) 4

240) UFRN – Lembrando da relação entre os lados do triângulo 30°–60°–90°, BD é um cateto oposto a 30°, então vale a metade da hipotenusa. Portanto temos $L_2 = 20$.

O triângulo ABC também é do tipo 30°–60°–90°, sendo assim, o cateto maior L_1 é igual ao cateto menor L_2, multiplicado por $\sqrt{3}$.

Sendo assim temos

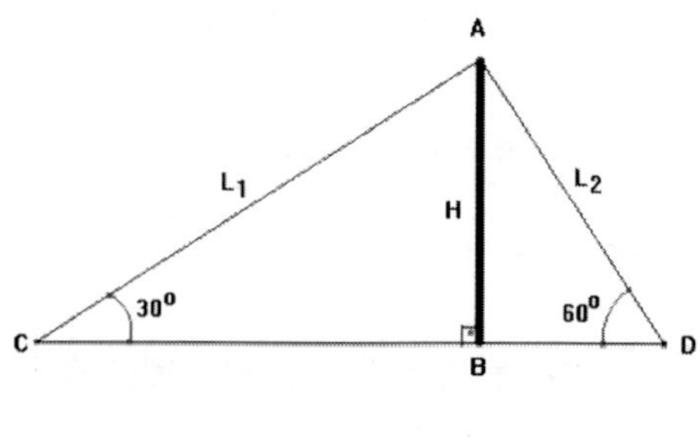

L2 = 20

L1 = $20\sqrt{3}$

Isso resulta em 20 + 20 × 1,73 = 20 + 34,6 = 54,6

Resposta: (A) 54,6

Resoluções do teste 25

241) UF São Carlos – Para facilitar a identificação da área, trecemos uma diagonal do losango sombreado, paralela à base maior. O retângulo maior fica assim dividido em duas figuras iguais. Observando atentamente cada metade em que o retângulo ficou dividido, notamos que a parte sombreada equivale à 4ª parte do retângulo correspondente. Sendo assim, a figura completa tem área igual à quarta parte do retângulo maior.

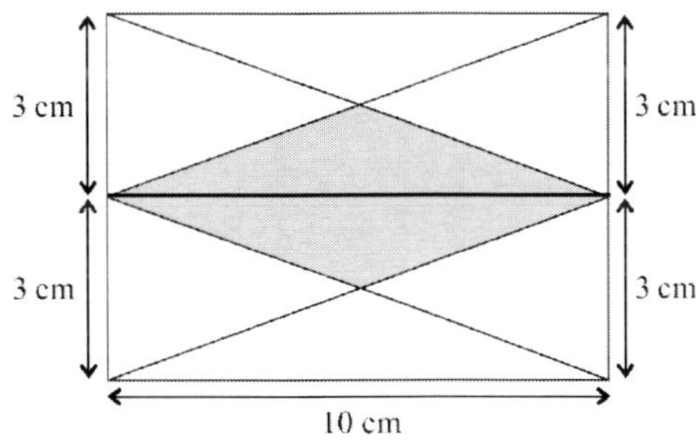

A área do retângulo maior é
10 × 6 = 60 cm^2.

Portanto a área sombreada é 60 ÷ 4 = 15.

Resposta: (A) 15

242) UFMS – Se cortarmos a figura por duas retas verticais, passando por HG e por AB, e movermos os dois semicírculos destacados para os dois espaços também em forma de semicírculos, fecharemos um retângulo completo. As dimensões desse retângulo completo HABG são 6cm e 6cm (é na verdade um quadrado). Portanto sua área é 36 cm^2.

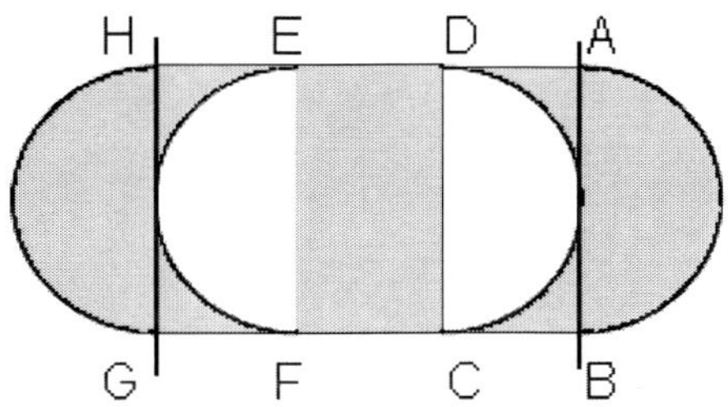

Resposta: (A) $36m^2$

OBS: O desenho que é apresentado no enunciado está errado, mas a solução é correta. Note que AHGB é um quadrado, e não um retângulo como indicado na figural. As retas verticais traçadas irão cortar os semi-círculos brancos, então nosso raciocínio de "cortar e completar" precisa de um pequeno ajuste, mas a área calculada ao final está correta.

243) UFJF – A diagonal do quadrado de lado 2 mede $2\sqrt{2}$, então este é o lado do quadrado maior. A sua diagonal mede $2\sqrt{2}.\sqrt{2} = 4$, e sua área mede $(2\sqrt{2})^2 = 8$.

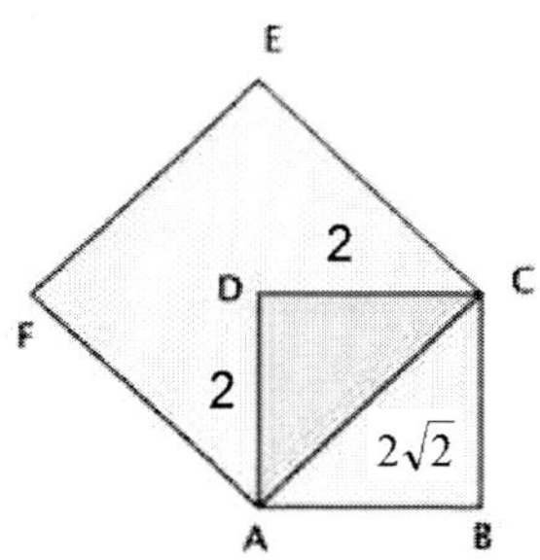

Resposta: (A) $2\sqrt{2}$, 4, 8

244) IFMT – O problema fica fácil depois de desenhada a figura. O triângulo pode ser dividido em dois triângulos retângulos, com hipotenusa 5 e cateto 4. Logo o outro cateto, que é a altura do triângulo original, mede 3. Sua área é 8 × 3 /2 = 12.

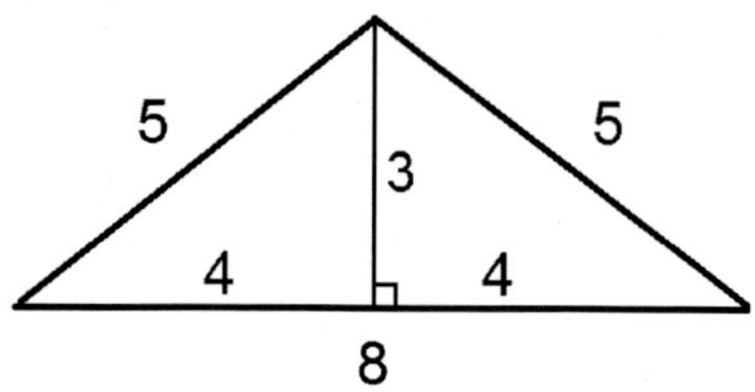

Resposta: (E) 12cm²

245) UFPR – No triângulo retângulo, o maior lado é sempre a hipotenusa, e o menor lado é um dos catetos. Podemos então descobrir a medida do outro cateto:

$12^2 = x^2 + 4^2$

$144 = x^2 + 16$

$x^2 = 144 - 16 = 128$

$x = \sqrt{128} = 8\sqrt{2}$.

Agora que sabemos os dois catetos, podemos calcular a área:

$$S = \frac{8\sqrt{2} \times 4}{2} = 16\sqrt{2}$$

Resposta: (D) $16\sqrt{2}$ **cm²**

246) UNESP – Os 9 triângulos em que o triângulo ABC foi dividido são todos iguais. Seus lados são iguais a 1/3 dos lados do triângulo ABC.
De um total de 9 triângulos iguais, a área sombreada representa 3 triângulos A razão entre essas áreas é 3/9 = 1/3.

Resposta: (E) 1/3

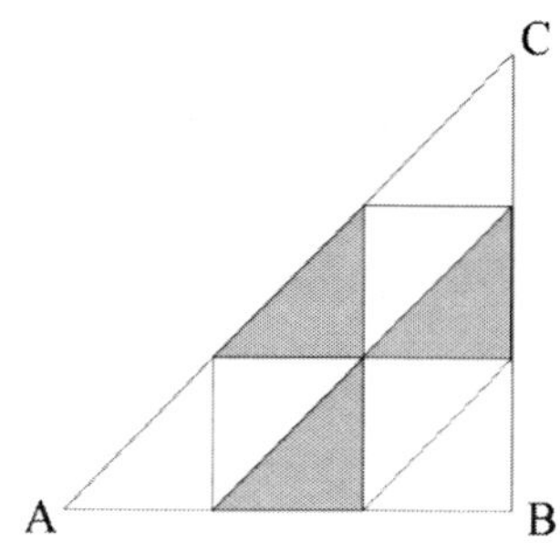

247) Mackenzie – Lembre-se que "a tangente é perpendicular ao raio". Explicando melhor, se traçamos um raio de uma circunferência, passando por um ponto de tangência, este raio será perpendicilar à tangente. Outra propriedade importante é que quando duas circunferências são tangentes, a distância enter seus centros é igual à soma dos raios.

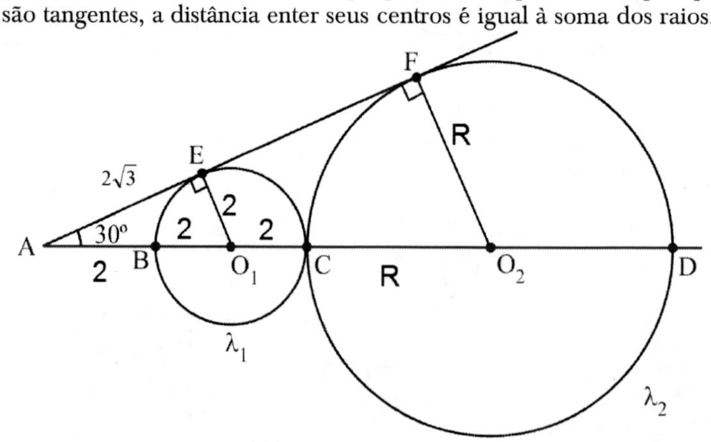

O triângulo AEO_1 é do tipo 30° – 60° – 90°. Nesse tipo de triângulo, o cateto maior é igual ao cateto menor, multiplicado por $\sqrt{3}$. Sabemos também que o cateto oposto a 30° vale a metade da hipotenusa. Logo, o raio do círculo menor vale 2, e a distância $AO_1 = 4$.

O triângulo AFO_2 também é do tipo 30° – 60° – 90°. Então sua hipotenusa vale o dobro do cateto menor. Temos portanto:

$AO_2 = 2.R$

$6+R = 2R$

$R = 6$

Resposta: (C) 2 cm e 6 cm

248) PUC Campinas – Sendo o raio x, a distância entre os centros das duas circunferências indicadas ao lado é x + 2x + x = 4x.

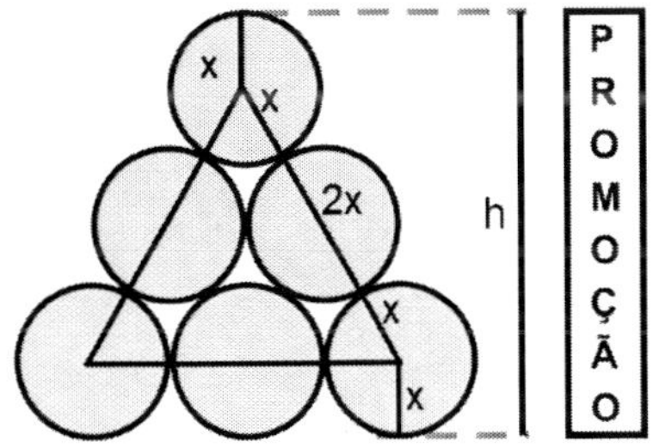

Ligando os centros das três circunferências indicadas formamos um triângulo equilátero, pois seus três lados medem 4x.

A altura do triângulo equiláterio de lado L é $L\frac{\sqrt{3}}{2}$. Como $L = 4x$, temos que a altura é $2x\sqrt{3}$.

A altura total da pilha é portanto $x + x + 2x\sqrt{3}$

Usando a aproximação $\sqrt{3} = 1{,}7$ indicada pelo problema, isso resulta em $2x + 3{,}4x = 5{,}4x$.

Resposta: (D) 5,4x

249) UFPE – A figura ao lado descreve o problema. Os postes têm a mesma altura h e são avistados por âgulos de 30° e 60° por um observaror em C. Temos portanto dois triângulos do tipo 30° – 60° – 90°, aquele que aparece em quase todas as provas.

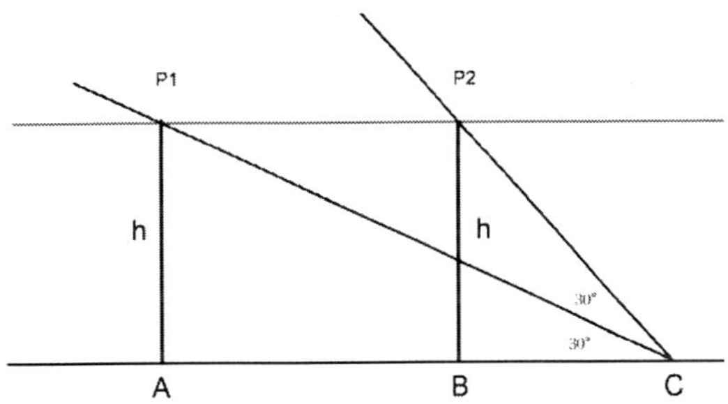

O cateto maior é igual ao cateto menor multiplicado por $\sqrt{3}$. Então

$\overline{CA} = h\sqrt{3}$.

No triângulo formado entre C e P_2, temos que:

$\overline{BC} = \frac{h}{\sqrt{3}}$.

Como a medida $\overline{AB}$ vale 40 metros:

$h\sqrt{3} - \frac{h}{\sqrt{3}} = 40$

$\frac{2h}{\sqrt{3}} = 40$ ➔ $h = 20\sqrt{3}$

A distância de C a P_2 é $\frac{h}{\sqrt{3}}$, portanto, 20 metros.

Resposta: (B) 20m

250) PUC SP – O ponto E é médio de CD, então ED=EC=4.
Os pontos F e G são médios de EA e EB, então FG é base média do triângulo EAB, e FG mede 4. A reta MFRGN é paralela a AB, então MF, RG e GN são bases médias. Cada um mede a metade da base correspondente, no caso, todos iguais a 2 cm. Logo, o segmento FR mede 9 – 2 – 2 – 2 = 2 cm.
Os triângulos QFE e QDE são semelhantes. A razão de semelhança é 2:4 = 1:2.
Sendo assim, a altura traçada por Q no triângulo QFR vale a metade da altura traçada por Q no triângulo QDE. Como a altura total é 4 (metade do lado do quadrado), temos que a altura de QFR é 1/3 de 4 = 4/3.
Agora podemos calcular a área do triângulo sombreado.

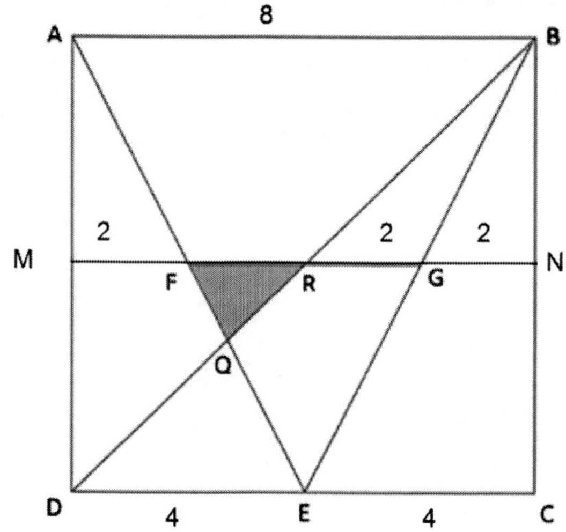

$$\frac{2\times\frac{4}{3}}{2}=\frac{4}{3}$$

Resposta: (A) 4/3

Resoluções do teste 26

251) UFT – O segmento traçado na figura ao lado, ligando a interseção das circunferências ao ponto B, é um eixo de simetria entre as duas circunferências. Portanto este semento forma ângulos iguais com os lados BA e BC, ou seja, 45°.

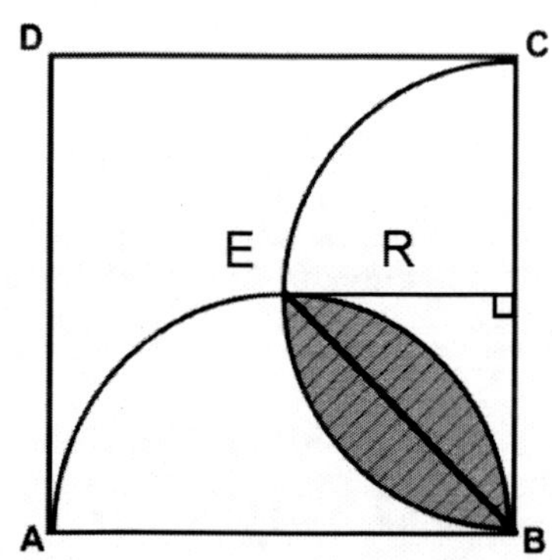

Portanto temos na figura quatro arcos de 90°. A área hachurada é igual a dois segmentos circulares de 90° de um círculo de raio R=6. Cada segmento circular é igual a 1/4 do círculo, menos um triângulo retângulo isósceles de cateto igual a R.

Então a área hachurada é:

$$2\left(\frac{\pi.R^2}{4}-\frac{1}{2}.R^2\right)cm^2=R^2\left(\frac{\pi}{2}-1\right)cm^2$$

Fazendo R = 6, resulta em

$$(18\pi-36)cm^2=18(\pi-2)cm^2$$

Resposta: (C) $18(\pi-2)cm^2$.

252) UFSM – Mais uma vez aparece o triângulo 30° – 60° – 90°, comum em praticamente todas as provas de concursos. Os chamados "ângulos da base" de um triângulo isósceles, são os dois ângulos iguais adjacentes à base, enquanto o terceiro ângulo, que é diferente dos outros dois, é o chamado "ângulo do vértice".

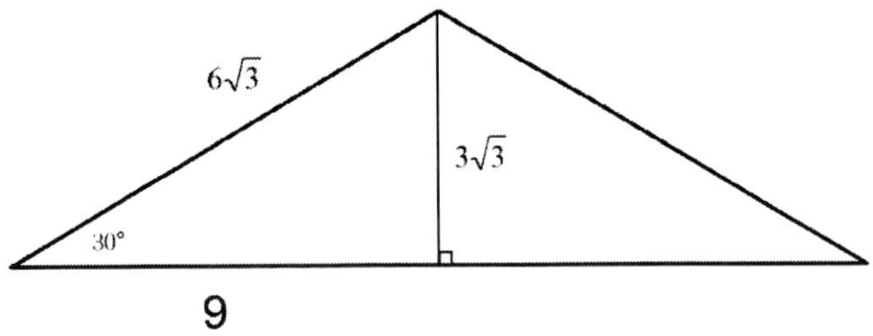

Traçando a altura do nosso triângulo isósceles, formamos dois triângulos do tipo 30° – 60° – 90°. Sabemos que nesse tipo de triângulo, o cateto menor é igual a o cateto maior, dividido por $\sqrt{3}$, e a hipotenusa vele o dobro do cateto menor.

Portanto a altura mede $9 \div \sqrt{3} = 3\sqrt{3}$, e a hipotenusa mede $6\sqrt{3}$.

Logo o perímetro deste triângulo é $18 + 2 \times 6\sqrt{3} = 6(2\sqrt{3} + 3)$

Resposta: (B) $6(2\sqrt{3} + 3)$**cm**

253) UERJ – Na figura, o triângulo ABC é do tipo 30° – 60° – 90°, e o triângulo ADE é do tipo 45° – 45° – 90°. Isto nos permite calcular as demais medidas:

BC = 20 (cateto oposto a 30° vale a metade da hipotenusa)

AB = $20\sqrt{3}$ (cateto maior é igual ao cateto menor, multiplicado por $\sqrt{3}$)

AD=DE=20 (triângulo ADE é isósceles).

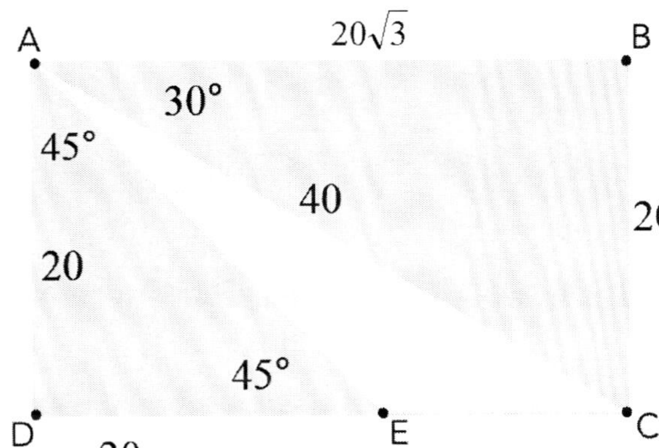

Assim, o segmento EC mede $20\sqrt{3} - 20$. A área do triângulo AEC mede:

$$\frac{20 \times (20\sqrt{3} - 20)}{2} = 200\sqrt{3} - 200$$

Fazendo $\sqrt{3} = 1{,}7$ resulta em:

340 – 200 = 140.

Respsota: (C) 140

254) UERJ – O triângulo equilátero fica dividido em dois triângulos do tipo 30° – 60° – 90°. Chamendo o lado do triângulo equilátero de 2x, temos os seguintes valores:

$AB = BC = AC = 2x$
$AH = HC = x$
$BH = x\sqrt{3}$

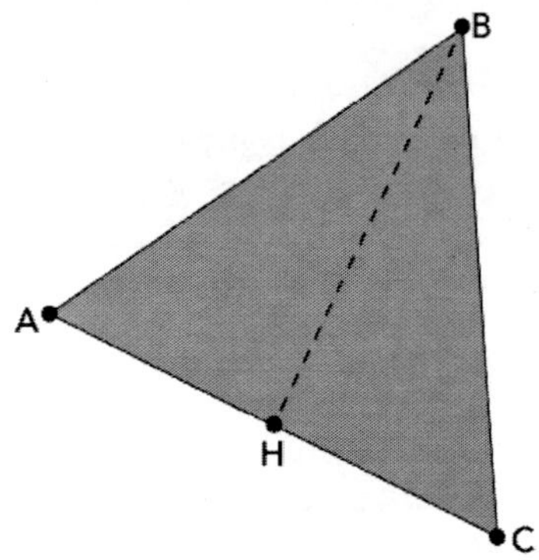

Portanto, temos

$W = 2x + x + x\sqrt{3} = x(3 + \sqrt{3}) \approx 4{,}7x$
$Y = 2x \times 3 = 6x$

Checando as respostas, vemos que a única correta é a (C), o valor 4,7x está compreendido entre 3x e 6x.

Resposta: (C) Y/2 < W < Y

255) UFG – Os triângulos ABD e ABC são do tipo 30° – 60° – 90°. Então, como AB=80, temos que BD = 40 (cateto oposto a 30° vale a metade da hipotenusa).

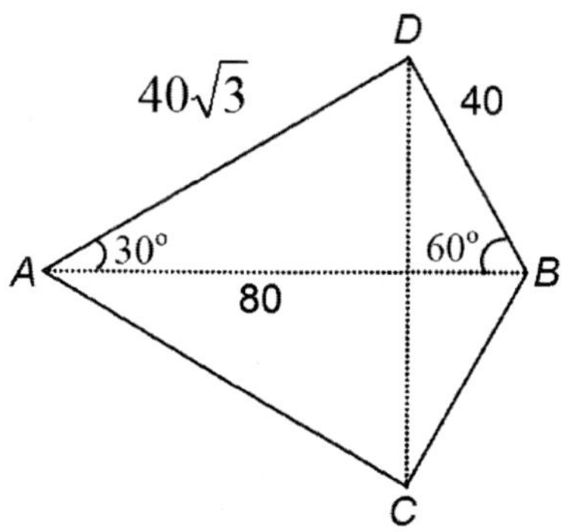

O cateto maior, AD, é igual ao cateto menor, multiplicado por $\sqrt{3}$, o que é outra propriedade do triângulo 30° – 60° – 90°.

Sabendo AD e BD, podemos calcular a área do triângulo ABD:

$S_{ABD} = \dfrac{0{,}4 \times 0{,}4\sqrt{3}}{2} = 0{,}08\sqrt{3}$ (passamos as medidas para metros).

A área da pipa é o dobro deste valor: $0{,}16\sqrt{3}$

Resposta: (B) $0{,}16\sqrt{3}$

256) UFPI – Façamos a resolução do problema com AC=a, e no final faremos a sua substituição por $\sqrt{3}$.

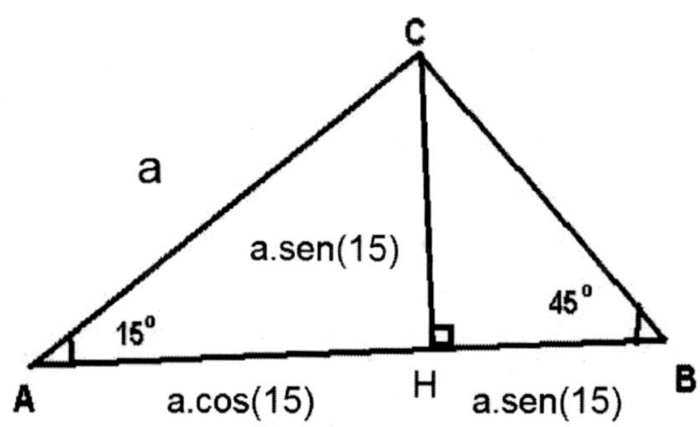

A altura CH vale a.sen(15°), e a medida AH vale a.cos(15°).
Como o triângulo CHB pe isósceles, temos HB=HC, então HB=a.sen(15°).
Podemos calcular a área do triângulo ABC, em função de **a** e do seno e cosseno de 15°:

$$S = \frac{AB \times CH}{2} = \frac{[a.\cos(15°) + a.sen(15°)] \times a.sen(15°)}{2}$$

$$= \frac{a^2}{2}.[\cos(15°) + sen(15°)] \times sen(15°)$$

$$= \frac{a^2}{2}.[\cos(15°).sen(15°) + sen^2(15°)]$$

Provavelmente você não se lembra dos valores de seno e cosseno de 15°. Então usaremos algumas substituições trigonométricas corriqueiras para usar outros ângulos mais conhecidos. Primeiro, temos que sen(2x) = 2.sen(x).cos(x), uma identidade muito útil. Isso é o mesmo que sen(x).cos(x) = [sen(2x)]/2

Então sen(15°).cos(15°) = [sen(30°)]/2 = 1/4.

Já a expressão $sen^2(15°)$ pode ser obtida da identidade:

$\cos(2x) = \cos^2(x) - sen^2(x) = 1 - 2.sen^2(x)$. Isso é o mesmo que:

$sen^2(x) = \frac{1-\cos(2x)}{2}$. Portanto $sen^2(15°) = \frac{1-\cos(30°)}{2}$

Sendo assim, a área calculada pode ser expressa da forma:

$= \frac{a^2}{2}.\left[\frac{sen(30°)}{2} + \frac{1-\cos(30°)}{2}\right]$. Substituindo os valores do seno e cosseno de 30°, ficamos com:

$$= \frac{a^2}{2}.\left[\frac{1}{4} + \frac{1-\frac{\sqrt{3}}{2}}{2}\right] = \frac{a^2}{2}.\left[\frac{3}{4} - \frac{\sqrt{3}}{4}\right]$$

Fazendo $a = \sqrt{3}$, ficamos com:

$$S = \frac{1}{8}\left[9 - 3\sqrt{3}\right] = \frac{3}{8}\left[3 - \sqrt{3}\right].$$

Uma expressão totalmente diferente das respostas apresentadas. Todas as respostas apresentam radicais duplos. Vamos então exprimir a expressão $(3-\sqrt{3})$ como uma raiz quadrada:

$$(3-\sqrt{3}) = \sqrt{(3-\sqrt{3})^2} = \sqrt{12-6\sqrt{3}}$$

Sendo assim, a área calculada resulta em:

$$S = \frac{3}{8}\sqrt{12-6\sqrt{3}}$$

Resposta: (D) $\frac{3}{8}\left(\sqrt{12-6\sqrt{3}}\right)$ **cm²**

257) UFMS - Chamemos o lado do quadrado e dos triângulos de 2a. Isso não é obrigatório, é só um recurso para melhorar a visualização e dificultar um pouco erros de cálculo. Usamos 2a ao invés de a, para evitar as frações. (a = 1/2)

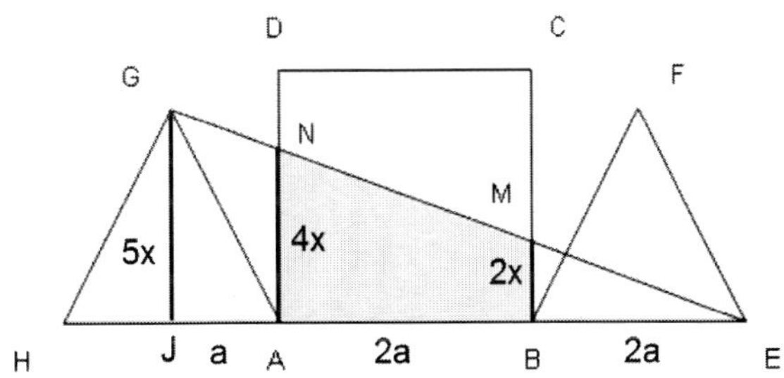

Note que na figura existem três triângulos semelhantes: EGJ, ENA e EMB. As medidas dos segmentos verticais têm esses valores (5x, 4x e 2x), devido à semelhança, pelos catetos correspondentes serem JE=5a, AE=4a, e BE = 2a.

A medida GJ, igual a 5x, é a altura de um triângulo equilátero de lado 2a.

$$GJ = 5x = \frac{2a\sqrt{3}}{2} \qquad x = \frac{a\sqrt{3}}{5}.$$

Isto nos permite calcular a área do trapézio: Base média × altura.

$$S_{ANMB} = \frac{4x+2x}{2} \times 2a = 6x.a$$

$$= 6.\frac{a\sqrt{3}}{5}.a = \frac{6a^2\sqrt{3}}{5}$$

Como a vale 1/2, a área pedida é $\frac{3\sqrt{3}}{10}$

Resposta: (E) $\frac{3\sqrt{3}}{10}$

258) UFJF – A forma mais fácil de calcular a área sombreada é usando subtração de áreas. Calculemos a área do retângulo e subtraímos as áreas dos três triângulos brancos. Os lados do retângulo não foram fornecidos, mas esses valores não são necessários para encontrar a razão entre as áreas indicadas. Chamemos o lado maior do retângulo de 2a e o menor de 2b.

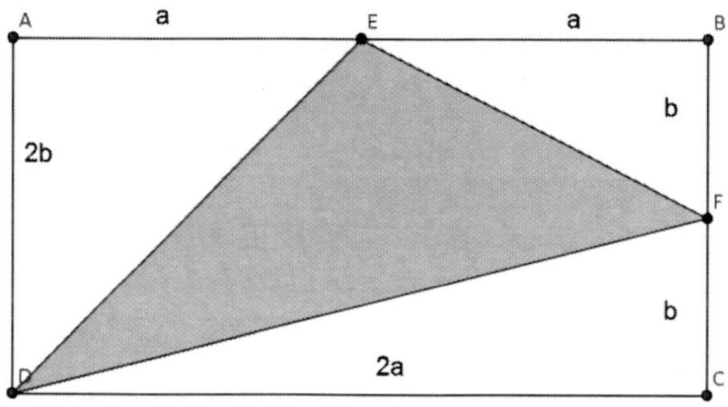

A área do retângulo é 4ab. As áreas dos triângulos brancos são:
AED: a.2b/2 = ab
EBF: a.b/2
FCD: 2a.b/2 = ab
Logo a área do triângulo EFD vale:
4ab – ab – ab – ab/2 = 3ab/2
A razão entre as áreas pedidas é
(3ab/2) ÷ (4ab) = 3/8

Resposta: (B) 3/8

259) IFMT – Como já conhecemos a base AD do triângulo APD, falta apenas a sua altura para calcular a área. Esta altura é igual ao lado do quadrado menos a altura do triângulo equilátero:

$$h = a - \frac{a\sqrt{3}}{2} = a\frac{2-\sqrt{3}}{2}$$

Agora calculamos a área pedida:

$$\frac{1}{2} \times a\frac{2-\sqrt{3}}{2} \times a = \frac{a^2(2-\sqrt{3})}{4}$$

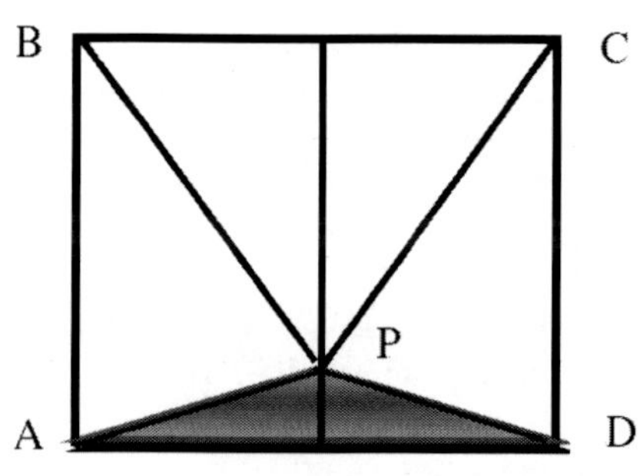

Resposta: (C) $\frac{a^2(2-\sqrt{3})}{4}$

260) UFRGS - A área sombreada é igual à área de um quadrado de lado 2R, menos quatro setores de 90°, ou seja, um círculo completo de raio R.

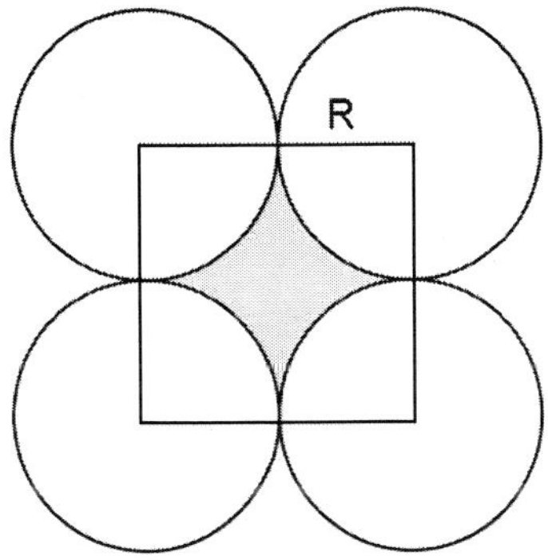

$S = 4R^2 - \pi R^2 = R^2(4-\pi)$

A razão entre as áreas pedidas é

$$\frac{\pi R^2}{R^2(4-\pi)} = \frac{\pi}{(4-\pi)}$$

Resposta: (D) $\dfrac{\pi}{4-\pi}$

Resoluções do teste 27

261) UFLA - Das relações trigonométricas no triângulo retângulo a definição de seno de um ângulo é o cateto oposto dividido pela hipotenusa. Então o cateto é igual ao produto da hipotenusa multiplicado pelo seno do ângulo oposto.

Sendo assim, de acordo com a figura, $\overline{AB} = \overline{BC}.\text{sen}(\hat{C})$.

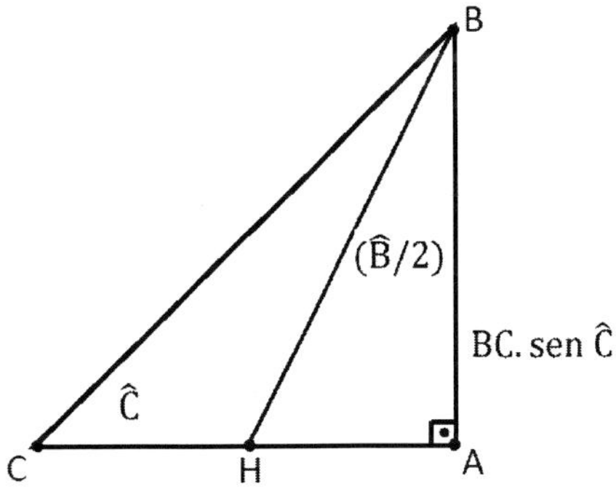

Da mesma forma, a definição de tangente é a relação entre os catetos. Portanto um cateto é igual ao outro cateto, multiplicado pela tangente do ângulo oposto.

Então $\overline{HA} = \overline{AB}.\text{tg}\left(\frac{\hat{B}}{2}\right)$

$$\overline{HA} = \overline{BC}.\text{sen}(\hat{C}).\text{tg}\left(\frac{\hat{B}}{2}\right)$$

Resposta: (C) BC. sen $\hat{C}$. tg$(\hat{B}/2)$

262) UNICAMP - Primeiramente calculemos BD usando a lei dos cossenos:

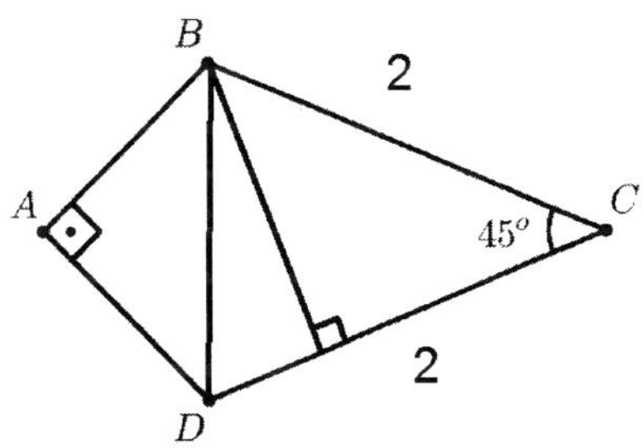

$BD^2 = 2^2 + 2^2 - 2.2.2.\cos(45°)$

$BD^2 = 8 - 4\sqrt{2}$

$BD = \sqrt{8-4\sqrt{2}} = 2\sqrt{2-\sqrt{2}}$

Os catetos do triângulo ABD são iguais à sua diagonal, dividida pela $\sqrt{2}$.

$AB = AD = \sqrt{2}.\sqrt{2-\sqrt{2}}$

A área do triângulo ABD é a metade dos produto dos seus catetos:

$$S_{ABD} = \left(\sqrt{2}.\sqrt{2-\sqrt{2}}\right)^2 / 2 = (2-\sqrt{2})$$

Finalmente, a área dp triângulo BCD pode ser calculada como a metade do produto da sua base CD=2 pela altura traçada de B, que vale $2/\sqrt{2} = \sqrt{2}$

$$S_{BCD} = \frac{2\times\sqrt{2}}{2} = \sqrt{2}$$

Portanto a área total é $S_{ABD} + S_{BCD} = \left(2-\sqrt{2}\right)+\sqrt{2} = 2$

Resposta: (B) 2 cm²

263) USP – Como DECF é um paralelogramo, os triângulos ABC, ADF e BCD são semelhantes, por terem ângulos iguais. Todos têm os lados proporcionais a 3, 4 e 5.
Se DE = 3/2 = 1,5 = 5 × 0,3, então:
BC = 4 × 0,3 = 1,2
BE = 3 × 0,3 = 0,9
O segmento EC vale 3 – 0,9 = 2,1
Já podemos calcular a área do paralelogramo pedido, dado por base × altura = EC × DB = 2,1 × 1,2. Usando a forma de fração, temos:
(21/10) × (6/5) = 126/50 = 63/25

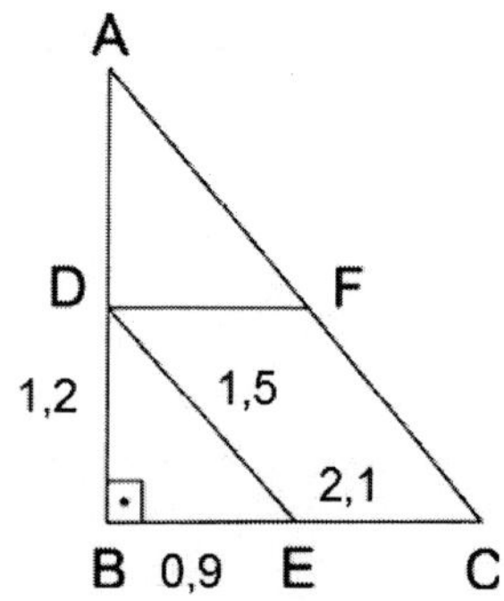

Resposta: (A) 63/25

264) UFRGS – É fácil ver que todos os arcos indicados na figura medem 60°. Basta observar que a corda AG divide o ângulo interno do hexágono em dois ângulos iguais, que são de 60°. Logo os arcos subentendidos por esses ângulos são de 120°, sendo o arco suplementar igual a 60°.
Seja R o raio das seis semi-circunferências (este valor de R é a metade do lado do hexágono).
Se de um círculo de raio R retitarmos o hexágono inscrito, sobrarão seis segmentos circulares de 60°.
Podemos escrever:
6S = C – H
A área sombreada, por sua vez, é igual ao hexágono, menos 6 segmentos circulares.
A = H – 6S
Como 6S = C – H, a área pedida é
A = H – (C – H) = 2H – C

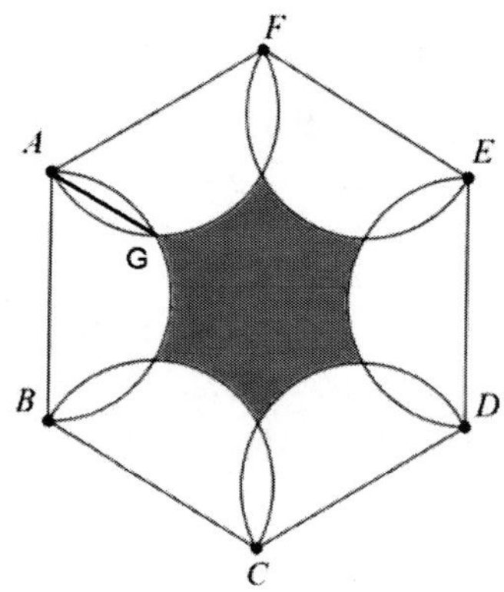

Portanto, é igual ao dobro da área do hexágono regular de lado R, menos a área do círculo de raio R. Usando as fórmulas para essas áreas, temos:

$$A = 2.6.\frac{R^2\sqrt{3}}{4} - \pi R^2 = R^2\left(3\sqrt{3}-\pi\right)$$

Como o lado do hexágono vale 1, R vale 1/2, e a área pedida torna-se igual a

$$\frac{\left(3\sqrt{3}-\pi\right)}{4}$$

Resposta: (A) $\frac{3\sqrt{3}-\pi}{4}$

265) UFCE – Se o triângulo tem ângulos de 30° e 105°, o terceiro ângulo é 45°. Traçando altura a partir do ângulo de 105°, teremos um triângulo retângulo com ângulos de 45°. Portanto esta algura divide o ângulo de 105° em partes de 45° e 60°. O triângulo original ficou dividido em dois triângulos conhecidos, um do tipo 30°–60°–90° e um do tipo
45°–45°–90°.

Chamando a altura de h, determinamos que o lado oposto a 105° mede $h + h\sqrt{3}$.
O problema informa que este lado mede $1+\sqrt{3}$. Logo $h=1$. A área do triângulo é

$$\frac{(1+\sqrt{3})\times 1}{2}$$

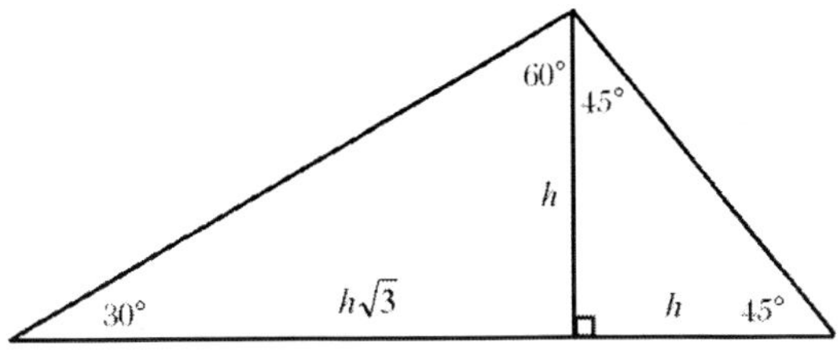

Resposta: (A) $\frac{1}{2}(\sqrt{3}+1)$

266) UNESP – Não é possível fazer este cálculo com exatidão. Não sabemos o tamanho da bola, nem a espessura das bordas da mesa. Para piorar, existem dois valores muito próximos 2,42 e 2,56, então dependendo da apromixação usada, pode-se encontrar um valor ou outro.
Vamos considerar como sendo d a espessura das bordas da mesa. Na figura temos dois triângulos 30° – 60° – 90°. O segmento BP é o cateto maior do triângulo PBT, que vale 1,5 – d. Então podemos escrever $BT = \frac{1{,}5-d}{\sqrt{3}}$. No triângulo maior, TCD, o cateto maior é 1,5 + 1,2 – 2d = 2,7 – 2d.
Portanto $CT = \frac{2{,}7-2d}{\sqrt{3}}$

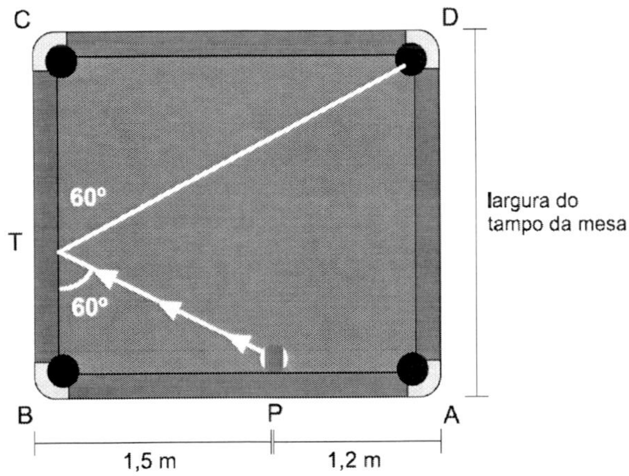

A medida do tampo da mesa é BT + CD + 2d , que vale:

$$\frac{1{,}5-d}{\sqrt{3}}+\frac{2{,}7-2d}{\sqrt{3}}+2d=\frac{4{,}2-3d+2d\sqrt{3}}{\sqrt{3}}=$$

Se desprezarmos a espessura das bordas da mesa (d=0), o resultado seria

$$\frac{4{,}2}{\sqrt{3}}=\frac{4{,}2\sqrt{3}}{3}=1{,}4\sqrt{3}=2{,}42$$

Existe esta resposta entre as opções, mas é obtida quando desprezamos o valor de d. Caso contrário, os termos em d resultariam em um pequeno aumento nesse valor, fazendo com que a resposta correta fosse a letra (E). Entretanto não temos como avaliar isso, pois a distância d não foi fornecida. Devemos desprezar d e ficar com a resposta 2,42.

Resposta: (A) 2,42

267) ENEM – Mais uma vez um clássico problema que aparece em diversos concursos. Como foram dados os ângulos $P\hat{A}B=30°$ e $P\hat{B}C=60°$, temos que $A\hat{P}B=30°$. Portanto BA=BP=2000. Temos na figura dois triângulos do tipo 30°–60°–90°. Portanto BC=1000 e PC=$1000\sqrt{3}$.

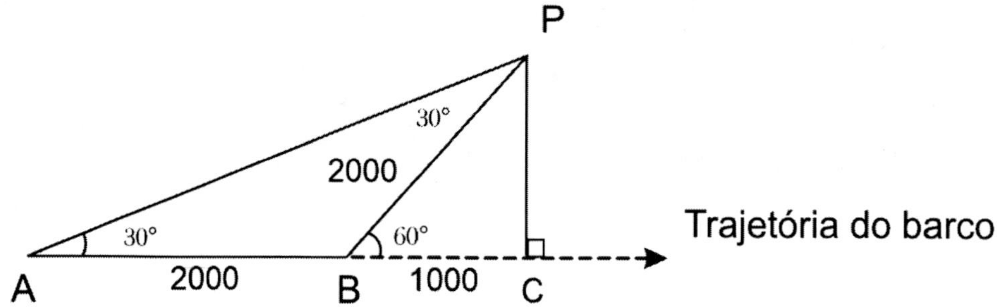

Resposta: (B) $1000\sqrt{3}m$

268) UNIFOR – Primeiramente calculamos a diagonal AC usando o Teorema de Pitágoras.

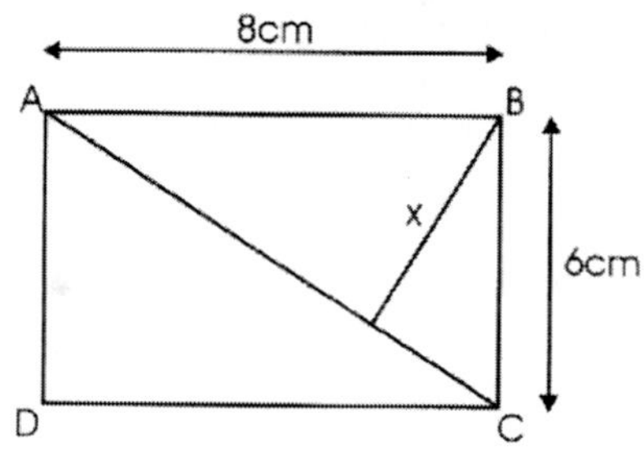

$AC^2 = 8^2 + 6^2 \rightarrow AC = 10$

Precisamos também calcular a distância x, que é a altura do triângulo retângulo. Das relações métricas no triângulo retângulo, podemos usar a fórmula da altura relativa à hipotenusa, que é:

$h = \frac{bc}{a}$. Com catetos 6 e 8, e hipotenusa 10, encontramos para a altura o valor 4,8.

Agora calculemos a soma das distâncias andadas pelo coelho:

AD = 6, DC=8, CA=10, AB=8 e h=4,8

A distância total é 36,8

Resposta: **(C) 36,8 cm**

269) UFRJ – Das relações métricas no triângulos retângulos, considerando h a altura relativa à hipotenusa, e m e n as projeções dos dois catetos sobre a hipotenusa, temos a fórmula:

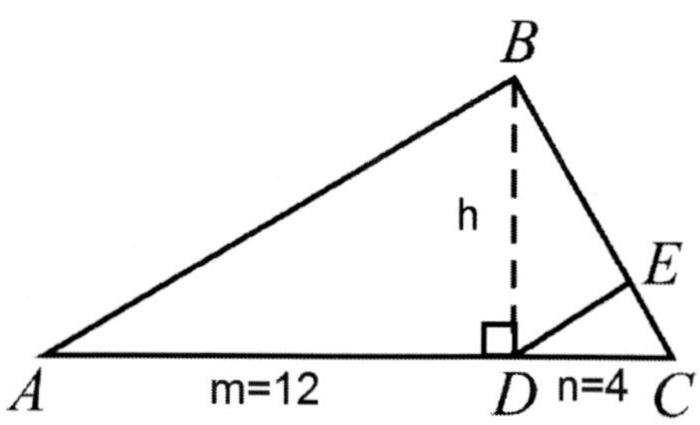

$h^2 = m.n$

Com m e n valendo 12 e 4, temos que $h = 4\sqrt{3}$.

Usando o Teorema de Pitágoras no triângulo BDC, temos

$BC^2 = BD^2 + DC^2$

$BC^2 = 48 + 16 = 64$

$BC = 8$

Já que $BC = 4 \times EC$, então EC=2 e BE=6.

Resposta: 6

270) UFMG – Podemos descobrir os valores de todos os arcos da figura, pois temos os valores dos seus ângulos inscritos:
Arco PQ = 90°.
Arco QR = 36°.
Arco RS = 76°.

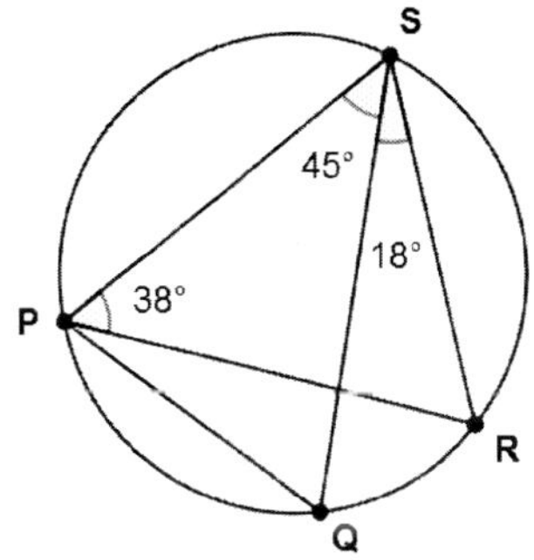

Para completar 360°, sobram para o arco SP, 158°. O ângulo $P\hat{Q}S$ vale a metade da medida deste arco, ou seja, 79°.

Resposta: (C) 79

Resoluções do teste 28

271) UNICAMP –Se todos os lados têm o mesmo comprimento, o triângulo com a indicação de ângulo reto, é um triângulo retângulo isósceles. Se seus catetos valem a (o lado do pentágono), a hipotenusa indicada mede $a\sqrt{2}$. O triângulo seguinte também é retângulo, pois temos um ângulo de 135° no pentágono, que abatendo 45°, resulta em 90°.
Aplicando o Teorema de Pitágoras nesse triângulo, com catetos a e $a\sqrt{2}$, encontramos sua hipotenusa $a\sqrt{3}$.

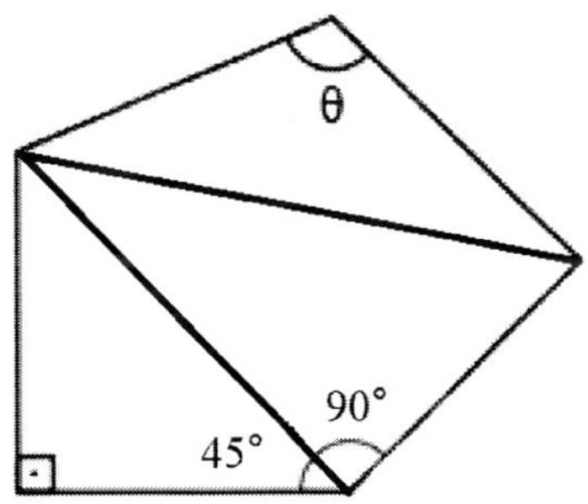

Finalmente, podemos usar a Lei dos Cossenos para encontrar o ângulo θ. Os lados iguais do triângulo valem a , e o lado maior vale $a\sqrt{3}$.

$$\left(a\sqrt{3}\right)^2 = a^2 + a^2 - 2.a^2.\cos(\theta)$$

$$\cos(\theta) = -\frac{1}{2}$$

$$\theta = 120°$$

Resposta: (B) 120°

272) USP – Nunca tente resolver um problema de geometria "no escuro". Faça sempre a figura, caso não seja dada.
Seja **a** a medida do lado do hexágono. Sua área é

$$6 \times \frac{a^2\sqrt{3}}{4} = \sqrt{3}$$

Logo $a = \dfrac{\sqrt{6}}{3}$.

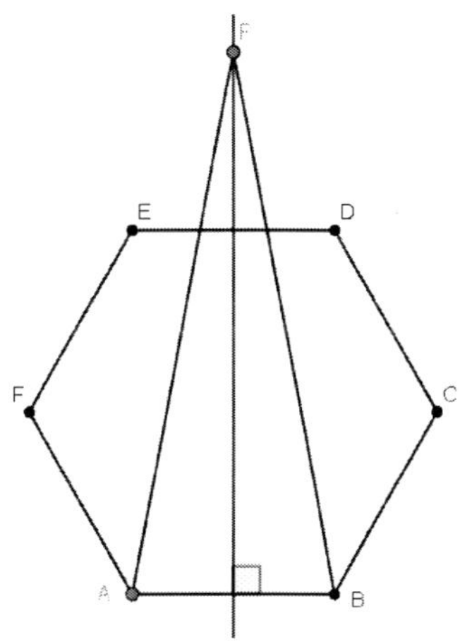

É dado também que a área do triângulo PAB é $\sqrt{2}$. Então temos:

$$\frac{h \times \frac{\sqrt{6}}{3}}{2} = \sqrt{2} \quad \Rightarrow h = 2\sqrt{3}$$

Resposta: (E) $2\sqrt{3}$

273) UFRGS – Se o lado do pentágono maior mede 1, então os segmentos determinados nesses lados pelos vértice do pentágono menor, medem 1/2. Conhecendo o ângulo $\theta = \hat{H}$ indicado, a medida de a, metade do lado do pentágono menor, será (1/2).cos(θ).

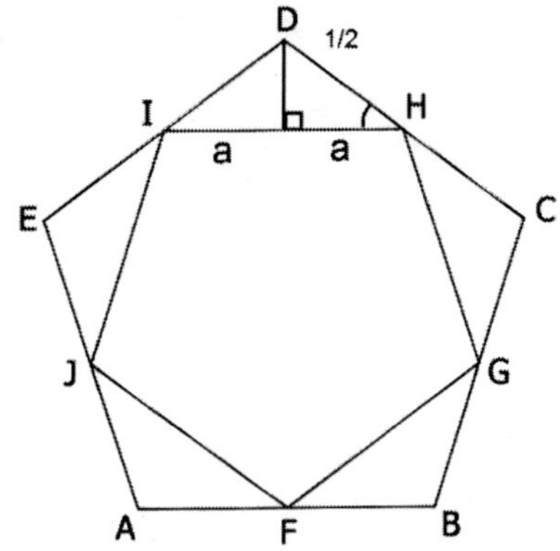

Os ãngulos interos do pentágono regular medem 108°. Este valor pode ser calculado com a fórmula do ângulo interno, $\frac{180°(n-2)}{n}$, fazendo n=5.

Com o ângulo interno do pentágono regular sendo 108°, o ângulo θ mede 36°.

Portanto a = (1/2) cos(36°)

O lado do pentágono menor é 2ª, ou seja, cos (36°).

Resposta: (B) $\cos 36°$

274) UFAM – Lembremos de uma fórmula que faz parte das relações métricas no triângulo retângulo, que relaciona um cateto b com a projeção n sobre a hipotenusa: $b^2 = a.n$. O mesmo vale para o outro cateto c, de projeção igual a m:

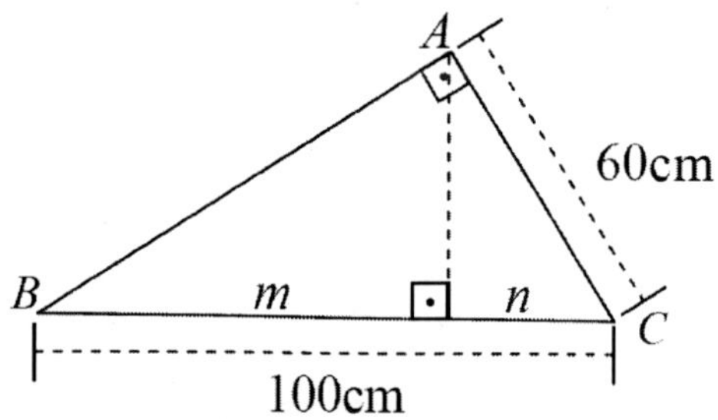

$c^2 = a.m.$

Neste problema, podemos escrever

$60^2 = 100.n$

n = 36

A outra projeção, m, vale 100 – 36 – 64.

Resposta: (B) 64cm e 36cm

275) UDESC – O triângulo AFD indicado na figura tem um ângulo de 30°, pois é oposto a uma arco de 60°. Como AD mede 2R, AF mede R, e FD mede $R\sqrt{3}$ (R=6). Portanto o retângulo AFDB tem área $R \times R\sqrt{3} = R^2\sqrt{3}$.

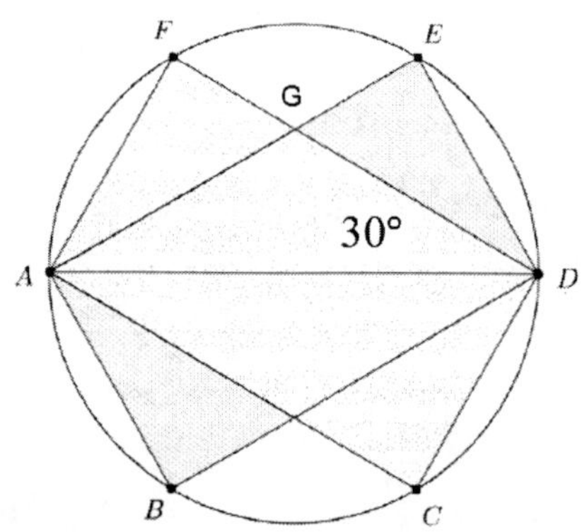

Os dois triângulos indicados em cinza também são do tipo 30° - 60° - 90°, pois em D temos um ângulo de 30° e em E temos um ângulo reto (oposto a um diâmetro).

Como $ED = R,$ então $EG = \frac{R}{\sqrt{3}}$

Então os dois pequenos triângulos de área sombreada, têm juntos, área de

$$2 \times \frac{R \times \frac{R}{\sqrt{3}}}{2} = \frac{R^2\sqrt{3}}{3}$$

Portanto a área pedida é igual a:

$$R^2\sqrt{3} + \frac{R^2\sqrt{3}}{3} = \frac{4R^2\sqrt{3}}{3}$$

Como o raio do círculo é 6, a área pedida é:

$$\frac{4.6^2\sqrt{3}}{3}=48\sqrt{3}$$

Resposta: (E) $48\sqrt{3}$

276) UFPR – Na parte superior da figura temos dois triângulos retângulos que são semelhantes. Os catetos menores medem x e 2, e os catetos maiores medem 12 e 20. Armando a semelhança:

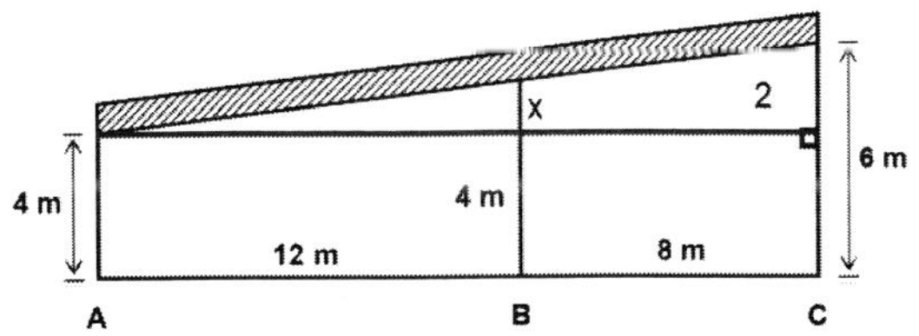

$$\frac{x}{2}=\frac{12}{20} \rightarrow x=1,2$$

Portanto a altura do suporte B é 4m + 1,2m = 5,2m.

Resposta: (D) 5,2m

277) UFMT – Como os pontos E, F e G são médios dos seus aldos, a área do triângulo EFG é 1/4 da área do triângulo ABC. Como D é médio de AD, a área do triângulo GDE é a metade da área de AGE, que por sua vez, é a mesma de GDE. Sendo assim a área pedida é 3/2 da quarta parte da área de ABC.

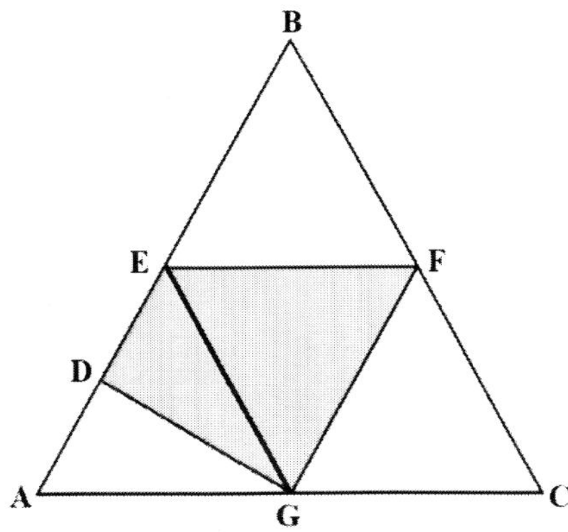

$$\frac{3}{2}\times\frac{1}{4}\times\frac{L^2\sqrt{3}}{4}=\frac{3L^2\sqrt{3}}{32}$$

Resposta: (A) $\frac{3\sqrt{3}L^2}{32}$

278) USP – O problema ficará resolvido se conhecermos a medida do cateto menor (o vertical) do triângulo sombreado.

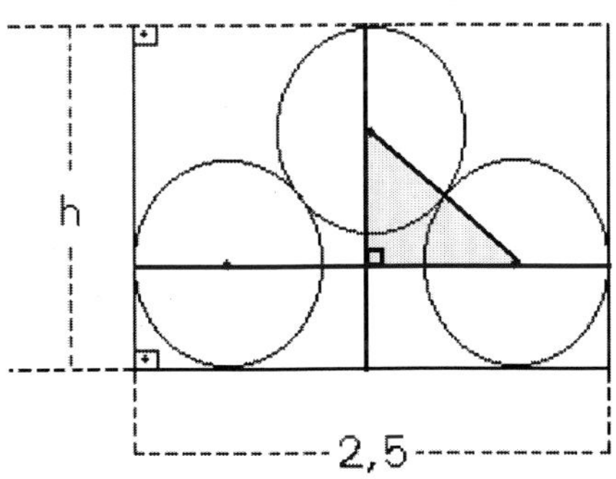

Hipotenusa: 2 × 0,5 = 1,0

Cateto maior: (2,5 – 0,5 – 0,5)/2 = 3/4

Usamos o Teorema de Pitágoras para calcular o cateto menor:

$c^2 = 1^2 - (3/4)^2$

$c^2 = 1 - 9/16 = 7/16$

$c=\frac{\sqrt{7}}{4}$. Agora somamos dois raios para obter a altura h, resultando em $h=\frac{\sqrt{7}}{4}+1$

Resposta: (E) $1+\frac{\sqrt{7}}{4}$

279) UNIFEI – Com essas medidas, calculamos o cateto AD com o Teorema de Pitágoras, resultando em 3. Observamos ainda que se o ângulo externo D mede 2α, então o ângulo $D\hat{B}C$ também mede α. Portanto o triângulo DBC é isósceles, e DC = BD = 5.

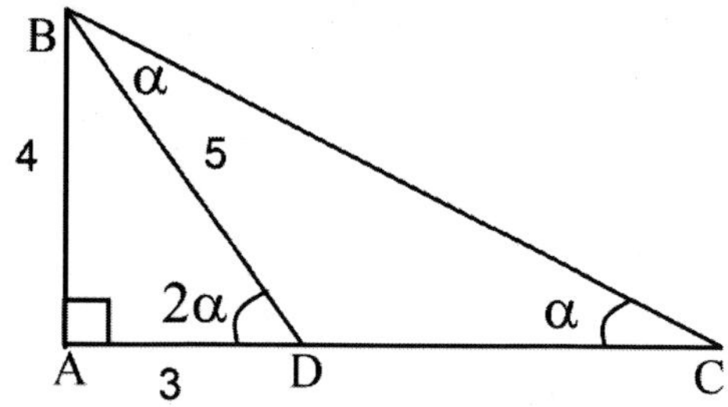

A área do triângulo BCD é DC×AB/2 =
= 5 × 4 /2 = 10.

Resposta: (C) 10

280) UFAM – Considere a região escura, no interior do semicírculo de centro O, limitada por semicircunferências, conforme mostra a figura a seguir. Se a área desta região é $24\pi cm^2$ e AM = MN = NB, então a medida AB, em centímetros, é:

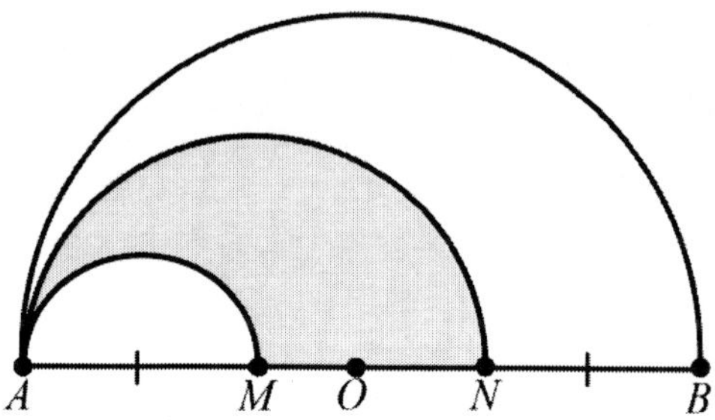

(A) 9 (B) 12 (C) 16 (D) 18 (E) 24

Chamando as medidas dos segmentos consecutivos de x, os raios dos círculos, do menor para o maior, são x, 2x e 3x. A área pedida é o semi-círculo de raio 2x, menos o semi-círculo de raio x.

$24\pi = 4x^2\pi/2 - x^2\pi/2 = 3x^2\pi/2$

x = 4.

Portanto o segmento AB mede 6x = 24 cm.

Resposta: (E) 24

Resoluções do teste 29

281) USP – O triângulo indicado CDI tem a mesma área que o triângulo equilátero ABC. CDI é formado por dois triângulos retângulos do tipo 30° – 60° – 90°, com hipotenusa igual a 1. Sabemos que cada triângulo 30° – 60° – 90° é a metade de um triângulo equilátero, então de fato CDI tem a mesma área de ABC. O mesmo ocorre para AEF e BGH.

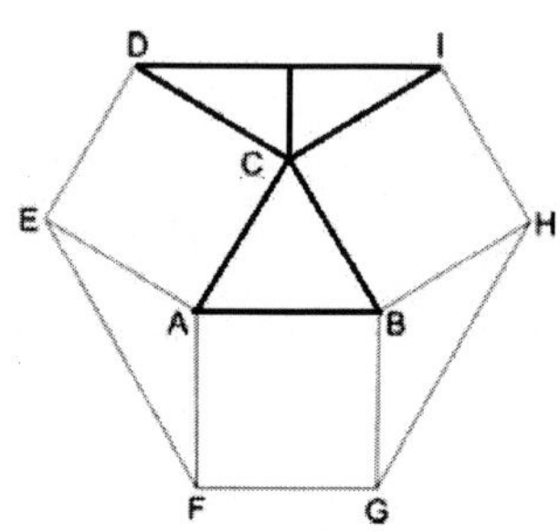

Sendo assim, a área total da figura é igual a 4 triângulos equiláterios de lado 1, mais três quadrados de lado 1.

$$S = 4 \times \frac{1^2\sqrt{3}}{4} + 3 \times 1^2$$

$$S = \sqrt{3} + 3$$

Resposta: (C) $\sqrt{3} + 3$

282) Mackenzie – Como AM é mediana, M é ponto médio de BC. Logo MB=MC=2. No triângulo retângulo AMB, o cateto AM=1 vale a metade da hipotenusa BM=2.
Isso caracteriza um triângulo 30° – 60° – 90°. Sendo assim, em torno de M, temos um ângulo de 60° e outro de 120°.
Usando a Lei dos Cossenos no triângulo AMC, podemos calcular AC:

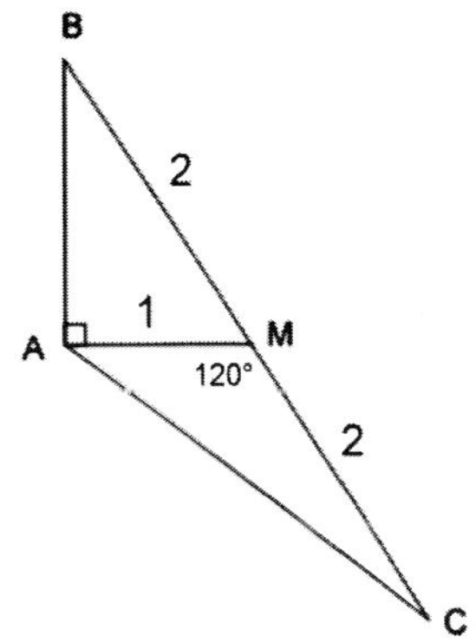

$$AC^2 = AM^2 + MC^2 - 2.AM.MC.\cos(120°)$$

Lembrando que cos(120°)= –1/2

$$AC^2 = 1^2 + 2^2 - 2.1.2.(-1/2)$$

$$AC^2 = 1 + 4 + 2 = 7$$

$$AC = \sqrt{7}$$

Resposta: (E) $\sqrt{7}$

283) UFPE – A figura tem diversos ângulos de 60°, alguns dos quais indicados. A área pedida pode ser calculada como a do losango CEOD menos um setor de 60°.
A área do losango é a de 2 triângulos equiláteros de lado R, onde R é o raio do círculo. A área do setor de 60° é 1/6 da área do círculo.

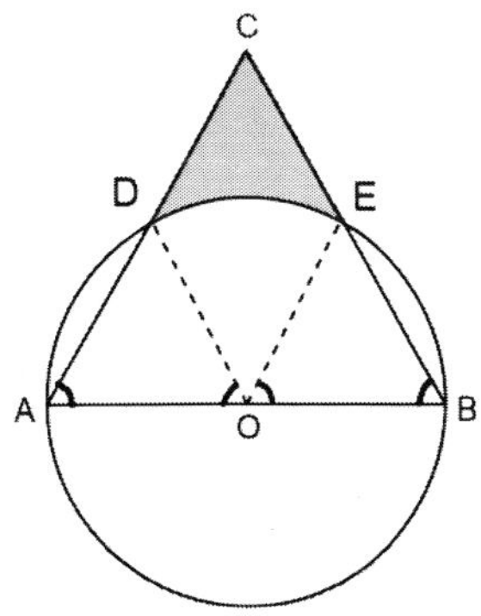

$$S = 2 \times \frac{R^2\sqrt{3}}{4} - \frac{\pi.R^2}{6}$$

. Como R=6, temos:

$$S = 18\sqrt{3} - 6\pi \approx 31,14 - 18,84 = 12,3$$

Resposta: (B) 12

284) USP – Os dois triângulos FXY e BZY indicados na figura são iguais (congruentes). Ambos são retângulos com ângulos de 45°, pois nos quadrados, cada o lado de um é paralelo às diagonais do outro, e vice-versa. Seus catetos FX e BZ são iguais à metade da diferença entre a diagonal e o lado de cada quadrado. Sendo assim, os segmentos XY e YZ são iguais.
Como EP=1, o lado do octógono formado pela interseção dos dois quadados é 2. Portanto $AX = \frac{2}{\sqrt{2}} = \sqrt{2}$. Com isso podemos calcular o lado AB:

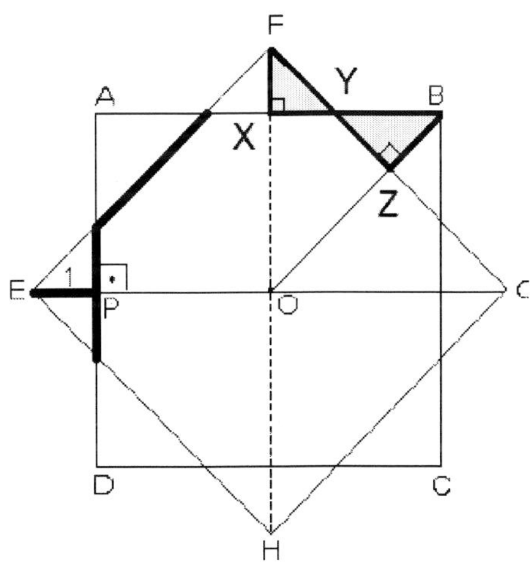

$$AB = AX + 2 + YB = \sqrt{2} + 2 + \sqrt{2} = 2 + 2\sqrt{2}.$$

Finalmente, para dar um pouco de trabalho, as respostas estão na forma de frações a serem racionalizadas. É óbvio que as respostas B, C e D levam a resultados completamente diferentes do encontrado. As únicas que têm chance de serem iguais o valor encontrado são (A) e (E). Ambas têm o denominador $\sqrt{2} - 1$, que resulta em:

$$\frac{1}{\sqrt{2}-1}=\frac{(\sqrt{2}+1)}{(\sqrt{2}-1)(\sqrt{2}+1)}=\sqrt{2}+1$$

Este valor é quase igual à resposta que encontrmos, falta multiplicar por 2. Então a resposta é $\frac{2}{\sqrt{2}-1}$

Resposta: (E) $\frac{2}{\sqrt{2}-1}$

285) UFAL – Os dois triângulos retângulos sombreados são congruentes, pois têm os catetos maiores iguais (lado do quadrado = 1) e hipotenusas iguais (lado do triângulo, chamamos de **a**). Calculando os ângulos $F\hat{D}C$ e $A\hat{D}E$, que são iguais, encontramos 15°.

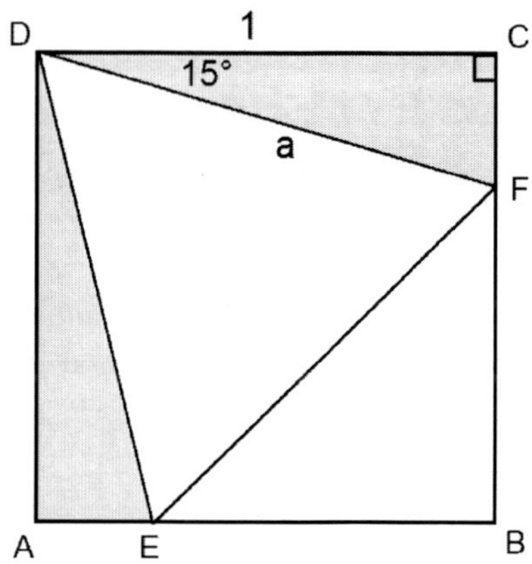

A partir do triângulo FDC, temos:

$$DC = DF.\cos(15°)$$
$$1 = a.\cos(15°)$$
$$a=\frac{1}{\cos(15°)}$$

Para saber o valor de a, precisamos descobrir o valor do cos(15°). Lembremos da fórmula trigonométrica:

cos(x – y) = cos(x).cos(y) + sen(x). sen(y)

Fazendo x = 45° e y = 30°, podemos usar a fórmula acima para calcular o valor de cos(15°)

cos(15°) = cos(45°).cos(30°) + sen(45°).sen(30°)

$$\cos(15°)=\frac{\sqrt{2}}{2}.\frac{\sqrt{3}}{2}+\frac{\sqrt{2}}{2}.\frac{1}{2}$$

$$\cos(15°)=\frac{\sqrt{6}+\sqrt{2}}{4}$$

A expressão para o lado **a** do triângulo é:

$$a=\frac{1}{\cos(15°)}=\frac{4}{\sqrt{6}+\sqrt{2}}$$

Racionalizando o denominador, temos:

$$a=\frac{4.(\sqrt{6}-\sqrt{2})}{(\sqrt{6}+\sqrt{2})(\sqrt{6}-\sqrt{2})}=\frac{4.(\sqrt{6}-\sqrt{2})}{4}=\sqrt{6}-\sqrt{2}$$

Conhecendo o lado **a** do triângulo, calculamos a sua área pela fórmula $S=\frac{a^2\sqrt{3}}{4}$

$$S=\frac{(\sqrt{6}-\sqrt{2})^2\sqrt{3}}{4}=\frac{(8-2\sqrt{12}).\sqrt{3}}{4}=\frac{(8-4\sqrt{3}).\sqrt{3}}{4}=(2-\sqrt{3}).\sqrt{3}=2\sqrt{3}-3$$

Resposta: (C) $2\sqrt{3}-3$

286) UFRGS – Como o segmento CD divide o ângulo $\hat{C}$ em dois ângulos iguais, temos que $D\hat{C}E = 30°$. Logo o triângulo CDE é do tipo 30° - 60° - 90°.
Como CD=2, lembrando que o cateto oposto a 30° vale a metade da hipotenusa, temos que o raio do círculo, DE, vale 1. O cateto maior, CE, vale $\sqrt{3}$.
Podemos calcular a área do triângulo ABC como sendo seis triângulos iguais a CDE:

$$6 \times \frac{1 \times \sqrt{3}}{2} = 3\sqrt{3}.$$

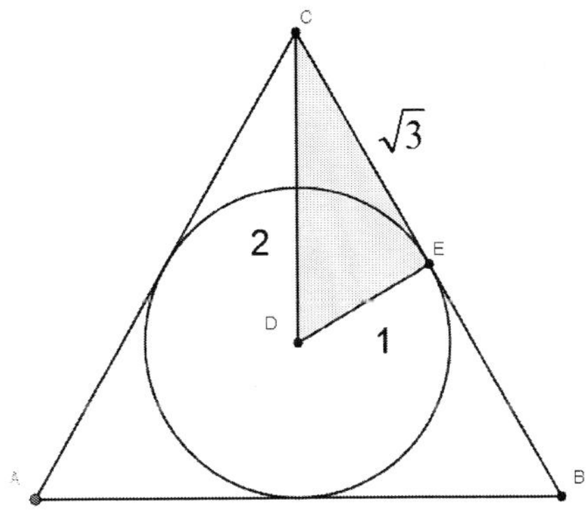

A área pedida no problema é igual à área do triângulo ABC, menos a área do círculo:

$$S = 3\sqrt{3} - \pi.1^2 = 3\sqrt{3} - \pi$$

Resposta: (B) $3\sqrt{3} - \pi$.

287) UF Pelotas – A área pedida é igual à área do triângulo equilátero de lado 14, menos a área do triângulo ADC. Como já temos DC=6, falta apenas saber o valor de DA para calcular a área de ADC, usando a fórmula $S = \frac{b.c.sen(\theta)}{2}$, sendo **b** e **c** lados, e θ o ângulo entre eles.
Podemos encontrar o valor de DA usando a Lei dos Cossenos:

$$AC^2 = DA^2 + DC^2 - 2.DA.DC.\cos(120°)$$

Chamando DA de x e lembrando que cos(120)= –1/2, temos:

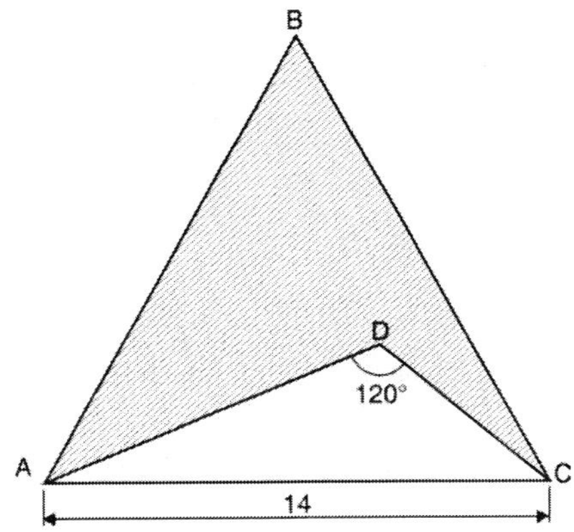

$$14^2 = x^2 + 6^2 - 2.x.6.\left(-\frac{1}{2}\right)$$

$$x^2 + 6x - 160 = 0$$

Resolvendo a equação do 2º grau, encontramos as raízes 10 e –16. Como não pode ser negativo, temos AD=10.

Logo, $S_{ADC} = \frac{6.10.sen(120°)}{2}$

$$S_{ADC} = 30.\frac{\sqrt{3}}{2} = 15\sqrt{3}$$

Agora subtraímos este valor da área do triângulo ABC:

$$\frac{14^2\sqrt{3}}{4} - 15\sqrt{3} = 49\sqrt{3} - 15\sqrt{3} = 34\sqrt{3}$$

Resposta: (A) $34\sqrt{3}$

288) UEMG – Raramente precisaremos usar o Teorema de Pitágoras nas provas de concursos, pois geralmente são usados alguns poucos triângulos conhecidos. O triângulo de lados 12 – 5 – 13 é um deles. É um triângulo pitagórico, ou seja, um triângulo retângulo com lados sendo números inteiros. É fácil ver que este triângulo atende ao Teorema de Pitágoras, pois $13^2 = 12^2 + 5^2$, ou 169 = 144 + 25. Portanto ABC é um triângulo 12 – 5 – 13, e BDE também, pois são semelhantes: triângulos retângulos com um ângulo agudo comum: $\hat{B}$.

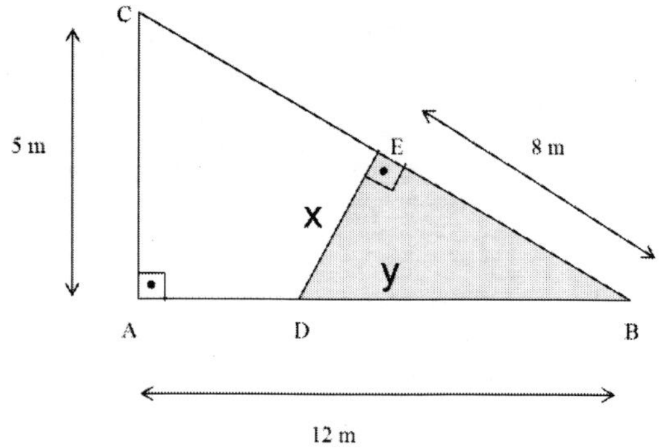

Armando a semelhança entre esses triângulos, temos:

$$\frac{x}{5} = \frac{8}{12} = \frac{y}{13}$$

Logo, x=40/12 = 10/3, e y = 8×13/12 = 26/3.

O perímetro do triângulo BDE vale:
8 + 10/3 + 26/3 = 20.
Será preciso cercar o terreno com 5 voltas de arame, a custo de R$ 12,00 o metro, o que resulta em:

5 × 20 × R$ 12,00 = R$ 1.200,00

Resposta: C) R$ 1.200,00

289) UERJ – Vai ser necessário calcular h1, h2 e h3 para checar a resposta correta. Tembém será preciso calcular o seno de 15° e de 75°. Esses ângulos podem ser calculados com as fórmulas do seno da soma e da diferença.

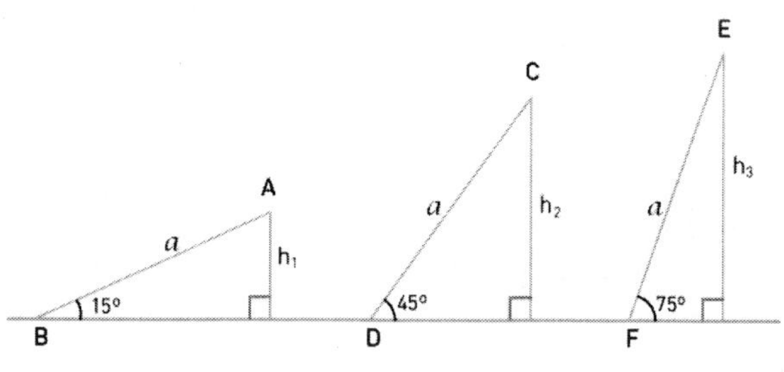

sen(x + y) =
sen(x).cos(y)+ sen(y).cos(x)

sen(x + y) =
sen(x).cos(y)+ sen(y).cos(x)

Fazendo x=45° e y=30°, encontramos exatamente os senos de 15° e de 75°.
sen(45° + 30°) = sen(45°).cos(30°)+ sen(30°).cos(45°)

$$sen(75°) = \frac{\sqrt{2}}{2}.\frac{\sqrt{3}}{2} + \frac{1}{2}.\frac{\sqrt{2}}{2} = \frac{\sqrt{6}+\sqrt{2}}{4}$$

Analogamente,
sen(45° – 30°) = sen(45°).cos(30°)– sen(30°).cos(45°)

$$sen(15°) = \frac{\sqrt{2}}{2}.\frac{\sqrt{3}}{2} - \frac{1}{2}.\frac{\sqrt{2}}{2} = \frac{\sqrt{6}-\sqrt{2}}{4}$$

Agora podemos calcular os valores de h_1, h_2 e h_3:

$$h_1 = a.sen(15°) = a\frac{\sqrt{6}-\sqrt{2}}{4}$$

$$h_1 = a.sen(45°) = a\frac{\sqrt{2}}{2}$$

$$h_3 = a.sen(75°) = a\frac{\sqrt{6}+\sqrt{2}}{4}$$

A soma $h_1 + h_2$ vale:

$a\frac{\sqrt{6}-\sqrt{2}}{4} + a\frac{\sqrt{2}}{2} = \frac{a\sqrt{6}-a\sqrt{2}+2a\sqrt{2}}{4} = a\frac{\sqrt{6}+\sqrt{2}}{4}$, que é exatamente o valor de h_3.

Resposta: (D) h_3

290) IFCE – Este é um problema que se resolve praticamente sem cálculos. Se tomarmos o semi-círculo superior e o colocarmos sobre a parte vazia em forma de semi-círculo branco na parte inferior da figura, formaremos exatamente um triângulo retângulo de catetos **a** e **a**, ou seja, a metade da área do quadrado. Isto resulta em $a^2/2$.

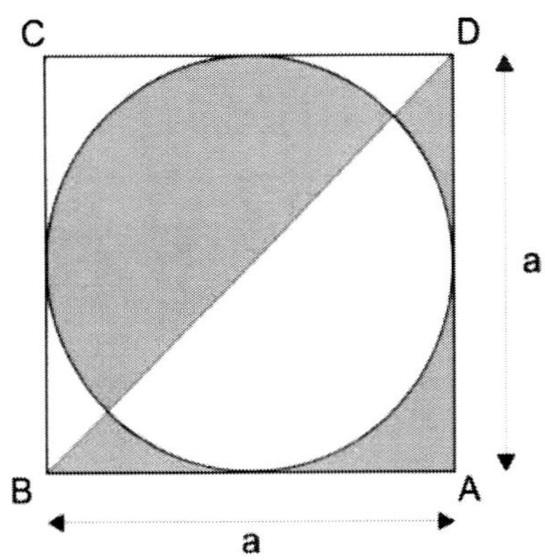

Resposta: (E) $\frac{a^2}{2}$

Resoluções do teste 30

291) PUC Campinas – Chamemos de h a altura do avião. No final iremos substituir h por 12 km.
A distância BC vale AC – AB.
AC vale h, pois o triângulo PAC é retângulo com ângulos de 45°.
A medida AB, por sua vez, vale h.tg(30°). Se esquecer,
tg(30°) = sen(30°)/cos(30°) =
$\frac{1}{2} \div \frac{\sqrt{3}}{2} = \frac{\sqrt{3}}{3}$.

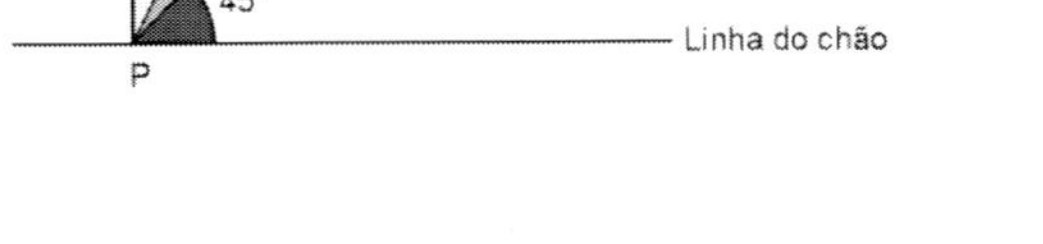

Logo $AB = h\frac{\sqrt{3}}{3}$

Então BC mede: $h - h\frac{\sqrt{3}}{3} = h\frac{3-\sqrt{3}}{3}$.

Agora usamos que h vale 12 km, e cm a aproximação indicada $\sqrt{3} = 1,7$ ficando com:

$$BC = 12 \times \frac{3-1,7}{3} = 4 \times 1,3 = 5,2$$

Portanto a distância BC vale 5,2 km.

Queremos calcular o tempo para parcorrer esse trajeto. Lembramos que tempo = distância/velocidade. Por enquanto estamos usando quilômetros e horas:

$$T = \frac{5{,}2km}{1872km/h}$$

Vamos multiplicar por 3600 para obter o resultado em segundos:

$$T = \frac{5{,}2}{1872} \times 3600 = \frac{520}{1872} \times 36$$

Podemos fazer a divisão, ou então usar simplificações, que é mais fácil. 1872 e 36 podem ser simplificados por 6, duas vezes:

$$T = \frac{520}{312} \times 6 = \frac{520}{52} = 10$$

Portanto o tempo pedido é 10 segundos.

Resposta: (C) 10

292) UDESC – O cálculo da área de um trapézio pode ser feito decomponto o trapézio em um triângulo e mais um paralelogramo. Para isso, tracemos um segmento passando por A e paralelo a DC.

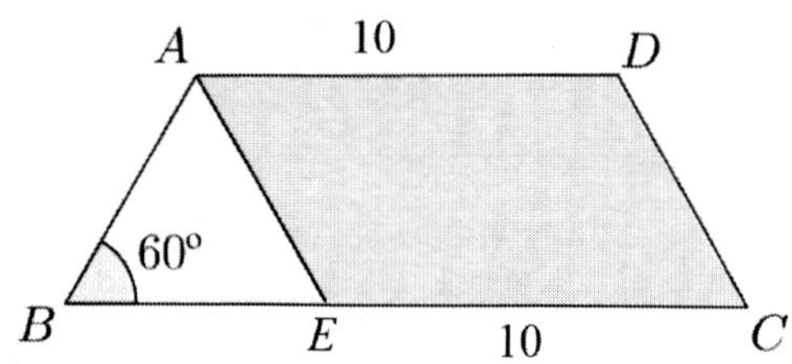

Assim formamos um paralelogramo ADCE, de área: $S_{ADCE} = 10 \times 6 = 60$.

Falta somar a área do triângulo equilátero ABE. Conhecemos a altura 6, e lembrando que a altura do triângulo equilátero de lado a mede $h = \frac{a\sqrt{3}}{2}$, temos

$6 = \frac{a\sqrt{3}}{2}$, então $a = 4\sqrt{3}$.

A área do triângulo é:

$$S_{ABE} = \frac{\left(4\sqrt{3}\right)^2 \sqrt{3}}{4} = 12\sqrt{3}$$

Portanto a área total é $60 + 12\sqrt{3}$

Resposta: (D) $12\left(\sqrt{3}+5\right)cm^2$

293) UFPI – A área de um triângulo também pode ser calculada pela fórmula $S = \frac{b.c.sen(\alpha)}{2}$. Apliquemos essa fórmula dos triângulos de área S_1+S_2 e S_1:

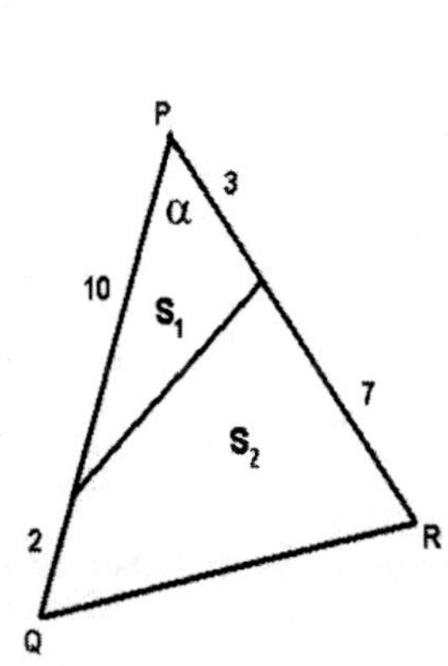

$$S_1 + S_2 = \frac{12.10.sen(\alpha)}{2}$$

$$S_1 = \frac{10.3.sen(\alpha)}{2}$$

Dividindo as relações entre si, ficamos com:

$$\frac{S_1 + S_2}{S_1} = 4$$

$1+\frac{S_2}{S_1}=4 \rightarrow \frac{S_2}{S_1}=3 \rightarrow \frac{S_1}{S_2}=\frac{1}{3}$

Resposta: (A) 1/3

294) UF São Carlos – A figura está fora de escala, de forma proposital, para dificultar a resolução. Como foi indicado o ângulo de 135°, diversos ângulos da figura medem 45°, apesar de não parecer.

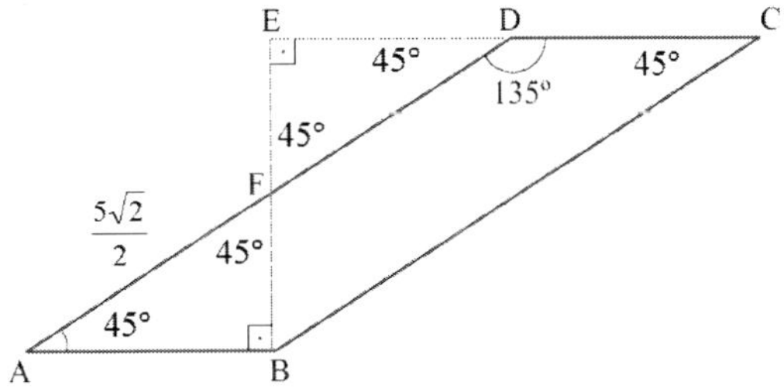

Os triângulos ABF e DEF são retângulos e isósceles, devido aos ângulos de 45°. Como a hipotenusa AF mede $\frac{5\sqrt{2}}{2}$, podemos calcular os catetos BF e BA, que são iguais a EF e ED, dividindo esta hipotenusa por $\sqrt{2}$.

Logo esses quatro segmentos medem 5/2 cada. Temos os seguintes valores relativos ao paralelogramo:
EB = 5/2
EF = 5
A área do paralelogramo é o produto desta base por esta altura, resultando em 25/2, o mesmo que 12,5.

Resposta: (C) 12,5

295) USP – Sem precisar fazer muitos cálculos, notamos que BCDA é um paralelogramo, pois existem ângulos iguais, correspondentes, $A\hat{B}C$ e $D\hat{C}E$, ambos valendo 60°. Pelo mesmo motivo, $D\hat{A}C$ também mede 60°. Os lados AB, AD, DC e CB são iguais ao lado **a** dos triângulos equiláteros.

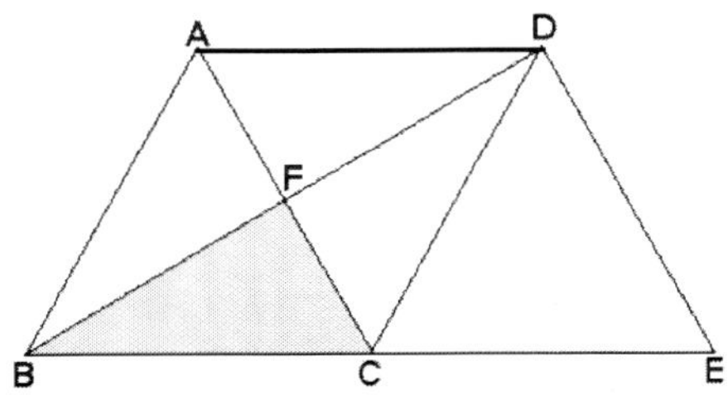

Portanto BADC é mais que um paralelogramo, é na verdade um LOSANGO. AC e BD são suas diagonais, e sabemos que as diagonais do losango são perpendiculares e cortam-se ao meio. Portanto a área sombreada é igual a 1/4 da do losango, o mesmo que metade da área do triângulo.

$$S_{BFC}=\frac{1}{2}\times\frac{a^2\sqrt{3}}{4}=\frac{a^2\sqrt{3}}{8}$$

Resposta: (A) $\frac{\sqrt{3}}{8}a^2$

296) UFMS – Observe a construção realizada na figura. O ângulo $E\hat{B}C$ mede 30°, portanto o menor ângulo do triângulo sombreado, no vértice B, mede 15°.

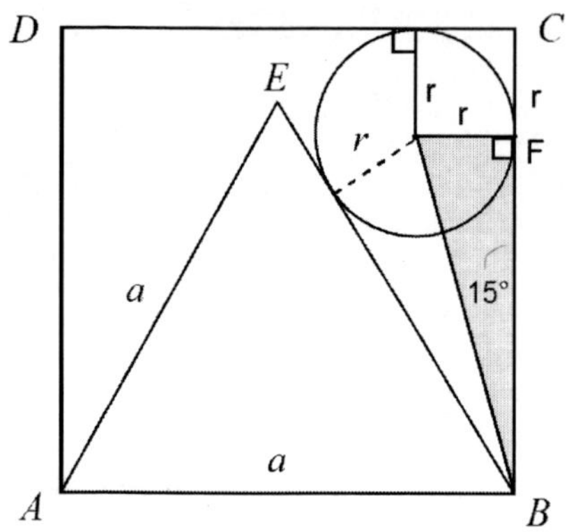

Traçando os raios do círculo, até os pontos de tangência com o quadrado, formamos um quadrado na parte superior direita da figura. Seus lados medem r. Finalmente, o segmento BF mede a – r. Podemos escrever o seguinte:

$\frac{r}{a-r} = tg(15°)$, ou melhor, invertendo a relação:

$$\frac{a-r}{r} = \frac{1}{tg(15°)} = tg(75°)$$

Calculemos a tangente de 75° pela fórmula:

$tg(x+y) = \frac{tg(x)+tg(y)}{1-tg(x).tg(y)}$, usando os ângulos de 30° e 45°.

$$tg(75°) = \frac{tg(30°)+tg(45°)}{1-tg(30°).tg(45°)}$$

$$tg(75°) = \frac{\frac{\sqrt{3}}{3}+1}{1-\frac{\sqrt{3}}{3}} = \frac{3+\sqrt{3}}{3-\sqrt{3}}$$

$$= \frac{\sqrt{3}+1}{\sqrt{3}-1} = \frac{(\sqrt{3}+1)(\sqrt{3}+1)}{(\sqrt{3}-1)(\sqrt{3}+1)} = \frac{4+2\sqrt{3}}{2} = 2+\sqrt{3}$$

$$\frac{a-r}{r} = 2+\sqrt{3}$$

$$\frac{a}{r} - 1 = 2+\sqrt{3}$$

$$\frac{a}{r} = 3+\sqrt{3}$$

$$\frac{r}{a} = \frac{1}{3+\sqrt{3}} = \frac{3-\sqrt{3}}{(3+\sqrt{3})(3-\sqrt{3})} = \frac{3-\sqrt{3}}{6}$$

O valor pedido ainda requer mais uma conta:

$$\frac{(21+7\sqrt{3})}{a}r = (21+7\sqrt{3}).\frac{(3-\sqrt{3})}{6}$$

$$= \frac{63-21\sqrt{3}+21\sqrt{3}-21}{6} = \frac{42}{6} = 7$$

Resposta: 7

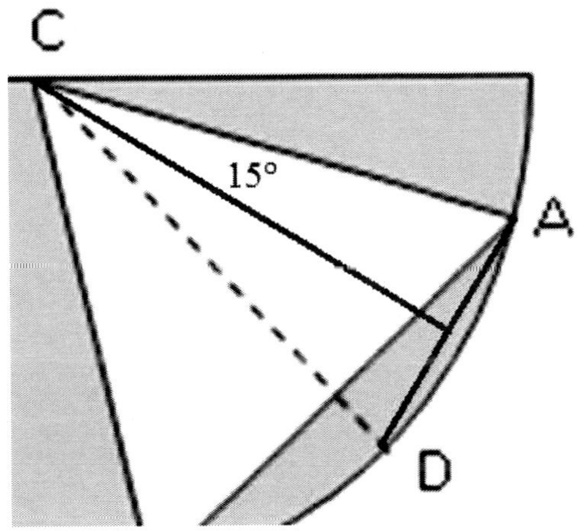

297) PUC PR – Traçando por C uma perpendicular à corda AD, formamos dois triângulos retângulo. O cateto menor de cada um desses triângulos mede R.sen(15°).
Portanto a corda AD pedida mede:
2R.sen(15°).
Talvez seja uma boa idéia memorizar o seno de 15°, mas se esquecer, podemos deduzir usando a fórmula do seno da diferença:
sen(x – y) = sen(x).cos(y) – sen(y).cos(x)
Usamos para x e y, 45° e 30°.

$$sen(15°)=sen(45°).cos(30°)-sen(30°).cos(45°)$$

$$=\frac{\sqrt{2}}{2}.\frac{\sqrt{3}}{2}-\frac{1}{2}.\frac{\sqrt{2}}{2}=\frac{\sqrt{6}-\sqrt{2}}{4}$$

A corda pedida é 2R.sen(15°), que resulta em

$$R\frac{\sqrt{6}-\sqrt{2}}{2}.$$

Para dificultar, as respostas estão na forma de radicais duplos. Para identificar a resposta devemos elevar a expressão encontrada ao quadrado, e verificar qual das alternativas tem um radicando igual ao valor encontrado.

$$\left(\frac{\sqrt{6}-\sqrt{2}}{2}\right)^2=\frac{8-2\sqrt{12}}{4}=\frac{8-4\sqrt{3}}{4}=2-\sqrt{3}\cdot$$

Portanto a resposta correta é (A).

Resposta: (A) $R\sqrt{2-\sqrt{3}}$

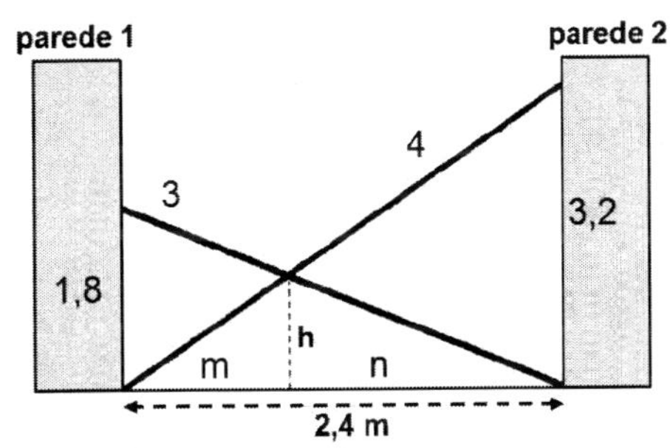

298) UFPR – Devemos inicialmente descobrir a que altura as escadas tocam a parede. Essas alturas são 1,8 e 3,2, o que pode ser calculado com o uso do Teorema de Pitágoras. A da esquerda toca a parede a uma altura de $\sqrt{3^2-2{,}4^2}=1{,}8$.
A da direita toca a parede a uma altura de $\sqrt{4^2-2{,}4^2}=3{,}2$

Ao invés de fazer esses cálculos, podemos usar proporcionalidade com o triângulo de lados 3-4-5. O triângulo da esquerda tem hiponenusa 3 e um cateto 2,4, números que podem ser escritos como 5 × 0,6 e 4 × 0,6. Então o outro cateto é 3 × 0,6 = 1,8.
No triângulo da direita, temos hipotenusa 5 × 0,8 e cateto 3 × 0,8, poranto o outro é 4 × 0,8 = 3,2.
Conhecendo esses valores de 1,8 e 3,2, podemos usar semelhança para calcular a altura h.

$$\frac{h}{3{,}2}=\frac{m}{m+n}$$

$$\frac{h}{1{,}8}=\frac{n}{m+n}$$

Somando essas duas relações, temos:

$$\frac{h}{3{,}2}+\frac{h}{1{,}8}=1$$

$$h=\frac{3{,}2\times 1{,}8}{3{,}2+1{,}8}=\frac{5{,}76}{5}=1{,}152$$

Resposta: (A) 1,15m

299) UFRN – Temos dois triângulos retângulos na figura, tipos 30° – 60° – 90° e um do tipo 45° – 45° – 90°.
Sendo h a altura da árvore, o cateto maior do triângulo 30° – 60° – 90° é $h\sqrt{3}$. O cateto do outro triângulo vale h.
A diferença entre esses catetos é 10, a distância entre os pontos de visualização.
Temos portanto:

$$h\sqrt{3}-h=10$$

$$h=\frac{10}{\sqrt{3}-1}=\frac{10(\sqrt{3}+1)}{(\sqrt{3}-1)(\sqrt{3}+1)}=5(\sqrt{3}+1).$$

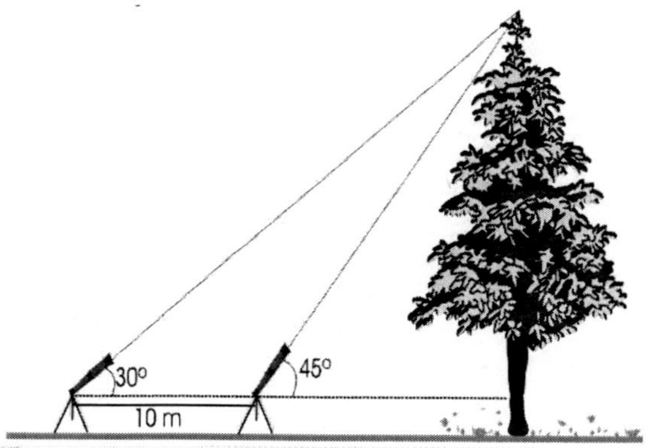

Resposta: (B) $5\sqrt{3}+5$

300) FGV – Os triângulos ABD e ABC são do tipo 30°–60°–90°.
Em função disso, calculamos:

$$AB=\sqrt{3}$$
$$BD=3$$

Portanto os catetos do triângulo sombreado medem $\sqrt{3}$ e 2.
Usando o Teorema de Pitágoras calculamos CD:

$$CD^2=(\sqrt{3})^2+2^2=7$$
$$CD=\sqrt{7}$$

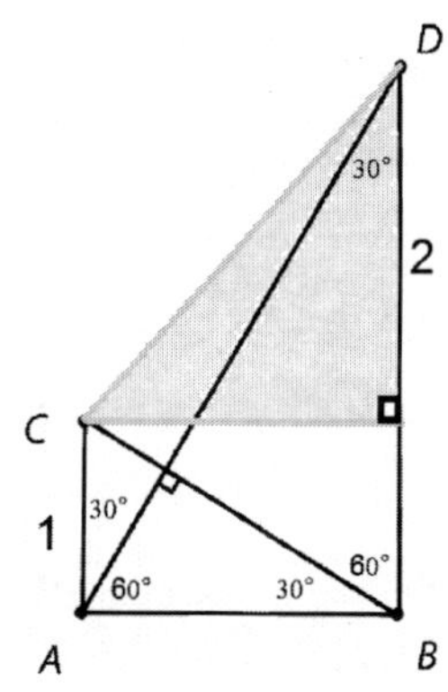

Resposta: (B) $\sqrt{7}$

■

Capítulo 4

Conjuntos e funções

Teste 31

301) IFCE – Considerando as relações de pertinência e inclusão entre elementos e conjuntos, assinale a alternativa que indica o uso incorreto da notação.

(A) $\emptyset \in \{\emptyset, \{a\}\}$
(B) $a \in \{a, \{a\}\}$
(C) $\{a\} \subset \{a, \{a\}\}$
(D) $\{a. b\} \in \{a, b, c, d\}$
(E) $\emptyset \subset \{\emptyset, \{a\}\}$

302) Mackenzie – Se $A = \{x \in \mathbb{N} \mid x \text{ é divisor de } 60\}$ e $B = \{x \in \mathbb{N} \mid 1 \leq x \leq 5\}$, então o número de elementos do conjunto das partes de $A \cap B$ é um número

(A) múltiplo de 4, menor que 48.
(B) primo, entre 27 e 33.
(C) divisor de 16.
(D) par, múltiplo de 6.
(E) pertencente ao conjunto $\{x \in \mathbb{R} \mid 32 < x \leq 40\}$

303) PUC SP – Se n é um número inteiro positivo, chama-se *indicador* de n o número de elementos do conjunto
$\phi(n) = \{x \mid 1 \leq x \leq n \text{ e } MDC(x, n) = 1\}$. Com base nessa definição, é correto afirmar que o *indicador* do número 24 é igual a:

(A) 16 (B) 12 (C) 10 (D) 8

304) UFLA – O número de elementos do conjunto $(A \cap B) \cup C$ em que
$A = \{x \in \mathbb{N}^*, x \text{ é múltiplo de 7 e } x \leq 200\}$
$B = \{x \in \mathbb{N}^*, x \text{ é par e } x \leq 200\}$
$C = \{x \in \mathbb{N}^*, x \text{ é ímpar e } x \leq 200\}$ é

(A) 142 (B) 128 (C) 118 (D) 114

305) UFAL – Dadas as afirmativas a respeito de dois conjuntos X e Y,

I. Se $X - Y = X$, então $Y - X = \emptyset$
II. Se $X \cap Y = X$, então $Y - X = \emptyset$
III. Se $X \cup Y = X$, então $Y - X = \emptyset$

Verifica-se que está(ão) correta(s)

(A) I apenas. (B) III apenas. (C) I e II, apenas. (D) I e III, apenas. (E) I, II e III.

306) FATEC – Considere a sentença: para qualquer x pertencente ao conjunto M, tem-se $x^2 > x$. Assinale a alternativa que apresenta um possível conjunto M.

(A) {–2, –1/2, 1/2 }
(B) {–1/2, 0, 2}
(C) {–2, –1/2, 2}
(D) {–1, 1, 2}
(E) {0, 1/2, 1}

307) UFJF – Considere a seguinte afirmativa:

Em toda profissão, há excelentes profissionais.

A negativa dessa afirmativa é:

(A) Em toda profissão, não há excelentes profissionais.
(B) Em nenhuma profissão, há excelentes profissionais.
(C) Há pelo menos uma profissão na qual não há excelentes profissionais.
(D) Há pelo menos uma profissão na qual há excelentes profissionais.
(E) Em algumas profissões, há excelentes profissionais.

308) PUC PR – Numa turma de 3º ano do ensino médio da escola SABER, foi realizada uma pesquisa sobre a preferência quanto à leitura de obras da literatura brasileira. O resultado obtido foi o seguinte:
28 alunos preferem a obra "Dom Casmurro", de Machado de Assis.
20 alunos afirmaram que preferem a obra "Os Sertões", de Euclides da Cunha.
8 alunos responderam que gostam das duas obras.
5 alunos não preferem qualquer das duas obras.

Com base nesses dados, podemos afirmar que a turma que participou da pesquisa é constituída por:

(A) 56 alunos (B) 45 alunos (C) 63 alunos (D) 35 alunos (E) 40 alunos

309) IFRS – Considerando os conjuntos descritos a seguir,
A = {todos os números naturais que são múltiplos de 4, mas não são múltiplos de 5}
B = {todos os números naturais que são múltiplos de 4, mas não são múltiplos de 20}
C = {todos os números naturais que são múltiplos de 3, mas não são múltiplos de 5}
D = {todos os números naturais que são múltiplos de 3, mas não são múltiplos de 20}

Temos que:

(A) $A \subset B$ e $C = D$ (B) $A = B$ e $C \subset D$ (C) $A \subset B$ e $C \subset D$ (D) $A = B$ e $D \subset C$ (E) $A = B$ e $C = D$

310) IFS – Considerando os conjuntos $A = \{x \in \mathbb{R} \mid 0 < x < 2\}$ e $B = \{x \in \mathbb{R} \mid x > 1\}$ é correto afirmar que

(A) $A \subset B$
(B) $A \cap B = \{x \in \mathbb{R} \mid 1 < x < 2\}$
(C) $B \subset A$
(D) $A \cup B = \{x \in \mathbb{R} \mid x < 2\}$
(E) $A - B = \{x \in \mathbb{R} \mid 1 < x < 2\}$

Teste 32

311) UDESC – Considere A e B subconjuntos não vazios do universo U. Sabendo que B^C tem 9 elementos, B – A tem 8 e $A \cup B$ tem 13, então o número de elementos de $(A \cap B)^C$ é:

(A) 22 (B) 3 (C) 7 (D) 5 (E) 17

312) UFAL – Considere o diagrama ao lado. A parte pintada do diagrama corresponde ao seguinte conjunto:

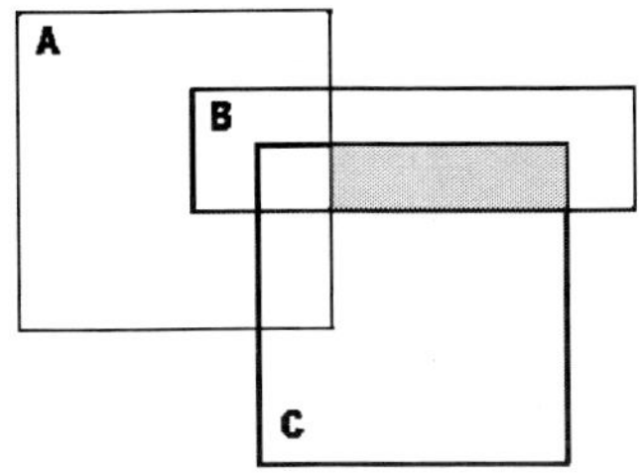

(A) A∩B∩C
(B) B∩C
(C) B – C
(D) (B∩C) – A
(E) (A∩B) ∪ (A∩B∩C)

313) UFPI – Acerca dos conjuntos não vazios A, B e C são feitas três afirmações:

I. A⊆B;
II. B⊆C;
III. C⊆A.

Supondo que as três afirmações sejam verdadeiras, é incorreto afirmar que:

(A) A=C (B) B=C (C) C=A (D) A∪B = C (E) B∩C = ∅

314) PUC PR – Considere os seguintes conjuntos numéricos:
$A = \{x \in \mathbb{R} \mid x^2 - 1 \geq 0\}$, $B = \{x \in \mathbb{Z} \mid |x| < 3\}$ e $C = \{1, 2, 3, 4\}$.
A respeito desses conjuntos, assinale a alternativa correta:

(A) 3∈B
(B) A∪C=C
(C) O produto cartesiano BxC tem 25 elementos.
(D) B – C = ∅
(E) A∩B = (–3, –1] ∪ [1, 3)

315) UDESC – Considere em um conjunto universo, com 7 elementos, os subconjuntos A, B e C, com 3, 5 e 7 elementos, respectivamente. É correto afirmar que:

(A) (A∩B)∩C tem no máximo 2 elementos.
(B) (A∩B)∩C tem no mínimo 1 elemento.
(C) B∩C tem 3 elementos.
(D) A∩C tem no mínimo 2 elementos
(E) A∩B pode ser vazio.

316) UF Uberlândia – Em uma pesquisa sobre a ocorrência dos tipos sanguíneos A, B, AB e O realizada com 1200 pessoas, constatou-se que 12% têm sangue tipo A, 62% não têm sangue tipo B e 83% não têm tipo AB. Como cada indivíduo possui um único tipo sanguíneo, então o número de pessoas que tem sangue tipo O é

(A) 720 (B) 180 (C) 396 (D) 465

317) UFES – Em um grupo de 93 torcedores,

- todos torcem pelo Flamengo, pelo Cruzeiro ou pelo Palmeiras;
- ninguém torce pelo Flamengo e pelo Cruzeiro ao mesmo tempo;
- exatamente 12 desses torcedores torcem por dois dos três times;
- o número de torcedores que torcem apenas pelo Flamengo é o dobro do número de torcedores que torcem pelo Palmeiras;
- pelo menos 4 torcedores torcem apenas pelo Cruzeiro.

Com base nessas informações, é correto afirmar que o número máximo possível de torcedores do Palmeiras no grupo é

(A) 27 (B) 29 (C) 31 (D) 33 (E) 35

318) UFLA – O diagrama de Venn mostra a configuração dos conjuntos A, B, C, D e E, em que, cada interseção contém apenas um elemento. O número de elementos do conjunto E é igual ao número de elementos do conjunto D mais um. O número de elementos do conjunto D é igual ao número de elementos do conjunto C mais um. O número de elementos do conjunto C é igual ao número de elementos do conjunto B mais um. O número de elementos do conjunto B é igual ao número de elementos do conjunto A mais um. Somando o número de elementos de todos os conjuntos, têm-se 60 elementos. O número de elementos da união desses cinco conjuntos, ou seja, A∪B∪C∪D∪E, é:

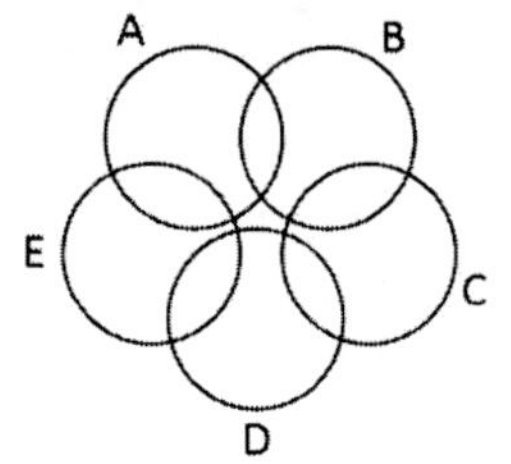

(A) 50 (B) 55 (C) 56 (D) 60

319) UF Viçosa – Uma indústria tem matriz na capital e duas filiais, I e II, no interior do estado. Na matriz trabalham 45% dos funcionários e na filial I, 30%. Uma porcentagem de 36% dos funcionários da indústria optaram por um determinado plano de saúde. Sabendo-se que 25% dos funcionários da capital e 30% dos funcionários da filial I optaram por esse plano, a porcentagem dos funcionários da filial II que também optaram pelo plano é:

(A) 63% (B) 59% (C) 51% (D) 67%

320) FGV – Considere os conjuntos A = {1, 2, 3, 4, 5, 6}, B = {1, 2, 3, 4, 5} e C = {2, 3, 4, 5, 6}. Como se sabe, o conjunto A tem ao todo $2^6 = 64$ subconjuntos. Determine quantos são os subconjuntos de A que não são subconjuntos nem de B nem de C.

Teste 33

321) UDESC – Seja X um conjunto com 6 elementos distintos e seja P(X) o conjunto das partes de X. O número de elementos de P(X) é

(A) 62 (B) 64 (C) 6 (D) 7 (E) 63

322) UFLA – Em uma cidade onde muitas pessoas gostariam de morar, 80% das pessoas são honestas, 70% das pessoas são gentis e 60% das pessoas são alegres. Pode-se, então, afirmar que o percentual mínimo de pessoas que são simultaneamente alegres, gentis e honestas é de:

(A) 60% (B) 40% (C) 10% (D) 5%

323) UFS – Considere os conjuntos

$A = \{x \in \mathbb{R} \mid x^2 - 4 < 0\}$, $B = \{x \in \mathbb{R} \mid x > 0\}$ e $C = \{x \in \mathbb{R} \mid 3x - 3 \leq 0\}$

e classifique as sentenças abaixo como falsas (F) ou verdadeiras (V).

( ) $-3 \in A$
( ) $A \cap B = (0, 2)$
( ) $C - A = (-\infty, 1)$
( ) $B \cup C = \mathbb{R}$
( ) $A - (B \cap C) = (-2, 0] \cup (1, 2)$

324) IFPE – Um dos restaurantes de um *shopping center* fez uma pesquisa entre seus clientes com duas perguntas:

(1) Você gosta de comida japonesa?
(2) Você gosta de comida mexicana?

Feito o levantamento das respostas observou-se que 132 pessoas responderam "sim" à primeira pergunta; 84 responderam "sim" à segunda pergunta; 18 responderam "sim" às duas perguntas e 50 pessoas responderam "não" às duas. Com base nesses dados, é correto afirmar que o número de pessoas que responderam à pesquisa foi igual a:

(A) 223 (B) 230 (C) 248 (D) 253 (E) 284

325) UFPI – Sejam A e B dois subconjuntos quaisquer de números reais. Sobre as afirmações abaixo,

I. Se $A \cap B = \emptyset$, então $A=\emptyset$ ou $B=\emptyset$;
II. Se $x \in A \cup B$, então $x \in A$ ou $x \in B$;
III. Se x $(A \cup B)^C$, então $x \in A^C$ e $x \in B^C$;

é correto afirmar que:

(A) somente I é verdadeira.
(B) somente I e II são verdadeiras.
(C) somente II é verdadeira.
(D) somente II e III são verdadeiras.
(E) todas as afirmações são verdadeiras.

326) UFS – Use os conjuntos $A = \{x \in \mathbb{N} \mid x \leq 3\}$, $B = \{x \in \mathbb{Z} \mid 3 \div x = 0\}$, $C = \{x \in \mathbb{R} \mid -1 \leq x < 2\}$ e $D = \{x \in \mathbb{R} \mid 1-2x < 0\}$ para concluir sobre a veracidade das seguintes afirmações:

( ) O conjunto A tem 16 subconjuntos
( ) O conjunto B é unitário
( ) $C \cap D =]-1/2, 2[$
( ) $A - B = A$
( ) $C_{\mathbb{R}} (C \cup D) = \mathbb{R}_-$

327) UFT – Dos 100 alunos de uma escola de música, 55 aprendem a tocar violão e 36 aprendem a tocar piano. Desses alunos de música, 25 não aprendem a tocar nem violão nem piano. Quantos alunos dessa escola de música aprendem a tocar ambos os instrumentos?

(A) 10 (B) 16 (C) 19 (D) 25 (E) 30

328) IFS – Em certa turma, 20 alunos conseguiram notas acima da média em Matemática, enquanto que 27 alunos conseguiram notas acima da média em Física e 15 alunos conseguiram notas acima da média nessas duas disciplinas. Quantos alunos conseguiram notas acima da média em pelo menos uma das disciplinas?

(A) 32 (B) 42 (C) 47 (D) 55 (E) 62

329) IFRJ – Uma pesquisa com 500 alunos de uma escola, sobre preferência entre teatro e cinema, revelou que 470 alunos já foram ao cinema, 50 já foram ao teatro e 10 deles nunca foram ao cinema nem ao teatro. Sabendo que todos os alunos responderam à pesquisa, o número de alunos dessa escola, que já foi ao teatro e também ao cinema, é igual a:

(A) 10 (B) 20 (C) 30 (D) 40 (E) 50

330) UFCE – Sejam M e N conjuntos que possuem um único elemento em comum. Se o número de subconjuntos de M é igual ao dobro do número de subconjuntos de N, o número de elementos do conjunto $M \cup N$ é:

(A) o triplo do número de elementos de M.
(B) o triplo do número de elementos de N.

(C) o quádruplo do número de elementos de M.
(D) o dobro do número de elementos de M.
(E) o dobro do número de elementos de N.

Teste 34

331) USP – Dentre os candidatos que fizeram provas de matemática, português e inglês num concurso, 20 obtiveram nota mínima para aprovação nas três disciplinas. Além disso, sabe-se que:

I. 14 não obtiveram nota mínima em matemática;
II. 16 não obtiveram nota mínima em português;
III. 12 não obtiveram nota mínima em inglês;
IV. 5 não obtiveram nota mínima em matemática e em português;
V. 3 não obtiveram nota mínima em matemática e em inglês;
VI. 7 não obtiveram nota mínima em português e em inglês;
VII. 2 não obtiveram nota mínima em matemática, português e inglês;

A quantidade de candidatos que participaram do concurso foi:

(A) 44. (B) 46. (C) 47. (D) 48. (E) 49.

332) IFAL – Considere três conjuntos A, B e C, tais que: $n(A) = 28$, $n(B) = 21$, $n(C) = 20$, $n(A \cap B) = 8$, $n(B \cap C) = 9$, $n(A \cap C) = 4$ e $n(A \cap B \cap C) = 3$. Assim, o valor de $n((A \cup B) \cap C)$ é

(A) 3. (B) 10. (C) 20. (D) 21. (E) 24.

333) UFMG – Uma escola realizou uma pesquisa sobre os hábitos alimentares de seus alunos. Alguns resultados dessa pesquisa foram:

- 82% do total de entrevistados gostam de chocolate;
- 78% do total de entrevistados gostam de pizza; e
- 75% do total de entrevistados gostam de batata frita.

Então, é correto afirmar que, no total de alunos entrevistados, a porcentagem dos que gostam ao mesmo tempo de chocolate, de pizza e de batata frita é pelo menos de

(A) 25% (B) 30% (C) 35% (D) 40%

334) UF Uberlândia – Uma pesquisa realizada com alunos de uma faculdade de administração mostrou que

33 cursam Estatística;
50 cursam Matemática;
37 cursam Finanças;
15 não cursam nenhuma das disciplinas;
15 cursam Matemática e Estatística;
11 cursam Estatística e Finanças;
13 cursam Matemática e Finanças e
5 cursam Estatística, Matemática e Finanças.

Quantos alunos desta faculdade foram pesquisados?

(A) 135 (B) 179 (C) 101 (D) 150 (E)

335) FGV – Em uma pesquisa para estudar a incidência de três fatores de risco (A, B e C) para doenças cardíacas em homens, verificou-se que, do total da população investigada,
15% da população apresentava apenas o fator A;
15% da população apresentava apenas o fator B;
15% da população apresentava apenas o fator C;
10% da população apresentava apenas os fatores A e B;
10% da população apresentava apenas os fatores B e C;
10% da população apresentava apenas os fatores A e C;

em 5% da população os três fatores de risco ocorriam simultaneamente.

Da população investigada, entre aqueles que não apresentavam o fator de risco A, a porcentagem dos que não apresentavam nenhum dos três fatores de risco é, aproximadamente,

(A) 20% (B) 50% (C) 25% (D) 66% (E) 33%

336) IFPE – Em uma pesquisa de opinião com 200 estudantes do IFPE a respeito da preferência dos alunos quanto ao estilo musical, constatou-se que:

85 estudantes gostam de Rock;
70 estudantes gostam de Forró;
65 estudantes gostam de Brega;
40 estudantes gostam de Rock e Forró;
20 estudantes gostam de Rock e Brega;
30 estudantes gostam de Forró e Brega;
10 estudantes gostam de Rock, Forró e Brega.

Determine quantos estudantes não gostam de nenhum desses três estilos musicais.

(A) 140 (B) 45 (C) 35 (D) 60 (E) 25

337) UFT – O diagrama que não representa uma função de P em Q é:

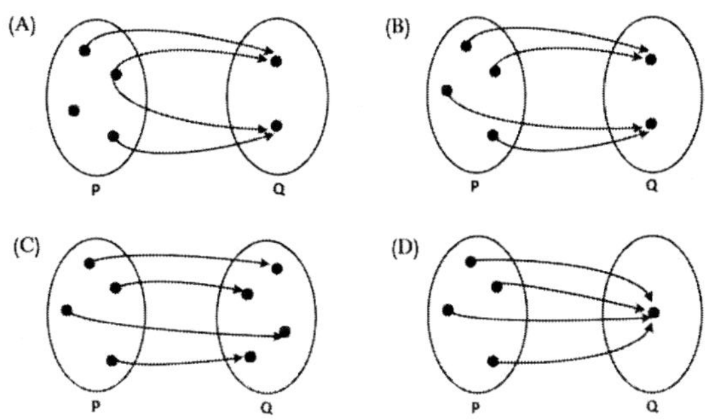

338) FATEC – A negação da sentença **$-3 < x \leq 2$** é

(A) $x \leq -3$ ou $x > 2$.
(B) $x < -3$ ou $x \geq 2$.
(C) $x < -2$ ou $x \geq 3$.
(D) $x < -3$ e $x \geq 2$.
(E) $x \leq -3$ e $x > 2$.

339) UNICAMP – Sabe-se que, em um grupo e 10 pessoas, o livro A foi lido por 5 pessoas e o livro B foi lido por 4 pessoas. Podemos afirmar corretamente que, nesse grupo,

(A) pelo menos uma pessoa leu os dois livros.
(B) nenhuma pessoa leu os dois livros.
(C) pelo menos uma pessoa não leu nenhum dos dois livros.
(D) todas as pessoas leram pelo menos um dos dois livros.

340) IFRO – Considerando
$A = \{x \in \mathbb{N} \mid 42/x = n, n \in \mathbb{N}\}$, $B = \{x \in \mathbb{N} \mid 5x-2 \geq x+82\}$ e $C = \{x \in \mathbb{N} \mid 3<x<21\}$,
podemos dizer que:

(A) $A \cap B \cap C$ tem 5 elementos
(B) $A \cup B \cup C$ é um conjunto vazio
(C) $(A - B) \cap C$ tem 3 elementos
(D) $B \cap C$ tem apenas 1 elemento
(E) $A - C$ tem quatro elementos

Teste 35

341) Mackenzie – Se f e g são funções reais definidas por $f(x)=\sqrt{x}$ = e $g(x)=\dfrac{1}{2x^2-5x+2}$, então o domínio da função composta f∘g é o conjunto

(A) $\{x \in \mathbb{R} \mid 0 \le x \le 1/2 \vee x \ge 2\}$
(B) $\{x \in \mathbb{R} \mid 0 \le x < 1/2 \vee x > 2\}$
(C) $\{x \in \mathbb{R} \mid 0 < x < 1/2 \vee x > 2\}$
(D) $\{x \in \mathbb{R} \mid x < 1/2 \vee x > 2\}$
(E) $\{x \in \mathbb{R} \mid x \le 1/2 \vee x \ge 2\}$

342) UF Pelotas – Sendo f: $\mathbb{R} \to \mathbb{R}$ uma função definida por f(x) = 0 se x é ímpar e por f(x) = 4x se x é par. Então f(1) + f(2) + f(3) + ... + f(501) vale

(A) 127500 (B) 240000 (C) 167500 (D) 251000 (E) 220000 (F) N.R.A.

343) IFCE – Seja A o conjunto dos números reais não-nulos e B o conjunto dos números reais positivos. A função f:A→B dada por $f(x)=\dfrac{x^2}{|x|}$

(A) é sobrejetora e injetora.
(B) é sobrejetora, mas não é injetora.
(C) é injetora, mas não é sobrejetora.
(D) não é sobrejetora nem injetora.
(E) tem como imagem um subconjunto próprio de B.

344) UFAL – Sejam A = {1, 2, 3}. B = {1, 2, 3, 4, 5}, $\mathbb{N}$ o conjunto dos números naturais e f:A→$\mathbb{N}$ e g:B→$\mathbb{N}$ funções injetoras. Se L é o número de elementos do conjunto f(A)∪g(B), então

(A) $0 \le L \le 3$ (B) $3 < L < 5$ (C) $5 \le L \le 8$ (D) $8 < L < 10$ (E) $10 \le L \le 15$

345) PUC PR – Considere a função f: $\mathbb{R}$ – {3}→ $\mathbb{R}$ – {a} definida por $f(x)=\dfrac{x-2}{x-3}$. Determine qual deve ser o valor de a para que f(x) seja **invertível**.

(A) 2 (B) 3 (C) -1 (D) 1 (E) -2

346) UESC – A função f definida por $f(x)=1+x^2$ é uma função bijetora, se os conjuntos que representam o domínio (D(f)) e a imagem (Im(f)) são:

(A) D(f) = $\mathbb{R}$ e Im(f) = [1, +∞[
(B) D(f) =]-∞, 0] e Im(f) = $\mathbb{R}$
(C) D(f) = $\mathbb{R}$ e Im(f) = $\mathbb{R}$
(D) D(f) = [0, +∞[e Im(f) = [0, +∞[
(E) D(f) = [0, +∞[e Im(f) = [1, +∞[

347) UFLA – Uma função f é dita *crescente* se se para todo $x_2 > x_1$, se tem $f(x_2) > f(x_1)$, e é dita decrescente se $f(x_2) < f(x_1)$. Em relação à composição de funções, assinale a alternativa incorreta.

(A) A composta de duas funções crescentes é uma função crescente.
(B) A composta de duas funções decrescentes é uma função decrescente.
(C) A composta de uma função crescente com uma função decrescente é uma função decrescente.

(D) A composta de uma função decrescente com uma função crescente é uma função decrescente.

348) UFCE – Sobre a função

f:[0, +∞)→[0, +∞) dada por $f(x)=\frac{x}{x+1}$, é correto afirmar que:

(A) f é estritamente crescente.
(B) f é estritamente decrescente.
(C) o gráfico de f é uma parábola.
(D) f∘f=f.
(E) f(a+b) = f(a) + f(b), para todos a, b ∈ [0, +∞).

349) UFJF – Seja f:[a, b]→ℝ uma função. Considere o conjunto M, cujos elementos são os pontos de interseção da reta x=c com o gráfico de f. Pode-se afirmar que:

(A) M=∅ para c<a ou c>b.
(B) M = [a, b]
(C) M é um conjunto unitário.
(D) M possui exatamente dois elementos.
(E) M=ℝ.

350) UDESC – Considere a função f cujo gráfico está representado abaixo.

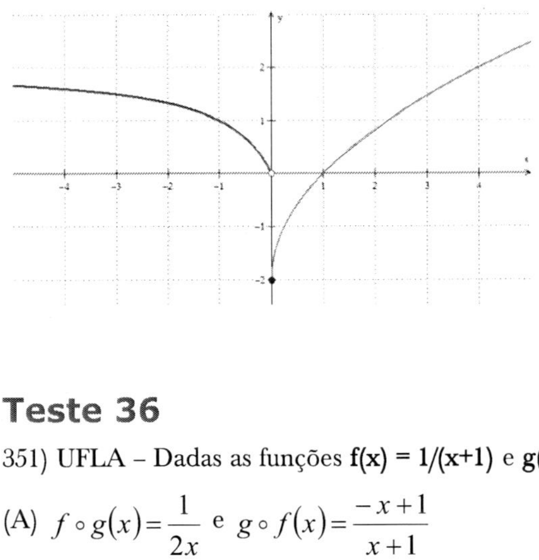

É correto afirmar que: (pode haver mais de uma correta)

(A) f:[–1, 4]→[–2, 2] é injetora, mas não é sobrejetora.
(B) f:[–1, 4]→[–2, 2] é bijetora.
(C) f:[–1, 1]→[–2, 1] é injetora, mas não é sobrejetora.
(D) f:[–1, 1]→[–2, 1] é bijetora.
(E) f:[–1, 1]→[–2, 2] é sobrejetora, mas não é injetora.

Teste 36

351) UFLA – Dadas as funções **f(x) = 1/(x+1)** e **g(x) = 2x – 1**, é correto afirmar que:

(A) $f\circ g(x)=\frac{1}{2x}$ e $g\circ f(x)=\frac{-x+1}{x+1}$

(B) $f\circ g(x)=\frac{1}{2x+1}$ e $g\circ f(x)=\frac{2}{x+1}$

(C) $f\circ g(x)=\frac{x+1}{2x+1}$ e $g\circ f(x)=\frac{2}{x+1}+1$

(D) $f\circ g(x)=2x+1$ e $g\circ f(x)=\frac{x+1}{2}$

352) USP – Sejam **f(x) = 2x – 9** e **g(x) = x^2 + 5x + 3**. A soma dos valores absolutos das raízes da equação f(g(x)) = g(x) é igual a

(A) 4 (B) 5 (C) 6 (D) 7 (E) 8

353) UFPE – Recorde que uma função diz-se injetora se elementos distintos do seu domínio possuem imagens também distintas; e diz-se sobrejetora se o seu conjunto imagem é igual ao seu contradomínio. Com base nessas definições, analise a veracidade das afirmações a seguir.

( ) A função f:ℝ→ℝ definida por f(x) = sen(x) é injetora e não sobrejetora.

( ) Seja A = {x∈ℝ| $x \leq x_0$} e seja f:A→ℝ tal que $f(x) = x^2 - 6x + 8$, então f é injetora se o maior valor de x_0 é 3.

( ) A função f:ℝ→ℝ definida por f(x) = x|x| é injetora e não sobrejetora.

( ) Sendo as funções f:ℝ→ℝ e g:ℝ→ℝ injetoras, é verdadeiro afirmar que a função composta g∘f é também injetora.

( ) Sendo as funções f:ℝ→ℝ e g:ℝ→ℝ sobrejetoras, é verdadeiro afirmar que a função composta g∘f é também é também sobrejetora.

354) UNESP – Os gráficos de duas funções f(x) e g(x), definidas de R em R, estão representados no mesmo plano cartesiano. No intervalo [–4, 5], o conjunto solução da inequação f(x).g(x) < 0 é:

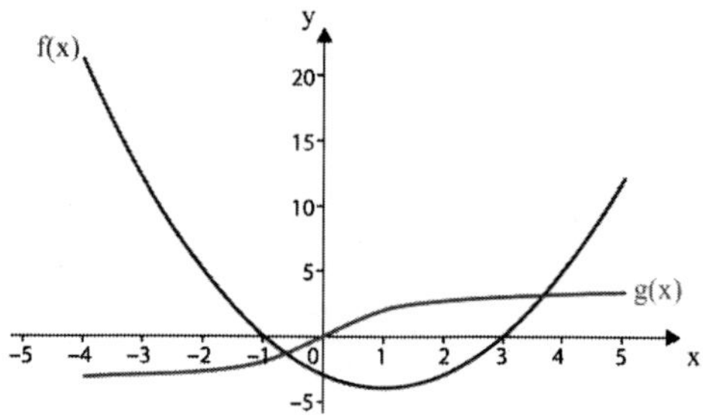

(A) {x∈ℝ|–1 < x < 3}
(B) {x∈ℝ|–1 < x < 0 ou 3 < x ≤ 5 }
(C) {x∈ℝ|–4 ≤ x < –1 ou 0 < x < 3 }
(D) {x∈ℝ|–4 < x < 0 }
(E) {x∈ℝ|–4 ≤ x < –1 ou 3 < x < 5 }

355) UFAL – Sejam f e g duas funções de ℝ em ℝ. Se f é uma função par e g é uma função ímpar, então a função

(A) h(x) = f(x) + g(x) é uma função ímpar.
(B) h(x) = f(x) + g(x) é uma função par.
(C) h(x) = f(x) – g(x) é uma função ímpar.
(D) h(x) = f(x).g(x) é uma função ímpar.
(E) h(x) = f(x).g(x) é uma função par.

356) UFCG – Considere uma função real f, cujo domínio é o conjunto dos números reais, que satisfaz a seguinte propriedade:

$$f(x)=\begin{cases} \frac{x}{2}+1, & \text{se } x>6 \\ f(f(2x)), & \text{se } x\leq 6 \end{cases}$$

O valor de f(4,5) da função f no ponto x=4,5 é:

(A) 17/4 (B) 4 (C) 2 + 13/12 (D) 9/2 (E) 7,9

357) UF Pelotas – Sendo f:ℝ→ℝ definida por

$f(x)=\frac{1-x^2}{1+|x|}$, então $f\left(f\left(-\frac{1}{4}\right)\right)$ vale

(A) –1/4 (B) –1 (C) 0 (D) 1/4 (E) 1 (F) N.R.A.

358) UFAL – Para quais valores reais de **p** a função $f(x)=\frac{x^2+p}{x+2}$, que tem como domínio o conjunto dos números reais diferentes de –2 e contradomínio o conjunto dos reais, é sobrejetora?

(A) p ≤ –4 (B) p ≥ –4 (C) 0 < p < 4 (D) –4 < p < 0 (E) –4 < p < 4

359) IFSP – Se $f(x)=\sqrt{6+2x}$, então $f(\sqrt{5}).f(-\sqrt{5})$ é igual a:

(A) 4 (B) 3 (C) 2 (D) 1 (E) –1

360) IFRO – O conjunto imagem da função **f(x) = –|–x+2|** é representado por:

(A) [0, +∞) (B) (–∞, 0] (C) [2, +∞) (D) [–2, +∞) (E) (–∞, 2]

Teste 37

361) IFMG – Sendo $f(x) = |x^2-4| + 5$, é correto afirmar que o conjunto imagem de f(x) é:

(A) $Im(f) = \{f(x)\in\mathbb{R} \mid f(x) \leq 4\}$
(B) $Im(f) = \{f(x)\in\mathbb{R} \mid f(x) \geq 4\}$
(C) $Im(f) = \{f(x)\in\mathbb{R} \mid f(x) \geq 5\}$
(D) $Im(f) = \{f(x)\in\mathbb{R} \mid f(x) \leq 5\}$

362) UFAM – Considere as funções
$f:\mathbb{R}\rightarrow\mathbb{R}$; f(x) = 3x + 5 e $g:\mathbb{R}\rightarrow\mathbb{R}$; g(x) = ax + b.
Então, o conjunto A dos pontos $(a, b)\in\mathbb{R}^2$ tais que $f\circ g = g\circ f$ é

(A) $A = \{(a, b)\in\mathbb{R}^2 \mid 2b = 5(a-1)\}$
(B) $A = \{(a, b)\in\mathbb{R}^2 \mid 2b = 5(a+1)\}$
(C) $A = \{(a, b)\in\mathbb{R}^2 \mid a = 5(b-1)\}$
(D) $A = \{(a, b)\in\mathbb{R}^2 \mid a = 5(b+1)\}$
(E) $A = \{(a, b)\in\mathbb{R}^2 \mid 5a = 2(b+1)\}$

363) UFMG – Dadas duas funções f e g, pode-se calcular f(g(x)) desde que x pertença ao domínio de g e g(x) pertença ao domínio de f.

A) Sejam f(x) = 5 e g(x) = x – 3. Calcule g(f(x)) e f(g(x)).

B) Sejam f(x) = 1/(x+3) e g(x) = 18/(x–2). Determine o conjunto D de todos os valores de x para os quais f(g(x)) pode ser calculado e determine a expressão de f(g(x)).

364) UF Uberlândia – Seja $f:[0,4]\rightarrow\mathbb{R}$ e função cujo gráfico está ilustrado ao lado. Sobre as afirmações seguintes

I – o domínio da função f(x+2) é o intervalo [–2, 2]

II – a imagem da função f(x+2) é o intervalo [1, 5]

III – a equação |f(x+2)+2|=0 não tem solução

IV – a função f(x+2), em seu domínio de definição, é injetora

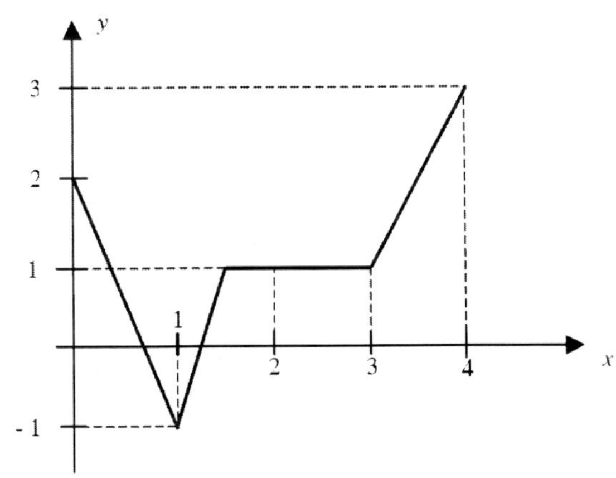

É correto afirmar que as verdadeiras são apenas:

(A) II e III (B) I, II e III
(C) I e IV (D) I e III

365) UFMT – Seja $f:\mathbb{R}\rightarrow\mathbb{R}$ uma função que satisfaz **$f(tx) = t^2.f(x)$**, para quaisquer x e t reais. A partir dessas informações, assinale a afirmativa correta.

(A) f(–x) = –f(x), para qualquer x real.
(B) f(x) ≥ 0, para qualquer x real.
(C) f(0) = 1.
(D) f(x) = 1.
(E) f(–x) = f(x) para qualquer x real.

366) UTFPR – A respeito da função representada no gráfico ao lado, considere as seguintes afirmativas:

1. A função é crescente no intervalo aberto (4, 6).
2. A função tem um ponto de máximo em x=1.
3. Esse gráfico representa uma função injetora.
4. Esse gráfico representa uma função polinomial de terceiro grau.

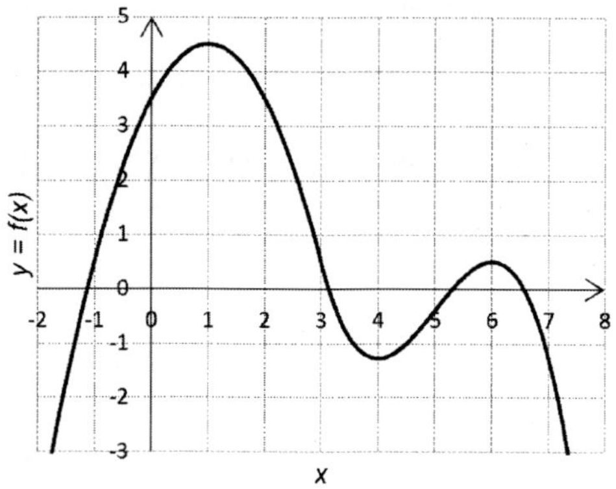

São verdadeiras apenas as afirmativas:

(A) 1 e 2. (B) 1 e 3. (C) 3 e 4.
(D) 1, 2 e 4. (E) 2, 3 e 4.

367) UNICAMP – Seja a função h(x) definida para todo número real x por

$$h(x)=\begin{cases} 2^{x+1}, \text{ se } x\leq 1, \\ \sqrt{x-1}, \text{ se } x>1. \end{cases}$$

Então, h(h(h(0))) é igual a

(A) 0. (B) 2. (C) 4. (D) 8.

368) USP – Considere as funções $f(x) = x^2 + 4$ e $g(x)=1+\log_{1/2} x$, em que o domínio de f é o conjunto dos números reais e o domínio de g é o conjunto dos números reais maiores do que 0.

Seja h(x) = 3.f(g(x)) + 2.g(f(x)), em que x>0. Então, h(2) é igual a

(A) 4 (B) 8 (C) 12 (D) 16 (E) 20

369) UFT – Seja **a** um número real e f:]–∞, ∞[→[a, ∞[uma função definida por
$f(x) = m^2x^2 + 4mx + 1$, com m≠0.
O valor de **a** para que a função f seja sobrejetora é:

(A) –4 (B) –3 (C) 3 (D) 0 (E) 2

370) ENEM – Um professor, depois de corrigir as provas de sua turma, percebeu que várias questões estavam muito difíceis. Para compensar, decidiu utilizar uma função polinomial f, de grau menor que 3, para alterar as notas x da prova para notas y = f(x), da seguinte maneira:
A nota zero permanece zero.
A nota 10 permanece 10.
A nota 5 passa a ser 6.
A expressão da função y=f(x) a ser utilizada pelo professor é

(A) $y=-\frac{1}{25}x^2+\frac{7}{5}x$ (B) $y=-\frac{1}{10}x^2+2x$ (C) $y=\frac{1}{24}x^2+\frac{7}{12}x$ (D) $y=\frac{4}{5}x+2$
(E) $y=x$

Teste 38

371) UFAL – Sejam **f** e **g** funções reais definidas por

$f(x) = x - 1$ e $g(x) = x^2 + 1$

Então, o valor de $g(f(2))$ é igual a

(A) 0. (B) 2. (C) 1. (D) 4. (E) 3.

372) UFMG – Para a função $f(x)=5x+3$ e um número **b**, tem-se $f(f(b)) = -2$. O valor de **b** é:

(A) –1 (B) –4/5 (C) –17/25 (D) –1/5

373) UFPR – O gráfico ao lado representa o consumo de bateria de um celular entre as 10h e as 16h de um determinado dia. Supondo que o consumo manteve o mesmo padrão até a bateria se esgotar, a que horas o nível da bateria atingiu 10%?

(A) 18h. (B) 19h. (C) 20h.
(D) 21h. (E) 22h.

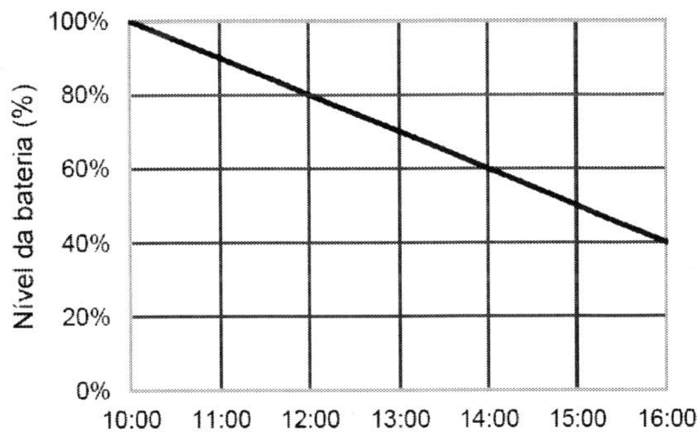

374) Mackenzie – Se a função f: $\mathbb{R}-\{2\}\rightarrow \mathbb{R}^*$ é definida por $f(x) = 5/(2 - x)$ e f^{-1} a sua inversa, então $f^{-1}(-2)$ é igual a

(A) –1/2 (B) 9/2 (C) –9/2 (D) (E) 5/4

375) UFCG – Considere uma função f(x), cujo gráfico é desenhado ao lado. Indique o gráfico que representa a função
$g(x) = f(x+1) + f(x-1)$.

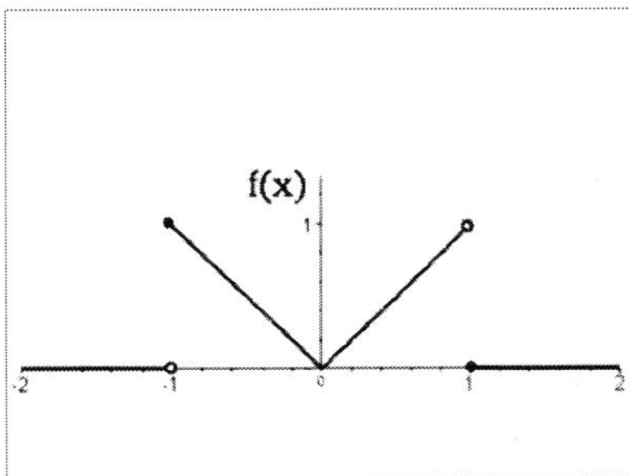

a)

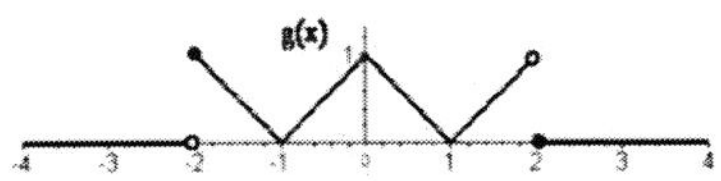

b)

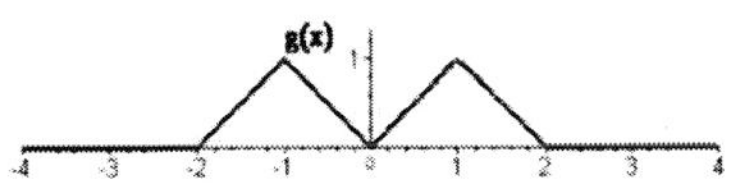

c)

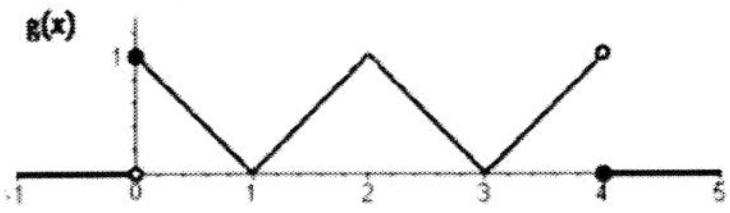

d)

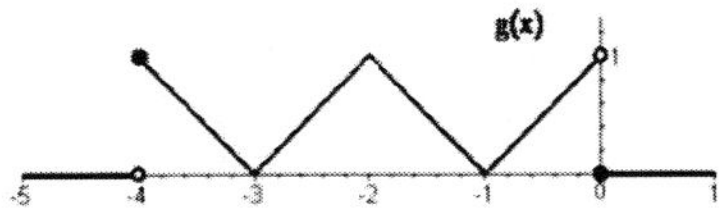

e)

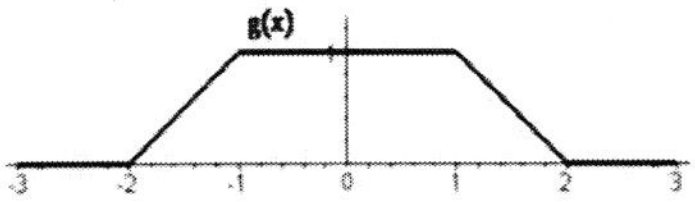

376) UF Pelotas – Se a função f: $\mathbb{R}\rightarrow\mathbb{R}$ é da forma f(x) = ax + b, com a, b $\in\mathbb{R}$, a$\neq$0, e f(f(x)) = x + 1/2, para todo x real, então $f^{-1}(1/4)$ é

(A) 5/4 (B) –3/4 (C) 4 (D) 0 (E) –1/4 (F) NRA

377) UFMS – Seja f:$\mathbb{R}\rightarrow\mathbb{R}$ uma função real tal que f(1) = A, f(e) = B e f(x + y) = f(x).f(y), para todo x e y pertencente a $\mathbb{R}$. Então, f(2+e) é igual a
(OBS: **e** é a base dos logaritmos neperianos).

(A) A (B) B (C) A^2B (D) AB^2 (E) $A^2 - B$

378) FATEC – Na Lógica, tem-se que a proposição

*Se ocorre **P**, então ocorre **Q**.*
é equivalente à proposição
*Se não ocorre **Q**, então não ocorre **P**.*

Assim sendo,

Se x<3, então y = –4

é equivalente a:

(A) Se x > 3, então y $\neq$ –4.
(B) Se x $\geq$ 3, então y $\neq$ 4.
(C) Se y $\neq$ 4, então x $\geq$ 3.
(D) Se y $\neq$ –4, então x > 3.
(E) Se y $\neq$ –4, então x $\geq$ 3.

379) UDESC – Os gráficos das funções f(x) = 1 – x, g(x) = 6^x e h(x) = $-x^2$ +2x + 5 estão representados na figura. Analise as afirmações abaixo, levando em conta o gráfico.

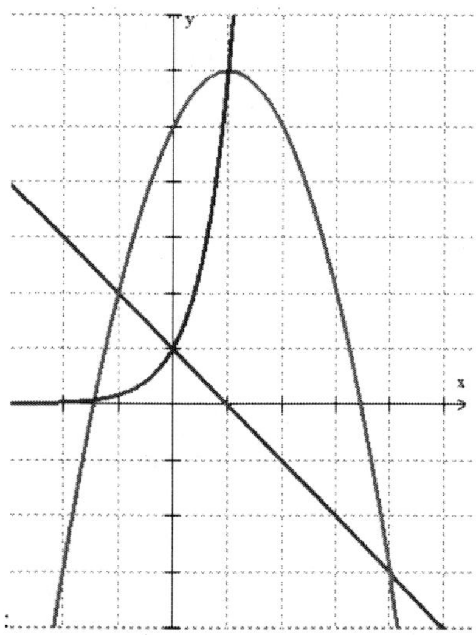

I. f(x) $\leq$ h(x) $\leq$ g(x) se, e somente se, 1$\leq$x$\leq$4.
II. f(x) $\leq$ h(x) $\leq$ g(x) se, e somente se, 0$\leq$x$\leq$4.
III. h(x) $\leq$ g(x) $\leq$ f(x) se, e somente se, –2$\leq$x$\leq$–1.
IV. g(x) $\leq$ f(x) $\leq$ h(x) se, e somente se, –2$\leq$x$\leq$0.
V. g(x) $\leq$ h(x) $\leq$ f(x) se, e somente se, –2$\leq$x$\leq$–1.

A quantidade de sentenças verdadeiras é

(A) 5 (B) 2 (C) 3 (D) 4 (E) 1

380) IFCE – Sabendo-se que f(x) = x^2 + 1 e g(x) = f(x + 1) – f(x) e calculando g(f(x)), obtém-se:

(A) x. (B) 2x. (C) $2x^2$. (D) $2x^2 - 3$. (E) $2x^2 + 3$.
(ANULADA – sem resposta)

Teste 39

381) UF Pelotas – O gráfico representa a função f(x). Construindo no mesmo plano cartesiano as retas que representam as funções f(x) e sua inversa $f^{-1}(x)$, é correto afirmar que o ponto de interseção dessas retas é

(A) (–2, 0) (B) (0, 1) (C) (1, 1)
(D) (5, 5) (E) (2, 2) (F) N.R.A.

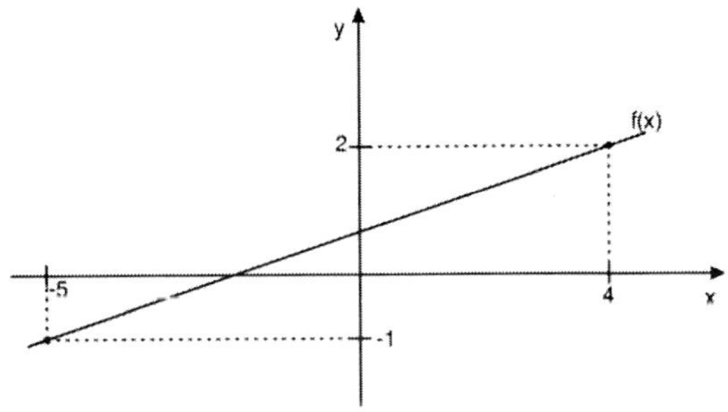

382) UFPI – Sobre o domínio da função f:D⊂ℝ→ℝ, definida pela lei $f(x)=\sqrt{3-|x+2|}$, pode-se afirmar que

(A) contém somente seis números inteiros.
(B) possui dois números inteiros.
(C) é um intervalo de comprimento igual a seis unidades.
(D) não possui números racionais.
(E) é um conjunto finito.

383) FATEC – Parte do gráfico de uma função real f, do 1º grau, está representada na figura ao lado. Sendo g a função real definida por $g(x) = x^3 + x$, o valor de $f^{-1}(g(1))$ é

(A) –3/2 (B) –1/3 (C) 1/3 (D) 2/3 (E) 3/2

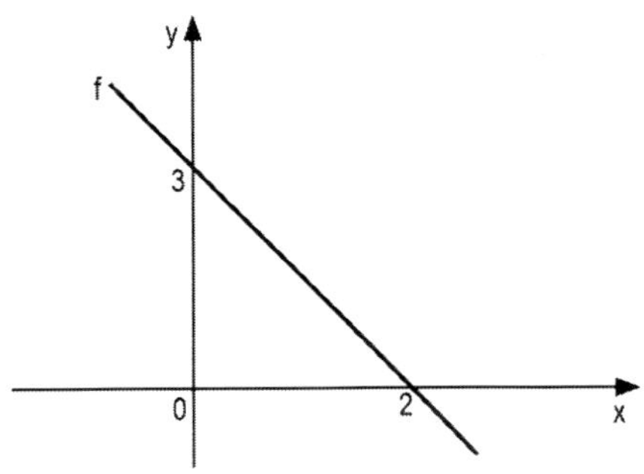

384) IFRO – Seja $f(x)=\dfrac{5x+3}{4}$, então $f^{-1}(1)+3f(-1)$ resulta em:

(A) 13/10 (B) –13/10 (C) –3/2 (D) 3/2 (E) –1

385) UFLA – Se f(x) = ax + b e a função composta (f∘f∘f)(x) = f(f(f(x))) = 8x + 21, a opção correta é

(A) a + b = 5 (B) a + b = 0 (C) a = b (D) a = 8 e b = 21

386) UFRN – Considerando as funções f(x) = 3x – 2 e g(x) = –2x + 1, o valor de k com k∈ℝ, tal que $f(g(k))^{-1} = 1$ é

(A) 3. (B) 2. (C) –1. (D) –5.

387) UFAL – Considere a função real f:ℝ–{2/5}→ℝ–{2/5}, com ℝ denotando o conjunto dos números reais, dada por

$$f(x)=\frac{2x-3}{5x-2}$$

Sobre f, é incorreto afirmar que:

(A) f é uma função bijetora.
(B) existe x real tal que f(x) = x.
(C) f(f(x)) = x, para todo x real.
(D) a inversa de f é a própria f.
(E) os valores reais de x para os quais f(x) < 0 satisfazem 2/5 < x < 3/2.

388) UEMG – Uma torneira enche uma caixa d'água com capacidade de 2500 litros. Estando aberta a torneira, o volume, em m^3, de água na caixa d'água aumenta em função do tempo, em horas, conforme o gráfico ao lado. O tempo necessário para que a caixa d'água fique completamente cheia corresponde a:

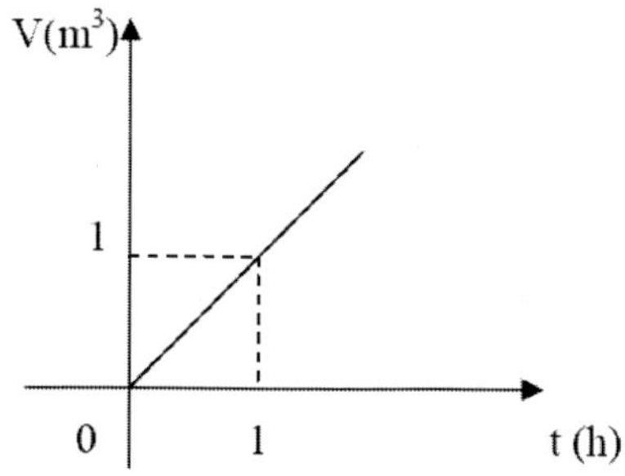

(A) 2h (B) 2h 30min
(C) 2h 45min (D) 3h

389) UFBA – Sobre a função f:[0, 1]→ℝ, representada pelo gráfico ao lado, é correto afirmar (complete com V ou F):

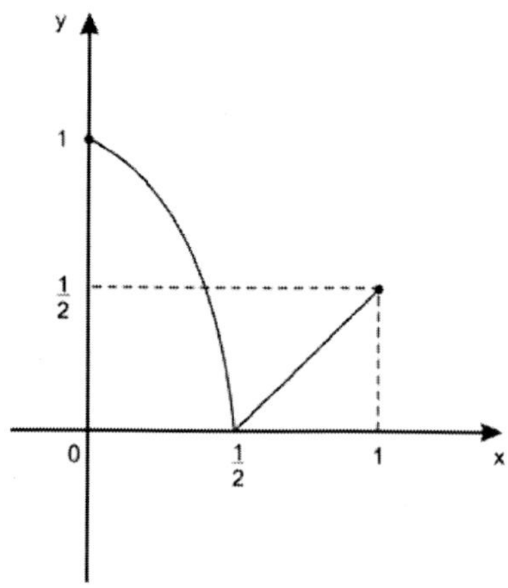

( ) A imagem da função f é o intervalo [0, 1].
( ) Existe um único x∈ [0, 1] tal que f(x) = 1/2.
( ) A função f é decrescente em [0, 1/2] e crescente em [1/2, 1].
( ) A imagem da função g:[–1, 0]→ℝ definida por g(x) = f(–x) é o intervalo [0, 1].
( ) f(f(f(0))) = 0 e f(f(f(1))) =1.
( ) f∘f∘f é a função identidade.

390) UERJ – As baterias B_1 e B_2 de dois aparelhos celulares apresentam em determinado instante, respectivamente, 100% e 90% da carga total. Considere as seguintes informações:

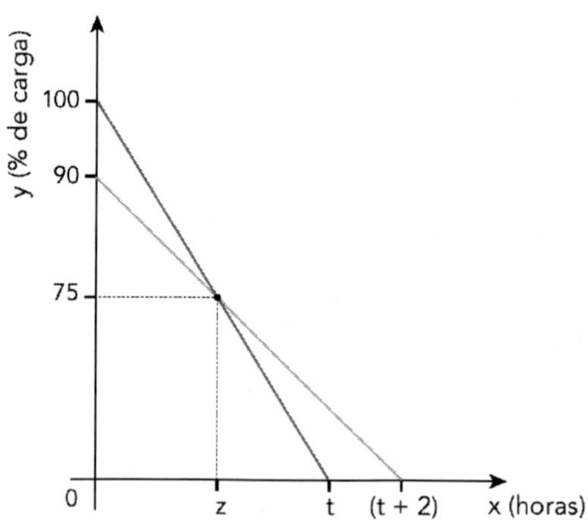

* As baterias descarregam linearmente ao longo do tempo;
* Para descarregar por completo, B_1 leva t horas e B_2 leva duas horas a mais que B1;
* No instante z, as duas baterias possuem o mesmo percentual de carga igual a 75%.

Observe o gráfico ao lado.

O valor de t, em horas, equivale a:

(A) 1 (B) 2 (C) 3 (D) 4

Teste 40

391) CEFET CE – A função T: $\mathbb{R}\times\mathbb{R}\rightarrow\mathbb{R}\times\mathbb{R}$ é dada por T(x, y) = (ax+by, cx+dy), onde a, b, c e d são constantes reais. Usa-se a notação T^n, para indicar a composição $T \circ T \circ ... \circ T$, com T sendo repetida n vezes. Sabendo-se que T(1, 0) = (0, 1) e T(0, 1) -= (–1, 0), é correto dizer-se que $T^{2008}(1, 1)$ é igual a:

(A) (–1, 1) (B) (–1, –1) (C) (1, 1) (D) (1, –1) (E) (0, 1)

392) FATEC – Considerando que x=9, y=12 e z=15, assinale a alternativa que apresenta uma expressão cujo valor lógico é verdadeiro.

(A) $(4y + 2z < 8x)$ ou $(3z - 2y = 3x + 5)$
(B) $(2z = x + y)$ ou $(x + y - z < 5)$
(C) $(3x - y = z)$ e $(x - y + z \neq y)$
(D) $(x + z \geq y)$ e $(y - z = 3)$
(E) $(x + y > z)$ e $(xy < xz)$

393) UFJF – É correto afirmar sobre a função quadrática $y = -x^2 + 3x - 1$ que:

(A) f(x) é decrescente para $\{x\in\mathbb{R} \mid x\leq 0\}$.
(B) A concavidade é para cima.
(C) f(x) possui três zeros diferentes.
(D) f(x) tem como vértice o ponto (1/5, 4/5).
(E) O valor máximo de f(x) é 5/4.

394) UFMG – Considere a função $f:\mathbb{R}\rightarrow\mathbb{R}$, definida por $f(x) = \lambda x^2 + 2\lambda x + 1$, onde $\lambda\in\mathbb{R}$. É correto afirmar que:

(A) Para $\lambda < 0$ a função só assume valores negativos.
(B) Para $\lambda > 1$ a função só assume valores positivos.
(C) Para $\lambda < 0$ a função só assume valores positivos.
(D) Para $\lambda > 1$ a função só assume valores negativos.
(E) Para $0 \leq \lambda < 1$ a função só assume valores positivos.

395) IFMT – Com relação à função $f(x) = \dfrac{2}{1 - 3^{x^2-4x}}$, assinale a opção correta.

(A) A equação f(x) = 2, possui, pelo menos, uma raiz real.
(B) O domínio de f é o conjunto $\{x\in\mathbb{R} \mid x\neq 4\}$
(C) Em um sistema de coordenadas cartesianas ortogonais xOy, o gráfico de y=f(x) intercepta o eixo Ox em mais de um ponto.
(D) O valor do elemento x=0 corresponde à imagem igual a 2.
(E) f(x) > 0 se, e somente se, 0<x<4.

396) ENEM – A temperatura T de um forno (em graus centígrados) é reduzida por um sistema a partir do instante de seu desligamento (t=0) e varia de acordo com a expressão

$T(t) = -t^2/4 + 400$,

com t em minutos. Por motivos de segurança, a trava do forno só é liberada para abertura quando o forno atinge a temperatura de 39°C. Qual o tempo mínimo de espera, em minutos, após se desligar o forno, para que a porta possa ser aberta?

(A) 19,0 (B) 19,8 (C) 20,0 (D) 38,0 (E) 39,0

397) USP – O módulo $|x|$ de um número real x é definido por
$|x|=x$, se $x\geq 0$, e $|x|=-x$, se $x<0$.
Das alternativas abaixo, a que melhor representa o gráfico da função $f(x) = x|x| - 2x + 2$ é:

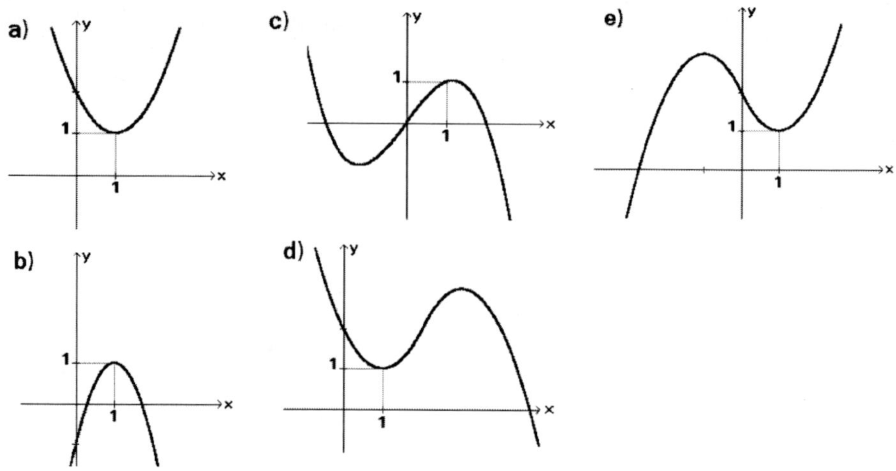

398) UFAL – Os tamanhos dos chapéus masculinos na Inglaterra, França e Estados Unidos são diferentes. A função $f(x) = (x - 1)/8$ converte os tamanhos franceses para os ingleses, e a função $g(x) = 8x$ converte os tamanhos norte-americanos para os franceses. Qual das funções a seguir converte o tamanho x dos norte-americanos para o tamanho h(x) dos ingleses?

(A) $h(x) = x-1/8$ (B) $h(x) = (x-1)/8$ (C) $h(x) = x+1/8$ (D) $h(x) = (x+1)/8$ (E) $h(x) = 8x+1$

399) UFAL – A figura ao lado representa o gráfico da função $f(x) = ax + b$ no conjunto dos números reais. é correto afirmar que:

(A) a=3
(B) b=9
(C) $f(1/2) = 10$
(D) A função f não é uma função injetora.
(E) A função f não é uma função sobrejetora.

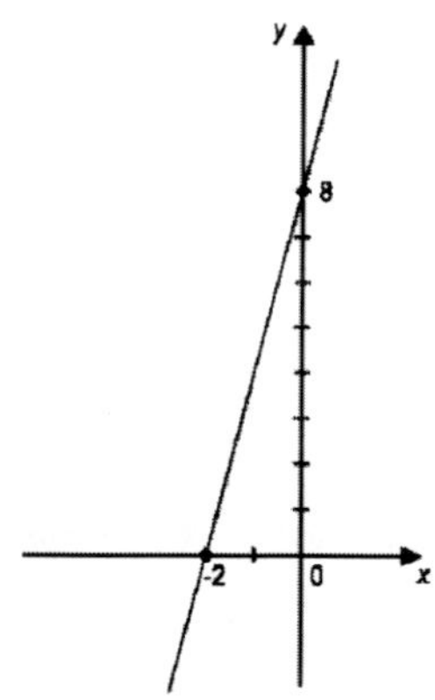

400) UFSC – Em relação às proposições abaixo, é correto afirmar que (marque V ou F)

( ) A função $f:\mathbb{R}-\{2\}\rightarrow\mathbb{R}-\{2\}$, definida por $f(x)=\dfrac{2x+3}{x-2}$, satisfaz $(f\circ f)(x) = x$ para todo $x\in\mathbb{R}-\{2\}$. Se f^{-1} é a função inversa de f, então f^{-1} coincide com f.

( ) Considere a função g(x), igual a $3x - 2$ se $x<0$, e igual a $5x$ se $x\geq 0$. O domínio da função g é $\mathbb{R}$ e o conjunto imagem é $\mathbb{R}$.

( ) Se a função $f:\mathbb{R}\rightarrow\mathbb{R}$ é definida por $f(x)=\left(\dfrac{1}{2}\right)^{x}$, então f é decrescente e sobrejetiva.

( ) Seja $A\subset\mathbb{R}$ com $A\neq\emptyset$. Se $f:A\rightarrow\mathbb{R}$ é uma função estritamente crescente em A, então f é injetiva.

( ) Considere a função definida por $f(x)=\sqrt{x+a^2}$, sendo $a \in R_+^*$. Então, f(81)=9+a.

Respostas dos testes

Respostas do Teste 31

301) D 303) D 305) B 307) C 309) B
302) A 304) D 306) C 308) B 310) C

Respostas do Teste 32

311) E 313) E 315) B 317) B 319) A
312) D 314) C 316) C 318) B 320) 16

Respostas do Teste 33

321) B 323) * 325) D 327) B 329) C
322) C 324) C 326) * 328) A 330) E
323) FVFVV 326) VFVVF

Respostas do Teste 34

331) E 333) C 335) E 337) A 339) C
332) B 334) C 336) D 338) A 340) C

Respostas do Teste 35

341) D 343) B 345) D 347) B 349) A
342) D 344) C 346) E 348) A 350) D

Respostas do Teste 36

351) A 353) * 355) D 357) D 359) A
352) D 354) C 356) A 358) A 360) B
353) FVFVV

Respostas do Teste 37

361) C 363) * 365) E 367) C 369) B
362) A 364) D 366) A 368) B 370) A
363) A) g(f(x)) = 2 e f(g(x)) = 5
B) f(g(x)) = (x – 2)/(3x + 12), x ≠ –4 e x ≠ 2.

Respostas do Teste 38

371) B 373) B 375) A 377) C 379) E
372) B 374) B 376) D 378) E 380) E

Respostas do Teste 39

381) C 383) D 385) A 387) B 389) *
382) C 384) B 386) D 388) B 390) D
389) VFVVVF

Respostas do Teste 40

391) C 393) E 395) E 397) E 399) C
392) E 394) E 396) D 398) A 400) *
400) VFFVF

Resoluções dos testes

Resoluções do teste 31

301) IFCE – Será preciso checar as respostas, uma a uma. Um elemento pertence (∈) a um conjunto, quando, ao eliminarmos as chaves que delimitam esse conjunto, aquele elemento aparece na lista de itens separados por vírgulas.

(A) ∅ ∈ {∅, {a}} ➔ Correto, o elemento ∅ está na lista ∅, {a}
(B) a ∈ {a , {a}} ➔ Correto, o elemento a está na lista a , {a}
(C) {a}⊂ {a , {a}} ➔ Correto, o elemento {a} está na lista a , {a}
(D) {a. b}∈ {a, b, c, d} ➔ Errado, o elemento {a, b} não está na lista a, b, c, d
(E) ∅ ⊂ {∅, {a}} ➔ Correto, pois o vazio está contido em qualquer conjunto

Resposta: (D) {a. b}∈ {a, b, c, d} (a única errada)

302) Mackenzie – Será preciso identificar esses conjuntos.
A = (divisores de 60) = {1, 2, 3, 4, 5, 6, 10, 12, 15, 20, 30}
B = {1, 2, 3, 4, 5}
A∩B = {1, 2, 3, 4, 5}
A∩B tem 5 elementos, então seu conjunto das partes tem 2^5 = 32 elementos
A única opção correta é (A).

Resposta: (A) múltiplo de 4, menor que 48.

303) PUC SP – Explicando melhor a definição de $\phi(n)$, trata-se do número de elementos do conjunto dos números primos com n, menores ou iguais a n. Por exemplo, $\phi(10)$ = número de elementos de {1, 3, 7, 9}. Portanto, $\phi(10) = 4$.

Para encontrar $\phi(24)$, encontremos primeiramente os números primos com 24, menores que 24: 1, 5, 7, 11, 13, 17, 19, 23. Então $\phi(24) = 8$.

Resposta: (D) 8

304) UFLA – Identificando os conjuntos A, B e C:

A = {7, 14, 21, 28, 35, 42, ..., 196}

B = {2, 4, 6, 8, 10, 12, ..., 198, 200}

C = {1, 3, 5, 7, 9, 11, ..., 197, 199} = 200 elementos

O conjunto (A∩B) é o conjunto dos múltiplos de 7 pares, entre 1 e 200:

(A∩B) = {14. 28, 42, 56, ..., 196}, ou seja, os múltiplos de 14. Entre 14 e 196 são ao todo 14 números. Todos eles são pares. Se fizermos a união com C, que tem 100 números ímpares, o conjunto (A∩B)∪C terá ao todo, 100 + 14 = 114 elementos.

Resposta: (D) 114

305) UFAL – Analisando as afirmativas:

I. Se retirando do conjunto X, todos os elementos que são de Y, e encontramos como resultado o próprio X, significa que nenhum elemento foi retirado. Então X e Y são disjuntos, não têm elementos comuns. Isto significa que Y – X será igual ao próprio Y, e não o vazio. Portanto, FALSA.

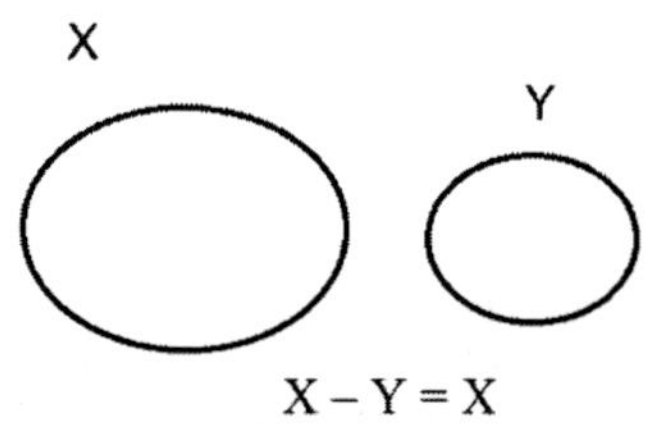

II. Se a interseção entre X e Y é o próprio X, significa que todos os elementos de X estão em Y. O conjunto Y – X é formado pelos elementos de Y que não estão em X, o que não é necessariamente vazio. Portanto, FALSA.

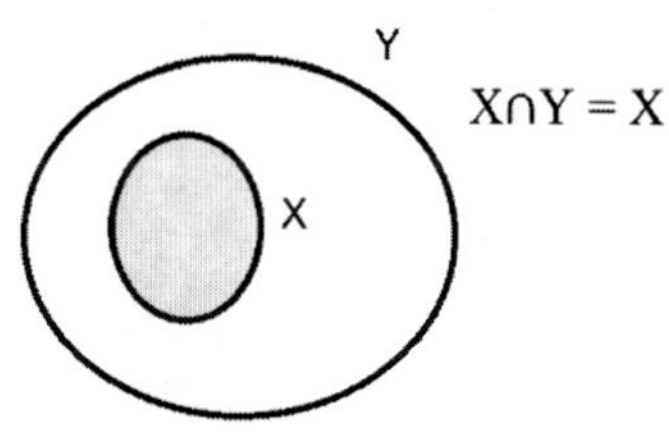

III. X∪Y = X quer dizer que adicionando a X, os elementos de Y, não surgem novos elementos. Portanto todos os "novos" elementos de Y, já estavam em X, ou seja, Y ⊂ X.

Portanto Y – X = ∅. VERDADEIRA.

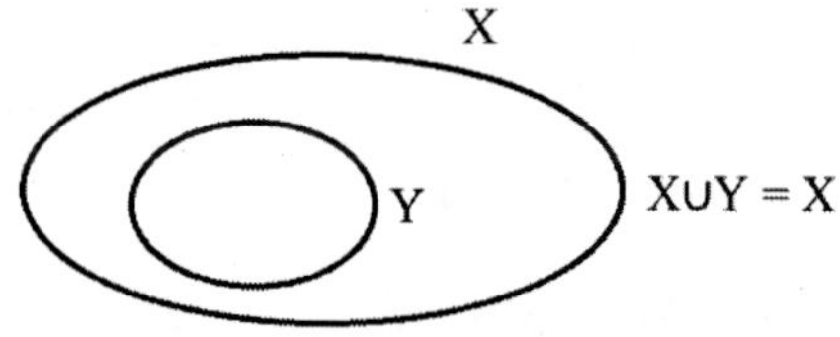

Resposta: (B) III apenas

306) FATEC – Considere a sentença: para qualquer x pertencente ao conjunto M, tem-se $x^2 > x$. Assinale a alternativa que apresenta um possível conjunto M.

(A) {–2, –1/2, 1/2} ➔ Não, pois $(1/2)^2 = 1/4$. Que não é maior que 1/2.

(B) {–1/2, 0, 2} ➔ Não, é errado que 0>0.

(C) {–2, –1/2, 2} ➔ Sim: 4> –2, 1/4 > –1/2 e 4 > 2

(D) {–1, 1, 2} ➔ Não, é errado que 1>1

(E) {0, 1/2, 1} ➔ Não para os três números.

Resposta: (C) {–2, –1/2, 2}

307) UFJF – temos que encontrar a negação de:

Em toda profissão, há excelentes profissionais.

Para que isto não seja verdade, temos que encontrar pelo menos um contraexemplo, ou seja, que existe uma profissão para a qual a regra não se aplica. Uma profissão sem excelentes profissionais.

Resposta: (C) Há pelo menos uma profissão na qual não há excelentes profissionais.

308) PUC PR – Temos que escrever os dados usando um Diagrama de Venn para dois conjuntos:
A = preferem Dom Casmurro
B = preferem Os Sertões
8 = preferem os dois
5 = nenhum dos dois

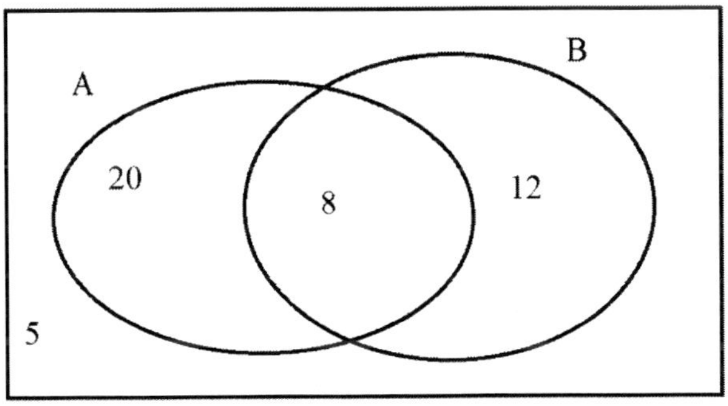

É recomendável começar sempre pela interseção, pois facilita os cálculos.
Como 8 preferem ambos, e um total de 28 preferem Dom Casmurro (A), existem 28 – 8 = 20 que preferem apenas Dom Casmurro.
Como 20 preferem Os Sertões e 8 preferem ambas, existem 20 – 8 = 12 que preferem apenas Os Sertões.
Existem 5 que não preferem nem uma, nem a outra.
O número total de alunos é 20 + 8 + 12 + 5 = 45.

Resposta: (B) 45 alunos

309) IFRS – Identifiquemos os conjuntos:
Múltiplos de 4: {0, 4, 8, 12, 16, 20, 24, 28, 32, 36, 40, 44, 48, ...}
Múltiplos de 5: {0, 5, 10, 15, 20, 25, 30, 35, 40, ...}
Múltiplos de 20: {0, 20, 40, 60, 80, ...}
Múltiplos de 3: {0, 3, 6, 9, 12, 15, 18, 21, ...}

A = {4, 8, 12, 16, , 24, 28, 32, 36, , 44, 48, ...}
B = {4, 8, 12, 16, 24, 28, 32, 36, 44, ...}
C = {3, 6, 9, 12, 18, 21, 24, 27, 33, 36, ...}
D = {3, 6, 9, 12, 15, ... , 51, 54, 57, 63, ...}

Um número múltiplo de 4 e múltiplo de 5 é obviamente um múltiplo de 20. Então eliminar todos os múltiplos de 5, da lista de múltiplos de 4, é a mesma coisa que eliminar todos os múltiplos de 20. Portanto A = B, mas também é correto dizer que A⊂B, pois para conjunto iguais, podemos dizer que um está contido no outro, e vice-versa. Então, até agora, todas as opções estão com sua primeira afirmativa correta.
As segundas afirmativas dizem respeito a C e D.
Em D, partimos dos múltiplos de 4 e eliminamos todos os múltiplos de 20. Todo múltiplo de 20 é também múltiplo de 5. Sendo assim, no conjunto C estamos eliminado 15, 30, 45, 60, 75, ... e em D, estamos eliminando 60, 120, 180, ...
Ou seja, o conjunto C está contido no conjunto D, pois D é maior, teve menos números eliminados. C⊂D

Temos portanto (B) A=B e C⊂D. Mas esta resposta engloba (C) A⊂B e C⊂D, portanto existiriam duas corretas, e a questão poderia ser anulada. Se considerarmos que a relação "condido" não se aplica à igualdade, a resposta seria (B).

Resposta: (B) A=B e C⊂D

310) IFS – A melhor forma de identificar as relações entre subconjuntos dos reais é desenhá-los na reta numérica de forma separada. Visualmente, fica muito mais fácil analisar as opções.

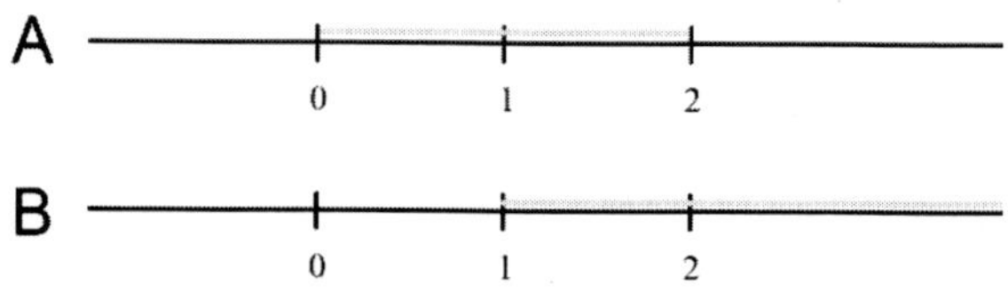

(A) A⊂B ➔ FALSO
(B) A∩B = {x∈ℝ | 1<x<2} ➔ CORRETO
(C) B⊂A ➔ FALSO
(D) A∪B = {x∈ℝ | x<2} ➔ FALSO, o certo é x>0
(E) A – B = {x∈ℝ | 1<x<2} ➔ FALSO, o certo é 0<x<1

Resposta: (C) B⊂A

Resoluções do teste 32

311) UDESC – Usemos um Diagrama de Venn para representar as informações do problema.

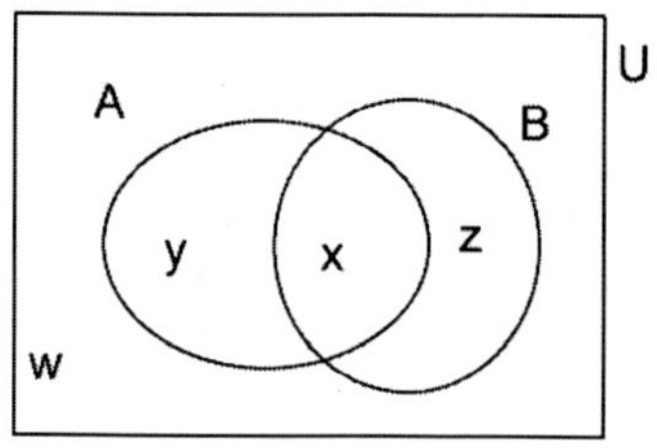

No caso, indicamos A∩B com x elementos, A com x+y elementos, B com x+z elementos, e o conjunto U com x+y+z+w elementos. Usemos os dados:
Complementar de C tem 9 elementos: y+w=9
B – A tem 8 elementos: z = 8
A∪B tem 13 elementos: x+y+z=13
O problema pergunta o valor do complementar da interseção de A e B, ou seja, y+z+w.
y + z + w = z + (y + w).
Substituindo os valores já conhecidos de z e y+w, temos como resultado, 8 + 9 = 17.

Resposta: (E) 17

312) UFAL – Os elementos da área sombreada estão em C e B ao mesmo tempo, mas não estão em A, Este conjunto é portanto (B∩C) – A

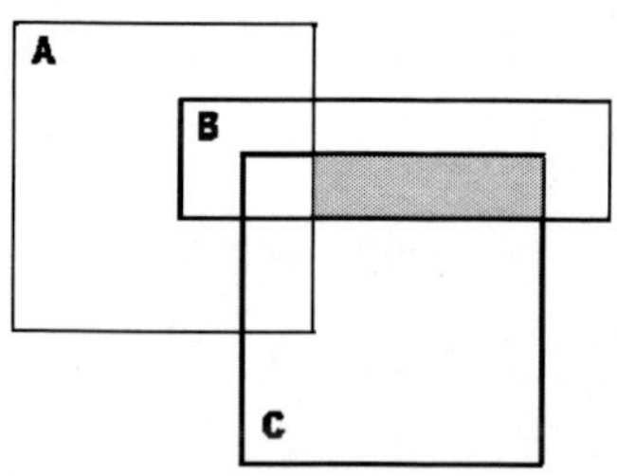

Resposta: (D) (B∩C) – A

313) UFPI – Se A⊆B e B⊆C, então A⊆C. Isto se chama *transitividade da inclusão de conjuntos.* É fácil entender o motivo, usando diagramas.

I e II resultam em A⊆C, e III informa que C⊆A.
Se C⊆A e A⊆C, então A=C.
B, por sua vez, é um conjunto maior que A e menor que C. Mas como A e C são iguais, B também é igual a A e C. Sendo assim, as opções (A), (B), (C) e (D) estão corretas, apenas (D) está errada.

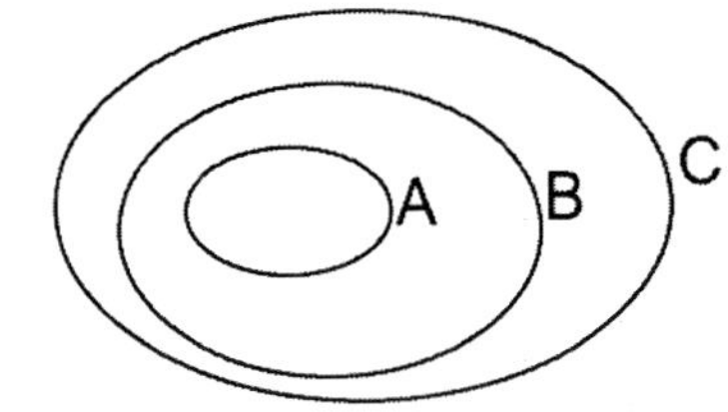

Resposta: (E) B∩C = ∅ (a única errada)

314) PUC PR – Determinemos os conjuntos em função das indicações apresentadas:
A = (–∞,–1] ∪ [1, +∞)
B = {–2, –1, 0, 1, 2}
C = {1, 2, 3, 4}

(A) 3∈B ➔ FALSO
(B) A∪C=C ➔ FALSO
(C) BxC tem 25 elementos. ➔ VERDADEIRO (5 × 4 = 20)
(D) B – C = ∅ ➔ FALSO
(E) A∩B = (–3, –1] ∪ [1, 3) ➔ FALSO

Resposta: (C) O produto cartesiano BxC tem 25 elementos.

315) UDESC – Se C tem 7 elementos e o conjunto universo também, então C só pode ser o próprio conjunto universo. A e B são seus subconjuntos. Façamos um diagrama de Venn.

Não é preciso representar C, que é o próprio Universo considerado.
Portanto:
(A∩B)∩C é o mesmo que (A∩B).
(B∩C) é o mesmo que B.
(A∩C) é o mesmo que A.

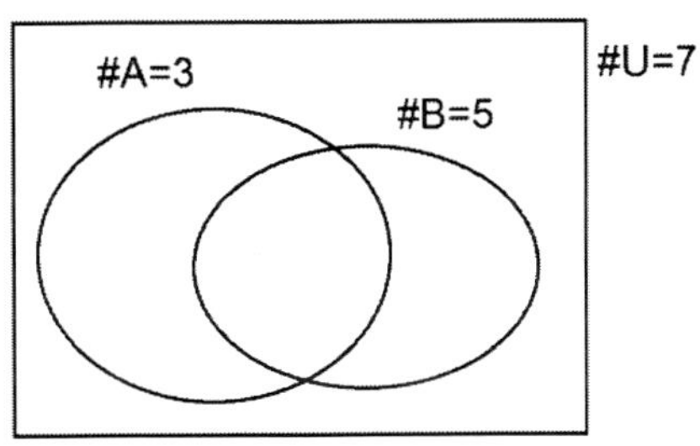

(A): FALSA, pois poderíamos ter A⊂B, e a interseção será o próprio A, com 3 elementos.
(B): VERDADEIRA, pois A e B somam 8 elementos, e como o universo tem 7, deve existir pelo menos 1 elemento que pertença a A e B simultaneamente.
(C): FALSA, pois B∩C) é o mesmo que B, que tem 5 elementos.
(D): FALSA. (A∩C) é o mesmo que A, que tem 3 elementos.
(E): FALSA, pois deve ter pelo menos um elemento, como indicado em (B).

Resposta: (B) (A∩B)∩C tem no mínimo 1 elemento.

316) UF Uberlândia – O quadro ao lado indica todos os quatro tipos de sangue. Como 62% não tem tipo B, então o que falta para 100%, que é 38%, são os que têm tipo B.
Como 83% não tem tipo AB, então 17% têm o tipo AB.
Restam 33% para o tipo O.
33% de 1200 = 396.

A 12%	B 38%
AB 17%	O

Resposta: (C) 396

317) UFES – Precisamos usar um Diagrama de Venn para três conjuntos. Preenchemos as regiões com as informações dadas.
É zero, a quantidade de pessoas que não torcem por nenhum dos três times.
A interseção de F e C é vazia.

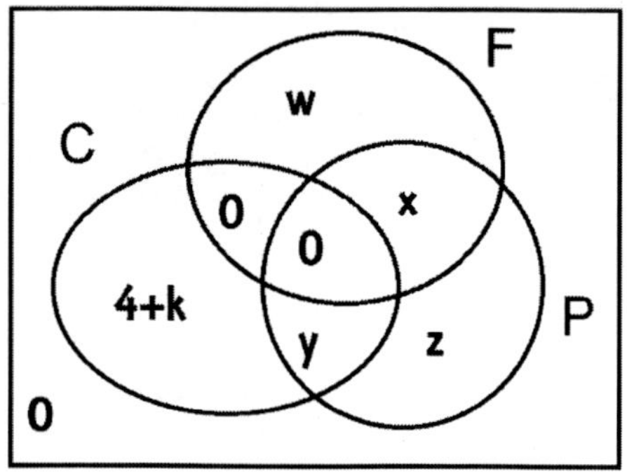

$x + y = 12$
$w = 2(x + y + z)$
$k \geq 0$
$x+y+z+w+4+k = 93$
$x + y + z + 2(x + y + z) + 4 + k = 93$
$3(x + y + z) + k = 89$

O número máximo possível de torcedores do palmeiras é $x + y + z$.
Para que esta soma seja máxima, k tem que ser mínimo. Além disso, $89 - k$ tem que ser um múltiplo de 3. Então o mínimo k para que $89 - k$ seja múltiplo de 3, é $k=2$.
$x + y + z = 87/3 = 29$.

Resposta: (B) 29

318) UFLA – As interseções têm apenas um elemento. As informações apresentadas devem ser colocadas, primeira sobre o conjunto A, depois B, nesta ordem, até E.
Sendo x os elementos de A que não estão em E nem B, A fica com x + 2 elementos. B tem x + 3, C tem x + 4, etc. Então os números a serem preenchidos nas regiões seguintes são x + 1, x + 2, x + 3 e x + 4.

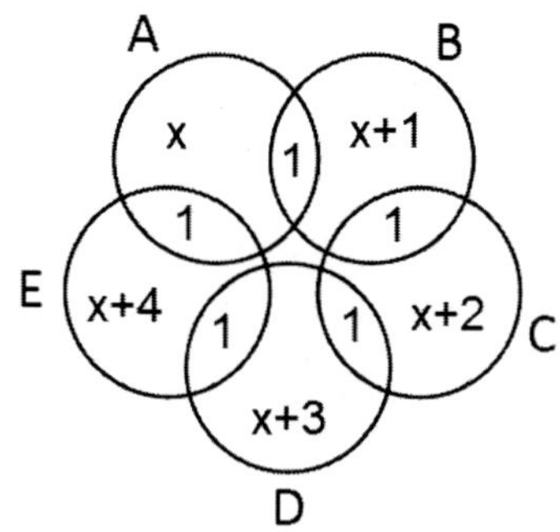

A soma dos números de elementos (interseção contam repetidas) é:
$x + 2 + x + 3 + x + 4 + x + 5 + x + 6 = 60$
$5x + 20 = 60$
$x = 8$
O número de elementos da união é
$x + x + 1 + x + 2 + x + 3 + x + 4 + 5 =$
$5x + 15 = 40 + 15 = 55$.

Resposta: (B) 55

319) UF Viçosa – Com 45% dos funcionários na Matriz e 30% na Filial I, restam na Filial 2, 25%.
Na Matriz, 25% optaram pelo plano, ou seja, a quarta parte. Isso é 1/4 de 45% em relação ao total dos funcionários da empresa, ou seja, 11,25%. Na filial I, foram 30% daqueles 30%, ou seja, $0,3 \times 0,3 = 0,09$, ou 9% do total da empresa.
Como o total dos que optaram pelo plano na empresa toda foram 36%, temos:

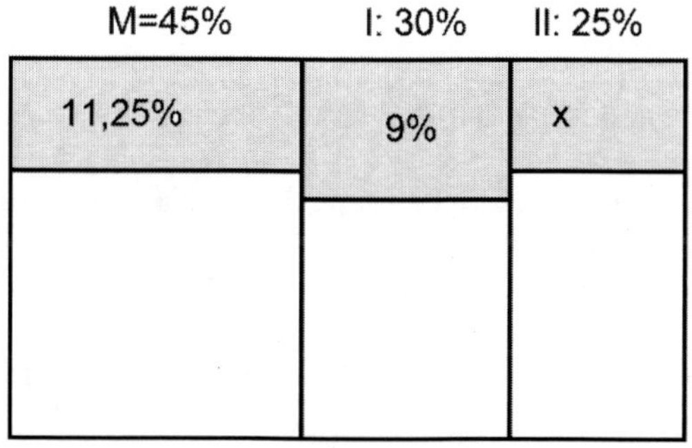

$11,25 + 9 + x = 36$.
$x = 15,75$.

Esses 15,75%, em relação ao quadro de 25% da Filial II, corresponde a:

$$\frac{15,75}{25}\times 100\% = \frac{15,75}{25}\times 100\% = 63\%$$

Resposta: (A) 63%

320) FGV - Considere os conjuntos A = {1, 2, 3, 4, 5, 6}, B = {1, 2, 3, 4, 5} e C = {2, 3, 4, 5, 6}. Como se sabe, o conjunto A tem ao todo $2^6 = 64$ subconjuntos. Determine quantos são os subconjuntos de A que não são subconjuntos nem de B nem de C.

Um subconjunto de A será também subconjunto de B, se usar apenas os números 1, 2, 3, 4, e, 5. Não pode usar o 6. Um subconjunto de A é também subconjunto de C, se usar apenas os números 2, 3, 4, e 5. Não pode usar o 1.
Sendo assim, para que um subconjunto de A não seja subconjunto, nem de B, nem de C, precisa ter obrigatoriamente os números 1 e 6. Resta decidir quais números adicionar, entre os restantes: 2, 3, 4 e 5. Basta escolher um subconjunto desses quatro números, para adicionar ao 1 a ao 6.
São portanto, 2^4 subconjuntos.

Resposta: 16

Resoluções do teste 33

321) UDESC - O Conjunto das Partes de X contém todos os subconjuntos de X. O número desses subconjuntos é 2^n, onde n é o número de elementos do conjunto X. Nesse problema, o conjunto X tem 6 elementos, então o seu conjunto das partes terá $2^6 = 64$ elementos.

Resposta: (B) 64

322) UFLA - Um tipo de problema clássico, que tem uma técnica própria para resolver. Primeiramente, consideremos apenas dois grupos, no final consideraremos o terceiro.
Se a cidade tiver apenas H=honestas=80% e G=gentis=70%, podemos representa-los no diagrama ao lado.

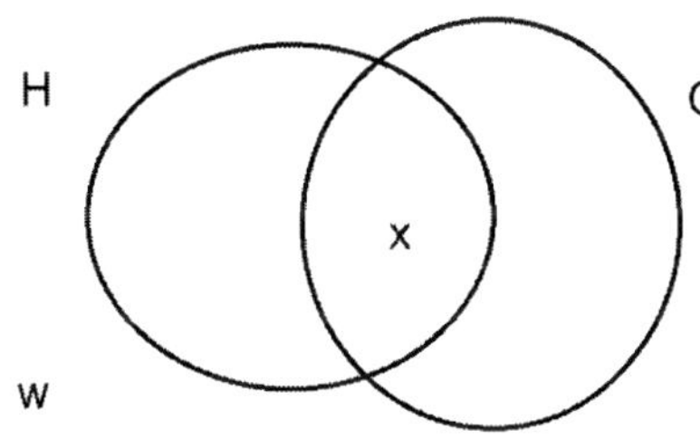

A soma de todos os grupos é 100%
$H + G - x + w = 100$
Justificando, ao somarmos as quantidades de H e G, estamos contando duas vezes a interseção x, então temos que subtrair x. A quantidade w representa os que não estão em nenhum dos dois grupos. Isso totaliza 100%. Podemos assim calcular x:
$x = H + G + w - 100$
O valor mínimo de x corresponde ao valor mínimo da expressão, que é obtido fazendo w=0, ou seja, todos têm que estar em cada um dos conjuntos H ou G.
$x_{min} = H + G - 100$
Ou seja, para encontrar a menor interseção x, somamos H e G e subtraímos 100. No nosso caso
$x_{min} = 70\% + 80\% - 100\% = 50\%$
Significa que existe uma interseção de, no mínimo, 50%.

Agora consideramos esse grupo de 50%, e vamos levar em conta o terceiro grupo, os alegres, A = 60%.
Temos agora um problema similar, envolvendo o grupo mínimo X de pessoas honestas e gentis, com 50%, e um segundo grupo de pessoas alegres, com 60%. O problema é idêntico ao anterior. O valor mínimo de y é dado por:

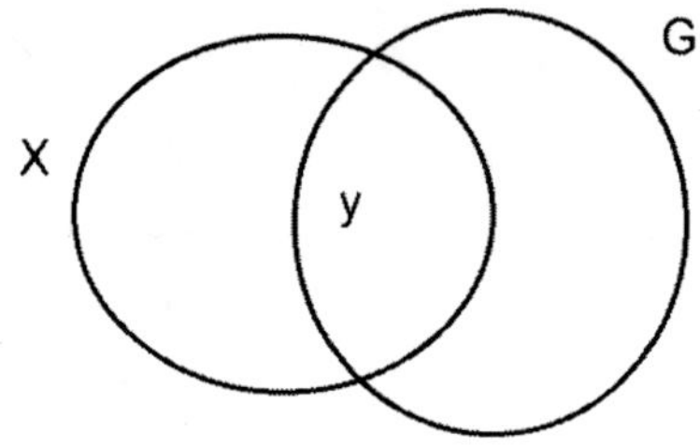

y_{min} = 50% + 60% – 100% = 10%

Note que existe um "macete" rápido que resolve esse tipo de problema. Sempre que quisermos encontrar a interseção mínima, somamos as quantidades dos conjuntos, e subtraímos 100%, no caso de 2 conjuntos, ou 200%, no caso de 3 conjuntos.

Resposta: (C) 10%

323) UFS – Explicitando os conjuntos dados:
A = x = (–2, 2)
B = (0, +∞)
C = (–∞,1]

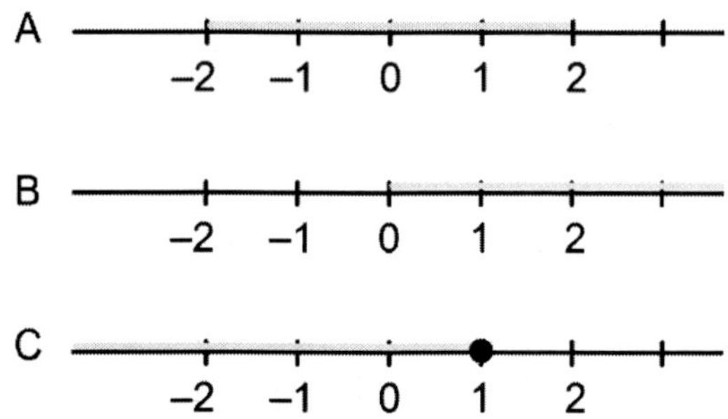

(F) –3 ∈ A
(V) A∩B = (0, 2)
(F) C – A = (–∞, 1) : O correto é (–∞,–2]
(V) B∪C = ℝ
(V) A – (B∩C) = (–2, 0] ∪ (1, 2)

324) IFPE – Usemos um Diagrama de Venn para dois conjuntos. As perguntas foram:

(1) Você gosta de comida japonesa?
(2) Você gosta de comida mexicana?

Os que responderam que gostam apenas de comida japonesa foram 132 – 18 = 114.
Com isso podemos calcular o total de pessoas:
50 + 114 + 84 = 248

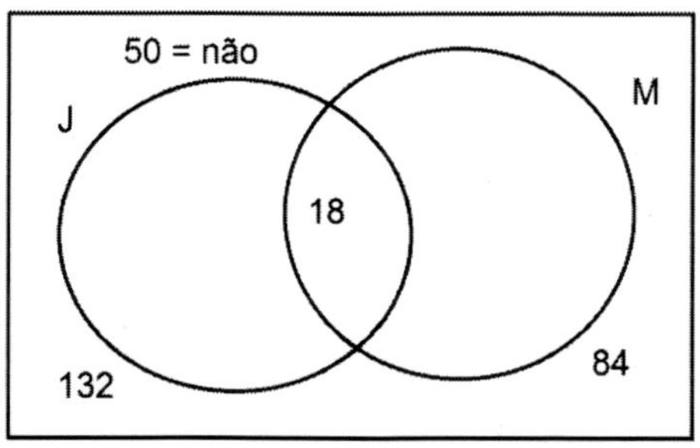

Resposta: (C) 248

325) UFPI – Analisando as afirmativas:

I. Se A∩B = ∅, então A=∅ ou B=∅; (FALSO)
A e B podem ser não vazios, mas disjuntos. Por exemplo, {1, 2} e {3, 4, 5}
II. Se x∈A∪B, então x∈A ou x∈B; (VERDADEIRO)
Essa é a definição de união. O conjunto dos elementos que pertencem a A ou a B.
III. Se x $(A∪B)^C$, então $x∈A^C$ e $x∈B^C$; (VERDADEIRO)
O complementar da união é formado pelos elementos que não estão na união, então não podem estar nem em A, nem em B. Com um Diagrama de Venn fica fácil ver isso.

Resposta: (D) somente II e III são verdadeiras.

326) UFS – Use os conjuntos A ={x∈ℕ | x≤3}, B = {x∈ℤ | 3÷x=0}, C = {x∈ℝ | –1≤x<2} e D = {x∈ℝ | 1–2x < 0} para concluir sobre a veracidade das seguintes afirmações:

(V) O conjunto A tem 16 subconjuntos. A = {0, 1, 2, 3}, 4 elementos e 2^4 subconjuntos

(F) O conjunto B é unitário. B na verdade é vazio.

(V) C∩D =]−1/2, 2[. Maior que 1/2 e menor que 2.

(V) A – B = A. Claro, pois B é vazio.

(F) $C_{\mathbb{R}}$ (C∪D) = $\mathbb{R}_-$. O conjunto (C∪D) é [−1, +∞), o seu complemento é (−∞, −1)

Resposta: VFVVF

327) UFT – Pode ser resolvido facilmente usando um Diagrama de Venn para dois conjuntos.
Se somarmos 55 + 36 + 25, encontramos mais que 100: 116. Isso é porque a interseção dos conjuntos, x, tem 16 elementos. São os que aprenderam a tocar ambos os instrumentos.

Resposta: (B) 16

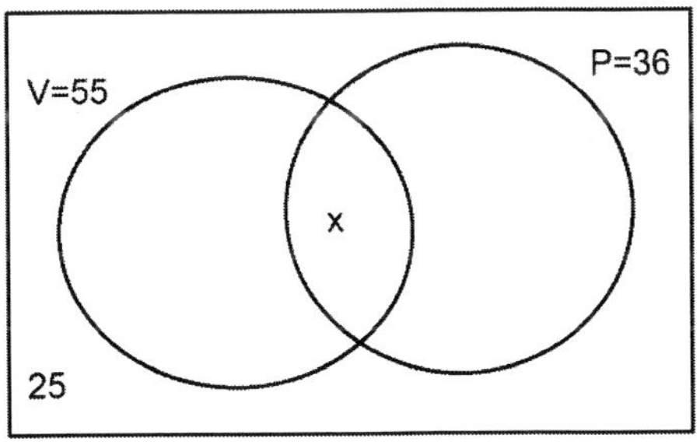

328) IFS – Para conseguir nota acima da média em pelo menos uma disciplina, é preciso estar na união dos dois conjuntos. Para encontrar o número de elementos da união, somamos o número de elementos de cada conjunto, e subtraímos o número de elementos da interseção, pois estaria sendo contada duas vezes. Ou seja

#(A∪B) = #A + #B – #(A∩B)

Temos então o valor pedido dado por 20 + 27 – 15 = 32

Resposta: (A) 32

329) IFRJ – Se somarmos todos os valores, obtemos:
470 + 50 + 10 = 530
Encontramos 30 unidades a mais que 500. Isso corresponde ao tamanho x da interseção, que está sendo contada duas vezes.

Resposta: (C) 30

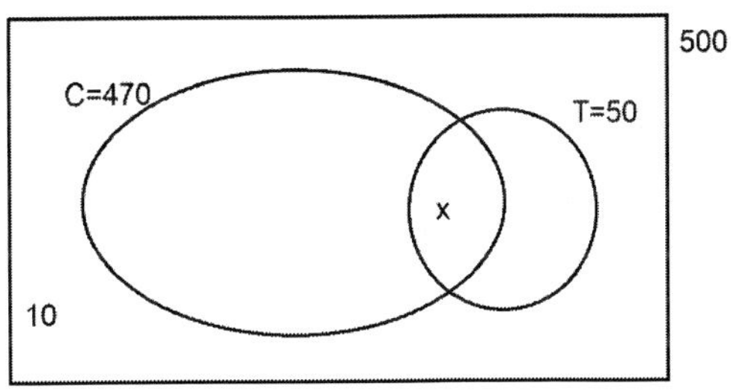

330) UFCE – Sejam x+1 e y+1, os números de elementos de M e de N. De acordo com as informações dadas, temos:
$2^{x+1} = 2\times 2^{y+1}$ ➔ $2^{x+1} = 2^{y+2}$
x + 1 = y + 2
x = y + 1
O número de elementos de M∪N é x+y+1
Como concluímos que x = y + 1, então este número de elementos de M∪N é
x+y+1 = (y+1) + y + 1
ou seja, o dobro de y+1, que é o dobro do número de elementos de N.

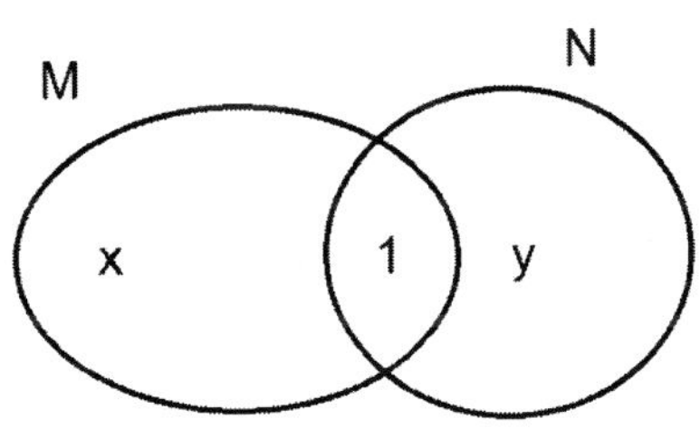

Resposta: (E) o dobro do número de elementos de N.

Resoluções do teste 34

331) USP – Observe que as informações são relativas às reprovações em cada matéria, ou seja, sobre alunos que "não obtiveram nota mínima para aprovação". Portanto usaremos o Diagrama de Venn, para 3 conjuntos que indicam os reprovados em cada matéria. Os aprovados são aqueles que ficaram fora dos três conjuntos. Os 20 que foram aprovados nas três matérias são os que estão fora dos três conjuntos.

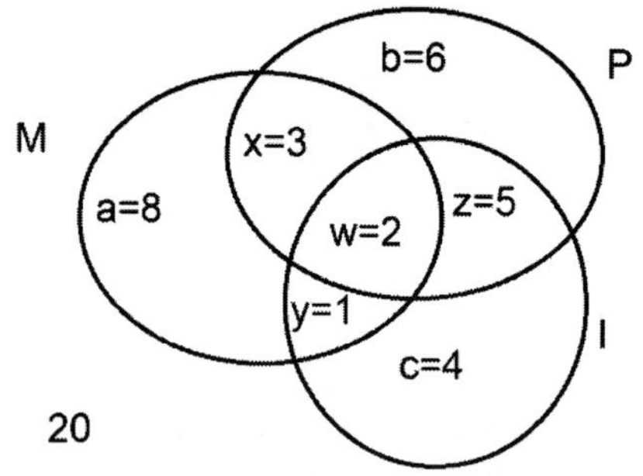

Agora preenchemos as quantidades nas regiões, começando pela interseção dos três conjuntos, aqueles reprovados nas três matérias.

VII. 2 não obtiveram nota mínima em matemática, português e inglês; (w=2).

IV. 5 não obtiveram nota mínima em matemática e em português; (x=3)
V. 3 não obtiveram nota mínima em matemática e em inglês; (y=1)
VI. 7 não obtiveram nota mínima em português e em inglês; (z=5)

I. 14 não obtiveram nota mínima em matemática; (a=8)
II. 16 não obtiveram nota mínima em português; (b=6)
III. 12 não obtiveram nota mínima em inglês; (c=4)

Agora basta somar o número de alunos em todas essas regiões:

2 + 3 + 1 + 5 + 6 + 8 + 4 + 20 = 49

Resposta: (E) 49.

332) IFAL – Diagrama de Venn com três conjuntos não é difícil. Basta começar pela interseção dos três conjuntos. Depois usamos as interseções dois a dois, e finalmente, os conjuntos inteiros. Com dois conjuntos é o mesmo princípio.

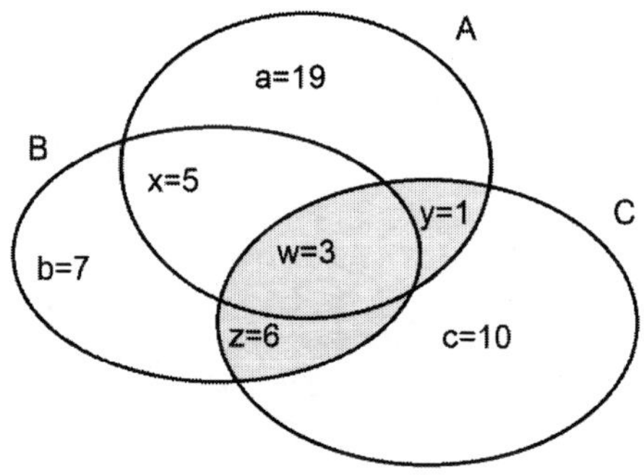

$n(A \cap B \cap C) = 3$ ➔ w=3
$n(A \cap B) = 8$ ➔ x=5
$n(A \cap C) = 4$ ➔ y=1
$n(B \cap C) = 9$ ➔ z=6
$n(A) = 28$ ➔ a=19
$n(B) = 21$ ➔ b=7
$n(C) = 20$ ➔ c=10

O problema pergunta $n((A \cup B) \cap C$. Esse número é a área sombreada:
z + w + y = 6 + 3 + 1 = 10

Resposta: (B) 10.

333) UFMG – Este problema é totalmente idêntico ao 322. Lá mostramos um "macete" rápido para resolvê-lo: somamos as porcentagens e subtraímos 100% para 2 conjuntos, ou 200% para 3 conjuntos.

82% + 78% + 75% = 235%
235% – 200% = 35%, que seria a letra (C).

Entretanto, vamos resolver sem usar o "macete".

Consideremos primeiro quantidade de pessoas que gostam de pizza e os que gostam de chocolate. Chamamos esses conjuntos de P e C. Se X for a interseção deles, e W forem os que não gostam de pizza nem de chocolate, temos:

P + C – X + W = 100%

X = P + C + W – 100%

Somamos P e C e subtraímos X, pois caso contrário a interseção estaria sendo contada duas vezes. O valor mínimo de X é obtido fazendo W = 0, ou seja, não existem aqueles que não gostam nem de pizza nem de chocolate.

Usando nossos números, temos:

X_{min} = P + C – 100% = 78% + 82% – 100% = 60%

Agora passamos para a segunda parte do problema: temos um conjunto X com 60% do total dos participantes, e um outro conjunto B com 75%, que são os que gostam de batata frita. Sendo y a interseção desses conjuntos e z, aqueles que não pertencem a nenhum deles, temos:

X + B – y + z = 100%

Y = X + B – 100% + z

O menor conjunto Y é aquele em que z não existe (z=0).

Ymin = X + B – 100%

Ymin = 60% + 75% – 100% = 35%

Resposta: (C) 35%

334) UF Uberlândia – Mais uma vez esse tipo de questão clássica, que aparece com frequência nas provas de concursos. Usamos um Diagrama de Venn para 3 conjuntos. Preenchemos todas as informações, começando pela interseção dos três conjuntos, a seguir pelas interseções de dois conjuntos.

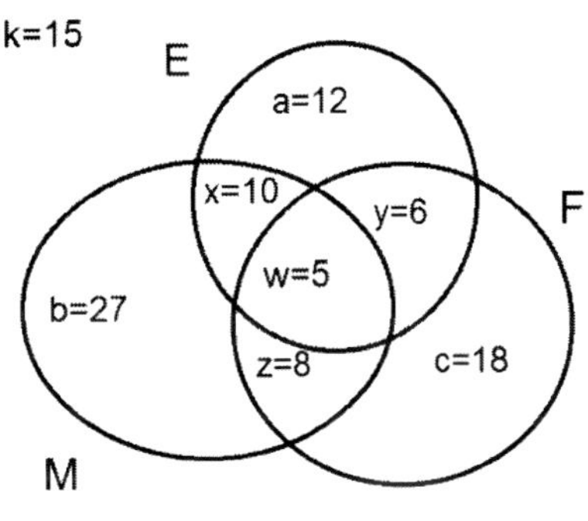

5 cursam as três matérias (w=5)

15 não cursam nenhuma das disciplinas; (k=15)

15 cursam Matemática e Estatística; (x=10)

11 cursam Estatística e Finanças; (y=6)

13 cursam Matemática e Finanças (z=8)

33 cursam Estatística; (a=12)

50 cursam Matemática; (b=27)

37 cursam Finanças; (c=18)

O número de alunos pesquisados é a soma de todas essas quantidades:

5 + 15 + 10 + 6 + 8 + 12 + 27 + 18 = 101

Resposta: (C) 101

335) FGV – Esse tipo de questão é uma verdadeira "barbada". Muitas questões de conjuntos são baseadas nessa técnica, o Diagrama e Venn para 3 conjuntos. Atenção ao uso da palavra APENAS.

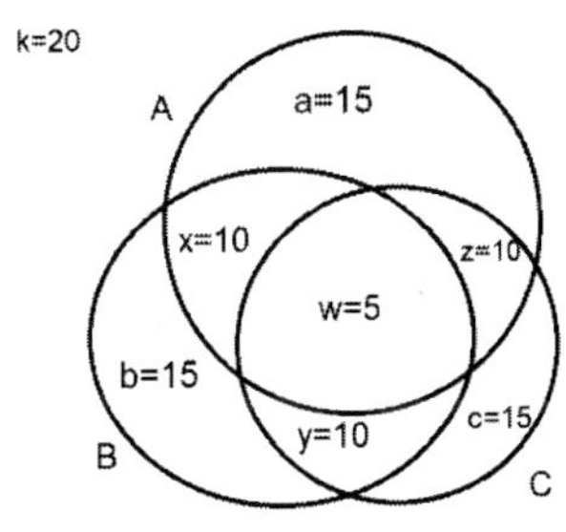

Em 5% da população os três fatores de risco ocorriam simultaneamente. (w=5)

10% da população apresentava <u>apenas</u> os fatores A e B; (x=10)

10% da população apresentava <u>apenas</u> os fatores B e C; (y=10)
10% da população apresentava <u>apenas</u> os fatores A e C; (z=10)
15% da população apresentava <u>apenas</u> o fator A; (a=15)
15% da população apresentava <u>apenas</u> o fator B; (b=15)
15% da população apresentava <u>apenas</u> o fator C; (c=15)
Todas as regiões indicadas somam 80%. Portanto existem ainda 20% que não apresentaram quaisquer dos fatores de risco.
(k=20)
Os que não apresentam o fator A são:
100% – a – x – z – w = 100% – 40% = 60%

Desses, existem aqueles que não apresentam fator de risco algum (k = 20%). Logo a porcentagem pedida é (20/60) × 100% = 33%

Resposta: (E) 33%

336) IFPE – Usamos um Diagrama de Venn para três conjuntos, e começamos com a interseção dos três. O grupo total tem 200 alunos.

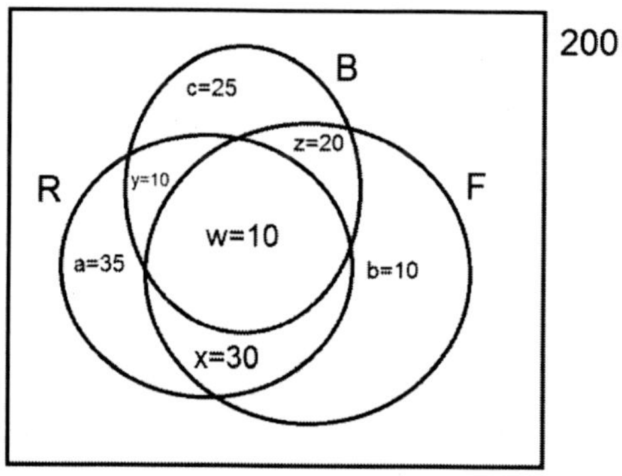

10 gostam de Rock, Forró e Brega. (w=10)
40 gostam de Rock e Forró; (x=30)
20 gostam de Rock e Brega; (y=10)
30 gostam de Forró e Brega; (z=20)
85 estudantes gostam de Rock; (a=35)
70 estudantes gostam de Forró; (b=10)
65 estudantes gostam de Brega; (c=25)

Os que não gostam de nenhum são o total (200), subtraindo os valores dos subconjuntos indicados:
200 – 25 – 10 – 20 – 10 – 35 – 30 – 10 = 60

Resposta: (D) 60

337) UFT – Para ser uma função, dois requisitos são necessários:
1) Todos os elementos do domínio devem ter uma imagem.
2) Cada elemento do domínio tem uma única imagem.
A relação (A) contraria esses dois requisitos. Existe um elemento em P que não faz parte da função, e existe um elemento de P associado a dois elementos de Q.

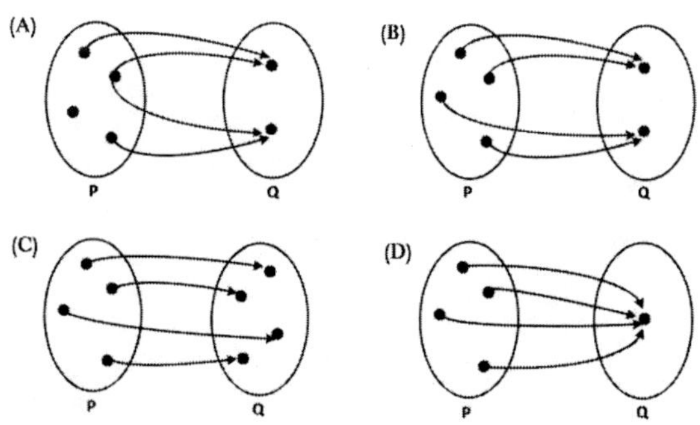

Resposta: (A)

338) FATEC – A negação de (P e Q) é [não(P) ou não(Q)]
Da mesma forma, a negação de (P ou Q) é [não(P) e não(Q)]
Essas relações são chamadas de Leis de De Morgan.

A sentença $-3 < \mathbf{x} \leq 2$ significa o mesmo que ($x > -3$) e ($\mathbf{x} \leq 2$). Aplicando a negação, usando a Lei de De Morgan, temos
$x \leq 3$ ou $x > 2$

Resposta: (A) x ≤ –3 ou x > 2.

339) UNICAMP – Não é preciso usar diagramas ou técnicas específicas. Basta analisar casos extremos. De 10 pessoas, 5 leram A e 4 leram B. Em casos extremos, é possível que uma, ou até 4, tenha lido os dois livros. Também é possível que os conjuntos sejam disjuntos, ou seja, nenhuma pessoa teria lido os dois livros.

Se fossem outros números, a situação seria diferente. Por exemplo, se 7 tivessem lido A e 6 tivessem lido B, obrigatoriamente poderia haver pessoas que leram dois livros, pois esses dois conjuntos não poderiam ser disjuntos, já que somam 13 elementos. Então é preciso existir uma interseção não vazia, de pelo menos 3 elementos.

A única resposta que certamente é verdadeira é (C). As outras podem ser verdadeiras ou falsas, mas não certamente verdadeiras.

No caso extremo, com conjuntos disjuntos, o número de leitores seria 4 + 5 = 9, seria impossível cobrir todos os 10 participantes, alguém ficaria sem leitura.

Resposta: (C) pelo menos uma pessoa não leu nenhum dos dois livros.

340) IFRO – A é o conjunto dos divisores de 42 = {1, 2, 3, 6, 7, 14, 21, 42}

B é encontrado com a resolução da inequação

$5x-2 \geq x+82$

$4x \geq 84$

$x \geq 21$

Como x é natural, temos B = {21, 22, 23, 24, 25, ...}. Um conjunto infinito

C = {4, 5, 6, 7, 8, 9, 10, 11, 12, 13, 14, 15, 16, 17, 18, 19, 20}

A = {1, 2, 3, 6, 7, 14, 21, 42}

B e C são disjuntos, então B∩C = ∅

O mesmo ocorrendo com A∩B∩C, logo (A) é FALSA

A união de conjuntos só é vazia quando todos os conjuntos reunidos são vazios.

Logo, (B) é FALSA.

A – B = {1, 2, 3, 6, 7, 14}

(A – B) ∩ C = {6, 7, 14}

Logo (C) é VERDADEIRA.

B∩C = ∅, não tem elementos. (D) é FALSA.

A – C = {1, 2, 3, 21, 42}, tem 5 elementos. (E) é FALSA.

Resposta: (C) (A – B)∩C tem 3 elementos

Resoluções do teste 35

341) Mackenzie – Encontremos primeiramente a fórmula da função composta:

$f \circ g(x) = f(g(x)) =$

$$= \sqrt{\frac{1}{2x^2 - 5x + 2}}$$

Por definição, o domínio de uma função de variável real, quando não é fornecida informação adicional, é o maior subconjunto dos números reais tal que sua fórmula possa ser calculada. Neste caso, os dois únicos impedimentos são números que anulam o denominador e números que tornam o radicando negativo.

Portanto basta obrigar que ocorra a seguinte condição:

$2x^2 - 5x + 2 > 0$

Trata-se de um trinômio do 2º grau, com coeficiente de x^2 positivo. Portanto é positivo fora do intervalo entre as raízes.

As raízes são 1/2 e 2. Portanto o trinômio será positivo para x < 1/2 para x > 2.

O domínio da função é (–∞, 1/2) ∪ (2, +∞), o mesmo que está indicado em (D).

Resposta: (D) {x∈ℝ | x<1/2 v x>2}

342) UF Pelotas – Precisamos apenas contar os inteiros pares, pois a função vale zero quando x é inteiro ímpar. Portanto temos que calcular:

f(2) + f(4) + f(6) + f(8) + ... + f(500)

Como f(n) = 4n, para n par, temos:

8 + 16 + 24 + 32 + ... + 2000

Nesta soma, podemos colocar 8 em evidência, ficando com:

8(1 + 2 + 3 + 4 + ... + 250)

Precisamos então encontrar a soma dos números de 1 a 250. Já fizemos isso várias vezes. Podemos usar a fórmula da soma dos termos da progressão aritmética ($S_n = \frac{(a_1 + a_n).n}{2}$), que resulta em (1 + 250).250/2 = 31.375. Não esqueça que é preciso ainda multiplicar por 8, resultando em 251.000

Resposta: (D) 251000

343) IFCE – Lembrando das definições de injetora e sobrejetora:

<u>Função Injetora</u>:
valores diferentes de x resultam obrigatoriamente em valores diferentes de y.
Ou seja, x≠y ➔ f(x)≠f(y)
Não é o caso dessa função, pois se tomarmos dois números simétricos quaisquer o valor da função será o mesmo para esses dois valores de x. Isso é o que chamamos de **função par**. Não é injetora (ou injetiva)

<u>Função Sobrejetora:</u>
É aquela que tem a imagem igual a contradomínio. Ou seja, para todos os valores de y do contradomínio, existem valores de x tais que f(x) = y. Por exemplo, f(x) = x^2, de ℝ→ℝ, não é sobrejetora, pois os números negativos não serão obtidos, quaisquer que sejam os valores de x. Na função do exemplo, o contradomínio é o conjunto dos reais positivos. A função f(x) equivale a:

$f(x) = \frac{x^2}{|x|} = |x|$. Todos os valores do contradomínio serão atingidos, ou seja, para qualquer y do contradomínio, existirá (na verdade existirão dois) valor de x tais que f(x) = y
Portanto a função do problema é sobrejetora.

Nossa função é portanto SOBREJETORA e NÃO INJETORA.

Resposta: (B) é sobrejetora, mas não é injetora.

344) UFAL – Como as funções f e g são injetoras, os valores de f(1), f(2) e f(3) são diferentes, e também são diferentes os valores de g(1), g(2) g(3), g(4) e g(5). Apenas não sabemos se os valores da função f são diferentes ou iguais a alguns valores da função g. Se todos forem diferentes, os valores de f(A) e f(B) serão 8 valores diferentes. No caso extremo, os valores da função f podem ser iguais a três dos valores da função g, portanto seriam apenas 5 valores diferentes.
Por isso podemos dizer que L é no mínimo 5, e no máximo 8.

Resposta: (C) 5 ≤ L ≤ 8

345) PUC PR – É preciso excluir da imagem de f, o único valor que f(x) não pode assumir. Na definição da função f, o número 3 está excluído do domínio, já que anularia o denominador. Da mesma forma, temos que eliminar da imagem, o "valor proibido" para y, ou seja, o valor que y nunca poderá assumir. Como a função f(x) é (x – 2)/(x = 3), façamos:

$$\frac{x-2}{x-3}=a$$

Vejamos qual valor a não pode assumir.

$$x-2=a(x-3)$$
$$x-2=ax-3a$$
$$x-ax=2-3a$$

$x=\frac{2-3a}{1-a}$. Por esta fórmula, vemos que a=1 é um "valor proibido", pois anularia o denominador.

Outro método de resolução:
Para encontrar a fórmula da função inversa, trocamos x por y e recalculamos y:

$$y=\frac{x-2}{x-3} \rightarrow x=\frac{y-2}{y-3}$$
$$xy-3x=y-2$$
$$xy-y=3x-2$$
$$y=\frac{3x-2}{x-1}$$

Portanto, esta é a fórmula da função inversa. Seu domínio é $\mathbb{R}$ – {1}, para que não anule o denominador. Portanto o valor procurado para **a** é 1.

Resposta: (D) 1

346) UESC – Função bijetora é aquela que é ao mesmo tempo, injetora e sobrejetora. Função injetora significa que diferentes valores de x resultarão em diferentes valores de y. Nem toda função é assim. Por exemplo, a função $f(x)=x^2$, no domínio dos números reais, não é injetora. Por exemplo, f(–2) é o mesmo que f(2). Ou seja, uma função que temo o mesmo valor de y, para dois ou mais valores de x, não é injetora. Graficamente, uma função injetora não pode inverter seu crescimento. Ou a função é sempre crescente, ou é sempre decrescente, com apenas uma exceção. Se a função tiver uma "quebra" no seu gráfico, pode trocar o crescimento e ainda sim ser injetora, mas se estivermos falando de uma função *contínua* (não apresenta quebras), para ser injetora tem que ser sempre crescente, ou sempre decrescente.
Pela fórmula, uma função pode não ser injetora, mas escolhendo um conjunto conveniente para ser domínio, podemos ter a função sendo injetora. Considere a função do problema:
$f(x) = 1 + x^2$.

Se o domínio for considerado como o conjunto $\mathbb{R}$, a função não é injetora. Mas se escolhermos como domínio, qualquer intervalo no qual a função seja crescente, ou decrescente, será então injetora. Por exemplo, tomemos como domínio, o intervalo $\mathbb{R}^+$. Isso equivale a "cortar" o gráfico, tomando valores de x no intervalo [1, +∞).

A questão se trata disso: escolher um domínio que torna a função injetora. Temos infinitas escolhas para um domínio nessas condições. Por exemplo, usando como domínio o intervalo [2, 5] a função será injetora (sempre crescente). E mais, se o contradomínio for escolhido como [4, 25], será também sobrejetora.

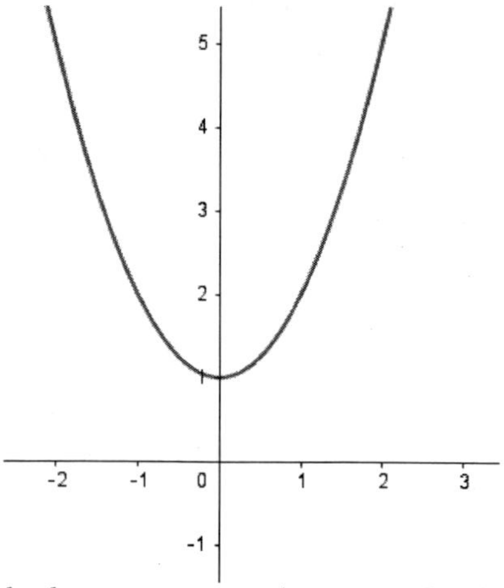

O problema quer justamente saber se com as escolhas de domínio e contradomínio indicadas, a função será bijetora, que é injetora e sobrejetora ao mesmo tempo.
Aqui existe um erro conceitual. Sobrejetividade não diz respeito à imagem, mas sim, ao contradomínio. Contradomínio é o conjunto no qual y pode variar. Imagem é o conjunto de todos os valores de y, ou seja, os valores que y efetivamente assume. A imagem é quase a mesma coisa, e está sempre contida no contradomínio. Quando imagem e contradomínio são iguais, a função é sobrejetora.
Para que a função seja injetora, os domínios possíveis entre as opções são as opções (B), (D) e (E). Os três correspondem a "cortar o gráfico" em x=0.
Nos três casos, os valores de $1 + x^2$ serão os números no intervalo [1, +∞[. Portanto a resposta correta é (E), apenas fazendo a ressalva que deveria ser dito "contradomínio", e não imagem.

Resposta: (E) D(f) = [0, +∞[e Im(f) = [1, +∞[

347) UFLA – Crescente significa, de forma simplificada, que quando aumentamos x, aumenta y. Se f(x) e g(x) são crescentes, a função f(g(x)) também será. Claro, pois aumentando x, g(x) será um valor maior. Então o valor de f(g(x)) também aumentará em relação ao seu valor original. Portanto a composta de duas funções crescentes, é crescente.
A opção (B) está errada, e é a resposta do problema, que pergunta qual é a incorreta.
Se f e g foram decrescentes, o que ocorre com f(g(x)) é o seguinte:
Se x aumenta, g(x) diminui, pois g é decrescente.
Se g(x) diminui, f(g) x aumenta, pois f é decrescente.
Portanto f(g(x)) é crescente. (B) é FALSA, e é a resposta do problema.
Para completar, vamos analisar as opções (C) e (D).

Note que convenciona-se usar a expressão "a composta de f com g" como sendo f(g(x)), o mesmo que f∘g(x). Para facilitar, vamos chamar as funções de c(x) para crescente e d(x) para decrescente.
c(d(x)) é tal que, aumentando x, d(x) diminui. Diminuindo d(x), c(x) também diminuirá, pois como é crescente, sua variação é invertida. Portanto c(d(x)) é decrescente, portanto (C) está correta.
Finalmente, d(c(x)): aumentando x, c(x) aumenta. Aumentando c(x), d(x) fará o inverso, diminuirá. Portanto d(c(x)) é decrescente, e (D) também está correta.
A melhor forma de caracterizar a função como crescente ou decrescente, é levar em conta que na função crescente, a variação de f(x) acompanha a variação de x. Na função decrescente, a variação de f(x) é inversa da variação de x.

Resposta: (B)

348) UFCE – A forma mais rápida de verificar se a função é crescente ou decrescente é atribuir valores. Não é a forma mais precisa, mas resolve o problema. Temos então:

f(0) = 0
f(1) = 1/2 = 0,5
f(2) = 2/3 = 0,67
f(3) = 3/4 = 0,75
f(4) = 4/5 = 0,8
f(5) = 5/6 = 0,83

É suficiente para perceber que a função é crescente. Seu valor cresce, mas nunca chega a 1, pois o numerador é sempre menor que o denominador.

O uso da palavra "estritamente", significa que o valor nunca se repete. Estritamente crescente significa que a função aumenta, sem estacionar. É exatamente esse o caso, a função é estritamente crescente, a resposta é (A).

Obviamente (B) está errada, a função não é estritamente decrescente, e sim, crescente. Seu gráfico não é uma parábola, para isso deveria ser uma função do 2º grau.

As letras (D) e (E) são um pouco mais trabalhosas de testar, e obviamente em uma prova, não perderíamos tempo, pois já encontramos a resposta certa. Mas se fosse necessário um teste como esse, em outro tipo de questão, vejamos como seria.

A função f∘f(x) é $f(x) = \dfrac{\dfrac{x}{x+1}}{\dfrac{x}{x+1}+1}$. Fazendo as contas, vamos multiplicar ambos os termos da fração principal por (x+1). Ficamos com:

$f(x) = \dfrac{x}{x+x+1} = \dfrac{x}{2x+1}$, que não é a mesma coisa que f(x), portanto (D) é FALSA.

A letra (E) é satisfeita apenas pela função linear, por exemplo, y = k.x. Outras funções não possuem esta propriedade, portanto (E) também é FALSA.

Resposta: (A)

349) UFJF – Se traçarmos uma reta vertical de equação x = c, duas situações podem ocorrer:
1) Se c estiver no domínio da função, a reta interceptará o gráfico em um único ponto.
2) Se c estiver fora do domínio da função, a reta não interceptará o gráfico.

Portanto, (C) poderia estar correta, mas não sabemos se valor de c citado está ou não no domínio da função, e por isso, não podemos afirmar se existirá interseção ou não. A opção (A) é correta, pois se c>a ou c>b, indica que c está fora do domínio da função, e por isso não interceptará ponto algum do gráfico. A figura ao lado ilustra a situação.

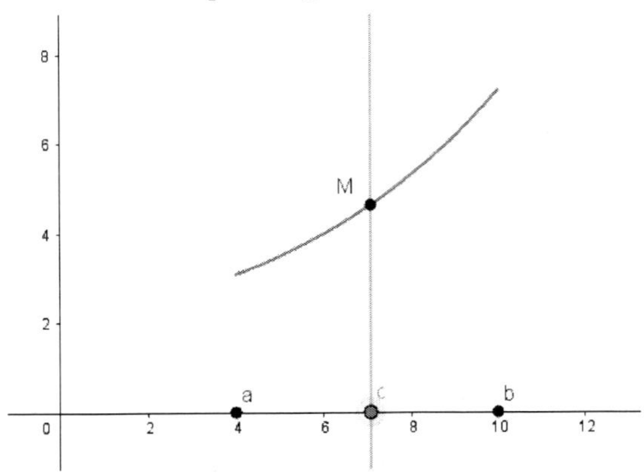

Resposta: (A) M=∅ para c<a ou c>b.

350) UDESC – Uma função sempre crescente ou sempre decrescente é injetiva, mas o inverso não é válido: uma função não crescente nem decrescente pode ser injetiva, como ilustra o gráfico abaixo. Tudo depende do domínio utilizado.
Lembrando que a definição de função injetiva é: diferentes valores de x resultarão em diferentes valores de y.

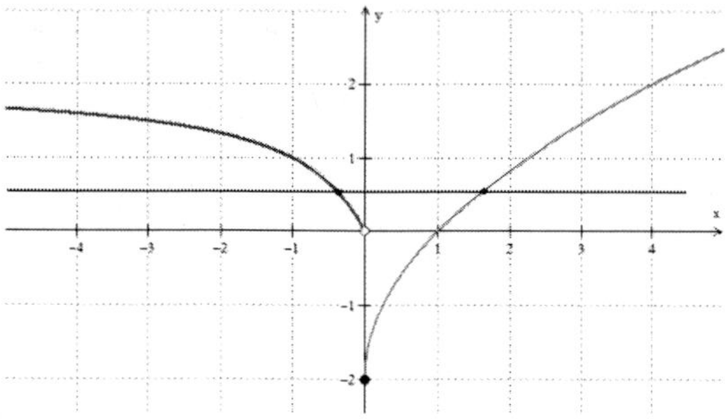

Visualmente, imagine uma reta horizontal que corta o gráfico. Se a reta cortar o gráfico em um único ponto, a função é bijetiva. Obviamente isso deve ser feito levando em conta o domínio da função.

Analisemos portanto as opções:

(A) f:[–1, 4]→[–2, 2] é injetora, mas não é sobrejetora.
(F): Não é injetora, a reta horizontal na figura corta o gráfico em dois pontos, cujas abscissas estão no domínio [–1, 4], ou seja, temos f(a) = f(b).
(B) f:[–1, 4]→[–2, 2] é bijetora.
(F): não sendo injetora, não pode ser bijetora.
(C) f:[–1, 1]→[–2, 1] é injetora, mas não é sobrejetora.
(F): Se o domínio for [–1, 1], as retas horizontais cortarão o gráfico em um só ponto, resultando em uma função injetora. Além disso é sobrejetora, pois sua imagem é igual ao contradomínio [–2, 1]. Portanto é falsa, pois afirma que não é sobrejetora.
(D) f:[–1, 1]→[–2, 1] é bijetora.
(V): Vimos que é injetora e sobrejetora, logo é bijetora.
(E) f:[–1, 1]→[–2, 2] é sobrejetora, mas não é injetora.
(F): já vimos que a função para este domínio é injetora.

Resposta: (D)

Resoluções do teste 36

351) UFLA – A função f(x) soma 1 e inverte o resultado. A função g dobra o valor e subtrai 1.
A função composta f∘g(x) é f(g(x)), ou seja:

$$f \circ g(x) = \frac{1}{(2x-1)+1} = \frac{1}{2x}$$

A função composta g∘f(x) é g(f(x)), ou seja:

$$g \circ f(x) = 2\frac{1}{x+1} - 1 = \frac{2-x-1}{x+1} = \frac{1-x}{x+1}$$

Resposta: (A) $f \circ g(x) = \frac{1}{2x}$ **e** $g \circ f(x) = \frac{-x+1}{x+1}$

352) USP – A equação f(g(x)) = g(x) é
$2(x^2 + 5x + 3) - 9 = x^2 + 5x + 3$
$x^2 + 5x + 3 - 9 = 0$
$x^2 + 5x - 6 = 0$
As raízes da equação são –6 e 1.
A soma dos valores absolutos dessas raízes é 6 + 1 = 7.

Resposta: (D) 7

353) UFPE – Analisemos as afirmativas:

(F) A função f:ℝ→ℝ definida por f(x) = sen(x) é injetora e não sobrejetora.

Obviamente não é injetora. Qualquer reta horizontal conrtrá o gráfico em infinitos pontos.

(V) Seja A = {x∈ℝ | x≤x_0} e seja f:A→ℝ tal que f(x) = x^2 – 6x + 8, então f é injetora se o maior valor de x_0 é 3.

A abscissa da parábola que forma o gráfico é 6/2 = 3. Portanto este vértice, com x=3, "corta" a parábola ao meio, formado dois ramos representam funções injetoras, com gráficos de "meias parábolas". O conjunto A tem elementos x menores que x_0, usa x_0 < 3 significa que estamos considerando uma parte do ramo esquerdo.

(F) A função f:ℝ→ℝ definida por f(x) = x|x| é injetora e não sobrejetora.

Esta função é injetora e sobrejetora. Usar o módulo equivale a separar a parábola em dois trechos: um ramo com x positivo, equivalente a y=x^2, e um ramo com x negativo, equivalente a y = –x^2. A imagem passa a ser ℝ, igual ao contradomínio, por isso, sobrejetora. Também é injetora, já que qualquer reta horizontal cortará o gráfico em um único ponto.

A afirmativa está correta em dizer que a função é injetora, mas está errada ao afirmar que é sobrejetora. Lembrando que duas afirmativas ligadas por um conectivo "E" está correto somente quando ambas as afirmativas são verdadeiras.

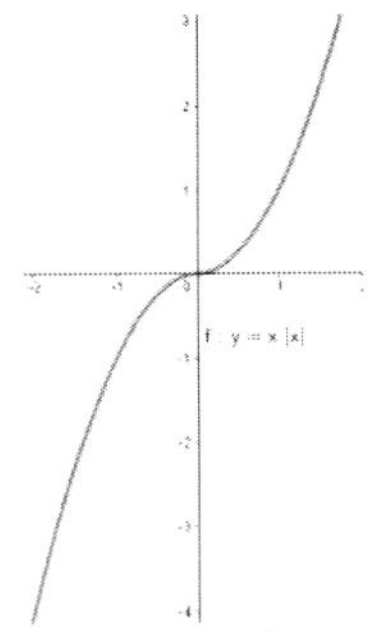

(V) Sendo as funções f:ℝ→ℝ e g:ℝ→ℝ injetoras, é verdadeiro afirmar que a função composta g∘f é também injetora.

Usando dois valores diferentes de x, x_1 e x_2, os valores de f(x_1) e f(x_2) também serão diferentes, já que f(x) é injetora. A seguir, calculando g(f(x_1)) e g(f(x_2)) esses valores também serão diferentes pois f é injetora. Logo, g(f(x)) é injetora.

(V) Sendo as funções f:ℝ→ℝ e g:ℝ→ℝ sobrejetoras, é verdadeiro afirmar que a função composta g∘f é também é também sobrejetora.

Quando x percorre todos os valores do domínio de f, que é ℝ, f(x) também percorrerá todo o contradomínio ℝ, pois f é sobrejetora. Com f(x) também percorrendo todos os valores de ℝ, g(f(x)) também percorrerá todo o contradomínio, pois f é sobrejetora.

Resposta: FVFVV

354) UNESP – O produto de dois números é negativo quando esses números têm sinais contrários, ou seja, um positivo e um negativo. O mesmo vale para funções. Temos que procurar no gráfico ao lado, trechos onde as funções têm sinais contrários. Para facilitar, localizemos os valores em que alguma das funções vale zero, pois ali haverá troca de sinal.

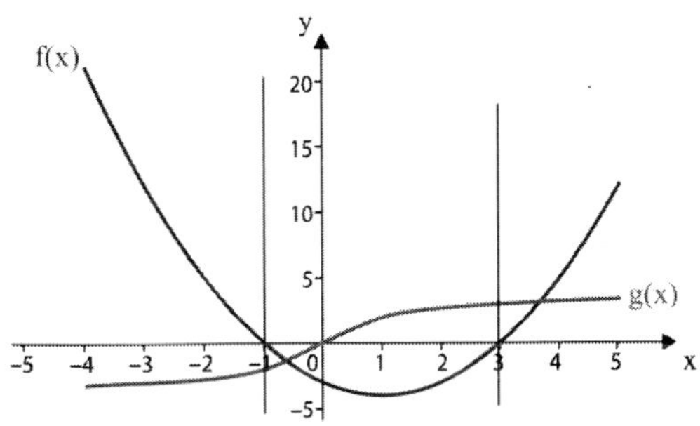

Existem trocas de sinal em x = –1, x=0 e x=3.

–4<x<–1:

f(x)>0 e g(x) < 0 ➔ f(x).g(x)<0

–1<x<0:

f(x)<0 e g(x)<0 ➔ f(x).g(x)>0

0<x<3:

f(x)<0 e g(x)>0 ➔ f(x).g(x)<0

$3<x<5$:
$f(x)>0$ e $g(x)>0 \rightarrow f(x).g(x)>0$

Portanto o produto das funções é negativo para $-4<x<-1$ e $3<x<5$.

Resposta:
(C) $\{x \in \mathbb{R} \mid -4 \leq x < -1 \text{ ou } 0 < x < 3\}$

355) UFAL – É bom lembrar que o termo função de $\mathbb{R}$ em $\mathbb{R}$ significa que x assume todos os valores reais (o domínio tem que ser totalmente "percorrido"), e y percorre um conjunto (Imagem) contido no contradomínio. Quando a imagem é igual a contradomínio (ou o contradomínio é totalmente "percorrido"), dizemos que a função é sobrejetora.
O problema diz respeito a funções pares e funções ímpares. Funções pares são aquelas que não mudam de valor quando trocamos o sinal de x. Isso se escreve como $f(x) = f(-x)$. Por exemplo, $f(x) = x^2$, $f(x) = \cos(x)$.
Funções ímpares são aquelas que trocam de sinal, quando trocamos x por $-x$. Por exemplo, $f(x) = x^3$, $f(x) = \text{sen}(x)$.
Uma função genérica pode não ser nem par nem ímpar. Toda função pode ser decomposta na soma de uma função par com um função ímpar.
A soma de funções pares é par, e a soma de funções ímpares é ímpar.
Vejamos as opções, sendo f par e g ímpar:
A soma de uma função par com uma ímpar, não é par, nem ímpar. Se tivermos:
$h(x) = P(x) + I(x)$, o valor de $h(-x)$ será:
$h(-x)=P(-x) + I(-x) = P(x) - I(x)$. A troca de x por $-x$ nesta função não mantém o valor (não é par), nem troca o sinal de toda a função (não é ímpar).
Portanto (A) e (B) estão erradas.
Quanto à opção (C), trocando o sinal de x, temos:
$h(-x) = f(-x) - g(-x) = f(x) - g(x)$. Não mantém o sinal, nem inverte o sinal. Não é par nem ímpar. Portanto (C) está ERRADA.
A opção (D):
$h(-x) = f(-x).g(-x) = f(x).[-g(x)] = -f(x).g(x)$. Logo, $h(x)$ é ímpar, e esta é a opção correta.
A opção (E) está errada, pois já vimos em (D) que $f(x).g(x)$ é ímpar.

Resposta: (D) $h(x) = f(x).g(x)$ é uma função ímpar.

356) UFCG –Esse tipo de função é chamada de "função definida por partes", pois tem leis de formação diferentes em diferentes partes do seu domínio. Para calcular o valor pedido pelo problema, f(4,5), não podemos usar a primeira fórmula, pois esta é válida somente para $x>6$. No caso temos que usar a 2ª fórmula.

$f(x) = f(f(2x))$ se $x \leq 6$
$f(4,5) = f(f(2.4,5)) = f(f(9))$.
Podemos calcular f(9) pela primeira fórmula, pois $9>6$.
$f(9) = 9/2 + 1 = 5,5$
Portanto $f(4,5) = f(5,5)$.
Agora precisamos encontrar f(5,5). A 2ª fórmula vale para valores de x menores ou iguais a 6, então vale para 5,5:
$f(5,5) = f(f(11)) = f(11/2 + 1) = f(6,5)$.
f(6,5), pode ser calculado pela primeira fórmula:
$f(6,5) = 6,5/2 + 1 = 4,25$
Logo $f(6,5) = f(5,5) = f(4,5) = 4,25$, o mesmo que 17/4.

Resposta: (A) 17/4.

357) UF Pelotas – De acordo com a fórmula dada para a função f:

$f(x)=\frac{1-x^2}{1+|x|}$, calculemos primeiro f(–1/4):

$$f(-1/4)=\frac{1-(1/4)^2}{1+|1/4|}=\frac{1-1/16}{1+1/4}=\frac{15/16}{5/4}=\frac{15}{16}\times\frac{4}{5}=\frac{3}{4}$$

Agora calculamos f(3/4)

$$f(3/4)=\frac{1-(3/4)^2}{1+|3/4|}=\frac{1-9/16}{7/4}=\frac{7/16}{7/4}=\frac{7}{16}\times\frac{4}{7}=1/4$$

Resposta: (D) 1/4

358) UFAL – Chamando a função do valor k, é preciso encontrar p de forma que k possa assumir qualquer valor real, sem restrições.

$$\frac{x^2+p}{x+2}=k$$

Isso resulta em

$$x^2+p=kx+2k$$

$$x^2-kx+p-2k=0$$

Significa que esta equação do 2º grau deve ter soluções para qualquer k, ou seja, deve ter $\Delta \geq 0$, qualquer que seja o valor de k.

$k^2 - 4(p - 2k) \geq 0$, que pode ser escrita como um trinômio do 2º grau em k:

$k^2 + 8k - 4p \geq 0$, para qualquer k

Essa expressão é sempre positiva ou 0, para qualquer k, quando o trinômio não tem raízes, ou seja, seu Δ deve ser negativo.

$\Delta = 8^2 - 4.(-4p) < 0$

$64 + 16p < 0$

$p < -4$

Portanto, se p for qualquer valor menor que –4, a expressão $k^2 + 8k - 4p$ será positiva ou zero, portanto a equação $x^2 - kx + p - 2k = 0$, que é o mesmo que dizer $\frac{x^2+p}{x+2}=k$, será válido para qualquer valor de k.

Resposta: (A) p ≤ –4

359) IFSP – Se $f(x)=\sqrt{6+2x}$, então $f(\sqrt{5}).f(-\sqrt{5})$ é igual a:

(A) 4 (B) 3 (C) 2 (D) 1 (E) –1

Se $f(x)=\sqrt{6+2x}$, então temos:

$f(\sqrt{5})=\sqrt{6+2\sqrt{5}}$ e $f(-\sqrt{5})=\sqrt{6-2\sqrt{5}}$

O produto pedido é portanto

$$\sqrt{6+2\sqrt{5}}.\sqrt{6-2\sqrt{5}}=\sqrt{36-20}=\sqrt{16}=4$$

Resposta: (A) 4

360) IFRO – O conjunto imagem da função **f(x) = –|–x+2|** é representado por:

(A) [0, +∞] (B) [–∞, 0) (C) [2, +∞] (D) [–2, +∞] (E) [–∞, 2]

Quando x assume qualquer valor dentro do conjunto dos reais, –x também varia em todos os reais. Somando 2, também ocorrerá a variação em todos os reais.

Ao usarmos o módulo, $|-x+2|$ assumirá todos os reais positivos, e o zero. Usando um sinal negativo com este resultado, a expressão assumirá todos os valores reais negativos, e ainda o zero. Portanto a imagem da função é o conjunto dos reais negativos, e mais o zero:

Resposta: (B) $[-\infty, 0)$

Resoluções do teste 37

361) IFMG – Apenas observando a fórmula da função, podemos constatar que sua imagem é apenas uma parte do conjunto dos reais.

A expressão $y=x^2$ só pode assumir valores a partir de zero, ou seja:

$x^2 \geq 0$

Se subtrairmos 4, a expressão resultante será maior que –4:

$x^2 - 4 \geq -4$

Ao calcularmos o módulo dessa expressão, encontraremos valores acima de zero. Nunca poderá ser negativa, pois trata-se de um módulo. Pode ser zero, se x for igual a 2 ou –2. Para outros valores de x, encontraremos sempre um número positivo.

O gráfico da função $y = | x^2 - 4 |$ é mostrado ao lado.

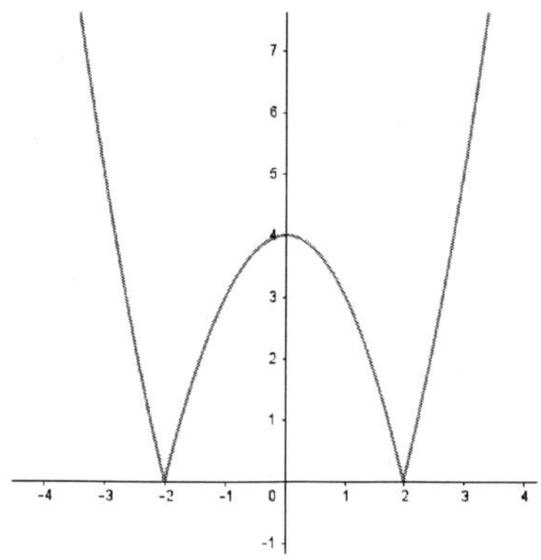

É uma parábola com seu trecho de y negativo, "cortado" e rebatido para cima.

Somando 5 unidades a essa função, chegaremos a valor sempre maiores que 5, ou seja, a imagem da função

$f(x) = | x^2 - 4 | +5$

satisfaz a $f(x) \geq 5$.

Resposta: (C) $Im(f) = \{f(x) \in \mathbb{R} \mid f(x) \geq 5\}$

362) UFAM – O que a função f faz com seu argumento é multiplicá-lo por 3 e somar 5. A função g multiplica seu argumento por **a** e soma **b**.

As funções compostas f∘g e g∘f são as seguintes:

$f \circ g(x) = f(g(x)) = f(ax + b) = 3(ax+b) + 5 = 3ax +3b +5$

$g \circ f(x) = g(f(x)) = g(3x+5) = a(3x+5)+b = 3ax + 5a +b$

Para que as funções f∘g e g∘f sejam iguais, é preciso que as fórmulas sejam iguais, para qualquer valor de x, ou seja:

$3ax +3b +5 \equiv 3ax + 5a +b$

Não basta que seja, iguais, precisam ser <u>identicamente iguais</u>, ou seja, iguais para qualquer valor de x. Note que x é um valor variável, e **a** e **b** são parâmetros fixos. Isto é verificado apenas para valores específicos de a e b, e é o que devemos determinar.

Para que as expressões sejam identicamente iguais, note que são funções polinomiais do 1º grau. Para que dois polinômios sejam identicamente iguais, basta que tenham coeficientes iguais para ordens iguais, ou seja:

$3ax = 3ax$ ➔ qualquer valor de a satisfaz essa primeira condição

$3b + 5 = 5a + b$

$5a - 2b = 5$ ➔ valores de a e b que atendam a essa condição, satisfazem ao que o problema pede. Isso é o mesmo que $2b = 5a - 5 = 5(a - 1)$

Resposta: (A) $A = \{(a, b) \in \mathbb{R}^2 \mid 2b = 5(a - 1)\}$

363) UFMG – A) Sendo $f(x) = 5$ e $g(x) = x - 3$, temos:

$g(f(x)) = g(5) = 5 - 3 = 2$, ou seja, uma função constante.

f(g(x)) = f(x – 3) = 5, também uma função constante.

B) São dadas f(x) = 1/(x+3) e g(x)=18/(x – 2)
Para que f(g(x)) possa ser calculado, vejamos primeiro qual é sua fórmula:

$$f(g(x)) = \frac{1}{g(x)+3} = \frac{1}{\frac{18}{x\ \ 2}+3} = \frac{x-2}{18+3(x-2)} = \frac{x-2}{3x+12}$$

Esta é a expressão para f(g(x)). Para que possa ser calculada, é preciso que:
1) O denominador da expressão final, 3x + 12, deve ser não nulo, ou seja, x ≠ –4
2) O termo x – 2, que foi "cancelado", não pode ser nulo, portanto x ≠ 2

Respostas:
A) g(f(x)) = 2 e f(g(x)) = 5
B) f(g(x)) = (x – 2)/(3x + 12), x ≠ –4 e x ≠ 2.

364) UF Uberlândia – A dificuldade na questão é que não temos uma "fórmula" para a função. Temos que resolvê-la usando apenas o seu gráfico. O domínio de f é [0, 4]. Significa que seu argumento (x) deve estar entre 0 e 4.
Já a função f(x+2) é diferente, porém muito parecida. Seu argumento é x+2. Quer dizer que x+2 deve estar entre 0 e 4, ou seja:
x+2 ≥ 0 ➔ x ≥ –2
x+2 ≤ 4 ➔ x ≤ 2

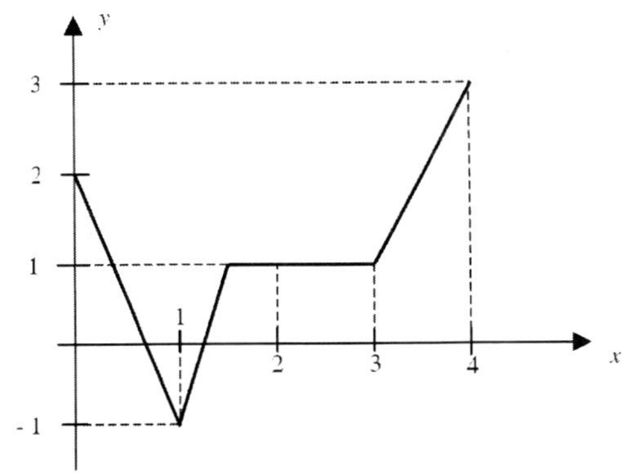

Significa que na função f(x+2), o domínio é tal que –2 ≤ x ≤ 2, ou seja, x ∈ [–2, 2]
O gráfico da função f(x+2) é exatamente igual ao gráfico da função f(x), porém deslocado para a esquerda de 2 unidades. O domínio da primeira é [0, 4], e da segunda é [–2, 2]. Tanto o domínio está deslocado para a esquerda, como o próprio gráfico também. Já a imagem não se altera, continua sendo [–1, 3]. Com isso já podemos começar a classificar as alternativas:

I – o domínio da função f(x+2) é o intervalo [–2, 2] (V), como mostramos.

II – a imagem da função f(x+2) é o intervalo [1, 5] (F), o imagem é a mesma da função original. Os pontos (x, y) são deslocados de 2 unidades para a esquerda, mas não há deslocamento no sentido y.

III – a equação |f(x+2)+2|=0 não tem solução.
|f(x+2)+2|=0 é o mesmo que
f(x+2)+2 =0.
f(x+2) = –2
Observe que a função f(x), e também f(x+2), nunca assume o valor –2. Seus valores estão no intervalo [–1, 3].
Portanto a referida equação não temo solução. (V).

IV – a função f(x+2), em seu domínio de definição, é injetora. (F). Traçando uma reta horizontal e considerando todos os valores do domínio, vemos que essa reta cortará o gráfico em mais de um ponto, apesar de nem sempre.
Portanto temos VFVF.

Resposta: (D) I e III

365) UFMT – Note que a fórmula da função f(x) é desconhecida. A relação dada no enunciado não é uma fórmula, é uma propriedade: **f(tx) = t^2.f(x)**. Inúmeras funções podem atender a essa propriedade, como $f(x)=x^2$ e $f(x) = 3x^2$. Chequemos portanto as alternativas:
(A) Errado. A função $f(x) = x^2$ atende à propriedade do enunciado, entretanto $(-x)^2$ não é a mesma coisa que $-x^2$.
(B) Errado. A função $f(x) = -x^2$ atende à propriedade do enunciado:
$f(x) = -x^2$, $f(tx) = -(tx)^2 = = t^2(-x^2) = t^2f(x)$, que pode ser negativa pela sua fórmula original.
(C) Errado. Para atender a propriedade, deveríamos ter f(0) = 0, pois:
$f(0) = f(0.x) = 0^2.f(x) = 0$, e não f(x)=1.
(D) Errado. A função f(x) = 1 nem mesmo atende à propriedade do enunciado.
(E) Correto. Uma função que atende à propriedade do enunciado, atende também a f(–x) = f(x). Basta verificar isso fazendo t = –1:
$f(-x) = f(-1.x) = (-1)^2.f(x) = f(x)$.

Resposta: (E) f(–x) = f(x) para qualquer x real.

366) UTFPR – Outra função sem fórmula fornecida, devemos resolvê-las usando apenas as informações do gráfico.
As afirmativas (1) e (2) estão corretas. A função de fato é crescente em (4, 6): quando x aumenta, a função aumenta. Existe de fato um máximo para x=1.
Entretanto, a função f(x) não é injetora, já que existem valores diferentes de x que resultam no mesmo valor de y. Isso é verificado graficamente, passando uma rega horizontal, cortando o gráfico em pontos tais que x estejam no domínio da função. A rega cortará o gráfico em até 4 pontos, portanto não é injetora.

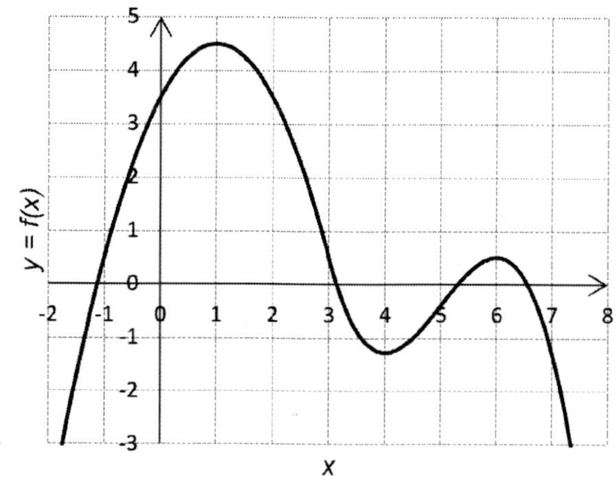

A (4) também está errada, pois uma função polinomial do terceiro grau não pode ter 4 raízes. Nem mesmo podemos afirmar com certeza que é uma função polinomial, pois sua fórmula não foi fornecida.
Logo, as afirmativas corretas são (1) e (2).

Resposta: (A) 1 e 2.

367) UNICAMP – Trata-se de uma função definida por partes, ou seja, fórmulas diferentes para intervalos diferentes. Calcularemos h(h(h(0))), começando da função mais "interna" para a mais "externa", levando em conta qual das duas fórmulas devemos usar, de acordo com o valor do argumento.

$$h(x)=\begin{cases} 2^{x+1}, \text{ se } x\leq 1,\\ \sqrt{x-1}, \text{ se } x>1.\end{cases}$$

O h(0) mais interno obedece ao intervalo x≤1. Portanto
$h(0) = 2^{0+1} = 2^1 = 2$.
Agora o cálculo se reduziu a h(h(2)).
O argumento 2 está no intervalo dado por x>1, então para seu cálculo, usamos a segunda fórmula:

$h(2) = \sqrt{2-1} = 1$

Logo h(2) = 1. Nosso cálculo agora é:

h(1). Para argumento x=1, vale a primeira fórmula, portanto o valor é:

$h(1) = 2^{1+1} = 2^2 = 4$

Resposta: (C) 4

368) USP – Pelas fórmulas temos:

$f(x) = x^2 + 4$

$g(x) = 1 + \log_{1/2} x$

h(x) = 3.f(g(x)) + 2.g(f(x))

Não é necessário encontrar a fórmula de h(x). A questão de prova pergunta apenas h(2):

h(2) = 3.f(g(2)) + 2.g(f(2))

Comecemos portanto calculando f(2) e g(2):

$f(2) = 2^2 + 4 = 8$

g(2) = 1 + log ½ (2)

Como 2 é o mesmo que $(1/2)^{-1}$, temos que log ½ (2) = –1.

g(2) = 1 – 1 = 0. Portanto o valor de h(2) é

h(2) = 3.f(0) + 2.g(8))

Continuando, temos que calcular f(0) e g(8).

$f(0) = 0^2 + 4 = 4$

f(0) = 4

g(8) = 1 + log ½ (8)

Como 8 é $(1/2)^{-3}$, então log ½ 8 = –3.

g(8) = 1 – 3

g(8) = –2

h(2) = 3.f(0) + 2.g(8)) = 3.4 + 2.(–2) = 12 – 4 = 8

Resposta: (B) 8

369) UFT – Para que a função seja sobrejetora, a imagem deve ser iguala contradomínio. O contradomínio da função foi dado como [a, ∞[.

Basta obrigar que a imagem da função também seja [a, ∞[.

f(x) é uma função do 2º grau, com coeficiente de x^2 positivo. Seu gráfico é uma parábola com concavidade voltada para cima. Sendo assim o vértice é um ponto de mínimo, e todos os valores assumidos pela função são aqueles maiores que y do vértice.

Lembrando que a ordenada do vértice da função do 2º grau é dada por –Δ/(4a). Não confunda o coeficiente a da equação do segundo grau, com o "a", limite inferior do domínio. Talvez fosse melhor usar letras maiúsculas para os coeficientes da equação do 2º grau, para evitar confusão.

$$\text{Mínimo (y do vértice)} = -\frac{\Delta}{4A} = -\frac{B^2-4AC}{4A} = -\frac{(4m)^2-4.m^2.1}{4m^2} = -\frac{16m^2-4m^2}{4m^2} = -3$$

Portanto a imagem da função é [–3, ∞)

Para que seja sobrejetora, a imagem tem que ser igual ao contradomínio, ou seja, a = –3.

Resposta: (B) –3

370) ENEM – A função procurada é do segundo grau, da forma $ax^2 + bx + c$.

O problema apresenta as seguintes informações:

f(0) = 0

f(10) = 10

f(5) = 6

Com essas três informações podemos calcular a, b e c:

f(0) = 0 → $a.0^2 + b.0 + c = 0$ → c=0
f(10) = 10 → $a.10^2 + b.10 = 10$ → 100a + 10b = 10, o mesmo que 10a + b = 1
f(5) = 6 → $a.5^2 + 5.b = 6$ → 25a + 5b = 6

Agora resolvemos o sistema com as duas equações encontradas:

$$\begin{cases} 10a + b = 1 \\ 25a + 5b = 6 \end{cases}$$

Da primeira equação temos b = 1 – 10a, que sendo substituído na segunda, resulta em
25a + 5(1 – 10a) = 6
25a + 5 – 50a = 6
25a = –1
a = –1/25
b = 1 – 10a = 1 + 10/25 = 7/5
Portanto a função procurada tem a = –1/25, b=7/5 e c=0.

$$f(x) = -\frac{1}{25}x^2 + \frac{7}{5}x$$

Resposta: (A) $y = -\frac{1}{25}x^2 + \frac{7}{5}x$

Resoluções do teste 38

371) UFAL – São dados:
f(x) = x – 1 e $g(x) = x^2 + 1$
f(2) = 2 – 1 = 1
$g(f(2)) = g(1) = 1^2 + 1 = 2$

Resposta: (B) 2.

372) UFMG – É dado f(x) = 5x + 3
f(b) = 5b + 3
f(f(b)) = f(5b+3) = 5.(5b+3) + 3
= 25b + 15 + 3 = 25b + 18
Se temos f(f(b)) = –2, então
25b + 18 = –2
25b = –20
b = –4/5

Resposta: (B) –4/5

373) UFPR – Entre 10:00 e 12:00, o nível da bateria caiu de 100% para 80%. Como o gráfico desta função é uma reta, trata-se de uma função afim. Uma de suas carecterísticas é que variações iguais em x, produzem variações iguais em y. Portanto, a cada duas horas, o nível da bateria cai sempre os mesmos 20%. Isso é o mesmo que uma queda de 10% a cada hora. Para chegar a 10% de carga, o que representa uma queda de 90%, serão necessárias 9 horas de uso. Portanto este nível de bateria ocorreria depois de 9 horas, ou seja,

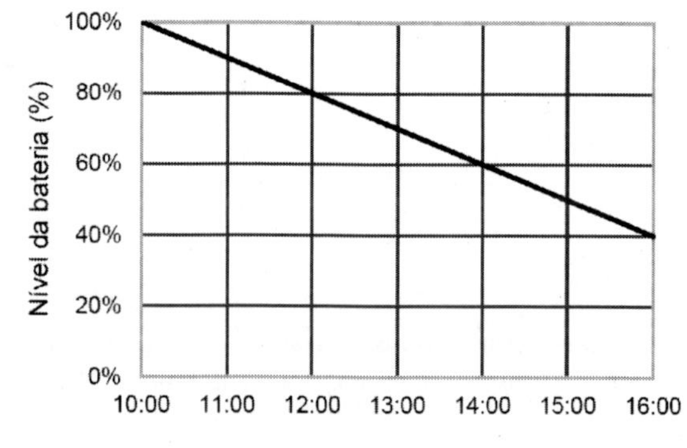

às 19 horas.

Resposta: (B) 19h.

374) Mackenzie – $f^{-1}(-2)$ é o valor de x para o qual f(x) vale –2.

$$\frac{5}{2-x} = -2 \quad \rightarrow \quad 5 = -4 + 2x \quad \rightarrow \quad \boxed{x=9/2}$$

Outro método de resolução é encontrar antes a fórmula da função inversa. Para encontrar essa fórmula, trocamos as posições de x e y, e recalculamos y:

$$y = \frac{5}{2-x} \quad \rightarrow \quad x = \frac{5}{2-y}$$

$$2x - xy = 5$$

$$xy = 2x - 5$$

$$y = \frac{2x-5}{x}$$

Logo $f^{-1}(x) = (2x - 5)/x$

$f^{-1}(-2) = (2(-2) - 5)/(-2) = 9/2$

Resposta: (B) 9/2

375) UFCG – O gráfico da função f(x+1) é igual ao gráfico da função f(x) deslocado para a esquerda 1 unidade. O gráfico de f(x–1) é igual ao gráfico de f(x), deslocado para a direita de 1 unidade. Devemos trabalhar graficamente sobre o gráfico da função original. Deslocamos a função 1 unidade para a esquerda, depois somamos com a função original deslocada 1 unidade para a direita.

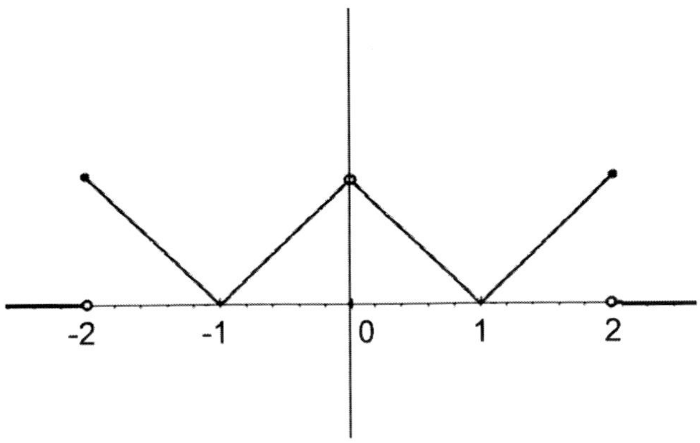

Para facilitar, as duas funções deslocadas podem ser facilmente somadas, pois seus valores são diferentes de zero, um em [–2, 2] e outra em [1, 3].

Resposta: (A)

376) UF Pelotas – Calculemos f(f(x)), lembrando que a fórmula de f(x) é ax + b:

$f(f(x)) = f(ax + b) = a(ax + b) + b = a^2x + ab + b = x + 1/2$

Como esta relação é válida para todo x real, trata-se de uma identidade. Portanto:

$a^2x = x \rightarrow a = 1$ ou $a = -1$

$ab+b = 1/2$

Se a=1, 2b = 1/2, b = 1/4.

Se a = –1, impossível, pois resultaria em 0 = 1/2.

Portanto a única solução é a=1 e b=1/4. A função f(x) é x + 1/4.

Para calcular $f^{-1}(1/4)$, devemos encontrar o valor de x para que f(x) seja 1/4.

$x + 1/4 = 1/4$

$x = 0$

Resposta: (D) 0

377) UFMS – A função que atende à propriedade f(x+y) = f(x).f(x) é a função exponencial, f(x) = a^x, onde a>0. Podemos encontrar o valor de a usando as informações. Entretanto, vamos resolver o problema sem usar o fato de que f(x) é uma exponencial. Usaremos apenas as informações do problema:
F(1) = A, f(e) = B e f(x+y) = f(x).f(y), para quaisquer x e y reais.
f(2+e) = f(2).f(e)
O valor de f(e) já conhecemos, vale B. Falta descobrir f(2). Usando a definição temos:
f(2) = f(1 + 1) = f(1).f(1) = A.A
f(2) = A^2
Logo, f(2+e) = A^2 . B
OBS: a relação vale para qualquer outro número, ao invés de e.

Resposta: (C) A^2B

378) FATEC – Sendo P a proposição (x<3) e Q a proposição (y=–4), e usando a informação de que P ➔ Q é o mesmo que ~Q ➔ ~P (~ significa negação), temos:
(x<3) ➔ (y = –4)
Aplicando a fórmula de equivalência dada, ficamos com:
~(y=–4) ➔ ~(x<3)
A negação de x<3 é x≥3
A negação de y = –4 é y ≠ –4
Portanto, a proposição equivalente é:
y≠–4 ➔ x≥3

Resposta: (E) Se y ≠ –4, então x ≥ 3

379) UDESC – O gráfico de f(x) é a reta, de h(x) é a parábola e de g(x) é a exponencial.
O gráfico de f(x) é a reta, de h(x) é a parábola e de g(x) é a exponencial. É preciso encontrar as interseções das funções. Ao invés de resolver equações, vamos usar como "dicas", os valores de x indicados nas respostas.
x=1: g(1) = 6 e h(1) = 6. Logo g e h se interceptam para x=1.
x=4: f(4) = –3 e h(4) = –3. Logo, f e h se interceptam para x = 4.
x=0: g(0) = 1 e f(0) = 1. Logo f e g se interceptam para x=0.
x = –1: f(–1) = 2 e h(–1) = 2, Logo f e h se interceptam para x = –1.
Para x = –2, não ocorre interseção alguma entre as funções.

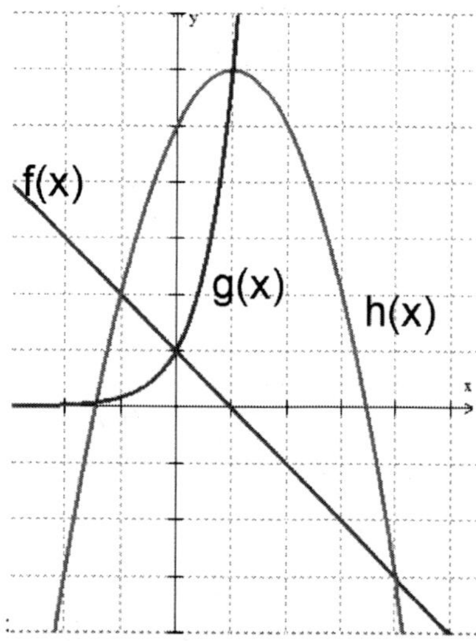

I. (V) f(x) ≤ h(x) ≤ g(x) se, e somente se, 1≤x≤4. F(x) é a menor e g(x) é a maior, somente entre 1 e 4.

II. (F) f(x) ≤ h(x) ≤ g(x) se, e somente se, 0≤x≤4. Não é correto que g(x) é a maior função nesse intervalo.

III. (F). h(x) ≤ g(x) ≤ f(x) se, e somente se, –2≤x≤–1. Nesse intervalo, f(x) é a maior, mas g(x) e h(x) invertem a desigualdade.

IV. (F) g(x) ≤ f(x) ≤ h(x) se, e somente se, –2≤x≤0. f(x) e h(x) invertem a desigualdade dentro do intervalo.

V. (F) g(x) ≤ h(x) ≤ f(x) se, e somente se, –2≤x≤–1.

Temos portanto apenas a afirmativa (I) verdadeira.

Resposta: (E) 1

380) IFCE – Calculemos g(x) de forma explícita:
$g(x) = f(x+1) - f(x) = (x+1)^2 + 1 - (x^2 + 1) = x^2 + 2x + 1 + 1 - x^2 - 1 = 2x + 1$
$g(x) = 2x + 1$
$g(f(x)) = 2.f(x) + 1 = 2(x^2 + 1) + 1 = 2x^2 + 3$

Resposta: (E) $2x^2 + 3$.

Resoluções do teste 39

381) UF Pelotas – As interseções dos gráficos de uma função e de sua inversa são aqueles para os quais f(x) = x. De qualquer forma, precisaremos encontrar a equação da função f(x).
Trata-se de uma reta que passa pelos pontos (–5, –1) e (4, 2).

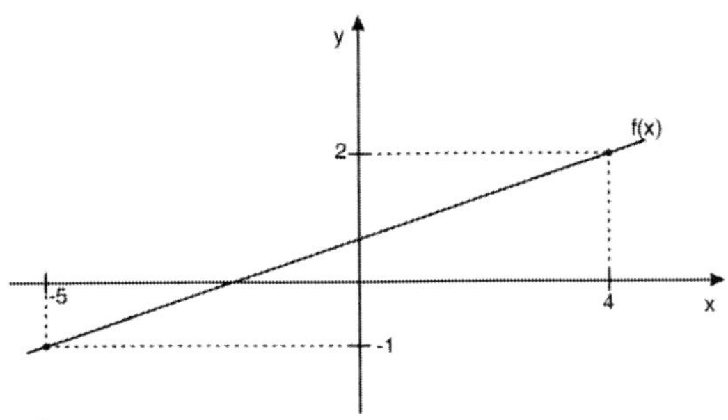

Para encontrar essa equação, podemos usar a forma:
$y - y_0 = m(x - x_0)$, onde (x_0, y_0) é um ponto conhecido e m é o coeficiente angular. Este coeficiente pode ser calculado facilmente como $\frac{\Delta_y}{\Delta_x} = \frac{2-(-1)}{4-(-5)} = 1/3$

Escolhendo o ponto (4, 2), temos:
$y - 2 = (1/3)(x - 4)$
$3y - 6 = x - 4$
$3y = x + 2$
$y = (x + 2)/3$
Portanto a fórmula da função f(x) é:

$$f(x) = \frac{x+2}{3}$$

Fazendo f(x) = x, temos:

$$\frac{x+2}{3} = x$$
$$x + 2 = 3x$$
$$x = 1$$

O valor de y correspondente é também 1, então o ponto pedido é (1, 1).

Resposta: (C) (1, 1)

382) UFPI – É preciso que |x+2| seja menor ou igual a 3. Significa que x tem que ser no máximo 2+3=5, e no mínimo, 2 – 3 = –1. Portanto se x estiver no intervalo [–1, 5], o módulo de x+2 será menor ou igual a 3, o radical será positivo. Considerando este o domínio da função, vemos que se trata de um intervalo de comprimento igual a 6, que é a única resposta correta. Existem 7 números inteiros, possui infinitos racionais, e é um conjunto infinito.

Resposta: (C) é um intervalo de comprimento igual a seis unidades.

383) FATEC – Sem fazer muitos cálculos, precisamos do valor de g(1), sendo $g(x) = x^3 + x$. Então g(1) = 2. Podemos encontrar $f^{-1}(g(1)) = f^{-1}(2)$, como sendo o valor de x para o qual f(x) vale 2. Traçando uma reta horizontal com y=2, encontramos o ponto onde a reta corta o gráfico da função. Chamemos esse ponto de x_i. Representa o valor de x, tal que f(x) = 2, ou seja, $x_i = f^{-1}(2)$.

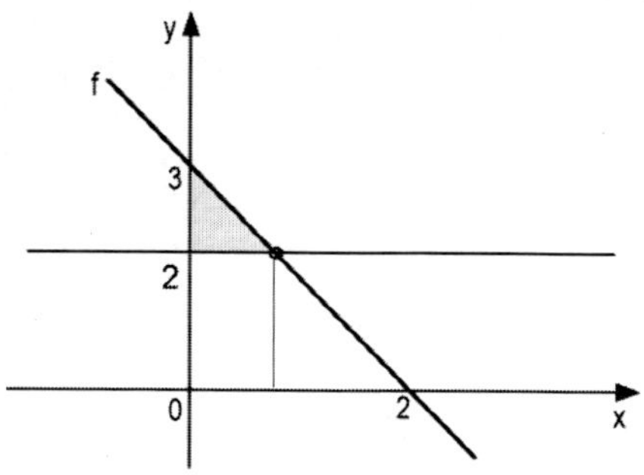

Podemos encontrar x_i usando semelhança de triângulos.

$$\frac{x_i}{1} = \frac{2}{3} \Rightarrow x_i = \frac{2}{3}$$

Outra forma, sem usar geometria, é encontrar a equação da reta que representa a função:

$$y - y_0 = m(x - x_0)$$

Podemos escolher qualquer ponto conhecido da reta para representar (x_0, y_0). Usemos (0, 3); teremos o coeficiente angular da reta igual a x = $\frac{\Delta y}{\Delta x} = \frac{0-3}{2-0} = -\frac{3}{2}$

$$y - 3 = -\frac{3}{2}(x - 0)$$

$$y = \frac{-3x + 6}{2}$$

Agora podemos encontrar $f^{-1}(2)$. Basta encontrar o valor de x tal que f(x) = 2:

$$2 = \frac{-3x + 6}{2}$$

$$4 = -3x + 6$$

$x = \frac{2}{3}$, como já havíamos encontrado.

Resposta: (D) 2/3

384) IFRO – $f^{-1}(1)$ é o valor de x tal que f(x) = 1. Portanto:

$$\frac{5x + 3}{4} = 1$$

$$5x + 3 = 4$$

$$x = \frac{1}{5}$$

Portanto $f^{-1}(1) = 1/5$. Agora falta calcular f (–1):

$$f(-1) = \frac{5(-1) + 3}{4} = \frac{-2}{4}$$

$$f(-1) = \frac{-1}{2}$$

O problema pede:

$$f^{-1}(1) + 3f(-1) = \frac{1}{5} + 3\left(\frac{-1}{2}\right) = \frac{1}{5} - \frac{3}{2} = \frac{-13}{10}$$

Resposta: (B) –13/10

385) UFLA – Apliquemos a função f, 3 vezes:
$f(x) = ax + b$
$f(f(x)) = a^2x + ab + b$
$f(f(f(x))) = a^3x + a^2b + ab + b$
Para que tenhamos $a^3x + a^2b + ab + b \equiv 8x + 21$ (identicamente igual, pois a igualdade vale para qualquer x), é preciso ter coeficientes iguais para os termos de mesmo grau:
$a^3 = 8 \Rightarrow a = 2$.
Sabendo a=2, o termo independente fica:
$4b + 2b + b = 21$
$b = 3$
Com a=2 e b=3, temos a + b = 5.

Resposta: (A) a + b = 5

386) UFRN – A notação $f(g(k))^{-1}$ significa a inversa de f(g(x)), para x=k.
Calculemos a composta f(g(x)):
$f(g(x)) = f(-2x+1) = 3(-2x+1) - 2$
$f(g(x)) = -6x + 1$
Encontremos agora a inversa dessa função:
$y = -6x + 1$ (trocar x com y)
$x = -6y + 1$ (calcular y)
$y = (1 - x)/6$
Logo $f(g(x))^{-1} = (1 - x)/6$
O valor de k para que $f(g(k))^{-1}$ seja 1 é:
$(1 - k)/6 = 1$
$1 - k = 6$
$k = -5$

Resposta: (D) –5.

387) UFAL – Uma das propriedades da função inversa, é que a composta de uma função com sua inversa é a função identidade, ou seja:
$f(f^{-1}(x)) = x$, e também
$f^{-1}(f(x)) = x$
Intuitivamente, podemos dizer que a inversa "desfaz" tudo aquilo o que uma função faz.
Sendo assim, as opções (C) e (D) dizem exatamente a mesma coisa. Como f(f(x)) = x, e também $f(f^{-1}(x)) = x$, e também levando em conta que a inversa é única (cada função possui uma única inversa), $f(x) = f^{-1}(x)$.
Isso pode ser verificado calculando a composta de f com ele própria:

$$f(f(x)) = \frac{2\dfrac{2x-3}{5x-2} - 3}{5\dfrac{2x-3}{5x-2} - 2} = \frac{4x - 6 - 15x + 6}{10x - 15 - 10x + 4} = \frac{-11x}{-11} = x$$

Ou seja, f(f(x)) = x, então f(x) é a inversa de f(x).
As opções (A) e (E) são muito trabalhosas para provar. O objetivo da questão era encontrar qual a opção é incorreta, usando o caminho mais simples. (C) e (D) estão corretas, vejamos a opção (B), que parece ser algebricamente simples.
Para que exista um x real tal que f(x) = x, devemos ter:

$$x = \frac{2x-3}{5x-2}$$
$$5x^2 - 2x = 2x - 3$$
$$5x^2 - 4x + 3 = 0$$

É uma equação do segundo grau com delta negativo (16 – 4.5.3 = –44). Logo não existe solução real, ou seja, não existe x tal que f(x) = x. Graficamente, significa que o gráfico da função f(x) não intercepta o gráfico de y=x. Portanto (B) é a opção incorreta.

Resposta: (B) existe x real tal que f(x) = x (a única incorreta)

388) UEMG – De acordo com o gráfico, o volume aumenta com a vazão de 1 m^3 por hora. Para encher 2500 litros, ou 2,5 m^3, serão necessárias 2,5 horas. O mesmo que 2 horas e 30 minutos.

Resposta: (B) 2h 30min

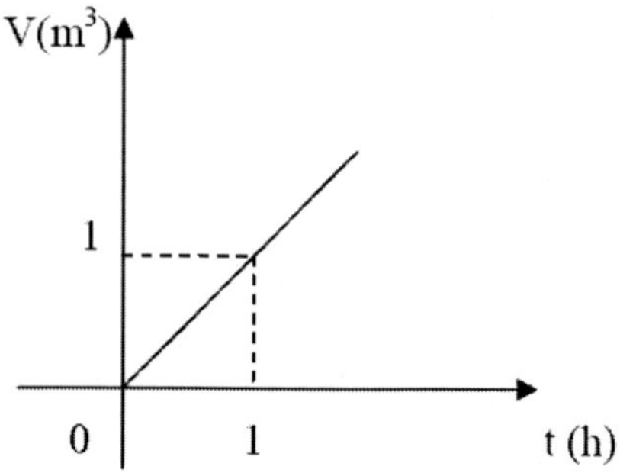

389) UFBA – Sobre a função f:[0, 1]→ℝ, representada pelo gráfico ao lado, é correto afirmar (complete com V ou F):

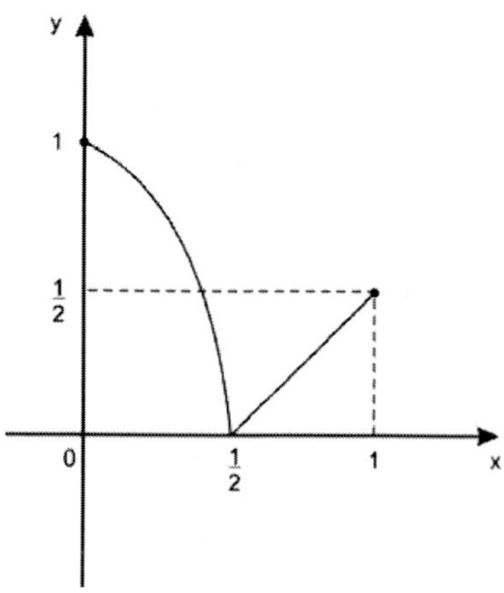

(V) A imagem da função f é o intervalo [0, 1].

(F) Existe um único x∈ [0, 1] tal que f(x) = 1/2. NÃO, são na verdade 2 pontos.

(V) A função f é decrescente em [0, 1/2] e crescente em [1/2, 1].

(V) A imagem da função g:[–1, 0]→ℝ definida por g(x) = f(–x) é o intervalo [0, 1]. O gráfico de g(x) é um "reflexo" do gráfico de f(x) em relação ao eixo y. Isso altera os valores de x mas mantém a mesma variação para y, portanto a imagem é a mesma.

(V) f(f(f(0))) = 0 e f(f(f(1))) =1. CORRETO, aplicando f três vezes começam com x=0, temos os resultados 1, 1/2 e 0. Aplicando f três vezes começando com x=1, temos os resultados 1/2, 0 e 1.

(F) f∘f∘f é a função identidade. NÃO. Apesar de valer para x=0 e x=1 como no item acima, o mesmo não ocorrerá para outros valores no intervalo.

Resposta: VFVVVF

390) UERJ – O ponto de encontro das duas retas é um ótimo indicador para a solução. Nesse instante, a bateria que estava com 100% de carga, chegou a 75%. Então perdeu 25% da carga no tempo z, e para o gráfico, terá perdido 100% da carga no tempo t. Portanto podemos concluir que $\boxed{t = 4z}$.

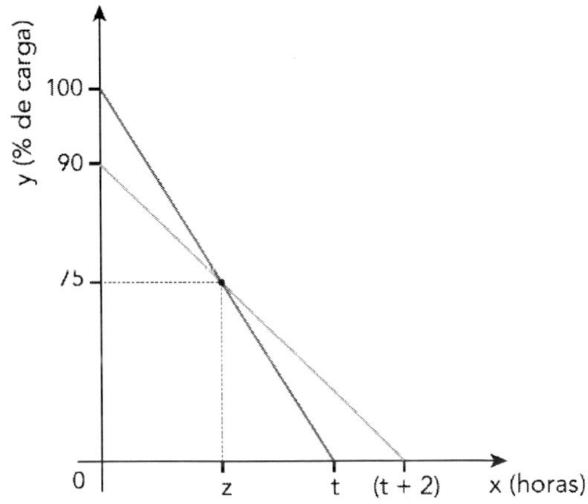

Façamos a mesma observação com o gráfico da bateria que começou com 90%. Entre 0 e z, sua carga diminuiu de 90% para 75%, portanto gastou 15% da carga nesse período. O tempo t+2 é o tempo necessário para gastar toda a carga de 90% que tinha disponível. Uma carga 6 vezes maior, irá durar um tempo 6 vezes maior. Portanto (t + 2) é 6z.

$\boxed{t + 2 = 6z}$.

Resolvendo o sistema com essas duas equações em z e t, temos:

$z = t/4 = (t + 2)/6$

$6t = 4t + 8$

$t = 4$

Resposta: (D) 4

Resoluções do teste 40

391) CEFET CE – Um exagero em termos de exigência da matéria, que é álgebra linear, estudada nos cursos superiores de matemática e engenharia. A questão é fácil para quem faz esses cursos, mas pode ser difícil para alunos do ensino médio. Primeiramente, estamos lidando com funções de $\mathbb{R}^2$ em $\mathbb{R}^2$, o que não é comum no ensino média. A resolução é fácil, desde que se entenda o que faz a função T. As definições de T(1, 0) = (0, 1) e T(0, 1) = (–1, 0) indicam que T(x, y) = (–y, x), ou seja, a primeira coordenada passa a ser segunda coordenada, e a segunda coordenada passa a ser primeira, com sinal tocado. Quer dizer o seguinte:

$T(x, y) = (-y, x)$

$T \circ T(x, y) = (-x, -y)$

$T \circ T \circ T(x, y) = (y, -x)$

$T \circ T \circ T \circ T(x, y) = (x, y)$

Significa que depois de aplicar T quatro vezes a um valor (x, y), volta-se ao valor original. Na prática, o que T faz é girar o par ordenado (x, y) de 90 graus. Com 4 giros de 90 graus, volta-se ao par ordenado original.

Também aplicando T um número de vezes que seja múltiplo de 4, volta-se também ao par original.

Portanto, $T^{2008}(x, y) = (x, y)$, $T^{2008}(1, 1) = (1, 1)$

Resposta: (C) (1, 1)

392) FATEC – Para que uma expressão lógica do tipo P e Q seja verdadeira, é preciso que P e Q sejam verdadeiros. Para que uma expressão P ou Q seja verdadeira, basta que um deles seja verdadeiro, podendo também serem os dois. Temos que avaliar cada uma das expressões com os valores dados de x, y e z (9, 12 e 15, respectivamente).

(A) $(4.12 + 2.15 < 8.9)$ ou $(3.15 - 2.12 = 3.9 + 5)$ ➔ $(78 < 72)$ ou $(6 = 32)$ = F ou F = F

(B) $(30 = 9 + 12)$ ou $(9 + 12 - 15 < 5)$ ➔ $(30 = 21)$ ou $(6 < 5)$ = F ou F = F

(C) $(3.9 - 12 = 15)$ e $(9 - 12 + 15 \neq 12)$ ➔ $(15 = 15)$ e $(12 \neq 12)$ = V e F = F

(D) $(9 + 15 \geq 12)$ e $(12 - 15 = 3)$ ➔ $(24 \geq 12)$ e $(-3 = 3)$ = V e F = F
(E) $(9 + 12 > 15)$ e $(9.12 < 9.15)$ ➔ $(21 > 15)$ e $(12 < 15)$ = V e V = V

Resposta: (E)

393) UFJF – A concavidade da parábola está voltada para baixo. Então o gráfico é crescente, até o vértice, que é um ponto de máximo, depois decrescente. As coordenadas do vértice da função do 2º grau são $x_V = -b/(2a)$ e $y_V = -\Delta/(4a)$. Calculemos esses valores:
$x_V = -3/(2.(-1)) = 3/2$
$y_V = -\Delta/(4a) = y_V = -(b^2-4ac)/(4a) = -(9-4)/(4(-1)) = 5/4$
Portanto o vértice é (3/2, 5/4)
A função é crescente para $\{x \in \mathbb{R} \mid x \leq 3/2\}$, e decrescente para $\{x \in \mathbb{R} \mid x > 3/2\}$

Analisemos as afirmativas:

(A) f(x) é decrescente para $\{x \in \mathbb{R} \mid x \leq 0\}$ = FALSA, nesse intervalo é crescente
(B) A concavidade é para cima. FALSA
(C) f(x) possui três zeros diferentes. FALSA, são apenas dois zeros.
(D) f(x) tem como vértice o ponto (1/5, 4/5). FALSA
(E) O valor máximo de f(x) é 5/4. VERDADEIRA, este é o valor de y_V.

Resposta: (E) O valor máximo de f(x) é 5/4.

394) UFMG – Uma função do 2º grau assume exclusivamente valores positivos ou exclusivamente negativos, quando não tem raízes, e portanto não troca de sinal. Isso significa que seu discriminante (Δ) deve ser negativo. Calculemos o discriminante:

$\Delta = (2\lambda)^2 - 4.\lambda.1 = 4\lambda^2 - 4\lambda = 4\lambda(\lambda-1)$

Este outro trinômio precisa ser negativo. Como o coeficiente do 2º grau é positivo, seu valor será negativo entre as raízes, ou seja, para λ compreendido entre 0 e 1.
Isso é exatamente o que está indicado na opção (E): a função terá apenas valores positivo (sem raízes) para valore de l entre 0 e 1. Note que a resposta inclui o valor $\lambda = 0$. Este valor também satisfaz o problema, pois torna a função f(x) igual a 1 (constante), que também é um valor sempre positivo.

Resposta: (E) Para $0 \leq \lambda < 1$ a função só assume valores positivos.

395) IFMT – Analisemos $f(x) = \dfrac{2}{1 - 3^{x^2-4x}}$

(A) A equação f(x) = 2, possui, pelo menos, uma raiz real.
Para que f(x) seja igual a 2, a exponencial $3^{(x2 - 4x)}$ deve valer zero. Ocorre que uma função exponencial nunca vale zero (base positiva). Portanto é FALSA.
(B) O domínio de f é o conjunto $\{x \in \mathbb{R} \mid x \neq 4\}$
O valor x=4 anula o denominador, pois faz o expoente de ser $3^{(x2 - 4x)}$ zero, e a exponencial valeria 1. Ocorre que existe outro número que também causa isso: x = 0. Portanto este domínio está errado, seria preciso excluir também o zero.
(C) Em um sistema de coordenadas cartesianas ortogonais xOy, o gráfico de y=f(x) intercepta o eixo Ox em mais de um ponto. FALSA, esta função não intercepta o eixo Ox, pois não tem raízes. O número 2, dividido por qualquer valor que seja, nunca resultará em zero.
(D) O valor do elemento x=0 corresponde à imagem igual a 2. FALSO, o valor x=0 não pertence ao domínio, pois anularia o denominador.
(E) f(x) > 0 se, e somente se, 0<x<4. Com x entre 0 e 4, 3 está elevado a um expoente negativo. Portanto $3^{(x2 - 4x)}$ é menor que 1, e o denominador de f(x) é negativo. Para x fora desse

intervalo, ocorre o contrário, o denominador será positivo e f(x) será positivo. Esta é a única VERDADEIRA.

Resposta: (E)

396) ENEM – Basta encontrar t de forma que tenhamos $-t^2/4 + 400 = 39$
$t^2/4 = 361$
$t^2 = 361 \times 4$ OBS: $361 = 19^2$.
$t = 19 \times 2 = 38$ minutos

Resposta: (D) 38,0

397) USP – f(x) é quase uma função do 2º grau, exceto pelo módulo. Para valores positivos de x, é dada por $f(x) = x^2 - 2x + 2$. Para valores negativos de x, é dada por $-x^2 - 2x + 2$. Todo o que temos que fazer é esboçar o gráfico da função nesses dois trechos.
A) $x \geq 0$:
$f(x) = x^2 - 2x + 2$. Concavidade para cima, vértice em $x_V = -b/(2a) = 1$, $y_V=1$
B) $x<0$:
$f(x) = -x^2 - 2x + 2$. Concavidade para baixo, vértice em $x_V = -b/(2a) = -1$, $y_V=3$
Além disso, nas duas fórmulas, temos $f(0) = 2$.
O gráfico que tem essas características é (E)

Resposta: (E)

398) UFAL – É preciso fazer a seguinte conversão:
Tamanho americano ➔ tamanho inglês.
Não temos essa fórmula, mas temos duas que podem ser compostas:
Tamanho americano ➔ tamanho francês ➔ tamanho inglês.
Temos como converter o tamanho americano para o francês (função g(x)) e como converter o tamanho francês para o tamanho inglês (função f(x)).

Sendo assim, a função que resolve o nosso problema é h(x) = f(g(x)). A função g(x) recebe o tamanho americano e converte para o francês, depois aplica-se a função f, que converte o tamanho francês para o inglês. O resultado final será uma conversão do tamanho americano para o inglês.

$h(x) = f(g(x)) = f(8x) = (8x - 1)/8 = x - 1/8$.

Resposta: (A) h(x) = x–1/8

399) UFAL – A resposta correta é (C). Note que uma variação de 2 para x resulta em uma variação de 8 para y. Ou seja, a variação para y é o quádruplo da variação para x. Essa relação permanece constante para toda a função, e isso é uma característica da função afim (y = ax + b). Com uma variação de 1/2 para x, teremos uma variação de 2 para y. Com x aumentando de 0 para 1/2, y aumentará 2 unidades, indo de 8 para 10. Portanto f(1/2) = 10.
A função é injetora, pois valores diferentes de x resultarão necessariamente em valores diferentes de y, ou seja, sem repetição de valores. É sobrejetora pois a imagem é $\mathbb{R}$, o mesmo que o contradomínio. Também os valores de a e b estão errados. O valor de b é f(0), que vale 8 (ver gráfico), e não 9. O valor de a é o coeficiente angular, que pelo gráfico vale 4, e não 3.

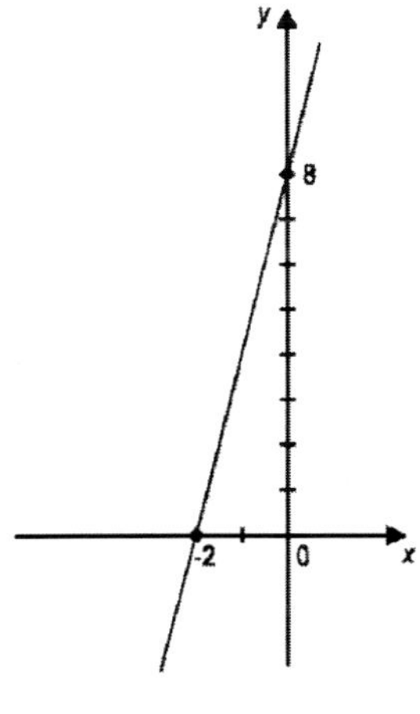

Resposta: (C) f(1/2) = 10

400) UFSC – Analisando as afirmativas:

(V) A função f:$\mathbb{R}-\{2\}\rightarrow\mathbb{R}-\{2\}$, definida por $f(x)=\dfrac{2x+3}{x-2}$, satisfaz (f∘f)(x) = x para todo x∈ $\mathbb{R}-\{2\}$. Se f^{-1} é a função inversa de f, então f^{-1} coincide com f.

$$f(f(x))=\frac{2\dfrac{2x+3}{x-2}+3}{\dfrac{2x+3}{x-2}-2}=\frac{4x+6+3x-6}{2x+3-2x+4}=\frac{7x}{7}=x$$

Sempre que é calculada a composta de uma função com a sua inversa, o resultado é a função identidade. No caso desse problema, a composta de f(x) com ela própria é também a identidade. Significa que f(x) é igual à sua inversa.

(F) Considere a função g(x), igual a 3x – 2 se x<0, e igual a 5x se x≥0. O domínio da função g é $\mathbb{R}$ e o conjunto imagem é $\mathbb{R}$.
O conjunto imagem não é $\mathbb{R}$, apesar do domínio ser. Nenhum valor no intervalo (–2, 0) estará na imagem. Para x negativo, 3x – 2 pertencerá ao intervalo (–∞,–2). Para x≥0, o valor da função estará em [0, +∞). Nenhum x resultará em valores no intervalo (–2, 0), por isso a função não é sobrejetora.

(F) Se a função f:$\mathbb{R}\rightarrow\mathbb{R}$ é definida por $f(x)=\left(\dfrac{1}{2}\right)^x$, então f é decrescente e sobrejetiva.

De fato é uma função decrescente: uma exponencial com base entre 0 e 1, entretanto seu valor é sempre positivo, portanto a imagem não é igual ao contradomínio (reais), logo não é sobrejetora.

(V) Seja A⊂$\mathbb{R}$ com A≠∅. Se f:A→$\mathbb{R}$ é uma função estritamente crescente em A, então f é injetiva.
Correto. Como a função é estritamente crescente, seus valores nunca se repetem. Então valores diferentes de x resultam em valores diferentes de y, o que é a definição de função injetora.

(F) Considere a função definida por $f(x)=\sqrt{x+a^2}$, sendo $a\in R_+^*$. Então, f(81)=9+a.
Errado. $\sqrt{x+y}$ não é a mesma coisa que $\sqrt{x}+\sqrt{y}$.

Resposta: VFFVF

■

Capítulo 5

P.A., P.G., Função Exponencial e Função Logarítmica

Teste 41

401) UEMG – Em uma pesquisa realizada constatou-se que a população P de uma determinada região cresce segundo a lei $P(t)=5.2^t$, onde t representa o tempo em anos. Para que a população atinja uma quantidade de 1280 milhares de habitantes, será necessário um tempo de x anos. Nesse caso, o valor natural de x é correspondente a

(A) um número divisível por 3.
(B) um número par e múltiplo de 5.
(C) um número múltiplo de 4.
(D) um número ímpar e divisível por 7.

402) UFBA – O gráfico representa uma projeção do valor de mercado, v(t), de um imóvel, em função do tempo t, contado a partir da data da conclusão de sua construção, considerada como a data inicial, t=0. O valor v(t) é expresso em milhares de reais, e o tempo t, em anos.

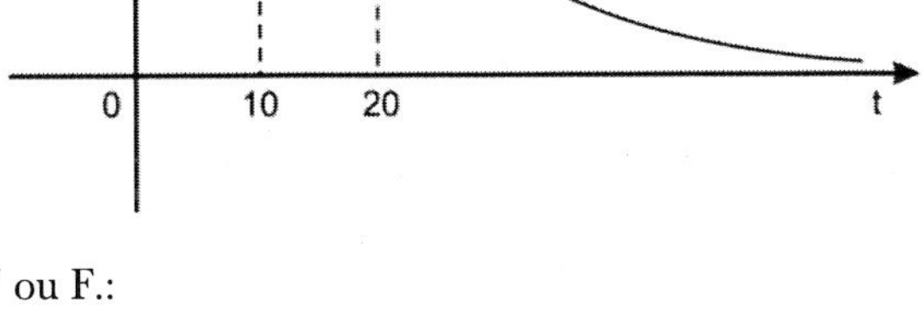

Com base nesse gráfico, complete com V ou F.:

( ) Aos dez anos de construído, o imóvel terá valor máximo.
( ) No vigésimo quinto ano de construído, o imóvel terá um valor maior que o inicial.
( ) Em alguma data, o valor do imóvel corresponderá a 37,5% do seu valor inicial.
( ) Ao completar vinte anos de construído, o imóvel voltará a ter o mesmo valor inicial.
( ) Se $v(t)=200.2^{-\frac{(t-10)^2}{100}}$, então, ao completar trinta anos de construído, o valor do imóvel será igual a um oitavo do seu valor inicial.

403) UDESC – Uma espécie de espiral é composta por segmentos de reta ligados por suas extremidades de modo que os comprimentos dos segmentos e dos ângulos formados estejam ambos em progressão aritmética. A figura é um exemplo desta espiral. Considere uma espiral deste tipo com a razão da PA formada pelos comprimentos dos segmentos igual a –12 e a razão da PA formada pelos ângulos B, C, D, E, ... igual a –10 com o ângulo B igual a 130 graus. Sabendo-se que o segmento EG mede 60cm, a medida do segmento AB é igual a:

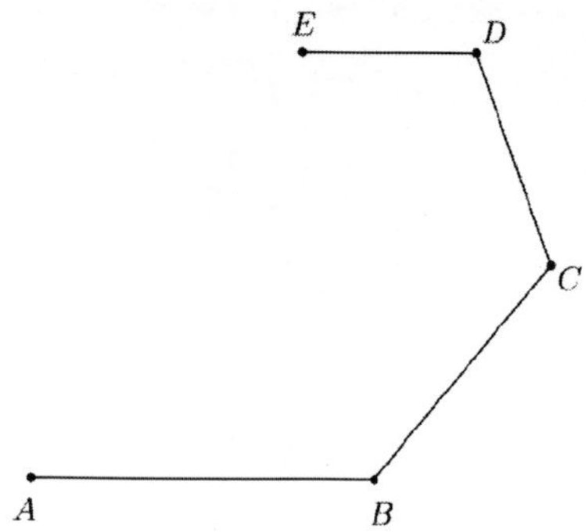

(A) 96cm (B) 48cm (C) 84cm (D) 108cm (E) 72cm

404) UEMG – Segundo dados de uma pesquisa, a quantidade de árvores de certa região vem decrescendo em relação ao tempo **t**, contado em anos, segundo a relação

$$Q(t) = 10000 \cdot 2^{-0{,}5t}$$

Sendo 10000 a quantidade inicial e **Q(t)** a quantidade **t** anos após. Para que essa quantidade inicial fique reduzida à quarta parte, deverão transcorrer

(A) 2 anos (B) 3 anos (C) 4 anos (D) 5 anos

405) UFPE – Se uma pessoa toma emprestado a quantia de R$ 3.000,00 a juros compostos de 3% ao mês, pelo prazo de 8 meses, qual o montante a ser devolvido?
Dado: use a aproximação $1{,}03^8 \approx 1{,}27$.

(A) R$ 3.802,00 (B) R$ 3.804,00 (C) R$ 3.806,00 (D) R$ 3.808,00 (E) R$ 3.810,00

406) PUC SP – Considere as funções $f(x) = 2^{x+k}$ e $g(x) = x^2 + m$, com k e m números inteiros. Se f(1) = –2 + g(2) e f(0) = g(0), o valor de f(g(f(–1))) é

(A) 4 (B) 8 (C) 12 (D) 16

407) UFAL – Assinale a alternativa correta em relação à função exponencial $f(x) = a^x$, com $a>0$ e $a\neq 1$.

(A) O gráfico de f intercepta o eixo Ox.
(B) O gráfico de f não intercepta o eixo Oy.
(C) A imagem de f é o conjunto dos números naturais.
(D) O domínio de f é o conjunto dos números reais estritamente positivos.
(E) Se $0<a<1$ e k e j são números reais tais que $k<j$, então $f(k)>f(j)$.

408) Mackenzie – Sejam $f:\mathbb{R}\rightarrow\mathbb{R}$ e $g:\mathbb{R}\rightarrow\mathbb{R}$ funções definidas por $f(x) = \frac{2^x + 2^{-x}}{2}$ e $g(x) = \frac{2^x - 2^{-x}}{2}$. Então, podemos afirmar que:

(A) f é crescente e g é decrescente.
(B) f e g se interceptam em x=0.
(C) f(0) = –g(0).
(D) $[f(x)]^2 - [g(x)]^2 = 1$.
(E) $f(x) \geq 0$ e $g(x) \geq 0$, $\forall x\in\mathbb{R}$.

409) UFBA – Considerando-se as funções $f:\mathbb{R}\to\mathbb{R}$ e $g:\mathbb{R}\to\mathbb{R}$ definidas por $f(x) = x - 1$ e $g(x) = \log(x^2 + 1)$, é correto afirmar: (complete com V ou F)

( ) A função f é bijetora, e sua inversa é a função $h:\mathbb{R}\to\mathbb{R}$ definida por $h(x) = x + 1$.
( ) O conjunto imagem da função g é o intervalo $[0, +\infty)$
( ) A função g é uma função par.
( ) Existe um número real x tal que $f(g(x)) = g(f(x))$.
( ) O ponto (0, 0) pertence ao gráfico da função g.

410) UERJ – Um soldado fez n séries de flexões de braço, cada uma delas com 20 repetições. No entanto, como consequência das alterações da contração muscular devidas ao acúmulo de ácido lático, o tempo de duração de cada série, a partir da segunda, foi sempre 28% maior do que o tempo gasto para fazer a série imediatamente anterior. A primeira série foi realizada em 25 segundos e a última em 1 minuto e 40 segundos. Considerando log 2 = 0,3, a soma do número de repetições realizadas nas n séries é igual a:

(A) 100 (B) 120 (C) 140 (D) 160

Teste 42

411) UFG – Um pesquisador deseja determinar o valor das constantes **k** e **a** na expressão $y = k.10^{ax}$ que relaciona duas grandezas x e y. Ele sabe que, definindo u = log(y), o gráfico de u em função de x é uma reta que contém os pontos P e Q, conforme mostrado na figura. De acordo com o exposto, qual é o valor de k?

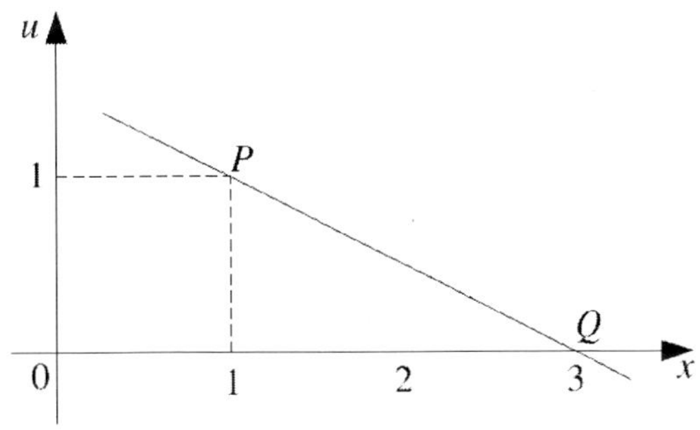

(A) $\sqrt{10}$ (B) $2\sqrt{10}$ (C) $3\sqrt{10}$
(D) $5\sqrt{10}$ (E) $10\sqrt{10}$

412) CEFET CE – Usando-se **log 2 = 0,3**, o número 2^{255} é escrito na forma $\mathbf{m.10^n}$, onde $\mathbf{n \in \mathbb{Z}}$ e **m** é um número real, tal que $\mathbf{1 \leq m < 10}$. O valor de m é:

(A) $\sqrt{10}$ (B) $\sqrt{3}$ (C) $\sqrt{2}$ (D) $\sqrt{1,1}$ (E) $\sqrt{1,2}$

413) FATEC – Seja a função $f: \mathbb{R}^*_+ \to \mathbb{R}$ definida por

$$f(x) = \log_{10} x - \log_{10}\left(\frac{x^3}{10^4}\right)$$

A abscissa do ponto de intersecção do gráfico de f com a reta de equação y – 2 = 0 é

(A) 10^{-7} (B) 10^{-3} (C) 10 (D) 10^2 (E) 10^4

414) IFMT – A variável y, quando escrita em função de uma variável x, é dado por $y = 5^{x-2} - 5$. A variável x, portanto, quando escrita em função da variável y, é dada por

(A) $x = \log_5(5y) + 2$ (B) $x = \log_5(y + 5) + 2$ (C) $x = \frac{1}{25}\log_5(y + 5)$

(D) $x = 5^{y+5} + 2$ (E) $x = \frac{y+5}{5} + 2$

415) UFSM – O gráfico a seguir retrata o comportamento da evolução das populações rural e urbana no Brasil. Se for considerado o tempo t=0 (t é dado em anos) iniciando em 1970, como sugere o gráfico, pode-se obter um modelo matemático aproximado que calcula a diferença, em milhões de habitantes, entre a população urbana e a rural em relação ao tempo, diferença essa dada pela fórmula **$d(t) = 150 - a.3^{bt}$**, onde **a** e **b** são constantes reais a serem determinadas.

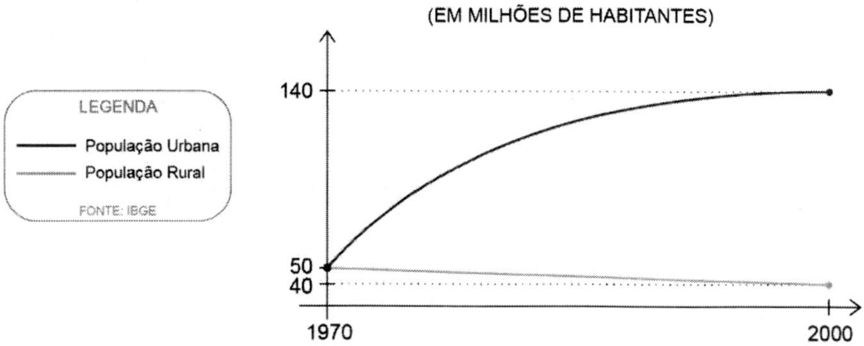

Baseando-se nos valores do gráfico, pode-se afirmar que a diferença entre a população urbana e a rural em 2030 será aproximadamente de

(A) 113 milhões. (B) 118 milhões. (C) 123 milhões. (D) 128 milhões. (E) 133 milhões.

416) UFPI – O domínio da função definida por $f(x) = \log\left(\dfrac{1}{x^3 - 3x^2 + 2x}\right)$ é:

(A) $(0, 1) \cup (2, +\infty)$ (B) $\{x \in \mathbb{R} \mid x \neq \pm 3\}$ (C) $(0, +\infty)$ (D) $(-\infty, 1)$ (E) $(2, +\infty)$

417) PUC PR – Suponha que a população de uma certa cidade seja de 10.000 habitantes e que a população está crescendo a uma taxa de 2% ao ano. Se daqui a **x** anos a população dessa cidade será de aproximadamente 40.000 habitantes, então x é aproximadamente:
Dados: $\log 2 \approx 0{,}3$ e $\log 1{,}02 \approx 0{,}0086$.

(A) 60 anos (B) 65 anos (C) 70 anos (D) 80 anos (E) 85 anos

418) UFMS – Resolvendo, no conjunto dos reais, a equação exponencial dada por: $2^{3x}.3^{4x} = 0{,}012$, e considerando, se necessário, que $\log 2 = 0{,}30$ e $\log 3 = 0{,}47$, temos que o valor de x encontrado é tal que:

(A) $-3/4 < x < -5/7$ (B) $-5/7 < x < -2/3$ (C) $-2/3 < x < -3/5$ (D) $x > -3/5$ (E) $x < -3/4$

419) IFSP – Assinale a alternativa que corresponde às soluções da equação $\log_{10}(x^2 - 2x + 2) = 1$.

(A) –4 e –2 (B) 6 e –2 (C) –2 e –6 (D) 4 e –2 (E) –6 e –4

420) USP – Seja $f(x) = 2^{2x+1}$. Se **a** e **b** são tais que f(a) = 4.f(b), pode-se afirmar que:

(A) a+b=2 (B) a+b=1 (C) a–b=3 (D) a–b=2 (E) a–b=1

Teste 43

421) IFCE – Resolva a equação **$\log 3^x + \log(1+3^x) = \log 12$** no conjunto dos números reais.

422) UFJF – A diferença entre o maior e o menor valor de x, na equação exponencial

$25^{x^2/2+4x-15} = \dfrac{1}{125^{-3x+6}}$ é igual a:

(A) 1 (B) 7 (C) 1/2 (D) 7/2 (E) -3/2

423) Mackenzie - Os valores de m (m ∈ ℝ) tais que a equação $x^2 - 2x + \log_2 m^4 = 0$ tem raízes reais e distintas são

(A) $m < \dfrac{1}{2}$ (B) $m < \sqrt{2}$ (C) $m > \sqrt{2}$ (D) $m > \sqrt[4]{2}$ (E) $0 < m < \sqrt[4]{2}$

424) IFAL - Considerando log 2 = 0,30 e log 3 = 0,47, podemos afirmar que a solução da equação $8^x = 3^{x-2}$ é:

(A) 1,18 (B) 2,18 (C) -2,18 (D) 3,18 (E) -3,18

425) IFRS - No gráfico da função $f(x) = a.b^x + c$, representado abaixo, é correto afirmar que

(A) a>0, 0<b<1 e c>0
(B) a<0, 0<b<1 e c>0
(C) a<0, 0<b<1 e c<0
(D) a<0, b>1 e c>0
(E) a>0, b>1 e c>0

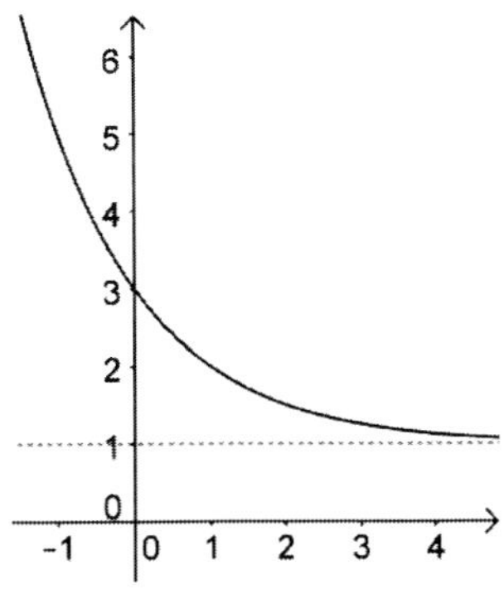

426) IFS - Resolva a equação

$$\frac{2+\log_5 x}{\log_5 x} + \frac{\log_5 x}{1+\log_5 x} = 2$$

(A) 0,04 (B) 1/10 (C) 1/5 (D) 0,4

427) IFPE - Num centro de pesquisa em Biologia, os cientistas estão estudando o comportamento de uma cultura de bactérias. Após algumas simulações, verificou-se que o crescimento dessa cultura obedece à relação $f(t) = k.2^{\alpha t}$, onde f(t) é o número de bactérias no tempo t (t≥0) medido em horas e k e α são constantes reais positivas. Se o número inicial de bactérias é o valor de f(0) e esse número duplica a cada 4 horas, após 12 horas, é correto afirmar que o número de bactérias será

(A) 3 vezes o valor inicial (B) 4 vezes o valor inicial (C) 6 vezes o valor inicial
(D) 8 vezes o valor inicial (E) 10 vezes o valor inicial

428) USP - O conjunto dos números reais x que satisfazem a inequação $\log_2(2x+5) - \log_2(3x-1) > 1$ é o intervalo:

(A)]- ∞, -5/2[(B)]7/4, ∞[(C)]-5/2, 0[(D)]1/3, 7/4[(E)]0, 1/3[

429) UNIFOR - As populações de duas cidades A e B são dadas em milhares de habitantes pelas funções

$A(t) = \log_8(1+t)^9$ e $B(t) = \log_2(16t+16)$

onde t é dado em anos. Após certo instante t, a população de uma dessas cidades é sempre maior que a outra. O valor mínimo desse instante t é de:

(A) 2 anos (B) 3 anos (C) 4 anos (D) 5 anos (E) 6 anos

430) UNIFESP – Pesquisa feita por biólogos de uma reserva florestal mostrou que a população de uma certa espécie de animal está diminuindo a cada ano. A partir do ano em que se iniciou a pesquisa, o número de exemplares desses animais é dado aproximadamente pela função f(t) = $750 \times 2^{-0,05t}$, com t em anos, t>0.
a) Determine, com base na função, em quantos anos a população de animais estará reduzida à metade da população inicial.
b) Considerando $\log_2 3 = 1,6$ e $\log_2 5 = 2,3$, e supondo que nada seja feito para conter o decrescimento da população, determine em quantos anos, de acordo com a função, haverá apenas 40 exemplares dessa espécie de animal na reserva florestal.

Teste 44

431) UFLA – No dia do nascimento de sua neta, uma avó preocupada com o futuro da neta fez uma aplicação em poupança no valor de R$ 1.000,00. Supondo um rendimento de 0,9% ao mês, que é incorporado ao capital; ao completar 21 anos, essa neta terá disponível o valor de, aproximadamente: (utilize $\log 1,009 \approx 0,0039$).

(A) R$ 3.891,00 (B) R$ 10.000,00 (C) R$ 21.000,00 (D) R$ 100.000,00

432) UFRJ – Seja $f:]0, \infty[\to\mathbb{R}$ dada por $f(x) = \log_3 x$.
Sabendo que os pontos $(a, -\beta)$, $(b, 0)$, $(c, 2)$ e (d, β) estão no gráfico de f, calcule **b + c + ad**.

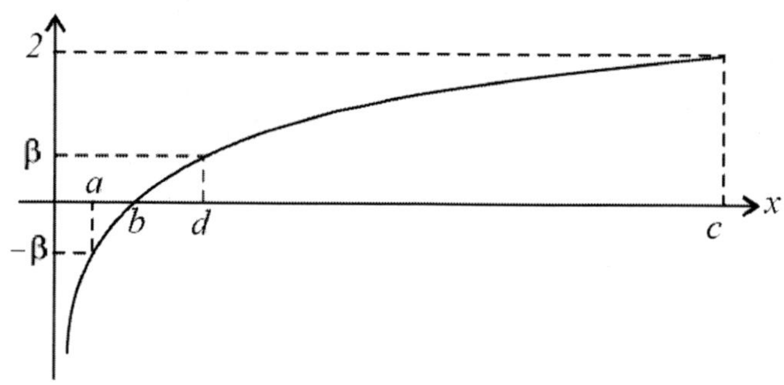

433) IFMG – Suponha que o número de indivíduos de uma população de bactérias seja representado pela função $f(t) = a.2^{kt}$, em que t representa o tempo em horas e a e k são constantes. Sabendo que a população inicial em (t=0) era de 1024 indivíduos e que após 5 horas essa população duplicou, logo, os valores das constantes a e k são respectivamente:

(A) 1024 e 5. (B) 1024 e 1/5. (C) 2048 e 5. (D) 2048 e 1/5.

434) UFAM – A figura representa o gráfico da função $f:(0, +\infty)\to\mathbb{R}$ sendo $f(x) = \ln x$.
Se AO = BC, então podemos afirmar que:

(A) $a = c/b$
(B) $c = a/b$
(C) $\ln a = \ln(b+c)$
(D) $b = a^c$
(E) $c = (\ln a)/(\ln b)$

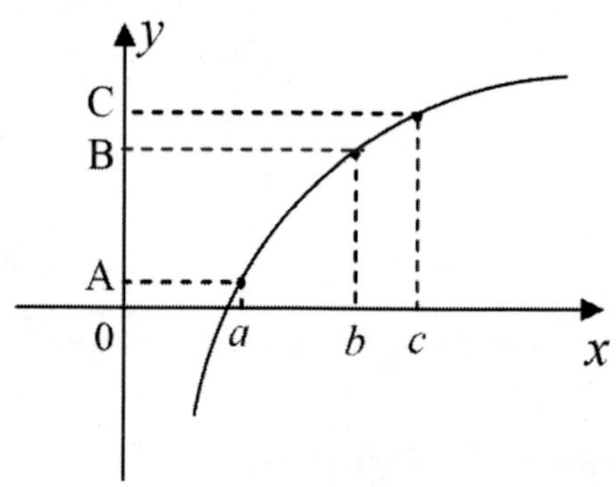

435) UESC – Se $\log_3(x - y) = 5$ e $\log_5(x + y) = 3$, então $\log_2(3x - 8y)$ é igual a:

(A) 9 (B) $4+\log_2 5$ (C) 8 (D) $2+\log_2 10$ (E) 10

436) UFMT – Uma fábrica produziu 5 milhões de unidades de biscoitos no ano de sua inauguração. Com a implementação gradativa de novos equipamentos, a produção de biscoitos cresce de acordo com a função $Q(t) = Q_0 \times 2^{0,2t}$, sendo Q a quantidade total de biscoitos produzidos no tempo t em anos e Q_0 a quantidade inicial de biscoitos. A partir dessas informações, em quantos anos a produção da fábrica duplicará?

(A) 9 (B) 7 (C) 5 (D) 8 (E) 6

437) UFPR – Considere o gráfico da função $f(x) = \log_2 x$ e a reta r que passa pelos pontos A e B, como indicado na figura ao lado, sendo k a abscissa do ponto em que a reta r intersecta o eixo Ox. Qual é o valor de k?

(A) 17/12 (B) 14/11 (C) 12/7
(D) 11/9 (E) 7/4

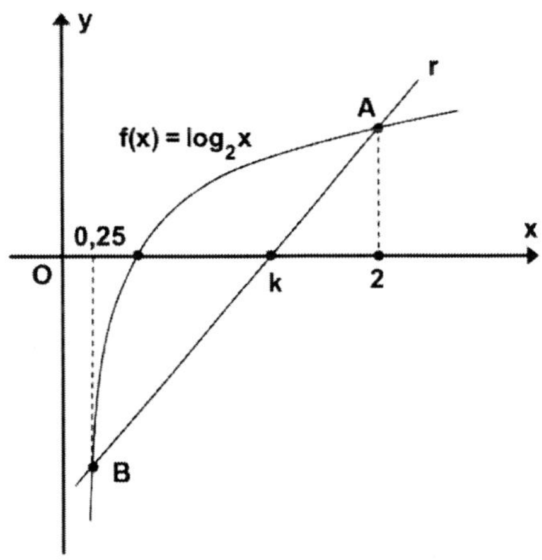

438) UFPA – Para obter lucro, uma das formas de investir o dinheiro é aplicá-lo em fundos de investimento. Uma pessoa, ao aplicar R$ 10.000,00 a uma taxa de 3% ao mês em juros compostos ao longo de doze meses, terá como rendimento, aproximadamente, qual porcentagem sobre o valor investido? Considere que $1,03^4 \approx 1,125$.

(A) 25,6% (B) 27,7% (C) 33,3% (D) 39,5% (E) 42,3%

439) UFMG – Observe a figura. Nela está representado o gráfico de $\mathbf{f(x) = \log_a x}$.
O valor de f(128) é

(A) 5/2 (B) 3 (C) 7/2 (D) 7

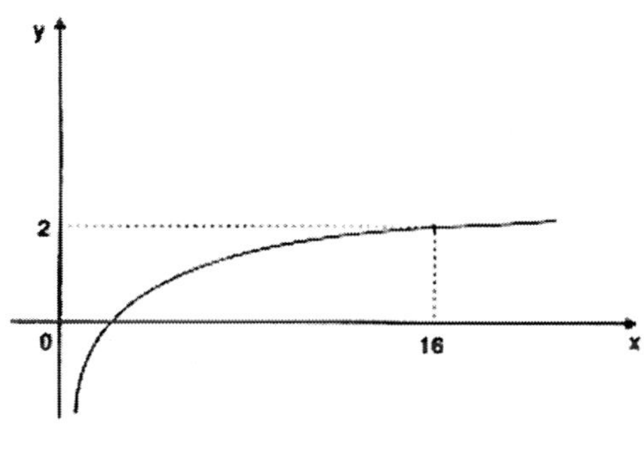

440) ENEM – Em setembro de 1987, Goiânia foi palco do maior acidente radioativo ocorrido no Brasil, quando uma amostra de Césio-137, removida de um aparelho de radioterapia abandonado, foi manipulada inadvertidamente por parte da população. A maia-vida de um material radioativo é o tempo necessário para que a massa desse material se reduza à metade, A meia-vida do Césio-137 é 30 anos e a quantidade restante de massa de um material radioativo após **t** anos, é calculada pela expressão $M(t) = A.(2,7)^{kt}$, onde A é a massa inicial e k é uma constante negativa.

Considere 0,3 como aproximação para $\log_{10} 2$. Qual o tempo necessário, em anos, para que uma quantidade de massa do Césio-137 se reduza a 10% da quantidade inicial?

(A) 27 (B) 36 (C) 50 (D) 54 (E) 100

Teste 45

441) UF Uberlândia – Considere uma circunferência de raio 0,25, cujo centro (da mesma) desliza sobre o gráfico da função $f(x) = 5^x$, $x \in \mathbb{R}$. Sabendo-se que o início do deslizamento se deu a partir do ponto do plano de coordenadas (0, 1), no sentido negativo do eixo das abscissas Ox, e o término desse deslizamento se deu quando a circunferência tocou o eixo Ox pela primeira vez em um ponto T, pode-se afirmar que a distância de T ao eixo das ordenadas é igual a:

(A) $4 \log_5 2$ (B) $-2 \log_5 2$ (C) $2 \log_5 2$ (D) $-4 \log_5 2$

442) UDESC – O conjunto solução da inequação $\left(\sqrt[3]{2^{x-2}}\right)^{x+3} > 4^x$ é

(A) $S = \{x \in \mathbb{R} \mid -1 < x < 6\}$
(B) $S = \{x \in \mathbb{R} \mid x < -6 \text{ ou } x > 1\}$
(C) $S = \{x \in \mathbb{R} \mid x < -1 \text{ ou } x > 6\}$
(D) $S = \{x \in \mathbb{R} \mid -6 < x < 1\}$
(E) $S = \{x \in \mathbb{R} \mid x < -\sqrt{6} \text{ ou } x > \sqrt{6}\}$

443) UFLA – O logaritmo de um número e a potenciação satisfazem várias identidades, entre elas as seguintes:

$\log_{10}(ab) = \log_{10}(a) + \log_{10}(b)$
$\log_{10}(a/b) = \log_{10}(a) - \log_{10}(b)$
$10^{a+b} = 10^a.10^b$

As demais identidades apresentadas nas alternativas estão corretas, exceto:

(A) $\left(10^{a+b+c}\right)^2 = 10^{2a}.10^{2b}.10^{2c}$

(B) $\log_{10}\left(10^{\log_{10}(ab)}\right) = \log_{10}(a).\log_{10}(b)$

(C) $\log_{10}(abc) = \log_{10}(a) + \log_{10}(b) + \log_{10}(c)$

(D) $\log_{10}\left(\dfrac{a}{bc}\right) = \log_{10}(a) - \log_{10}(b) - \log_{10}(c)$

444) UFS – Na figura ao lado, estão esboçados os gráficos das funções **y=log3x** e **y=x.**
O gráfico da função que está representado em negrito é simétrico ao gráfico da função **log 3x** em relação à reta y=x. A função que corresponde ao gráfico em negrito é

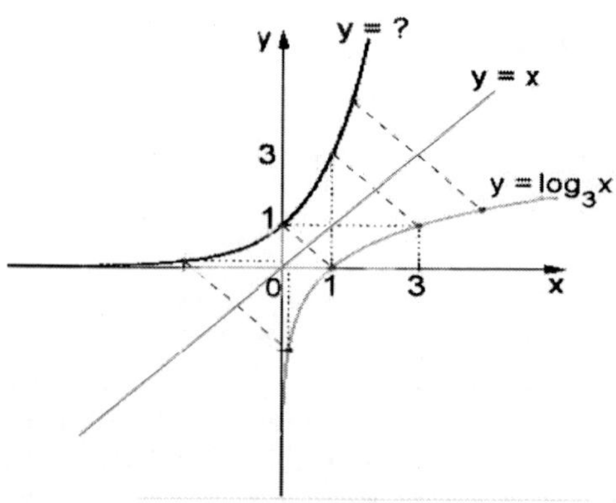

(A) $y=3/x$ (B) $y=3x$ (C) $y=x^3$
(D) $y=3^x$ (E) $y=x/3$

445) UFPB – O diretor de uma fábrica de parafusos estabeleceu para o ano de 2013 a seguinte meta mínima de produção:

1) Em janeiro, devem ser produzidos 20.000 parafusos;
2) Nos meses subsequentes, a produção de cada mês deverá exceder 20% da produção do mês anterior.

Considerando que as metas mensais de produção sejam todas cumpridas, é correto afirmar que, no final de 2013, o número de parafusos produzidos será, no mínimo, de:
(USE $1,2^{12} = 8,916$)

(A) 491.600 (B) 591.600 (C) 691.600 (D) 791.600 (E) 891.600

446) UFSC – Indique quais afirmativas são (F) falsas e quais são (V) verdadeiras.

( ) O valor de $\log_{0,25} 32$ é igual a –5/2.

( ) Se a, b e c são números reais positivos e $x = \dfrac{a^3}{b^2\sqrt{c}}$, então

$\log x = 3.\log a - 2.\log b - \dfrac{1}{2}.\log c.$

( ) Se a, b e c são números reais positivos, com **a** e **c** diferentes de 1, então tem-se $\log_a b = \dfrac{\log_c b}{\log_c a}$

( ) O valor de x que satisfaz à equação $\mathbf{4^x - 2^x = 56}$ é x=3.

( ) $\left(\dfrac{2}{3}\right)^{-2,3} > \left(\dfrac{2}{3}\right)^{-1,7}$

447) FGV – O valor de x que satisfaz a equação $\sum_{n=1}^{20} \log(x^n) = -105$, em que $\log(x^n)$ representa o logaritmo de x^n na base 10, é:

(A) $\dfrac{\sqrt{10}}{5}$ (B) $\dfrac{\sqrt{10}}{10}$ (C) $\dfrac{\sqrt{10}}{2}$ (D) $\dfrac{\sqrt{10}}{20}$ (E) $\sqrt{10}$

448) UNESP – Observe, no plano cartesiano de eixos ortogonais, o gráfico de duas funções exponenciais de ℝ em ℝ. A interseção desses dois gráficos ocorrerá em:

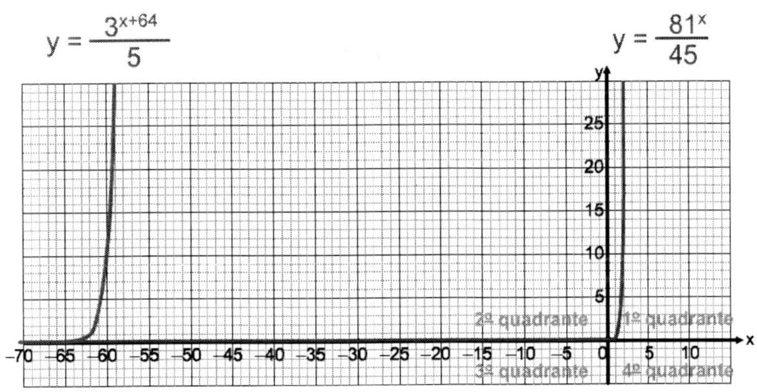

(A) infinitos pontos, localizados no 2º quadrante.
(B) um único ponto, localizado no 2º quadrante.
(C) um único ponto, localizado no 3º quadrante.
(D) um único ponto, localizado no 1º quadrante.
(E) um único ponto, localizado no 4º quadrante.

449) UNICAMP – Uma barra cilíndrica é aquecida a uma temperatura de 740°C. Em seguida, é exposta a uma corrente de ar a 40°C. Sabe-se que a temperatura no centro do cilindro varia de acordo com a função

$T(t) = (T_0 - T_{AR}).10^{-t/12} + T_{AR}$

sendo t o tempo em minutos, T_0 a temperatura inicial e T_{AR} a temperatura do ar. Com essa função, concluímos que o tempo requerido para que a temperatura no centro atinja 140°C é dado pela seguinte expressão, com o log na base 10:

(A) 12[log(7)–1] min. (B) 12[1–log(7)] min. (C) 12 log(7) min. (D) [1–log(7)]/12 min.

450) ENEM – Um engenheiro projetou um automóvel cujos vidros das portas dianteiras foram desenhados de forma que suas bordas superiores fossem representadas pela curva de equação y = log (x), conforme a figura. A forma do vidro foi concebida de modo que o eixo x sempre divida ao meio a altura h do vidro e a base do vidro seja paralela ao eixo x. Obedecendo a essas condições, o engenheiro determinou uma expressão que fornece a altura h do vidro em função da medida n de sua base, em metros. A expressão algébrica que determina a altura do vidro é:

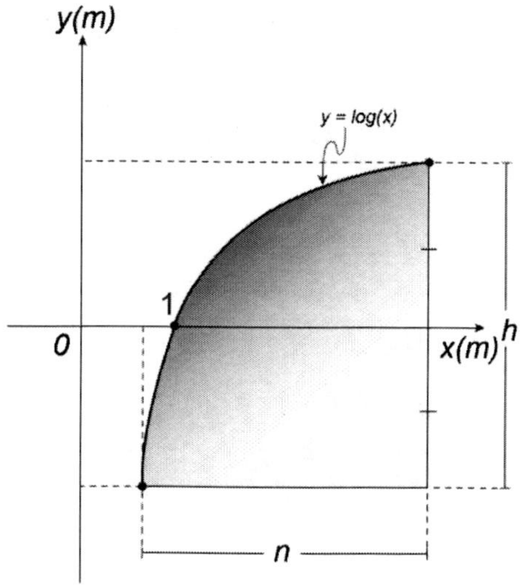

(A) $\log\left(\dfrac{n+\sqrt{n^2+4}}{2}\right)-\log\left(\dfrac{n-\sqrt{n^2+4}}{2}\right)$ (B) $\log\left(1+\dfrac{n}{2}\right)-\log\left(1-\dfrac{n}{2}\right)$

(C) $\log\left(1+\dfrac{n}{2}\right)+\log\left(1-\dfrac{n}{2}\right)$ (D) $\log\left(\dfrac{n+\sqrt{n^2+4}}{2}\right)$ (E) $2.\log\left(\dfrac{n+\sqrt{n^2+4}}{2}\right)$

Teste 46

451) UF Pelotas – Uma cooperativa teve, no mês de janeiro de 2008, um lucro na venda de um determinado produto e projetou, para esse ano, ampliar a cada mês, em relação ao anterior, esse lucro em 1/10. É correto afirmar que a sequência de lucros mensais dessa cooperativa, quanto a esse produto, forma uma progressão

(A) aritmética de razão 11/10.
(B) geométrica de razão 1/10.
(C) geométrica de razão 11/10.
(D) geométrica de razão 1/5.
(E) aritmética de razão 1/5.
(F) N.R.A.

452) PUC SP – Uma pessoa montou um quebra-cabeças de 1000 peças em 11 dias. No 1º dia foram montadas 40 peças, e o número diário de peças montadas do 2º ao 11º dia obedeceram a uma progressão aritmética. Se o número de peças montadas no 2º dia correspondeu a 60% do número de peças montadas no 7º dia, então o número de peças montadas no 9º dia foi:

(A) 120 (B) 118 (C) 116 (D) 114

453) Mackenzie – Se a_1, a_2, ..., a_{10} é uma sequência de números inteiros tal que $a_1=1$, para n>1, $a_{n+1} - a_n = 3^n$, o valor de a_{10} é igual a

(A) 29524 (B) 88572 (C) 265719 (D) 9840 (E) 3279

454) UFT – Considere a sequência (a_1, a_2, a_3, ...) definida por:
$a_1 = x$, $a_2 = 2$ e $a_n = a_{n-2} + a_{n-1}$, se $n \geq 3$ e $n \in \mathbb{N}$, onde $\mathbb{N}$ representa o conjunto dos números naturais. O valor de x para que a soma dos dez primeiros termos desta sequência seja igual a 396 é:

(A) –2 (B) 0 (C) 1 (D) –10 (E) 4

455) UDESC – O número de termos da P.G. (a, b, 10/27, c, 2/9, ,,,, 2/25, d, e) é igual a:

(A) 9 (B) 10 (C) 8 (D) 11 (E) 12

456) UFSM – A natureza tem sua própria maneira de manter o equilíbrio. Se uma comunidade fica grande demais, é, muitas vezes, reduzida por falta de comida, por predadores, seca, doença e incêndios. Uma certa reserva florestal sofreu um incêndio. Na primeira hora, teve 1 km^2 de sua área queimado e, a cada hora subsequente, foi destruído pelo fogo o triplo da área em relação à hora anterior. Supondo que esse processo se mantenha, quantos km^2 da reserva serão queimados decorridas k horas do início do incêndio?

(A) $\dfrac{3^k - 1}{2}$ (B) 3^k (C) 3^{k-1} (D) $\dfrac{3^k}{2}$ (E) $\dfrac{3^{k+1} - 1}{2}$

457) UFAL – O sólido da ilustração seguinte é construído usando infinitos cubos. O primeiro cubo, na base do sólido, tem aresta medindo 2 cm. Cada cubo, a partir do segundo, tem base com vértices nos pontos médios dos lados da face superior do cubo anterior. Qual a área lateral do sólido, que só inclui as 4 (quatro) faces laterais dos cubos que formam o sólido?

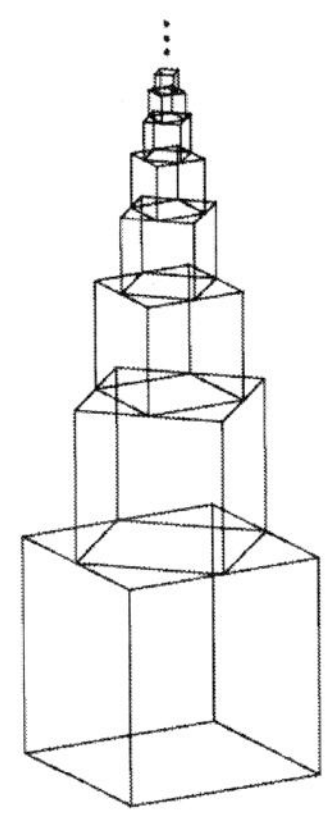

(A) 26 cm^2 (B) 28 cm^2
(C) 30 cm^2 (D) 32 cm^2
(E) 34 cm^2

458) UF São Carlos – A soma dos infinitos termos de uma PG de razão q, tal que –1 < q < 1. É dada pela fórmula $S = \dfrac{a_1}{1-q}$. Na função f(x) = x/2 + x/10 + x/50 + ..., seus termos estão em P.G. O valor de x tal que f(x) = 5 é

(A) 2 (B) 4 (C) 6 (D) 8 (E) 10

459) UFAL – As soluções da igualdade

$$\frac{x^2}{1+x^2} + \frac{x^4}{\left(1+x^2\right)^2} + \ldots + \frac{x^{2n}}{\left(1+x^2\right)^n} + \ldots = 25$$

São:

(A) ± 1 (B) ± 2 (C) ± 3 (D) ± 4 (E) ± 5

460) ENEM – O número de passagens de uma determinada empresa aérea aumentou no ano passado nas seguintes condições: em janeiro foram vendidas 33000 passagens; em fevereiro, 34500; em março, 36000. Esse padrão de crescimento se mantém para os meses subsequentes. Quantas passagens foram vendidas por essa empresa em julho do ano passado?

(A) 38.000 (B) 40.500 (C) 41.000 (D) 42.000 (E) 48.000

Teste 47

461) UFT – Sabendo-se que (2x – 7), (x + 1) e (x + 7) são três termos consecutivos de uma progressão geométrica, então o valor positivo de x é

(A) 1 (B) 3 (C) 5 (D) 10 (E) 14

462) UF Pelotas – As medidas dos ângulos externos de um triângulo estão em P.A. de razão $\alpha>0$. O menor ângulo interno desse triângulo também é igual a α. Nessas condições, é correto afirmar que o menor ângulo externo desse triângulo é:

(A) 4α. (B) 5α. (C) 3α. (D) 2α. (E) α. (F) N.R.A.

463) UF São Carlos – Um forno elétrico estava em pleno funcionamento quando ocorreu uma falha de energia elétrica, que durou algumas horas. A partir do instante em que ocorreu a falha, a temperatura no interior do forno pôde ser expressa pela função $T(t) = 2^t + 400.2^{-t}$, com t em hora e temperatura T em graus Celsius.

a) Determine as temperaturas do forno no instante em que ocorreu a falha de energia elétrica e uma hora depois.
b) Quando a energia elétrica voltou, a temperatura no interior do forno era de 40 graus. Determine por quanto tempo houve falta de energia elétrica. Use a aproximação $\log_2 5 = 2{,}3$.

464) UERJ – Um cliente, ao chegar a uma agência bancária, retirou a última senha de atendimento do dia, com o número 49. Verificou que havia 12 pessoas à sua frente na fila, cujas senhas representavam uma progressão aritmética de números naturais consecutivos, começando em 37. Algum tempo depois, mais de 4 pessoas desistiram do atendimento e saíram do banco. Com isso, os números das senhas daquelas que permaneceram na fila passaram a formar uma nova progressão aritmética. Se os clientes com as senhas de números 37 e 49 não saíram do banco, o número máximo de pessoas que pode ter permanecido na fila é:

(A) 6 (B) 7 (C) 9 (D) 12

465) IFCE – Se as raízes da equação $x^3 - 3x^2 + cx + 15 = 0$ estão em progressão aritmética, o valor de c é

(A) –9 (B) –10 (C) –11 (D) –12 (E) –13

466) UFG – A soma dos quadrados dos n primeiros termos de uma progressão aritmética, com primeiro termo **a** e razão **r**, pode ser calculada por

$$S_n = a_n(a + nr - r) + \frac{nr^2}{6}(2n^2 - 3n + 1)$$

De acordo com o exposto, uma expressão para a soma $1 + 4 + 9 + ... + n^2$, dos quadrados dos **n** primeiros números inteiros positivos, é:

(A) $\frac{(n^2+1)(2n+1)}{6}$ (B) $\frac{(n+1)(n+2)(2n+1)}{6}$ (C) $\frac{n(n+1)(n+2)}{6}$

(D) $\frac{(n+1)^2(2n+1)}{6}$ (E) $\frac{n(n+1)(2n+1)}{6}$

467) FATEC – Em uma sequência numérica, sabe-se que:

O 1º termo é igual a 10;
O 5º termo é igual a 31;
A soma do 1º, do 2º e do 3º termos é igual a 45,
A soma do 2º, do 3º e do 4º termos é igual a 60; e
A soma do 3º, do 4º e do 5º termos é igual a 75.

Nessas condições, o produto do 2º pelo 4º termos dessa sequência é

(A) 300 (B) 304 (C) 325 (D) 400 (E) 475

468) UFPI – O sétimo termo da sequência 81, 27, 9, 3, ... é:

(A) 1/2 (B) 1/3 (C) 1/6 (D) 1/9 (E) 1/12

469) UF Pelotas – A figura mostra quadrados inscritos em circunferências cuja medida dos lados são termos de uma sequência infinita, em que a1 = 4cm, a2 = 2cm, a3 = 1cm, a4 = 0,5cm, ... É correto afirmar que a soma de todas as áreas dos círculos delimitados por essas circunferências, converge para

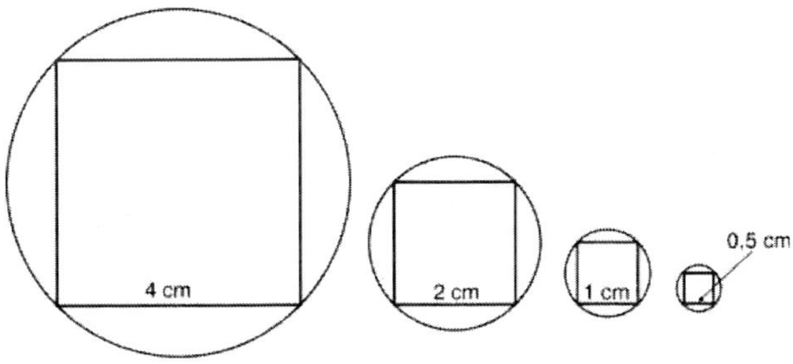

(A) $\frac{128\pi}{3}cm^2$ (B) $\frac{32\pi}{3}cm^2$ (C) $\frac{64\pi}{3}cm^2$ (D) $16\pi cm^2$ (E) $32\pi cm^2$ (F) I.R.

470) ENEM – O ciclo de atividade magnética do Sol tem um período de 11 anos. O início do primeiro ciclo registrado se deu no começo de 1755 e se estendeu até o final de 1765. Desde então, todos os ciclos de atividade magnética do Sol têm sido registrados. No ano de 2101, o Sol estará no ciclo de atividade magnética de número:

(A) 32 (B) 34 (C) 33 (D) 35 (E) 31

Teste 48

471) PUC PR – Quantos termos podem ser inseridos entre 6 e 60 para que se tenha uma progressão aritmética de razão 9?

(A) 5 (B) 6 (C) 7 (D) 8 (E) 9

472) IFRS – O quadrado ABCD ao lado tem 6 cm de lado e E, F, G e H são pontos médios de seus lados. Considerando os quadrados hachurados, se o padrão de construção dos mesmos seguir infinitamente (com cada lado sempre igual à metade do lado do quadrado imediatamente maior), então a área da região hachurada seria dada por

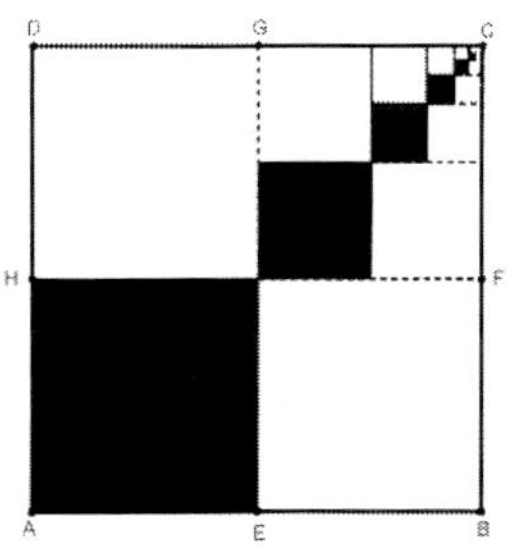

(A) $9cm^2$ (B) $10cm^2$ (C) $12cm^2$ (D) $15cm^2$ (E) $16cm^2$

473) IFAL – Em uma caixa há 1000 bolinhas de gude. Retiram-se 15 bolinhas na primeira vez, 20 na segunda, 25 na terceira e assim sucessivamente, na mesma razão. Após a 15ª retirada, o número de bolinhas que sobrará na caixa é

(A) 250 (B) 200 (C) 300 (D) 500 (E) 750

474) IFPE – Numa prova de *Rally* de regularidade, competem 25 carros. Os carros partem da largada, um após o outro, com intervalo de 15 minutos entre eles. Se o primeiro carro partiu às 7 horas da manhã, a que horas partiu o último carro?

(A) 13h (B) 13h 15min (C) 13h 30min (D) 13h 45min (E) 14h

475) IFRO – Qual a razão de uma progressão aritmética cujo primeiro termo é igual a 3, para que a soma de seus 8 primeiros termos seja igual a 8 vezes a razão?

(A) –6/5 (B) –1/2 (C) –1/3 (D) 1/2 (E) 3/4

476) UNISINOS – Considerando a seguinte sequência de triângulos, conforme mostram as figuras 1, 2 e 3.

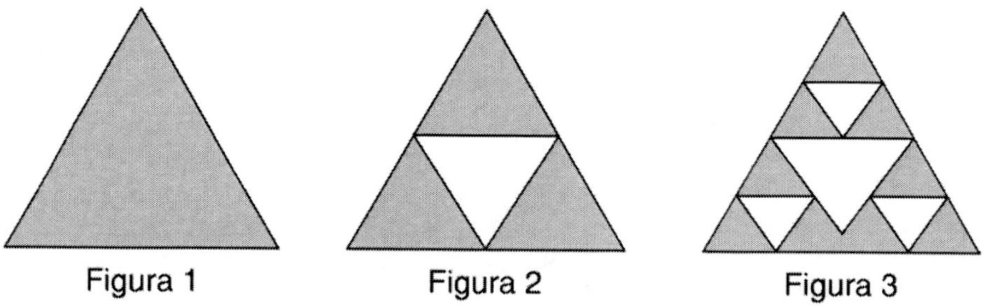

Continuando esta sequência, podemos afirmar que o número de triângulos brancos presentes na figura 9 será igual a

(A) 1093 (B) 3280 (C) 6561 (D) 9841 (E) 19683

477) UNIFEI – Os ângulos internos de um triângulo acutângulo formam uma progressão aritmética de razão 15 graus e o seu lado maior mede 9 cm. Quanto mede o lado menor desse triângulo?

478) USP – Uma progressão aritmética e uma progressão geométrica têm, ambas, o primeiro termo igual a 4, sendo que os seus terceiros termos são estritamente positivos e coincidem. Sabe-se ainda que o segundo termo da progressão aritmética excede o segundo termo da progressão geométrica em 2. Então, o terceiro termo das progressões é

(A) 10 (B) 12 (C) 14 (D) 16 (E) 18

479) UFRJ – Uma parede triangular de tijolos foi construída da seguinte forma. Na base foram dispostos 100 tijolos, na camada seguinte, 99 tijolos, e assim sucessivamente até restar 1 tijolo na última camada, como mostra a figura. Os tijolos da base foram numerados de acordo com uma progressão aritmética, tendo o primeiro tijolo recebido o número 10, e o último, o número 490.

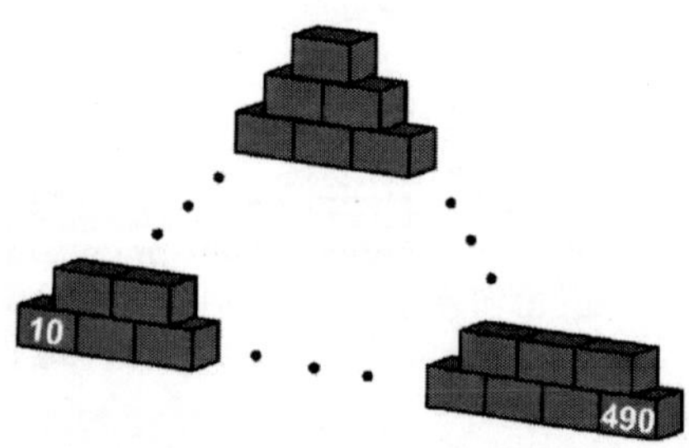

Cada tijolo das camadas superiores recebeu um número igual à média aritmética dos números dos dois tijolos que o sustentam.
Determine a soma de todos os números escritos nos tijolos.

480) UFRGS - A sequência representada na figura é formada por infinitos triângulos equiláteros. O lado do primeiro triângulo mede 1, e a medida do lado de cada um dos outros triângulos é 2/3 da medida do lado do triângulo imediatamente anterior. A soma dos perímetros dos triângulos dessa sequência infinita é

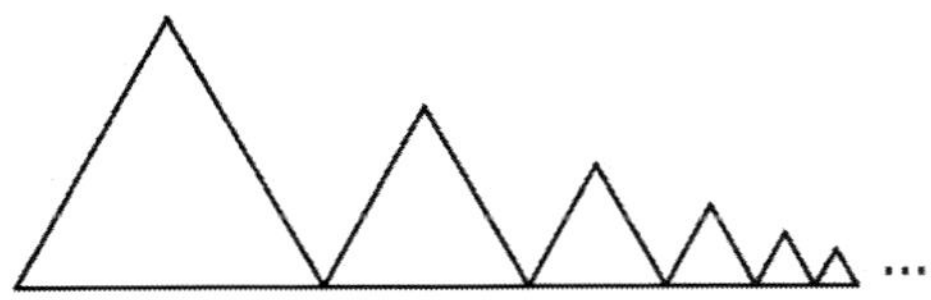

(A) 9 (B) 12 (C) 15 (D) 18 (E) 21

Teste 49

481) UFMT - A raiz quadrada aproximada de um número real positivo P pode ser calculada por meio do seguinte método:
- Escolhe-se um número real positivo a_0;
- Obtém-se uma sequência de números cujo termo geral é dado por

$$a_{n+1} = \frac{1}{2}\left(a_n + \frac{P}{a_n}\right), \text{ sendo } n \in \mathbb{N}.$$

À medida que **n** aumenta, a_{n+1} representará aproximações para a raiz quadrada procurada. Admitindo P=2, $a_0 = 4$ e utilizando o método acima descrito, pode-se afirmar que o valor da segunda aproximação (a_2) de $\sqrt{2}$, com duas casas decimais e sem arredondamento, é:

(A) 1,56 (B) 1,52 (C) 1,53 (D) 1,54 (E) 1,55

482) USP - Sabe-se sobre a progressão geométrica $a_1, a_2, a_3, \ldots$ que $a_1>0$ e $a_6 = -9\sqrt{3}$. Além disso, a progressão geométrica $a_1, a_5, a_9, \ldots$ tem razão igual a 9. Nessas condições, o produto $a_2.a_7$ vale:

(A) $-27\sqrt{3}$ (B) $-3\sqrt{3}$ (C) $-\sqrt{3}$ (D) $3\sqrt{3}$ (E) $27\sqrt{3}$

483) UFAM - Com os pontos médios dos lados de um hexágono regular de lado **a**, forma-se um outro hexágono regular inscrito no anterior. Repetindo infinitamente este processo, obtém-se a figura ao lado. A área da região sombreada mede:

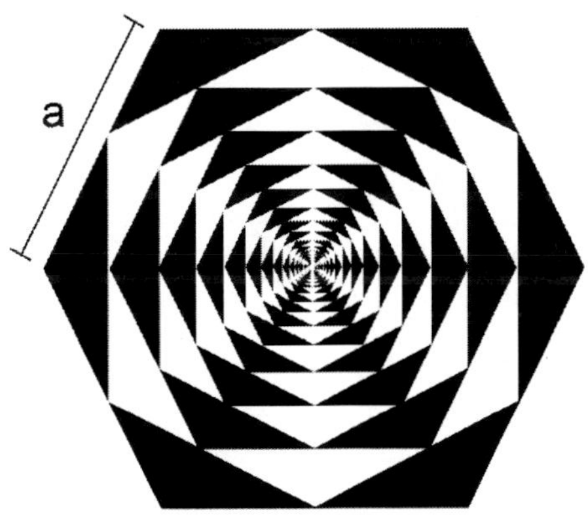

(A) $\frac{6\sqrt{3}a^2}{7}$ (B) $\frac{6\sqrt{3}a^2}{5}$ (C) $\frac{6\sqrt{2}a^2}{7}$

(D) $\frac{6\sqrt{2}a^2}{5}$ (E) $\frac{6\sqrt{2}a^2}{9}$

484) UDESC - Sejam x, y, z números reais tais que a sequência (x, 1, y, 1/4, z) forma, nesta ordem, uma progressão aritmética, então o valor da soma x + y + z é:

(A) -3/8 (B) 21/8 (C) 15/8 (D) 2 (E) -19/8

485) PUC Campinas - Um jogo de boliche é jogado com 10 pinos dispostos em quatro linhas, como mostra a figura. Se fosse inventado um outro jogo, semelhante ao boliche, no qual houvesse um número maior de pinos, dispostos da mesma forma, e ao todo com 50 linhas, o número de pinos necessários seria igual a

(A) 1125 (B) 2525 (C) 2550 (D) 1625 (E) 1275

486) UNICAMP - Seja (a, b, c) uma progressão geométrica de números reais com $a \neq 0$. Definindo $s = a + b + c$, o menor valor possível para s/a é igual a

(A) 1/2 (B) 2/3 (C) 3/4 (D) 4/5

487) UFS - Para analisar as afirmativas abaixo, considere que a sequência (a_1, a_2, 2/3, a_4, a_5, ...) é uma progressão geométrica infinita de termos positivos. Marque V ou F.

( ) Se o primeiro termo é igual a 8, então $a_5 = \frac{\sqrt{3}}{36}$.

( ) Se a razão dessa progressão é $\left(\frac{1}{8}\right)^{-1/2}$, então o primeiro termo é igual a 1/12.

( ) Se o quinto termo é igual a 4/27, então a soma dos termos dessa progressão é $\frac{9}{7}\left(3+\sqrt{2}\right)$.

( ) Se a soma dos termos de ordem ímpar é igual ao triplo da soma dos de ordem par, então $a_1 = 6$.

( ) Se $a_5 = 1/12$, e $b_n = a_n - 1$, então a sequência (b_1, b_2, b_3, ...) é uma progressão aritmética de razão –1.

488) UFSC - Sabendo que a sequência (1 – 3x, x – 2, 2x + 1) é uma P.A. e que a sequência (4y, 2y – 1, y + 1) é uma P.G., indique as afirmações verdadeiras (V) e falsas (F).

( ) O valor de x é 2.
( ) O valor de y é 1/8.
( ) A soma dos termos da P.A. é zero.
( ) –3/2 é a razão da P.G.
( ) A P.A. é crescente.

489) UFRN - Jorge criou um desenho a partir de segmentos de reta, cuja medida de cada segmento é 3 mm maior do que o segmento anterior, formando a figura ao lado.
Sabendo-se que essa figura é composta por 24 segmentos, então a soma do comprimento, em centímetros, de todos os segmentos que formam a figura é

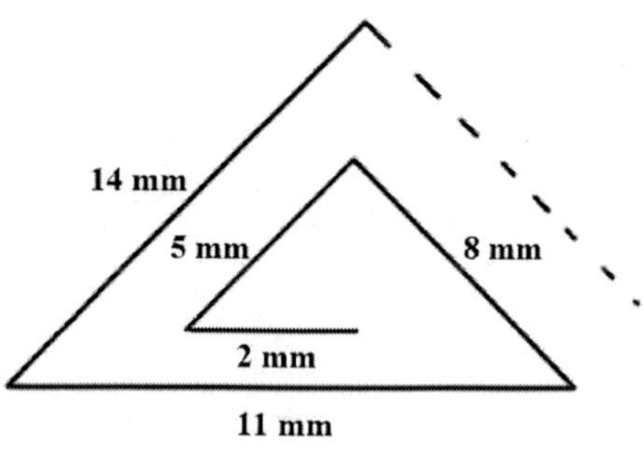

(A) 85,2 (B) 86,4 (C) 87,6 (D) 90,0

490) FGV – Para uma sequência finita (a_1, a_2, ..., a_n) de números reais, a *soma de Cesaro* é definida como $\dfrac{S_1 + S_2 + ... + S_n}{n}$, onde $S_k = a_1 + a_2 + ... + a_k$ ($1 \le k \le n$).

Se a soma de Cesaro da sequência de 2016 termos (a_1, a_2, ..., a_{2016}) é 6051, então a *soma de Cesaro* da sequência de 2017 termos (1, a_1, a_2, ..., a_{2016}) é:

(A) 6049 (B) 6053 (C) 6052 (D) 6050 (E) 6051

Teste 50

491) UNESP – A figura mostra cinco retângulos justapostos de uma sequência. Todos os retângulos possuem mesma altura, igual a 1 cm. Sabendo que 1 m^2 equivale a 10000 cm^2 e que a sequência é constituída por 100 retângulos, a figura formada tem área igual a:

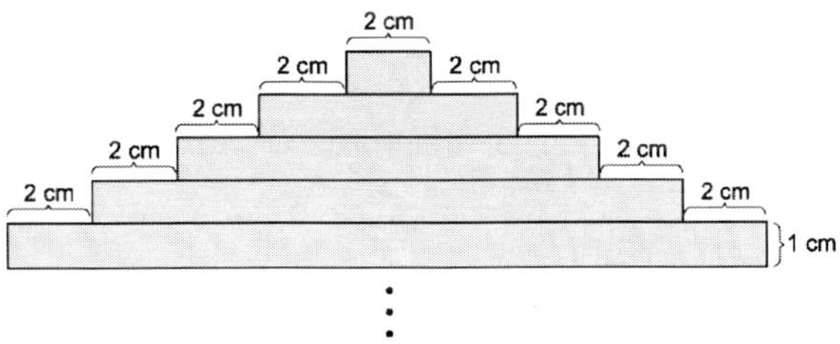

(A) 2,5 m^2. (B) 4 m^2.
(C) 5 m^2. (D) 2 m^2.

492) USP – Os números a_1, a_2, a_3 formam uma progressão aritmética de razão r, de tal modo que $a_1 + 3$, $a_2 - 3$, $a_3 - 3$ estejam em progressão geométrica. Dado ainda que $a_1 > 0$ e $a_2 = 2$, conclui-se que r é igual a

(A) $3+\sqrt{3}$ (B) $3+\dfrac{\sqrt{3}}{2}$ (C) $3+\dfrac{\sqrt{3}}{4}$ (D) $3-\dfrac{\sqrt{3}}{2}$ (E) $3-\sqrt{3}$

493) UFRGS – Quadrados iguais de lado 1 são justapostos, segundo o padrão representado nas figuras.

Mantido esse padrão de construção, o número de quadrados de lado 1, existentes na figura da etapa 100 é:

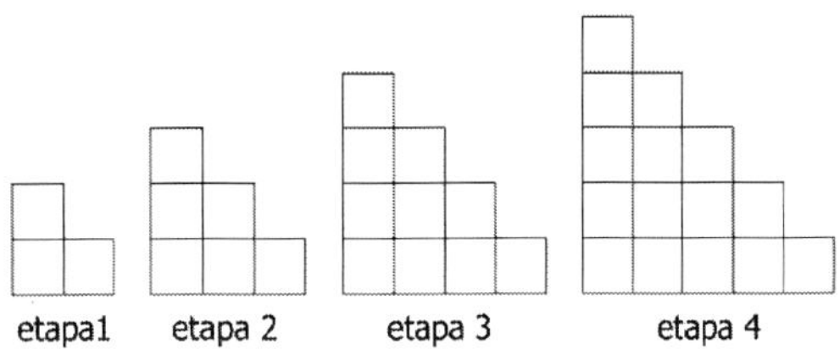

(A) 1331 (B) 3050 (C) 5050 (D) 5100 (E) 5151

494) UNESP – A sequência de figuras, desenhadas em uma malha quadriculada, indica as três primeiras etapas de formação de um *fractal*. Cada quadradinho dessa malha tem área de 1 cm^2.

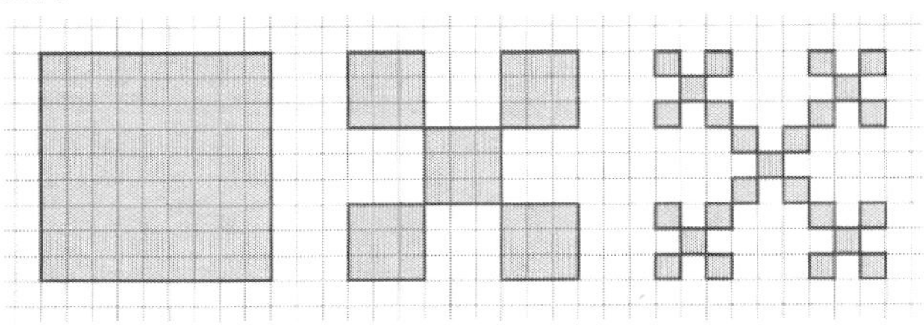

Figura 1 Figura 2 Figura 3 ...

Dado que as áreas das figuras, seguindo o padrão descrito por esse fractal, formam uma progressão geométrica, a área da figura 5, em cm^2, será igual a:

(A) 625/81 (B) 640/81 (C) 125/27 (D) 605/81 (E) 215/27

495) UFRGS – Na figura, ABCD é um quadrado e os triângulos sombreados são triângulos semelhantes tais que as alturas correspondentes formam uma progressão geométrica de razão 1/2. Se o perímetro do triângulo ABC é 1, a soma dos perímetros dos quatro triângulos sombreados é

(A) 9/8 (B) 11/8 (C) 13/8 (D) 15/8 (E) 17/8

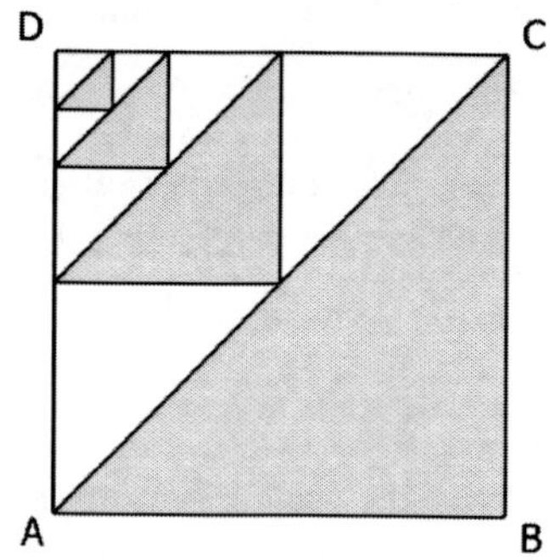

496) UNICAMP – O perímetro de um triângulo retângulo é igual a 6,0 m e as medidas dos lados estão em progressão aritmética (PA). A área desse triângulo é igual a

(A) 3,0 m^2. (B) 2,0 m^2. (C) 1,5 m^2. (D) 3,5 m^2.

497) USP – Seja x>0 tal que a sequência $a_1 = \log_2(x)$, $a2 = \log_4(4x)$, $a_3 = \log_8(8x)$ forme, nessa ordem, uma progressão aritmética. Então, $a_1 + a_2 + a_3$ é igual a

(A) 13/2 (B) 15/2 (C) 17/2 (D) 19/2 (E) 21/2

498) FGV – Considere a sequência $(a_1, a_2, ..., a_n, ...)$ de números reais, tal que
$a_k = a_{k-1} + 2.a_{k-2}$ para todo $k \geq 3$.
Se $a_{10} = 291$ e $a_8 = 75$, então a_6 é igual a

(A) 21 (B) 17 (C) 23 (D) 19 (E) 25

499) ENEM – Uma professora realizou uma atividade com seus alunos utilizando canudos de refrigerante para montar figuras, onde cada lado foi representado por um canudo. A quantidade de canudos (C) de cada figura depende da quantidade de quadrados (Q) que formam cada figura. A estrutura de formação das figuras está representadas a seguir.

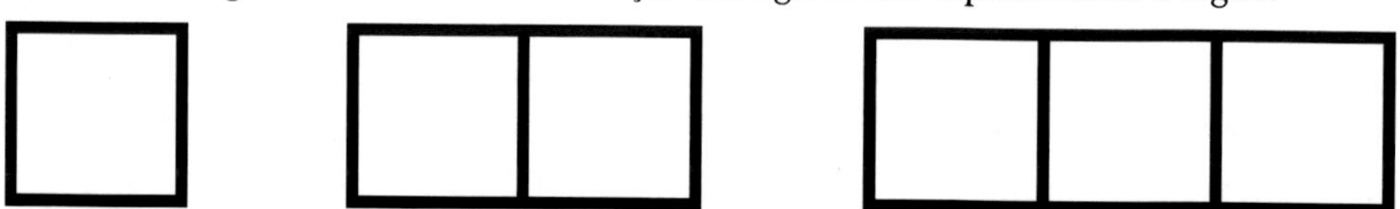

Figura 1 Figura 2 Figura 3...

Que expressão fornece a quantidade de canudos em função da quantidade de quadrados de cada figura?

(A) C = 4Q (B) C = 3Q + 1 (C) C = 4Q – 1 (D) C = Q + 3 (E) C = 4Q – 2

500) ENEM – Ronaldo é um garoto que adora brincar com números. Numa dessas brincadeiras, empilhou caixas numeradas de acordo com a sequência conforme mostrada no esquema a seguir.

			1			
		1	2	1		
	1	2	3	2	1	
1	2	3	4	3	2	1

Ele percebeu que a soma dos números em cada linha tinha uma propriedade e que, por meio dessa propriedade, era possível prever a soma de qualquer linha posterior às já construídas.

A partir dessa propriedade, qual será a soma da 9ª linha na sequência de caixas empilhadas por Ronaldo?

(A) 9 (B) 45 (C) 64 (D) 81 (E) 285

Respostas dos testes

Respostas do Teste 41

401) C 403) A 405) C 407) E 409) *
402) * 404) C 406) D 408) D 410) C
402) VFVVV 409) VVVFV

Respostas do Teste 42

411) E 413) C 415) E 417)C 419) D
412) A 414) B 416) A 418) B 420) E

Respostas do Teste 43

421) 1 423) E 425) A 427) D 429) B
422) B 424) C 426) A 428) D 430) A

Respostas do Teste 44

431) B 433) B 435) E 437) A 439) C
432) 11 434) A 436) C 438) E 440) A

Respostas do Teste 45

441) C 443) B 445) D 447) B 449) C
442) C 444) D 446) * 448) D 450) E
445) FVVVV

Respostas do Teste 46

451) C 453) A 455) D 457) D 459) E
452) C 454) E 456) A 458) D 460) D

Respostas do Teste 47

461) C 463) A 465) E 467) D 469) D
462) C 464) B 466) E 468) D 470) E

Respostas do Teste 48

471) A 473) A 475) A 477) * 479) *
472) C 474) A 476) B 478) D 480) A
477) $9\left(\sqrt{3}-1\right)$ 479) 1.262.500

Respostas do Teste 49

481) A 483) A 485) E 487) * 489) C
482) A 484) C 486) C 488) * 490) A
487) FVVVF 488) VVVVV

Respostas do Teste 50

491) D 493) E 495) D 497) B 499) B
492) E 494) A 496) C 498) A 500) D

Resoluções dos testes

Resoluções do teste 41

401) UEMG – Basta resolver a equação exponencial **$1280=5.2^x$**, ou seja, encontrar o valor de x que faz a população ser igual a 1280 habitantes.

$1280 = 5.2^x$
$256 = 2^x$
$2^8 = 2^x$
$x = 8$

Resposta: (C) um número múltiplo de 4.

402) UFBA – Analisando as afirmativas:

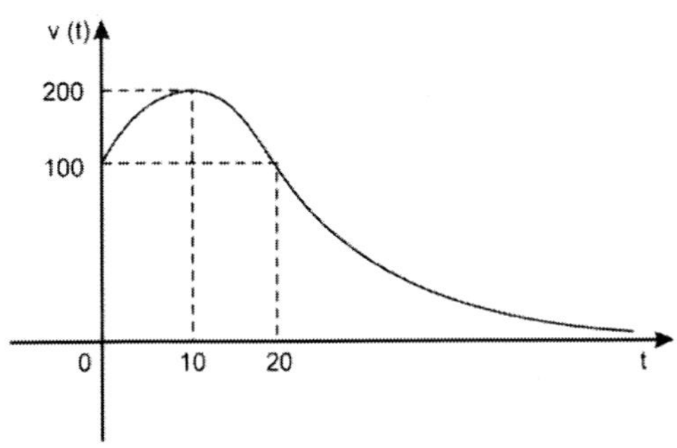

(V) Aos dez anos de construído, o imóvel terá valor máximo. Certo, o gráfico mostra um ponto de máximo em t=10, V=200.

(F) No vigésimo quinto ano de construído, o imóvel terá um valor maior que o inicial. Errado, com 20 anos, o valor era 100, igual ao inicial, e depois diminuiu mais ainda.

(V) Em alguma data, o valor do imóvel corresponderá a 37,5% do seu valor inicial.
Certo, o valor diminui até se aproximar de zero, em algum tempo será 37,5.

(V) Ao completar vinte anos de construído, o imóvel voltará a ter o mesmo valor inicial.
Certo, com 20 anos seu valor será 100, igual ao inicial.

(V) Se $v(t) = 200.2^{-\frac{(t-10)^2}{100}}$, então, ao completar trinta anos de construído, o valor do imóvel será igual a um oitavo do seu valor inicial.
Certo, fazendo t=30 nessa fórmula ficamos com:

$200 \times 2^{-\frac{(30-10)^2}{100}} = 200 \times 2^{-\frac{400}{100}} = 200 \times 2^{-4} = 200 \times \frac{1}{16} = 12{,}5$, que de fato é igual a 1/8 de 100, o seu valor inicial.

Resposta: VFVVV

403) UDESC – Os ângulos formam uma PA de razão –10, então com $A\hat{B}C = 130°$. Temos 130°, 120°, 110°,100°, e 90° para $E\hat{F}G$. Como os segmentos formam uma P.A. de razão –12, podemos chamar os segmentos FG de x e FE de x + 12. Usando o Teorema de Pitágoras:

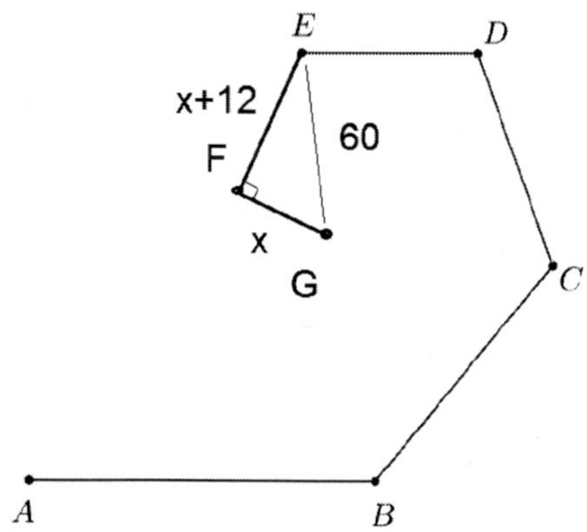

$60^2 = x^2 + (x+12)^2$
$3600 = x^2 + x^2 + 24x + 144$
$2x^2 + 24x - 3456 = 0$
$x^2 + 12x - 1728 = 0$
Raízes: –48 e 36.
Sendo x=36 (somente a raiz positiva), temos EF = 48, ED = 60, DC = 72, CB = 84, AB = 96

Resposta: (A) 96cm

404) UEMG – A quantidade inicial (t=0) é Q(0) = 10000. Para que fique reduzida à quarta parte, é preciso que o fator $2^{-0,5t}$ seja igual a 1/4, o mesmo que 2^{-2}. Portanto:
$-0{,}5.t = -2$
$t = 4$

Resposta: (C) 4 anos

405) UFPE – Juros compostos de 3% ao mês significa que a cada mês significa, que a cada mês, o valor é multiplicado por 1,03. Em 8 meses, o valor terá sido multiplicado por $(1{,}03)^8$, que foi dado como sendo 1,27.
Portanto o valor a ser devolvido é R$ 3.000,00 x 1,27 = R$ 3.810,00

Resposta: (C) 4 anos

406) PUC RJ – As informações dadas foram as seguintes:
$f(1) = -2 + g(2)$ ➔ $2^{1+k} = 2 + m$
$f(0) = g(0)$ ➔ $2^k = m$
$2^{1+k} = 2.2^k = 2 + m$
$2m = 2 + m$ ➔ $m=2$ e $k = 1$
Logo $f(x) = 2^{x+1}$ e $g(x) = x^2 + 2$
O valor de $f(g(f(-1)))$ é $f(g(2^0)) = f(g(1)) = f(3) = 2^{3+1} = 16$

Tudo se resume em resolver equações lineares e exponenciais, e calcular valores numéricos.

Resposta: (D) 16

407) UFAL – A função exponencial $f(x) = a^x$, com $a>0$ e $a\neq1$ nunca intercepta o eixo x, pois seu valor nunca se anula. Sempre intercepta o eixo y em (0, 1), já que a0 =1 para todo a nas condições dadas.
Sua imagem é o conjunto dos reais positivos, o domínio é todo o conjunto dos reais. Portanto (A), (B), (C) e (D) estão erradas. A única correta é (E), como ilustra o gráfico ao lado. Quando a base da exponencial está entre 0 e 1, a função é decrescente, o seja, se k<j, então f(k)>f(j).

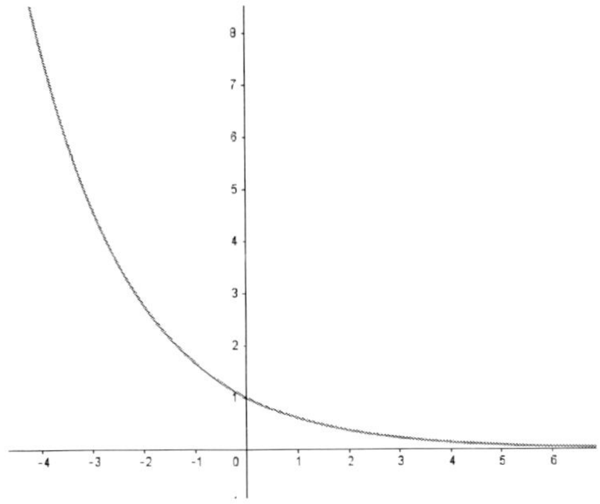

Resposta: (E)

408) Mackenzie – A função f não é crescente nem decrescente. Já a função g é crescente. Essas funções são importantes e conhecidas na matemática. São respectivamente a semi-soma e a semi-diferença de duas exponenciais de mesma base, uma com expoente x e uma com expoente –x. São chamadas de *cosseno hiperbólico* e *seno hiperbólico.* O cosseno hiperbólico é a forma da "corda pendurada".

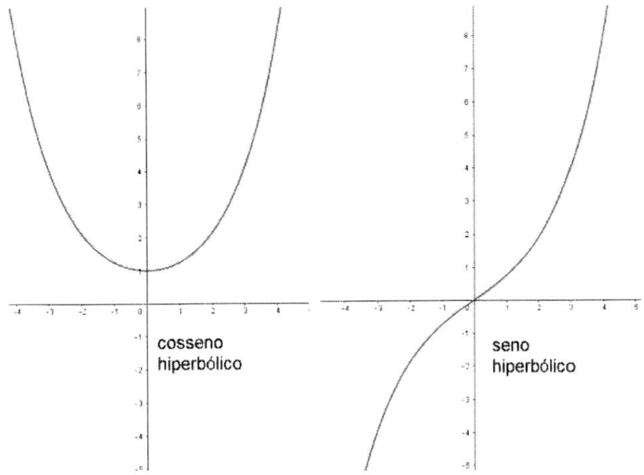

Essas curvas não se interceptam. Se tentarmos igualar as duas equações, chegaremos a $2^{-x}= 0$, o que é impossível. $f(0) = 1$ e $g(0) = 0$. f(x) é positivo, mas g(x) é positivo ou negativo, dependendo do intervalo.

A resposta correta é (D), o que verificamos facilmente:
$[f(x)]^2 - [g(x)]^2 = (2^x + 2^{-x})^2/4 - (2^x + 2^{-x})^2/4 =$
$(1/4) \times [(2^{2x} + 2^{-2x} + 2) - (2^{2x} + 2^{-2x} - 2)] = (1/4) \times [2 + 2] = 1$

Resposta: (D) $[f(x)]^2 - [g(x)]^2 = 1$.

409) UFBA – Considerando-se as funções $f:\mathbb{R}\rightarrow\mathbb{R}$ e $g:\mathbb{R}\rightarrow\mathbb{R}$ definidas por $f(x) = x - 1$ e $g(x) = \log(x^2 + 1)$, é correto afirmar: (complete com V ou F)

(V) A função f é bijetora, e sua inversa é a função $h:\mathbb{R}\rightarrow\mathbb{R}$ definida por $h(x) = x + 1$.
O inverso de "somar 1" é "subtrair 1". Portanto h é inversa e f. Ou podemos calcular, trocando x por y e calculando y: $x = y - 1 \Rightarrow y = x + 1$

(V) O conjunto imagem da função g é o intervalo $[0, +\infty)$
O valor mínimo de g é encontrado para x=0, e $\log(1) = 0$. Com x aumentando para o infinito, o logaritmo também aumenta. Logo a imagem é $[0, +\infty)$

(V) A função g é uma função par.
Correto, pois trocando x por –x, a função não se altera.

(F) Existe um número real x tal que f(g(x)) = g(f(x)).

$\log(x^2 + 1) - 1 = \log((x - 1)^2 + 1)$

$\log\left(\frac{x^2+1}{(x-1)^2+1}\right) = 1$ ➔ $\frac{x^2+1}{(x-1)^2+1} = 10$ ➔ $x^2 + 1 = 10x^2 - 20x + 20$

$9x^2 - 20x + 19 = 0$

Esta equação tem Δ negativo, logo não existe solução real.

(V) O ponto (0, 0) pertence ao gráfico da função g.

Correto, pois g(0) = log(1) = 0

Resposta: VVVFV

410) UERJ – A primeira série durou 25 segundos e a nª série durou 100 segundos.
Esta numeração de séries é a seguinte: 0, 1, 2, 3, ..., n, pois a primeira de todas leva os 25 segundos originais, e as seguintes aparecem com tempos multiplicados por 1,28 em relação à anterior. Em função de n, o número de séries é n + 1, pois a contagem começa com zero.

Portanto temos que resolver a equação
$100 = 25.(1{,}28)^n$
A cada série, estamos tendo um aumento de 28% no tempo, ou seja, o tempo está sendo multiplicado por 1,28.
$100 = 25.(1{,}28)^n$
$4 = (1{,}28)^n$
4 é uma potência de 2, e 1,28 também pode ser escrito em função de 2^7, que é uma potência de 2. Isso faz sentido pois o problema informou o valor de log(2).
$2^2 = (2^7 / 10^2)^n$
$2.\log(2) = n[\log(2^7) - \log(10^2)]$
Usamos aqui as propriedades:
$\log(A/B) = \log(A) - \log(B)$ e $\log(x^y) = y.\log(x)$

$2.\log(2) = n[7.\log(2) - 2.\log(10)]$; usando que log(10) = 1 e log(2) = 0,3:
$0{,}6 = n[7 \times 0{,}3 - 2]$
$0{,}6 = 0{,}1\ n$
$\boxed{n = 6}$

Note que n não é o número de séries. É o número de séries depois da primeira, já que esta primeira série durou os 25 segundo originais, depois o tempo foi multiplicado por 1,28 n vezes, portanto foi uma série e mais 6, totalizando 7 séries.
Em cada série o soldado fez 20 flexões, no total foram 20 × 7 = 140 flexões.

OBS para quem usou a calculadora: A aproximação log(2) = 0,3 é muito grosseira para esse problema. Com 3 casas decimais, 0 valor de log(2) é 0,301, o que representa um erro de aproximação de menos de 1%. Ocorre que log (1,28) com 3 casas decimais é 0,107, e usando a aproximação log(2) – 0,3, a expressão
7.log(2) – 2.log(10) resulta em 0,1, que é um erro de 7%. Por isso, se você tentar resolver esse problema com a calculadora, não vai encontrar n=6, vai encontrar n = 5,59.

Resposta: (C) 140

Resoluções do teste 42

411) UFG – aplicando o logaritmo de base 10 para a expressão de y:
$y = k.10^{ax}$
$\log(y) = \log(k) + ax$
Definindo u = log(y) como informado no problema, ficamos com:
$u = \log(k) + ax$

Temos assim com u em função de x. Trata-se de uma função afim, onde **log(k)** e **a** são constantes.

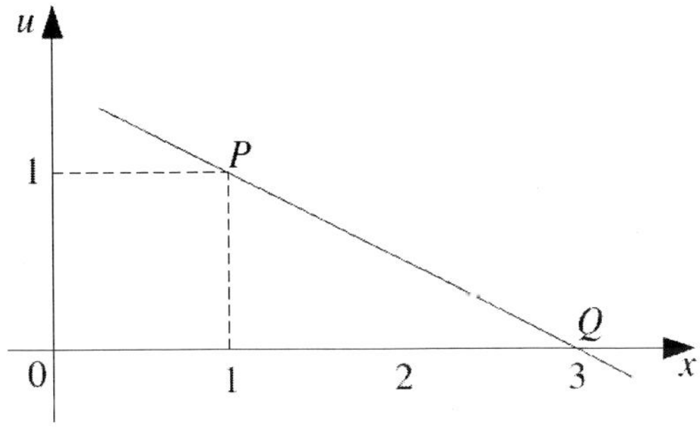

De acordo com o gráfico:
x=3, u=0 ➔ 0 = log(k) + 3a
x=1, u=1 ➔ 1 = log(k) + a
subtraindo as equações ficamos com:
a = –1/2 e log(k) = 3/2
$k = 10^{3/2} = 10\sqrt{10}$

Resposta: (E) $10\sqrt{10}$

412) CEFET CE – Qualquer número pode ser expresso na forma de um produto de um número entre 1 e 10, por uma potência de 10. Por exemplo, $735 = 7{,}35 \times 10^2$.
Esses dois valores, no exemplo, 2 e 7,35 estão relacionados com o logaritmo de 735
log(735) = 2,866 = 0,866 + 2
$735 = 10^{(0{,}866 + 2)} = 10^{0{,}866} \times 10^2 = 7{,}35 \times 10^2$
Ou seja, a parte decimal do logaritmo é a responsável pela formação de m, que é chamada de *mantissa*. A parte inteira do logaritmo dá origem da potência de 10 ali representada. Esse conhecimento sobre exponenciais e logaritmos é necessário para a resolução do problema.
Agora temos o número 2^{255}, e queremos representá-lo na forma $m \times 10^n$. Para isso temos que calcular o logaritmo de 2^{255}, verificar sua parte inteira (que será n) e sua parte decimal (que será o logaritmo de m).
$\log(2^{255}) = 255.\log(2) = 76{,}5$
Portanto temos n = 76 e log(m) = 0,5.
log(m) = 0,5
$m = 10^{0{,}5} = \sqrt{10}$

OBS: É a "letra" certa, em função da aproximação utilizada de log(2) = 0,3. Entretanto, usando uma calculadora, com maior precisão para esse logaritmo, encontramos para m o valor 5,78. A aproximação de log 2 = 0,3 resulta em grandes erros de arredondamento quando usamos subtrações ou potências, ou seja dizemos que "o erro se propaga" com essas operações.

Resposta: (A) $\sqrt{10}$

413) FATEC – Inicialmente simplifiquemos a fórmula de f(x), lembrando que
log(A) – log(B) = log(A/B)

$$f(x) = \log_{10}\left(\frac{x}{\dfrac{x^3}{10^4}}\right) = \log_{10}\left(\frac{10^4}{x^2}\right) = 4 - 2\log(x)$$

A interseção com a reta y – 2 = 0 é encontrada fazendo f(x) = 2.

$$4 - 2\log(x) = 2$$
$$\log(x) = 1$$
$$x = 10$$

Resposta: (C) 10

414) IFMT – Calculando x em função de y:
$y = 5^{x-2} - 5$

$y+5=5^{x-2}$. Apliquemos o logaritmo em base 5, pois as respostas estão nessa base:

$\log_5(y+5)=\log_5(5^{x-2})=x-2$

$x=2+\log_5(y+5)$

Resposta: (B) $x=\log_5(y+5)+2$

415) UFSM – É dada a fórmula da diferença entre as populações: **d(t) = 150 – a.3^bt^**.
O ano de 1970 é considerado como t=0. Pelo gráfico, vemos que em 1970, as populações rural e urbana eram iguais, ou seja, d=0.
$0 = 150 - a.3^0$
$\boxed{a = 150}$.
Podemos encontrar o valor de b, observando os dados do ano 2000. Em 2000, temos t=30 anos, e d vale 140 – 40 = 100. Temos então:
$100 = 150 - 150.3^{30b}$.
$3^{30b} = (150 - 100)/150 = 1/3$.
Não precisamos encontrar o valor de **b** para resolver o problema. Temos que saber apenas o valor da função em 2030, ou seja, com t=60.
$f(60) = 150 - 150.3^{60b} = 150(1 - (3^{30b})^2) = 150(1 - (1/3)^2) = 150(1 - 1/9) = 150 \times 8/9 = 133$

Resposta: (E) 133 milhões.

416) UFPI – Primeiramente, a expressão no denominador deve ser diferente de zero:
$x^3 - 3x^2 + 2x \neq 0$
$x(x - 1)(x - 2) \neq 0$
até aqui temos que $x\neq0$, $x\neq1$ e $x\neq2$.
Além disso, a expressão da qual extraímos o logaritmo deve ser positiva. Então o denominador da fração deve ser positivo.
$x(x - 1)(x - 2) > 0$

Podemos analisar o sinal dessa expressão rapidamente, sem necessidade de construir o quadro de variação de sinal. A expressão (x – 1)(x – 2) é um trinômio do 2º grau. Seu gráfico tem concavidade voltada para cima, e é negativa entre as raízes, e positiva fora do intervalo entre as raízes. Portanto, quando $x<0$, o produto $x(x - 1)(x - 2)$ é negativo, e não nos interessa.
Para x positivo, teremos o trinômio positivo em (0, 1) e (2, +∞), multiplicado por x, que é positivo. Logo a expressão será positiva em (0, 1) e (2, +∞).
Sendo assim, o domínio da função é a união desses dois intervalos.

Resposta: (A) (0, 1)∪(2, +∞)

417) PUC PR – Note que crescimentos populacionais são exponenciais, ou seja, seguem uma progressão geométrica, e não aritmética. Crescer 2% ao ano significa ser multiplicada por 1,02, a cada ano. Depois de x anos, a população original terá sido multiplicado por $(1{,}02)^x$. De 10.000 para 40.000 a população terá quadruplicado, portanto:
$(1{,}02)^x = 4$. Usando logaritmos, temos:
$x.\log(1{,}02) = \log(4) = 2.\log(2)$
$x = 2.\log(2)/\log(1{,}02) = 2\times0{,}3/0{,}0086$
$x = 70$

Resposta: (C) 70 anos

418) UFMS – Aplicando logaritmos, a equação fica:
$\log(2^{3x}.3^{4x}) = \log(12/1000)$
$3x.\log(2) + 4x.\log(3) = \log(12) - \log(1000)$

$3x.(0,30) + 4x.(0,47) = \log(2^2.3) - 3$
$x.0,90 + x.1,88 = 2.\log(2) + \log(3) - 3$
$x.2,78 = 0,60 + 0,47 - 3$
$x.2,78 = -1,93$
$x = -1,93/2,78 = -0,69$
Agora um trabalho adicional: calcular as frações das respostas.
A letra (B) tem $5/7 \approx 0,71$ e $2/3 \approx 0,67$

Resposta: (B) $-5/7 < x < -2/3$

419) IFSP – Se o logaritmo decimal da expressão é 1, então a expressão vale 10.
$x^2 - 2x + 2 = 10$
$x^2 - 2x - 8 = 0$
As soluções são –2 e 4.

Resposta: (D) 4 e –2

420) USP – Calculemos f(a) e f(b):
$f(a) = 2^{2a+1}$, $f(b) = 2^{2b+1}$.
É dado que f(a) = 4.f(b), ou seja
$2^{2a+1} = 4.2^{2b+1}$
$2^{2a+1} / 2^{2b+1} = 4$
$2^{(2a - 2b)} = 2^2$
$a - b = 1$

Resposta: (E) a–b=1

Resoluções do teste 43

421) IFCE – Lembrando que log(A) + log(B) = log (AB), temos:
$\log(3^x.(1+3^x)) = \log 12$
$3^x.(1+3^x) = 12$
Fazendo $y = 3^x$:
$y(1+y) = 12$
$y^2 + y - 12 = 0$
Soluções: y = 3 e y = –4
A solução negativa não serve, pois a exponencial 3^x é positiva.
$3^x = 3$
$x = 1$

Resposta: x = 1

422) UFJF – Vamos escrever todas as exponenciais como potências de 5:
$$5^{2(x^2/2+4x-15)} = 5^{-3(-3x+6)}$$
$$x^2 + 8x - 30 = 9x - 18$$
$$x^2 - x - 12 = 0$$
As soluções são –3 e 4. A diferença entre tais valores é 7.

Resposta: (B) 7

423) Mackenzie – Para que as raízes de uma equação do 2º grau sejam reais e diferentes, devemos ter $\Delta>0$.
Δ vale b^2-4ac, e nesta equação temos a=1, b=–2 e $c = \log_2 m^4$.

$\Delta>0 \rightarrow b^2-4ac > 0 \rightarrow (-2)^2 - 4.1.\log_2 m^4 > 0$
$4 - 4\log_2 m^4 > 0$

$1 - \log_2 m^4 > 0$; simplificando por 4
$1 - 4.\log_2 m > 0$; aplicando propriedade dos logaritmos ($\log a^b = b.\log a$)
$1 > 4.\log_2 m$
$1/4 > \log_2 m$
$2^{1/4} > m$, ; manteve o sentido da desigualdade porque a base é maior que 1
$m < \sqrt[4]{2}$

Observe que como está sendo calculado um logaritmo de m, é preciso que m seja positivo. Portanto a resposta completa é $0 < m < \sqrt[4]{2}$

Resposta: (E) $0 < m < \sqrt[4]{2}$

424) IFAL – Escreveremos 8 como 2^3 e usaremos logaritmo nos dois membros da equação:
$2^{3x} = 3^{x-2}$
$3x.\log(2) = (x - 2).\log(3)$ ➔ $3x.0,30 = (x - 2).0,47$
$0,90x - 0,47x = -0,94$ ➔ $0,43x = -0,94$
$x = -0,94/0,43$ ➔ $x = -2,18$

Resposta: (C) –2,18

425) IFRS – A exponencial está somada com uma constante, que é o valor da função no infinito, no caso, 1. Portanto, $\boxed{c = 1}$. A base da exponencial está entre 0 e 1, pois, abatendo esta constante c=1, temos uma exponencial que começa com valor infinito e tende a zero. Portanto b está entre 0 e 1. Também abatendo a constante c=1, o valor de f(0) seria 2. Portanto, $\boxed{a=2}$. Entre as respostas, a que se se aplica é (A).

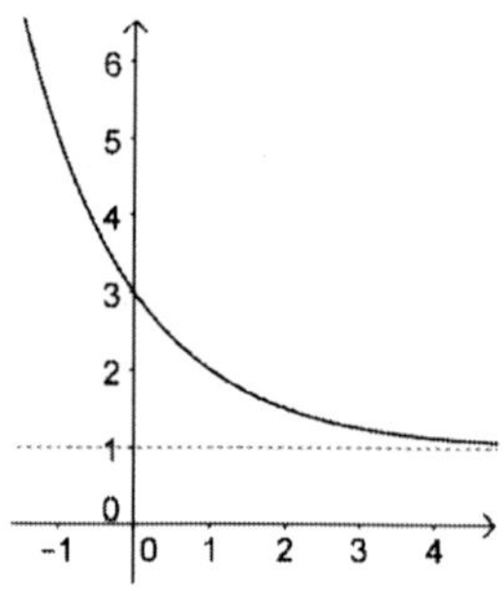

Resposta: (A) a>0, 0<b<1 e c>0

426) IFS – Para ficar uma resolução mais simples, vamos primeiro fazer $\log_5(x) = y$. A equação se reduz a:

$$\frac{2+y}{y} + \frac{y}{1+y} = 2$$

$$(2+y)(1+y) + y^2 = 2y.(1+y)$$
$$2 + 2y + y + y^2 + y^2 = 2y + 2y^2$$
$$2 + 3y = 2y$$
$$y = -2$$

Agora, usando a expressão para y:
$\log_5(x) = y$
$\log_5(x) = -2$
$x = 5^{-2} = 1/25 = 0,04$

Resposta: (A) 0,04

427) IFPE – Uma propriedade da função exponencial é que em intervalos de tempo iguais, fatores iguais são aplicados. Se o número duplica em 4 horas, em 12 horas irá duplicar 3 vezes, ou seja, será 8 vezes maior, e isso já é a resposta do problema.
Podemos entretanto chegar a essa mesma conclusão fazendo cálculos.

O número de bactérias em um instante t é $f(t) = k.2^{\alpha t}$.

O número inicial é f(0) = k

Em 4 horas o número duplica, então torna-se 2k.

$2k = k.(2^{\alpha 4})$

$2 = (2^{\alpha})^4$

Isso permite encontrar o valor de α, mas o que precisamos é 2^{α}.

Em 12 horas, a população será

$f(12) = k.2^{\alpha.12} = k.[2^{\alpha.4}]^3 = k.2^3 = 8k$

Resposta: (D) 8 vezes o valor inicial

428) USP – Temos uma inequação com logaritmos. Podemos usar a propriedade

log(A) – log(B) = log(A/B)

Além disso, como a base é maior que 1, a função logaritmo é crescente. Isso significa que:

(log(A) > log(B)) ↔ (A > B)

$$\log_2(2x+5) - \log_2(3x-1) > 1$$

$$\log_2\left(\frac{2x+5}{3x-1}\right) > \log_2(2)$$

$$\frac{2x+5}{3x-1} > 2$$

$\dfrac{2x+5}{3x-1} - 2 > 0$ (lembre que em uma inequação fracionária não podemos eliminar denominadores)

$$\frac{2x+5-6x+2}{3x-1} > 0$$

$$\frac{-4x+7}{3x-1} > 0$$

Agora temos que estudar o sinal da fração. O numerador será positivo para x<7/4. O denominador será positivo para x>1/3.

	x < 1/3	1/3 < x < 7/4	x > 7/4
–4x + 7	+	+	–
3x – 1	–	+	+
Fração	–	+	–

A expressão será positiva para 1/3 < x < 7/4, ou seja, x∈(1/3, 7/4)

Resposta: (D)]1/3, 7/4[

429) UNIFOR – Ambas as funções são crescentes, pois são logaritmos de base maior que 1, de funções que também são crescentes: $(1+t)^9$ e 16t+16. Nem é preciso desenhar os gráficos para constatar isso.

A partir do instante em que as funções se igualam, a primeira função crescerá mais rápido que a segunda, sendo portanto, maior. Precisamos apenas encontrar o instante em que as duas funções são iguais.

$\log_8(1+t)^9 = \log_2(16t+16)$. Para eliminar a função logaritmo, devemos usar todos os logaritmos na mesma base. Usemos a base 2:

$\log_8(1+t)^9 = \dfrac{\log_2(1+t)^9}{\log_2 8}$ (fórmula da mudança de base)

$\frac{\log_2(1+t)^9}{\log_2 8} = \log_2(16t+16)$ ➔ $\frac{\log_2(1+t)^9}{3} = \log_2(16t+16)$

$\log_2(1+t)^9 = 3.\log_2(16t+16)$

$\log_2(1+t)^9 = \log_2(16t+16)^3$. Finalmente podemos eliminar os logaritmos

$(1+t)^9 = (16t+16)^3$

$(1+t)^3 = 16(1+t)$

A equação é satisfeita para t = –1 e também para

$(1+t)^2 = 16$

$1+t = \pm 4$ ➔ t = 3 ou t = –5

Os valores –1 e –5 estão fora do domínio da função. Portanto o valor procurado é t=3. Significa que a partir de t=3, a primeira função será sempre maior que a segunda.

Como curiosidade, mostramos ao lado, os gráficos das duas funções do problema e seu ponto de encontro, t=3.

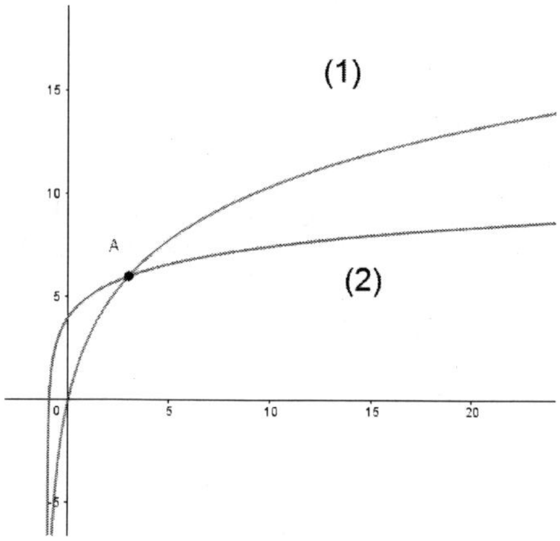

Resposta: (B) 3 anos

430) UNIFESP – A população é reduzia à metade quando o expoente se torna igual a –1, pois 2^{-1} = 0,5. Isso é chamado de *meia vida*.
Portanto, –0,05t = –1 ➔ t = 20.

Para que chegue a 40 exemplares, devemos ter:
$750 \times 2^{-0,05t} = 40$
$75 \times 2^{-0,05t} = 4$
$3.5^2 \times 2^{-0,05t} = 2^2$

Podemos usar logaritmos dos dois lados da equação, recaindo em uma equação do 2º grau. Será preciso dos logaritmos de 3, 5 e 2. Foram dados logaritmos de 3 e 5, porém na base 2. Portanto, usemos logaritmos na base 2 para os dois membros:

$\log_2(3) + 2.\log_2(5) - 0,05t.\log_2(2) = 2.\log_2(2)$

Usamos agora os logaritmos que foram dados no enunciado, e lembrando que $\log_2(2)=1$.
1,6 + 2.(2,3) – 0,05t = 2
1,6 + 4,6 – 2 = 0,05t
4,2 = 0,05t
t = 84

Resposta: (A) 20 anos, (B) 84 anos

Resoluções do teste 44

431) UFLA – O problema não deixou claro, mas tratam-se de juros compostos, que necessitam e exponenciais e logaritmos nos seus cálculos. Juros de 0,9% ao mês significam que a cada mês, o valor aplicado é multiplicado por 1 + 0,9%, ou seja, 1,009.

Em 21 anos, terão passado 21 × 12 = 252 meses. Portanto o valor original terá sido multiplicado por $(1,009)^{252}$. O valor aplicado será igual a:
$V = 1000.(1,009)^{252}$.
Aplicando logaritmos:
log(V) = log 1000 + 252.log(1,009).

log(V) = 3 + 252.0,0039 = 3,98, ou aproximadamente 4.
$V \approx 10^4 = 10.000$

Resposta: (B) R$ 10.000,00

432) UFRJ – Pelo gráfico, concluímos imediatamente que b=1, pois é o único número cujo logaritmo vale 0, em qualquer base. Temos ainda que c = 9, pois se $\log_3(c) = 2$, e escrevendo 2 como $\log_3(3^2)$, temos que c = 9.

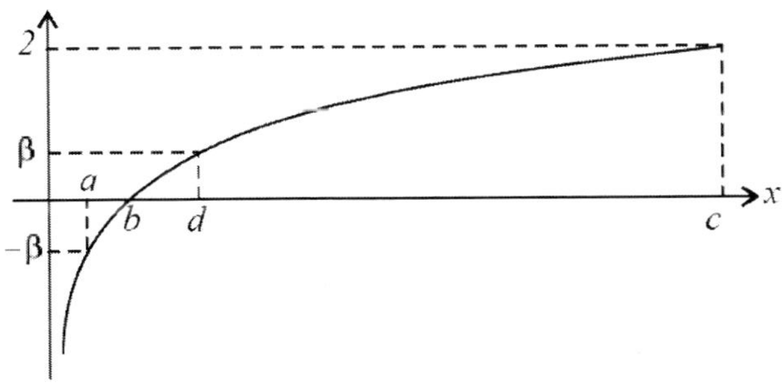

Finalmente, vemos que a e d têm logaritmos iguais, mas com sinais contrários. Significa que a e d são inversos (d = 1/a). Então a.d=1.

b + c + ad = 1 + 9 + 1 = 11

Resposta: 11

433) IFMG – Sendo $f(t) = a.2^{kt}$, com t=0 temos f(0) = a. Se esse valor foi dado como 1024, então a = 1024.
Para a população duplicar, devemos ter a exponencial 2^{kt} valendo 2, ou seja, kt=1. Se essa duplicação ocorreu com t=5, temos k.t = 1, ou k = 1/5. Os valores de a e k são, perspectivamente, 1024 e 1/5.

Resposta: (B) 1024 e 1/5.

434) UFAM – Os valores de y são os logaritmos neperianos (base *e* = 2,71828...) dos valores correspondente de x.
Temos então:
AO = ln(a)
CB = ln(c) – ln(b)
Se esses valores são iguais, temos:
ln(a) = ln(c) – ln(b)
ln(a) = ln(c/b)
a = c/b.

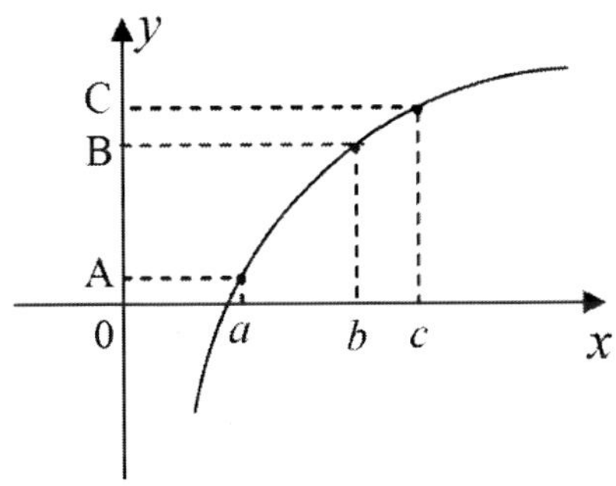

Resposta: (A) a = c/b

435) UESC – A partir das duas primeiras equações logarítmicas, podemos encontrar x e y. Sabendo esses valores podemos calcular o que o problema pergunta.
$\log_3(x - y) = 5 \Rightarrow x - y = 3^5 = 243$
$\log_5(x + y) = 3 \Rightarrow x + y = 5^3 = 125$
Conhecendo x – y e x + y, resolvemos o sistema, que resulta em:
x = 184 e y = –59
Logo $3x - 8y = 552 + 472 = 1024 = 2^{10}$
$\log_2(2^{10}) = 10$

Resposta: (E) 10

436) UFMT – Para duplicar a produção, sendo uma exponencial de base 2, o expoente terá que ser igual a 1.

0,2t = 1
t = 5.

Resposta: (C) 5

437) UFPR – Como a função é conhecida, podemos determinar os valores de A e B.
$f(x) = \log_2(x)$ ➔ $A = \log_2(2) = 1$
$B = \log_2(1/4)$ ➔ $B = -2$
A figura tem dois triângulos retângulos semelhantes:

$$\frac{A}{2-k} = \frac{|B|}{k-0{,}25}$$

$$\frac{1}{2-k} = \frac{2}{k-0{,}25} \ \text{➔}\ k-0{,}25 = 4-2k$$

$$3k = 4{,}25 = \frac{17}{4} \ \text{➔}\ k = \frac{17}{12}$$

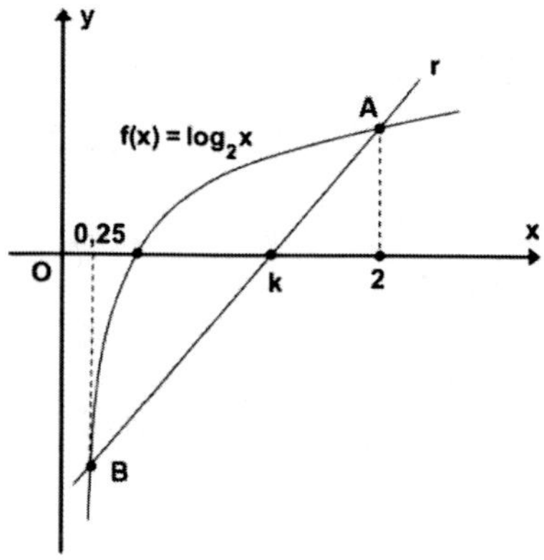

Resposta: (A) 17/12

438) UFPA – Dados irreais. Em época de inflação civilizada, não existem fundos com rentabilidade de 3% ao mês, a maioria é próxima de 1%. Os investimentos na bolsa de valores oferecem ganhos maiores, mas existe a possibilidade de perda.
Uma aplicação a juros compostos, com taxa de 3% ao mês, multiplica o valor investido –por 1,03 a cada mês.
Em um ano, é multiplicado por $1{,}03^{12}$. Este fator é igual a:
$1{,}03^{12} = (1{,}03^4)^3 = 1{,}125^3$
Este valor é igual a 1,42, aproximadamente.

Portanto o ganho em 1 ano é de cerca de 42%.

Resposta: (E) 42,3%

439) UFMG – Pelo gráfico, temos:
$\log_a(16) = 2$, o mesmo que
$a^2 = 16$
Portanto, a = 4.
A função é $f(x) = \log_4(x)$
Temos que calcular $f(128) = \log_4(128)$
Usemos a fórmula da mudança de base:

$$f(128) = \frac{\log(128)}{\log(4)} = \frac{7\log(2)}{2\log(2)} = \frac{7}{2}$$

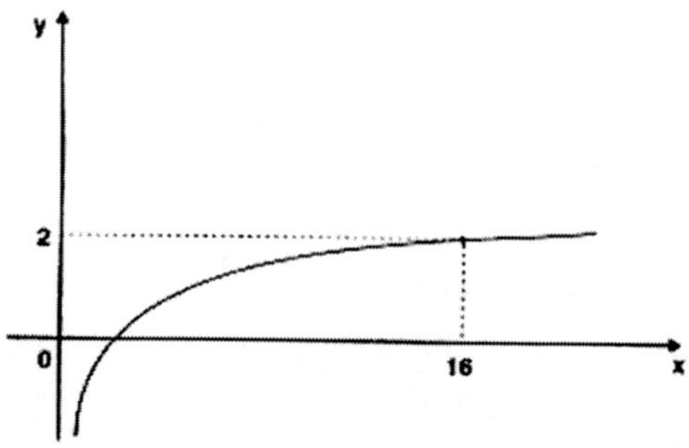

Resposta: (C) 7/2

440) ENEM – A meia vida é o tempo necessário para que o fator $(2{,}7)^{kt}$ seja igual a 1/2, ou 2^{-1}.
Encontraremos o valor de t para que tal aconteça, usando logaritmos:
$(2{,}7)^{kt} = 2^{-1}$
Kt.log(2,7) = –log(2)
Kt.log(2,7) = –0,3
Essa redução ocorrerá em 30 anos:
K.30.log(2.7) = –0,3. (I)

Queremos saber o tempo necessário para que o fator $(2{,}7)^{kt}$ seja igual a 0,1 (10%).

$(2,7)^{kt} = 10^{-1}$
Kt.log(2,7) = –1
Esse tempo é dado por
T = –1/(K.log(2,7)

Na expressão (I) temos que K.log(2,7) = –0,3/30

Portanto o tempo procurado é
T = –1/(K.log(2,7) = –1/(–0,3/30) = 100 anos.

Resposta: (E) 100

Resoluções do teste 45

441) UF Uberlândia – A circunferência que caminha com centro sobre f(x) irá tangenciar o eixo Ox quando tivermos y igual a seu raio.

$5^x = 0,25 = 2^{-2}$
x.log(5) = –2.log(2)
x = –2.log(2)/log(5)
A distância deste ponto ao eixo Oy é exatamente o módulo da sua abscissa, ou seja:
D = 2.log(2)/log(5)
Ocorre que log(2)/log(5) é a fórmula do logaritmo de 2 na base 5.

Resposta: (C) 2 $\log_5 2$

442) UDESC – Para eliminar as exponenciais, chegando em uma equação polinomial, devemos exprimir as exponenciais na mesma base. No caso, usaremos a base 2.

$$2^{\frac{x-2}{3}.(x+3)} > 2^{2x}$$

A exponencial de base 2 é crescente. Quanto maior é o expoente, maior é a exponencial, e vice-versa.

$$\frac{x-2}{3}(x+3) > 2x$$

$$x^2 + 3x - 2x - 6 > 6x$$
$$x^2 - 5x - 6 > 0$$

Trata-se de um trinômio do 2º grau, com concavidade voltada para cima, raízes –1 e 6. O trinômio é negativo entre as raízes, ou seja, para –1 < x < 6, e positivo fora desse intervalo.

Resposta: (C) S = {x∈ℝ | x<–1 ou x>6}

443) UFLA – As propriedades (A), (C) e (D) estão corretas, baseadas nas propriedades das potências e dos logaritmos, mas a (B) está errada.
Primeiramente, $\log_{10}(10^x) = x$
Logo, o primeiro membro de (B) é o mesmo que $\log_{10}(ab)$. Esse logaritmo é a soma dos logaritmos de a e b, e não o seu produto. Portanto (B) de fato é a errada.

Resposta: (B) é a errada.

444) UFS – Quando duas funções têm seus gráficos simétricos em relação à reta y=x, uma função é a inversa da outra. No caso, a inversa do logaritmo na base 3 é a exponencial de base 3. Isso pode ser facilmente deduzido. f(x) é dada pela fórmula y = $\log_3(x)$. Trocando x por y e recalculando y, temos:
x = $\log_3(y)$. Agora elevamos 3 a ambos os expoentes:
$3^x = 3^{\log_3(y)}$. 3 elevado ao logaritmo na base 3 de y, vale y = 3^x

Resposta: (D) $y=3^x$

445) UFPB – O problema pergunta o número de parafusos produzidos ao final de 2013. A pergunta está ambígua, mas o que a questão quer dizer é, a quantidade de parafusos produzidos durante o ano de 2013. A cada mês, o número de parafusos produzidos é igual ao número anterior, multiplicado pelo fator x = 1,2.

Considerando A=20.000, a produção no primeiro mês, durante o ano serão produzidos ao todo:

$A(1 + x + x^2 + x^3 + x^4 + x^5 + x^6 + x^7 + x^8 + x^9 + x^{10} + x^{11}) = S$

Esses valores mensais formam uma progressão geométrica. Se esquecer a fórmula, existe uma maneira fácil de fazer o cálculo sem usar a fórmula. Primeiro multiplicamos todos os termos da soma acima, pela razão da PG, no caso, x:

$A(x + x^2 + x^3 + x^4 + x^5 + x^6 + x^7 + x^8 + x^9 + x^{10} + x^{11} + x^{12}) = Sx$

Subtraindo as duas relações, quase todos os termos irão cancelar, sobrando apenas os temos com 1 e com x^{12}.

$A(x^{12} - 1) = Sx - S$

Temos A=20.000, x=1,2 e $(1,2)^{12} = 8,916$. Ficamos com

20.000(7,916) = S(0,2)

S = 791.600

Resposta: (D) 791.600

446) UFSC – Indique quais afirmativas são (F) falsas e quais são (V) verdadeiras.

(F) Errado, o resultado é –5/4. Aplicando a fórmula da mudança de base, temos $\frac{\log(2^5)}{\log(2^{-2})} = -\frac{5}{4}$

(V) Correto, basta extrair o logaritmo nos dois membros e aplicar as propriedades dos logaritmos.

(V) Correto, é a fórmula da mudança de base.

(V) Correto, substituindo x por 3 vemos que a igualdade ocorre.

(V) Coreto. Quando a base de uma exponencial está entre 0 e 1,

447) FGV – Sabemos que $\log(x^n) = n.\log(x)$. Portanto o somatório indicado é igual a:

log(x) + 2.log(x) + 3.log(x) + ... + 20.log(x), ou seja, log(x) multiplicado pela soma dos inteiros de 1 a 20. Podemos calcular essa soma usando a fórmula da soma dos termos da progressão aritmética: $S_n = \frac{a_1 + a_n}{2} n$. No caso temos (1 + 20).20/2 = 210. Ficamos com:

210.log(x) = –105 ➔ log(x) = –1/2

$$x = 10^{-1/2} = \frac{1}{\sqrt{10}} = \frac{\sqrt{10}}{10}$$

Resposta: (B) $\frac{\sqrt{10}}{10}$

448) UNESP – Será preciso resolver a equação:

$\frac{3^{x+64}}{5} = \frac{81^x}{45}$ ➔ $3^{x+64} = \frac{81^x}{9} = \frac{3^{4x}}{3^2} = 3^{4x-2}$

x+64 = 4x – 2

3x = 66

x=22, e obviamente y é positivo, pois é uma exponencial.

Portanto x>0 e y>0, então é um ponto do 1° quadrante.

Resposta: (D) um único ponto, localizado no 1º quadrante.

449) UNICAMP – Foram dadas as temperaturas $T_0 = 740$ e $T_{AR} = 40$. O problema pergunta o tempo necessário para a temperatura chegar a 140 graus. Usando a fórmula, temos:

$140 = (740 - 40)\ 10^{-t/12} + 40$ (t em minutos)

$100 = 700.10^{-t/12}$

$1 = 7.10^{-t/12}$

$0 = \log(7) - t/12$

$T = 12.\log(7)$

Resposta: (C) 12 log(7) min.

450) ENEM – Sejam a e b as abscissas dos pontos correspondentes a y=h/2 e y=–h/2, como indica a figura. Temos:

n = a – b

Os valores de a e b podem ser calculados em função de h e usando a fórmula de f(x):

$h/2 = \log(a) \rightarrow a = 10^{(h/2)}$

$-h/2 = \log(b) \rightarrow b = 10^{(-h/2)} = 1/a$

Como n = a – b, temos:

$n = a - 1/a$

$a^2 - na + 1 = 0$

Equação do 2º grau em a, que resolvida:

$$a = \frac{n \pm \sqrt{n^2+4}}{2}$$

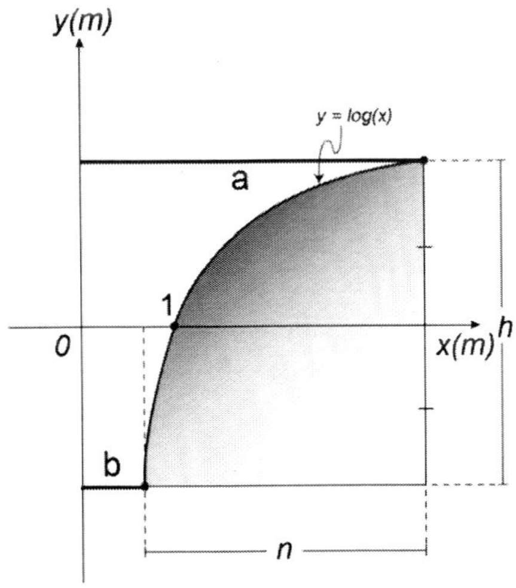

Como n é um valor positivo, devemos descartar a raiz que usa "–" na fórmula acima, pois resultaria em um valor negativo, já que o radical da fórmula é maior que n.

$$a = \frac{n + \sqrt{n^2+4}}{2} = 10^{h/2}$$

Agora podemos calcular h em função de n na fórmula acima:

$$\frac{h}{2} = \log\left(\frac{n+\sqrt{n^2+4}}{2}\right)$$

Resposta: (E) $h = 2.\log\left(\frac{n+\sqrt{n^2+4}}{2}\right)$

Resoluções do teste 46

451) UF Pelotas – Somar um valor a 1/10 desse valor, equivale a multiplicá-lo por 1,1. Essa operação sempre se repete a cada mês, em relação ao mês anterior. Sendo L o lucro no primeiro mês, nos meses seguintes os lucros serão:

$L\times1{,}1.\ L\times1{,}1^2,\ L\times1{,}1^3,\ L\times1{,}1^4, ...$

Ou seja, os valores formam uma progressão geométrica de razão 1,1.

Resposta: (C) geométrica de razão 11/10.

452) PUC SP – O problema tem uma pequena "maldade". A progressão aritmética é apenas para as quantidades do 2º ao 11º dia. Nada foi dito se o número do 1º dia faz parte dessa progressão. Sendo assim, seja a o número de peças mentadas no segundo dia, e seja r a razão da progressão. As quantidades diárias de peças formam uma progressão, mas as 40 do primeiro dia não necessariamente fazem parte da mesma progressão:

40, a, a+r, a+2r, a+3r. a+4r, a+5r, a+6r, a+7r, a+8r, a+9r

A soma dessas quantidades é 1000:
$10a + 45r = 960$
2º dia: a
7º dia: a+5r
Do enunciado: $a = 0{,}6 \times (a+5r)$
$0{,}4a = 3r$
Ficamos portanto com duas equações envolvendo a e r.

$10a + 45r = 960$
$0{,}4a = 3r$
Multiplicando a 2ª equação por 15:
$6a = 45r$, e substituindo 45r na 1ª equação:
$10a + 6a = 960$
$\boxed{a=60}$
da 2ª equação, $0{,}4 \times 60 = 3r$ ➔ $\boxed{r=8}$

De fato, as 40 peças do 1º dia não fazem parte da progressão aritmética.

Sabendo a e r, respondemos à pergunta do problema: peças montadas no 9º dia:
9º dia: $a+7r = 60 + 56 = 116$

Resposta: (C) 116

453) Mackenzie – Essa sequência não é progressão aritmética, nem geométrica. Sua fórmula define que cada termo é igual ao anterior somado com uma potência de 3, dada pela fórmula geral $a_{n+1} - a_n = 3^n$. Portanto:
$a_2 - a_1 = 3^1$
$a_3 - a_2 = 3^2$
$a_4 - a_3 = 3^3$
...
$a_9 - a_8 = 3^8$
$a_{10} - a_9 = 3^9$
Somando todas as igualdades acima, praticamente todos os termos irão cancelar, e sobrarão apenas a_{10} e a_1:
$a_{10} - a_1 = 3^9 + 3^8 + 3^7 + 3^6 + 3^5 + 3^4 + 3^3 + 3^2 + 3^1$
As potências de 3 formam uma progressão geométrica. Precisamos agora encontrar a fórmula da soma dos termos dessa P.G.. Muitas vezes esquecemos a fórmula, vejamos como calcular isso sem usar a fórmula. Chamemos de S a soma desejada:

$S = 3^9 + 3^8 + 3^7 + 3^6 + 3^5 + 3^4 + 3^3 + 3^2 + 3^1$
Multiplicando por 3, temos
$3S = 3^{10} + 3^9 + 3^8 + 3^7 + 3^6 + 3^5 + 3^4 + 3^3 + 3^2$
Subtraindo as duas relações, temos:
$3S - S = 2S = 3^{10} - 3^1$
$S = (3^{10} - 3^1)/2$
$S = (59.049 - 3)/2 = 29523$
Portanto $a_{10} - a_1 = 29523$
$a_{10} = 29523 + a_1 = 29523 + 1 = 29524$

Resposta: (A) 29524

454) UFT – Outra sequência que não é progressão aritmética nem geométrica. Enumeremos os seus termos. A fórmula dada indica que cada termo é igual à soma dos dois termos anteriores, a partir do terceiro. Com os dois primeiros temos dados, podemos calcular os demais:

$a_1 = x$
$a_2 = 2$
$a_3 = x + 2$
$a_4 = x + 4$
$a_5 = 2x + 6$
$a_6 = 3x + 10$
$a_7 = 5x + 16$
$a_8 = 8x + 26$
$a_9 = 13x + 42$
$a_{10} = 21x + 68$

A soma dos 10 primeiros termos é:
$55x + 176 = 396$
$x = 4$

Resposta: (E) 4

455) UDESC – Tudo o que temos que fazer é descobrir o número de termos na sequência 2/9, ,,,, 2/25. Para isso temos uma pista: podemos descobrir a razão da P.G., a partir dos termos 10/27, c, 2/9. Dividindo 2/9 por 20/27, encontraremos o quadrado da razão da P.G., pois também podemos representar esses três termos por 10/27, 10Q/27 e $10Q^2/27$.

$$\frac{10Q^2}{27} = \frac{2}{9} \Rightarrow Q = \sqrt{\frac{3}{5}}$$

Agora precisamos saber quantos termos há entre 2/9 e 2/25.

$$\frac{2}{25} = \frac{2}{9}Q^n \Rightarrow \left(\sqrt{\frac{3}{5}}\right)^n = \frac{9}{25} \Rightarrow n = 4$$

Agora podemos contar o número de termos da P.G.:
a, b, 10/27, c, 2/9, ,,,, 2/25, d, e
O termo 2/25 é o 4º termo depois de 2/9. Portanto temos 2/9 = 5º termo, 2/25 = 9º termo. + 2 termos, totalizando 11.

Resposta: (D) 11

456) UFSM – Decorridas k horas, a área queimada, em km^2, é dada por:
$A = 1 + 3 + 9 + 27 + ... + 3^{(k-1)}$
O último expoente é k – 1, e não k, já que a contagem começa com k=0.
Essa área total é soma dos termos da P.G. com termo inicial 1 e razão 3, o número de termo é k. Dessa vez vamos calcular usando a fórmula:

$$a_1 + a_2 + a_3 + a_4 + ... + a_k = \frac{a_1(q^k - 1)}{q - 1}$$

Com $a_1 = 1$ e $q = 3$, temos

$$\frac{(3^k - 1)}{3 - 1} = \frac{(3^k - 1)}{2}$$

Resposta: (A) $\frac{3^k - 1}{2}$

457) UFAL – As arestas dos cubos formam uma P.G. de razão $q = \frac{1}{\sqrt{2}}$. Isso por que cada cubo tem lado igual à metade da diagonal do cubo localizado abaixo. Se o cubo abaixo tem aresta a, sua diagonal é $a\sqrt{2}$, e a metade é $\frac{a\sqrt{2}}{2}$, portanto a aresta do cubo abaixo multiplicada por $q = \frac{1}{\sqrt{2}}$.

Tendo um cubo aresta a, sua área lateral, como indicado no problema, é $4a^2$. O cubo imediatamente acima, que tem aresta $\frac{a\sqrt{2}}{2}$, terá área lateral igual a $4\left(\frac{a\sqrt{2}}{2}\right)^2 = 2a^2$. Ou seja, metade da área anterior.

As áreas laterais de todos os cubos formam uma P.G. infinita, com termo inicial $4a^2$ e razão 1/2:

$S = 4a^2 + 2a^2 + a^2 + (1/2)a^2 + \ldots$

Como essa razão tem módulo menor que 1, a soma acima é, lembrando da fórmula, $\frac{a_1}{1-q} = \frac{4a^2}{1-1/2} = 8a^2$

Como a vale 2 cm, o resultado é $32cm^2$.

Resposta: (D) 32 cm^2

458) UF São Carlos – A soma dos termos da referida P.G., usando a fórmula dada é igual a $\frac{a_1}{1-q} = \frac{x/2}{1-1/5} = \frac{x}{2}.\frac{5}{4} = \frac{5x}{8}$.

Para que tenhamos f(x) = 5, é preciso que 5x/8 = 5 ➔ $\boxed{x = 8}$

Resposta: (D) 8

459) UFAL – Os termos que estão somados formam uma P.G. de razão q = $x^2/(1+x2)$, que é um valor menor que 1. Logo, a soma dessas infinitas parcelas é $\frac{a_1}{1-q}$

$$\frac{a_1}{1-q} = \frac{\frac{x^2}{1+x^2}}{1-\frac{x^2}{1+x^2}} = \frac{x^2}{1+x^2-x^2} = x^2$$

$x^2 = 25$

$x = \pm 5$

Resposta: (E) ±5

460) ENEM – As vendas nos três primeiros meses foram:

Jan = 33.000, fev = 34.500, mar = 36.000

Se este padrão for mantido, os valores formam uma P.A. de razão 1.500. Continuando até julho:

Abr = 37.500, mai = 39.000, jun = 40.500, jul = 42.000

Resposta: (D) 42.000

Resoluções do teste 47

461) UFT – Sendo três termos consecutivos de uma P.G., o produto dos termos externos é igual ao quadrado do termo central.

$(2x - 7)(x + 7) = (x + 1)^2$

$2x^2 + 14x - 7x - 49 = x^2 + 2x + 1$

$x^2 + 5x - 50 = 0$

Raízes: –10 e 5 ➔ O valor positivo de x é 5.

Resposta: (C) 5

462) UF Pelotas – O menor ângulo interno corresponde ao maior ângulo externo. Esse ângulo externo é 180° – α. Os outros ângulos externos são menores, e diferença entre eles é α. Portanto são 180° – 2α e 180° – 3α. Sendo assim, os ângulos internos são α, 2α e 3α. Como a soma dos três é 180°, temos α = 30°, 2α =60° e 3α = 90°.
O menor ângulo externo é 90°, que em função de α é expresso como 3α.

Resposta: (C) 3α.

463) UF São Carlos –Atenção: T é usado para temperatura e t é usado para tempo.
Em t=0, a temperatura era:
$T(0) = 2^0 + 400.2^0. = 401$ graus.
Em t = 1 hora, temos $T(1) = 2^1 + 400.2^{-1}. = 2 + 400 \times 0,5 = 202$ graus.
Para que T seja 40 graus, devemos ter:
$\mathbf{2^t + 400.2^{-t}.} = 40$
$2^t + 400/2^t = 40$
$(2^t)^2 - 40(2^t) + 400 = 0$
Fazendo $y = 2^t$, ficamos com a equação do 2º grau
$y^2 - 40y + 400 = 0$
Solução: y = 40.
$2^t = 20$
$2^t = 5.2^2$
Calculamos o logaritmo de base 2 nos dois membros, ficando com:
$t = \log_2(5) + 2.\log_2(2) = 2,3 + 2 = 4,3$ horas = 4 horas e 18 minutos

Respostas: A) 202, 401; B) 4h 18 min

464) UERJ – Uma progressão aritmética começado com 37 e terminando com 49, com 13 termos (o cliente do enunciado e mais 12 na sua frente), só pode ser:
37, 38, 39, 40, 41, 42, 43, 44, 45, 46, 47, 48, 49
Com a saída dos clientes que desistiram, mantendo 37 e 49, e ainda assim formando uma P.A., existem limitadas possibilidades:
37, 43 e 49. Significa que dos 11 que estavam entre 37 e 49, apenas um permaneceu e 10 saíram. Se usássemos um espaço vazio no lugar dos clientes que saíram, teríamos:
37, _, _, _, _, _, 43, _, _, _, _, _, 49
Outra opção é permanecerem 2 clientes entre 37 e 49. Dos 11, ficaram 2, e mais 3 espaços de 3. Ficaríamos com:
37, _, _, _, 41, _, _, _, 45, _, _, _, 49
Também é possível restarem 3 clientes, tendo surgido 8 lacunas, que podem ser distribuídas em 4 grupos de 2:
37, _, _, 40, _, _, 43, _, _, 46, _, _, 49
Se restarem 5 clientes, teriam, saído 6, então poderíamos ter 6 lacunas de 1:
37, _, 39, _, 41, _, 43, _, 45, _, 47, _, 49
Esta configuração representa o número máximo de pessoas que podem ter permanecido na fila: 7

Resposta: (B) 7

465) IFCE – Se as raízes x1, x2 e x3 formam uma progressão aritmética, então 2.x2 = x1 + x3. Somando x2 a ambos os membros, temos 3x2 = x1 + x2 + x3. Portanto a soma das raízes é o triplo da raiz x2.
Por outro lado, a soma das raízes também pode ser encontrada através dos coeficientes da equação. Esta soma é igual ao termo de 2º grau, dividido pelo termo de 3º grau, com sinal trocado (–b/a).
$x^3 - 3x^2 + cx + 15 = 0$ ➔ soma das raízes = 3

Portanto esta soma é 3.
Sendo assim, a raiz x2 vale 1. Como 1 é raiz, trocando x por 1, a expressão deve ser anular:
$1^3 - 3.1^2 + 1.c + 15 = 0$
$C = -15 + 3 - 1 = -13$

Resposta: (E) –13

466) UFG – A soma dos quadrados pedida tem n termos. São os quadrados dos números em P.A.: 1, 2, 3, 4, 5, ..., n
Esta P.A. tem termo inicial igual a 1, e razão igual a 1. O termo a_n vale n. Aplicando a fórmula dada, temos:

$$S_n = n(1+n-1) + \frac{n.1^2}{6}(2n^2 - 3n + 1) = n^2 + \frac{n}{6}(2n^2 - 3n + 1) = \frac{6n^2 + 2n^3 - 3n^2 + n}{6}$$

$$= \frac{2n^3 + 3n^2 + n}{6} = \frac{n}{6}(2n^2 + 3n + 1) = \frac{n(n+1)(2n+1)}{6}$$

Resposta: (E) $\frac{n(n+1)(2n+1)}{6}$

467) FATEC – São 5 termos, vamos chama-los de a, b, c, d, e.
a = 10 e 5 = 31.
10, b, c, d, 31
10 + b + c = 45 ➔ b + c = 35
b + c + d = 60 ➔ d = 25
c + d + 31 = 75
c + 25 + 31 = 75
c = 19
b = 16
Portanto os números são 10, 16, 19, 25, 31
O produto pedido é 16 × 25 = 400

Resposta: (D) 400

468) UFPI – Esse tipo de problema é relativamente comum. É preciso supor que a sequência toda é o que parece ser nos primeiros termos. Por exemplo, cada termo é igual a 1/3 do termo anterior. Entretanto, isso não é matematicamente preciso. Com 4 termos, podemos sempre encontrar um polinômio de 3º grau que tenha os valores dados. Mas o tipo de resolução esperada é supor que a sequência é o que parece ser nos primeiros, termos, uma progressão geométrica de razão 1/3. Os termos são:
81, 27, 9, 3, 1, 1/3, 1/9, ...
O sétimo termo é 1/9.

Resposta: (D) 1/9

469) UF Pelotas – O raio do círculo maior é $2\sqrt{2}$, sua área é 8π. As áreas seguintes formarão uma P.G. de razão 1/4, já que os raios seguem uma P.G. de razão 1/2.

A soma das áreas dos círculos é $8\pi + 2\pi + \frac{\pi}{2} + \frac{\pi}{8} + \ldots$ A soma infinita é dada por

$$\frac{a_1}{1-q} = \frac{8\pi}{1-\frac{1}{2}} = 16\pi$$

Resposta: (D) $16\pi cm^2$

470) ENEM – De acordo com o enunciado, os ciclos solares ocorrem a cada 11 anos, e duram 10 anos, com um ano de pausa entre os períodos de atividade.
(2101 – 1765)/11 = 30,54
Nesse intervalo daria para 30 ciclos solares e ainda existe um resto. Vejamos quando começa este último ciclo:
1765 + 11 x 30 = 2095
Quer dizer que em 2095 estará terminando o 30º ciclo do período, O 31º começa em 2095, e dura 10 anos, até 2105. Portanto no ano 2101, o sol estará no meio do seu 31° ciclo.

Resposta: (E) 31

Resoluções do teste 48

471) PUC PR – Entre 6 e 60, a diferença é 54. Essa diferença é um múltiplo da razão da P.A. 54 = 9 x 6. Portanto podemos inserir nesse intervalo, 5 valores, espaçados de 9 unidades.

Resposta: (A) 5

472) IFRS – O primeiro quadrado tem área 3x3=9, e os seguintes, têm sempre 1/4 da área do anterior, ou seja, uma P.G. de razão 1/4. A soma é calculada pela fórmula:

$$S = \frac{a_1}{1-q} = \frac{9}{1-1/4} = 12$$

Resposta: (C) 12cm^2

473) IFAL – Temos que calcular a soma dos termos da P.A.
15 + 20 + 25 + ...
O 15º termo vale 15 + 14.5 = 85
A soma dos termos é $Sn = \frac{(a_1 + a_n)n}{2}$
Substituindo os valores, temos (15 + 85).15/2 = 750
Terão sido retiradas 750 bolas, restarão 250.

Resposta: (A) 250

474) IFPE – Começando às 7:00 com o primeiro carro, sejam os demais carros numerados de 1 a 24. O carro 24 partirá depois de um tempo igual a 24 x 15 min = 6 horas. Isso ocorrerá ás 13 horas.

Resposta: (A) 13h

475) IFRO – Calculemos a soma dos termos da P.A. usando a fórmula $Sn = \frac{(a_1 + a_n)n}{2}$.

Temos a_1 = 3 e n=8. Para que a soma seja 8 vezes a razão:

$$\frac{(3 + a_n)8}{2} = 8r$$

$$3 + a_n = 2r$$

Mas a_n, por sua vez, vale 3+7r
3+3+7r=2r
r = –6/5

Resposta: (A) –6/5

476) UNISINOS – É preciso perceber que a cada figura, soma-se uma potência de 3 ao número de triângulos.

Figura 1: 0 triângulo
Figura 1: 0 + 1
Figura 2: 1 + 3
Figura 3: 1 + 3 + 9
Figura 4: 1 + 3 + 9 + 27
...
Figura 9: .... + 3^8

Ou seja, a cada figura, soma-se um número de triângulos igual a 3 elevado ao número da figura, menos 1. Portanto temos que calcular a soma:
1 + 3 + 9 + 27 + 71 + 243 + 729 + 2187
Trata-se da soma dos termos de uma P.G. com termo inicial 1, razão 3 e 8 termos. Posemos usar a fórmula da soma dos termos da P.G.

$S = \frac{a_1(q^n - 1)}{q - 1}$. Temos a_1 =1, n=8 e q=3.

$$S = \frac{1(3^8 - 1)}{3 - 1} = \frac{6561 - 1}{2} = 3280$$

Resposta: (B) 3280

477) UNIFEI – Primeiro calculemos os ângulos. Para ser uma P.A. de razão 15, podemos chamar os ângulos de x – 15, x e x + 15. A soma é 3x=180, ou x = 60. Os ângulos são portanto 45°, 60° e 75°.
O maior lado é aquele oposto ao maior ângulo, e o menor lado é o oposto ao menor ângulo. Podemos calcular os lados desconhecidos usando a Leis dos Senos. Se os ângulos do triângulo são $\hat{A}$, $\hat{B}$ e $\hat{C}$, e os lados correspondentes são a, b e c, temos:

$$\frac{a}{\text{sen}(\hat{A})} = \frac{b}{\text{sen}(\hat{B})} = \frac{c}{\text{sen}(\hat{C})}$$

Queremos calcular o lado oposto a 45°, sabendo o lado oposto a 75°:

$$\frac{a}{\text{sen}(45°)} = \frac{9}{\text{sen}(75°)} \rightarrow a = \frac{9.\text{sen}(45°)}{\text{sen}(75°)}$$

Precisamos do valor do seno de 75°. Pode ser calculado pela fórmula:
sen(x+y) = sen(x).cos(y) + sen(y).cos(x), fazendo x=45° e y=30°.

$$sen(75°) = sen(45°).\cos(30°) + sen(30°).\cos(45°) = \frac{\sqrt{2}}{2}.\frac{\sqrt{3}}{2} + \frac{1}{2}.\frac{\sqrt{2}}{2} = \frac{\sqrt{6}+\sqrt{2}}{4}$$

$$a = \frac{9.\frac{\sqrt{2}}{2}}{\frac{\sqrt{6}+\sqrt{2}}{4}} = \frac{18\sqrt{2}}{\sqrt{6}+\sqrt{2}}$$

Para racionalizar o denominador, multiplicamos ambos os termos da fração por $\sqrt{6}-\sqrt{2}$.

$$a = \frac{18\sqrt{2}(\sqrt{6}-\sqrt{2})}{(\sqrt{6}+\sqrt{2})(\sqrt{6}-\sqrt{2})} = \frac{36(\sqrt{3}-1)}{4} = 9(\sqrt{3}-1)$$

Resposta: $9(\sqrt{3}-1)$

478) USP – Usemos as informações fornecidas:
PA: 4, x+2, k → 2x+4 = k+4 → x=k/2
PG: 4, x, k → x^2 = 4k

Da 1ª equação temos $x^2 = k^2/4$, que substituindo na 2ª equação:
$k^2/4 = 4k$
$k = 16$

Resposta: (D) 16

479) UFRJ – Lembremos do método descrito no folclore da matemática, quando o famoso matemático Gauss, quando criança, teve um castigo na escola para somar os números de 1 a 100, e usou o seguinte método:
S = 1 + 2 + 3 + 4 + ... + 99 + 100
S = 100 + 99 + 98 + ... + 2 + 1
2S = 101 + 101 + 101 + ... + 101
S = 100 × 101/2
Essa ideia pode ser usada para somar os números desses tijolos. Calculemos S + S, como a soma dos números dos tijolos, normal e invertida.

Se fizermos isso e somarmos os números, todos os tijolos ficarão com o número 500. Isso é fácil ver na fileira inferior, pois 10 + 490 = 500. Se tomarmos tijolos simétricos com números 10 + kr e 490 – kr, a soma de fato será 500. A soma 500 vale também para os tijolos das camadas superiores, já que cancelamentos semelhantes ocorrerão nos tijolos simétricos.

Agora recaímos em outro problema: temos diversos tijolos com o número 500 e queremos saber a soma. Essa soma é
500 (1 + 2 + 3 + 4 + ... + 100), sendo cada parcela correspondente a uma fileira de tijolos.
A soma entre parênteses, pela fórmula da soma dos termos da P.A., é 101 x 100/2 = 5050.
A soma dos tijolos será portanto 500 x 5050 = 2.525.000
Lembremos que calculamos o dobro da soma, juntando a parede com a sua simétrica. A soma verdadeira é a metade desse valor, 2.525.500/2 = 1.262.500

Resposta: 1.262.500

480) UFRGS – O perímetro do primeiro triângulo é 3, e os demais perímetros formam uma P.G. de razão 2/3. Calculamos a soma infinita pela fórmula:

$$S = \frac{a_1}{1-q} = \frac{3}{1-2/3} = 9$$

Resposta: (A) 9

Resoluções do teste 49

481) UFMT – De acordo com os valores indicados pelo problema para usar com essa fórmula (chamada de método de Newton), começamos com a0=4. O número do qual queremos a raiz quadrada é P=2. Temos então:

$a_1 = \frac{1}{2}\left(a_0 + \frac{2}{a_0}\right) = \frac{1}{2}\left(4 + \frac{2}{4}\right) = \frac{9}{4}$. Esta é aproximação a_1, o problema pergunta a_2.

$$a_2 = \frac{1}{2}\left(a_1 + \frac{2}{a_1}\right) = \frac{1}{2}\left(\frac{9}{4} + \frac{2}{9/4}\right) = \frac{113}{72} \approx 1{,}569$$

Obviamente seria preciso usar mais algumas iterações para chegar a um valor mais aproximado.

Resposta: (A) 1,56

482) USP – Esta P.G. tem primeiro termo positivo, mas o 6º termo é negativo. Significa que sua razão é negativa.
Sendo q a razão da progressão original, a progressão a_1, a_5, a_9, ... tem razão q^4. Portanto $q^4 = 9$ ➔ $q = -\sqrt{3}$ (já tínhamos visto que q é negativo).

Agora usamos a informação $a_6 = -9\sqrt{3}$. Como $a_6 = a_1.q^5$, concluímos que $a_1 = 1$.

O produto pedido $a_2.a_7$ vale $a_1.q \times a_1.q^6 = q^7 = q = \left(-\sqrt{3}\right)^7 = -3^3\sqrt{3}$

Resposta: (A) $-27\sqrt{3}$

483) UFAM – Um típico problema de soma dos termos de uma progressão geométrica infinita. Note que cada um desses pequenos triângulos é equivalente a um triângulo equilátero. Os triângulos maiores e mais externos, são equivalentes a triângulos equiláteros de lado a/2, pois seus ângulos são 120°, 30° e 30°. A área combinada dos seis triângulos mais externos, equivale a seis triângulos equiláteros de lado a/2:

$$6 \times \frac{(a/2)^2\sqrt{3}}{4} = \frac{6a^2\sqrt{3}}{16}$$

Note que no triângulo 30°-60°-90°, o cateto maior é igual à hipotenusa multiplicada por $\frac{\sqrt{3}}{2}$.

Isso nos permite concluir que, de um triângulo da figura, para o triângulo seguinte, existe um fator $\left(\frac{\sqrt{3}}{2}\right)^2 = \frac{3}{4}$. Portanto a razão da P.G. formada pelas áreas é $(3/4)^2 = 9/16$.

Agora podemos usar a fórmula da soma dos termos da P.G. infinita,

$$\frac{a_1}{1-q} = \frac{\frac{6a^2\sqrt{3}}{16}}{1-9/16} = \frac{6a^2\sqrt{3}}{7}$$

Resposta: (A) $\frac{6\sqrt{3}a^2}{7}$

484) UDESC – 1, y e 1/4 formam uma P.A. ➔ 2y = 1 + 1/4 = 5/4 ➔ y = 5/8.
x, y e z formam uma P.A. ➔ 2y = x + z ➔ x + z = 2 × 5/8 = 5/4
Logo, a soma x + y + z vale 5/8 + 5/4 = 15/8

Resposta: (C) 15/8

485) PUC Campinas – O número de pinos necessários seria:
1 + 2 + 3 + 4 + ... + 49 + 50

Progressão aritmética com n=50 termos, sendo a_1 = 1 e a_{50} = 50. Calculamos a soma dos termos com a fórmula:

$$Sn = \frac{(a_1 + a_n)n}{2} = \frac{(1+50)50}{2} = 1275$$

Resposta: (E) 1275

486) UNICAMP – Expressando b e c em função de a, os termos da PG são a, aq e aq^2, onde q é a razão. Sendo assim, s/a vale (a + aq + aq^2)/a = 1 + q + q^2. Trata-se de um trinômio do 2º grau em q, com coeficiente de segundo grau positivo, portanto tem a concavidade voltada para cima, e seu vértice representa um ponto de mínimo. Este mínimo é –Δ/(4a):

$$-\frac{\Delta}{4a} = -\frac{1^2 - 4\times1\times1}{4\times1} = \frac{3}{4}$$

Resposta: (C) 3/4

487) UFS – Para analisar as afirmativas abaixo, considere que a sequência (a_1, a_2, 2/3, a_4, a_5, ...) é uma progressão geométrica infinita de termos positivos. Marque V ou F.

(F) Se o primeiro termo é igual a 8, então $a_5 = \frac{\sqrt{3}}{36}$.

Sendo 8 o primeiro termo, e 2/3 o terceiro, temos $a_3 = a_1.q^2$.

2/3 = 8.q^2 ➔ q^2 = 1/12 ➔ $q = \frac{1}{\sqrt{12}}$.

Assim, $a_5 = 8.q^4 = \frac{8}{(\sqrt{12})^4} = \frac{8}{144} = \frac{1}{18}$, portanto está ERRADA.

(V) Se a razão dessa progressão é $\left(\frac{1}{8}\right)^{-1/2}$, então o primeiro termo é igual a 1/12.

$$q = \left(\frac{1}{8}\right)^{-1/2} = (8)^{1/2} = \sqrt{8}$$

$$a_3 = a_1.q^2$$

$$\frac{2}{3} = a_1.(\sqrt{8})^2 \;➔\; a_1 = \frac{1}{12}$$

(V) Se o quinto termo é igual a 4/27, então a soma dos termos dessa progressão é $\frac{9}{7}(3+\sqrt{2})$.

$$a_5 = \frac{4}{27} = a_3.q^2 = \frac{2}{3}.q^2 \;➔\; q = \frac{\sqrt{2}}{3}$$

$$a_3 = a_1.q^2 \;➔\; \frac{2}{3} = a_1.\left(\frac{\sqrt{2}}{3}\right)^2 \;➔\; a_1 = 3$$

A P.G. é infinita e tem razão, em módulo, menor que 1. Portanto

$$S = \frac{a_1}{1-q} = \frac{3}{1-\sqrt{2}/3} = \frac{9}{3-\sqrt{2}} = \frac{9(3+\sqrt{2})}{7}$$

(V) Se a soma dos termos de ordem ímpar é igual ao triplo da soma dos de ordem par, então a_1 = 6.

Termos: a_1, a_1q, a_1q^2, a_1q^3,...

Cada termo de ordem par é igual ao termo anterior de ordem ímpar, multiplicado por q. Logo a soma dos pares é igual à soma dos ímpares, multiplicada por q. Como a soma dos ímpares é o triplo da soma dos pares, então q = 1/3.
Temos então:

$a_3 = a_1.q^2$ ➔ $a_1 = 6$

(F) Se a_5 = 1/12, e $b_n = a_n - 1$, então a sequência (b_1, b_2, b_3, ...) é uma progressão aritmética de razão –1.
Nem é preciso fazer cálculos. Se somamos um valor constante a todos os termos de uma P.G., a sequência resultante não é P.A. nem P.G.

Resposta: FVVVF

488) UFSC – Numa P.A., o dobro de cada termo vale a soma dos termos anterior e posterior.

$2(x - 2) = 1 - 3x + 2x + 1$
$2x - 4 = 2 - x$
$3x = 6$ ➔ $\boxed{x=2}$
Portanto a P.A. é –5, 0, 5

Numa P.G., o quadrado de cada termo vale o produto dos termos anterior e posterior.
$(2y - 1)^2 = 4y.(y + 1)$
$4y^2 - 4y + 1 = 4y^2 + 4y$
$\boxed{y = 1/8}$
Portanto a P.G. é 1/2, –3/4, 9/8. A razão da P.G. é (–3/4) ÷ (1/2) = –3/2
Sabendo x e y, analisemos as afirmativas.

(V) O valor de x é 2.
(V) O valor de y é 1/8.
(V) A soma dos termos da P.A. é zero.
(V) –3/2 é a razão da P.G.
(V) A P.A. é crescente.

489) UFRN – As medidas dos segmentos formam uma progressão aritmética:
2, 5, 8, 11, 14, ..., a_{24}.
O termo inicial a_1=2 e a razão r=3.
Portanto $a_{24} = a_1 + 23r = 2 + 23\times3 = 71$
A soma dos termos é dada por:

$$Sn = \frac{(a_1 + a_n)n}{2} = \frac{(2+71)24}{2} = 876$$

Em centímetros, resulta em 87,6.

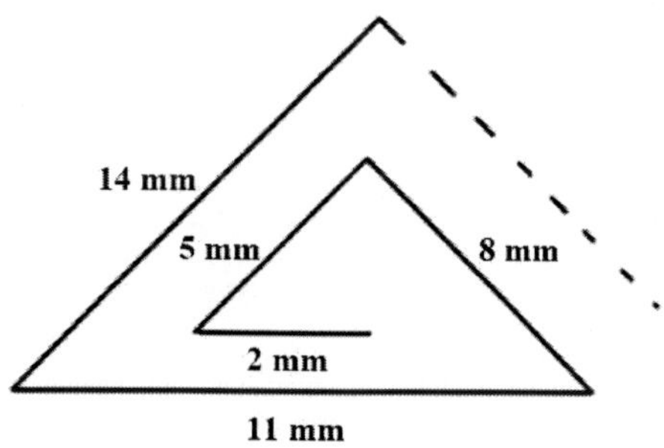

Resposta: (C) 87,6

490) FGV – Com os 2016 números originais, temos a soma de Cesaro dada por:

$$a_1 +$$
$$a_1 + a_2 +$$
$$a_1 + a_2 + a_3 +$$
$$... +$$

$$6051 = \frac{a_1 + a_2 + a_3 + ... + a_{2016}}{2016}$$

Chamemos de $\sum$ o somatório do numerador. Temos:

$$6051 = \frac{\Sigma}{2016}$$

$$\Sigma = 6051 \times 2016$$

Agora calculemos a Soma de Cesaro para a sequência $(1, a_1, a_2, ..., a_{2016})$.

$$\frac{\begin{array}{l}1+\\1+a_1+\\1+a_1+a_2+\\1+a_1+a_2+a_3+\\...+\\1+a_1+a_2+a_3+...+a_{2016}\end{array}}{2017}$$

Nessa expressão, o denominador tem 2017 parcelas 1, e mais o somatório Σ. Isso resulta em:

$\frac{2017+\Sigma}{2017}$. Substituindo o valor de Σ, temos

$\frac{2017+6051\times 2016}{2017}$. Note que 6051 = 3 × 2017

$$\frac{2017+3\times 2017\times 2016}{2017} = 1+3\times 2016 = 6049$$

Resposta: (A) 6049

Resoluções do teste 50

491) UNESP – As larguras dos retângulos formam uma P.A.:

2, 6, 10, 14, 18 ...

Temos $a_1 = 2$ e $r = 4$.

O último triângulo tem altura a_{100} igual a $a_1 + 99r = 2 + 99 \times 4 = 398$

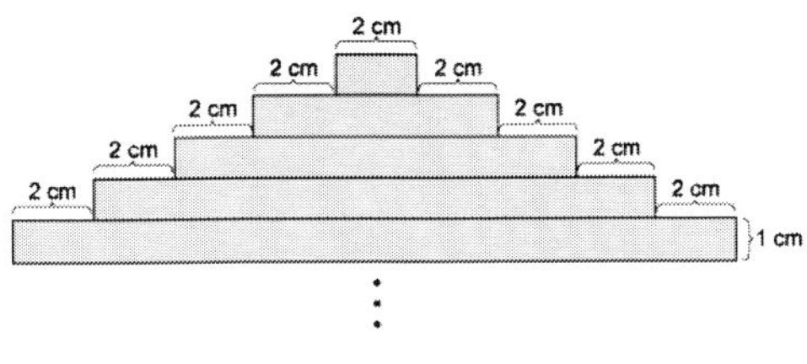

A soma das áreas, em centímetros quadrados, é:

$$S_{100} = \frac{(a_1 + a_{100})100}{2} = \frac{(2+398)100}{2} = 20000$$

Isso equivale a $2m^2$.

Resposta: (D) 2 m².

492) USP – Os números a_1, a_2, a_3 formam uma progressão aritmética de razão r, e temos ainda $a_2 = 2$. Então podemos chamar esses números de $a_1 = 2 - r$, $a_2 = 2$ e $a_3 = 2 + r$. Os números em P.G de acordo com o enunciado são $a_1 = 2 - r + 3$, $a_2 = 2 - 3$ e $a_3 = 2 + r - 3$, ou seja, $5 - r$, -1 e $r - 1$. Como é uma P.G., temos

$(-1)^2 = (5 - r)(r - 1)$

$1 = 5r - 5 - r^2 + r$

$r^2 - 6r + 6 = 0$

As raízes são $\frac{6 \pm \sqrt{36-24}}{2} = 3 \pm \sqrt{3}$

Como foi dado que $a_1>0$, devemos ter $2 - r > 0$, ou seja, $r < 2$. Então o valor de r é $3-\sqrt{3}$

Resposta: (E) $3-\sqrt{3}$

493) UFRGS – As quantidades de quadrados nas figuras são:
3, 6, 10, 15, ...
Não é uma P.A., nem P.G. Ao invés disso, tomemos o número de quadrados da base.
As bases têm 2, 3, 4, 5, ...

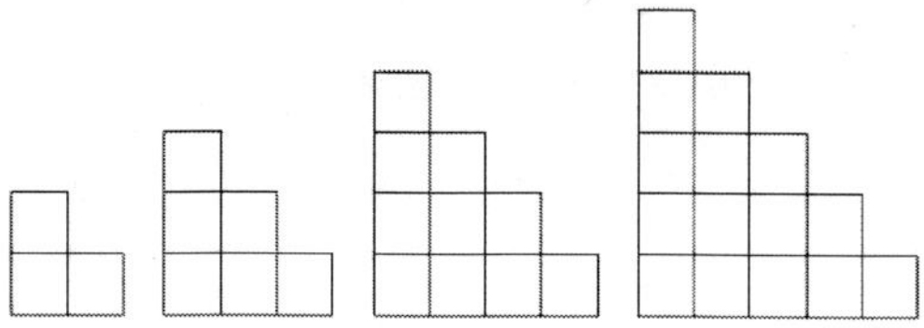

O número de quadrados da base aumenta de 1 em 1. Na $100^{\underline{a}}$ etapa, a base terá 101 quadrados. Assim poderemos contar a quantidade total de quadrados da $100^{\underline{a}}$ etapa, da camada superior para a inferior:
1, 2, 3, 4, 5, ..., 101
Agora sim, uma P.A. com 101 termos, com termo inicial 1 e último termo 101. A soma é

$$S_n = \frac{(a_1 + a_n)n}{2} = \frac{(1+101).101}{2} = 5151$$

Resposta: (E) 5151

494) UNESP – A área de cada figura é 5/9 da área da figura anterior. Isso porque cada quadrado é dividido em 9 partes, e quatro são descartadas.

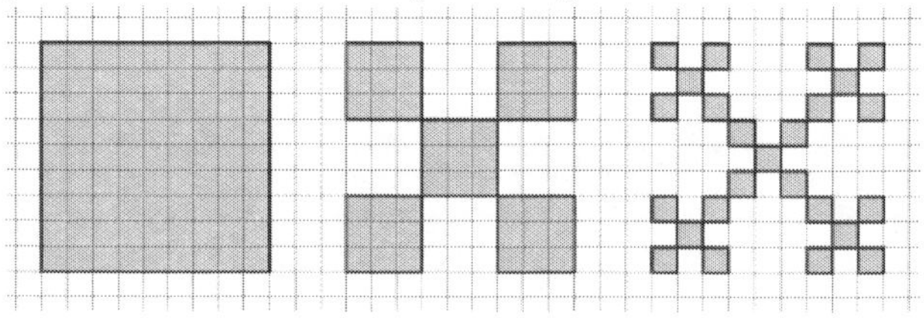

Figura 1 Figura 2 Figura 3 ...

Como a área da primeira figura é 81 cm^2, a área da figura 5 será, em cm^2:
$81 \times (5/9)^4 = 625/81$

Resposta: (A) 625/81

495) UFRGS – As medidas dos lados, alturas, ou quaisquer linhas homólogas nos triângulos, formam uma P.G. de razão 1/2. Se o perímetro do primeiro triângulo é 1, os próximos são 1/2, 1/4 e 1/8; A soma desses quatro perímetros é:

$$1+\frac{1}{2}+\frac{1}{4}+\frac{1}{8}=\frac{15}{8}$$

Resposta: (D) 15/8

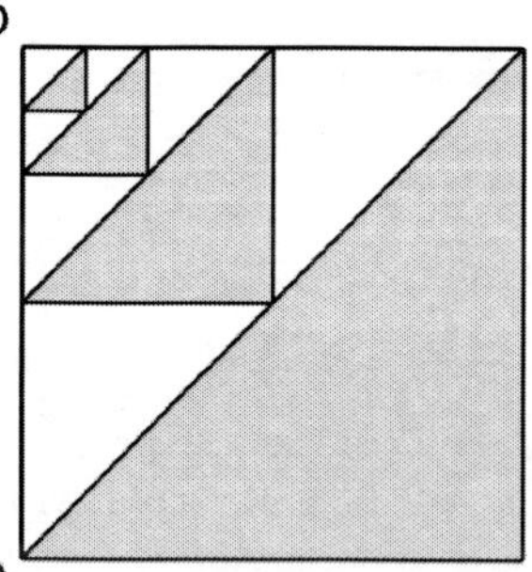

496) UNICAMP – A hipotenusa é sempre o maior lado de um triângulo retângulo. Os catetos são os dois lados menores. Podemos então chamar os lados da seguinte forma:
Cateto menor: x – r
Cateto maior: x
Hipotenusa: x + r
Como o perímetro vale 6, temos

$x - r + x + x + r = 6 \rightarrow x = 2$

Os lados são portanto 2 – r, 2 e 2 + r. Aplicando o Teorema de Pitágoras, temos

$(2 + r)^2 = 2^2 + (2 - r)^2$

$r^2 + 4r + 4 = 4 + 4 - 4r + r^2$

$r = 0{,}5$

Portanto os catetos são 2 e 1,5 e a hipotenusa é 2,5.

A área é $2 \times 1{,}5/2 = 1{,}5$

Resposta: (C) 1,5 m²

497) USP – Os números em P.A. são

$\log_2(x)$

$\log_4(4x) = \log_4(4) + \log_4(x) = 1 + \log_4(x)$

$\log_8(8x) = \log_8(8) + \log_8(x) = 1 + \log_8(x)$

Para continuar com os cálculos, temos que passar todos os logaritmos para a mesma base. Usemos a base 2. Temos:

$\log_4(x) = \log_2(x) / \log_2(4) = \log_2(x) / 2$ (fórmula da mudança de base)

$\log_8(x) = \log_2(x) / \log_2(8) = \log_2(x) / 3$

Chamando $\log_2(x) = y$, os números ficam:

y, 1 + y/2 e 1 + y/3

Para que estejam em P.A.:

$$2\left(1+\frac{y}{2}\right)=y+1+\frac{y}{3}$$

$$6+3y=3y+3+y$$

$$y=3$$

A soma dos valores $a_1 + a_2 + a_3$ é $y+1+\frac{y}{2}+1+\frac{y}{3}=2+\frac{11y}{6}=2+3\times\frac{11}{6}=2+\frac{11}{2}=\frac{15}{2}$

Resposta: (B) 15/2

498) FGV – Mais uma sequência que não é nem P.A. nem P.G. Use uma *fórmula de recorrência*, que permite calcular cada termo em função de termos anteriores. No caso, a fórmula é $a_k = a_{k-1} + 2.a_{k-2}$, ou seja, cada termo é igual ao termo anterior, somado com o dobro do seu precedente.

Por exemplo, $a_{10} = a_9 + 2\times a_8$

Substituindo os valores dados, ficamos com

$291 = a_9 + 2\times 75 \rightarrow \boxed{a_9 = 141}$

Da mesma forma, $a_9 = a_8 + 2\times a_7$

$141 = 75 + 2\times a_7 \rightarrow \boxed{a_7 = 33}$

Finalmente, $a_8 = a_7 + 2\times a_6$

$75 = 33 + 2\times a_6 \rightarrow \boxed{a_6 = 21}$

Resposta: (A) 21

499) ENEM – A cada figura, são adicionados 3 canudos. Então o número de canudos forma uma P.A. de razão 3. O termo inicial é 4, e o índice (n) é o mesmo que Q, número de quadrados. Podemos então usar a fórmula do termo geral da P.A.

$a_n = a_1 + (n - 1)r$

$= 4 + (Q - 1).3 = 3Q + 1$

Resposta: (B) C = 3Q + 1

500) ENEM – Uma propriedade simples para a soma procurada é a seguinte:
A soma dos elementos da linha 4 é igual à soma dos números de 1 a 4, duas vezes, menos 4.
$1 + 2 + 3 + 4 + 1 + 2 + 3 + 4 - 4$
Isso vale para as linhas anteriores, e valerá em qualquer linha n.
No caso da 9ª linha, temos:
$2\times(1 + 2 + 3 + 4 + 5 + 6 + 7 + 8 + 9) - 9$
A soma dos números de 1 a 9 pode ser calculada pela fórmula da soma dos termos da P.A., ou calculado somando os 9 valores pois é uma soma muito simples, igual a 45.
A soma é $2\times45 - 9 = 81$

Resposta: (D) 81

■

Capítulo 6

Geometria espacial e Trigonometria

Teste 51

501) Mackenzie – A altura, em cm, de um tetraedro regular cuja área total mede $48\sqrt{3}cm^2$ é

(A) $2\sqrt{2}$ (B) $4\sqrt{2}$ (C) $2\sqrt{3}$ (D) $4\sqrt{3}$ (E) 6

502) UFPE – Na ilustração a seguir, à esquerda, uma pirâmide regular invertida, com base quadrada medindo 2 e altura 6, está preenchida por um líquido, até dois terços de sua altura. Se a pirâmide é colocada na posição ilustrada à direita, qual será então a altura h do líquido?

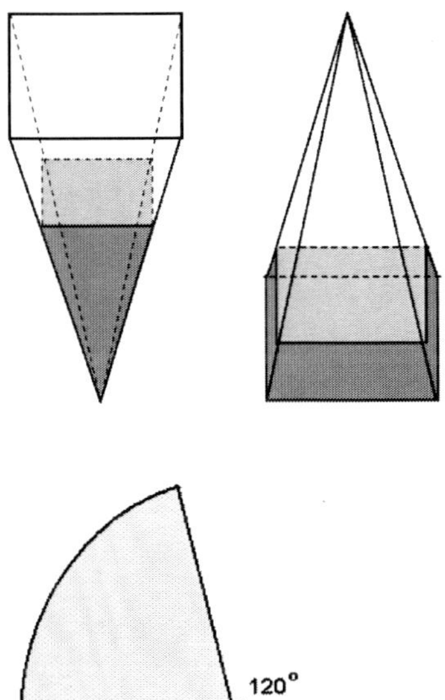

503) UFPI – De um círculo feito com uma folha de cartolina com raio 15cm, é retirado um setor de ângulo central igual a 120°. Com o que restou do círculo, constrói-se um copo cônico. Qual é o volume desse copo?

(A) $\frac{\pi\sqrt{3}}{3}cm^3$ (B) $\frac{100\pi}{3}cm^3$ (C) $\frac{128\pi}{3}cm^3$

(D) $128\pi cm^3$ (E) $\frac{500\pi\sqrt{5}}{3}cm^3$

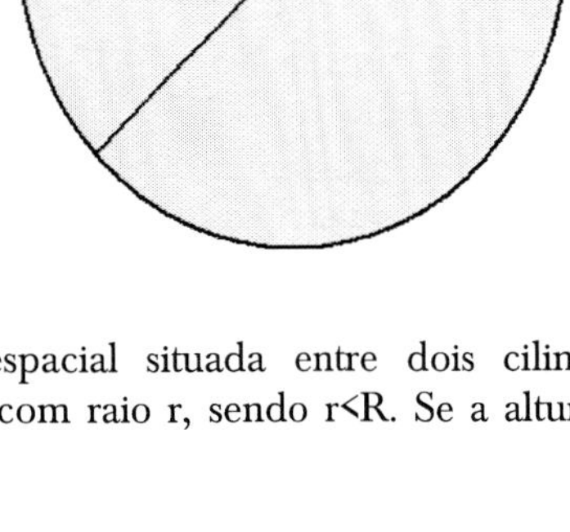

504) UDESC – Uma coroa cilíndrica é a região espacial situada entre dois cilindros concêntricos de mesma altura, um com raio R e outro com raio r, sendo r<R. Se a altura, o

volume e a soma das medidas dos raios dessa coroa cilíndrica são, respectivamente, 4cm, $4{,}25\pi\,cm^2$ e 4,25 cm, então a área total de sua superfície é:

(A) $34\pi\,cm^2$ (B) $18{,}0625\pi\,cm^2$ (C) $20{,}125\pi\,cm^2$ (D) $18{,}125\pi\,cm^2$ (E) $36{,}125\pi\,cm^2$

505) UFAL – Na ilustração a seguir, temos um paralelepípedo retângulo e são conhecidos os ângulos que duas das diagonais de suas faces adjacentes formam com arestas da base e o comprimento da diagonal da face superior, como estão indicados na figura. Qual o volume do paralelepípedo?

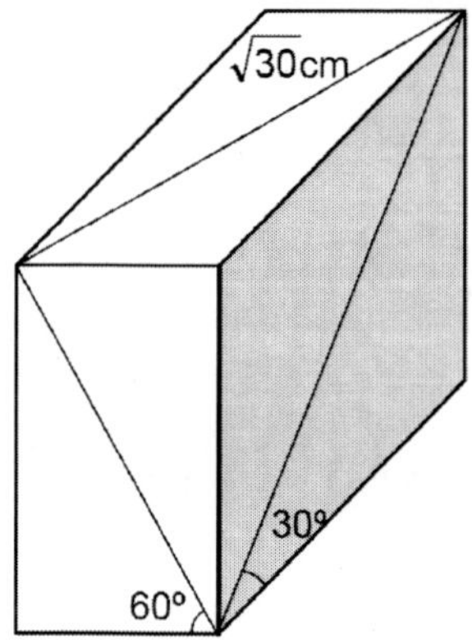

(A) 23 cm^3.
(B) 24 cm^3.
(C) 25 cm^3.
(D) 26 cm^3.
(E) 27 cm^3.

506) UEMG – Observe as figuras. Tem-se um cilindro circular equilátero (S_1), circunscrevendo um cone (S_2), e um cilindro circular oblíquo (S_3). A razão determinada pelo volume de S_3 com a superfície total de S_2 é

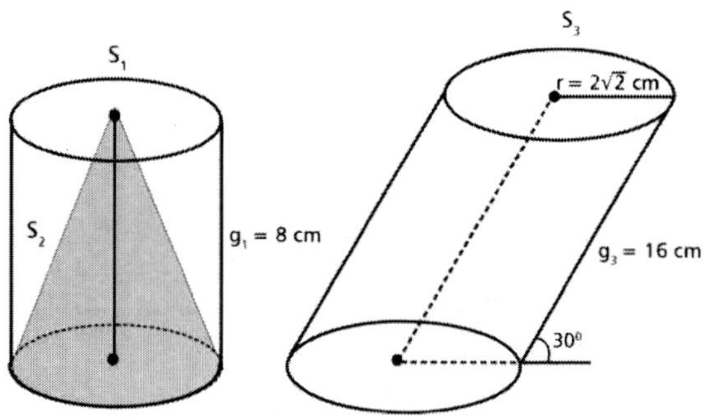

(A) $\frac{\sqrt{5}-1}{4}cm$ (B) $(\sqrt{5}-1)cm$

(C) $\frac{\sqrt{5}+16}{4}cm$ (D) $(\sqrt{5}+16)cm$

507) UF São Carlos – Uma pirâmide regular de vértice A tem como base o quadrado BCDE de área 50 cm^2. Um plano paralelo à base BCDE intercepta as arestas laterais da pirâmide nos pontos F, G, H e I. Os pontos A, B e F são colineares, AF = 2cm e FB = 3 cm. A área do polígono FGHI vale, em cm^2,

(A) 8 (B) 10 (C) 12 (D) 14 (E) 16

508) PUC Campinas – Considere dois troncos de pirâmides retas exatamente iguais. A base maior é um quadrado de lado igual a 2 metros, a base menor é um quadrado de lado igual a 1 metro, e a distância entre as bases é igual a 1 metro. Um monumento foi construído justapondo-se esses dois troncos nas bases menores, apoiando-se em um piso plano por meio de uma das bases maiores, formando um sólido. Desta maneira, a medida da área da superfície exposta do monumento é, em m^2, igual a

(A) $4+6\sqrt{5}$ (B) 8 (C) $12\sqrt{2}+4$ (D) $\frac{16}{3}$ (E) $12\sqrt{2}-8$

509) UERJ – A imagem a seguir ilustra um prisma triangular regular. Sua aresta da base mede b e a sua aresta lateral mede h.

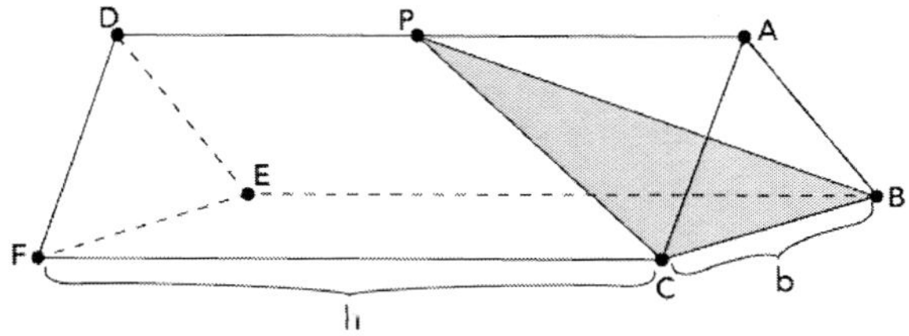

Esse prisma é seccionado por um plano BCP, de modo que o volume da pirâmide ABCP seja exatamente 1/9 do volume total do prisma. Logo, a medida de AP é igual a:

(A) h/9 (B) h/3 (C) 2h/3 (D) 5h/6

510) USP – Um cubo de aresta **m** está inscrito em uma semi-esfera de raio **R** de tal modo que os vértices de uma das faces pertencem ao plano equatorial da semi-esfera e os demais vértices pertencem à superfície da semi-esfera. Então, **m** é igual a

(A) $R\frac{\sqrt{3}}{2}$ (B) $R\frac{\sqrt{2}}{2}$ (C) $R\frac{\sqrt{3}}{3}$ (D) R (E) $R\sqrt{\frac{2}{3}}$

Teste 52

511) PUC SP – Dispõe-se de N tubos cilíndricos, todos iguais entre si, cada qual com diâmetro interno de 4cm. Se esses tubos transportam a mesma quantidade de água que um único tubo cilíndrico, cujo diâmetro interno mede 12cm e cujo comprimento é igual ao dobro do comprimento dos primeiros, então:

(A) $N > 15$ (B) $10 < N < 15$ (C) $6 < N < 10$ (D) $N < 6$

512) UFT – Em uma aula de matemática, o professor fez uma demonstração prática de como o nível da água de um recipiente sobe ao introduzir um objeto em seu interior. O professor utilizou um recipiente que tinha o formato do tronco de um cone reto e imergiu totalmente um cubo maciço neste recipiente. Esta demonstração está representada nas figuras a seguir.

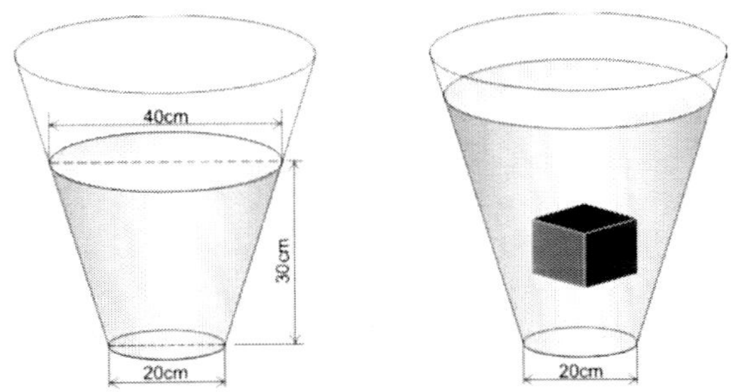

Durante a demonstração verificou-se que o volume do objeto é 3/7 do volume de água já existente no recipiente. Tomando por base a demonstração prática realizada pelo professor de matemática, conclui-se que a aresta do objeto introduzido no recipiente é (considere $\pi = 3$).

(A) $3cm$ (B) $9cm$ (C) $\sqrt[3]{9}cm$ (D) $10\sqrt[3]{9}cm$ (E) $100\sqrt[3]{9}cm$

513) UFSM – Os produtos de plástico são muito úteis na nossa vida, porém causam muitos danos ao meio ambiente. Algumas empresas começaram a investir em alternativas para evitar a poluição causada pelo plástico. Uma dessas alternativas é a utilização do bioplástico na fabricação de embalagens, garrafas, componentes de celulares a autopeças.

Uma embalagem produzida com bioplástico tem a forma de um prisma hexagonal regular com 10cm de aresta da base e 6cm de altura. Qual é o volume, em cm^3, dessa embalagem?

(A) $150\sqrt{3}$ (B) 1500 (C) $900\sqrt{3}$ (D) 1800 (E) $1800\sqrt{3}$

514) IFCE – Uma esfera, com raio de comprimento 1 dm e um cone circular reto de revolução com raio da base de comprimento 1 dm e altura com comprimento 2 dm, apoia-se sobre um plano horizontal α. A distância do plano α para um plano β, paralelo a α, tal que secciona os sólidos, esfera e cone, em secções tais que possuem valores numéricos de áreas iguais, é igual a

(A) 0,1 dm. (B) 0,2 dm (C) 0,3 dm (D) 0,4 dm (E) 0,5 dm

515) UFG – A figura, a seguir, representa uma pirâmide e base quadrada, cujas faces laterais são triângulos equiláteros. Considerando o triângulo isósceles de vértices B, D e E, a razão entre a sua área e a área de uma face lateral da pirâmide é

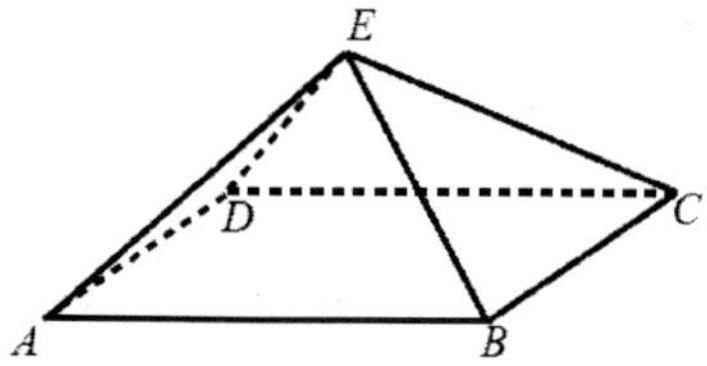

(A) $\frac{2\sqrt{3}}{3}$ (B) $\frac{3}{2}$ (C) $\frac{3\sqrt{3}}{2}$ (D) $\frac{2}{3}$

516) UF Pelotas – Dois cilindros circulares retos C_1 e C_2 têm raios r_1 e r_2 e alturas h_1 e h_2, respectivamente. Sendo o volume de C_1 igual a 40% do volume de C_2 e $r_1 = 2.r_2$, é correto afirmar que a relação entre as alturas desses cilindros é

(A) $h_2 = \frac{16}{10}h_1$ (B) $h_2 = 10h_1$ (C) $h_2 = 40h_1$ (D) $h_2 = 4h_1$ (E) $h_2 = 0{,}4h_1$ (F) N.R.A.

517) UFBA – Em relação a um prisma pentagonal regular, é correto afirmar:

( ) O prisma tem 15 arestas e 10 vértices.

( ) Dado um plano que contém uma face lateral, existe uma reta que não intercepta esse plano e contém uma aresta da base.

( ) Dadas duas retas, uma contendo uma aresta lateral e outra contendo uma aresta da base, elas são concorrentes ou reversas.

( ) A imagem de uma aresta lateral por uma rotação de 72° em torno da reta que passa pelo centro de cada uma das bases é outra aresta lateral.

( ) Se o lado da base e a altura do prisma medem, respectivamente, 4,7cm e 5,0cm, então a área lateral do prisma é igual a 115 cm^2.

( ) Se o volume, o lado da base e a altura do prisma medem, respectivamente, 235,0 cm^3, 4,7 cm e 5,0 cm, então o raio da circunferência inscrita na base desse prisma mede 4,0 cm.

518) FATEC – Uma pirâmide quadrangular regular de base ABCD e vértice P tem volume igual a $36\sqrt{3}cm^3$. Considerando que a base da pirâmide tem como centro O e que M é o ponto médio da aresta BC, se a medida do ângulo PMO é 60°, então a medida da aresta da base dessa pirâmide é, em centímetros, igual a

(A) $\sqrt[3]{216}$ (B) $\sqrt[3]{324}$ (C) $\sqrt[3]{432}$ (D) $\sqrt[3]{564}$ (E) $\sqrt[3]{648}$

519) UFMS – Uma luminária terá uma cúpula nova a ser confeccionada em tecido, em forma de tronco de cone circular reto com comprimento das circunferências menor e maior medidno 60π cm e 120π cm, respectivamente, e segmento geratriz do tronco de cone medindo 50 cm, conforme a figura 1. Ainda observando a figura 1, temos que o cone formado pelo prolongamento do tronco de cone terá altura H, segmento geratriz de medida (L + 50) cm e ângulo formado entre a altura e o segmento geratriz, no vértice do cone, medindo β. Para a confecção da cúpula será usado um molde do tipo ilustrado na figura 2 a seguir, onde α é o ângulo formado na planificação do cone citado.

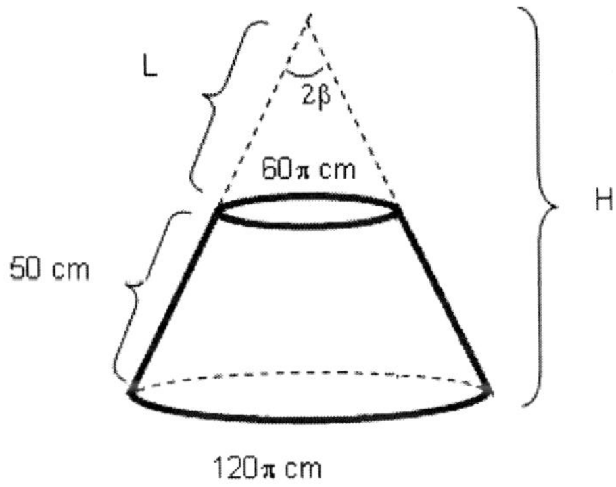

Figura 1

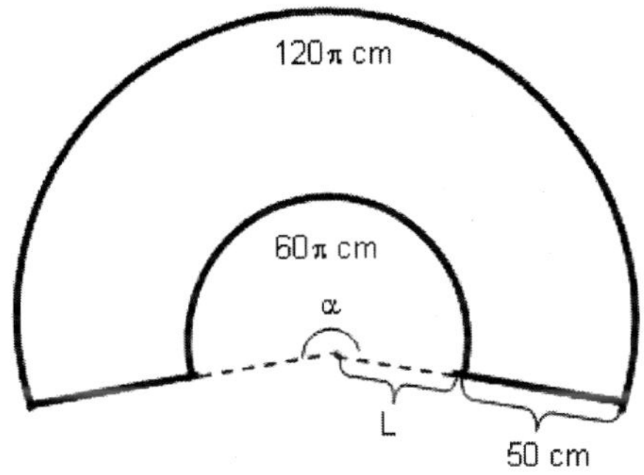

Figura 2

A partir das informações dadas, é correto afirmar (marque V ou F):

(A) A área da superfície da cúpula é de 4500π.
(B) L = 40 cm.
(C) α = 210°.
(D) H = 80 cm.
(E) 2β = 60°.

520) IFMT – Seis cilindros retos foram colocados numa caixa como mostra a figura (π=3). Qual porcentagem do volume da caixa é ocupada pelos cilindros?

(A) 20% (B) 30% (C) 60% (D) 75% (E) 80%

Teste 53

521) IFSP – A base de uma pirâmide hexagonal regular está inscrita em um círculo que é a base de um cilindro reto de altura $6\sqrt{3}$ cm. Se esses sólidos têm o mesmo volume, então a medida, em centímetros, da altura da pirâmide é

(A) 9π. (B) 12π. (C) 15π. (D) 18π. (E) 24π.

522) UFPI – Considere um cubo de base ABCD, cujo volume é 216 m^3. Sejam P e Q dois pontos que dividem a diagonal BH em três segmentos congruentes, como mostra a figura ao lado. A distância do ponto P ao vértice A é:

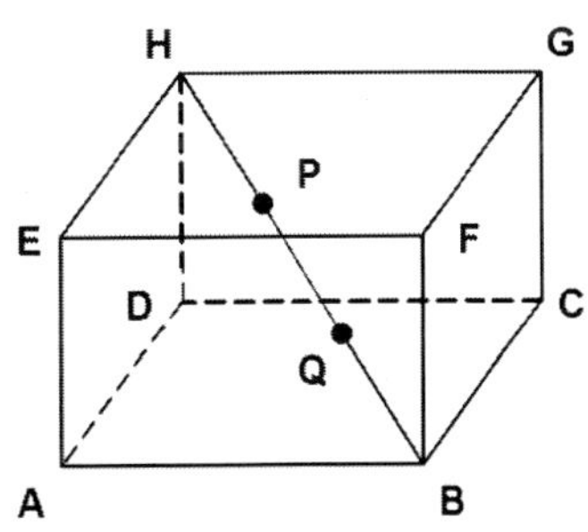

(A) $6m$ (B) $5m$ (C) $4m$ (D) $3\sqrt{2}m$ (E) $2\sqrt{5}m$

523) IFS – Um plano α intersecciona uma esfera e passa a 6cm de seu centro. Esse plano determina um círculo cuja área vale $64\pi cm^2$. O volume da esfera que o plano intersecta vale:

(A) $\frac{3000}{4}\pi cm^3$ (B) $\frac{4000}{3}\pi cm^3$ (C) $\frac{500}{3}\pi cm^3$ (D) $200\pi cm^3$ (E) $1000\pi cm^3$

524) PUC PR – As pirâmides P1, P2 e P3, representadas na figura a seguir, são as três primeiras de uma sequência infinita (P1, P2, P3, ...) de pirâmides regulares. As sequências (h1, h2, h3, ...) e (a1, a2, a3, ...) são progressões geométricas, onde hn e an representam, nessa ordem, as medidas da altura e da aresta da base da pirâmide Pn, n∈ℕ*. Considere ainda Vn como sendo o volume da pirâmide Pn.

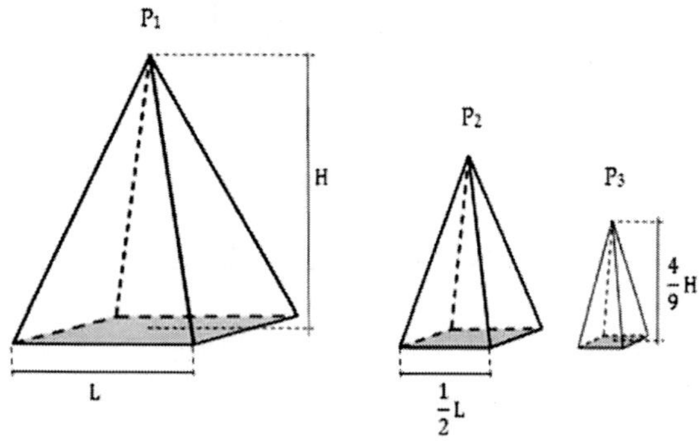

Analise as afirmações a seguir e marque a alternativa correta.

I. h2 = 2H/3 II. V2/V1 = $(2/3)^3$ III. V4 = L^2.H/648

IV. V1 + V2 + V3 + ... = 6.V1/5.

V. Se L = 12cm e H = 8cm, então a pirâmide P1 tem $384cm^2$ de área total.

(A) Apenas as afirmações I, III, IV e V são verdadeiras.
(B) Apenas as afirmações I, II e III são verdadeiras.
(C) Apenas as afirmações III e IV são verdadeiras.
(D) Apenas as afirmações I e V são verdadeiras.
(E) Apenas as afirmações II, III e IV são verdadeiras.

525) UNIFEI – Um poliedro convexo de 38 vértices é formado por faces triangulares, pentagonais e hexagonais. Se o número de faces triangulares é o dobro do número de faces hexagonais e se o número de faces pentagonais é o triplo do número de faces triangulares, então quantas faces e quantas arestas tem esse poliedro?

526) IFPE – Walter é aluno do curso de Design Gráfico. Ele está interessado em objetos decorativos para ambientes internos. Para o seu trabalho de conclusão de curso, ele projetou uma divisória usando octaedros regulares, como o da figura. Nessa divisória, cada um deles é suspenso por meio de um fio vertical que é preso a um dos seus vértices. Se cada octaedro tem 15cm de aresta, qual o volume de cada um desses sólidos, em cm^3?

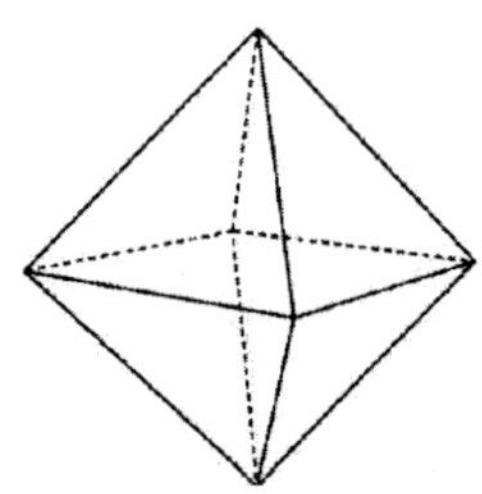

(A) $1512\sqrt{2}$ (B) $1251\sqrt{2}$ (C) $1215\sqrt{2}$
(D) $1152\sqrt{2}$ (E) $1125\sqrt{2}$

527) UFPE – Um reservatório de forma cilíndrica foi construído sobre um plano inclinado, como ilustrado na figura a seguir. O raio do cilindro mede 2m e, na parte mais funda, a altura do reservatório é de 5m, e na parte mais rasa, a altura é de 4m. Qual o volume do reservatório, em m^3 ? Indique o valor inteiro mais próximo. Use $\pi \approx 3{,}14$.

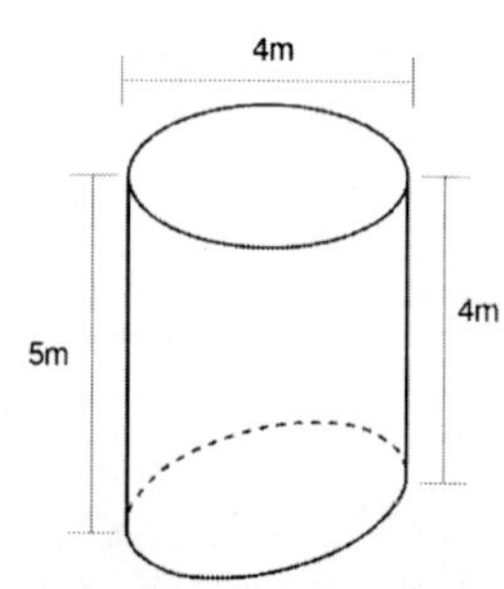

(A) $57m^3$ (B) $58m^3$ (C) $59m^3$
(D) $60m^3$ (E) $61m^3$

528) UFRJ – Um sólido tem a forma de uma pirâmide ABCD e está apoiado sobre uma mesa. A base da pirâmide é o triângulo equilátero ABC e as outras faces são triângulos isósceles congruentes. A altura OD mede 5 cm e a aresta AD mede 10cm. A pirâmide é girada em torno da aresta AB. O vértice D percorre um arco DD' tal que D' fica situado sobre a mesa. Determine o comprimento do arco DD'.

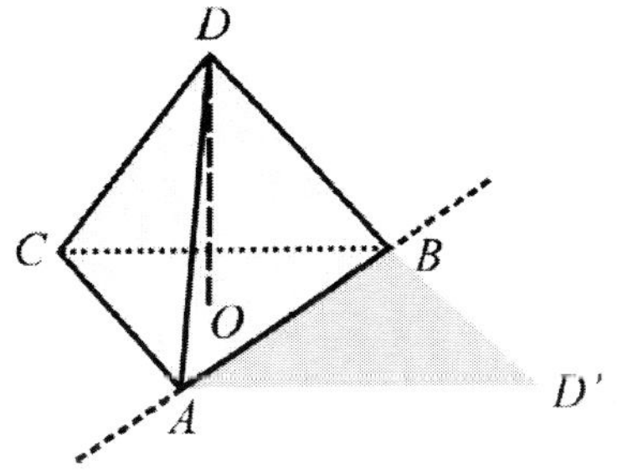

529) IFSC – Um soldador derrete um cilindro reto de cobre e o cobre obtido tem o mesmo volume do cilindro. Ele deseja moldar cobre em esferas com raio igual à medida do raio da base do cilindro. Considerando que não acontece desperdício de material e que a altura do cilindro é 8 vezes o diâmetro de sua base, quantas esferas serão obtidas?

(A) 36 (B) 12 (C) 24 (D) 18 (E) 48

530) UFAM – Desenvolvendo a superfície lateral de um cone circular reto, obtém-se um setor circular de raio 8cm e ângulo central 135°. A área total (em cm^2) e o volume (em cm^3) do cone devem ser, respectivamente:

(A) 3π e 53π
(B) $9\pi\sqrt{45}$ e 23π
(C) $3\pi\sqrt{55}$ e 33π
(D) $3\pi\sqrt{65}$ e 43π
(E) $3\pi\sqrt{75}$ e 66π

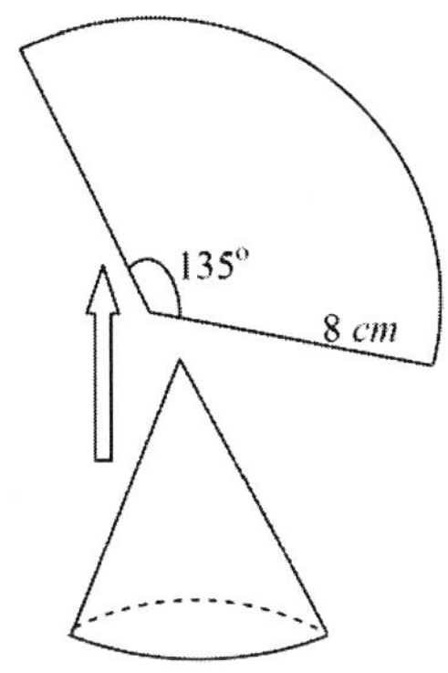

Teste 54

531) PUC SP – Um artesão dispõe de um bloco maciço de resina, com a forma de um paralelepípedo retângulo de base quadrada e cuja altura mede 20 cm. Ele pretende usar toda a resina desse bloco para confeccionar contas esféricas que serão usadas na montagem de 180 colares. Se cada conta tiver 1cm de diâmetro e na montagem de cada colar forem usdas 50 contas, então, considerando o volume do cordão utilizado desprezível e a aproximação $\pi = 3$, a área total da superfície do bloco de resina, em centímetros quadrados, é

(A) 1250 (B) 1480 (C) 1650 (D) 1720 (E) 1850

532) UFMG – Observe a figura. Nessa figura, está representado um cubo de aresta 10. Sabendo que AP = QC = 4, calcule a distância de P a Q.

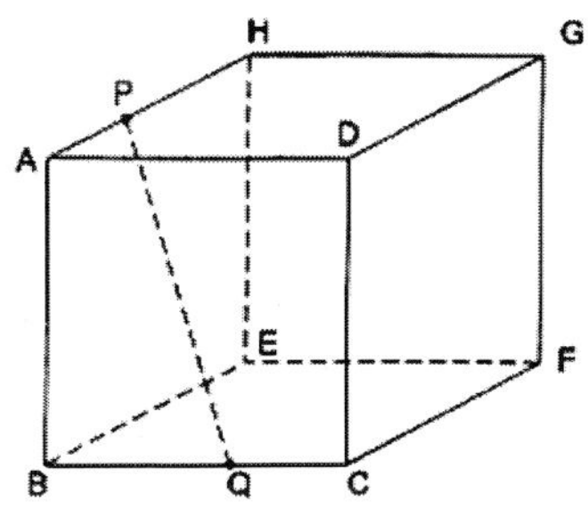

533) UDESC – De um tetraedro regular com aresta medindo 30 cm, é retirado um cubo cuja aresta mede a diferença do apótema do tetraedro pela altura do tetraedro. Nesse caso, a aresta do cubo mede, em centímetros:

(A) $15\sqrt{3}\left(1-2\sqrt{2}\right)$ (B) $5\sqrt{6}\left(3-2\sqrt{3}\right)$ (C) $5\sqrt{3}\left(1+10\sqrt{6}\right)$
(D) $5\sqrt{3}\left(3-2\sqrt{2}\right)$ (E) $5\sqrt{3}\left(1-2\sqrt{2}\right)$

534) UFRN – Um recipiente cônico foi projetado de acordo com o desenho ao lado, no qual o tronco de cone foi obtido de um cone de altura igual a 18 cm. O volume desse recipiente, em cm^3, é igual a:

(A) 216π (B) 208π (C) 224π (D) 200π

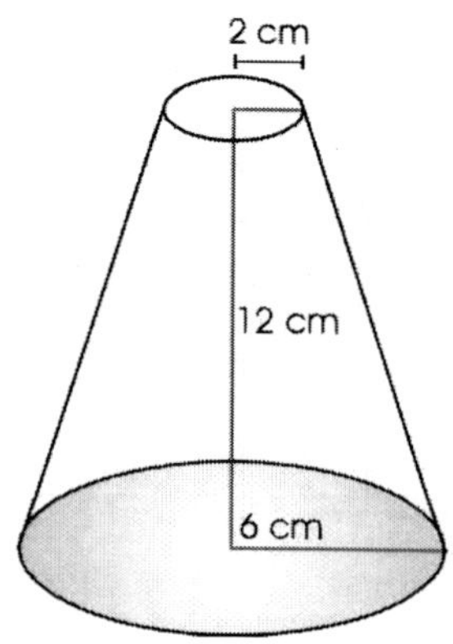

535) UFPR – Um prisma possui 17 faces, incluindo as faces laterais e as bases inferior e superior. Uma pirâmide cuja base é idêntica à base do prisma, possui quantas arestas?

(A) 26 (B) 28 (C) 30 (D) 32 (E) 34

536) FGV – A figura mostra um tronco de pirâmide regular formado por dois quadrados ABCD e A'B'C'D' de centros O e O' contidos em planos paralelos e quatro trapézios congruentes. Os quadrados são as bases do tronco e a sua altura é a distância OO'=h entre os planos paralelos.
Se S e S' são as áreas das bases de um tronco de pirâmide de altura h, o volume desse tronco é dado pela fórmula $V=\frac{h}{3}\left(S+S'+\sqrt{S\times S'}\right)$

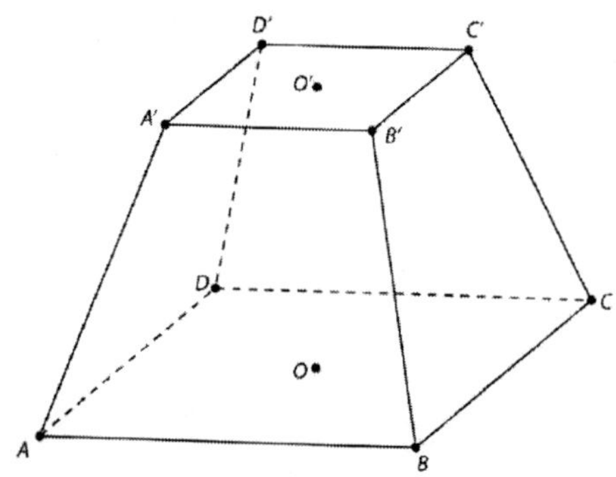

São dadas, em decímetros, as medidas das arestas:
AB=12, A'B'=6, AA'=9.
Calcule o volume desse poliedro em decímetros cúbicos e dê um valor aproximado usando algum dos dados abaixo.
Dados: $\sqrt{2}\approx 1{,}41$, $\sqrt{3}\approx 1{,}73$, $\sqrt{5}\approx 2{,}24$, $\sqrt{7}\approx 2{,}65$.

537) UNICAMP – Considere um cilindro circular reto. Se o raio da base for reduzido pela metade e a altura for duplicada, o volume do cilindro

(A) é reduzido em 50%
(B) aumenta em 50%
(C) permanece o mesmo
(D) é reduzido em 25%

538) UNESP - Um cone circular reto, de vértice V e raio da base igual a 6 cm, encontra-se apoiado em uma superfície plana e horizontal sobre uma geratriz. O cone gira sob seu eixo de revolução que passa por V, deslocando-se sobre a superfície plana horizontal, sem escorregar, conforme mostra a figura.

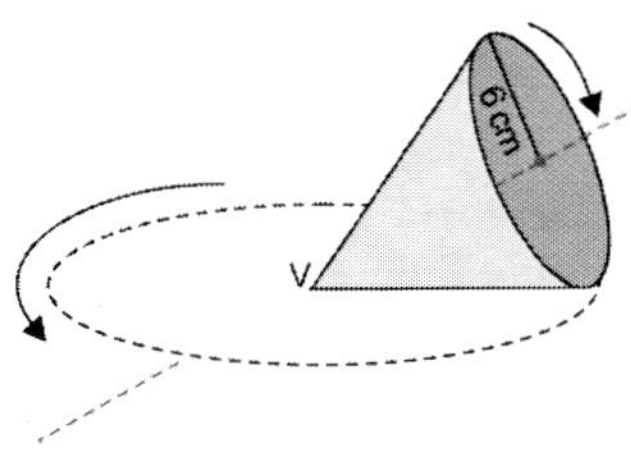

O cone retorna à posição inicial após o círculo da sua base ter efetuado duas voltas completas de giro. Considerando que o volume de um cone é calculado pela fórmula $\pi r^2 h/3$, o volume do cone da figura, em cm^3, é igual a

(A) $72\sqrt{3}\pi$ (B) $48\sqrt{3}\pi$ (C) $36\sqrt{3}\pi$ (D) $18\sqrt{3}\pi$ (E) $12\sqrt{3}\pi$

539) USP - Três das arestas de um cubo, com um vértice em comum, são também arestas de um tetraedro. A razão entre o volume do tetraedro e o volume do cubo é

(A) 1/8 (B) 1/6 (C) 2/9 (D) 1/4 (E) 1/3

540) ENEM - Em um casamento, os donos da festa serviam champagne aos seus convidados em taças com formato de um hemisfério (figura 1), porém um acidente na cozinha culminou na quebra de grande parte desses recipientes. Para substituir as taças quebradas, utilizou-se um outro tipo com formato de cone (figura 2). No entanto, os noivos solicitaram que o volume de champagne nos dois tipos de taças fosse igual.

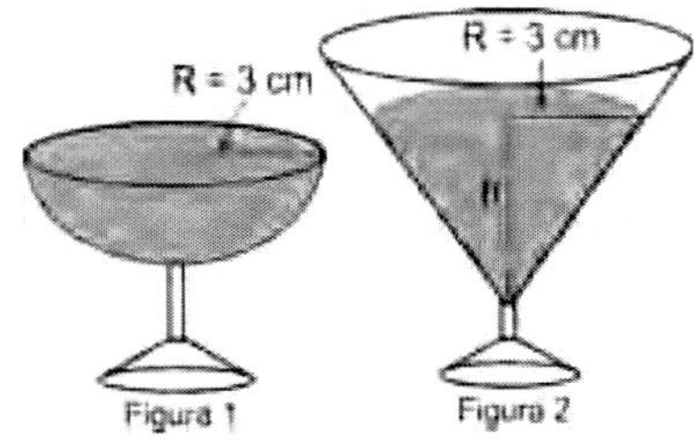

Considere:

$V_{esfera} = \frac{4}{3}\pi R^3$ e $V_{cone} = \frac{1}{3}\pi R^2 h$

Sabendo que a taça com formato de hemisfério é servida completamente cheia, a altura do volume de chanpagne que deve ser colocado na outra taça, em centímetros, é de

(A) 1,33 (B) 6,0 (C) 12,0 (D) 56,52 (E) 113,04

Teste 55

541) UFSC - Indique as proposições verdadeiras (V) e as falsas (F).

( ) Quando exposta ao sol, uma barra de metal com 30m de comprimento aumenta em 1% o sem comprimento. Logo, essa barra de metal quando exposta passa a medir 30,03m.

( ) Uma parede de $4m^2$ pode ser revestida completamente com 50 azulejos de 20cm por 40cm.

( ) Quando se duplica o raio da base de um cone (mantendo fixa a altura), o seu volume fica quadruplicado, e quando se duplica a sua altura (mantendo fixo o raio da base), o seu volume fica duplicado.

( ) Se uma esfera com volume igual a 288π cm^3 está inscrita num cilindro equilátero, então a altura do cilindro é 12 cm.

542) UFMG – Nesta figura, estão representados o cubo ABCDEFGH e o sólido OPQRST. Cada aresta do cubo mede 4cm e os vértices do sólido OPQRST são os pontos centrais das faces do cubo. Então é correto afirmar que a área total do sólido OPQRST mede, em cm^2:

(A) $8\sqrt{2}$ (B) $8\sqrt{3}$ (C) $16\sqrt{2}$ (D) $16\sqrt{3}$

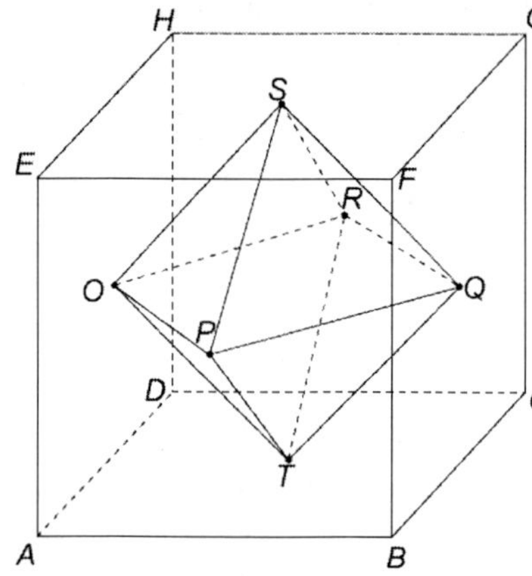

543) UFRGS – Considere ABCDEFGH paralelepípedo retângulo, indicado na figura, tal que AB = 4, AE = 3 e BC = 2.
O volume do tetraedro AHFC é

(A) 4 (B) 8 (C) 12 (D) 16 (E) 18

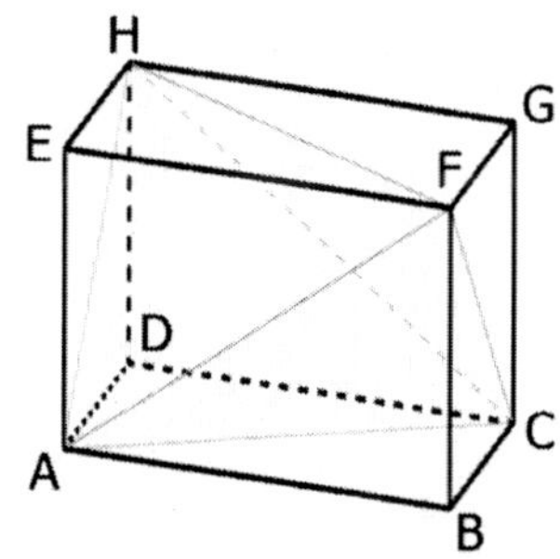

544) UFCE – Duas esferas de raios iguais a **r** são colocdas no interior de um tubo de ensaio sob a forma de um cilindro circular reto de raio da base **r** e altura **4r**. No espaço vazio compreendido entre as esferas, a superfície lateral e as bases, superior e inferior, do tubo de ensaio, coloca-se um líquido. Então, o volume desse líquido é:

(A) $\frac{2}{3}\pi r^3$ (B) $\frac{3}{4}\pi r^3$ (C) $\frac{4}{3}\pi r^3$ (D) $2\pi r^3$ (E) $4\pi r^3$

545) UFAM – Um recipiente tem a forma de um prisma como indicado na figura a seguir. Sabendo que sua altura é de 30 cm e sua base é um hexágono regular com aresta medindo 10cm, então o seu volume deve ser aproximadamente, em cm^3 (use $\sqrt{3}$ = 1,73).

(A) 5,985
(B) 6,885
(C) 7,785
(D) 7,795
(E) 8,785

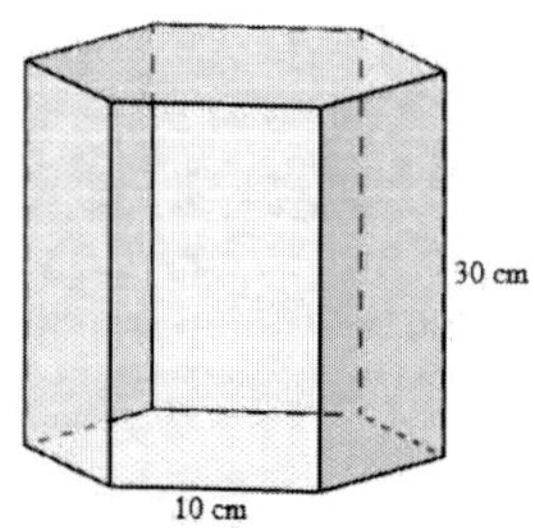

546) UNESP – A figura mostra um paralelepípedo reto-retângulo ABCDEFGH, com base quadrada ABCD, de aresta **a** e altura **2a**, em centímetros. A distância, em centímetros, do vértice A à diagonal BH mede:

(A) $\frac{\sqrt{5}}{6}a$ (B) $\frac{\sqrt{6}}{6}a$ (C) $\frac{\sqrt{5}}{5}a$ (D) $\frac{\sqrt{6}}{5}a$ (E) $\frac{\sqrt{30}}{6}a$

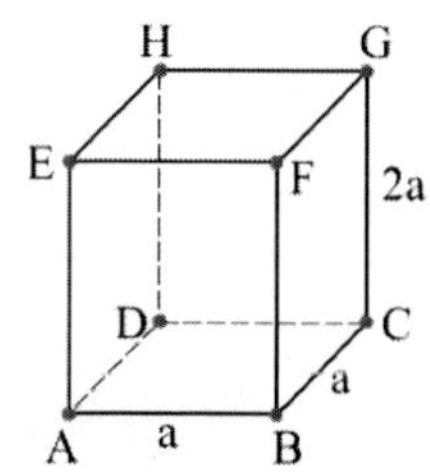

547) UFRGS – Na figura estão representados um cubo de aresta 3 e uma pirâmide triangular de altura 9. Os pontos A, B e C são vértices da pirâmide e do cubo, e V pertence ao prolongamento de BG. O volume comum aos dois sólidos é:

(A) 15/2 (B) 8 (C) 17/2 (D) 9 (E) 19/2

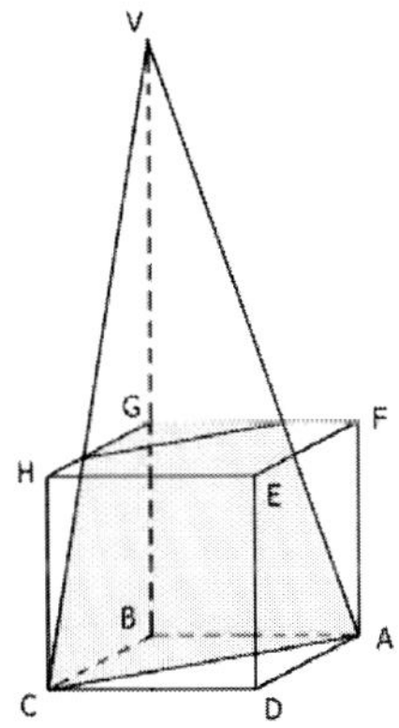

548) UFMG – Nesta figura, está representada a região T, do plano cartesiano, limitada pelo eixo y e pelas retas y = x + 1 e y = 3x;
Seja S o sólido obtido pela rotação da região T em torno do eixo y. Então, o volume de S é

(A) π/24 (B) π/12 (C) π/8 (D) π/4

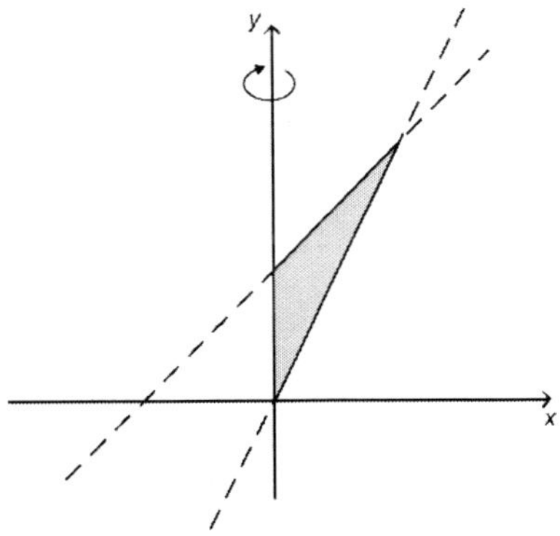

549) PROFMAT – O cubo da figura tem aresta de medida 3. Se AI = CJ = FK = 1, o perímetro do triângulo IJK é

(A) $2\sqrt{10}+3\sqrt{2}$
(B) $3\sqrt{10}$
(C) $9\sqrt{2}$
(D) $2\sqrt{13}+3\sqrt{2}$
(E) $2\sqrt{10}-3\sqrt{2}$

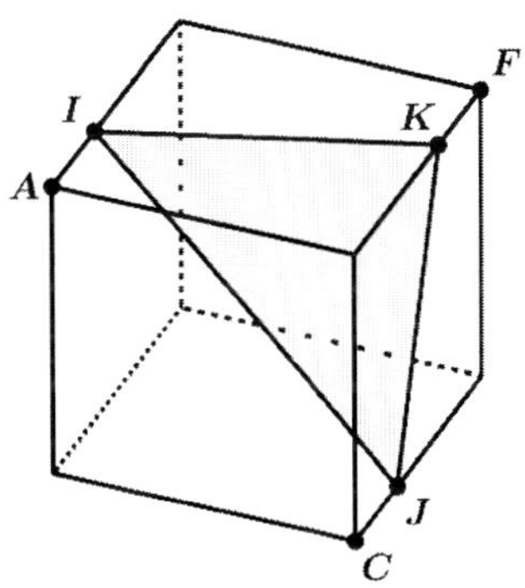

550) ENEM – Uma indústria fabrica brindes promocionais em forma de pirâmide. A pirâmide é obtida a partir de quatro cortes em um sólido que tem a forma de um cubo. No esquema, estão indicados o sólido original (cubo) e a pirâmide obtida a partir dele.

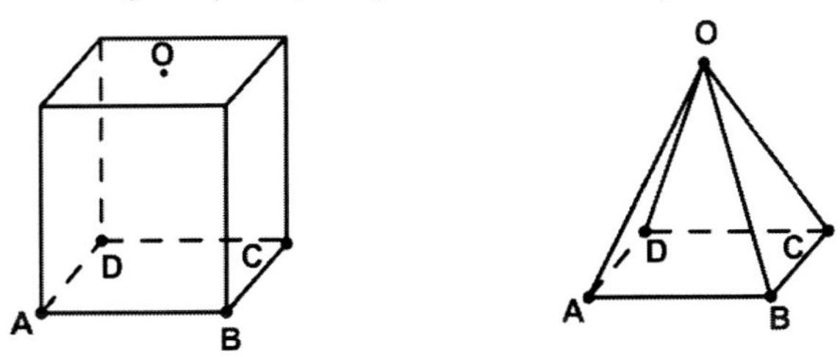

Os pontos A, B, C, D e O do cubo e da pirâmide são os mesmos. O ponto O é central na face superior do cubo. Os quatro cortes saem de O em direção às arestas AD, BC, AB e CD, nessa ordem. Após os cortes, são descartados quatro sólidos. Os formatos dos sólidos descartados são:

(A) Todos iguais.
(B) Todos diferentes.
(C) Três iguais e um diferente.
(D) Apenas dois iguais.
(E) Iguais dois a dois.

Teste 56

551) Mackenzie – Os valores de x ($x \in \mathbb{R}$), para os quais a função $f(x) = \frac{1}{3} tg\left(3x - \frac{\pi}{4}\right)$ não é definida, são:

(A) $\pi + k\pi$, $k \in \mathbb{Z}$ (B) $\pi/2 + k\pi$, $k \in \mathbb{Z}$ (C) $3\pi/4 + k\pi$, $k \in \mathbb{Z}$
(D) $\pi/4 + k\pi$, $k \in \mathbb{Z}$ (E) $\pi/4 + k\pi/3$, $k \in \mathbb{Z}$

552) UF Pelotas – Se **$0 < \alpha < \pi/2$** e **$P(x) = x^2.tg(\alpha) - x.(sec(\alpha) + 1) - 3$**, a soma das raízes da equação $P(x) = 0$ é

(A) $-sec(\alpha) - 1$ (B) -3 (C) $-\frac{3}{sec(\alpha)+1}$ (D) $cossec(\alpha) + cotg(\alpha)$ (E) 1 (F) N.R.A.

553) UFT – Sabendo que o valor de $sen\, x = 3/4$ e $\pi/2 < x < \pi$, então é correto afirmar que o valor da expressão

$E = (sec^2 x + cot^2 x) - (tan^2 x + csc^2 x) + cos\, x - sen\, x$

é igual a:

(A) $\frac{\sqrt{7}+3}{4}$ (B) $-\frac{\sqrt{7}+3}{4}$ (C) $-\frac{\sqrt{7}-3}{4}$ (D) $\frac{\sqrt{7}-3}{4}$ (E) $\frac{\sqrt{7}+6}{4}$

554) IFCE – Considere a função quadrática
$g(x) = x^2 + x.cos\,\theta + sen\,\theta$.
Se a resolvermos para $\theta = 3\pi/2$ e $g(x) = 0$, a solução será

(A) ± 1 (B) ± 2 (C) ± 3 (D) ± 4 (E) ± 5

555) UDESC – A soma de todas as raízes reais da função $f(x) = \cot^2(x) - \frac{5}{4sen^2(x)} + 2$ pertencentes ao intervalo $\left[\frac{\pi}{2}, 3\pi\right]$ é igual a:

(A) 4π (B) $53\pi/6$ (C) 9π (D) $35\pi/6$ (E) $73\pi/6$

556) UFPI – Se x é um ângulo tal que **$cos(x).(1 - tg(x)) = 1/2$**, então $sen(2x)$ é igual a:

(A) 1 (B) 1/2 (C) 1/4 (D) 3/4 (E) 4/5

557) UFJF – Sejam x e y tais que $sen\,x.cos\,x = 1/8$ e $y = sen\,x + cos\,x$. Pode-se afirmar que:

(A) $y = \frac{\sqrt{5}}{2}$ (B) $y = -\frac{\sqrt{5}}{2}$ ou $y = \frac{\sqrt{5}}{2}$ (C) $y = \frac{5}{2}$

(D) $y=-\frac{5}{2}$ ou $y=\frac{5}{2}$ (E) $y=\frac{5}{2}$ ou $y=\frac{\sqrt{5}}{2}$

558) UFMS – Dada a equação $2^{(2+\cos x)}+2^{(1-\cos x)}=6$, com $x\in\left[0,\frac{3\pi}{2}\right]$.

É correto afirmar que a equação dada

(A) não tem solução real.
(B) tem solução única.
(C) tem apenas duas soluções distintas.
(D) tem exatamente três soluções distintas.
(E) tem, no intervalo dado, 4 soluções distintas.

559) IFMT – Se β está no intervalo [0, π/2] do círculo trigonométrico e satisfaz a equação $5\cos(2\beta)+3\text{sen}\beta=4$, então o valor de $\text{tg}\,\beta$ é:

(A) $\frac{\sqrt{3}}{3}$ (B) $\frac{1}{2}$ (C) $\frac{\sqrt{3}}{2}$ (D) 1 (E) $\frac{2\sqrt{6}}{5}$

560) IFCE – Sejam **x** e **y** reais, tais que **arctgx + arctgy = π/4**.
Então, o valor de **x + xy + y** é

(A) –1 (B) $-\frac{\sqrt{2}}{2}$ (C) 0 (D) $\frac{\sqrt{2}}{2}$ (E) 1

Teste 57

561) UFSM – Em muitas cidades, os poluentes emitidos em excesso pelos veículos causam graves problemas a toda população. Durante o inverno, a poluição demora mais para se dissipar na atmosfera, favorecendo o surgimento de doenças respiratórias.
Suponha que a função **N(x) = 180 – 54cos(π(x – 1)/6)** represente o número de pessoas com doenças respiratórias registrado num Centro de Saúde, com x=1 correspondendo ao mês de janeiro, x=2 ao mês de fevereiro, e assim por diante. A soma do número de pessoas com doenças respiratórias registrado nos meses de janeiro, março, maio e julho é igual a

(A) 693 (B) 720 (C) 747 (D) 774 (E) 936

562) UFAL – De um ponto A, situado no mesmo nível da base de uma torre, o ângulo de elevação do topo da torre é de 20°. De um ponto B, situado na mesma vertical de A e 5m acima, o ângulo de elevação do topo da torre é de 18°. Qual a altura da torre? Dados: use as aproximações tg 20° = 0,36 e tg 18° = 0,32.

(A) 42 (B) 43 (C) 44
(D) 45 (E) 46

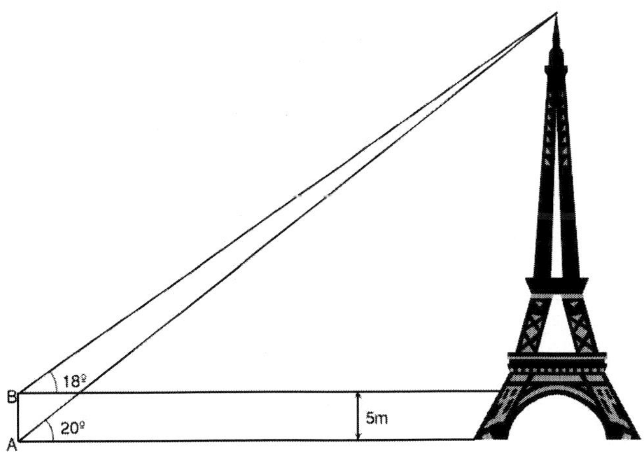

563) UFBA – Considere a função real **f(x) = A + B.cos(mx + α)**, com α∈]0, π/2[e com A e B constantes. Sabendo-se que o período de f é igual a π, f(0) = 2, f(π/4) = –1 e tg α = 2, calcule f(α/2).

564) UERJ – No esquema ao lado, estão representados um quadrado ABCD e um círculo de centro P e raio r, tangente às retas AB e BC. O lado do quadrado mede 3r.

A medida θ do ângulo CAP pode ser determinada a partir da seguinte identidade trigonométrica:

$$tg(\alpha - \beta) = \frac{tg(\alpha) - tg(\beta)}{1 + tg(\alpha) \times tg(\beta)}$$

O valor da tangente de θ é igual a:

(A) 0,65 (B) 0,60 (C) 0,55 (D) 0,50

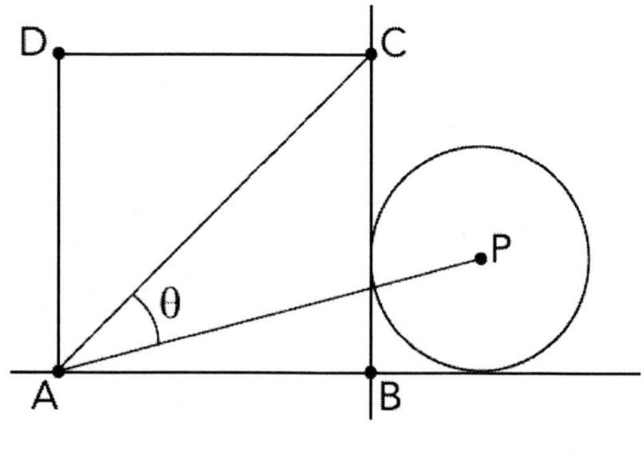

565) UFG – Um navio, que possui 20m de altura sobre a água, passa por um canal e, e, certo momento, o capitão da embarcação avista uma ponte plana sobre o canal, a qual ele desconhece as dimensões e tem de decidir se o navio pode passar sob a ponte. Para isso, ele inicia uma série de cálculos e medições. A primeira constatação que ele faz é a de que, a uma certa distância, **d**, da projeção da base da ponte, a inclinação do segmento que une a parte retilínea inferior da ponte e o ponto mais avançado do navio, que está a 4m de altura sobre a água, é de 7°. Percorridos 102m em linha reta em direção à ponte, ele volta a medir a inclinação, obtendo um ângulo de 10°, e verifica que a distância entre a parte retilínea inferior da ponte e o ponto mais avançado do navio é de 100m, como ilustra a figura a seguir.

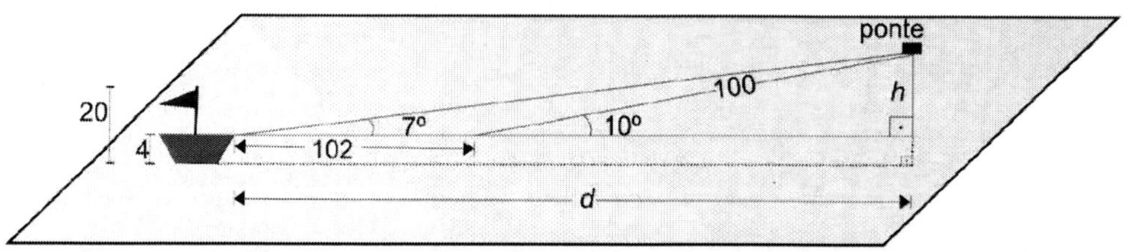

Diante do exposto, admitindo que a superfície do rio é plana, determine a altura da ponte e conclua se esta é suficiente para que o navio passe sob ela.

Dados: tg(7°) =0,12 e cos(10°) = 0,98

566) FATEC – Sejam α, β e γ, as medidas dos ângulos internos de um triângulo.

Se $\frac{sen\alpha}{sen\beta} = \frac{3}{5}$ e $\frac{sen\alpha}{sen\gamma} = 1$ e o perímetro do triângulo é 44, então a medida do maior lado desse triângulo é

(A) 5 (B) 10 (C) 15 (D) 20 (E) 25

567) PUC PR – Através da Trigonometria podemos calcular as medidas dos elementos do triângulo (lados e ângulos), calcular distâncias inacessíveis, como a altura de uma torre, a altura de uma montanha, largura de um rio, entre outras. Além disso, o estudo das relações, funções e equações trigonométricas também tem grande importância na Matemática, Fisica e Engenharias.

Assinale V(verdadeiro) ou F(falso) sobre as afirmações da Trigonometria.

( ) $sen^2 2x + cos^2 3x = 1, \forall x \in \mathbb{R}$.
( ) $\cos 3\pi = \sec 3\pi$.
( ) $sen(-x) = -sen(x)$.
( ) $\sec^2 x = tg^2 x - 1, \forall x \in \mathbb{R}$.
( ) se $x \in [0, 2\pi]$, então as equações $\mathbf{sen\,x = 0}$ e $\mathbf{x(x - \pi) = 0}$ têm as mesmas raízes.

A ordem correta do preenchimento dos parênteses acima é

(A) F–V–V–F–F (B) V–V–F–F–V (C) F–F–F–V–V (D) V–F–F–V–V (E) F–F–V–F–F

568) IFRS – Uma roda-gigante, de 20 metros, de diâmetro, gira no sentido anti-horário. Sendo θ o ângulo mostrado na figura, e considerando o referencial indicado, as coordenadas do ponto A são dadas por:

(A) (10.cos θ, 10.sen θ)
(B) (10.sen θ, 10.cos θ)
(C) (10.cos θ, 10 – 10.sen θ)
(D) (10.sen θ, 10 – 10.cos θ)
(E) (10 + 10.sen θ, 10 – 10.cos θ)

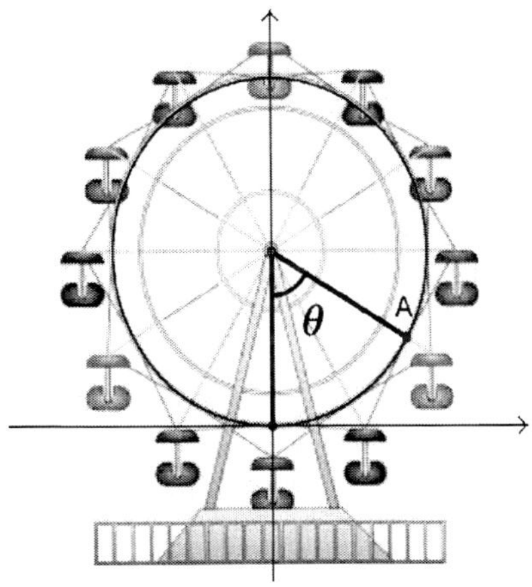

569) IFSP – Assinale a alternativa que corresponde ao menor valor positivo que é solução da equação $\mathbf{sen(2x) - sen(x) = 0}$

(A) π/3 (B) π/4 (C) 2π/5 (D) 3π/5 (E) 3π/8

570) IFPE – Ao determinar o valor da expressão $\mathbf{(sen\,x + cos\,y)^2 + (sen\,y + cos\,x)^2}$ para $x + y = 3\pi/2$, obtemos qual dos valores indicados abaixo?

(A) 1/2 (B) 0 (C) –1/2 (D) 1 (E) –1

Teste 58

571) IFRO – Sabendo-se que $[\tan x].[\tan(\pi/3 - x)].\ [\tan(\pi/3 + x)] = \tan 3x$
Pode-se afirmar que $(\tan 20°).(\tan 40°).(\tan 80°)$ é igual a:

(A) $\frac{\sqrt{3}}{2}$ (B) 1,732 (C) $\frac{\sqrt{3}}{3}$ (D) $\frac{1}{2}$ (E) $\frac{\sqrt{2}}{2}$

572) UNIFEI – Mostre que 2.arctg(1/3) + arctg(1/7) = π/4.

573) USP – Sendo sen α = 9/10, com 0 < α < π/2, tem-se:

(A) sen α < sen π/3 < sen 2α
(B) sen π/3 < sen α < sen 2α
(C) sen α < sen 2α < sen π/3
(D) sen 2α < sen π/3 < sen α
(E) sen 2α < sen α < sen π/3

574) USP – Na figura ao lado, o quadrilátero ABCD está inscrito numa semi-circunferência de centro A e raio AB = AC = AD = R. A diagonal AC forma com os lados BC e AD ângulos α e β, respectivamente. Logo, a área do quadrilátero ABCD é:

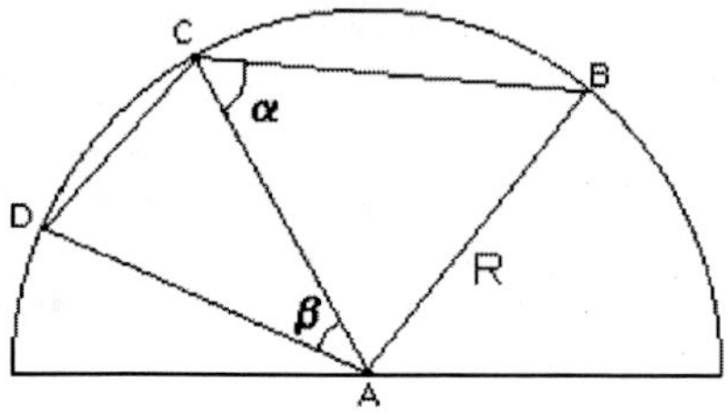

(A) $(R^2/2)(sen2\alpha + sen\beta)$
(B) $(R^2/2)(sen\alpha + sen2\beta)$
(C) $(R^2/2)(\cos 2\alpha + sen2\beta)$
(D) $(R^2/2)(sen\alpha + \cos\beta)$
(E) $(R^2/2)(sen2\alpha + \cos\beta)$

575) IFMG – Sabendo que tg(x) = 1 e x∈[0, π/2], então calcule o valor da expressão **sen(x) + cos(x)**

(A) $\sqrt{2}$ (B) $\frac{\sqrt{2}}{2}$ (C) $\frac{\pi}{4}$ (D) $\frac{1}{2}$

576) UESC – Se **a** é o menor valor que satisfaz a inequação $|1 - 8x| \leq 3$ e e sen(y) = a, então o valor da constante k, que satisfaz à igualdade **sen(2y) = k.cotg(y)**, é

(A) 1/8 (B) 1/2 (C) 1/4 (D) 1/16 (E) 1

577) Mackenzie – O número de soluções que a equação $4.\cos^2 x - \cos 2x + \cos x = 2$ admite no intervalo [0, 2π] é

(A) 0 (B) 1 (C) 2 (D) 3 (E) 4

578) UFLA – Para x expresso em graus com $0 \leq x < 360$, resolva a equação
$5\ sen^2(x) + \cos^2(x) = 2$

579) USP – Sejam x e y números reais positivos tais que x + y = π/2. Sabendo-se que sen(y – x) = 1/3, o valor de $\mathbf{tg^2 y - tg^2 x}$ é igual a

(A) 3/2 (B) 5/4 (C) 1/2 (D) 1/4 (E) 1/8

580) ENEM – Considere um ponto P em uma circunferência de raio r no plano cartesiano. Seja Q a projeção ortogonal de P sobre o eixo x, como mostra a figura, e suponha que o ponto P percorra, no sentido anti-horário, uma distância d≤r sobre a circunferência.
Então, o ponto P percorrerá, no eixo x, uma distância dada por:

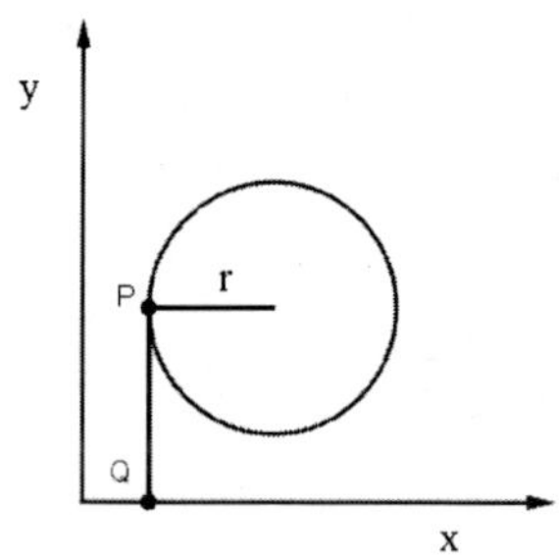

(A) $r\left(1 - sen\frac{d}{r}\right)$ (B) $r\left(1 - \cos\frac{d}{r}\right)$ (C) $r\left(1 - tg\frac{d}{r}\right)$

(D) $r.sen\frac{r}{d}$ (E) $r.\cos\frac{r}{d}$

Teste 59

581) UDESC – Assinale a alternativa que corresponde ao valor da expressão.

$$6.\cos^2\left(\frac{13\pi}{6}\right)-4\cos^2\left(\frac{11\pi}{4}\right)+sen\left(\frac{-7\pi}{6}\right)+tg^2\left(\frac{31\pi}{3}\right)$$

(A) 6 (B) 5 (C) 9/2 (D) 3 (E) 23/4

582) UFPR – Considere a função $f(x)=4.\cos\left(\frac{x\pi}{4}\right)-3$, com x∈(–∞, +∞)

a) Qual é o valor mínimo que a função atinge?
b) Para que valores de x temos f(x) = –1 ?

583) UFS – A figura ao lado é composta por dois eixos perpendiculares entre si, X e Y, que se intersectam no centro O de um círculo de raio 1, e outro eixo Z, paralelo a Y e tangente ao círculo no ponto P. A semi-reta OQ pertence a Z, forma um ângulo α com o eixo Y. Podemos afirmar que o valor da medida do segmento PQ é

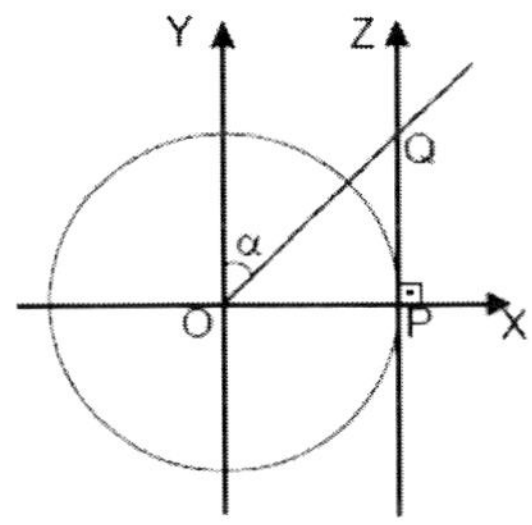

(A) sec α (B) tg α (C) cotg α (D) cos α (E) sen α

584) UFRN – Considerando que sen² α = , com 0° < α < 90°, então o valor da expressão $\left(\cos\frac{\alpha}{2}+sen\alpha\right).tg\alpha$ é:

(A) 1 (B) 3 (C) $\sqrt{3}$ (D) $2\sqrt{3}$

585) UNICAMP – Seja x um número real tal que **sen x + cos x** = 0,2. Logo, a expressão |**sen x – cos x**| é igual a

(A) 0,5 (B) 0,8 (C) 1,1 (D) 1,4

586) FGV – No intervalo [0, 2π], as raízes da equação 4.sen³ x – 8.sen² x + 5.sen x – 1 = 0 têm por soma o número:

(A) 5π/6 (B) π (C) 5 π/3 (D) 7π/6 (E) 3π/2

587) USP – O número real x, com 0 < x < π, satisfaz a equação
$\log_3(1 - \cos x) + \log_3(1 + \cos x) = -2$.
Então, **cos 2x + sen x** vale

(A) 1/3 (B) 2/3 (C) 7/9 (D) 8/9 (E) 10/9

588) UFRGS – Se **a** e **b** são ângulos agudos e complementares, o valor da expressão sen²(a + b) – cos²(a + b) é

(A) 0 (B) 1 (C) 2 (D) $\sqrt{2}$ (E) $\sqrt{3}$

589) UFAM – O trapézio ABCD de bases AB e CD é isósceles. O ângulo entre as diagonais AC e DB é:

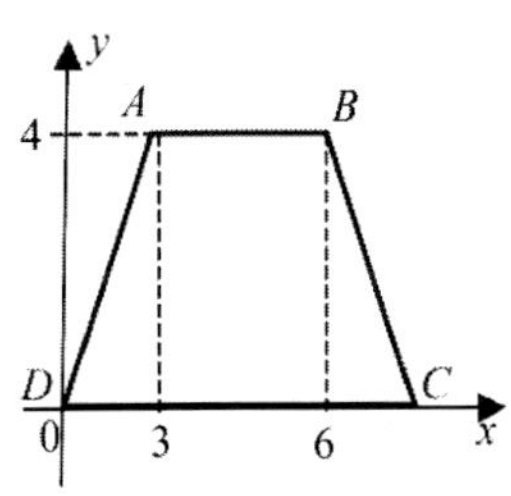

(A) θ = arctg 3/5
(B) θ = arctg 6/5
(C) θ = arctg 7/5
(D) θ = arctg 8/5
(E) θ = arctg 12/5

590) ENEM – Um satélite de telecomunicações, t minutos após ter agingido sua órbita, está a **r** quilômetros de distância do centro da Terra. Quando **r** assume seus valores máximo e mínimo, diz-se que o satélite atingiu o *apogeu* e o *perigeu*, respectivamente. Suponha que para esse satélite, o valor de **r** em função de **t** seja dado por

$$r(t)=\frac{5.865}{1+0,15\cos(0,06t)}$$

O cientista monitora o mivimento desse satélite para controlar o seu afastamento do centro da Terra. Para isso, ele precisa calcular a soma dos valores de r, no *apogeu* e no *perigeu*, representada por S. O cientista deveria concluir que, periodicamente, S atinge o valor de

(A) 12.765 km (B) 12.000 km (C) 11.730 km (D) 10.965 km (E) 5.865 km

Teste 60

591) UF Viçosa – No conjunto $\{x \in \mathbb{R} \mid 0 < x < 2\pi\}$, é correto afirmar que a equação
$\mathbf{sen\,2x - 4.sen\,x = 0}$

(A) não possui solução.
(B) possui apenas uma solução.
(C) possui mais de duas soluções.
(D) possui exatamente duas soluções.

592) USP – O quadrilátero da figura está inscrito em uma circunferência de raio 1. A diagonal desenhada é um diâmetro dessa circunferência. Sendo x e y as medidas dos ângulos indicados na figura, a área da região cinza, em função de x e y, é:

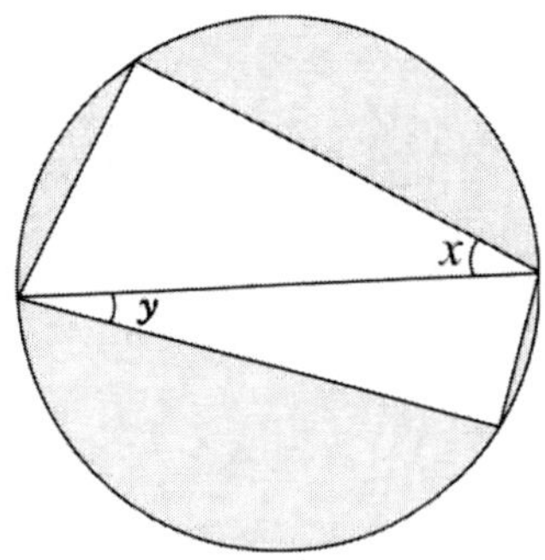

(A) $\pi + sen(2x) + sen(2y)$ (B) $\pi - sen(2x) - sen(2y)$

(C) $\pi - \cos(2x) - \cos(2y)$ (D) $\pi - \frac{\cos(2x)+\cos(2y)}{2}$

(E) $\pi - \frac{sen(2x)+sen(2y)}{2}$

593) IFSC – Após um experimento físico, pesquisadores concluíram que determinado tipo de onda propaga-se segundo a função:

$$f(t)=3+2.sen\left(\frac{\pi t}{6}\right)$$

na qual t é o tempo em segundos, $t \geq 0$.
Sobre a função f(t), classifique cada uma das opções abaixo como (V) verdadeira ou (F) falsa.

( ) A imagem da função é o intervalo real [–1, 1]
( ) $f(t) < 0, \forall t \neq 3k, k \in \mathbb{R}$.
( ) O gráfico da função não intercepta o eixo das abscissas.
( ) f(t) é uma função par.
( ) f(t) é uma função crescente em todo o seu domínio.
( ) O valor máximo assumido pela função é igual a 5.

594) UFMG

A) Demonstre a identidade trigonométrica:

sen 3x = 3.sen x – 4.sen³x.

Lembrete: cos(x + y) = cos x.cos y – sen x.sen y e sen(x + y) = sen x.cos y + sen y.cos x

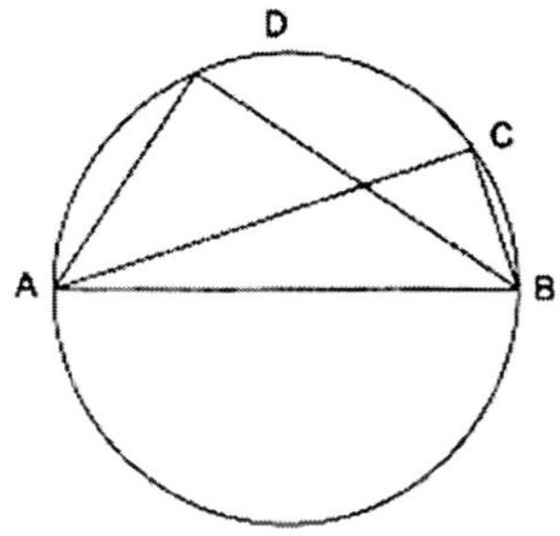

B) Observe a figura ao lado. Nessa figura, os triângulos ABC e ABD estão inscritos na circunferência de diâmetro AB. Sabendo que AB=4, BC=1 e que a medida de BAD é o triplo da medida de BAC, calcule BD.

595) PUC Campinas – Paulo está deitado na cama assistindo à TV. Na figura, C representa o ponto sobre a cama a partir do qual o controle remoto da TV foi acionado na direção do receptor de sinal indicado por R. A medida do ângulo entre a linha que representa o sinal transmitido e a cama é igual a α. Sabe-se, ainda:

- R está a 1,2m do chão;
- a altura da cama em relação ao chão é 0,4m;
- C está a 4m da parede da TV;
- A espessura da TV é desprezível.

Nas condições descritas e consultando a tabela, α é igual a

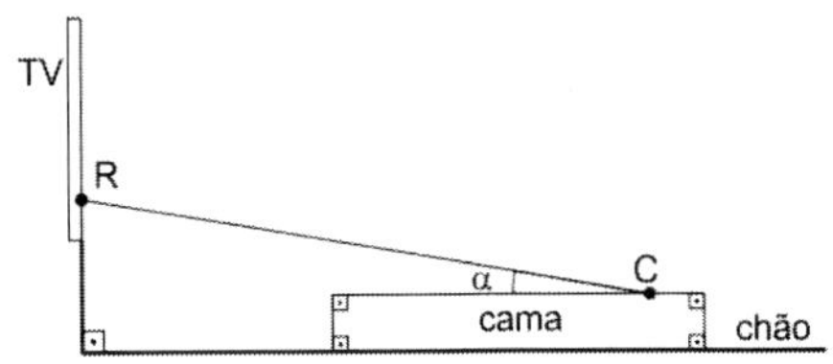

Dados:

α	11,3°	11,5°	12,1°	12,4°	78,5°
sen α	0,196	0,199	0,210	0,215	0,980
cos α	0,981	0,980	0,978	0,977	0,199
tg α	0,200	0,203	0,214	0,220	4,915

(A) 78,5° (B) 11,5° (C) 12,1° (D) 12,4° (E) 11,3°

596) UFPE – Um triângulo está inscrito numa circunferência de 12 m de raio e possui dois ângulos internos com medidas 30° e 70°. Usando **cos 10° = 0,98** e **cos 20° = 0,94**, considere as seguintes afirmativas:

1) A medida do seu lado menor é 12 m.
2) A medida do seu lado maior é 22,56 m.
3) O perímetro do triângulo é 58,08 m.

Estão corretas:

(A) 2, apenas (B) 1 e 2, apenas (C) 1 e 3, apenas. (D) 2 e 3, apenas (E) 1, 2 e 3.

597) PUC SP – Suponha que uma revista publicou um artigo no qual era estimado que, no ano de 2015+x, com x∈{0, 1, 2, ..., 9, 10}, o valor arrecadado dos impostos incidentes sobre as exportações de certo país, em milhões de dólares, poderia ser obtido pela função

$$f(x) = 250 + 12.\cos\left(\frac{\pi}{3}.x\right).$$

Caso essa previsão se confirme, então relativamente ao total arrecadado, é correto afirmar que:

(A) o valor máximo ocorrerá apenas em 2021.
(B) atingirá o valor mínimo somente em duas ocasiões.
(C) poderá superar 300 milhões de dólares.
(D) nunca será inferior a 250 milhões de dólares.

598) UF Pelotas – Na figura abaixo, considere sen(2α) = 4/5. Nessas condições, o valor de h, em centímetros, é

(A) 3/2 (B) 2 (C) 5/2 (D) 7/2 (E) $\sqrt{10}$ (F) N.R.A.

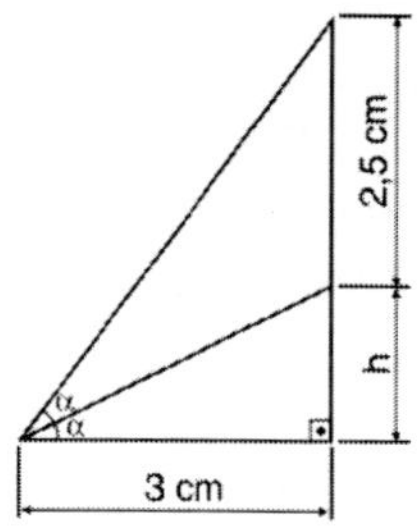

599) UFT – A seguinte figura mostra a circunferência trigonométrica. Determine o valor da relação N.

$$N = \frac{\text{Área do triângulo AOC}}{\text{Área do triângulo BOC}}$$

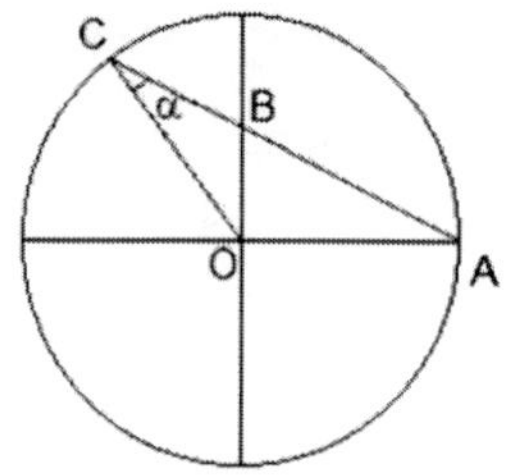

(A) $\frac{\cos(2\alpha)+1}{sen(2\alpha)}$ (B) $\cos(2\alpha)+1$ (C) $\frac{2.\cos^2\alpha}{\cos(2\alpha)}$

(D) $sen(2\alpha)+1$ (E) $\frac{sen(2\alpha)+1}{\cos(2\alpha)}$

600) ENEM – As torres Puerta de Europa são duas torres inclinadas uma contra a outra, construídas numa avenida de Madri, na Espanha. A inclinação das torres é de 15° com a vertical e elas têm, cada uma, uma altura de 114 m (a altura é indicada na figura como o segmento AB). Estas tprres são um bom exemplo de um prisma oblíquo de base quadrada e uma delas pode ser observada na imagem.
Utilizando 0,26 como um valor aproximado para a tangente de 15° e duas casas decimais nas operações, descobre-se que a área da base desse prédio ocupa na avenida um espaço

(A) menor que $100m^2$
(B) entre $100m^2$ e $300m^2$
(C) entre $300m^2$ e $500m^2$
(D) entre $500m^2$ e $700m^2$
(E) maior que $700m^2$

Respostas dos testes

Respostas do Teste 51

501) B	503) E	505) E	507) A	509) B
502) *	504) E	506) B	508) A	510) E

502) $6-2\sqrt[3]{19}$

Respostas do Teste 52

511) A	513) C	515)A	517) *	519) *
512) D	514) D	516) B	518) A	520) D

517) VFVVFV 519) VFFVF

Respostas do Teste 53

521) B	523) B	525) *	527) A	529) B
522) A	524) A	526) E	528) *	530) C

525) 27 faces, 63 arestas

528) $DD' = \frac{5\sqrt{7}}{2}.\left(\pi - \arctan\left(\frac{2}{\sqrt{3}}\right)\right)$

Respostas do Teste 54

531) C	533) D	535) C	537) A	539) B
532) *	534) B	536) *	538) A	540) B

532) $2\sqrt{38}$ 536) 667,8

Respostas do Teste 55

541) * 543) B 545) C 547) E 549) A
542) D 544) C 546) E 548) B 550) E
541) FVVV

Respostas do Teste 56

551) E 553) D 555) B 557) B 559) A
552) D 554) A 556) D 558) D 560) E

Respostas do Teste 57

561) B 563) * 565) * 567) E 569) A
562) D 564) B 566) D 568) D 570) B

563) $\frac{5-3\sqrt{5}}{5}$ 565) 28m, suficiente.

Respostas do Teste 58

571) B 573) D 575) A 577) E 579) A
572) π/4 574) A 576) A 578) * 580) B
578) 30°, 150°, 210° e 330°.

Respostas do Teste 59

581) A 583) C 585) D 587) E 589) E
582) * 584) B 586) E 588) B 590) B
582) –7, $x = 8k \pm \frac{4}{3}$

Respostas do Teste 60

591) B 593) * 595) E 597) B 599) C
592) E 594)11/4 596) C 598) A 600) E
593) FFVFFV

Resoluções dos testes

Resoluções do teste 51

501) Mackenzie – Primeiro devemos encontrar a medida da aresta do tetraedro regular. São quatro triângulos equiláteros de lado a. A área do triângulo equilátero é $\frac{a^2\sqrt{3}}{4}$ Como são quatro, a área total é $a^2\sqrt{3}$

$a^2\sqrt{3} = 48\sqrt{3}$ ➔ $a^2 = 48$ ➔ $a = 4\sqrt{3}$

Vale a pena lembrar a fórmula da altura do tetraedro regular de aresta a. Em outro exercício faremos a dedução.

$h = \frac{a\sqrt{6}}{3}$ ➔ $h = \frac{4\sqrt{3}.\sqrt{6}}{3} = 4\sqrt{2}$

Resposta: (B) $4\sqrt{2}$

502) UFPE – Usemos h para denotar a altura da pirâmide. A pirêmide está invertida e com líquido até 2/3 de sua altura. Consideremos duas pirâmides semelhantes, com razão de semelhança igual a 2/3: a pirâmide formada pelo líquido e a pirâmide total. A razão entre os volumes é igual ao cubo da razão de semelhança (propriedade dos volumes de sólidos semelhantes). Portanto a quantidade de líquido é igual a $(2/3)^3$ = 8/27 do volume da pirâmide. Portanto termos duas partes envolvidas:

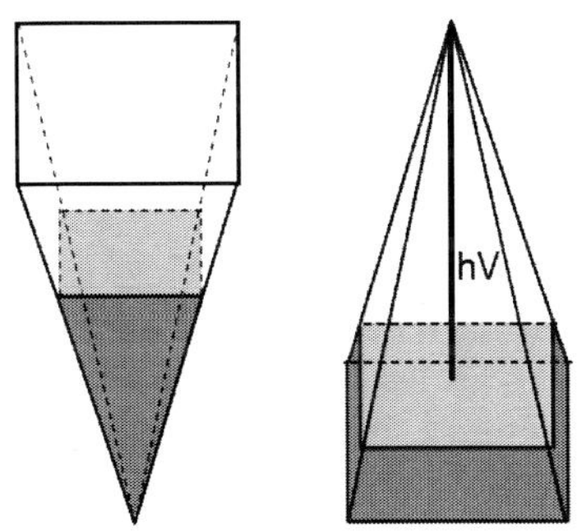

Parte cheia = 8/27 do total
Parte vazia = 19/27 do total
Ao invertemos a pirâmide, a parte com líquido continuará tendo 8/27 da altura total, e a parte vazia continuará tendo 19/27 da altura total. Os formatos mudaram, mas os volumes são os mesmos.

Na segunda figura, a parte vazia da pirâmide, que tem 19/27 do volume total, está relacionada com as alturas, total, e da parte vazia. O cubo da razão entre essas alturas é igual à razão entre os volumes.

$$\left(\frac{hV}{h}\right)^3 = \frac{\frac{19}{27}}{1} \Rightarrow hV = h\sqrt[3]{\frac{19}{27}} = h\frac{\sqrt[3]{19}}{3}$$

A altura ocupada pelo líquido na 2ª figura é

$$h - h\frac{\sqrt[3]{19}}{3} = h\left(1 - \frac{\sqrt[3]{19}}{3}\right)$$

Fazendo h=6, ficamos com $6 - 2\sqrt[3]{19}$

Resposta: $6 - 2\sqrt[3]{19}$

OBS.: Este resultado independe do lado da base.

503) UFPI – Usemos inicialmente R para indicar o raio do círculo original. No final substituiremos R por 15. É preciso identificar as medidas do cone, em função das medidas indicadas no setor circular ao lado.

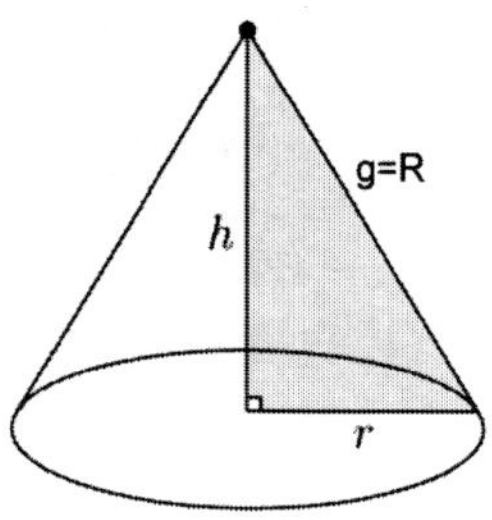

O cone formado a partir do setor dado, tem como geratriz g, o raio R do setor que lhe deu origem. A medida da sua circunferência é igual à medida do arco do setor.

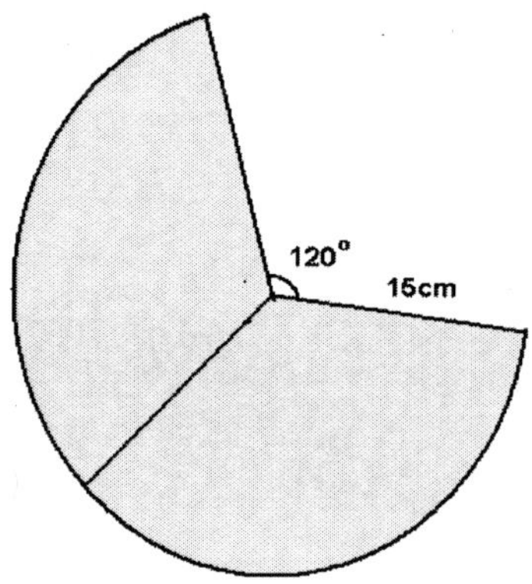

A medida do arco do setor é 2/3 da circunferência (240° é 2/3 de 360°).
2πr = 2πR.2/3
r = 2R/3 (lembre-se que R é um valor conhecido).
Agora podemos usar o Teorema de Pitágoras e determinar a altura h.

$$R^2 = h^2 + (2R/3)^2 \Rightarrow h = R\frac{\sqrt{5}}{3}$$

O volume da pirâmide é:
(1/3) × (área da base) × altura =

$$\frac{1}{3} \times \pi\left(R\frac{2}{3}\right)^2 \times R\frac{\sqrt{5}}{3} = \frac{8\pi\sqrt{5}R^3}{81}$$

Fazendo R=15, resulta em $\frac{500\pi\sqrt{5}}{3}$

Resposta: (E) $\frac{500\pi\sqrt{5}}{3} cm^3$

504) UDESC – Este sólido também é conhecido como *casca cilíndrica*. Foram dados a altura h=4, a soma dos raios R+r=4,25 e o volume 4,25π. O valor do volume fornece uma informação adicional sobre os raios.

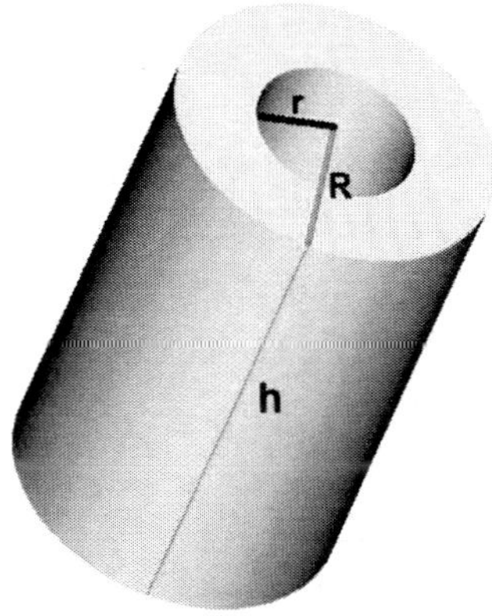

Volume = área da base × altura

$= \pi(R^2 - r^2).h$ (a base é uma coroa circular)

Temos portanto duas informações:

$V = 4{,}25\ \pi = \pi(R^2 - r^2).h$

$R + r = 4{,}25$

$4{,}25\ \pi = \pi(R + r)(R - r).h$

$4{,}25\ \pi = \pi(4{,}25)(R - r).h$

$1 = (R - r).h = (R - r).4$

$R - r = 1/4 = 0{,}25$

Agora sabemos a soma e a diferença dos raios:

$R + r = 4{,}25$

$R - r = 0{,}25$

Resolvendo o sistema encontramos $R = 2{,}25$ e $r = 2$

Agora calculemos o que o problema pede: a área total. São duas superfícies cilíndricas (interna e externa) de altura h a raios R e r, e mais duas coroas circulares com raio interno r e raio externo R.

$2\pi R.h + 2\pi r.h + 2.\pi.(R^2 - r^2) =$

$2\pi.h.(R+r) + 2.\pi.(R + r).(R - r) =$

$2\pi.(R+r).[h + R - r]$

Usando agora $h = 4$, $R=2{,}25$ e $r = 2{,}0$ ficamos com

$A = 2\pi.(4{,}25).[4{,}25]$

Tarefa ingrata, elevar 4,25 ao quadrado. Vamos escrever este número como 17/4

$A = 2\pi.(17/4)^2 = 2\pi.\ 289/16 = 36{,}125\ \pi$

Resposta: (E) $36{,}125\,\pi\,cm^2$

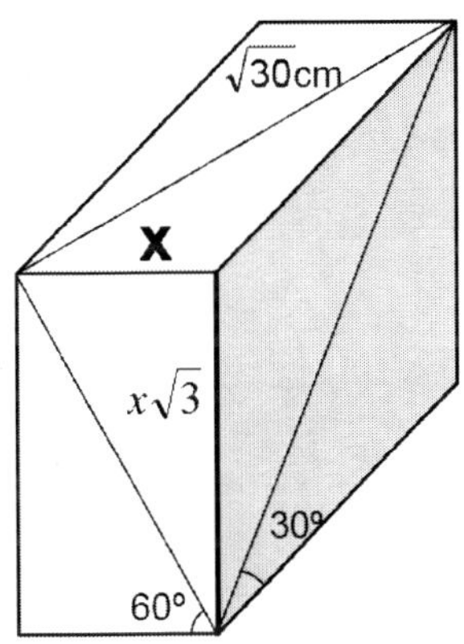

505) UFAL - Nas faces laterais temos dois triângulos retângulos do tipo 30° - 60° - 90°. Com essa informação, e mais o valor da diagonal $\sqrt{30}$ fornecido, podemos calcular as três dimensões do paralelepípedo.

Chamemos a aresta menor de x. É a medida do cateto menor do triângulo 30° - 60° - 90°. O cateto maior é igual ao menor, multiplicado por $\sqrt{3}$. Portanto a altura do paralelepípedo é $x\sqrt{3}$,

Agora temos na parte sombreada do paralelepípedo, um outro triângulo retângulo do tipo 30° - 60° - 90°, e seu cateto menor é $x\sqrt{3}$. Para saber o cateto maior, basta multiplicar o menor por $\sqrt{3}$. Isso resulta em:

$x\sqrt{3}.\sqrt{3} = 3x$

Portanto no triângulo retângulo na face superior do paralelepípedo, temos catetos x e 3x, e hipotenusa valendo $\sqrt{30}$. Podemos usar o Teorema de Pitágoras e encontrar x.

$x^2 + (3x)^2 = 30$

$10x^2 = 30$

$x=\sqrt{3}$

Logo, as dimensões do paralelepípedo são

$\sqrt{3}$, 3 e $3\sqrt{3}$

O volume é o produto dessas dimensões:

$\sqrt{3} \times 3 \times 3\sqrt{3} = 27$

Resposta: (E) 27 cm³.

506) UEMG – O volume do cilindro oblíquo da figura necessita da altura. A figura está fora de escala, o ângulo de 30° mais parece 60°, mas isso não vai nos indizir ao erro. O cateto oposto a 30° vale a metade da hipotenusa, então a altura do cilindro oblíquo é 16 /2 = 8 cm. As bases são círculos, então podemos calcular o volume deste cilindro:

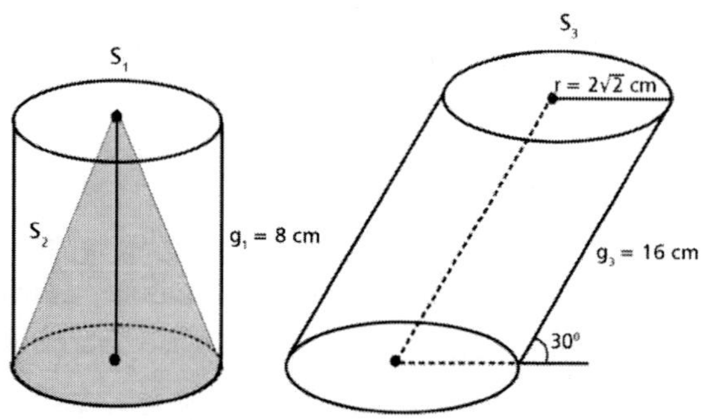

$\pi . r^2 . h = \pi . (2\sqrt{2})^2 . 8 = 64\pi$

Agora temos que calcular a área lateral do cone. O problema informa que S_1 é um cilindro equilátero. Sua característica é que o diâmetro da base é igual à sua altura. Portanto se o raio da base é R, a altura vale 2R. Note que este valor de R não é igual ao raio r da base do cilindro oblíquo. O valor de R será determinado a partir das informações de S_1 e S_2.

Atenção à geratriz indicada como g_1 na figura. Essa geratriz não é do cone, e sim, do cilindro S_1. Portanto, 2R = 8 e R = 4.

Precisaremos do valor da geratriz do cone, e para isso formamos um triângulo retângulo usando elementos do cone: raio da base R = 5, altura 2R = 8. A hipotenusa vale

$G^2 = 4^2 + 8^2 = 80$

$G = 4\sqrt{5}$

Área total do cone = área lateral + área da base

= $\pi RG + \pi R^2$ =

$= \pi . 4 . 4\sqrt{5} + \pi . 4^2 = 16\pi(\sqrt{5} + 1)$

Finalmente, temos que calcular a razão entre o volume de S_3 e a área de S_2:

$$\frac{64\pi}{16\pi(\sqrt{5}+1)} = \frac{4}{\sqrt{5}+1} = \frac{4(\sqrt{5}-1)}{(\sqrt{5}+1)(\sqrt{5}-1)} = \sqrt{5} - 1$$

Resposta: (B) $(\sqrt{5} - 1)cm$

507) UF São Carlos – Em problemas de geometria, plana e espacial, faça sempre o desenho, como descrito no enunciado. A figura ao lado corresponde à descrição dada. Se a área da base, que é um quadrado, vale 50, então o lado vale $\sqrt{50} = 5\sqrt{2}$.

Com AF=2 e FB=3, a areata lateral da pirâmide vale 5. Então a razão de semelhança entre a pirâmide pequena A-FGHI e a pirâmide grande A-BCDE é 2/5. Portanto o lado da base da pirâmide pequena mede

$\frac{2}{5} \times 5\sqrt{2} = 2\sqrt{2}$.

A área do quadrado FGHI pedida é igual a $(2\sqrt{2})^2 = 8$

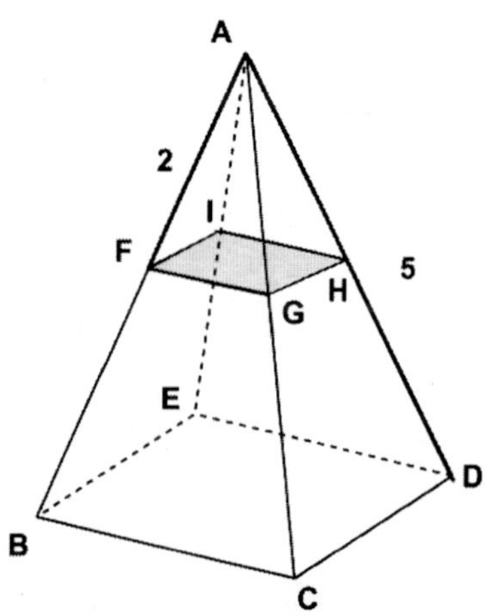

Resposta: (A) 8

508) PUC Campinas – Antes de mais nada, precisamos descobrir os elementos desse tronco de cone. Prolongando as arestas laterais, formamos duas pirâmides, uma menor com lado da base medindo 1, e outra maior, com lado da base medindo 2. A distância entre as bases é 1. Como a razão de semelhança entre as pirâmides é 1:2, a pirâmide menor tem altura 1, e a maior tem altura 2. Ligando os centros das bases e os pontos médios de arestas correspondentes das bases, formamos um trapézio retângulo MNPQ. Temos MQ=1, NP = 1/2, PQ = 1/2. Será necessário calcular PQ, a altura dos trabézios isósceles que formam as faces laterais.

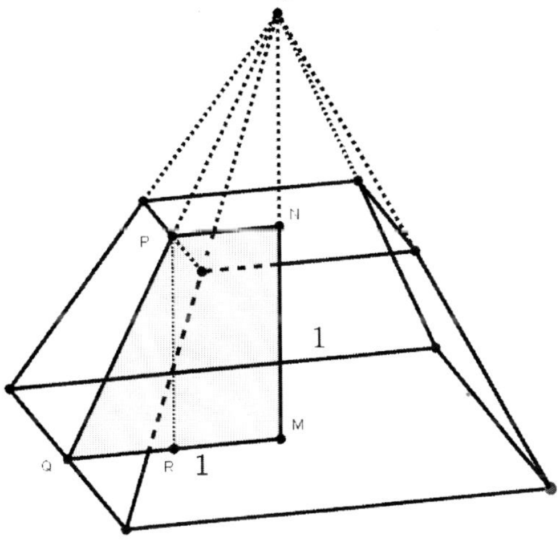

Usando o Teorema de Pitágoras no triângulo PQR, temos:

$PQ^2 = RQ^2 + PR^2$

$$PQ = \frac{\sqrt{5}}{2}$$

O referido monumento, formado por dois troncos como este, ligados pelas bases menores justapostas, tem a área exposta formada por 8 trapézios isósceles e um quadrado de lado. 2.
A área do trapézio isósceles vale a base média, multiplicada pela altura.

$$\frac{(1+2)}{2} \times \frac{\sqrt{5}}{2} = \frac{3\sqrt{5}}{4}$$

A área pedida é igual a 8 desses trapézios, mais um quadrado de lado 2.

$$S = 8 \times \frac{3\sqrt{5}}{4} + 2^2 = 6\sqrt{5} + 4$$

Resposta: (A) $4 + 6\sqrt{5}$

509) UERJ – O volume do prisma é função de h e S, a área da base, que é a área de um triângulo equiláterio de lado b, ou seja, $\frac{b^2\sqrt{3}}{4}$. Entretanto podemos simplesmente deixar esta área indicada como S, pois irá "cancelar" nos cálculos.

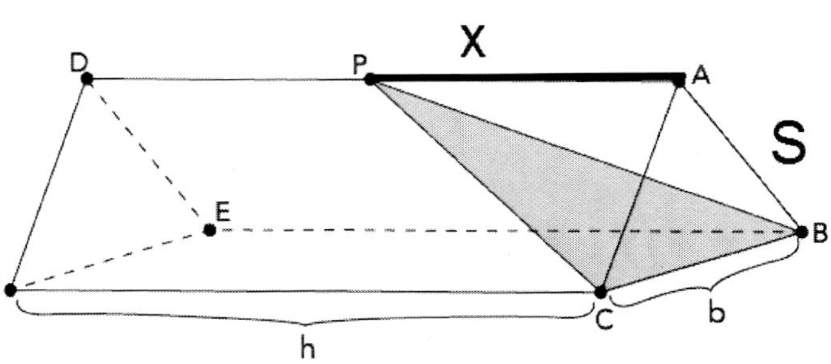

O volume do prisma é igual à área da base, multiplicada pela altura.

$V_1 = S.h$

O volume da pirâmide P-ABC é dado pela fórmula
(1/3) . área da base . altura.
$V_2 = (1/3) . S . x$
Como o volume da pirâmide é 1/9 do volume do prisma, temos

$$\frac{S.x}{3} = \frac{1}{9}.S.h \Rightarrow x = \frac{h}{3}$$

Resposta: (B) h/3

510) USP – Apesar dos quatro vértices superiores do cubo estarem sobre a superfície esférica, dependendo da posição na qual visualizamos, não feremos esses vértices sobre o contorno da superfície. Na figura ao lado, obviamente não enxergaremos H sobre o contorno da superfície. Também não vemos E e F sobre o contorno, apesar de G parecer estar exatamente sobre o contorno.

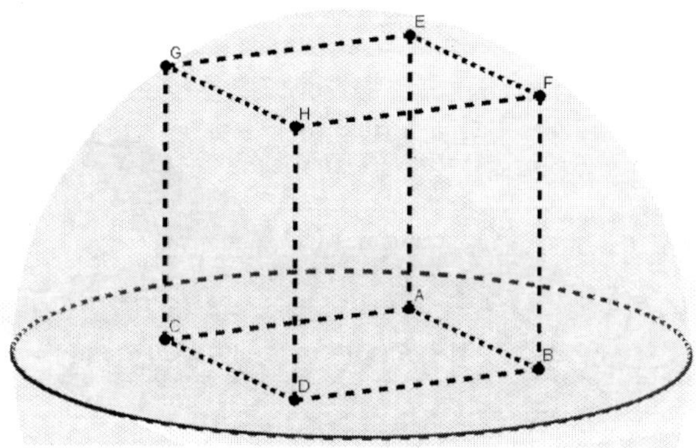

Na verdade estão todos sobre a superfície, mas a visualização no espaço não nos deixa ver isso.
Veremos os vértices G e F exatamente sobre o contorno se observarmos a figura de uma direção, de tal forma que H e E coincidam, assim como D e A. Assim estaremos enxergando o plano CGFB "frontalmente" – a expressão correta na geometria é "de perfil".

O triângulo retângulo visualizado dessa forma estará em "verdadeira grandeza", ou seja, as medidas apresentadas em 2D são exatamente iguais às medidas em 3D.

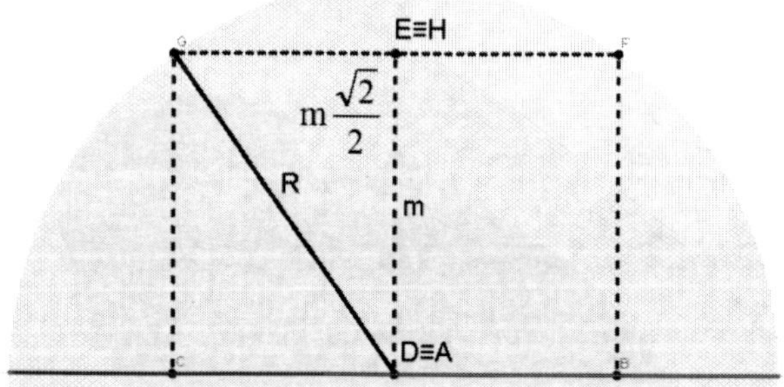

Temos um triângulo retângulo cujos catetos são a aresta do cubo $= m$ e a metade da diagonal do cubo $= m\frac{\sqrt{2}}{2}$. A hipotenusa é o raio R da esfera.
Pelo Teorema de Pitágoras:

$$R^2 = m^2 + \left(m\frac{\sqrt{2}}{2}\right)^2$$

$$R^2 = \frac{3m^2}{2} \Rightarrow m = R\sqrt{\frac{2}{3}}$$

Resposta: (E) $R\sqrt{\frac{2}{3}}$

Resoluções do teste 52

511) PUC SP – Já conhecemos os valores dos raios dos dois tipos de cilindro, o dos tubos menores é 2 cm e o do maior é 6 cm, mas vamos por hora chamá-los de R e 3R. A altura dos cilindros menores não é conhecida, chamemos de h, e do cilindro grande, que tem o dobro do comprimento, chamemos de 2h.

O volume de cada cilindro menor é

Área da base × altura = $\pi R^2.h$

O volume do clilindro maior é

$\pi.(3R)^2.2h = \underline{18\pi R^2 h}$

Se são N cilindros menores, cujo volume combinado é igual ao do cilindro maior, então

$N \times \pi R^2.h = 18\pi R^2 h$

N = 18. A resposta que se encaixa é (A)

Resposta: (A) N > 15

512) UFT – É preciso usar a fórmula do volume do tronco de cone, com raios das bases r e R, e altura h:

$$V = \frac{h}{3}\pi\left(R^2 + r^2 + rR\right)$$

Temos da figura ao lado, r=10, R=20 e h=30.

$$V = \frac{30}{3}\pi\left(400 + 100 + 200\right) = 7000\pi$$

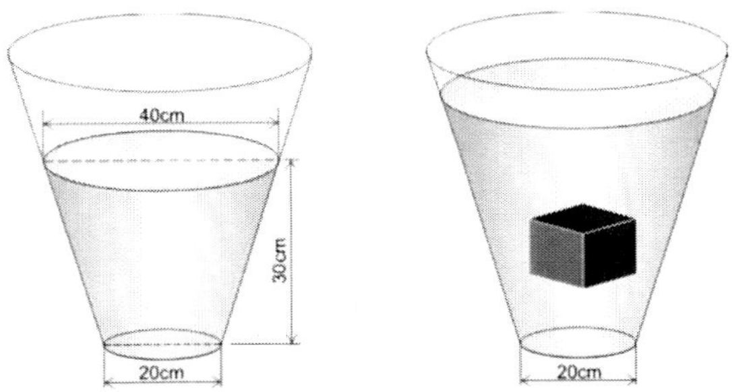

Verificou-se através dos cálculos que o volume do objeto é 3/7 do volume do líquido, ou seja, $V_o = 3000\pi$.

Lembrando que o volume do cubo vale o cubo da aresta, então a aresta procurada é

$a = \sqrt[3]{3000\pi} = 10\sqrt[3]{3\pi}$

O problema manda usar π = 3, então ficamos com o valor $a = 10\sqrt[3]{9}$

Resposta: (D) $10\sqrt[3]{9}cm$

513) UFSM – A aresta da base mede a=10 e a altura mede h=6.

A área da base é formada por 6 triângulos equiláteros de lado a, essa área vale

$$6.\frac{a^2\sqrt{3}}{4} = 3.\frac{a^2\sqrt{3}}{2}$$

Portanto o volume é $3.\frac{a^2\sqrt{3}}{2}.h$

Atribuindo os valores de h e a, ficamos com

$$3.\frac{10^2\sqrt{3}}{2}.6 = 900\sqrt{3}$$

Resposta: (C) $900\sqrt{3}$

514) IFCE – As seções, tanto da esfera quanto a do cone, são círculos. Se essas seções têm a mesma área, quer dizer que esses dois círculos têm o mesmo raio. Então façamos a figura de tal forma que o cone e a esfera estejam com seus centros de simetria alinhados, e apoiados sobre o mesmo plano, e com o eixo do cone passando pelo centro da esfera.

A altura do cone é igual ao diâmetro da esfera, então o vértice do cone está na parte superior da superfície da esfera.
Agora podemos analisar a figura sob uma perspectiva bidimensional, pensando em um círculo e um triângulo.

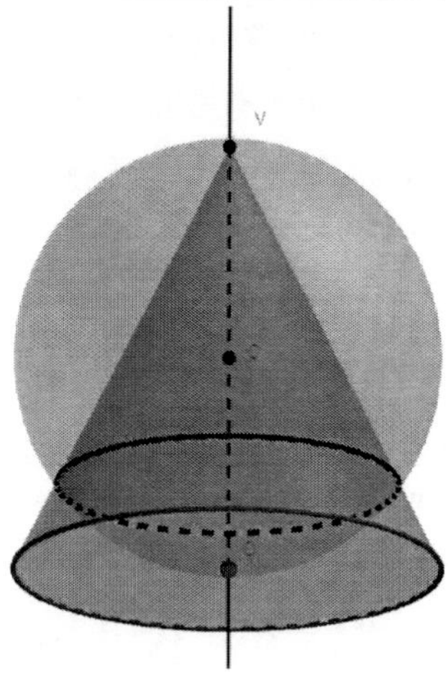

Temos que calcular x, a distância entre os planos. Temos que VB = 2 – x, e PD, o raio da base do cone, valendo 1. Usemos relações métrica no triângulo retângulo para calcular h em função de x.

$h^2 = BD.BV$

$h = \sqrt{x.(2-x)}$

Os triângulos VBA e VDP são semelhantes.

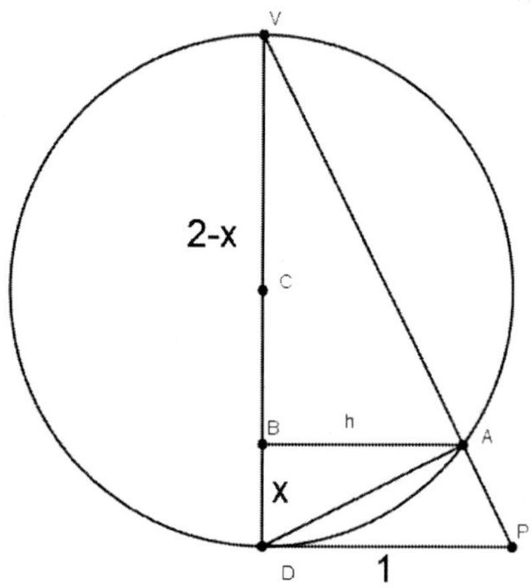

$\frac{VD}{VP} = \frac{2}{1} = \frac{VB}{VA} = \frac{2-x}{\sqrt{x.(2-x)}}$

$4x.(2-x) = (2-x)^2$

$8x - 4x^2 = 4 + x^2 - 4x$

$5x^2 - 12x + 4 = 0$

Soluções algébricas: 2/5 e 2

Na geometria, apenas 2/5 se aplica.

Resposta: (D) 0,4 dm

515) UFG – Sendo **a** o valor de cada aresta da pirâmide, os lados do triângulo BDE são a, a e $a\sqrt{2}$ (diagonal do quadrado). Portanto BDE é a metade de um quadrado, ou seja, um triângulo retângulo isósceles. Sua área é $a^2/2$. A área de uma face lateral é $\frac{a^2\sqrt{3}}{4}$ (fórmula da área do triângulo equilátero de lado a). Portanto a razão pedida é:

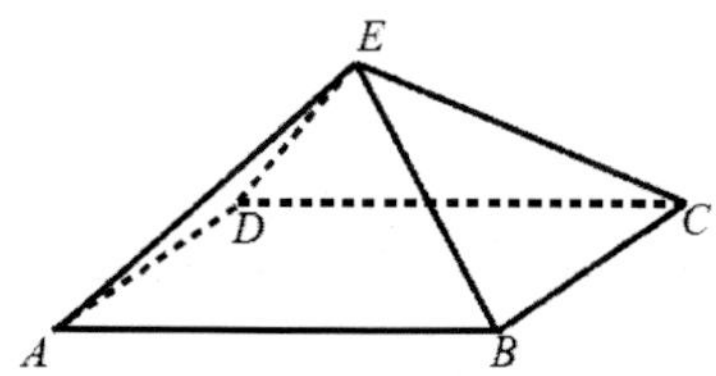

$$\frac{\frac{a^2}{2}}{\frac{a^2\sqrt{3}}{4}} = \frac{2}{\sqrt{3}} = \frac{2\sqrt{3}}{3}$$

Resposta: (A) $\frac{2\sqrt{3}}{3}$

516) UF Pelotas – Calculemos os volumes dos cilindros.

C_1: raio $r_1 = 2r_2$, altura h_1. ➔ $V_1 = \pi(2r_2)^2.h_1$

C_2: raio r_2, altura h_2. ➔ $V_2 = \pi r_2^2.h_2$

Foi dado que o volume de C_1 é 40% do volume de C_2:

$\pi(2r_2)^2.h_1 = 0{,}4.\pi r_2^2.h_2$
$4.h_1 = 0{,}4.h_2$
$h_2 = 10.h_1$

Resposta: (B) $h_2 = 10h_1$

517) UFBA - Em relação a um prisma pentagonal regular, é correto afirmar:

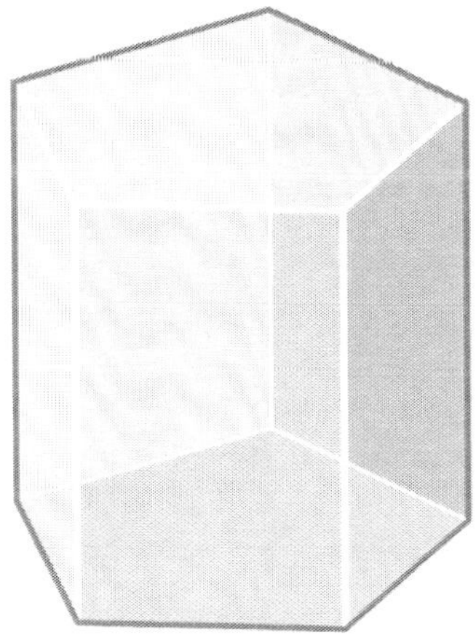

(V) Correto, basta fazer a contagem.
(F) Não é possível, todas as arestas da base, prolongadas, encontrarão o plano dado, pos o pentágono não tem lados paralelos.
(V) Correto, existem de fato os dois tipos de situação.
(V) Correto, pois ligando os vértices do pentágono ao centro, este ângulo central é de 72°, portanto a rotação de uma aresta lateral retultará em outra aresta lateral.
(F) O valor correto é 5 x 4,7 x 5 = 117,5.
(V) Volume = área da base x altura. Com volume 235 e altura 5, a área da base é 47. Mas área do polígono também é p.R = semiperímetro x raio. Fazendo semiperímetro = 4,7 x 5/2 e raio 4, esta área é realmente 47.

Resposta: VFVVFV

518) FATEC - Chamando o lado da base de 2x (para evitar frações), a medida de OM é x. O triângulo PMO é 30° - 60° - 90°, portanto PO, o cateto maior, vale $x\sqrt{3}$.
O volume da pirâmide é

$$V = \frac{1}{3}(2x)^2.x\sqrt{3} = \frac{4x^3\sqrt{3}}{3}$$

$$\frac{4x^3\sqrt{3}}{3} = 36\sqrt{3} \text{ (dado do problema)}$$

$x = 3$
Logo a aresta da base vale 6, que entre as opções aparecem como $\sqrt[3]{216}$.

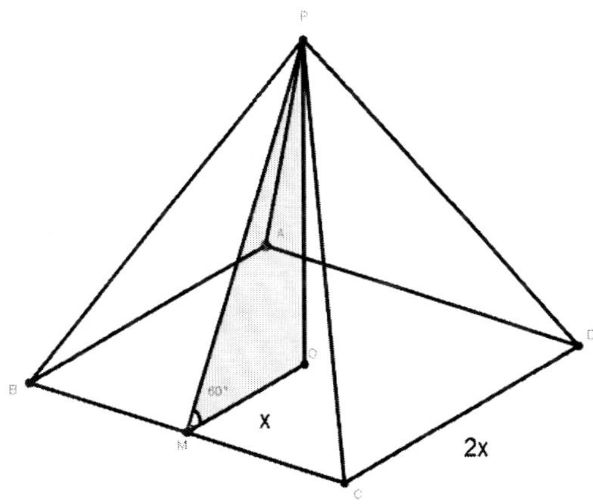

Resposta: (A) $\sqrt[3]{216}$

519) UFMS - Os comprimentos das circunferências das bases do tronco de cone são iguais às medidas dos comprimentos dos arcos dos setores planificados.
Nesses setores (figura à direita), temos
Comprimento da circunferência maior: (L+50).α = 120π (a em radianos)
Comprimento da circunferência menor: 50.α = 60π
Subtraindo temos 50.α = 60.π ➔ α = 6π/5 = 216°
Das equações acima, temos também que L+50 é o dobro de L, portanto L=50.

A área pedida é a diferença das áreas de dois setores de ângulo 6π/5, de círculos de raios 100 e 50.

$$S = \frac{\frac{6\pi}{5}}{2\pi}.\pi\left(100^2 - 50^2\right) = \frac{3}{5} \times 7500\pi = 4500\pi$$

Uma luminária terá uma cúpula nova a ser confeccionada em tecido, em forma de tronco de cone circular reto com comprimento das circunferências menor e maior medidno 60π cm e 120π cm, respectivamente, e segmento geratriz do tronco de cone medindo 50 cm, conforme a figura 1. Ainda observando a figura 1, temos que o cone formado pelo prolongamento do tronco de cone terá altura H, segmento geratriz de medida (L + 50) cm e ângulo formado entre a altura e o segmento geratriz, no vértice do cone, medindo β. Para a confecção da cúpula será usado um molde do tipo ilustrado na figura 2 a seguir, onde α é o ângulo formado na planificação do cone citado.

Para encontrar a altura H, trabalharemos com o triângulo retângulo indicado na parte esquerda da figura.

A hipotenusa vale L + 50 = 100

O cateto maior é o raio R da base maior. Temos que

2.π.R = 120.π

R = 60

O referido triângulo tem hipotenusa 100 e um cateto 60. O outro cateto vale 80.

H = 80

Note que este triângulo é do tipo 3-4-5, não é um triângulo 30°-60°-90°. Portanto 2β não vale 60°.

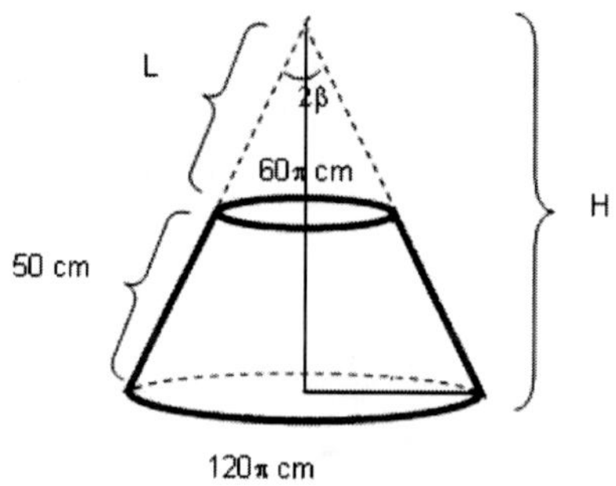

Figura 1

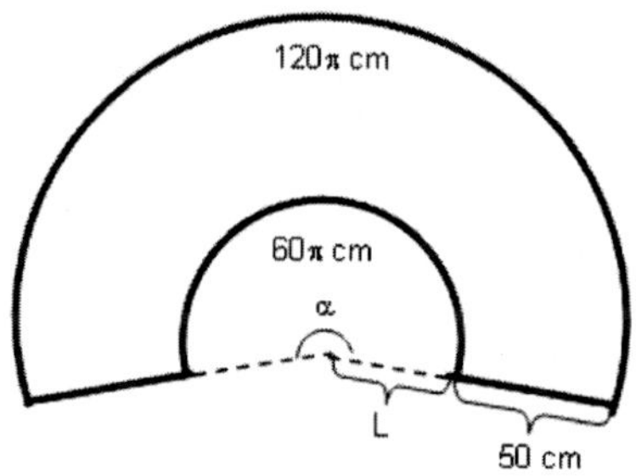

Figura 2

Podemos assim classificar as respostas:

(V) A área da superfície da cúpula é de 4500π.
(F) L = 40 cm.
(F) α = 210°.
(V) H = 80 cm.
(F) 2β = 60°.

Resposta: VFFVF

520) IFMT – Calculando com exatidão, é a mesma relação entre a área de um círculo (πR^2) e a área do quadrado circunscrito, com lado 2R ($4R^2$). Essa razão é π/4. Tomando π=3, ficamos com o valor aproximado de 3/4, o mesmo que 75%,

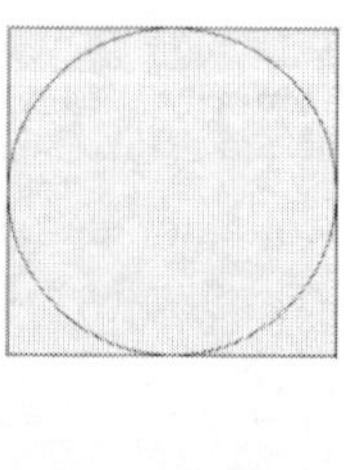

Resposta: (D) 75%

Resoluções do teste 53

521) IFSP – Volume do cilindro (altura h):

$\pi.R^2h = \pi.R^2.6\sqrt{3}$

Volume da pirâmide (altura H):

$\frac{1}{3}\times 6\times \frac{R^2\sqrt{3}}{4}.H$ (B.H/3)

Para que os volumes sejam iguais:

$\frac{1}{3}\times 6\times \frac{R^2\sqrt{3}}{4}.H = \pi.R^2.6\sqrt{3}$

Resolvendo a equação, temos:

$H = 12\pi$

Resposta: (B) 12π.

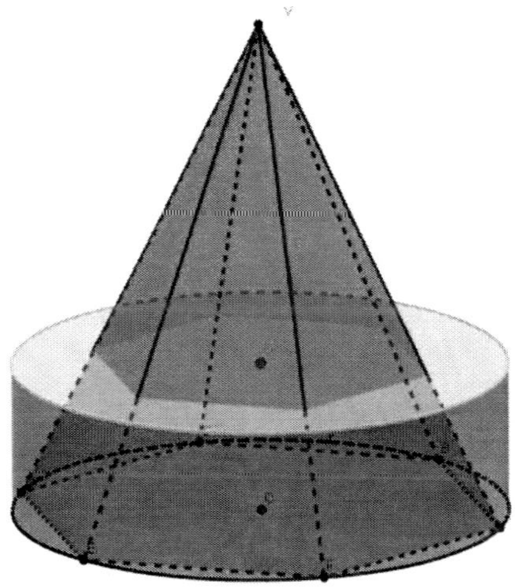

522) UFPI – Um problema que pode ser resolvido facilmente usando geometria analítica em $\mathbb{R}^3$ (capítulo 10). A aresta do cubo é 6. Colocando a origem em A, e com eixos coordenados contidos nas arestas do cubo, temos

A = (0, 0, 0)
H = (0, 6, 6)
B = (6, 0, 0)

O vetor HB = (6, –6, –6), então HP = (2, –2, –2), portanto o ponto P é H + HP = (2, 4, 4)

O segmento AP é o módulo do vetor HP = 6.

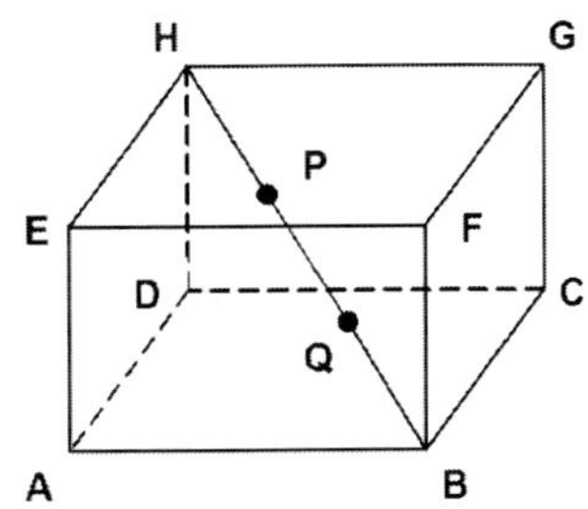

Usando apenas geometria espacial, tracemos por P linhas paralelas às arestas do cubo. Formaremos assim um paralelepípedo retângulo. Como P e Q dividem a diagonal HB em três partes iguais, fica fácil ver que as medidas do paralelepípedo são 2, 4 e 4. Calculando sua diagonal AP, temos $\sqrt{4^2+4^2+2^2}=6$

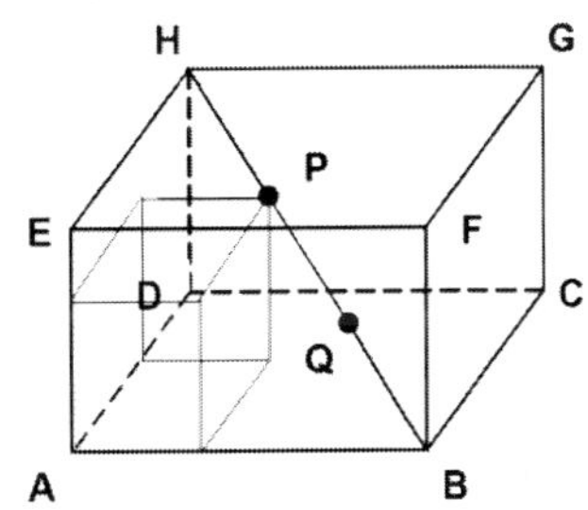

Resposta: (A) $6m$

523) IFS – Com a prática, desenvolvemos a habilidade de usar figuras simples, da geometria plana, para descrever situações que na verdade estão no espaço.

Visualizando a esfera de modo que o plano secante apareça como a reta que passa por A e C (chama-se *plano de topo*), a seção do plano sobre a esfera, que é um círculo, aparecerá como o segmento AC. O raio desse círculo é 8, pois sua área é 64π. Portanto AB=8. A distância do plano ao centro da esfera é 6, então OB=6.

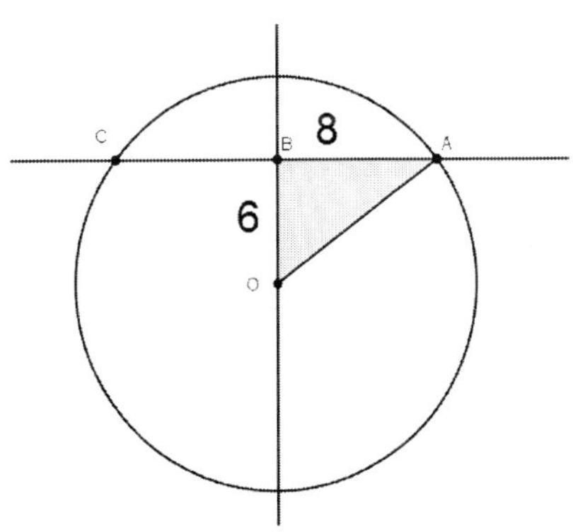

A hipotenusa AO, que é o raio da esfera, vale 10. O volume da esfera, dado por $\frac{4}{3}\pi R^3$, valerá

$$\frac{4}{3}\pi 10^3 = \frac{4000\pi}{3}.$$

Resposta: (B) $\frac{4000}{3}\pi cm^3$

524) PUC PR – A P.G. dos lados das bases tem razão 1/2, e a das alturas tem razão 2/3, pois 4H/9 = H.q². Os volumes também formarã uma P.G. A cada nova figura, a altura é multiplicada por 2/3, e a área da base é multiplicada por 1/4. Então o volume de cada pirâmide é (2/3) ×(1/4) = 1/6 do volume da pirâmide anterior. Vamos então conferir as afirmativas:

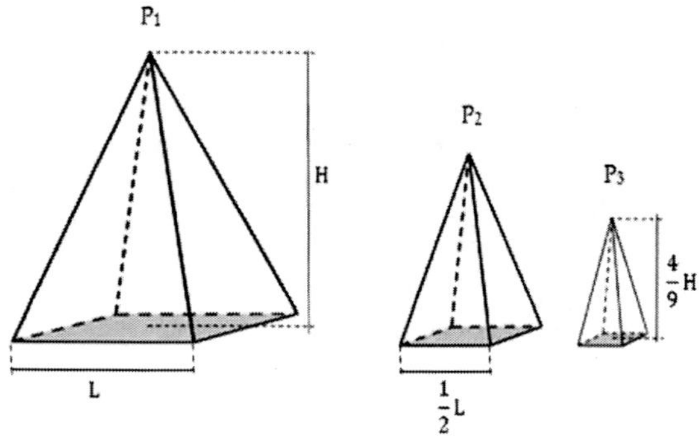

I. h2 = 2H/3 = VERDADEIRA
A P.G. das alturas tem razão 2/3, então h2 vale 2H/3.
II. V2/V1 = $(2/3)^3$ = FALSA
Vimos que a P.G. dos volumes tem razão 1/6.
III. V4 = L^2.H/648 = VERDADEIRA
H4 = 8H/27 e L4 = L/8, portanto V4 = $(1/3)(L/8)^2.(8H/27) = L^2H/6484$
IV. V1 + V2 + V3 + ... = 6.V1/5 = VERDADEIRA
A P.G. dos volumes tem razão 1/6. A soma infinita é $\frac{a_1}{1-q} = \frac{V1}{1-\frac{1}{6}} = \frac{6V_1}{5}$

V. Se L = 12cm e H = 8cm, então a pirâmide P1 tem 384cm² de área total = VERDADEIRA
Com altura 8 e apótema da base medidno 6, o apótema da pirâmide vale 10. A área de cada triângulo é 10 x 12/2 = 60. A área total são 4 desses triângulos (240) mais o quadrado de lado 12 (área 144), totalizando 384.
Portanto temos VFVVV

Resposta: (A) Apenas as afirmações I, III, IV e V são verdadeiras.

525) UNIFEI – Temos que usar a FÓRMULA DE EULER:
V + F = A + 2
As informações do problema são:
V = 38
Faces: triangulares, pentagonais e hexagonais.
Seja x o número de faces hexagonais: F6 = x
O número de faces triangulares é o dobro do número de faces hexagonais: F3 = 2x
O número de faces pentagonais é o triplo do número de faces triangulares: F5 = 6x
Então o número de faces é F=9x.
Temos ainda que 2A = 3F3 + 5F5 + 6F6
2A = 6x + 30x + 6x ➔ A = 21x
Portaanto V=38, F=9x e A=21x. Usando a fórmula de Euler, temos:
V + F = A + 2
38 + 9x = 21x + 2
36 = 12x

x = 3

Resposta: 27 faces e 63 arestas

526) IFPE – Isso é o que podemos chamar de blá-blá-blá. Bastaria a última frase!
O octaedro regular de aresta **a** é a soma de duas pirâmides. Cada uma tem como base o quadrado de lado **a**. A altura é a metade da diagonal do quadrado de lado a, ou seja, $a\sqrt{2}$.
Então o volume pedido é:

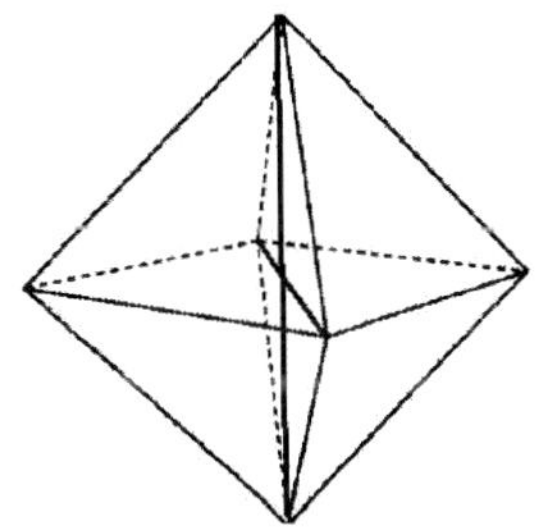

$$2\times\frac{1}{3}\times a^2\times\frac{a\sqrt{2}}{2}=\frac{a^3\sqrt{2}}{3}$$

Com aresta igual a 15cm, resulta em $1125\sqrt{2}$

Resposta: (E) $1125\sqrt{2}$

527) UFPE – O sólido do problema é o chamado *tronco de cilindro*. A fórmula do seu volume é muito parecida com a fórmula do volume do cilindro, exceto que ao invés de usar a altura, usamos a média geométrica das geratrizes, maior e menor.

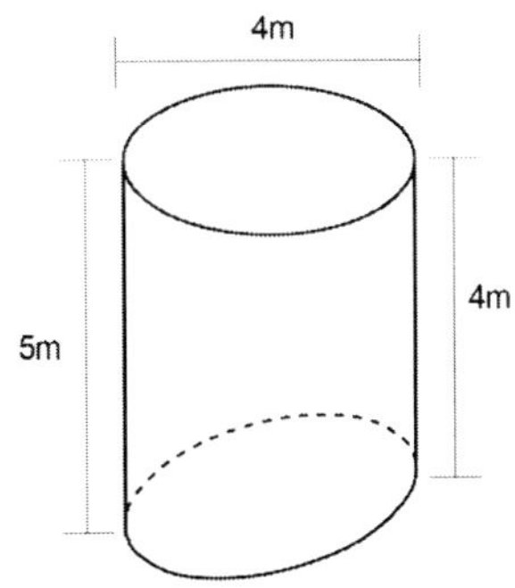

$$V=\pi R^2.\frac{g+G}{2}=\pi.2^2.4{,}5=18\pi$$

Usando π = 3,14, resulta em 56,52

Resposta: (A) 57m³

528) UFRJ – O problema ficará fácil se determinarmos o ângulo θ. Sabemos OD=5, e conhecemos as arestas DA=DB=DC=10. Usando o Teorema de Pitágoras no triângulo DCO, encontramos
$DC^2 = DO^2 + OC^2$
$10^2 = 5^2 + OC^2$ ➔ $OC=5\sqrt{3}$
Como O é baricentro do triângulo ABC, e como o baricentro divide as medianas na razão 1:2, temos que OM = OC/2

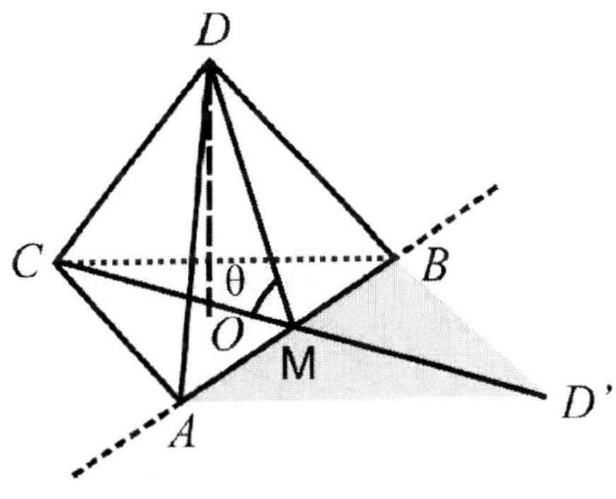

$$OM=\frac{5\sqrt{3}}{2}$$

Conhecendo OD e OM, podemos calcular θ.

$$tg(\theta)=\frac{OD}{OM}=\frac{5}{\frac{5\sqrt{3}}{2}}=\frac{2}{\sqrt{3}}$$

Não é um ângulo notável. A resposta ficará em função da arco tangente. Nada de surpreendente em uma prova discursiva.
Precisamos calcular DM, pois é o raio cuja extremidade descreverá o arco.
$DM^2 = OD^2 + OM^2$

$$OM=\frac{5\sqrt{7}}{2}$$

Agora podemos calcular o comprimento do arco.

$$DD' = \frac{5\sqrt{7}}{2}.\left(\pi - \arctan\left(\frac{2}{\sqrt{3}}\right)\right)$$

OBS: Existem versões modificada desse problema, com outros valores para OD e AD, visando obter números mais "simpáticos".

529) IFSC – Seja R o raio da base do cilindro que será derretido. Sua altura é 8 vezes o diâmetro, ou 16R. Seu volume é

Área da base × altura = $\pi R^2 \times 16R = 16\pi R^3$

Uma esfera de raio R tem volume de $4\pi R^3/3$. Para determinar o número de esferas que podem ser construídas com este material, basta dividir o volume do cilindro original, pelo volume de uma esfera:

$$\frac{16\pi R^3}{\frac{4\pi R^3}{3}} = 12$$

Resposta: (B) 12

530) UFAM – Um arco de 135° representa 3/8 da circunferência. Portanto seu comprimento é

$2\pi R \times 3/8 = 3\pi R/4$

Este será o comprimento da circunferência da base do cone, igual a $2\pi r$.

$2\pi r = 3\pi R/4$

$r = 3R/8$

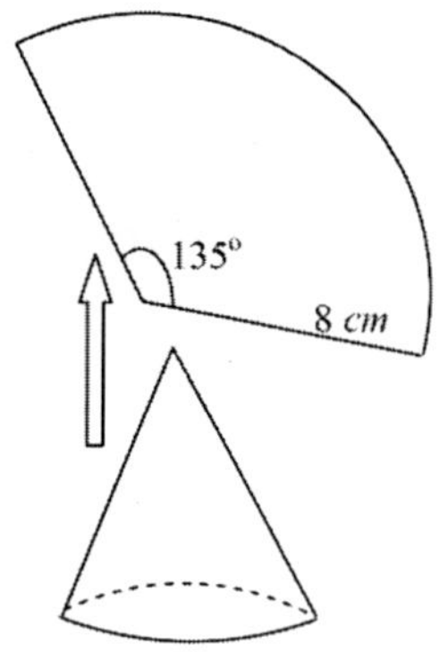

Falta encontrar a altura do cone. Usando o Teorema de Pitágoras, temos

$h^2 + r^2 = R^2$

$$h^2 = R^2\left(1 - \frac{9}{64}\right)$$

$$h = \frac{R\sqrt{55}}{8}$$

Área total: $S = \pi r^2 + \pi r g = \pi\left(\frac{9R^2}{64} + \frac{3R}{8}.R\right)$

$$S = \frac{33\pi R^2}{64}$$

$$V = \frac{1}{3}\pi.r^2.h = \frac{1}{3}\pi.\frac{9R^2}{64}.\frac{R\sqrt{55}}{8} = \frac{3\pi R^3\sqrt{55}}{512}$$

Fazendo R = 8 cm, encontramos

$$S = \frac{33\pi R^2}{64} = 33\pi$$

$$V = \frac{3\pi R^3\sqrt{55}}{512} = 3\pi\sqrt{55}$$

A questão teve um erro de enunciado. São perguntados a área total e o volume, respectivamente, mas as respostas trazem as informações na ordem inversa.

Resposta (invertida): (C) $3\pi\sqrt{55}$ **e** 33π

Resoluções do teste 54

531) PUC SP - O volume de resina para confeccionar os colares é igual a 180 × 50 contas esféricas de 1 cm de diâmetro, ou 0,5cm de raio.

$$180 \times 50 \times \frac{4\pi R^3}{3} = 12000\pi R^3 \approx 36.000R^3 = 36.000 \times 0{,}5^3 = 4500cm^3$$

Este volume total é igual ao volume do paralelepípedo.

4500 = a × a × 20 = $20a^2$

$a^2 = 225$

a=15 cm

Logo, o bloco de resina tem dimensões 20cm, 15cm e 15cm.

A área total é 2×(15×20 + 15×20 + 15×15)

= 2×825 = 1650 cm^2

Resposta: (C) 1650

532) UFMG - A distância entre dois pontos pode ser calculada pela fórmula $\sqrt{\Delta x^2 + \Delta y^2 + \Delta z^2}$, como na geometria analítica. Aqui vamos usar um método de geometria plana. A aresta BC é perpendicular ao plano ABEH, portanto BQ é perpendicular a BP, e o triângulo BPQ é retângulo em B.

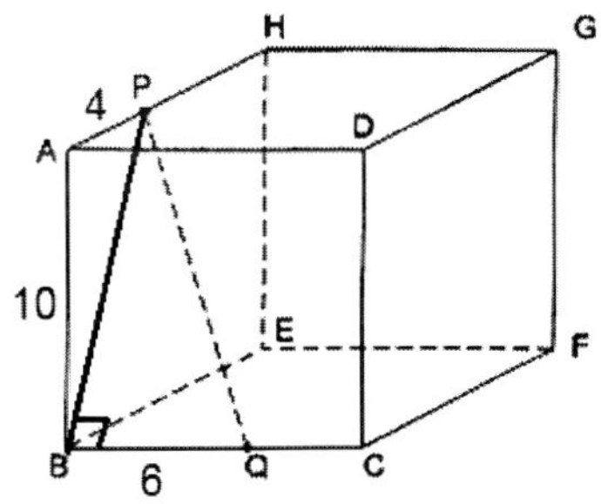

$BP^2 = 4^2 + 10^2$

$PQ^2 = BP^2 + 6^2 = 4^2 + 10^2 + 6^2 = 152$

Resposta: $PQ = 2\sqrt{38}$

533) UDESC - A fórmula da altura do tetraedro regular de aresta **a** é $\frac{a\sqrt{6}}{3}$, uma fórmula que vale a pena lembrar. O apótema do tetraedro é a altura de cada face. O mesmo vale para pirâmides: apótema é a altura de uma face lateral.

No caso do tetraedro, as faces são triângulos equiláteros, sua altura é $\frac{a\sqrt{3}}{2}$. A diferença entre a altura e o apótema do tetraedro é $\frac{a\sqrt{3}}{2} - \frac{a\sqrt{6}}{3} = \frac{a}{6}\left(3\sqrt{3} - 2\sqrt{6}\right)$ (note que o apótema é maior que a altura). Como a aresta mede 30 cm, o valor calculado é $5\left(3\sqrt{3} - 2\sqrt{6}\right)$, que pode ainda ser fatorado como $5\sqrt{3}\left(3 - 2\sqrt{2}\right)$.

Resposta: (D) $5\sqrt{3}\left(3 - 2\sqrt{2}\right)$

534) UFRN - Basta lembrar da fórmula do volume do tronco de cone:

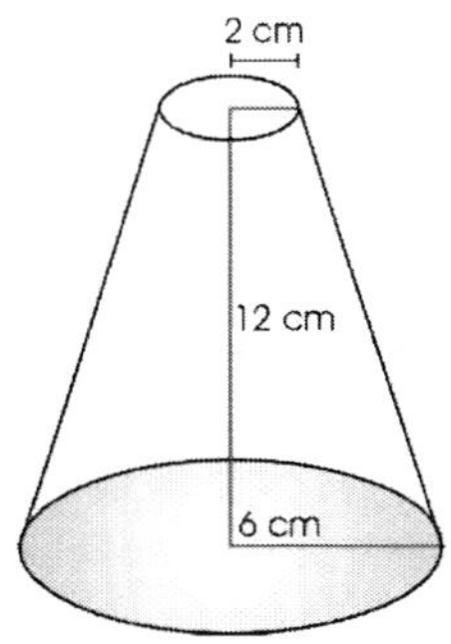

$$V = \frac{h\pi}{3}\left(R^2 + r^2 + Rr\right)$$

Substituindo os valores dados, temos

$$V = \frac{12.\pi}{3}\left(6^2 + 2^2 + 12\right) = 208\pi$$

Resposta: (B) 208π

535) UFPR – As 17 faces do prisma são as duas bases, mais 15 faces laterais. As bases são polígonos de 15 lados.
Usando este polígono como base, e adicionando um vértice para formar uma pirâmide, teremos ao todo 15 arestas: as 15 da base, e mais 15 que ligam o vértice da pirâmide a cada um dos 15 vértices da base.

Resposta: (C) 30

536) FGV – Um problema muito benevolente, informou a fórmula do volume do tronco de prisma a ser usada: $V = \frac{h}{3}\left(S + S' + \sqrt{S \times S'}\right)$

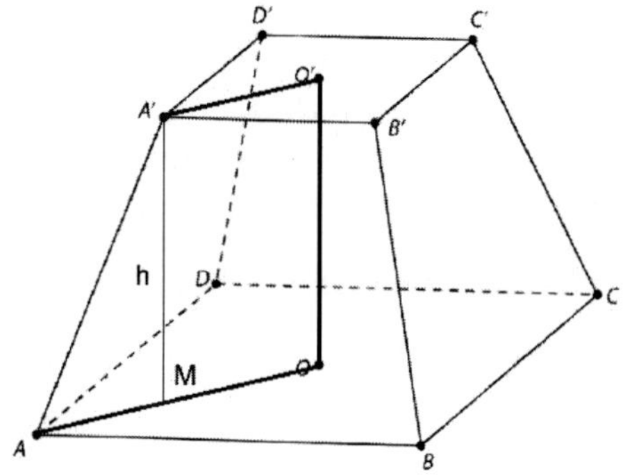

Precisamos ainda calcular a altura, o que é feito com o triângulo retâmgulo ao lado. Os segmentos A'O' e AO são respectivamente, metade das diagonais dos quadrados que formam as bases: $3\sqrt{2}$ e $6\sqrt{2}$, respectivamente. Assim, $AM = 3\sqrt{2}$. AA' vale 9, então calculamoa h:

$$9^2 = h^2 + \left(3\sqrt{2}\right)^2$$
$$81 = h^2 + 18$$
$$h = 3\sqrt{7}$$

As áreas das bases são 144 e 36. Portanto

$$V = \frac{3\sqrt{7}}{3}(144 + 36 + 72) = 252\sqrt{7} \approx 667{,}8$$

Resposta: 667,8 dm^3

537) UNICAMP – Com o raio da base sendo reduzido à metade, a área da base ficará 4 vezes menor. Com a altura dobrando, o novo volume ficará multiplicado por (1/4) × 2 = 1/2, ou seja, será redudizo à metade.

Resposta: (A) é reduzido em 50%

538) UNESP – O cone retorna à sua posição original depois de 2 voltas completas, terá então rolado uma distância de 2× 2π×6 = 24π.

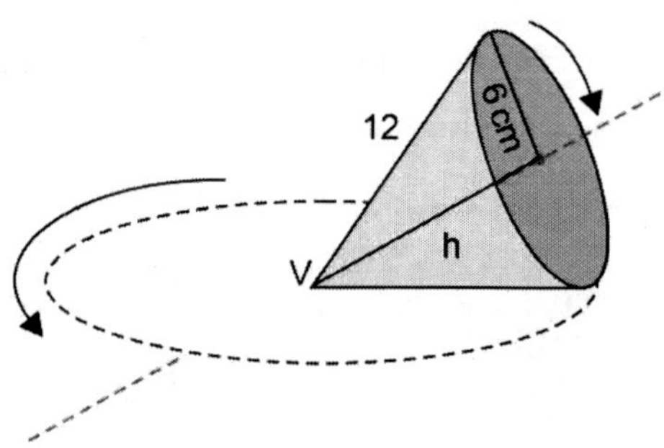

Essa medida é igual ao comprimento da circunferência pontilhada.
24π = 2 π . R ➔ R = 12.

Com essa informação podemos calcular a altura do cone. Usando o Teorema de Pitágoras:
$12^2 = h^2 + 6^2$ ➔ $h = 6\sqrt{3}$
Logo o volume do cone é
$\pi . r^2 . h / 3 = \pi . 6^2 . 6\sqrt{3} / 3 = 72\pi . \sqrt{3}$

Resposta: (A) $72\sqrt{3}\pi$

539) USP – O volume de qualquer paralelepípedo retângulo de arestas a, b e c, é a.b.c/6. O motivo disso é que, usando o fórmula geral para o volume de pirâmides, V=B.h/3, temos a área da base valendo a.b/2, e ficamos com (a.b/2).h/3 = a.b.c/6.
No caso específico do cubo, temos a = b = c. Logo o volume do referido tetraedro é $a^3/6$, que é 1/6 do volume do cubo.

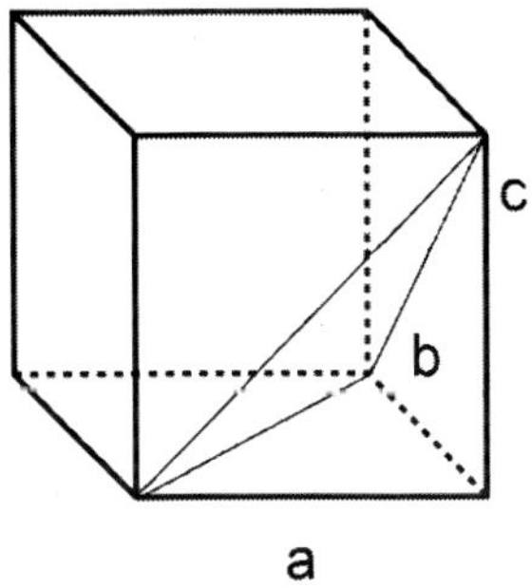

Resposta: (B) 1/6

540) ENEM – Para que os volumes sejam iguais, basta que o volume da semi-esfera de raio R=3 seja igual ao volume do cone de raio da base 3 e altura h.

$$\frac{1}{2}\times\frac{4}{3}\pi R^3 = \frac{1}{3}\times\pi R^2.h$$

$$.h = 2R$$

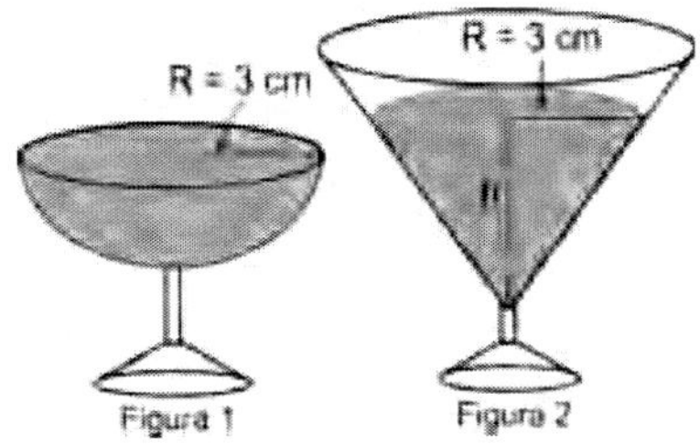

OBS.: Essa é a resposta oficial, porém é totalmente incoerente, deveria ser anulada. O formato da taça em forma de cone é fixa, não podemos escolher o valor de h mantendo R=3 fixo, pois para cada altura h teremos na taça cônica, um valor de R diferente, e não fixo.

Resposta: (B) 6,0

Resoluções do teste 55

541) UFSC – Indique as proposições verdadeiras (V) e as falsas (F).

(F) Quando exposta ao sol, uma barra de metal com 30m de comprimento aumenta em 1% o sem comprimento. Logo, essa barra de metal quando exposta passa a medir 30,03m. Errado, o correto é 30,3m.

(V) Uma parede de $4m^2$ pode ser revestida completamente com 50 azulejos de 20cm por 40cm. Certo, calculando apenas pela área, o total ocupado pelos azulejos é 50 × 0,2 × 0,4 = 4 m^2.

(V) Quando se duplica o raio da base de um cone (mantendo fixa a altura), o seu volume fica quadruplicado, e quando se duplica a sua altura (mantendo fixo o raio da base), o seu volume fica duplicado. Certo, pois a fórmula é proporcional à altura, e também proporcional ao quadrado do raio.

(V) Se uma esfera com volume igual a 288π cm^3 está inscrita num cilindro equilátero, então a altura do cilindro é 12 cm. O cilindro equilátero tem altura igual ao diâmetro da base. Então o raio é 6. O volume de uma esfera de raio 6 é $\frac{4\pi R^3}{3}$. Fazendo R=6, temos V=288π.

Resposta: FVVV.

542) UFMG – A aresta do octaedro vale a metade da diagonal de uma face do cubo. Sendo a a aresta do cubo, a diagonal da face vale $a\sqrt{2}$, então a aresta do octaedro vale $\frac{a\sqrt{2}}{2}$. Sua área lateral é formada por 8 triângulos equilâterios de lado $\frac{a\sqrt{2}}{2}$, o que totaliza:

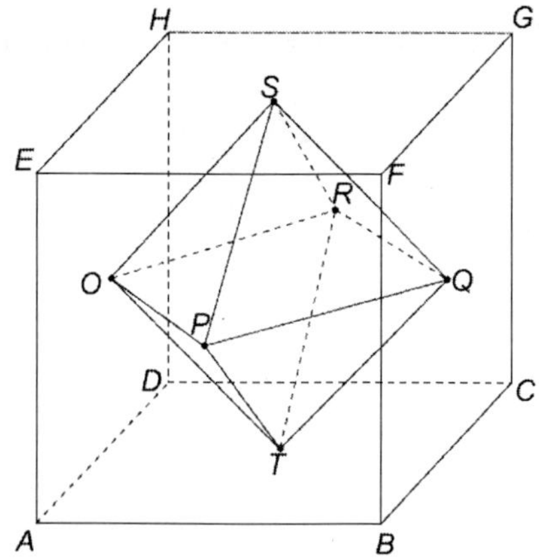

$$8\times\left(\frac{a\sqrt{2}}{2}\right)^2.\frac{\sqrt{3}}{4}=a^2\sqrt{3}$$

Como a aresta vale 4, esta área total vale $16\sqrt{3}$.

Resposta: (D) $16\sqrt{3}$

543) UFRGS – Podemos usar subtração de volumes. O volume do paralelepípedo é 4 × 3 × 2 = 24.
A seguir subtraímos quatro tetraedros de mesmo volume, com vértices em D, B, E e G. Cada um desses tetraedros tem volume

$$\frac{1}{6}4\times3\times2=4$$

O volume do tetraedro central é
24 – 4 – 4 – 4 – 4 = 8.

Resposta: (B) 8

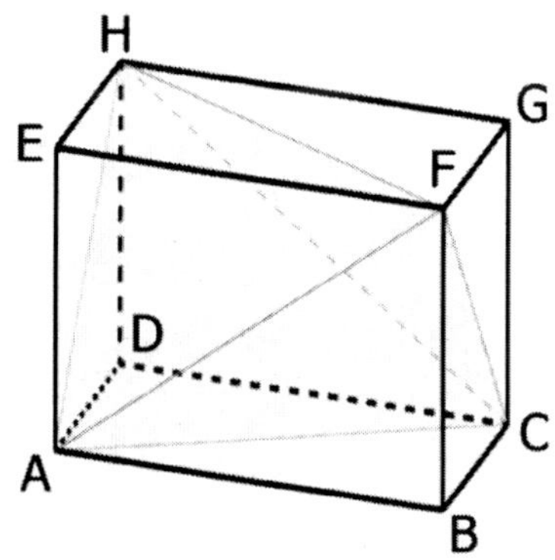

544) UFCE – A altura do cilindro é exatamente igual à altura das duas esferas juntas. O volume pedido é igual ao volume do cilindro menos o volume de duas esferas.

$$V=\pi.r^2.4r-2\times\frac{4}{3}\pi.r^3=\frac{4}{3}\pi.r^3$$

Resposta: (C) $\frac{4}{3}\pi r^3$

545) UFAM – Sendo a a aresta da base e h a altura, o volume é a área da base, multiplicada pela altura. A área da base são 6 triângulos equiláteros de lado a. Ficamos então com:

$$6\times\frac{a^2\sqrt{3}}{4}\times h$$

Fazendo a=10 e h=30, ficamos com

$$6\times\frac{100\sqrt{3}}{4}\times30=4500\sqrt{3}$$

Com $\sqrt{3}$ = 1,73, ficamos com 7.785

Resposta: (C) 7,785

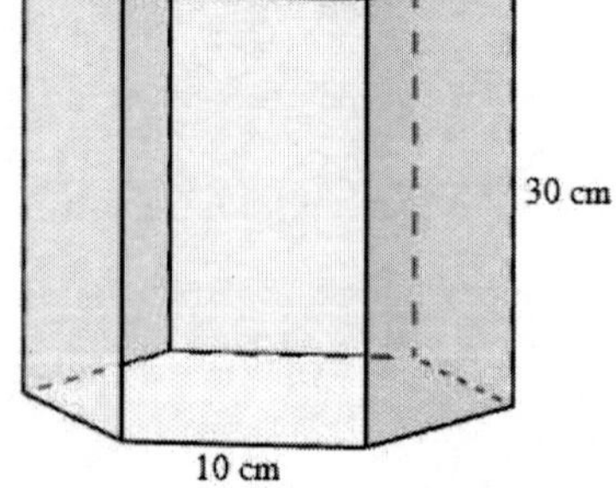

546) UNESP - A distância pedida é a altura **h** do triângulo HAB. Este triângulo é retângulo em A, pois o segmento AB é perpendicular à face AEHD, logo é perpendicular a HÁ. Usemos o Teorema de Pitágoras para calcular HA:

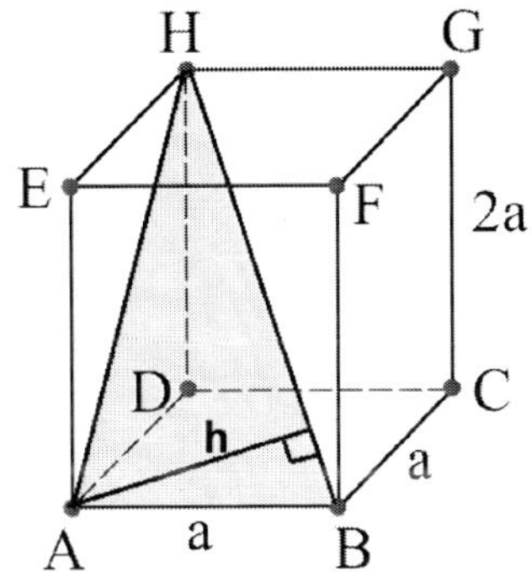

$$HA^2 = a^2 + (2a)^2$$

$$HA = a\sqrt{5}$$

Assim temos a área do triângulo HAB:

$$\frac{HA \times AB}{2} = \frac{a\sqrt{5} \times a}{2} = \frac{a^2\sqrt{5}}{2}$$

Calculemos agora HB

$$HB^2 = a^2 + a^2 + (2a)^2 = 6a^2$$

$$HB = a\sqrt{6}$$

Finalmente podemos relacionar a área do triângulo HAB com a distância H pedida:

$$S_{AHB} = \frac{h \times HB}{2} = \frac{h \times a\sqrt{6}}{2} = \frac{a^2\sqrt{5}}{2}$$

Logo temos o valor de h:

$$h = a\sqrt{\frac{5}{6}} = \frac{a\sqrt{30}}{6}$$

Resposta: (E) $\frac{\sqrt{30}}{6}a$

547) UFRGS - Os segmentos VA e VC Dividem as arestas FG e GH em segmentos de valores 2 e 1. Portanto temos todos os valores necessários para aplicar a fórmula do volume do tronco de pirâmide.

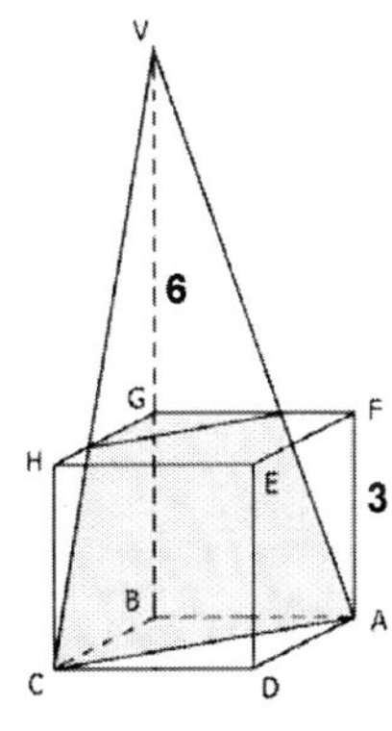

$$V = \frac{h}{3} \times \left(S_1 + S_2 + \sqrt{S_1.S_2}\right)$$

Temos h=3, $S_2 = 3 \times 3/2 = 9/2$ e $S_1 = 2 \times 2/2 = 2$.

$$V = \frac{3}{3} \times \left(\frac{9}{2} + 2 + \sqrt{2 \times \frac{9}{2}}\right) = \frac{9}{2} + 2 + 3 = \frac{19}{2}$$

Resposta: (E) 19/2

548) UFMG - O volume pedido é a diferença dos volumes de dois cones. Os pontos indicados na figura, que dependem das equações das retas, determinam R, h_1 e h_2 (raio das bases e alturas dos cones).

Reta y = x + 1: x=0, y = 1 ➔ c = 1

Interseção de y=3x e y=x+1:

3x = x+1 ➔ x=1/2, y = 3/2 ➔ R=1/2 e h_2=3/2.

$h_1 = h_2 - c$ ➔ h_1=1/2.

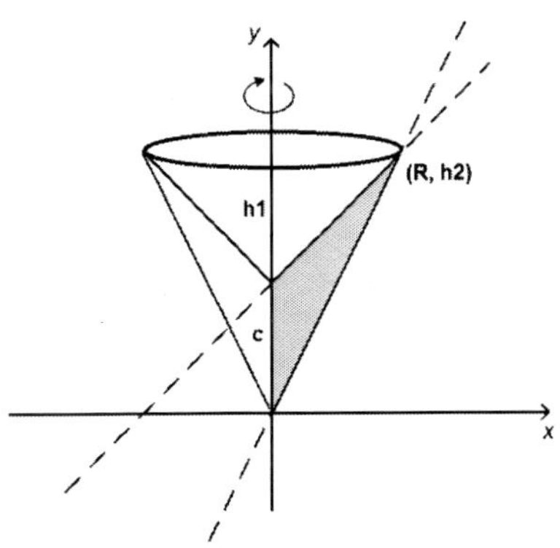

Podemos calcular o volume desejado:

$$V = \frac{1}{3}\pi R^2.h_2 - \frac{1}{3}\pi R^2.h_1 = \frac{1}{3}\pi R^2(h_2 - h_1)$$

Substituindo os valores de h1, h2 e R, temos:

$$V = \frac{1}{3}\pi\left(\frac{1}{2}\right)^2 1 = \frac{\pi}{12}$$

Resposta: (B) π/12

549) PROFMAT – IJ é igual a AC, a diagonal da face do cubo, que vale $3\sqrt{2}$.
Os lados IK e KJ são iguais, e podem ser calculados com o Teorema de Pitágoras. Ao catetos são 3 e 1, portanto a hipotenusa vale $\sqrt{10}$.
O perímetro do triângulo IJK é $3\sqrt{2}+2\sqrt{10}$.

Resposta: (A) $2\sqrt{10}+3\sqrt{2}$

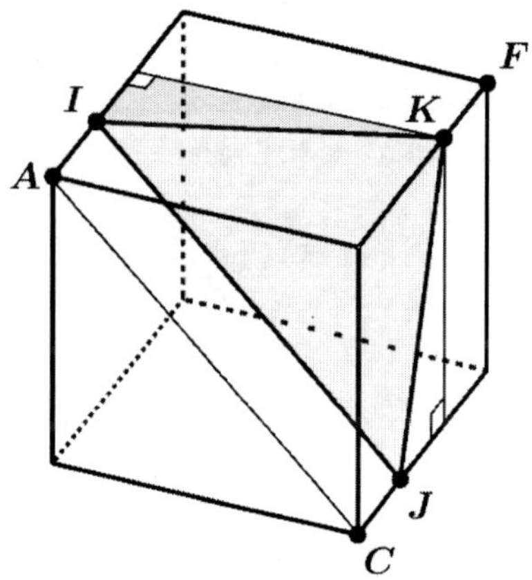

550) ENEM – Os dois primeiros sólidos a serem cortados são prismas de base triangular, idênticos. O sólido restante também é um prisma de base triangular.
A seguir serão cortados dois tetraedros iguais, sobrando assim a pirâmide de base quadrada originalmente citada. Portanto, são quatro sólidos retirados, que são iguais dois a dois.

Resposta: (E) Iguais dois a dois.

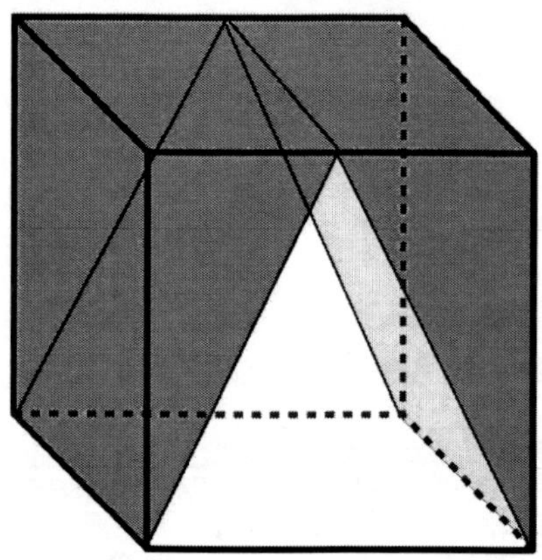

Resoluções do teste 56

551) Mackenzie – Os ângulos para os quais a tangente não é definida são os indicados ao lado. Podemos representar ambos usando uma só fórmula: $\frac{\pi}{2}+k\pi$, que sempre terão seus arcos côngruos sobre um dos dois pontos indicados. Lembrando que kπ representa um número inteiro de meias voltas.

Portanto a função f(x) não é definida para $3x-\frac{\pi}{4}=\frac{\pi}{2}+k\pi$

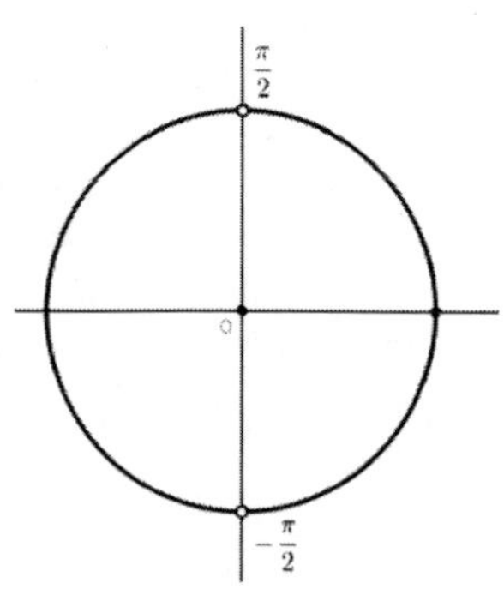

$$3x = k\pi + \frac{3\pi}{4} \quad \Rightarrow \quad x = k.\frac{\pi}{3} + \frac{\pi}{4}$$

Resposta: (E) π/4+kπ/3, k∈ℤ

552) UF Pelotas – A equação do 2º grau tem x como incógnita, e **α** é um parâmetro. A soma das raízes é –b/a, no caso

$S = \frac{\sec(\alpha)+1}{tg(\alpha)}$. Fazendo sen(α) = s e cos (α) = c, temos:

$$S = \frac{\frac{1}{c}+1}{\frac{s}{c}} = \frac{1+c}{s} = \frac{1}{s} + \frac{c}{s}$$

Tal expressão é igual a cossec(α) + cotg(α)

Resposta: (D) cossec(α) + cotg(α)

553) UFT – Temos um ângulo do 2º quadrante cujo seno vale 3/4. Usamos portanto hipotenusa 4 e cateto oposto 3. O cateto adjecente será, pelo Teorema de Pitágoras, $\sqrt{7}$.

Temos portanto:

$sen(x) = \frac{3}{4}$, $\cos(x) = \frac{\sqrt{7}}{4}$.

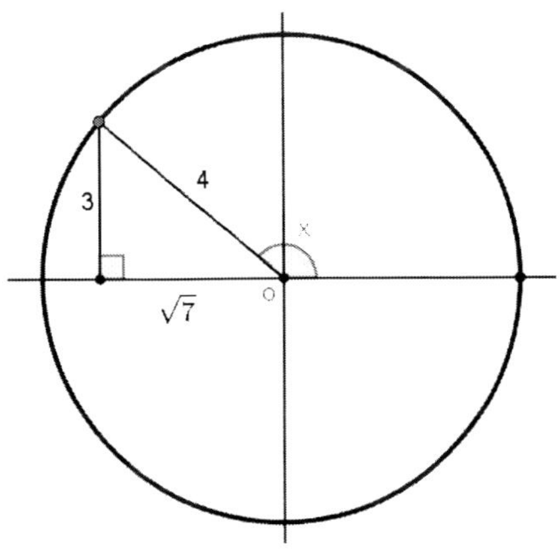

Calculemos a expressão, usando inicialmente s para sen(x) e c para cos(x), e no final façamos as substituições.

$$E = \left(\frac{1}{c^2} + \frac{c^2}{s^2}\right) - \left(\frac{s^2}{c^2} + \frac{1}{s^2}\right) + c - s$$

$$E = \left(\frac{s^2}{s^2c^2} + \frac{c^4}{s^2c^2}\right) - \left(\frac{s^4}{s^2c^2} + \frac{c^2}{s^2c^2}\right) + c - s$$

$$E = \frac{s^2 + c^4 - s^4 - c^2}{s^2c^2} + c - s \quad \Rightarrow \quad E = \frac{s^2 + (c^2+s^2)(c^2-s^2) - c^2}{s^2c^2} + c - s$$

$$E = \frac{s^2 + c^2 - s^2 - c^2}{s^2c^2} + c - s \quad \Rightarrow \quad E = \frac{0}{s^2c^2} + c - s = c - s$$

$$E = \cos(x) - sen(x) = \frac{\sqrt{7}}{4} - \frac{3}{4}$$

Resposta: (D) $\frac{\sqrt{7}-3}{4}$

554) IFCE – Fazendo θ = 3π/2 (270°), temos cos(θ)=0 e sen(θ)= –1. A função g(x) é

$g(x) = x^2 - 1$

A solução para x é

$x = \pm 1$

Resposta: (A) ±1

555) UDESC – O domínio da função é o intervalo $\left[\frac{\pi}{2}, 3\pi\right]$, o mesmo que [90°, 540°].

Fazendo sen(x) = s e cos(x) = c, temos

$$f(x) = \frac{c^2}{s^2} - \frac{5}{4s^2} + 2 = \frac{4c^2 - 5 + 8s^2}{4s^2}$$

f(x) = 0 ➔ $4c^2 - 5 + 8s^2 = 0$
$4c^2 + 4s^2 - 5 + 4s^2 = 0$
$4 - 5 + 4s^2 = 0$
$s = \pm 1/2$

Agora temos que encontrar todos os valores de x para os quais sen(x) vale $\pm 1/2$ no intervalo dado.
Os ângulos com seno igual a $\pm 1/2$ no intervalo são, começando com o 2º quadrante:

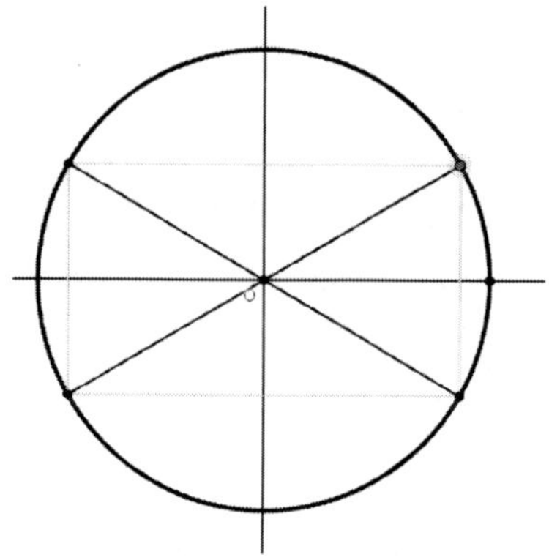

150° = 5π/6
210° = 7π/6
330° = 11π/6
390° = 13π/6
510° = 17π/6
A soma desses ângulos é 53π/6

Resposta: (B) 53π/6

556) UFPI – Fazendo sen(x) = s e cos(x) = c, temos:
c(1 – s/c) = 1/2
c – s = 1/2
O valor de sen(2x) é 2.sen(x).cos(x). Essa expressão pode ser obtida se elevarmos c – s ao quadrado:
$(c - s)^2 = 1/4$
$c^2 + s^2 - 2sc = 1/4$
1 – 2sc = 1/4
2sc = 1 – 1/4
sen(2x) =

Resposta: (D) 3/4

557) UFJF – Temos as seguintes relações:
sc = 1/8
s + c = y ➔ $s^2 + c^2 + 2sc = y^2$ ($s^2 + c^2 = 1$ e sc=1/8)
$1 + 2.1/8 = y^2$

$$y = \pm\sqrt{\frac{5}{4}} = \pm\frac{\sqrt{5}}{2}$$

Resposta: (B) $y = -\frac{\sqrt{5}}{2}$ **ou** $y = \frac{\sqrt{5}}{2}$

558) UFMS – É uma equação exponencial e trigonométrica. Podemos resolvê-la facilmente fazendo uma simples substituição algébrica. As duas exponenciais envolvidas são:
$2^{(2 + \cos x)} = 2^2.2^{\cos x}$
$2^{(1 - \cos x)} = 2.2^{-\cos x}$
Fazendo $y = 2^{\cos x}$, podemos escrever essas duas exponenciais como
$2^2.y$ e 2/y
A equação se reduz a

$4y+\frac{2}{y}=6$

$4y^2+2=6y$

$2y^2-3y+1=0$

Equação do 2º grau com raízes são 1 e 1/2

$2^{\cos x} = 1$ ➔ cos x = 0

$2^{\cos x} = 1/2$ ➔ cos x = –1

Os valores de x no intervalo dado que satisfazem às condições acima são π/2, π e 3π/2 (90°, 180° e 270°.

Resposta: (D) tem exatamente três soluções distintas.

559) IFMT – Lembrando que cos(2β) pode ser escrito das formas equivalentes:

$\cos^2(\beta) - \text{sen}^2(\beta)$

$2\cos^2(\beta) - 1$

$1 - 2\text{sen}^2(\beta)$

A terceira forma é mais indicada para esta equação, pois nela aparece sen(β).

$5(1 - 2\text{sen}^2(\beta)) + 3.\text{sen}(\beta) = 4$

Fazendo y = sen(β), temos:

$5 - 10y^2 + 3y - 4 = 0$

$10y^2 - 3y - 1 = 0$

Equação do 2º grau, que resolvida nos dá as raízes:

y=1/2 e y = –1/5

sen(β) = 1/2 e sen(β) = –1/5

Como o ângulo β é do 1º quadrante, vale apenas sen(β) = 1/2.

sen(β) = 1/2, no primeiro quadrante, indica que β = π/6 (30°).

π/6 é arco notável, sua tangente é $\sqrt{3}/3$

Resposta: (A) $\frac{\sqrt{3}}{3}$

560) IFCE – Lembremos que arco tangente é um ângulo. Quando escrevemos a = arctg(x). estamos dizendo que tg(a) = x, além do que o ângulo a está compreendido entre –π/2 e π/2, que é o domínio da função arco tangente.

Façamos então

a = arctg x e b = arctg y

Ficamos com **a + b = π/4.**

Lembrando ainda que tg(a) = x e tg(b) = y

Podemos agora calcular a tangente do ângulo a + b:

tg(a + b) = tg (π/4)

Usando a fórmula da tangente da soma de ângulos e lembrando que tg (π/4) = 1, ficamos com:

$\frac{tg(a)+tg(b)}{1-tg(a).tg(b)}=1$. Lembrando que tg(a) = x e tg(b) = y, ficamos com

$\frac{x+y}{1-xy}=1$ ➔ $x+y=1-xy$ ➔ $x+y+xy=1$

Resposta: (E) 1

Resoluções do teste 57

561) UFSM – Janeiro, Março, Maio e Julho, correspondem a valores de x iguais a 1, 3, 5 e 7 na fórmula de N(x).

N(1) = 180 – 54cos(π(1 – 1)/6) = 180 – 54
N(3) = 180 – 54cos(π(3 – 1)/6) = 180 – 54.cos(π/3) = 180 – 27
N(5) = 180 – 54cos(π(5 – 1)/6) = 180 – 54.cos(2π/3) = 180 + 27
N(5) = 180 – 54cos(π(7 – 1)/6) = 180 – 54.cos(π) = 180 + 54

A soma desses números é 180 – 54 + 180 – 27 + 180 + 27 + 180 + 54 = 720.

Resposta: (B) 720

562) UFAL – Seja **h** a altura da torre em relação à linha que passa por B, e **d** a sua distância ao observador em A.

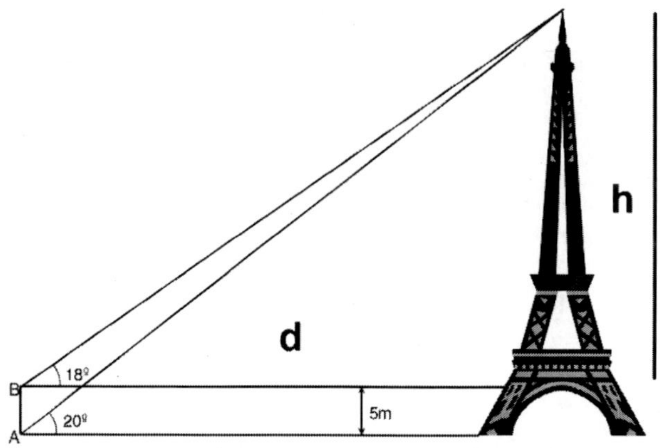

Usando o vértice B, Podemos escrever que
h = d.tg(18°), o mesmo que
d = h/ tg(18°).
Usando a linha que passa por A, escrevemos:
h + 5 = d.tg(20°)
d = (h + 5)/ tg(20°)
Igualando o valor de **d** nas duas equações, ficamos com uma nova equação envolvendo apenas h.

$$\frac{h}{tg(18°)} = \frac{h+5}{tg(20°)}$$

$$\frac{h}{0{,}32} = \frac{h+5}{0{,}36}$$

$$\frac{h}{0{,}32} - \frac{h}{0{,}36} = \frac{5}{0{,}36}$$

$$\frac{h \times 0{,}36}{0{,}32} - h = 5$$

$$h \times 0{,}125 = 5$$

$$h = 40$$

A torre tem 5 metros além de h, portanto sua altura é 45m.

Resposta: (D) 45

563) UFBA – Como o período de f(x) é π, temos:
f(x) = f(x + π), para todo x
A + B.cos[mx_1 + α] = A + B.cos[m(x + π) + α], para todo x
cos[mx + α] = cos[m(x + π) + α], para todo x
Dois ângulos têm o mesmo cosseno em duas situações:
a) quando a diferença entre eles é múltiplo de 2π, ou
b) Quando a soma deles é múltiplo de 2π.
A segunda opção não pode ser válida para todo x, pois a expressão resultante ficaria em função do valor de x. Já a primeira expressão pode ser satisfeita para todo x:

m(x + π) + α –(mx + α) = múltiplo de 2π.
mπ = múltiplo de 2π.
Para que a relação seja atendida, o menor valor necessário para m é 2.
Isso está de acordo com a regra utilizada para determinar períodos das funções periódicas:

"Se o período da função f(x) é P, o período da função A + B.f(mx+h) é P/m."

Ou seja, valores somados ou multiplicado pela função não alteram o período. Valores somados com o argumento (x) não alteram o período. Valores multiplicados pelo argumento, dividem o período por este valor.

Portanto m=2. O problema informa ainda que f(0) = 2.
A + B.cos(α) = 2
A + B.cos(α) = 2 (1)

Temos ainda que f(π/4) = –1
A + B.cos(π/2 + α)
Calculemos (π/2 + α) usando a fórmula do cosseno da soma:
cos(x+y) = cos(x).cos(y) – sen(x).sen(y).
cos(π/2 + α) = cos(π/2).cos(α) – sen(π/2).sen(α) = –sen(α)
Sendo assim, A – B.sen(α) = –1 (2)

Resolvendo o sistema formado pelas equações (1) e (2) podemos encontrar A e B. Para isso preciseremos do seno e do cosseno de α. Temos que α é um ângulo do 1º quadrante, e sua tangente vale 2. Conhecendo a tangente de α, e sabendo que se trata de um ângulo do 1º quadrante, podemos facilmente calcular seu seno e seu cosseno. Na figura ao lado, construímos um triângulo retângulo com um ângulo agudo, usando 2 como cateto oposto e 1 como cateto adjacente. Este é o ângulo α, cuja tangente vale 2. Pelo Teorema de Pitágoras, encontramos o valor $\sqrt{5}$ para a hipotenusa. Assim podemos calcular:

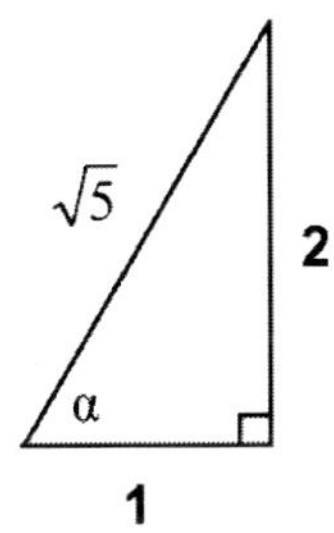

$$sen(\alpha)=\frac{2}{\sqrt{5}} \text{ e } \cos(\alpha)=\frac{1}{\sqrt{5}}$$

Agora voltamos às equações (1) e (2) para calcular A e B:
A + B.cos(α) = 2 (1)
A – B.sen(α) = –1 (2)
Note que pelos valores calculados, o sen(α) é o dobro do cos(α). Podemos então multiplicar (1) por 2, e usar 2.cos(α) em (2):
2A + 2B.cos(α) = 4
A + 2B.cos(α) = –1
3A = 3 ➔ $\boxed{A = 1}$

$$1 + B.\frac{1}{\sqrt{5}} = 2 \Rightarrow \boxed{B=\sqrt{5}}$$

Finalmente temos a fórmula da função f(x):

$$\boxed{f(x)=1+\sqrt{5}.\cos(2x+\alpha)}$$

O problema pede que seja calculado f(α/2):

$$f\left(\frac{\alpha}{2}\right)=1+\sqrt{5}.\cos\left(2.\frac{\alpha}{2}+\alpha\right)=1+\sqrt{5}.\cos(2\alpha)$$

Precisamos calcular cos(2α), e para isso usaremos a fórmula $\cos^2(\alpha) - sen^2(\alpha)$ = 1/5 – 4/5 = –3/5. Sendo assim,

$$f\left(\frac{\alpha}{2}\right)=1+\sqrt{5}.\left(-\frac{3}{5}\right)=\frac{5-3\sqrt{5}}{5}$$

Resposta: $\frac{5-3\sqrt{5}}{5}$

564) UERJ – Podemos calcular facilmente a tangente do ângulo β:
tg(β) = PE/AE = r/(4r) = 1/4
Note que o ângulo $\alpha = C\hat{A}B = 45°$, que é o ângulo entre o lado e a diagonal do quadrado. Sendo assim, a tangente de θ é dada por:

$$tg(\theta)=tg(45°-\beta)$$

$$=\frac{tg(45°)-tg(\beta)}{1+tg(45°).tg(\beta)}=\frac{1-\frac{1}{4}}{1+1.\frac{1}{4}}=\frac{3}{5}=0,6$$

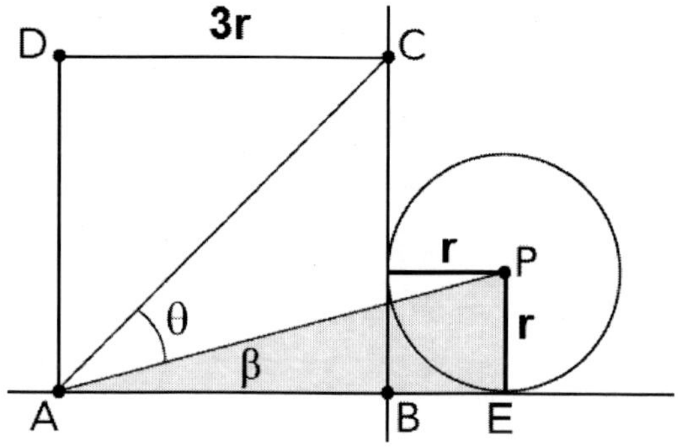

Resposta: (B) 0,60

565) UFG – Considere o ponto B, 102 metros à frente do barco, como indicado na figura. A distância BC vale 98m, pois é 100.cos(10°).

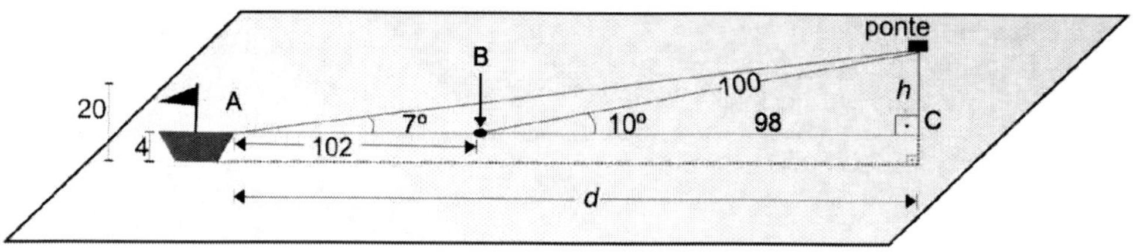

Sendo assim, a distância AC vale 102 + 98 = 200.
A distância H mede 200.tg(7°) = 24.
Somando com a altura do convés do barco, temos 24 + 4 = 28 metros.
Essa é a altura entre a ponte e o nível da água.
A altura total do barco é dada como 20 metros, desde o nível da água até a parte mais alta do seu mastro. Portanto é possível passar com o barco sob a ponte, são 20 metros e o vão da ponte mede 28 metros.

Resposta: 28 metros, suficiente para a passagem do navio.

566) FATEC – A partir das relações dadas entre os senos dos ângulos, podemos encontrar a relação entre os lados do triângulo. Temos o seguinte:

$$\frac{sen\alpha}{sen\beta}=\frac{3}{5} \rightarrow sen\beta=\frac{5}{3}sen\alpha$$

$$\frac{sen\alpha}{sen\gamma}=1 \rightarrow sen\gamma=sen\alpha$$

Usando a lei dos senos, temos:

$$\frac{a}{sen\alpha}=\frac{b}{sen\beta}=\frac{c}{sen\gamma}$$

Trocando sen(α) e sen(γ) pelos valores dados em função de sen(α), temos:

$$\frac{a}{sen\alpha}=\frac{b}{\frac{5}{3}sena}=\frac{c}{sen\alpha}$$

$$\frac{a}{3}=\frac{b}{5}=\frac{c}{3}$$

Portanto os lados a, b e c são proporcionais a 3, 5 e 3, e sua soma é 44. Fazendo:
3k + 5k + 3k = 44 ➔ k=4, e a=12, b=20 e c=12.
O maior lado vale 20.

Resposta: (D) 20

567) PUC PR – Analisando as afirmativas:

(F) $sen^2 2x + cos^2 3x = 1$, $\forall x \in \mathbb{R}$. Errado, existe esta fórmula para ângulos iguais, não para 2x e 3x.

(F) $\cos 3\pi = \sec 3\pi$. Errado. A secante é o inverso do cosseno, não igual ao cosseno.

(V) sen(–x) = –sen(x). Certo, o seno é uma função ímpar: f(–x) = –f(x)

(F) $sec^2 x = tg^2 x - 1$, $\forall x \in \mathbb{R}$. Substituindo sec(x) por 1/cos(x) e tg(x) por sen(x)/cos(x), ficamos com:

$$\frac{1}{c^2}=\frac{s^2}{c^2}-1=\frac{s^2-c^2}{c^2} \Rightarrow s^2-c^2=1$$, o que é obviamente falso.

(F) se $x \in [0, 2\pi]$, então as equações **sen x = 0** e **x(x – π) = 0** têm as mesmas raízes.
Parece que sim, mas na verdade a resposta é NÃO. A equação **x(x – π) = 0** tem duas raízes: 0 e π. A equação **sen(x) = 0** tem três raízes no intervalo dado: 0, π e 2π. Portanto está Errada.

Resposta: (E) F–F–V–F–F

568) IFRS – Observe as localizações dos eixos coordenados. O eixo x tangencia a roda na sua parte inferior, e o eixo y passa pelo centro da roda.
Calculando a projeção do ponto A sobre o eixo x, encontramos R.sen(θ).
Já a projeção do ponto A sobre o eixo y é R – R.cos(θ). Sendo assim, as coordenadas de A são: (R.sen(θ), R – R.cos(θ)). Como R=10, a resposta correta é (10.sen(θ), 10 – 10.cos(θ)).

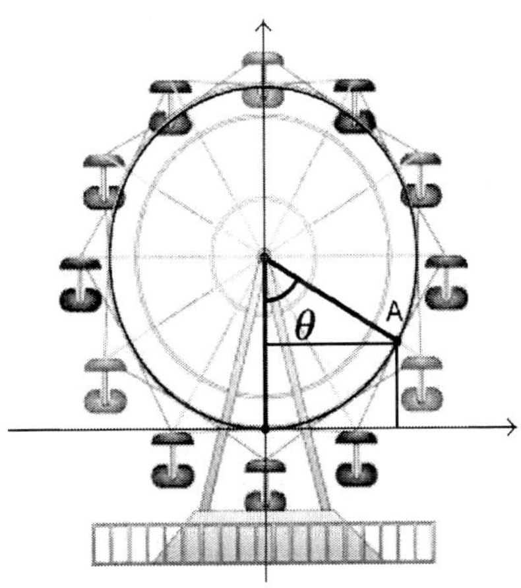

Resposta: (D) (10.sen θ, 10 – 10.cos θ)

569) IFSP – Lembremos que

$$sen(2x) = 2.sen(x).cos(x)$$

A equação se reduz a:
2sc – s = 0
s(2c – 1) = 0

É satisfeita para s=0 e para c=1/2.
sen(x) = 0 ➔ x = kπ: 0°, 180°, 360°, ...
cos(x) = 1/2 ➔ x = 60°, 300°, ...
O menor valor positivo é π/3.

Resposta: (A) π/3

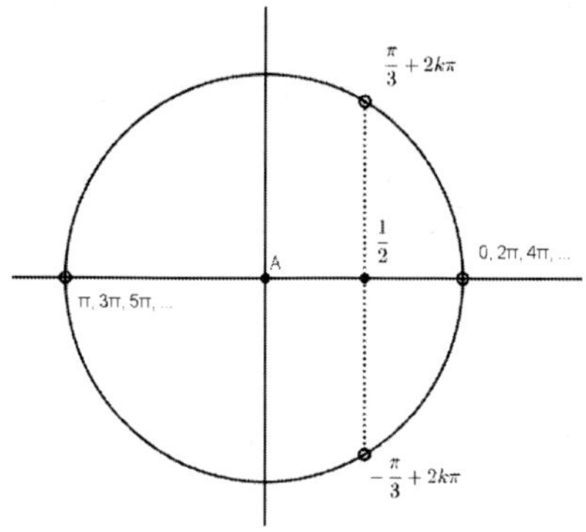

570) IFPE – O valor da expressão é
$(\operatorname{sen} x + \cos y)^2 + (\operatorname{sen} y + \cos x)^2 = \operatorname{sen}^2 x + \cos^2 y + 2.\operatorname{sen} x.\cos y + \operatorname{sen}^2 y + \cos^2 x + 2.\ \operatorname{sen} y.\cos x$
$= 1 + 1 + 2(\operatorname{sen} x.\cos y + \operatorname{sen} y.\cos x)$
A expressão entre parênteses é a fórmula do seno de (x + y):
$2 + 2.\operatorname{sen}(x + y)$
Como x + y = 3π/2, temos sen(x + y) = –1. Ficamos com
$2 + 2(-1) = 0$

Resposta: (B) 0

Resoluções do teste 58

571) IFRO – Não é necessário provar a fórmula dada, o aluno deve simplesmente utilizá-la para calcular o que se pede. A expressão pode ser calculada a partir da fórmula dada, trabalhando com ângulos em graus, e fazendo x = 20°. Ficamos com:
$[\tan 20°].[\tan(60° - 20°)].[\tan(60° + 20°)] = \tan 60°$
$[\tan 20°].[\tan(40°)].[\tan(80°)] = \tan 60°$
Como tan 60° vale $\sqrt{3}$, este é o valor procurado. Não tem entre as respostas, mas consta o valor 1,732, que é $\sqrt{3}$ com três casas decimais.

Resposta: (B) 1,732

572) UNIFEI – Lembremos que arctg(x) significa um ângulo cuja tangente é x, ângulo este compreendido entre –π/2 e π/2.

Primeiramente trabalhemos com a exprssão 2.arctg(1/3), para ficar com um ângulo sem coeficiente. Ou seja, temos um ângulo que chamaremos de 2a, sendo que tg(a) = 1/3.
A tangente desse ângulo é tg(2a), que pode ser calculada pela fórmula:
$tg(2a) = \frac{2tg(a)}{1 - tg^2(a)}$. Como sabemos que tg(a) vale 1/3, ficamos com:

$$tg(2a) = \frac{2.\frac{1}{3}}{1 - \left(\frac{1}{3}\right)^2} = \frac{3}{4}$$

Como tg(2a) vale, podemos dizer que 2a = arctg (3/4). Nossa expressão se reduz a:

arctg(3/4) + arctg(1/3) = π/4

Para mostrar que essa soma é π/4, basta mostrar que sua tangente vale 1.
Seja então x = arctg(3/4), ou tg(x) = 3/4, e y = arctg(1/7), ou tg(y) = 1/7.

$$tg(x+y)=\frac{tg(x)+tg(y)}{1-tg(x)tg(y)}=\frac{\frac{3}{4}+\frac{1}{7}}{1-\frac{3}{4}.\frac{1}{7}}=\frac{\frac{21+24}{28}}{\frac{28-3}{28}}=1$$

$tg(x+y)=1$. Como x e y pertencem ao intervalo, (−π/2, π/2), então x+y pertence ao intervalo (−π, π). O único ângulo nesse intervalo ($1^{\underline{o}}$ e $4^{\underline{o}}$ quadrantes) cuja tangente vale 1, é π/4.

Logo, a soma dos valores dados é realmente, π/4.

573) USP - É dado que sen(α) = 9/10, então podemos calcular cos(α) e sen(2α). Pela figura, usando o Teorema de Pitágoras, ficamos com:

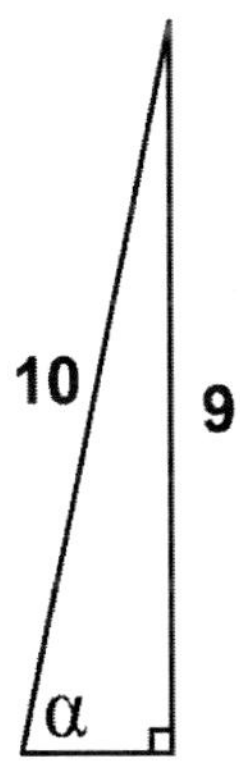

$\cos(\alpha)=\frac{\sqrt{19}}{10}$, sen(2α) = 2.sen(α).cos(α) = $2.\frac{9}{10}\frac{\sqrt{19}}{10}=\frac{18\sqrt{19}}{100}$

Como 19 está entre 16 e 25, sua raiz quadrada está entre 4 e 5. Portanto sen(2α) está compreendido entre 0,72 e 0,9. Usando ainda que sen(π/3) vale $\frac{\sqrt{3}}{2}\approx 0{,}86$, podemos fazer as comparações. Os números envolvidos, sen(α), sen(2α) e sen(π/3) valem:

0,9, entre 0,72 e 0,9 e 0,86

É preciso tirar a dúvida da comparação entre sen(2α) e sen(π/3). Façamos a comparação:

$\frac{18\sqrt{19}}{100}:\frac{\sqrt{3}}{2}$, é o mesmo que $\frac{9\sqrt{19}}{50}:\frac{\sqrt{3}}{2}$, e o mesmo que $\frac{9\sqrt{19}}{25}:\frac{\sqrt{3}}{1}$ (o símbolo : é usado para "comparação")

Elevando ao quadrado ambos os números temos:

$\frac{81\times 19}{625}:3$, o mesmo que $\frac{27\times 19}{625}:1$

Como o objetivo é apenas comparar, é mais fácil fazer a multiplicação 27×19 que extrair a raiz de 19. 27×19 = 513. Ficamos portanto com a comparação $\frac{513}{625}:1$. Obviamente o primeiro membro é menor que o segundo, então sen(2α) < sen(π/3). Então a resposta correta é (D).

Resposta: (D) sen 2α < sen π/3 < sen α

574) USP - A área de um triângulo pode ser calculada como a metade do produto de dois lados, vezes o seno do ângulo entre eles. O triâgulo ACD tem área (R^2/2).sen β. O triângulo ACB tem área igual a dois triângulos como o sombreado. Este triângulo sombreado tem catetos iguais a R.sen α e R.cos α. Portanto temos duas áreas iguais às do triângulo sombreado, resultando em

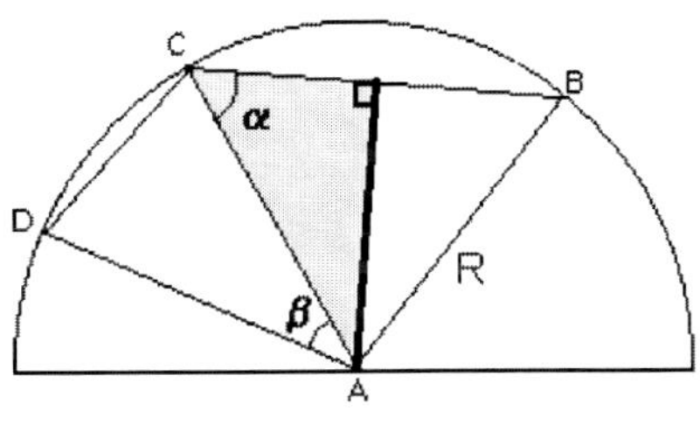

R.sen α × R.cos α = R^2. sen α . cos α

. Isso lembra a fórmula do sen(2α). Ficamos com: (R^2/2).sen(2α)

A área total é (R^2/2).sen β + (R^2/2).sen(2α) = (R^2/2)[sen β + sen(2α)]

Resposta: (A) $(R^2/2)(sen2\alpha+sen\beta)$

575) IFMG – Quem estuda, vence. Às vezes, mesmo sabendo só um pouco, é possível marcar alguns pontos. Só existe um ângulo do 1º quadrante cuja tangente vale 1: 45°, o mesmo que π/4. Os valores do seu seno e cosseno são $\frac{\sqrt{2}}{2}$ e $\frac{\sqrt{2}}{2}$. A soma é $\sqrt{2}$.

Resposta: (A) $\sqrt{2}$

576) UESC – Da álgebra, dizer que $|1 - 8x| \leq 3$ é o mesmo que dizer que a distância entre 8x e 1 é menor que 3, ou seja, 8x está entre –2 e 4.

$-2 \leq 8x \leq 4$, ou seja,

$-1/4 \leq x \leq 1/2$

O menor valor que satisfaz a equação é –1/4, então esse é o valor de a. Ou seja,

sen(y) = –1/4.

Pela figura, sen(y) = –1/4 indica que $\cos(y) = \frac{\sqrt{15}}{4}$, mas também pode ser $-\frac{\sqrt{15}}{4}$. Façamos os cálculos com a primeira opção, mesmo porque o problema não traz respostas duplas.

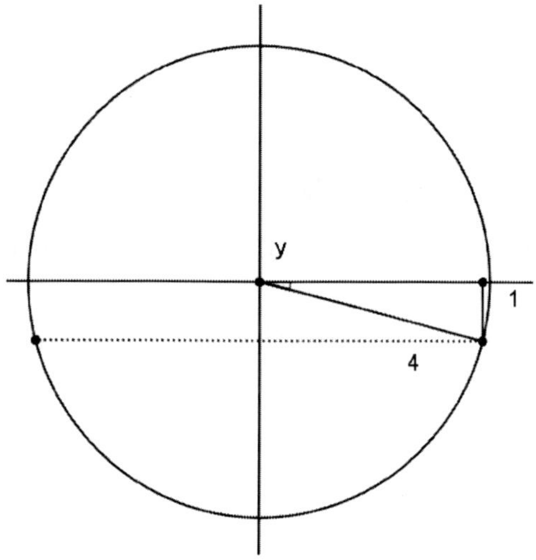

A equação final dada pelo problema é:

$sen(2y) = k.\cot(y)$. Fazendo sen(y)=s e cos(y) = c, temos:

2.s.c = k.c/s

$2s^2$=k. Como s=–1/4, ficamos com

k=1/8

Agora vemos que não importa o valor do cosseno de y, nem o seu sinal.

Resposta: (A) 1/8

577) Mackenzie – Fazendo cos(x) = c, ficamos com:

$4c^2 - (2c^2 - 1) + c = 2$ (lembremos que $\cos(2x) = 2\cos^2 x - 1$)

$2c^2 + c - 1 = 0$

As soluções são c = 1 e c = –1/2

Atenção agora, pois as soluções não são os valores de c, mas os valores de x no intervalo dado, que é [0, 2π].

cos(x) = 1, no intervalo dado, tem duas soluções: 0 e 2π.

cos(x) = –1/2 no intervalo dado, tem mais duas soluções: 2π/3 e 4π/3 (120° e 240°).

Ao todo são 4 soluções para x no intervalo dado.

Resposta: (E) 4

578) UFLA – Lembrando que $sen^2(x) + cos^2(x) = 1$, nossa equação fica:

$4\,sen^2(x) + sen^2(x) + cos^2(x) = 2$

$4\,sen^2(x) + 1 = 2$

$4\,sen^2(x) = 1$

$sen(x) = \pm 1/2$

Marcamos no círculo trigonométrico os ângulos x que tenham seno igual a esses valores, para $0° \leq x < 360°$:

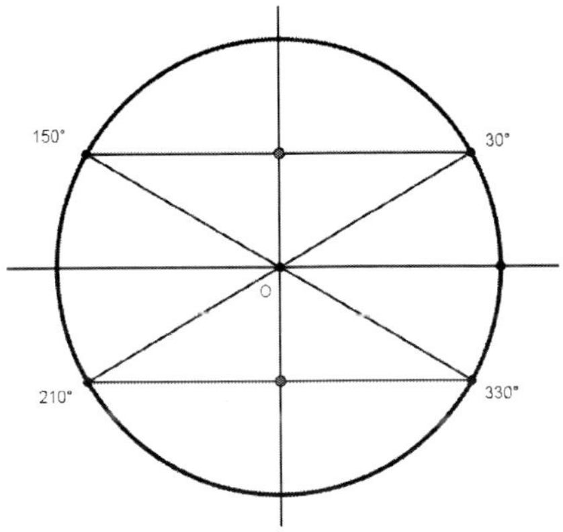

Temos portanto, 4 soluções: 30°, 150°, 210° e 330°.

Resposta: 30°, 150°, 210° e 330°.

579) USP – Lembrando que se x e y são complementares, então sen(y) = cos(x) e cos(y) = sen(x). O valor de sen(y – x) fica:
sen(y – x) = sen(y).cos(x) – sen(x).cos(y) = cos(x).cos(x) – sen(x).sen(x) = 1/3

$\cos^2(x) - \text{sen}^2(x) = 1/3$
$\cos^2(x) + \text{sen}^2(x) = 1$
➔ $\cos^2(x) = 2/3$ e $\text{sen}^2(x) = 1/3$
Logo $\text{tg}^2(x) = 1/2$.
Quando dois ângulos são complementares, as tangentes são inversas. Portanto $\text{tg}^2(y) = 2$
Logo $\text{tg}^2(y) - \text{tg}^2(x) = 2 - 1/2 = 3/2$

Resposta: (A) 3/2

580) ENEM – O ângulo central descrito, θ, é a relação entre a medida do arco e o raio, ou seja, θ=d/r.
A projeção do ponto P caminhará uma distância igual a r – r.cos(θ), ou seja,

$$r\left(1-\cos\frac{d}{r}\right)$$

Resposta: (B) $r\left(1-\cos\frac{d}{r}\right)$

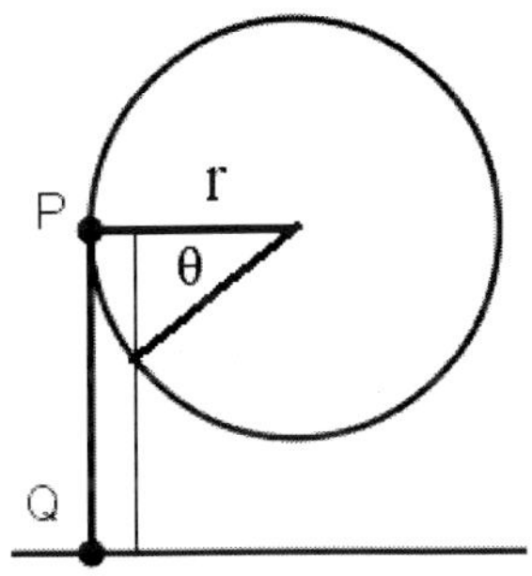

Resoluções do teste 59

581) UDESC – É preciso fazer redução ao primeiro quadrante, para ficar com ângulos conhecidos. Para isso, vamos inicialmente sobtrair de cada ângulo, o maior múltiplo possível de 2π.

$$\cos\left(\frac{13\pi}{6}\right)=\cos\left(2\pi+\frac{\pi}{6}\right)=\cos\left(\frac{\pi}{6}\right)=\frac{\sqrt{3}}{2}$$

$$\cos\left(\frac{11\pi}{4}\right)=\cos\left(\frac{3\pi}{4}\right)=-\frac{\sqrt{2}}{2}$$

$$sen\left(\frac{-7\pi}{6}\right)=-sen\left(\frac{7\pi}{6}\right)=-sen\left(\pi+\frac{\pi}{6}\right)=-\left[sen(\pi).\cos\left(\frac{\pi}{6}\right)+sen\left(\frac{\pi}{6}\right).\cos(\pi)\right]=sen\left(\frac{\pi}{6}\right)=\frac{1}{2}$$

$$tg\left(\frac{31\pi}{3}\right)=tg\left(10\pi+\frac{\pi}{3}\right)=tg\left(\frac{\pi}{3}\right)=\sqrt{3}$$

A expressão se reduz a:

$$6.\left(\frac{\sqrt{3}}{2}\right)^2-4\left(-\frac{\sqrt{2}}{2}\right)^2+\frac{1}{2}+\left(\sqrt{3}\right)^2=6.\frac{3}{4}-4.\frac{1}{2}+\frac{1}{2}+3$$

$$6.\frac{3}{4}-4.\frac{1}{2}+\frac{1}{2}+3=\frac{9}{2}-2+\frac{1}{2}+3=6$$

Resposta: (A) 6

582) UFPR – O valor mínimo de uma função cosseno é –1. Então o valor mínimo de f(x) é
–4 –3 = –7
Fazendo f(x) = –1, ficamos com

$$4.\cos\left(\frac{x\pi}{4}\right)-3=-1$$

$$4.\cos\left(\frac{x\pi}{4}\right)=2$$

$$\cos\left(\frac{x\pi}{4}\right)=\frac{1}{2}$$

$$\frac{x\pi}{4}=2k\pi\pm\frac{\pi}{3} \rightarrow x=8k\pm\frac{4}{3}$$

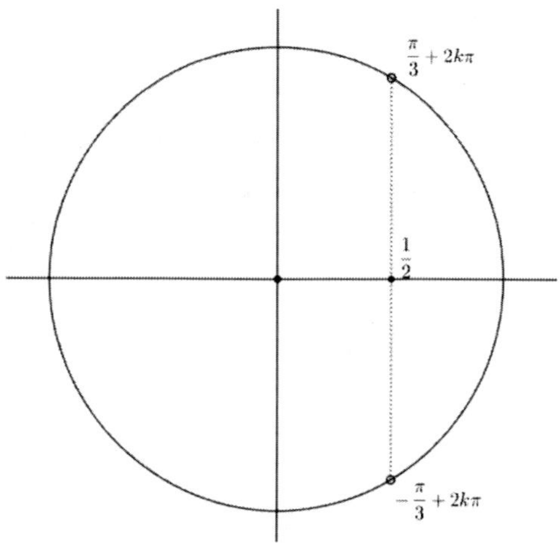

Resposta: –7, $x=8k\pm\frac{4}{3}$

583) UFS – No triângulo OPQ, temos PQ = R.tg(90°–α).
Lembrando que tg(90°–α) = 1/tg(α) = cotg(α)
Portanto PQ = R.cotg(α) = cotg(α)

Resposta: (C) **cotg α**

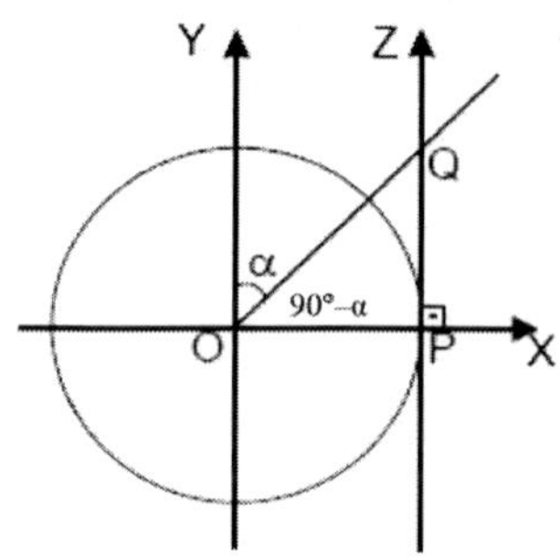

584) UFRN – A equação **sen²α = 3/4**, com α no primeiro quadrante, resulta em $sen(\alpha)=\frac{\sqrt{3}}{2}$, o mesmo que $\alpha=\frac{\pi}{3}$, ou 60°. Portanto a expressão pedida se reduz a:

$$(\cos(30°)+sen(60°)).tg(60°)=\left(\frac{\sqrt{3}}{2}+\frac{\sqrt{3}}{2}\right).\sqrt{3}=3$$

Resposta: (B) 3

585) UNICAMP – Elevando ao quadrado a expressão dada **sen x + cos x = 0,2**, ficamos com
$sen^2x + cos^2x + 2.sen\,x.cos\,x = 0{,}04$
$2.sen\,x.cos\,x = -0{,}96$

Elevando ao quadrado a expressão com módulo, notamos que o módulo irá desaparecer, pois $(k)^2 = (-k)^2 = (|k|)^2$

ou seja, quando vamos elevar ao quadrado, o módulo ou o sinal não afetam o resultado.
$|\text{sen}\,x - \cos x|^2 = (\text{sen}\,x - \cos x)^2 = \text{sen}^2 x + \cos^2 x - 2.\text{sen}\,x.\cos x = 1 - 2.\text{sen}\,x.\cos x$
Como já vimos que $2.\text{sen}\,x.\cos x = -0{,}96$, a expressão fica:
$1 - 2.\text{sen}\,x.\cos x = 1 + 0{,}96 = 1{,}96$
O quadrado da nossa expressão é 1,96, então a expressão vale $\sqrt{1{,}96} = 1{,}4$

Resposta: (D) 1,4

586) FGV – Será preciso resolver uma equação do terceiro grau. Fazenso s=sen(x), ficamos com:
$4s^3 - 8s^2 + 5s - 1 = 0$
É fácil ver que s=1 é raiz da equação. Podemos então fazer a divisão por (s – 1) para colocar este fator em evidência. A partir do capítulo 7 passaremos a fazero isso pelo método de Briot-Ruffini, mas no momento, utilizaremos a divisão polinomial.

```
 4s³ - 8s² + 5s -1   | s - 1
-4s³ + 4s²           |-----------
---------            | 4s² -4s + 1
      -4s²           |
     +4s² - 4s       |
     ---------       |
           +s - 1    |
           ------    |
                0    |
```

Portanto nossa equação pode ser escrita como $(s - 1)(4s^2 - 4s + 1) = 0$
Uma raiz, já vimos que é s=1, e as outras são as raízes do trinômio do 2º grau $4s^2 - 4s + 1$.
Resolvendo $4s^2 - 4s + 1 = 0$, encontramos s = 1/2.
No intervalo [0, 2π], ficamos com
sen(x) = 1 ➔ x = π/2
sen(x) = 1/2 ➔ x = π/6 e x=5π/6
Essas são as três raízes para x. Sua soma é π/2 + π/6 + 5π/6 = 3π/2

Resposta: (E) 3π/2

587) USP – Lembrando que log(A) + log(B) = log(A.B), temos:

$$\log_3[(1-\cos(x)).(1+\cos(x))] = \log_3[sen^2(x)] = -2$$

$$sen^2(x) = 3^{-2} = \frac{1}{9}$$

Ficamos com sen(x) = 1/3 ou sen(x) = –1/3, mas lembrando que 0 < x < π, ficamos apenas com a solução positiva. Precisaremos calcular cos(2x):

$\cos(2x) = 1 - 2\text{sen}^2(x) = 1 - 2.(1/9) = 7/9$

cos(2x) + sen(x) = 7/9 + 1/3 = 10/9

Resposta: (E) 10/9

588) UFRGS – Se a e b são agudos complementares, então a + b = 90°. Logo, sen(a+b) = 1 e cos(a+b) = 0. A expressão pedida é
$\text{sen}^2(a + b) - \cos^2(a + b) = 1 - 0 = 1$

Resposta: (B) 1

589) UFAM – Cruzando as diagonais, formamos dois triângulos semelhantes, sendo suas bases iguais às bases do trapézio. A base AB vale 3, e a base CD vale 9. Então a razão de semelhança é 1:3. Sendo assim, a altura 4 fica dividida em duas partes, valendo 1 e 3. No triângulo sombreado, temos o cateto oposto a θ valendo 9/2, e o adjacente valendo 3. Portanto:

$$tg(\theta) = \frac{9/2}{3} = \frac{3}{2}$$

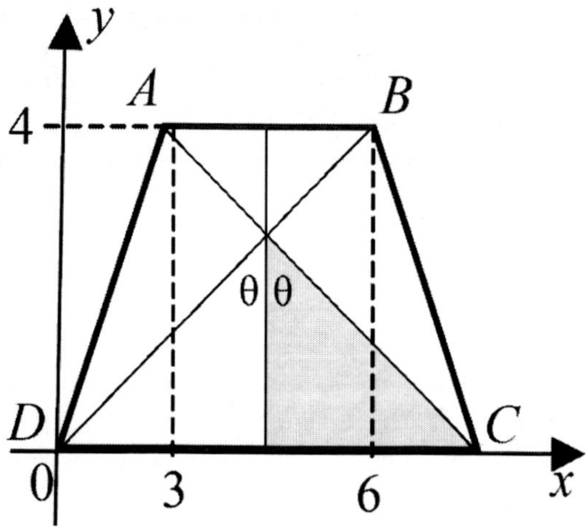

Usamos agora a fórmula para tg(2θ):

$$tg(2\theta) = \frac{2tg(\theta)}{1 - tg^2(\theta)} = \frac{2.\frac{3}{2}}{1 - \frac{9}{4}} = -\frac{12}{5}$$

Agora uma correção. Chamaos de 2θ o ângulo entre as diagnais, mas o problema chamou de θ. Outra questão é que encontramos um valor negativo, e nas respostas existe apenas o mesmo valor, porém positivo. É que por convenção, considera-se como ângulo entre duas retas, o menor ângulo formado, no caso, o ângulo correto é o suplemento do ângulo que calculamos, daí o sinal positivo.

Resposta: (E) θ = arctg 12/5

590) ENEM – Os valores máximo e mínimo da função correspondem aos valores mínimo e máximo do cosseno, que são –1 e 1.
A soma desses valores é

$$\frac{5.865}{1-0{,}15} + \frac{5.865}{1+0{,}15} = \frac{5.865}{0{,}85} + \frac{5.865}{1{,}15}$$

A dificuldade no problema não é chagar até aqui, mas fazer os cálculos acima. Esses cálculos ficam facilitados se deixarmos os valores indicados, simplificarmos, para só no final fazermos as divisões propriamente ditas:

$$\frac{5.865}{0{,}85} + \frac{5.865}{1{,}15} = \frac{5.865 \times 1{,}15}{0{,}85} + \frac{5.865 \times 0{,}85}{1{,}15} = \frac{5.865 \times 1{,}15 + 5.865 \times 0{,}85}{0{,}85 \times 1{,}15} = \frac{5.865 \times (1{,}15 + 0{,}85)}{0{,}85 \times 1{,}15}$$

$$= \frac{5.865 \times 20000}{85 \times 115} = \frac{1173 \times 4000}{17 \times 23} = \frac{69 \times 4000}{23} = 3 \times 4000 = 12000$$

Resposta: (B) 12.000 km

Resoluções do teste 60

591) UF Viçosa – Fazendo sen(x) = s e cos(x) = c, lembrando que sen(2x) = 2.sen(x).cos(x), ficamos com

2sc – 4s = 0

2s(c – 2) = 0

As soluções são s=0 e c=2.

cos(x) não pode valer 2, então a única solução é sen(x) = 0. Entre 0 e 2π, exclusive, a única solução é x=π.

Resposta: (B) possui apenas uma solução.

592) USP – A diagonal é um diâmetro. Significa que a diagonal divide a circunferência em dois arcos de 180°. Sendo assim, os ângulos internos do quadriláteros, opostos a essa diagonal, valem 90° cada.

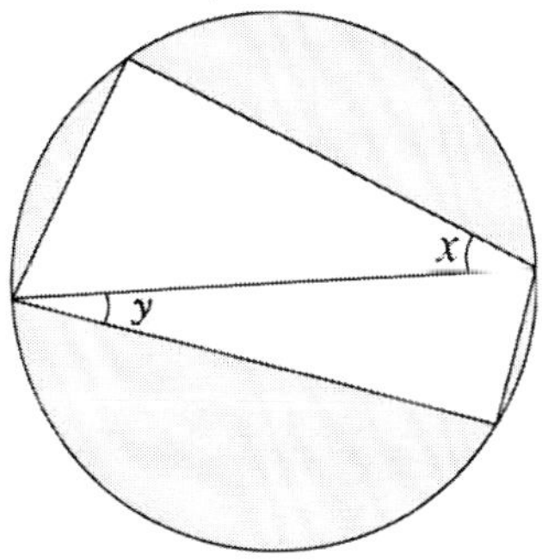

O triângulo superior tem catetos 2R.sen(x) e 2R.cos(x). O triângulo inferior tem catetos 2R.sen(y) e 2R.cos(y). Lembrando que R vale 1, ficamos com essas áreas valendo:

$\frac{2.sen(x)\cos(x)}{2}$ e $\frac{2.sen(y)\cos(y)}{2}$, cuja soma é o mesmo que $\frac{sen(2x)+sen(2y)}{2}$

A área pedida é igual a área do círculo (πR^2) menos a área do quadrilátero, ou seja:

$\pi-\frac{sen(2x)+sen(2y)}{2}$

Resposta: (E) $\pi-\frac{sen(2x)+sen(2y)}{2}$

593) IFSC – Analisando $f(t)=3+2.sen\left(\frac{\pi t}{6}\right)$:

(F) A imagem da função é o intervalo real [–1, 1]; Errado, varia entre 3–2=1 e 3+2=5.

(F) f(t) < 0, ∀t≠3k, k∈ℝ. Falso, nunca é negativa, o valor mínimo de f(t) é 1.

(V) O gráfico da função não intercepta o eixo das abscissas. Correto, varia entre 1 e 5.

(F) f(t) é uma função par. Errado, 3 é uma função par, mas seno é função ímpar, logo sua soma não é par nem ímpar.

(F) f(t) é uma função crescente em todo o seu domínio. Errado, o seno não é crescente nem decrescente no seu domínio, é uma função que periodicamente inverte seu crescimento.

(V) O valor máximo assumido pela função é igual a 5. Correto, já calculado.

Resposta: FFVFFV

594) UFMG – A) Partindo das duas fórmulas dadas, podemos calcular sen(2x):

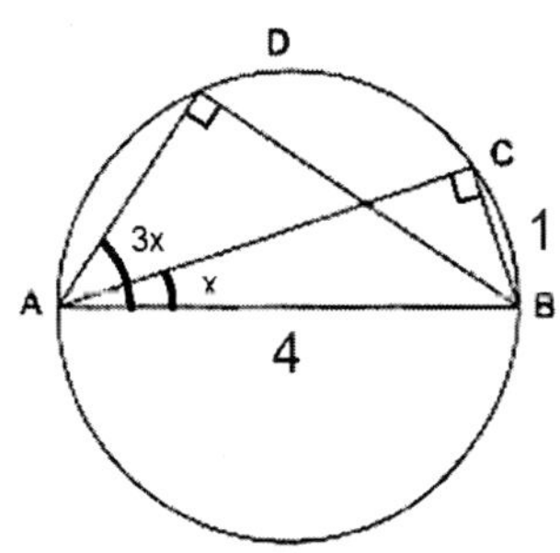

sen(2x) = sen(x+x) = sem(x).cos(x) + cos(x).sen(x)

$\boxed{sen(2x) = 2.sen(x).cos(x)}$

Precisaremos também da fórmula para cos(2x):

cos(2x) = cos(x+x) = cos(x).cos(x) – sen(x).sen(x)

= $cos^2(x) - sen^2(x) = 1 - 2sen^2(x)$

$\boxed{cos(2x) = 1 - 2sen^2(x)}$

Finalmente, calculemos sen(3x) como sen(2x + x):

sen(3x) = sen(2x+x) = sen(2x).cos(x) + sen(x).cos(2x) =

$2.sen(x).cos(x).cos(x) + sen(x).(1 - 2.sen^2(x)) =$

$2.sen(x).cos^2(x) + sen(x) - 2.sen^3(x)) =$

$2.sen(x).(1 - sen^2(x)) + sen(x) - 2.sen^3(x)) =$

$2.sen(x) - 2sen^3(x) + sen(x) - 2.sen^3(x)) =$

$3.sen(x) - 4.sen^3(x)$

$\boxed{sen(3x) = 3.sen(x) - 4.sen^3(x)}$ como queríamos demonstrar.

B) Como AB é diâmetro, os dois ângulos indicados na figura são retos.
O valor de BD procurado é 4.sen(3x).
O valor de sen(x) é 1/4, obtido do triângulo ABC.
Usando a fórmula do item (A), temos:
sen(3x) = 3.sen(x) – 4.sen^3(x)

$$= 3.\frac{1}{4} - 4.\left(\frac{1}{4}\right)^3 = \frac{11}{16}$$

Logo, BD = 4.(11/16) = 11/4.

Respostas: Demonstração, BD=11/4.

595) PUC Campinas – O triângulo sombreado resolve o problema. Em função das distâncias dadas, calculamos seu cateto menor, igual a 0,8 e o cateto maior, igual a 4. Com esses valores calculamos tg(α) = 0,2.
Na tabela, fornecida, observamos que o ângulo cuja tangente vale 0,2 é 11,3°.

Resposta: (E) 11,3°

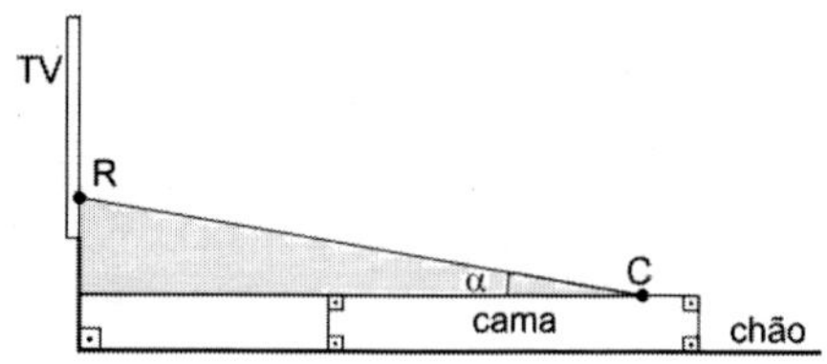

Dados:

α	11,3°	11,5°	12,1°	12,4°	78,5°
sen α	0,196	0,199	0,210	0,215	0,980
cos α	0,981	0,980	0,978	0,977	0,199
tg α	0,200	0,203	0,214	0,220	4,915

596) UFPE – Os ângulos do triângulo são 30°, 70° e 80°. Chamemos os lados opostos aos vértices A, B e C, de a, b e c, respectivamente. Podemos resolver o problema usando a Lei dos Senos:

$$\frac{a}{sen(A)} = \frac{b}{sen(B)} = \frac{c}{sen(C)} = 2R$$

Logo, os valores dos lados são:
a = 24.sen(70°)
b = 24.sen(80°)
c = 24.sen(30°)

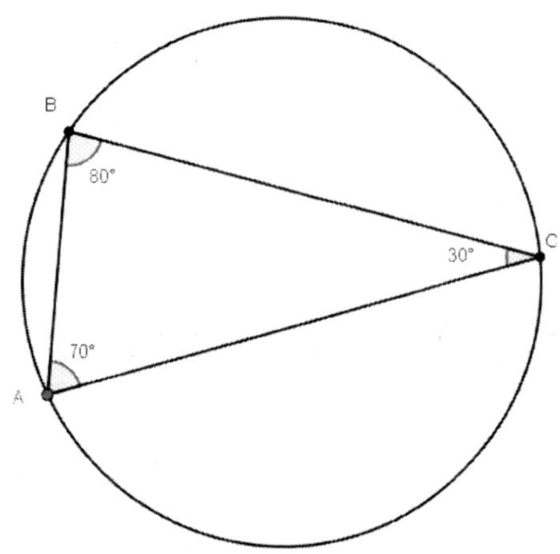

O problema forneceu:
cos(10°) = sen(80°) = 0,98
cos(20°) = sen(70°) = 0,94
(lembrando que o cosseno de um ângulo é o seno do seu complemento).
Ficamos portanto com:
a = 24 × 0,94 = 22,56
b = 24 × 0,98 = 23,52
c = 24 × 0,5 = 12
Analisando as três afirmativas, em função dos valores acima, encontramos a sequência VFV.

Resposta: (C) 1 e 3, apenas.

597) PUC SP – Precisaremos calcular os valores de cos(0), cos(π/3), cos(2π/3), cos(π), etc. Esses valores valem 1, –1, 1/2 ou –1/2, de acordo com o ângulo. A figura ao lado mostra os ângulos para valores de x de 0 a 11, assim como seus cossenos. Assim podemos calcular os valores arrecadados em cada ano.

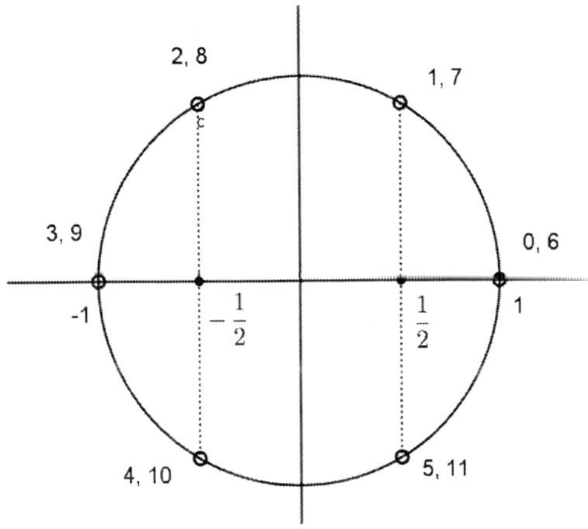

2015: 250 + 12	2021: 250 + 12
2016: 250 + 6	2022: 250 + 6
2017: 250 – 6	2023: 250 – 6
2018: 250 – 12	2024: 250 – 12
2019: 250 – 6	2025: 250 – 6
2020: 250 + 6	2026: 250 + 6

Em função dos dados acima, concluímos que a resposta correta é (B), atingirá o valor mínimo (238) apenas em duas ocasiões: 2018 e 2024.

Resposta: (B) atingirá o valor mínimo somente em duas ocasiões.

598) UF Pelotas – Se sen(2α) = 4/5, então cos(2α) = 3/5, pois 2α seria um dos ângulos agudos de um triângulo 3-4-5. Isto significa que o cateto h+2,5 vale 4, já que o outro cateto vale 3.
Portanto h = 1,5 cm.

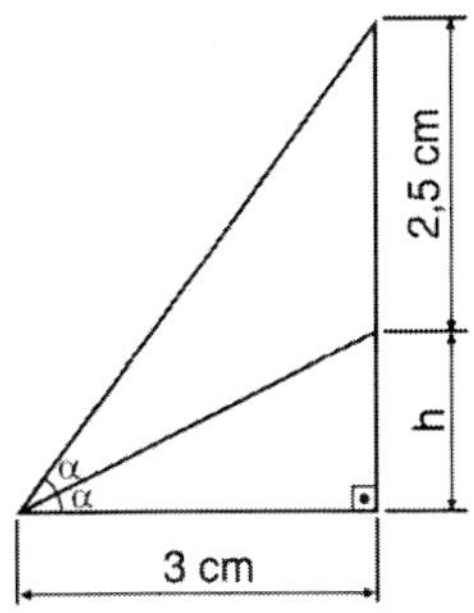

Resposta: (A) 3/2

599) UFT – Considerando M o ponto médio da corda AC, temos CM = R.cos(α), CA = 2.R.cos(α) e OM = R.sen(α). Com essas informações podemos calcular a área do triângulo AOC, que é o numerador da fração N:

$$N = \frac{\text{Área do triângulo AOC}}{\text{Área do triângulo BOC}}$$

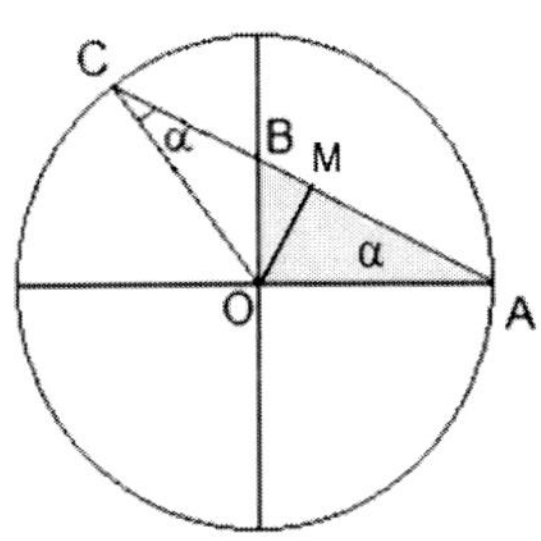

$$S_{AOC} = \frac{OM \times AC}{2} = \frac{R.sen(\alpha) \times 2R.\cos(a)}{2} =$$

Note que no numerador aparece 2.sen(α)cos(α), que é a fórmula de sen(2α).

$$S_{AOC} = \frac{R^2.sen(2\alpha)}{2}$$

Falta calcular a área do triângulo BOC. É a diferença entre as áreas de AOC e AOB.

OB = R.tg(α)

$$S_{AOB} = \frac{R.R.tg(\alpha)}{2} = \frac{R^2.tg(\alpha)}{2}$$

Logo, $S_{BOC} = \dfrac{R^2 sen(2\alpha)}{2} - \dfrac{R^2 tg(\alpha)}{2}$

A razão N já pode ser calculada:

$$N = \frac{S_{AOC}}{S_{BOC}} = \frac{\frac{R^2 sen(2\alpha)}{2}}{\frac{R^2 sen(2\alpha)}{2} - \frac{R^2 tg(\alpha)}{2}}$$

$$N = \frac{sen(2\alpha)}{sen(2\alpha) - tg(\alpha)}$$

Usando sen(α) = s e cos(α) = c, ficamos com:

$$N = \frac{2.s.c}{2.s.c - \frac{s}{c}} = \frac{2.c}{2.c - \frac{1}{c}} = \frac{2.c^2}{2.c^2 - 1}$$

No numerador temos $2.\cos^2(\alpha)$, e no denominador temos a fórmula de cos(2α)

$$N = \frac{2.\cos^2(\alpha)}{\cos(2\alpha)}$$

Resposta: (C) $\frac{2.\cos^2 \alpha}{\cos(2\alpha)}$

600) ENEM – São formados dois triângulos retângulos iguais, onde o cateto menor é dado por:

114.tg(15°) – 114 × 0,26 = 29,64

Como a base é quadrada, e seu lado tem aproximadamente 30 metros, sua área é aproximadamente, $900m^2$. Sendo assim, a resposta correta é (E).

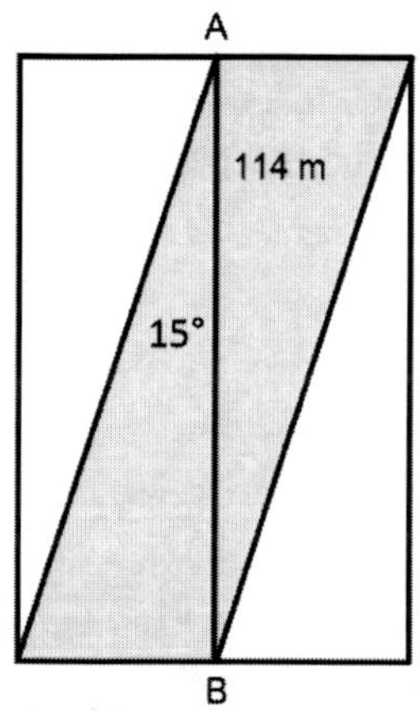

Resposta: (E) maior que $700m^2$

Capítulo 7

Análise combinatória, Probabilidade e Estatística

Teste 61

601) Mackenzie – O número de polígonos convexos distintos que podemos formar, com vértices nos pontos de coordenadas (0, 0), (0, 1), (0, 2), (0, 3), (2, 0), (2, 1), (2, 2) e (2, 3), do plano, é

(A) 101 (B) 84 (C) 98 (D) 100 (E) 48

602) PUC Campinas – Admita que certa cidade brasileira tenha 8 canais de TV aberta, todos com transmissões diárias. Se uma pessoa pretende assistir três dos oito canais em um mesmo dia, ela pode fazer isso de **x** maneiras diferentes sem levar em consideração a ordem em que assiste os canais, e pode fazer de **y** maneiras diferentes levando em consideração a ordem em que assiste os canais. Sendo assim, y – x é igual a

(A) 112 (B) 280 (C) 224 (D) 56 (E) 140

603) UFCG – Com o objetivo de fazer uma boa campanha nos Jogos Olímpicos, almejando a conquista da medalha de ouro para o nosso futebol, o técnico da seleção brasileira feminina de futebol convocou 18 jogadoras para formar nossa seleção. Dentre estas estavam: 2 goleiras, 3 laterais, 3 zagueiras, 6 meio-campistas e 4 atacantes. O número de possibilidades que o técnico teve para formar um time com 1 goleira, 2 laterais, 2 zagueiras, 4 meio-campistas e 2 atacantes foi:

(A) 1620 (B) 720 (C) 810 (D) 135 (E) 1080

604) UFPE – De um grupo formado por 25 membros de um partido serão escolhidos três candidatos diferentes para disputar os cargos de vereador, deputado estadual e prefeito. De quantas maneiras os candidatos podem ser escolhidos?

(A) 13.800 (B) 13.700 (C) 13.600 (D) 13.500 (E) 13.400

605) PUC SP – A secretária de um médico precisa agendar quatro pacientes, A, B, C e D, para um mesmo dia. Os pacientes A e B não podem ser agendados no período da manhã e o paciente C não pode ser agendado no período da tarde. Sabendo que esse dia estão disponíveis 3 horários no período da manhã e 4 no período da tarde, o número de maneiras distintas da secretária agendar esses pacientes é

(A) 72 (B) 126 (C) 138 (D) 144 (E) 182

606) UF Pelotas – Os valores de **m** e **n**∈ℕ, m≥n, que verificam o sistema

$$\begin{cases} C_{m,n} = C_{m,n-1} \\ A_{m,2n-2} = 120 \end{cases},$$

envolvendo combinações a arranjos simples, são, respectivamente,

(A) 13 e 12. (B) 13 e 7. (C) 9 e 5. (D) 5 e 3. (E) 4 e 3. (F) I.R.

607) UFT – Numa cantina de uma escola são servidos bolos e salgadinhos. Cada aluno receberá um prato com 2 bolos, dos 4 tipos disponíveis e 3 salgadinhos, dos 6 tipos fabricados. Qual é o número total de possibilidades de escolha de 2 bolos e 3 salgadinhos de cada aluno?

(A) 360 (B) 120 (C) 100 (D) 20 (E) 18

608) UDESC – Um decorador de ambientes propôs a seguinte decoração para a maior parede da sala do apartamento de um cliente: dispor três mesas de tamanhos diferentes, uma em cada canto da parede e a terceira ao centro e colocar seis vasos de cores diferentes, azul, verde, amarelo, vermelho, branco e preto, alinhados sobre as mesas, sendo um na menor, três na maior e o restante na outra mesa. Seguindo essa proposta, a quantidade de maneiras de decorar a referida parede, de forma que o vaso azul e o verde fiquem sempre lado a lado e em uma mesma mesa é de:

(A) 864 (B) 288 (C) 576 (D) 150 (E) 432

609) UFSM – Supõe-se que um hospital dispõe de 5 médicos cardiologistas, 2 médicos anestesistas e 6 instrumentadores que fazem parte do grupo de profissionais habilitados para realizar cirurgias cardíacas. Quantas equipes diferentes podem ser formadas com 3 cardiologistas, 1 anestesista e 4 instrumentadores?

(A) 200 (B) 300 (C) 600 (D) 720 (E) 1200

610) UFAL – Quantos números distintos entre si e menores de 30.000, têm exatamente 5 algarismos não repetidos e pertencentes ao conjunto {1, 2, 3, 4, 5, 6} ?

(A) 90 (B) 120 (C) 180 (D) 240 (E) 300

Teste 62

611) UEMG – Genius era um brinquedo muito popular na década de 1980. O brinquedo buscava estimular a memorização de cores e sons. Com formato semelhante a um OVNI, possuía 4 botões de cores distintas que emitiam sons harmônicos e se iluminavam em sequência. Cabia aos jogadores repetir o processo sem errar. Considerando uma fase do jogo em que 3 luzes irão acender de forma aleatória e em sequência, podendo cada cor acender mais de uma vez. O número máximo de formas que essa sequência de 3 luzes poderá acender é:

(A) 12 (B) 24 (C) 36 (D) 64 (E) 96

612) UFBA – Em uma escola, seis meninos e duas meninas disputam uma prova de natação. Cada nadador ocupa uma das oito raias da piscina, numeradas de 1 a 8, e os que obtiveram o primeiro, o segundo e o terceiro lugar para subirão ao pódio para premiação.
Com base nessas informações e admitindo-se que não existe a possibilidade de empate, é correto afirmar (marque V ou F):

( ) Existem exatamente 40.320 maneiras distintas de distribuir os nadadores nas raias.
( ) Existem exatamente 720 maneiras distintas de distribuir os nadadores nas raias de modo que a 1 e a 8 sejam ocupadas por meninas.
( ) Existem exatamente 336 formações distintas para o pódio.
( ) Existem exatamente 60 formações distintas para o pódio com dois meninos e uma menina.
( ) Se for sorteado um nadador para ocupar a raia 1, a probabilidade de ser um menino é igual a 6/8.
( ) Sorteando-se os nadadores para definir suas posições nas raias, a probabilidade de que os meninos ocupem as raias de 1 a 6 é igual a 1/28.

613) UF São Carlos – Uma pessoa dispõe das seguintes frutas em sua casa: mamão, pera, morango, abacaxi, manga, maçã e uva; mas irá utilizar apenas cinco delas para fazer uma salada de frutas. Sabendo que o abacaxi e o morango certamente serão utilizados, mas a pera e a maçã nunca serão colocadas juntas em uma mesma salada, o número de maneiras diferentes de se escolher as cinco frutas é

(A) 5 (B) 6 (C) 7 (D) 8 (E) 9

614) UERJ – Na figura ao lado, as 52 cartas de um baralho estão agrupadas em linhas com 13 cartas de mesmo naipe e colunas com 4 cartas de mesma valor.

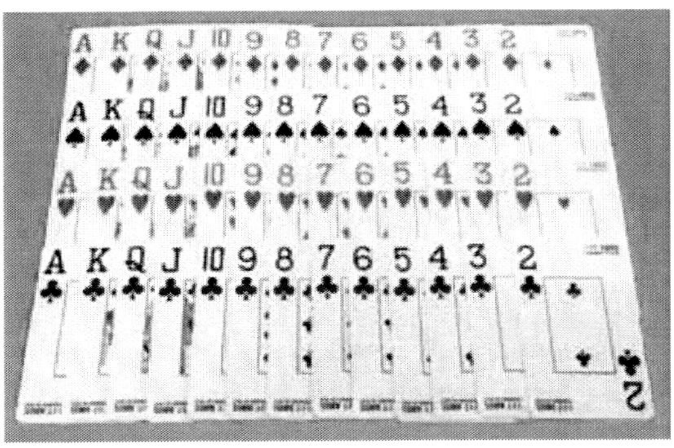

Chama-se *quadra* a reunião de quatro cartas de mesmo valor. Observe, em um conjunto de 5 cartas, um exemplo de quadra.

O número total de conjuntos distintos de cinco cartas desse baralho que contém uma quadra é igual a:

(A) 624 (B) 676 (C) 715 (D) 720 (E) 1040

615) IFCE – Utilizando-se os algarismos 0, 2, 3, 5 e 8, quantos múltiplos de 3 com quatro algarismos distintos podem ser formados?

(A) 96 (B) 48 (C) 42 (D) 24 (E) 18

616) FATEC – Beatriz, Eduardo, Luísa, Regina e Ronaldo formaram um grupo para realizar um serviço para a Empresa Junior da Fatec-Bauru. Para identificar o seu grupo, esses alunos criaram uma sigla de 5 letras contendo, necessariamente, a primeira letra do nome de cada um deles: B, E, L, R e R. Nessas condições, a quantidade de siglas distintas que é possível formar é:

(A) 72 (B) 60 (C) 30 (D) 24 (E) 15

617) UFPI – De quantos modos podemos comprar 4 sorvetes na Sorveteria **"Sonho Gelado"**, sabendo-se que a mesma os oferece em 7 sabores distintos?

(A) 35 (B) 126 (C) 168 (D) 189 (E) 210

618) UFJF – Para concorrer à eleição a diretor e a vice-diretor de uma escola, há 8 candidatos. O mais votado assumirá o cargo de diretor e o segundo mais votado, o de vice-diretor. Quantas são as possibilidades de ocupação dos cargos de diretor e vice-diretor dessa escola?

(A) 15 (B) 27 (C) 34 (D) 56 (E) 65

619) IFMT – De quantas maneiras podem sentar-se quatro homens e quatro mulheres em uma mesa redonda, isto é, sem cabeceira, de modo a se ter sempre um homem entre duas mulheres e uma mulher entre dois homens?

(A) 144 (B) 360 (C) 720 (D) 70 (E) 5040

620) PUC PR – Para organizar a formatura do curso de Matemática, foi solicitado pela coordenação que alguns alunos formassem uma comissão com três pessoas. Apresentaram-se 5 homens e 4 mulheres, mas a pedido da coordenação do curso, essa comissão de formatura não poderia ser constituída apenas com pessoas do mesmo sexo. Nessas condições, quantas possibilidades de comissões de formatura podem surgir?

(A) 84 (B) 74 (C) 80 (D) 70 (E) 82

Teste 63

621) USP – Doze pontos são assinalados sobre quatro segmentos de reta de forma que três pontos sobre três segmentos distintos nunca são colineares, como na figura. O número de triângulos distintos que podem ser desenhados com os vértices nos pontos assinalados é:

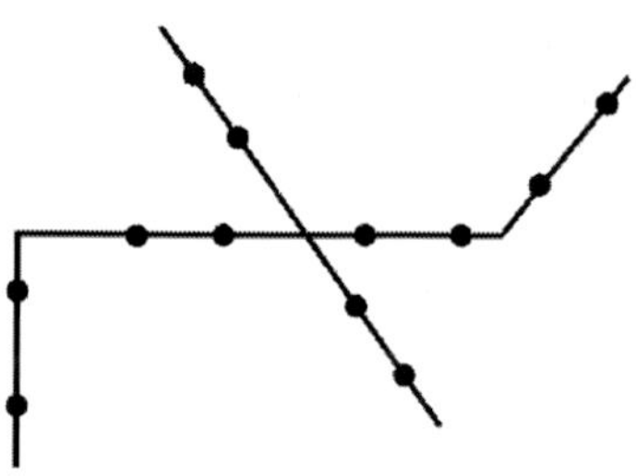

(A) 200 (B) 204 (C) 208 (D) 212 (E) 220

622) UFPR – Considere o conjunto S de todas as sequências de 5 letras formadas com as vogais A, E, I, O, U que satisfazem simultaneamente às duas regras abaixo:
I. O número de letras A é igual ao número de letras E.
II. O número de letras O é igual ao número de letras U.
Por exemplo, as sequências UOIOU, AEIOU e IAEII satisfazem as duas regras acima, enquanto AAEEE não satisfaz a primeira regra e IOIIO não satisfaz a segunda. Quantos elementos distintos possui o conjunto S?

(A) 243 (B) 221 (C) 180 (D) 125 (E) 120

623) UNICAMP – Para acomodar a crescente quantidade de veículos, estuda-se mudar as placas, atualmente com três letra e quatro algarismos numéricos, para quatro letras e três algarismos numéricos, como indicado na figura.

Considere o alfabeto com 26 letras e os algarismos de 0 a 9. O aumento obtido com essa modificação em relação ao número máximo de placas em vigor seria

(A) inferior ao dobro.
(B) superior ao dobro e inferior ao triplo.
(C) superior ao triplo e inferior ao quádruplo.
(D) mais que o quádruplo.
(E) igual a 150%.

624) UNICAMP - O grêmio estudantil do Colégio Alvorada é composto por 6 alunos e 8 alunas. Na última reunião do grêmio, decidiu-se formar uma comissão de 3 rapazes e 5 moças para a organização das olimpíadas do colégio. De quantos modos diferentes pode-se formar essa comissão?

(A) 6720 (B) 100800 (C) 806400 (D) 1120 (E) 1080

625) USP - Maria deve criar uma senha de 4 dígitos para sua conta bancária. Nessa senha, somente os algarismos 1, 2, 3, 4, 5 podem ser usados e um mesmo algarismo pode aparecer mais de uma vez. Contudo, supersticiosa, Maria não quer que sua senha contenha o número 13, isto é, o algarismo 1 seguido imediatamente pelo algarismo 3. De quantas maneiras distintas Maria pode escolher sua senha?

(A) 551 (B) 552 (C) 553 (D) 554 (E) 555

626) UFRGS - Para montar a programação de uma emissora de rádio, o programador musical conta com 10 músicas distintas, de diferentes estilos, assim agrupadas: 4 de MPB, 3 de Rock e 3 de Pop. Sem tempo para fazer essa programação, ele decide que, em cada um dos programas da emissora, serão tocadas, de forma aleatória, todas as 10 músicas. Assim sendo, é correto afirmar que o número de programas distintos em que as músicas vão ser tocadas agrupadas por estilo é dado por:

(A) $4! \times 3! \times 3! \times 3!$ (B) $10!/7!$ (C) $4! \times 3! \times 3!$ (D) $10!/(7! \times 3!)$ (E) $10! \times 3!$

627) UFRGS - Tomando os algarismos ímpares para formar números com quatro algarismos distintos, a quantidade de números divisíveis por 5 que se pode obter é

(A) 12 (B) 14 (C) 22 (D) 24 (E) 26

628) IFS - Na Instituição Federal de Sergipe ingressaram 10 alunos no curso de graduação com média superior a 9. Com esses alunos, deseja-se formar uma comissão com no mínimo 2 e no máximo 10 integrantes. Dessa forma, quantas comissões podem ser formadas?

(A) 1015 (B) 1200 (C) 1240 (D) 1013 (E) 160

629) UNESP - Um repórter perguntou ao técnico de um time de futebol de salão se ele já dispõe da escalação de sua equipe. O técnico respondeu que jogariam Fulanom a grande estrela do time, e mais quatro jogadores. Supondo que o técnico disponha de um elenco de 11 jogadores (incluindo Fulanom) e que qualquer jogador pode ocupar qualquer posição, quantas equipes diferentes podem ser formadas de maneira que a resposta do técnico seja verdadeira?

(A) 15 (B) 44 (C) 155 (D) 210 (E) 430

630) UFCG - Waldhycleuza está fazendo um regime alimentar. Sua médica prescreveu um regime que consiste de três grupos de alimentos:

GRUPO 1	6 tipos de alimento
GRUPO 2	7 tipos de alimento
GRUPO 3	3 tipos de alimento

Para variar o cardápio a cada refeição, a jovem Waldhycleuza pode escolher 2 alimentos do primeiro grupo, 5 alimentos do segundo e 2 alimentos do terceiro grupo. Com essas possibilidades, quantos cardápios diferentes tem Waldhycleuza ao seu dispor?

(A) 6 x 7 x 3 (B) 2 x 5 x 2 (C) 15 x 21 x 3 (D) 7 x 21 x 9 (E) 3 x 8 x 1

Teste 64

631) PUC SP – Uma pessoa coloca, em seu celular, uma senha de 4 dígitos, todos diferentes de zero, de modo que o primeiro e o quarto dígitos sejam iguais e o segundo dígito seja o dobro do terceiro. Sabendo que o segundo e o terceiro dígitos são sempre diferentes do primeiro, então o número de possibilidades que essa pessoa tem de montar essa senha é

(A) 36 (B) 32 (C) 28 (D) 24 (E) 42

632) UFT – O dono de uma concessionária de automóveis deseja vender todos os automóveis de diferentes modelos que se encontram na garagem. Na vitrine de exibição, podem ser colocados somente três autos de cada vez e o dono percebe que pode exibir todos seus autos de 336 modos diferentes. Quantos automóveis de diferentes modelos há na garagem?

(A) 5 (B) 6 (C) 7 (D) 8 (E) 9

633) UDESC – Uma loja de material para pintura fabrica tintas de cores personalizadas, usando uma máquina que mistura até 3 cores iniciais em proporções que podem ser ajustadas de 20% em 20%. Sabendo que há 4 cores iniciais para se escolher, o número de cores que podem ser oferecidas, incluindo as iniciais puras, é:

(A) 48 (B) 52 (C) 28 (D) 44 (E) 76

634) UFSM – Em um hotel fazenda, há dois tipos de acomodações. Seis são consideradas do tipo A por ter uma vista panorâmica privilegiada da fazenda; cinco compreendem quartos de fundo, considerados do tipo B. Um grupo de 11 hóspedes chega ao hotel para um final de semana. Três deles, oriundos da cidade de Santa Maria, declaram ter preferência por quartos do tipo A; para os demais, o tipo de quarto é indiferente. O número total de modos com que é possível acomodar os 11 hóspedes, ficando 1 em cada quarto, de maneira a respeitar as exigências dos santa-marienses, é

(A) 5! x 6! (B) 5! x $C_{6,3}$ (C) 8! x $C_{6,3}$ (D) 8! x $A_{6,3}$ (E) 11!

635) UFAL – Para digitação de senhas nos terminais eletrônicos, alguns bancos disponibilizam, na tela da máquina, botões com dois algarismos distintos, dispostos em ordem crescente, da esquerda para a direita, como mostra a título de exemplo, a figura:

2 ou 9	1 ou 5	4 ou 6

Nessas condições, quantos botões diferentes podem ser disponibilizados?

(A) 90 (B) 45 (C) 36 (D) 28 (E) 20

636) UFAL – Pedro deseja pintar a palavra BISPO em um cartaz publicitário, usando uma cor diferente em cada letra. Sabendo-se que Pedro dispõe de 8 cores de tinta, de quantos modos ele poderá fazer isso?

(A) 6730 (B) 6720 (C) 6710 (D) 6721 (E) 6711

637) UEMG – Os números 258 e 179 têm seus algarismos escritos em ordem crescente. Os números 558 e 496 não têm seus algarismos escritos em ordem crescente. Quantos são os números de três algarismos no qual esses algarismos aparecem em ordem crescente?

(A) 84 (B) 120 (C) 504 (D) 720 (E) 840

638) UEMG – O jogo da Mega Sena consiste no sorteio de 6 números de 1 a 60. Um apostador, depois de vários anos de análise, deduziu que, no próximo sorteio, os 6 números estariam entre os 10 números que tinha escolhido. Sendo assim, com a intenção de garantir seu prêmio na Sena, ele resolveu fazer todos os possíveis jogos com 6 números entre os 10 escolhidos. Quantos reais ele gastará para fazê-los, sabendo que cada jogo com 6 números custa R$ 2,00?

(A) R$ 540,00 (B) R$ 302.400,00 (C) R$ 420,00 (D) R$ 5.040,00 (E) R$ 840,00

639) UF São Carlos – Um encontro científico conta com a participação de pesquisadores de três áreas, sendo eles: 7 químicos, 5 físicos e 4 matemáticos. No encerramento do encontro, o grupo decidiu formar uma comissão de dois cientistas para representa-lo em um congresso. Tendo sido estabelecido que a dupla deveria ser formada por cientistas de áreas diferentes, o total de duplas distintas que podem representar o grupo no congresso é igual a

(A) 46 (B) 59 (C) 77 (D) 83 (E) 84

640) UF São Carlos – Numa galeria, 6 telas quadradas e 2 retangulares, todas distintas, deverão ser expostas alinhadas em sequência, em duas fileiras com 4 telas cada uma. Por questões estéticas, convencionou-se que as telas retangulares devem ocupar as extremidades da 2ª fileira. O número de modos diferentes de se posicionar as telas nessas duas fileiras é igual a:

(A) 240 (B) 360 (C) 720 (D) 1440 (E) 2880

Teste 65

641) UERJ – Uma criança ganhou seis picolés de três sabores diferentes: baunilha, morango e chocolate, representados, respectivamente, pelas letras B, M e C. De segunda a sábado, a criança consome um único picolé por dia, formando uma sequência de consumo dos sabores. Observe estas sequências, que correspondem a diferentes modos de consumo:
(B, B, M, C, M, C) ou (B, M, M, C, B, C) ou (C, M, M, B, B, C).
O número total de modos distintos de consumir picolés equivale a:

(A) 6 (B) 90 (C) 180 (D) 720 (E) 840

642) CEFET CE – Colocam-se todos os anagramas com 5 letras formadas apenas pelas letras D, E, O, P e R, sem repetição, em ordem alfabética.

a) Em que posição aparece o anagrama ORDEP?
b) Qual anagrama aparece na 80ª posição?

643) IFCE – Um grupo de 3 mulheres e 3 homens, dentre os quais José e Maria, que são casados entre si, deve formar uma fila indiana em que não haja dois homens juntos. A quantidade de filas, em que José e Maria não estarão separados por qualquer outra pessoa, é

(A) 24 (B) 40 (C) 72 (D) 120 (E) 720

644) FATEC – No Boxe, um dos esportes olímpicos, um pugilista tem à sua disposição quatro golpes básicos: o *jab*, o *direto*, o *cruzado* e o *gancho*. Suponha que um pugilista, preparando-se para os Jogos Olímpicos, queira criar uma sequência com 6 golpes, empregando necessariamente dois jabs, dois diretos, um cruzado e um gancho. Assim, o número máximo de sequências que ele poderá criar será de

> Lembre-se de que:
> **Permutação com repetição**
> $$P_n^{k_1,k_2,k_3,...} = \frac{n!}{k_1!\,k_2!\,k_3!...}$$

(A) 180 (B) 160 (C) 140 (D) 120 (E) 100

645) UFPI – Um *petshop* tem três cachorros – um branco, um preto e um cinza. O *petshop* também tem três gatos – um preto, um branco e um cinza, e três pássaros – um branco, um preto e um cinza. Rodrigo quer comprar um cachorro, um gato e um pássaro. A quantidade de possibilidades de escolha para Rodrigo é:

(A) 3 (B) 6 (C) 9 (D) 27 (E) 81

646) UFMS – Dispomos de quatro cores para colorir os vértices de um retângulo. Sabendo-se que os vértices adjacentes não podem ter a mesma cor, então, pode-se colorir os vértices do retângulo de L maneiras distintas, onde L vale

(A) 48 (B) 64 (C) 72 (D) 84 (E) 102

647) UFJF – De quantas maneiras podemos escolher 3 números naturais distintos dentre os inteiros de 1 a 20, de modo que a soma dos números escolhidos seja ímpar?

(A) 100 (B) 360 (C) 570 (D) 720 (E) 1140

648) UFJF – Para uma viagem, seis amigos alugaram três motocicletas, com capacidade para duas pessoas cada. Sabe-se que apenas quatro desses amigos são habilitados para pilotar motocicletas e que não haverá troca de posições ao longo do percurso. De quantas maneiras distintas esses amigos podem se dispor nas motocicletas para realizar a viagem?

(A) 24 (B) 72 (C) 120 (D) 144 (E) 720

649) IFMT – No quadro ao lado, de quantos modos é possível formar a palavra "FEDERAL", partindo de um F e indo sempre para a direita ou para baixo?

(A) 54 (B) 64 (C) 80 (D) 96 (E) 128

						F
					F	E
				F	E	D
			F	E	D	E
		F	E	D	E	R
	F	E	D	E	R	A
F	E	D	E	R	A	L

650) PUC PR – Um centro acadêmico possui 26 membros e deseja eleger um presidente, um tesoureiro e um secretário. Suponhamos que nenhum membro pode ser eleito para mais de um cargo. Assinale a alternativa que representa de quantas maneiras diferentes, os cargos em questão podem ser preenchidos.

(A) 15600 (B) 17600 (C) 20000 (D) 25500 (E) 45000

Teste 66

651) UFRJ – Sena n = 20!. Determine o maior fator primo de n.

(A) (B) (C) (D) (E)

652) UDESC – O conjunto solução da inequação $\frac{-3x!+(x+1)!}{(x-1)!} \geq 3$ é:

(A) S = {x∈ℝ | x ≤ –1 ou x ≥ 3}

(B) S = {x∈ℤ | x ≥ 3}

(C) S = {x∈ℤ | x ≤ –1 ou x ≥ 3}

(D) S = {x∈ℕ | x ≥ 3}

(E) S = ∅

653) IFMT – O valor do maior coeficiente do desenvolvimento $\mathbf{(x + 1)^{12}}$ é igual a:

(A) 345 (B) 457 (C) 579 (D) 792 (E) 924

654) UFAM – O Binômio de Newton é definido por

$(a+b)^n = \sum_{p=0}^{n} a^{n-p}.b^p$ onde n≥p≥0, n, p ∈ℕ e a, b ∈ℝ. A soma dos coeficientes do desenvolvimento do Binômio $(3x + y)^{10}$ é

(A) 2^{10} (B) 2^{20} (C) 3^{10} (D) 3^{20} (E) 4^{20}

655) Mackenzie – Sabendo que $\sum_{p=0}^{n} \binom{n}{p} = 256$, então o valor de n é:

(A) 8 (B) 7 (C) 6 (D) 5 (E) 4

656) UFAL – Na expansão de $(x + 1/x^2)^{12}$, qual o coeficiente independente de x?

(A) 491 (B) 492 (C) 493 (D) 494 (E) 495

657) IFMT – Se $\mathbf{k.x^3.y^5}$ e $\mathbf{k'.x^2.y^8}$ são termos do desenvolvimento $(\sqrt[3]{x}+y)^n$, e **k** e **k'** são constantes reais, podemos afirmar que a razão **k/k'** é igual a:

(A) 1/3 (B) 3/2 (C) 3/4 (D) 2/3 (E) 4/3

658) UFAM – Quantos termos irracionais aparecem no desenvolvimento de $(\sqrt{5}+\sqrt[3]{7})^{150}$?

(A) 25 (B) 26 (C) 124 (D) 125 (E) 126

659) UFSC – Classifique as afirmativas abaixo em (V) verdadeiras ou (F) falsas.

( ) O único valor que é solução da equação binomial $\binom{x+3}{x} = \binom{x+3}{x-1}$ é x = 4.

( ) O termo independente no desenvolvimento do binômio $\left(\frac{3}{x}+x\right)^4$ é 81.

( ) Em reunião de deputados de determinado estado, decidiu-se que deveria ser constituída uma comissão para tratar de assuntos de infraestrutura. Essa comissão deveria ter 2 membros do partido A, 2 membros do partido B e 1 membro do partido C. Se, para essas vagas, o partido A dispõe de 5 candidatos, o partido B de 6 candidatos e o partido C de apenas 2 candidatos, então a comissão de infraestrutura poderá ser formada de, exatamente, 60 maneiras distintas.

( ) Com o avanço da medicina, estudiosos acreditam que, em breve, os pais poderão escolher os fenótipos dos seus filhos. Considere a situação de serem possíveis as escolhas:
Sexo: homem ou mulher;
Cor dos olhos: azul, verde, castanho ou preto;
Cor do cabelo: loiro, ruivo, castanho ou preto.
Então, para um casal que deseje ter uma criança de sexo masculino que não tenha olhos azuis, haverá 24 possibilidades distintas para o biótipo de seu filho.

( ) Entre diferentes jogos de loteria, está o LOTOFÁCIL. O jogo consiste em um sorteio de 15 números, sem repetição, de um total de 25 números disponíveis. É permitido apostar de 15 a 18 dezenas, sendo que uma aposta simples consiste na marcação de 15 dezenas. Assim, uma pessoa que fez 816 apostas simples distintas terá a mesma chance de ganhar que uma pessoa que marcou 18 dezenas em um único cartão.

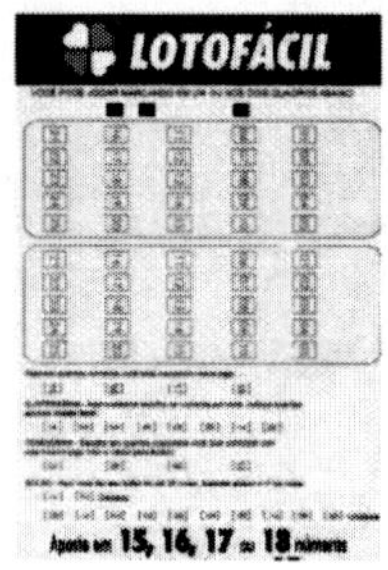

660) UFAM – Seja o seguinte binômio: $\left(\frac{x}{y}-\frac{y}{x}\right)^9$, onde $x \neq 0$ e $y \neq 0$.

O sexto termo desse binômio deve ser:

(A) 126y/x (B) –126y/x (C) –322x/y (D) 300 (E) –432y/x

Teste 67

661) UFES – Listam-se, em ordem crescente, todos os números naturais cuja representação decimal tem seis dígitos e pode ser escrita usando-se exatamente uma vez cada um dos seis algarismos 1, 3, 5, 7, 8 e 9. Determine:

(A) a quantidade de números na lista;
(B) qual posição ocupa o número 837159 na lista;
(C) qual número ocupa a 200ª posição na lista.

662) IFSP – Uma caixa contém 10 etiquetas diferentes, sendo 4 com uma letra em cada e 6 com um algarismo em cada. Novas etiquetas serão formadas agrupando-se as 10 etiquetas de 2 em 2. A probabilidade de uma etiqueta nova ter 2 letras é, aproximadamente:

(A) 10,3% (B) 100% (C) 23,9% (D) 13,3% (E) 25%

663) Mackenzie – 27 cubos de madeira, com aresta medindo 1 cm, são agrupados para formar um cubo maior, cujas faces são pintadas de preto e com aresta medindo 3 cm. Em seguida, o cubo maior é desmontado e um dos 27 cubos menores é selecionado ao acaso. A probabilidade deste último ter apenas duas de suas faces pintadas de preto é

(A) 1/9 (B) 4/9 (C) 1/6 (D) 1/2 (E) 1/3

664) UFPE – Segundo os dados meteorológicos divulgados pela TV para este fim de semana, a probabilidade de chover no sábado é de 50%, e de chover no domingo é de 50%. Considerando essas previsões e esses eventos independentes, é correto afirmar que a probabilidade de chover neste final de semana é de:

(A) 25% (B) 30% (C) 50% (D) 75% (E) 100%

665) UEMG – Em uma empresa, foi feita uma pré-seleção para sorteio de uma viagem. Esta pré-seleção se iniciou com a distribuição, entre os funcionários, de fichas numeradas de 1 a 23. Em seguida, foram selecionados os funcionários com as fichas numeradas com as seguintes regras:

- Fichas com um algarismo: o algarismo deverá ser um número primo.
- Fichas com dois algarismos: a soma dos algarismos deverá ser um número primo.

Após essa pré-seleção, Glorinha foi classificada para o sorteio. A probabilidade de Glorinha ganhar essa viagem no sorteio é de, aproximadamente,

(A) 7% (B) 8% (C) 9% (D) 10%

666) PUC SP – Em um pote de vidro não transparente, foram colocados mini sabonetes, todos de mesmo tamanho, sendo 16 deles na cor amarela, 6 na cor verde e 4 na cor azul. Retirando-se aleatoriamente 3 desses mini sabonetes, um após o outro, sem reposição, a probabilidade de saírem pelo menos 2 deles na cor amarela, sabendo que o primeiro mini sabonete retirado era na cor amarela, é

(A) 11/20 (B) 13/20 (C) 15/20 (D) 17/20

667) UF São Carlos – Em uma travessa, há 40 salgadinhos de mesmo formato e mesmo tamanho: 26 deles contém queijo, 22 contém palmito e alguns contém queijo e palmito no recheio. A probabilidade de se retirar aleatoriamente um salgadinho dessa travessa que contenha apenas queijo no recheio é

(A) 45% (B) 48% (C) 51% (D) 54% (E) 57%

668) UERJ – Uma fábrica produz sucos com os seguintes sabores: uva, pêssego e laranja. Considere uma caixa com 12 garrafas desses sucos, sendo 4 garrafas de cada sabor. Retirando-se ao acaso, 2 garrafas dessa caixa, a probabilidade de que ambas contenham suco com o mesmo sabor equivale a:

(A) 9,1% (B) 18,2% (C) 27,3% (D) 36,4%

669) FGV – Em uma festa, só há mulheres solteiras e homens casados acompanhados das respectivas esposas. Sorteando-se ao acaso uma mulher, a probabilidade de que ela seja solteira é 40%. Sorteando-se ao acaso uma pessoa da festa, a probabilidade de que a pessoa sorteada seja um homem é

(A) 32,5% (B) 27,5% (C) 42,5% (D) 37,5% (E) 25,5%

670) ENEM – O controle de qualidade de uma empresa fabricante de telefones celulares aponta que a probabilidade de determinado modelo apresentar defeito de fabricação é de 0,2%. Se uma loja acaba de vender 4 aparelhos desse modelo para um cliente, qual é a probabilidade de esse cliente sair da loja com exatamente dois aparelhos defeituosos?

(A) $2 \times (0{,}2\%)^4$ (B) $4 \times (0{,}2\%)^2$ (C) $6 \times (0{,}2\%)^2 \times (99{,}8\%)^2$
(D) $4 \times (0{,}2\%)$ (E) $6 \times (0{,}2\%) \times (99{,}8\%)$

Teste 68

671) UFG – Segundo uma pesquisa realizada no Brasil sobre a preferência de cor de carros, a cor prata domina a frota de carros brasileiros, representando 31%, seguida pela cor preta, com 25%, depois a cinza, com 16% e a branca, com 12%. Com base nestas informações, tomando um carro ao acaso, dentre todos os carros brasileiros de uma dessas quatro cores citadas, qual a probabilidade de ele não ser cinza?

(A) 4/25 (B) 4/17 (C) 17/25 (D) 37/50 (E) 17/21

672) FATEC – O resultado de uma pesquisa publicada pelo jornal Folha de São Paulo sobre o perfil do jovem brasileiro mostra que 25% estudam e trabalham, 60% trabalham e 50% estudam. A probabilidade de que um jovem brasileiro, escolhido ao acaso, não estude e nem trabalhe, é

(A) 10% (B) 15% (C) 20% (D) 25% (E) 30%

673) UFPI – Foram escolhidos aleatoriamente dois elementos distintos do conjunto formado pelos números naturais de três algarismos. A probabilidade de que a diferença entre os dois números escolhidos seja um múltiplo de 3 é igual a

(A) 299/899 (B) 299/900 (C) 300/899 (D) 1/3 (E) 2/3

674) UFMS – Utilizando os algarismos 0, 1, 2, 3, 4, 5 e 6 formamos todos os números com 4 algarismos distintos. Sendo P a probabilidade de sortear, ao acaso, um dos números formados e este número ser divisível por 5, então é correto afirmar que P está

(A) entre 40% e 50% (B) entre 30% e 40% (C) entre 20% e 30%
(D) entre 10% e 20% (E) entre 1% e 10%

675) UFJF – Uma urna contém seis bolas numeradas de 1 a 6. Para sortear dois números, são retiradas simultaneamente e ao acaso duas bolas dessa urna. Qual a probabilidade de que o maior dentre os números assim sorteados seja o número 4?

(A) 1/3 (B) 3/5 (C) 1/5 (D) 4/15 (E) 2/3

676) UFRJ – Um ponto P é aleatoriamente selecionado num retângulo S de dimensões 50 cm por 20 cm. Considere, a partir de S, as seguintes regiões:
Região A: retângulo de dimensões 15 cm por 4 cm com centro no centro de S.
Região B: círculo de raio 4 cm com centro no centro de S.
Suponha que a probabilidade de que o ponto P pertença a uma região contida em S seja proporcional à área da região.

Determine a probabilidade de que P pertença simultaneamente às regiões A e B.

677) IFRS – Em uma determinada avenida, existem 4 semáforos, cujos tempos são de 37, 3 e 20 para as cores verde, amarela e vermelha. Qual a probabilidade de que uma pessoa, ao transitar de carro por essa avenida, encontre todos os sinais vermelhos, desprezando-se a velocidade do veículo e considerando-se apenas os tempos de cada semáforo?

(A) 1/2 (B) 1/3 (C) 1/16 (D) 1/81 (E) 16/81

678) FGV – A equipe olímpica de Matemática da Escola Math é composta de três meninos e quatro meninas. Para a Olimpíada de Matemática, cada escola deverá enviar quatro representantes e, dada a homogeneidade intelectual de sua equipe, a Escola Math resolveu sortear entre os sete estudantes de sua equipe os quatro que a representarão. Os quatro representantes serão sorteados um de cada vez, sem reposição. A probabilidade de que nem todos os meninos estejam entre os quatro representantes é:

(A) 2/7 (B) 3/7 (C) 11/14 (D) 25/28 (E) 31/35

679) UNICAMP – Um dado não tendencioso de seis faces será lançado duas vezes. A probabilidade de que o maior valor obtido nos lançamentos seja menor do que 3 é igual a
(A) 1/3 (B) 1/5 (C) 1/7 (D) 1/9

680) ENEM – O diretor de um colégio leu numa revista que os pés das mulheres estavam aumentando. Há alguns anos, a média do tamanho dos calçados das mulheres era 35,5 e, hoje,

é de 37,0. Embora não fosse uma informação científica, ele ficou curioso e fez uma pesquisa com as funcionárias do seu colégio, obtendo o quadro a seguir.

TAMANHO DOS CALÇADOS	NÚMERO DE FUNCIONÁRIAS
39,0	1
38,0	10
37,0	3
36,0	5
35,0	6

Escolhendo uma funcionária ao acaso e sabendo que ela tem calçado maior que 36,0, a probabilidade de ela calçar 38,0 é

(A) 1/3 (B) 1/5 (C) 2/5 (D) 5/7 (E) 5/14

Teste 69

681) USP – Examine o gráfico.

PORCENTAGEM DE REGISTROS DE NASCIMENTOS DO ANO, POR GRUPOS DE IDADES DA MÃE BRASIL - 1999 / 2004 / 2009

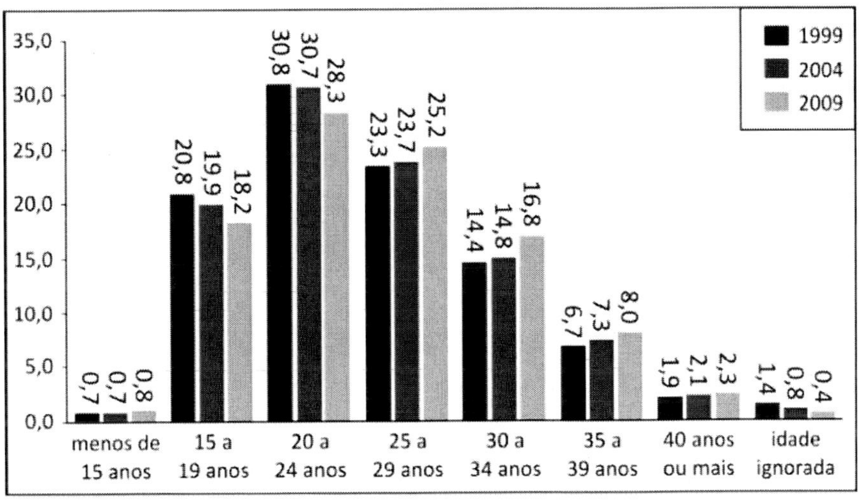

Com base nos dados do gráfico, pode-se afirmar corretamente que a idade:

(A) mediana das mães das crianças nascidas em 2009 foi maior que 27 anos.
(B) mediana das mães das crianças nascidas em 2009 foi menor que 23 anos.
(C) mediana das mães das crianças nascidas em 1999 foi maior que 25 anos.
(D) média das mães das crianças nascidas em 2004 foi maior que 22 anos.
(E) média das mães das crianças nascidas em 1999 foi menor que 21 anos.

682) FGV – Em uma prova de História, 20% dos alunos tiraram 5,0, 45% tiraram 6,0, 20% tiraram 7,5 e os demais tiraram 10,0. A diferença entre a média e a mediana das notas dos alunos nessa prova foi

(A) 0,5 (B) 0,1 (C) 0,7 (D) 0,0 (E) 0,3

683) UFPR – O quadro ao lado mostra as idades dos candidatos do processo seletivo vestibular EAD da universidade Federal do Paraná.
A moda dessa distribuição é

(A) 17 (B) 21 (C) 25 (D) 30 (E) 41

Idades	Frequência Absoluta
17	**150**
18	225
19	**317**
20	297
21	**272**
22	301
24	**228**
25	426
27	**345**
30	457
31	**398**
33	276
34	**87**
39	187
41	**234**
Total	4079

684) UDESC – Sejam **a** e **b** $\in \mathbb{R}$. O valor do desvio padrão, de modo que o conjunto de dados ordenados {14, 17, 22, a, b, 37} tenha média e mediana iguais a 24, é:

(A) $\sqrt{59}$ (B) $\sqrt{62}$ (C) $\sqrt{58}$ (D) $\sqrt{57}$ (E) $\sqrt{\frac{19}{3}}$

685) UFPI – Na rede de padarias Estrela Dalva, a distribuição de frequências de salários de um grupo de 30 funcionários, no mês de dezembro de 2008, é apresentada na tabela ao lado. A média e a mediana do salário pago, nesse mesmo mês, são:

(A) R$ 725,00 e R$ 725,00
(B) R$ 711,67 e R$ 652,50
(C) R$ 8965,00 e R$ 525,00
(D) R$ 711,67 e R$ 660,00
(E) R$ 575,00 e R$ 625,00

Número da classe	Salário do mês (em reais)	Número de empregados
1	465 |— 665	16
2	665 |— 865	8
3	865 |— 1065	4
4	1065 |— 1265	2

686) IFS – A tabela mostra a distribuição de frequências da população economicamente ativa de um pequeno povoado, por grupos de idade. A idade média desta população é, em anos:

(A) 33,345 (B) 32,145 (C) 37,165
(D) 38,345 (E) 33,145

Idades da população economicamente ativa	
Classe (idade)	Frequência (população)
[16, 28[	204
[28, 40[	282
[40, 52[	213
[52, 64]	101

687) IFSC – Numa certa região a precipitação pluviométrica apresentou nos primeiros cinco meses do ano, os seguintes valores (expressos em mm):

Janeiro	Fevereiro	Março	Abril	Maio
25	30	32	26	27

A mediana, a variância e o desvio padrão dos valores do conjunto são

(A) 27–33–5,74 (B) 28–6,8–2,61 (C) 27–6,8–2,61 (D) 28–33–5,74 (E) 27–6.8–5,74

688) UF Pelotas – Em um concurso, as notas finais dos candidatos foram as seguintes:

Número de Candidatos	Nota Final
7	6,0
2	7,0
1	9,0

Com base na tabela acima, é correto afirmar que a variância das notas finais dos candidatos foi de:

(A) 0,75 (B) 0,65 (C) $\sqrt{0,65}$ (D) $\sqrt{0,85}$ (E) 0,85

689) UFAM – O quadro a seguir mostra notas de um determinado aluno.

N1	N2	N3	N4
8,5	9,5	6,0	8,0

A variância destas notas é aproximadamente:

(A) 1,16 (B) 1,45 (C) 1,63 (D) 1,65 (E) 1,76

690) ENEM – Um produtor de café irrigado em Minas Gerais recebeu um relatório de consultoria estatística, constando entre outras informações, o desvio padrão das produções de uma safra de talhões de sua propriedade. Os talhões têm a mesma área de 30.000 m^2 e o valor obtido para o desvio padrão foi de 90 kg/talhão. O produtor deve apresentar as informações sobre a produção e a variância dessas produções em sacas de 60 kg por hectare (10.000 m^2). A variância das produções dos talhões expressas em $(\text{sacas/hectare})^2$ é

(A) 20,25 (B) 4,50 (C) 0,71 (D) 0,50 (E) 0,25

Teste 70

691) PUC SP – De acordo com as informações apresentadas, suponha que para uma velocidade de 35 km/h a probabilidade de lesão fatal seja de 5% e que para velocidades no intervalo [35; 55] o gráfico obedeça a uma função do 1º grau. Nessas condições, se um motorista dirigindo a 55 km/h, quiser reduzir a probabilidade de lesão fatal por atropelamento à metade, ele terá que reduzir a sua velocidade em, aproximadamente,

(A) 20% (B) 25% (C) 30% (D) 35%

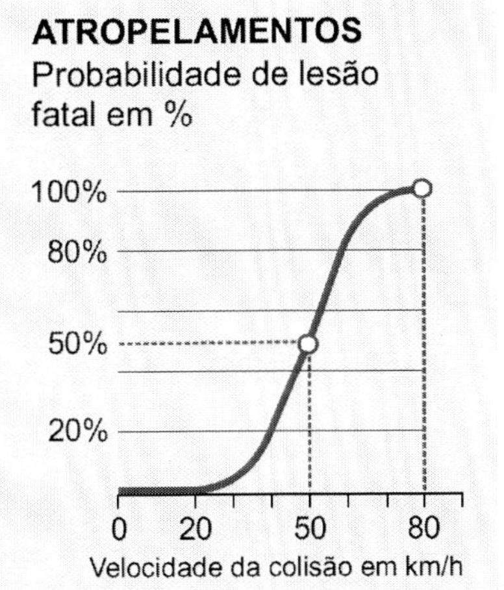

Fonte: Prefeitura de São Paulo e CET. (Adaptado)

692) PUC PR – Dado o conjunto A = {1, 2, 3, 4, 5, 6, 8, 9, 10}, quantos subconjuntos de 3 elementos podem ser formados de maneira que a soma dos três elementos seja um número par?

(A) 60 (B) 120 (C) 10 (D) 40 (E) 125

693) FATEC – João vai criar uma senha para o seu roteador. Para ter mais segurança,

A senha terá nove caracteres que não se repetem, sendo 4 algarismos, 3 letras e 2 caracteres não alfanuméricos;

A senha ou começará ou terminará por um caractere não alfanumérico

As três letras serão seguidas por um único caractere não alfanumérico seguido por quatro algarismos;

Há distinção entre letra maiúscula e letra minúscula;

As letras serão escolhidas entre a, i, p, g, k e v, apenas;

Os caracteres não alfanuméricos serão escolhidos entre !, %, & e >, apenas.
Observe dois exemplos de senhas nas condições dadas:
!pGk&8460 ou AiV%3841>
Assim sendo, a quantidade de senhas distintas que João pode formar é

(A) $12^3 . 10^4 . 4^2$ (B) $12^2 . 11 . 10^2 . 9 . 8 . 7 . 2$ (C) $12^2 . 11 . 10^2 . 9 . 8 . 7 . 3$
(D) $12^2 . 11 . 10 . 9 . 8\ 7 . 4$ (E) $12^2 . 11 . 10 . 9 . 8 . 7 . 2$

694) UEMG – Na Copa das Confederações de 2013, no Brasil, onde a seleção brasileira foi campeã, o técnico Luiz Felipe Scolari tinha à sua disposição 23 jogadores de várias posições, sendo: 3 goleiros, 8 defensores, 6 meio-campistas e 6 atacantes. Para formar seu time, com 11 jogadores, o técnico utiliza 1 goleiro, 4 defensores, 3 meio-campistas e 3 atacantes. Tendo sempre Júlio César como goleiro e Fred como atacante, o número de times distintos que o técnico poderá formar é

(A) 14.000 (B) 480 (C) 8! + 4! (D) 72.000 (E) 840

695) UDESC – Uma fechadura funciona à base de pequenos pinos que, se corretamente alinhados, permitem girar o tambor que aciona a tranca. Os vales e picos na chave correspondente servem exatamente para deslocar esses pinos para a posição correta. Se um modelo específico de fechadura usa 5 pinos, e cada pino pode assumir 6 posições distintas, o número de trancas diferentes desse modelo é:

(A) 720 (B) 7776 (C) 30 (D) 15625 (E) 11

696) UFRGS – Uma pessoa nascida em 06/01/92 permutou a sequência de dígitos 0, 6, 0, 1, 9, 2 para compor uma senha de 6 dígitos para um cartão bancário. A probabilidade de que na senha escolhida o algarismo 9 apareça antes do algarismo 2 é

(A) 0,2 (B) 0,25 (C) 0,3 (D) 0,4 (E) 0,5

697) USP – Em um experimento probabilístico, Joana retirará aleatoriamente 2 bolas de uma caixa contendo bolas azuis e bolas vermelhas. Ao montar-se o experimento, colocam-se 6 bolas azuis na caixa. Quantas bolas vermelhas devem ser acrescentadas para que a probabilidade de Joana obter 2 azuis seja 1/3?

(A) 2 (B) 4 (C) 6 (D) 8 (E) 10

698) UNICAMP – Um caixa eletrônico de certo banco dispõe apenas de cédulas de 20 e 50 reais. No caso de um saque de 400 reais, a probabilidade do número de cédulas entregues ser ímpar é igual a

(A) 1/4 (B) 2/5 (C) 2/3 (D) 3/5

699) ENEM – Um cliente de uma videolocadora tem o hábito de alugar dois filmes por vez. Quando os devolve, sempre pega outros dois filmes e assim sucessivamente. Ele soube que a videolocadora recebeu alguns lançamentos, sendo 8 filmes de ação, 5 de comédia e 3 de drama e, por isso, estabeleceu uma estratégia para ver todos esses 18 lançamentos. Inicialmente alugará em cada vez, um filme de ação e um de comédia. Quando se esgotarem as possibilidades de comédia, o cliente alugará um filme de ação e um de drama, até que todos os lançamentos sejam vistos e sem que nenhum filme seja repetido.
De quantas formas distintas a estratégia desse cliente poderá ser posta em prática?

(A) $20 \times 8! + (3!)^2$ (B) $(8!) \times (5!) \times (3!)$ (C) $\dfrac{(8!) \times (5!) \times (3!)}{2^8}$ (D) $\dfrac{(8!) \times (5!) \times (3!)}{2^2}$ (E) $\dfrac{16!}{2^8}$

700) ENEM – Um artesão de joias tem à sua disposição pedras brasileiras de três cores: vermelhas, azuis e verdes. Ele pretende produzir joias constituídas por um aliga metálica, a partir de um molde no formato de um losango não quadrado com pedras nos seus vértices, de modo que dois vértices consecutivos tenham sempre pedras de cores diferentes. A figura ilustra uma joia, produzida por esse artesão, cujos vértices A, B, C e D correspondem às posições ocupadas pelas pedras.
Com base nas informações fornecidas, quantas joias diferentes, nesse formato, o artesão poderá obter?

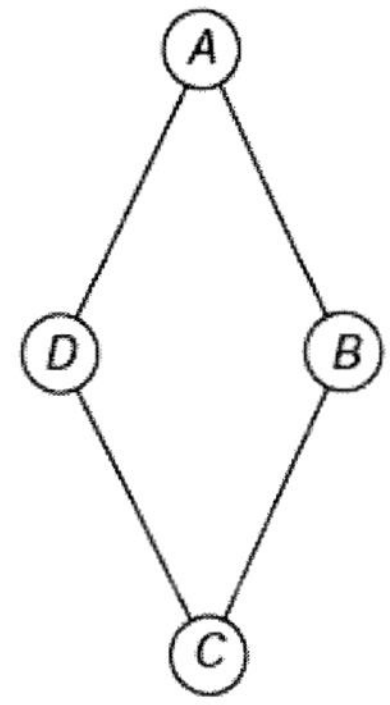

(A) 6 (B) 12 (C) 18 (D) 24 (E) 36

Respostas dos testes

Respostas do Teste 61

601) B 603) A 605) D 607) B 609) A
602) B 604) A 606) D 608) C 610) D

Respostas do Teste 62

611) D 613) C 615) C 617) A 619) A
612) * 614) A 616) B 618) D 620) D
612) VFVFVV

Respostas do Teste 63

621) D 623) B 625) A 627) D 629) D
622) B 624) D 626) A 628) D 630) C

Respostas do Teste 64

631) C 633) B 635) B 637) A 639) D
632) D 634) D 636) B 638) C 640) D

Respostas do Teste 65

641) B 643) B 645) D 647) C 649) B
642) * 644) A 646) D 648) D 650) A
642) 67, PEDRO

Respostas do Teste 66

651) 19 653) E 655) A 657) D 659) *
652) A 654) B 656) E 658) D 660) B
659) FFFFV

Respostas do Teste 67

661) * 663) B 665) C 667) A 669) D
662) D 664) D 666) D 668) C 670) C
661) 6!, 517ª, 385197.

Respostas do Teste 68

671) E 673) A 675) C 677) D 679) D
672) B 674) C 676) * 678) E 680) D
676) 3,058%

Respostas do Teste 69

681) D 683) D 685) D 687) B 689) C
682) C 684) D 686) C 688) E 690) E

Respostas do Teste 70

691) A 693) B 695) B 697) B 699) B
692) D 694) A 696) E 698) B 700) B

Resoluções dos testes

Resoluções do teste 61

601) Mackenzie – Só é possível formar triângulos ou quadriláteros. Os triângulos têm duas situações: um vértice na fileira esquerda e dois na direita, ou dois na fileira esquerda e um na direita. Os quadriláteros só podem ser formados com dois vértices na esquerda e dois na direita. As escolhas são:

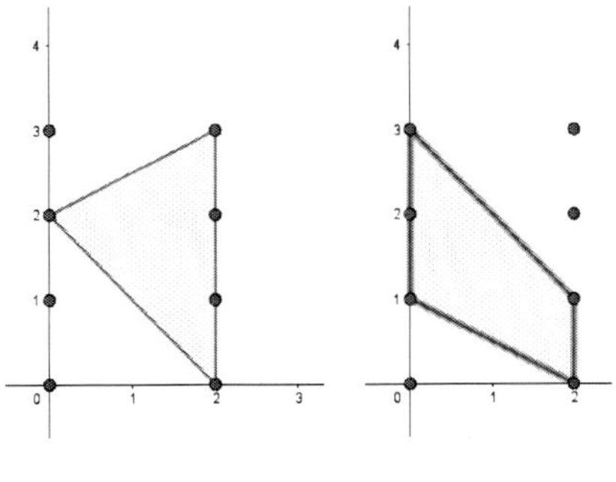

1) Triângulos, 1 na esquerda, 2 na direita:

$$4 \times C_4^2 = 4 \times \frac{4 \times 3}{1 \times 2} = 24$$

2) Triângulos, 2 na esquerda 1 na direita:

$C_4^2 \times 4 = \dfrac{4\times 3}{1\times 2}\times 4 = 24$

3) Quadriláteros, 2 em cada fileira:

$C_4^2 \times C_4^2 = \dfrac{4\times 3}{1\times 2}\times \dfrac{4\times 3}{1\times 2} = 36$

Somando todas essas possibilidades, o número total é 24 + 24 + 36 = 84.

Resposta: (B) 84

OBS: C_4^2 também pode ser escrito como $\begin{pmatrix}4\\2\end{pmatrix}$, lê-se "combinação de 4, tomadas 2 a 2", ou "de 4 escolhe 2".

602) PUC Campinas – Sem levar em consideração a ordem, o número de maneiras de fazer isso, é o número de maneiras de escolher 3 objetos de um total de 8 objetos disponíveis, todos diferentes. De 8, escolher 3, é o mesmo que $C_8^3 = \dfrac{8\times 7\times 6}{1\times 2\times 3} = 56$. Portanto x=56.

Para fazer a escolha levando em conta a ordem, uma escolha como ABC é diferente de CBA. Usando o princípio da multiplicação, temos 8 escolhas para o primeiro canal a ser assistido. Como serão assistidos 3 canais diferentes, sobram 7 escolhas para o segundo canal e 6 escolhas para o terceiro canal. O número total é:
8 × 7 × 6 = 336. Então y=336.

Obviamente nos dois casos são canais diferentes, caso contrário não estariam sendo assistidos 3 canais, mas 2 ou 1.
O valor de y – x é 336 – 56 = 280

Resposta: (B) 280

603) UFCG – As jogadoras disponíveis são GG, LLL, ZZZ, MMMMMM e AAAA, obviamente diferentes, visto que são pessoas. O time deve ter o formato:
G, LL, ZZ, MMMM, AA. Consideramos que não existe diferença entre as posições para cada tipo de jogadora, por exemplo, entre as atacantes, não importa qual é a esquerda e qual é a direita, por exemplo, sendo escolhidas as atacantes Joana e Maria, não importa qual jogará na direita e qual na esquerda, ou se ficam trocando as posições, o que importa é que aquele time tem as atacantes Joana e Maria.
Sendo assim, fazemos as escolhas e usamos o princípio da multiplicação:

Goleira: Escolhemos 1 de 2 disponíveis: 2 escolhas

Laterais: Escolhemos 2 de 3 disponíveis: $C_3^2 = \dfrac{3\times 2}{1\times 2} = 3$ escolhas.

Zagueiras: Escolhemos 2 de 3 disponíveis: $C_3^2 = \dfrac{3\times 2}{1\times 2} = 3$ escolhas.

Meio de campo: Escolhemos 4 de 6 disponíveis: $C_6^4 = \dfrac{6\times 5\times 4\times 3}{1\times 2\times 3\times 4} = 15$

Atacantes: Escolhemos 2 de 4 disponíveis: $C_4^2 = \dfrac{4\times 3}{1\times 2} = 6$

Como todas essas escolhas são independentes, o número total de escolhas para o time inteiro é o produto das escolhas.
2 × 3 × 3 × 15 × 6 = 1620

Resposta: (A) 1620

604) UFPE – Ao todo serão escolhidos três membros. Esses três membros escolhidos disputarão, respectivamente, eleições para vereador, deputado e prefeito.
Vereador: 25 escolhas
Deputado: 24 escolhas, pois são 24 membros restantes
Prefeito: 23 escolhas, pois são agora 23 membros restantes.
O número total de maneiras para fazer as 3 escolhas conjuntas é:
$25 \times 24 \times 23 = 13.800$

Resposta: (A) 13.800

605) PUC SP – Os pacientes A e B só podem ser agendados para o período da tarde, só pode ser agendado para o período da manhã. O paciente D pode ser agendado para qualquer período. Os horários disponíveis são:

Manhã: _ _ _ ➔ reservar 1 para C
Tarde: _ _ _ _ ➔ reservar 2 para A e B

Para marcar o horário de C, temos 3 escolhas
Para marcar o horário de A, temos 4 escolhas, e para B, as 3 escolhas restantes. De forma conjunta, A e B podem ter $4 \times 3 = 12$ agendamentos possíveis.

Restam ainda mais 4 horários livres: 2 de manhã e 2 à tarde. Esses 4 horários estão disponíveis para D, que não tem preferência de período. São portanto, 4 escolhas para D.
O número total de escolhas para A+B, C e D, é
$12 \times 3 \times 4 = 144$

Resposta: (D) 144

606) UF Pelotas – O sistema dado apresenta combinações e arranjos:

$$\begin{cases} C_{m,n} = C_{m,n-1} \\ A_{m,2n-2} = 120 \end{cases},$$

Temos **m** e **n**∈ℕ, m≥n. É preciso converter na forma de números binomiais para uma forma algébrica.

Lembrando que $C_{m,n} = C_m^n = \dfrac{m!}{n!(m-n)!}$, ficamos com:

$$\frac{m!}{n!(m-n)!} = \frac{m!}{(n-1)!(m-n+1)!}.$$

Podemos simplificar a igualdade por m!, por (n – 1)! e por (m – n)!. Ficamos com:

$$\frac{1}{n} = \frac{1}{(m-n+1)}$$ ➔ m – n + 1 = n ➔ $\boxed{m = 2n - 1}$

Agora, trabalhando com os arranjos, lembremos que

$$A_{m,n} = A_m^n = m.(m-1)(m-2)...(m-n+1) = \frac{m!}{(m-n)!}$$

Sendo assim, o arranjo dado pode ser calculado como:

$$A_{m,2n-2} = \frac{m!}{(m-2n+2)!}$$

Como já descobrimos na 1ª equação que m = 2n – 1, o arranjo se reduz a:

$$\frac{m!}{(2n-1-2n+2)!} = \frac{m!}{1!} = m!$$

Como este arranjo vale 120, temos:
m! = 120 ➔ m=5
O valor de n é dado pela equação m = 2n – 1 ➔ n = 3

Portanto m=5 e n=3.

Resposta: (D) 5 e 3.

607) UFT – São 2 bolos escolhidos entre os 4 tipos possíveis, e 3 salgadinhos escolhidos entre os 6 tipos possíveis. O número total de maneiras para fazer essas escolhas é:
Bolos: C_4^2

Salgadinhos: C_6^3

Número de possibilidades: $C_4^2 \times C_6^3 = \frac{4.3}{1.2} \times \frac{6.5.4}{1.2.3} = 6 \times 20 = 120$

Resposta: (B) 120

608) UDESC – Os três cantos são locais diferentes, e as três mesas são diferentes: pequena, média e grande. Comecemos fazendo as escolhas para as posições das mesas.
O primeiro canto tem 3 possibilidades para escolha de mesa.
Depois de escolhida a mesa para o primeiro canto, temos 2 escolhas para a mesa que ficará no centro.
Finalmente, restará apenas uma escolha para a mesa que ficará no outro canto.
Portanto o número total de combinações para distribuir as três mesas pelos três cantos é:
3 × 2 × 1 = 6

Agora vamos escolher os vasos que ficarão nas mesas. É confuso abreviar cores, pois temos amarelo e azul com a letra A, vermelho e verde com a letra V... Ao invés disso, vamos chamar as cores por números, de 1 a 6.
A mesa menor ficará com 1 vaso, a média ficará com 2 vasos e a maior ficará com 3 vasos.
Os vasos ficarão alinhados sobre as mesas, ou seja, formando uma linha. Portanto mudando a ordem dos vasos em uma mesa, formamos uma arrumação diferente.

Chamemos os vasos azule verde de números 1 e 2. Existem duas possibilidades de fazer uma arrumação com essas duas cores juntas:
a) os dois vasos juntos na mesa média.
Tempos então 2 formas de arrumar esses dois vasos na mesa média: 12 e 21. ➔ 2 formas
A seguir, 4 escolhas para um vaso para a mesa menor ➔ 4 formas
Finalmente, 3! formas de dispor os três vasos restantes na mesa maior. ➔ 3! formas
O número total de possibilidades para uma arrumação assim é 2 × 4 × 3! = 48
b) os dois vasos, azul e verde, na mesa central. Podem ser arrumados das formas:
12x, 21x, x12 e x21. São quatro escolhas para esses dois vasos ➔ 4 formas
Escolhemos um terceiro vaso para a mesa central, dentre os quatro restantes ➔ 4 formas
Escolhemos agora um entre os três restantes para a mesa menor ➔ 3 formas
Os dois restantes podem ser arrumados de duas formas: xy ou yx ➔ 2 formas
O número total de possibilidades para essa arrumação é 4 × 4 × 3 × 2 = 96
Juntando os dois tipos de arrumação, (a) e (b), temos 48 + 96 = 144
Levando em conta as posições das mesas, temos:
6 × 144 = 576

Resposta: (C) 576

609) UFSM – Temos que fazer as seguintes escolhas:

3 cardiologistas de um total de 5 ➔ C_5^3 escolhas = $\frac{5 \times 4 \times 3}{1 \times 2 \times 3} = 10$

1 anestesista de um total de 2 ➔ C_2^1 escolhas = 2

4 instrumentadores de um total de 6 ➔ C_6^4 escolhas = $\frac{6\times5\times4\times3}{1\times2\times3\times4} = 10$

O número total de equipes a serem formadas é 10 × 2 × 10 = 200

Resposta: (A) 200

610) UFAL – Para que seja menor que 30.000, o primeiro algarismo deve ser 1 ou 2, portanto são 2 escolhas. A seguir escolhemos os outros 4 algarismos. São 5 escolhas para os milhares, 4 escolhas para as centenas, 3 escolhas para as dezenas, e 2 escolhas para as unidades. Ao todo são:

2 × 5 × 4 × 3 × 2 = 240 escolhas

Resposta: (D) 240

Resoluções do teste 62

611) UEMG – São 4 escolhas para a primeira luz, 4 para a segunda e 4 para a terceira. O número total é:

4 x 4 x 4 = 64

Resposta: (D) 64

612) UFBA – Analisando as afirmativas, temos:

(V) Existem exatamente 40.320 maneiras distintas de distribuir os nadadores nas raias. CERTO. Independentemente de serem meninos ou meninas, a distribuição da 8 pessoas penas 8 raias é uma permutação, cuja quantidade é o fatorial do número de elementos. Sendo assim, 8! = 1 × 2 × 3 × 4 × 5 × 6 × 7 × 8 = 40.320.

(F) Existem exatamente 720 maneiras distintas de distribuir os nadadores nas raias de modo que a 1 e a 8 sejam ocupadas por meninas. ERRADO.
Distribuição das meninas nas raias 1 e 8: São duas meninas disponíveis para ocupar 2 posições, portanto 2 formas possíveis. Os 6 meninos devem ocupar as 6 raias restantes, o número de disposições possíveis é 6! = 720. Combinando as meninas e os meninos, o número total de formas é 2 × 720 = 1440.

(V) Existem exatamente 336 formações distintas para o pódio. CERTO. Temos 8 escolhas para o primeiro lugar. Uma vez feia essa escolha, restam 7 escolhas para o segundo lugar, e finalmente 6 escolhas para o terceiro lugar. São ao todo 8 × 7 × 6 = 336 possibilidades.

(F) Existem exatamente 60 formações distintas para o pódio com dois meninos e uma menina. ERRADO. Primeiro, escolhemos qual das 3 posições do pódio será ocupada por uma menina. Para uma menina, são 3 possibilidades: uma menina em primeiro, em segundo ou em terceiro. A seguir escolhemos qual menina ocupará esta posição, são 2 possibilidades. Finalmente, temos que preencher as duas posições restantes com meninos. Para o primeiro menino (o de classificação melhor), são 6 possibilidades, e para o outro menino, 5 possibilidades. Multiplicando esses valores, temos 3 × 2 × 6 × 5 = 180.

(V) Se for sorteado um nadador para ocupar a raia 1, a probabilidade de ser um menino é igual a 6/8. CERTO. Fazendo um sorteio, a chance de ser sorteado um menino é 6 (casos favoráveis) dividido por 8 (casos possíveis).

(V) Sorteando-se os nadadores para definir suas posições nas raias, a probabilidade de que os meninos ocupem as raias de 1 a 6 é igual a 1/28. CERTO. É a mesma probabilidade das meninas ocuparem as raias 7 e 8. Sorteando um ocupante para a raia 7, a chance de ser uma menina é de 2/8 (duas meninas, escolhidas de um total de 8 pessoas). Sorteando um ocupante para a última raia, a chance da menina restante ocupa-la é 1/7. A probabilidade de ocorrerem os dois eventos é (1/4) × (1/7) = 1/28.

Resposta: VFVFVV

613) UF São Carlos – São 7 frutas, sendo duas obrigatórias. Portanto tudo consiste em escolher mais 3 frutas para completar a salada, dentre as 5 restantes disponíveis. Se fosse somente isso a fazer, a resposta seria C_5^3, mas existe a restrição de não usar pera e maçã juntas. Portanto são duas escolhas a fazer:
a) Com pera ou maçã
b) Sem pera ou maçã
No primeiro caso, temos duas escolhas iniciais: ou usa-se pera, ou usa-se maçã. A seguir, escolhem-se outras 2 frutas dentre 3 as restantes (são 3, e não 4, pois se foi escolhida maçã, não pode ser escolhida pera, e vice-versa). O número de escolhas é 2 × C_3^2 = 2 x 3 = 6, portanto são 6 combinações que usam maçã ou pera.
No segundo caso (b), sem usar maçã nem pera, são 3 escolhas restantes para as últimas 3 frutas, ou seja, 1 escolha. Somando essas duas possibilidades temos 6 + 1 = 7

Resposta: (C) 7

614) UERJ – Primeiro escolhemos uma quadra. Existem 13 possibilidades para essa escolha. É preciso ainda escolher a 5ª carta, dentre as 48 cartas restantes. Portanto o número total de possibilidades é 13 × 48 = 624.

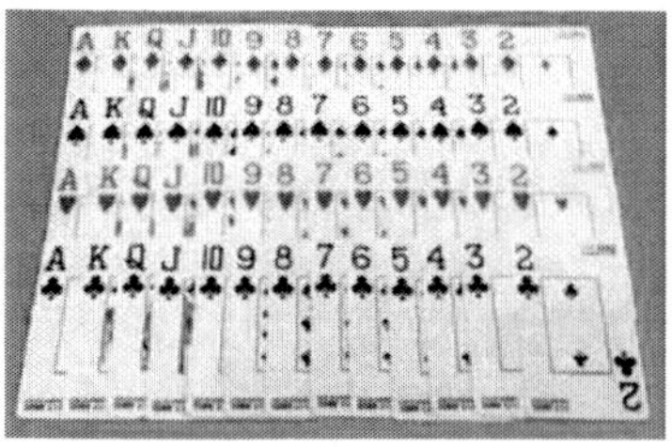

Resposta: (A) 624

615) IFCE – A soma desses algarismos é 18, então todo número com esses 5 algarismos formará um múltiplo de 3. Para formar um número de 4 algarismos, temos que descartar um desses 5. Para que os quatro algarismos restantes continuem formando um múltiplo de 3, o algarismo descartado precisa ser um múltiplo de 3, portanto só podemos descartar 0 ou 3. Se descartarmos 0, sobrarão 2, 3, 5, 8, que têm soma 18, então formam múltiplos de 3. Se descartarmos o 3, sobrarão 0, 2, 5 e 8, que têm soma 15, portanto formam múltiplos de 3.
Portanto temos duas quantidades a somar:
a) Descartando 0: Formamos números diferentes usando 2, 3, 5 e 8. O número de possibilidades é 4! = 24.
b) Descartando 3: Formamos números usando 0, 2, 5 e 8. São 3 escolhas para o primeiro algarismo, para os demais são 3, 2 e 1 escolha, no total de 3 × 3 × 2 × 1 = 18
Somando as quantidades de (a) e (b), temos 24 + 18 = 42.

Resposta: (C) 42

616) FATEC – Se as 5 letras fossem diferentes, o número de escolhas possíveis seria 5! = 120. Ocorre que existem duas letras repetidas, portanto temos siglas contadas de forma repetida. Para ajustar, temos que dividir a quantidade encontrada, por 2!, que é o número de formas diferentes para distribuir esses dois nomes: Regina e Ronaldo resulta em R; Ronaldo e Regina também.
Sendo assim, o valor é 120 / 2! = 60

Resposta: (B) 60

617) UFPI – Sempre que devemos escolher itens de um grupo maior, não importando a ordem, o número de escolhas é calculado por uma combinação.

$$C_7^4 = \frac{7\times 6\times 5\times 4}{1\times 2\times 3\times 4} = 35$$

Resposta: (A) 35

618) UFJF Lembremos que o caminho para resolver problemas de escolhas de itens dentro de um conjunto qualquer, é a combinação, quando a ordem não importa. Quando a ordem diferente é refletida em resultados diferentes, a solução é chamada de arranjo, que em números binomiais, consiste em usar o princípio da multiplicação fazendo escolhas sucessivas para cada um dos elementos diferentes.

No caso desse problema, a ordem importa, pois faz diferença entre as escolhas de quem é o presidente e quem é o vice-presidente. Temos portanto:

8 candidatos

O mais votado: 8 escolhas

O segundo mais votado, pode ser qualquer um dos 7 restantes.

O número total de escolhas é 8 × 7 = 56

Resposta: (D) 56

619) IFMT – Isso é um tipo de permutação circular. A característica desse tipo de arrumação é que não existe um ponto inicial. Quando giramos os lugares, mantemos a mesma arrumação, desde que não ocorram inversões dos lugares das pessoas.

Sendo assim, começamos com a mulher número 1, sentada em qualquer cadeira da mesa. Até agora não temos escolha alguma. Devemos fazer duas escolhas: a próxima mulher à direita (3 escolhas) e a próxima mulher à esquerda (3 escolher restantes). Para a mulher restante, temos apenas uma escolha. Portanto o número de maneiras de distribuir as mulheres na mesa é 3 × 2 × 1 = 6.

Apenas para ilustrar, essas 6 combinações possíveis são representadas graficamente:

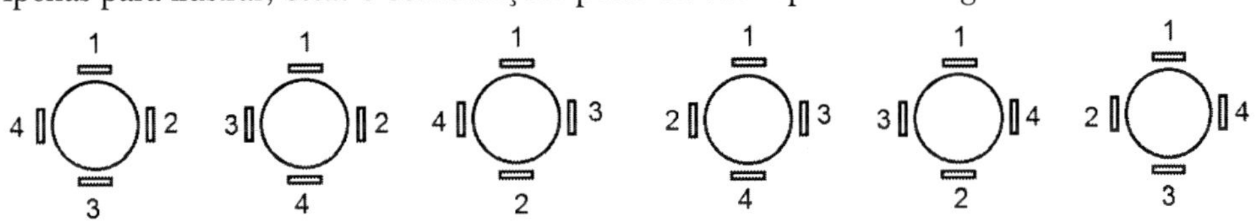

Qualquer outra forma de arrumação das quatro mulheres, é obtida por rotação de alguma dessas 6 arrumações acima, o que não muda de fato a arrumação, pois a mesa é circular e não tem cabeceira.

A seguir escolhemos a arrumação para os homens. Tomando a mulher 1 como referência, temos que fazer quatro escolhas: o homem à sua direita (4 escolhas), o homem seguinte, mais à direita (3 escolhas restantes), o próximo (2 escolhas) e para o último, apenas 1 escolha. Ficamos então com 4 × 3 × 2 × 1 = 24 escolhas para os homens.

Sendo assim, o número total de escolhas para a disposição das mulheres e homens na mesa é: 6 × 24 = 144.

Resposta: (A) 144

620) PUC PR – Alguns problemas de combinatória são resolvidos apenas usando multiplicações. Na verdade a maioria dos problemas é assim. Outros problemas necessitam de somas de produtos, pois é preciso analisar diferentes possibilidades. Também vimos até agora, vários problemas assim. Este problema é um caso desses, pois para formar uma comissão de 3 pessoas que não sejam as três do mesmo sexo, teria que ser MMH ou MHH.

a) MMH

Temos que escolher 1 homem de 5 disponíveis, e 2 mulheres de 4 disponíveis.

$$C_5^1 \times C_4^2 = 5 \times \frac{4 \times 3}{1 \times 2} = 30$$

b) HHM

Nesse caso escolhemos 2 homens dos 5 disponíveis e 1 mulher das 4 disponíveis

$$C_5^2 \times C_4^1 = \frac{5 \times 4}{1 \times 2} \times 4 = 40$$

Total: 30 + 40 = 70

Uma outra forma de resolver o problema, que às vezes é mais fácil, é calcular todas as combinações e subtrair aquelas que não servem. Normalmente esse método é mais fácil quando o problema apresenta restrições, na forma de uma negação ("não poderia ser constituída apenas por pessoas do mesmo sexo"). Vamos resolver o problema por este segundo método.

a) Todas as combinações: 3 pessoas de um total de 9 (5 homens e 4 mulheres)

$$C_9^3 = \frac{9 \times 8 \times 7}{1 \times 2 \times 3} = 84$$

b) Subtraímos as comissões formadas por pessoas do mesmo sexo (MMM ou HHH)

MMM ➔ $C_4^3 = \frac{4 \times 3 \times 2}{1 \times 2 \times 3} = 4$

HHH ➔ $C_5^3 = \frac{5 \times 4 \times 3}{1 \times 2 \times 3} = 10$

Calculando o número total e abatendo esses dois valores, temos 84 – 4 – 10 = 70

Resposta: (D) 70

Resoluções do teste 63

621) USP – Esse é um problema que fica mais fácil resolver por subtração. Se formos formar triângulos usando pontos escolhidos dos 4 segmentos, teremos um número muito grande de possibilidades para calcular. Chamando os segmentos de 1, 2, 3 e 4, poderíamos formar triângulos compostos de 112, 113, 114, 123, 124, 144, ... inviável calcular todas essas formas.

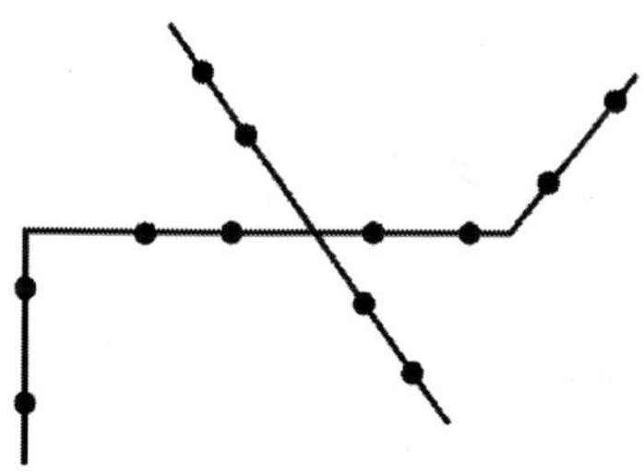

Ao invés disso, façamos usando subtração. Calculamos o total e subtraímos aqueles que não formam triângulos. Os que não formam triângulos são pontos escolhidos do mesmo segmento.

Total: Escolher 3 pontos do total de 12 =

$$C_{12}^3 = \frac{12 \times 11 \times 10}{1 \times 2 \times 3} = 220$$

Os pontos que não formam triângulo são aqueles escolhidos da mesma reta, que são os escolhidos das duas retas (ou melhor, segmentos) que têm 4 pontos.

$$C_4^3 + C_4^3 = 4 + 4 = 8$$

Finalmente, o valor pedido é o total, subtraído desses que não formam triângulo: 220 = 8 = 212

Resposta: (D) 212

622) UFPR – As sequências que obedecem as regras devem ter AE, OU, AEAE, OUOU ou AEOU. As 5 letras são completadas adicionando a letra I. Sendo assim, basta calcular o número sequências de cada um desses 5 tipos, pois o complemento com a letra I é obrigatório.

1) AE: Escolhemos 2 posições de 5, para colocar AE ou EA: $C_5^3 \times 2 = 20$

2) OU: Escolhemos 2 posições de 5, para colocar OU ou UO: $C_5^3 \times 2 = 20$

3) AEAE: Para as posições, basta escolher 1 posição para a letra I, são 5 possibilidades. As outras quatro posições podem ser preenchidas com AEAE, AEEA, EAEA, EEAA, AAEE. EAAE. São 5×6=30 possibilidades

4) OUOU: de forma idêntica ao item anterior, são 30 possibilidades.

5) AEOU: Nesse caso, a sequência deve ter AEIOU, em qualquer ordem. São 5! Possibilidades = 120.

Somando todas essas 5 opções, temos: 20 + 20 + 30 + 30 + 120 = 220

Não tem 220 nas respostas, tem 221. É porque estamos esquecendo de uma sequência que atende ao que o problema pede: IIIII. Portanto são de fato 221.

Resposta: (B) 221

623) UNICAMP – ABC e 123 são partes comuns nas duas placas. Todos os caracteres usados são independentes. Se quisermos analisar o aumento obtido com a troca, basta analisar os caracteres que são diferentes. As mudanças foram:
Adicionar D e retirar 4.
Adicionando D, temos um número 26 maior de combinações. Retirando o 4, temos um número 10 vezes menor de combinações. Então a quantidade de combinações foi multiplicada por 4 e dividida por 10, ou seja, multiplicada por 2,6. Isso é mais que dobrar, porém é menos que triplicar.

Resposta: (B) superior ao dobro e inferior ao triplo.

624) UNICAMP – São duas escolhas independentes, basta multiplicar.

Escolher 3 rapazes de 6: $C_6^3 = \dfrac{6 \times 5 \times 4}{1 \times 2 \times 3} = 20$

Escolher 5 moças de 8: $C_8^5 = C_8^3 = \dfrac{8 \times 7 \times 6}{1 \times 2 \times 3} = 56$

Número total de escolhas: 20 × 56 = 1120.

Resposta: (D) 1120

625) USP – Problema ideal para resolver por subtração. O número total de senhas é formado escolhendo 4 números, podendo haver repetição, escolhidos de 5 algarismos possíveis. O número de escolhas é 5 × 5 × 5 × 5 = 625.
Vamos subtrair as combinações que apresentam o número 13.
Como são 4 dígitos, as combinações inválidas são das formas
x13x, 13xx, 1313, xx13.
a) x13x
Podemos considerar o grupo "13" como sendo um só algarismo. Resta escolher os algarismos indicados como "x". O número de escolher é 5 × 5 = 25

b) 13xx, 1313, xx13

Nessa contagem, existem três grupos: os da forma 13xx, os da forma xx13 e os da forma 1313.

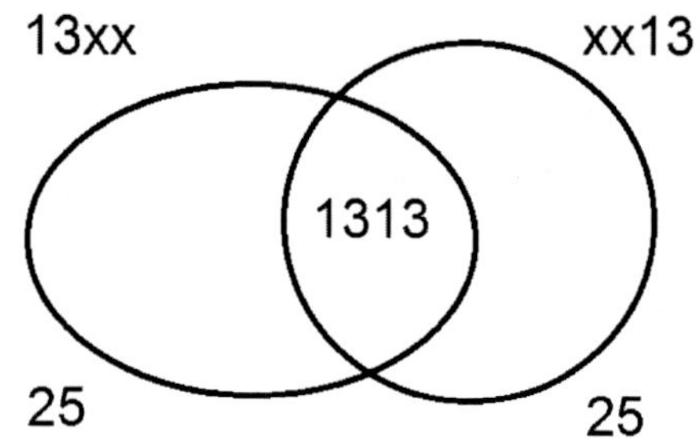

Para formar 13xx, temos 25 possibilidades, que são os dois algarismos "x", que podem ser quaisquer. Para xx13, idem. Seriam portanto 25+25=50 possibilidades, mas assim estaremos contando de forma duplicada o número 1313. Temos então que subtrair 1 dessa contagem, são então 49 senhas possíveis com 1313 nessas posições.

Portanto o número de senhas é o total (625), abatendo 25 e abatendo 49.
625 – 25 – 49 = 551.

Resposta: (A) 551

626) UFRGS – As músicas vão ser tocadas agrupadas por estilo. 4 MPB, 3 Rock e 3 Pop. O número de combinações dessas músicas, agrupadas por estilo, é 4! × 3! × 3!. Ocorre que podemos ainda permutar a ordem dos grupos de estilos, ao todo de 3! Formas possíveis. Ficamos então com:
4! × 3! × 3! × 3!

Resposta: (A) 4! x 3! x 3! x 3!

627) UFRGS – Os números divisíveis por 5 terminam obrigatoriamente por 5. Temos então que formar números no estilo xxx5, onde x representa algarismos distintos, escolhidos entre 1, 3, 7 e, 9, já que o 5 já foi usado. O número de escolhas é:
4 × 3 × 2 = 24

Resposta: (D) 24

628) IFS – Devemos formar todas as comissão possíveis com 2, 3, 4, 5, 6, 7, 8, 9, e 10 alunos. Esse número é igual a:

$$C_{10}^{2}+C_{10}^{3}+C_{10}^{4}+C_{10}^{5}+C_{10}^{6}+C_{10}^{7}+C_{10}^{8}+C_{10}^{9}+C_{10}^{10}$$

É muito trabalhoso calcular e somar todas essas combinações, então vamos usar um caminho diferente.

Se formarmos todas as comissões possíveis, incluindo a comissão vazia e comissões com 1 aluno, estamos na verdade calculando o número de subconjuntos formados a partir de um conjunto de 10 elementos. Sabemos que esse número de subconjuntos é igual a 2^n, onde n é o número de elementos do conjunto considerado, no caso, 10. Ficamos então com:

$$C_{10}^{0}+C_{10}^{1}+C_{10}^{2}+C_{10}^{3}+C_{10}^{4}+C_{10}^{5}+C_{10}^{6}+C_{10}^{7}+C_{10}^{8}+C_{10}^{9}+C_{10}^{10}=2^{10}$$ = número de subconjuntos

Portanto a quantidade pedida no problema é $2^{10}-C_{10}^{0}-C_{10}^{1}=1024-1-10=1013$

Resposta: (D) 1013

629) UNESP – A participação do jogador Fulanom é obrigatória. Resta escolher mais quatro jogadores, dentro dos 10 ainda disponíveis.

$$C_{10}^{4}=\frac{10\times9\times8\times7}{1\times2\times3\times4}=210$$

Resposta: (D) 210

630) UFCG – Devem ser escolhidos os seguintes alimentos:

2 dos 6 disponíveis do GRUPO 1 $= C_6^2$

5 dos 7 disponíveis do GRUPO 2 $= C_7^5$

2 dos 3 disponíveis do GRUPO 3 $= C_3^2$

O número total de refeições que podem ser formadas é o produto dessas combinações:

$C_6^2 \times C_7^5 \times C_3^2$

Dessa vez faremos o cálculo usando combinações complementares, que é uma espécie de simplificação que as combinações admitem. Por exemplo, C_7^5 é o mesmo que C_7^2. Trocamos o número do índice superior, por um outro número, que é a diferença entre o número superior e o inferior. Isso é simples de entender, pois escolher 5 objetos de 7 é o mesmo que escolher os dois objetos que não serão tomados. Escolher 5 para irem é o mesmo que escolher 2 para ficarem. Nosso cálculo portanto, usado combinações complementares, fica:

$$C_6^2 \times C_7^5 \times C_3^2 = C_6^2 \times C_7^2 \times C_3^1 = \frac{6\times5}{1\times2} \times \frac{7\times6}{1\times2} \times \frac{3}{1} = 15\times21\times3 = 945$$

Resposta: (C) 15 x 21 x 3

Resoluções do teste 64

631) PUC SP – A senha tem a fórmula X A B X, sendo que o algarismo B é o dobro do algarismo A, e todos os algarismos são diferentes de zero. Os algarismos admitem repetição. Como o segundo é o dobro do terceiro, e não zero, as possibilidades são:

X 2 1 X ➔ X pode ser 3, 4, 5, 6, 7, 8, 9 = 7 possibilidades
X 4 2 X ➔ X pode ser 1, 3, 5, 6, 7, 8, 9 = 7 possibilidades
X 6 3 X ➔ X pode ser 1, 2, 4, 5, 7, 8, 9 = 7 possibilidades
X 8 4 X ➔ X pode ser 1, 2, 3, 5, 6, 7, 9 = 7 possibilidades

Total: 28 possibilidades

Resposta: (C) 28

632) UFT – A vitrine tem 3 locais para colocação dos carros. Sendo n automóveis, o número de maneiras de arrumar três veículos é n(n – 1)(n – 2), e este resultado é 336. Trata-se de uma equação do 3º grau, mas não é preciso resolvê-la da forma tradicional. Podemos observar, por inspeção, que n=8 atende: 8 × 7 × 6 = 336. Portanto são 8 veículos.

Resposta: (D) 8

633) UDESC – Chamando as 4 cores de ABCD, e formar composições de 3 dessas cores, em níveis que variam de 20% em 20% (5 quantidades iguais), podemos formar cores como: AABBD, ABBBD, ABBCC, etc.
Vejamos inicialmente quais são as possibilidades de quantidades de tinta:
1º 5: 5 porções da mesma cor
2º 4–1: 4 porções de uma cor, 1 porção de outra cor
3º 3–2: 3 porções de uma cor, 2 porções de outra cor
4º 2–2–1: 2 porções de uma cor, 2 porções de outra cor, 1 porção de uma terceira cor
5º 3–1–1: 3 porções de uma cor, 1 porção de outra cor, 1 porção de outra cor.
Outras combinações como 2 – 1 – 1 – 1 e 1 – 1 – 1 – 1 – 1 não são usadas pois devemos usar no máximo 3 cores. Calculemos o número de combinações:
1º 5: 4 escolhas = 4 cores podem ser formadas com essa fórmula
2º 4–1: 4 escolhas para a com que tem peso 4, e 3 escolhas para a cor que tem peso 1 = 12
3º 3–2: 4 opções para a cor que tem peso 3, 3 opções para a cor que tem peso 2 = 12

4º 2–2–1: Duas cores devem ter peso 2, o número de escolhas é C_4^2, duas escolhidas de 4, e mais a escola da cor que tem peso 1: 2 escolhas: 6 × 2 = 12

5º 3–1–1: 4 escolhas para a cor majoritária, e C_3^2 para as cores que terão peso 1 = 4 × 3 = 12

O número total de escolhas é a soma das quantidades calculadas acima:

4 + 12 + 12 + 12 + 12 52

Resposta: (B) 52

634) UFSM – Os quartos disponíveis são 6 tipo A e 5 tipo B, total de 11 quartos.

Os 11 hóspedes que irão ocupa-los têm as seguintes preferências:

3 para tipo A, 8 são indiferentes.

A distribuição deve ser feita da seguinte forma:

1) Acomodamos os três hóspedes em quartos A. O número de maneiras de fazer isso é escolher para o primeiro hóspede, um quarto dos 6 tipo A disponíveis, para o segundo, um dos 5 do tipo A ainda disponíveis, e para o terceiro, um dos 4 ainda disponíveis. O número de maneiras de fazer isso é 6 × 5 × 4 = 120.

2) Acomodamos os demais hóspedes em quaisquer dos 8 quartos disponíveis, seja tipo A ou tipo B. O número de maneiras de fazer isso é 8!.

Ao todo, o número total é 120 × 8!.

Entre as respostas, a que tem valor igual é (D) 8! x $A_{6,3}$, já que $A_{6,3}$ é o mesmo que 6×5×4.

Resposta: (D) 8! x $A_{6,3}$

635) UFAL – Tudo o que temos que fazer é escolher 2 algarismos, dos 10 disponíveis, sem repetição, já que são distintos. O número de maneiras é C_{10}^2. Uma vez escolhidos, os dois algarismos devem ser escritos no botão em ordem crescente, portanto não há mais nada para escolher. O número total é

$$C_{10}^2 = \frac{10 \times 9}{2} = 45$$

Resposta: (B) 45

636) UFAL – Não se trata apenas de escolher 5 cores de 8. É preciso levar em conta a cor de cada letra, portanto a posição importa. O número de escolhas é o seguinte:

B: escolhemos uma cor entre 8 = 8 escolhas

I: escolhemos uma cor entre 7, pois uma já foi escolhida.

Para as três letras seguintes, o número de escolhas é 6, 5 e 4. O número total é:

8 × 7 × 6 × 5 × 4 = 6720

Resposta: (B) 6720

637) UEMG – Uma vez escolhidos 3 algarismos diferentes, existirá apenas uma forma de escrevê-los na ordem crescente. Portanto, basta formar número com algarismos distintos, e escrevê-los na ordem crescente. Uma combinação diferente, também colocada em ordem crescente, fornecerá um número diferente.

Note que o zero não pode ser usado, pois não poderemos formar um número como 025, que seria inválido. Mas 125 pode ser usado perfeitamente.

Basta então escolher 3 algarismos de 9, e escrevê-los na ordem crescente.

$$C_9^3 = \frac{9 \times 8 \times 7}{1 \times 2 \times 3} = 84$$

Resposta: (A) 84

638) UEMG – Todos os jogos de 6 números entre os 10 escolhidos são ao todo C_{10}^{6} jogos. Essa é a quantidade de jogos de 6 números que podem ser formados com os 10 números escolhidos. São ao todo:

$C_{10}^{6} = C_{10}^{4} = \dfrac{10 \times 9 \times 8 \times 7}{1 \times 2 \times 3 \times 4} = 210$ jogos possíveis.

Cada jogo de 6 números custa R$ 2,00, portanto é necessário marcar 210 jogos = R$ 420,00.

Resposta: (C) R$ 420,00

639) UF São Carlos – São 7 químicos, 5 físicos e 4 matemáticos. Devemos escolher dois cientistas. Podemos ter as opções:
1) físico e matemático; 2) físico e químico; 3) químico e matemático.
O número de escolhas para cada caso é químico=7, físico=5 e matemático=4. Portanto temos as escolhas:
1) 5 × 4 = 20
2) 5 × 7 = 35
3) 7 × 4 = 28
Total: 83

Resposta: (D) 83

640) UF São Carlos – Primeiramente temos duas formas de dispor as duas telas retangulares nos seus locais reservados. A seguir, posicionamos as 6 telas quadradas nos 6 locais reservados, isso pode ser feito de 6! maneiras. O número total é

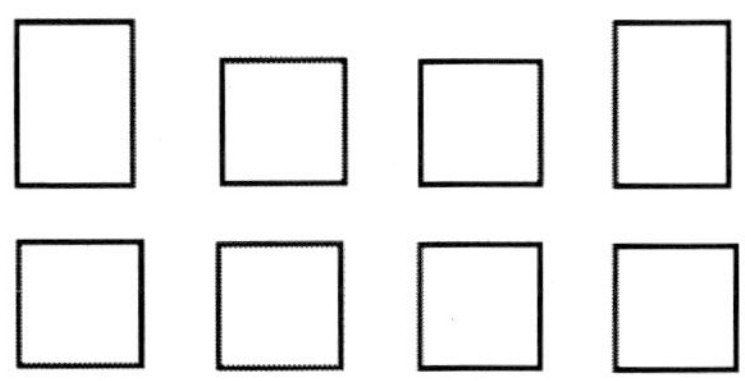

2 × 6! = 1440

Resposta: (D) 1440

Resoluções do teste 65

641) UERJ – Seis picolés de três sabores diferentes não significa que sejam iguais dois a dois, poderia ser uma combinação diferente, como BBBMMC. Entretanto, se não soubermos qual é a composição exata, não temos como resolver o problema. Portanto vamos supor que os picolés são iguais dois a dois, ou seja, BBMMCC.
Para definir uma sequência de consumo, escolhemos dois dias para consumir um sabor. Escolhemos 2 dias de um total de 6, o que resulta em $C_{6}^{2} = \dfrac{6 \times 5}{1 \times 2} = 15$

Depois escolhemos mais 2 dias dos 4 restantes para consumir outro sabor: $C_{4}^{2} = \dfrac{4 \times 3}{1 \times 2} = 6$.

Sobram dois dias para os dois picolés restantes, não há escolha a fazer.
O número total de escolhas é 15 × 6 = 90.

Resposta: (B) 90

642) CEFET CE – A ordem alfabética das letras usadas é: DEOPR. Para chegar até ORDEP, temos os seguintes grupos:
1) Todos os anagramas que começam com D: 4! = 24
2) Todos os anagramas que começam com E: 4! = 24
3) Todos os anagramas que começam com OD: 3! = 6
4) Todos os anagramas que começam com OE: 3! = 6
5) Todos os anagramas que começam com OP: 3! = 6
6) Chegamos em OR. A sequência alfabética agora tem ORDEP como o próximo.

A ordem é portanto 24 + 24 + 6 + 6 + 6 + 1 = 67
1º Anagramas começando com D: 24
25º nesta colocação temos o primeiro anagrama que começa com E. Total de 24
49º nesta colocação temos o primeiro anagrama que começa com O. Total de 24
73º nesta colocação temos o primeiro anagrama que começa com P.
Os primeiros desse grupo começam com PD, o total é 3! = 6
79º Este anagrama é PEDOR
80º Este anagrama é PEDRO

Resposta: 67, PEDRO

643) IFCE – Levando em conta as posições na fila para José e Maria, e mais dois homens e duas mulheres, temos as seguintes possibilidades:
JMhmhm ➔ 2 posições para 2 homens e 2 posições para 2 mulheres: 4 escolhas
mJMhmh ➔ idem, 4 escolhas
hmJMhm ➔ idem, 4 escolhas
mhmJMh ➔ idem, 4 escolhas
hmhmJM ➔ idem, 4 escolhas
Temos então as 20 escolhas acima. Multiplicamos o resultado por 2, pois poderíamos para cada combinação, formar uma combinação com Maria à esquerda e João à direita, e os demais seguindo a sequência:
JMhmhm ➔ MJmhmh
Portanto, temos o dobro dessas 20 escolhas inicialmente contadas, total de 40.

Resposta: (B) 40

644) FATEC – A sequência de 6 golpes deve usar JJDDCG. De acordo com a fórmula da permutação com repetição dada ao lado, o número de golpes mistos usando esses golpes básicos é:

$$\frac{6!}{2!\times 2!\times 1!\times 1!} = 180$$

Essa fórmula é também usada para um problema muito comum, que é contar o número de anagramas com repetição de letras. Sem repetição de letras, o número é o fatorial da quantidade de letras. Com repetição, é preciso usar a fórmula ao lado, ou seja, dividir pelos fatoriais das quantidades de letras.

Lembre-se de que:
Permutação com repetição

$$P_n^{k_1, k_2, k_3, \ldots} = \frac{n!}{k_1!\, k_2!\, k_3! \ldots}$$

Resposta: (A) 180

645) UFPI – São 3 escolhas para a cor do cachorro, 3 para a cor do gato e 3 para a cor do pássaro. O número total de escolhas é 3 × 3 × 3 = 27.

Resposta: (D) 27

646) UFMS – Chamemos as cores de A, B, C e D. Considere o triângulo superior ao lado. Escolhemos começar com uma cor A, a seguir pintar os dois vértices vizinhos com a mesma cor (B). O número de escolhas para essa coloração é:
4 escolhas para a cor A, 3 escolhas para a cor B. Fica faltando o último vértice. Podemos usar qualquer das cores, exceto a que escolhemos para os vértices indicados como B, portanto são 3 escolhas para esse último vértice. O número total de escolhas é
4 × 3 × 3 = 36.

No segundo triângulo abaixo, começamos com uma cor A, mas escolhemos duas cores diferentes para os dois vértices vizinhos. Até agora o número de escolhas é $4 \times 3 \times 2$. Finalmente, colorimos o último vértice com as duas cores disponíveis, pois só não podemos usar as cores indicadas em B e C.

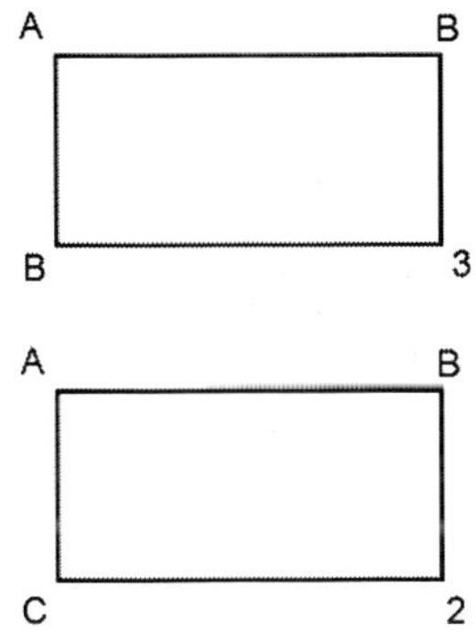

$4 \times 3 \times 2 \times 2 = 48$

Total: $36 + 48 = 84$

Resposta: (D) 84

647) UFJF – Dos naturais de 1 a 20, 10 são ímpares e 10 são pares. Só existem duas formas de escolher 3 números com soma ímpar:
2 pares e 1 ímpar, ou
3 ímpares.

Escolha de 2 pares e 1 ímpar: $C_{10}^{2} \times C_{10}^{1} = \dfrac{10 \times 9}{2} \times 10 = 450$

Escolha de 3 ímpares: $C_{10}^{3} = \dfrac{10 \times 9 \times 8}{1 \times 2 \times 3} = 120$

Total: $450 + 120 = 570$

Resposta: (C) 570

648) UFJF – Não devemos apenas decidir quais pilotarão as motocicletas, mas sim, quem pilotará cada motocicleta. Vemos preencher a parte frontal de cada motocicleta usando os 4 pilotos disponíveis. O número de formas de fazer isso é:

$4 \times 3 \times 2 = 24$

Agora temos o banco do carona de cada motocicleta, que devem ser preenchidos com os quatro amigos disponíveis. O número de formas de fazer isso é $3 \times 2 \times 1 = 6$.

Total: $24 \times 6 = 144$

Resposta: (D) 144

649) IFMT – A resolução fica mais fácil se pensarmos no caminho inverso. Partindo do L, de quantas formas diferentes podemos chegar em algum F?
Começando com o L, a cada letra, temos que decidir caminhar para cima ou para a direita, então são 2 escolhas por letra. Claro que depois de tomar essa decisão tendo começado com L, chegaremos em um A. Na próxima, chegaremos a algum R, e assim por diante. O número total de escolhas é:
LAREDEF
$2 \times 2 \times 2 \times 2 \times 2 \times 2 = 64$

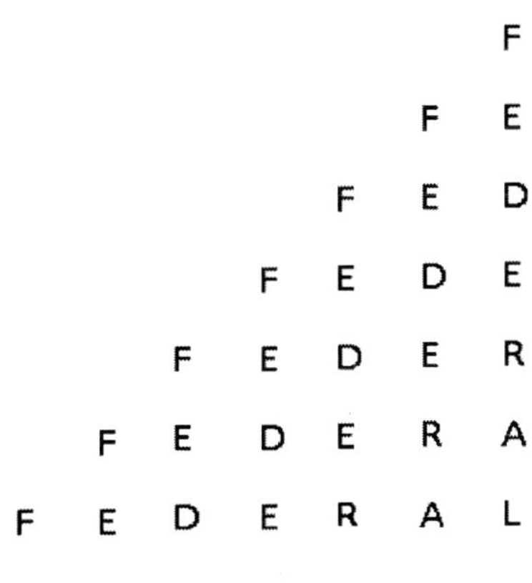

Resposta: (B) 64

650) PUC PR – Temos 26 escolhas para o presidente. Feita a escolha, restam 25 opções para escolha do tesoureiro. Finalmente, restam 24 opções para a escolha do secretário. O número total é:

$26 \times 25 \times 24 = 15.600$

Resposta: (A) 15600

Resoluções do teste 66

651) UFRJ – Neste fatorial, temos o produto de números primos e compostos. Os maiores primos são 19, 17, 13, 11, 7. Os demais números são compostos e têm fatores 2, 3 e 5. Portanto, o maior fator primo de todos é 19.

Resposta: 19

652) UDESC – Vários fatores algébricos irão simplificar. O número (x+1)! pode ser escrito como (x+1).x!. O próprio x! pode ser escrito como x.(x – 1)!. Usando essas relações, comecemos colocando em evidência no numerador, x!. Depois escrevemos x! como x.(x – 1)!. Ficamos com:

$$\frac{-3x!+(x+1)!}{(x-1)!}=\frac{x!.(-3+x+1)}{(x-1)!}=\frac{x!.(x-2)}{(x-1)!}=\frac{x.(x-1)!.(x-2)}{(x-1)!}=x(x-2)$$

A inequação fica: $x(x-2) \geq 3$

$x^2 - 2x - 3 \geq 0$

Trata-se de uma inequação do 2º grau. Seu gráfico é uma parábola com a concavidade voltada para cima, pois o coeficiente do termo de 2º grau é positivo. Portanto o sinal do trinômio é negativo entre as raízes, e positivo fora do intervalo entre as raízes.

As raízes do trinômio são –1 e 3. Então o trinômio é positivo ou zero para $x \leq -1$ e para $x \geq 3$.

Resposta: (A) $S = \{x \in \mathbb{R} \mid x \leq -1 \text{ ou } x \geq 3\}$

653) IFMT – Como o binômio é do tipo x + 1, o maior coeficiente é o do termo central. Se existissem outros fatores no binômio (Ex: $3x^2+5$), seria mais trabalhoso. Teríamos que analisar mais cuidadosamente a fórmula. No nosso caso simples, basta tomar o termo central, que é o termo de ordem 6. Temos 6 termos menores, de 0 a 5, e 6 termos maiores, de 7 a 12. O termo central, fazendo i=6 na fórmula do Binômio de Newton, é:

$$C_{12}^{6}.x^{6}.1^{12-6}=C_{12}^{6}.x^{6}$$

Este coeficiente vale $\dfrac{12\times11\times10\times9\times8\times7}{1\times2\times3\times4\times5\times6}=924$

Resposta: (E) 924

654) UFAM – A soma dos coeficientes de uma expressão algébrica qualquer é encontrada facilmente quando fazendo todas as variáveis iguais a 1. A expressão terá apenas os coeficientes, que podem ser somados até mesmo sem desenvolver a expressão.

$(3x + y)^{10}$, fazendo x=1 e y=1, ficamos com $(3+1)^{10} = 4^{10} = (2^2)^{10} = 2^{20}$.

Resposta: (B) 2^{20}

655) Mackenzie – A soma dos números binomiais da forma $\sum_{p=0}^{n}\binom{n}{p}$, que é o mesmo que

$C_n^0+C_n^1+C_n^2+C_n^3+C_n^4+...+C_n^n$, vale 2^n.

Isso é fácil de entender o motivo. No Binômio de Newton da forma $(x+1)^n$, fazendo x=1, ficamos exatamente com 2^n, que é a soma das combinações citadas acima.
Portanto temos $2^n = 256 \rightarrow n = 8$.

Resposta: (A) 8

656) UFAL – Temos que aplicar a fórmula do Binômio de Newton para este binômio "diferente".

$$\left(x+1/x^2\right)^{12} = \sum_{i=0}^{12} C_{12}^{i}.x^{i}.x^{-2(12-i)}$$

Para encontrar o termo independente, fazemos o expoente de x ser igual a zero:
i – 2(12 – i) = 0
3i = 24
i = 8
Portanto o termo independente é o de ordem 8 (i=8):
$C_{12}^{i} = C_{12}^{8} = C_{12}^{4}$ (combinação complementar)

$$= \frac{12\times 11\times 10\times 9}{1\times 2\times 3\times 4} = 495$$

Resposta: (E) 495

657) IFMT – O termo geral do Binômio $\left(\sqrt[3]{x}+y\right)^n$ é $C_n^i.x^{i/3}.y^{n-i}$. Para que seja da forma **k.x³.y⁵**, devemos ter:
$i/3 = 3 \rightarrow i = 9$
$n - i = n - 9 = 5 \rightarrow n = 14$
Então $k = C_{14}^{9} = C_{14}^{5}$ (combinação complementar)

$$= \frac{14\times 13\times 12\times 11\times 10}{1\times 2\times 3\times 4\times 5}$$

Temos ainda o termo **k'.x².y⁸** = $C_{14}^{j}.x^{j/3}.y^{n-j}$

$j/3 = 2 \rightarrow j = 6$
O coeficiente k' é dado por $C_{14}^{6} = \dfrac{14\times 13\times 12\times 11\times 10\times 9}{1\times 2\times 3\times 4\times 5\times 6}$
A razão k/k' pedida é

$$= \frac{14\times 13\times 12\times 11\times 10}{1\times 2\times 3\times 4\times 5}.\frac{1\times 2\times 3\times 4\times 5\times 6}{14\times 13\times 12\times 11\times 10\times 9} = \frac{6}{9} = \frac{2}{3}$$

Resposta: (D) 2/3

658) UFAM – A expansão binomial dada tem 151 termos. A maioria deles são irracionais. Note que os termos $\sqrt{5}$ e $\sqrt[3]{7}$ são independentes. Não há como um irracional que seja potência do primeiro, multiplicado por um irracional que seja potência do segundo, fornecer um resultado racional. A única forma desse produto ser racional, é com ambos os fatores sendo racionais. Ou seja, o expoente de $\sqrt{5}$ tem que ser par, e o expoente de $\sqrt[3]{7}$ tem que ser múltiplo de 3, simultaneamente. Ou seja:
i é par e 150 – i é múltiplo de 3.
Isso pode ser satisfeito para i=0, i=6, i=12, i=18, ..., i=150.
São ao todo 26 valores (150 ÷ 6 + 1 = 26)

Ou seja, dos 151 termos da expansão, 26 são racionais, os 125 restantes são termos irracionais, ou seja, com x e y dentro de radicais.

Resposta: (D) 125

659) UFSC – Classifique as afirmativas abaixo em (V) verdadeiras ou (F) falsas.

(V) Resolvendo, ficamos com:

$$\frac{(x+3)!}{x!.3!}=\frac{(x+3)!}{(x-1)!.4!} \Rightarrow \frac{1}{x}=\frac{1}{4} \Rightarrow x = 4\text{: VERDADEIRA}$$

(F) O termo geral é $C_4^i\left(\frac{3}{x}\right)^i.x^{4-i}$

Procurando o expoente zero: –i + 4 – i = 0 ➔ i=2

Então este termo é $C_4^i\left(\frac{3}{x}\right)^2.x^{4-2}=9$. FALSO.

(F) Escolhas do partido A: $C_5^2=10$

Escolhas do partido B: $C_6^2=15$

Escolhas do partido C: $C_2^1=2$

Total de escolhas: 10 × 15 × 2 = 300. FALSO!

(F) Haverá 3 escolhas para os olhos e 4 escolhas para os cabelos: 12 possibilidades. FALSO.

(V) CERTO. Com 18 dezenas, podemos escolher C_{18}^{15} combinações de 15 números. $C_{18}^{15}=C_{18}^{3}=\frac{18\times17\times16}{2\times3}=816$, ou seja, a chance de ganhar é 816 vezes maior.

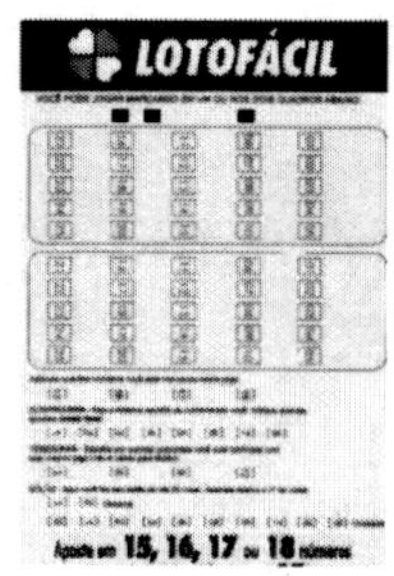

Resposta: VFFFV

660) UFAM – Quando damos ordem para os termos da expansão binomial, convenciona-se usar para o primeiro termo, aquele com o maior expoente (no caso, 9) para o primeiro termo do binômio. Então o 6º termo é aquele que tem $(x/y)^4$. O termo procurado é portanto

$$C_9^4\left(\frac{x}{y}\right)^4.\left(-\frac{y}{x}\right)^5=-126.y/x$$

Resposta: (B) –126y/x

Resoluções do teste 67

661) UFES – Cada um desses números é uma permutação dos seis algarismos dados. Portanto a quantidade de números é 6!.
Para encontrar a posição do nº 837159, cada algarismo terá um peso, exceto que ao invés de potências de 10, serão fatoriais
8: 4 algarismos antes do 8 (1, 3, 5, 7), 5 dígitos formam 5! Combinações ➔ 4 x 120 = 480

Explicando melhor, temos que contar os números que começam com 1, 3, 5 e 7. Uma vez fixo o primeiro algarismo, os outros 5 algarismos podem ser dispostos de 5! formas diferentes. Então existem 4 x 5! números antes de 8xxxxx.
3: Antes de 83xxxx, existem os números da forma 81xxxx., São 4! números = 24.
7: antes de 837xxx, existem os números das formas 831xxx e 835xxx. São 2 x 3! = 12 números
O próximo número na ordem crescente é 837159. A posição desse número é
480 + 24 + 12 + 1 = 517º.

O número que ocupa a 200ª posição é o seguinte:
Primeiro temos os números começando com 1, da forma 1xxxxx. São 5! = 120 números.
Depois vem os números da forma 31xxxx, 35xxxx e 37xxxx. Até aqui temos mais 3 x 4! = 72 números.
Os próximos números são da forma 38xxxx, mas a série não está completa. Estamos procurando o de posição 200, mas já temos até aqui, 120 + 72, restam 8 para chegar na 200. São eles: 381579, 381597, 381759, 381795, 381957, 381975, 385179, 385197. Este último ocupa a 200ª posição.

Respostas: 6!, 517ª, 385197.

662) IFSP – Vamos sortear duas etiquetas para formar uma nova etiqueta dupla. Como são ao todo 10 etiquetas, podemos formar $C_{10}^{2} = 45$ etiquetas diferentes.

As etiquetas duplas formadas por duas letras são ao todo $C_{4}^{2} = 6$
A probabilidade de um etiqueta formada aleatoriamente, ter duas letras, é portanto
6/45 = 13,3%

Resposta: (D) 13,3%

663) Mackenzie – Existirão 4 tipos de cubos menores:
O cubo central, sem faces pintadas
O cubo 1, com uma face pintada
O cubo 2, com duas faces pintadas
O cubo 3, com três faces pintadas.
Os cubos do tipo 2 são 4 na face superior, 4 na face inferior e 4 nas laterais, total de 12 cubos.
No total são 27 cubos. A probabilidade de um cubo ter duas faces pintadas é 12/27 = 4/9

Resposta: (B) 4/9

664) UFPE – A probabilidade de não chover no fim de semana, é a de não chover nem sábado e nem no domingo. Os eventos "não chover" estão ligados por um conectivo E, então a probabilidade conjunta é o produto das probabilidades.
Não chover sábado: 50%
Não chover domingo: 50%
Não chover sábado e não chover domingo: 0,5 x 0,5 = 0,25 = 25%
A probabilidade do evento complementar, que é a de chover em algum dia do fim de semana, é o complemento de 25% = 75%

Resposta: (D) 75%

665) UEMG – Funcionários selecionados na pré-seleção:
1 algarismo: primo: 2, 3, 5, 7
2 algarismos: soma é primo:
11, 12, 14, 16, 20, 21, 23 (lembrando que 1 não é primo)
Glorinha é uma dessas pessoas. Sua chance de ganhar é 1 em 11, aproximadamente 9%

Resposta: (C) 9%

666) PUC SP – O primeiro sabonete já foi sorteado, e é amarelo. Agora existem no pote, mais 15 amarelos, 6 verdes e 4 azuis, e vamos sortear mais dois. Precisamos que dos dois novos sorteados, pelo menos um seja amarelo. Podemos ter 1 amarelo ou 2 amarelos. Isso é um pouco trabalhoso, pois temos que considerar o primeiro sendo amarelo, o segundo sendo amarelo e ambos sendo amarelos, e somar essas probabilidades.
É mais fácil calcular pelo evento complementar. A negação de ter pelo menos um amarelo é não ter um amarelo (obviamente, só aquele primeiro sorteado). A probabilidade de ambos não serem amarelos é 10/25 x 9/24 (tirar um verde ou azul dos 25 disponíveis, depois outro verde/azul dos 24 restantes). Isso resulta em:

$$\frac{10}{25}\times\frac{9}{24}=\frac{5}{25}\times\frac{3}{4}=15\%$$

Com 15% de probabilidade de não sortear nenhum amarelo nesses dois últimos sorteios, a probabilidade de sortear algum amarelo é 85%, o mesmo que 17/20.

Resposta: (D) 17/20

667) UF São Carlos - 26 contém queijo e 22 contém palmito, e o total é 40. Obviamente, como a soma 26+22=48 é maior que 40, existem salgadinhos que contém ambos os recheios. Também é óbvio que ninguém vai fazer, nem comer, um salgadinho sem recheio algum...
Podemos então representar os salgadinhos em um Diagrama de Venn.

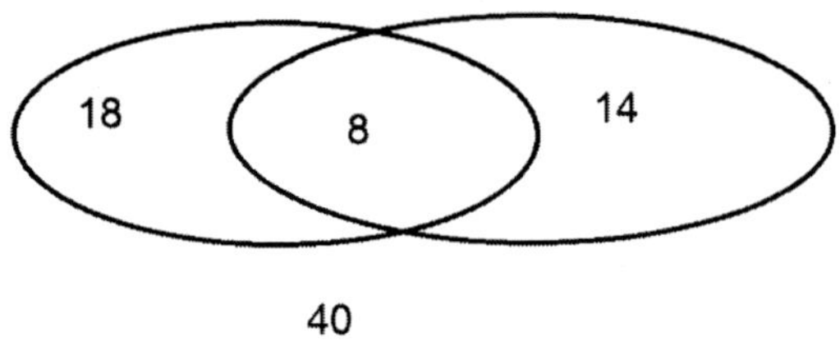

A soma é 48, mas são 40 salgadinhos, então existem 8 na interseção. Aqueles que têm só queijo ou só palmito são 18 e 14.
A probabilidade de um salgadinho ter aquela penas queijo é 18/40 = 45%

Resposta: (A) 45%

668) UERJ – Sejam as 12 garrafas com sucos dos três sabores.
AAAA BBBB CCCC
Sorteia-se a primeira garrafa. O queremos calcular é a probabilidade da 2ª garrafa ser do mesmo sabor que a primeira. São 3 garrafas favoráveis (as restantes do sabor que já foi sorteado para a 1ª garrava) de um total de 11 possíveis. Isso resulta em 3/11 = 27,3%

Resposta: (C) 27,3%

669) FGV – Não temos informações sobre quantidades, mas som, sobre porcentagens. De acordo com o enunciado, existem três tipos de pessoas: mulheres solteiras, mulheres casadas e homens casados. Como a porcentagem, entre as mulheres, das solteiras, é 40%, podemos chamar a quantidade de solteiras de 40x, e a de casadas, 60x. Ficamos com:
Mulheres solteiras: 40x

Mulheres casadas: 60x
Homens casados: 60x
Obviamente a quantidade de homens casados é a mesma de mulheres casadas, pois o problema informo que os homens estão acompanhados das respectivas esposas. Portanto o número total de pessoas na festa é 40x + 60x + 60x = 160x.
A probabilidade se sortear uma pessoa, a probabilidade de que ela seja um homem é:

$$\frac{60x}{160x} = \frac{3}{8} = 37,5\%$$

Resposta: (D) 37,5%

670) ENEM – A probabilidade de existirem exatamente dois defeituosos de um total de 4, é calculada da seguinte forma:

1º escolhemos 2 aparelhos do total de 4, que serão os defeituosos: $C_4^2 = \frac{4 \times 3}{1 \times 2} = 6$

2º A probabilidade de um aparelho ser defeituoso é 0,2%, a de não ser defeituoso é 99,8%.
A probabilidade de 2 serem defeituosos e 2 não defeituosos, sem levar em conta a ordem, é:
0,2% × 0,2% × 99,8% × 99,8% = $(0,2\%)^2 \times (99,8\%)^2$.
Levar em conta a ordem, significa multiplicar o valor acima pelo número 6 encontrado no item 1º, pois a situação do aparelhos pode ser BBDD, BDBD, DBDB, DDBB, DBBD, BDDB (D=defeituoso e B=BOM). A probabilidade resultante é
$6 \times (0,2\%)^2 \times (99,8\%)^2$.
Isso se chama distribuição binomial, e pode ser interpretada de outra forma:
Sendo o p a probabilidade do aparelho ser defeituoso, e 1 – p a probabilidade do aparelho ser perfeito, podemos escrever:
p + (1 – p) = 1
Vamos elevar à quarta potência. Genericamente, elevaríamos à potência n.
$(p + (1 - p))^4 = 1$ (1 elevado a 4 é igual a 1)
Podemos expandir a expressão do primeiro membro como um Binômio de Newton:

$$C_4^0 p^4.(1-p)^0 + C_4^1 p^3.(1-p)^1 + C_4^2 p^2.(1-p)^2 + C_4^3 p^1.(1-p)^3 + C_4^4 p^0.(1-p)^4$$

Os termos acima representam as probabilidades de existirem no lote de 4 aparelhos, exatamente 4, 3, 2, 1 ou 0 defeituosos, respectivamente, estando os restante bons. O termo que resolver este problema na expressão acima é

$$C_4^2 p^2.(1-p)^2 = 6 \times (0,2\%)^2 \times (99,8\%)^2$$

Resposta: (C) 6 x $(0,2\%)^2$ x $(99,8\%)^2$

Resoluções do teste 68

671) UFG – As porcentagens para cada cor são:
Prata: 31%
Preto: 25%
Cinza: 16%
Branco: 12%
Total: 84%
Os carros dessas 4 cores citadas formam 84% do total da frota de carros brasileiros.
O problema pergunta a probabilidade de um carro, de uma dessas cores (não da frota brasileira completa) sorteado ao acaso não ser cinza.
A porcentagem de carros não cinzas é 84% – 16% = 68% (ou 31% + 25% + 12%).
A probabilidade pedida é 68%/84% = 68/84 = 34/42 = 17/21

Resposta: (E) 17/21

672) FATEC – O uso de um Diagrama de Venn facilita a resolução. Os 25% que estudam e trabalham correspondem à interseção dos conjuntos. Se 60% trabalham, o trecho indicado como SE (só estudam) é 60% – 25% = 35%. O trecho ST (só trabalham) é 50% – 25% = 25%. Os que não estudam nem trabalham são os que estão fora desses conjuntos:
100% – 35% – 25% – 25% = 15% do total

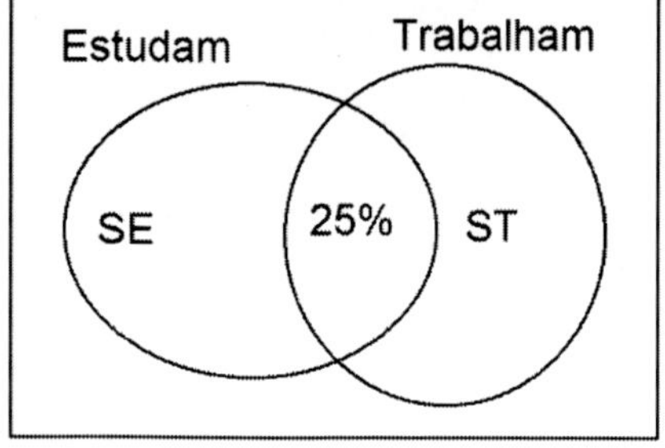

Resposta: (B) 15%

673) UFPI – O conjunto dos números naturais de três algarismos (100 a 999) pode ser dividido em três grupos de 300 números cada:
Grupo 1: 100, 103, 106, 109, 112, ... 997
Grupo 2: 101, 104, 107, 110, 113, ..., 998
Grupo 3: 102, 105, 108, 111, 114, ..., 999
O grupo 1 tem os números que deixam resto 1 na divisão por 3, o grupo 2 tem os números que deixam resto 2 na divisão por 3, e o grupo 3 tem os múltiplos de 3.
Para que a diferença entre dois números seja um múltiplo de 3, basta que esses dois números pertençam ao mesmo grupo. É o que acontece por exemplo com 104 e 113. Não são múltiplos de 3, mas sua diferença o é.
Começamos sorteando o primeiro número. Até aí, não existe probabilidade alguma. Podemos ter sorteado um número de qualquer grupo. Agora vêm os casos possíveis e os casos favoráveis.
Os casos possíveis são 899, pois ainda existem 899 números para escolher o segundo a ser sorteado. Os casos favoráveis são os números que pertencem ao mesmo grupo, do qual restam 299. Por exemplo, se o primeiro número sorteado foi 104, o segundo número tem que pertencer ao grupo 2 para atender à condição do problema. Portanto a probabilidade do que se pede é:

$$\frac{299}{899}$$

Resposta: (A) 299/899

674) UFMS – Para calcular essa probabilidade, temos que fazer a contagem dos casos possíveis e dos casos favoráveis. Outro caminho, que nesse problema vai ser mais rápido, é raciocinar diretamente com as probabilidades.
Para que um número seja divisível por 5, basta que termine por 0 ou 5. Os demais algarismos não interferem na divisibilidade por 5. Então a probabilidade pedida é a probabilidade pedida depende apenas deste evento, que é a escolha do algarismo das unidades.
Casos favoráveis: 2 (0 e 5)
Casos possíveis: 7 (0, 1, 2, 3, 4, 5 e 6)
Probabilidade do número ser divisível por 5: 2/7 $\approx$ 28%

Resposta: (C) entre 20% e 30%

675) UFJF – Dizer que o maior número sorteado é 4, é o mesmo que dizer que foi certamente sorteado o 4, e outro número que pode ser 1, 2 ou 3.
O número de casos possíveis é $C_6^2 = \dfrac{6 \times 5}{1 \times 2} = 15$, o número de formas de sortear duas bolas de um grupo de 6.
Os casos favoráveis são 4 e 1 / 4 e 2 / 4 e 3, portanto 3 casos favoráveis. Note que em nenhuma dessas duas contagens (casos possíveis e casos favoráveis) a ordem faz diferença.

A probabilidade pedida é 3/15 = 1/5.

Resposta: (C) 1/5

676) UFRJ – Trata-se de um modelo probabilístico com duas variáveis aleatórias, que são as posições x e y em um plano cartesiano. Os casos possíveis e os casos favoráveis são representados por áreas. As probabilidades são razões entre as áreas. O número de casos possíveis corresponde à área do retângulo maior, que é 50×20=1000.

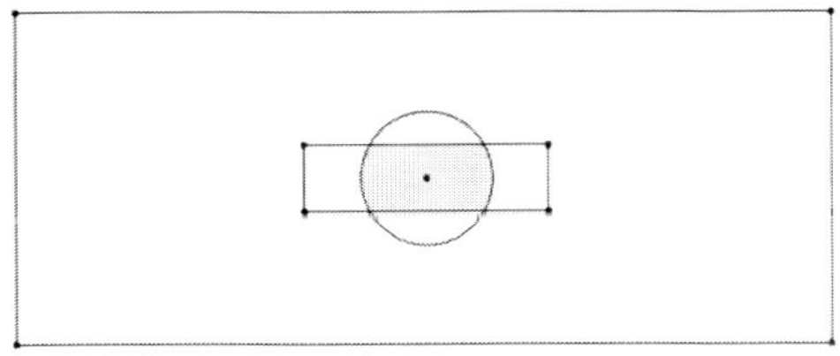

Os casos favoráveis correspondem à área da interseção das regiões A e B, sombreada ao lado. Tudo o que temos que fazer é calcular essa área e dividir por 1000.

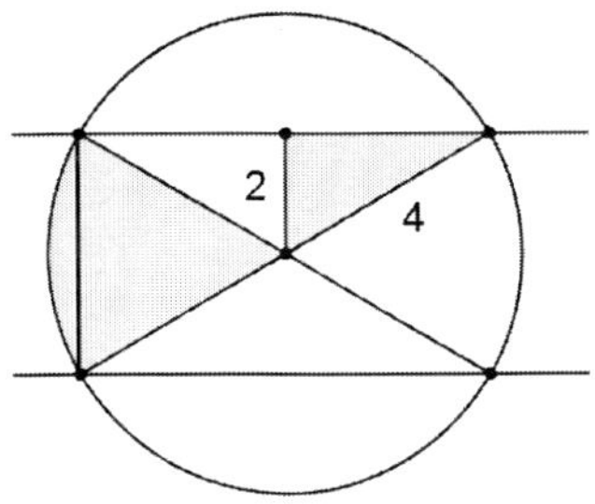

Elementos dessa área são detalhados ao lado. Como o raio do círculo é 4, e a base menor da região A também é 4, temos a formação de triângulos equiláteros e setores de 60°. Temos quatro triângulos retângulos do tipo 30° – 60° – 90°, com catetos medindo 2 e $2\sqrt{3}$. Cada área vale $\frac{2\times 2\sqrt{3}}{2} = 2\sqrt{3}$

São quatro desses triângulos, portanto sua área é $8\sqrt{3}$.

Devemos somar ainda dois setores circulares de 60°. Os dois juntos formam 120°, que é 1/3 da área do círculo: $\pi R^2/3 = 16\pi/3$.

A área da interseção entre as figuras A e B é então $8\sqrt{3}+\frac{16\pi}{3} \approx 30{,}58$

A probabilidade pedida é aproximadamente 30,58 / 1000 = 3,058%

Resposta: 3,058%

677) IFRS – O problema pode ser bastante complexo se forem levados em conta a distância entre os semáforos e a velocidade do carro. As probabilidades do automóvel chegar a um semáforo e ele estar amarelo, verde ou vermelho, depende dessas informações, que não temos. O problema informou que devem ser levados em conta apenas os tempos de cada semáforo, desprezado as demais informações.

O ciclo total desses semáforos tem 37 + 3 + 20 = 60 segundos, dos quais 20 segundos em vermelho. Usando o raciocínio simplificado indicado pelo problema, a probabilidade de um automóvel encontrar um sinal vermelho é 20/60 = 1/3. A probabilidade de encontrar os quatro semáforos seguidos vermelhos é $(1/3)^4$ = 81.

Resposta: (D) 1/81

678) FGV – Consideremos que a expressão "nem todos os meninos" significa o mesmo que "não estão todos os meninos presentes na equipe". Isso inclui equipes compostas só de meninas, e também podem incluir um ou dois meninos, mas não todos, que são 3.
Esse é um caso em que fica fácil calcular por subtração. Calculamos todas as equipes e subtraímos aquelas que têm todos os meninos.
A escola tem 3 meninos e 4 meninas. Chamamos os meninos e meninas de O e A, respectivamente.

O número total de equipes que podem ser formadas é $C_7^3 = \dfrac{7 \times 6 \times 5}{1 \times 2 \times 3} = 35$

As equipes que apresentam todos os meninos (que são 3) têm a seguinte configuração:
O O O A
A única escolha que temos no caso é escolher uma menina das 4 disponíveis. São 4 opções. Portanto existem 4 equipes que apresentam todos os meninos.
As equipes que não têm menino algum são 35 – 4 = 31.
A probabilidade de ser formada uma equipe assim é 31/35.

Resposta: (E) 31/35

679) UNICAMP – O mesmo dado será lançado duas vezes. Considerando os resultados do primeiro e do segundo lançamentos, temos 6 × 6 = 36 casos possíveis.
Os casos que atendem o especificado pelo problema são resultados 2,2 / 2,1 / 1,2 / 1,1, ou seja, 4 casos favoráveis. A probabilidade de obter algum desses resultados é 4/36 = 1/9.

Resposta: (D) 1/9

680) ENEM – Calçando mais que 36, pela tabela de dados levantados, pode ser 37, 38 ou 39. Levando em conta o número de pessoas, nessas condições, temos 3 + 10 + 1 = 14 pessoas. As pessoas que calçam 38 são 10, então a probabilidade pedida é
10/14 = 5/7.

TAMANHO DOS CALÇADOS	NÚMERO DE FUNCIONÁRIAS
39,0	1
38,0	10
37,0	3
36,0	5
35,0	6

Resposta: (D) 5/7

Resoluções do teste 69

681) USP – O cálculo de medianas quando são dadas as distribuições de frequências é muito trabalhoso. Utiliza operações simples, mas são muitas multiplicações de números decimais. O cálculo das medianas nesse problema é uma armadilha para os alunos: vão perder muito tempo fazendo essas contas. Optamos por não apresentar nesse problema, o cálculo dessas medianas, e vamos nos concentrar em encontrar a resposta para a questão. Deixaremos para apresentar o cálculo de medianas em ouras questão de cálculos mais simples.

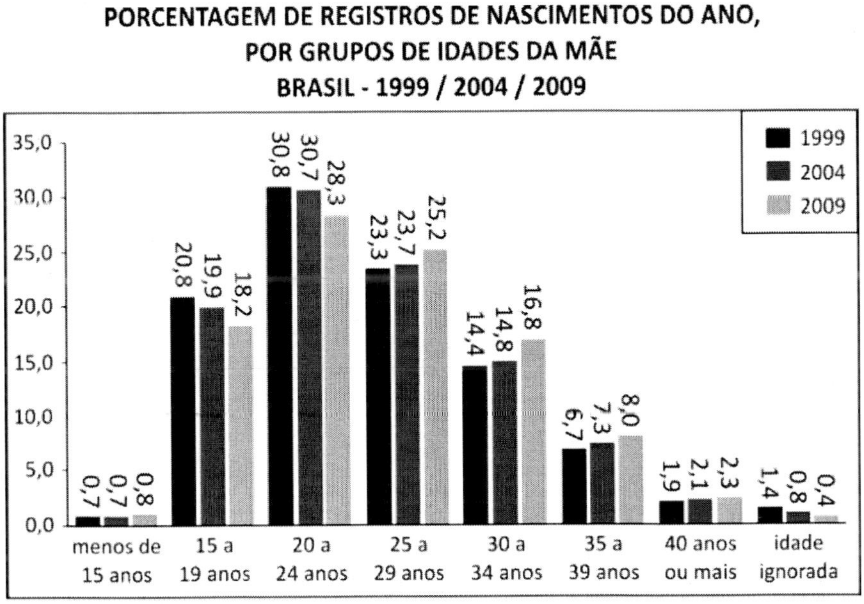

Médias em gráfico de barras são mais fáceis de calcular que medianas. Das opções apresentadas, duas requerem o cálculo de médias e três de medianas. Vamos conferir a média indicada em (D).

(D) média das mães das crianças nascidas em 2004 foi maior que 22 anos ???

No gráfico temos uma série de trios de retângulos. Em cada trio temos dados de 1999, 2004 e 2009. Os dados de 2004 são os da segunda barra, em cada série de 3.

O gráfico mostra as idades e as porcentagens de pessoas às quais aquela idade se aplica. Essas porcentagens funcionam como os pesos para aquelas idades.

Note que as idades são indicadas em faixas, por exemplo, 15 a 19 anos. Devemos usar para essa faixa, o valor médio, no caso, 17.

Existem faixas de idade que não temos como usar nos cálculos, que são abaixo de 15, acima de 40 e idade ignorada. Ao não usar essas faixas, encontraremos um valor um pouco menor que o real. O erro cometido dessa forma não será muito grande, pois as quantidades são pequenas. Se quiser, pode usar 15 para a faixa abaixo de 15 e 40 para a faixa acima de 40. Assim o erro será ainda menor. Estatística é assim, não trata de valores exatos, mas de estimativas.

Na faixa de 15 a 19 anos, representaremos usaremos 17 para a idade, a média entre 15 e 19. A porcentagem para 2004 é 19,9%, usaremos o peso 0,199. Para facilitar os cálculos, podemos arredondar para 0,2. Fazendo o mesmo para as demais faixas, temos:

$17 \times 0{,}199 = 3{,}40$

$22 \times 0{,}307 = 6{,}6$

$27 \times 0{,}237 = 6{,}21$

$32 \times 0{,}148 = 4{,}73$

$37 \times 0{,}073 = 2{,}70$

SOMA = 23,7, aproximadamente

A soma dos pesos é igual a 1 (100%), então este valor já é a média ponderada correta.

Isso mostra que a letra (D) está correta, a idade média é realmente maior que 22 anos;

Resposta: (D)

682) FGV – Obrigatoriamente teremos que calcular a média e a mediana dessa distribuição. Façamos a tabela de frequências:

Nota	Frequência
5,0	20%
6,0	45%
7,5	20%
10,0	15%

A média dos valores é a média ponderada, onde os pessoas são as porcentagens:
5 × 0,2 + 6 × 0,45 + 7,5 × 0,2 + 10 × 0,15 = 6,7

A mediana consiste em encontrar a nota "central", ou seja, para a qual existem 50% de notas acima e 50% de notas abaixo.
Pela tabela, 20% das notas foram 5,0. Depois temos 45% de notas 6,0. A nota mediana está em algum lugar dessa faixa. Exemplificando, se fossem 100 notas, teríamos 20 notas 5 seguidas por 45 notas 6. A 50ª nota está nessa faixa, e vale 6,0 Então a mediana é 6,0.
Sendo assim, a diferença entre a média e a mediana é 0,7.

Resposta: (C) 0,7

683) UFPR – De todas as medidas estatísticas, a *moda* é a mais fácil. Moda é o valor que aparece mais vezes. A variável de interesse é a idade. As frequências são indicadas para cada valor da variável idade. A maior frequência absoluta que aparece é 457. Ou seja, existem 457 pessoas com 30 anos. Então a moda é 30 anos.
Moda é o valor que corresponde à maior frequência.

Resposta: (D) 30

Idades	Frequência Absoluta
17	**150**
18	225
19	**317**
20	297
21	**272**
22	301
24	**228**
25	426
27	**345**
30	457
31	**398**
33	276
34	**87**
39	187
41	**234**
Total	**4079**

684) UDESC – Para calcular o desvio padrão, temos que conhecer todos os valores, ou seja, temos que descobrir os valores de **a** e **b**. Para isso, temos duas informações:
A mediana é 24, logo, a=26.
Isso porque são 6 valores, então a mediana é a média dos dois valores centrais. Esses valores são 22 e a. Para que sua média seja 24, a tem que valer 26.
A média também é 24, então com isso podemos descobrir o valor de b:

$$\frac{14+17+22+26+b+37}{6} = 24 \rightarrow b = 28$$

Agora sabemos todos os valores, e podemos calcular o desvio padrão da população.

$$\sigma = \sqrt{\frac{\sum_{i=1}^{n}(x_i - \mu)^2}{n}}$$

Calculamos a diferença entre cada valor e a média (24). Elevamos ao quadrado e somamos. Dividimos o resultado pelo número de elementos (6). Finalmente extraímos a raiz quadrada do resultado.

$$\sqrt{\frac{10^2+7^2+2^2+2^2+4^2+13^2}{6}}=\sqrt{\frac{342}{6}}=\sqrt{57}$$

Resposta: (D) $\sqrt{57}$

685) UFPI – Esse problema tem algo diferente em relação aos anteriores. Por exemplo, vimos um problema com notas 5, 6, 7,5 e 10. No presente caso, não temos os salários com valores fixos, mas sim, divididos em faixas. Por exemplo, 16 pessoas recebem salários entre 465 e 665.

Número da classe	Salário do mês (em reais)	Número de empregados
1	465 |— 665	16
2	665 |— 865	8
3	865 |— 1065	4
4	1065 |— 1265	2

Nesses casos, não temos informações sobre os valores individuais dos salários. O que se faz no caso é "estipular" um valor igual à média dos extremos da faixa. Ficamos portanto com:
Faixa 1: 565
Faixa 2: 765
Faixa 3: 965
Faixa 4: 1165

A média salarial é calculada como a média ponderada desses valores:

$$Média=\frac{565\times16+765\times8+965\times4+1165\times2}{16+8+4+2}=711{,}67$$

A mediana é a nota central. No caso de representação por faixas de valores, esse cálculo é um pouco mais difícil, pois não conhecemos as notas individuais, mas sim, faixas.
Como são 30 pessoas, a mediana está entre a 15ª e a 16ª nota. Ou seja, são as duas últimas notas da faixa 1, que tem 16 elementos. Isso significa que tal mediana é um valor próximo do final dessa faixa, que é 665.
Comparando as opções (B) e (D), vemos que ambas apresentam média igual a 711,67, a diferença está na mediana apresentada. A resposta (D) tem uma mediana bem próxima de 665, que é o final da faixa, a opção (B) tem resultado para a mediana mais perto do meio da faixa. Sendo assim, é óbvio que a resposta correta é (D).
Era isso o que a banca examinadora queria que o aluno fizesse: encontrar a resposta fazendo poucos cálculos.

Resposta: (D) R$ 711,67 e R$ 660,00

686) IFS – Outra questão que mostra os valores, no caso, as idades, divididas por faixas. Para calcular a média, usamos como valores das idades, as médias dos extremos de cada classe. No caso, as médias das classes são 22, 34, 46 e 58. Os pesos são as frequências na coluna da direita. Vai ser preciso fazer algumas contas. A média é:

Idades da população economicamente ativa	
Classe (idade)	**Frequência (população)**
[16, 28[	204
[28, 40[	282
[40, 52[	213
[52, 64]	101

$$\frac{22\times204+34\times282+46\times213+58\times101}{204+282+213+101}=37{,}165$$

Resposta: (C) 37,165

687) IFSC – Colocando os valores em ordem crescente, temos 25, 26, 27, 30 e 32. A mediana é o valor central, 27.

A média é: $\frac{25+26+27+30+32}{5}=28$

A variância é dada por:

$\sigma^2=\frac{\sum_{i=1}^{n}(x_i-\mu)^2}{n}$, ou seja, o quadrado do desvio padrão.

$$\sigma^2=\frac{3^2+2^2+1^2+2^2+4^2}{5}=\frac{34}{5}=6{,}8$$

$\sigma=\sqrt{6{,}8}\approx2{,}6$ (lembrando que $26^2 = 676$)

Então a média, a variância e o desvio padrão são 28, 6,8 e 2,6

A rigor não seria preciso extrair essa raiz quadrada, pois a opção (B) é a única que começa com 28 – 6,8.

Resposta: (B) 28–6,8–2,61

688) UF Pelotas – Primeiro temos que calcular a média:

São 10 candidatos, sendo que 7 tiraram 6,0, 2 tiraram 7,0 e 1 tirou 9,0.

Número de Candidatos	Nota Final
7	6,0
2	7,0
1	9,0

$$\mu=\frac{7\times6{,}0+2\times7{,}0+9{,}0}{10}=\frac{65}{10}=6{,}5$$

A variância é dada por: (lembrete: a variância é o quadrado do desvio padrão)

$$\sigma^2=\frac{\sum_{i=1}^{n}(x_i-\mu)^2}{n}=\frac{7\times0{,}5^2+2\times0{,}5^2+2{,}5^2}{10}=0{,}85$$

Resposta: (E) 0,85

689) UFAM – Uma variância muito fácil de calcular. Primeiro encontremos a média:

N1	N2	N3	N4
8,5	9,5	6,0	8,0

$$\mu=\frac{8{,}5+9{,}5+6{,}0+8{,}0}{4}=8{,}0.$$

Agora podemos calcular a variância:

$$\sigma^2=\frac{\sum_{i=1}^{n}(x_i-\mu)^2}{n}=\frac{0{,}5^2+1{,}5^2+2^2+0^2}{4}=1{,}625.$$

O valor mais próximo das respostas é 1,63.

Resposta: (C) 1,63

690) ENEM – Quando todos os valores dobram, a variância é multiplicada por 4, e o desvio padrão também dobra. Ou seja, o desvio padrão é proporcionai aos valores dos dados, e a variância é proporcional ao quadrado desses valores. Isso é fácil de notar. Se multiplicamos todos os valores por k, cada novo valor, trocará de x_i para $k.x_i$. A média ficará também k vezes

maior, as diferenças entre os valores e as médias também ficarão k vezes maiores, e a variância ficará k^2 vezes maior. Finalmente o desvio padrão, que é a raiz quadrada da variância, ficará k vezes maior. Vamos usar isso para resolver o problema sem fazer cálculos cansativos.

O talhão é uma área de plantio, que no problema foi considerada como 30.000 m^2. Isso é o mesmo que 3 hectares.

O desvio padrão de 90kg por talhão é equivalente a 30kg por hectare (dividimos os valores por 3, o desvio padrão ficará dividido por 3).

30 kg é o mesmo que 0,5 saca. Sendo assim, o desvio padrão, em sacas por hectare, é 0,5.

O problema pergunta a variância, que é o quadrado do desvio padrão. Portanto o valor é $(0{,}5)^2 = 0{,}25$

Resposta: (E) 0,25

Resoluções do teste 70

691) PUC SP – Temos dois pontos conhecidos do gráfico:

35km/h, 5%

50km/h, 50%

Como se trata de uma função do 1º grau (linha reta), as variações iguais de x resultam em variações iguais em y.

Das duas informações dadas acima, temos que 15 km/h de variação de velocidade correspondem a 45% de variação na probabilidade de lesão fata.

Isso é o mesmo que dizer que 5 km/h correspondem a 15% .

O carro a 55km/h tem probabilidade de lesão fatal de 50% + 15% = 65%

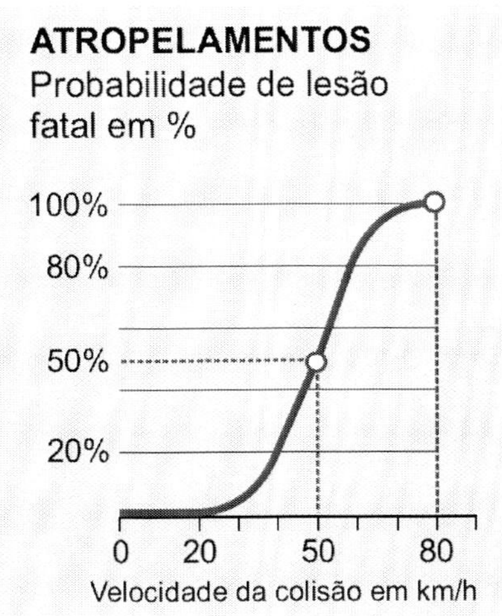

Fonte: Prefeitura de São Paulo e CET. (Adaptado)

Para reduzir à metade, essa probabilidade terá que ser reduzida para 32,5%.

Podemos encontrar a variação de velocidade através de uma regra de 3, pois essas variações são proporcionais.

15% de redução na probabilidade = 5 km/h de redução

32,5% de redução na probabilidade = x

$$x = \frac{32{,}5 \times 5}{15} \approx 10{,}8 km/h$$

Em relação aos 55km/h originais, essa redução corresponde a:

$\frac{10{,}8 km/h}{55 km/h} \approx 20\%$. Portanto a velocidade deve ser reduzida em 20%.

Resposta: A) 20%

692) PUC PR – Para que a soma de 3 elementos seja par, só temos duas opções:

Par + Par + Par

Ímpar + Ímpar + Par

Note que o conjunto não apresenta o número 7. São 5 números pares e 4 números ímpares.

Número de conjuntos com 3 números pares: $C_5^3 = 10$

Número de conjuntos com 2 ímpares e 1 par: $C_4^2 \times C_5^1 = 6 \times 5 = 30$

Ao todo são 10 + 30 = 40 subconjuntos.

Resposta: (D) 40

693) FATEC – Usemos os símbolos A, 5 e % para representar as letras, os algarismos e os caracteres não alfanuméricos. O formado que João vai usar é:
AAA%5555, podendo ter % no início ou no final, ou seja:
%AAA%5555 ou AAA%5555%
Escolhas para %: !, %, & e > = 4 escolhas
Escolhas para algarismos: 0 a 9: 10 escolhas
Escolhas para letras: a, i, p, g, k, v, A, I, P, G, K, V = 12 escolhas
Lembrando que os caracteres não se repetem.
Escolhas para %: 4 × 3 = 12
Escolhas para letras: 12 × 11 × 10
Escolhas para algarismos: 10 × 9 × 8 × 7
Escolha das posições para %: 2

Portanto o número total de senhas é 4 × 3 × 12 × 11 × 10 × 10 × 9 × 8 × 7 × 2
Isso é o mesmo que $12^2 \times 11 \times 10^2 \times 9 \times 8 \times 7 \times 2$, a letra (B).

Resposta: (B) $12^2 . 11 . 10^2 . 9 . 8 . 7 . 2$

694) UEMG – Mantendo fixos um goleiro e um atacante, resta escolher os outros 9 jogadores:
4 defensores de 8 = $C_8^4 = \dfrac{8\times7\times6\times5}{1\times2\times3\times4} = 70$
3 meios-campistas de 6 = $C_6^3 = \dfrac{6\times5\times4}{1\times2\times3} = 20$
Mais 2 atacantes de 5 = $C_5^2 = \dfrac{5\times4}{1\times2} = 10$
Total: 70 × 20 × 10 = 14000

Resposta: (A) 14.000

695) UDESC – Com 5 pinos, cada um deles podendo assumir 6 posições diferentes, o número total de trancas é
$6 \times 6 \times 6 \times 6 \times 6 = 6^5 = 7.776$

Resposta: (B) 7776

696) UFRGS – Não importa quantas senhas podem ser formadas, elas podem ser divididas em dois tipos:
1) Senhas com 9 antes do 2
2) Senhas com 2 antes do 9

A cada senha de um tipo, corresponderá exatamente uma outra senha, do outro tipo. Portanto as senhas com 9 antes do 2 são a metade do total. Sendo assim, a probabilidade de uma senha ter essa característica é 50%.

Resposta: (E) 0,5

697) USP – O número de formas de sortear duas azuis: $C_6^2 = \dfrac{6\times5}{1\times2} = 15$

Número total de sortear duas bolas, de um total de 6 + x (6 azuis e x vermelhas):
$C_{6+x}^2 = 45$. Este número tem que ser 45 para que a probabilidade das duas sorteadas serem azuis, ser 1/3.
$$C_{6+x}^2 = \frac{(6+x)(5+x)}{2} = 45$$

$(6+x)(5+x) = 45 \times 2 = 90$

6+x e 5+x são dois números consecutivos cujo produto é 90. Só podem ser 9 e 10.

5 + x = 9 e 6 + x = 10 ➔ x = 4 ou x = –15 (não serve)

Logo, o número de bolas vermelhas a serem colocadas na caixa é 4.

Resposta: (B) 4

698) UNICAMP A única equivalência entre essas notas é que 2 notas de 50 valem 5 notas de 20. Sendo assim, 400 reais podem ser compostos das seguintes formas:

8 notas de 50	= 8 notas
6 notas de 50 e 5 de 20	= 11 notas
4 notas de 50 e 10 de 20	= 14 notas
2 notas de 50 e 15 de 20	= 17 notas
20 notas de 20	= 20 notas

Os 400 reais só podem ser compostos dessas 5 maneiras. Apenas duas delas resultam em um número ímpar de notas. Portanto a probabilidade de ter um número ímpar de notas é 2/5.

Resposta: (B) 2/5

699) ENEM – De acordo com a estratégia estabelecida, os pares de filmes alugados serão

AC AC AC AC AC AD AD AD

As escolhas para os filmes de ação usados nessas 8 duplas são 8!

As escolhas para os filmes de comédia nas 5 primeiras duplas são 5!

As escolhas para os filmes de drama nas 3 últimas duplas são 3!

O número total de sequências a serem formadas é 8! × 5! × 3!

Resposta: (B) $(8!)\times(5!)\times(3!)$

700) ENEM – Note que uma joia pode se transformar em outra mediante uma rotação. Com são poucas cores e poucas posições, é fácil resolver o problema por enumeração, ou seja, contar as posições possíveis. Pensemos nas diferentes formas de posicionar joias nos ângulos mais agudos do losango, ou seja, nos vértices superior e inferior. Chamando as cores de 1, 2 e 3, temos as seguintes possibilidades:

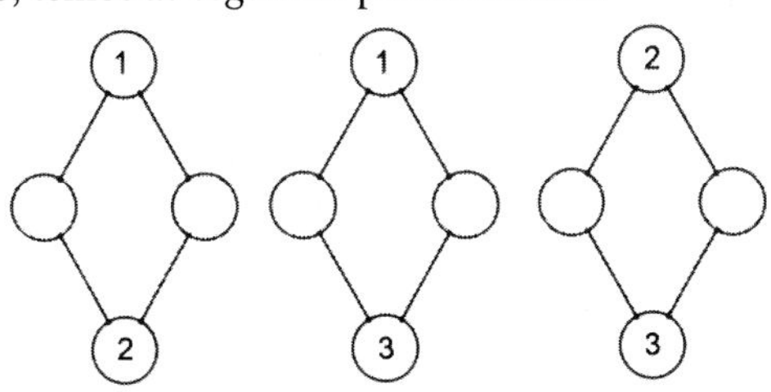

As três formações ao lado são aquelas que apresentam cores diferentes nos vértices superior e inferior. Existem figuras que não são novas, mas repetições dessas, mediante rotação.

A primeira deve ter obrigatoriamente a cor 3 nos vértices centrais. A segunda deve ter a cor 2, e a terceira deve ter a cor 1. Essas são todas as joias que podem ser formadas com cores diferentes nos vértices superior e inferior.

Existem agora as joias que têm cores iguais nos vértices superior e inferior. As combinações são 11, 22 e 33. Joias diferentes podem ser formadas quando escolhemos as cores das pedras dos vértices do meio. Por exemplo, com 11, podemos preencher os laterais com 22, 33 ou 23. A joia com 32 é idêntica à que usa 23, e pode ser obtida com uma simples rotação, portanto não é uma nova joia, é uma repetição.

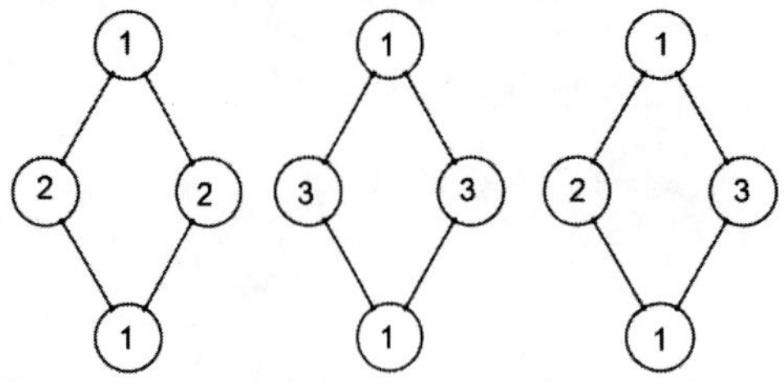

Portanto com os extremos superior e inferior com a cor 1, podemos formar esses três tipos de joias.
Analogamente, com a cor 2 nos extremos superior e inferior formamos mais 3 tipos, e com a cor 3 formamos mais três tipos.

O número total de joias que podem ser formadas é 3 + 3 + 3 + 3 = 12.

Resposta: **(B)** 12

■

Capítulo 8

Matrizes, Determinantes e Sistemas lineares

Teste 71

701) UERJ – Observe a matriz A, quadrada e de ordem três.

$$A = \begin{pmatrix} 0{,}3 & 0{,}47 & 0{,}6 \\ 0{,}47 & 0{,}6 & x \\ 0{,}6 & x & 0{,}77 \end{pmatrix}$$

Considere que cada elemento a_{ij} dessa matriz é o valor do logaritmo decimal de (i+j). O valor de x é igual a:

(A) 0,50 (B) 0,70 (C) 0,77 (D) 0,87

702) FATEC – Sejam a matriz $A = \begin{pmatrix} 3 & -1 \\ x & y \end{pmatrix}$, em que x e y são números reais, e I_2 a matriz identidade de ordem 2. Se $\mathbf{A^2 = I_2}$, então o valor do módulo de xy é

(A) 0 (B) 8 (C) 10 (D) 16 (E) 24

703) USP – Uma matriz real A é ortogonal se $A.A^t = I$, onde I indica a matriz identidade e A^t indica a transposta de A. Se $A = \begin{pmatrix} 1/2 & x \\ y & z \end{pmatrix}$ é ortogonal, então $x^2 + y^2$ é igual a:

(A) $\frac{1}{4}$ (B) $\frac{\sqrt{3}}{4}$ (C) $\frac{1}{2}$ (D) $\frac{\sqrt{3}}{2}$ (E) $\frac{3}{2}$

704) UFAM – Para qual valor positivo de x, a matriz real

$$A = \begin{pmatrix} e^{x^3+2x} & x^2+1 \\ 5 & \log_4\left(x^2+6\right) \end{pmatrix}$$ é simétrica?

(A) –5 (B) 9 (C) 1 (D) 4 (E) 2

705) UFLA – A matriz P obtida pelo produto da matriz $\begin{pmatrix} -3 & -2 \\ 2 & 1 \end{pmatrix}$ pela matriz $\begin{pmatrix} 1 & -1 \\ 0 & -1 \end{pmatrix}$ é:

(A) $P = \begin{pmatrix} -3 & 5 \\ 2 & -3 \end{pmatrix}$ (B) $P = \begin{pmatrix} -5 & -3 \\ -2 & -1 \end{pmatrix}$ (C) $P = \begin{pmatrix} -3 & 2 \\ 0 & -1 \end{pmatrix}$ (D) $P = \begin{pmatrix} -3 & -2 \\ 2 & -1 \end{pmatrix}$

706) UNICAMP – Sejam a e b números reais tais que a matriz $A = \begin{pmatrix} 1 & 2 \\ 0 & 1 \end{pmatrix}$ satisfaz a equação $\mathbf{A^2 = aA + bI}$, em que I é a matriz identidade de ordem 2. Logo, o produto ab é igual a:

(A) –2 (B) –1 (C) 1 (D) 2

707) UFCE – O valor de $\mathbf{2A^2 + 4B^2}$ quando $A = \begin{pmatrix} 2 & 0 \\ 0 & -2 \end{pmatrix}$ e $B = \begin{pmatrix} 0 & -1 \\ 1 & 0 \end{pmatrix}$ é igual a:

(A) $\begin{pmatrix} 4 & 4 \\ 4 & 4 \end{pmatrix}$ (B) $\begin{pmatrix} 4 & 0 \\ 0 & 4 \end{pmatrix}$ (C) $\begin{pmatrix} 0 & 0 \\ 0 & 0 \end{pmatrix}$ (D) $\begin{pmatrix} 0 & 4 \\ 4 & 0 \end{pmatrix}$ (E) $\begin{pmatrix} 6 & 0 \\ 0 & 6 \end{pmatrix}$

708) UNESP – Dada a matriz $A = \begin{pmatrix} -2 & 3 \\ -1 & 2 \end{pmatrix}$ e definindo-se $A^0 = I$, $A^1 = A$, $A^K = A.A.A.A....A$, com K fatores, onde I e uma matriz identidade de ordem 2, $k \in \mathbb{N}$ e $k \geq 2$, a matriz A^{15} será dada por:

(A) I (B) A (C) A^2 (D) A^3 (E) A^4

709) UFPI – O traço de uma matriz quadrada é a soma dos elementos de sua diagonal principal. Considerando-se as matrizes $M = \begin{pmatrix} x & z \\ -3z & y \end{pmatrix}$ e $N = \begin{pmatrix} 1 & -1 \\ 3 & 2 \end{pmatrix}$ e sabendo-se que $M.N = I_2$, em que I_2 é a matriz identidade de ordem 2, então o traço da matriz M é

(A) 1/5 (B) 2/5 (C) 1/4 (D) 3/5 (E) 1/3

710) ENEM – Um aluno registrou as notas bimestrais de algumas de suas disciplinas numa tabela. Ele observou que as entradas numéricas da tabela formavam uma matriz 4X4, e que poderia calcular as médias anuais dessas disciplinas usando produto de matrizes. Todas as provas possuíam o mesmo peso, e a tabela que ele conseguiu é mostrada a seguir.

	1° bimestre	2° bimestre	3° bimestre	4° bimestre
Matemática	5,9	6,2	4,5	5,5
Português	6,6	7,1	6,5	8,4
Geografia	8,6	6,8	7,8	9,0
História	6,2	5,6	5,9	7,7

Para obter essas médias, ele multiplicou a matriz obtida a partir da tabela por:

(A) $\begin{bmatrix} 1/2 & 1/2 & 1/2 & 1/2 \end{bmatrix}$ (B) $\begin{bmatrix} 1/4 & 1/4 & 1/4 & 1/4 \end{bmatrix}$

(C) $\begin{bmatrix} 1 \\ 1 \\ 1 \\ 1 \end{bmatrix}$ (D) $\begin{bmatrix} 1/2 \\ 1/2 \\ 1/2 \\ 1/2 \end{bmatrix}$ (E) $\begin{bmatrix} 1/4 \\ 1/4 \\ 1/4 \\ 1/4 \end{bmatrix}$

Teste 72

711) UERJ - Considere a matriz $A_{n\times 9}$ de nove colunas com números inteiros consecutivos, escrita a seguir.
Se o número 18109 é um elemento da última linha, linha de ordem **n**, o número de linhas dessa matriz é

$$A_{nx9} = \begin{bmatrix} 1 & 2 & 3 & 4 & 5 & 6 & 7 & 8 & 9 \\ 10 & 11 & 12 & 13 & 14 & 15 & 16 & 17 & 18 \\ 19 & 20 & 21 & 22 & 23 & 24 & 25 & 26 & 27 \\ 28 & 29 & 30 & 31 & 32 & 33 & 34 & 35 & 36 \\ \dots & \dots & \dots & \dots & \dots & \dots & \dots & \dots & \dots \end{bmatrix}$$

(A) 2011 (B) 2012 (C) 2013 (D) 2014

712) Mackenzie – Se

$$A = \begin{pmatrix} 1 & 1 & 0 \\ 0 & 1 & 0 \\ 0 & 0 & 1 \end{pmatrix},\ B = \begin{pmatrix} 1 & 0 & 0 \\ 0 & 1 & 0 \\ 0 & 0 & 1 \end{pmatrix},\ C = \begin{pmatrix} 0 & 0 & 0 \\ 0 & 0 & 0 \\ 0 & 0 & 0 \end{pmatrix}$$ e os números inteiros x e y são tais que

A² + x.A + y.B = C, então:

(A) x=0 (B) x=1 (C) x=–2 (D) x=–1 (E) x=2

713) UDESC – Os elementos da matriz $A = \begin{pmatrix} 559 & 1953 \\ 276 & 559 \end{pmatrix}$ respeitam a seguinte lei de formação para os seus elementos:

$$a_{ij} = \begin{cases} m.i.j + n^2, \text{ se } i < j \\ \dfrac{mn}{4}, \text{ se } i = j \\ n.i^2 + 2.m.j, \text{ se } i > j \end{cases}$$

Com base nas informações, o valor de m+n com m e n naturais, é igual a:

(A) 95 (B) 177 (C) 272 (D) 112 (E) 86

714) UFPR – Jonas recebeu de presente um ingresso para um show que ocorrerá em um salão do prédio onde mora. As cadeias desse salão são numeradas de 1 a 25, conforme a figura ao lado. A cadeira de Jonas está localizada exatamente no centro da plateia. Tome a disposição das cadeiras da plateia como sendo uma matriz A do tipo mxn, cujas cadeiras são os elementos aij dessa matriz, que é representada por A = (a_{ij}) mxn. Nesse caso, qual elemento dessa matriz A é a cadeira de Jonas?

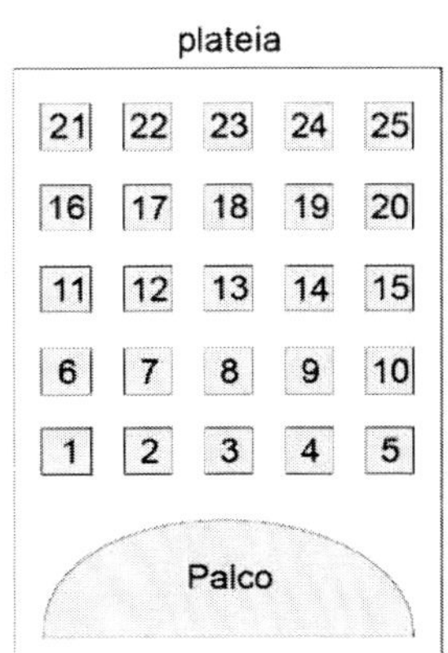

(A) a_{13} (B) a_{21} (C) a_{23} (D) a_{32} (E) a_{33}

715) UFLA – Considerando o produto de matrizes

$$\begin{pmatrix} a & a \\ b & 0 \end{pmatrix} \cdot \begin{pmatrix} 5 & -5 \\ a & -b \end{pmatrix} = \begin{pmatrix} -4 & 3 \\ -10 & 10 \end{pmatrix}$$

O valor de a + b é:

(A) –3 (B) 3 (C) 2 (D) –2

716) UFRN – Considere a seguinte operação entre matrizes: $\begin{pmatrix} 6 & 2 \\ 4 & 3 \end{pmatrix} . K = \begin{pmatrix} -6 \\ 1 \end{pmatrix}$

A soma de todos os elementos da matriz K é:

(A) 1 (B) 3 (C) 4 (D) 7

717) UNICAMP – Em uma matriz, chamam-se elementos internos aqueles que não pertencem à primeira nem à última linha ou coluna. O número de elementos internos em uma matriz de 5 linhas e 6 colunas é igual a:

(A) 12 (B) 15 (C) 16 (D) 20

718) IFCE – Dizemos que uma matriz quadrada **A** é *nilpotente*, se existe um inteiro positivo n, tal que $\mathbf{A^n} = 0$, onde **0** é a matriz nula e $\mathbf{A^n} = \mathbf{A \times A \ldots \times A}$ (n vezes). Se **n** é o menor inteiro positivo, tal que $\mathbf{A^n} = 0$, dizemos que **A** é nilpotente de índice **n**. Se **A** é nilpotente de índice 2 e **I** denota a matriz identidade, então $\mathbf{A(I+A)^5}$ vale:

(A) 0 (B) A (C) I (D) 5A (E) –A

719) UNICAMP – Sendo **a** um número real, considere a matriz $A = \begin{pmatrix} 1 & a \\ 0 & -1 \end{pmatrix}$.

Então, A^{2017} é igual a

(A) $\begin{pmatrix} 1 & 0 \\ 0 & 1 \end{pmatrix}$ (B) $\begin{pmatrix} 1 & a \\ 0 & -1 \end{pmatrix}$ (C) $\begin{pmatrix} 1 & 1 \\ 1 & 1 \end{pmatrix}$ (D) $\begin{pmatrix} 1 & a^{2017} \\ 0 & -1 \end{pmatrix}$ (E)

720) UERJ, IFMT – Três modelos de aparelhos de ar-condicionado, I, II e III, de diferentes potências, são produzidos por um determinado fabricante. Uma consulta sobre intenção de troca de modelo foi realizada com 1000 usuários desses produtos. Observe a matriz A, na qual cada elemento a_{ij} representa o número daqueles que pretendem trocar do modelo **i** para o modelo **j**.

$$A = \begin{pmatrix} 50 & 150 & 200 \\ 0 & 100 & 300 \\ 0 & 0 & 200 \end{pmatrix}$$

Escolhendo-se aleatoriamente um dos usuários consultados, a probabilidade de que ele não pretenda trocar seu modelo de ar condicionado é igual a:

(A) 20% (B) 35% (C) 40% (D) 65% (E) 75%

Teste 73

721) UFAM – Considere a matriz quadrada $A = (a_{ij})$, de ordem 3, onde

$$a_{ij} = \begin{cases} i - 2j, \text{ se } i > j \\ 2i - j, \text{ se } i = j \\ j - i, \text{ se } i < j \end{cases}$$

O valor do determinante de A é:

(A) 2 (B) 3 (C) 4 (D) 5 (E) 6

722) UF Viçosa – Calcule o valor do determinante:

$$\begin{vmatrix} 2 & 0 & 1 \\ 1 & 1 & 0 \\ 2 & 1 & 3 \end{vmatrix}$$

(A) 5 (B) 6 (C) 7 (D) 8

723) IFMT - Dada a matriz $A = \begin{pmatrix} 3 & 4 \\ 1 & 2 \end{pmatrix}$, o determinante de A^5 é igual a:

(A) 20 (B) 27 (C) 32 (D) 512 (E) 1080

724) UFPE - Sendo $A = \begin{pmatrix} -1 & 1 \\ 0 & -1 \end{pmatrix}$, o determinante da matriz $(A^3 - A^2)$ é igual a:

(A) –4 (B) –1 (C) 0 (D) 1 (E) 4

725) UFPI - Calcule o determinante da matriz

$$A = \begin{pmatrix} 0 & 1 & -99 & 9 & 13 \\ -1 & 0 & 7 & -6 & 899 \\ 99 & -7 & 0 & 1 & -16 \\ -9 & 6 & -1 & 0 & -2 \\ -13 & -899 & 16 & 2 & 0 \end{pmatrix}$$

(A) –321 (B) –26 (C) 0 (D) –15 (E) 120

726) Mackenzie - Considerando m e n raízes da equação, onde x>0:

$$\begin{vmatrix} 2^x & 8^x & 0 \\ \log_2 x & \log_2 x^2 & 0 \\ 1 & 2 & 3 \end{vmatrix} = 0$$

então m + n é igual a:

(A) 2/3 (B) 3/4 (C) 3/2 (D) 4/3 (E) 4/5

727) UFAL - Ao digitar uma lista de exercícios a partir de um manuscrito, Denise digitou, sem dificuldades, os valores dos elementos de uma matriz $a_{11} = 5$, $a_{21} = 2$ e $a_{22} = 3$. Tendo ficado em dúvida quanto ao valor do outro elemento, perguntou ao professor, via telefone, e recebeu a seguinte resposta: não me lembro do valor deste quarto elemento, mas sei que o determinante da matriz é igual a 7. Habilidosa em Matemática, Denise percebeu que o valor do elemento a_{12} era

(A) 11 (B) 7 (C) 4 (D) –4 (E) –11

728) IFMT - Seja uma matriz quadrada 3 por 3. Se multiplicarmos os elementos da primeira linha da matriz por 2 e dividirmos os elementos da terceira linha da matriz por –3, o determinante da matriz fica multiplicado por:

(A) –8/27 (B) –2/3 (C) –1 (D) 8/27 (E) 2/3

729) IFSP - Considere a matriz A, tal que,

$$A=\begin{pmatrix}1 & x & x^2\\ 1 & 2 & 4\\ 1 & -3 & 9\end{pmatrix}$$

Os valores de x que tornam o determinante de A nulo são:

(A) 1 ou 2 (B) 2 ou –3 (C) 2 ou –1 (D) –3 ou –4 (E) –3 ou 4

730) UFCG – Dois alunos estavam trabalhando com a sequência 2^{-5}, 2^{-4}, 2^{-3}, ... , 2^{18}, 2^{19}, quando um outro aluno aproveitou a oportunidade e construiu uma matriz $A_{n\times n}$ com esses números, sem repetir qualquer um deles. Depois disso, lançou um desafio aos amigos, perguntando da relação entre det(2A) e det(A). Qual a resposta a esse desafio?

(A) det(2A) = det(A) (B) det(2A) = 3.det(A) (C) det(2A) = 16.det(A)
(D) det(2A) = 32.det(A) (E) det(2A) = 81.det(A)

Teste 74

731) Mackenzie – Dada a matriz quadrada M abaixo, calcule o determinante de M^{10}.

$$M=\begin{pmatrix}\cos 17° & 0 & sen 17°\\ 1 & 1 & 1\\ sen 28° & 0 & \cos 28°\end{pmatrix}$$

(A) 1/16 (B) 1/32 (C) 1/64 (D) 1/128 (E) 1/256

732) UF Pelotas – Dada a equação

$$\begin{vmatrix}\cos(x) & 1 & sen(x)\\ 1 & sen(x) & 1\\ 1 & \cos(x) & 1\end{vmatrix}=-2$$

Se $0 \leq x < \pi$, é correto afirmar que sec(x) é igual a

(A) 2 (B) $-\sqrt{2}$ (C) $-\frac{2\sqrt{3}}{3}$ (D) -1 (E) $-\frac{\sqrt{2}}{2}$ (F) N.R.A.

733) UFAL – Calcule o determinante da matriz

$$\begin{pmatrix}sen(x) & -sen(x) & 2\\ 0 & \cos(x) & \cos(x)\\ 0 & 0 & 2\end{pmatrix}$$

(A) sen (2x) (B) 2 (C) 3 (D) cos (x) (E) sen (x)

734) UERJ – Observe a matriz:

$$\begin{pmatrix}3+t & -4\\ 3 & t-4\end{pmatrix}$$

Para que o determinante dessa matriz seja nulo, o maior valor real de **t** deve ser igual a:

(A) 1 (B) 2 (C) 3 (D) 4

735) UFPI – Assinale a alternativa que corresponde ao valor de x para que o determinante da matriz M abaixo seja nulo.

$$M = \begin{pmatrix} 1 & \cos(x) & 1/2 \\ \cos(x) & 1 & 0 \\ 1 & 0 & sen(x) \end{pmatrix}$$

(A) $arcsen\left(\frac{\sqrt[3]{2}}{4}\right)$ (B) $arcsen\left(\frac{\sqrt[3]{4}}{2}\right)$ (C) 0 (D) $-arcsen\left(\frac{\sqrt[3]{6}}{2}\right)$ (E) $-\pi$

736) IFMT – O determinante de uma matriz 3x3 é igual a y. Se multiplicarmos os três elementos da 1ª linha por 1/2 e os três elementos da 2ª coluna por –1/2 e todos os elementos da matriz por 2, o novo determinante, após as operações efetuadas, será igual a:

(A) $-y/2$ (B) $-y^2/2$ (C) $y^2/2$ (D) $2y^2$ (E) $-2y$

737) IFSP – Determine o conjunto solução de:

$$\begin{vmatrix} 1 & 1 \\ x & 1 \end{vmatrix} = \frac{\begin{vmatrix} 1 & x \\ 1 & 1 \end{vmatrix}}{\begin{vmatrix} 1 & 1 \\ x & 1 \end{vmatrix}}$$

(A) {1} (B) {–1} (C) {0, 1} (D) {0} (E) {0, –1}

738) UNIFEI – Sendo a > 0 e a ≠ 1, encontre o valor de x que verifica a equação:

$$\begin{vmatrix} a^x & a^x & 1 \\ a^x & a^{-x} & 0 \\ 0 & a^{-x} & 1 \end{vmatrix} = 2 - a^8$$

(A) 1 (B) 2 (C) -2 (D) 4 (E) 0

739) UFAM – Dadas as matrizes:

$$A = \begin{pmatrix} 1 & 0 & 1 \\ 1 & 1 & 1 \\ 1 & 0 & 1 \end{pmatrix} \text{ e } I = \begin{pmatrix} 1 & 0 & 0 \\ 0 & 1 & 0 \\ 0 & 0 & 1 \end{pmatrix}$$

o quociente da divisão do polinômio **p(x) = det(A – Ix)** pelo polinômio q(x) = x – 2 é

(A) $-x^2 + x$ (B) $x^2 - x$ (C) $2x^2 - x$ (D) $2x^2 - 1$ (E) $x^2 - 2x$

740) UDESC – Considerando as matrizes

$$A = \begin{pmatrix} 3 & 1 & -1 \\ 0 & -1 & 2 \\ 4 & 1 & 0 \end{pmatrix} \qquad B = \begin{pmatrix} 2.\cos(2x) & \cos^2(x) - sen^2(x) \\ -3 & sen\left(2x + \frac{\pi}{2}\right) \end{pmatrix}$$

e a função f definida por f(x) = det(A) + det(B), então a soma de todas as raízes de f que pertencem ao intervalo]0, π[é

(A) 2π (B) 3π (C) 3π/2 (D) π (E) π/2

Teste 75

741) UDESC – Dada a matriz $A=\begin{pmatrix}1 & 2\\ 1 & -1\end{pmatrix}$, seja a matriz B tal que $A^{-1}.B.A=D$, onde $D=\begin{pmatrix}2 & 1\\ -1 & 2\end{pmatrix}$, então o determinante de B é igual a:

(A) 3 (B) –5 (C) 2 (D) 5 (E) –3

742) UFMT – Seja A uma matriz quadrada, de ordem n, que satisfaz a equação matricial $A^3 = 3A$. Sabendo-se que o determinante de A é um número inteiro positivo, o valor de n, necessariamente, é:

(A) múltiplo de 3 (B) ímpar (C) par (D) primo (E) múltiplo de 5

743) UFLA – Obtenha o valor de x para que o produto das matrizes P, Q e R seja igual à matriz S, em que:

$$P=\begin{pmatrix}3 & x & -2\end{pmatrix},\quad Q=\begin{pmatrix}1 & 0\\ 1 & 8\\ 2 & -6\end{pmatrix},\quad R=\begin{pmatrix}1\\ -1\end{pmatrix}\quad \text{e } S=\begin{pmatrix}1\end{pmatrix}$$

(A) x=–2 (B) x=0 (C) x=3 (D) x=4

744) UFLA – Em relação à solução da equação matricial:

$$\begin{bmatrix}2 & 3\\ 3 & x\end{bmatrix}\begin{bmatrix}5 & -3\\ -3 & y\end{bmatrix}=\begin{bmatrix}1 & 0\\ 0 & 1\end{bmatrix}$$

é correto afirmar:

(A) x=y (B) x+y=0 (C) xy=10 (D) x=–3

745)UFPE – Para cada número real α, defina a matriz

$$M(\alpha)=\begin{pmatrix}\cos(\alpha) & -sen(\alpha) & 0\\ sen(\alpha) & \cos(\alpha) & 0\\ 0 & 0 & 1\end{pmatrix}$$

Analise as afirmações sobre M(α) e classifique-as em verdadeiras (V) ou falsas (F).

( ) M(0) é a matriz identidade 3x3
( ) $[M(\alpha)]^2 = M(2\alpha)$
( ) M(α) tem determinante 1
( ) M(α) é invertível, e sua inversa é M(–α)
( ) Se $M(\alpha)^t$ é a transposta de M(α), então $M(\alpha).M(\alpha)^t = M(0)$

746) UFMS – O determinante de uma matriz M é 2 e a sua matriz inversa é

$$M^{-1}=\begin{pmatrix}p & 1/2\\ -2 & q\end{pmatrix}$$

O valor de p.q é

(A) 2 (B) 1 (C) –1/2 (D) 1/2 (E) 3

747) UDESC – Sejam A, B, X e Y matrizes quadradas de ordem 2 tais que, $A=\begin{pmatrix}1 & 2\\ 3 & -2\end{pmatrix}$ e $B=\begin{pmatrix}0 & 2\\ -1 & 4\end{pmatrix}$. A soma dos determinantes das matrizes X e Y sabendo que $2X - 2Y = A.B$ e $-X + 2Y = A^T$ é igual a:

(A) –4 (B) –72 (C) –144 (D) –24 (E) –102

748) USP – Se A é uma matriz 2x2 inversível que satisfaz $A^2 = 2A$, então o determinante de A será:

(A) 0 (B) 1 (C) 2 (D) 3 (E) 4

749) UDESC – Se A^T e A^{-1} representam, respectivamente, a transposta e a inversa da matriz $A=\begin{pmatrix}2 & 3\\ 4 & 8\end{pmatrix}$, então o determinante da matriz $B = A^T - 2A^{-1}$ é igual a:

(A) –111/2 (B) –83/2 (C) –166/2 (D) 97/2 (E) 62

750) UFLA – Considere a matriz $A=\begin{pmatrix}x & 1\\ -3 & 1/\pi\end{pmatrix}$. Qual é o valor que x deve assumir para que o determinante de $(A^{-1})^T$ seja igual a –3, sabendo que A^T é a matriz transposta de A e A^{-1} é a matriz inversa de A?

(A) $\frac{5}{3}\pi$ (B) $\frac{8}{7}\pi+1$ (C) $-\frac{10}{3}\pi$ (D) 5

Teste 76

751) UFS – Analise as afirmações seguintes, classificando-as em verdadeiras (V) ou falsas (F).

( ) Se na matriz $\begin{bmatrix}1 & 7 & 13 & \dots\\ 2 & 8 & 14 & \dots\\ 3 & 9 & 15 & \dots\\ 4 & 10 & 16 & \dots\end{bmatrix}$ os elementos de cada linha formam uma progressão aritmética infinita, então o número 447 é o elemento da 3ª linha e 75ª coluna.

( ) Se $A=\begin{pmatrix}1 & 2\\ 3 & 4\end{pmatrix}$ e $B=\begin{pmatrix}2 & 1\\ 1 & 2\end{pmatrix}$, a equação **det(A – xB) = 0**, em que $x\in\mathbb{R}$, admite duas raízes racionais.

( ) Se A^{-1} é a matriz inversa de $A=\begin{pmatrix}-1 & 0\\ 1 & 2\end{pmatrix}$, então $\det(A + A^{-1}) = -13/2$.

( ) Se A^T é a matriz transposta de $A=\begin{pmatrix}2x & 1 & x\\ x & -3 & 1\\ 1 & 0 & 2\end{pmatrix}$, com $x\neq 0$ e $\det(A^T) = 12$, então $x = 1$.

( ) Se $A=\begin{pmatrix}1 & x\\ y & 1\end{pmatrix}$ é tal que $A^2=\begin{pmatrix}-10 & -2\\ 22 & -10\end{pmatrix}$, então x + y = 10.

752) UFSC – Sejam A, B e C matrizes. Classifique as opções abaixo em verdadeiras (V) ou falsas (F).

( ) A.B só é possível quando A e B forem matrizes de mesma ordem.
( ) $(A^T)^T.A^{-1} = I$
( ) det(A + B) = det(A) + det(B)
( ) Se A é uma matriz de ordem n x m, e B é de ordem m x k, então A x B é uma matriz de ordem n x k.
( ) Se A é uma matriz de ordem n, então $\det(kA) = k^n.\det(A)$, $k \in \mathbb{R}$.

753) UFV – Seja M o conjunto de todas as matrizes de ordem 2, que podem ser escritas usando apenas os algarismos 0 e 1. Por exemplo, as matrizes $\begin{pmatrix} 0 & 0 \\ 0 & 0 \end{pmatrix}$ e $\begin{pmatrix} 1 & 1 \\ 0 & 1 \end{pmatrix}$ são elementos de M. Escolhendo-se ao acaso uma matriz desse conjunto, a probabilidade de ela ter determinante igual a zero é uma fração irredutível de denominador 8. O numerador dessa fração é:

(A) 1 (B) 3 (C) 5 (D) 7

754) UNICAMP – Considere a matriz quadrada de ordem 3, $A = \begin{pmatrix} \cos(x) & 0 & -sen(x) \\ 0 & 1 & 0 \\ sen(x) & 0 & \cos(x) \end{pmatrix}$, onde x é um número real. Podemos afirmar que

(A) A não é invertível para nenhum valor de x.
(B) A é invertível para um único valor de x.
(C) A é invertível para exatamente dois valores de x.
(D) A é invertível para exatamente dois valores de x.
(E) A é invertível para todos os valores de x.

755) USP – Considere a matriz $A = \begin{pmatrix} a & 2a+1 \\ a-1 & a+1 \end{pmatrix}$ em que **a** é um número real. Sabendo que A admite inversa A^{-1} cuja primeira coluna é $\begin{pmatrix} 2a-1 \\ -1 \end{pmatrix}$, a soma dos elementos da diagonal de A^{-1} é igual a

(A) 5 (B) 6 (C) 7 (D) 8 (E) 9

756) IFMT – O determinante da matriz abaixo, de acordo com a regra de Sarrus, é igual a:

$$\begin{pmatrix} x+n & y+n & z \\ x & y & z+n \\ x & y & z \end{pmatrix}$$

(A) $n^2(x + y - z)$ (B) $n^2(2 - y + z)$ (C) $x + y + z + n$ (D) $n^2(x - y)$ (E) $nx + ny + nz + n^2$

757) IFRO – Se $\begin{vmatrix} a & b & c \\ 4 & e & f \\ 2 & 8 & 1 \end{vmatrix} = 70$, então $\begin{vmatrix} 4 & 16 & 2 \\ 4 & e & f \\ a & b & c \end{vmatrix}$ vale:

(A) –70 (B) 35 (C) –35 (D) –140 (E) 140

758) UFAM – Sendo $A=\begin{pmatrix} 1 & 0 & 0 & 0 & 0 \\ -5 & 0 & 1 & 3 & 2 \\ 6 & 3 & 0 & 2 & 1 \\ 9 & 1 & 0 & 2 & 0 \\ -1 & -1 & 0 & 1 & 0 \end{pmatrix}$ uma matriz real, então det(A) é:

(A) -3 (B) 3 (C) 10 (D) -10 (E) 24

759) UDESC – Determine os valores de x que satisfazem a inequação:

$$\det\begin{pmatrix} \log_2(x-2) & 2 & \log_{0,5}(x-3) \\ 1 & 1 & 1 \\ 1 & 0 & 1 \end{pmatrix} \le 1$$

(A) $\{x \in \mathbb{R} \mid x > 3\}$
(B) $\{x \in \mathbb{R} \mid 1 \le x \le 4\}$
(C) $\{x \in \mathbb{R} \mid 3 < x \le 4\}$
(D) $\{x \in \mathbb{R} \mid x < 3 \text{ ou } x > 4\}$
(E) $\{x \in \mathbb{R} \mid x < 1 \text{ ou } x > 4\}$

760) UDESC – Dadas as funções reais $f(x) = x^2$ e $g(x) = x - 1$ e as matrizes A e B tais que

$A = (a_{ij})_{2x2}$ em que $a_{ij} = f(i) + g^{-1}(j)$, se $i \le j$, e $a_{ij} = g(j - i)$, se $i > j$, e
$B = (b_{ij})_{2x2}$ em que $b_{ij} = f \circ g(i.j)$, se $i \le j$, e $b_{ij} = g^{-1}(j - 2i)$, se $i > j$.

O determinante da matriz A.B é:

(A) 174 (B) 1042 (C) 58 (D) 134 (E) 28

Teste 77

761) IFRS – O par ordenado (x, y) que é solução da equação matricial

$$\begin{bmatrix} 2 & 1 \\ 3 & 0 \\ x & -1 \end{bmatrix} . \begin{bmatrix} y \\ 2 \end{bmatrix} = \begin{bmatrix} 4 \\ 3 \\ 2 \end{bmatrix}$$

satisfaz também a equação

(A) 2x + y = 6 (B) x – y = 4 (C) x – 2 = 3y (D) 3y + 2 = x (E) 2x – 3y = 5

762) USP – Sejam α e β números reais com $-\pi/2 < \alpha < \pi/2$ e $0 < \beta < \pi$. Se o sistema de equações, dado em notação matricial,

$$\begin{bmatrix} 3 & 6 \\ 6 & 8 \end{bmatrix} \begin{bmatrix} tg(\alpha) \\ \cos(\beta) \end{bmatrix} = \begin{bmatrix} 0 \\ -2\sqrt{3} \end{bmatrix}$$

for satisfeito, então α + β é igual a

(A) – π/3 (B) – π/6 (C) 0 (D) π/6 (E) π/3

763) UDESC – Considere as matrizes

$$A = \begin{bmatrix} x & 2 & 1 \\ 1 & y & -1 \end{bmatrix} \quad B = \begin{bmatrix} 1 & 4 & z \\ -1 & 2 & w \end{bmatrix} \quad C = \begin{bmatrix} 0 & -1 \\ 1 & 3 \end{bmatrix}.$$

Determine os valores de x, y, z e w, para que tenhamos $A.(B^T)=C^{-1}$

764) UF Uberlândia – Seja A uma matriz quadrada tal que $(2A - 3I)^2 = 0$, onde I é a matriz identidade com a mesma ordem de A. Assim, pode-se afirmar que

(A) A é inversível e $A^{-1} = (2/3).I$
(B) A é inversível e $A^{-1} = (-4/9).A + (4/3).I$
(C) A é antissimétrica e não inversível.
(D) A é simétrica e não inversível.

765) UF Uberlândia – Considere o sistema linear S, descrito abaixo em termos matriciais, onde x e y são variáveis reais.

$$\begin{pmatrix} 1 & sen(\theta) \\ sen(2\theta) & 1 \end{pmatrix} . \begin{pmatrix} x \\ y \end{pmatrix} = \begin{pmatrix} 0 \\ 29/25 \end{pmatrix}$$

Sabendo que (x, y) = (–4, 5) é uma solução de S, pode-se afirmar que tg(θ) é igual a:

(A) 4/3 (B) –4/3 (C) –3/4 (D) 3/4

766) UFLA – Faça o produto das matrizes e determine o valor de x.

$$\begin{pmatrix} x & 1 & x \end{pmatrix} . \begin{pmatrix} 2 & 3 \\ x & x \\ 2 & 3 \end{pmatrix} . \begin{pmatrix} 4 \\ 5 \end{pmatrix} = (5)$$

(Discursiva)

767) FGV – Dadas as matrizes abaixo,

$$A = \begin{bmatrix} 1 & -2 & 3 \\ 2 & 4 & -1 \end{bmatrix} \quad B = \begin{bmatrix} 0 \\ 1 \end{bmatrix}$$

Quantas matrizes X satisfazem a equação matricial A.X = B?

(A) duas (B) uma (C) nenhuma (D) três (E) infinitas

768) UNICAMP – Considere a matriz $A = \begin{bmatrix} a & 0 \\ b & 1 \end{bmatrix}$

onde a e b são números reais. Se $A^2 = A$ e A é invertível, então

(A) a=1 e b=1 (B) a=1 e b=0 (C) a=0 e b=0 (D) a=0 e b=1

769) UFRGS – Considere as matrizes A e B dadas por:

$$A = \begin{bmatrix} 1 & 2 & 1 \\ 0 & 1 & -1 \\ 1 & 0 & 1 \end{bmatrix} \quad B = \begin{bmatrix} 0 \\ 1 \\ 3 \end{bmatrix}$$

A matriz X, tal que A.X = B é

(A) $X = \begin{bmatrix} -1/2 \\ 3/2 \\ -5/2 \end{bmatrix}$ (B) $X = \begin{bmatrix} 11/2 \\ -5/2 \\ -3/2 \end{bmatrix}$ (C) $X = \begin{bmatrix} 11/2 \\ -3/2 \\ -5/2 \end{bmatrix}$ (D) $X = \begin{bmatrix} -11/2 \\ -3/2 \\ -5/2 \end{bmatrix}$ (E) $X = \begin{bmatrix} 11/2 \\ 3/2 \\ 5/2 \end{bmatrix}$

770) UFAM – Sejam as matrizes A e B, dadas por

$$A = \begin{bmatrix} 1 & 2 \\ 1 & 3 \end{bmatrix} \quad B = \begin{bmatrix} -1 & 0 \\ 0 & 1 \end{bmatrix}$$

A matriz inversa de X tal que 2X – A + 3B = 0 é:

(A) $\begin{bmatrix} 0 & 2 \\ 1 & -4 \end{bmatrix}$ (B) $\begin{bmatrix} 2 & 1 \\ 1/2 & 0 \end{bmatrix}$ (C) $\begin{bmatrix} 1 & 2 \\ 1/2 & -4 \end{bmatrix}$ (D) $\begin{bmatrix} 1 & -4 \\ 0 & 2 \end{bmatrix}$ (E) $\begin{bmatrix} 0 & 2 \\ -1 & -4 \end{bmatrix}$

Teste 78

771) ENEM – Uma barraca de tiro ao alvo de um parque de diversões dará um prêmio de R$ 20,00 ao participante, cada vez que ele acertar o alvo. Por outro lado, cada vez que ele errar o alvo, deverá pagar R$ 10,00. Não há cobrança inicial para participar do jogo. Um participante deu 80 tiros e, ao final, recebeu R$ 100,00. Qual foi o número de vezes que esse participante acertou o alvo?

(A) 30 (B) 36 (C) 50 (D) 60 (E) 64

772) IFS – O sistema linear $\begin{pmatrix} 1 & m \\ 2 & -2 \end{pmatrix}\begin{pmatrix} x \\ y \end{pmatrix} = \begin{pmatrix} 1 \\ p \end{pmatrix}$

de incógnitas x e y e parâmetros reais m e p:

(A) é possível e determinado se m ≠ –1
(B) é possível e indeterminado se m ≠ –1 e p = 2
(C) é possível e determinado ∀m∈ℝ
(D) é possível e indeterminado se m = –1 e p ≠ 2
(E) é impossível se m = –1 e ∀p∈ℝ

773) UFLA – Sejam a e b números positivos. Se o determinante da matriz $\begin{bmatrix} 3 & \sqrt{a} \\ \sqrt{b} & \sqrt{2} \end{bmatrix}$ é $\dfrac{\sqrt{2}}{2}$,

então o determinante da matriz $\begin{bmatrix} -1 & 0 & 0 \\ 1 & 1 & a \\ 1 & b & 0 \end{bmatrix}$ é:

(A) 25/2 (B) 25/4 (C) 25 (D) $\dfrac{5\sqrt{2}}{2}$

774) UFRN – No início da utilização de mensagens cifradas, usava-se a teoria das matrizes para codificar/decodificar mensagens. A codificação era feita da seguinte maneira: os números correspondentes às letras de uma palavra formavam uma matriz coluna e depois multiplicava-se uma matriz geradora por essa coluna. Cada letra do alfabeto corresponde a um valor numérico, segundo a sua ordem: A=1, B=2, C=3, ..., Y = 25 e Z = 26.
Uma mensagem foi enviada com os números 23 – 17 – 70 para uma pessoa que conhecia a matriz geradora a seguir.

$$\begin{bmatrix} 1 & 0 & 1 \\ 0 & 1 & 2 \\ 3 & 0 & 4 \end{bmatrix}$$

A palavra enviada foi

(A) não (B) pai (C) sim (D) voa

775) UFLA – Se m e n são tais que o produto das matrizes $A = \begin{pmatrix} 1 & 1 \\ 1 & -1 \end{pmatrix}$ e $B = \begin{pmatrix} m & 2 \\ n & 4 \end{pmatrix}$ é comutativo, isto é, A.B = B.A, então m – n vale:

(A) 2 (B) 4 (C) 6 (D) 8

776) UDESC – Sejam A e B duas matrizes tais que

$$A=\begin{pmatrix} sen(x) & 2 & 3 \\ -1 & -2 & 1 \\ 7/32 & sen(x) & -1 \end{pmatrix} \text{ e } B=\begin{pmatrix} 2 & 4 & 1/4 \\ 1 & -8 & 1 \\ 3 & 6 & -3 \end{pmatrix}.$$

O conjunto solução para que o determinante da matriz A.B seja igual a zero é:

(A) $\{x\in\mathbb{R} \mid x = 7\pi/6 + 2k\pi\}$, com $k\in\mathbb{Z}$.

(B) $\{x\in\mathbb{R} \mid x = \pi/6 + 2k\pi$ ou $x = 5\pi/6 + 2k\pi\}$, com $k\in\mathbb{Z}$.

(C) $\{x\in\mathbb{R} \mid x = 5\pi/6 + 2k\pi$ ou $x = 7\pi/6 + 2k\pi\}$, com $k\in\mathbb{Z}$.

(D) $\{x\in\mathbb{R} \mid x = 7\pi/6 + 2k\pi$ ou $x = 11\pi/6 + 2k\pi\}$, com $k\in\mathbb{Z}$.

(E) $\{x\in\mathbb{R} \mid x = 5\pi/6 + 2k\pi$ ou $x = 11\pi/6 + 2k\pi\}$, com $k\in\mathbb{Z}$.

777) UFSC – Classifique as afirmativas em verdadeiras (V) ou falsas (F).

( ) O número de elementos de uma matriz quadrada de ordem 12 é 48.

( ) Somente podemos multiplicar matrizes de mesma ordem.

( ) A soma das raízes da equação $\begin{vmatrix} x & x & x \\ 4 & x & x \\ 4 & 4 & x \end{vmatrix} = 0$ é 8.

( ) Uma matriz quadrada pode ter diversas matrizes inversas.

( ) O sistema formado pelas equações $3x - 2y = 0$ e $x + y = 0$ é indeterminado.

778) UF Viçosa – Sejam a, b e c as raízes da equação $\det(xI - A) = 0$, onde $x\in\mathbb{R}$,

$I=\begin{pmatrix} 1 & 0 & 0 \\ 0 & 1 & 0 \\ 0 & 0 & 1 \end{pmatrix}$ e $A=\begin{pmatrix} 1 & 0 & -7 \\ 1 & 2 & -1 \\ 0 & 4 & 13 \end{pmatrix}$. Calcule o valor de $\log_{\sqrt{2}}\left(\frac{1}{bc}+\frac{1}{ac}+\frac{1}{ab}\right)$.

(A) 6 (B) 4 (C) 2 (D) 8

779) UNICAMP – Considere a matriz $M=\begin{pmatrix} 1 & a & 1 \\ b & 1 & a \\ 1 & b & 1 \end{pmatrix}$, onde a e b são números reais distintos. Podemos afirmar que:

(A) a matriz M não é invertível.
(B) o determinante de M é positivo.
(C) o determinante de M é igual a $a^2 - b^2$.
(D) a matriz M é igual à sua transposta.

780) UNESP – Considere a equação matricial $A + BX = X + 2C$, cuja incógnita é a matriz X e todas as matrizes são quadradas de ordem n. A condição necessária e suficiente para que esta equação tenha solução única é que:

(A) $B - I \neq 0$, onde I é a matriz identidade de ordem n e 0 é a matriz nula de ordem n.
(B) B seja invertível.
(C) $B \neq 0$, onde 0 é a matriz nula de ordem n.
(D) $B - I$ seja invertível, onde I é a matriz identidade de ordem n.
(E) A e C sejam invertíveis.

Teste 79

781) UFT - O sistema $\begin{cases} x + y + 2z = 0 \\ x - py + z = 0 \\ px - y - z = 0 \end{cases}$ admite solução diferente de (0, 0, 0) se e somente se:

(A) $p \neq 0$ (B) $p^2 - p \neq 0$ (C) $p = 1$ (D) $p = 0$ ou $p = -1$ (E) $p = 1$ e $p = -2$

782) UFPE - Considere o sistema linear S abaixo, onde λ é um parâmetro real.

$$S: \begin{cases} x + y + \lambda z = -1 \\ x + \lambda y + z = 5 \\ \lambda x + y + z = 2 \end{cases}$$

Classifique as afirmativas abaixo em verdadeiras (V) ou falsas (F)

( ) Se $\lambda=1$, então S é impossível.

( ) Se $\lambda = -2$, então S é impossível.

( ) Se $\lambda=0$, então S é possível determinado.

( ) Se $\lambda \neq 1$, então S é possível determinado.

( ) Se $\lambda \neq -2$, então S é possível indeterminado.

783) UFSM - Na peça "Um xadrez diferente", que encenava a vida de um preso condenado por crime de "colarinho branco", foi utilizado como cenário um mosaico formado por retângulos de três materiais diferentes, nas cores verde, violeta e vermelha.
Considere que x, y e z são, respectivamente, as quantidades em quilos dos materiais, verde, violeta e vermelho utilizados na confecção do painel e que essas quantidades satisfazem o sistema linear.

$$\begin{cases} x + 3y + 2z = 250 \\ 2x + 5y + 3z = 420 \\ 3x + 5y + 2z = 430 \end{cases}$$

Sobre a solução desse sistema e a quantidade de materiais verde, violeta e vermelho utilizada no painel, afirma-se:

I - O sistema tem solução única e $x + y + z = 120$, isto é, a soma das quantidades dos três materiais empregados é 120 quilos.
II - a O sistema não tem solução, é impossível determinar a quantidade de cada material empregado.
III - O determinante da matriz dos coeficientes a qual está associada ao sistema é diferente de zero e $x = 2y$ e $y = 3z$.
IV - O determinante da matriz dos coeficientes a qual está associada ao sistema é zero. O sistema tem solução, porém, para determinar a quantidade dos materiais utilizados, é necessário saber previamente a quantidade de um desses materiais.

Está(ão) correta(s):

(A) apenas I (B) apenas II (C) apenas III (D) apenas I e III (E) apenas IV

784) IFS – Marque a alternativa correta sobre o sistema abaixo:

$$\begin{cases} 2x - y + 3z = -6 \\ -3x + 6y + 18z = -15 \\ -6x + 6y + 6z = 2 \end{cases}$$

(A) O sistema é impossível
(B) O sistema é possível e determinado com solução (–29/3, –31/3, 1)
(C) O sistema é possível e determinado com solução (2, 19, 3)
(D) O sistema é possível indeterminado com solução $\left(\frac{-17-12a}{3}, \frac{-16-15a}{3}, a\right)$

785) UNIFEI – Considere o Sistema Linear Homogêneo: $S: \begin{cases} -2x - 2y + 3az = 0 \\ 2x + by + 2z = 0 \\ cx + 2y - 2z = 0 \end{cases}$, em que os números positivos a, b e c são diretamente proporcionais a 1, 2 e 3, respectivamente. Qual deve ser o valor de (6a + 3b + c) para que esse sistema admita infinitas soluções?

786) UFAM – Sabendo que o sistema de equações lineares homogêneo
$\begin{cases} (2-m)x + 2y = 0 \\ x + (3-m)y = 0 \end{cases}$, onde m∈ℝ, é possível e indeterminado, então:

(A) m≠4 ou m=1 (B) m≠4 ou m≠1 (C) m=4 ou m=1 (D) m≠2 ou m≠3 (E) m=2 ou m=3

787) UFSC – Se a terna (a, b, c) é solução do sistema $\begin{cases} x + 2y + z = 9 \\ 2x + y - z = 3 \\ 3x - y - 2z = -4 \end{cases}$, então calcule o valor numérico de (a + b + c).

788) UF Viçosa – A solução do sistema de equações lineares ao lado é o terno ordenado (x_0, y_0, z_0), em que x_0, y_0 e z_0 são números inteiros, nesta ordem, em progressão:

$$\begin{cases} x + 2y = 5 \\ y + z = 6 \\ 2y - z = 0 \end{cases}$$

(A) geométrica de razão 3 (B) geométrica de razão 2
(C) aritmética de razão 2 (D) aritmética de razão 1

789) UNICAMP – Considere o sistema linear ao lado, nas variáveis x, y e z, onde m é um número real. Sejam a<b<c números inteiros consecutivos tais que (x, y, z) = (a, b, c) é uma solução desse sistema. O valor de m é igual a

$$\begin{cases} x + 2y + 3z = 20 \\ 7x + 8y - mz = 26 \end{cases}$$

(A) 3 (B) 2 (C) 1 (D) 0

790) USP – No sistema linear ao lado, nas variáveis x, y e z, **a** e **m** são constantes reais. É correto afirmar:

$$\begin{cases} ax - y = 1 \\ y + z = 1 \\ x + z = m \end{cases}$$

(A) No caso em que a=1, o sistema tem solução se, e somente se, m=2.
(B) O sistema tem solução, quaisquer que sejam os valores de a e m.
(C) No caso em que m=2, o sistema tem solução se, e somente se, a=1.
(D) O sistema só tem solução se a=m=1.
(E) O sistema não tem solução, quaisquer que sejam os valores de a e m.

Teste 80

791) UFAM – Para criptografar uma palavra de quatro letras um aluno de matemática a representou como uma matriz 4X1 substituindo cada letra da palavra por números conforme o quadro a seguir.

A→1	B→2	C→3	Ç→4	D→5	E→6
F→7	G→8	H→9	I→10	J→11	K→12
L→13	M→14	N→15	O→16	P→17	Q→18
R→19	S→20	T→21	U→22	V→23	W→24
X→25	Y→26	Z→27	Ã→28	Õ→29	É→30

Em seguida multiplicou essa matriz pela matriz

$$\begin{pmatrix} 1/21 & 0 & 0 & 0 \\ 0 & 1/11 & 0 & 0 \\ 0 & 0 & 3/5 & 0 \\ 0 & 0 & 0 & 1/4 \end{pmatrix}$$

Obteve como resultado a matriz $B = \begin{pmatrix} 1 \\ 2 \\ 3 \\ 4 \end{pmatrix}$. Para descriptografar a palavra devemos fazer o produto da matriz B pela matriz inversa de A. Então a palavra originalmente era:

(A) UFAM (B) MAÇÃ (C) HEXA (D) TUDO (E) AMOR

792) UFBA – Determine os valores de k para que o sistema de equações dado seja:

$$\begin{cases} 2x + 2y - 2z = 2 \\ 3x + 4y + (k-1)z = 4 \\ x + ky + 3z = 2 \end{cases}$$

- possível e determinado.
- possível e indeterminado.
- impossível.

793) UFAM – O sistema de equações lineares

$$\begin{cases} 2x + 3y - z = 0 \\ 4x + 6y - \lambda z = 0 \\ \lambda x - y + z = 0 \end{cases}$$

admite infinitas soluções não triviais, isto é, diferentes de x=y=z=0.
Então:

(A) $\lambda = -2/3$ ou $\lambda = 2$
(B) $\lambda \neq -2/3$ ou $\lambda \neq 2$
(C) $\lambda \neq -1/3$ ou $\lambda \neq 3$
(D) $\lambda = -1/3$ ou $\lambda = 3$
(E) $\lambda = 0$

794) UFV – Considere o sistema linear dado, onde $k \neq 0$ é uma constante. Sabendo que algum par ordenado (x, y) de abscissa 2 é solução do sistema, é correto afirmar que o valor de k é um elemento do conjunto:

$$\begin{cases} 2x + (k+3)y = 0 \\ kx - 3y = 4 \end{cases}$$

(A) {–3, 4, 7} (B) {–4, 6, 9} (C) {–2, 3, 8} (D) {–1, 2, 5}

795) UFPI – Assinale a alternativa correta sobre a equação ao lado.

$$\begin{vmatrix} 2^x & \cos(x^2+1) & -sen(x^2+1) \\ 1 & sen(x^2+1) & \cos(x^2+1) \\ 2^x & 0 & 0 \end{vmatrix} = 1$$

(A) A equação não possui solução real.
(B) A equação possui uma única solução real.

(C) A equação possui apenas duas soluções reais e distintas.
(D) A equação possui infinitas soluções reais.
(E) O número real $x = \sqrt{\pi - 1}$ é solução da equação dada.

796) IFMT – O determinante da matriz ao lado vale 4, considerando $\theta \in [0, \pi/2]$. O valor de $\sec(2\theta)$.

$$\begin{pmatrix} 2\cos(\theta) & 3sen(\theta) \\ 2sen(\theta) & 3\cos(\theta) \end{pmatrix}$$

(A) 3 (B) 3/2 (C) 3/4 (D) 4/3 (E) 2/3

797) UFPR – Considere a função f definida pela expressão ao lado.
a) Calcule f(0) e f(π/4)
b) Para quais valores de x tem-se f(x) = 0?

$$f(x) = \det\begin{bmatrix} \cos(2x) & sen(x) & 0 \\ \cos(x) & 1/2 & 0 \\ 1 & 0 & 2 \end{bmatrix}$$

798) UDESC – Analise as proposições abaixo.
I – O produto de uma matriz linha por uma matriz linha é uma matriz linha.
II – Uma matriz identidade elevada ao quadrado é uma matriz identidade.
III – O produto de uma matriz por sua transposta é a matriz identidade.

Assinale a alternativa correta.

(A) Somente as afirmativas I e III são verdadeiras.
(B) Somente as afirmativas I e II são verdadeiras.
(C) Somente a afirmativa II é verdadeira.
(D) Somente as afirmativas II e III são verdadeiras.
(E) Todas as afirmativas são verdadeiras.

799) UFCG – Zezinho é incumbido de escrever duas matrizes quadradas de ordem 2 com entradas contendo apenas os números 0, 1, 2, ..., 9. Determine o número de pares ordenados (A, B) de matrizes que Zezinho pode escolher, de modo que

$$A + B = \begin{bmatrix} 0 & 2 \\ 4 & 6 \end{bmatrix}$$

(A) 102 (B) 103 (C) 104 (D) 105 (E) 106

800) UDESC – Seja $A = [a_{ij}]$ uma matriz quadrada de ordem 3 tal que $a_{ij} = i \times j$. Analise as afirmações abaixo, classificando-as como verdadeiras (V) ou falsas (F).

( ) A é uma matriz inversível e igual a sua transposta.

( ) Os elementos de cada uma das linhas de A estão dispostos em progressão aritmética, cuja razão é igual ao número da linha correspondente.

( ) Os elementos de pelo menos uma das colunas de A estão dispostos em progressão geométrica.

Assinale a alternativa que contém a sequência correta:

(A) V–V–F (B) V–F–V (C) F–V–F (D) F–F–F (E) F–V–V

Respostas dos testes

Respostas do Teste 71

701) D 703) E 705) A 707) B 709) D
702) E 704) E 706) A 708) B 710) E

Respostas do Teste 72

711) C 713) A 715) A 717) A 719) B
712) C 714) E 716) A 718) B 720) D

Respostas do Teste 73

721) C 723) C 725) C 727) C 729) B
722) A 724) E 726) C 728) B 730) D

Respostas do Teste 74

731) B 733) A 735) B 737) D 739) A
732) B 734) A 736) E 738) D 740) A

Respostas do Teste 75

741) D 743) A 745) * 747) B 749) B
742) C 744) C 746) D 748) E 750) C
745) VVVVV

Respostas do Teste 76

751) * 753) C 755) A 757) D 759) C
752) * 754) E 756) D 758) A 760) C
751) VVFFV 752) FVFVV

Respostas do Teste 77

761) E 763) * 765) A 767) E 769) C
762) B 764) B 766) 1/11 768) B 770) A
763) x = –1, y = –3/2, z = –4 e w = –4.

Respostas do Teste 78

771) A 773) A 775) C 777) * 779) B
772) A 774) D 776) D 778) A 780) D
777) FFVFF

Respostas do Teste 79

781) D 783) E 785) * 787) 6 789) A
782) * 784) D 786) C 788) B 790) A
782) VVVFF 785) 0, 10, –10

Respostas do Teste 80

791) D 793) A 795) B 797) * 799) D
792) * 794) D 796) B 798) B 800) E
792) Determinado: k ≠ 2 e k ≠ –3 ; Indeterminado: k = 2; Impossível: k = –3
797) a) 1, –1; b) π/8 + kπ/2

Resoluções dos testes

Resoluções do teste 71

701) UERJ – Os valores da matriz são os logaritmos de (i+j). Quer dizer que o primeiro elemento, na linha 1 e coluna 1, com i+j=2, é obtido como log(2) = 0,3.
Na mesma linha, coluna seguinte, temos log(3) = 0,4, na próxima temos log(1+3) = log(4) = log(2^2) = 2.log(2) = 2 × 0,3 = 0,6.
O número x aparece como a_{23} e como a_{32}. Seu valor é log(5), logaritmo que não foi fornecido, mas podemos encontra-lo facilmente usando propriedade dos logaritmos.
log(5) = log(10/2) = log(10) – log(2) = 1 – 0,3 = 0,7

$$A = \begin{pmatrix} 0,3 & 0,47 & 0,6 \\ 0,47 & 0,6 & x \\ 0,6 & x & 0,77 \end{pmatrix}$$

Resposta: (D) 0,87

702) FATEC – Primeiro calculemos A^2. Para isso temos que usar a multiplicação de matrizes:

$$A^2 = \begin{pmatrix} 3 & -1 \\ x & y \end{pmatrix} . \begin{pmatrix} 3 & -1 \\ x & y \end{pmatrix} = \begin{pmatrix} 9-x & -3-y \\ 3x+xy & -x+y^2 \end{pmatrix} = I_2 = \begin{pmatrix} 1 & 0 \\ 0 & 1 \end{pmatrix}$$

Ficamos com:
9 –x = 1 ➔ x = 8
–3 –y = 0 ➔ y = –3
A rigor precisamos conferir as duas outras equações. Um sistema com mais equações que incógnitas pode ser impossível. Essa conferência pode ser feita pela simples substituição dos valores. Os elementos da segunda linha da matriz A^2 têm que valor 0 e 1.
Testando com x=8 e y=–3:
➔ 3x + xy = 24 – 24 = 0 : OK
➔ –x + y^2 = –8 + 9 = 1 : OK

O módulo de xy vale |–8 × 3| = 24

Resposta: (E) 24

703) USP – De acordo com o enunciado, como a matriz A é o ortogonal, o produto de A pela sua transporta é igual à matriz identidade. A transposta é obtida com a troca das linhas pelas colunas. Então temos:

$$A.A^t = \begin{pmatrix} 1/2 & x \\ y & z \end{pmatrix} . \begin{pmatrix} 1/2 & y \\ x & z \end{pmatrix} = \begin{pmatrix} 1/4 + x^2 & y/2 + xz \\ y/2 + xz & y^2 + z^2 \end{pmatrix} = \begin{pmatrix} 1 & 0 \\ 0 & 1 \end{pmatrix}$$

Ficamos com:

$$\frac{1}{4} + x^2 = 1 \rightarrow x^2 = \frac{3}{4}$$

$$\frac{y}{2} + xz = 0 \rightarrow y = -2xz \rightarrow y^2 = 4x^2z^2$$

Como x^2 vale 3/4, ficamos com

$$y^2 = 3z^2$$

Da segunda linha, segunda coluna, temos

$y^2 + z^2 = 1$. Substituindo z^2 por $y^2/3$, ficamos com

$$y^2 + \frac{y^2}{3} = 1 \rightarrow y^2 = \frac{3}{4}.$$

Agora que temos x^2 e y^2, podemos calcular o que o problema pede:

$$x^2 + y^2 = \frac{3}{4} + \frac{3}{4} = \frac{3}{2}$$

Resposta: (E) $\frac{3}{2}$

704) UFAM – Matriz simétrica é aquela em que $a_{ij} = a_{ji}$. Significa que deve haver simetria entre os elementos que estão fora da diagonal principal. No caso dessa matriz 2×2, bata obrigar que sejam iguais os elementos 5 e $x^2 + 1$.

$$A = \begin{pmatrix} e^{x^3+2x} & x^2 + 1 \\ 5 & \log_4(x^2 + 6) \end{pmatrix}$$

$x^2 + 1 = 5$
$x^2 = 4$
$x = 2$ ou -2

Resposta: (E) 2

705) UFLA – Basta calcular o produto de matrizes:

$$\begin{pmatrix} -3 & -2 \\ 2 & 1 \end{pmatrix} \times \begin{pmatrix} 1 & -1 \\ 0 & -1 \end{pmatrix} = \begin{pmatrix} -3 & 5 \\ 2 & -3 \end{pmatrix}$$

Resposta: (A)

706) UNICAMP – Primeiramente calculemos a matriz A^2:

$$A^2 = A \times A = \begin{pmatrix} 1 & 2 \\ 0 & 1 \end{pmatrix} \times \begin{pmatrix} 1 & 2 \\ 0 & 1 \end{pmatrix} = \begin{pmatrix} 1 & 4 \\ 0 & 1 \end{pmatrix}$$

A equação matricial $\mathbf{A^2 = aA + bI}$, fica:

$$\begin{pmatrix} 1 & 4 \\ 0 & 1 \end{pmatrix} = a.\begin{pmatrix} 1 & 2 \\ 0 & 1 \end{pmatrix} + b\begin{pmatrix} 1 & 0 \\ 0 & 1 \end{pmatrix}$$

Tal equação matricial resulta em quatro equações simples:

1 = a + b
4 = 2a

0 = 0 + 0
1 = a + b
Da segunda equação temos $\boxed{a = 2}$.
Da primeira, com a=2, ficamos com 1 = 2 + b, $\boxed{b = -1}$
Portanto o produto a.b vale –2.

Resposta: (A) –2

707) UFCE – Pode ser calculado com simples produtos de matrizes.

$$A^2 = \begin{pmatrix} 2 & 0 \\ 0 & -2 \end{pmatrix} \times \begin{pmatrix} 2 & 0 \\ 0 & -2 \end{pmatrix} = \begin{pmatrix} 4 & 0 \\ 0 & 4 \end{pmatrix}; \quad 2A^2 = \begin{pmatrix} 8 & 0 \\ 0 & 8 \end{pmatrix}$$

$$B^2 = \begin{pmatrix} 0 & -1 \\ 1 & 0 \end{pmatrix} \times \begin{pmatrix} 0 & -1 \\ 1 & 0 \end{pmatrix} = \begin{pmatrix} -1 & 0 \\ 0 & -1 \end{pmatrix}; \quad 4B^2 = \begin{pmatrix} -4 & 0 \\ 0 & -4 \end{pmatrix}$$

Logo $2A^2 + 4B^2$ vale $4B^2 = \begin{pmatrix} 4 & 0 \\ 0 & 4 \end{pmatrix}$

Resposta: (B)

708) UNESP – $A^2 = \begin{pmatrix} -2 & 3 \\ -1 & 2 \end{pmatrix} \times \begin{pmatrix} -2 & 3 \\ -1 & 2 \end{pmatrix} = \begin{pmatrix} 1 & 0 \\ 0 & 1 \end{pmatrix}$: MATRIZ IDENTIDADE !!!

Logo $A^3 = A^2.A$, e como $A^2 = I$, $A^3 = I.A = A$
Da mesma forma, $A^4 = A^3.A$. Como $A^3=A$, isso se reduz a A.A, que já vimos que resulta em I.
Ou seja, A^n, para n par, é igual a I.
A^n, para n ímpar, é igual a A.
Essa não é uma propriedade geral para as matrizes, mas aplica-se em particular para essa matriz A específica.
Sendo assim, $A^{15} = A$.

Resposta: (B) A

709) UFPI – De acordo com a definição dada no problema, o traço de uma matriz quadrada é a soma dos elementos da sua diagonal principal. No caso, o traço de M é x + y. Encontremos x e y, e o problema estará resolvido. Para isso sabemos que $M.N = I_2$. Então

$$M \times N = \begin{pmatrix} x & z \\ -3z & y \end{pmatrix} \times \begin{pmatrix} 1 & -1 \\ 3 & 2 \end{pmatrix} = \begin{pmatrix} x+3z & -x+2z \\ -3z+3y & 3z+2y \end{pmatrix} = \begin{pmatrix} 1 & 0 \\ 0 & 1 \end{pmatrix}$$

Ficamos com:
x+3z = 1
–x + 2z = 0 ➔ x = 2z
–3z + 3y = 0
3z + 2y = 1

Da 1ª equação, 2z + 3z = 1 ➔ z = 1/5, x = 2/5.
Da 2ª equação, y = z, y = 1/5.
Agora podemos calcular x + y = 2/5 + 1/5 = 3/5.

Resposta: (D) 3/5

710) ENEM – As matérias têm suas notas dispostas por linhas. Então devemos multiplicar essa matriz de notas, por uma matriz coluna. Essa soma precisa ser dividida por 4 para resultar na média. Então basta formar uma matriz coluna com todos os elementos iguais a 1/4. Os elementos da matriz produto serão as médias anuais de cada matéria. Essa matriz é a indicada em (E).

Resposta: (E)

$$\begin{pmatrix} 5,9 & 6,2 & 4,5 & 5,5 \\ 6,6 & 7,1 & 6,5 & 8,4 \\ 8,6 & 6,8 & 7,8 & 9,0 \\ 6,2 & 5,6 & 5,9 & 7,7 \end{pmatrix} \times \begin{pmatrix} 1/4 \\ 1/4 \\ 1/4 \\ 1/4 \end{pmatrix} = \begin{pmatrix} \frac{5,9+6,2+4,5+5,5}{4} \\ \frac{6,6+7,1+6,5+8,4}{4} \\ \frac{8,6+6,8+7,8+9,0}{4} \\ \frac{6,2+5,6+5,9+7,7}{4} \end{pmatrix}$$

Resoluções do teste 72

711) UERJ – Do modo como a matriz foi formada, o último elemento da linha **n** é **9n**. Para descobrir em qual linha está o elemento 18109, inicialmente temos que descobrir qual é o múltiplo de 9 imediatamente superior a 18109. Este número deixa resto 1 na divisão por 9. O último elemento da linha que contém este número é 18109 + 8 = 18117. Este valor é 9n, onde n é o número da referida linha. Portanto: n = 18117 ÷ 9 = 2013.

$$A_{nx9} = \begin{bmatrix} 1 & 2 & 3 & 4 & 5 & 6 & 7 & 8 & 9 \\ 10 & 11 & 12 & 13 & 14 & 15 & 16 & 17 & 18 \\ 19 & 20 & 21 & 22 & 23 & 24 & 25 & 26 & 27 \\ 28 & 29 & 30 & 31 & 32 & 33 & 34 & 35 & 36 \\ \dots & \dots & \dots & \dots & \dots & \dots & \dots & \dots & \dots \end{bmatrix}$$

Resposta: (C) 2013

712) Mackenzie – Calculemos a matriz A^2:

$$A^2 = \begin{pmatrix} 1 & 1 & 0 \\ 0 & 1 & 0 \\ 0 & 0 & 1 \end{pmatrix} \times \begin{pmatrix} 1 & 1 & 0 \\ 0 & 1 & 0 \\ 0 & 0 & 1 \end{pmatrix} = \begin{pmatrix} 1 & 2 & 0 \\ 0 & 1 & 0 \\ 0 & 0 & 1 \end{pmatrix}$$

Agora formamos a equação matricial $\mathbf{A^2 + x.A + y.B = C}$.

$$\begin{pmatrix} 1 & 2 & 0 \\ 0 & 1 & 0 \\ 0 & 0 & 1 \end{pmatrix} + x.\begin{pmatrix} 1 & 1 & 0 \\ 0 & 1 & 0 \\ 0 & 0 & 1 \end{pmatrix} + y.\begin{pmatrix} 1 & 0 & 0 \\ 0 & 1 & 0 \\ 0 & 0 & 1 \end{pmatrix} = \begin{pmatrix} 0 & 0 & 0 \\ 0 & 0 & 0 \\ 0 & 0 & 0 \end{pmatrix}$$

A partir dessa equação matricial, podemos encontrar 9 equações.

Linha 2, coluna 2: 2 + x = 0 ➔ x = –2

Linha 1, colune 1: 1 + x + y = 0 ➔ y = –x –1 = 1

O valor x = –2 responde ao problema, entretanto, é preciso fazer uma checagem, verificando se os valores de x e y encontrados satisfazem a todas as 9 equações, no caso, essa verificação confirma que os valores encontrados satisfazem a todas elas.

Resposta: (C) x=–2

713) UDESC – Os quatro elementos da matriz A e as fórmulas das suas leis de formação dão origem a 3 equações:

i = 1 e j = 1: 559 = m.n/4

i = 1 e j = 2: 1953 = 2m + n^2

i = 2 e j = 1: 276 = 4n + 2m

i = 2 e j = 2: 559 = m.n/4 (igual à primeira)

Através da 2ª e da 3ª equações podemos descobrir o valor de n, depois de m:

2m = 1953 – n^2

2m = 276 – 4n

1953 – n^2 = 276 – 4n

$n^2 - 4n - 1677 = 0$. Equação do 2º grau com $\Delta = 16 + 4.1677 = 6724 = 82^2$

$n = \dfrac{4 \pm 82}{2}$. As raízes são 43 e −39 . A raiz negativa não serve, pois foi dado que m e n são naturais.

O valor de m pode ser calculado facilmente pela 3ª equação:

276 = 4n + 2m ➔ m = 138 – 2n

Para n=43, encontramos m = 52

O valor de m + n pedido pelo problema é:

n = 43 e m = 52 ➔ m + n = 95

Temos ainda que conferir a o valor de m.n/4 = 43.52/4 = 559

Resposta: (A) 95

714) UFPR – A posição de Jonas, no centro da plateia, é a cadeira nº 13. O elemento da linha 3, coluna 3, ou seja, a_{33}.

Resposta: (E) a_{33}

715) UFLA – Aplicando o produto de matrizes e checando o resultado:

$$\begin{pmatrix} a & a \\ b & 0 \end{pmatrix} . \begin{pmatrix} 5 & -5 \\ a & -b \end{pmatrix} = \begin{pmatrix} 5a + a^2 & -5a - ab \\ 5b & -5b \end{pmatrix} = \begin{pmatrix} -4 & 3 \\ -10 & 10 \end{pmatrix} =$$

2ª linha, 1ª coluna ➔ 5b = –10 ➔ b = –2 . Isso confere também com a 2ª linha, 2ª coluna.

1ª linha, 2ª coluna ➔ –5a + 2a = 3 ➔ a = –1.

Conferindo a 1ª linha, 1ª coluna ➔ –5 + 1 = –4: OK

Essa conferência é necessária porque temos mais equações que incógnitas.

Ficamos portanto com a = –1 e b = –2. O valor de a + b é –3.

Resposta: (A) –3

716) UFRN – Multiplicamos uma matriz 2x2 por uma matriz K e encontramos como resultado uma matriz 2x1, ou seja:

$M_{2\times2} . K_{X\times Z} = N_{2\times1}$

Para que a multiplicação seja possível, X deve valor 2 e Z deve valor 1. A regra geral para as dimensões na multiplicação de matrizes é:

$A_{X\times Y} . B_{Y\times Z} = C_{X\times Z}$

Portanto K é uma matriz 2×1. Chamemos $K = \begin{pmatrix} a \\ b \end{pmatrix}$ e ficamos com a equação matricial:

$\begin{pmatrix} 6 & 2 \\ 4 & 3 \end{pmatrix} . \begin{pmatrix} a \\ b \end{pmatrix} = \begin{pmatrix} -6 \\ 1 \end{pmatrix}$, que resulta em:

6a + 2b = –6

4a + 3b = 1

Sistema cuja solução é a = –2 e b = 3.

A soma dos elementos da matriz K é 1.

Resposta: (A) 1

717) UNICAMP – Eliminando duas linhas (primeira e última) e duas colunas (primeira e última), ficamos com apenas 3 linhas e 4 colunas. Essa é a matriz formada pelos elementos internos. O seu número de elementos é 3 × 4 = 12.

Resposta: (A) 12

718) IFCE – Calculemos a expressão **$A(I+A)^5$**, levando em conta que o produto der matrizes é distributivo em relação à adição, e também associativo, apesar de não ser comutativo. Vamos usar a fórmula do Binômio de Newton aplicado a matrizes.
$A(I + A)^5 = A(I^5 + 5.I^4.A + 10.I^3.A^2 + 10.I^2.A^3 + 5.I.A^4 + A^5)$
Como A é nilpotente de ordem 2, temos que $A^2 = 0$. Além disso, A^3 e outras potências superiores de A também valem zero, pois
$A^3 = A^2.A$, e como $A^2=0$, $0.A=0$.
Logo, $A^3 = A^4 = A^5 = 0$. A expressão fica reduzida a:
$A(I + A)^5 = A(I^5 + 5.I^4.A + 10.I^3.A^2 + 10.I^2.A^3 + 5.I.A^4 + A^5)$
$= A(I^5 + 5.I^4.A) = A.I^5 + 5A.I^4.A$
Aplicamos agora que $I^4=I$ e $I^5=I$. A expressão fica:
$A.I + 5A.I.A$
Como I é matriz identidade, temos $A.I = A$ e $I.A = A$
$A.I + 5A.I.A = A + 5.A.A = A + 5.A^2$.
Como $A^2 = 0$, o resultado é A.

Resposta: (B) A

719) UNICAMP – Obviamente não vamos elevar a matriz A a 2017. Devemos descobrir o que ocorre quando multiplicamos A, ou uma potência sua, pela própria matriz A.

$$A^2 = A \times A = \begin{pmatrix} 1 & a \\ 0 & -1 \end{pmatrix} \times \begin{pmatrix} 1 & a \\ 0 & -1 \end{pmatrix} = \begin{pmatrix} 1 & 0 \\ 0 & 1 \end{pmatrix}$$

A propriedade a ser considerada é que $A^2 = I$.
Da mesma forma, $A^3 = A^2.A = I.A = I$
Ou seja, a cada dois fatores A, formamos uma matriz identidade. Sendo assim:
$A^{2017} = (A^2)^{1008}.A = I^{1008}.A = I.A = A$
Logo a matriz pedida é a própria matriz A.

Resposta: (B) $\begin{pmatrix} 1 & a \\ 0 & -1 \end{pmatrix}$

720) UERJ, IFMT – Curiosamente nenhum usuário do modelo II pretende trocar por um modelo I. Nenhum que tenha o modelo 3 pretende trocar por I ou por II, já que essas posições na tabela está com zeros.

$$A = \begin{pmatrix} 50 & 150 & 200 \\ 0 & 100 & 300 \\ 0 & 0 & 200 \end{pmatrix}$$

Os elementos da diagonal principal são aqueles que pretendem trocar por um modelo igual. Os elementos da banda superior são os que pretendem trocar por modelos diferentes.
Portanto os que não vão trocar por um modelo igual são aqueles da banda superior (já que os da inferior são zero): 150 + 200 + 300 = 650
Portanto 650 de 1000 são aqueles que pretendem trocar por um modelo diferente. A probabilidade é 65%.

Resposta: (D) 65%

Resoluções do teste 73

721) UFAM – Temos que construir a matriz usando a lei de formação. Existem três fórmulas diferentes: para i > j (elementos da banda inferior), para i=j (elementos da diagonal principal) e para i<j (elementos da banda superior). Substituindo os valores de i e j para cada posição, formamos a matriz ao lado.

$$\begin{pmatrix} 1 & 1 & 2 \\ 0 & 2 & 1 \\ 1 & -1 & 3 \end{pmatrix}$$

Uma vez conhecida a matriz, podemos calcular o seu determinante. Usemos a Regra de Sarrus para fazer esse cálculo:
$\Delta = 1.2.3 + 1.1.1 + -(2.2.1 + 0 + 1.1.(-1)) = 7 -(4 - 1) = 7 - 3 = 4$

Resposta: (C) 4

722) UF Viçosa – O valor do determinante é $\begin{vmatrix} 2 & 0 & 1 \\ 1 & 1 & 0 \\ 2 & 1 & 3 \end{vmatrix}$

$2.1.3 + 1.1.1 - (1.1.2) = 7 - 2 = 5$

Resposta: (A) 5

723) IFMT – Não é preciso calcular A^5, o que seria muito trabalhoso.
Basta usar a seguinte propriedade:
Det(A.B) = Det(A).Det(B) (*Teorema de Binet*)
Pode-se mostrar facilmente que o teorema se aplica a mais de um determinante:
Det(A.B.C) = Det(A).Det(B). Det(C)
Da mesma forma
$Det(A^n) = [Det(A)]^n$

Aplicando ao problema, o determinante de A^5 é igual à quinta potência do determinante de A.
$Det(A) = 3.2 - 4.1 = 2$
$Det(A^5) = 2^5 = 32$

Resposta: (C) 32

724) UFPE – As propriedades de determinantes são relacionadas com produtos, e não com soma. Teremos que calcular primeiro a matriz $A^3 - A^2$.

$$A^2 = A.A = \begin{pmatrix} -1 & 1 \\ 0 & -1 \end{pmatrix} . \begin{pmatrix} -1 & 1 \\ 0 & -1 \end{pmatrix} = \begin{pmatrix} 1 & -2 \\ 0 & 1 \end{pmatrix}$$

$$A^3 = A^2.A = \begin{pmatrix} 1 & -2 \\ 0 & 1 \end{pmatrix} . \begin{pmatrix} -1 & 1 \\ 0 & -1 \end{pmatrix} = \begin{pmatrix} -1 & 3 \\ 0 & -1 \end{pmatrix}$$

Podemos calcular $A^3 - A^2 = \begin{pmatrix} -1 & 3 \\ 0 & -1 \end{pmatrix} - \begin{pmatrix} 1 & -2 \\ 0 & 1 \end{pmatrix} = \begin{pmatrix} -2 & 1 \\ 0 & -2 \end{pmatrix}$

O determinante dessa matriz é 4.

Resposta: (E) 4

725) UFPI – Claro que podemos calcular este determinante usando teoremas específicos para determinantes de ordem superior, como o Teorema de Laplace ou a Regra de Chió. Mas podemos resolver facilmente, fazendo poucas contas.

$$A = \begin{pmatrix} 0 & 1 & -99 & 9 & 13 \\ -1 & 0 & 7 & -6 & 899 \\ 99 & -7 & 0 & 1 & -16 \\ -9 & 6 & -1 & 0 & -2 \\ -13 & -899 & 16 & 2 & 0 \end{pmatrix}$$

Observe que essa é uma matriz especial. Ela apresenta um tipo de simetria. Todo os elementos fora da diagonal principal possuem simétricos do outro lado da diagonal principal. Dizemos que essa matriz é a simétrica da sua transposta.
$A = -A^t$ (1)
Lembremos agora de duas propriedades de determinantes:
$det(kM) = k^n.det(M)$, onde n é a ordem da matriz M. Aplicando essa propriedade para M= $-A^t$, ficamos com:
$det(-A^t) = (-1)^5.det(A^t) = -det(A^t)$ (2)

Usando em conjunto as igualdades (1) e (2), ficamos com:
$\det(A) = \det(-A^t) = -\det(A^t)$ (3)
Agora lembremos uma outra propriedade dos determinantes:
$\det(A) = \det(A^t)$ (4)
Essa propriedade vale para qualquer matriz quadrada. Aplicando (4) na relação (3), ficamos com
$\det(A) = -\det(A)$
$2.\det(A) = 0$
$\det(A) = 0$

Portanto o determinante da matriz dada é zero.

Resposta: (C) 0

726) Mackenzie – Podemos calcular usando o Teorema de Laplace, ou com a Regra de Sarrus, as dificuldades são equivalentes. O cálculo é fácil porque temos dois zeros na matriz. Façamos com a Regra de Sarrus:
$\Delta = 2^x.\log_2 x^2.3 - 8^x.\log_2 x.3 = 3.\log_2 x.(2.2^x - 8^x) = 0$
Para que o produto seja zero, devemos ter:
a) $3.\log_2 x = 0$ ➔ x=1
b) $2.2^x - 8^x = 0$ ➔ $2^{x+1} = 2^{3x}$ ➔ x = 1/2
A soma das raízes é 1 + 1/2 = 3/2

Resposta: (C) 3/2

727) UFAL – Três dos elementos da matriz são conhecidos, falta apenas a_{12}. Chamando de x, levando em conta que o determinante vale 7, temos:
15 – 2x = 7
x = 4

$$A = \begin{pmatrix} 5 & x \\ 2 & 3 \end{pmatrix}$$

Resposta: (C) 4

728) IFMT – Com determinantes, quando se coloca em evidência, o número que ficará multiplicando a matriz será o fator comum. Por exemplo,

$$\begin{vmatrix} 2a & 2b & 2c \\ d & e & f \\ g & h & i \end{vmatrix} = 2.\begin{vmatrix} a & b & c \\ d & e & f \\ g & h & i \end{vmatrix}$$

Essa regra é válida para os determinantes. Não vale para as matrizes. O fator comum em uma matriz funciona de forma diferente. Por exemplo, se tivermos A dada por:

$A = \begin{vmatrix} a & b & c \\ d & e & f \\ g & h & i \end{vmatrix}$, a matriz kA vale $\begin{pmatrix} ka & kb & kc \\ kd & ke & kf \\ kg & kh & ki \end{pmatrix}$ e o seu determinante vale k^3.Det(A).

Multiplicando a primeira linha por 2, o determinante da matriz ficará multiplicado por 2. Dividindo uma linha por –3, o determinante ficará dividido por –3.
Portanto o determinante, com essas duas operações, ficará multiplicado por –2/3.

Resposta: (B) –2/3

729) IFSP – Desenvolvendo o determinante, por exemplo usando a Regra de Sarrus, vemos que será encontrada uma equação do 2º grau, que tem duas soluções. As respostas apresentadas possuem duas soluções.

Podemos entretanto resolver a questão por inspeção, sem desenvolver o determinante. Note que nas linhas encontramos 1, um número e o quadrado deste número. Isso vale para as três linhas. Se tivermos x=2, a primeira e a segunda linha serão iguais. O mesmo ocorrerá se tivermos x=–3. Sabemos que quando temos duas linhas iguais, o determinante vale zero. Então os valores x=2 e x=–3 são aqueles que tornam o determinante zero.

Resposta: (B) 2 ou –3

730) UFCG – Essa matriz tem 25 elementos. Sendo quadrada, só pode ser com dimensão 5×5. Quando multiplicamos esta matriz por 2, todas as suas linhas ficam multiplicada por 2. Sabendo que quando multiplicamos uma linha de uma matriz, seu determinante fica multiplicado por aquele valor. Então, em relação a det(A), o valor de det(2A) é maior, 2×2×2×2×2 = 32 vezes.

Resposta: (D) det(2A) = 32.det(A)

Resoluções do teste 74

731) Mackenzie – Não sabemos o seno e o cosseno de 17°, nem de 28°, muito menos como elevar a matriz a 10ª potência. Mas podemos calcular o seu determinante e usar trigonometria:

det(M) = cos 17° . cos 28° – sen17° . sen 28°

Essa é justamente a fórmula do cosseno de 17° + 28°, ou seja, o cosseno de 45° que vale $\frac{\sqrt{2}}{2}$.

Agora podemos usar a propriedade:
$\det(A^n) = [\det(A)]^n$

Logo $\det(M^{10}) = [\det(M)]^{10} = \left[\frac{\sqrt{2}}{2}\right]^{10} = \frac{1}{32}$

Resposta: (B) 1/32

732) UF Pelotas – Desenvolvendo o determinante, ficaremos com uma equação trigonométrica:

$$\begin{vmatrix} \cos(x) & 1 & sen(x) \\ 1 & sen(x) & 1 \\ 1 & \cos(x) & 1 \end{vmatrix} = -2$$

$sen(x).\cos(x) + sen(x).\cos(x) + 1 - (\cos^2(x) + sen^2(x) + 1) = -2$
$2.sen(x).\cos(x) + 1 - 2 = -2$
$2.sen(x).\cos(x) = -1$
$sen(2x) = -1$

Se $0 \leq x < \pi$, então Se $0 \leq 2x < 2\pi$. O único ângulo nesse intervalo que tem seno igual a –1 é 3π/2.
2x = 3π/2
x = 3π/4 (135°)

O seu cosseno é $-\frac{\sqrt{2}}{2}$, e a secante é o inverso, $-\sqrt{2}$.

Resposta: (B) $-\sqrt{2}$

733) UFAL – Precisamos saber calcular um determinante 3×3, pode ser pela Regra de Sarrus, e saber um pouco de trigonometria. O determinante é

$$\begin{pmatrix} sen(x) & -sen(x) & 2 \\ 0 & \cos(x) & \cos(x) \\ 0 & 0 & 2 \end{pmatrix}$$

2.sen(x).cos(x) = sen(2x)

Resposta: (A) sen (2x)

734) UERJ – O determinante de uma matriz 2×2 é muito fácil de calcular:

$$\begin{pmatrix} 3+t & -4 \\ 3 & t-4 \end{pmatrix}$$

(3+t)(t – 4) + 3.4 = t^2 – t – 12 + 12 = t^2 – t
Para que este determinante seja nulo, devemos ter
t^2 – t = 0
que é satisfeita para t=0 e t=1. O maior valor real é 1.

Resposta: (A) 1

735) UFPI – O determinante vale:

$$M = \begin{pmatrix} 1 & \cos(x) & 1/2 \\ \cos(x) & 1 & 0 \\ 1 & 0 & sen(x) \end{pmatrix}$$

sen(x) – 1/2 – sen(x).$\cos^2$(x)

Pode ser escrito como sen(x).[1 – $\cos^2$(x)] – 1/2
sen^3(x) – 1/2

Para que a expressão seja zero, devemos ter:
sen^3(x) = 1/2

$$sen(x) = \sqrt[3]{\frac{1}{2}} = \frac{\sqrt[3]{4}}{2}$$

$$x = arcsen\left(\frac{\sqrt[3]{4}}{2}\right)$$

Resposta: (B) $arcsen\left(\frac{\sqrt[3]{4}}{2}\right)$

736) IFMT – Multiplicando uma linha ou uma coluna por um valor, o determinante ficará multiplicado por aquele valor. Partindo de det(A), temos:
1ª linha multiplicada por 1/2 ➔ (1/2)×det(A)
2ª coluna multiplicada por –1/2 ➔ (–1/2)×(1/2)×det(A)
todos os elementos multiplicados por 2 ➔ 2×2×2×(–1/2)×(1/2)×det(A) = –2×det(A)
Se det(A) vale Y, a nova matriz terá determinante igual a –2y.

Resposta: (E) –2y

737) IFSP – Desenvolvendo os determinantes, temos:

$$\begin{vmatrix} 1 & 1 \\ x & 1 \end{vmatrix} = \frac{\begin{vmatrix} 1 & x \\ 1 & 1 \end{vmatrix}}{\begin{vmatrix} 1 & 1 \\ x & 1 \end{vmatrix}}$$

$$1-x^2 = \frac{1-x^2}{1-x^2}$$

Simplificando, temos

$$1-x^2 = 1$$

$$x = 0$$

Note que esta solução não pode anular denominadores, caso contrário terá que ser descartada. Como não anula, está correta.

Resposta: (D) {0}

738) UNIFEI – Desenvolvendo o determinante, temos

$$\begin{vmatrix} a^x & a^x & 1 \\ a^x & a^{-x} & 0 \\ 0 & a^{-x} & 1 \end{vmatrix} = 2-a^8$$

1 + 1 – a^{2x} = 2 – a^8
– a^{2x} = – a^8
a^{2x} = a^8
2x = 8

x = 4

Resposta: (D) 4

739) UFAM – Calculemos primeiro A – Ix:

$$A=\begin{pmatrix}1&0&1\\1&1&1\\1&0&1\end{pmatrix} \text{ e } I=\begin{pmatrix}1&0&0\\0&1&0\\0&0&1\end{pmatrix}$$

$$A-Ix=\begin{pmatrix}1-x&0&1\\1&1-x&1\\1&0&1-x\end{pmatrix}$$

det(A – Ix) =
$(1 - x)^3 - (1 - x) = (1 - x)[x^2 - 2x + 1 - 1] =$
$(1 - x)(x^2 - 2x) = (1 - x).x.(x - 2)$
A divisão por (x – 2) é exata, pois o polinômio p(x) tem um fator (x – 2). Esse quociente é $x(1 - x) = x - x^2$.

Resposta: (A) $-x^2 + x$

740) UDESC – Calculemos os determinantes:

$$A=\begin{pmatrix}3&1&-1\\0&-1&2\\4&1&0\end{pmatrix}$$

det(A) = 8 – 6 – 4 = –2.

$$B=\begin{pmatrix}2.\cos(2x)&\cos^2(x)-sen^2(x)\\-3&sen\left(2x+\frac{\pi}{2}\right)\end{pmatrix}$$

det(B) = 2.cos(2x).sen(2x+π/2) + 3.($\cos^2(x) - sen^2(x)$)
A expressão $\cos^2(x) - sen^2(x)$ é igual a cos(2x). Ficamos então com:
det(B) = 2.cos(2x).sen(2x+π/2) + 3.cos(2x) =
cos(2x).[2.sen(2x+ π/2) + 3]

Agora vamos desenvolver a expressão sen(2x+ π/2):
sen(2x).cos(π/2) + sen(π/2).cos(2x) = cos(2x).
Agora a expressão de det(B) se reduz a:
cos(2x)[2.cos(2x)+3]
Podemos agora construir a função f(x) e encontrar suas raízes:
f(x) = $2.\cos^2(2x) + 3.\cos(2x) - 2$
fazendo y = cos(2x), temos a equação
$2y^2 + 3y - 2 = 0$
As soluções são –2 e 1/2. A solução –2 não serve, pois y é um cosseno. Ficamos então com cos(2x) = 1/2
Como x está em]0, π[, 2x está em]0, 2π[, os valores que têm cosseno igual a 1/2 são π/3 e 5π/3 (60° e 300°). A soma das raízes é 2π.

Resposta: (A) 2π

Resoluções do teste 75

741) UDESC – É possível, mas um pouco trabalhoso, calcular a matriz B. O cálculo é o seguinte:

$A^{-1}.B.A=D$ (multiplicar por A à esquerda nos dois membros)
$B.A=A.D$ (multiplicar por A^{-1} à direita nos dois membros)
$B = A.D.A^{-1}$

Entretanto, se quisermos apenas encontrar o determinante de B, existe um modo mais simples. Lembrando o Teorema de Binet, o determinante do produto é igual ao produto dos determinantes:
$A^{-1}.B.A=D$
$\det(A^{-1}.B.A) = \det(D)$
$\det(A^{-1}).\det(B).\det(A) = \det(D)$

det(B) = det(D) / [det(A^{-1}).det(A)]

Lembremos da propriedade de que o determinante de A^{-1} é o inverso do determinante de A. Logo det(A^{-1}).det(A) = 1. Ficamos então com

det(B) = det(D)

Tudo o que temos que fazer agora é calcular o determinante da matriz D.

det(D) = 4 + 1 = 5

Resposta: (D) 5

742) UFMT – É dado que $A^3 = 3A$, ou seja,

A.A.A = 3A

Calculemos o determinante nos dois membros

det(A.A.A) = det(3A)

No primeiro membro, temos que o determinante do produto é igual ao produto de determinantes (Teorema de Binet). No segundo membro, a fórmula do determinante de 3A depende da ordem da matriz. Lembrando que cada vez que multiplicamos uma linha por um fator, o determinante fica multiplicado por aquele fator. Então a relação entre det(3A) e det(A) é igual a 3 elevado a uma potência que é igual à ordem da matriz. Finalmente escrevemos: $[\det(A)]^3 = 3^n.\det(A)$. Simplificando por det(A), temos

$[\det(A)]^2 = 3^n$

Com det(A) é um inteiro positivo, temos que 3^n deve ser um quadrado perfeito. Então n tem que ser par.

Resposta: (C) par

743) UFLA – A multiplicação de matrizes não é comutativa, mas é associativa. O produto P.Q.R pode ser calculado como (P.Q).R ou P.(Q.R), o resultado será o mesmo.

Calculemos primeiro P.Q:

$$P.Q = \begin{pmatrix} 3 & x & -2 \end{pmatrix} . \begin{pmatrix} 1 & 0 \\ 1 & 8 \\ 2 & -6 \end{pmatrix} = \begin{pmatrix} 3+x-4 & 8x+12 \end{pmatrix} = \begin{pmatrix} x-1 & 8x+12 \end{pmatrix}$$

Agora calculamos o produto por R:

$$(P.Q).R = \begin{pmatrix} x-1 & 8x+12 \end{pmatrix} . \begin{pmatrix} 1 \\ -1 \end{pmatrix} = \begin{pmatrix} x-1-8x-12 \end{pmatrix} = \begin{pmatrix} -7x-13 \end{pmatrix}$$

Para que a matriz P.Q.R calculada seja igual a S, devemos ter

–7x – 13 = 1

x = –2

Resposta: (A) x=–2

744) UFLA – As equações obtidas da equação matricial são:

$$\begin{bmatrix} 2 & 3 \\ 3 & x \end{bmatrix} \begin{bmatrix} 5 & -3 \\ -3 & y \end{bmatrix} = \begin{bmatrix} 1 & 0 \\ 0 & 1 \end{bmatrix}$$

10 – 9 = 1

–6 + 3y = 1 ➔ y = 7/3

15 – 3x = 0 ➔ x = 5

–9 + xy = 1 ➔ xy = 10 (afirmativa (C))

Resposta: (C) xy=10

745)UFPE – Analisando as afirmativas para a matriz dada:

$$M(\alpha)=\begin{pmatrix} \cos(\alpha) & -sen(\alpha) & 0 \\ sen(\alpha) & \cos(\alpha) & 0 \\ 0 & 0 & 1 \end{pmatrix}$$

(V) M(0) é a matriz identidade 3x3 CERTO!
cos(0) = 1 e sen(0) = 0. De fato a matriz fica com 1 na diagonal principal e 0 fora da diagonal principal, ou seja, a matriz identidade.

(V) $[M(\alpha)]^2 = M(2\alpha)$. CERTO!
De fato, fazendo a multiplicação de matrizes $M(\alpha)\times M(\alpha)$, o resultado apresenta os mesmos termos 0 e 1, nas mesmas posições. Os termos que eram $\cos(\alpha)$ aparecem como $\cos^2(\alpha) - sen^2(\alpha)$, o mesmo que $\cos(2\alpha)$, e os termos que eram $sen(\alpha)$ aparecem como $2.sen(\alpha).\cos(\alpha)$, que é o mesmo que $sen(2\alpha)$

(V) $M(\alpha)$ tem determinante 1. CERTO !
Para qualquer α, o determinante é $sen^2(\alpha) + \cos^2(\alpha)$, que vale 1.

(V) $M(\alpha)$ é invertível, e sua inversa é $M(-\alpha)$. CERTO !
Basta verificar que o produto $M(\alpha) \times M(-\alpha)$ = matriz identidade de ordem 3, o que caracteriza que essas matrizes são uma a inversa da outra.

(V) Se $M(\alpha)^t$ é a transposta de $M(\alpha)$, então $M(\alpha).M(\alpha)^t = M(0)$. CERTO !
Basta construir a transposta e multiplicar, verificando que o resultado é a matriz identidade de ordem 3, que é M(0).

Resposta: VVVVV

746) UFMS – Se det(M) = 2, então $\det(M^{-1}) = 1/2$. Logo

$$\det\begin{pmatrix} p & 1/2 \\ -2 & q \end{pmatrix} = 1/2$$

p.q + 1 = 1/2
p.q = 1/2

Resposta: (D) 1/2

747) UDESC – Teremos que calcular as matrizes X e Y, bem como seus determinantes.
Para isso resolveremos um sistema de equações matriciais.

2X – 2Y = A.B
$-X + 2Y = A^T$
➔ $X = A.B + A^T$
➔ $Y = A^T + (A.B)/2$

$$A.B=\begin{pmatrix} 1 & 2 \\ 3 & -2 \end{pmatrix}.\begin{pmatrix} 0 & 2 \\ -1 & 4 \end{pmatrix}=\begin{pmatrix} -2 & 10 \\ 2 & -2 \end{pmatrix}$$

Portanto, temos

$$X=\begin{pmatrix} -1 & 13 \\ 4 & -4 \end{pmatrix},\ Y=\begin{pmatrix} 0 & 8 \\ 3 & -3 \end{pmatrix}$$

Os determinantes de X e Y valem, respectivamente, –48 e –24. A soma vale –72.

Resposta: (B) –72

748) USP – A equação dada pode ser escrita como:
A.A = 2A.
Agora precisamos relacionar essas matrizes com det(A).

det(A.A) é o mesmo que det(A).det(A) = $[\det(A)]^2$.
Como A é uma matriz 2×2, temos que det(2A) = 2.2.det(A).
Ficamos então com:
$[\det(A)]^2$. = 4.det(A)
det(A) é diferente de zero, pois A é uma matriz inversível. Podemos simplificar a expressão por det(A), ficando com
det(A) = 4

Resposta: (E) 4

749) UDESC – Como a expressão envolve adições de matrizes, não podemos utilizar propriedades dos determinantes para encontrar a resposta sem calcular as matrizes envolvidas, pois os teoremas existentes, em sua maioria, dizem respeito a multiplicação de matrizes. A transporta de A é fácil encontrar, basta trocar as posições de linhas com as colunas. A inversa de uma matriz 2x2 é também fácil. Invertemos as posições dos elementos da diagonal principal, trocamos os sinais dos elementos da diagonal secundária e dividimos a matriz pelo seu determinante.

Dada a matriz $A = \begin{pmatrix} 2 & 3 \\ 4 & 8 \end{pmatrix}$, temos det(A) = 4. Fazendo o cálculo, fica:

$$A^{-1} = \frac{1}{4} \times \begin{pmatrix} 8 & -3 \\ -4 & 2 \end{pmatrix} = \begin{pmatrix} 2 & -3/4 \\ -1 & 1/2 \end{pmatrix}$$

Portanto a matriz B vale:

$$B = \begin{pmatrix} 2 & 4 \\ 3 & 8 \end{pmatrix} - 2.\begin{pmatrix} 2 & -3/4 \\ -1 & 1/2 \end{pmatrix} = \begin{pmatrix} 2 & 4 \\ 3 & 8 \end{pmatrix} - \begin{pmatrix} 4 & -3/2 \\ -2 & 1 \end{pmatrix} = \begin{pmatrix} -2 & 11/2 \\ 5 & 7 \end{pmatrix}$$

O determinante de B vale:
–14 – 55/2 = –83/2

Resposta: (B) –83/2

750) UFLA – O determinante de uma matriz é igual ao determinante de sua transposta. O determinante de uma matriz inversa, é igual ao inverso do determinante da matriz original. Então o determinante de A deve ser igual a –1/3.
det(A) = x/π + 3 = –1/3
x/π = –1/3 – 3 = –10/3
x = –10π/3

Resposta: (C) $-\frac{10}{3}\pi$

Resoluções do teste 76

751) UFS – Analise as afirmações seguintes, classificando-as em verdadeiras (V) ou falsas (F).

(V) Se na matriz $\begin{bmatrix} 1 & 7 & 13 & \dots \\ 2 & 8 & 14 & \dots \\ 3 & 9 & 15 & \dots \\ 4 & 10 & 16 & \dots \end{bmatrix}$ os elementos de cada linha formam uma progressão aritmética infinita, então o número 447 é o elemento da 3ª linha e 75ª coluna.

CERTO. A lógica da matriz é a seguinte: cada coluna "usa" 6 números, sendo que 4 participam da matriz, e dois não. Por exemplo, na 1ª coluna, 1, 2, 3 e 4 participam e 5 e 6 não. Encontramos então qual é o próximo múltiplo de 6 depois de 447. É 450, portanto esse número é da 150ª coluna. Os seis números são: 445, 446, 447, 448 visíveis e 449, 450 omitidos. Portanto 447 está na 3ª linha da 75ª coluna.

(V) Se $A=\begin{pmatrix}1 & 2\\ 3 & 4\end{pmatrix}$ e $B=\begin{pmatrix}2 & 1\\ 1 & 2\end{pmatrix}$, a equação **det(A – xB) = 0**, em que x∈ℝ, admite duas raízes racionais.

CERTO. A matriz (A–xB) é $\begin{pmatrix}1-2x & 2-x\\ 3-x & 4-2x\end{pmatrix}$. Seu determinante é $3x^2 - 5x - 2$. As soluções são 2 e –1/3, que são duas raízes racionais.

(F) Se A^{-1} é a matriz inversa de $A=\begin{pmatrix}-1 & 0\\ 1 & 2\end{pmatrix}$, então $\det(A + A^{-1}) = -13/2$.

ERRADO. A matriz A^{-1} vale $\begin{pmatrix}-1 & 0\\ 1/2 & 1/2\end{pmatrix}$, e a matriz $A + A^{-1}$ vale $\begin{pmatrix}-2 & 0\\ 3/2 & 5/2\end{pmatrix}$. Seu determinante é –5.

(F) Se A^T é a matriz transposta de $A=\begin{pmatrix}2x & 1 & x\\ x & -3 & 1\\ 1 & 0 & 2\end{pmatrix}$, com x≠0 e $\det(A^T) = 12$, então x = 1.

ERRADO. O determinante de uma matriz é igual ao da sua transposta. Basta então obrigar o det(A) a ser igual a 12.
$-12x + 1 - 2x + 3x = 12 \Rightarrow x = -1$

(V) Se $A=\begin{pmatrix}1 & x\\ y & 1\end{pmatrix}$ é tal que $A^2=\begin{pmatrix}-10 & -2\\ 22 & -10\end{pmatrix}$, então x + y = 10.

CERTO. $A^2=\begin{pmatrix}1+xy & 2x\\ 2y & 1+xy\end{pmatrix}=\begin{pmatrix}-10 & -2\\ 22 & -10\end{pmatrix} \Rightarrow$ x = –1 e y = 11, x + y = 10.

Resposta: VVFFV

752) UFSC –As verdadeiras são propriedades das operações com matrizes.

(F) A.B só é possível quando A e B forem matrizes de mesma ordem.

(V) $(A^T)^T.A^{-1} = I$
A transposta da transposta de A é A. A multiplicada pela sua inversa é a identidade.

(F) det(A + B) = det(A) + det(B)
ERRADO, não existe essa propriedade.

(V) Se A é uma matriz de ordem n x m, e B é de ordem m x k, então A x B é uma matriz de ordem n x k. CERTO. Definição do produto de matrizes.

(V) Se A é uma matriz de ordem n, então $\det(kA) = k^n.\det(A)$, k∈ℝ. CERTO. Multiplicando uma linha por k, o determinante fica multiplicado por k. Multiplicando todas as linhas, fica multiplicado por k^n.

Resposta: FVFVV

753) UFV – As matrizes desse conjunto são ao todo 16, pois temos duas escolhas para cada elemento, então no total são 2×2×2×2 = 16 matrizes.

Quanto à primeira linha, podemos ter 0 0, 0 1, 1 0 e 1 1. As que têm primeira linha 0 0 possuem determinante igual a zero. As que têm linhas iguais também têm determinante igual a zero. Com 0 1 na primeira linha, as matrizes que têm determinante diferente de zero são:

$\begin{pmatrix} 0 & 1 \\ 1 & 1 \end{pmatrix}, \begin{pmatrix} 0 & 1 \\ 1 & 0 \end{pmatrix}$

Com 1 0 na primeira linha, as matrizes com determinantes diferentes de zero são:

$\begin{pmatrix} 1 & 0 \\ 1 & 1 \end{pmatrix}, \begin{pmatrix} 1 & 0 \\ 0 & 1 \end{pmatrix}$

Finalmente, com 1 1 na primeira linha, as matrizes com determinantes diferentes de zero são:

$\begin{pmatrix} 1 & 1 \\ 1 & 0 \end{pmatrix}, \begin{pmatrix} 1 & 1 \\ 0 & 1 \end{pmatrix}$

São portanto 6 matrizes com determinantes diferentes de zero. As outas 10 têm determinantes iguais a zero. A probabilidade pedida é 10/16. Usando 8 no denominador, isso se reduz a 5/8.

Resposta: (C) 5

754) UNICAMP – Uma matriz será invertível (ou inversível) ou não, dependendo do fato do seu determinante ser 0 ou não.
Matriz inversível : determinante $\neq 0$

Portanto temos que calcular o determinante da matriz dada:

$\det(A) = \cos^2 x + \text{sen}^2 x = 1$
Portanto, para qualquer valor de x, o determinante será igual a 1, ou seja, a matriz será inversível.

Resposta: (E) A é invertível para todos os valores de x.

755) USP – O produto de uma matriz pela sua inversa é a matriz identidade. Não conhecemos a matriz A^{-1} completa, apenas a primeira coluna. Podemos escrever:

$$A.A^{-1} = \begin{pmatrix} a & 2a+1 \\ a-1 & a+1 \end{pmatrix} . \begin{pmatrix} 2a-1 & ? \\ -1 & ? \end{pmatrix} = \begin{pmatrix} 1 & 0 \\ 0 & 1 \end{pmatrix}$$

Linha 1, coluna 1: $2a^2 - a - 2a - 1 = 1$ ➔ $2a^2 - 3a - 2 = 0$
Temos duas soluções: a = 2 e a = –1/2;
Com a = 2, temos:

$A = \begin{pmatrix} 2 & 5 \\ 1 & 3 \end{pmatrix}, A^{-1} = \begin{pmatrix} 3 & -5 \\ -1 & 2 \end{pmatrix}$ (permuta os elementos da diagonal principal, troca sinal da diagonal secundária e divide pelo determinante). De fato, nessas condições a primeira coluna da matriz inversa combina com $\begin{pmatrix} 2a-1 \\ -1 \end{pmatrix}$.

Nesse caso, a soma dos elementos da diagonal principal é 5, resposta (A).

Com a = –1/2, temos:

$A = \begin{pmatrix} -1/2 & 0 \\ -3/2 & 1/2 \end{pmatrix}, A^{-1} = \begin{pmatrix} -2 & 0 \\ -6 & 2 \end{pmatrix}$. Nesse caso, os números da 1ª coluna de A^{-1} não combinam com os valores dados em $\begin{pmatrix} 2a-1 \\ -1 \end{pmatrix}$.

Resposta: (A) 5

756) IFMT – O cálculo usando simplesmente a Regra de Sarrus é razoavelmente trabalhoso. Para facilitar, vamos subtrair a terceira linha da 1ª e da 2ª, ficando com um novo determinante com vários zeros. Com essa nova matriz, o cálculo do determinante fica muito mais fácil:

$$\begin{pmatrix} x+n & y+n & z \\ x & y & z+n \\ x & y & z \end{pmatrix}$$

$$\begin{pmatrix} n & n & 0 \\ 0 & 0 & n \\ x & y & z \end{pmatrix}$$

$n^2x - n^2y$

Resposta: (D) $n^2(x - y)$

757) IFRO – A segunda matriz é similar à primeira, com duas diferenças.
1ª: a linha com (a b c) permutou sua posição com a linha (2 8 1). Isso provoca a troca do sinal do determinante.
2ª: a linha (2 8 1) foi multiplicada por 2. Isso multiplica o determinante por 2. Então ao todo, o determinante fica multiplicado por –2. Portanto o determinante da nova matriz vale –140.

Resposta: (D) –140

758) UFAM – Podemos usar o Teorema de Laplace para reduzir a ordem da matriz cujo determinante queremos calcular. Isso sempre pode ser feito, mas é vantajoso quando temos muitos zeros. Por exemplo, a linha 1 tem apenas 1 elemento diferente de zero. O determinante dessa matriz é o mesmo que o determinante da matriz alternativa abaixo:

$$\begin{pmatrix} 1 & 0 & 0 & 0 & 0 \\ -5 & 0 & 1 & 3 & 2 \\ 6 & 3 & 0 & 2 & 1 \\ 9 & 1 & 0 & 2 & 0 \\ -1 & -1 & 0 & 1 & 0 \end{pmatrix} \quad \begin{pmatrix} 1 & 0 & 0 & 0 & 0 \\ -5 & \boxed{0} & 1 & 3 & 2 \\ 6 & 3 & 0 & 2 & 1 \\ 9 & 1 & 0 & 2 & 0 \\ -1 & -1 & 0 & 1 & 0 \end{pmatrix}$$

O determinante pedido é igual a $1.(-1)^{1+1}$ vezes a matriz 4×4 indicada. Esse determinante, por sua vez, pode ser escrito com a troca da 1ª com a 2ª coluna, ficando:

$$-\begin{pmatrix} 1 & 0 & 3 & 2 \\ 0 & 3 & 2 & 1 \\ 0 & 1 & 2 & 0 \\ 0 & -1 & 1 & 0 \end{pmatrix}$$

O sinal negativo foi devido à troca das posições das colunas 1 e 2. Como a 1ª coluna começa com 1 e tem os demais elementos zero, podemos usar novamente o Teorema de Laplace:

$$-\begin{pmatrix} 3 & 2 & 1 \\ 1 & 2 & 0 \\ -1 & 1 & 0 \end{pmatrix}$$

Agora podemos terminar o cálculo usando a Regra de Sarrus:
–[1 + 2] = –3

Resposta: (A) –3

759) UDESC – Podemos criar mais zeros na matriz, subtraída a terceira linha da segunda (2ª = 2ª – 3ª). Ficamos com a segunda matriz indicada ao lado.

$$\det\begin{pmatrix} \log_2(x-2) & 2 & \log_{0,5}(x-3) \\ 1 & 1 & 1 \\ 1 & 0 & 1 \end{pmatrix} \le 1$$

O determinante é $\log_2(x-2) - \log_{0,5}(x-3)$

Ficamos portanto com a inequação

$$\det\begin{pmatrix} \log_2(x-2) & 2 & \log_{0,5}(x-3) \\ 0 & 1 & 0 \\ 1 & 0 & 1 \end{pmatrix} \le 1$$

$\log_2(x-2) - \log_{0,5}(x-3) \le 1$

Apliquemos mudança de base para ficar só com a base 2:

$$\log_2(x-2) - \frac{\log_2(x-3)}{\log_2(0,5)} \le 1$$

$$\log_2(x-2) - \frac{\log_2(x-3)}{-1} \le 1$$

$$\log_2(x-2) + \log_2(x-3) \le 1$$

$$\log_2[(x-2)(x-3)] \le 1$$

$$(x-2)(x-3) \le 2$$

$$x^2 - 5x + 6 - 2 \le 0$$

$$x^2 - 5x + 4 \le 0$$

$1 \le x \le 4$

Essa é a solução, mas como temos os termos x–2 e x–3 nos logaritmos, é preciso que x seja maior que 3. Portanto a resposta é

$3 < x \le 4$

Resposta: (C) $\{x \in \mathbb{R} \mid 3 < x \le 4\}$

760) UDESC – Precisamos determinar as funções $g^{-1}(x)$ e $f \circ g(x)$

$g(x) = x - 1$ ➔ $g^{-1}(x) = x + 1$

$f \circ g(x) = (x - 1)^2$

Com essas informações podemos calcular os elementos das matrizes A e B.

$$A = \begin{pmatrix} 3 & 4 \\ -2 & 7 \end{pmatrix},\ B = \begin{pmatrix} 0 & 1 \\ -2 & 9 \end{pmatrix}$$

(é preciso formar os elementos usando as fórmulas dadas para os elementos de A e B. Note que são funções definidas por partes, existem fórmulas diferentes para $i \le j$ (diagonal principal para cima) e para $i > j$ (para baixo da diagonal principal).

O determinante de A.B é o produto dos determinantes de A e B.

det(A) = 21 + 8 = 29

det(B) = 2

det(A.B) = 29 × 2 = 58.

Resposta: (C) 58

Resoluções do teste 77

761) IFRS – Vejamos quais equações podemos encontrar a partir da equação matricial dada. Multiplicando as matrizes do 1º membro, temos:

$$\begin{bmatrix} 2 & 1 \\ 3 & 0 \\ x & -1 \end{bmatrix} \cdot \begin{bmatrix} y \\ 2 \end{bmatrix} = \begin{bmatrix} 4 \\ 3 \\ 2 \end{bmatrix}$$

2y + 2 = 4

3y = 3

xy – 2 = 2

As duas primeiras equações resultam em y=1. Substituindo na terceira, temos x – 2 = 2, ou x=4. Temos que verificar agora qual das respostas são satisfeitas para x=4 e y=1. A única satisfeita por x=4 e y=1 é a resposta (E).

Resposta: (E) 2x – 3y = 5

762) USP – Desenvolvendo a equação matricial, temos:

$3.tg(\alpha) + 6.\cos(\beta) = 0$

$6.tg(\alpha) + 8.\cos(\beta) = -2\sqrt{3}$. Multiplicamos a 1ª equação por 2 e subtraímos da segunda.

$6.tg(\alpha) + 12.\cos(\beta) = 0$

$4.\cos(\beta) = 2\sqrt{3}$

$\cos(\beta) = \dfrac{\sqrt{3}}{2}$ ➔ $\beta = \pi/6$ (30°)

$3.tg(\alpha) + 6.\cos(\beta) = 0$

$tg(\alpha) = -2.\cos(\beta) = -\sqrt{3}$

$\alpha = -\pi/3$ (–60°)

Logo a + b = π/6 – π/3 = - π/6

Resposta: (B) – π/6

763) UDESC – Primeiramente encontremos a inversa de C. O determinante de C é 1. Permutamos os elementos da diagonal principal e trocamos os sinais dos outros dois. Dividimos pelo determinante, que é 1.

$$C^{-1} = \begin{bmatrix} 3 & 1 \\ -1 & 0 \end{bmatrix}$$

A equação $A.(B^T)=C^{-1}$ se reduz a:

$$\begin{bmatrix} x & 2 & 1 \\ 1 & y & -1 \end{bmatrix} \begin{bmatrix} 1 & -1 \\ 4 & 2 \\ z & w \end{bmatrix} = \begin{bmatrix} 3 & 1 \\ -1 & 0 \end{bmatrix}$$

x + 8 + z = 3

–x + 4 + w = 1

1 + 4y – z = –1

–1 + 2y – w = 0

Somando as duas primeiras equações ficamos com uma equação com z e w:

z + w = –8

Multiplicando a última equação por 2, e subtraindo da terceira, temos

–z + 2w = –4

Somando essas duas últimas, temos 3w = –12, w = –4

Substituindo w na equação acima, encontramos z = –4

Substituindo na 1ª equação, temos x = –1

Na terceira, temos y = –3/2

Resposta: x = –1, y = –3/2, z = –4 e w = –4.

764) UF Uberlândia – É dado que $(2A - 3I)^2 = 0$. Desenvolvendo a equação matricial, temos:

4A.A - 12A.I + 9.I.I = 0

4.A.A - 12.A.I = –9.I

(–4/9).A.A + (12/9).A.I = I

A.[(–4/9).A + (4/3).I] = I

Quando temos A.M = I, significa que M é a inversa de A. Portanto, concluímos que A é inversível e que sua inversa é [(–4/9).A + (4/3).I].

Resposta: (B) A é inversível e A^{-1} = (–4/9).A + (4/3).I

765) UF Uberlândia – Façamos a substituição de x e y por –4 e 5, e encontraremos uma equação envolvendo θ.

$$\begin{pmatrix} 1 & sen(\theta) \\ sen(2\theta) & 1 \end{pmatrix} . \begin{pmatrix} -4 \\ 5 \end{pmatrix} = \begin{pmatrix} -4+5.sen(\theta) \\ -4.sen(2\theta)+5 \end{pmatrix} = \begin{pmatrix} 0 \\ 29/25 \end{pmatrix}$$

Dessas duas equações, encontramos que sen(θ) = 4/5 e cos(θ) = 3/5 (da segunda linha)
Então tg(θ) = (4/5) ÷ (3/5) = 4/3

Resposta: (A) 4/3

766) UFLA – Faça o produto das matrizes e determine o valor de x.

$$\begin{pmatrix} x & 1 & x \end{pmatrix} . \begin{pmatrix} 2 & 3 \\ x & x \\ 2 & 3 \end{pmatrix} = \begin{pmatrix} 2x+x+2x & 3x+x+3x \end{pmatrix} = \begin{pmatrix} 5x & 7x \end{pmatrix}$$

$$\begin{pmatrix} 5x & 7x \end{pmatrix} . \begin{pmatrix} 4 \\ 5 \end{pmatrix} = \begin{pmatrix} 20x+35x \end{pmatrix} = \begin{pmatrix} 55x \end{pmatrix} = \begin{pmatrix} 5 \end{pmatrix}$$ ➔ x = 1/11

Resposta: x = 1/11

767) FGV – Explicitando a equação matricial, temos

$$A = \begin{bmatrix} 1 & -2 & 3 \\ 2 & 4 & -1 \end{bmatrix} . \begin{bmatrix} x \\ y \\ z \end{bmatrix} = \begin{bmatrix} 0 \\ 1 \end{bmatrix}$$

Ficamos com as equações:
x – 2y + 3z = 0
2x + 4y –z = 1
Temos mais incógnitas que equações, então trata-se de um sistema indeterminado. Multiplicando a primeira equação por 2 e passando z para o segundo membro nas duas equações, temos:
2x – 4y = –6z
2x + 4y = 1 + z
Somando as equações, ficamos com x = (1 – 5z)/4
Subtraindo, ficamos com y = (1 + 7z)/8
Portanto tomando z como uma variável livre, que pode assumir infinitos valores, as incógnitas x e y também assumirão infinitos valores, conforme z varia.
O sistema tem portanto infinitas soluções.

Resposta: (E) infinitas

768) UNICAMP – Fazendo A^2 = A, ficamos com

$$\begin{bmatrix} a & 0 \\ b & 1 \end{bmatrix} . \begin{bmatrix} a & 0 \\ b & 1 \end{bmatrix} = \begin{bmatrix} a & 0 \\ b & 1 \end{bmatrix}$$

$$\begin{bmatrix} a^2 & 0 \\ ab+b & 1 \end{bmatrix} = \begin{bmatrix} a & 0 \\ b & 1 \end{bmatrix}$$

a^2 = a
ab + b = b
A primeira relação é satisfeita por a=0 e a=1.
a=0 não é uma solução válida, pois a matriz A não seria inversível.
Se a = 1, a segunda relação fica b + b = b, ou seja b=0.

Resposta: (B) a=1 e b=0

769) UFRGS – A solução da equação matricial A.X = B é encontrada multiplicando os dois membros pela inversa de A. Ficamos com:

$A^{-1}.A.X = A^{-1}.B$

Como $A^{-1}.A$ é a matriz identidade, ficamos com

$X = A^{-1}.B$

Lembre que a multiplicação deve ser feita na ordem certa, no caso, multiplicar à esquerda, já que o produto de matrizes não é comutativo.

Ou seja, para encontrar a matriz X, que é a solução do sistema, multiplicamos a inversa de A pela matriz B.

Precisamos portanto encontrar a inversa da matriz A. A forma mais simples de calcular essa inversa é pelo método de Gauss-Jordan. Escrevemos a matriz desejada ao lado da matriz identidade, e fazemos operações elementares com ambas, até a matriz A ser transformada na matriz identidade. Quando isso ocorrer, a matriz identidade terá se transformado na inversa de A.

Trocamos a 3ª linha por 3ª – 1ª

$$\begin{bmatrix}1 & 2 & 1\\0 & 1 & -1\\1 & 0 & 1\end{bmatrix}\begin{bmatrix}1 & 0 & 0\\0 & 1 & 0\\0 & 0 & 1\end{bmatrix}\rightarrow$$

Somamos 3ª com o dobro da 2ª

$$\begin{bmatrix}1 & 2 & 1\\0 & 1 & -1\\0 & -2 & 0\end{bmatrix}\begin{bmatrix}1 & 0 & 0\\0 & 1 & 0\\-1 & 0 & 1\end{bmatrix}\rightarrow$$

1ª – dobro da 2ª

$$\begin{bmatrix}1 & 2 & 1\\0 & 1 & -1\\0 & 0 & -2\end{bmatrix}\begin{bmatrix}1 & 0 & 0\\0 & 1 & 0\\-1 & 2 & 1\end{bmatrix}\rightarrow$$

2ª – metade da 3ª

$$\begin{bmatrix}1 & 0 & 3\\0 & 1 & -1\\0 & 0 & -2\end{bmatrix}\begin{bmatrix}1 & -2 & 0\\0 & 1 & 0\\-1 & 2 & 1\end{bmatrix}\rightarrow$$

1ª + 3/2 da 3ª

$$\begin{bmatrix}1 & 0 & 3\\0 & 1 & 0\\0 & 0 & -2\end{bmatrix}\begin{bmatrix}1 & -2 & 0\\1/2 & 0 & -1/2\\-1 & 2 & 1\end{bmatrix}\rightarrow$$

Dividir a 3ª por –2

$$\begin{bmatrix}1 & 0 & 0\\0 & 1 & 0\\0 & 0 & -2\end{bmatrix}\begin{bmatrix}-1/2 & 1 & 3/2\\1/2 & 0 & -1/2\\-1 & 2 & 1\end{bmatrix}\rightarrow\begin{bmatrix}1 & 0 & 0\\0 & 1 & 0\\0 & 0 & 1\end{bmatrix}\begin{bmatrix}-1/2 & 1 & 3/2\\1/2 & 0 & -1/2\\1/2 & -1 & -1/2\end{bmatrix}$$

Agora que a matriz A se transformou na identidade, a matriz identidade se transformou na inversa de A. Agora podemos calcular $X = A^{-1}.B$

$$\begin{bmatrix}-1/2 & 1 & 3/2\\1/2 & 0 & -1/2\\1/2 & -1 & -1/2\end{bmatrix}.\begin{bmatrix}0\\1\\3\end{bmatrix}=\begin{bmatrix}11/2\\-3/2\\-5/2\end{bmatrix}$$

Resposta: (C)

770) UFAM – Primeiramente calculemos a matriz X:

$2X - A + 3B = 0$

$2X = A - 3B$

$X = (1/2).(A - 3B)$. Usando as matrizes A e B dadas, encontramos para X:

$$X=\begin{bmatrix}2 & 1\\1/2 & 0\end{bmatrix}$$

Agora encontremos a inversa de X. A inversa de uma matriz 2×2 é encontrada invertendo as posições dos elementos da diagonal principal, trocando os sinais da diagonal secundária, e dividindo o resultado pelo determinante da matriz original. Esse determinante vale –1/2, e dividir por –1/2 é o mesmo que multiplicar por –2. Ficamos portanto com:

$$\begin{bmatrix} 2 & 1 \\ 1/2 & 0 \end{bmatrix} \rightarrow -2.\begin{bmatrix} 0 & -1 \\ -1/2 & 2 \end{bmatrix} = \begin{bmatrix} 0 & 2 \\ 1 & -4 \end{bmatrix}$$

Resposta: (A)

Resoluções do teste 78

771) ENEM – Sejam A o número de acertos e E o número de erros. Sendo assim, o valor recebido pelo participante é 20A – 10E. Como foram recebidos R$ 100,00, temos a primeira equação pronta:

20A – 10E = 100, que pode ser simplificada para

2A – E = 10

O participante deu 80 tiros, então temos outra equação:

A + E = 80

A 1ª equação pode ser escrita como E = 2A – 10. Substituindo este valor de E na 2ª equação, temos:

A + 2A – 10 = 80

3A = 90

A = 30

Usando E = 2A – 10, ficamos com E = 50

O participante acertou alvo A vezes, ou seja, 30.

Resposta: (A) 30

772) IFS – O sistema, com mesmo número de equações que incógnitas (matriz de coeficientes quadrada), é possível e determinado quando o determinante é diferente de zero.

$-2 - 2m \neq 0$

$m \neq -1$

Apenas o uso desse conceito já permite resolver a questão, encontrando a resposta (A) como correta.

Resposta: (A)

773) UFLA – O determinante da matriz dada é $3\sqrt{2} - \sqrt{ab}$, dado como sendo $\frac{\sqrt{2}}{2}$. Então:

$$3\sqrt{2} - \sqrt{ab} = \frac{\sqrt{2}}{2}$$

$$\sqrt{ab} = \frac{5\sqrt{2}}{2} \rightarrow ab = \frac{25}{2}$$

Não temos como descobrir os valores de a e b, mas sabendo seu produto, provavelmente será possível calcular o determinante pedido.

$$\begin{vmatrix} -1 & 0 & 0 \\ 1 & 1 & a \\ 1 & b & 0 \end{vmatrix} = ab = \frac{25}{2}$$

Resposta: (A) 25/2

774) UFRN – A mensagem enviada é o resultado da matriz multiplicada pela mensagem original, ou seja:

$$\begin{bmatrix} 1 & 0 & 1 \\ 0 & 1 & 2 \\ 3 & 0 & 4 \end{bmatrix} . \begin{bmatrix} x \\ y \\ z \end{bmatrix} = \begin{bmatrix} 23 \\ 17 \\ 70 \end{bmatrix}$$

É importante observar que a mensagem enviada, 23 – 17 – 70, não é a informação da origem, mas a informação que trafegou pelo caminho (rádio, por exemplo), para ser recuperada no destino.

Para encontrar a mensagem original, x – y – z, devemos multiplicar toda a equação matricial acima, pela inversa da matriz de código, que fará a operação inversa.

$$\begin{bmatrix} x \\ y \\ z \end{bmatrix} = \begin{bmatrix} 1 & 0 & 1 \\ 0 & 1 & 2 \\ 3 & 0 & 4 \end{bmatrix}^{-1} \times \begin{bmatrix} 23 \\ 17 \\ 70 \end{bmatrix}$$

Utilizaremos o método de Gauss-Jordan para encontrar a inversa da matriz dada.

3ª – triplo da 1ª

$$\begin{bmatrix} 1 & 0 & 1 \\ 0 & 1 & 2 \\ 3 & 0 & 4 \end{bmatrix}\begin{bmatrix} 1 & 0 & 0 \\ 0 & 1 & 0 \\ 0 & 0 & 1 \end{bmatrix} \rightarrow$$

1ª – 3ª

$$\begin{bmatrix} 1 & 0 & 1 \\ 0 & 1 & 2 \\ 0 & 0 & \mathbf{1} \end{bmatrix}\begin{bmatrix} 1 & 0 & 0 \\ 0 & 1 & 0 \\ -3 & 0 & 1 \end{bmatrix} \rightarrow$$

2ª – dobro da 3ª

$$\begin{bmatrix} 1 & 0 & 0 \\ 0 & 1 & 2 \\ 0 & 0 & 1 \end{bmatrix}\begin{bmatrix} 4 & 0 & -1 \\ 0 & 1 & 0 \\ -3 & 0 & 1 \end{bmatrix} \rightarrow$$

$$\begin{bmatrix} 1 & 0 & 0 \\ 0 & 1 & 0 \\ 0 & 0 & 1 \end{bmatrix}\begin{bmatrix} 4 & 0 & -1 \\ 6 & 1 & -2 \\ -3 & 0 & 1 \end{bmatrix}$$

Chegamos à identidade, então a matriz indicada à direita é a inversa procurada. Com isso, podemos encontrar a mensagem x – y – z

$$\begin{bmatrix} x \\ y \\ z \end{bmatrix} = \begin{bmatrix} 4 & 0 & -1 \\ 6 & 1 & -2 \\ -3 & 0 & 1 \end{bmatrix} \times \begin{bmatrix} 23 \\ 17 \\ 70 \end{bmatrix} = \begin{bmatrix} 22 \\ 15 \\ 1 \end{bmatrix}$$

As letras correspondentes a 22 – 15 – 1 são V, O, A

Resposta: (D) voa

775) UFLA – De um modo geral, o produto de matrizes não é comutativo, mas para valores particulares de matrizes, é possível ter validade. Calculemos as matrizes A.B e B.A:

$$A.B = \begin{pmatrix} 1 & 1 \\ 1 & -1 \end{pmatrix} . \begin{pmatrix} m & 2 \\ n & 4 \end{pmatrix} = \begin{pmatrix} m+n & 6 \\ m-n & -2 \end{pmatrix}, \quad B.A = \begin{pmatrix} m & 2 \\ n & 4 \end{pmatrix} . \begin{pmatrix} 1 & 1 \\ 1 & -1 \end{pmatrix} = \begin{pmatrix} m+2 & m-2 \\ n+4 & n-4 \end{pmatrix}$$

m + n = m + 2 ➔ $\boxed{n = 2}$

m – 2 = 6 ➔ $\boxed{m = 8}$

Temos que conferir se esses valores de m e n encontrados usando a primeira linha, conferem com a igualdade dos elementos da segunda linha, caso contrário o problema é impossível.

m – n = n + 4 ➔ 8 – 2 = 2 + 4 : OK!

–2 = n – 4 ➔ –2 = 2 – 4 : OK!

Portanto os valores de m e n são respectivamente 8 e 2, e m – n vale 6.

Resposta: (C) 6

776) UDESC – O determinante da matriz B vale:

48 + 12 + 6/4 – (12 – 12 – 6) = 60 + 3/2 + 6 = 67,5

Esse determinante tem valor fixo diferente de zero. Então a única forma de termos det(A.B)=0, é se o próprio det(A) valer zero, de acordo com o Teorema de Binet:

det(A.B) = det(A).det(B)

Tudo o que temos que fazer é obrigar det(A) a ser zero.

$\det(A) = 2sen(x) + 7/16 - 3sen(x) - sen^2(x) - 2 + 21/16$ (Regra de Sarrus)

$\det(A) = -sen(x) - sen^2(x) - 1/4$

Fazendo s=sen(x) e obrigando det(A) a ser zero, ficamos com uma equação do 2º grau:

$4s^2 + 4s + 1 = 0$

A equação tem solução única s = –1/2, ou seja, sen(x) = –1/2

As soluções são 7π/6 e 11π/2, somados com 2kπ.

Resposta: (D) {x∈ℝ | x = 7π/6 + 2kπ ou x = 11π/6 + 2kπ}, com k∈ℤ.

777) UFSC – Classifique as afirmativas em verdadeiras (V) ou falsas (F).

(F) O número de elementos de uma matriz quadrada de ordem 12 é 48. ERRADO. Claro que é $144 = 12^2$.

(F) Somente podemos multiplicar matrizes de mesma ordem. ERRADO. É preciso apenas que o número de colunas da primeira matriz seja igual o número de linhas da segunda.

(V) A soma das raízes da equação $\begin{pmatrix} x & x & x \\ 4 & x & x \\ 4 & 4 & x \end{pmatrix} = 0$ é 8. CERTO. O determinante é $x^3 + 4x^2 + 16x - 4x^2 - 4x^2 - 4x^2 = x^3 - 8x^2 + 16x = x(x - 4)^2$. Este polinômio do 3º grau tem raízes 0, 4 e 4 (raiz dupla). A soma das raízes é 8.

(F) Uma matriz quadrada pode ter diversas matrizes inversas. ERRADO. A inversa, quando existe, é única.

(F) O sistema formado pelas equações $3x - 2y = 0$ e $x + y = 0$ é indeterminado. ERRADO. É determinado, pois o determinante do sistema é diferente de zero.

Resposta: FFVFF

778) UF Viçosa – Calculemos o determinante da matriz (xI – A)

$$xI - A = \begin{pmatrix} x-1 & 0 & 7 \\ -1 & x-2 & 1 \\ 0 & -4 & x-13 \end{pmatrix}$$

O determinante da matriz é:
$(x - 1)(x - 2)(x - 13) + 28 + 4(x - 1) = x^3 - 16x^2 + 45x - 2$
Nem pense em resolver essa equação do terceiro grau. Observe o que o problema pergunta. A expressão dada pode ser avaliada facilmente, usando a relação entre coeficientes e raízes (relações de Girard).

Em uma equação do 3º grau normalizada, ou seja, com coeficiente de maior grau igual a 1, o termo de 2º grau é a soma das raízes com sinal trocado, e o termo independente é o produto das raízes com sinal trocado.
Levando isso em conta, calculemos a expressão

$$\frac{1}{bc} + \frac{1}{ac} + \frac{1}{ab} = \frac{a+b+c}{abc}$$

Sendo a, b e c as raízes da equação, temos que $a + b + c = 16$ e $a.b.c = 2$. A expressão acima vale $16/2 = 8$.
Falta agora calcular $\log_{\sqrt{2}}(8)$

Como 8 é o mesmo que $(\sqrt{2})^6$, este logaritmo vale 6.

Resposta: (A) 6

779) UNICAMP – Calculemos o determinante:
$\det(M) = 1 + a^2 + b^2 - ab - ab - 1 = (a - b)^2$
Como a e b são distintos, a – b é diferente de zero. Então o determinante não vale zero, portanto a matriz M é invertível.
O determinante é $(a - b)^2$, um número positivo. Então a resposta (B) está correta.
O determinante não é $a^2 - b^2$, pois isso não é a mesma coisa que $(a - b)^2$.
A matriz M não é igual à sua transporta, pois os valores de a e b são diferentes.

Resposta: (B)

780) UNESP – Resolvendo a equação, lembrando que A, B, C e X são matrizes quadradas de ordem n:

A + BX = X + 2C
BX = X + 2C + A
BX – X = 2C + A
(B – I).X = 2C + A
X = (2C + A). $(B - I)^{-1}$
Esse valor de X só pode ser calculado se a matriz $(B - I)^{-1}$ existir, ou seja, se (B – I) for invertível.

Resposta: (D)

Resoluções do teste 79

781) UFT – Um sistema linear com os termos do segundo membro igual a zero, admite a solução trivial, nesse caso, x=0, y=0 e z=0. Esta solução será única se o sistema for determinado, pois isso é exatamente o que significa um sistema determinado: uma única solução. Além de determinado (1 solução), um sistema linear também pode ser impossível (nenhuma solução) ou indeterminado (infinitas soluções). O que define a classe é o determinante:
Determinante ≠ 0 ➔ sistema determinado
Determinante = 0 ➔ sistema indeterminado ou impossível

A única forma do nosso sistema ter outras soluções além da trivial, é se for um sistema indeterminado. Para isso, é obrigatório que se determinante seja zero.

$$\begin{vmatrix} 1 & 1 & 2 \\ 1 & -p & 1 \\ p & -1 & -1 \end{vmatrix} = 0 \quad \rightarrow$$

$p + p - 2 + 1 + 1 + 2p^2 = 0$
$2p^2 + 2p = 0$
As soluções são p=0 e p=–1

Resposta: (D) p = 0 ou p = –1

782) UFPE – Para discutir o sistema, precisamos primeiro calcular o seu determinante:
$\det(S) = \lambda + \lambda + \lambda - 1 - 1 - \lambda^3$
$= -\lambda^3 + 3\lambda - 2$
Vemos que λ = 1 satisfaz à equação. Vamos fatorar a equação original, usando o método de Briot-Ruffini.
O polinômio dividendo deve estar completo e ordenado.
$-\lambda^3 + 0\lambda^2 + 3\lambda - 2$

	–1	0	3	–2
1				

Escrevemos na linha superior, os coeficientes do polinômio que será dividido. Na coluna da esquerda, a raiz do divisor. No caso, estamos dividindo por x – 1, então escrevemos 1.

	–1	0	3	–2
1	–1	–1	2	0

Resultado: $-\lambda^2 - \lambda + 2$, resto 0

Repetimos o coeficiente do termo de maior grau (–1)
A seguir multiplicamos o 1 pelos coeficientes encontrados e somamos com o próximo coeficiente do dividendo. No caso, temos:
1 × (–1) + 0 = –1
1 × (–1) + 3 = 2
1 × 2 – 2 = 0

Portanto o nosso determinante é $(\lambda - 1)(-\lambda^2 - \lambda + 2)$
O trinômio do 2º grau também pode ser fatorado (cap 2 = álgebra)
A fatoração completa do trinômio do 3º grau original é
$-(\lambda - 1)(\lambda + 2)(\lambda - 1)$
Os valores que anulam o determinante são portanto λ = 1 e λ = –2.

(V) Se $\lambda=1$, então S é impossível.
CERTO. Este é um dos valores que anula o determinante. Faz com que o sistema seja impossível ou indeterminado. Para saber a diferença, é preciso substituir este valor de λ nas equações. Este valor fará com que as três equações fiquem iguais a x + y + z valendo 0 – 1, 5 e 2. A expressão x + y + z não pode valer ao mesmo tempo, três valores diferentes. Portanto o sistema seria impossível.

(V) Se $\lambda = -2$, então S é impossível. CERTO. Se somarmos as três equações, ficaremos com 0 = 6, o que é impossível.

(V) Se $\lambda=0$, então S é possível determinado. CERTO. Este valor de λ faz o determinante ser diferente de zero, então o sistema é possível determinado.

(F) Se $\lambda\neq1$, então S é possível determinado. ERRADO. O valor de $\lambda=2$ também é proibido, pois vimos que torna o sistema impossível.

(F) Se $\lambda \neq -2$, então S é possível indeterminado. ERRADO. Vimos que quase todos os valores tornam o sistema determinado.

Resposta: VVVFF

783) UFSM – O determinante vale zero. Significa que o sistema pode ser indeterminado ou impossível. Isso já mostra que as afirmativas I e III são falsas, mas isso não é suficiente para resolver a questão. É precioso entender de sistemas lineares. Vamos utilizar o método da Eliminação de Gauss. Formamos uma matriz estendida, contendo os coeficientes das incógnitas e os termos do segundo membro.

$$\begin{bmatrix}1 & 3 & 2\\2 & 5 & 3\\3 & 5 & 2\end{bmatrix}\begin{bmatrix}250\\420\\430\end{bmatrix}$$

A seguir fazemos operações elementares com as linhas, visando "zerar" a banda inferior à diagonal principal. Nesse caso, conseguimos isso inicialmente trocando a 2ª linha, por 2ª – o dobro da 1ª, e trocando a 3ª linha por 3ª – o triplo da 1ª.

$$\begin{bmatrix}1 & 3 & 2\\0 & -1 & -1\\0 & -4 & -4\end{bmatrix}\begin{bmatrix}250\\-80\\-320\end{bmatrix}$$

Trocamos o sinal da 2ª linha. Agora somamos a 3ª linha com o quádruplo da 2ª.

$$\begin{bmatrix}1 & 3 & 2\\0 & 1 & 1\\0 & 0 & 0\end{bmatrix}\begin{bmatrix}250\\80\\0\end{bmatrix}$$

Trocamos o sinal da 2ª linha. Agora somamos a 3ª linha com o quádruplo da 2ª.
A terceira equação se reduziu a 0 = 0. Se fosse 0 igual a um valor diferente, o sistema seria impossível. No caso, o sistema é indeterminado.

Significa que o sistema tem infinitas soluções. Não é possível encontrar valores para as variáveis, mas eles estão relacionados. Os valores de x e y são dependentes do valor da variável z. Podemos escrever o sistema na forma:
$x + 3y = 250 - 2z$
$y = 80 - z$
A cada valor de z (variável independente) encontraremos valores correspondentes de x e y (variáveis dependentes).
O sistema na verdade tem solução, apenas trata-se de uma solução indeterminada. Impossível é quando não existe solução alguma, mas no caso desse sistema, vimos que existem soluções, apenas dependem do valor de z.
Então a afirmativa (II) está errada.
Quanto à afirmativa (IV), é verdadeira, exatamente o que foi explicado. Portanto a sequência de afirmativas é FFFV

Resposta: (E) apenas IV

784) IFS – Utilizemos o método da Eliminação de Gauss.

Multiplicar 2ª por 2

$$\begin{bmatrix} 2 & -1 & 3 \\ -3 & 6 & 18 \\ -6 & 6 & 6 \end{bmatrix}\begin{bmatrix} -6 \\ -15 \\ 2 \end{bmatrix} \rightarrow$$

Somar a 2ª e a 3ª com o triplo da 1ª

$$\begin{bmatrix} 2 & -1 & 3 \\ -6 & 12 & 36 \\ -6 & 6 & 6 \end{bmatrix}\begin{bmatrix} -6 \\ -30 \\ 2 \end{bmatrix} \rightarrow$$

Dividir a 2ª linha por 3

$$\begin{bmatrix} 2 & -1 & 3 \\ 0 & 9 & 45 \\ 0 & 3 & 15 \end{bmatrix}\begin{bmatrix} -6 \\ -48 \\ -16 \end{bmatrix} \rightarrow$$

Subtrair a 2ª da 3ª

$$\begin{bmatrix} 2 & -1 & 3 \\ 0 & 3 & 15 \\ 0 & 3 & 15 \end{bmatrix}\begin{bmatrix} -6 \\ -16 \\ -16 \end{bmatrix} \rightarrow \begin{bmatrix} 2 & -1 & 3 \\ 0 & 3 & 15 \\ 0 & 0 & 0 \end{bmatrix}\begin{bmatrix} -6 \\ -16 \\ 0 \end{bmatrix}$$

Chegamos à terceira linha com 0 = 0. Significa que o sistema é indeterminado, pois temos uma equação a menos que as incógnitas.

Isso nos permite concluir que a resposta correta é a (D), pois é a única que tem o sistema indeterminado. Para encontrar uma solução particular, atribuímos um valor genérico à variável z (no caso, o problema usou a) e calculamos x e y em função de a. Na prova, para ganhar tempo, convém marcar logo (D) e passar para a próxima questão. Se for preciso encontrar os valores de x e y, basta resolver o sistema 2x2.

Resposta: (D) O sistema é possível indeterminado com solução $\left(\dfrac{-17-12a}{3}, \dfrac{-16-15a}{3}, a\right)$

785) UNIFEI – Um sistema homogêneo admite apenas a solução trivial (todas as incógnitas valem zero), quando seu determinante é diferente de zero, ou seja, sistema determinado. Para que o sistema homogêneo admita outras soluções diferentes da trivial, precisa ser indeterminado, ou seja, infinitas soluções. Isso requer que o determinante seja zero.

Portanto vamos obrigar o determinante do sistema a ser igual a zero. Levando em conta que a, b e c são proporcionais a 1, 2 e 3, podemos chamá-los de k, 2k e 3k.

$$\Delta = \begin{vmatrix} -2 & -2 & 3k \\ 2 & 2k & 2 \\ 3k & 2 & -2 \end{vmatrix}$$

O determinante vale:
$8k - 12k + 12k + 8 - 8 - 18k^3 = -18k^3 + 8k$
Vale zero para k = 0 e para $k = \pm 2/3$

O valor de 6a + 3b + c é 6k + 6k + 3k = 15k. Com os valores de k encontrados, a expressão pedida tem que valer 0, 10 ou –10.

Resposta: 0, 10 ou –10

786) UFAM – Sendo homogêneo, para que seja indeterminado, é preciso que o determinante seja zero.

$(2 - m)(3 - m) - 2 = 0$
$6 - 5m + m^2 - 2 = 0$
$m^2 - 5m + 4 = 0$
As soluções são m = 1 e m =4.

Resposta: (C) m=4 ou m=1

787) UFSC – Usemos eliminação de Gauss.

$$\begin{bmatrix} 1 & 2 & 1 \\ 2 & 1 & -1 \\ 3 & -1 & -2 \end{bmatrix}\begin{bmatrix} 9 \\ 3 \\ -4 \end{bmatrix}$$

Façamos duas operações:
2ª – dobro da 1ª
3ª – triplo da 1ª

$$\begin{bmatrix} 1 & 2 & 1 \\ 0 & -3 & -3 \\ 0 & -7 & -5 \end{bmatrix}\begin{bmatrix} 9 \\ -15 \\ -31 \end{bmatrix}$$

Dividimos a 2ª equação por 3 e trocamos o sinal
Depois fazemos 3ª + 7 × 2ª

$$\begin{bmatrix} 1 & 2 & 1 \\ 0 & 1 & 1 \\ 0 & 0 & 2 \end{bmatrix}\begin{bmatrix} 9 \\ 5 \\ 4 \end{bmatrix}$$

As equações resultantes são:
2z = 4 ➔ z = 2
y + z = 5 ➔ y = 5 – z ➔ y = 3
x = 9 – 2y – z = 9 – 6 –2 ➔ x = 1

O valor de a + b + c, ou seja, x + y + z, é 6.

Resposta: 6

788) UF Viçosa – Somando as duas últimas equações, temos:

$$\begin{cases} x+2y=5 \\ y+z=6 \\ 2y-z=0 \end{cases}$$

3y = 6 ➔ y = 2
Da 2ª equação, z = 6 – y = 6 – 2 = 4 ➔ z = 4
Da 1ª equação, temos x – 5 – 2y = 5 – 4 = 1 ➔ x = 1
As soluções para x, y e z são 1, 2 e 4. É uma progressão geométrica de razão 2.

Resposta: (B) geométrica de razão 2

789) UNICAMP – Se a, b e c são números inteiros consecutivos, podemos chama-los de k – 1, k e k + 1. Esses valores satisfazem às equações, então podemos escrever, da 1ª equação dada:

$$\begin{cases} x+2y+3z=20 \\ 7x+8y-mz=26 \end{cases}$$

k – 1 + 2k + 3(k + 1) = 20
6k + 2 = 20
6k = 18
k = 3. Portanto os números são 2, 3 e 4. Esses números satisfazem à segunda equação:
7.2 + 8.3 – m(4) = 26
14 + 24 – 4m = 26
12 = 4m
$\boxed{m = 3}$

Resposta: (A) 3

790) USP – Usemos o método da Eliminação de Gauss.

$$\begin{cases} ax-y=1 \\ y+z=1 \\ x+z=m \end{cases}$$

$$\begin{bmatrix} a & -1 & 0 \\ 0 & 1 & 1 \\ 1 & 0 & 1 \end{bmatrix}\begin{bmatrix} 1 \\ 1 \\ m \end{bmatrix}$$

Trocamos as posições da 1ª e da 3ª linhas, para ficar com 1 como pivô.

$$\begin{bmatrix} 1 & 0 & 1 \\ 0 & 1 & 1 \\ a & -1 & 0 \end{bmatrix}\begin{bmatrix} m \\ 1 \\ 1 \end{bmatrix}$$

Subtraímos da 3ª linha, a primeira multiplicada por a.

$$\begin{bmatrix} 1 & 0 & 1 \\ 0 & 1 & 1 \\ 0 & -1 & -a \end{bmatrix}\begin{bmatrix} m \\ 1 \\ 1-ma \end{bmatrix}$$

Somamos a 3ª com a 2ª

$$\begin{bmatrix} 1 & 0 & 1 \\ 0 & 1 & 1 \\ 0 & 0 & 1-a \end{bmatrix}\begin{bmatrix} m \\ 1 \\ 2-ma \end{bmatrix}$$

Se a não for igual a 1, o sistema é determinado. Se a = 1, poderá ser indeterminado ou impossível, o que dependerá do valor de m.

Analisando as opções:

(A) No caso em que a=1, o sistema tem solução se, e somente se, m=2.
Se a=1, a 3ª equação fica 0 = 2 – m. É preciso que m seja 2, e o sistema será indeterminado. Esta é a resposta correta, o que resolve a questão. Não é preciso analisar as demais opções, a menos para uma certificação, ou para estudar a matéria.
(B) O sistema tem solução, quaisquer que sejam os valores de a e m.
Errado. Se a=1 e m≠2, o sistema se reduz a 0 = 2 – m, que seria impossível.
(C) No caso em que m=2, o sistema tem solução se, e somente se, a=1.
Errado. Com a≠1, o determinante é não nulo, e o sistema é determinado.
(D) O sistema só tem solução se a=m=1. Errado, já visto em (C)
(E) O sistema não tem solução, quaisquer que sejam os valores de a e m. Errado, vimos casos em que existem soluções para valores específicos.

Resposta: (A)

Resoluções do teste 80

791) UFAM – A matriz de criptografia usada é muito simples. É uma matriz diagonal. A inversa de uma matriz diagonal é outra matriz diagonal, cujos elementos são os inversos dos elementos da matriz original. Ou seja, essa inversa é a indicada ao lado.

$$\begin{pmatrix} 21 & 0 & 0 & 0 \\ 0 & 11 & 0 & 0 \\ 0 & 0 & 5/3 & 0 \\ 0 & 0 & 0 & 4 \end{pmatrix}$$

Multiplicando essa matriz inversa (usada para decodificação) pela matriz B, que representa a palavra codificada, ficamos com:

$$\begin{pmatrix} 21 & 0 & 0 & 0 \\ 0 & 11 & 0 & 0 \\ 0 & 0 & 5/3 & 0 \\ 0 & 0 & 0 & 4 \end{pmatrix}\begin{pmatrix} 1 \\ 2 \\ 3 \\ 4 \end{pmatrix} = \begin{pmatrix} 21 \\ 22 \\ 4 \\ 16 \end{pmatrix}$$

Usando a tabela de correspondência, descobrimos que esses números correspondem às letras T, U, D, O.

Resposta: (D) TUDO

792) UFBA – Para ser possível e determinado, o determinante deve ser diferente de zero.

$$\begin{cases} 2x+2y-2z=2 \\ 3x+4y+(k-1)z=4 \\ x+ky+3z=2 \end{cases}$$

$$\begin{vmatrix} 2 & 2 & -2 \\ 3 & 4 & k-1 \\ 1 & k & 3 \end{vmatrix} = 24+2(k-1)-6k+8-18-2k(k-1)$$

$$= -2k^2-2k+12$$

As raízes são 2 e –3. Valores diferentes tornam o determinante diferente de zero, e o sistema determinado.

Valores 2 e 0 – 3 podem tornar o sistema indeterminado ou impossível.
Com k = 2, o sistema fica:

$$\begin{bmatrix} 1 & 1 & -1 \\ 3 & 4 & 1 \\ 1 & 2 & 3 \end{bmatrix}\begin{bmatrix} 1 \\ 4 \\ 2 \end{bmatrix}$$

Esse é o sistema para k=2, simplificando a 1ª equação por 2. Usemos o método da Eliminação e Gauss para zerar os elementos da primeira coluna abaixo da diagonal principal.

$$\begin{bmatrix} 1 & 1 & -1 \\ 0 & 1 & 4 \\ 0 & 1 & 4 \end{bmatrix}\begin{bmatrix} 1 \\ 1 \\ 1 \end{bmatrix}$$

Subtraindo a 2ª da 3ª linha, ficamos com uma linha zerada.
Isso indica um sistema indeterminado.

$$\begin{bmatrix} 1 & 1 & -1 \\ 0 & 1 & 4 \\ 0 & 0 & 0 \end{bmatrix}\begin{bmatrix} 1 \\ 1 \\ 0 \end{bmatrix}$$

Portanto para k=2, o sistema é indeterminado.
Agora fazendo k = –3:

$$\begin{bmatrix} 1 & 1 & -1 \\ 3 & 4 & -4 \\ 1 & -3 & 3 \end{bmatrix}\begin{bmatrix} 1 \\ 4 \\ 2 \end{bmatrix}$$

Subtraímos o triplo da 1ª linha da 2ª, e a 1ª linha da 3ª .

$$\begin{bmatrix} 1 & 1 & -1 \\ 0 & 1 & -1 \\ 0 & -4 & 4 \end{bmatrix}\begin{bmatrix} 1 \\ 1 \\ 1 \end{bmatrix}$$

Agora somamos a 3ª linha com o quádruplo da 2ª:

$$\begin{bmatrix} 1 & 1 & -1 \\ 0 & 1 & -1 \\ 0 & 0 & 0 \end{bmatrix}\begin{bmatrix} 1 \\ 1 \\ 5 \end{bmatrix}$$

A última equação ficou 0 = 5, o que indica um sistema impossível.

Respostas:
Determinado: k ≠ 2 e k ≠ –3 **Indeterminado: k = 2** **Impossível: k = –3**

793) UFAM – A solução trivial é uma solução do sistema homogêneo. Será uma solução única quando o sistema for determinado, ou seja, seu determinante deve ser diferente de zero. Para que o sistema homogêneo admita outras soluções diferentes da trivial, deve ser indeterminado. Para que isso aconteça, é necessário que seu determinante seja zero.

$$\begin{vmatrix} 2 & 3 & -1 \\ 4 & 6 & -\lambda \\ \lambda & -1 & 1 \end{vmatrix} = 12 - 3\lambda^2 + 4 - 2\lambda - 12 + 6\lambda = 0$$

$-3\lambda^2 + 4\lambda + 4 = 0$
As soluções são 2 e –2/3.

Resposta: (A) λ = –2/3 ou λ = 2

794) UFV – Existe solução em que x=2. Portanto, fazendo x=2 em ambas as equações, temos:

$$\begin{cases} 2x + (k+3)y = 0 \\ kx - 3y = 4 \end{cases}$$

4 + (k + 3)y = 0 ➔ y = –4/(k+3)
2k – 3y = 4 ➔ y = (2k – 4)/3
Igualando os valores de y, temos:

$$-\frac{4}{k+3} = \frac{2k-4}{3}$$

$-12 = 2k^2 - 4k + 6k - 12$
$2k^2 + 2k = 0$
As soluções são k=0 e k=–1

A opção (D) é a única que tem um desses valores.

Resposta: (D) {–1, 2, 5}

795) UFPI – Usemos o Teorema de Laplace para calcular o determinante, usando como pivô os elementos da 3ª linha, na qual temos apenas 2^x não nulo.
O valor do determinante é dado como 1:

$$\begin{vmatrix} 2^x & \cos(x^2+1) & -sen(x^2+1) \\ 1 & sen(x^2+1) & \cos(x^2+1) \\ 2^x & 0 & 0 \end{vmatrix}$$

$$(-1)^{3+1}.2^x.\begin{vmatrix} \cos(x^2+1) & -sen(x^2+1) \\ sen(x^2+1) & \cos(x^2+1) \end{vmatrix} = 1$$

$2^x.[\cos^2(x^2+1) + sen^2(x^2+1)] = 2^x = 1$
$2^x = 1 \Rightarrow x=0$

Resposta: (B) A equação possui uma única solução real.

796) IFMT – Calculando o determinante 2x2:

$$\begin{pmatrix} 2\cos(\theta) & 3sen(\theta) \\ 2sen(\theta) & 3\cos(\theta) \end{pmatrix}$$

$6.\cos^2(\theta) - 6\ sen^2(\theta) = 6.\cos(2\theta)$
$6.\cos(2\theta) = 4$
$\cos(2\theta) = 2/3$
A secante de (2θ) é o inverso do cosseno de 2θ. Portanto, 3/2.

Resposta: (B) 3/2

797) UFPR – Calculemos o determinante:

$$f(x) = \det\begin{bmatrix} \cos(2x) & sen(x) & 0 \\ \cos(x) & 1/2 & 0 \\ 1 & 0 & 2 \end{bmatrix}$$

$f(x) = \cos(2x) - 2.sen(x).\cos(x)$
A expressão $2.sen(x).\cos(x)$ é o mesmo que $sen(2x)$. Então
$f(x) = \cos(2x) - sen(2x)$
a) $f(0) = \cos(0) - sen(0) = 1 - 0 = 1$
$f(\pi/4) = \cos(\pi/2) - sen(\pi/2) = 0 - 1 = -1$
b) $f(x) = 0$
$\cos(2x) - sen(2x) = 0$
$\cos(2x) = sen(2x)$
$1 = tg(2x)$
$2x = \pi/4 + k\pi$
$x = \pi/8 + k\pi/2$

Respostas: a) 1, –1; b) $\pi/8 + k\pi/2$

798) UDESC – Analise as proposições abaixo.
I – O produto de uma matriz linha por uma matriz linha é uma matriz linha.
A única forma de fazer um produto válido de uma matriz linha por uma matriz linha, é se ambas forem matrizes 1x1. Isso porque o número de colunas da 1ª matriz linha tem que ser igual ao número de linhas da 2ª matriz, e isso só é possível quando as matrizes, ambas do tipo linha, forem 1x1. A rigor, uma matriz 1x1 tem uma única linha, então é uma matriz linha. Isso torna a afirmativa VERDADEIRA.
II – Uma matriz identidade elevada ao quadrado é uma matriz identidade.
VERDADEIRA. Qualquer matriz multiplicada pela identidade é igual à própria matriz. Inclusive a própria identidade. Então $I^2 = I \times I = I$
III – O produto de uma matriz por sua transposta é a matriz identidade.
ERRADO, não existe tal propriedade.

Considerando a matriz linha da primeira afirmativa, incluindo a matriz 1x1, temos VVF.

Resposta: (B) Somente as afirmativas I e II são verdadeiras.

799) UFCG – Para cada escolha de matriz A, existirá uma única escolha obrigatória para a matriz B. Por exemplo, se A for $\begin{bmatrix} 0 & 2 \\ 1 & 4 \end{bmatrix}$, B terá que ser $\begin{bmatrix} 0 & 0 \\ 3 & 2 \end{bmatrix}$. Então o número de escolhas para pares de matrizes (A, B) é igual ao número de escolhas para a matriz A:

Escolhas para a_{11}: 0 ➔ 1 escolha
Escolhas para a_{12}: 0, 1, 2 ➔ 3 escolhas
Escolhas para a_{21}: 0, 1, 2, 3, 4 ➔ 5 escolhas
Escolhas para a_{22}: 0, 1, 2, 3, 4, 5, 6 ➔ 7 escolhas
Número total de escolhas para A: $1 \times 3 \times 5 \times 7 = 105$

Resposta: (D) 105

800) UDESC – A matriz A está construída ao lado.

$$A = \begin{pmatrix} 1 & 2 & 3 \\ 2 & 4 & 6 \\ 3 & 6 & 9 \end{pmatrix}$$

(F) A é uma matriz inversível e igual a sua transposta.
ERRADO. É igual à sua transposta, mas não é inversível, calculando seu determinante, encontramos zero. Aliás, nem é preciso calcular para encontrar zero, pois suas linhas são proporcionais. Sempre que uma matriz tem duas linhas proporcionais, seu determinante é zero.

(V) CERTO. Existem as P.As cujas razões são os números das linhas: 1, 2 e 3.

(V) ERRADO. As razões não são as mesmas. São 2/1 e 3/2.

Resposta: (E) F–V–V

■

Capítulo 9

Números complexos e Polinômios

Teste 81

801) Mackenzie – O resultado da expressão $\dfrac{3+2i}{1-4i}$ na forma x + yi é

(A) $\dfrac{11}{17}+\dfrac{14}{17}i$ (B) $-\dfrac{5}{17}+\dfrac{14}{17}i$ (C) $\dfrac{11}{17}-\dfrac{14}{17}i$ (D) $\dfrac{11}{15}-\dfrac{14}{15}i$ (E) $3-\dfrac{1}{2}i$

802) UFCG – No plano complexo Argand-Gauss, a desigualdade que representa a região sombreada ao lado é dada por:

(A) $|z-1| \geq 1$
(B) $|z-1| \leq 1$
(C) $|z-i| \geq 1$
(D) $|z-1| \geq 0$
(E) $|z-1|^2 > 1$

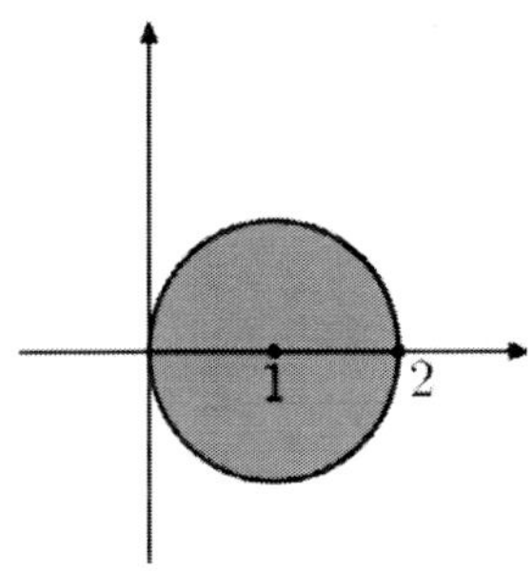

803) PUC SP – Considere os números complexos z_1 = a+bi, z_2 = –b+ai e z_3 = –b–3i, com a e b números inteiros. Sabendo que $z_1 + z_2 + z_3 = 0$, o valor de $\left(\dfrac{z_2}{z_1}\right)^3$ é igual a

(A) 1 (B) –1 (C) –i (D) i

804) PUC SP – Em relação ao número complexo $z = i^{87}.\left(i^{105}+\sqrt{3}\right)$, é correto afirmar que

(A) sua imagem pertence ao 3º quadrante do plano complexo.
(B) é imaginário puro.
(C) o módulo de z é igual a 4.
(D) seu argumento é igual ao argumento do complexo $v = \dfrac{1}{2}-\dfrac{\sqrt{3}}{2}i$.

805) UF Pelotas – Considerando o número complexo Z = a + bi, em que i é a unidade imaginária, a < b, módulo de Z é igual a 5 e módulo de Z+i é igual a $2\sqrt{5}$, é correto afirmar que a diferença entre esse número Z e o seu conjugado é igual a

(A) 6i (B) –8 (C) –6i (D) 8 (E) 0 (F) N.R.A.

806) UFT – Dadas as matrizes A e B ao lado, pode-se afirmar que $(A + B)^2$ é:

$$A = \begin{bmatrix} 3-2i & 3+4i \\ 1+3i & 2-i \end{bmatrix} \qquad B = \begin{bmatrix} -1+2i & -3+3i \\ 2-3i & -2-3i \end{bmatrix}$$

(A) $\begin{bmatrix} 4-21i & -28+14i \\ 6-12i & 16+21i \end{bmatrix}$ (B) $\begin{bmatrix} 4-21i & 16+2i \\ 6-21i & -28+14i \end{bmatrix}$

(C) $\begin{bmatrix} -4+21i & 28+14i \\ -6+12i & -16+21i \end{bmatrix}$ (D) $\begin{bmatrix} 4+21i & 28+14i \\ 6-12i & -16+21i \end{bmatrix}$

(E) $\begin{bmatrix} -16+21i & 28+14i \\ 6-12i & 4+21i \end{bmatrix}$

807) UFPI – A opção abaixo que não possui um complexo com norma 1 é:

(A) i (B) –i (C) $-\frac{\sqrt{2}}{2}+\frac{\sqrt{2}}{2}i$ (D) $\frac{\sqrt{2}}{2}-\frac{\sqrt{2}}{2}i$ (E) i+1

808) IFMT – O conjugado do complexo $\frac{2-i}{1+i}$ é:

(A) $2+i$ (B) $\frac{1}{2}+\frac{3}{2}i$ (C) $\frac{3}{2}-\frac{1}{2}i$ (D) $\frac{3}{2}+\frac{1}{2}i$ (E) $\frac{1}{4}+\frac{3}{4}i$

809) IFAL – O módulo e o argumento do número complexo z são, respectivamente, 2 e 240°. Então, o conjugado de z vale:

(A) $-2+\sqrt{3}i$ (B) $-2-\sqrt{3}i$ (C) $1-\sqrt{3}i$ (D) $-1-\sqrt{3}i$ (E) $-1+\sqrt{3}i$

810) IFSP – A figura representa um triângulo equilátero ABC, inscrito em uma circunferência de centro O. Os pontos A, B e C são os afixos dos números complexos z_1, z_2 e z_3, respectivamente. Se a área do triângulo é $12\sqrt{3}$, então a forma trigonométrica de z_2 é

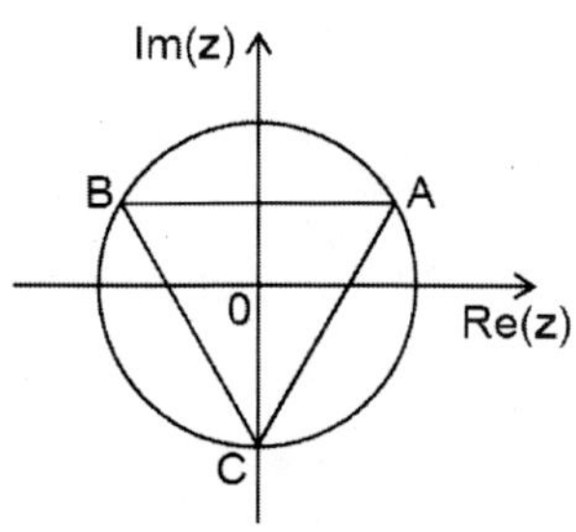

(A) $12\left(\cos\frac{2\pi}{3}+i.sen\frac{2\pi}{3}\right)$ (B) $10\left(\cos\frac{4\pi}{3}+i.sen\frac{4\pi}{3}\right)$

(C) $8\left(\cos\frac{5\pi}{3}+i.sen\frac{5\pi}{3}\right)$ (D) $6\left(\cos\frac{7\pi}{3}+i.sen\frac{7\pi}{3}\right)$

(E) $4\left(\cos\frac{5\pi}{6}+i.sen\frac{5\pi}{6}\right)$

Teste 82

811) IFS – Seja $i \in \mathbb{C}$ tal que $i^2 = -1$. Se z = a+bi, com a, b ∈ ℝ, é um número complexo e $\bar{z}$ o conjugado de z, considere as seguintes igualdades:

I . $\frac{z+\bar{z}}{2}=b$ II . $z.\frac{1}{\bar{z}}=1$ III . $z.\bar{z}=a^2+b^2$ IV . $\frac{z}{1+i}+\frac{\bar{z}}{1-i}=a+b$

Então podemos afirmar que

(A) são todas falsas.
(B) são todas verdadeiras.
(C) somente a I é verdadeira.
(D) são verdadeiras II e III, somente.
(E) são verdadeiras III e IV, somente.

812) IFPE – Calcule a expressão

$$\frac{i^{33}+i^{52}+i^{47}}{i^{40}-i^{38}}$$

(A) 0 (B) 1/2 (C) 2 (D) 1 (E) i

813) UFRJ – No jogo *Batalha Complexa* são dados números complexos *z* e *w*, chamados mira e alvo respectivamente. O tiro certeiro de *z* em *w* é o número complexo *t* tal que *tz=w*. Considere a mira z e o alvo w indicados na figura ao lado. Determine o tiro certeiro de z em w.

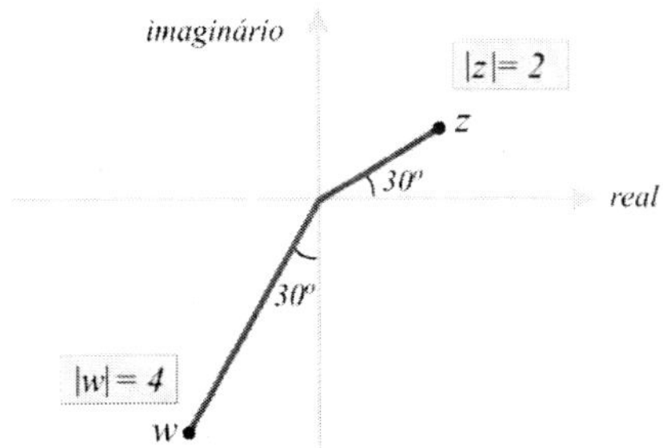

814) UFLA – Sejam z = a+bi e $\bar{z}=a-bi$ números complexos conjugados, sendo a, b números reais e i a unidade imaginária. O número $z.\bar{z}-b(\bar{z}+z)$ é igual a:

(A) $(a + b)^2$ (B) $a^2 - b^2$ (C) $a^2 + b^2$ (D) $(a - b)^2$

815) UFS – Use os números complexos $z_1=(1-3i).(-3+i)$ e $z_2=\frac{1}{2-i}+\frac{i+4}{2}$ para analisar as afirmações seguintes e classificá-las com verdadeiras (V) ou falsas (F).

( ) z_1 é um número imaginário puro.
( ) A forma trigonométrica de z1 é 10.(cos0° + i.sen0°).
( ) O módulo de z_2 é 2,5.
( ) Se θ é o argumento principal de z_2, então $0 < \theta < \pi/6$
( ) O conjugado de z_2/z_1 é $\frac{7}{100}-\frac{6}{25}i$.

816) UFPB – Considere, no plano complexo de Argand-Gauss, um relógio cujo centro coincide com a origem do plano e que, em determinado instante, a extremidade do ponteiro dos minutos está sobre o ponto do plano correspondente ao número complexo $-\sqrt{3}+i$. Nesse contexto, exatamente cinco minutos após esse instante, a extremidade desse ponteiro estará sobre o ponto do plano correspondente ao número complexo:

(A) $\sqrt{3}+i$ (B) $-\sqrt{3}-i$ (C) $-1+\sqrt{3}i$ (D) $-1-\sqrt{3}i$ (E) $1+\sqrt{3}i$

817) UFRN – Considere a igualdade $2z-i=\bar{z}+1$. É correto afirmar que o número complexo z, da forma z = a+bi, é

(A) 1 + i/3 (B) 2 + i/2 (C) 1 + 3i (D) 3 + 2i

818) IFMT – Considere os números complexos $z_1 = 1 - i$, $z_2 = k + i$, com k um número real positivo e $z_3 = z_2/z_1$. Sabendo que $|z_3| = \sqrt{13}$, é correto afirmar:

(A) $|z_1 + z_2| = 6$ (B) $k = 6$ (C) $z_3.z_1 = 4 + i$ (D) $|z_2| = 5$ (E) $z_3/z_1 = 2 + 3i$

819) UNICAMP – Sejam x e y números reais tais que $x + yi = \sqrt{3 + 4i}$, onde i é a unidade imaginária. O valor de xy é igual a

(A) –2 (B) –1 (C) 1 (D) 2

820) UFCE – Ao dividir $1 - i\sqrt{3}$ por $-1 + i$, obtém-se um complexo de argumento igual a:

(A) π/4 (B) 5π/12 (C) 7π/12 (D) 3π/4 (E) 11π/12

Teste 83

821) Mackenzie – Se i é a unidade imaginária e M, a matriz dada ao lado, tem determinante igual a 3i, os valores de a e b são, respectivamente:

$$M = \begin{bmatrix} (1+i)^{-1} & b \\ i-2 & -2a \end{bmatrix}$$

(A) 6 e 3 (B) 3 e 1 (C) 0 e 6 (D) 2 e 4 (E) 4 e 2

822) UFCG – José, fã da Matemática, bolou a seguinte estratégia para não esquecer sua senha bancária. Escolheu o número complexo $z = -\frac{1}{\sqrt{2}} + \frac{1}{\sqrt{2}}i$ e criou uma senha usando o menor inteiro n, que satisfaz a igualdade $z^n = -1$. Esse número n vale:

(A) 4 (B) 5 (C) 3 (D) 2 (E) 6

823) UF Uberlândia – Sejam os números complexos $z_1 = 3 + \sqrt{3}i$ e $z_2 = -3 - \sqrt{3}i$. O resultado da expressão $(z_1)^{80}.(z_2)^{-81}$ é igual a

(A) $\frac{-3+\sqrt{3}i}{6}$ (B) $\frac{3+\sqrt{3}i}{6}$ (C) $\frac{-3+\sqrt{3}i}{12}$ (D) $\frac{-1+\sqrt{3}i}{4}$

824) UFPE – Considerando os números complexos z = 1 – i, v = –4 –i e w = ki, k∈ℝ, classifique as afirmativas abaixo em verdadeiras (V) ou falsas (F).

( ) Um dos valores de k, para que o triângulo cujos vértices são os afixos de z, v e w tenha área igual a 10 é 3.

( ) A potência z^{20} é igual a -2^{10}.

( ) Sendo $\bar{v}$ o conjugado de v, o produto de v por $\bar{v}$ é igual a 15.

( ) O dobro do oposto do quociente de v por z é 5 + 2i.

( ) Os afixos P_0 e P_1 das raízes quadradas de z são os pontos diametralmente opostos da circunferência de centro (0, 0) e raio $\sqrt[4]{2}$.

825) UF Pelotas – Um número complexo z e seu conjugado $\bar{z}$ são tais que $\frac{1}{z - \bar{z}} = i$ e $z + \bar{z} = 0$. Nessas condições, o valor de $1/z$ é:

(A) –i (B) i (C) 2i (D) –2i (E) 1 (F) N.R.A.

826) UFAL – Se o número complexo na forma trigonométrica z = cos(θ) + i.sen(θ) tem θ ≠ π/2 + kπ, com k inteiro, qual é o valor de $\frac{z^2-1}{z^2+1}$?

(A) i.tg(θ) (B) i.sec(θ) (C) –i.tg(θ) (D) –i.sec(θ) (E) i.(sec(θ) + tg(θ))

827) IFCE – Um número complexo, elevado à 11ª potência, é igual ao seu conjugado. Determine esse número.

828) UFPI – Seja z = $(1 - i)^{100} \cdot (1 + i)^{100}$, então pode-se afirmar que

(A) A parte imaginária de z não é nula.
(B) z é uma potência de 2.
(C) z = i
(D) z = 0
(E) A parte real de z é irracional.

829) IFSP – Considere os números complexos z = 1 + i e w = $z^2 - z$, sendo i a unidade imaginária. Um argumento de w é

(A) π/3 (B) π/2 (C) 2π/3 (D) 3π/4 (E) 5π/4

830) USP – Sendo i a unidade imaginária ($i^2 = -1$), pergunta-se: quantos números reais a existem para os quais $(a + i)^4$ é um número real?

(A) 1 (B) 2 (C) 3 (D) 4 (E) infinitos

Teste 84

831) UFCG – Um professor de Matemática propõe várias questões sobre números complexos para seus alunos. Dentre as respostas abaixo, apresentadas pelos alunos, qual está correta?

(A) A igualdade $\left[2\left(\cos\frac{\pi}{6}+i.sen\frac{\pi}{6}\right)\right]^6=2^6$ é verdadeira.

(B) Se z = a + bi, então $z^2-\bar{z}^2=4abi$, onde a e b são números reais e $\bar{z}$ é o conjugado de z.

(C) A parte real do número $\frac{1+i^7}{2+i}$ é 2/5.

(D) Se o argumento de z é 2, então o argumento de 1/z é 1/2.

(E) Para todos os números complexos não nulos z_1 e z_2, vale a igualdade $|z_1-z_2|=|z_1|-|z_2|$

832) UF Pelotas – Um número complexo z e seu conjugado $\bar{z}$ são tais que $\frac{1}{z+\bar{z}}=1$ e $z-\bar{z}=i$. Nessas condições, o valor de $1/z$ é

(A) 1+i (B) 1–i (C) i (D) –i (E) 2i

833) UFSM – No plano complexo, estão representados o marco zero (ponto A) de um pequeno município e a sede de um hotel (ponto B). O marco zero do município representa o ponto de encontro dos eixos real e imaginário, sendo que esse último aponta para o norte. O formato da extensão de terra pertencente à fazenda é um círculo cujo centro é sua sede e cujos pontos de fronteira satisfazem à equação |z – 5| = 2.
Partindo da sede da fazenda (B), num ângulo de 45 graus a nordeste, como mostra a figura, encontra-se na fronteira da fazenda, uma cascata (C) batizada de Cascata Encantada, devido à boa impressão que causa aos visitantes do hotel, principalmente aos oriundos dos grandes centros menos acostumados ao contato direto com a natureza. A forma algébrica do ponto C é

(A) $\sqrt{2}+\sqrt{2}i$
(B) $\left(3+\sqrt{2}\right)+\sqrt{2}.i$
(C) $\left(3+\sqrt{2}\right)+\left(2+\sqrt{2}\right)i$
(D) $\left(5+\sqrt{2}\right)+\sqrt{2}.i$
(E) $\left(5+\sqrt{2}\right)+\left(2+\sqrt{2}\right)i$

834) UFAL – Seja f: ℂ→ℂ, com ℂ denotando o conjunto dos números complexos, a função dada por f(z) = i.z, com i sendo a unidade imaginária e z ∈ ℂ. No gráfico a seguir, estão representados os complexos z e iz. Considerando essas informações, assinale a alternativa incorreta.

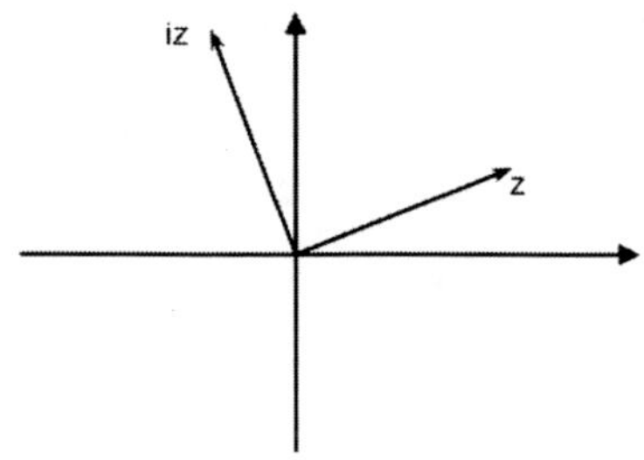

(A) f(a+bi) = –b+ai, para quaisquer a e b.
(B) Para z≠0, os afixos de z, f(z) e zero são vértices de um triângulo retângulo isósceles.
(C) f(z) = z se e somente se z=0.
(D) f(f(f(i))) = –1.
(E) f(f(z)) = –z, para todo z ∈ ℂ.

835) UFPI – Se $\bar{z}=x-yi$ é o conjugado do número complexo $z=x+yi$, então a equação $z.\bar{z}+z+\bar{z}=0$ representa

(A) uma reta paralela ao eixo imaginário.
(B) uma circunferência com centro na origem.
(C) a semirreta bissetriz do primeiro quadrante.
(D) um segmento de reta de comprimento quatro.
(E) uma circunferência com centro no ponto (–1, 0).

836) IFMT – Seja o número complexo $z=\dfrac{2i^{2011}}{(1+i)^2}$. A imagem de z no plano complexo é um ponto que pertence ao:

(A) eixo imaginário (B) eixo real (C) primeiro quadrante
(D) segundo quadrante (E) quarto quadrante

837) IFS – Sendo $z=\cos\dfrac{2\pi}{3}+i.sen\dfrac{2\pi}{3}$ um número complexo, então z^4 vale:

(A) $\dfrac{1}{2}+i.\dfrac{\sqrt{3}}{2}$ (B) $-\dfrac{1}{2}-i.\dfrac{\sqrt{3}}{2}$ (C) $\dfrac{3}{2}-i.\dfrac{\sqrt{3}}{2}$ (D) $-\dfrac{1}{2}+i.\dfrac{\sqrt{3}}{2}$ (E) 4

838) IFPE – Os números complexos são números da forma a + bi, onde a e b são números reais e i é a unidade imaginária $\left(i=\sqrt{-1}\right)$. Um número complexo é um número real, se **b** for igual a zero. Qual o valor de X para que o produto dos números complexos z_1 = 3 + 5i e z_2 = –1 + Xi seja um número real?

(A) –5/3 (B) –1/3 (C) 2/3 (D) 5/3 (E) 7/3

839) UFAM – Se $z=\dfrac{1}{2}\left(1+\sqrt{3}.i\right)$ e $w=\sqrt{2}\left(1-i\right)$ são dois números complexos, então

(A) $z.w = \cos\frac{7\pi}{6} + i.sen\frac{7\pi}{6}$ (B) $z + w = \cos\frac{7\pi}{6} + i.sen\frac{7\pi}{6}$ (C) $z^{12} = \cos\frac{4\pi}{3} + i.sen\frac{4\pi}{3}$

(D) $\frac{z}{w} = \cos\frac{7\pi}{6} - i.sen\frac{7\pi}{6}$ (E) $z = \cos\frac{\pi}{3} + i.sen\frac{\pi}{3}$ e $w = 2\left(\cos\frac{7\pi}{4} + i.sen\frac{7\pi}{4}\right)$

840) UFSC – Classifique as afirmativas em verdadeiras (V) ou falsas (F).

( ) Se z é um número complexo, então $z.z^{-1} = 1$.

( ) A parte imaginária de $(z + \bar{z})$ é o dobro da parte imaginária de z.

( ) O número complexo z = 3i tem módulo 3 e argumento 3π/2.

( ) Se z = 2i, então $z^6 = -64$.

Teste 85

841) UFAM – Se o número complexo z é definido pelo gráfico ao lado, então z^{27} está localizado no:

(A) primeiro quadrante.
(B) segundo quadrante.
(C) terceiro quadrante.
(D) quarto quadrante.
(E) N.R.A.

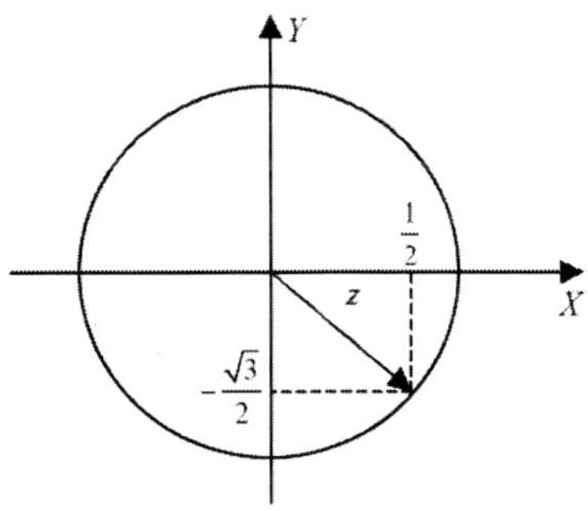

842) UFPR – Identifique as afirmativas a seguir como verdadeiras (V) ou falsas (F).

( ) Dada a função $f(x) = \log\frac{x-1}{x+1}$, então f(2) + f(3) = –log(6).

( ) As raízes do número complexo $\sqrt[2]{i}$ são $\pm\left(\frac{\sqrt{3}}{2} - i.\frac{\sqrt{3}}{2}\right)$.

( ) Para que $\frac{(n!)^2}{(2n)!} = \frac{1}{10}$, n deve ser igual a 4.

( ) É correta a desigualdade $\sqrt{4+2\sqrt{3}} = 1 + \sqrt{3}$

Assinale a alternativa que apresenta a sequência correta.

(A) F–V–F–V (B) V–F–F–V (C) V–F–V–V (D) V–V–V–F (E) F–V–F–F

843) IFSP – Considere os números complexos $z_1 = 3 + 2i$, e $z_2 = 1 + i$, a razão $z_3 = z_1/z_2$ é igual a

(A) $z_3 = (1/3).(5 - i)$
(B) $z_3 = (1/2).(3 - i)$
(C) $z_3 = (1/2).(5 - i)$
(D) $z_3 = (1/5).(2 - i)$
(E) $z_3 = (1/5).(3 - i)$

844) UF Viçosa – Considere o número complexo z = 1 + i. O valor máximo da expressão $8.sen(x).cos(x).cos(2x) - z^{12}$ é:

(A) 64 (B) 66 (C) 68 (D) 72

845) UFMG – Calcule os menores inteiros positivos m e n tais que

$(\sqrt{3}+i)^m = (2\sqrt{2}(1+i))^n$

846) UNICAMP – Considere o número complexo $z = \dfrac{1+ai}{a-i}$, onde a é um número real e i é a unidade imaginária, isto é, $i^2 = -1$. O valor de z^{2016} é igual a

(A) a^{2016} (B) 1 (C) 1+2016.i (D) i

847) UFMT – O menor inteiro positivo n para o qual o número complexo $z = (1+i.\sqrt{3})^n$ seja um número real é

(A) um quadrado perfeito
(B) um número ímpar
(C) um múltiplo de 4
(D) um múltiplo de 6
(E) um múltiplo de 8

848) UFPA – Um estudante aplicou a fórmula $x = (-b \pm \sqrt{\Delta})/(2a)$ para encontrar as raízes x_1 e x_2 da equação $x^2 - 3x + (3+i) = 0$, e ao calcular o termo $\Delta = b^2 - 4ac$, obteve $-3-4i$. Para extrair a raiz quadrada deste número, procurou números reais r e s de modo que $(r+is)^2 = -3-4i$. Após resolver o sistema real gerado por essa equação complexa, obteve como solução:

(A) $r+is = \pm(1+2i)$, $x_1 = 2+i$, $x_2 = 1+i$.
(B) $r+is = \pm(2-i)$, $x_1 = 2-i$, $x_2 = 1+i$.
(C) $r+is = \pm(1-2i)$, $x_1 = 1+i$, $x_2 = 2-i$.
(D) $r+is = \pm(1+2i)$, $x_1 = 2+i$, $x_2 = 1-i$.
(E) $r+is = \pm(2-2i)$, $x_1 = 2-i$, $x_2 = 1+i$.

849) UFS – Considere os números complexos $z_1 = 1 - i^{-3}$ e $z_2 = 2.cis\left(\dfrac{\pi}{4}\right)$ e classifique as afirmativas abaixo em verdadeiras (V) ou falsas(F).

( ) O complexo conjugado de $(z_1)^{-1}$ é $\dfrac{1}{2} + \dfrac{i}{2}$.

( ) O módulo de $z = z_1 + (z_2)^2$ é $\sqrt{10}$.

( ) Uma das raízes cúbicas de z_1 é $z = \dfrac{-\sqrt[3]{4}}{2}.(1+i)$.

( ) O argumento principal de $z = z_1.z_2$ é $\pi/2$.

( ) No plano de Argand-Gauss, a imagem do número complexo $z_1 - z_2$ pertence ao quarto quadrante.

850) UFPB – O **fator de potência** de uma unidade consumidora de energia elétrica é definido pelo número cos(ϕ), em que ϕ é o argumento de um número complexo S = P + Qi, denominado **potência aparente**. O fator de potência é uma medida importante, pois indica se uma unidade consumidor está utilizando a energia elétrica de forma eficiente e econômica. Se uma unidade consumidora tem potência aparente S = 40 + 30i, o seu fator de potência é:

(A) 0,75 (B) 0,80 (C) 0,85 (D) 0,90 (E) 0,95

Teste 86

851) Mackenzie – O polinômio de 2º grau F(x) que verifica a identidade $F(x+1) = x^2–7x+6$ é

(A) $F(x) = x^2 - 14x + 9$ (B) $F(x) = x^2 + 9x + 14$ (C) $F(x) = x^2 - 5x$
(D) $F(x) = x^2 - 9x + 14$ (E) $F(x) = x^2 - 7x + 4$

852) PUC Campinas – Calcule o produto das raízes reais da equação polinomial

$$(4x^2 - 2)(x^2 - x + 1)\left(\frac{2x-1}{2}\right) = 0$$

(A) $-\frac{\sqrt{2}}{2}$ (B) $-\frac{1}{2}$ (C) $-\frac{2}{5}$ (D) $-\frac{\sqrt{2}}{4}$ (E) $-\frac{1}{4}$

853) UEMG – Seja p(x) um polinômio do 2º grau, satisfazendo as seguintes condições:

- –1 e 4 são raízes de p(x).
- P(5) = –12

O maior valor de x para o qual p(x) = 8 é

(A) 0 (B) 3 (C) 6 (D) 12

854) UF São Carlos – Seja a equação $x^2 + bx + c = 0$, na qual b e c são coeficientes complexos. Sabendo que o produto das raízes dessa equação é 3 e que a diferença das raízes vale 5i, os possíveis valores de b são

(A) $-i\sqrt{3}$ e $i\sqrt{3}$ (B) $-i\sqrt{5}$ e $i\sqrt{5}$ (C) $-i\sqrt{7}$ e $i\sqrt{7}$
(D) $-i\sqrt{11}$ e $i\sqrt{11}$ (E) $-i\sqrt{13}$ e $i\sqrt{13}$

855) IFS – Determine os valores de α, β e μ que satisfazem a seguinte igualdade:

$$\frac{2x^2 + 3x + 2}{6} = \frac{\alpha.x^2 + 3x + \beta}{3} + \frac{\mu.x + 4}{2}$$

(A) α = 2, β = –2 e μ = 0
(B) α = 1, β = –5 e μ = –1
(C) α = 2/3, β = 2/3 e μ = 0
(D) α = –1, β = 1 e μ = –5
(E) α = 5, β = 1 e μ = 2

856) UNIFEI – Seja P(x) um polinômio do 2º grau que satisfaz condições P(0) = –2, P(0)+P(1)=1 e P(1) – 2P(3) = –47. Nessas condições, determine o Conjunto-Solução da inequação P(x) ≥ 0.

857) UNIFESP – Considere as funções quadráticas $q_1(x)$ e $q_2(x)$ cujos gráficos são exibidos ao lado.
a) faça o esboço de um possível gráfico para a função $q(x) = q_1(x).q_2(x)$
b) Calcule o quociente do polinômio h(x) = x.q(x) pelo polinômio k(x) = x + 1 e exiba suas raízes.

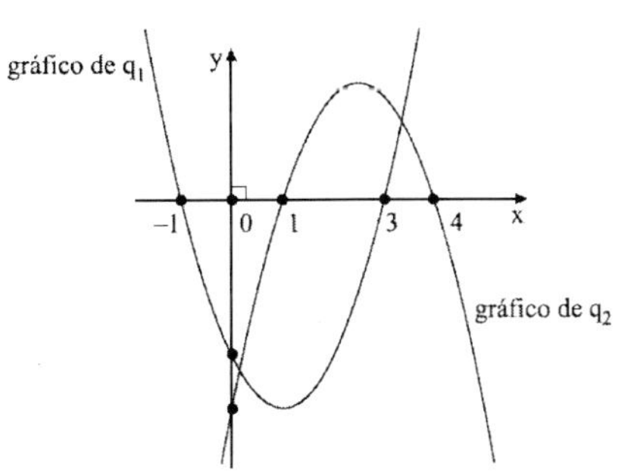

858) UFLA – Os gráficos das funções polinomiais do segundo grau,

$f(x) = a_1.x^2 + b_1.x + c_1$,
$g(x) = a_2.x^2 + b_2.x + c_2$ e
$h(x) = a_3.x^2 + b_3.x + c_3$

estão esboçados na figura ao lado. Assinale a afirmativa errada:

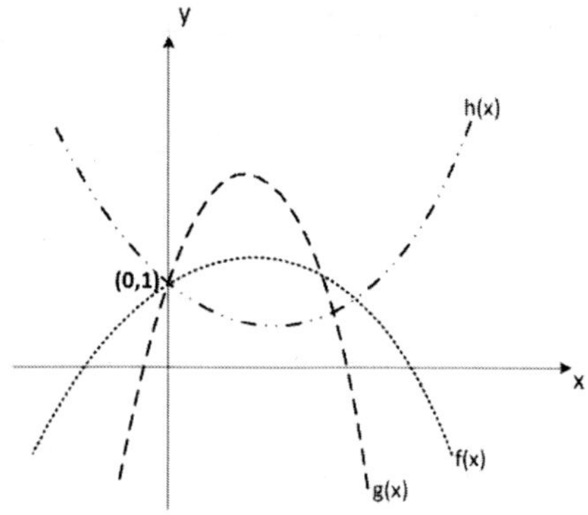

(A) $a_1.a_2.a_3 > 0$
(B) $b_1.b_2.b_3 > 0$
(C) $c_1.c_2.c_3 > 0$
(D) $(b_1)^2 - 4a_1.c_1 > 0$, $(b_2)^2 - 4a_2.c_2 > 0$ e $(b_3)^2 - 4a_3.c_3 < 0$.

859) UFSC – Classifique as afirmativas abaixo em verdadeiras (V) ou falsas (F).

( ) O valor numérico do polinômio $p(x) = x^2 - 4x + 5$ para x = i é p(i) = 4 – 4i.

( ) O conjugado do número complexo $z = \dfrac{2+i}{i}$ é 1 + 2i.

( ) A forma trigonométrica do número complexo $z = 1 - i.\sqrt{3}$ é $z = 2.\left(\cos\dfrac{5\pi}{3} + i.sen\dfrac{5\pi}{3}\right)$.

( ) O determinante $\begin{vmatrix} 1 & 1 & 1 \\ 1 & 1 & 1 \\ 1+i & 1-i & 0 \end{vmatrix}$ define um número complexo. O módulo desse número complexo é 1.

( ) Dadas as funções $f(x) = x^2 - 2x + 1$ e $g(x) = x^2 + x$, o valor do quociente $\dfrac{f(2+i)}{g(1-i)}$ é $-\dfrac{3}{5} + \dfrac{i}{5}$.

860) UNICAMP – Sejam a e b números reais não nulos. Se o número complexo z = a + bi é uma raiz da equação quadrática $x^2 + bx + a = 0$, então

(A) $|z| = 1/\sqrt{3}$ (B) $|z| = 1/\sqrt{5}$ (C) $|z| = \sqrt{3}$ (D) $|z| = \sqrt{5}$

Teste 87

861) Mackenzie – Seja $P(x) = 2x^3 - 11x^2 + 17x - 6$ um polinômio do 3º grau e 2x – 1 um de seus fatores. A média aritmética das raízes de P(x) é

(A) 7/2 (B) 8/2 (C) 9/2 (D) 10/2 (E) 11/6

862) UFCG – Um praticante de skate projetou uma pista de competição cujo formato é representado pela curva da figura abaixo. Essa curva é o gráfico de um polinômio do quarto grau com coeficientes reais que passam pelos pontos (–3, 0),
(0, –1), (6, 0) e tangencia o eixo das abscissas no ponto (2, 0).

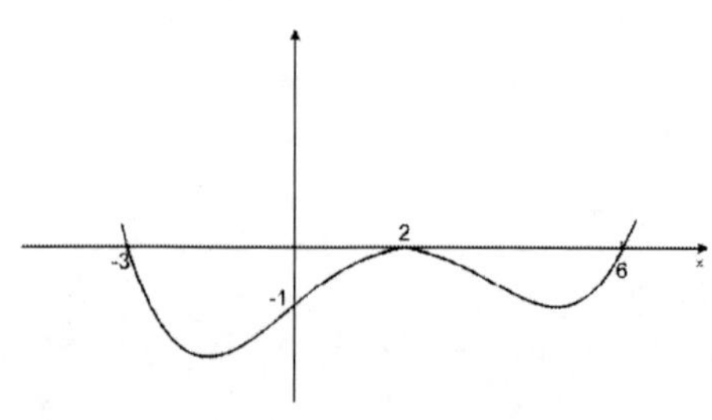

A expressão do polinômio é:

(A) $(x+3)(x+2)^2(x-6)$

(B) $\frac{1}{72}(x-3)(x+2)^2(x+6)$

(C) $-\frac{1}{72}(x+3)(x-2)^2(x-6)$

(D) $(x+3)(x-2)^2(x-6)$

(E) $\frac{1}{72}(x+3)(x-2)^2(x-6)$

863) PUC SP – Se 2 é a única raiz real da equação $\mathbf{x^3 - 4x^2 + 6x - 4 = 0}$, então, relativamente às demais raízes dessa equação, é verdade que são números complexos

(A) cujas imagens pertencem ao primeiro e quarto quadrantes do plano complexo.
(B) que têm módulos iguais a 2.
(C) cujos argumentos principais são 45° e 135°.
(D) cuja soma é igual a 2i.

864) UF Pelotas – Se $P(x) = x^3 + bx^2 + cx + d$, $P(2) = P(-5) = 0$ e a soma das raízes da equação algébrica $P(x) = 0$ é -3, então o valor de $\frac{bcd}{b+c+d}$ é

(A) 30/7 (B) –30/7 (C) 5 (D) 0 (E) –5 (F) N.R.A.

865) UFT – Dado o polinômio $P(x) = 2x^3 - 6x^2 - 4x + k$, cujas raízes reais e positivas são x_1, x_2 e x_3, podemos afirmar que o valor de k, que faz com que $(x_1)^2 + (x_2)^2 = (x_3)^2$, é igual a:

(A) $29-\frac{9\sqrt{26}}{2}$ (B) $39-\frac{9\sqrt{26}}{2}$ (C) $39-\frac{5\sqrt{26}}{2}$ (D) $19-\frac{5\sqrt{26}}{2}$ (E) $29-\frac{5\sqrt{26}}{2}$

866) CEFET CE – O gráfico ao lado é de um polinômio do terceiro grau do tipo $8x^3 - 12x^2 + ax - b$. Calcule o valor de **2a–b**.

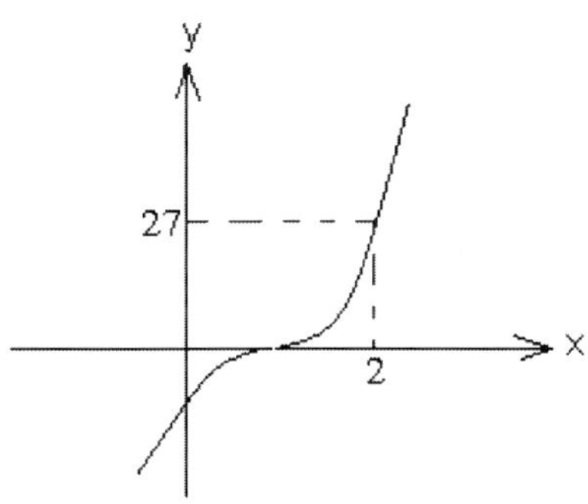

867) UFG – Determine o valor de $k \in \mathbb{R}$, para que o polinômio
$p(x) = kx^3 + (k + 1)x^2 + 2kx + 6$
seja divisível por $x^2 + 2$.

868) UFPI – Se α é uma raiz complexa do polinômio $p(x) = x^3 - 1$, tal que $\alpha \notin \mathbb{R}$, então o valor de $\alpha^0 + \alpha^1 + \alpha^2$ é

(A) –1 (B) 0 (C) 1 (D) α (E) $-\alpha$

869) UFJF – Seja $p(x) = x^3 + ax^2 + bx + c$ um polinômio com coeficientes reais. Sabe-se que as três raízes desse polinômio são o quarto, o sétimo e o décimo sexto termos de uma progressão aritmética, cuja soma de seus vinte primeiros termos é igual a 80/3 e o seu décimo terceiro termo é igual a 3. Encontre os valores de a, b e c.

870) UFMS – Sabendo-se que o número complexo (1 – i) é raiz do polinômio P(x) dado por $P(x) = x^3 + ax^2 + 8x + b$, então a soma do(x) valor(es) da(s) raiz(es) reai(is) do referido polinômio é?

Teste 88

871) FATEC – Sejam a e b números reais tais que o polinômio $P(x) = x^4 + 2ax + b$ é divisível pelo polinômio $(x - 1)^2$. O resto da divisão de P(x) pelo monômio D(x) = x é

(A) –2 (B) –1 (C) 1 (D) 3 (E) 4

872) IFMT – Os números a, b e c são as raízes do polinômio $p(x) = 3x^3 - 3x^2 + 3x - 3$. Podemos afirmar que

(A) x=1 não é raiz de p.
(B) se p(x) = 0, então a soma das raízes a + b + c = 3.
(C) se p(x) = 0, então a soma de ab + ac + bc = –1.
(D) se p(x) = 0, então o produto a.b.c = 1.
(E) todas as raízes são números reais.

873) IFSP – O resto da divisão de $P(x) = x^3 + 7x^2 - 2x + 5$ por Q(x) = x + 3 é

(A) 53 (B) 37 (C) 33 (D) 47 (E) 43

874) IFRO – A soma das raízes do polinômio $P(x) = x^3 + 6x^2 + 11x + 6$ resulta em:

(A) –5 (B) 1 (C) 6 (D) –6 (E) 5

875) UNIFEI – Encontre os valores reais para a e b, de modo que o resto da divisão do polinômio $P(x) = x^3 - 4x^2 + ax - b$ pelo polinômio $Q(x) = x^2 - x + 1$ seja igual a 4.

Resp: a = 4 e b = –1

876) USP – O polinômio $p(x) = x^3 + ax^2 + bx$, em que a e b são números reais, tem restos 2 e 4 quando dividido por x – 2 e x – 1, respectivamente. Assim, o valor de a é

(A) –6 (B) –7 (C) –8 (D) –9 (E) –10

877) UFAM – Se α, β e γ são raízes da equação $x^3 - 3x^2 - 17x + 3 = 0$, então $\alpha^2 + \beta^2 + \gamma^2$ e $\frac{1}{\alpha}+\frac{1}{\beta}+\frac{1}{\gamma}$ devem ser, respectivamente:

(A) 10 e 2 (B) 30 e 7 (C) 36 e –3 (D) 43 e 17/3 (E) 51 e –1/2

878) UDESC – Considere o polinômio $f(x) = 8x^3 - 6x^2 - 3x + 1$. Sabe-se que as raízes de f(x) são os primeiros termos de uma progressão geométrica infinita, cujo primeiro termo é a maior raiz de f(x), e a soma desta progressão é raiz do polinômio g(x) = x + a. Então, o resto da divisão de f(x) por g(x) é:

(A) –35/27 (B) –1/2 (C) –2/3 (D) –2 (E) –81

879) UF Uberlândia – O produto de duas raízes do polinômio $p(x) = x^3 + mx^2 - 36$, em que $m \in \mathbb{R}$, é igual a –12. Nessas condições, qual o valor da constante m?

(A) 5 (B) –6 (C) –7 (D) 7

880) UFPR – Considere o polinômio $p(x) = x^3 - ax^2 + x - a$ e analise as seguintes afirmativas:
1. $i = \sqrt{-1}$ é uma raiz desse polinômio.

2. Qualquer que seja o valor de a, p(x) é divisível por x – a.
3. Para que p(–2) = –10, o valor de a deve ser 0.

Assinale a alternativa correta.

(A) Somente a afirmativa 2 é verdadeira.
(B) Somente as afirmativas 1 e 2 são verdadeiras.
(C) Somente as afirmativas 1 e 3 são verdadeiras.
(D) Somente as afirmativas 2 e 3 são verdadeiras.
(E) As afirmativas 1, 2 e 3 são verdadeiras.

Teste 89

881) UFCG – Uma roleta tem os números de 1 a 12, com a mesma probabilidade de serem acertados. Ao girar a roleta, qual a probabilidade de que se acerte um número ímpar e que esse número seja raiz da equação $x^3 - 6x^2 + 11x - 6 = 0$?

(A) 1/2 (B) 1/3 (C) 1/4 (D) 1/5 (E) 1/6

882) UFMS – Sabendo-se que os números complexos $z_1 = i$ e $z_2 = 1 + i.\sqrt{5}$ são raízes da equação polinomial com coeficientes reais, dada por $x^4 - 2x^3 + mx^2 - 2x + n = 0$, calcule o valor de m + n.

883) IFMT – Sejam a, b e c, do sistema ao lado, as raízes de um polinômio P(x) do 3º grau, cujo coeficiente de x^3 é 1. São dadas ainda as seguintes relações:

$$\begin{cases} a+b+c=7 \\ ab+ac+bc=7 \\ abc=-15 \end{cases}$$

O valor de P(1) é igual a

(A) 32 (B) 16 (C) 8 (D) 4 (E) 2

884) UDESC – Seja P(x) um polinômio de terceiro grau, cujo gráfico está representado na figura ao lado. Então, o resto da divisão de P(x) pelo monômio x+2 é

(A) 0 (B) 16 (C) –12 (D) –16 (E) 12

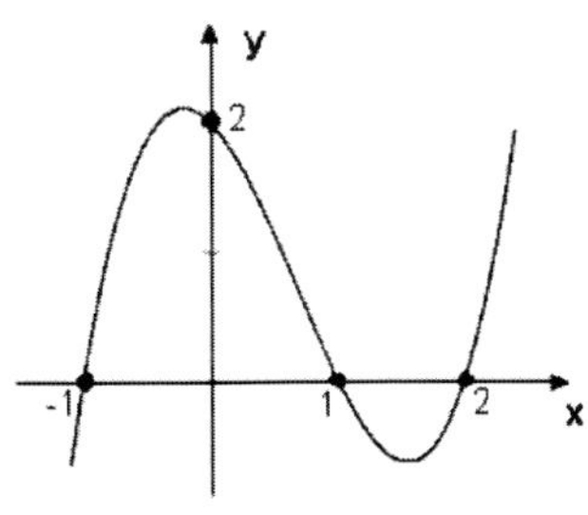

885) UFCE – Considere a função polinomial $P(x) = x^{20} + x^{12} + ax^4 + bx + 1$. Sabendo-se que a e b são números reais ambos não nulos e que P(1+i) = 4+3i, então $P\left(\frac{2}{i+i}\right)$ é igual a:

(A) $\frac{2}{1+i}$ (B) $\frac{2}{1-i}$ (C) $\frac{1}{2+i}$ (D) $4+3i$ (E) $4-3i$

886) UFPE – Seja p(x) um polinômio com coeficientes reais, com coeficiente líder 1, de grau 4, satisfazendo p(x) = p(–x) para todo x real, p(0) = 4 e p(1) = –1. Parte do gráfico de p(x) está esboçado ao lado.

Classifique as afirmações acerca de p(x) em verdadeiras (V) ou falsas (F).

( ) $p(x) = x^4 + 6x^2 + 4$

( ) As raízes de p(x) são $\pm\sqrt{3 \pm \sqrt{5}}$.

( ) As raízes de p(x) são $\dfrac{\pm\sqrt{10} \pm \sqrt{2}}{2}$

( ) $p(x) = (x^2 - 3)^2 + 5$

( ) O valor mínimo de p(x) ocorre em $x = \pm\sqrt{3}$

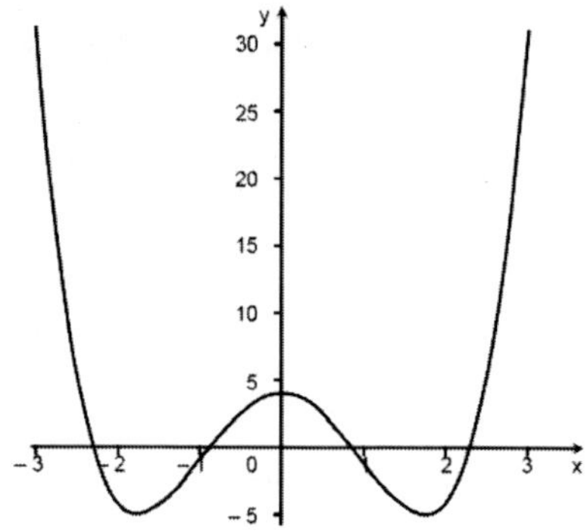

887) UFAL – Ao dividirmos o polinômio $x^{2010} + x^{1005} + 1$ pelo polinômio $x^3 + x$, qual o resto da divisão?

(A) 0 (B) $x^2 + x + 1$ (C) $x^2 - x + 1$ (D) $x^2 - x - 1$ (E) $x^2 + x - 1$

888) UFMS – Sabe-se que o polinômio P(x), definido a seguir, tem duas raízes reais opostas e que $P(1 - i) = 0$.
$P(x) = 9x^4 + ax^3 + bx^2 + cx - 90$
Então, qual é o valor da soma (a + b + c)?

889) UFJF – Sejam $p(x) = x^4 + \alpha x^3 + \beta x^2 - 11x + 30$ e $q(x) = x^2 + x - 2$ polinômios na variável x, com coeficientes reais. Se p(x) é divisível por q(x), então os números α e β são ambos:

(A) inteiros pares (B) negativos (C) primos (D) maiores que 2 (E) positivos

890) IFMT – Seja P(x) um polinômio de quarto grau, cujo gráfico está representado na figura. Sabendo que –1 é raiz dupla, 1 e 2 raízes do polinômio. Então o resto da divisão de P(x) pelo binômio (x – 3) é

(A) –32 (B) –8 (C) 8 (D) 32 (E) 40

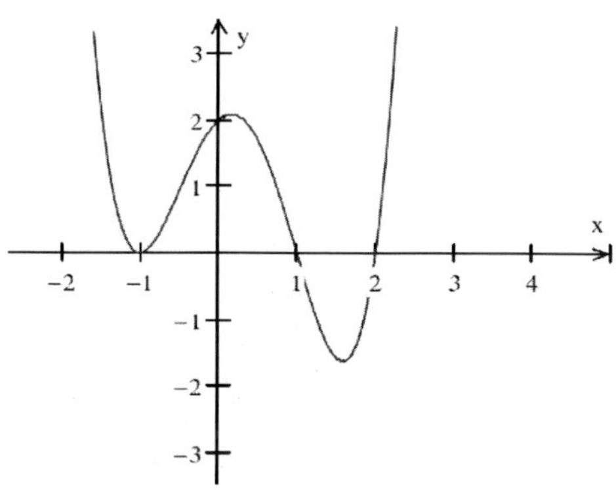

Teste 90

891) UFPI – Considerem-se os polinômios
$p(x) = (x - 1)(x - 2)(x - 3)\ldots(x - 100)$ e $d(x) = x$.
O resto da divisão de p(x) por d(x) é

(A) –1 (B) 0 (C) 100 (D) 10! (E) 100!

892) PUC PR – Calcule o valor da expressão

$$\sqrt{1320^4 - 4 \times 1320^3 \times 1318 + 6 \times 1320^2 \times 1318^2 - 4 \times 1320 \times 1318^3 + 1318^4}$$

(A) E=1320 (B) E=1318 (C) E=0 (D) E=4 (E) E=1

893) IFAM – O número de raízes complexas não reais da equação
$x^5 - 7x^4 + 19x^3 - 37x^2 + 60x - 36 = 0$ é

(A) 0 (B) 1 (C) 2 (D) 4 (E) 5

894) USP – O polinômio $x^4 + x^2 - 2x + 6$ admite $1 + i$ como raiz, onde $i^2 = -1$. O número de raízes reais deste polinômio é

(A) 0 (B) 1 (C) 2 (D) 3 (E) 4

895) UDESC – Sejam q(x) e r(x), respectivamente, o quociente e o resto da divisão de $f(x) = 6x^4 - x^3 - 9x^2 - 3x + 7$ por $g(x) = 2x^2 + x + 1$. O produto entre todas as raízes de q(x) e r(x) é igual a:

(A) –7/3 (B) 3 (C) 3/5 (D) 5 (E) 5/3

896) UNESP – Sabe-se que 1 é uma raiz de multiplicidade 3 da equação
$x^5 - 3.x^4 + 4.x^3 - 4.x^2 + 3.x - 1 = 0$. As outras raízes dessa equação, no Conjunto Numérico dos Complexos, são

(A) (–1–i) e (1+i) (B) $(1-i)^2$ (C) (–i) e (+i) (D) (–1) e (+1) (E) (1–i) e (1+i)

897) UFAL – Se x é uma raiz da equação $3x^4 - 2x^3 + x^2 - 2x + 3 = 0$,
quais os possíveis valores de $x + 1/x$?

(A) 5/3 ou –1 (B) –5/3 ou –1 (C) 5/3 ou 1 (D) –5/3 ou 1 (E) 3/5 ou –1

898) IFCE – O quociente e o resto da divisão do polinômio
$x^{2n-1} + x^{2n-2} + ... + x^2 + x + 1$ por $x^{n-1} + x^{n-2} + ... + x^2 + x + 1$ são, respectivamente

(A) $x^n - 1$ e $x + 1$ (B) $x^n + 1$ e -1 (C) $x^n + 1$ e 0 (D) $x^n - 1$ e 0 (E) $x^n - x - 1$ e 0

899) USP – O polinômio $p(x) = x^4 + x^3 - x^2 - 2x - 2$ é divisível por $x^2 + a$, para um certo número real **a**. Pode-se, pois, afirmar que o polinômio p

(A) não tem raízes reais.
(B) tem uma única raiz real.
(C) tem exatamente duas raízes reais distintas.
(D) tem exatamente três raízes reais distintas.
(E) tem quatro raízes reais distintas.

900) UFSC – Seja p um polinômio de grau 4 dado por $p(x) = (x + 1)^4$. Com esta informação, classifique as afirmativas abaixo em verdadeiras (V) ou falsas (F).

( ) O polinômio p é igual a $p(x) = x^4 + 4x^3 + 6x^2 + 4x + 1$.

( ) O único número real no qual p se anula é $x = -1$.

( ) Se k é um polinômio dado por $k(x) = x^4 + 4x^3 + 6x^2 + 4x + 3$, então o menor valor possível para o polinômio k, quando x varia em todo o conjunto dos números reais é 2.

( ) O coeficiente do termo de expoente 5 do polinômio dado por $p(x).(x - 1)^4$ é igual a 1.

Respostas dos testes

Respostas do Teste 81

801) B 803) C 805) C 807) E 809) D
802) B 804) D 806) D 808) B 810) E

Respostas do Teste 82

811) E 813) * 815) * 817) A 819) D
812) B 814) D 816) C 818) A 820) E
813) $-1-\sqrt{3}$. 815) VFFVV

Respostas do Teste 83

821) A 823) C 825) C 827) * 829) D
822) A 824) * 826) A 828) B 830) C

824) VVVFV 827) $z=\frac{\sqrt{3}}{2}+\frac{1}{2}.i$

Respostas do Teste 84

831) B 833) D 835) E 837) D 839) E
832) B 834) A 836) B 838) D 840) *

840) VFFV

Respostas do Teste 85

841) E 843) C 845) * 847) B 849) *
842) B 844) B 846) B 848) C 850) B

845) m=96, n=48 849) VVVFF

Respostas do Teste 86

851) D 853) B 855) B 857) * 859) *
852) E 854) E 856) * 858) B 860) B

856) $x \leq -4$ ou $x \geq 1$ 857) a) Ver gráfico, b) 0, 1, 3 e 4 859) VVVFV

Respostas do Teste 87

861) E 863) A 865) B 867) 2 869) *
862) C 864) D 866) 13 868) B 870) 3

869) –1, –15, –17

Respostas do Teste 88

871) D 873) D 875) * 877) D 879) D
872) D 874) D 876) A 878) A 880) E

875) a = 4 e b = –1

Respostas do Teste 89

881) E 883) B 885) E 887) B 889) B
882) 13 884) C 886) B 888) 45 890) D

Respostas do Teste 90

891) E 893) C 895) D 897) C 899) C
892) D 894) A 896) C 898) A 900) *

900) VVVF

Resoluções dos testes

Resoluções do teste 81

801) Mackenzie – Basta fazer uma operação algébrica similar à racionalização de denominadores. No caso, poderíamos chamar de "realização de denominadores", que é tornar o denominador real. Para isso multiplicamos o numerador e o denominador pelo conjugado do denominador. O conjugado de um complexo a + bi é a – bi, mas também pode ser usado –a + bi. Ou seja, trocamos o sinal, ou da parte real, ou da parte imaginária do número. No exemplo, usaremos 1 + 4i.

$$\frac{3+2i}{1-4i}=\frac{(3+2i).(1+4i)}{(1-4i).(1+4i)}=\frac{3+12i+2i+8i^2}{1-16i^2}=\frac{3+14i-8}{1+16}=\frac{-5+14i}{17}=$$

$$=-\frac{5}{17}+\frac{14}{17}i$$

Resposta: (B) $-\frac{5}{17}+\frac{14}{17}i$

802) UFCG – Um circulo no plano Argand-Gauss indica uma região onde a distância dos seus complexos z até o centro, é menor que o raio. A distância de z ao centro é o módulo da diferença entre z e o centro, ou seja, $|z - z_0|$

No nosso caso, temos:

$|z - 1| \leq 1$

Resposta: (B) $|z - 1| \leq 1$

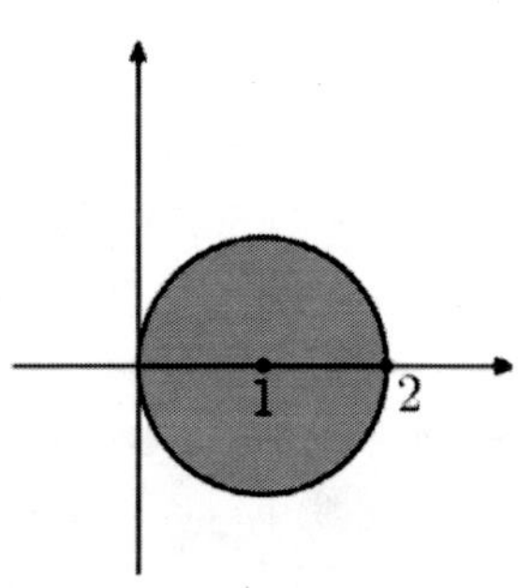

803) PUC SP – É dado que

$z_1 + z_2 + z_3 = 0$

a + bi – b + ai – b – 3i = 0

(a – 2b) + (b + a – 3)i = 0

Para que um complexo seja zero, a parte real e a parte imaginária têm que ser zero. Logo

a – 2b = 0 ➔ a = 2b

a + b – 3 = 0 ➔ a + b = 3

dessas duas equações encontramos que a=2 e b=1.

Logo $z_1 = 2 + i$ e $z_2 = -1 + 2i$. Então o que temos que calcular é:

$$\left(\frac{z_2}{z_1}\right)^3 = \left(\frac{-1+2i}{2+i}\right)^3$$

Parece trabalhoso, mas observando as respostas, concluímos que deve haver um cálculo simples. De fato, o numerador e o denominador da fração são proporcionais. O denominador é igual ao numerador multiplicado por –i. Ou então, se escrevermos o –1 do numerador como i^2, ficamos com:

$$\left(\frac{i^2+2i}{2+i}\right)^3 = \left[\frac{i(i+2)}{2+i}\right]^3 = i^3 = -i$$

Resposta: (C) –i

804) PUC SP – Potências de i têm seus valores repetidos, entre i, –1, –i e 1. Basta verificar o resto da divisão por 4. 87 deixa resto 3 na divisão por 4, então i^{87} é o mesmo que i^3, que vale –i. Da mesma forma, i^{105} é o mesmo que i^1 = i. Portanto o complexo dado é:

$z = i^{87}.\left(i^{105}+\sqrt{3}\right) = -i\left(i+\sqrt{3}\right) = -i^2-\sqrt{3}.i = 1-\sqrt{3}.i$. Parte real positiva e coeficiente da parte imaginária negativa. Trata-se de um complexo do 4º quadrante.

Não é um imaginário puro.

Seu módulo é igual a $\sqrt{1^2+\left(-\sqrt{3}\right)^2} = \sqrt{4} = 2$

Até agora as opções A, B e C não atendem.

A opção (D) diz respeito ao argumento do complexo. O argumento é o ângulo, que depende da parte real e da parte imaginária. O complexo $v = \frac{1}{2} - \frac{\sqrt{3}}{2}i$ tem suas partes real e imaginária proporcionais às do complexo $z = 1-\sqrt{3}.i$. Observe que v = z/2. Portanto ambos os complexos, v e z, têm o mesmo argumento.

Resposta: (D) seu argumento é igual ao argumento do complexo $v = \frac{1}{2} - \frac{\sqrt{3}}{2}i.$

805) UF Pelotas – A figura indicada a lado tem um erro grosseiro. Representamos Z e Z+i. O afixo de Z+i fica uma unidade acima do afixo de Z. Ocorre que pela figura, Z+i tem módulo maior que o de Z, entretanto, $2\sqrt{5}$ é menor que 5. Isso significa que a figura não é assim, é com b negativo. E como é dado que a < b, significa que o módulo de a é maior que o módulo de b.

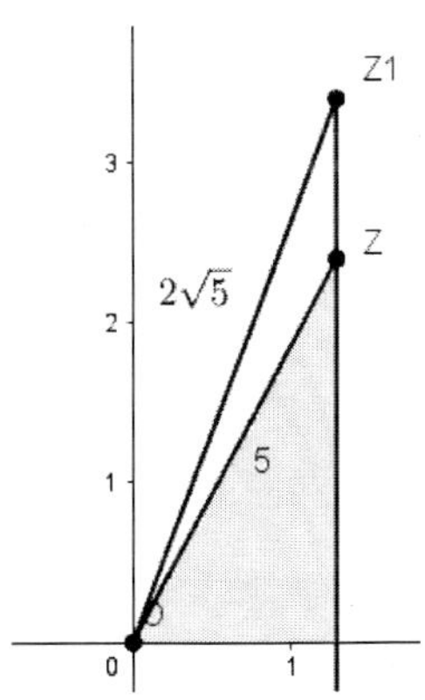

A segunda figura é a correta, que tem o módulo de Z_1=Z+i menor que o módulo de Z.

$|Z| = 5$ ➔ $a^2 + b^2 = 25$

$|Z+i|^2 = \left(2\sqrt{5}\right)^2 = a^2 + (b+1)^2 = 20$

$a^2 + b^2 + 2b + 1 = 20$

$25 + 2b + 1 = 20 \rightarrow b = -3$

A diferença entre Z e seu conjugado é Z – Z_2 = –6i.

Resposta: (C) –6i

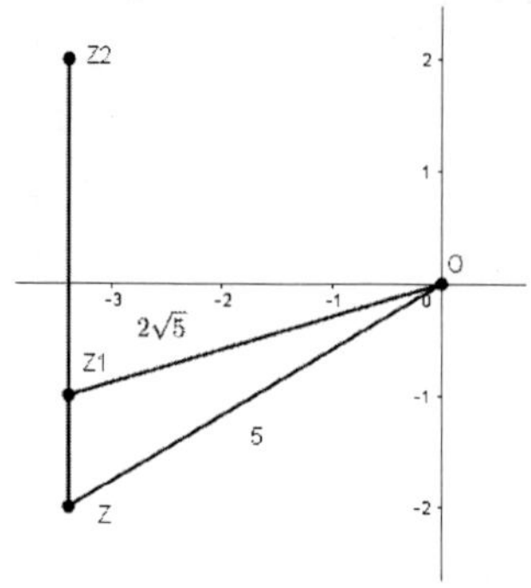

806) UFT – Somamos normalmente as matrizes com números complexos, levando em conta as propriedades da adição de complexos.

A+B = $\begin{bmatrix} 3-2i & 3+4i \\ 1+3i & 2-i \end{bmatrix} + \begin{bmatrix} -1+2i & -3+3i \\ 2-3i & -2-3i \end{bmatrix} = \begin{bmatrix} 2 & 7i \\ 3 & -4i \end{bmatrix}$

Elevando a matriz A+B ao quadrado, temos:

$\begin{bmatrix} 2 & 7i \\ 3 & -4i \end{bmatrix} \times \begin{bmatrix} 2 & 7i \\ 3 & -4i \end{bmatrix} = \begin{bmatrix} 4+21i & 14i+28 \\ 6-12i & 21i-16 \end{bmatrix}$

Resposta: (D)

807) UFPI – A norma ou módulo de um complexo a + bi é $\sqrt{a^2+b^2}$. Dos complexos indicados, a maioria tem norma 1, e um não tem. É fácil ver que as opções (A) e (B) são complexos de norma 1. As opções (C) e (D) também, as partes real e imaginária, elevadas, ao quadrado, resultam em 1/2 + 1/2 = 1

A opção (E) indica um complexo com norma $\sqrt{1^2+1^2} = \sqrt{2}$

Resposta: (E) i+i

808) IFMT – Primeiro temos que efetuar a divisão, multiplicando numerador e denominador pelo conjugado do complexo que está no denominador. O conjugado de 1 + i é 1 – i.

$\frac{(2-i)}{(1+i)} = \frac{(2-i).(1-i)}{(1+i).(1-i)} = \frac{2-2i-i-1}{2} = \frac{1-3i}{2} = \frac{1}{2} - \frac{3}{2}i$

O conjugado deste complexo é $\frac{1}{2} + \frac{3}{2}i$

Resposta: (B)

809) IFAL – Dado o módulo e o argumento, podemos escrever o complexo na forma retangular:

$z = r.cis(\theta) = 2.cis(240°) = 2.\cos(240°) + 2i.sen(240°)$

$2.\left(-\frac{1}{2}\right) + 2i.\left(-\frac{\sqrt{3}}{2}\right) = -1 - i\sqrt{3}$

Resposta: (D)

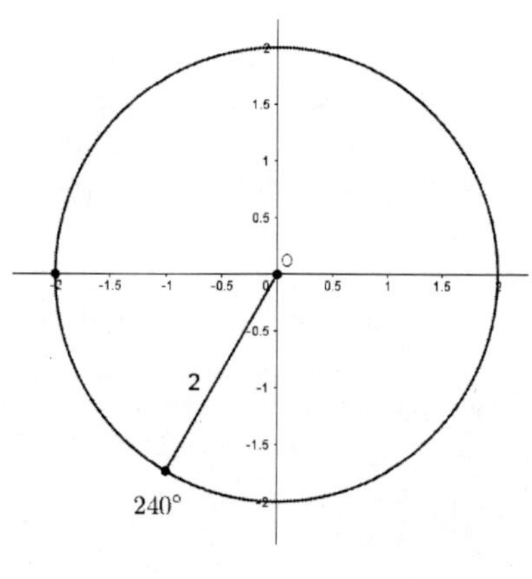

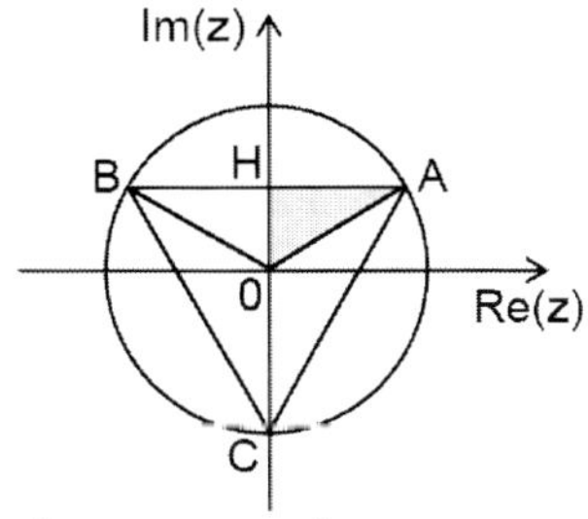

810) IFSP - O problema não especificou que o segmento AB é paralelo ao eixo real. Pela figura parece, e vamos usar isso, mas para um enunciado matemático mais preciso, isso deveria ser dito no enunciado. Usando um pouco de geometria plana, observamos que o triângulo AOH é do tipo 30° - 60° - 90°. Determinamos os ângulos da figura e concluímos facilmente que os argumentos dos complexos com afixos A, B e C são 30°, 150° e 270°.

Sabendo a área do triângulo, determinamos o seu raio. Aqui usamos mais um pouco de geometria plana. A área de um triângulo equilátero de lado L é $\frac{L^2\sqrt{3}}{4}$. Sendo dada essa área como $12\sqrt{3}$, encontramos $L=4\sqrt{3}$. Logo AH=BH= $2\sqrt{3}$. Isso nos permite calcular OH=2 e OB=4. Esse é o módulo do complexo z_2. O argumento é 180° – 30° = 150°, o mesmo que 5π/6. Portanto temos:

$$z_2 = 4.\left(\cos\left(\frac{5\pi}{6}\right) + i.sen\left(\frac{5\pi}{6}\right)\right)$$

Resposta: (E)

Resoluções do teste 82

811) IFS – É preciso verificar cada uma das afirmativas. Temos que $z = a + bi$ e $\bar{z} = a - bi$. Usando esses valores, temos:

I . $\frac{z+\bar{z}}{2} = \frac{a+bi+a-bi}{2} = \frac{2a}{2} = a$ (FALSO)

II . $z.\frac{1}{\bar{z}} = \frac{a+bi}{a-bi}$. (FALSO). Só é válida se b=0, ou seja, os números z e $\bar{z}$ forem iguais.

III . $z.\bar{z} = (a+bi).(a-bi) = a^2 - abi + abi + b^2 = a^2 + b^2$. (VERDADEIRO)

IV . $\frac{z}{1+i} + \frac{\bar{z}}{1-i} = \frac{a+bi}{1+i} + \frac{a-bi}{1-i} = \frac{(a+bi)(1-i)}{(1+i).(1-i)} + \frac{(a-bi).(1+i)}{(1-i).(1+i)} =$

$$= \frac{(a+bi)(1-i)}{(1+i).(1-i)} + \frac{(a-bi).(1+i)}{(1-i).(1+i)} = \frac{a-ai+bi-bi^2+a+ai-bi-bi^2}{1-i^2} = \frac{2a+2b}{2} = a+b \text{ (V)}$$

As verdadeiras são III e IV.

Resposta: (E) são verdadeiras III e IV, somente.

812) IFPE – Tudo o que interessa nas potências de i, é o resto da divisão por 4 do seu expoente. Ou seja, trocamos qualquer expoente por 0, 1, 2 ou 3, conforme o seu resto na divisão por 4. A seguir usamos que $i^0 = 1$, $i^1 = i$, $i^2 = -1$ e $i^3 = -i$

$$\frac{i^{33}+i^{52}+i^{47}}{i^{40}-i^{38}} = \frac{i^1+i^0+i^3}{i^0-i^2} = \frac{i+1-i}{1+1} = \frac{1}{2}$$

Resposta: (B) 1/2

813) UFRJ – Em certos problemas o uso da forma a+bi para um complexo é conveniente, mas pode ser muito trabalhosa quando envolve divisões ou potências. Esse é um caso em que precisamos fazer uma divisão de complexos.

tz = w ➔ t = w/z

A resposta do problema, t, é o resultado de uma divisão de complexos. Ficará mais fácil trabalhar na forma trigonométrica, quando são conhecidos o módulo e o argumento.

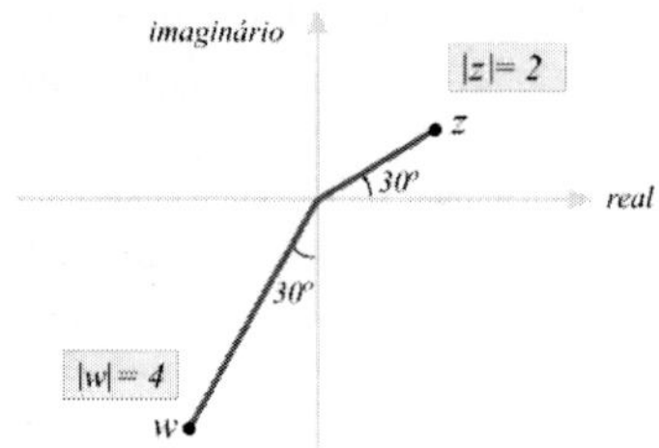

z = 2.cis(30°)

w = 4.cis(240°)

$$t=\frac{w}{z}=\frac{4.cis(240°)}{2.cis(30°)}$$

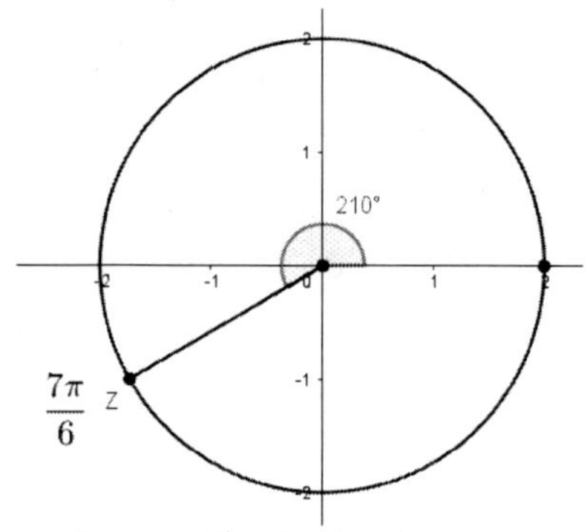

$\frac{7\pi}{6}$ z

Na forma trigonométrica, a divisão é feita pela divisão dos módulos e subtração dos argumentos.

$$t=\frac{w}{z}=\frac{4}{2}.cis(240°-30°)=2.cis(210°)$$

Essa resposta já é a correta. Se quisermos exprimir na forma a+bi, basta obter o seno e o cosseno de 210°, o mesmo que 7π/6. Seu seno vale $-\frac{1}{2}$ e o cosseno vale $-\frac{\sqrt{3}}{2}$. Portanto t vale $-1-\sqrt{3}$.

Resposta: $-1-\sqrt{3}$.

814) UFLA – Calculando a expressão:

$$z.\bar{z}-b(\bar{z}+z)=(a+bi).(a-bi)-b.(a-bi+a+bi)$$
$$=a^2+b^2-2ab=(a-b)^2$$

Resposta: (D) (a – b)^2

815) UFS – É preciso calcular os dois complexos dados:

$$z_1=(1-3i).(-3+i)=-3+i+9i+3=10i$$

$$z_2=\frac{1}{2-i}+\frac{i+4}{2}=\frac{1.(2+i)}{(2-i).(2+i)}+\frac{i+4}{2}=\frac{2+i}{5}+\frac{i+4}{2}=\frac{4+2i+5i+20}{10}=\frac{24+7i}{10}$$

(V) z_1 é um número imaginário puro. CERTO.

(F) A forma trigonométrica de z1 é 10.(cos0° + i.sen0°). ERRADO. O argumento é 90°, e não 0°.

(F) O módulo de z_2 é 2,5. ERRADO, pois $24^2 + 9$ não é 625.

(V) Se θ é o argumento principal de z_2, então 0 < θ < π/6. CERTO, pois como tg(θ)=7/24 é menor que $\frac{\sqrt{3}}{3}$, então θ < π/6.

(V) CERTO, pois:

$$\frac{z_2}{z_1}=\frac{24+7i}{10.10i}=\frac{7}{100}+\frac{24}{100i}=\frac{7}{100}-\frac{24i}{100}$$

Resposta: VFFVV

816) UFPB – Com os valores dados, é possível identificar o argumento de z para o primeiro horário é 150°. Como o complexo tem parte real igual a $-\sqrt{3}$ e parte imaginária i, forma-se um triângulo retângulo 30° – 60° – 90°, assim identificamos o argumento como 150°.

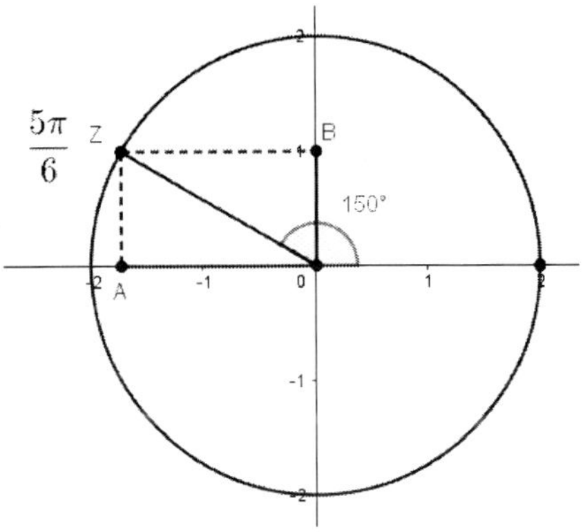

Assim encontramos o complexo cujo afixo é a extremidade do ponteiro dos minutos, como sendo 2.cis(150°). Como as divisões entre os 12 números do relógio representam 5 minutos cada, o ponteiro marca 50 minutos (apontando para o 10), não se sabe a hora.
Depois de 5 minutos, este ponteiro marcará 55 minutos (apontando para o 11). O argumento será 120°, correspondendo ao complexo:
2.cis(120°) = 2.cos(120°) + 2i.sen(120°) =
$-1+i\sqrt{3}$

Resposta: (C)

817) UFRN – Tentemos descobrir os valores de **a** e **b** a partir da igualdade dada.
$2z-i=\bar{z}+1$
$2(a+bi)-i=(a-bi)+1$
$2a+2bi-i=a-bi+1$
$a-1+3bi-i=0$
Para que o complexo do 1º membro seja zero, sua parte real tem que ser zero, e sua parte imaginária também.
a – 1 = 0 ➔ a = 1
3b – 1 = 0 ➔ b = 1/3
Logo z = 1 + (1/3)i

Resposta: (A) 1 + i/3

818) IFMT – Como $z_3 = z_2/z_1$, podemos escrever que $|z_3| = |z_2|/|z_1|$. Essa propriedade vale para a multiplicação e para a divisão, mas não para a adição e subtração, ou seja:
O módulo do produto é igual ao produto dos módulos
O módulo do quociente é igual ao quociente dos módulos
Ficamos com:

$$\sqrt{13}=\frac{|k+i|}{|1-i|}$$

Sendo k real, k é a parte real do complexo z_2, e i é sua parte imaginária.

$$\sqrt{13}=\frac{|k+i|}{|1-i|}=\frac{\sqrt{k^2+1}}{\sqrt{1+1}}$$

$\sqrt{k^2+1}=\sqrt{26}$
$k^2+1=26$
$k^2=25$
$k=5$ (–5 não serve porque foi dado no enunciado que k é real positivo)
Assim podemos determinar z_3:

$$z_3=\frac{z_2}{z_1}=\frac{5+i}{1-i}=\frac{(5+i).(1+i)}{(1-i).(1+i)}=\frac{5+5i+i-1}{2}=2+3i$$

$z_1 = 1 - i$
$z_2 = 5 + i$
$z_3 = 2 + 3i$

Rapidamente notamos que (B) e (D) estão erradas. É preciso checar (A), (C) e (E).
(A): $|z_1 + z_2| = |6| = 6$, resposta correta !!!

Resposta: (A) $|z_1 + z_2| = 6$

819) UNICAMP – Elevando a expressão ao quadrado, temos:

$(x+yi)^2 = 3+4i$

$(x+yi)^2 = 3+4i$

$x^2 - y^2 + 2xyi = 3+4i$ (lembrando que $(iy)^2 = i^2.y^2 = (-1)y^2 = -y^2$)

Igualando as partes imaginárias dos dois complexos, encontramos o que o problema pergunta:
$2xyi = 4i \rightarrow xy = 2$

Resposta: (D) 2

820) UFCE – Calculando a divisão dos complexos:

$$\frac{1-i\sqrt{3}}{-1+i} = \frac{(1-i\sqrt{3}).(-1-i)}{(-1+i).(-1-i)} = \frac{-1-i+i\sqrt{3}+i^2\sqrt{3}}{1+1} = \frac{-1-\sqrt{3}+i(-1+\sqrt{3})}{2}$$

A questão que parecia fácil, pois se resumia a uma simples divisão de complexos, tornou-se difícil devido à parte trigonométrica final, que é descobrir o argumento desse complexo. Mostraremos um modo de descobrir a resposta certa por testes, apenas analisando os sinais e os valores. Fazendo $\sqrt{3} \approx 1{,}73$, calculamos o valor aproximado do nosso complexo como:
$-1{,}36 + 0{,}36i$

É um complexo do 2º quadrante, pois a parte real é negativa e o coeficiente da parte imaginário é positivo. A parte real, em módulo, é maior que o módulo da parte imaginária. Significa que o argumento está mais próximo de 180° que de 90°. Se fossem iguais, estaria bem no meio do 2º quadrante, que é 135°. Essas observações nos permitem concluir que a única resposta compatível é a letra (E).

Agora vamos mostrar como calcular o argumento, sem testar respostas, o que seria necessário, por exemplo, em uma prova discursiva.

De um modo geral, o argumento do complexo a + bi é arctg(b/a), mas no nosso caso, é difícil encontrar o ângulo cujo valor é uma expressão complicada envolvendo racionalização de denominadores. Um outro modo mais fácil é tentar identificar em a + bi, o seno e o cosseno de um ângulo conhecido. Esses valores do seno e do cosseno são obtidos da *normalização* do complexo, que é a divisão deste complexo pelo seu módulo. Por exemplo, se o complexo for a + bi, dividimos por $\sqrt{a^2+b^2}$. Assim ficaremos com um outro complexo proporcional a ele, ou seja, com módulo diferente mas argumento igual. O complexo normalizado é escrito como

$\frac{a}{\sqrt{a^2+b^2}} + \frac{b}{\sqrt{a^2+b^2}}i$, números que são o seno e o cosseno do argumento. Fazendo isso com o complexo do nosso problema podemos identificar mais facilmente o seno e o cosseno do seu argumento. É mais fácil assim que usar o caminho do arco tangente.

Desprezando o denominador 2, que não interfere no argumento do complexo, o nosso complexo será representado como.

$-1-\sqrt{3}+i(-1+\sqrt{3})$

Façamos a sua divisão pelo seu módulo. O módulo vale:

$$-1-\sqrt{3}+i(-1+\sqrt{3})\sqrt{(-1-\sqrt{3})^2+(-1+\sqrt{3})^2} = \sqrt{4+2\sqrt{3}+4-2\sqrt{3}} = \sqrt{8} = 2\sqrt{2}$$

A normalização consiste em dividir o complexo pelo seu módulo:

$\frac{-1-\sqrt{3}}{2\sqrt{2}}+i\frac{\left(-1+\sqrt{3}\right)}{2\sqrt{2}}$. Racionalizando os denominadores ficamos com

$$\frac{-\sqrt{2}-\sqrt{6}}{4}+i\frac{\left(-\sqrt{2}+\sqrt{6}\right)}{4}$$

Os coeficientes encontrados lembram as linhas trigonométricas de 15°. Poucas pessoas memorizam, mas é bom lembrar que elas existem, e podem ser encontradas se necessário. No caso, temos um cosseno negativo e um seno positivo. Trata-se de um ângulo, relacionado com 15°, localizado no 2º quadrante. Desconfiamos de 180° – 15°, ou 90° – 15°. Vamos verificar com a primeira opção, 165°. Sem saber as linhas trigonométricas de 15°, podemos calcular como 165° = 120° + 45°. Temos então

cos(165°) = cos(120° + 45°) – cos(120°).cos(45°) – sen(120°).sen(45°)

$=\left(-\frac{1}{2}\right).\frac{\sqrt{2}}{2}-\frac{\sqrt{3}}{2}.\frac{\sqrt{2}}{2}=\frac{-\sqrt{2}-\sqrt{6}}{4}$, o que é exatamente a parte real do nosso complexo.

Isso confirma que o argumento é realmente 165°, o mesmo que
180° – 15° = π – π/12 = 11π/12

Resposta: (E) 11π/12

Resoluções do teste 83

821) Mackenzie – O valor do determinante é uma expressão com números complexos:

$$M=\begin{bmatrix}(1+i)^{-1} & b\\ i-2 & -2a\end{bmatrix}$$

$$(1+i)^{-1}.(-2a)-b.(i-2)=3i$$

$$\frac{-2a}{1+i}-bi+2b=3i$$

$$\frac{-2a.(1-i)}{(1+i).(1-i)}-bi+2b=3i$$

$$\frac{-2a+2ai}{2}-bi+2b=3i$$

$$-a+ai-bi+2b=3i$$

$$-a+2b+i(a-b-3)=0$$

Isso significa que –a + 2b = 0, o mesmo que a = 2b.
Também que a – b – 3 = 0, ou 2b – b = 3 = 0 ➔ b=3 e a=6.

Resposta: (A) 6 e 3

822) UFCG – O complexo z escolhido por José como "dica de senha" é cis(135°) = cis(3π/4). Como esse complexo tem módulo 1, ao elevá-lo a n, seu argumento será n.3π/4. Para que tenhamos a condição $z^n = -1$ satisfeita, é preciso que o argumento de z^n seja π, ou um múltiplo ímpar de π (π, 3π, 5π, etc.)

Como elevando um complexo a uma potência n, estamos multiplicando seu argumento por n, temos que o argumento de z^n é n vezes o argumento de z. Como vimos, tem que resultar em um múltiplo ímpar de π, I.π. Temos então

n.(3π/4) = I.π

n = I.4/3

O menor número ímpar n que satisfaz a equação, para que 4I/3 seja inteiro, é I=3. Isso resulta em n=4. De fato, o complexo cis(3π/4) elevado a 4 resulta em cis(3π) = cis(π) = –1.

José: não esqueça o lembrete de senha.

Resposta: (A) 4

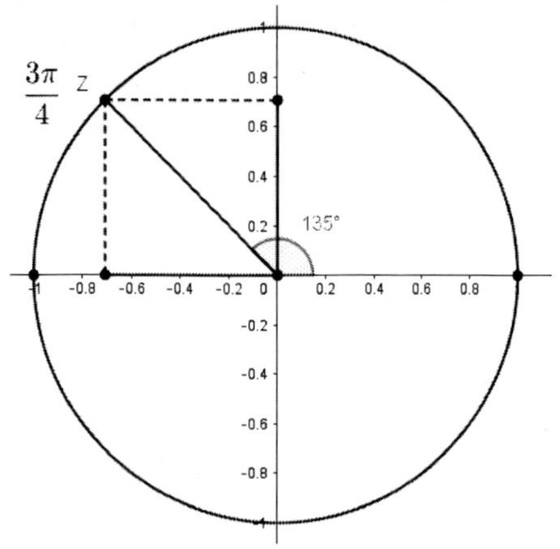

823) UF Uberlândia – Note que z_2 é z_1 com o sinal trocado. Podemos então escrever a expressão da seguinte forma:

$$(z_1)^{80}.(z_2)^{-81} = \frac{(z_1)^{80}}{(z_2)^{80}.z_2} = (z_1/z_2)^{80}.\frac{1}{z_2}$$

$$= (-1)^{80}.\frac{1}{z_2} = \frac{1}{z_2}$$

Tudo o que temos que fazer é calcular o inverso de z_2.

$$\frac{1}{z_2} = \frac{1}{-3-\sqrt{3}i} = \frac{(-3+\sqrt{3}i)}{(-3-\sqrt{3}i).(-3+\sqrt{3}i)} = \frac{-3+\sqrt{3}i}{12}$$

Resposta: (C)

824) UFPE – Considerando os números complexos z = 1 – i, v = –4 –i e w = ki, k∈ℝ, classifique as afirmativas abaixo em verdadeiras (V) ou falsas (F).

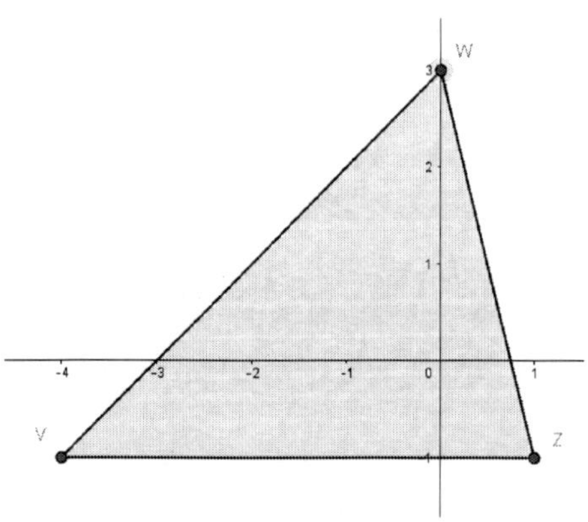

(V) Um dos valores de k, para que o triângulo cujos vértices são os afixos de z, v e w tenha área igual a 10 é 3. CERTO. Os afixos de z e v formam um segmento paralelo ao eixo real, e a medida desse segmento é 5. A área do triângulo formado é 10, então a altura traçada a partir de w é 4. O valor w=3i satisfaz, e também w = –5i, no sentido oposto do eixo imaginário, mas mantendo a mesma altura 4.

(V) A potência z^{20} é igual a -2^{10}. CERTO. O valor de z é $\sqrt{2}.cis(-\pi/4)$. Elevando à 20ª potência resulta em $2^{10}.cis(-20\pi/4) = 2^{10}.cis(-5\pi) = 2^{10}.cis(\pi) = -2^{10}$.

(V) Sendo $\overline{v}$ o conjugado de v, o produto de v por $\overline{v}$ é igual a 15. ERRADO. Calculemos primeiro o produto de v por $\overline{v}$. Temos $(-4-i).(-4+i) = 16+1 = 17$.

(F) ERRADO. Calculemos $\frac{z}{v} = \frac{1-i}{-4-i}$.

$\frac{1-i}{-4-i}=\frac{(1-i).(-4+i)}{(-4-i).(-4+i)}=\frac{-4+i+4i-i^2}{17}=\frac{-3+5i}{17}$. Agora vem a questão do oposto. Simétrico ou oposto é o número com o sinal trocado. Existe também o inverso ou o recíproco, que é o resultado da divisão de 1 pelo dado número. Nesse problema, o oposto do complexo encontrado é $\frac{3-5i}{17}$, o seu dobro é $\frac{6-10i}{17}$.

(V) Os afixos P_0 e P_1 das raízes quadradas de z são os pontos diametralmente opostos da circunferência de centro (0, 0) e raio $\sqrt[4]{2}$. CERTO. As raízes quadradas de um complexo são sempre pontos diametralmente opostos do círculo de centro (0, 0) e raio igual à raiz quadrada do módulo do complexo do qual se extraiu a raiz. Com z valendo 1 – i, sem módulo é $\sqrt{2}$, e a raiz é $\sqrt[4]{2}$.

Resposta: VVVFV

825) UF Pelotas – Chamemos o complexo de a + bi. Seu conjugado será a – bi. Ficamos então com as equações:

$z+\bar{z}=0$ ➔ a + bi + a – bi = 0 ➔ $\boxed{a = 0}$

Podemos então chamar os complexos de bi e –bi.

$\frac{1}{z-\bar{z}}=i$ ➔ $\frac{1}{bi-(-bi)}=i$

$1=2b.i^2$ ➔ $\boxed{b = -1/2}$

Ou seja, z = –i/2. Portanto 1/z vale:

$\frac{2}{-i}=\frac{2i^4}{-i}=-2i^3=2i$

Resposta: (C) 2i

826) UFAL – Usemos s e c para representar sen(θ) e cos(θ). A expressão a ser calculada fica:

$$\frac{z^2-1}{z^2+1}=\frac{(c+is)^2-1}{(c+is)^2+1}=\frac{c^2-s^2+2isc-1}{c^2-s^2+2isc+1}$$

No numerador podemos substituir c^2 – 1 por $-s^2$, e no denominador, substituir 1 – s^2 por c^2. Ficamos com:

$$\frac{c^2-s^2+2isc-1}{c^2-s^2+2isc+1}=\frac{-2s^2+2isc}{2c^2+2isc}=\frac{-s^2+isc}{c^2+isc}$$

Colocamos em evidência s no numerador e c no denominador.

$\frac{-s^2+isc}{c^2+isc}=\frac{s(-s+ic)}{c(c+is)}$. As expressões do numerador e do denominador são muito parecidas.

Colocando i em evidência no numerador, ficaremos com expressões idênticas.

$$\frac{s(-s+ic)}{c(c+is)}=\frac{si(is+c)}{c(c+is)}=i\frac{s}{c}$$

Isso é o mesmo que i.tg(θ)

Resposta: (A) i.tg(θ)

827) IFCE – O módulo de um complexo é igual ao módulo do seu conjugado. Para que este complexo, elevado a 11, tenha o mesmo módulo que seu conjugado, ou seja, de si próprio, então este módulo tem que valer 1.

Então podemos chamar nosso complexo de cis(θ). Seu conjugado é cis(–θ)

Temos então que

$[\text{cis}(\theta)]^{11} = \text{cis}(-\theta) \rightarrow \text{cis}(11.\theta) = \text{cis}(-\theta)$

Para que essa igualdade seja válida, é preciso que os argumentos sejam iguais, ou de uma forma mais ampla, que a diferença entre os argumentos seja um múltiplo de 2π.

$11.\theta - (-\theta) = 2k\pi$

$12.\theta = 2k\pi$

$\theta = k\pi/6$

Ou seja, o argumento de z pode ser qualquer múltiplo de π/6 (30°).

Tomemos o menor desses argumentos, o próprio π/6.

$$z = \cos(\pi/6) + i.sen(\pi/6) = \frac{\sqrt{3}}{2} + \frac{1}{2}.i$$

Resposta: $z = \frac{\sqrt{3}}{2} + \frac{1}{2}.i$

828) UFPI – Vale para os complexos a propriedade $a^x.b^x = (a.b)^x$. Então:

$(1 - i)^{100} . (1 + i)^{100} = [(1 - i).(1 + i)]^{100}$

$= [1 + 1]^{100} = 2^{100}$.

O resultado é um número real, potência de 2.

Resposta: (B) z é uma potência de 2.

829) IFSP – Facilmente calculamos o complexo w em função dos dados apresentados.

$w = z^2 - z = (1 + i)^2 - (1 + i) = 1 + i^2 + 2i - 1 - i = i - 1$

Marcando este complexo no plano Argand-Gauss, verificamos facilmente que o argumento principal é 135°, ou 3π/4.

Resposta: (D) 3π/4

830) USP – Um dado que define se um número é real, é seu argumento. Se esse argumento for múltiplo de π, será um número real. Considerando como α o argumento do complexo dado, $(a + i)^4$ será real, se o seu argumento, que vale 4α, for múltiplo de π.

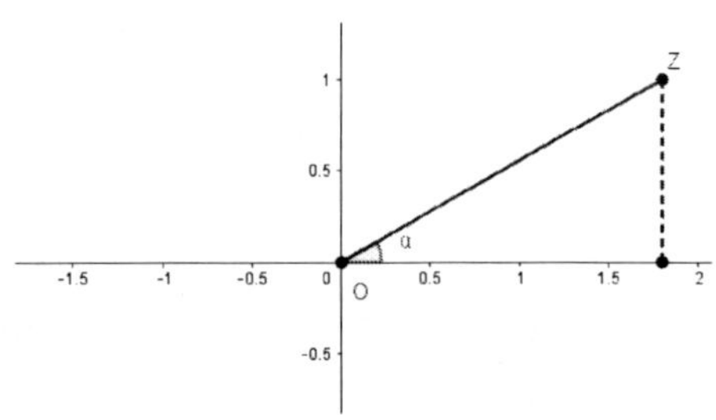

$4\alpha = k\pi$

$\alpha = k\pi/4$

Como a + i tem parte imaginária i, seu argumento não pode ser 0, ou seja, k não pode ser 0.

Podemos ter os seguintes valores de k, α e a correspondentes:

k = 1, α = π/4, a = 1

k = 2, α = π/2, a = 0

k = 3, α = 3π/4, a = –1

Valores de α no 3º e 4º quadrantes não, pois a parte imaginária do complexo é i.

Portanto só existem 3 valores de a que atendem ao que o problema pede: 1, 0 e –1. Eles resultam em valores tais que (a + i) de fato é um número real.

Resposta: (C) 3

Resoluções do teste 84

831) UFCG – Analisando as igualdades para encontrar a única certa:

(A) A igualdade $\left[2\left(\cos\frac{\pi}{6}+i.sen\frac{\pi}{6}\right)\right]^6 = 2^6$ é verdadeira.

ERRADO. O módulo está correto, 2^6, mas o argumento não. $[cis(\pi/6)]^6 = cis(\pi) = -1$. Portanto a igualdade não vale.

(B) Se z = a + bi, então $z^2-\bar{z}^2=4abi$, onde a e b são números reais e $\bar{z}$ é o conjugado de z.
CERTO. $(a + bi)^2 - (a - bi)^2 = a^2 - b^2 + 2abi - a^2 + b^2 + 2abi = 4abi$.

(C) A parte real do número $\frac{1+i^7}{2+i}$ é 2/5.

ERRADO. $\frac{1+i^7}{2+i}=\frac{1+i^3}{2+i}=\frac{1-i}{2+i}=\frac{(1-i).(2-i)}{(2+i).(2-i)}=\frac{2-i-2i+i^2}{4+1}=\frac{1}{5}-\frac{3}{5}i$. É 1/5, e não 2/5.

(D) Se o argumento de z é 2, então o argumento de 1/z é 1/2. ERRADO!

(E) Para todos os números complexos não nulos z_1 e z_2, vale a igualdade $|z_1-z_2|=|z_1|-|z_2|$

ERRADO. Não existe esta propriedade.

Resposta: (B)

832) UF Pelotas – Da primeira equação temos que $z+\bar{z}=1$, e da segunda, $z-\bar{z}=i$. Fazendo z = a + bi, ficamos com:
2a = 1 e 2b = i ➔ a = 1/2 e b = 1/2.

$$z=\frac{1}{2}+\frac{1}{2}i=\frac{1+i}{2}$$

$$\frac{1}{z}=\frac{2}{1+i}=\frac{2.(1-i)}{(1+i).(1-i)}=\frac{2.(1-i)}{2}=1-i$$

Resposta: (B) 1–i

833) UFSM – O ponto A é (0, 0) no plano complexo. A equação da fronteira do terreno da fazenda, com centro na sua sede, é dada por |z – 5| = 2. Essa equação indica pontos cuja distância é igual a 2, em relação ao ponto (5, 0). Logo B = (5, 0) e o raio vale 2. Traçando um raio 2 até C, com ângulo de 45°, andamos $\sqrt{2}$ para o norte e $\sqrt{2}$ para leste. Portanto as coordenadas e C são: $x=5+\sqrt{2}$ e $y=\sqrt{2}$.

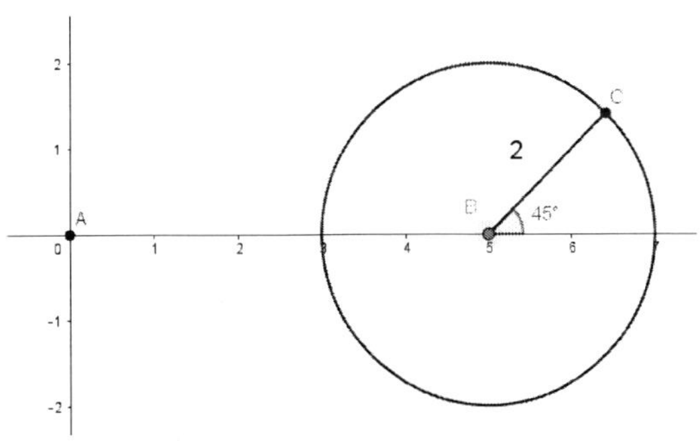

Resposta: (D) $(5+\sqrt{2})+\sqrt{2}.i$

834) UFAL – Podemos descrever melhor f(z) = i.z, como f(a + bi) = –b + ai. Isso mostra que (A) está CORRETA. Formando os triângulos retângulos ao lado, ambos terão catetos a e b, ou seja, os dois triângulos terão mesmos valores para seus ângulos agudos, logo suas hipotenusas são perpendiculares.
Isso significa que o efeito da função f é provocar um giro de 90° sobre o afixo do complexo. Isso mostra que (B) está CORRETA.

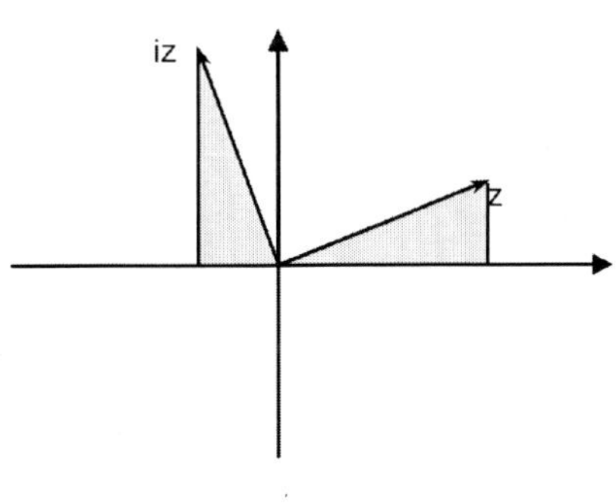

Se f(z) = z, f(a + bi) = –b + ai. Seria preciso ter a = –b e a = b. A única forma é com a=b=0, ou seja, z=0. Então (C) está CORRETA.

A letra D aplica a função f três vezes sobre o complexo i. Isso provocará 3 rotações de 90°, resultando em –1, –i e 1. Portanto (D) está ERRADA!

E letra (E) está CORRETA, pois faz duas rotações de 90° sobre o complexo z, resultando em um complexo com argumento 180° maior, ou seja, –z.

Resposta: A incorreta é (D)

835) UFPI – Substituindo os valores de x e y, ficamos com:

$z.\bar{z}+z+\bar{z}=0$

(x + yi).(x –yi) + x + yi + x – yi = 0

$x^2 + y^2 + 2x = 0$. Trata-se da equação de uma circunferência (capítulo 10). Para encontrar o centro e o raio, temos que completar os quadrados.

$x^2 + 2x + y^2 = 0$

$x^2 + 2x + 1 + y^2 = 1$

$(x + 1)^2 + y^2 = 1$

O centro é (–1, 0) e o raio vale 1.

Resposta: (E) uma circunferência com centro no ponto (–1, 0).

836) IFMT – Primeiramente vamos lidar com i^{2011}. Nas potências de i, consideramos apenas o resto da divisão por 4, ou seja, i^{2011} é o mesmo que i^3, que vale –i. A expressão se reduz a:

$$z=\frac{-2i}{(1+i)^2}=\frac{-2i}{1-1+2i}=\frac{-2i}{2i}=-1$$

Trata-se de um número real.

Resposta: (B) eixo real

837) IFS – Temos que z = cis(2π/3), então z^4 = cis(4×2π/3) = cis(8π/3) = cis(2π + 2π/3) = cis(2π/3) = cos(2π/3) + i.sen(2π/3) (120°)

$$=-\frac{1}{2}+i.\frac{\sqrt{3}}{2}$$

Resposta: (D)

838) IFPE – O produto dos números complexos dados é:

(3 + 5i).(–1 + Xi) = –3 + 3Xi – 5i – 5X

Para que seja um número real, a parte imaginária tem que ser zero.

3Xi – 5i = 0

3X = 5

X = 5/3

Resposta: (D) 5/3

839) UFAM – Questão que envolve cálculos rápidos com complexos, mas a rigor é preciso testar as cinco opções, e conferir os valores para o produto, a soma, o quociente e uma potência do complexo na forma trigonométrica. Devemos testar uma a uma, mas de preferência começando pela mais fácil. A mais fácil é a letra (E), que exige simplesmente a passagem da forma algébrica para a forma trigonométrica, ou vice-versa, que é mais fácil.

$\cos\frac{\pi}{3}+i.sen\frac{\pi}{3}=\frac{1}{2}+i\frac{\sqrt{3}}{2}$, que é exatamente o valor de z.

$2\left(\cos\frac{7\pi}{4}+i.sen\frac{7\pi}{4}\right)=2\left(\cos\left(-\frac{\pi}{4}\right)+i.sen\left(-\frac{\pi}{4}\right)\right)=2\left(\frac{\sqrt{2}}{2}-i\frac{\sqrt{2}}{2}\right)=\sqrt{2}(1-i)$, que é exatamente o valor de w.

Portanto a resposta (E) é a correta. Sem necessidade de testar as demais opções.

Resposta: (E)

840) UFSC – Analisando as afirmativas:

(V) Se z é um número complexo, então $z.z^{-1} = 1$. CERTO. O produto de um número complexo pelo seu inverso, quando existe (somente zero não tem inverso) é 1.

(F) A parte imaginária de $(z+\bar{z})$ é o dobro da parte imaginária de z. ERRADO. Somando a+bi com a–bi encontramos 2a, o dobro da parte real.

(F) O número complexo z = 3i tem módulo 3 e argumento 3π/2. ERRADO. O módulo é 3, mas o argumento é π/2.

(V) Se z = 2i, então $z^6 = -64$. CERTO. Elevando à sexta potência, o módulo é 64. Quanto à potência de i, temos que $i^6 = i^2 = -1$.

Resposta: VFFV

Resoluções do teste 85

841) UFAM – O argumento no desenho está fora de escala para dificultar. Mas é um ângulo do 4º quadrante cujo cosseno é 1/2, ou seja, –π/3, o mesmo que –60°.

Temos então z = cis(–π/3)

z^{27} = cis(–27π/3) = cis(–9π)

Este complexo tem argumento igual ao de π. Está na fronteira entre o 2º e o 3º quadrantes. A resposta que se aplica é N.R.A. (nenhuma das respostas acima).

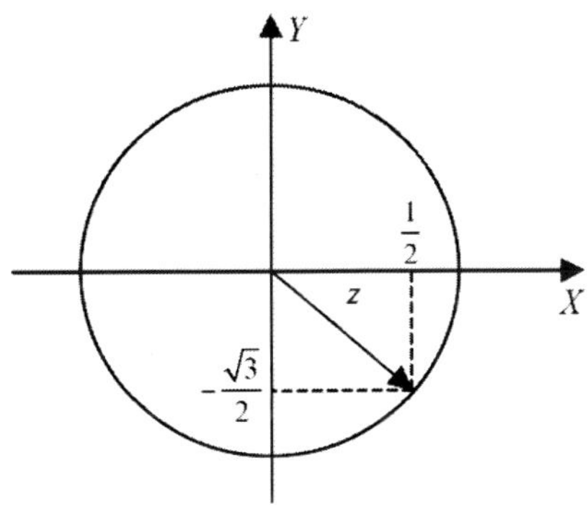

Resposta: (E)

842) UFPR – Analisando as afirmativas:

(V) Dada a função $f(x)=\log\frac{x-1}{x+1}$, então f(2) + f(3) = –log(6). CORRETO. f(2) + f(3) = log(1/3)+log(2/4) = –log(3) –log(2) = –log(6)

(F) As raízes do número complexo $\sqrt[2]{i}$ são $\pm\left(\frac{\sqrt{3}}{2}-i.\frac{\sqrt{3}}{2}\right)$. ERRADO. Elevando o complexo dado ao quadrado, o resultado não é i.

(F) Para que $\frac{(n!)^2}{(2n)!}=\frac{1}{10}$, n deve ser igual a 4. ERRADO. Substituindo n por 4, ficamos com $24^2/(8!) = 1/10$, o que certamente está errado. Basta verificar que 8! Tem o fator 7, e 24^2 não tem.

(V) É correta a desigualdade $\sqrt{4+2\sqrt{3}}=1+\sqrt{3}$. CORRETO. Elevando $1+\sqrt{3}$ ao quadrado, o resultado é $\sqrt{4+2\sqrt{3}}$.

Resposta: (B)

843) IFSP – Calculando a divisão:

$$\frac{z_1}{z_2}=\frac{3+2i}{1+i}=\frac{(3+2i)(1-i)}{(1+i).(1-i)}=\frac{3-3i+2i+2}{1+1}=\frac{5-i}{2}$$

Resposta: (C)

844) UF Viçosa – O valor de z é fixo, e x é variável. A expressão trigonométrica é:
8.sen(x).cos(x).cos(2x) = 4.[2.sen(x).cos(x)].cos(2x) = 4.sen(2x).cos(2x) = 2.sen(4x).
Essa expressão tem seu valor máximo igual a 2.
Quanto a z, observe que pode ser escrito na forma:

$$z=\sqrt{2}.cis(\pi/4)$$

O valor de z^{12} é 64.cis(3π) = –64
Sendo assim, o valor máximo da expressão é 2 + 64 = 66

Resposta: (B) 66

845) UFMG – Passemos os complexos envolvidos para a forma trigonométrica.

$$\sqrt{3}+i=2.cis(30°)$$

$$2\sqrt{2}(1+i)=2\sqrt{2}.\sqrt{2}.cis(45°)=4.cis(45°)$$

Ficamos com

$$(2.cis(30°))^m=(4.cis(45°))^n$$

Comparando os módulos, temos que $2^m = 4^n = 2^{2n}$
m = 2n
A comparação dos argumentos é diferente. Dois complexos iguais têm argumentos, iguais, ou com diferença que é um múltiplo de 2π.
30m – 45n = 2k.360
2m – 3n = 2k.24. Usando m = 2n, ficamos com:
4n – 3n = 48k
n = 48k
Com k = 1, ficamos com n = 48. Como m = 2n, temos m = 96.

Resposta: m = 96 e n = 48.

846) UNICAMP – No numerador de z podemos colocar i em evidência.
1 + ai = $-i^2$ + ai = i(–i + a)

$$z=\frac{-i(-i+a)}{a-i}=-i$$

Com z = –i, $z^{2016} = i^{2016} = i^4 = 1$

Resposta: (B) 1

847) UFMT – Basta encontrar o argumento do complexo e multiplicá-lo por n até chegar a um múltiplo de π.
O argumento de $1+i.\sqrt{3}$ é 60°, ou π/3.
Elevando a n, o argumento torna-se n.60°, que tem que ser um múltiplo de 180°.
60n = 180k
Essa relação é satisfeita para k=1 e n = 3.

Resposta: (B) um número ímpar

848) UFPA – Encontremos r e s tais que
$(r + is)^2 = -3-4i$
$r^2 - s^2 + 2rsi = -3 - 4i$
Igualando as partes imaginárias, ficamos com
$2rsi = -4i$
$r = -2/s$
Usando esse valor para r em função de s, e igualando as partes reais:
$r^2 - s^2 = -3$

$$\frac{4}{s^2} - s^2 = -3$$

$$4 - s^4 = -3s^2$$

$s^4 - 3s^2 - 4 = 0$. Equação biquadrada, com soluções reais s = 2 e s = –2 . A cada valor de s, corresponde um valor de r.
s = 2 ➔ r = –1
s = –2 ➔ r = 1
Ou seja, o valor de r+is é $\pm(1-2i)$

Lembrando que esse valor de r + si corresponde ao termo $\pm\sqrt{\Delta}$ da equação do 2º grau. Usando a fórmula de resolução, as raízes são:

$\dfrac{-b \pm \sqrt{\Delta}}{2a} = \dfrac{3 \pm (1-2i)}{2}$, o que resulta nas soluções:

$\dfrac{4-2i}{2} = 2 - i$ e $\dfrac{2+2i}{2} = 1 + i$, usando r+is = $\pm(1-2i)$

Resposta: (C) r+is = ±(1–2i), x_1 = 1+i, x_2 = 2–i.

849) UFS – Questão que avalia a habilidade do aluno em fazer operações com números complexos.

$$z_1 = 1 - i^{-3} = 1 - \frac{1}{i^3} = 1 - \frac{i^4}{i^3} = 1 - i = \sqrt{2}.cis\left(-\frac{\pi}{4}\right) \qquad z_2 = 2.cis\left(\frac{\pi}{4}\right) = \sqrt{2} + i\sqrt{2}$$

(V) O complexo conjugado de $(z_1)^{-1}$ é $\dfrac{1}{2} + \dfrac{i}{2}$. CERTO. $(z_1)^{-1} = \dfrac{1}{1-i} = \dfrac{1.(1+i)}{(1-i).(1+i)} = \dfrac{1+i}{2}$

(V) O módulo de $z = z_1 + (z_2)^2$ é $\sqrt{10}$. CERTO.
$z = z_1 + (z_2)^2 = 1 - i + 2 - 2 + 4i = 1 + 3i$, seu módulo é realmente $\sqrt{10}$.

(V) Uma das raízes cúbicas de z_1 é $z = \dfrac{-\sqrt[3]{4}}{2}.(1+i)$. CERTO.

$$z_1 = \sqrt{2}.cis\left(-\frac{\pi}{4}\right);\ \sqrt[3]{z_1} = \sqrt[3]{\sqrt{2}}.cis\left(-\frac{\pi}{4}/3 + 2k\pi/3\right) =$$

$= \sqrt[6]{2}.cis\left(-\dfrac{\pi}{12} + k\dfrac{2\pi}{3}\right)$. A raiz citada está no 3º quadrante (pelos sinais das componentes, ambos negativos). Para que o argumento do complexo encontrado esteja no 3º quadrante, entre π e 3π/2, devemos ter k=2, o que, em graus, resulta em

–15° + 240° = 225°. Esse ângulo é o ângulo médio do 3º quadrante, seu seno e cosseno são iguais a $-\frac{\sqrt{2}}{2}$. A raiz cúbica encontrada é:

$=\sqrt[6]{2}.\left(-\frac{\sqrt{2}}{2}-i\frac{\sqrt{2}}{2}\right)=-\sqrt[6]{2}.\frac{\sqrt{2}}{2}(1+i)$. Os radicais que estão multiplicando podem ser escritos como $2^{\frac{1}{6}}.2^{-\frac{1}{2}}$, A base 2 está elevada ao expoente $\frac{1}{6}-\frac{1}{2}=\frac{1}{6}-\frac{3}{6}=-\frac{1}{3}$

Escrevendo $-\frac{1}{3}$ como $\frac{2}{3}-1$, resulta em $\frac{2^{2/3}}{2^1}=\frac{\sqrt[3]{4}}{2}$

Então de fato a raiz cúbica pedida é $\frac{-\sqrt[3]{4}}{2}.(1+i)$

(F) O argumento principal de $z=z_1.z_2$ é π/2. ERRADO. Vimos que os argumentos de z_1 e z_2 são respectivamente –π/4 e π/4. O argumento do produto é a soma dos argumentos, ou seja, zero.

(F) No plano de Argand-Gauss, a imagem do número complexo z_1-z_2 pertence ao quarto quadrante. ERRADO.
$z_1-z_2=1-i-(\sqrt{2}+i\sqrt{2})=1-\sqrt{2}+i(-1-\sqrt{2})$. A parte real e o coeficiente da parte imaginária são ambos negativos, o que indica um ângulo do 3º quadrante.

Resposta: VVVFF

850) UFPB – O número complexo dado que representa o consumo elétrico é 30 + 40i, representado na figura ao lado. O seu argumento é ϕ, e o fator de potência é o cosseno desse ângulo. Os catetos do triângulo retângulo indicados são 40 e 30, sua hipotenusa é 50, então cos(ϕ) vale 40/50 = 0,8.

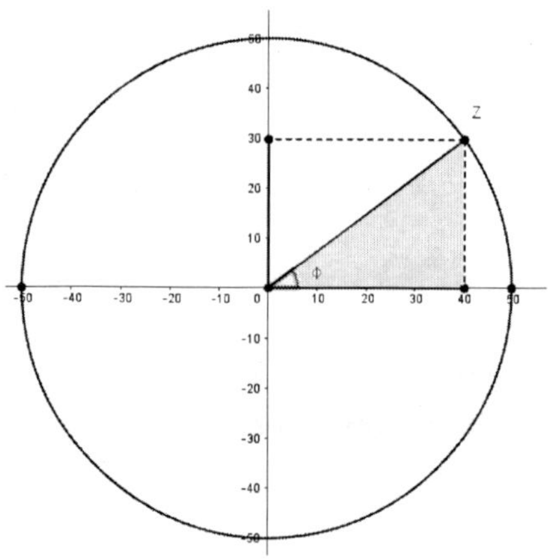

Resposta: (B) 0,80

Resoluções do teste 86

851) Mackenzie – O método da força bruta é testar cada uma das respostas, trocando x por x + 1, e verificar qual delas resulta na expressão dada, $x^2 - 7x + 6$. Existe um modo mais rápido. Se foi dado que $F(x+1) = x^2-7x+6$ é uma identidade, significa que funciona para qualquer x. Por exemplo, para x = 1000, vale $F(1000 + 1) = 1000^2 - 7000 + 6$, mas isso não ajuda em nada no problema, é só um exemplo.
Mas se a igualdade é válida para qualquer valor de x, usemos o valor X – 1. Ficaremos com:
$F(X-1+1) = (X-1)^2-7(X-1)+6$. Ficamos com
$F(X) = X^2 - 2X + 1 - 7X + 7 + 6$
$F(X) = X^2 - 9X + 14$

Resposta: (D) $F(x) = x^2 - 9x + 14$

852) PUC Campinas – O produto das raízes de um polinômio é igual ao termo independente, dividido pelo coeficiente do termo de maior grau, e um fator (–1) quando o polinômio é de grau ímpar. No nosso exemplo, o polinômio está fatorado e com zero no segundo membro. Não precisamos multiplicar os polinômios fatores para encontrar o polinômio completo, podemos encontrar o produto das raízes de cada fator e multiplicá-los.
1º fator: produto = –2/4 = –1/2
2º fator: produto = 1/1 = 1
3º fator: produto é (–1/2)/(1), com fator –1, resulta em 1/2
O produto das raízes é o produto desses três valores encontrados: –1/4.

Resposta: (E) $-\dfrac{1}{4}$

853) UEMG – Conhecendo as raízes do trinômio do 2º grau, podemos escrevê-lo na sua *forma fatorada*:
$p(x) = a(x- x_1)(x - x_2)$
$p(x) = a(x + 1)(x - 4)$
Foi dado ainda que $p(5) = -12$
$-12 = a(5 + 1)(5 - 4)$ ➔ $\boxed{a = -2}$
Logo $p(x) = -2(x + 1)(x - 4) = -2x^2 + 6x + 8$
$p(x) = 8$ ➔ $-2x^2 + 6x + 8 = 8$ ➔ $x = 0$ ou $x = 3$. O maior valor é 3.

Resposta: (B) 3

854) UF São Carlos – O produto das raízes de uma equação do 2º grau, mesmo com coeficientes complexos, é c/a. No nosso caso, temos c/1 = 3, então $\boxed{c=3}$.

A diferença das raízes é $\dfrac{-b+\sqrt{\Delta}}{2a}-\dfrac{-b-\sqrt{\Delta}}{2a}=\dfrac{\sqrt{\Delta}}{a}$. Portanto $\sqrt{\Delta}=5i$ e $\Delta=-25$.

$b^2 - 4ac = -25$
$b^2 - 4\times3 = -25$
$b^2 = -13$
$b=\pm i\sqrt{13}$

Resposta: (E)

855) IFS – A rigor, o enunciado quis dizer "identidade", ao invés de "igualdade". A igualdade ocorre para valores específicos de x (chamado de raízes), para quaisquer valores dos coeficientes α, β e μ dados. O que o problema quer é uma identidade, ou seja, para quais valores dos coeficientes α, β e μ a igualdade é verificada, qualquer que seja x.
São dois polinômios identicamente iguais. Para que isso ocorra, basta que os termos de mesmo grau sejam iguais nos dois polinômios.
2º grau: $1/3 = \alpha/3$ ➔ $\boxed{\alpha = 1}$
1º grau: $1/2 = 1 + \mu/2$ ➔ $\boxed{\mu = -1}$
grau 0: $1/3 = \beta/3 + 2$ ➔ $\boxed{\beta = -5}$

Resposta: (B) α = 1, β = –5 e μ = –1

856) UNIFEI – O polinômio do 2º grau tem a forma $ax^2 + bx + c$. As três informações dadas nos permitem montar um sistema e encontrar os valores de a, b e c:
$P(0) = -2$ ➔ $c = -2$
$P(0)+P(1) = 1$ ➔ $-2 + a + b - 2 = 1$ ➔ $a + b = 5$
$P(1)-2.P(3) = -47$ ➔ $a + b - 2 - 2(9a + 3b - 2) = -47$ ➔ $a = 2$ e $b = 3$

Logo $P(x) = 2x^2 + 3x - 2$

As raízes são –4 e 1. O trinômio é positivo fora do intervalo entre as raízes, ou seja, $x \leq -4$ ou $x \geq 1$.

Resposta: $x \leq -4$ ou $x \geq 1$.

857) UNIFESP – a) As funções q1 e q2 podem ser facilmente escritas como trinômios na forma fatorada:

$q1(x) = a.(x + 1)(x - 3)$, onde $a>0$

$q2(x) = b.(x - 1)(x - 4)$, onde $b<0$

$q(x) = ab.(x + 1)(x - 1)(x - 3)(x - 4)$

A função se anula em –1, 1, 3 e 4.

Nos 5 intervalos entre esses números, o sinal dessa função é –, +, –, + e –

Isto permite construir o esboço do gráfico ao lado.

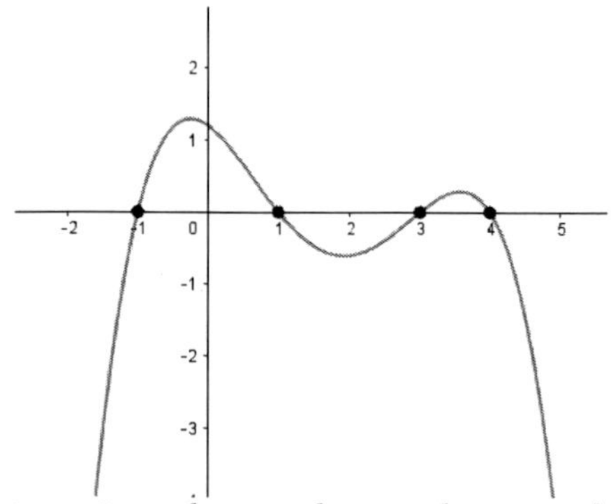

b) O problema não informa os valores de a e b. Por isso não podemos saber o valor exato do quociente pedido. O polinômio h(x) valerá

$-ab.x(x + 1)(x - 1)(x - 3)(x - 4)$.

A divisão por x + 1 será uma divisão exata, pois h(x) tem um fator x + 1. O quociente é

$-ab.x.(x - 1)(x - 3)(x - 4)$

Suas raízes são x=0, x=1, x=3 e x=4.

Respostas:

a) gráfico ao lado

b) 0, 1, 3 e 4

858) UFLA – Os gráficos das funções polinomiais do segundo grau,

$f(x) = a_1.x^2 + b_1.x + c_1$,

$g(x) = a_2.x^2 + b_2.x + c_2$ e

$h(x) = a_3.x^2 + b_3.x + c_3$

estão esboçados na figura ao lado. Assinale a afirmativa errada:

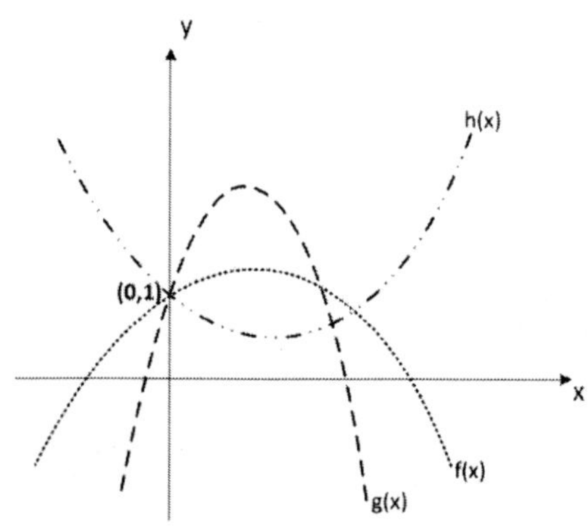

(A) $a_1.a_2.a_3 > 0$. CERTO

As funções f, g e h apresentam seus termos de 2º grau respectivamente, negativo, negativo e positivo. Seu produto é positivo.

(B) $b_1.b_2.b_3 > 0$. ERRADO.

As três parábolas têm vértices com abscissa positiva, ou seja, –b/2a positivo, o mesmo que b/a negativo. Então cada b tem sinal contrário ao de a. Portanto os valores de b são positivo, positivo, negativo, seu produto é negativo.

(C) $c_1.c_2.c_3 > 0$. CERTO. O valor de c=f(0) vale 1 para as três parábolas. Logo o produto é 1, positivo.

(D) $(b_1)^2 - 4a_1.c_1 > 0$, $(b_2)^2 - 4a_2.c_2 > 0$ e $(b_3)^2 - 4a_3.c_3 < 0$. CERTO.

Esses são os valores de delta das três funções do 2º grau. A única que não tem raízes reais é h(x), então seus deltas são positivo, positivo e negativo.

Resposta: (B) é a errada.

859) UFSC – Classifique as afirmativas abaixo em verdadeiras (V) ou falsas (F).

(V) CERTO. Basta substituir x por i e calcular $i^2 - 4i + 5 = 4 - 4i$

(V) CERTO.

$$z = \frac{2+i}{i} = \frac{2i^4 + i}{i} = 2i^3 + 1 = -2i + 1$$, cujo conjugado é 1 + 2i

(V) O módulo do complexo $1 - i.\sqrt{3}$ é 2. Escrevemos então como $2.\left(\frac{1}{2} - i.\frac{\sqrt{3}}{2}\right)$.

Aparecem o cosseno ($\frac{1}{2}$) e o seno ($-\frac{\sqrt{3}}{2}$) do argumento. Um ângulo do 4º quadrante que tem o mesmo cosseno que 60°. Esse ângulo é 300°, o mesmo que 5π/3.

(F) ERRADO. Calculando o determinante, temos 1+i+1–i –1+i–1–i=0
Aliás, nem precisaria ter sido calculado. Uma matriz com duas linhas iguais ou proporcionais tem determinante igual a zero.

(V) CERTO.

$$\frac{f(2+i)}{g(1-i)} = \frac{i^2 + 4i + 4 - 2(2+i) + 1}{1 + i^2 - 2i + 1 - i} = \frac{2i}{1-3i} = \frac{2i.(1+3i)}{(1-3i).(1+3i)} = \frac{-6+2i}{10} = -\frac{3}{5} + \frac{i}{5}$$

Resposta: VVVFV

860) UNICAMP – Substituindo a + bi na equação, temos:
$(a + bi)^2 + b(a + bi) + a = 0$
$a^2 - b^2 + 2abi + ab + b^2i + a = 0$
Parte real: $a^2 - b^2 + ab + a = 0$
Parte imaginária: $2abi + b^2i = 0$
b=0 é solução dessa equação, mas é dito que a e b são reais não nulos.
Simplificando a equação por b, temos
2a + b = 0 ➔ b = –2a
Substituindo b por –2a na 1ª equação, temos
$a^2 - 4a^2 - 2a^2 + a = 0$ ➔ $a = 5a^2$ ➔ a = 1/5, e b = –2/5

O módulo de a+bi é portanto $\sqrt{\left(\frac{1}{5}\right)^2 + \left(\frac{2}{5}\right)^2} = \frac{1}{\sqrt{5}}$

Resposta: (B)

Resoluções do teste 87

861) Mackenzie – O fator informado 2x – 1 pode ser escrito como 2(x – 1/2). Devemos portanto colocar x – 1/2 em evidência, ou seja, aplicar o dispositivo de Briot-Ruffini com o pivô 1/2.

	2 -11 17 -6
1/2	2 -10 12 0

Logo $2x^3 - 11x^2 + 17x - 6 = (x - 1/2)(2x^2 - 10x + 12)$
O trinômio do 2º grau encontrado fornecerá mais duas raízes cuja soma é 10/2 = 5. Somando com a outra raiz já encontrada, 1/2, encontramos 5 + 1/2 = 11/2
A média aritmética das raízes é a divisão da sua soma por 6, ou seja, 11/6.

Resposta: (E) 11/6

862) UFCG – Como a gráfico tangencia o eixo x em x=2, temos uma raiz dupla em x=2. Podemos assim escrever o polinômio na forma fatorada:

$P(x) = a(x + 3)(x - 2)^2.(x - 6)$

Temos ainda que $P(0) = -1$. Isso nos permite descobrir o valor de a.

$-1 = a.3.(-2)^2.(-6) \Rightarrow a = -1/72$

$P(x) = (-1/72).(x + 3)(x - 2)^2.(x - 6)$

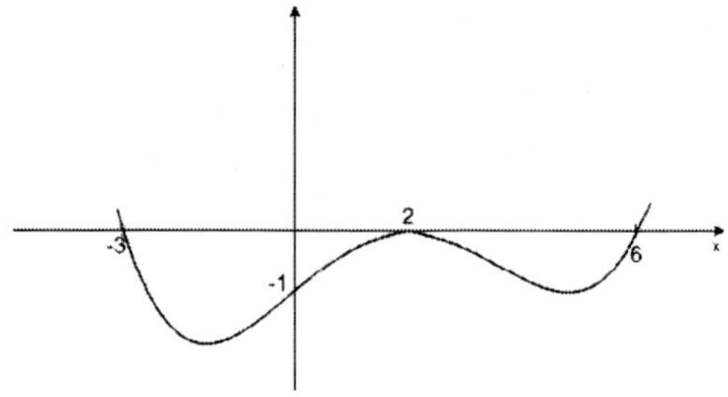

Resposta: (C)

863) PUC SP – Não é possível analisar essas afirmativas diretamente pela equação do 3º grau. Como foi dada uma raiz x=2, vamos colocar x – 2 em evidência para determinar as outras duas raízes. Usaremos Briot-Ruffini.

	1	-4	6	-4
2	1	-2	2	0

Logo nosso polinômio pode ser escrito como $(x - 2)(x^2 - 2x + 2)$

Podemos agora encontrar as outras duas raízes.

$x^2 - 2x + 2 \Rightarrow \dfrac{2 \pm \sqrt{4-8}}{2} = 1 \pm i$

Agora podemos analisar facilmente as afirmativas. (A) é a correta, pois são raízes do 1º e do 4º quadrante, basta desenhá-las no plano complexo.

Os módulos são iguais a $\sqrt{2}$.

Seus argumentos são 45° e –45°.

A soma das raízes é 2.

Resposta: (A)

864) UF Pelotas – Precisamos descobrir os coeficientes b, c e d para calcular a expressão. A soma das raízes do polinômio é –b/1, que vale –3. Portanto b = 3.

Foram dadas as informações P(2) = 0 e P(–5) = 0. Então conhecemos duas raízes e a soma das três raízes, que é 3. Então a terceira raiz é –3 – 2 + 5 = 0, a terceira raiz.

Assim podemos formar o polinômio, com suas raízes conhecidas.

$P(x) = x(x - 2)(x + 5) = x(x^2 + 3x - 10) = x^3 + 3x^2 - 10x$

Portanto temos b=3, c = –10 e d=0. A expressão pedida, $\dfrac{bcd}{b+c+d}$ vale $\dfrac{3(-10).0}{3-10+0} = 0$

Resposta: (D) 0

865) UFT – Não temos como resolver a equação, pois não conhecemos o coeficiente k. Podemos descobrir k, usando relações entre coeficientes e raízes.

A soma das raízes é 6/2 = 3

$x_1 + x_2 + x_3 = 3$

$(x_1 + x_2 + x_3)^2 = 9$

$x_1^2 + x_2^2 + x_3^2 + 2(x_1x_2 + x_1x_3 + x_2x_3) = 9$

A soma dos produtos das raízes dois a dois, indicado acima, também depende dos coeficientes do polinômio (Relações de Girard):

$x_1x_2 + x_1x_3 + x_2x_3 = -4/2 = -2$. Ficamos com:

$x_1^2 + x_2^2 + x_3^2 + 2(-2) = 9$

$x_1^2 + x_2^2 + x_3^2 = 13$

Como foi dado que $(x_1)^2 + (x_2)^2 = (x_3)^2$, temos

$2x_3^2 = 13$

$x_3 = \sqrt{\dfrac{13}{2}}$ (é dado que as raízes são positivas).

Agora que conhecemos uma das raízes, podemos descobrir o valor de k. Basta fazer $P(x_3) = 0$

$$2\left(\sqrt{\frac{13}{2}}\right)^3 - 6.\left(\sqrt{\frac{13}{2}}\right)^2 - 4.\sqrt{\frac{13}{2}} + k = 0 \;\Rightarrow\; 13\sqrt{\frac{13}{2}} - 6.\frac{13}{2} - 4.\sqrt{\frac{13}{2}} + k = 0$$

$$k = -9\sqrt{\frac{13}{2}} + 39 = 39 - 9\sqrt{\frac{13}{2}} = 39 - 9\frac{\sqrt{26}}{2}$$

Resposta: (B)

866) CEFET CE – O polinômio dado é
$P(x) = 8x^3 - 12x^2 + ax - b$
A única informação que temos que é $P(2) = 27$. Então:
$8.2^3 - 12.2^2 + 2a - b = 27$
$64 - 48 + 2a - b = 27$
$2a - b = 27 - 64 + 48 = 13$

Resposta: 2a – b = 13

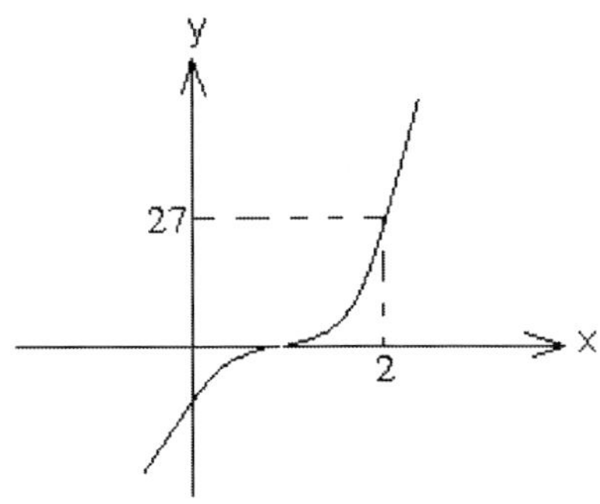

867) UFG – Se p(x) é divisível por $(x^2 + 2)$, possui um fator $(x^2 + 2)$. Sendo de terceiro grau, existe ainda mais um fator do 1º grau, chamemos de x – a. Existe ainda um coeficiente k multiplicando x^3, então a forma fatorada de p(x) é
$k(x - a)(x^2 + 2)$
$= k(x^3 + 2x - ax^2 - 2a)$
$= kx^3 - akx^2 + 2kx - 2ak)$
O polinômio foi dado como $p(x) = kx^3 + (k + 1)x^2 + 2kx + 6$.
Igualando os coeficientes podemos encontrar os valores de a e k.
$kx^3 - akx^2 + 2kx - 2ak) \equiv kx^3 + (k + 1)x^2 + 2kx + 6$

2º grau: $- ak = k + 1 \Rightarrow a = -\dfrac{k+1}{k}$

Termo independente: $-2ak = 6 \Rightarrow a = -3/k$
Igualando os valores de a, temos:

$$-\frac{k+1}{k} = -\frac{3}{k}$$

$k^2 + k = 3k \Rightarrow$ k=0 ou k=2. k=0 não serve, pois o polinômio seria nulo.

Resposta: k=2

868) UFPI – $P(x) = x^3 - 1$ pode ser fatorado como
$(x - 1)(x^2 + x + 1)$
Este polinômio tem 3 raízes: 1 e dois valores complexos, que são as raízes de $x^2 + x + 1$. O valor dado α é uma dessas raízes, ou seja, $\alpha^2 + \alpha + 1$. Como $\alpha^0 = 1$, esta raiz α atende à condição $\alpha^0 + \alpha^1 + \alpha^2 = 0$

Resposta: (B) 0

869) UFJF – Chamando e **m** e **r** o termo inicial e a razão dessa P.A., as informações dadas são as seguintes:

4º termo: m + 3r 7º termo: m + 6r 16º termo: m + 15r

A soma dos 20 termos é:

$$(a_1 + a_{20}).\frac{20}{2} = (m + m + 19r).10 = 20m + 190r = \frac{80}{3}$$

$$2m + 19r = \frac{8}{3} \quad \rightarrow \quad 6m + 57r = 8$$

É dado ainda que o 13º termo é 3.

$m + 12r = 3$

Formamos um sistema com essas duas equações, já multiplicando a segunda equação por 6:

$$\begin{cases} 6m + 57r = 8 \\ 6m + 72r = 18 \end{cases}$$

Ficamos com 15r = 10, r = 2/3

m = 3 – 12.(2/3) = –5

Com esses valores de m e r, calculamos as raízes:

4º termo: m + 3r 7º termo: m + 6r 16º termo: m + 15r

–5 + 2 = –3, –5 + 4 = –1, –5 + 10 = 5

Portanto, raízes –3, –1 e 5.

P(x) = (x+3).(x+1)(x–5)

$P(x) = (x^2 + 4x + 3)(x - 5) = x^3 + 4x^2 + 3x - 5x^2 - 20x - 15 = x^3 - x^2 - 17x - 15$

Ou seja, os valores de a, b e c são –1, –17 e –15.

Resposta: –1, –17 e –15

870) UFMS – O problema é indeterminado, ou seja, teria infinitas soluções, se não for informado que os coeficientes do polinômio são reais.

Sendo reais os coeficientes, o problema tem solução única. Um polinômio de coeficientes reais, quando tem uma raiz a + bi, terá também a raiz a – bi, ou seja, as raízes complexas aparecem em pares de conjugados. Isso vale para polinômios de qualquer grau, desde que seus coeficientes sejam reais.

Sendo assim, o nosso polinômio, além da raiz 1 – i, tem também a raiz 1 + i. O terceira raiz será obrigatoriamente real, pois as raízes complexas aparecem aos pares. Chamando nossa terceira raiz de k, podemos escrever nosso polinômio como:

P(x) = (x – k)(x – 1 + i)(x – 1 – i)

$P(x) = (x - k)(x^2 - 2x + 2)$

$P(x) = x^3 - 2x^2 + 2x - kx^2 + 2kx + 2k$

$P(x) = x^3 + (-2 - k)x^2 + x(2 + 2k) + 2k$

A partir do termo de primeiro grau, que foi dado como 8, podemos encontrar o valor de k:

2 + 2k = 8 → $\boxed{k = 3}$

Sendo assim, a raiz real é 3.

O problema quer a soma das raízes reais, portanto é 3.

Resposta: 3

Resoluções do teste 88

871) FATEC – O resto da divisão de P(x) por x é P(0). Usamos aqui o Teorema do Resto, que diz que o resto da divisão de P(x) por (x – a) é P(a). No caso, aplicamos o teorema fazendo a=0.

Ou seja, o resto procurado é P(0) = b. Temos que descobrir o valor de b.

Foi dado ainda que o polinômio é divisível por $(x - 1)^2$. Significa que podemos dividir P(x) por x – 1 duas vezes, com divisão exata, resto 0. Usemos o dispositivo de Briot-Ruffini para calcular essas duas divisões. O polinômio P(x) deve estar completo e ordenado, então vamos escrevê-lo como $x^4 + 0x^3 + 0x^2 + 2ax + b$

	1	0	0	2a	b
1	1	1	1	2a+1	2a+1+b

A divisão temo que deixar resto zero, então $2a + 1 + b = 0$.

Podemos fazer uma outra divisão por $(x - 1)$, com divisão exata.

	1	1	1	2a+1
1	1	2	3	2a+1+3

O resto tem que ser zero, então $2a + 4 = 0 \Rightarrow \boxed{a = -2}$
Temos ainda que $2a + 1 + b = 0$, então $-4 + 1 + b = 0 \Rightarrow \boxed{b = 3}$

Resposta: (D) 3

872) IFMT – Esse polinômio pode ser facilmente fatorado.
$3x^3 - 3x^2 + 3x - 3 = 3(x^3 - x^2 + x - 1)$
$= 3(x - 1)(x^2 + 1)$ (fatoração por evidência)
Note que x=1 é uma raiz, portanto (A) está errada.
A soma das raízes, pelas Relações de Girard, é 3/3 = 1, então (B) está errada.
A soma dos produtos das raízes tomadas duas a duas, pelas Relações de Girard, é 3/3 = 1
Então (C) está errada.
Finalmente, o produto das raízes, pelas Relações de Girard, é (0 – 1) vezes o quociente entre o termo independente e o coeficiente do termo de terceiro grau. Isso resulta em 3/3=1. Portanto (D) está correta.
A (E) está errado, pois as raízes de $x^2 + 1$ são i e –i.

Resposta: (D)

873) IFSP – Usando o Teorema do Resto, o resto pedido é P(–3).
$(-3)^3 + 7.(-3)^2 - 2.(-3) + 5 =$
$-27 + 63 + 6 + 5 = 47$.

Resposta: (D) 47

874) IFRO – Pelas Relações de Girard, a soma das raízes é (–1) vezes o coeficiente de grau 2 (1 grau abaixo do máximo) dividido pelo coeficiente do termo de maior grau.
$-6/1 = -6$

Resposta: (D) –6

875) UNIFEI – Como o divisor não é do 1º grau, não podemos usar Briot-Ruffini. Temos que usar a divisão polinomial.

$$
\begin{array}{l|l}
x^3 - 4x^2 + ax - b & x^2 - x + 1 \\
\underline{-x^3 + x^2 \quad - x} & \overline{x - 3} \\
\quad -3x^2 + (a-1)x & \\
\quad \underline{+ 3x^2 \quad -3x \quad + 3} & \\
\qquad\qquad (a-4)x + 3-b &
\end{array}
$$

Para que esse resto seja igual a 4, é preciso ter
$a - 4 = 0 \Rightarrow \boxed{a = 4}$
$3 - b = 4 \Rightarrow \boxed{b = -1}$

Resposta: a = 4 e b = –1

876) USP – Usando o Teorema do Resto, temos duas informações:
P(2) = 2 ➔ 8 + 4a + 2b = 2 ➔ 2a + b = –3
P(1) = 4 ➔ 1 + a + b = 4 ➔ a + b = 3
Resolvendo o sistema, encontramos a = –6 e b = 9

Resposta: (A) –6

877) UFAM – As duas expressões podem ser calculadas com a ajuda das Relações de Girard. Façamos primeiro a soma dos quadrados das raízes. Usando as Relações de Girard, levando em conta os coeficientes da equação, a soma das raízes é 3, a soma dos produtos das raízes tomadas duas as duas é –17 e o produto das raízes é –3.

$\alpha + \beta + \gamma = 3$

$(\alpha + \beta + \gamma)^2 = 9$

$\alpha^2 + \beta^2 + \gamma^2 + 2(\alpha\beta + \alpha\gamma + \beta\gamma) = 9$

$\alpha^2 + \beta^2 + \gamma^2 + 2(-17) = 9$

$\alpha^2 + \beta^2 + \gamma^2 = 43$

Com isso já podemos marcar a letra (D). Mas vejamos como se calcula a outra expressão.

$$\frac{1}{\alpha} + \frac{1}{\beta} + \frac{1}{\gamma} = \frac{\beta\gamma + \alpha\gamma + \alpha\beta}{\alpha\beta\gamma} = \frac{-17}{-3} = \frac{17}{3}$$

Resposta: (D) 43 e 17/3

878) UDESC – Chamando o termo inicial da P.G. de **m**, e a razão de **q**, os três primeiros termos, que são as raízes da equação dada, são m, mq e mq^2. O produto dessas três raízes é m^3q^3, que é também igual a –1/8 (Relações de Girard).

$m^3q^3 = -1/8$

mq = –1/2. Essa é uma das raízes de P(x). Se fizermos a divisão de P(x) por (x + 1/2), encontrarmos as outras duas raízes. Usemos Briot-Ruffini:

	8 -6 -3 1
-1/2	8 -10 2 0

Então $P(x) = (x + 1/2)(8x^2 - 10x + 2)$

Agora encontramos facilmente as raízes de $8x^2 - 10x + 2$: 1 e 1/4.

Portanto as três raízes de P(x) são 1, –1/2 e 1/4.

Essa P.G tem termo inicial $a_1=1$ e razão –1/2. Sua soma infinita converge, pois o módulo da razão é menor que 1.

$$S = \frac{a_1}{1-q} = \frac{1}{1+\frac{1}{2}} = \frac{2}{3}$$

Essa soma é raiz de (x + a), então –a = 2/3, ou seja, a = –2/3.

O polinômio Q(x) é x – 2/3.

O resto da divisão de P(x) por x – 2/3 é P(2/3) (Teorema do Resto)

$P(2/3) = 8.(2/3)^3 - 6.(2/3)^2 - 3.(2/3) + 1 =$

$$\frac{64}{27} - 6.\frac{4}{9} - 3.\frac{2}{3} + 1 = -\frac{35}{27}$$

Resposta: (A) –35/27

879) UF Uberlândia - Se o produto de duas raízes é –12, e levando em conta que o produto das três raízes é 36 (Relações de Girard), então a terceira raiz é –3, ou seja, P(–3) = 0. Com isso podemos calcular o valor de m.

P(–3) = 0 ➔ –27 + 9m – 36 = 0
9m = 63 ➔ m = 7

Resposta: (D) 7

880) UFPR - É sempre vantajoso, para análises de raízes, escrever o polinômio na forma fatorada. Vemos claramente que o polinômio pode ser fatorado por agrupamento.
$p(x) = x^3 - ax^2 + x - a = x^2(x - a) + (x - a) = (x^2 + 1)(x - a)$
Com isso vemos que p(x) tem a como raiz, e também $\pm i$.
Analisemos as afirmativas:

1. $i = \sqrt{-1}$ é uma raiz desse polinômio. VERDADEIRA
2. Qualquer que seja o valor de a, p(x) é divisível por x – a. VERDADEIRA
3. Para que p(–2) = –10, o valor de a deve ser 0.

p(–2) = 5.(–2 – a) = –10 ➔ a=0. VERDADEIRA.

Resposta: (E) As afirmativas 1, 2 e 3 são verdadeiras.

Resoluções do teste 89

881) UFCG - Primeiro precisamos encontrar as raízes da equação. Pelo Teorema das Raízes Racionais, devemos procurar raízes que sejam divisores de 6, que é o produto das raízes.
Encontramos facilmente uma raiz, que é 1.
Para encontrar as demais raízes, coloquemos (x – 1) em evidência. Para isso usaremos o dispositivo de Briot-Ruffini.

	1 -6 11 -6
1	1 -5 6 0

Logo nossa equação pode ser escrita como $(x - 1)(x^2 - 5x + 6) = 0$
Agora ficou fácil resolver a equação do 2º grau e encontrar as duas outras raízes, 2 e 3.
Portanto as raízes da nossa equação do 3º grau original são: 1, 2 e 3.
Os números que são ímpares e raízes da equação são 1 e 3.
A probabilidade que a roleta acerte um desses números é 2/12 = 1/6.

Resposta: (E) 1/6

882) UFMS - Bem lembrado, nesse enunciado foi informado que a equação tem coeficientes reais. Quando uma equação polinomial tem coeficientes reais, as raízes complexas aparecem aos pares conjugado: a + bi e a – bi. Se a equação tem raiz i, tem também a raiz –i. Sem tem a raiz $1 + i.\sqrt{5}$, tem também $1 - i.\sqrt{5}$. Com isso, já conhecemos as quatro raízes. Podemos formar a equação na forma fatorada. O coeficiente do termo de maior grau é 1, então não aparece a constante multiplicativa.
$(x - 1 - i.\sqrt{5})(x - 1 + i.\sqrt{5})(x + i)(x - i) = 0$
Multiplicando aos pares, temos
$(x^2 - 2x + 6)(x^2 + 1) = 0$
$x^4 - 2x^3 + 6x^2 + x^2 - 2x + 6 = 0$
$x^4 - 2x^3 + 7x^2 - 2x + 6 = 0$
Comparando com a forma $x^4 - 2x^3 + mx^2 - 2x + n = 0$, encontramos m=7 e n=6, e m+n vale 13.

Resposta: 13

883) IFMT – A partir das Relações de Girard, formamos o polinômio a partir dessas três informações.
Coeficiente de $x^2 = -7$
Coeficiente de $x = 7$
Termo independente: 15
Portanto $P(x) = x^3 - 7x^2 + 7x + 15$
P(1) vale $1 - 7 + 7 + 15 = 16$

Resposta: (B) 16

884) UDESC – O gráfico tem todas as informações necessárias para encontrarmos a expressão para P(x). Temos as raízes e um ponto adicional (P(0) = 2). Usamos a forma fatorada:
$P(x) = a.(x + 1)(x - 1)(x - 2)$
Fazendo x=0, encontramos P(0) = 2
$2 = a.1.(-1).(-2)$ ➔ $\boxed{a = 1}$
$P(x) = (x + 1)(x - 1)(x - 2) = (x^2 - 1)(x - 2) =$
$= x^3 - 2x^2 - x + 2$
O resto da divisão de P(x) por x+2 é P(–2) (Teorema do Resto).
$P(-2) = -8 -8 + 2 + 2 = -12$

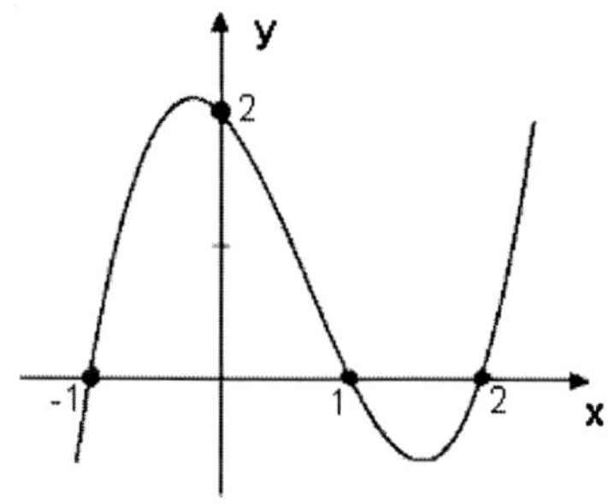

Resposta: (C) –12

885) UFCE – Existe uma forma muito fácil para resolver esse problema, mas para isso teremos que usar um resultado que não é muito divulgado no ensino médio. Estabelece a relação entre a potência de um número complexo, e a potência do seu conjugado. Essas duas potências também são conjugadas entre si. É fácil ver quando representamos o complexo e seu conjugado na forma trigonométrica. $z = r.cis(\theta)$, $\bar{z} = r.cis(-\theta)$. Claro que trocar a + bi por a – bi equivale a usar um ângulo refletido em relação ao eixo real, ou seja, o negativo daquele ângulo.

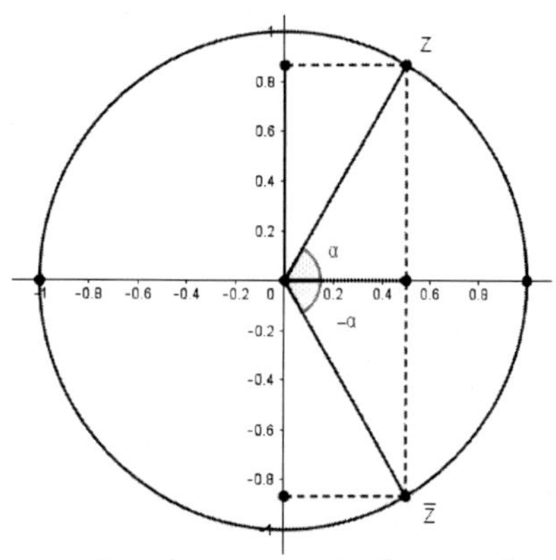

Ou seja, o argumento do complexo conjugado é igual ao negativo do argumento do complexo original. Levando isso em conta, calculemos a potência n do complexo z e do seu conjugado:

$$z = r.cis(\theta) \Rightarrow z^n = r^n.cis(n\theta)$$
$$\bar{z} = r.cis(-\theta) \Rightarrow \bar{z}^n = r^n.cis(-n\theta)$$

Comparando ambas as potências, vemos que são conjugados, pois os argumentos são simétricos.
Ocorre o mesmo efeito se existir um coeficiente real multiplicando a potência. E também quando forem várias potências somadas. Ou seja, se tivermos um polinômio de coeficientes reais, vale a relação:
$P(\bar{z})$ é o conjugado de $P(z)$. É um resultado importante que permite uma resolução rápida do problema. Sabemos P(1+i) = 4+3i e queremos calcular $P\left(\frac{2}{1+i}\right)$. Esse complexo está disfarçado, mas é na verdade:

$\frac{2}{1+i}=\frac{2.(1-i)}{(1+i).(1-i)}=\frac{2-2i}{2}=1-i$. Ou seja, este número é o conjugado de 1 + i.

Então o valor de P(1 – i) é o conjugado de P(1 + i)

O conjugado de 4 + 3i e 4 – 3i, o que resolve o problema.

É possível resolver o problema por outro caminho, sem usar essa propriedade dos conjugados, observando que $(1 + i)^4 = -4$, e também $(1 - i)^4 = -4$. Assim fica fácil avaliar x^{20} e x^{12}, ficando com um sistema que permite encontrar a e b, e a seguir calcular o que se pede.

Resposta: (E) $4-3i$

886) UFPE – Coeficiente líder é o coeficiente do termo de maior grau. Além disso, p(x) = p(–x) significa que p(x) só tem potências pares, ou seja, é uma função par. Portanto nosso polinômio tem a forma

$P(x) = x^4 + ax^2 + b$

$P(0) = 4$ ➔ $\boxed{b = 4}$

$P(1) = -1$ ➔ $1 + a + 4 = -1$ ➔ $\boxed{a = -6}$

Portanto $P(x) = x^4 - 6x^2 + 4$

Resolvendo a equação biquadrada, encontramos as raízes:

$\pm\sqrt{\frac{6\pm\sqrt{36-16}}{2}}=\pm\sqrt{3\pm\sqrt{5}}$

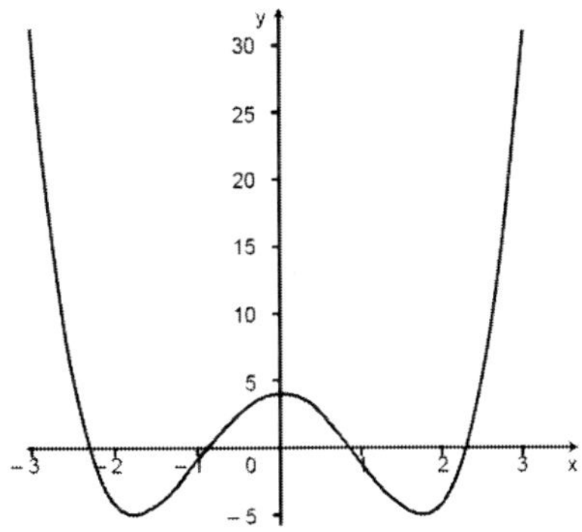

Com isso podemos analisar as afirmativas.

(F) $p(x) = x^4 + 6x^2 + 4$. ERRADO.

(V) As raízes de p(x) são $\pm\sqrt{3\pm\sqrt{5}}$. CERTO, já calculadas.

(V) As raízes de p(x) são $\frac{\pm\sqrt{10}\pm\sqrt{2}}{2}$. CERTO. Elevando essa expressão ao quadrado, encontramos exatamente $\pm\sqrt{3\pm\sqrt{5}}$.

(F) $p(x) = (x^2 - 3)^2 + 5$. ERRADO, pois desenvolvendo a expressão chegamos a $x^4 - 6x^2 + 14$, que não é P(x).

(V) O valor mínimo de p(x) ocorre em $x=\pm\sqrt{3}$. CERTO. A expressão de $P(x) = x^4 - 6x^2 + 4$ pode ser escrita como $x^4 - 6x^2 + 9 - 4$. Isso é $(x^2 - 3)^2 - 5$. O valor mínimo é –5, obtido quando $(x^2 - 3)$ vale zero, ou seja, para $x=\pm\sqrt{3}$.

Resposta: FVVFV

887) UFAL – Claro que ninguém vai fazer essa divisão para encontrar o resto. Ao invés disso, escrevemos a relação Dividendo = Quociente.Divisor + Resto

No caso de polinômios, como estamos usando um divisor do 3º grau, o grau do resto deve ser 2º ou menor.

$x^{2010} + x^{1005} + 1 = Q(x).(x^3 + x) + ax^2 + bx + c$

Os polinômios do 1º e do 2º membro são idênticos, ou seja, iguais para qualquer valor de x. Vamos então atribuir valores para x, de modo a ficar com cálculos simples e descobrir os valores de a, b e c.

$x = 0$ ➔ $1 = Q(0).0 + c$ ➔ $\boxed{c=1}$

Além do zero, outros valores de x que tornam os cálculos são as raízes de $x^3 + x$. As raízes são 0, i e –i. Como zero já usamos, apliquemos valores i e –i para x.

$x = i \Rightarrow i^{2010} + i^{1005} + 1 = Q(i)(i^3 + i) - a + bi + 1$

Lembrando que trocamos o expoente de i pelo seu resto na divisão por 4. $i^3 + i$ vale 0, pois i é raiz de $x^3 + x$.

$i^2 + i + 1 = Q(i).0 - a + bi + 1$

$i = -a + bi + 1 \Rightarrow b = 1$ e $a = 1$

Com a, b e c determinados, o resto pedido é $x^2 + x + 1$

Resposta: (B) $x^2 + x + 1$

888) UFMS – Faltou dizer que a, b e c são reais. Levando isso em conta, se 1 – i é raiz, 1 + i também é. As duas raízes reais apostas podem ser chamadas de k e –k. Então P(x) na forma fatorada, fica:

$P(x) = 9.(x + k)(x - k)(x - 1 + i)(x - 1 - i)$

$P(x) = 9.(x^2 - k^2)(x^2 - 2x + 2)$

$P(x) = 9.(x^4 - 2x^3 + (2 - k^2)x^2 + 2k^2x - 2k^2)$

$P(x) = 9x^4 - 18x^3 + 9(2 - k^2)x^2 + 18k^2x - 18k^2$

$P(x) = 9x^4 + ax^3 + bx^2 + cx - 90$

Comparando os coeficientes, temos:

$a = -18$

$-18k^2 = -90 \Rightarrow k = \sqrt{5}$. (tomamos o valor positivo porque já estão indicadas raízes k e –k)

$c = 18k^2 = 90 \Rightarrow c = 90$.

$b = 9(2 - k^2) = -27$

Portanto a + b + c vale $-18 - 27 + 90 = 45$

Resposta: 45

889) UFJF – Como p(x) é divisível por q(x), então p(x) tem um fator q(x). Significa que os números que anulam q(x), também anulam p(x). Ou seja, as raízes de q(x) também anulam p(x).

Raízes de $x^2 + x - 2$: 1 e –2

$p(1) = 0 \Rightarrow 1 + \alpha + \beta - 11 + 30 = 0 \quad \Rightarrow \alpha + \beta = -20$

$p(2) = 0 \Rightarrow 16 - 8\alpha + 4\beta + 22 + 30 = 0 \quad \Rightarrow 2\alpha - \beta = 18$

Resolvendo o sistema encontramos $\alpha = -1$ e $\beta = -19$. Ambos números negativos.

Resposta: (B) negativos

890) IFMT – Existem dados suficientes no gráfico para identificar a expressão algébrica de P(x). É informado que são 4 raízes, portanto um polinômio do 4º grau. Também é dito que –1 é raiz dupla. Em gráficos, a raiz dupla se manifesta como uma tangência ao eixo x. Podemos então escrever P(x) na forma fatorada:

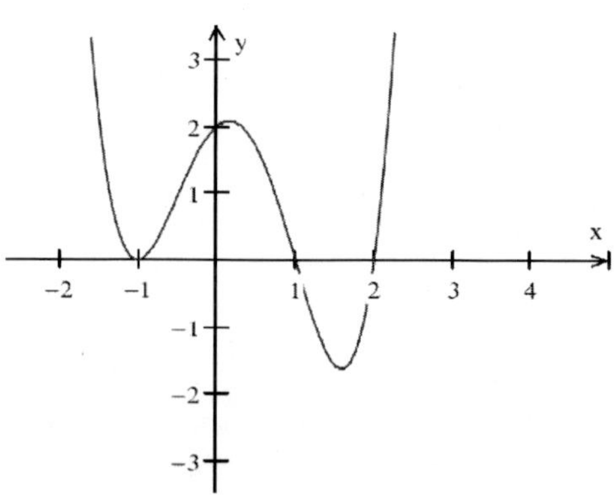

$P(x) = a(x + 1)^2(x - 1)(x - 2)$

O gráfico indica que P(0) = 2, com isso podemos descobrir o valor do coeficiente a.

$2 = a.1^2.(-1)(-2) \Rightarrow a = 1$

$P(x) = (x + 1)^2(x - 1)(x - 2)$

A pergunta do problema não requer que façamos a multiplicação acima. Basta usar o Teorema do Resto. O resto da divisão de P(x) por x – 3 é P(3). Isso resulta em:

$P(3) = (3 + 1)^2(3 - 1)(3 - 2) = 32$

Resposta: (D) 32

Resoluções do teste 90

891) UFPI – O resto da divisão de qualquer polinômio por x é P(0), ou seja, o valor do termo independente. No nosso caso, este termo independente é o produto:
$(-1).(-2).(-3).(-4).(-5).(-6)... (-99).(-100)$
Este produto resulta em 100!, o seu sinal é positivo porque é um número par de fatores negativos.

Resposta: (E) 100!

892) PUC PR – O termo do radicando pode ser considerado uma expansão binomial da forma $(x - 1318)^4$, fazendo x = 1320
Resulta em $2^4 = 16$. Sua raiz quadrada é 4.

Resposta: (D) E=4

893) IFAM – Para encontrar as raízes de um polinômio de grau elevado (5º grau é considerado elevado, já que não tem fórmula resolvente), procuramos raízes simples, que sejam divisores do termo independente dividido pelo coeficiente de maior grau, no nosso caso, divisores de 36 (Teorema das Raízes Racionais).
Verificando com x=1, observamos que é raiz. A partir daí, fazemos a divisão de P(x) por x – 1. Vamos fazer isso usando Briot-Ruffini:

	1 -7 19 -37 60 -36
1	1 -6 13 -24 36 0

Temos então que $P(x) = (x - 1)(x^4 - 6x^3 + 13x^2 - 24x + 36)$
Usamos novamente o Teorema das Raízes Racionais para continuar procurando raízes no polinômio Q(x) de 4º grau encontrado. Não é demorado checar que não existem raízes ± 1 nem ± 2, mas que 3 é raiz.
$Q(3) = 81 - 162 + 117 - 72 + 36 = 0$. Então podemos colocar (x – 3) em evidência.

	1 -6 13 -24 36
3	1 -3 4 -12 0

$P(x) = (x - 1)(x - 3)(x^3 - 3x^2 + 4x - 12)$
Devemos continuar pesquisando raízes racionais no polinômio de 3º grau R(x) encontrado acima. Não é preciso testar ± 1 nem ± 2, pois já vimos que não são raízes. Tentemos novamente x=3 com o polinômio R(x) do 3º grau acima.
$R(3) = 27 - 27 + 12 - 12 = 0$, então 3 é raiz e podemos colocar (x – 3) em evidência.

	1 -3 4 -12
3	1 0 4 0

Finalmente concluímos que $P(x) = (x - 1)(x - 3)(x - 3)(x^2 + 4)$
O fator $x^2 + 4$ dará origem a duas raízes complexas não reais, que são 2i e –2i.

Resposta: (C) 2

894) USP – Como os coeficientes são reais, se existe raiz 1 + i, existe também a raiz 1 – i. Portanto o polinômio possui como fator:

$(x - 1 - i)(x - 1 + i) = x^2 - 2x + 2$. Fazendo a divisão polinomial do polinômio dado por este polinômio de 2º grau, temos:

```
x⁴ - 0x³ + x²  - 2x  + 6  | x² - 2x + 2
-x⁴ +2x³ -2x²             |------------
     2x³ -x²              | x² + 2x + 3
    -2x³ +4x² -4x         |
         3x²  -6x         |
        -3x² +6x   -6     |
                    0     |
```

Logo nosso polinômio pode ser escrito na forma fatorada:
$(x^2 - 2x + 2)(x^2 + 2x + 3)$
Vimos que o primeiro fator tem raízes complexas $1 + i$ e $1 - i$. O segundo fator também é um trinômio do segundo grau com Δ negativo, portanto suas raízes são complexas não reais. Nosso polinômio original não tem raízes reais.

Resposta: (A) 0

895) UDESC – Façamos a divisão polinomial para determinar $q(x)$ e $r(x)$:

```
 6x⁴  - x³ - 9x²   - 3x   + 7 | 2x² + x + 1
-6x⁴ -3x³  - 3x²              |------------
      -4x³ -12x²              | 3x²  -2x  -5
      +4x³ +2x²    +2x        |
           -10x²  -x          |
           +10x² +5x   +5     |
                  4x + 12     |
```

Portanto $q(x) = 3x^2 - 2x - 5$ e $r(x) = 4x + 12$
O produto de todas as raízes é $(-5/3).(-3) = 5$

Resposta: (D) 5

896) UNESP – Seja P(x) o polinômio dado de 5º grau. Se tem uma raiz 1 de multiplicidade 3, então P(x) possui um fator $(x - 1)^3$. O coeficiente do termo de maior grau é 1, então não usaremos fator constante multiplicativo.
$P(x) = (x - 1)^3.Q(x)$, onde Q(x) é um polinômio do 2º grau.
As outras duas raízes procuradas são exatamente as raízes de Q(x). Para determinar Q(x) basta fazer a divisão polinomial de P(x) por $(x - 1)^3 = x^3 - 3x^2 + 3x - 1$

```
 x⁵  -3x⁴  +4x³ - 4x² + 3x  -1 | x³ - 3x² + 3x - 1
-x⁵  +3x⁴  -3x³ + x²           |------------------
           +x³  - 3x²          | x² + 1
           -x³  + 3x² - 3x + 1 |
                        0      |
```

Logo $P(x) = (x - 1)^3.(x^2 + 1)$
As outras duas raízes complexas são as raízes de $x^2 + 1$, ou seja, $\pm i$.

Resposta: (C) (–i) e (+i)

897) UFAL – Atenção à equação dada. Ela tem um detalhe especial. Observe.
É uma equação simétrica, ou seja, existe uma simetria entre seus coeficientes. Coeficiente 3 para o primeiro e para o último termo, coeficiente –2 para o segundo e para o penúltimo termo, e temos ainda um coeficiente do termo central.
Equações simétricas têm uma característica peculiar: se x é raiz, 1/x também é raiz.
Isso é óbvio, pois se substituirmos x por 1/x na equação, ficamos com uma equação idêntica, depois de eliminar os denominadores.

O problema cita x como raiz e pede o valor de x + 1/x. Note que estamos falando sobre a soma de duas raízes, x e 1/x, pois essa é uma característica da equação polinomial simétrica. Sendo do 4º grau, existem outras duas raízes, chamamos de y e 1/y.

Usando as Relações de Girard, podemos encontrar a soma dessas quatro raízes, a partir dos coeficientes da equação:

$(x + 1/x) + (y + 1/y) = 2/3$.

Já que estamos falando em Relações de Girard, tentemos identificar o valor de $(x + 1/x).(y + 1/y)$, pois assim termos a soma e o produto desses valores. Sabendo a soma e o produto podemos encontrar quais são esses valores. Ou seja, fazendo $m = x + 1/x$ e $y + 1/y$ termos

$m + n = 2/3$

$m.n = ?$

Sendo assim, calculemos o produto

$(x + 1/x).(y + 1/y) = xy + x.1/y + (1/x).y + (1/x).(1/y)$

Essa expressão parece a soma dos produtos das raízes tomadas duas a duas, o que podemos descobrir pelas Relações de Girard. Entretanto a expressão não é exatamente igual à soma das raízes tomadas duas a duas. Estão faltando os produtos x.1/x e y.1/y, ambos resultam em 1. Para completar a soma dos produtos das raízes tomadas duas a duas, temos que somar 2 na expressão

$xy + x.1/y + (1/x).y + (1/x).(1/y) + 2$ (o mesmo que m.n + 2)

Agora sim, podemos usar as Relações de Girard para identificar essa expressão como 1/3.

$m.n + 2 = 1/3$

$m.n = -5/3$

Conhecendo a soma e o produto de m e n, podemos formar uma equação do 2º grau cujas raízes são m e n.

$k^2 - Sk + P = 0$

$k^2 - 2k/3 - 5/3 = 0$

$3k^2 - 2k - 5 = 0$

As raízes são 5/3 e –1.

Portanto, m=3 e n = –1, ou vice-versa.

Os valores possíveis para m = x + 1/x são 5/3 e –1.

Resposta: (A) 5/3 ou –1

898) IFCE – O uso de expoentes com valores literais (n) torna difícil a visualização da resolução. Para facilitar o entendimento, usemos um valor numérico para n e vejamos o que acontece. De preferência um número pequeno, mas não tão pequeno. Escolhemos n = 3.

Então temos que encontrar o quociente e o resto da divisão de:

$x^5 + x^4 + x^3 + x^2 + x + 1$ por $x^2 + x + 1$.

Observe que o divisor aparece embutido nos três primeiros fatores:

$x^5 + x^4 + x^3 = (x^2 + x + 1).x^3$

Então podemos escrever a expressão de 5º grau fatorada, na forma:

$x^5 + x^4 + x^3 + x^2 + x + 1 = (x^2 + x + 1).x^3 + x^2 + x + 1$

Agora colocamos $x^2 + x + 1$ em evidência:

$(x^2 + x + 1)(x^3 + 1)$

Com essa fatoração concluímos que o quociente da divisão é $x^3 + 1$ e o resto é zero.

Isso nos leva a suspeitar que a respostas correta é (C).

Em uma prova de múltipla escolha, esse método de atribuir valores é aceitável, pois a prioridade é marcar a letra certa. Em uma prova objetiva, esta solução não é válida, mas dá uma pista para a solução completa.

O que fizemos com n = 3, vale para n genérico?

$x^{2n-1} + x^{2n-2} + ... + x^2 + x + 1$ é um polinômio com 2n termos, pois as potências de x vão de 0 a 2n – 1, totalizando 2n.

A expressão $x^{n-1} + x^{n-2} + ... + x^2 + x + 1$ tem n termos, numerados de a n – 1.

Da mesma forma como fizemos com o exemplo numérico (n=3), podemos, nos n primeiros termos do primeiro polinômio, colocar x^n em evidência, ficando com
$x^n.(x^{n-1} + x^{n-2} + ... + x^2 + x + 1)$
A expressão que aparece entre parênteses é o restante da expressão
$x^n.(x^{n-1} + x^{n-2} + ... + x^2 + x + 1) + (x^{n-1} + x^{n-2} + ... + x^2 + x + 1)$
Podemos então escrever o primeiro polinômio como:
$(x^n + 1).(x^{n-1} + x^{n-2} + ... + x^2 + x + 1)$
Então a divisão pelo segundo polinômio será exata. O quociente é $(x^n + 1)$ e o resto é 0.

Resposta: (C) $x^n + 1$ e 0

899) USP – Para que o polinômio dado seja divisível por $(x^2 + a)$, a divisão polinomial tem que resultar em resto zero. Não adianta usar Briot-Ruffini, pois este método é para divisores do 1º grau.

```
x⁴  +x³   -x²       -2x      -2       | x² + a
-x⁴       -ax²                        |------------------
     x³  -(1+a)x²                     | x² + x - (1+a)
    -x³              -ax              |
         -(1+a)x²  -(2+a)x            |
         +(1+a)x²            +a(1+a)  |
                   -(2+a)x  +a(1+a)-2 |
```

Para que o resto seja zero, devemos ter:
$2 + a = 0 \rightarrow a = -2$
Com este valor de a, o termo constante também será zero. O quociente é $x^2 + x + 1$.
$P(x) = (x^2 - 2)(x^2 + x + 1)$
As raízes de P(x) são:
Duas raízes reais, $\pm\sqrt{2}$
Duas raízes não reais, pois o trinômio $x^2 + x + 1$ tem Δ negativo.

Resposta: (C) tem exatamente duas raízes reais distintas.

900) UFSC – Seja p um polinômio de grau 4 dado por $p(x) = (x + 1)^4$. Com esta informação, classifique as afirmativas abaixo em verdadeiras (V) ou falsas (F).

(V) O polinômio p é igual a $p(x) = x^4 + 4x^3 + 6x^2 + 4x + 1$. CERTO. Basta aplicar a expansão do Binômio de Newton.

(V) O único número real no qual p se anula é $x = -1$. Com o é do 4º grau, e não existem outros fatores, apenas esses 4 fatores $(x + 1)$, então -1 é de fato a única raiz.

(V) Se k é um polinômio dado por $k(x) = x^4 + 4x^3 + 6x^2 + 4x + 3$, então o menor valor possível para o polinômio k, quando x varia em todo o conjunto dos números reais é 2. CERTO. Esse polinômio k é igual ao polinômio p somado com 2, ou seja,
$k(x) = (x + 1)^4 + 2$. O menor valor da expressão é quando $(x + 1)$ vale zero, e o valor correspondente de k(x) é 2.

(F) O coeficiente do termo de expoente 5 do polinômio dado por $p(x).(x - 1)^4$ é igual a 1. ERRADO. $P(x).(x - 1)^4 = (x + 1)^4.(x - 1)^4 = (x^2 - 1)4$. Aplicando a expansão do Binômio de Newton... Nem é preciso aplicar, pois vemos que essa expansão tem variável x^2, então só terá potências pares. Logo o termo em x^5 tem coeficiente zero.

Resposta: VVVF

■

Capítulo 10

Geometria analítica

Teste 91

901) PUC Campinas – No plano cartesiano ao lado está desenhado um octógono que possui eixos de simetria.
Uma equação de reta que representa um dos eixos de simetria desse octógono é

(A) $y = 1/2$ (B) $y = -3/2$ (C) $x = 3/2$
(D) $x = -1$ (E) $y = -1$

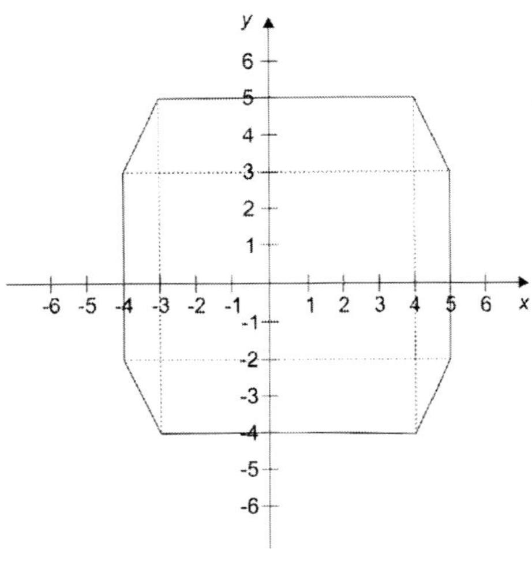

902) UFT – O professor Pitágoras pediu a um aluno para determinar a área de um local para despensas a ser construído na escola. O local deverá ter a forma de um quadrilátero irregular fechado, onde os vértices são identificados na geometria analítica como sendo os pontos A(2, 0), B(3, –1), C(4, 2) e D(0, 5).
Qual será a medida em unidades quadradas do interior do local a ser construído para despensas?

(A) 7,5 (B) 8,0 (C) 8,5 (D) 9,0 (E) 15,0

903) UFCG – Um arquiteto usou Geometria Analítica para planejar o desenho de um bairro de uma cidade. A rua T, representada pela reta t, é paralela à rua R, representada pela reta r. A rua R é perpendicular à reta s, conforme desenho ao lado. Sabe-se que a reta t forma um ângulo α com o eixo das abscissas. Se tg(α) = 1, qual a equação da reta s?

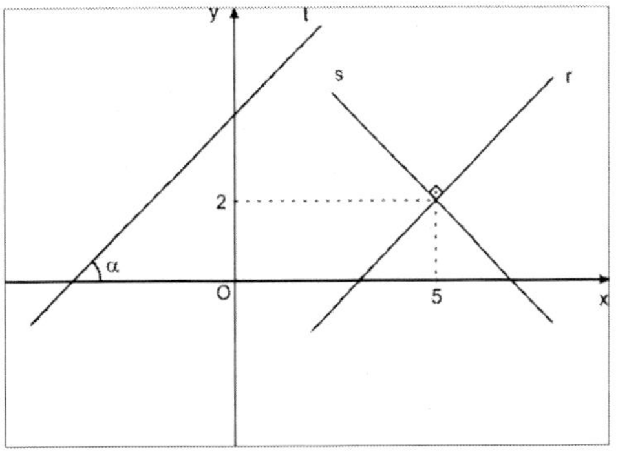

(A) $y = 2 - x$ (B) $y = 7 - x$ (C) $y = 8 - 2x$
(D) $y = 3 - x$ (E) $y = 4 - 2x/5$

904) Mackenzie – A equação da mediatriz do segmento que une os pontos P = (1, –2) e Q = (5, 4) é

(A) $2x+3y-9 = 0$ (B) $2x-3y+9 = 0$ (C) $2x-3y-3 = 0$ (D) $3x-2y-7 = 0$ (E) $3x+2y-11 = 0$

905) UFPE – Sejam (a, b), com a e b positivos, as coordenadas de um ponto no plano cartesiano, e r a reta com inclinação $m<0$, que passa pelo ponto (a, b). A reta r intercepta o eixo das abscissas no ponto P, e o eixo das ordenadas no ponto Q, definindo desta maneira um triângulo OPQ, com O sendo a origem do sistema de coordenadas, como ilustrado na figura.

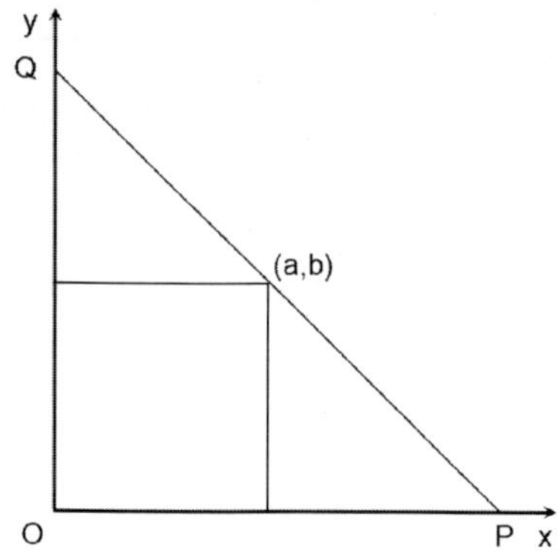

Classifique as afirmativas a seguir em verdadeiras (V) ou falsas (F).

( ) A equação da reta r é $y = mx + b - ma$

( ) $P = (a+b/m, 0)$ e $Q = (0, b - ma)$

( ) A área do triângulo OPQ é $ab - (ma^2 + b^2/m)/2$

( ) A área de OPQ é sempre $\geq 2ab$

( ) Para o triângulo OPQ ter a menor área possível, a reta r deve interceptar os eixos coordenados nos pontos $P = (2a, 0)$ e $Q = (0, 2b)$

906) UFAL – Num plano cartesiano xy, qual a distância do ponto (2, 1) à reta de equação $2y + 1 = 0$?

(A) 0 (B) 1/2 (C) 1 (D) 3/2 (E) 2

907) PUC SP – A figura mostra um triângulo retângulo ABC, de hipotenusa AC, com A(2, 7), B(7, 2) e C(k, k–5). Sabendo que a área do triângulo ABC é 15 cm^2, calcule o valor da abscissa do ponto C.

(A) 8 (B) 9 (C) 10 (D) 11

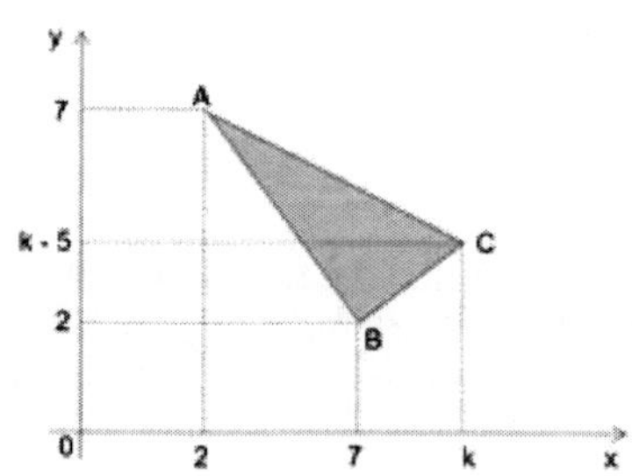

Fora de escala

908) UDESC – Sejam A(1, a), B(b, 3), C(4, 6) e D(1, 5) os vértices de um paralelogramo e M(5/2, 4) o ponto médio da diagonal AC. O produto a.b é igual a

(A) 6 (B) 2 (C) 4 (D) 5 (E) 8

909) UF Pelotas – Na figura, as retas r e s são paralelas e a reta t é perpendicular à reta s. O coeficiente angular da reta r é –3/4. A distância entre os pontos M e N é igual à altura interna, em u.c., de um cilindro circular reto equilátero.

Nessas condições, o volume interno desse cilindro é:

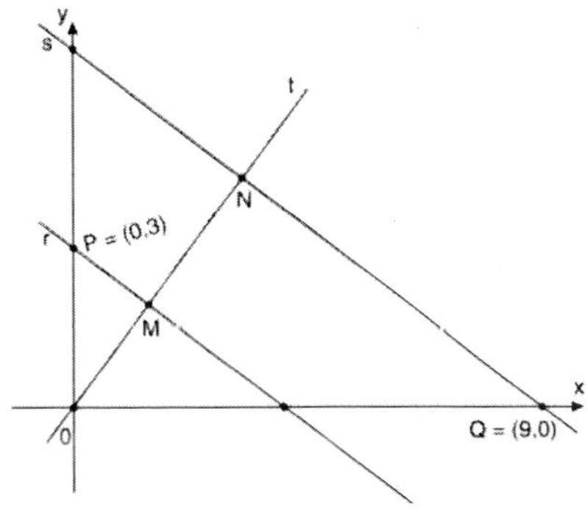

(A) $54\pi\ u.v.$ (B) $\dfrac{3456\pi}{125}\ u.v.$

(C) $27\pi\ u.v.$ (D) $\dfrac{27\pi}{2}\ u.v.$

(E) $\dfrac{27\pi}{4}\ u.v.$ (F) N.R.A.

910) UEMG – Dadas as equações de reta r: x+y–6 = 0 e s: 2x–y = 0 em um dado plano cartesiano e centro O. As retas r e s são concorrentes no ponto P e a reta r intercepta o eixo das abscissas no ponto Q. O volume do sólido formado pela rotação da figura plana formada pelos pontos OPQ em torno do lado OQ é (use π=3)

(A) 32 cm^3 (B) 64 cm^3 (C) 96 cm^3 (D) 88 cm^3

Teste 92

911) UFSM – A figura ao lado mostra a localização no plano cartesiano de três prédios. Qual deve ser a localização de um bebedouro para que este fique equidistante dos três prédios?

(A) (5/2, 15/2) (B) (15/2, 5/2) (C) (15/2, –5/2)
(D) (35/4, –5/4) (E) (35/4, 5/4)

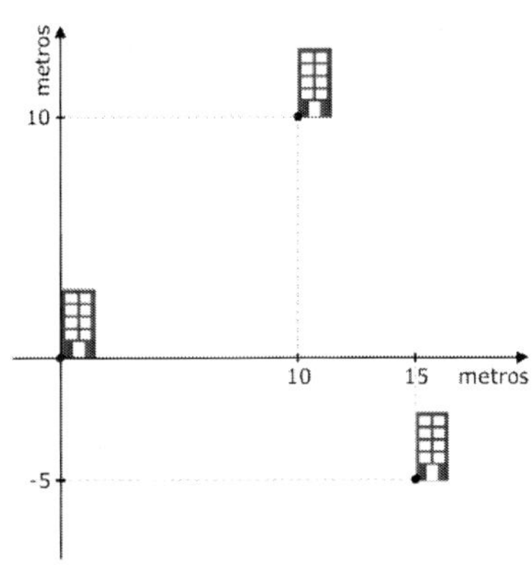

912) UFBA – Considere, no plano cartesiano, os pontos A(0, 2), B(–2, 4), C(0, 6), A'(0, 0), B'($6\sqrt{2}$, 0) e um ponto C' que tem coordenadas positivas. Sabendo que os ângulos BAC e B'A'C' são iguais, o mesmo ocorrendo com ACB e A'C'B', determine o produto das coordenadas do ponto C'.

913) UF São Carlos – O retângulo da figura tem como vértices os pontos:
(1, 3), (5, 3), (5, –2) e (1, –2).
A equação da reta que passa pelo ponto (2, 0) e divide o retângulo em dois polígonos de mesma área é:

(A) x – 2y – 2 = 0
(B) 2x – 3y – 4 = 0
(C) 3x – 4y – 6 = 0
(D) 4x – 5y – 6 = 0
(E) 5x – 6y – 10 = 0

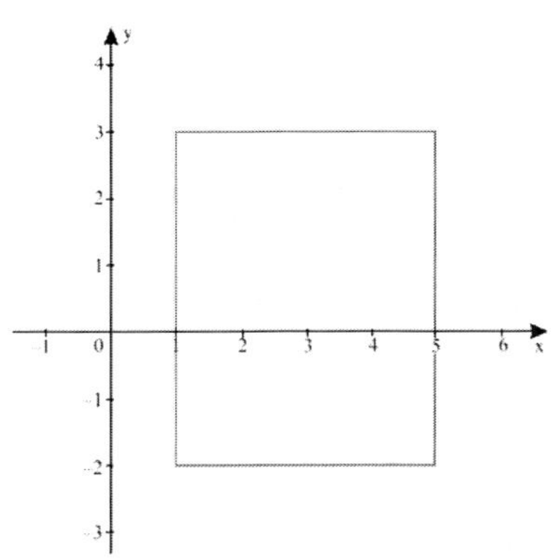

914) IFCE – Considere a reta r que passa pelos pontos A(1, –2) e B(3, –2), podemos afirmar que:

(A) A reta r é paralela ao eixo Oy
(B) A reta r intersecta a bissetriz dos quadrantes pares
(C) A reta r intersecta o eixo Ox
(D) O ponto (0, 2) pertence à reta r
(E) A reta r é paralela à bissetriz dos quadrantes ímpares

915) FATEC – No plano cartesiano representado a seguir, o coeficiente angular da reta OA é 1, e a área do losango ABCD é $8\sqrt{2}$. Portanto, o valor de p é

(A) 2 (B) 4 (C) 6 (D) 8 (E) 10

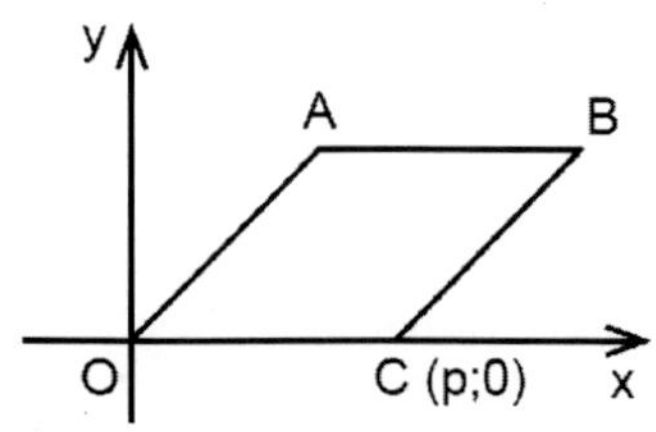

916) UFMS – Sabendo-se que um quadrado tem um de seus vértices na origem do sistema cartesiano e que as equações das retas suportes de dois de seus lados são 3x – y = 0 e 3x – y – 10 = 0, então a medida de sua diagonal é igual a

(A) $2\sqrt{5}$ (B) $2\sqrt{2}$ (C) $5\sqrt{5}$ (D) $5\sqrt{2}$ (E) $\sqrt{2}$

917) UERJ – Considere o gráfico a seguir, em que a área S é limitada pelos eixos coordenados, pela reta r, que passa por A(0, 4) e B(2, 0), e pela reta perpendicular ao eixo x no ponto $P(x_0, 0)$, sendo $0 \leq x_0 \leq 2$.
Para que a área S seja a metade da área do triângulo de vértices C(0, 0), A e B, o valor de x_0 deve ser igual a:

(A) $2-\sqrt{2}$ (B) $3-\sqrt{2}$
(C) $4-2\sqrt{2}$ (D) $5-2\sqrt{2}$

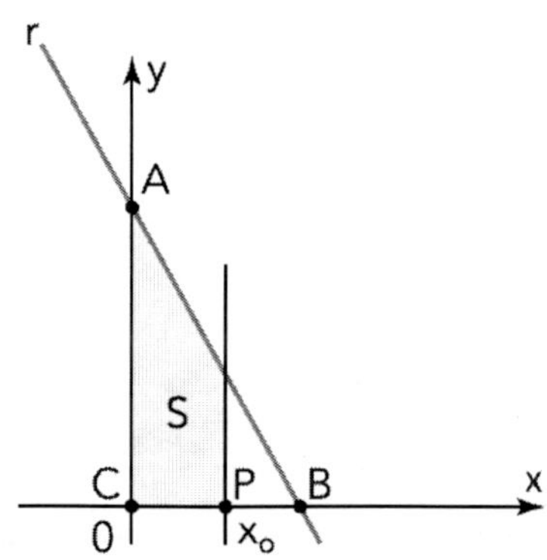

918) IFSP – Considere duas retas, r e s, passando pelo ponto (3, 1) e equidistantes da origem do plano cartesiano. Se a equação da reta r é y=1, então a equação da reta s é

(A) x + 3y + 2 = 0
(B) 3x + y + 2 – 0
(C) 3x – y – 2 = 0
(D) 3x – 4y – 5 = 0
(E) 3x – 4y + 1 = 0

919) USP – Um lateral L faz um lançamento para um atacante A, situado a 32m à sua frente em uma linha reta paralela à lateral do campo de futebol, A bola, entretanto, segue uma trajetória retilínea, mas não paralela à lateral e quando passa pela linha do maio do campo está a uma distância de 12m da linha que une o lateral e o atacante.

Sabendo-se que a linha do meio do campo está à mesma distância dos dois jogadores, a distância mínima que o atacante terá que percorrer para encontrar a trajetória da bola será de

(A) 18,8 m (B) 19,2 m (C) 19,6 m
(D) 20 m (E) 20,4 m

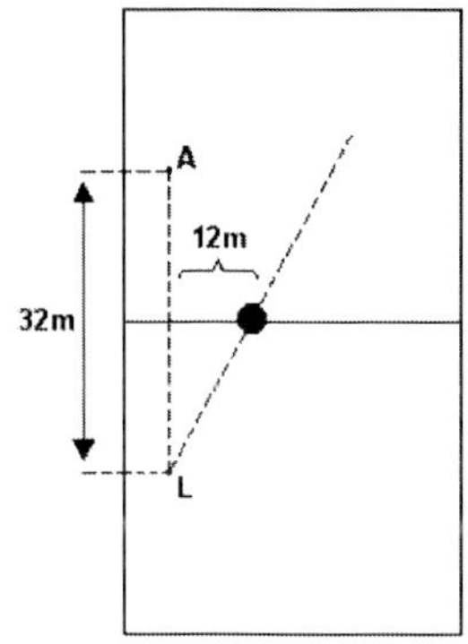

920) UFRJ – Sejam **a** um número real positivo e S a região do plano cartesiano dada por
$S = \{(x, y) \in \mathbb{R}^2 \mid x \leq a, y \geq -a, y \leq x\}$

Considere, como de costume, que o quadrado
$U = \{(x, y) \in \mathbb{R}^2 \mid 0 \leq x \leq 1, 0 \leq y \leq 1\}$
tem área de medida 1.

Determine o valor de **a** para que a medida da área da região S seja igual a 18.

Teste 93

921) PUC PR – Considere, em um sistema de coordenadas cartesianas, um triângulo POQ, uma reta **s** e um retângulo, conforme esboçado na figura. O ponto O, a origem do referido sistema, é também um dos vértices do retângulo e os pontos P e Q são as interseções da reta **s** com os eixos coordenados. O retângulo, em destaque, está inscrito no triângulo POQ, e as medidas dos lados desse triângulo estão em progressão aritmética. Sabendo que o maior dos lados do retângulo tem 4 unidades de comprimento e está contido no eixo das ordenadas, e que o coeficiente linear da reta s é igual a 8, é correto afirmar que a área desse retângulo é igual a

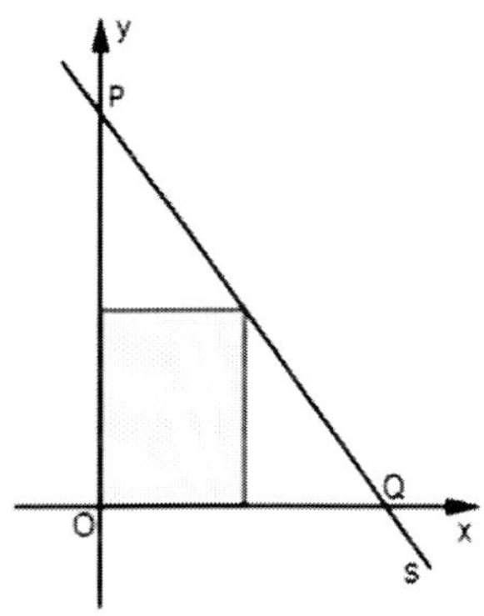

(A) 6 (B) 12 (C) 24 (D) 48 (E) 13/2

922) UFJF – A área do triângulo de vértices A(4, 5), B(1, 2) e C(3, 2) é

(A) 2 (B) 3 (C) 4 (D) 5 (E) 6

923) UNISINOS – A equação da reta que passa pelos pontos A e B da figura ao lado é dada por:

(A) $2y - 7x = 11$
(B) $2x - 7y = -11$
(C) $2x - 7y = 11$
(D) $2x - 3y = -5$
(E) $2x - 3y = 1$

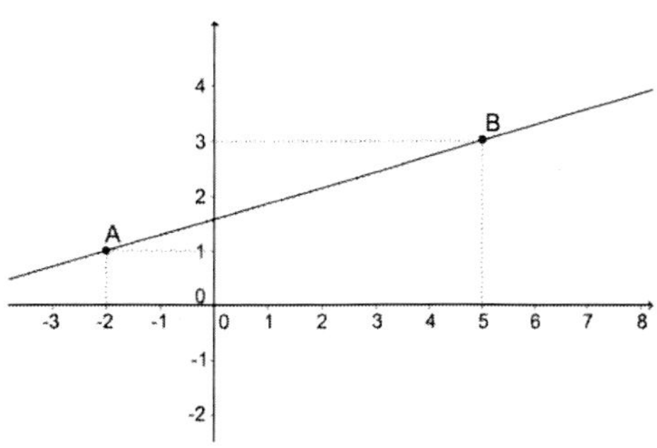

924) IFRO – A equação da reta que passa pelo ponto (–3, 2) e é perpendicular à reta $2x + 5y + 4 = 0$ é

(A) $2x - 5y - 19 = 0$
(B) $5x - 2y + 19 = 0$
(C) $2x + 5y - 19 = 0$
(D) $5x + 2y - 19 = 0$
(E) $5x + 2y + 19 = 0$

925) UNIFESP – Na figura, as retas r, s e t estão em um mesmo plano cartesiano. Sabe-se que r e t passam pela origem desse sistema, e que PQRS é um trapézio. Determine as coordenadas do ponto de interseção entre as retas r e s e prove que os lados não paralelos do trapézio PQRS não possuem a mesma medida, ou seja, o trapézio PQRS não é isósceles.

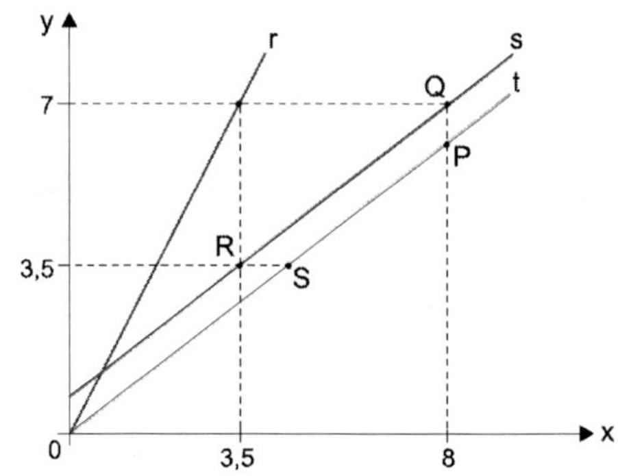

926) IFMG – Em um plano há os pontos A(k, 0), B(1, –2) e C(3, 2) colineares. Então, necessariamente o valor da variável k é:

(A) 2 (B) 1 (C) –1 (D) –2

927) PUC SP – Considere que no triângulo retângulo AOB, representado no sistema de eixos cartesianos ortogonais ao lado, tem-se $y_B > x_A$.
Se o ponto P pertence às medianas do triângulo AOB, traçadas pelos vértices dos ângulos agudos e cujas medidas são 15 e $3\sqrt{40}$, então a equação da reta suporte do segmento AB é

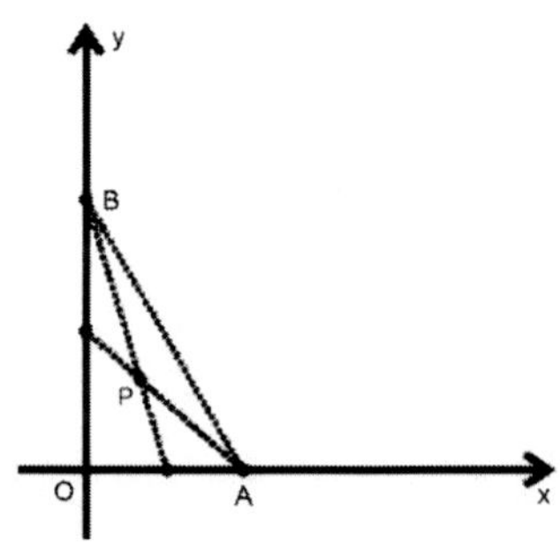

(A) $2x - 3y = 16$
(B) $3x - 2y = 36$
(C) $2x + 3y = 18$
(D) $3x + 2y = 36$
(E) $2x + 3y = 16$

928) IFSC – As retas de equações r: $y = 6x - 24$; s: $y = -x + 4$ e t: $2x - 5y + 20 = 0$ são concorrentes entre si e formam um triângulo. A área desse triângulo, em unidades de área, é

(A) 28 (B) 14 (C) 6 (D) 20 (E) 18

929) UFMG – Observe a figura ao lado.
Nessa figura, ABCD é um paralelogramo, as coordenadas do ponto C são (6, 10) e os lados AB e AD estão contidos, respectivamente, nas retas de equações $y = x/2 + 14$ e $y = 4x - 2$. Nesse caso, as coordenadas do ponto B são:

(A) (7, 35/2) (B) (9, 37/2) (C) (8, 18) (D) (10, 19)

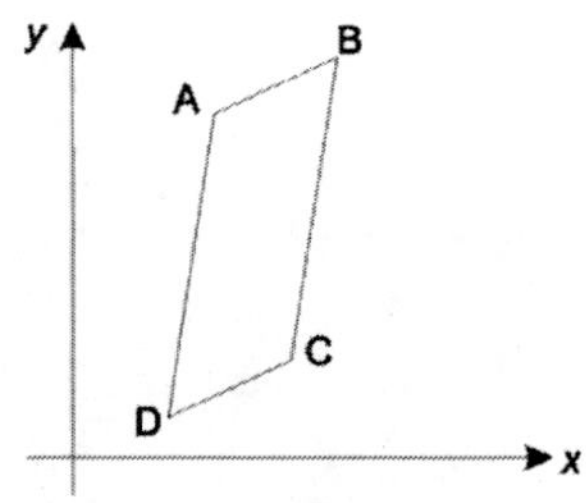

930) UF Uberlândia – Sejam as retas concorrentes r e s representadas pelas equações cartesianas r: y – 2x = 4 e s: x + ky = 6, em que k é um número real. Para que essas retas se intersectem em um ponto de coordenadas cartesianas (m, n), com m>0 e n>0, os possíveis valores de k são tais que

(A) $-1 < k < 3$ (B) $k > -1/2$ (C) $k < 3/2$ (D) $-1/2 < k < 3/2$

Teste 94

931) UFMT – No gráfico, o ponto A tem coordenadas (3, 0), os pontos B e C estão, respectivamente, sobre a reta y = 2 e y = 4 e o ponto A pertence à reta que passa por B e C. A partir dessas informações, pode-se afirmar que as coordenadas dos pontos B e C, tais que a soma dos quadrados das medidas dos segmentos OB e BC seja mínima, são, respectivamente:

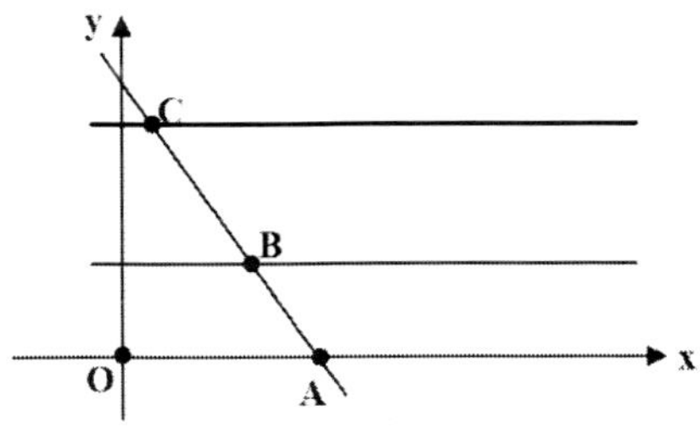

(A) (–3/2, 2) e (–1, 4) (B) (2/3, 2) e (0, 4)
(C) (2, 2) e (1, 4) (D) (3/2, 2) e (0, 4)
(E) (1, 2) e (–1, 4)

932) UFPR – Considere a reta r de equação y = 2x + 1. Qual das retas abaixo é perpendicular à reta r e passa pelo ponto P = (4, 2)?

(A) y = x/2 (B) y = –2x + 10 (C) y = –x/2 + 5 (D) y = –2x (E) y = –x/2 + 4

933) UFLA – Da **reta 1** não se conhece o coeficiente linear **b** e da **reta 2** não se conhece o coeficiente angular **a**; porém, conhece-se qual é o ponto onde a **reta 1** corta o eixo das ordenadas e conhece-se a abscissa do ponto de interseção entre as retas 1 e 2. O valor de **a + b** é:

(A) –1 (B) 0 (C) 2 (D) 3

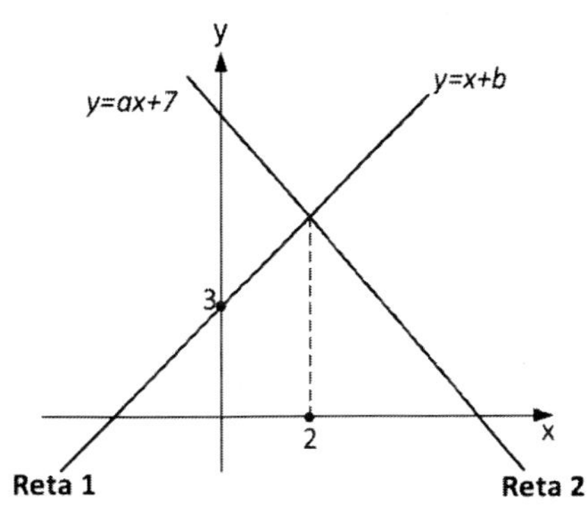

934) UFPA – Considere um terreno que tenha a forma de um paralelogramo. Sabendo-se que as coordenadas de três vértices deste paralelogramo são A(2, 3), B(8, 9) e C(6, 5), é correto afirmar que o quarto vértice é um dos pontos de coordenadas

(A) (12, 11), (4, 7) e (0, 1)
(B) (12, 10), (4, 7) e (0, –1)
(C) (12, 10), (3, 7) e (0, –1)
(D) (12, 11), (4, 7) e (0, –1)
(E) (12, 10), (3, 7) e (0, 1)

935) UFS – No sistema de eixos cartesianos ortogonais ao lado, no qual a unidade de medida nos eixos cartesianos é o quilômetro, o retângulo ABCD representa um terreno plano no qual será construído um parque.

Use as informações da figura para classificar as afirmativas abaixo em verdadeiras (V) ou falsas (F).

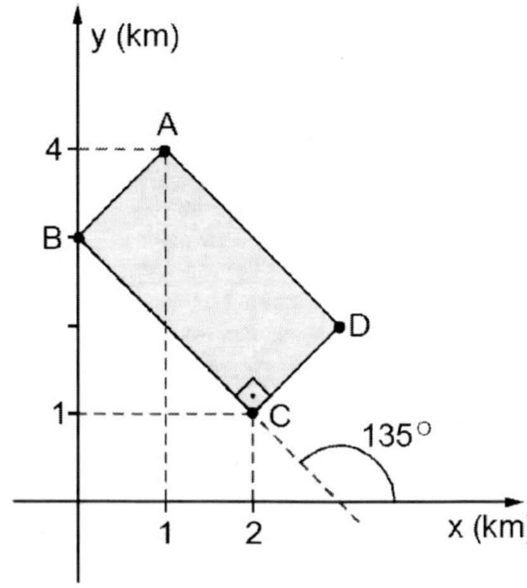

( ) Considerando que a origem do sistema representa a localização de um posto policial, a distância do centro do parque a esse posto será igual a $\sqrt{34}$ km.

( ) Uma pessoa que, caminhando em linha reta, der uma única volta completa em torno do parque, percorrerá mais de 8 km.

( ) Será construído um lago de formato circular, cujo centro coincide com o centro do parque e que terá 200m de diâmetro. A equação da circunferência que, no plano cartesiano dado, representa o contorno desse lago é $100x^2+300y^2-300x-500y+849 = 0$.

( ) Se o ponto C representa o local onde estará a entrada principal do parque, uma pessoa que caminhe em linha reta e à velocidade constante de 10 km/h levará, no mínimo, 9 minutos para ir de C à margem do lago. (Considere $\sqrt{10} = 3{,}2$)

936) UFSC – De acordo com o gráfico ao lado, classifique as proposições abaixo em verdadeiras (V) ou falsas (F).

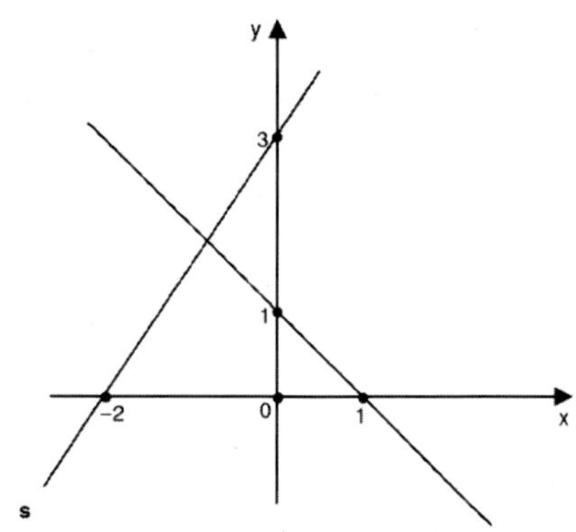

( ) A equação da reta **s** é $3x - 2y + 6 = 0$.

( ) As retas **r** e **s** são perpendiculares.

( ) As retas **r** e **s** se interceptam no ponto de abscissa 4/5.

( ) A distância da origem do sistema de coordenadas cartesianas à reta **r** é de $\frac{\sqrt{2}}{2}$ unidades.

( ) A área da região do plano limitada pelas retas **r**, **s** e pelo eixo das abscissas é igual a 3/10 unidades de área.

937) UFRN – Três amigos – André (A), Bernardo (B) e Carlos (C) – saíram para caminhar, seguindo trilhas diferentes. Cada um levou um GPS – instrumento que permite à pessoa determinar suas coordenadas. Em dado momento, os amigos entraram em contato com os outros para informar em suas respectivas posições e combinaram que se encontrariam no ponto equidistante das posições informadas. As posições foram: A(1, $\sqrt{5}$), B(6,0) e C(3, –3). Com base nesses dados, conclui-se que, os três amigos se encontrariam no ponto:

(A) (1, –3) (B) (3,0) (C) (3, $\sqrt{5}$) (D) (–6, 0)

938) FGV

a) Considere a figura ao lado. Calcule a área e a altura AH do triângulo ABC.

b) Na reta numérica, o ponto A tem abscissa **a** e o ponto B tem abscissa **b**. Sabe-se que a distância entre os pontos A e B é igual a a^2, e que $-1 < a < 0$. Demonstre que **b** é menor que 0.

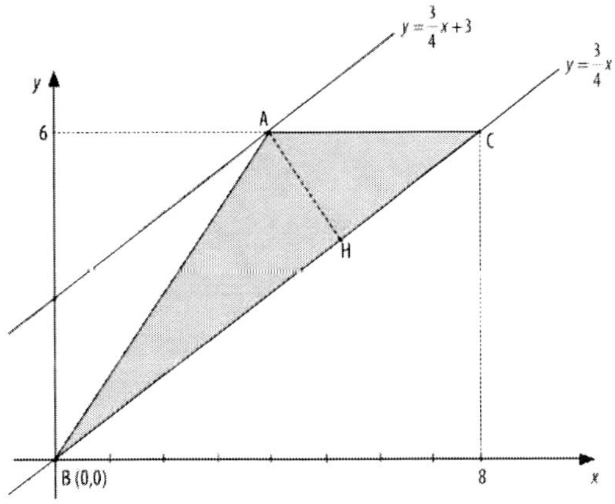

939) UNICAMP – No plano cartesiano, a equação $|x - y| = |x + y|$ representa:

(A) um ponto
(B) uma reta
(C) um par de retas paralelas
(D) um par de retas concorrentes

940) ENEM – Um bairro de uma cidade foi planejado em uma região plana, com ruas paralelas e perpendiculares, delimitando quadras de mesmo tamanho. No plano de coordenadas cartesianas seguinte, esse bairro localiza-se no segundo quadrante, e as distâncias nos eixos são dadas em quilômetros.

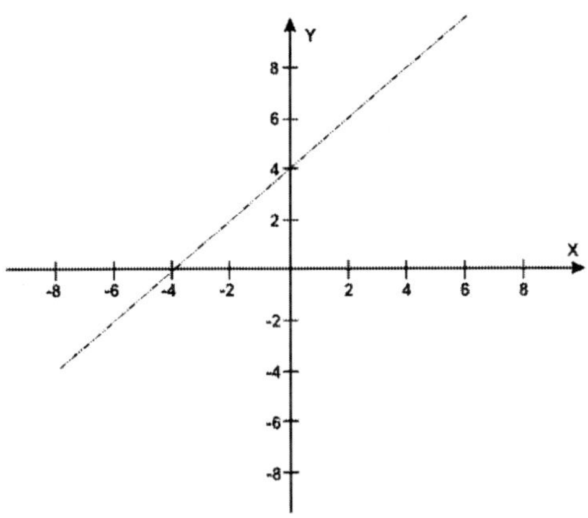

A reta de equação $y = x + 4$ representa o planejamento do percurso da linha do metrô subterrâneo que atravessará o bairro e outras regiões da cidade. No ponto P(–5, 5), localiza-se um hospital público. A comunidade solicitou ao comitê de planejamento que fosse prevista uma estação do metrô de modo que sua distância ao hospital, medida em linha reta, não fosse maior que 5 km.

Atendendo ao pedido da comunidade, o comitê argumentou corretamente que isso seria automaticamente satisfeito, pois já estava prevista a construção de uma estação no ponto

(A) (–5, 0) (B) (–3, 1) (C) (–2, 1) (D) (0, 4) (E) (2, 6)

Teste 95

941) Mackenzie – A equação da reta que corta o eixo das ordenadas no ponto P(0, –6) e que tangencia a circunferência $x^2 + y^2 = 4$ no quarto quadrante é

(A) $y = -2\sqrt{2}x + 6$
(B) $y = 2\sqrt{2}x - 6$
(C) $y = 2\sqrt{2}x + 6$
(D) $y = 4x - 6$
(E) $y = -4x + 6$

942) UFPE – Focalizando a circunferência λ: $x^2 + y^2 - 2y = 0$, classifique as afirmativas abaixo em verdadeiras (V) ou falsas (F).

( ) A área de qualquer quadrado inscrito em λ é igual a 2.

( ) O centro de λ é (0, 2).

( ) O perímetro de todo quadrado inscrito em λ mede $4\sqrt{2}$ unidades de comprimento.

( ) O raio de λ mede 2 unidades de comprimento.

( ) A área do círculo cuja fronteira é λ mede π unidades quadradas.

943) PUC SP – A função $f(x) = (x/2)^2$ e a circunferência C de equação $(x - 2)^2 + (y - 2)^2 = 8$ se intersectam nos pontos P e O, sendo O a origem do sistema cartesiano, como mostra o gráfico.

A equação da reta s, tangente à circunferência no ponto P, pode ser dada por

(A) $y = -x$ (B) $y = -x + 8$
(C) $y = -x + 2$ (D) $y = -x/2$

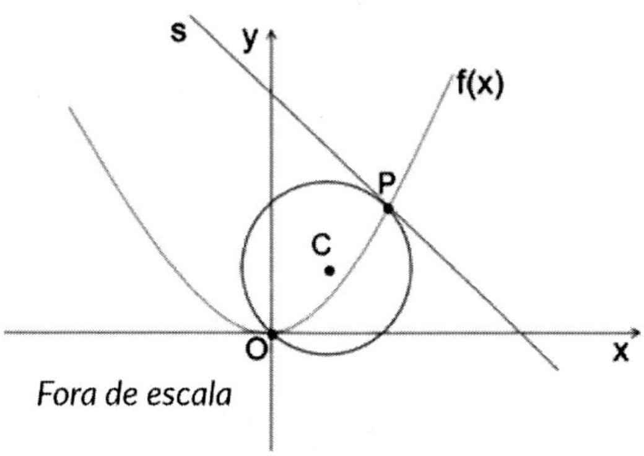

944) UF Pelotas – A área, em unidades de área, do triângulo com vértices no centro da circunferência $x^2 + y^2 = 25$ e nos extremos da corda, contida na reta $x - y + 1 = 0$, é

(A) 7 (B) 7/2 (C) 5 (D) 5/2 (E) $\sqrt{35}$ (F) N.R.A.

945) UFT – Considere as equações das circunferências

C_1: $x^2 - 2x + y^2 - 2y = 0$
C_2: $x^2 - 4x + y^2 - 4y = 0$

Cujos gráficos estão representados na figura ao lado.

Calcule a área da região hachurada.

(A) 3π (B) π (C) 5π (D) 6π (E) $\pi/2$

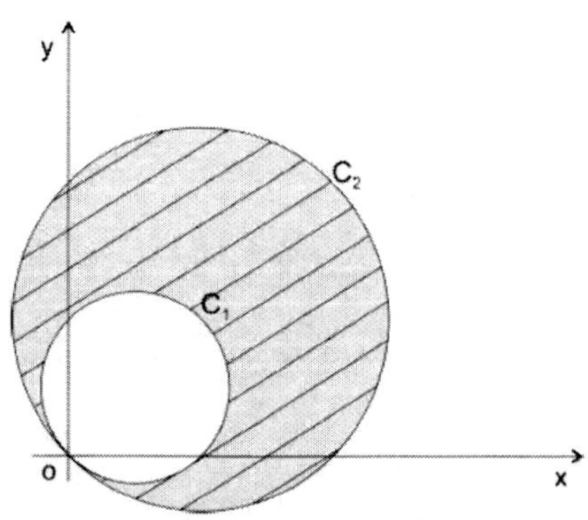

946) UFAL – No plano cartesiano xy, considere o círculo C de equação $x^2 + (y - 2)^2 = 4$ e a reta r de equação $x - y = 0$. A interseção de C com r é o conjunto

(A) {(0, 0), (2, 2)} (B) {(0, 0), (1, 1)} (C) {(0, 2), (–2, 0)}
(D) {(1, –2), (1, –2)} (E) {(–1, –1), (2, 2)}

947) UDESC – Considere na figura, o quadrado ABCD inscrito na circunferência de equação $x^2 + y^2 - 6x - 10y + 25 = 0$ e o quadrado EFGH circunscrito à circunferência de equação $x^2 + y^2 - 4x - 10y + 4 = 0$. Com base nessas informações, analise as sentenças:

I – A diferença das áreas dos quadrados EFGH e ABCD é de 82 unidades de área.

II – Se os lados do quadrado EFGH forem paralelos aos eixos do plano cartesiano e às diagonais do quadrado ABCD, então a área do triângulo EAB é 12 unidades de área.

III – A soma dos perímetros dos quadrados ABCD e EFGH é de $52\sqrt{2}$ unidades de comprimento.

Assinale a alternativa correta.

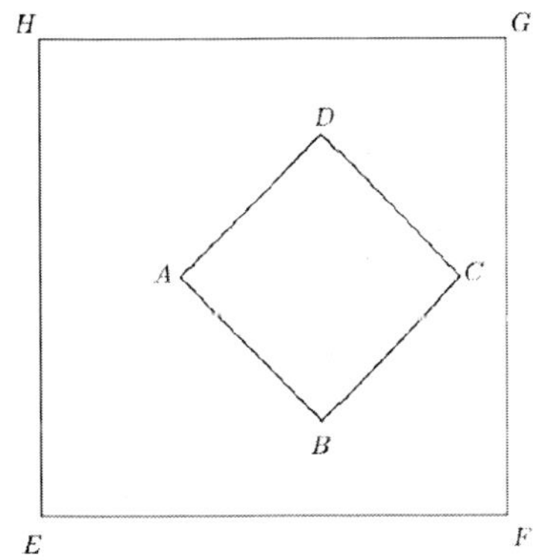

(A) Somente as sentenças I e II são verdadeiras.
(B) Somente a sentença III é verdadeira.
(C) Somente as sentenças II e III são verdadeiras.
(D) Somente a sentença II é verdadeira.
(E) Somente a sentença I é verdadeira.

948) CEFET CE – Os pontos (–1, 5) e (7, –3) são os extremos do diâmetro de uma circunferência. A equação desta circunferência é

(A) $(x + 3)^2 + (y - 1)^2 = 23$
(B) $(x - 3)^2 + (y - 1)^2 = 32$
(C) $(x + 3)^2 + (y + 1)^2 = 32$
(D) $(x - 3)^2 + (y + 1)^2 = 32$
(E) $(x - 3)^2 + (y - 1)^2 = 23$

949) UFMS – Considere uma circunferência de raio $\sqrt{2}$ cm que tangencia os eixos coordenados com centro no 1º quadrante. Sabe-se que as retas **t** e **s** tangenciam a circunferência nos pontos P e Q, respectivamente, pontos esses que pertencem à reta que contém o centro da circunferência e a origem. Tem-se ainda que as retas **t** e **s** interceptam os eixos coordenados nos pontos A, B, C e D, como na ilustração ao lado. Sendo assim, qual é a área do quadrilátero ABCD, em centímetros quadrados?

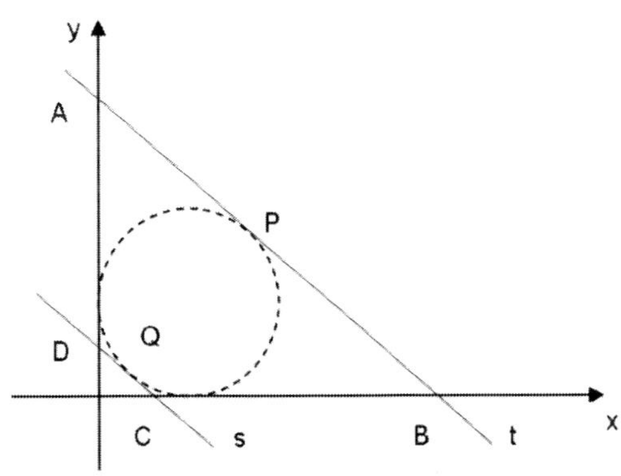

(A) 12 (B) $6\sqrt{2}$ (C) 10
(D) $4\sqrt{2}$ (E) $8\sqrt{2}$

950) IFCE – Em um sistema de coordenadas cartesianas ortogonais **xy**, considere o círculo $x^2 + y^2 \leq 4$. Sendo $\mathbb{Z}$ o conjunto dos números inteiros, a quantidade de pares ordenados (a, b) em $\mathbb{Z}\times\mathbb{Z}$, que estão nesse círculo, é

(A) 4 (B) 5 (C) 9 (D) 13 (E) 21

Teste 96

951) UFJF – Considere a reta r determinada pelos pontos P e Q e a circunferência λ, de centro C, que passa pelo ponto A, conforme representados na figura ao lado.
Determine a equação da reta **s**, perpendicular à reta r, tangente à circunferência λ e que contém pontos do 2º quadrante.

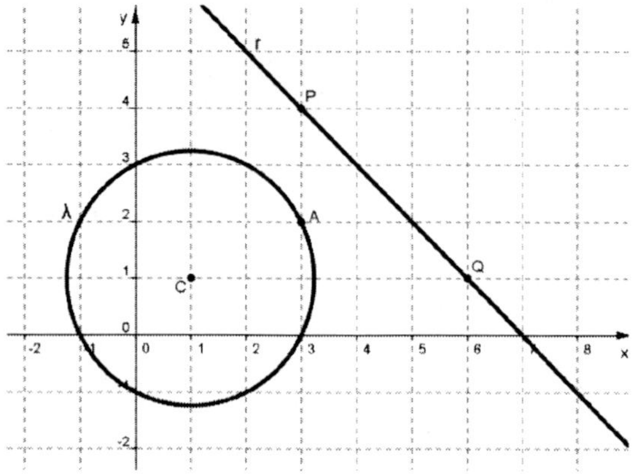

952) FATEC – Considerando que o triângulo equilátero ABC está inscrito na circunferência de equação $(x + 3)^2 + (y - 2)^2 = 27$, então a medida do segmento AB é

(A) 3 (B) 6 (C) 9 (D) 12 (E) 15

953) PUC PR – Na figura ao lado, a circunferência, cujo raio mede $\sqrt{21}$ m, intersecta os eixos coordenados nos pontos A, B, C e D. A reta r, de equação $y = \frac{\sqrt{3}}{3}x + q$, passa pelos pontos B e C. O ponto P é o centro da circunferência. Determine, em m^2, a área da região em destaque. (Considerar $\pi = 22/7$).

(A) 44 (B) 66 (C) 11

(D) $\frac{44\sqrt{21}}{21}$ (E) 22

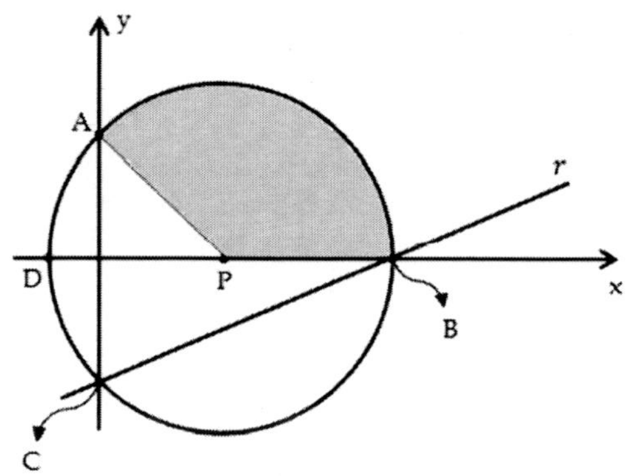

954) IFMT – Os pontos $(x, y) \in \mathbb{R}^2$ pertencem à circunferência dada pela equação $x^2 + y^2 - 2x - 4y + 3 = 0$.
O menor valor de $a \in \mathbb{R}$ para o qual a reta $y = x + a$ tangencia a circunferência citada é igual a

(A) 2 (B) 0 (C) 3 (D) –3 (E) –1

955) USP – A circunferência dada pela equação $x^2 + y^2 - 4x - 4y + 4 = 0$ é tangente aos eixos coordenados x e y nos pontos A e B, conforme a figura. O segmento MN é paralelo ao segmento AB e contém o centro C da circunferência. É correto afirmar que a área da região hachurada é

(A) $\pi - 2$ (B) $\pi + 2$ (C) $\pi + 4$
(D) $\pi + 6$ (E) $\pi + 8$

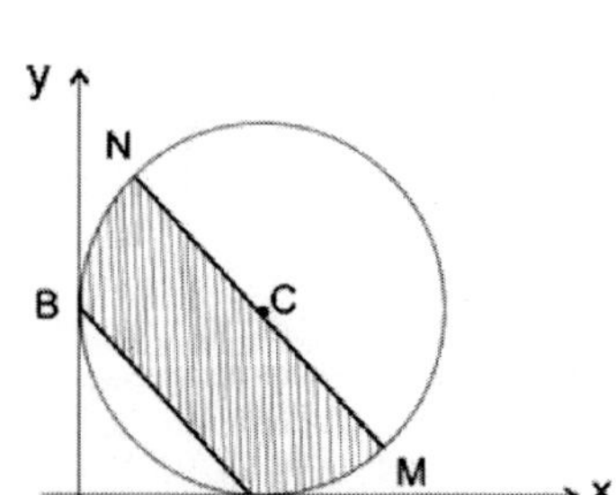

956) IFRS – O ponto da circunferência $(x - 1)^2 + y^2 = 1$ que tem menor distância da reta $y = -2x + 5$ é

(A) $(2,0)$ (B) $\left(1+\sqrt{\frac{1}{5}}, \frac{\sqrt{20}}{5}\right)$ (C) $\left(1+\sqrt{\frac{2}{5}}, \frac{\sqrt{15}}{5}\right)$

(D) $\left(1+\sqrt{\frac{3}{5}}, \frac{\sqrt{10}}{5}\right)$ (E) $\left(1+\sqrt{\frac{4}{5}}, \frac{\sqrt{5}}{5}\right)$

957) UFMG – Na figura ao lado, a circunferência tangencia a reta de equação y=2x no ponto P de abscissa x=2 e tangencia, também, o eixo x. Determine o raio e as coordenadas do centro da circunferência.

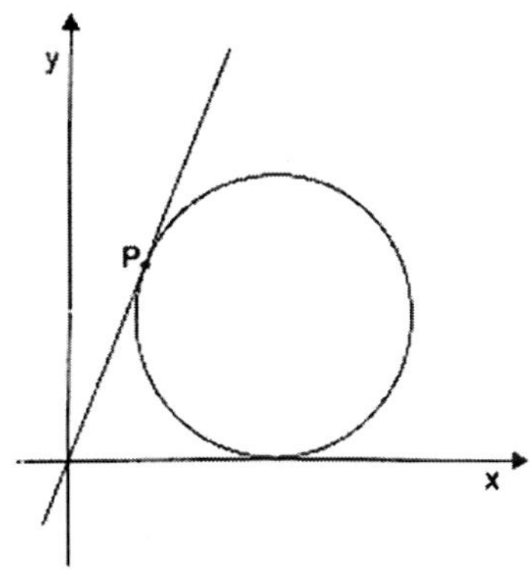

958) Mackenzie – Duas pessoas patinam sobre o gelo descrevendo trajetórias circulares. As circunferências descritas por elas são dadas pelas equações
$(x + 3)^2 + (y + 1)^2 = 10$ e $(x + 3)^2 + y^2 = 13$, respectivamente.
A distância entre os dois pontos de interseção das circunferências é

(A) 3 (B) 4 (C) 5 (D) 6 (E) 7

959) PUC SP – Considere uma circunferência tangente aos eixos ortogonais cartesianos nos pontos A e B, com 10 cm de raio, conforme mostra a figura. Sabendo que os pontos E, F, C, D(k, 4) estão alinhados, a medida do segmento EF é:

(A) 1 (B) 1,5 (C) 2 (D) 2,5

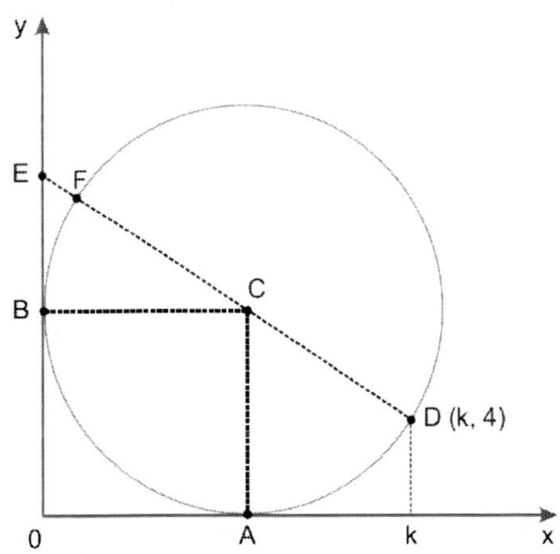

960) UNICAMP – Seja a um número real. Considere as parábolas de equações cartesianas $y = x^2 + 2x + 2$ e $y = 2x^2 + ax + 3$. Essas parábolas não se interceptam se e somente se:

(A) $|a| = 2$ (B) $|a| < 2$ (C) $|a - 2| < 2$ (D) $|a - 2| \geq 2$

Teste 97

961) UF Uberlândia – Considere as circunferências de centros C_1 e C_2 dadas, respectivamente, pelas equações $(x - 1)^2 + (y - 2)^2 = 1$ e $(x - 6)^2 + (y - 3)^2 = 4$. Os pontos B e D representam os pontos de tangências dessas circunferências com a reta r. Qual a distância entre B e D?

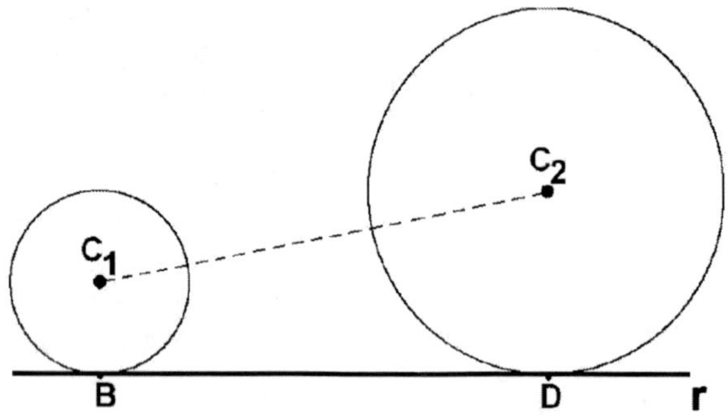

(A) 4 (B) $\sqrt{26}-1$
(C) 5 (D) $\sqrt{26}$

962) UFG – As equações
$4x^2 + 4y^2 - 24x - 32y + 91 = 0$ e $2x - 3y + 3 = 0$
representam, no plano cartesiano, uma circunferência e uma reta com

(A) ausência de interseção entre seus pontos.
(B) interseção em dois pontos que determinam um segmento menor que um diâmetro da circunferência.
(C) tangência em um ponto de abscissa 3.
(D) interseção em dois pontos que determinam um diâmetro da circunferência.

963) UFAL – Sejam A = (4, 0), B = (0, 2) e C = (–6, 0) as coordenadas de três pontos em um sistema de coordenadas cartesianas, esboçadas a seguir. Assinale a alternativa incorreta, referente ao triângulo ABC e sua circunferência circunscrita.

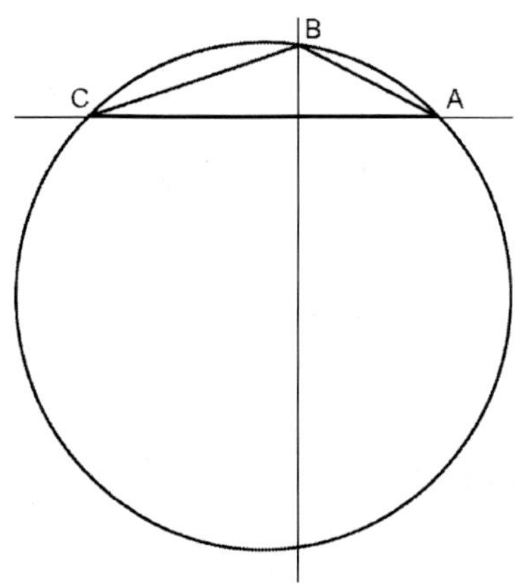

(A) A mediatriz do lado AB é a reta de equação $y = 2x - 3$.
(B) A circunferência circunscrita ao triângulo ABC tem equação $x^2 + y^2 + 2x + 10y - 24 = 0$.
(C) O centro da circunferência circunscrita a ABC é o ponto (–1, –5).
(D) A circunferência circunscrita a ABC tem raio $5\sqrt{3}$
(E) Os pontos do plano que são equidistantes de B e C formam a reta com equação $y = -3x - 8$.

964) UFJF – No plano cartesiano, considere os pontos A(2/3, 5/3), B(2, 5) e C(4, 3), e a reta r que passa pelo ponto A e que divide o ângulo $B\hat{A}C$ ao meio. Sabendo que os pontos B e C pertencem a uma circunferência de centro A, qual é a ordenada do ponto em que a reta r intersecta o eixo y?

(A) 7/6 (B) 4/3 (C) 2/3 (D) 3/4 (E) 1

965) UFPR – Considere o hexágono regular inscrito na circunferência de raio 2 centrada na origem do sistema de coordenadas cartesianas, conforme representado na figura ao lado. Nessas condições, é incorreto afirmar:

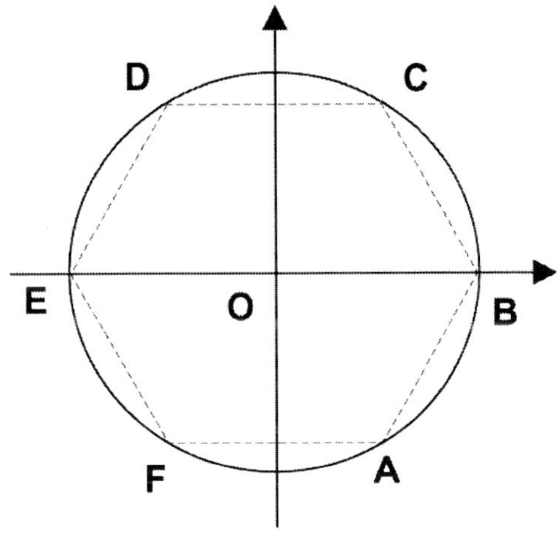

(A) A equação da circunferência é $x^2 + y^2 = 4$
(B) O triângulo com vértices nos pontos B, D e F é equilátero.
(C) A distância entre os pontos A e D é 4.
(D) A equação da reta que passa pelos pontos A e C pode ser escrita na forma $px + qy = r$, com $r=0$.
(E) A equação da reta que passa pelos pontos B e D pode ser escrita na forma $y = px + q$, com $p<0$ e $0<q<2$.

966) UFLA – Uma equação de uma reta que tangencia a circunferência $x^2 + y^2 = 1$ e é perpendicular à reta $y = x$ é:

(A) $y = x + 2\sqrt{2}$ (B) $y = -x + 2\sqrt{2}$ (C) $y = -x - \sqrt{2}$ (D) $y = -x + \sqrt{3}$

967) UF Pelotas – A reta s, paralela ao eixo x, tangencia a circunferência de centro em C = (3, –1); a reta r, com coeficiente angular –1, intercepta s no ponto (–1, 1), conforme mostra a figura. Nessas condições, a distância entre os pontos A e B, em unidades de comprimento, é

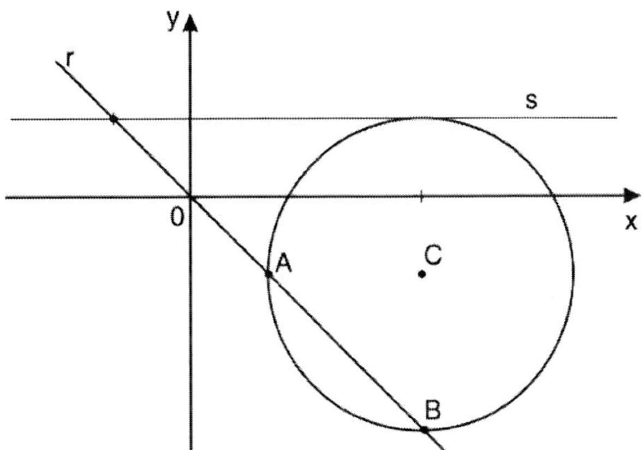

(A) $2\sqrt{3}$ (B) 3 (C) 2
(D) $2\sqrt{2}$ (E) 5/2 (F) N.R.A.

968) UNIFESP – Considere, num sistema ortogonal, conforme a figura, a reta de equação r: $y = kx$ ($k>0$ um número real), os pontos $A(x_0, 0)$ e $B(x_0, k.x_0)$ (com $x_0 > 0$) e o semicírculo de diâmetro AB.

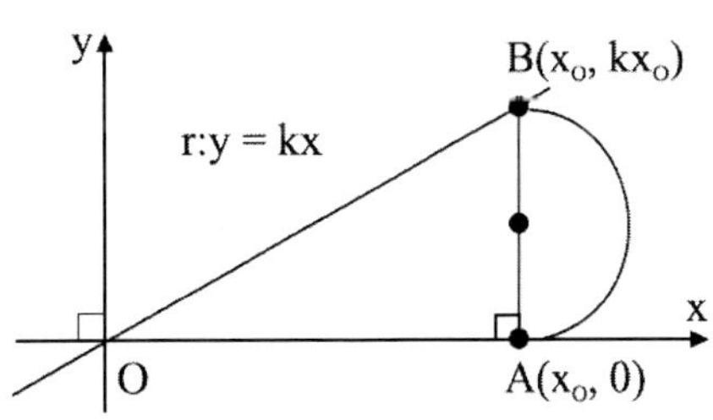

a) Calcule a razão entre a área S, do semicírculo, e a área T, do triângulo OAB, sendo O a origem do sistema de coordenadas.
b) Calcule, se existir, o valor de k que acarrete a igualdade S=T, para todo $x_0 > 0$.

969) FGV – No plano cartesiano, uma circunferência passa pelos pontos (–1, 1) e (2, 2). Sabendo que o centro da circunferência pertence à reta y = 3x, pode-se concluir que a soma das coordenadas do centro é:

(A) 2 (B) 2,5 (C) 4 (D) 3,5 (E) 3

970) UFRJ – Os pontos (–6, 2), (3, –1) e (–5, –5) pertencem a uma circunferência. Determine o raio dessa circunferência.

Teste 98

971) UNISINOS – Sabendo que P = (a, b) é o ponto de interseção da reta de equação $y = -2x - 5$ com a parábola de equação $y = x^2 + 6x + 11$, então podemos afirmar que $a^2 + b^2$ é igual a:

(A) –25 (B) –7 (C) 7 (D) 25 (E) 185

972) Mackenzie – Com relação às equações das elipses $25x^2+16y^2+150x+256y-351=0$ e $16x^2 + 25y^2 - 96x - 200y + 144 = 0$, podemos afirmar que

(A) as elipses têm centros coincidentes.
(B) as elipses têm a mesma distância focal.
(C) as elipses têm a mesma excentricidade.
(D) as elipses têm focos sobre o eixo das abscissas.
(E) o eixo maior de uma delas é o dobro do eixo menor da outra.

973) UFCG – Uma secção transversal de um refletor parabólico é mostrada na figura abaixo. A lâmpada é colocada no foco F e sabe-se que AB = 8cm e |VE| = 11 cm, onde V é o vértice da parábola. Considere um sistema de coordenadas em que V seja o ponto (0, 0). Sabe=se que uma equação de uma parábola de vértice V(0, 0) e foco F(0, c) é $x^2 = 4cy$. Com essas informações, a equação da parábola e o comprimento |CD| são, respectivamente:

(A) $x^2 = 8y$, |CD| = 11 cm.
(B) $x^2 = 10y$, |CD| = $\sqrt{80}$ cm.
(C) $x^2 = -9y$, |CD| = 9 cm.
(D) $x^2 = 8y$, |CD| = $4\sqrt{22}$ cm.
(E) $x^2 = 8y$, |CD| = 10 cm.

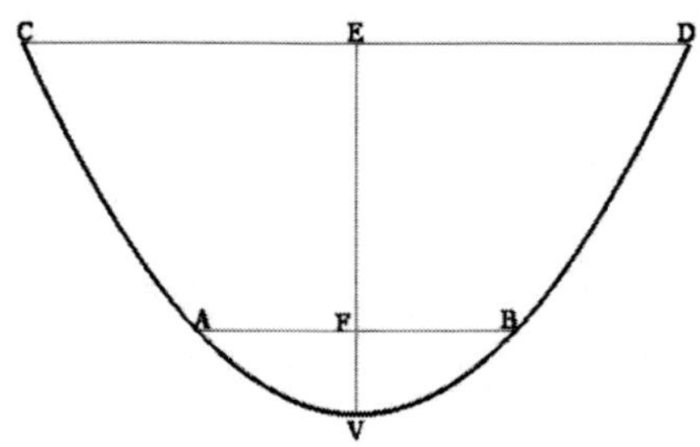

974) UFT – Considere ℝ o conjunto dos números reais e b∈ℝ. Encontre os valores de b, tais que no plano cartesiano xy, a reta y = x + b intercepta a elipse $x^2/4 + y^2 = 1$ em um único ponto. A soma dos valores de b é:

(A) 0 (B) 2 (C) $2\sqrt{5}$ (D) $\sqrt{5}$ (E) $-2\sqrt{5}$

975) FATEC – Considere as funções f e g, de ℝ em ℝ, definidas por $f(x) = -x^2 + px$ e $g(x) = k$, com p e k constantes reais. Representando-as graficamente no sistema de coordenadas cartesianas ortogonais, obtém-se a reta da função g tangenciando a parábola da função f, no vértice de abscissa 3. Nestas condições, o valor de k é:

(A) 1 (B) 3 (C) 5 (D) 7 (E) 9

976) PUC SP – As coordenadas do vértice (V) da parábola descrita pela função $f(x) = x^2 - 4x + 3$ também pertencem à reta r, que é perpendicular à reta s, conforme mostra a figura. Sabendo que o ponto A pertence à interseção da reta S com o eixo das ordenadas, então, a soma das coordenadas do ponto B, que pertence à interseção da reta s com o eixo das abscissas, é:

(A) 6 (B) 5 (C) 4 (D) 3

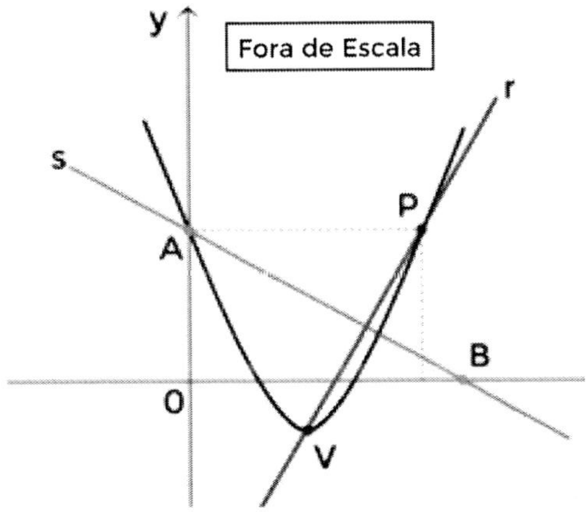

977) UF Pelotas – O gráfico ao lado representa a função $f(x) = x^2 - 5x + 6$.
A equação da circunferência que passa em B e tem centro em A é

(A) $(x - 6)^2 + y^2 = 45$
(B) $x^2 + (y - 6)^2 = 9$
(C) $x^2 + (y - 6)^2 = 45$
(D) $(x - 6)^2 + y^2 = 9$
(E) $x^2 + (y - 3)^2 = 9$

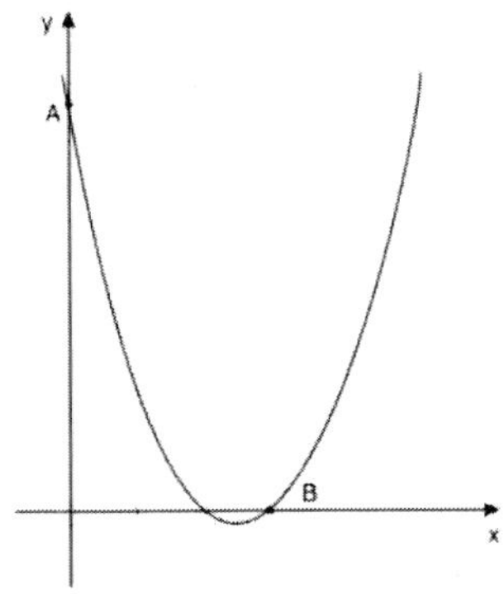

978) IFRS – Desenhando sobre um mesmo sistema de eixos cartesianos os gráficos de $y = x^2 + 1$ e de $x^2 + y^2 = 4$, quantos pontos em comum a ambos existirão?

(A) 0 (B) 1 (C) 2 (D) 3 (E) 4

979) UFAL – Para quais valores da constante real c, temos que a reta e a parábola, com equações respectivas $cy - x = 0$ e $x2 + 4y = -1$, se interceptam em dois pontos distintos? Abaixo temos partes dos gráficos das retas para c=1 e c=3 e da parábola.

(A) $-1 < c < 4$ e $c \neq 0$
(B) $-2 < c < 2$ e $c \neq 0$
(C) $0 < c < 2$
(D) $-3 < c < 0$
(E) $-2 < c < 2$

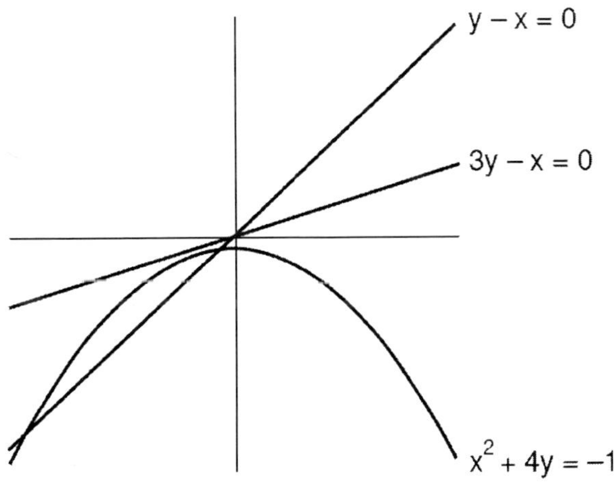

980) USP – A elipse $x^2 + y^2/2 = 9/4$ e a reta $y = 2x + 1$, do plano cartesiano, se interceptam nos pontos A e B. Pode-se, pois, afirmar que o ponto médio do segmento AB é:

(A) (–2/3, –1/3) (B) (2/3, –7/3) (C) (1/3, –5/3) (D) (–1/3, 1/3) (E) (–1/4, 1/2)

Teste 99

981) IFSP – O gráfico representa a função $y = 2 + \log_2(x + k)$, sendo k uma constante real. A equação da reta mediatriz do segmento AB é

(A) $x - 3y + 3 = 0$
(B) $2x + 4y - 13 = 0$
(C) $3x + y + 2 = 0$
(D) $6x + 4y - 21 = 0$
(E) $8x - 5y + 13 = 0$

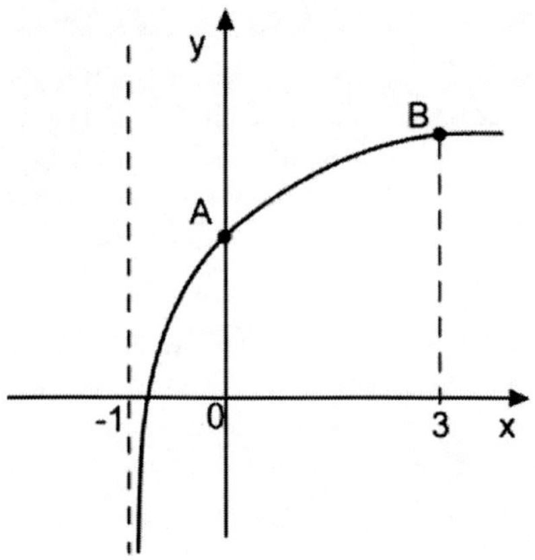

982) IFAL – O lugar geométrico descrito pela curva de equação $x^2/16 + y^2/25 = 1$ representa, nessas condições, uma:

(A) Parábola (B) Hipérbole (C) Elipse (D) Circunferência (E) Reta

983) IFPE – O astrônomo alemão Kepler enunciou leis que regem o movimento dos planetas em torno do Sol. A Primeira Lei de Kepler, conhecida como Lei das órbitas, afirma que os planetas se movem em órbitas elípticas em torno do Sol, com o Sol em um dos seus focos.
Supondo que os focos dessa elipse são $F_1(3, 0)$, $F_2(-3, 0)$, o comprimento do eixo maior é igual a 10 e o comprimento do eixo menor é igual a 8, qual das alternativas abaixo apresenta a equação da referida elipse?

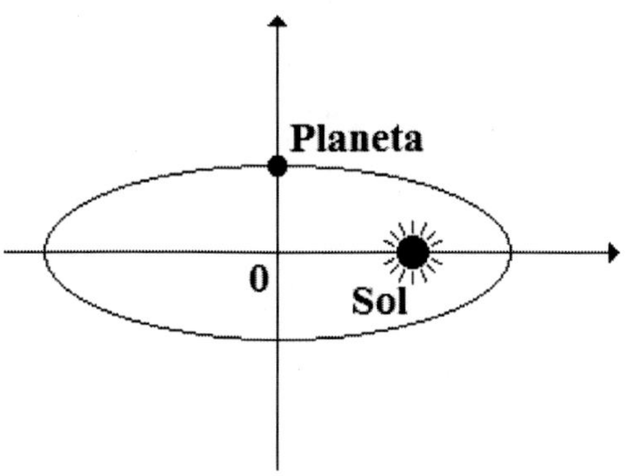

(A) $\frac{x^2}{20}+\frac{y^2}{16}=1$ (B) $\frac{x^2}{10}+\frac{y^2}{16}=1$ (C) $\frac{x^2}{25}+\frac{y^2}{16}=1$ (D) $\frac{x^2}{10}+\frac{y^2}{8}=1$ (E) $\frac{x^2}{5}+\frac{y^2}{14}=1$

984) UNIFESP – Chamando de y' e y'' as equações das parábolas geradas quando a curva $y = 2x^2 - 12x + 16$ é refletida pelos eixos x e y, respectivamente, determine as equações y' e y'' e a distância entre seus vértices.

985) UFAM – Considere a reta $-x+y=0$ e a elipse dada por $x^2+8y^2=4$ representadas na figura. A distância entre A e B, pontos de interseção da reta com a elipse é

(A) 2 (B) $\frac{4}{3}$ (C) $\frac{4\sqrt{2}}{3}$

(D) $\frac{4\sqrt{3}}{3}$ (E) $\frac{5\sqrt{2}}{3}$

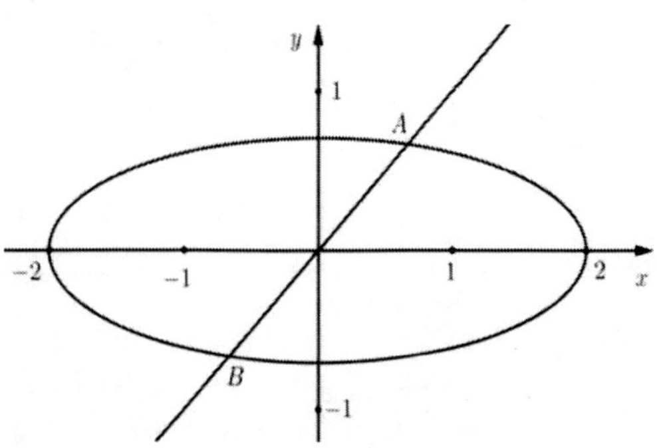

986) UESC – A área delimitada por uma elipse cuja equação é $\frac{x^2}{a^2}+\frac{y^2}{b^2}=1$ é dada por A = π.a.b. Então, a área da região situada entre as elipses de equações $16x^2 + 25y^2 = 400$ e $16x^2 + 9y^2 = 144$ é

(A) 12π (B) 20π (C) 8π (D) 256π (E) π

987) UFMG – A figura ao lado representa uma parábola, seu foco é F = (4, 9) e sua diretriz é r, cuja equação é y = 3. Sabe-se que a parábola é o lugar geométrico dos pontos do plano que estão à mesma distância de um ponto fixo (o foco) e de uma reta fixa (a diretriz). Calcule os valores de a, b e c de modo que a equação da parábola da figura seja $y = ax^2 + bx + c$.

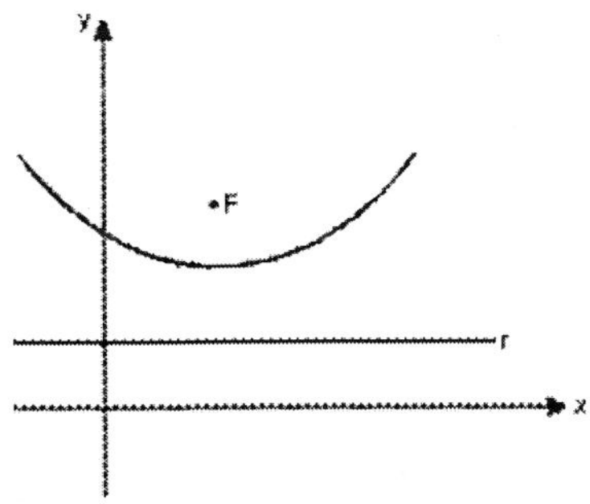

988) UFPR – Uma parábola é o gráfico de uma função da forma $y = ax^2 + bx + c$, sendo $a \neq 0$.
a) Encontre a função cujo gráfico é a parábola que contém os pontos P = (–1, 2), Q = (1, 2) e R = (2, 5). Sugestão: utilize os dados para construir um sistema linear.
b) Existe uma parábola que contém os pontos P = (–1, –1), Q = (1, 3) e R = (2, 5)? Justifique.

989) UFRN – Um arquiteto projetou, para um salão de dimensões 22m por 18m, um teto de gesso em formato de elipse com o eixo maior medindo 20m e o eixo menor, 16m, conforme ilustra a figura.
O aplicador do gesso afirmou que saberia desenhar a elipse, desde que o arquiteto informasse as posições dos focos. Para orientar o aplicador do gesso, o arquiteto informou que, na direção do eixo maior, a distância entre cada foco e a parede mais próxima é de

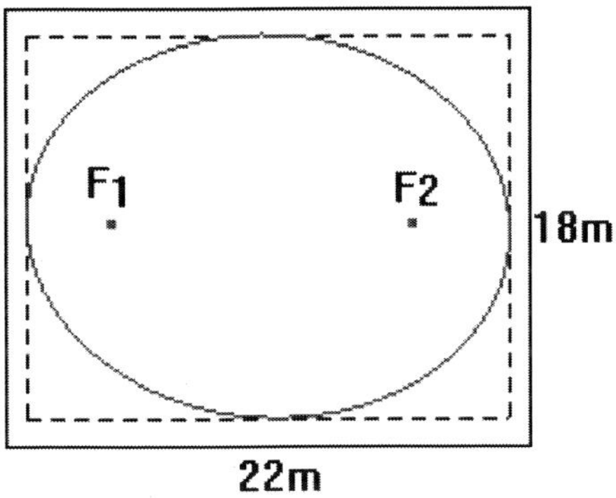

(A) 3m (B) 4m (C) 5m (D) 6m

990) UFPB – Uma parábola, ao ser girada em torno de seu eixo de simetria, gera uma superfície parabólica (paraboloide de revolução). Expondo-se uma superfície parabólica espelhada aos raios solares, esses raios são refletidos e convergem para o foco. Essa propriedade está na base do funcionamento dos chamados concentradores solares, cuja finalidade é captar a energia solar incidente numa superfície parabólica relativamente grande, e concentrá-la

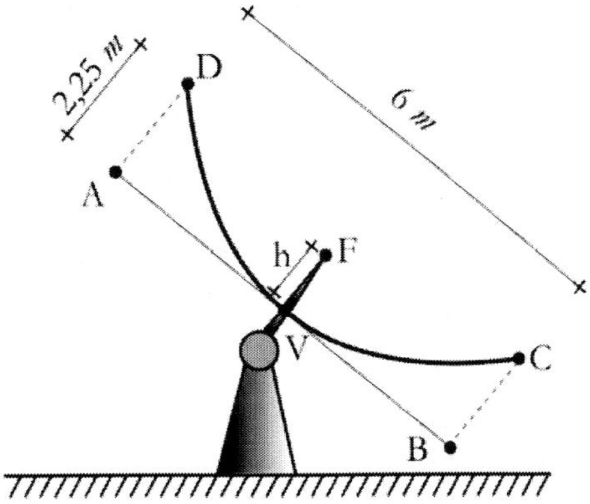

numa área menor (foco), de modo que a temperatura desse foco aumente substancialmente.

A figura representa uma seção transversal de um concentrador solar que está sendo projetado por um técnico. Nessa figura, os pontos V e F representam o vértice e o foco da parábola (seção transversal do concentrador solar).
Sabendo-se que AB = 6m e AD = BC = 2,25m, conclui-se que a distância h do vértice V ao foco F será de:

(A) 1,00m (B) 1,25m (C) 1,50m (D) 1,75m (E) 2,00m

Teste 100

991) UFAM – A distância da origem para um dos focos da hipérbole cuja equação é dada por $x^2 - 3y^2 - 4x + 7 = 0$ é igual a:

(A) $2\sqrt{2}$ (B) $\sqrt{2}$ (C) $2\sqrt{3}$ (D) $\sqrt{3}$ (E) 2

992) UFBA – No sistema de coordenadas cartesianas, as curvas E e C satisfazem as seguintes propriedades:

- Para qualquer ponto Q(x, y) de E, a soma das distâncias de Q(x, y) a $F_1(\sqrt{3},0)$ Q(x, y) a $F_2(-\sqrt{3},0)$ é constante e igual a 4.
- C é uma parábola com vértice na interseção de E com o semieixo positivo Oy e passa por F_2.

Com base nessas informações, determine os pontos de interseção de E e C.

993) UFCG – A elipse E tangencia uma circunferência C, de raio R, como mostra a figura. O semieixo menor da elipse mede R/2 e os focos são F_1 e F_2. Se S é um ponto da elipse tal que $S \notin E \cap C$, o perímetro do triângulo F_1SF_2 vale:

(A) $(2+\sqrt{3})R$ (B) πR (C) $2R$

(D) $3R$ (E) $\frac{\sqrt{3}}{2}R$

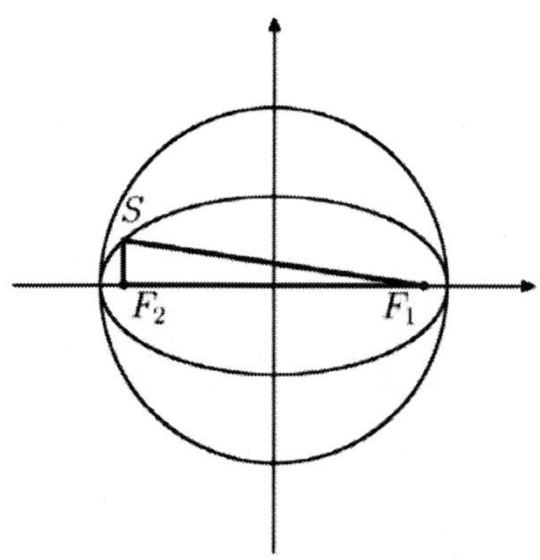

994) ENEM – A figura representa a vista superior de uma bola de futebol americano, cuja forma é um *elipsoide* obtido pela rotação de uma elipse em torno do eixo das abscissas. Os valores **a** e **b** são, respectivamente, a metade do seu comprimento horizontal e a metade do seu comprimento vertical. Para essa bola, a diferença entre os comprimentos horizontal e vertical é igual à metade do seu comprimento vertical.

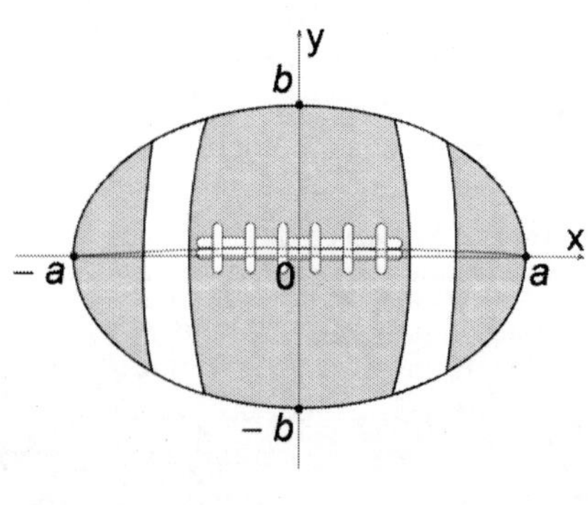

Considere que o volume aproximado dessa bola é dado por $V = 4ab^2$. O volume dessa bola, em função apenas de b, é dado por

(A) $8b^3$ (B) $6b^3$ (C) $5b^3$ (D) $4b^3$ (E) $2b^3$

995) USP – O conjunto dos pontos (x, y) do plano cartesiano que satisfazem $t^2 - t - 6 = 0$, onde $t = |x - y|$, consiste de

(A) uma reta (B) duas retas (C) quatro retas (D) uma parábola (E) duas parábolas

996) UNIFOR – A figura mostra o vão da entrada de um armazém pelo qual passará um caminhão com 4 metros de largura. Sabendo-se que o arco superior do vão é semielíptico, a altura máxima permitida do caminhão é de:

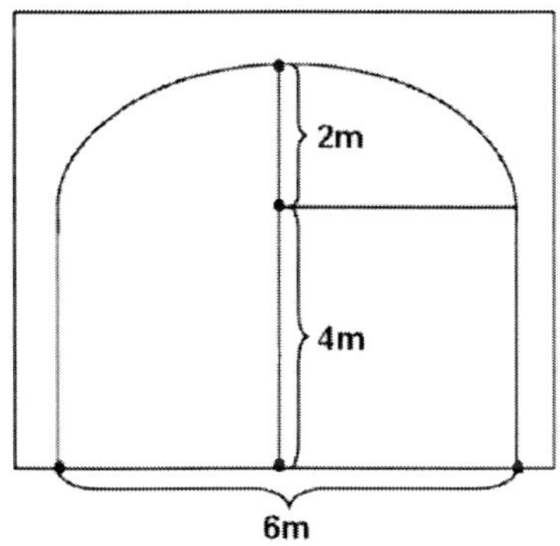

(A) $4+\frac{\sqrt{5}}{3}$ (B) $4+\frac{2\sqrt{5}}{3}$ (C) $4+\frac{3\sqrt{5}}{3}$

(D) $4+\frac{4\sqrt{5}}{3}$ (E) $4+\frac{5\sqrt{5}}{3}$

997) UDESC – Uma circunferência é tangente à hipérbole $16x^2 - 32x - 9y^2 - 128 = 0$ e seu centro coincide com o centro desta hipérbole. A equação desta circunferência é:

(A) $x^2 + y^2 - 2y - 8 = 0$
(B) $x^2 + y^2 - 2x - 8 = 0$
(C) $x^2 + y^2 - 2x - 15 = 0$
(D) $x^2 + y^2 - 2y - 24 = 0$
(E) $x^2 + y^2 - 2y - 15 = 0$

998) UFAM – A equação cujo gráfico é o que melhor representa a elipse ao lado é:

(A) $4x^2 + 9y^2 - 32x - 54y + 109 = 0$
(B) $4x^2 + 9y^2 - 54x - 32y + 109 = 0$
(C) $9x^2 + 4y^2 - 54x - 32y + 144 = 0$
(D) $9x^2 + 4y^2 - 32x - 54y + 144 = 0$
(E) $4x^2 + 9y^2 - 24x - 72y + 144 = 0$

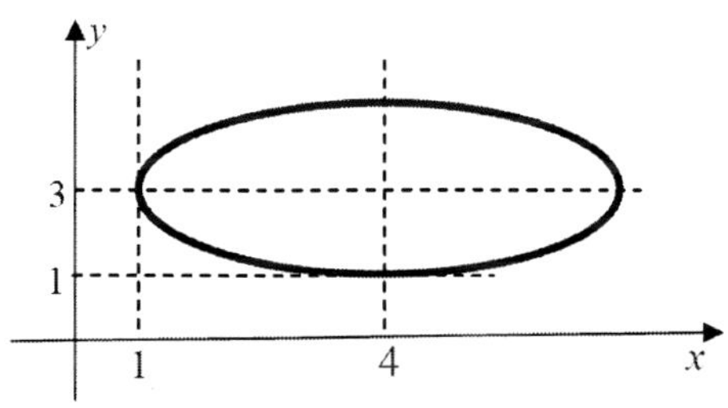

999) UFRGS – A curva de equação $4x^2 + 9y^2 - 8x - 36y + 4 = 0$ representa uma

(A) elipse com focos nos pontos de coordenadas cartesianas $(1-\sqrt{5},2)$ e $(1+\sqrt{5},2)$.
(B) elipse com focos nos pontos de coordenadas cartesianas $(-1-\sqrt{5},-2)$ e $(-1+\sqrt{5},-2)$.
(C) elipse com focos nos pontos de coordenadas cartesianas $(1,2-\sqrt{5})$ e $(1,2+\sqrt{5})$.
(D) hipérbole com focos nos pontos de coordenadas cartesianas $(1-\sqrt{5},2)$ e $(1+\sqrt{5},2)$.
(E) hipérbole com focos nos pontos de coordenadas cartesianas $(-1-\sqrt{5},-2)$ e $(-1+\sqrt{5},-2)$.

1000) UFPB – A secretaria de infraestrutura de um município contratou um arquiteto para fazer o projeto de uma praça. Na figura a seguir, está o esboço do projeto proposto pelo arquiteto: uma praça em formato retangular medindo 80m × 120m, onde deverá ser construído um jardim em forma de elipse na parte central. Estão destacados na figura os segmentos AC e BD que são, respectivamente, o eixo maior e o eixo menor da elipse, bem como os pontos F_1 e F_2, que são os focos da elipse onde deverão ser colocados dois postes de iluminação.

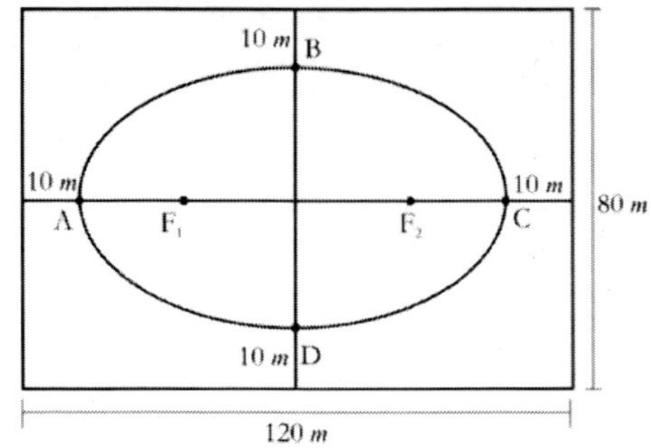

Com base nessas informações, conclui-se que a distância entre os postes de iluminação será, aproximadamente, de:

(A) 68m (B) 72m (C) 76m (D) 80m (E) 84m

Respostas dos testes

Respostas do Teste 91

901) A 903) B 905) * 907) B 909) E
902) D 904) A 906) D 908) E 910) C
905) VFVVV

Respostas do Teste 92

911) E 913) A 915) B 917) A 919) B
912) * 914) B 916) A 918) D 920) 3
912) $(6\sqrt{2}, 6\sqrt{2})$

Respostas do Teste 93

921) B 923) B 925) * 927) D 929) C
922) B 924) B 926) A 928) B 930) D
925) (7/15, 14/15)

Respostas do Teste 94

931) D 933) C 935) * 937) B 939) D
932) E 934) D 936) * 938) * 940) B
935) FVFF 936) VFFVF
938) a) 12/5 e 12 B) demonstração.

Respostas do Teste 95

941) B 943) B 945) D 947) A 949) E
942) * 944) B 946) A 948) B 950) D
942) VFVFV

Respostas do Teste 96

951) * 953) E 955) B 957) * 959) D
952) C 954) E 956) E 958) D 960) C
951) $y = x + \sqrt{10}$
957) $R = 5 - \sqrt{5}$ e centro = $(2\sqrt{5},\ 5 - \sqrt{5})$

Respostas do Teste 97

961) C 963) A 965) D 967) D 969) A
962) B 964) E 966) C 968) A 970) 5
968) A) kπ/4; B) k=4/π

Respostas do Teste 98

971) D 973) D 975) E 977) C 979) B
972) E 974) A 976) A 978) C 980) D

Respostas do Teste 99

981) D 983) C 985) C 987) * 989) C
982) C 984) * 986) C 988) * 990) A
984) y' : $y = -2(x - 3)^2 + 2$
y'': $y = 2(-x - 3)^2 - 2$, $d = \sqrt{52} = 2\sqrt{13}$

987) a = 1/12, b = –2/3, c = 22/3
988) a=1, b=0 e c=1

Respostas do Teste 100

991) A 993) A 995) B 997) B 999) A
992) * 994) B 996) B 998) A 1000) D
992) (0, 1), $\left(\frac{\sqrt{15}}{2}, -\frac{1}{4}\right)$ e $\left(-\frac{\sqrt{15}}{2}, \frac{1}{4}\right)$

Resoluções dos testes

Resoluções do teste 91

901) PUC Campinas – É claro que os eixos de simetria deste octógono não são os eixos x e y, pois o seu centro não coincide com a origem. Seus eixos são:
Vertical: reta que corta ao meio o segmento que liga (–4, 0) a (5, 0), que passa no seu ponto médio, (1/2, 0). Sua equação é x = 1/2.
Horizontal: reta que carta ao meio o segmento que liga (0, –4) a (0, 5). Passa por (0, 1/2) e sua equação é y = 1/2.

Resposta: (A) y = 1/2

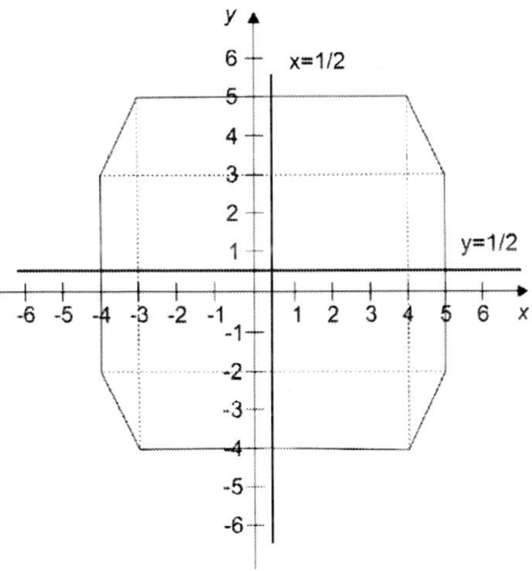

902) UFT – Para resolver questões de geometria analítica com segurança, é altamente recomendável fazer o esboço da figura. Uma forma para resolver o problema é considerando dois triângulos, calculando suas áreas e somando. Mais adiante mostraremos um método que lida diretamente com o quadrilátero.
Lembremos como calcular a área de um triângulo em geometria analítica.
Conhecendo os três vértices, podemos usar um determinante para calcular a área do triângulo. Sendo os vértices (x_1, y_1), (x_2, y_2) e (x_3, y_3) a área é dada por:

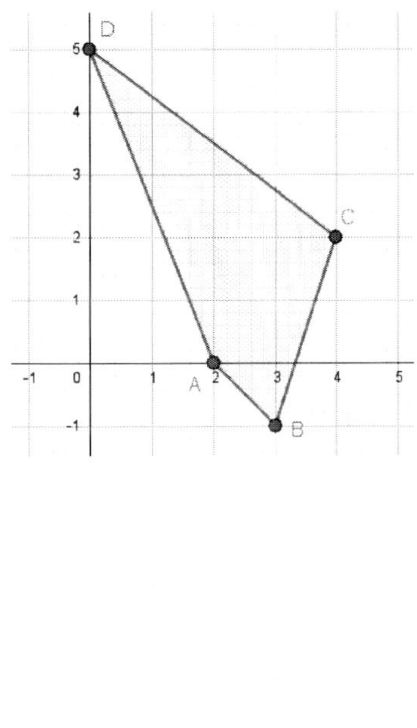

$$S = \frac{1}{2} \textit{módulo de} \begin{vmatrix} x_1 & y_1 & 1 \\ x_2 & y_2 & 1 \\ x_3 & y_3 & 1 \end{vmatrix}.$$

Também pode ser usada na forma:

$$S = \frac{1}{2} \textit{módulo de} \begin{vmatrix} x_1 & x_2 & x_3 & x_1 \\ y_1 & y_2 & y_3 & y_1 \end{vmatrix}$$

O dispositivo acima é calculado como a soma dos produtos de dois termos tomados no sentido de uma diagonal principal, menos a soma dos produtos tomados dois a dois, tomados no sentido da diagonal secundária:

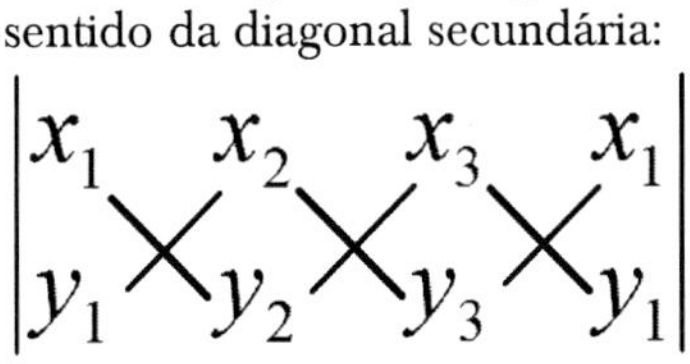

$x_1 \cdot y_2 + x_2 \cdot y_3 + x_3 \cdot y_1 - x_2 \cdot y_1 - x_3 \cdot y_2 - x_1 \cdot y_3$
Os vértices podem ser escritos em qualquer ordem. É preciso que o 4º seja igual ao primeiro. A escolha de ordem interfere apenas no sinal do resultado, mas não na área, pois usamos o módulo do resultado.

Depois de fazer o cálculo, usamos a metade do módulo da expressão encontrada.
Para o triângulo ABC, temos:

$$S=\frac{1}{2}\begin{Vmatrix} x_1 & x_2 & x_3 & x_1 \\ y_1 & y_2 & y_3 & y_1 \end{Vmatrix}=\frac{1}{2}\begin{Vmatrix} 2 & 3 & 4 & 2 \\ 0 & -1 & 2 & 0 \end{Vmatrix}=\frac{1}{2}\left|-2+6+4-4\right|=2$$

Para o triângulo ACD, temos:

$$S=\frac{1}{2}\begin{Vmatrix} x_1 & x_2 & x_3 & x_1 \\ y_1 & y_2 & y_3 & y_1 \end{Vmatrix}=\frac{1}{2}\begin{Vmatrix} 2 & 4 & 0 & 2 \\ 0 & 2 & 5 & 0 \end{Vmatrix}=\frac{1}{2}\left|4+20-10\right|=7$$

A área total é 2 + 7 = 9

Resposta: (D) 9,0

903) UFCG – Se tg(α) = 1, este é o coeficiente angular m da reta t. Como a reta r é paralela, tem o mesmo coeficiente angular m=1. A reta s, sendo perpendicular a r, tem seu coeficiente angular igual a –1/m = –1. Estamos usando uma propriedade da geometria analítica:
Se uma reta tem coeficiente angular m, uma reta perpendicular tem coeficiente angular igual a –1/m.
Então o coeficiente angular de s é –1.

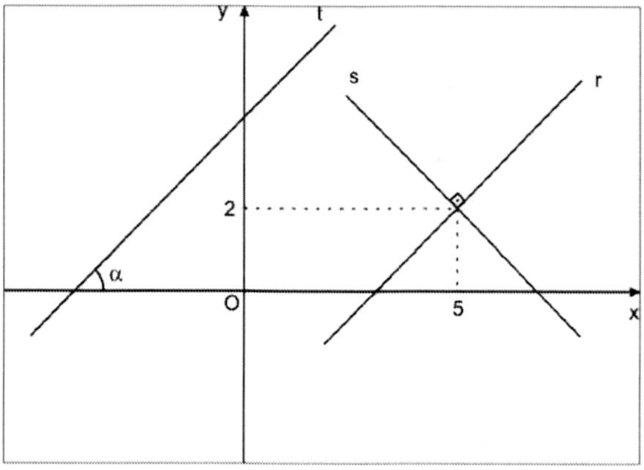

Conhecendo um ponto da reta s (5, 2) e seu coeficiente angular, podemos encontrar sua equação:
$y - y_0 = m(x - x_0)$
y – 2 = –1(x – 5)
y = 7 – x

Resposta: (B) y = 7 – x

904) Mackenzie – A equação da reta mediatriz de um segmento dado é encontrada obrigando as distâncias de (x, y) aos pontos dados a serem iguais.

$(x - 5)^2 + (y - 4)^2 = (x - 1)^2 + (y + 2)^2$
$x^2 - 10x + 25 + y^2 - 8y + 16 =$
$x^2 - 2x + 1 + y^2 + 4y + 4$
$-10x + 25 - 8y + 16 = -2x + 1 + 4y + 4$
$-8x - 12y + 36 = 0$
$2x + 3y - 9 = 0$

Resposta: (A) 2x+3y–9 = 0

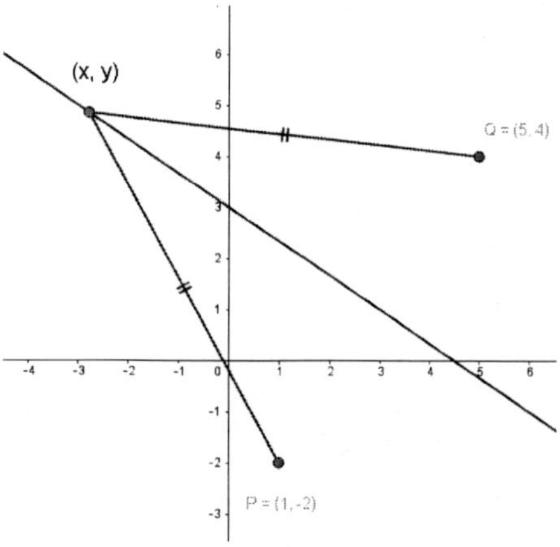

905) UFPE – Tanto a equação da reta, quanto as coordenadas de P e Q dependerão dos valores de a, b e m.
Equação da reta: $(y - y_0) = m(x - x_0)$
y – b = m(x – a)
y = mx + b – ma

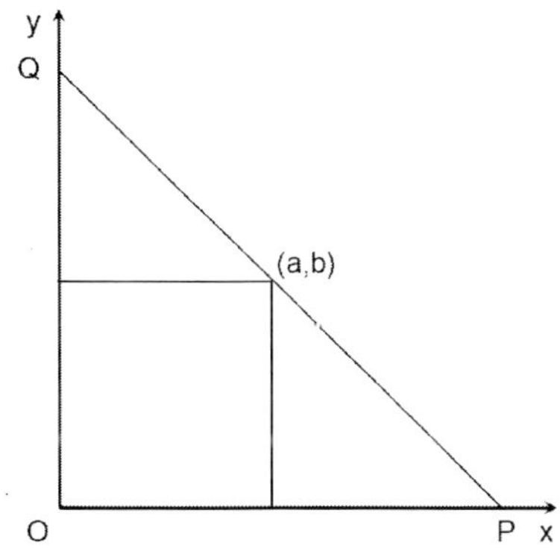

Para encontrar Q, fazemos x=0 na equação da reta:

$y_Q = 0 + b - ma$ ➔ Q = (0, b–ma)

Para encontrar P, fazemos x=0 na equação da reta:

$0 = m.x_P + b - ma$ ➔ P = (a – b/m, 0)

A área do triângulo OPQ é

$$S = \frac{(b-ma)\left(\frac{ma-b}{m}\right)}{2} = \frac{(b-ma)(ma-b)}{2m} =$$

$$= \frac{-b^2 - m^2a^2 + 2amb}{2m} = ab - \frac{b^2 + a^2m^2}{2m} = ab - \frac{b^2/m + a^2m}{2}$$

Para identificar se a área é sempre maior que um determinado valor, devemos mostrar que a expressão $-\frac{b^2/m + a^2m}{2}$ tem um valor mínimo, e identificar qual é este valor. Assim a área realmente será sempre maior que um valor dado.

Chamemos de E a expressão $-\frac{b^2/m + a^2m}{2}$ e tentemos identificar seu valor mínimo. Tudo em função da variável m, que é a única variável do problema.

$E = -\frac{b^2/m + a^2m}{2}$. Observe que E é positivo, já que m é negativo.

$2E = -b^2/m - a^2m$

$2Em = -b^2 - a^2m^2$

$a^2m^2 + 2Em + b^2 = 0$

Para que a expressão E assuma um determinado valor, é preciso que exista um m que nela resulte, ou seja, que a equação do 2º grau acima tenha solução. Sendo assim, devemos obrigar seu Δ a ser positivo ou zero.

$\Delta \geq 0$ ➔ $4E^2 \geq 4a^2b^2$

Sendo E um número positivo, concluímos que $E \geq ab$

Então a área S é igual a ab, mais um valor é que é maior que ab. Portanto essa área é maior que 2ab.

A área do triângulo OPQ terá seu valor mínimo igual a 2ab. É obtida quando OQ=2b e OP=2a, ou seja, quando os lados do retângulo são bases médias do triângulo OPQ.

(V) A equação da reta r é y = mx + b – ma

(F) P = (a+b/m, 0) e Q = (0, b – ma). P está errado, Q certo.

(V) A área do triângulo OPQ é ab – ($ma^2 + b^2/m$)/2

(V) A área de OPQ é sempre ≥ 2ab

(V) Para o triângulo OPQ ter a menor área possível, a reta r deve interceptar os eixos coordenados nos pontos P = (2a, 0) e Q = (0, 2b)

Resposta: VFVVV

906) UFAL – Fórmula da distância do ponto (x_0, y_0) à reta de equação Ax + By + C = 0:

$$d = \frac{|Ax_0 + By_0 + C|}{\sqrt{A^2 + B^2}}$$

O ponto dado é (2, 1) e a reta tem equação 0x + 2y + 1 = 0. Aplicando a fórmula, temos:

$$d = \frac{|0.2 + 2.1 + 1|}{\sqrt{0^2 + 2^2}} = \frac{3}{2}$$

Resposta: (D) 3/2

907) PUC SP – Vamos obrigar a área a ser igual a 15, com essas coordenadas informadas:

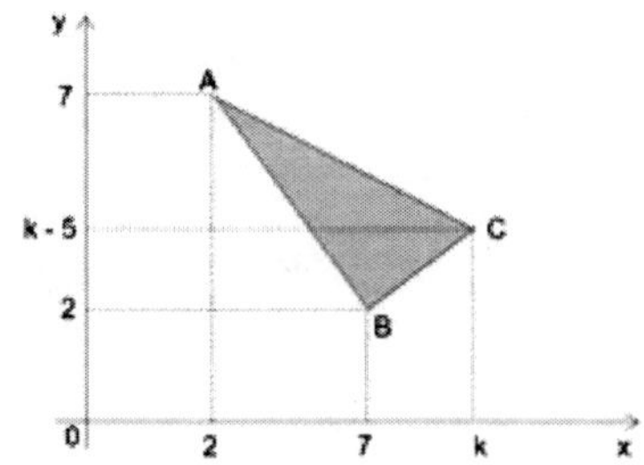

Fora de escala

$$S = \frac{1}{2}\, módulo\ de \begin{vmatrix} 2 & 7 & k & 2 \\ 7 & 2 & k-5 & 7 \end{vmatrix}$$

$$\frac{|4 + 7k - 35 + 7k - 49 - 2k - 2k + 10|}{2} = \frac{|10k - 60|}{2}$$

$$|5k - 30| = 15$$

$$|k - 6| = 3 \rightarrow k - 6 = \pm 3$$

Então k=3 ou k=9. Pela figura k não pode ser 3, caso contrário o ponto C não estaria no 1º quadrante. Então k=9. O ponto C é (9, 4).

Resposta: (B) 9

908) UDESC – Como D é (1, 5) e A é (1, a), então A está diretamente abaixo de D, ou seja, mesma abscissa. O mesmo deve ter que acontecer com C e B, pois são lados paralelos. C é (4, 6), então B é (4, 3), e b vale 4. A medida do segmento BC é 3, tem que ser a mesma medida do segmento AD. Logo a = 2. Portanto a.b vale 8. Não é necessário usar a informação sobre o ponto M.

Resposta: (E) 8

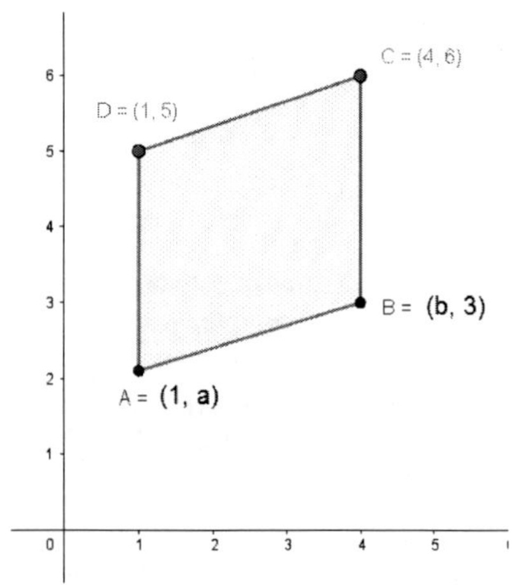

909) UF Pelotas – A geometria analítica, com suas equações cartesianas, muitas vezes nos leva a cálculos trabalhosos. Já a geometria plana não deve ser esquecida, como auxiliar valiosa nos problemas de geometria analítica. A distância MN é a diferença entre as alturas dos triângulos OSQ e OPM, e essas alturas são muito fáceis de calcular. Como o coeficiente angular da reta r é –3/4, existe a relação 3/4 entre os cateto do triângulo OPM.

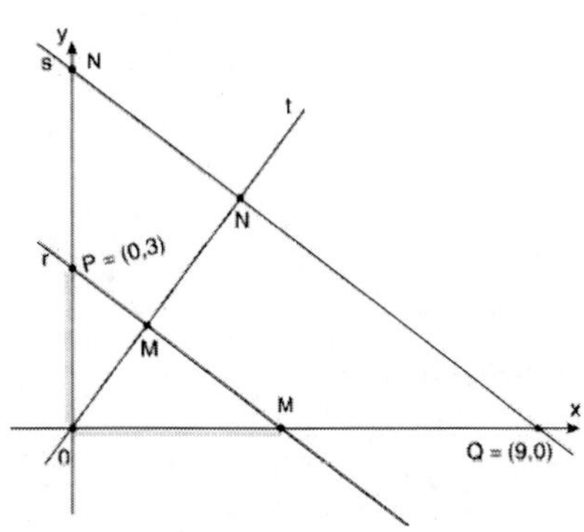

Ou seja, como fi dado OP=3, temos que OM=4, um típico triângulo 3 – 4 – 5. Nesse triângulo, a altura vale b.c/a, ou seja, o produto dos catetos dividido pela hipotenusa, portanto OM = 2,4. O triângulo ONQ também é do tipo 3 – 4 – 5, pois é semelhante a OPM. A razão de semelhança é igual a OQ/OM=9/4. Então a altura ON vale a altura OM, multiplicada por 9/4, ou seja, 2,4 × 9/4. Temos

MN = 2,4(9/4 – 1)= 2,4 × 5/4 = 3

Logo, MN = 3. Agora vamos ao cilindro circular reto equilátero de altura 3.

No cilindro circular reto equilátero, o diâmetro da base é igual à altura. Se a altura vale 3, o raio da base vale 3/2. Seu volume é igual a:

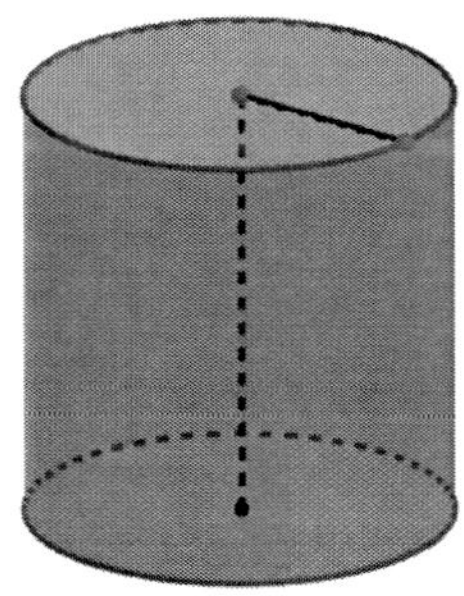

$$V = \pi.r^2.h = \pi.\left(\frac{3}{2}\right)^2.3 = \frac{27\pi}{4}$$

Resposta: (E) $\frac{27\pi}{4}$ ***u.v.***

910) UEMG – É necessário fazer a figura para visualizar mais facilmente a resolução.

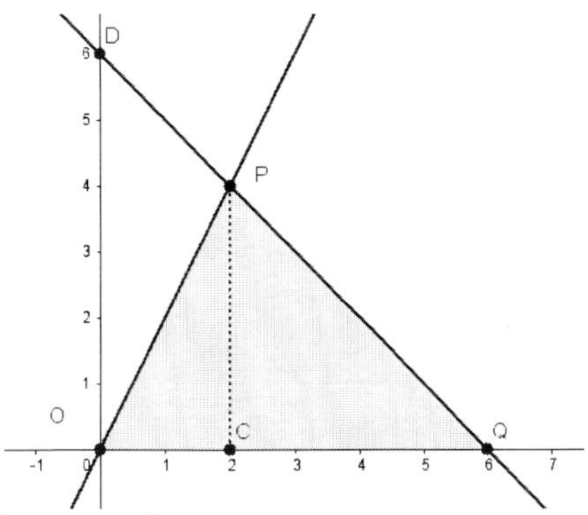

As retas são:

r: y = –x + 6

s: y = 2x

O volume pedido é formado por dois cones, de raio da base CP, e alturas iguais a OC e CQ. Precisamos identificar o ponto P e o ponto Q.

P é a interseção das duas retas, r e s:

–x + 6 = 2x ➔ x = 2, e y = 4

Então já temos o raio da base, 4, e a altura da pirâmide menor, 2.

O ponto Q é encontrado na reta r, fazendo y=0

0 = –x + 6 ➔ x = 6, então Q=(6,0)

Logo a altura do segundo cone é 6 – 2 = 4.

Temos então R = 4, h_1 = 2 e h_2 = 4.

$$V = \frac{\pi.R^2.h}{3}$$

Somando os volumes dos dois cones, temos:

$$V = \frac{\pi.R^2.h_1}{3} + \frac{\pi.R^2.h_2}{3} = \frac{\pi.4^2}{3}(2+4) = 32\pi$$

Usando π=3, o resultado é 96.

Resposta: (C) 96 cm^3

OBS. É errado usar centímetros, pois o sistema cartesiano não tem medida no mundo real, é correto usar "unidades de comprimento", "unidades de área" e "unidades de volume".

Resoluções do teste 92

911) UFSM – O ponto equidistante dos três pontos dados é o circuncentro do triângulo, o encontro das mediatrizes.

Mediatriz de AB:

$(x - 0)^2 + (y - 0)^2 = (x - 10)^2 + (y - 10)^2$

$x^2 + y^2 = x^2 - 20x + 100 + y^2 - 20y + 100$

$20x + 20y = 200 \Rightarrow x + y = 10$

Mediatriz de AC:

$(x - 0)^2 + (y - 0)^2 = (x - 15)^2 + (y + 5)^2$

$x^2 + y^2 = + x^2 - 30x + 225 + y^2 + 10y + 25$

$30x - 10y = 250 \Rightarrow 3x - y = 25$

Agora encontramos a interseção das duas mediatrizes:

$y = -x + 10 \Rightarrow y = 3x - 25$

$-x + 10 = 3x - 25 \Rightarrow 4x = 35$, $x=8,75$

$y = 1,25$, o mesmo que $35/4$ e $5/4$.

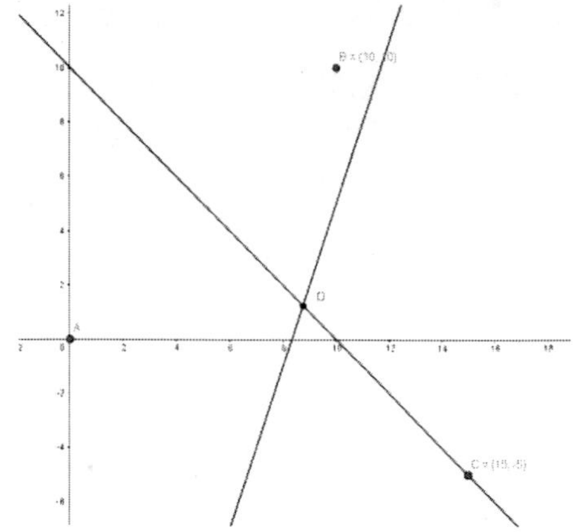

Resposta: (E) (35/4, 5/4)

912) UFBA – Primeiramente é preciso observar que o triângulo ABC é um triângulo retângulo isósceles. Isso devido à localização dos seus vértices. A distância AC vale 4, e a altura traçada de B mede 2. O pé dessa altura tem y=2, que é o ponto médio de AC. Logo os ângulos BCA e BAC medem 45°.

Da mesma forma, os ângulos citados do triângulo A'B'C' também medem 45°, então esse triângulo também é retângulo isósceles. Logo B'C' é perpendicular ao eixo X, e sua medida é igual a da A'B', que é $6\sqrt{2}$.

Portanto as coordenadas do ponto C' são $(6\sqrt{2}, 6\sqrt{2})$.

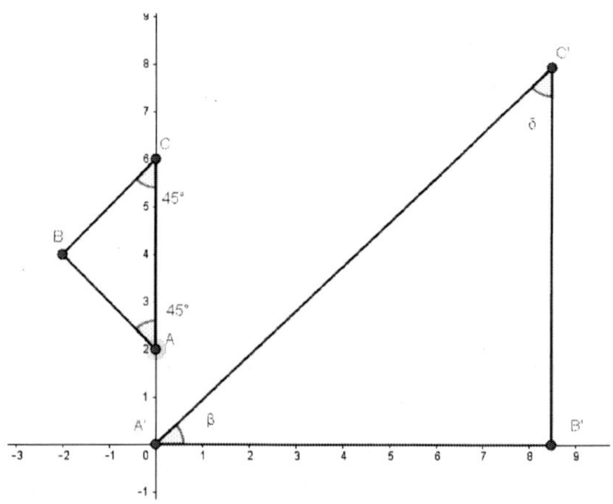

913) UF São Carlos – Retas que dividem a área de um retângulo ao meio são todas aquelas que passam pelo centro do retângulo, pois assim formam dois trapézios simétricos. Este centro é o ponto médio de lados opostos, por exemplo, entre (1, –2) e (5, 3). O ponto médio tem como coordenadas, as médias aritméticas das coordenadas dos dois pontos considerados. Isso resulte em (3, 1/2)

A reta que passa por (2,0) e por este centro tem:

$m = \Delta y/\Delta x = 1/2$.

A equação pedida é $y - y_0 = m.(x - x_0)$

$y - 1/2 = (1/2)(x - 3)$

$2y - 1 = x - 3$

$x - 2y - 2 = 0$

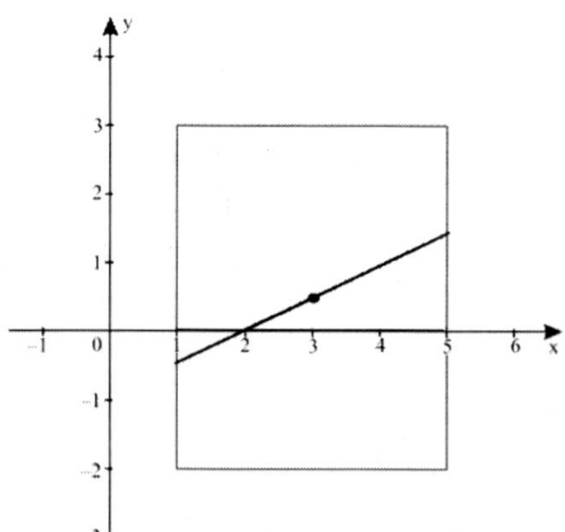

Resposta: (A) x – 2y – 2 = 0

914) IFCE – Fazer a figura é sempre mais recomendável para chegar rapidamente à solução, melhorando o entendimento do problema. Entretanto, em alguns casos é perfeitamente

possível resolver o problema sem fazer o desenho. Na verdade, estamos imaginando a imagem, e não vendo sua representação no papel.
Os pontos dados A e B têm o mesmo valor de y, –2. Significa que a reta dada é horizontal, e fica localizada abaixo do eixo x. É perpendicular ao eixo y, e paralela ao eixo x, e intersecta as duas bissetrizes dos quadrantes.

(A) A reta r é paralela ao eixo Oy. ERRADO, é perpendicular.
(B) A reta r intersecta a bissetriz dos quadrantes pares. CERTO, é uma reta horizontal, e intersecta ambas as bissetrizes dos quadrantes.
(C) A reta r intersecta o eixo Ox. ERRADO, é paralela ao eixo Ox.
(D) O ponto (0, 2) pertence à reta r. ERRADO. Todos os pontos de r têm ordenada igual a –2.
(E) A reta r é paralela à bissetriz dos quadrantes ímpares. ERRADO, ela é concorrente com ambas as bissetrizes dos quadrantes.

Resposta: (B)

915) FATEC – O triângulo sombreado é do tipo 45° – 45° – 90°. Se a altura for h, o segmento AO mede $h\sqrt{2}$. Como a figura é um losango, OC também vale $h\sqrt{2}$. Sua área é base × altura = $h\sqrt{2} \times h = h^2\sqrt{2}$, que foi dada como sendo $8\sqrt{2}$. Logo

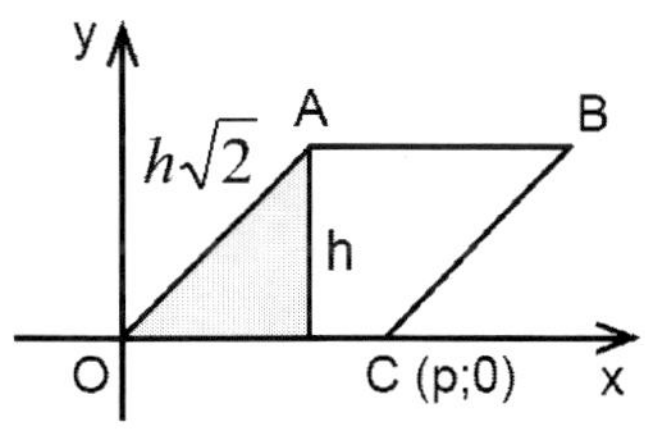

$h^2\sqrt{2} = 8\sqrt{2}$

$h^2 = 8$, $h = 2\sqrt{2}$

O segmento OC mede $h\sqrt{2}$, que resulta em 4.

Resposta: (B) 4

916) UFMS – As retas dadas são paralelas, pois possuem o mesmo coeficiente angular, m=3. A distância entre elas é igual ao lado do quadrado. Calculemos então a distância entre um ponto qualquer da primeira reta, pode ser (0, 0), e a segunda reta.
A segunda reta tem equação 3x – y – 10 = 0.

$d = \dfrac{|3.0 - 1.0 - 10|}{\sqrt{3^2 + 1^2}} = \sqrt{10}$, este é o valor do lado.

A diagonal do quadrado é o lado multiplicado por $\sqrt{2}$, ou seja, $\sqrt{20} = 2\sqrt{5}$.

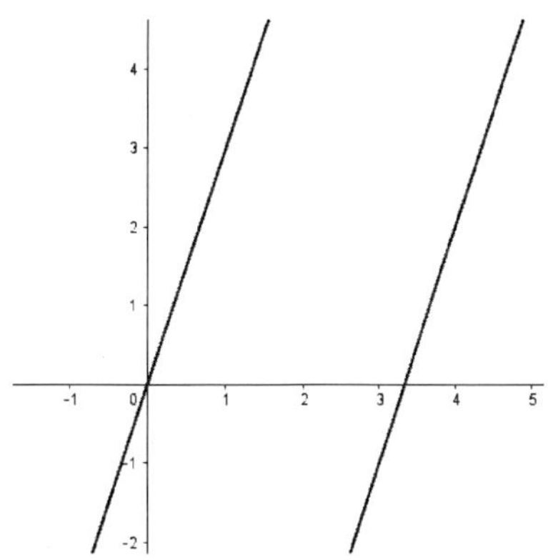

Resposta: (A) $2\sqrt{5}$

917) UERJ – Não é porque existem eixos coordenados que a questão deva ser obrigatoriamente feita por geometria analítica. Essa é uma questão de múltipla escolha, e o importante é encontrar a letra certa, não importa o método usado. E usar geometria plana é muito menos trabalhoso que usar geometria analítica.
A área do triângulo ACB é 4 × 2 /2 = 4.
Queremos que S seja a metade dessa área, ou seja, 2. Então, a área do triângulo PBQ também tem que valer 2. Se chamarmos PB de k, PQ valerá 2k, pois PBQ é semelhante a PCA, e a razão entre os catetos é 4:2.

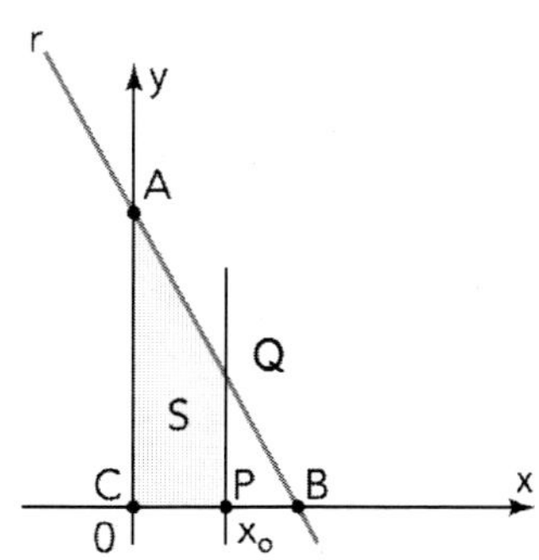

A área de PCA tem que valer 2, então:
$k \times 2k/2 = 2$ ➔ $k^2 = 2$,
$k = \sqrt{2}$. Assim calculamos x_0:
$x_0 = 2 - \sqrt{2}$

Resposta: (A) $2 - \sqrt{2}$

918) IFSP – A origem dista 1 unidade de comprimento da reta r. Portanto a distância da origem à reta S também tem que ser 1.
Chamemos a equação de s de Ax+By+C=0
Temos então

$$1 = \frac{|A.0 + B.0 + C|}{\sqrt{A^2 + B^2}}$$

Isso resulta em $A^2 + B^2 = C^2$.
Temos ainda que o ponto (3, 1) pertence à reta s, então 3A+B+C=0.

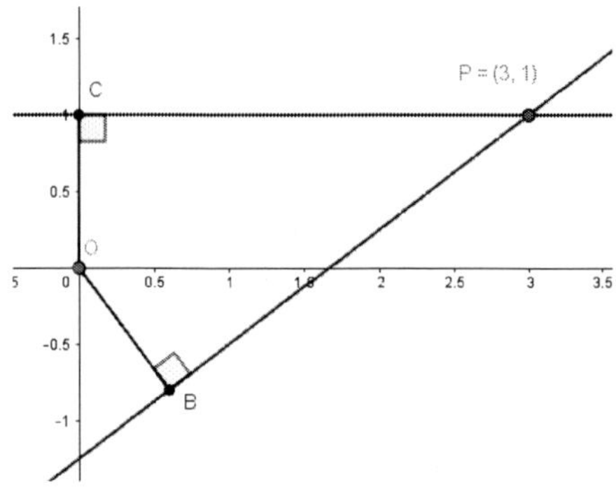

Por esse caminho, vai ficar faltando uma equação, pois temos três incógnitas, e apenas duas equações.
Sendo assim, vamos "normalizar" a equação da reta s. Como essa reta não passa pela origem, então C≠0. Podemos dividir toda a equação da reta s por C, ficando com uma nova equação, com apenas duas incógnitas.
Ax+By+C=0
(A/C)x + (B/C)y = 1
Fazendo a=A/C e b=B/C, ficamos com:
ax + by + 1 = 0
A outra equação fica $a^2 + b^2 = 1$.

3a + b + 1 = 0 ➔ b = –1 – 3a
$a^2 + b^2 = 1$
$a^2 + (-1 -3a)^2 = 1$
$a^2 + 9a^2 + 6a + 1 = 1$
$10a^2 + 6a = 0$
As soluções são a=0 e a=–3/5.
A solução a=0 resulta na reta horizontal r, já conhecida. A outra solução resulta na reta s.
Temos a=–3/5 e b=4/5. A reta s fica:
–3x/5 +4y/5 + 1 = 0
– 3x + 4y + 5 = 0, que é o mesmo que
3x – 4y – 5 = 0

Resposta: (D)

919) USP – Colocando a origem no ponto O, e considerando o eixo x como a linha do meio de campo, podemos identificar as coordenadas:
L = (0, –16)
A = (0, 16)
P = (12, 0), o ponto por onde a bola passa no meio de campo.
Encontremos a equação da reta que passa por L e P.

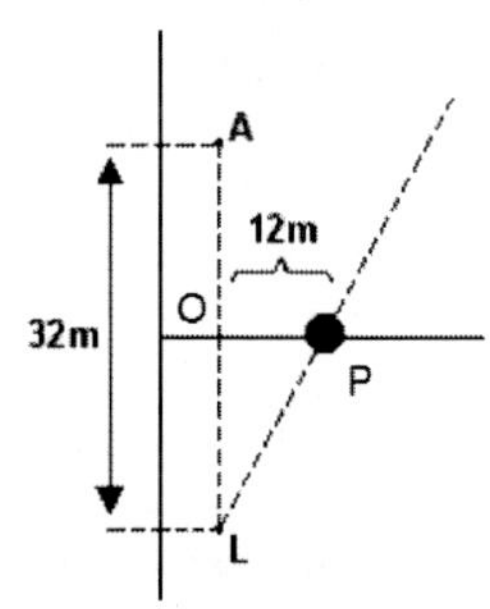

$m = \frac{16}{12} = \frac{4}{3}$

Equação: y – (–16) = (4/3)(x – 0)

3y + 48 = 4x

4x – 3y – 48 = 0

A distância mínima pedida é a distância entre o ponto (0, 16) e essa reta:

$$d = \frac{|4.0 - 3.16 - 48|}{\sqrt{9+16}} = \frac{96}{5} = 19{,}2$$

Resposta: (B) 19,2 m

OBS: Por geometria plana a solução é um pouco mais rápida.

920) UFRJ – Uma questão com um enunciado que parece ameaçador, mas de resolução muito simples. A região S tem os pontos (x, y) tais que:

$x \le a$, $y \ge -a$, $y \le x$

Começamos fazendo um esboço da região.

$y \le x$ representa a região abaixo da reta y=x

$x \le a$ representa a região à esquerda da reta x=a.

$y \ge -a$ representa a região acima da reta y = –a

A interseção entre essas regiões resulta no triângulo retângulo isósceles indicado na figura.

Sua área é fácil de calcular, vale $2a^2$.

Temos então

$2a^2$. = 18

a = 3, levando em conta que a é positivo.

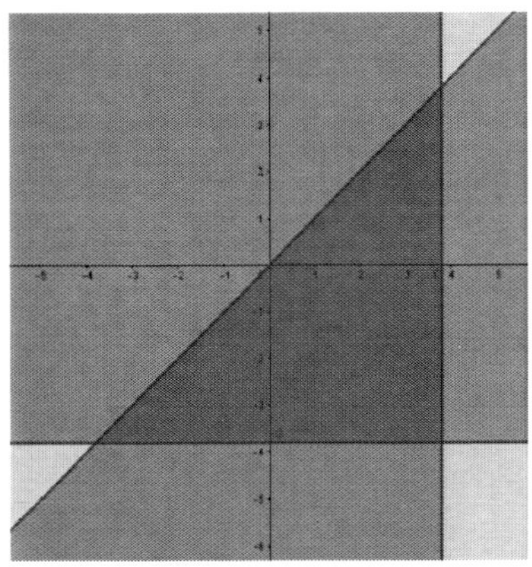

Resposta: 3

Resoluções do teste 93

921) PUC PR – Se os lados estão em progressão aritmética, vamos chamá-los de a – r, a e a + r, sendo este último a hipotenusa. Temos então

$(a + r)^2 = a^2 + (a - r)^2$

$a^2 + 2ar + r^2 = a^2 + a^2 - 2ar + r^2$

$a^2 = 4ar$

Como a não pode ser 0, a solução é a = 4r. Os lados do triângulo são 3r, 4r e 5r. O lado maior, OP, vale 4r, que também é igual ao coeficiente linear da reta, 8.

Então 4r = 8, r=2 e OQ = 6.

Como o maior lado do retângulo é 4, os lados do retângulo são bases médias do triângulo. O menor lado do retângulo é 3, e sua área é 4 × 3 = 12.

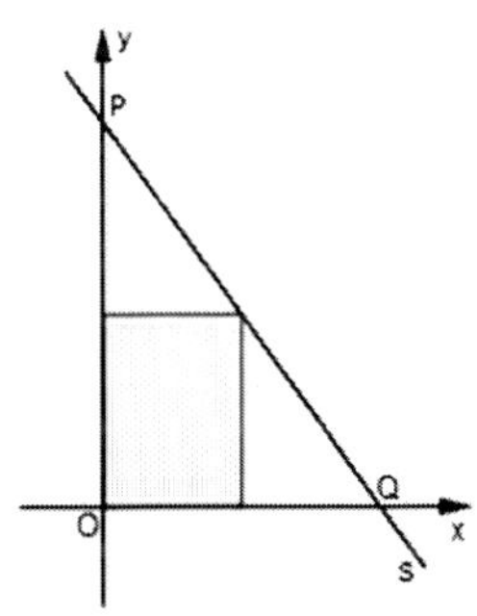

Resposta: (B) 12

922) UFJF – Simples aplicação do método de cálculo:

$$S = \frac{1}{2} \textit{módulo de} \begin{vmatrix} 4 & 1 & 3 & 4 \\ 5 & 2 & 2 & 5 \end{vmatrix} = \frac{|8+2+15-5-6-8|}{2} = \frac{6}{2} = 3$$

Resposta: (B) 3

923) UNISINOS – Uma forma de encontrar a equação de uma reta passando por dois pontos A e B dados é com a fórmula $y - y_0 = m(x - x_0)$, já usado em alguns problemas deste capítulo. Um outro método é colocar um ponto P(x, y) na reta, e obrigar a área do triângulo PAB a ser zero.

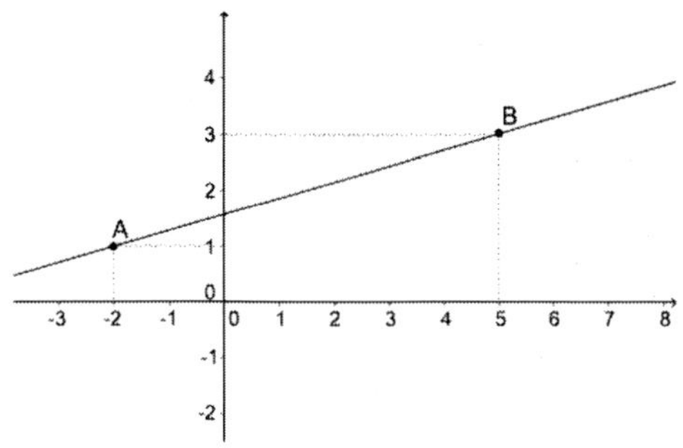

$$\begin{vmatrix} -2 & x & 5 & -2 \\ 1 & y & 3 & 1 \end{vmatrix} = 0$$

–2y + 3x + 5 – x – 5y + 6 = 0

2x – 7y + 11 = 0

Resposta: (B) 2x – 7y = –11

924) IFRO – A reta dada tem coeficiente angular –2/5. Uma reta perpendicular a esta terá coeficiente angular 5/2 (inverter e trocar o sinal). Portanto a reta pedida é

(y – 2) = (5/2)(x + 3)

2y – 4 = 5x + 15

5x – 2y + 19 = 0

Resposta: (B)

925) UNIFESP – Encontremos a equação da reta s. Tomando os pontos R, Q e um ponto (x, y) da reta, temos:

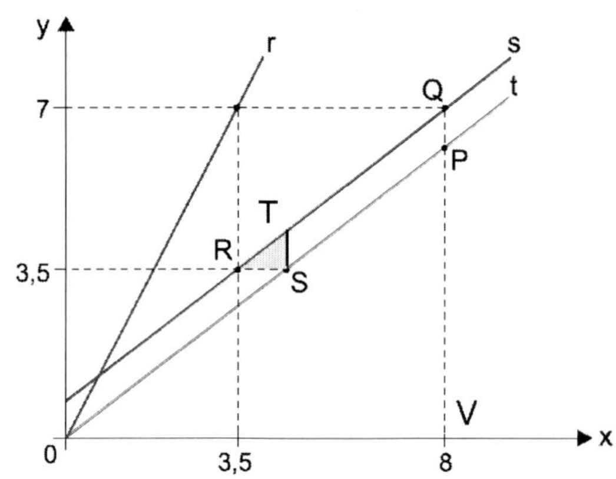

$$\begin{vmatrix} 3{,}5 & x & 8 & 3{,}5 \\ 3{,}5 & y & 7 & 3{,}5 \end{vmatrix} = 0$$

3,5y + 7x + 28 – 3,5x – 8y – 24,5 = 0

3,5x – 5,5y + 3,5 = 0

7x – 11y + 7 = 0

A equação da reta r é y = 2x

Temos então

7x – 11(2x) + 7 = 0

x = 7/15, y = 14/15

Traçando um segmento vertical TS, O segmento PQ é igual ao segmento ST, pois PQTS é um paralelogramo.

A razão TS/RS é a mesma de PV/VO, que por sua vez é menor que QV/VO=7/8. Logo TS é menor que RS, portanto PQ é menor que RS, que prova o que foi pedido.

Resposta: (7/15, 14/15), Demonstração

926) IFMG – Podemos sempre usar este método (área do triângulo formado é zero) para forçar pontos a serem colineares.

$$\begin{vmatrix} k & 1 & 3 & k \\ 0 & -2 & 2 & 0 \end{vmatrix} = 0$$

–2k + 2 + 6 – 2k = 0 ➔ $\boxed{k=2}$

Resposta: (A) 2

927) PUC SP – O problema não informou qual das medianas vale 15 e qual vale $3\sqrt{40}$. Note que $3\sqrt{40} = 6\sqrt{10} \approx 6 \times 3{,}16 \approx 18{,}96$. Portanto esta segunda mediana é a maior, portanto é a mediana traçada de B, e 15 é a mediana traçada de A, já que foi informado $y_B > x_A$.

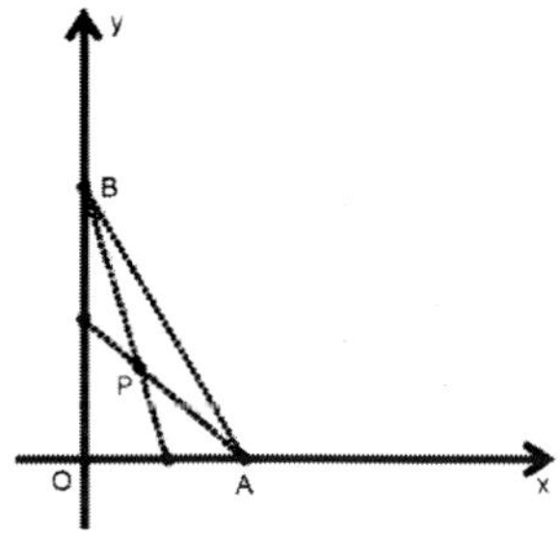

Chamando OB=b e AO=a, usando o Teorema de Pitágoras, temos:

$$\left(3\sqrt{40}\right)^2 = b^2 + \frac{a^2}{4} \rightarrow 15^2 = a^2 + \frac{b^2}{4}$$

Somando essas duas relações, temos

$360 + 225 = (5/4)(a^2 + b^2)$

$$\frac{a^2 + b^2}{4} = 117$$

Essa expressão irá aparecer nas equações das duas medianas:

$$360 = b^2 + \frac{a^2}{4} = \frac{3b^2}{4} + \frac{a^2 + b}{4} = \frac{3b^2}{4} + 117$$

$$\frac{3b^2}{4} = 360 - 117 = 243$$

$$b^2 = 81 \times 4 \rightarrow \boxed{b = 18}$$

$$15^2 = a^2 + \frac{b^2}{4} = \frac{3a^2}{4} + \frac{a^2 + b^2}{4} = \frac{3a^2}{4} + 117$$

$$\frac{3a^2}{4} = 225 - 117 = 108 \rightarrow \boxed{a = 12}$$

Sabendo a e b, temos A=(12, 0) e B=(0, 18), e podemos formar a equação da reta suporte de AB.

$$\begin{vmatrix} 12 & x & 0 & 12 \\ 0 & y & 18 & 0 \end{vmatrix} = 0$$

$12y + 18x - 18.12 = 0 \rightarrow 2y + 3x - 36 = 0$

Resposta: (D)

928) IFSC – É preciso encontrar os pontos de interseção das retas, tomadas duas a duas:

r e s:	r: y = 6x – 24	6x – 24 = 0 – x + 4
	s: y = –x + 4	7x = 28 → x = 4
		y = –4 + 4 → y = 0
		A interseção é (4, 0)
r e t:	r: y = 6x – 24	2x – 5(6x – 24) + 20 = 0
	t: 2x – 5y + 20 = 0	2x – 30x + 120 + 20 = 0
		–28x + 140 = 0 → x = 5
		y = 6.5 – 24 → y = 6
		A interseção é (5, 6)
s e t:	s: y = –x + 4	2x – 5(–x + 4) + 20 = 0
	t: 2x – 5y + 20 = 0	7x – 20 + 20 = 0 → x = 0
		y = 0 + 4 → y = 4
		A interseção é (0, 4)

Agora calculamos a área do triângulo:

$$\frac{\left\|\begin{matrix} 4 & 5 & 0 & 4 \\ 0 & 6 & 4 & 0 \end{matrix}\right\|}{2} = \frac{|24+20-16|}{2} = 14$$

Resposta: (B) 14

929) UFMG – A reta BC é paralela a y = 4x – 2 e passa por C. Essa reta é então y = 4x + k. Lembrando que alterando o termo independente, estamos apenas movendo a reta para cima ou para baixo, mas mantendo a direção. O valor de k para que a reta passe por C é encontrado substituindo (6, 10) na equação:

10 = 4.6 + k ➔ k = –14

Portanto a reta suporte de CB é y = 4x – 14

O ponto B é a interseção dessa reta, com a reta suporte de AB, y = x/2 + 14. Portanto temos

x/2 + 14 = 4x – 14

28 = 3,5x

x = 8, e y = 4.8 – 14 = 18

Logo B = (8, 18)

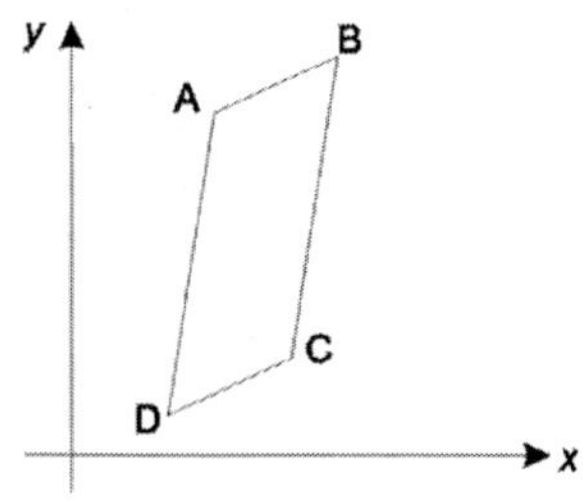

Resposta: (C)

930) UF Uberlândia – A interseção das retas pode ser calculada, mas ficará em função de k:

y = 2x + 4 e y = (6 – x)/k

$$2x+4=\frac{6-x}{k}$$

$$2kx+4k=6-x$$

$$2kx+x=6-4k$$

$x=\dfrac{6-4k}{2k+1}$. Calculemos o valor de y correspondente:

$$y=2x+4=\frac{12-8k}{2k+1}+4=\frac{16}{2k+1}$$

Portanto temos $m=\dfrac{6-4k}{2k+1}$ e $n=\dfrac{16}{2k+1}$

A exigência do problema é que os valores de m e n sejam positivos. Portanto temos:

$n=\dfrac{16}{2k+1}>0$ ➔ $k>-\dfrac{1}{2}$

$m=\dfrac{6-4k}{2k+1}>0$. Como o denominador é positivo para k > –1/2, basta obrigar o numerador a ser positivo.

$6-4k>0$ ➔ $k<\dfrac{3}{2}$

Portanto k deve estar compreendido entre –1/2 e 3/2.

Resposta: (D) –1/2 < k < 3/2

Resoluções do teste 94

931) UFMT – A figura está fora de escala de forma proposital, para confundir o aluno. As retas horizontais que passam por B e C são y=2 e y=4 deveriam mostrar o ponto B como ponto médio de AC. Traçando uma vertical passando por A, fica determinado um triângulo retângulo de hipotenusa AB, com um cateto que vamos chamar de k. No triângulo maior, de hipotenusa AC, o cateto correspondente é 2k.

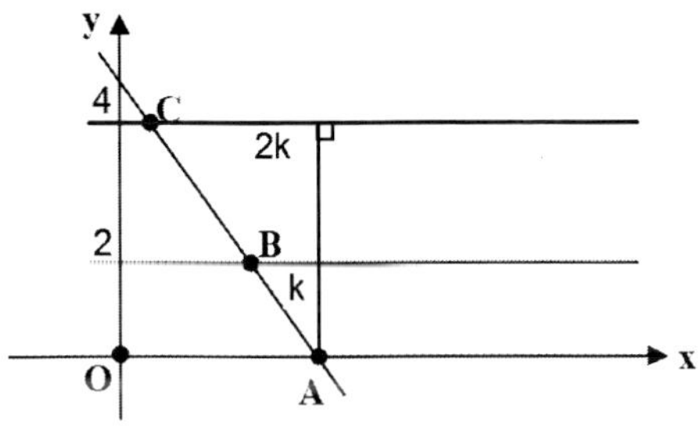

Temos assim as coordenadas dos pontos B e C.
B = (3 – k, 2) e C = (3 – 2k, 4)

A soma de quadrados pedida é:
$OB^2 + OC^2 = (3 - k)^2 + 2^2 + (3 - 2k)^2 + 4^2$
$= 9 - 6k + k^2 + 4 + 9 - 12k + 4k^2 + 16$
$= 5k^2 - 18k + 38$
Um trinômio do 2º grau com coeficiente do termo de 2º grau positivo, portanto possui um mínimo, para abscissa igual a 18/(2×5) (–b/2a)
Isso resulta em k = 9/5 = 1,8.
Para este valor de k, temos B = (6/5, 2) e C=(–3/5, 4)
Valor que não está entre as respostas, e existe um motivo lógico. Pela figura, o ponto C precisa estar no 1º quadrante, ou no máximo sobre o eixo y. O ponto de mínimo encontrado usa um ponto C no primeiro quadrante. Significa que valor de k que resulta no mínimo está fora do domínio para k. Para que C fique no 1º quadrante, ou no máximo sobre o eixo y, 2k deve ser no máximo 3, ou k deve ser no máximo, 1,5.
Fazendo k = 1,5 encontramos:
B = (3/2, 2) e C = (0, 4).

Resposta: (D) (3/2, 2) e (0, 4)

932) UFPR – O coeficiente angular de r é 2. Para ser perpendicular a r, uma reta deve ter coeficiente angular –1/2. Então procuramos a equação de uma reta passando por P = (4,2) com coeficiente angular –1/2:
$y - y_0 = m.(x - x_0)$ ➔ $y - 2 = (-1/2)(x - 4)$ ➔ $2y - 4 = -x + 4$
$2y = -x + 8$
$y = -x/2 + 4$

Resposta: (E) y = –x/2 + 4

933) UFLA – Geometria analítica não consiste em apenas fazer cálculos algébricos. Os conhecimentos de geometria plana devem ser empregados. A figura ao lado está repleta de elementos de geometria plana.
A reta 1 tem coeficiente linear b, que é o ponto onde o eixo das ordenadas é cortado, portanto b = 3.
A reta 1 tem coeficiente angular 1. Portanto forma 45 com o eixo x. Portanto o triângulo sombreado é retângulo isósceles, com catetos valendo 3. Portanto A = (–3, 0).

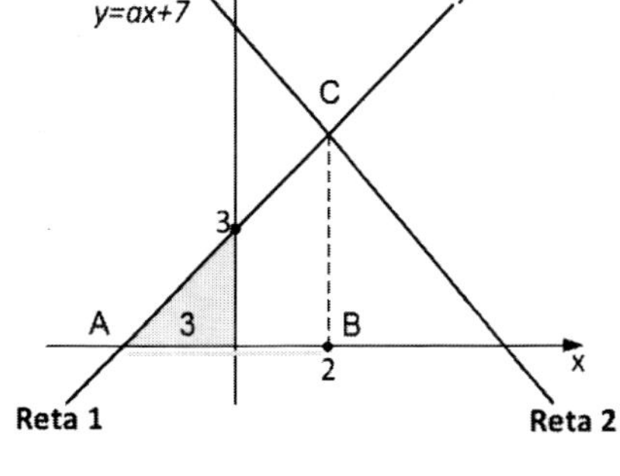

O triângulo ABC também é retângulo isósceles, seu cateto AB=5 é igual a BC. Logo temos C = (2, 5).

Mas C pertence à reta 2, então satisfaz à sua equação y = ax + 7. Então 5 = 2a + 7, e a = –1. O valor de a + b é –1 + 3 = 2.

Resposta: (C) 2

934) UFPA – A dificuldade deste problema é esboçar a figura. O importante é saber a posição aproximada do vértice D, pois é de praxe considerar ABCD como os vértices no sentido horário, ou anti-horário. Sabendo que D está nas proximidades da origem, usamos que os lados AB e CD tem que ser iguais, e mais ainda: as diferenças A – B e D – C também têm que ser iguais. Note que o correto é D – C, e não C – D. Assim mantemos os sentidos corretos dos vetores envolvidos.

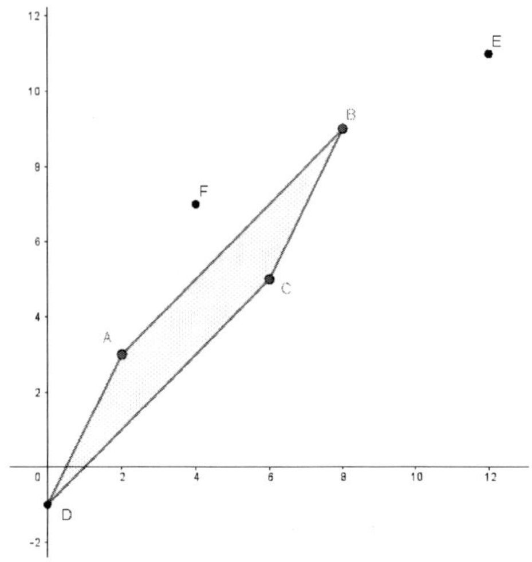

É como se estivéssemos trabalhando com vetores, tópico usado na Álgebra Linear, muitas vezes estudada em conjunto com a Geometria Analítica. Podemos escrever:

A – B = D – C

D = A – B + C

D = (2, 3) – (8, 9) + (6, 5) = (0, –1)

Encontramos uma resposta única, que é (0, –1), mas as opções apresentam cada uma dela, três resposta. Essas respostas resultam do fato de não seguir a ordem ABCD para os vértices. Fugindo da ordem ABCD, poderíamos ter ABDC ou ADBC, e poderíamos ter o 4º vértice com dois outros valores:

E – B = C – A ➔ E = C – A + B =

(6, 5) – (2, 3) + (8, 9) = (12, 11)

F – A = B – C ➔ F = B – C + A =

(8, 9) – (6, 5) + (2, 3) = (4, 7)

Resposta: (D) (12, 11), (4, 7) e (0, –1)

935) UFS – No sistema de eixos cartesianos ortogonais ao lado, no qual a unidade de medida nos eixos cartesianos é o quilômetro, o retângulo ABCD representa um terreno plano no qual será construído um parque.

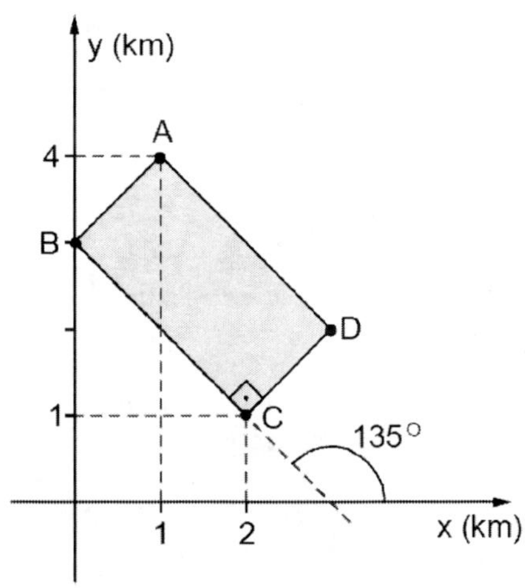

Use as informações da figura para classificar as afirmativas abaixo em verdadeiras (V) ou falsas (F).

(F) ERRADO. O centro do parque pode ser calculado como o ponto médio do segmento do segmento AC = (A+C)/2 = [(1, 4) + (2, 1)]/2 = (3/2, 5/2). A distância da origem a esse ponto é

$$\sqrt{\left(\frac{3}{2}\right)^2 + \left(\frac{5}{2}\right)^2} = \frac{\sqrt{34}}{2}$$

(V) CERTO. Temos triângulos retângulos com ângulos de 45. A dimensão maior do parque é $2\sqrt{2}$, e a menor é $\sqrt{2}$. O perímetro é $6\sqrt{2} \approx 8{,}4$, portanto mais de 8 km.

(F) ERRADO. O centro é (3/2, 5/2) e o raio é 0,2 (medidas em quilômetros), então a equação da circunferência é $(x - 3/2)^2 + (y - 5/2)^2 = 0{,}2^2$, ou
$x^2 - 3x + 9/4 + y^2 - 5y + 25/4 = 1/25$
$100x^2 - 300x + 225 + 100y^2 - 500y + 625 = 4$
$100x^2 - 300x + 100y^2 - 500y + 846 = 0$. Esta é a equação correta.
O aluno poderia ganhar tempo e marcar logo (F), por ser claro que a equação dada no enunciado refere-se a uma elipse.

(F) A distância é a metade da diagonal do retângulo, menos o raio do lago. Com lados $\sqrt{2}$ e $2\sqrt{2}$, a diagonal é $\sqrt{10} \approx 3{,}2$, a metade é 1,6 km. Descontando 200 m, temos 1,4 km até a margem do lago. A uma velocidade de 10 km/h, o tempo necessário é 0,14 hora, ou 8,4 minutos, e não 9 minutos.

Resposta: FVFF

936) UFSC – De acordo com o gráfico ao lado, classifique as proposições abaixo em verdadeiras (V) ou falsas (F).

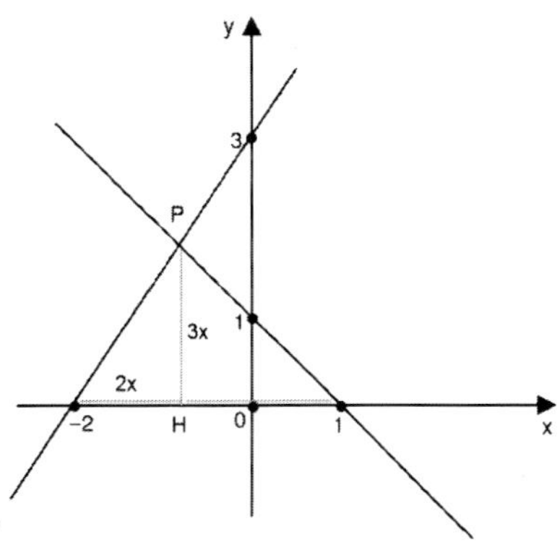

(V) CERTO, pois é o mesmo que y = (3/2)x + 3, e pelo gráfico vemos que o coeficiente angular de s é 3/2 e o coeficiente linear é 3.

(F) ERRADO. Os coeficientes angulares são 3/2 e –1, seu produto não é –1.

(F) ERRADO, vemos que a abscissa é negativa, então não pode ser 4/5.

(V) CERTO. Por geometria plana, essa distância é a metade da diagonal do quadrado de lado 1, que vale $\dfrac{\sqrt{2}}{2}$ unidades.

(F) ERRADO. O triângulo formado tem duas partes. A primeira tem catetos 3x e 2x, devido ao coeficiente angular da reta s. O outro triângulo tem catetos 3x e 3x, também devido ao coeficiente angular de r. Então 3x + 2x = 3, a base do triângulo. Ou seja, x = 3/5 e a altura é 3x = 9/5. A área pedida é (9/5) × 3/2 = 27/10.

Resposta: VFFVF

937) UFRN – O ponto procurado é o encontro das mediatrizes dos segmentos. Basta escolher duas delas e encontrar a interseção.
Mediatriz de BC:
$(x - 6)^2 + y^2 = (x - 3)^2 + (y + 3)^2$
$x^2 - 12x + 36 + y^2 = x^2 - 6x + 9 + y^2 + 6y + 9$
$y = -x + 3$

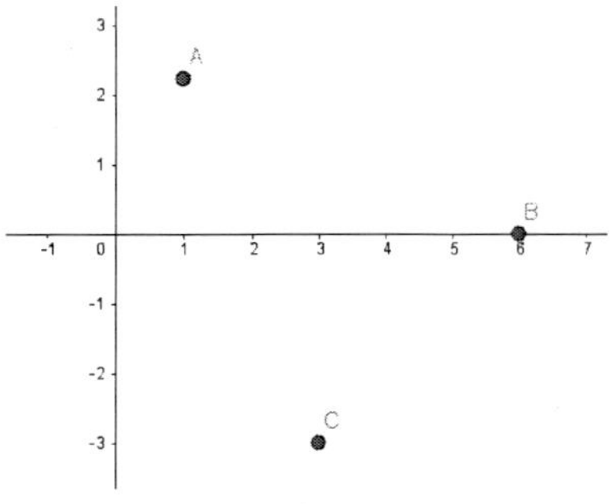

Mediatriz de AB:

$(x - 1)^2 + (y - \sqrt{5})^2 = (x - 6)^2 + y^2$

$x^2 - 2x + 1 + y^2 + 5 - 2y\sqrt{5} = x^2 - 12x + 36 + y^2$

$- 2y\sqrt{5} = - 10x + 30 +$

$y\sqrt{5} = 5x - 15$

Encontrando as interseções das mediatrizes:

$$\begin{cases} y = -x + 3 \\ y\sqrt{5} = 5x - 15 \end{cases}$$

$y\sqrt{5} = 5x - 15$ ➔ $y = \sqrt{5}x - 3\sqrt{5} = -x + 3$

$y = \sqrt{5}x + x = 3 + 3\sqrt{5}$ ➔ $\boxed{x = 3}$ e $\boxed{y=0}$

Portanto o circuncentro, ou seja, o ponto de encontro dos amigos, é (3, 0).

Resposta: (B) (3,0)

938) FGV

a) Traçando uma vertical por A, formamos um ângulo θ, o mesmo que as retas formam com o eixo x (dois triângulos retângulos com ângulos opostos pelo vértice, iguais a 90° – θ. Este ângulo tem tangente igual a 3/4, então é o menor ângulo agudo do famoso triângulo 3 – 4 – 5. A hipotenusa do triângulo AHP é 3, pois é a diferença entre os coeficientes lineares das duas retas dadas. Com hipotenusa 3, o cateto adjacente a θ vale. 4/5 de 3 = 12/5.

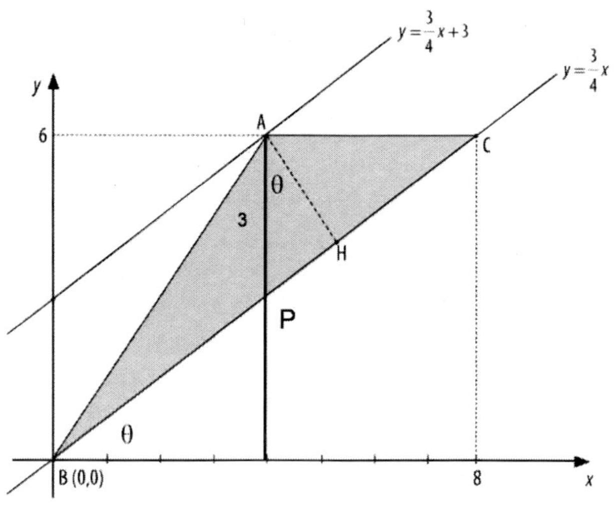

Também poderia ser feito 100% por geometria analítica, calculando a distância de um pongo qualquer de uma reta até a outra reta. Usemos a distância (8, 6) e a reta y = (3/4)x + 3

y = (3/4)x + 3 ➔ 3x – 4y + 12 = 0

$d = \frac{|24 - 24 + 12|}{\sqrt{3^2 + 4^2}} = \frac{12}{5}$, o mesmo valor encontrado pelo processo geométrico.

Para calcular a área, precisamos da medida de BC, a hipotenusa de um triângulo retângulo com catetos 6 e 8, que vale 10.

Logo a área do triângulo pedido é (12/5) × 10 /2 = 12.

Resposta a) 12/5 e 12.

b) Requer uma demonstração que não tem relação alguma com o item (A) do problema.

A distância entre os pontos A e B é o módulo da diferença entre suas abscissas. Então

$a^2 = |a - b|$

Não sabemos quem é maior, a ou b. Sabemos apenas que a está entre –1 e 0 e precisamos mostrar que b é negativo.

Partindo de $a^2 = |a - b|$, elevamos ambos os membros ao quadrado. O módulo irá desaparecer.

$a^4 = a^2 - 2ab + b^2$

Podemos formar uma equação do 2º grau em b:

$b^2 - 2ab + a^2 - a^4 = 0$

Como b tem que ser real, obriguemos Δ a ser positivo.

$4a^2 - 4.(a^2 - a^4) \geq 0$

$4.a^4 \geq 0$

Vemos que será positivo para qualquer a. A raiz quadrada de Δ é $2a^2$.

Os valores de b são as soluções da equação:

$$b = \frac{2a \pm \sqrt{4a^2}}{2} = \frac{2a \pm \sqrt{4a^4}}{2} = \frac{2a \pm 2a^2}{2} = a \pm a^2$$

Valores que podem ser escritos como $a(1 \pm a)$

Como foi dado que $-1 < a < 0$, temos que tanto 1 + a como 1 – a serão obrigatoriamente positivos. Então os valores de b são iguais ao valor **a** (negativo) multiplicado por **(1 ± a)** que é positivo. Logo **b** é necessariamente, um valor negativo.

939) UNICAMP – Se elevarmos a expressão ao quadrado, os módulos desaparecerão. Ficaremos com

$(x - y)^2 = (x + y)^2$

$x^2 - 2xy + y^2 = x^2 + 2xy + y^2$

$xy = 0$

Essa relação é satisfeita se x=0 ou se y=0. Ou seja, x=0 e y é qualquer, ou y=0 e x é qualquer. Isso representa os dois eixos coordenados, Ox e Ou.

Resposta: (D) um par de retas concorrentes

940) ENEM – Inicialmente temos que verificar quais das opções dadas são pontos da reta y = x + 4. Os únicos que atendem são (B), (D) e (E). A seguir temos que verificar qual desses pontos dista no máximo 5 km do ponto P(–5, 5). Calculemos portanto essas distâncias:

B) (–3, 1) a (–5, 5): $d = \sqrt{2^2 + 4^2} = \sqrt{20}$

D) (0, 4) a (–5, 5): $d = \sqrt{9^2 + 1^2} = \sqrt{82}$

E) (2, 6) a (–5, 5): $d = \sqrt{7^2 + 1^2} = \sqrt{50}$

A única distância que é menor que $5 = \sqrt{25}$ é a opção (B).

Resposta: (B) (–3, 1)

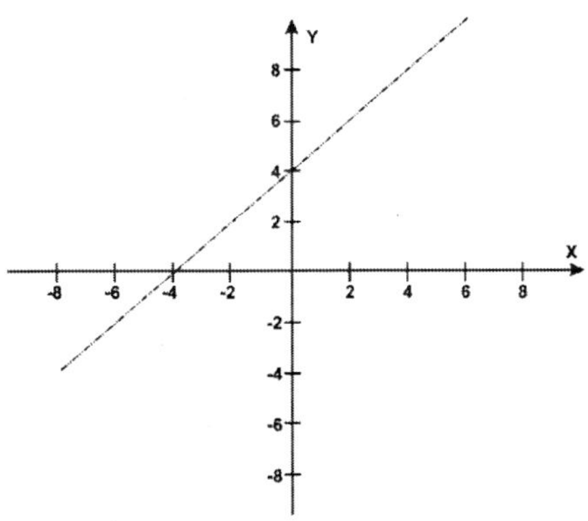

Resoluções do teste 95

941) Mackenzie – Dado um ponto, é possível traçar duas tangentes a uma circunferência. Como o ponto (0, –6) é conhecido, temos o coeficiente linear da reta, fica faltando apenas o coeficiente angular m. A equação de uma reta tangente é y = mx – 6, ou

$-mx + y + 6 = 0$

Basta obrigar agora a distância da origem a essa reta ser igual ao raio do círculo, 2.

$$2=\frac{|Ax_0+By_0+C|}{\sqrt{A^2+B^2}}=\frac{|-m.0+1.0+6|}{\sqrt{m^2+1^2}}=\frac{6}{\sqrt{m^2+1^2}}$$

$$4=\frac{36}{m^2+1},\quad 1=\frac{9}{m^2+1},\quad m^2+1=9,\quad m=\pm 2\sqrt{2}$$

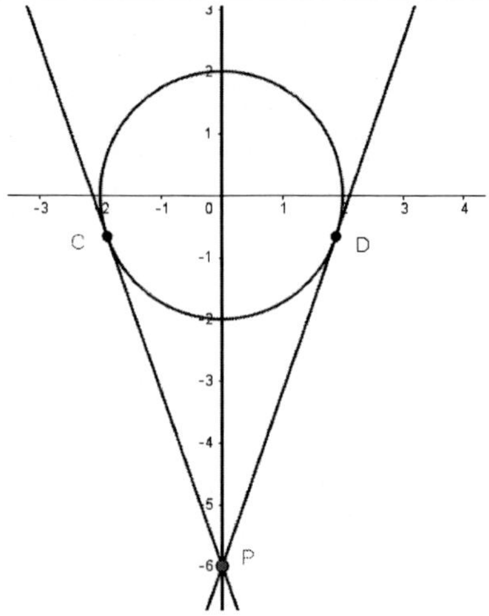

A reta que tangencia no 4º quadrante é a que tem coeficiente angular $m=2\sqrt{2}$

$y=mx-6$

$y=2\sqrt{2}x-6$

Resposta: (B) $y=2\sqrt{2}x-6$

942) UFPE – Precisaremos identificar o centro e o raio da circunferência, completando quadrados:

$x^2 + y^2 - 2y = 0$

$x^2 + y^2 - 2y + 1 = 1$

$(x - 0)^2 + (y - 1)^2 = 1$

Logo o centro é (0, 1) e o raio é 1.

O lado do quadrado vale $\sqrt{2}$, sua área é 2 e seu perímetro é $4\sqrt{2}$.

A área do círculo interno à fronteira de λ é $\pi R^2 = \pi$.

Podemos assim classificar as afirmativas:

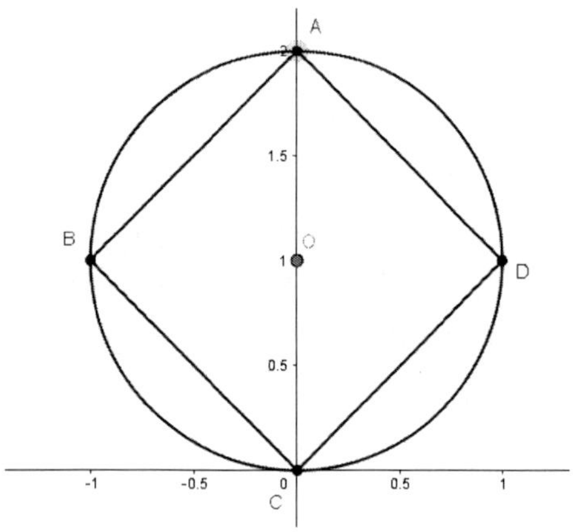

(V) A área de qualquer quadrado inscrito em λ é igual a 2.

(F) O centro de λ é (0, 2).

(V) O perímetro de todo quadrado inscrito em λ mede $4\sqrt{2}$ unidades de comprimento.

(F) O raio de λ mede 2 unidades de comprimento.

(V) A área do círculo cuja fronteira é λ mede π unidades quadradas.

Resposta: VFVFV

943) PUC SP – Primeiro temos que descobrir o ponto P, interseção da parábola com a circunferência. Basta resolver o sistema:

$$\begin{cases} y=\left(\dfrac{x}{2}\right)^2 \\ (x-2)^2+(y-2)^2=8 \end{cases}$$

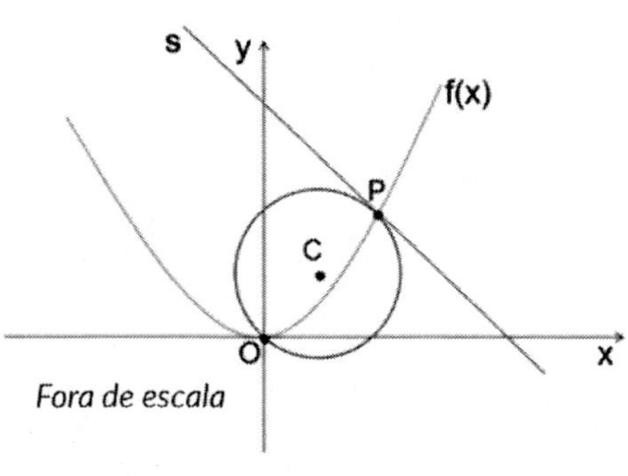

$x^2 - 4x + 4 + y^2 - 4y + 4 = 8$

Usando a primeira equação, trocamos na equação acima, y^2 por $x^4/16$ e trocamos y por $x^2/4$.

$x^2 - 4x + 4 + x^4/16 - x^2 + 4 = 8$
$-4x + x^4/16 = 0$

As soluções são x=0 e x=4. O valor x=0 não servem pois corresponde à origem, outro ponto onde a circunferência e a parábola se intersectam. Procuramos por P de coordenadas positivas, ou seja, com x=4 e y=4.
A reta tangente à circunferência em P é perpendicular ao segmento CP, que liga (2, 2) a (4, 4). CP tem coeficiente angular 1, então a reta tangente tem coeficiente angular –1. A equação da reta pedida é:
$y - y_0 = m(x - x_0)$
$y - 4 = (-1)(x - 4)$
$y = -x + 8$

Resposta: (B) y = –x + 8

944) UF Pelotas – Temos uma circunferência de raio 5 e centro na origem. A reta dada é y = x + 1, temo coeficiente angular igual a 1, e coeficiente linear igual a 1, portanto passa por (0, 1) e forma 45° com o eixo x.
Portanto a altura CD é a metade da diagonal de um quadrado de lado 1, no centro da figura.

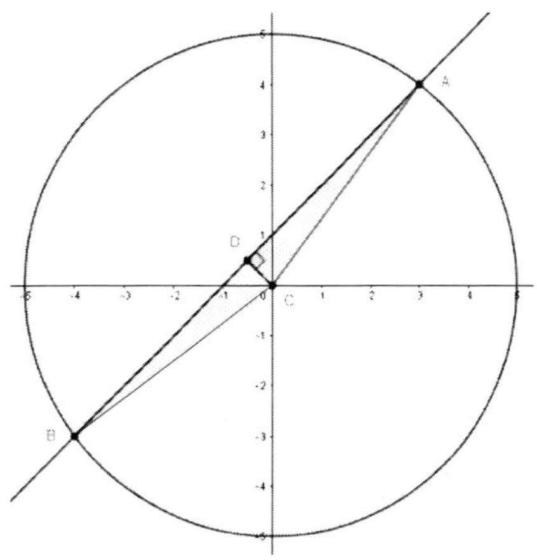

$CD = \dfrac{\sqrt{2}}{2}$. Como o raio do círculo vale 5, por Pitágoras calculamos o cateto AD:

$$AD = \sqrt{5^2 - CD^2} = \sqrt{25 - \frac{2}{4}} = \sqrt{\frac{98}{4}} = \frac{7}{2}\sqrt{2}.$$

Agora podemos calcular a área pedida:

$$\frac{CD \times AB}{2} = \frac{\sqrt{2}}{2} \times \frac{7}{2}\sqrt{2} = \frac{7}{2}$$

Resposta: (B) 7/2

945) UFT – O problema seria trabalho se não fosse dada a figura. Teríamos que descobrir que as circunferências são tangentes na origem. Os motivos disso são que (0, 0) satisfaz a ambas as circunferências, e que seus centros estão alinhados com a origem, ao longo da reta y=x.
A área pedida é a diferença entre as áreas dos dois círculos, e para isso precisamos descobrir seus raios, completando quadrados.

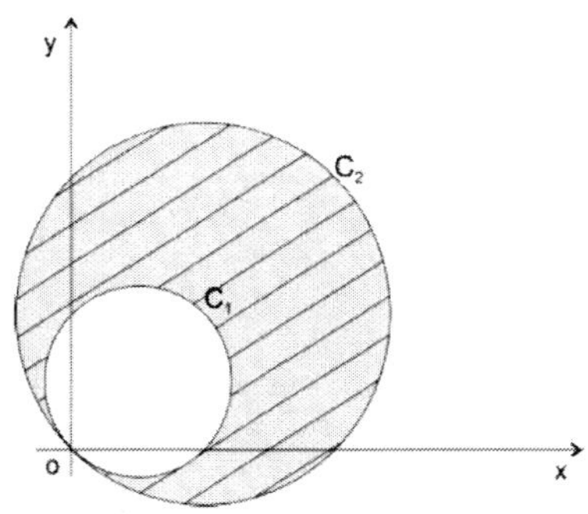

C_1: $x^2 - 2x + y^2 - 2y = 0$
$x^2 - 2x + 1 + y^2 - 2y + 1 = 2$
$(x - 1)^2 + (y - 1)^2 = 2$ ➔ raio = $r = \sqrt{2}$
C_2: $x^2 - 4x + y^2 - 4y = 0$
$x^2 - 4x + 4 + y^2 - 4y + 4 = 8$
$(x - 2)^2 + (y - 2)^2 = 8$ ➔ raio = $R = \sqrt{8} = 2\sqrt{2}$

A área pedida é $\pi R^2 - \pi r^2 = \pi(8 - 2) = 6\pi$

Resposta: (D) 6π

946) UFAL – A equação da reta é y=x. Substituindo na equação da circunferência, encontraremos duas soluções, que são os pontos onde a reta corta a circunferência. Podemos encontrar solução única ($\Delta = 0$), que significa tangência, e nenhuma solução ($\Delta < 0$), quando a reta é totalmente exterior à circunferência. Ficamos com:

$x^2 + (x - 2)^2 = 4$

$x^2 + x^2 + 4x + 4 = 4$

As soluções são 0 e –2, o que resulta nos pontos (0, 0) e (2, 2) onde a reta corta a circunferência.

Resposta: (A) {(0, 0), (2, 2)}

947) UDESC – É preciso identificar os centros e ao lados dos quadrados, o que será feito através das circunferências;

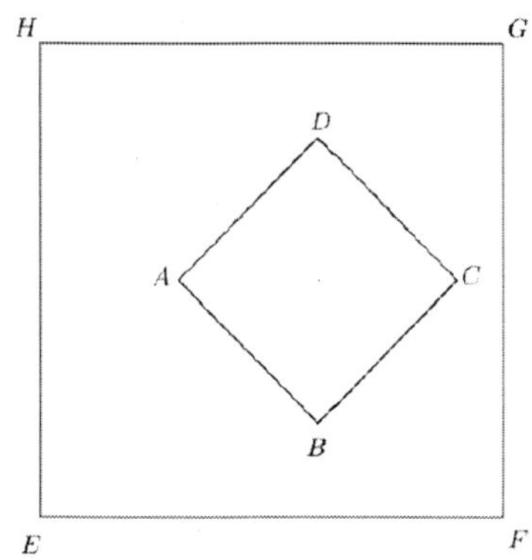

C1: $x^2 + y^2 - 6x - 10y + 25 = 0$

$x^2 - 6x + 9 + y^2 - 10y + 25 = 9$

$(x - 3)^2 + (y - 5)^2 = 9$: Raio 3 e centro O1=(3, 5)

ABCD está inscrito em C1, então tem lado $3\sqrt{2}$, área 18.

C2: $x^2 + y^2 - 4x - 10y + 4 = 0$.

$x^2 - 4x + 4 + y^2 - 10y + 25 = 25$.

$(x - 2)^2 + (y - 5)^2 = 25$: Raio 5 e centro O2=(2, 5)

EFGH está circunscrito em C2, então tem lado 10, área 100.

I – A diferença das áreas dos quadrados EFGH e ABCD é de 82 unidades de área. CERTO. A diferença entre as áreas é 100 – 18 = 82.

II – Se os lados do quadrado EFGH forem paralelos aos eixos do plano cartesiano e às diagonais do quadrado ABCD, então a área do triângulo EAB é 12 unidades de área.

CERTO. Encontremos as coordenadas de A, B e E. os pontos A e B pertencem a C1 e têm y=5 e x=3, respectivamente.

O1 = (3, 5) ➔ A = (0, 5) (3 unidades à esquerda)

O1 = (3, 5) ➔ B = (3, 2) (3 unidades abaixo).

Como EFGH é circunscrito em C2, E está 5 unidades à esquerda e abaixo de O2.

O2 = (2, 5) ➔ E = (–3, 0)

Conhecendo A(0, 5) B(3, 2) e E(–3, 0), calculamos a área do triângulo AEB:

$$S = \frac{\left\|\begin{matrix} 0 & 3 & -3 & 0 \\ 5 & 2 & 0 & 5 \end{matrix}\right\|}{2} = \frac{|-15-15+6|}{2} = \frac{24}{2} = 12$$

III – A soma dos perímetros dos quadrados ABCD e EFGH é de $52\sqrt{2}$ unidades de comprimento.

ERRADO. Os perímetros são $12\sqrt{2}$ e 40.

Portanto apenas I e II estão corretas.

Resposta: (A) Somente as sentenças I e II são verdadeiras.

948) CEFET CE – O centro é o ponto médio desse diâmetro, que é: [(–1, 5) + (7, –3)]/2 = = (3, 1). O raio é a distância do centro a qualquer um dos dois pontos dados.

$$R = \sqrt{(-1-3)^2 + (5-1)^2} = \sqrt{32}$$

Logo a equação da circunferência é $(x - 3)^2 + (y - 1)^2 = 32$

Resposta: (B) $(x - 3)^2 + (y - 1)^2 = 32$

949) UFMS – O centro da circunferência é $(\sqrt{2}, \sqrt{2})$

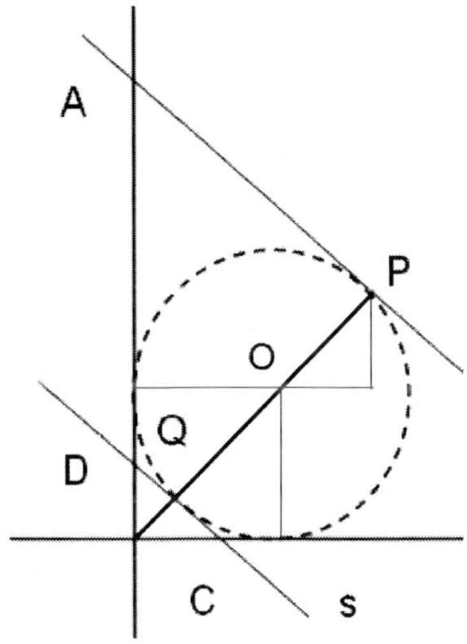

No triângulo retângulo isósceles de hipotenusa OP, os catetos medem 1. Então P está 1 unidade à direita e acima do centro O, ou seja, P = $(\sqrt{2}+1, \sqrt{2}+1)$. Então o cateto do triângulo retângulo de hipotenusa AB vale $2\sqrt{2}+2$, e sua área vale $(2\sqrt{2}+2)^2/2 = 6+4\sqrt{2}$.

Cálculo semelhante pode ser feito com o triângulo retângulo isósceles de hipotenusa CD. O ponto Q vale $(\sqrt{2}-1, \sqrt{2}-1)$, os catetos desse triângulo medem $2\sqrt{2}-2$, sua área é $(2\sqrt{2}-2)^2/2 = 6-4\sqrt{2}$

A área pedida é a diferença entre essas duas áreas, que resulta em $8\sqrt{2}$

Resposta: (E) $8\sqrt{2}$

950) IFCE – Note que a equação dada para o círculo utiliza a desigualdade "≤". Significa que os pontos da fronteira são considerados pertencentes ao círculo. Cabe fazer um desenho para verificar quantos pontos estão no interior do círculo.

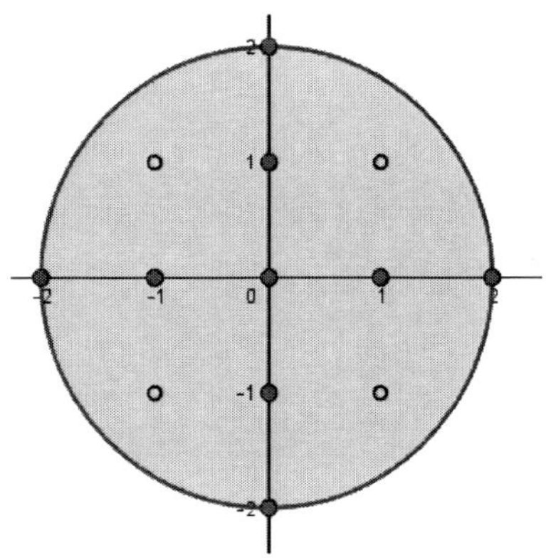

Os pontos que (x, y) com x e y inteiros e no interior do círculo estão representados na figura ao lado. São os pontos que estão sobre os eixos coordenados, nos pontos reais –2, –1, 0, 1 e 2. Os pontos (±1, ±1) pertencem ao círculo, pois sua distância ao centro é $\sqrt{2}$, que é menor que o raio do círculo. Já os pontos (±2, ±2) estão fora do círculo, pois distam $2\sqrt{2}$ da origem, que é maior que o raio do círculo.

Os pontos da fronteira também devem ser incluídos. Portanto o total de pontos é 13.

Resposta: (D) 13

Resoluções do teste 96

951) UFJF – A tangente é perpendicular ao raio. Explicando melhor, se uma reta tangencia uma circunferência em D, se ligarmos D ao centro, termos um raio que é perpendicular a essa tangente.

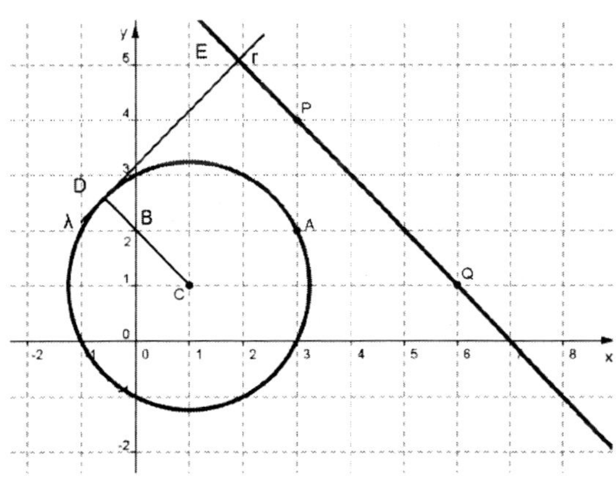

Na figura, traçamos um segmento OBD, que tem coeficiente angular –1, o mesmo que a reta r. A reta s tangente em D, será perpendicular a r. Então esta reta é o que o problema pede. Seu coeficiente angular é 1, falta descobrir as coordenadas do ponto D, e assim formaremos a equação desta reta.

Calculando o raio do círculo, a partir do centro e de pontos conhecidos, encontramos $\sqrt{5}$. O segmento CB vale $\sqrt{2}$. Então BD mede $\sqrt{5}-\sqrt{2}$. As coordenadas de D podem ser obtidas a partir de B = (0, 2), e achando D que está à esquerda e acima de B em distâncias iguais a $\frac{BD}{\sqrt{2}}$.

$\frac{BD}{\sqrt{2}}=\frac{\sqrt{5}-\sqrt{2}}{\sqrt{2}}=\frac{\sqrt{10}-2}{2}$. Assim temos D:

$$D=(0,2)+\left(-\frac{\sqrt{10}-2}{2},\frac{\sqrt{10}-2}{2}\right)=\left(-\frac{\sqrt{10}-2}{2},\frac{\sqrt{10}+2}{2}\right)$$

Agora basta encontrar a equação da reta que passa por D e tem coeficiente angular 1.

$y - y_0 = m(x - x_0)$

$$y-\frac{\sqrt{10}+2}{2}=x+\frac{\sqrt{10}-2}{2}$$

$$y=x+\sqrt{10}$$

Resposta: $y=x+\sqrt{10}$

952) FATEC – O raio da circunferência dada é $R=3\sqrt{3}$. O lado do triângulo equilátero é $AB=R\sqrt{3}$. Portanto $AB=3\sqrt{3}.\sqrt{3}=9$

Resposta: (C) 9

953) PUC PR – O coeficiente angular da rega r é $\frac{\sqrt{3}}{3}$, portanto faz um ângulo de 30° com o eixo x. Então $P\hat{B}C=30°$, o mesmo ocorrendo com $P\hat{B}A$, pois os pontos A e C são simétricos em relação ao diâmetro AB. Logo, o ângulo $A\hat{P}B=120°$. Portanto a área indicada é igual a 1/3 da área do círculo.

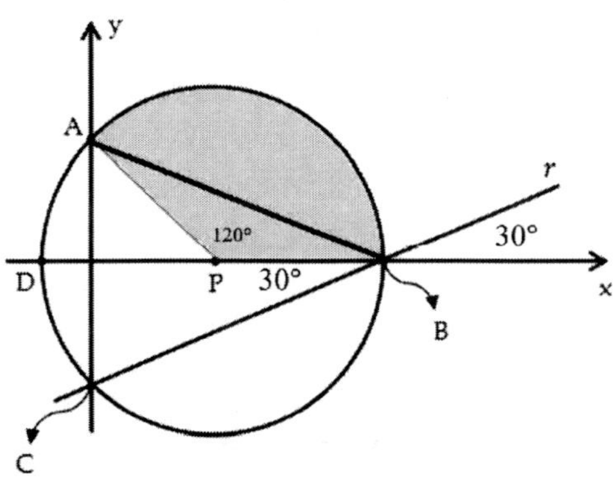

$S=\frac{1}{3}\pi.21$. Fazendo π = 22/7 como o enunciado indicou, ficamos com

$$S=\frac{1}{3}.\frac{22}{7}.21=22$$

Resposta: (E) 22

954) IFMT – Um típico problema de determinar se uma reta corta ou não uma circunferência. Dependendo do número de soluções podemos ter a reta secante (2 soluções), tangente (1 solução) ou exterior (0 solução).

Circunferência: $x^2 + y^2 - 2x - 4y + 3 = 0$.
Reta: $y = x + a$

Substituindo y por x + a na equação da circunferência, ficamos com:

$x^2 + (x + a)^2 - 2x - 4(x + a) + 3 = 0$
$x^2 + x^2 + 2ax + a^2 - 2x - 4x - 4a + 3 = 0$

$2x^2 + x(2a - 6) + a^2 - 4a + 3 = 0$

Para que a reta tangencia, deve existir uma solução única, ou seja, $\Delta=0$.
$(2a - 6)^2 - 4.2.(a^2 - 4a + 3) = 0$
$4a^2 - 24a + 36 - 8a^2 + 32a - 24 = 0$
$-4a^2 + 8a + 12 = 0$
$a^2 - 2a - 3 = 0$
As soluções são a = –1 e a = 3, a menor delas é –1.

Resposta: (E) –1

955) USP – Se encontrarmos o raio da circunferência, o problema estará resolvido. Os segmentos AO e OB são iguais a raio. Os ângulos $B\hat{C}N$ e $A\hat{C}M$ valem 45° cada. A área pedida é portanto dois setores de 45° $(\frac{\pi.R^2}{4})$ e mais o triângulo ABC $(\frac{R^2}{2})$.

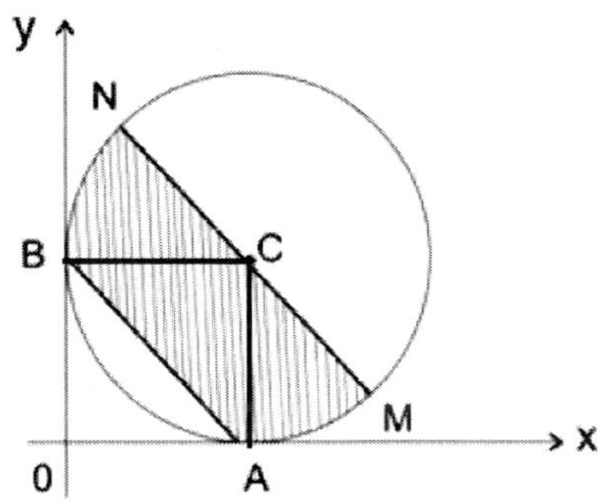

$x^2 + y^2 - 4x - 4y + 4 = 0$
$x^2 - 4x + 4 + y^2 - 4y + 4 = 4$
$(x - 2)^2 + (y - 2)^2 = 4$
O raio vale 2, então a área pedida é

$$\frac{\pi.R^2}{4} + \frac{R^2}{2} = \pi + 2$$

Resposta: (B) π + 2

956) IFRS – Quase sempre precisamos identificar o centro e o raio da circunferência.
$(x - 1)^2 + y^2 = 1$ ➔ Centro (1, 0) e raio 1.
A figura ilustra como encontrar o ponto A, o mais próximo da reta **r** dada. Traçamos a partir do centro, uma perpendicular à reta. O ponto onde esta perpendicular intercepta a circunferência é o ponto mais próximo de r.
Como o coeficiente angular de r é –2. O coeficiente angular desta reta perpendicular é 1/2. Então na figura, podemos chamar os catetos do triângulo formado de t e 2t.

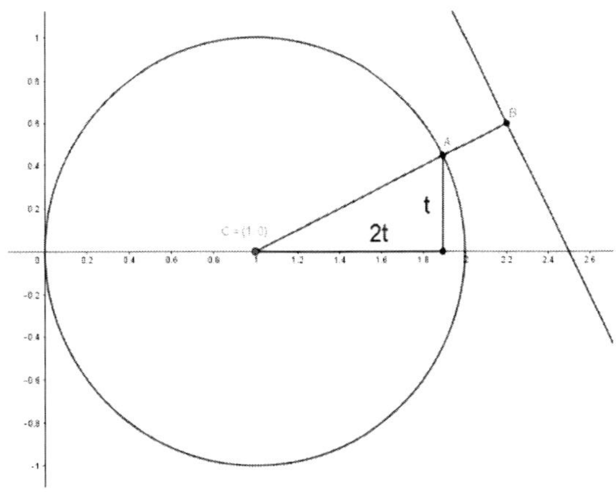

Como o raio da circunferência é 1, temos: $t^2 + 4t^2 = 1$ ➔ $t = \pm\frac{1}{\sqrt{5}}$

Tomamos o valor positivo, pois o negativo resultará no ponto A diametralmente oposto.

$$A = (1, 0) + (2t, t) = \left(1 + \frac{2}{\sqrt{5}}, \frac{1}{\sqrt{5}}\right)$$

Valor que corresponde à resposta (E).

Resposta: (E)

957) UFMG – O ângulo α que a reta de equação y=2x faz com o eixo x, tem uma característica interessante: sua tangente vale 2. Um triângulo retângulo com esse ângulo terá um cateto igual ao dobro do outro. Podemos chamar os catetos de k e 2k, a hipotenusa valerá $k\sqrt{5}$. Além de AOE, existe mais dois outros triângulos retângulo com o ângulo α na figura: OAB e DCB.
O ponto B é encontrado ligando o ponto de tangência A ao centro da circunferência. C é o ponto de tangência da circunferência com o eixo x.

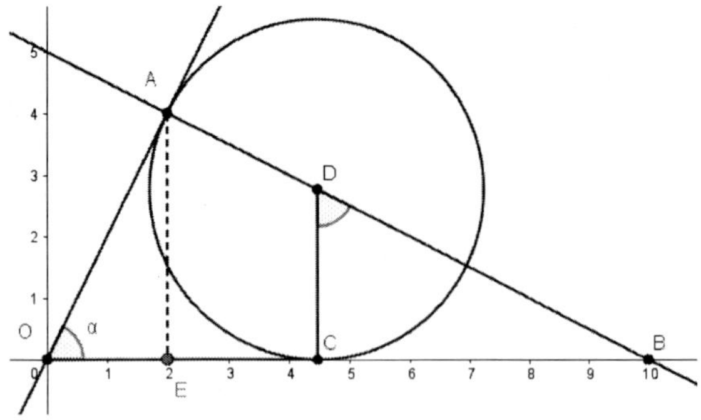

$C\hat{D}B = \alpha$, usando o fato de que a soma dos ângulos internos de um quadrilátero convexo (no caso, OCDA) é 360°.

Em todos esses três triângulos o cateto maior é o dobro do menor, e a hipotenusa é igual ao menor multiplicado por $\sqrt{5}$.
Temos então:
OE=2
AO= $2\sqrt{5}$
OB = $OA.\sqrt{5} = 10$
CB = OB – OC = OB – AO (lembre que as tangentes traçadas de um mesmo ponto são iguais)
CB = $10 - 2\sqrt{5}$
DC = $\dfrac{10-2\sqrt{5}}{2} = 5 - \sqrt{5}$: Este é o valor do raio da circunferência.
As coordenadas do centro são (OC, OD) = $\left(2\sqrt{5},\ 5-\sqrt{5}\right)$

Respostas: $R = 5 - \sqrt{5}$ **e centro =** $\left(2\sqrt{5},\ 5-\sqrt{5}\right)$

958) Mackenzie – Quando igualamos as equações de duas circunferências, os termos de segundo grau irão cancelar e sobrarão apenas termos de primeiro grau e constantes, o que é a equação de uma reta. Essa reta é chamada *eixo radical* das duas circunferências. Quando as circunferências são secantes, o eixo radical é a reta que passa pelos dois pontos de interseção.

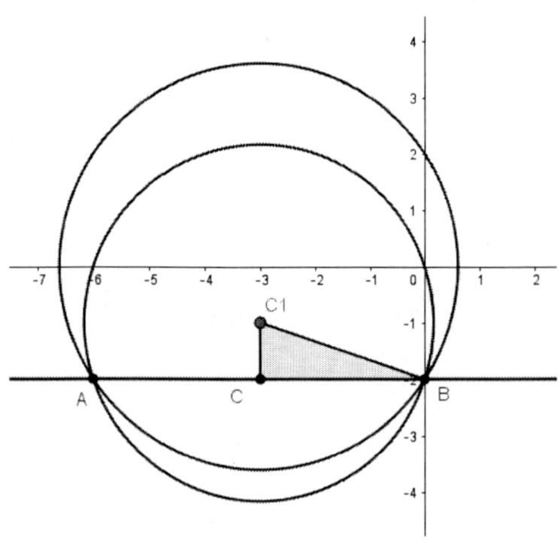

Se formarmos um sistema com essa reta e uma das circunferências, encontraremos os pontos A e B, mas esse caminho é muito trabalhoso. Faremos de uma forma mais rápida.

Encontremos a equação do eixo radical:

$(x + 3)^2 + (y + 1)^2 - 10 = (x + 3)^2 + y^2 - 13$
$(y + 1)^2 - 10 = y^2 - 13$
$y^2 + 2y + 1 - 10 = y^2 - 13$
$\boxed{y = -2}$

Com isso podemos determinar os lados do triângulo C_1CB. Temos $C_1 = (-3, -1)$

$CC_1 = 1$

O raio é $R = \sqrt{10}$

Usando o Teorema de Pitágoras no triângulo C_1CB:

$R^2 = CC_1^2 + CB^2$

$CB = \sqrt{R^2 - CC_1^2} = \sqrt{10-1} = 3$

Logo, $AB = 6$

Resposta: (D) 6

959) PUC SP – Como a ordenada do ponto D é 4, e o raio do círculo é 10, o cateto menor do triângulo sombreado vale 10–4=6. Trata-se de um triângulo tipo 3-4-5.

O triângulo EBC é semelhante a este, portanto ao hipotenusa AC vale 5/4 do cateto maior BC = 10.5/4 = 12,5

EF = EC – FC, e como FC é o raio do círculo, temos:

EF = 12,5 – 10 = 2,5

Resposta: (D) 2,5

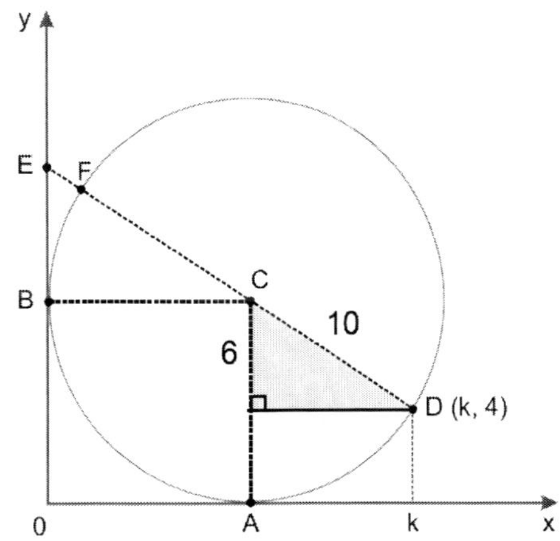

960) UNICAMP – Encontremos a interseção as duas parábolas:

$x^2 + 2x + 2 = 2x^2 + ax + 3$

$x^2 + x(a-2) + 1 = 0$

Para que não haja solução é preciso que Δ sena negativo.

$(a-2)^2 - 4 < 0$ ➔ $a^2 - 4a + 4 - 4 < 0$

$a^2 - 4a < 0$

Trinômio do 2º grau com coeficiente de 2º grau positivo. O trinômio é negativo entre as raízes. As raízes são 0 e 4. Portanto para que não tenha solução, devemos ter:

$0 < a < 4$

Nenhuma resposta se parece, mas temos reesposas com o termo a – 2. Subtraindo 2 da relação acima, ficamos com:

$-2 < a-2 < 2$

Se a–2 é um número entre 2 e –2, significa que seu módulo é menor que 2.

Resposta: (C) $|a-2| < 2$

Resoluções do teste 97

961) UF Uberlândia – Formamos um triângulo retângulo onde um cateto é a diferença entre os raios, a hipotenusa é a distância entre os centros e o outro cateto é a tangente comum.

Os raios são 1 e 2, sua diferença é 1.

A distância entre os centros é a distância entre (1, 2) e (6. 3) =

$= \sqrt{5^2 + 1^2} = \sqrt{26}$

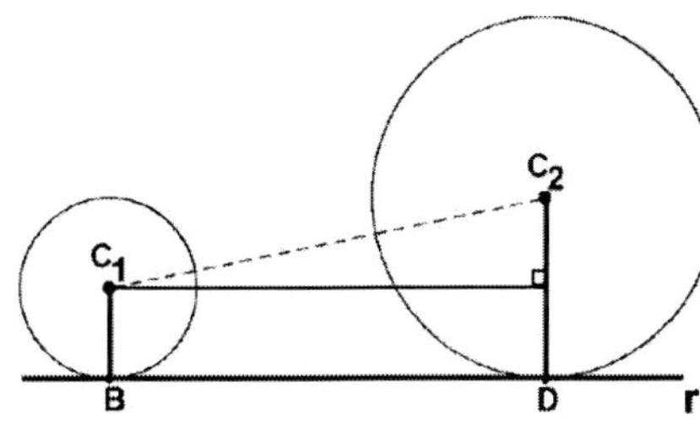

Usando o Teorema de Pitágoras temos $BD^2 + 1^2 = 26$
$BD = 5$

Resposta: (C) 5

962) UFG – É preciso resolver o sistema, recaindo em uma equação do 2º grau. Com duas raízes reais e diferentes, temos dois pontos de interseção entre a reta e a circunferência. Raízes reais e iguais representam uma reta tangente à circunferência, e ausência de raízes reais indicam uma reta exterior à circunferência.

$2x - 3y + 3 = 0 \rightarrow y=(2x + 3)/3 \rightarrow 4x^2 + 4y^2 - 24x - 32y + 91 = 0$

$$4x^2 + 4\left(\frac{2x+3}{3}\right)^2 - 24x - 32\left(\frac{2x+3}{3}\right) + 91 = 0$$

$$36x^2 + 4(2x+3)^2 - 9.24x - 96(2x+3) + 9.91 = 0$$

$$36x^2 + 16x^2 + 48x + 36 - 216x - 192x - 288 + 819 = 0$$

$$52x^2 - 360x + 567 = 0$$

$\Delta = 11.664$, positivo.

Portanto existem duas interseções, a reta é secante à circunferência..

As respostas (B) e (D) se aplicam. Para saber se a corda de interseção é igual ao diâmetro, basta verificar se o centro da circunferência pertence à reta.

Existe um outro processo para resolver esse problema. Calculamos a distância d entre o centro da circunferência e a reta, e comparamos com o raio.

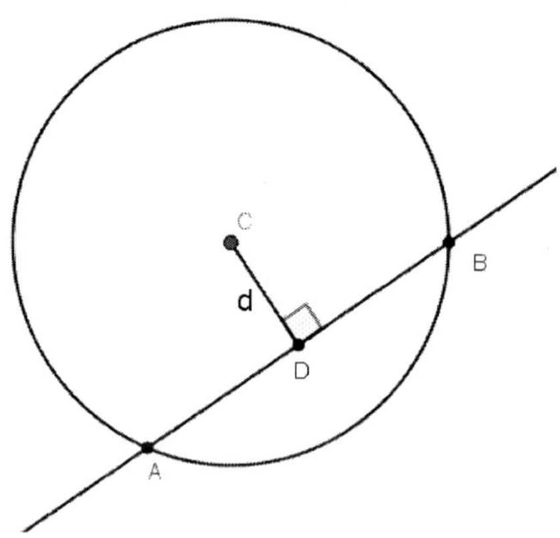

$d<R$ ➔ reta secante à circunferência
$d=R$ ➔ reta tangente à circunferência
$d>R$ ➔ reta exterior à circunferência

Para isso temos que descobrir o centro e o raio da circunferência:

$4x^2 + 4y^2 - 24x - 32y + 91 = 0$
$x^2 + y^2 - 6x - 8y + 91/4 = 0$
$x^2 - 6x + 9 + y^2 - 8y + 16 = -91/4 + 9 + 16$
$(x - 3)^2 + (y - 4)^2 = 25 - 91/4 = 9/4$

Centro = (3, 4) e raio = 3/2.

No nosso caso, a distância **d** vale:

$d = \dfrac{|2.3 - 3.4 + 3|}{\sqrt{4+9}} = \dfrac{3}{\sqrt{13}}$. Valor claramente menor que 1, e menor que o raio. Então a reta é secante à circunferência e não passa pelo centro.

Resposta: (B) interseção em dois pontos que determinam um segmento menor que um diâmetro da circunferência.

963) UFAL – Conseguiremos analisar todas as afirmativas encontrando o circuncentro, como interseção das mediatrizes de AB e BC.

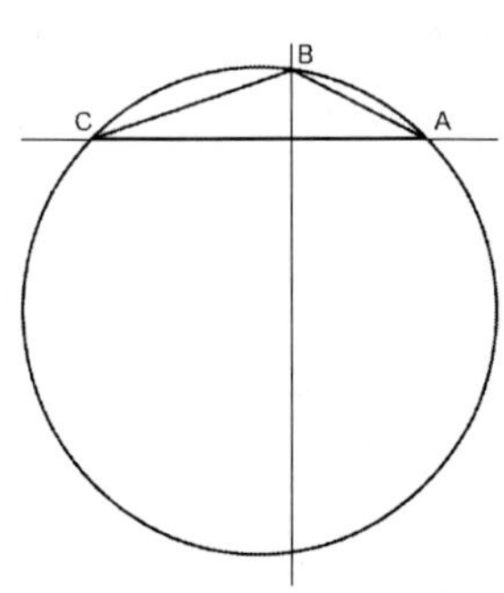

Mediatriz de AB: $(x - 4)^2 + y^2 = x^2 + (y - 2)^2$
$y = 2x - 3$
Mediatriz de BC: $x^2 + (y - 2)^2 = (x + 6)^2 + y^2$
$y = -3x - 8$
Interseção dessas duas mediatrizes:
$2x - 3 = -3x - 8$
$x = -1, y = -5$ ➔ Circuncentro = $(-1, -5)$

O raio é a distância do circuncentro a qualquer um dos três vértices.

$R = \sqrt{5^2 + 5^2} = 5\sqrt{2}$

A equação da circunferência é

$(x + 1)^2 + (y + 5)^2 = 50$

$x^2 + 2x + y^2 + 5y - 24 = 0$

Conferindo as respostas, a única incorreta é (D), o raio não é $5\sqrt{3}$, é $5\sqrt{2}$.

Resposta incorreta:

(D) A circunferência circunscrita a ABC tem raio $5\sqrt{3}$

964) UFJF – A figura ao lado, construída com exatidão, já mostra a resposta, mas como só podemos fazer um esboço sem muita precisão, devemos trabalhar com equações. É preciso formar as equações das bissetrizes. Essas equações são formadas obrigando um ponto (x, y) da bissetriz a ser equidistante das retas dadas.

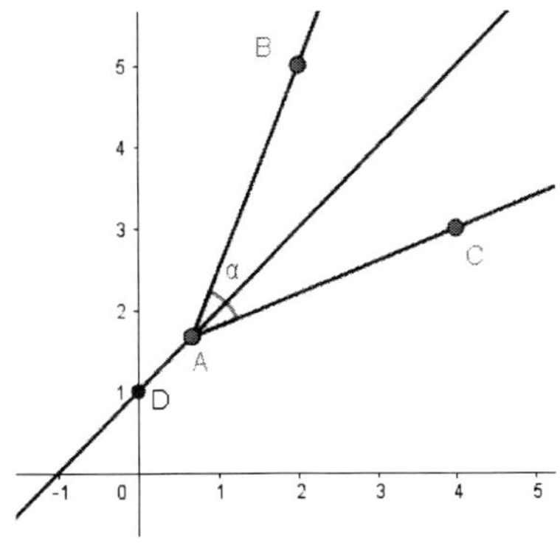

As retas dadas são:

AB: $\begin{vmatrix} 2 & 2/3 & x & 2 \\ 5 & 5/3 & y & 5 \end{vmatrix} = 0$

$10/3 + 2y/3 + 5x - 10/3 - 5x/3 - 2y = 0$

$5x - 2y = 0$

AC: $\begin{vmatrix} 4 & 2/3 & x & 4 \\ 3 & 5/3 & y & 3 \end{vmatrix} = 0$

$20/3 + 2y/3 + 3x - 2 - 5x/3 - 4y = 0$

$2x - 5y + 7 = 0$

Com as equações dessas duas retas suporte de AB e AC, podemos encontrar a bissetriz do ângulo $B\hat{A}C$.

$\frac{|5x - 2y|}{\sqrt{25 + 4}} = \frac{|2x - 5y + 7|}{\sqrt{4 + 25}}$

As equações com módulo resultarão em duas equações, que correspondem à bissetriz interna e à bissetriz externa.

$5x - 2y = 2x - 5y + 7$ ➔ $y = -x + 7/3$

$5x - 2y = -2x + 5y - 7$ ➔ $y = x + 1$

A bissetriz interna tem inclinação positiva, é portanto $y = x + 1$, e corta o eixo y em $y=1$.

Resposta: (E) 1

OBS: Algumas informações não foram usadas. Provavelmente estavam no enunciado para confundir o aluno.

965) UFPR – As opções (A), (B), (C) e (E) estão corretas e são muito fáceis de verificar. A única errada é (D), pois a reta que passa por A e C é vertical, sua expressão tem x mas não tem y. Deveria ter q=0 e r≠0.

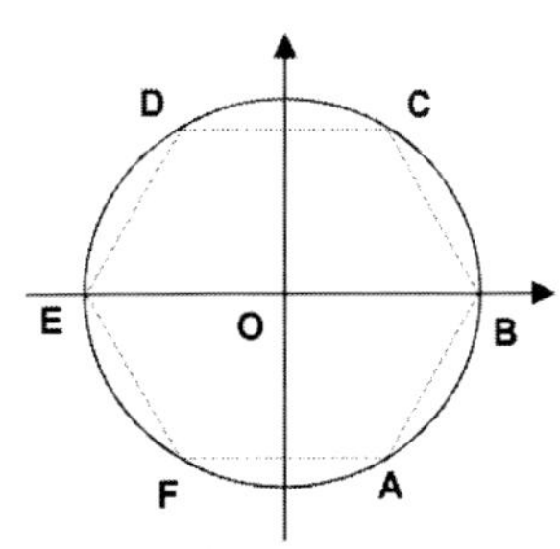

Resposta: (D)

966) UFLA – Existem duas retas que tangenciam a circunferência e são perpendiculares à reta y=x. Ambas têm coeficiente angular –1, e seus coeficientes lineares são calculados facilmente, valem $\sqrt{2}$ e $-\sqrt{2}$, já que o raio do círculo vale 1 e temos triângulos retângulos isósceles. Essas retas são:

$y=-x+\sqrt{2}$ e $y=-x-\sqrt{2}$

Resposta: (C)

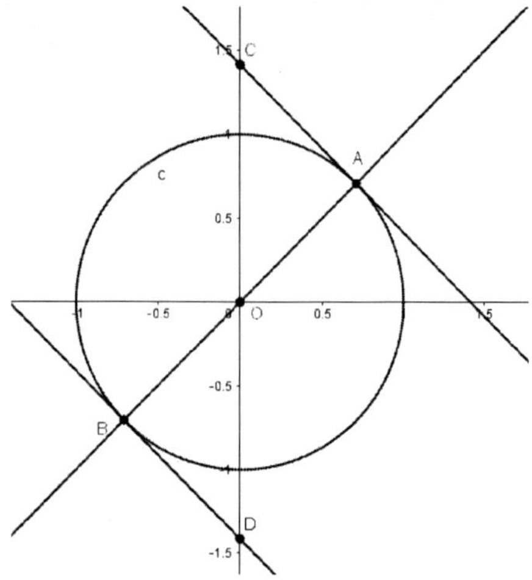

967) UF Pelotas – A circunferência tem centro (3, –1) e raio igual a 2, devido à tangência com a reta s.
A reta r tem equação y = –x, o mesmo que x + y = 0. Com essas informações podemos calcular a distância de C à reta r.

$$d=\frac{|3.1-1.1|}{\sqrt{1^2+1^2}}=\frac{2}{\sqrt{2}}=\sqrt{2}$$

Agora temos dois triângulos retângulos com hipotenusa R, catetos iguais a d e à metade de AB. Usando o Teorema de Pitágoras, encontramos:

$$AB=2.\sqrt{R^2-d^2}=2\sqrt{4-2}=2\sqrt{2}$$

Resposta: (D) $2\sqrt{2}$

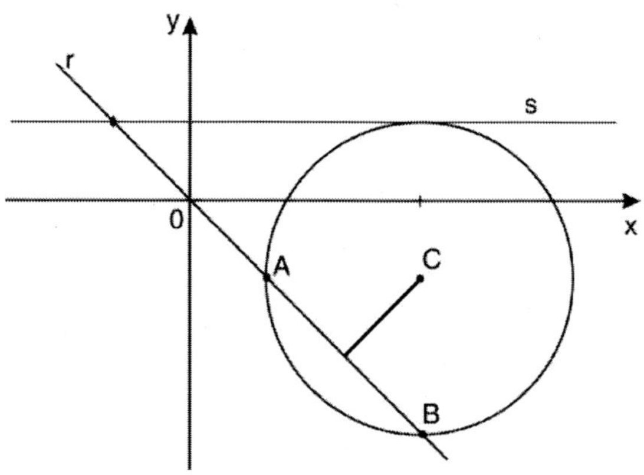

968) UNIFESP – A área T vale:

$$\frac{x_0.k.x_0}{2}=\frac{k.x_0^{\ 2}}{2}$$

A área do semicírculo vale:

$$\frac{\pi\left(\frac{k.x_0}{2}\right)^2}{2}=\frac{\pi.x_0^{\ 2}.k^2}{8}$$

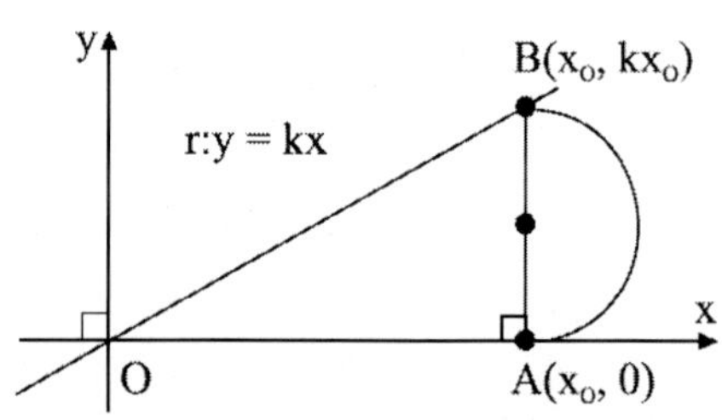

A razão entre as áreas é $\frac{\pi.x_0^{\ 2}.k^2}{8}/\frac{k.x_0^{\ 2}}{2}=\frac{k.\pi}{4}$

Para que essas áreas sejam iguais, devemos ter:

$\frac{\pi.x_0^{\ 2}.k^2}{8}=\frac{k.x_0^{\ 2}}{2}$, que resulta em

$k=\frac{4}{\pi}$, mantendo as áreas iguais para qualquer valor de x_0.

Respostas: A) kπ/4; B) k=4/π

969) FGV – O centro é a interseção da reta dada y = 3x com a mediatriz de AB.
Mediatriz de (–1, 1) – (2, 2)
$(x + 1)^2 + (y - 1)^2 = (x - 2)^2 + (y - 2)^2$
$x^2 + 2x + 1 + y^2 - 2y + 1 = x^2 - 4x + 4 + y^2 - 4y + 4$
$2x + 1 - 2y + 1 = -4x + 4 - 4y + 4$
$6x + 2y = 6$
$y = -3x + 3$
Fazendo a interseção com y=3x, temos
$-3x + 3 = 3x$ ➔ $x = 1/2$ e $y = 3/2$
A soma das coordenadas é 2.

Resposta: (A) 2

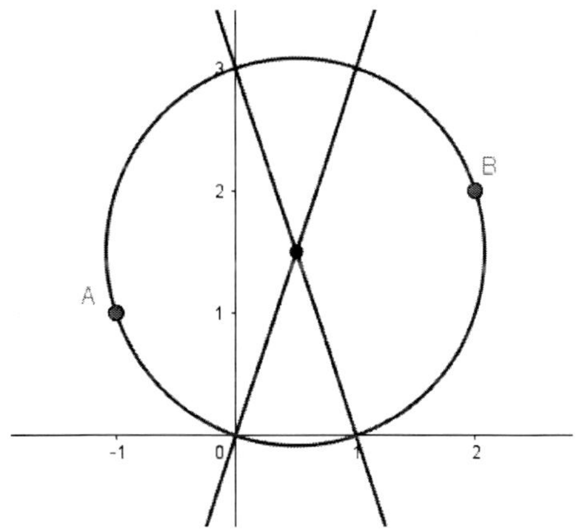

970) UFRJ – O centro da circunferência é o encontro das mediatrizes. Basta usar duas mediatrizes, pois as três são concorrentes.
Mediatriz de (–6, 2), (3, –1):
$(x + 6)^2 + (y - 2)^2 = (x - 3)^2 + (y + 1)^2$
$\boxed{y = 3x + 5}$
Mediatriz de (–6, 2), (–5, –5)
$(x + 6)^2 + (y - 2)^2 = (x + 5)^2 + (y + 5)^2$
$\boxed{x - 7y - 5 = 0}$

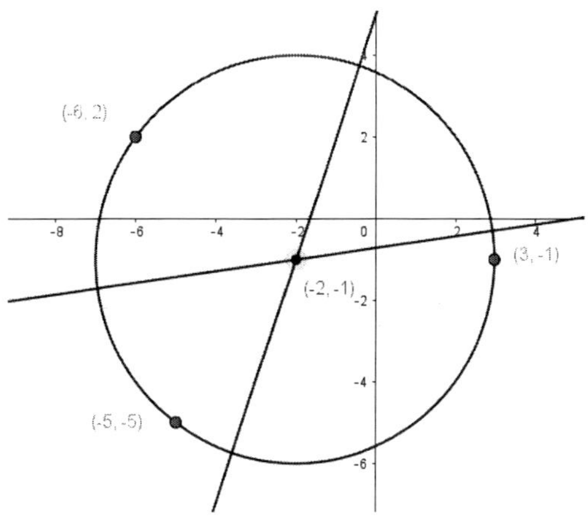

Encontramos agora a interseção dessas duas retas:
$x - 7(3x+5) - 5 = 0$
$-20x - 40 = 0$ ➔ $x = -2$, $y = -1$
Com circuncentro em (–2, –1) , o raio da circunferência é a distância desse ponto até qualquer um dos vértices dados.

$$R = \sqrt{3^2 + 4^2} = 5$$

Resposta: 5

Resoluções do teste 98

971) UNISINOS – Para encontrar o ponto de interseção devemos resolver o sistema formado pela equação da parábola e a equação da reta.

$$\begin{cases} y = -2x - 5 \\ y = x^2 + 6x + 11 \end{cases} \rightarrow \begin{array}{l} -2x - 5 = x^2 + 6x + 11 \\ x^2 + 8x + 16 = 0 \\ x = -4 \text{ e } y = 3 \text{ (raiz única, reta tangente) e } y = \end{array}$$

Logo o valor pedido, $a^2 + b^2$ vale 25.

Resposta: (D) 25

972) Mackenzie – Ambas as equações representam elipses pois os coeficientes de x^2 e y^2 são diferentes.

<u>1ª elipse:</u>

$25x^2 + 16y^2 + 150x + 256y - 351=0$
$25x^2 + 150x + 16y^2 + 256y - 351=0$
Colocando em evidência e completando os quadrados:
$25(x^2 + 6x) + 16(y^2 + 16y) - 351 = 0$
$25(x^2 + 6x+ 9) + 16(y^2 + 16y + 64) - 351 - 225 - 1024 = 0$
$25(x^2 + 6x+ 9) + 16(y^2 + 16y + 64) = 1600$
Dividimos por 1600:
$\frac{(x+3)^2}{64}+\frac{(y+8)^2}{100}=1$. Comparando com a equação geral $\frac{x^2}{a^2}+\frac{y^2}{b^2}=1$, temos:
Centro: (–3. –8)
Semieixos: horizontal = 8 e vertical = 10
O semieixo vertical é maior que o horizontal. Significa que o eixo focal está na posição vertical. O semieixo maior, chamado de a, é o que acompanha y, e o semieixo menor, chamado de b, é o que acompanha x. Ou seja, a=10 e b=8. O valor de c, metade da distância focal, é dado por $\sqrt{a^2-b^2}$, vale 6, portanto sua distância focal é 12. A excentricidade é c/a, que vale 6/10 = 0,6.
<u>2ª elipse:</u>
Façamos o mesmo com a segunda elipse. Colocar em evidência e completar os quadrados.
$16x^2 + 25y^2 - 96x - 200y + 144 = 0$
$16x^2 - 96x + 25y^2 - 200y + 144 = 0$
$16(x^2 - 6x) + 25(y^2 - 8y) + 144 = 0$
$16(x^2 - 6x + 9) + 25(y^2 - 8y + 16) + 144 - 144 - 400 = 0$
$16(x^2 - 6x + 9) + 25(y^2 - 8y + 16) = 400$
Dividimos por 400, para ficar com 1 no segundo membro?
$\frac{(x-3)^2}{25}+\frac{(y-4)^2}{16}=1$
Elipse com centro em (3, 4). O denominador do termo em x maior que o de y, a elipse tem seu eixo focal no sentido x. Temos a = 5 e b = 4, logo c = 3. Sua excentricidade é c/a = 3/5.

Com base nesses cálculos, podemos analisar as afirmativas. A única resposta correta é (E). De fato uma elipse tem um semieixo valendo 8, a outra tem um semieixo valendo 4.
O esboço do gráfico de uma elipse não pode ser feito no início da resolução. Apenas depois que reduzimos a equação como fizemos, podemos encontrar as informações necessárias para esboçar o gráfico. Ou seja, para trabalhar com elipse, o aluno deve lidar com as equações, sem ter a facilidade visual do esboço prévio.

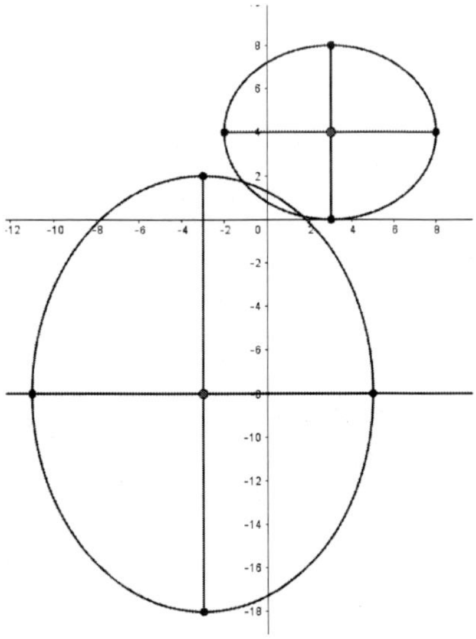

Resposta: (E)

973) UFCG - Coloquemos a origem em V e usemos a equação dada: $x^2 = 4cy$.
As informações dadas permitem encontrar o valor de c, que a ordenada de F nesse sistema.
Para o ponto B, temos x = 4 e y = c
$4^2 = 4.c.c$ ➔ $\boxed{c=2}$
Logo a equação da parábola é $x^2 = 8y$
A ordenada do ponto E foi dada como sendo 11. É a mesma do ponto D, que satisfaz à equação da parábola. Então temos
$x^2 = 8.11$ ➔ $x = 2\sqrt{22}$.
Este é o valor do segmento ED. O segmento CD vale o dobro, $4\sqrt{22}$. A opção correta de acordo com esses cálculos é:

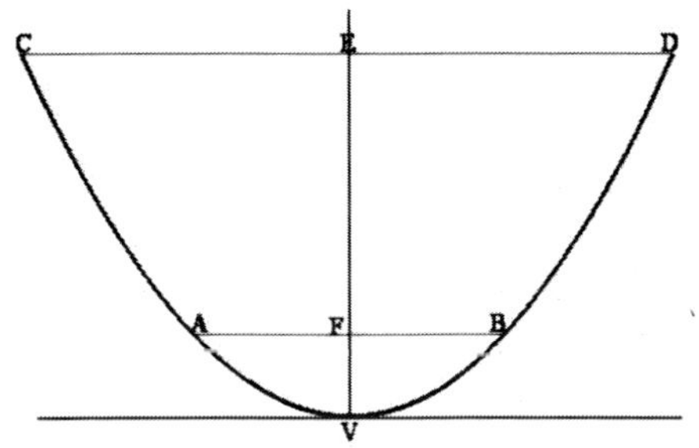

Resposta; (D) $x^2 = 8y$, $|CD| = 4\sqrt{22}$ cm.

974) UFT – Assim como ocorre com as circunferências, as posições relativas entre uma elipse e uma reta podem ser:

2 interseções: Reta secante
1 interseção: Reta tangente
0 interseção: Reta exterior

$$\begin{cases} y = x + b \\ \dfrac{x^2}{4} + y^2 = 1 \end{cases} \quad ➔ \quad \begin{aligned} &\frac{x^2}{4} + (x+b)^2 = 1 \\ &x^2 + 4(x+b)^2 = 4 \\ &x^2 + 4x^2 + 8bx + 4b^2 = 4 \\ &5x^2 + 8bx + 4b^2 - 4 = 0 \end{aligned}$$

Para que a reta seja tangente, a equação precisa ter uma única solução, ou seja, Δ=0.

$$\Delta = 64b^2 - 4.5.(4b^2 - 4) = 0$$
$$4b^2 - 5.(b^2 - 1) = 0$$
$$b = \pm\sqrt{5}$$

Logo a soma dos valores possíveis para b é zero.

Podemos usar uma outra solução rápida, sem fazer contas. A elipse está em uma posição particular, com centro na origem. Seja qual for o coeficiente angular dado, existirão duas retas que tangenciarão a elipse com aquele coeficiente angular dado. Essas retas são simétricas em relação à origem, e paralelas. Portanto seus coeficientes lineares são simétricos, e sua soma vale zero. Sem fazer contas, soma zero, letra (A).

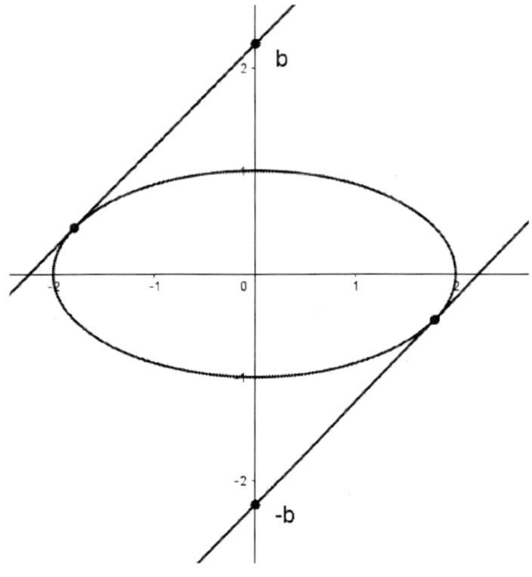

Resposta: (A) 0

975) FATEC – A reta tangente é horizontal, então o ponto de tangência é o vértice. A abscissa do vértice –b/(2a) (considerando a fórmula $ax^2 + bx + c$)
Sendo a expressão dada, $y = -x^2 + px$, com abscissa do vértice sendo 3, temos:
$-b/(2a) = -p/(2.(-1)) = 3$
Então p=6. A equação da parábola é
$y = -x^2 + 6x$
O número k procurado é a ordenada do vértice. Fazendo x=3, encontramos y = 9. Portanto k=9. O gráfico ao lado ilustra o raciocínio.

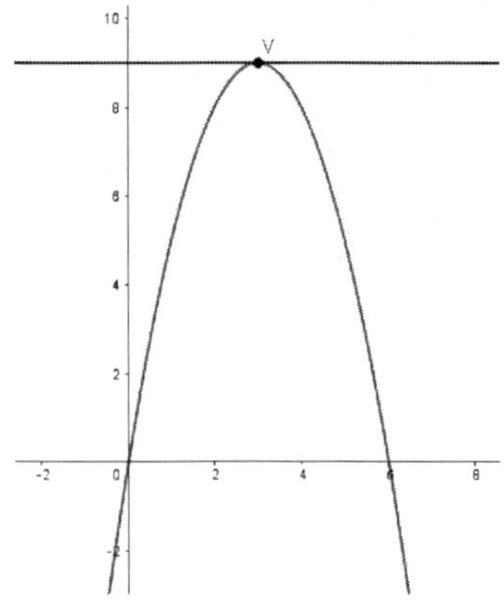

Resposta: (E) 9

976) PUC SP – Para conhecer as equações das retas, precisamos determinar os pontos A, V e P.
A tem como ordenada f(0), então A=(0,3)
P é outro ponto da parábola com ordenada 3. Fazendo y=3, encontramos $3 = x^2 - 4x + 3$.
As soluções são 0 e 4, que correspondem aos pontos A e P. Portanto P=(4, 3).
O vértice tem como abscissa, –b/(2a) (função $ax^2 + bx + c$), que no caso vale 2. O valor de y correspondente é 4 – 8 + 3 = –1. Portanto temos V=(2, –1)

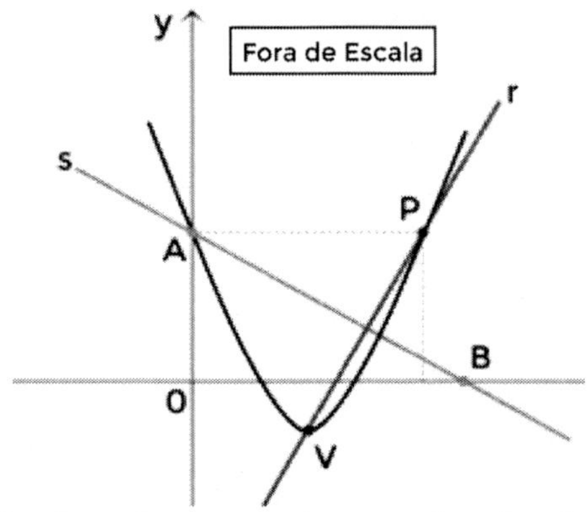

O coeficiente angular da reta r é dado como Δy/Δx, levando em conta as coordenadas dos pontos P e V. Isso resulta em 4/2 = 2. Já reta s, que é perpendicular, tem coeficiente angular –1/2. Quer dizer que qualquer variação em y é a metade da variação em x, com sinal trocado. Portanto, no triângulo OAB, temos que OB é o dobro de OA. Como OA vale 3, OB vale 6.

Resposta: (A) 6

977) UF Pelotas – Precisamos determinar os pontos A e B.
A: f(0) = 6 ➔ A = (0, 6)
B: Sua abscissa é a maior raiz: 3 ➔ B=(3,0)
A equação da circunferência depende ainda do raio, que é a distância entre A e B = $\sqrt{6^2+3^2} = \sqrt{45}$.

A equação da circunferência é $(x - 0)^2 + (y - 6)^2 = 45$

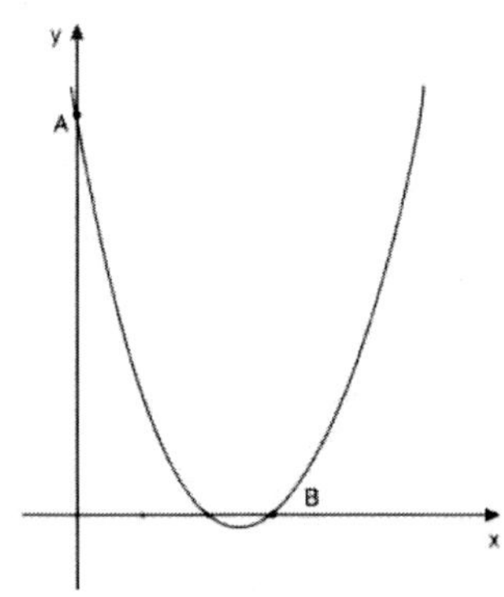

Resposta: (C)

978) IFRS – Basta resolver o sistema. Usando y da 1ª equação na 2ª, temos
$x^2 + (x^2 + 1)^2 = 4$. Usando $k = x^2$, temos
$k + (k + 1)^2 = 4$
$k^2 + 2k + 1 + k = 4$
$k^2 + 3k - 3 = 0$

O problema não requer a determinação dos valores, apenas quer saber quantos são. A equação auxiliar acima tem Δ = 9 + 12 = 21 > 0, portanto possui soluções reais. Das duas soluções, uma é positiva e outra é negativa, pois seu produto é –3. Como $k=x^2$, precisa ser positivo. Então temos apenas um valor positivo para k, que resulta em dois valores simétricos para x. Isso está compatível com o esboço ao lado. Aliás, poderia ser resolvido sem cálculos, pois o raio do círculo é 4, e o vértice da parábola é (0, 1), que está dentro do círculo, o que resulta em duas interseções.

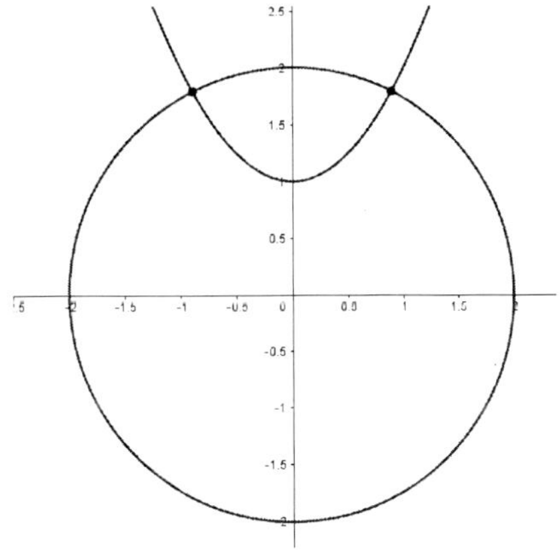

Resposta: (C) 2

979) UFAL – A equação do 2º grau resultante do sistema deve ter Δ positivo.

$cy - x = 0 \Rightarrow y = x/c$

$x^2 + 4(x/c) = -1$

$x^2 + (4/c)x + 1 = 0$

$\Delta = (4/c)^2 - 4.1.1 = 16/c^2 - 4 > 0$

$\frac{16}{c^2} > 4$, $c^2 < 4$, logo c deve estar compreendido entre –2 e 2.

Além disso, c não pode ser zero, caso contrário a equação da reta é x=0, que não tangencia a parábola.

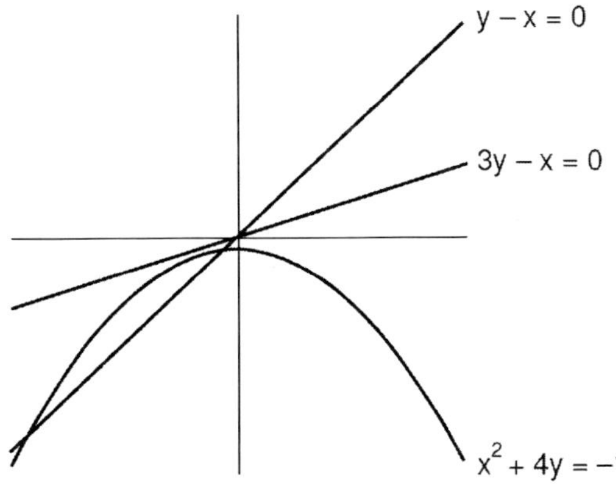

Resposta: (B) –2 < c < 2 e c ≠ 0

980) USP – O problema exige a determinação dos pontos A e B, que são as soluções do sistema:

$$\begin{cases} y = 2x + 1 \\ x^2 + y^2/2 = 9/4 \end{cases}$$

$$x^2 + \frac{(2x+1)^2}{2} = \frac{9}{4}$$

$$4x^2 + 8x^2 + 8x + 2 = 9$$

$$12x^2 + 8x - 7 = 0$$

Equação que resolvida fornece as raízes 1/2 e –7/6.

Os valores de y correspondentes podem ser obtidos a partir da equação da reta:

y = 2x + 1, o que nos fornece y=2 e –4/3.

É pedido o ponto médio de AB, ou (1/2, 2) e (–7/6, –4/3), que resulta em (–1/3, 1/3).

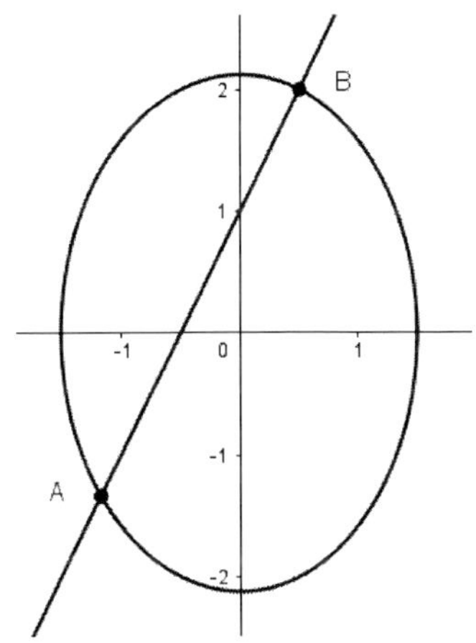

Resposta: (D) (–1/3, 1/3)

Resoluções do teste 99

981) IFSP – Temos que encontrar as ordenadas dos pontos A e B, pois as abscissas já são conhecidas. O problema é que precisamos antes descobrir o valor de k. Como em x = –1 temos uma assíntota vertical, esse valor corresponde ao "logaritmando tendendo a zero".

Ou seja, $-1 + k = 0 \rightarrow k = 1$

Portanto a função é $y = 2 + \log_2(x + 1)$. Agora podemos encontrar as ordenadas de A e B:

A: $x=0$, $y = 2 + \log_2(0 + 1) = 2$. $A=(0, 2)$

B: $x=3$, $y = 2 + \log_2(3 + 1) = 2 + \log_2(4) = 2+2 = 4$.

Portanto $B=(3, 4)$

A equação da mediatriz é

$(x - 0)^2 + (y - 2)^2 = (x - 3)^2 + (y - 4)^2$

$x^2 + y^2 - 4y + 4 = x^2 - 6x + 9 + y^2 - 8y + 16$

$-4y + 4 = -6x + 9 -8y + 16$

$4y + 6x - 21 = 0$

Resposta: (D) $6x + 4y - 21 = 0$

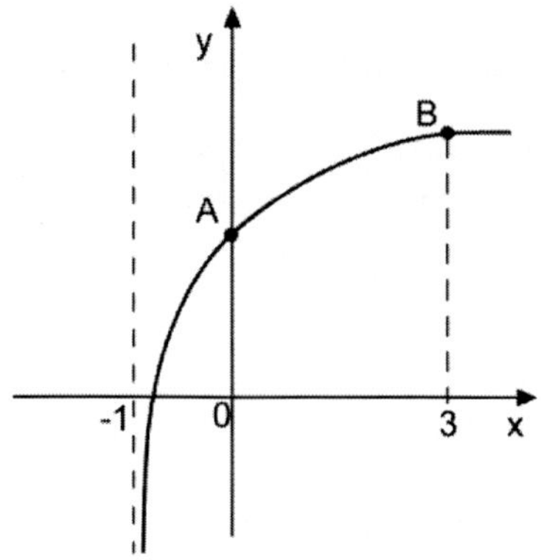

982) IFAL – Muito fácil, para quem estudou a matéria. Uma equação do 2º grau em x e y pode representar várias curvas: uma elipse, uma circunferência, que é um caso particular da elipse, uma hipérbole, uma parábola, duas retas concorrentes, duas retas paralelas, um ponto, ou um vazio. A equação dada representa uma elipse. Toda equação com a forma $\frac{x^2}{a^2}+\frac{y^2}{b^2}=1$ representa uma elipse com centro na origem e semieixos a e b.

Resposta: (C) Elipse

983) IFPE – Conhecendo os eixos, não é preciso saber os focos. A partir dos eixos temos a e b da elipse.

Eixo maior = 10 $\rightarrow$ $2a = 10$, $a = 5$.

Eixo menor = 8 $\rightarrow$ $2b = 8$, $b = 4$

Com esses valores, encontramos $c = 3$, e os focos estão realmente em $(\pm 3, 0)$

A elipse tem os focos no eixo x. Significa que a(5) acompanha x e b (4) acompanha y. Senão seria o contrário.

$\frac{x^2}{5^2}+\frac{y^2}{4^2}=1$, ou $\frac{x^2}{25}+\frac{y^2}{16}=1$

Resposta: (C)

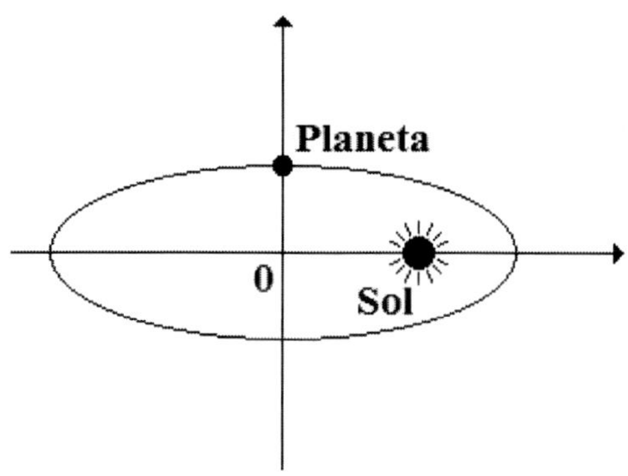

984) UNIFESP – Antes de refletir as curvas, coloquemos suas equações em uma forma mais fácil de trabalhar. É a forma na qual identificamos o vértice.

$y = 2x^2 - 12x + 16$

$= 2(x^2 - 6x) + 16$

$= 2(x^2 - 6x + 9) + 16 - 18$

$= 2(x - 3)^2 - 2$

Isto permite fazer um esboço do gráfico da parábola. O vértice é $(3, -2)$. O x do vértice é o número que torna zero o termo quadrado perfeito encontrado. O valor de y do vértice é encontrado pela equação, usando x do vértice.

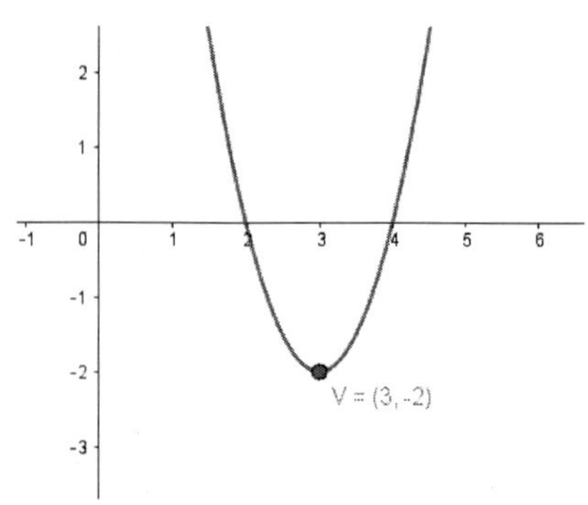

y' : Fazemos uma reflexão no eixo x, o que é conseguido trocando y por –y.
y' : $y = -2(x - 3)^2 + 2$

y": Fazemos uma reflexão no eixo y, trocando x por –x.
y": $y = 2(-x - 3)^2 - 2$

Podemos encontrar os vértices de y' e y" e calculas a distância entre eles. Vamos fazer isso de outra forma: refletir o vértice original (3, –2) no eixo x e no eixo y para encontrar os vértices de y' e y":
V = (3, –2)
V' = (3, 2)
V" = (–3, –2)
A distância entre seus vértices é $\sqrt{6^2+4^2}=\sqrt{52}$

Respostas:
y' : $y = -2(x - 3)^2 + 2$
y": $y = 2(-x - 3)^2 - 2$
$d=\sqrt{52}=2\sqrt{13}$

985) UFAM – A reta dada é o mesmo que y = x. Substituindo y por x na equação da elipse, temos:
$x^2+8x^2=4$
$9x^2 = 4$
$x = \pm 2/3$
Os valores correspondentes de y são iguais a x. Então os pontos A e B são:
(2/3, 2/3) e (–2/3, –2/3)
A distância entre esses pontos é:

$$\sqrt{\left(\frac{4}{3}\right)^2+\left(\frac{4}{3}\right)^2}=\frac{4}{3}\sqrt{2}$$

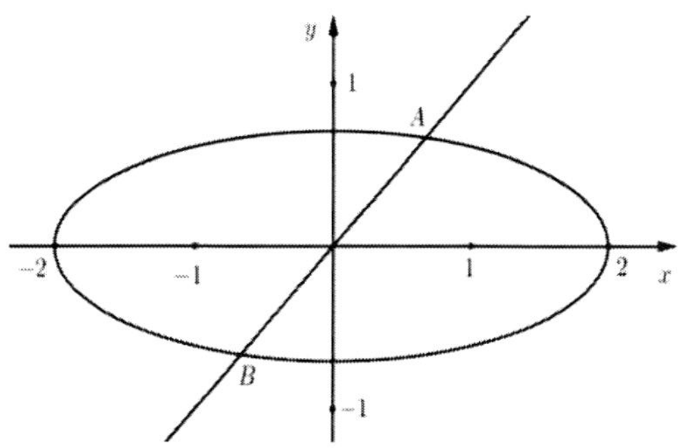

Resposta: (C) $\frac{4\sqrt{2}}{3}$

986) UESC – Vai ser necessário fazer o esboço dos gráficos das elipses para identificar a região cuja área o problema pede. Ambas as elipses dadas têm seus centros na origem, é preciso determinar os valores dos seus eixos.

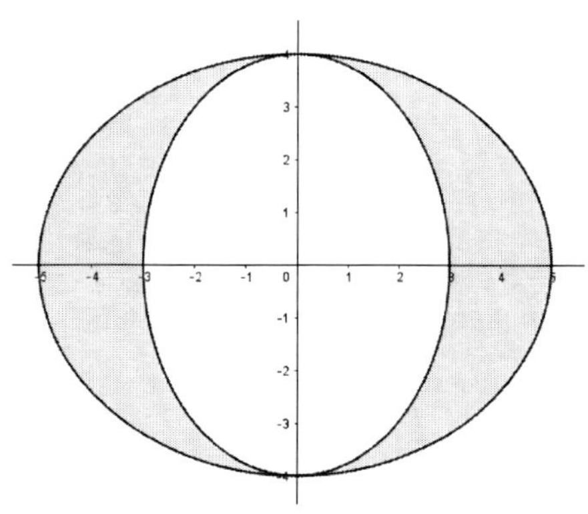

1) $16x^2 + 25y^2 = 400$ ➔ $\frac{x^2}{25}+\frac{y^2}{16}=1$
Semieixos: 5 no sentido x e 4 no sentido y.

2) $16x^2 + 9y^2 = 144$ ➔ $\frac{x^2}{9}+\frac{y^2}{16}=1$
Semieixos 3 no sentido x e 4 no sentido y.
As duas elipses têm os semieixos no senti y iguais a 4. No sentido x, uma tem semieixo valendo 5, a outra valendo 3. Com isso podemos fazer o esboço dos gráficos.

Como a área de uma elipse de semieixos a e b vale πab, a área pedida é:
π.5.4 – π.3.4 = 8π.

Resposta: (C) 8π

987) UFMG – Uma questão discursiva conceitual sobre parábola, do tipo de uma demonstração que o professor faz na sala de aula quando está ensinando a matéria e justificando as propriedades. A distância de (x, y) ao foco é igual à distância a (x, y) até a diretriz.

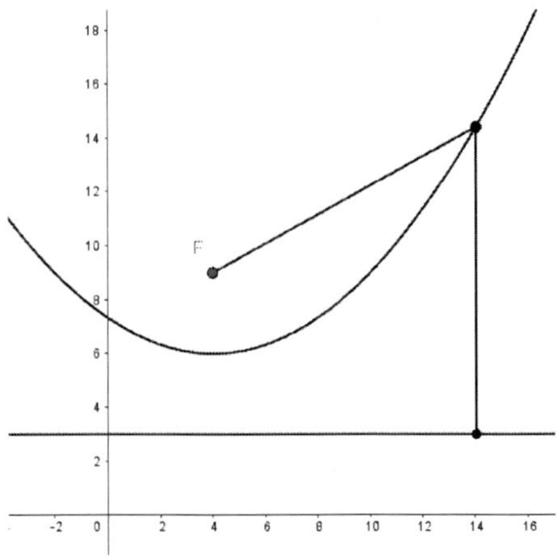

A distância à diretriz é fácil. Como sua equação é y=3, essa distância é $|y-3|$.
Já a distância de (x, y) ao foco é calculado como a distância entre dois pontos: (x, y) e (4, 9).

$$d=\sqrt{(x-4)^2+(y-9)^2}$$

Igualando as duas distâncias, temos:

$$\sqrt{(x-4)^2+(y-9)^2}=y-3$$
$$(x-4)^2+(y-9)^2=(y-3)^2$$
$$x^2-8x+16+y^2-18y+81=y^2-6y+9$$
$$x^2-8x-12y+88=0$$
$$y=\frac{1}{12}x^2-\frac{2}{3}x+\frac{22}{3}=0$$

Resposta: a = 1/12, b = –2/3, c = 22/3

988) UFPR – Substituindo cada ponto dado da parábola na sua equação, obtemos uma equação linear. Com os três pontos, teremos um sistema com 3 equações e 3 incógnitas, que são a, b e c.
a) para os pontos P = (–1, 2), Q = (1, 2) e R = (2, 5):
$y = ax^2 + bx + c$
(–1, 2) ➔ 2 = a – b + c
(1, 2) ➔ 2 = a + b + c
(2, 5) ➔ 5 = 4a + 3b + c
Subtraindo as duas primeiras, temos 0 = –2b ➔ b = 0
Com b valendo 0, usamos a 3ª equação em conjunto com uma das duas primeiras.
5 = 4a + c
2 = a + c
Subtraindo, temos 3a = 3, a = 1, e finalmente, c = 1
Portanto a=1, b=0 e c=1, a parábola é $y = x^2 + 1$
Conferindo: realmente os pontos dados satisfazem à equação da parábola encontrada.

b) para os pontos P = (–1, –1), Q = (1, 3) e R = (2, 5)
(–1, –1): ➔ –1 = a – b + c
(1, 3): ➔ 1 = 9a + 3b + c
(2, 5) ➔ 5 = 4a + 2b + c

Note que os coeficientes da 2ª equação indicam que a 2ª equação é a soma da 1ª com o dobro da 3ª. Entretanto, os termos independentes não seguem essa regra: 1 não é igual a –1 somado com o dobro de 5. Portanto o sistema é impossível, e não existem valores de a, b e c que formam uma parábola passando por esses três pontos dados. Isso ocorre quando os pontos dados estão alinhados. Essa conclusão poderia ser chagada com as técnicas de resolução de sistemas do capítulo 8 (Eliminação de Gauss), mas é válido trabalhar diretamente com as equações como fizemos aqui.

989) UFRN – O arquiteto esnobou o aplicador de gesso, que talvez não saiba lidar com as equações da elipse. Os eixos da elipse medem 20 e 16, então os semieixos medem 10 e 8. Com isso determinamos o valor de c:

$c = \sqrt{10^2 - 8^2} = 6$

Então os focos distam 6 do centro da sala, então ficam em (0, 6) e (0, –6)

A parede menor dista 11 metros do centro, então F2 dista 5 metros desta parede. Dista também 9 metros da parede mais comprida. Portanto a distância entre cada foco e a parede mais próxima é 5 metros.

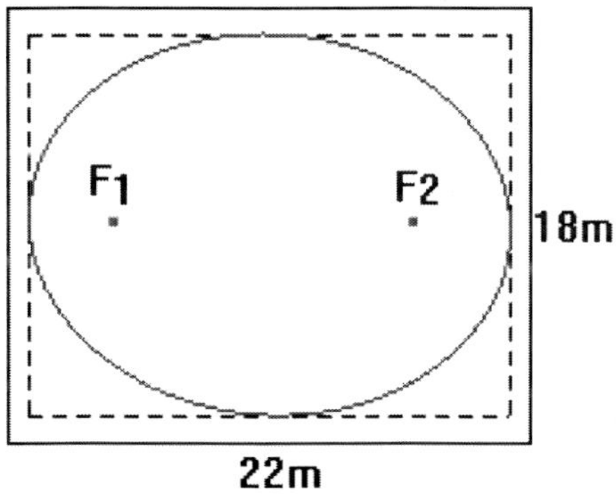

Resposta: (C) 5m

990) UFPB – Existe a distância entre o foco e o vértice está diretamente relacionada com a equação da parábola por uma fórmula simples, mas muitos esquecem ou confundem. Ao invés de usar a fórmula, vamos analisar as informações dada para descobrir o que se pede.

Uma parábola simples, com foco sobre o eixo y, temo fórmula $y=x^2$, ou mais genericamente, $y = kx^2$. Estamos portanto considerando a origem no vértice, a reta AB sendo o eixo x, e a reta passando por V e F, como o eixo y.

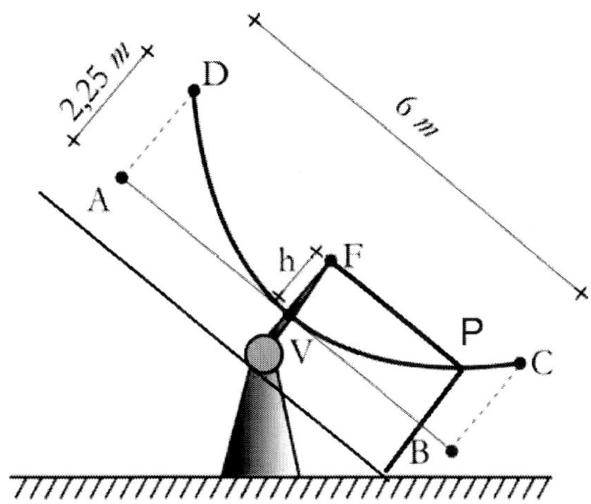

O ponto C tem coordenadas 3 e 2,25, o mesmo que 9/4. Substituindo na equação, temos $\frac{9}{4} = k.3^2$. Com isso encontramos k = 1/4. A equação da parábola é $y = \frac{1}{4}x^2$

Considere agora o ponto P, que encontramos traçando por F, uma paralela à diretriz. A distância de P à diretriz é o dobro da distância de P à reta tangente que passa pelo vértice. Isso ocorre porque o vértice equidista da diretriz e do foco, então temos distâncias iguais. Portanto a ordenada de P é 2h, e sua abscissa também, pois P equidista da diretriz e do foco. Sendo assim, o ponto P tem coordenadas (2h, h). Este ponto tem que satisfazer à equação da parábola (isso é para não termos que memorizar fórmulas).

Aplicando P na equação da parábola, temos:

$h = \frac{1}{4}(2h)^2$ ➔ $h = h^2$ ➔ $h = 1$

Então a distância do vértice ao foco é 1 m.

Resposta: (A) 1,00m

Resoluções do teste 100

991) UFAM – Para lidar com uma hipérbole, também temos que completar os quadrados. Os termos de segundo grau aparecerão com sinais contrários. É fácil ver isso rapidamente quando x^2 e y^2 apresentam sinais contrários. Podem inclusive serem iguais e de sinais contrários como $x^2 - y^2$. Chama-se *hipérbole equilátera.*

$x^2 - 3y^2 - 4x + 7 = 0$

$x^2 - 4x - 3y^2 + 7 = 0$

$x^2 - 4x + 4 - 3y^2 + 7 - 4 = 0$

$(x - 2)^2 - 3y^2 = -3$

É preciso aparecer 1 no segundo membro. Então vamos trocar todos os sinais:

$3y^2 - (x - 2)^2 = 3$

$$\frac{y^2}{1} - \frac{(x-2)^2}{3} = 1$$

Devido ao sinal negativo sob o termo em x, o eixo focal é paralelo a y.

O centro da hipérbole é x=2, y=0

➔ (2, 0)

O eixo real é paralelo ao eixo y. A medida do semieixo real é 1. O eixo imaginário da hipérbole é paralelo ao eixo x. Esses eixos passam pelo centro da hipérbole, (2, 0).

Chamado de **a** o semieixo real, os vértices A e A' são encontrados somando e subtraindo uma distância **a** a partir do seu centro. Ficamos com (2, 1) e (2, –1).

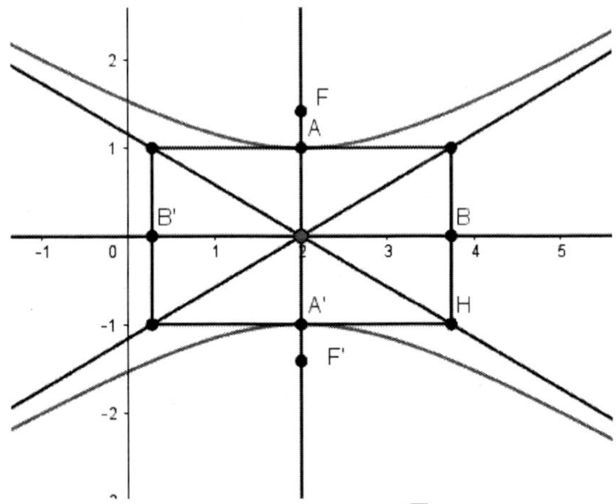

Os vértices B e B' são encontrados adicionando e subtraindo a distância b= $\sqrt{3}$ a partir do seu centro. Ficamos com $\left(2+\sqrt{3},0\right)$ e $\left(2-\sqrt{3},0\right)$.

Formamos agora o retângulo com lados paralelos aos eixos, passando pelos quatro vértices encontrados. As assíntotas são as retas suporte de suas diagonais.

O valor de c, a ordenada de um dos focos, é obtido como hipotenusa de um triângulo com catetos a e b. Com a = 1 e b= $\sqrt{3}$, temos que c=2. Os focos são (2, 2) e (2, –2). A distância de cada um desses focos à origem é $2\sqrt{3}$

Resposta: (A) $2\sqrt{2}$

992) UFBA – Soma das distâncias a dois pontos fixos é um valor constante, é a propriedade geométrica da elipse. A elipse tem centro na origem, focos sobre o eixo x, e distância focal (2c) igual a $2\sqrt{3}$. Os focos estão sobre o eixo x. A soma das distâncias é 4, então 2a = 4 e a = 2. O valor de b é obtido pelo Teorema de Pitágoras: $a^2 = b^2 + c^2$ ➔ b=1.

Logo a equação da elipse é $x^2/4 + y^2/1 = 1$

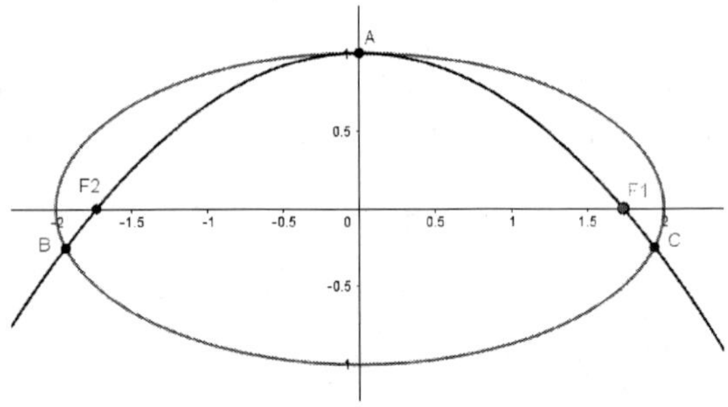

Agora podemos esboçar o gráfico desta elipse. A parábola tem como vértice o ponto onde a elipse intercepta o semieixo positivo Oy, e passa por um dos focos. Estamos considerando que a parábola não está inclinada, pois estaríamos com informações insuficientes. Consideramos que a parábola tendo Oy como eixo de simetria. Ao passar por F2, passa também por F1. O gráfico está indicado ao lado.

Dois pontos de interseção pedidos, um já é conhecido: (0, 1), o vértice da parábola. Os outros dois, indicados na figura como B e C, serão obtidos da resolução do sistema formado pela equação da parábola e da elipse. Precisamos portanto identificar a equação da parábola a partir das informações dadas. A parábola passa por (0, 1) em tem como raízes, abscissas de F1 e F2, dadas como $\sqrt{3}$ e $-\sqrt{3}$. Usemos a forma fatorada da função do 2º grau:

$y = k\left(x - \sqrt{3}\right)\left(x + \sqrt{3}\right)$

(0, 1) ➔ $1 = k(0^2 - 3)$ ➔ $k = -1/3$

Então a equação da parábola é

$y=(-1/3)(x^2 - 3)= -x^2/3 + 1$

Agora podemos calcular as interseções entre a parábola e a elipse:

Elipse: $x^2/4 + y^2/1 = 1$

$x^2/4 + (-x^2/3 + 1)^2/1 = 1$

Ficaremos com uma equação biquadrada, 4º grau. Façamos então logo a substituição $m = x^2$.

$m/4 + (-m/3 + 1)^2 = 1$

$$\frac{m}{4} + \frac{m^2}{9} - \frac{2m}{3} + 1 = 1 \Rightarrow \frac{m}{4} + \frac{m^2}{9} - \frac{2m}{3} = 0 \Rightarrow \frac{1}{4} + \frac{m}{9} - \frac{2}{3} = 0 \Rightarrow m = \frac{15}{4} \Rightarrow x = \pm\frac{\sqrt{15}}{2}$$

Os valores correspondentes de y podem ser obtidos da equação da parábola ou da elipse. Usemos a da parábola:

$y= -x^2/3 + 1 = -m/3 + 1 = -5/4 + 1 = -1/4$

Sendo assim, as interseções entre a elipse e a parábola são:

Resposta: (0, 1), $\left(\frac{\sqrt{15}}{2}, -\frac{1}{4}\right)$ e $\left(-\frac{\sqrt{15}}{2}, \frac{1}{4}\right)$

993) UFCG – Se os semieixos da elipse valem R e R/2, o valor de

$2c = \sqrt{(2a)^2 - (2b)^2} = \sqrt{4R^2 - R^2} = R\sqrt{3}$

Sendo assim, temos

$F_1F_2 = 2c = R\sqrt{3}$

$SF_1 + SF_2 = 2a = 2R$

Logo o perímetro pedido é $R\sqrt{3} + 2R$

Resposta: (A) $\left(2+\sqrt{3}\right)R$

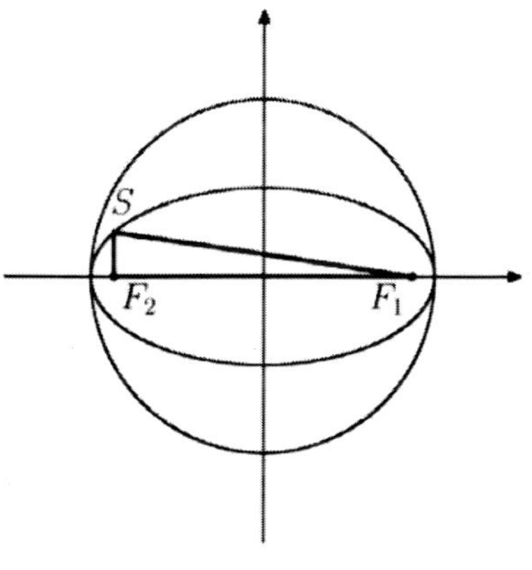

994) ENEM – Na verdade o volume do elipsoide é $\frac{4\pi}{3}.abc$, mas o problema está aproximando π como 3, ficando com $4.abc$.

Como o elipsoide é de revolução, temos b=c, então o volume se reduz a $\mathbf{4ab^2}$.

O problema dá ainda a informação sobre a diferença entre os eixos, maior e menor:

$2a - 2b = b$

$\boxed{a = 3b/2}$

Portanto o volume para esse formato é:

$4ab^2 = 4.(3b/2)b^2 = 6b^3$.

Resposta: (B) $6b^3$

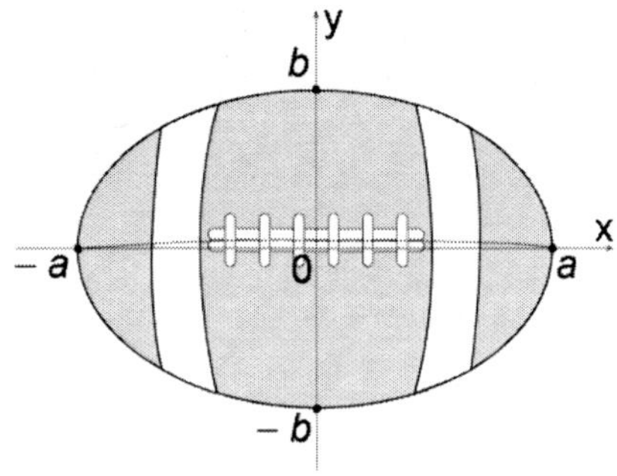

995) USP – A expressão $t^2 - t - 6 = 0$ é uma equação do segundo grau que fornece raízes t = 3 e t = –2. Como t é uma expressão com módulo, não pode ser negativa, então só serve a solução t=3. Ficamos com:

$|x - y| = 3$

Portanto x – y vale 3 ou –3.

$x - y = 3 \rightarrow y = x - 3$

$x - y = -3 \rightarrow y = x + 3$

São duas retas, com coeficiente angular 1, e coeficientes lineares 3 e 0 – 3.

Resposta: (B) duas retas

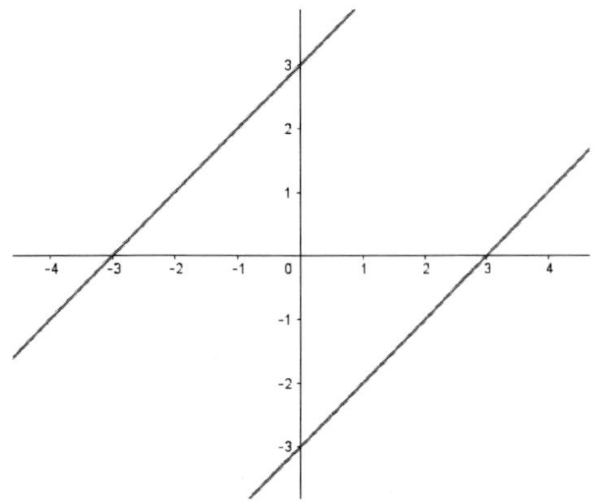

996) UNIFOR – Pensemos no caminhão com 4 metros de largura. Conhecendo a equação da elipse, podemos encontrar o valor de y correspondente a x=2 metros, que é a metade da largura do caminhão.

Formemos a equação da elipse, que tem semieixos 3m e 2m. Esses são os valores de a e b.

$$\frac{x^2}{9} + \frac{y^2}{4} = 1$$

Com x = 2, que é a metade da largura do caminhão, encontramos y:

$$\frac{2^2}{9} + \frac{y^2}{4} = 1$$

$$16 + 9y^2 = 36$$

$y^2 = 20/9$. Como y é positivo, ficamos com

$y = \dfrac{2\sqrt{5}}{3}$. A altura máxima do caminhão é esse valor, mais 4 metros, que é a ordenada do centro da elipse.

$$H_{max} = 4 + \frac{2\sqrt{5}}{3}$$

Resposta: (B)

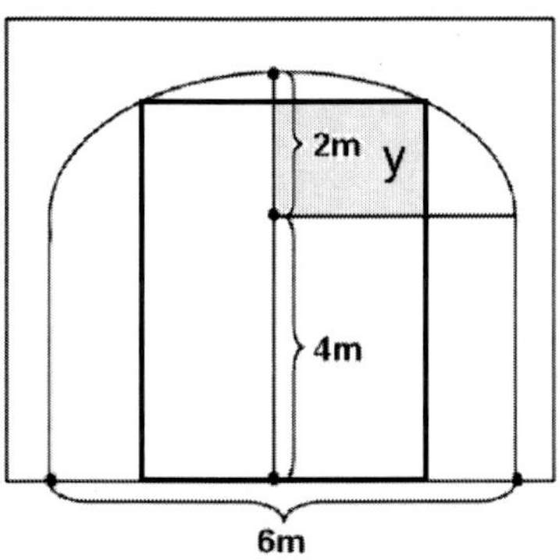

997) UDESC – O centro da circunferência é o mesmo da hipérbole. O raio da circunferência é igual ao semieixo real. Temos que trabalhar com a equação da hipérbole para descobrir essas informações.

$16x^2 - 32x - 9y^2 - 128 = 0$
$16(x^2 - 2x) - 9y^2 - 128 = 0$
$16(x^2 - 2x + 1) - 9y^2 - 128 - 16 = 0$
$16(x - 1)^2 - 9y^2 = 144$

$\frac{(x-1)^2}{9} - \frac{y^2}{16} = 1$ ➔ centro = (1, 0)

O semieixo real é 3. Portanto 3 é o raio da circunferência. Formamos então sua equação:
$(x - 1)^2 + y^2 = 9$
$x^2 + y^2 - 2x - 8 = 0$

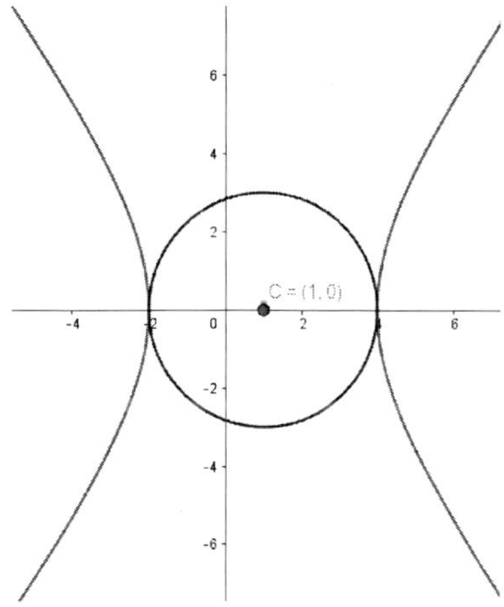

Resposta: (B)

A figura ao lado mostra o esboço da construção.

998) UFAM – Precisamos determinar o centro e os semieixos. O centro é (4, 3). Os semieixos vale a=3 e b=2. Portanto a equação é:

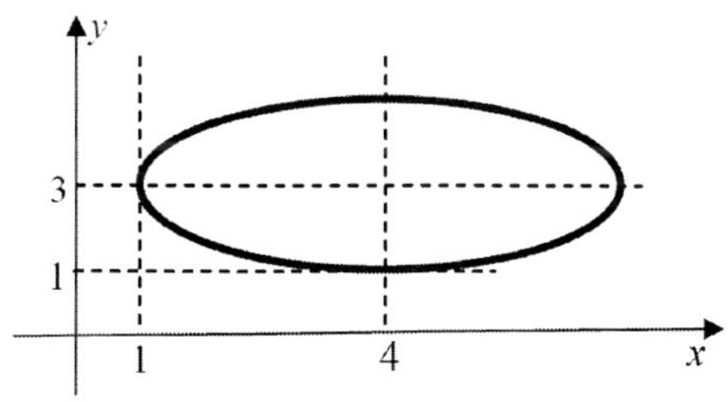

$$\frac{(x-4)^2}{9} + \frac{(y-3)^2}{4} = 1$$

$$\frac{x^2 - 8x + 16}{9} + \frac{y^2 - 6y + 9}{4} = 1$$

$$4x^2 - 32x + 64 + 9y^2 - 54y + 81 = 36$$

$$4x^2 - 32x + 9y^2 - 54y + 109 = 0$$

Resposta: (A)

999) UFRGS – É uma elipse, devido aos termos $4x^2 + 9y^2$. (observando que não existe termo em x.y). Falta apenas identificar seus focos, e para isso temos que identificar a e b.
$4x^2 + 9y^2 - 8x - 36y + 4 = 0$ ➔ $4(x^2 - 2x) + 9(y^2 - 4y) + 4 = 0$
$4(x^2 - 2x + 1) + 9(y^2 - 4y + 4) + 4 - 4 - 36 = 0$
$4(x - 1)^2 + 9(y - 2)^2 = 36$

$\frac{(x-1)^2}{9} + \frac{(y-2)^2}{4} = 1$ ➔ centro em (1, 2), eixo focal paralelo a Ox, a=3, b=2.

Logo o valor de c é $\sqrt{a^2 - b^2} = \sqrt{9-4} = \sqrt{5}$

A partir do centro da elipse caminhamos $\sqrt{5}$ para a direita e para a esquerda, e chegamos aos focos. São eles: (1, 2) ± ($\sqrt{5}$, 0) = ($1 \pm \sqrt{5}$, 2)

Resposta: (A)

1000) UFPB – Descobrindo os elementos da elipse:

$2a = 120 - 10 - 10 = 100 \Rightarrow \boxed{a = 50}$

$2b = 80 - 10 - 10 = 60 \Rightarrow \boxed{b = 30}$

Logo $\boxed{c = 40}$.

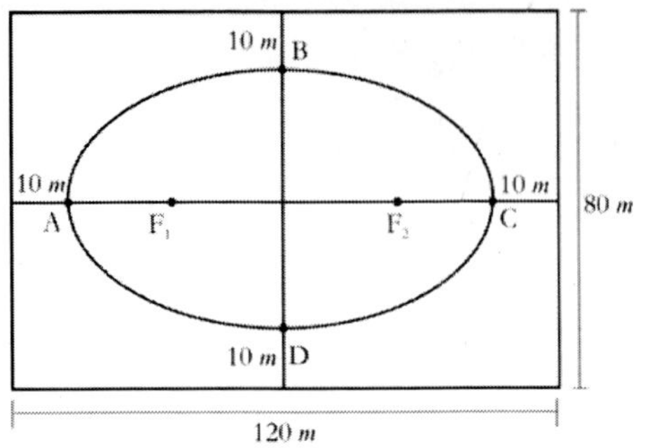

A distância focal, que é a distância entre os postes, vale 80 m.

Resposta: (D) 80m

Impressão e acabamento
Gráfica da Editora Ciência Moderna Ltda.
Tel: (21) 2201-6662